U0227560

江河奔腾看中國

JIANGHEBENTENGKANZHONGGUO

——主题宣传活动中央媒体作品集

水 利 部 办 公 厅
水利部水资源管理司 ╱编
水利部宣传教育中心

黄河水利出版社
·郑州·

图书在版编目（CIP）数据

"江河奔腾看中国"主题宣传活动中央媒体作品集 / 水利部办公厅，水利部水资源管理司，水利部宣传教育中心编. —郑州：黄河水利出版社，2023.3

ISBN 978-7-5509-3528-0

Ⅰ. ①江… Ⅱ. ①水… ②水… ③水… Ⅲ. ①新闻报道—作品集—中国—当代 Ⅳ. ①TV882.1

中国版本图书馆CIP数据核字(2023)第048367号

责任编辑　景泽龙　　　　　　责任校对　兰文峡
封面设计　张心怡　　　　　　责任监制　常红昕
出版发行　黄河水利出版社
　　　　　地址：河南省郑州市顺河路49号　邮政编码：450003
　　　　　网址：www.yrcp.com　E-mail：hhslcbs@126.com
　　　　　发行部电话：0371-66020550
承印单位　河南瑞之光印刷股份有限公司
开　　本　787 mm×1 092 mm　1/16
印　　张　61.5
字　　数　1067千字
版次印次　2023年3月第1版　　2023年3月第1次印刷

定　　价　200.00元

前　言

善治国者，必先治水。

从大禹治水到都江堰工程，从"人工天河"红旗渠到三峡大坝"高峡出平湖"，自古以来中华民族积累了丰富的江河治理经验和智慧。党的十八大以来，习近平总书记站在中华民族永续发展的战略高度，提出"节水优先、空间均衡、系统治理、两手发力"的治水思路，确立国家"江河战略"，新时代治水事业取得历史性成就、发生历史性变革。

2022年是党的二十大召开之年，也是我国水利发展史上具有里程碑意义的一年。在党的二十大召开前夕，在上级部门的支持下，水利部联合人民日报、中央广电总台、新华社等中央主要媒体组织策划"江河奔腾看中国"大型融媒体报道，以江河为脉，选取长江、黄河、淮河、海河、珠江、松花江等重要江河，综合运用多种表现形式，着力展现江河奔腾、川流不息的壮美自然画卷，日新月异、蒸蒸日上的流域发展盛况以及依水而居、安居乐业的百姓生活图景……一场有着独特"水利"印迹的主题宣传活动在中华大地如火如荼地展开。

治水惠民，江河安澜。江河之美映衬时代之美，江河之变反映国家之变，江河之兴展现国家之兴，奔腾向前的江河奏响新时代新乐章，绘就新时代人水和谐新图景，充分反映新时代我国经济社会发展取得的伟大成就和人民群众的获得感、幸福感、安全感，生动呈现大美中国、绿色中国、发展中国、开放中国、活力中国，为党的二十大胜利召开营造良好氛围。

在本次"江河奔腾看中国"主题宣传活动中，水利行业全力以赴、密切配合，推动形成了强大的报道声势，在喜迎党的二十大盛会的关键节点，进一步壮大水利主流舆论，有力提升了水利的形象和地位。为使这次报道的精品佳作在更广范围传播，我们遴选出媒体优秀报道作品汇编成书，作为讲好中国治水故事、讲好中国故事，展现我国流域治理和经济社会发展辉煌成就的一种尝试，同时供水利系统广大干部职工学习参考。

目　录
CONTENTS

主题宣传活动中央媒体作品集

中央广播电视总台央视新闻客户端

"江河奔腾看中国"
主题宣传活动
中央媒体作品集

人民日报

大江奔流谱华章

编者按： 浩荡江河，奔涌向前。江河胜景映衬时代之美，江河之兴折射国家之兴。

党的十八大以来，在以习近平同志为核心的党中央坚强领导下，党和国家事业取得历史性成就、发生历史性变革，重点流域走出生态优先、绿色发展之路。

今天起，本报推出"江河奔腾看中国"系列报道，以祖国大地上奔腾向前的重点水系为现实经纬和展示窗口，充分反映新时代我国经济社会发展取得的伟大成就和人民群众的获得感、幸福感、安全感，生动呈现大美中国、绿色中国、发展中国、开放中国、活力中国，为党的二十大胜利召开营造良好氛围。

汽笛鸣响，满载进口锂辉矿的货船逆流而上，直奔四川宜宾港。

利用长江"绿电"，锂矿石在天宜锂业的生产车间被提取成电池级氢氧化锂。

顺流而下，3天陆路奔波，运抵江苏的氢氧化锂，辗转南通、溧阳，最终在宁德时代"变身"动力电池模组。

再向南400多公里，沃尔沃汽车浙江台州工厂，机器人巨臂挥舞，动力电池与来自长江经济带的上百个总成零部件被总装成电动汽车，成批运往上海浦东外高桥码头，出口欧洲。

这是"中国智造"的长江之旅，也是贯彻新发展理念、推动长江经济带高质量发展的时代缩影。

"使长江经济带成为我国生态优先绿色发展主战场、畅通国内国际双循环主动脉、引领经济高质量发展主力军。"站在历史和全局的高度，从中华民族长远利益出发，习近平总书记亲自谋划、亲自部署、亲自推动长江经济带高质量发展。

在以习近平同志为核心的党中央坚强领导下，沿江省市把修复长江生态环境摆在压倒性位置，促进全面绿色转型，生态环境保护发生转折性变化，经济社会发展取得历史性成就。

生态优先绿色发展主战场

"长江和长江经济带的地位和作用，说明推动长江经济带发展必须坚持生态优先、绿色发展的战略定位"，2016年1月5日，习近平总书记在重庆召开推动长江经济带发展座谈会并发表重要讲话，全面深刻阐述了推动长江经济带发展的重大战略思想，强调要把修复长江生态环境摆在压倒性位置，共抓大保护，不搞大开发。

放眼长江经济带，坚持生态优先、绿色发展的战略定位，6年多来，上中下游协同发力，互动合作，全流域生态环境系统保护修复不断增强。

追根溯源，重点突破，系统整治加速推进。破解"临江不见江"，湖北累计取缔各类码头1810个，腾退长江岸线149.8公里；湖南启动"十年禁捕"，全省建档立卡的20376艘渔船全部退出；安徽完成长江干流4558个排污口监测溯源，编制入河排污口名录3527个；江苏关闭退出化工企业4804家，压减率超70%……进退有据，有舍有得，长江生态系统的质量和稳定性持续提升。

立足当下，着眼长远，制度设计不断完善。建立负面清单管理体系；实现断面水质统一监测、统一发布、按月评价、按季预警；加快建立省际和省内横向生态补偿机制；上中下游分别建立区域性协商合作机制；长江保护法正式施行，依法治江进入新阶段……破立并举，集零为整，协同共抓大保护的良性格局逐步形成。

滨江染绿，鱼跃鸟翔。2021年长江经济带国控断面水质优良比例达92.8%，较2015年上升25.8个百分点，长江经济带生态环境保护发生了转折性变化。

畅通国内国际双循环主动脉

驻足三峡船闸，世界上规模最大的升船机，让船舶翻坝就像走楼梯。今年1至8月，三峡船闸累计货运量1.02亿吨。这是三峡船闸运行19年来，货运量首次在一年中的前8个月突破1亿吨。

三峡船闸见证了新时代长江黄金水道的全方位升值。

习近平总书记强调，"要大力发展现代物流业，长江流域要加强合作，充分发挥内河航运作用，发展江海联运，把全流域打造成黄金水道。"

上游，重庆果园港，"水铁公空"多式联运持续发力，"东南西北"四向物流大通道愈发畅通。果园港这个距离长江出海口2400公里的内陆港，货物可送达全球100多个国家和地区的300多个港口。

中游，武汉阳逻港，内河港的新代表。2019年，武汉至日本关西集装箱直达航线开通；2021年，开通武汉至韩国釜山近洋集装箱直达航线……一条条国际新航线的开通，让阳逻港告别了坐小船到上海洋山港，再换大船出海的日子。

下游，洋山港，世界货运集散地，拥有世界上单体规模最大的自动化码头，这里发出的国际航线超80条。

东西互济，陆海相通，2021年长江干线港口完成货物吞吐量超35亿吨，再创历史新高，畅通国内国际双循环主动脉动能强劲。

引领经济高质量发展主力军

一分钟，上海诞生市场主体1.5家；安徽科大讯飞开放平台实现299万次人工智能会话；川滇交界处的白鹤滩水电站，生产"绿电"约12万千瓦时……这是寻常的一分钟，也是长江经济带引领经济高质量发展的蓬勃脉动。

长江经济带覆盖沿江11省（市），横跨我国东、中、西三大板块，人口规模与经济总量比重占全国"半壁江山"，在推动高质量发展中，既举足轻重，更要率先垂范。

转型升级，塑造创新发展新优势。坚持把经济发展的着力点放在实体经济上，围绕产业基础高级化、产业链现代化，发挥协同联动的整体优势，长江经济带培育出了贵州"数谷"、武汉"光谷"、株洲"动力谷"、合肥"声谷"、无锡"慧谷"等新动能，全面塑造创新驱动发展新优势。

生态优先，谱写绿色发展新篇章。湖北宜昌夷陵区许家冲村，是"坝头库首第一村"。"过去，我们靠山吃山，现在吃的是生态饭，"村党支部书记望作战说，"绿水青山正变成金山银山。"

加强协作，打造协调发展新样板。从"背对背"到"手拉手"，从"区域经济"到"流域经济"，长江经济带正努力实现上中下游协同联动发展。

提升水平，构筑对外开放新高地。发力基础设施，开发新航线；推动铁水对接，开辟开放新口岸；锐意改革，综合保税区接连出台新举措……长江经济带正展现对外开放新气象。

共享发展，绘就和谐相融新画卷。关停、搬迁、拆除化工企业，全面整治开放段排口，江苏南京燕子矶再次水清岸绿，成为市民的惬意空间；治污治水治岸，把空间留给山水林田湖草，四川天府新区兴隆湖畔，远处层峦叠翠，近处碧水如镜，好生态让市民拍手点赞。

长江沿线山水人城和谐相融，人们在爱江护江中，收获长江的馈赠。在严格保护好生态环境的前提下，长江经济带经济保持平稳快速发展，沿江11省市对全国经济增长的贡献率从2015年的47.7%提高到2021年的50.5%，提升2.8个百分点。不尽长江正奏响"在发展中保护、在保护中发展"的时代华章。

（2022年10月1日第2版。http://paper.people.com.cn/rmrb/html/2022-10/01/nw.D110000renmrb_20221001_5-02.htm）

浩荡黄河奏响新时代乐章

黄河浩荡，九曲连环。发源于青藏高原，横贯9个省份，奔腾万里，润泽两岸。

全长5464公里的黄河，是中华民族的母亲河。黄河流域在我国经济社会发展和生态安全方面具有十分重要的地位。

"共同抓好大保护，协同推进大治理""让黄河成为造福人民的幸福河""为黄河永远造福中华民族而不懈奋斗"……党的十八大以来，习近平总书记走遍沿黄9省份，先后两次主持召开座谈会聚焦黄河流域生态保护和高质量发展。党中央把黄河流域生态保护和高质量发展上升为国家战略。

在发展中保护，在保护中发展。沿黄各省份全面加强生态环境保护，奋力推动高质量发展，生态优先、绿色发展的"黄河大合唱"越来越动人。

守好改善生态环境生命线

碧波荡漾，川流不息。青海省海南藏族自治州贵德县尕让乡希望村，村级河长李宝林每天都会到黄河岸边走一走："打小长在水边，现在担了河长的责任，走走看看心里才踏实。"

黄河蜿蜒流淌。在贵德县，因泥沙含量低，河水清澈，有着"天下黄河贵德清"的美誉。然而，因乱占、乱采、乱建等问题，母亲河一度容颜晦暗。贵德县全面开展河湖"清四乱"专项整治行动，拆除违法建筑5.42万平方米，清除非法围堤4.6公里，设立县、乡、村三级河长、湖长232名。

近年来，贵德县不断探索"智慧巡河"新模式，利用无人机巡护，对重点河段开展视频监控，通过科技助力河湖长担责，提升环境管理精细化水平。"白天我们巡河，晚上监控'上夜班'。"李宝林说。

治理黄河，重在保护，要在治理。沿黄各省份下大力气进行大保护、大治理，全面加强生态环境保护，守好改善生态环境生命线。

持续推进国土绿化，生态环境大变样。山西省吕梁市临县借助造林合作社，在沿黄的碛口等乡（镇）开展生态修复综合治理。"以前只会在山上刨食，山越刨越荒，人越来越穷。现在大家在山上种树，环境好了，腰包也鼓了。"碛口镇高家塔村村民高金有说。

健全防洪减灾体系，保障黄河长治久安。河南推进黄河堤防建设、河道整治、滩区治理、生态廊道建设，黄河下游河南段"十三五"防洪工程和沁河下游防洪治理工程全面完成，两岸501公里标准化堤防全线建成。

退耕还湿、退养还滩，湿地成为鸟类乐园。渤海之滨，山东省黄河三角洲国家级自然保护区，原先的光板地、盐碱滩，变成了水草丰茂的大美湿地，黄河口水质明显改善并稳定在Ⅱ类。"保护区的鸟类增加到371种，每年经这里迁徙过往的鸟类超过600万只。"保护区管委会高级工程师赵亚杰说。

监测数据显示，截至2020年底，黄河流域完成初步治理的水土流失面积达25万多平方公里，水土流失面积比1990年减少了48%。去年黄河干流全线达到Ⅲ类水体，到今年已实现连续23年不断流，流域生态环境持续明显向好。

"黄河宁，天下平。"九曲黄河活力焕发，浩荡东流。

坚定走绿色、可持续的高质量发展之路

山西省寿阳县潞安化工集团新元煤矿调度指挥中心，工作人员轻点鼠标，大屏幕上井下瓦斯浓度、温湿度、作业数据等一目了然。智能化改造让煤炭开采变得更安全、高效、智能、绿色。

近年来，山西持续推进煤炭行业智能化建设。同时，持续促进发展转型，全省高新技术企业数量由2012年的290家增加到2021年的3553家，高端装备制造、新材料等战略性新兴产业不断发展壮大。

黄河流域是全国重要的能源基地和农牧业生产基地。沿黄省份践行"绿水青山就是金山银山"理念，坚定走绿色、可持续的高质量发展之路。

加强全流域水资源节约集约利用。各省份大力推动农业、工业、城镇领域节水，流域400余个县域全部达到节水型社会评价标准。

建设特色优势现代产业体系。青海涌现一批自主技术国际领先的专精特新企业，光伏、锂电产业实现集群发展，全国每生产3块锂电池，就有1块出自西宁。甘肃节能环保、清洁生产、清洁能源等十大生态产业增加值已占地区生产总值的27%。宁夏形成完整的风光电储全产业链，单晶硅棒产能约占全球1/5。河南构建智能装备等战略新兴产业链，近10年全省战略性新兴产业增加值年均增速达13.3%。

构建区域城乡发展新格局。宁夏加大力度培育壮大农业产业化龙头企业，带动乡村产业振兴。内蒙古着力促进农牧业产业化、品牌化，并同发展文化旅游、乡村旅游结合起来，增加农牧民收入。山东探索集体统一经营、资产盘活运营等特色发展路子，农民专业合作社达24.5万家，家庭农场达10.5万户。

"水资源节约利用水平稳步提升，流域生态环境不断改善，洪涝灾害应对能力显著增强，能源保供和绿色发展水平持续提升，黄河流域生态保护和高质量发展取得阶段性重要进展。"国家发展改革委地区司副司长曹元猛表示。

在发展中进一步保障和改善民生

"在黄河滩区生活了大半辈子，现在住进舒服的高层楼。"山东省济南市长清区孝里街道孝兴家园，年近八旬的居民于家云说。孝兴家园是山东省单体规模最大的黄河滩区迁建工程。近年来，山东省通过外迁安置、就地就近筑村台等方式，全面完成滩区群众迁建任务。

增进民生福祉是发展的根本目的。沿黄各省份在发展中进一步保障和改善民生，人民群众的获得感、幸福感、安全感显著增强。

在甘肃，民生支出占财政支出比例每年都达80%左右，城乡居民收入增速连年高于经济增速，就业、教育、医疗、社保等事业有了长足发展，养老服务设施覆盖95%的城市社区和55%的行政村，普惠性幼儿园覆盖率达92.9%。

在陕西，苹果种植"触网上线"，助力乡村振兴。"种苹果收入上来了，比外出打工强多了。"延安宝塔区河庄坪镇万庄村农民张春德腰包鼓了，年收入增长到十几万元。

在山西，保障有力有效的社会救助体系逐步构建，织密织牢基本民生兜底保障网。全省建成农村老年人日间照料中心近7000个，惠及农村老人40余万人。

在山东，从发展服务业到产业升级，从减税降费到技能提升，一项项政策落地，打开就业空间。10年来，全省城镇新增就业持续保持在110万人以上。

河南省郑州市花园北路，一大早，黄河博物馆迎来一批游客。"既要展现黄河悠久历史，也要挖掘、讲述好展品蕴含的时代价值。希望能让更多人了解母亲河、保护母亲河。"黄河博物馆讲解员张笑蕾说。

讲好黄河故事，传承黄河文化。近年来，河南开展黄河流域省级非遗项目调查，初步建立黄河文化遗产资源大数据库，加快推进殷墟遗址博物馆、汉魏洛阳城遗址博物馆等黄河国家文化公园项目建设。

江河奔腾，生机盎然。"让黄河成为造福人民的幸福河"，奏响新时代的澎湃乐章。

（2022年10月2日第2版。http://paper.people.com.cn/rmrb/html/2022-10/02/nw.D110000renmrb_20221002_1-02.htm）

千里淮河展新颜

淮河源头，满目葱绿。"油茶果挂满枝，又是丰收年。我们守好绿山，换来'金山'。"河南南阳市桐柏县江记油茶专业合作社负责人江中海说。

微山湖上，烟波浩渺。"告别渔船，美在水上、富在岸上。"江苏徐州市铜山区村民王实现从渔民变成渔家乐老板，"这几天订单火爆，不少人专程来尝我家的湖鲜。"

习近平总书记指出："淮河是新中国成立后第一条全面系统治理的大河"，"要把治理淮河的经验总结好，认真谋划'十四五'时期淮河治理方案"。

淮河绕群山、聚百川、连江河、临黄海，干流流经豫、鄂、皖、苏4省，全长约1000公里。淮河流域区位优越，资源丰富，路网通达，以不足全国3%的水资源总量，承载着大约13.6%的人口和11%的耕地，贡献着全国9%的国内生产总值。

党的十八大以来，在以习近平同志为核心的党中央坚强领导下，相关地区和部门统一管理，守护安澜、保护生态、改善民生，推动淮河流域高质量发展迈上新台阶。

治水兴水，淮河流域保护治理取得新成效

金秋时节，淮河两岸满目金黄、层林尽染，一幅飞鸟群集、鱼翔浅底的美丽画卷徐徐铺展。

党的十八大以来，水利部、自然资源部等有关部门和流域有关地区坚持生态优先，加强保护治理，统筹推进水灾害防治、水资源节约、水生态保护修复、水环境治理，流域生态环境逐渐改善，淮河干流水质常年保持在Ⅲ类以上。

蓄泄兼筹、入海通畅，水安全更有保障。

淮河岸畔，铁臂破土，机器轰鸣，淮河入海水道二期工程建设如火如荼。"工程将进一步拓宽洪水入海通道，有力保障流域2000多万人口、3000多万亩耕地防洪安全。"水利部淮河水利委员会规划计划处处长吴贵勤介绍。

十年来，一项项治淮工程稳步推进，为淮河流域舒展筋骨。针对"来水

快、行洪慢"的特点，上中下游因地制宜修水库、筑堤防、畅河道，流域基本形成了以水库、河道堤防、行蓄洪区、分洪河道、控制性枢纽、防汛调度指挥系统等组成的防洪工程体系。

河畅水清、岸绿景美，水生态持续向好。

目前淮河流域河湖长制体系全面建立，累计设立27.2万名河湖长。流域河湖"清四乱"（清乱占、清乱采、清乱堆、清乱建）专项行动发现的7787个问题全部解决。

自然资源部通过发布典型案例、开展生态修复等方式，在江苏徐州市、盐城市等地推动试点探索，发挥自然生态系统的经济、社会和生态价值，促进河湖面貌显著改善；在山东邹城市开展自然资源领域生态产品价值实现机制试点，建设"生态高地"。

织密水网、科学调度，水资源高效配置。

十年来，流域水资源开发利用工程体系不断完善。目前流域建成水库6300多座，塘坝约40万座，引提水工程约8.2万处，主要跨省河流水资源统一调度逐步推进，南水北调东中线一期以及引江济淮、苏北引江等工程的建设，促进跨流域调水工程格局逐步形成。

绿色引领，助力流域高质量发展

淮河流域，水网密布，东西互济，南北相通。

党的十八大以来，流域各地践行新发展理念，坚持绿色引领，以水定城、以水定地、以水定人、以水定产，调整区域产业布局，助力经济社会高质量发展。

发展向绿，新模式更可持续。十年来，相关地区和部门强化目标指标刚性约束，促进绿色发展。2021年流域（包含山东半岛）万元国内生产总值用水量、万元工业增加值用水量较2012年分别下降54%和47%。目前流域全面完成135个县域节水型社会达标建设。

结构向优，新产业蓬勃发展。好山好水助力绿色农业发展。安徽蚌埠市去年新增稻渔综合种养面积1.91万亩。江苏淮安市淮阴区绿色优质农产品占比达72.4%。制造业不断转型升级。山东临沂市做强"一束光"，为激光产业建链、补链、强链。

创新驱动，新动能更加强劲。十年来，流域各地增强协同创新能力，共同培育壮大战略性新兴产业，探索推进资源枯竭型城市、老工业基地转型升级的有效途径，促进新旧动能转换和产业转型升级。

共建共享，民生福祉不断改善

"泥巴路变成了硬化路，垃圾有人管，污水有地排，河水变清了，环境变好了，住得更舒心了。"山东泗水县泗河街道西曲泗村村民苏富强说。泗河是淮河流域沂沭泗水系的重要支流，当地1200余公里河湖岸线实施网格化管理，543名河湖长开展常态化巡查，让泗河成为群众的幸福河。

党的十八大以来，流域各地坚持以人民为中心的发展思想，推动资源共享，加强合作交流，补上基础设施和公共服务短板，不断提升广大群众的获得感、幸福感、安全感。

城乡供水工程等民生水利建设不断推进。十年来，流域内180万脱贫人口饮水安全问题全部解决，5000多万农村人口供水保障水平得到提升，越来越多人喝上了放心水、优质水。

经济发展注入"致富水"。十年来，流域各地提升水资源供给的保障标准、保障能力，为经济社会发展提供水支撑。截至目前，流域内建成水库塘坝、河湖、机电井、引黄四大灌溉体系，实灌面积由20世纪50年代的不足1500万亩，增加到1.36亿亩，其中大中型灌区共有800多处。

百姓生活有了"幸福水"。加大河流治理力度，改善人居环境，统筹城乡协调发展……十年来，流域各地瞄准群众民生期盼，集中力量补短板、强弱项。目前安徽已建在建美丽乡村中心村10708个。2021年江苏已建成幸福河湖630个。"十四五"期间，淮河流域5省将累计建设幸福河湖2586个。

"我们全面强化流域统一规划、统一治理、统一调度、统一管理，守护流域安全，造福沿淮人民，全力推动淮河流域生态保护和高质量发展。"水利部淮河水利委员会主任刘冬顺说。

（2022年10月4日第2版。http://paper.people.com.cn/rmrb/html/2022-10/04/nw.D110000renmrb_20221004_6-02.htm）

"江河奔腾看中国"主题宣传活动中央媒体作品集

人民日报

"江河奔腾看中国"系列

《视觉》

推动长江经济带高质量发展

习近平总书记指出："保护好长江流域生态环境，是推动长江经济带高质量发展的前提，也是守护好中华文明摇篮的必然要求。"

党的十八大以来，各地区各部门践行新发展理念，共抓大保护、不搞大开发，加强生态环境系统保护修复，把修复长江生态环境摆在压倒性位置，推进畅通国内大循环，推进上中下游协同联动发展，提升人民生活品质。2021年长江经济带优良水质比例达到92.8%。长江干线连续多年成为全球内河运输最繁忙、运量最大的黄金水道。沿江11省（市）经济总量占全国的比重，从2015年的45.1%提高到2021年的46.6%；对全国经济增长的贡献率，从2015年的47.7%提高到2021年的50.5%。

（2022年10月1日第5版。http://paper.people.com.cn/rmrb/html/2022-10/01/nw.D110000renmrb_20221001_1-05.htm）

让黄河成为造福人民的幸福河

九曲黄河，浩荡东行，气势磅礴，哺育着中华民族，孕育了中华文明。习近平总书记强调："共同抓好大保护，协同推进大治理，着力加强生态保护治理、保障黄河长治久安、促进全流域高质量发展、改善人民群众生活、保护传承弘扬黄河文化，让黄河成为造福人民的幸福河。"

　　党的十八大以来，以习近平同志为核心的党中央将黄河流域生态保护和高质量发展作为事关中华民族伟大复兴的千秋大计，相关部门和沿黄各地坚定不移走生态优先、绿色发展的现代化道路，黄河流域经济社会发展和百姓生活发生了很大变化。

　　大河奔涌，治理久久为功。持续加强生态环境保护，护佑黄河安澜，保障群众安居，确保黄河流域生态保护和高质量发展取得明显成效，为黄河永远造福中华民族，我们将接续不懈奋斗！

　　（2022年10月2日第5版。http://paper.people.com.cn/rmrb/html/2022-10/02/nbs.D110000renmrb_05.htm）

松辽碧水间　振兴谱新篇

雄鸡报晓处，松辽迎朝晖。展开共和国疆域辽阔的版图，凝视中国东北，几条蓝色绸带蜿蜒而去。这片广袤而富饶的土地，就是由松花江、辽河等大江大河汇聚而成的松辽流域。

这里，一方黑土，仓廪殷实。夏粮产量再创新高，松辽流域孕育了黑土地上的大粮仓，东北的国家粮食安全"压舱石"地位更加巩固。秸秆还田、增施有机肥、深松深翻、轮作休耕等多项保护措施，以及今年8月1日起正式实施的《中华人民共和国黑土地保护法》，让"耕地中的大熊猫"重回绿色和健康，让"中国饭碗"端得更牢。

这里，资源丰富，物阜民安。松辽流域是国家能源、木材、轻重工业产品、畜牧产品等重要生产加工基地，已探明矿产资源近百种，其中石油、油页岩、硼砂、滑石占全国一半以上，煤炭储量约占全国储量的1/10。人民幸福安康，截至2020年，东北地区建档立卡贫困人口158.2万户、427.7万人全部脱贫，50个国家级贫困县全部摘帽；居民人均可支配收入由2013年的17893元提高到2021年的30765元。

这里，青山绿水，优势突出。大小兴安岭、长白山森林带与松花江、辽河等江河主要水系为骨架，呼伦贝尔草原草甸、科尔沁草原、三江平原湿地等国家重点生态功能区为支撑，国家公园、自然保护区等自然保护地为组成，构成了松辽流域生态安全的基本格局。"绿水青山就是金山银山、冰天雪地也是金山银山"。山水林田湖草治理成效显著，空气质量持续改善。浩浩汤汤的辽河水，水质30年来首次达到良好水平，发生了翻天覆地的变化。

这里，工业摇篮创新发展。从新中国的第一炉钢水、第一架喷气式飞机、第一辆内燃机车、第一块"的确良"等，到打造国产首艘航母、30万吨超大智能原油船、跨音速风洞主压缩机、"华龙一号"核反应堆压力容器、"复兴号"中国标准动车组等，大国重器的产业根基在这里不断夯实，产业结构在这里不断优化，在白山黑水间书写东北振兴的时代新篇。

（2022年10月3日第5版。http://paper.people.com.cn/rmrb/html/2022-10/03/nw.D110000renmrb_20221003_1-05.htm）

治水惠民　淮河安澜

淮河出桐柏、行江淮、临黄海，绵绵不断的河水，滋养两岸、润泽良田、造福民生，在经济社会发展大局中具有十分重要的地位。

淮河是新中国成立后第一条全面系统治理的大河。70多年来，淮河治理取得显著成效，防洪体系越来越完善，防汛抗洪、防灾减灾能力不断提高。

习近平总书记强调，"要把治理淮河的经验总结好，认真谋划'十四五'时期淮河治理方案。"党的十八大以来，水利部门强化流域统一规划、统一治理、统一调度、统一管理，淮河治理保护取得显著成效。防洪体系越来越完善，治淮工程稳步推进，幸福河湖建设成效显著。

各地区各部门注重综合治理、系统治理、源头治理，不断推动淮河保护治理高质量发展，努力把淮河建设成为造福人民的幸福河。

（2022年10月4日第5版。http://paper.people.com.cn/rmrb/html/2022–10/04/nw.D110000renmrb_20221004_1–05.htm）

珠江闽江生态向好景象新

国家发展改革委印发的《"十四五"重点流域水环境综合治理规划》提出，"坚持绿色发展理念，尊重流域治理规律，注重保护与发展的协同性、联动性、整体性"，"推动流域上中下游地区协同治理，统筹推进流域生态环境保护和高质量发展"。

珠江是一个由西江、北江、东江及珠江三角洲诸河汇聚而成的复合水系，具有内河网络与深水海港连结的区位优越，为促进内外联通、推动区域发展做出了重要贡献。

闽江是福建省最大的河流，流域面积约占全省面积的一半。近年来，福建致力于将闽江流域打造成为我国南方地区重要的生态屏障，更好地发挥东南地区重要水源涵养地、水土保持地和生物多样性保护地作用。

生态向好，产业兴旺，百姓幸福。奔腾不息的大江大河，串联起山明水秀、云阔天高的自然画卷，更勾勒出日新月异、蒸蒸日上的繁荣景象。

（2022 年 10 月 5 日第 5 版。http://paper.people.com.cn/rmrb/html/2022-10/05/nw.D110000renmrb_20221005_1-05.htm）

清清塔河万泉河　永续发展惠人民

习近平总书记强调："加强重要江河流域生态环境保护和修复，统筹水资源合理开发利用和保护"，"生态文明建设是关系中华民族永续发展的根本大计"。

胡杨林郁郁葱葱，千万亩植被恢复生机。在新疆维吾尔自治区，我国最长的内陆河——塔里木河穿行塔里木盆地北部。近年来，新疆通过流域管理体制改革，推动塔里木河水资源统一管理，通过多次组织向塔里木河下游生态输水，塔里木河下游生态环境显著改善，生物多样性得到有效保护。如今，塔里木河水系各大河流的利用效率大大提高，流域内高标准农田的建设步伐加快。塔里木河成为沙漠里的"绿色生态走廊"，为新疆经济社会绿色高质量发展奠定了坚实基础。

万泉河水清又清，滋养着沿岸沃野。在海南省，源自五指山的海南岛第三大河——万泉河在琼海市博鳌镇流入南海。生态优美、绿意常在，海南加快万泉河生态修复，加大美丽乡村建设力度。如今，沿河田园村镇已成为乡村振兴的亮丽风景线。与此同时，作为红色娘子军诞生地，海南充分挖掘万泉河红色文化，推动红色旅游产业发展。浩浩碧波，川流不息，奔腾的万泉河水，见证着海南自由贸易港蒸蒸日上的建设场景。

塔里木河滔滔奔涌，滋润大漠；万泉河蜿蜒流淌，连山接海。它们构筑了生态系统的重要屏障，也为经济社会发展提供了绿色动力。

（2022年10月6日第5版。http://paper.people.com.cn/rmrb/html/2022-10/06/nw.D110000renmrb_20221006_1-05.htm）

千年运河　水韵华章

习近平总书记指出："千百年来，运河滋养两岸城市和人民，是运河两岸人民的致富河、幸福河。希望大家共同保护好大运河，使运河永远造福人民。"

京杭大运河历史悠久，是流动的文化遗产。汩汩清水，蜿蜒流淌，一路穿行燕冀平原、齐鲁大地、江南水乡，发挥着防洪排涝、输水供水、内河航运、生态景观等功能。为了保护好、传承好、利用好祖先留给我们的这一宝贵遗产，相关地区和部门综合施策、科学治理，持续开展生态补水、岸线整治、生态修复、文化保护等多项工作，让古老运河重现生机。今年，水利部等统筹本地水、引黄水、再生水及雨洪水等水源，向京杭大运河黄河以北707公里河段进行补水，京杭大运河实现百年来首次全线贯通。

保护治理京杭大运河，是一项长久事业。久久为功，不断优化水资源配置、加强岸线保护、发展绿色航运，让京杭大运河成为美丽的河、幸福的河。

（2022年10月7日第5版。http://paper.people.com.cn/rmrb/html/2022-10/07/nw.D110000renmrb_20221007_1-05.htm）

海河两岸涌新潮

海河奔涌，水光潋滟。作为华北地区最大的水系，海河流域滋养着全国11%的人口，为华北地区经济社会发展等提供了有力保障。

党的十八大以来，在以习近平同志为核心的党中央坚强领导下，海河流域管理机构和流域内各地水行政主管部门切实强化流域治理管理，从生态系统整体性和流域系统性出发，追根溯源、系统治疗，推动区域间互动协作、协调发展，海河流域河湖面貌持续改善，水资源调度科学有序，为推进京津冀协同发展、规划建设雄安新区、改善民生福祉提供了坚实的基础。

海河常被誉为天津的"母亲河"，"七十二沽春水活"的天津地处九河下梢，因水而兴。

"永定河，出西山，碧水环绕北京湾"，永定河是海河流域的重要组成部分。千百年来，永定河与潮白河、温榆河等共同润泽着北京。

海河流域的不少重要河湖分布在河北省。白洋淀是海河流域的一颗"明珠"，补水、清淤、治污、防洪等举措一体推进，让淀区及入淀河流水质实现了从劣Ⅴ类到Ⅲ类的跨越性突破。

南水北调东中线与海河流域水系相互交织，为百姓引来放心水，为河湖送来生态水。天津主城区供水几乎全部为南水北调水，北京城区七成以上供水为南水北调水，河北省一大批河湖重现生机，华北地区浅层地下水水位持续回升。

（2022年10月8日第5版。http://paper.people.com.cn/rmrb/html/2022-10/08/nw.D110000renmrb_20221008_1-05.htm）

"江河奔腾看中国"主题宣传活动中央媒体作品集

新华社

大美长江为经济社会发展添翼

生态黄河　幸福家园

从松花江到辽河：生态发展新画卷

千里淮河的可持续发展之路

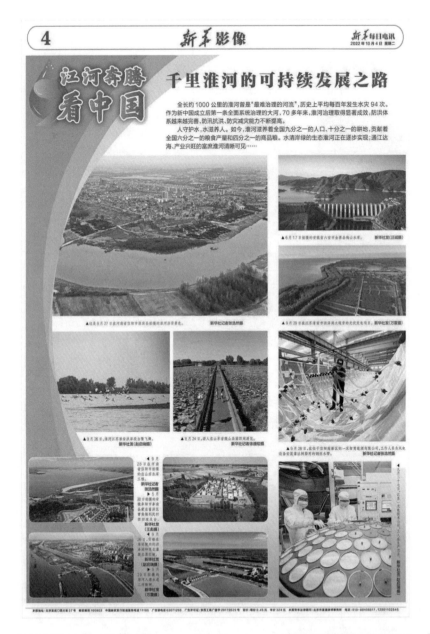

（2022年10月4日第4版。http://mrdx.cn/content/20221004/Page04DK.htm）

高质量发展的珠江答卷

海岛名片万泉河

流淌千年的大运河

"江河奔腾看中国"主题宣传活动中央媒体作品集

中央广播电视总台央视
《新闻联播》

江河奔腾看中国 | 生态优先绿色发展　奏响新时代长江之歌

　　江河奔腾，中华锦绣。从今天（10月1日）起，《新闻联播》推出系列报道江河奔腾看中国，沿着祖国大地上奔腾向前的大江大河，展现新时代我国经济社会发展取得的伟大成就，生动呈现人民生活幸福、社会充满活力的大美中国。今天，首先沿着母亲河长江去看一看长江经济带的绿色之变。

　　党的十八大以来，沿江省份"共抓大保护，不搞大开发"，把修复长江生态环境摆在压倒性位置。在源头的沱沱河、班德湖等地，曾经的牧民变成环保志愿者，守护长江源头的生物多样性。在上游，云南、四川、重庆建立跨省横向生态补偿机制，共同筑牢长江上游生态屏障；在中游，湖北、湖南、江西三省推动生态联防共治，长江中游绿色生态廊道加快形成；在下游，长三角三省一市共同抓好排污口整治，提升流域跨界水体生态质量。

　　上中下游协同发力、流域齐治、湖塘并治。2021年，长江流域国控断面优良水质比例为97.1%，干流水质已连续两年全线达到Ⅱ类。不久前结束的

2022长江全流域江豚科学考察中，考察队员在长江中下游水域陆续发现了数个江豚群体，江豚频现正是长江生态转变的生动注脚。

休养生息。2021年1月1日起，长江流域重点水域实行"十年禁渔"。11.1万艘渔船、23.1万名渔民退捕上岸。在安徽马鞍山的薛家洼，打了一辈子鱼的陈兰香放下渔网，登上互联网，成立了"三姑娘劳务服务有限公司"，带动上岸渔民一起创业。2021年，公司为入股渔民每户分红7000元。

坚持生态优先、绿色发展，黄金水道更加畅通。上游的重庆，中欧班列、西部陆海新通道等国际物流通道全面贯通；中游的武汉，东向日本、韩国等航线日趋成熟；就在上个月，下游的上海港集装箱单昼夜吞吐量突破17万标箱，创历史新高。2021年，长江干线港口完成货物吞吐量超35亿吨，稳居世界内河首位。

推动高质量发展，沿江各省市坚持创新驱动，一批有竞争力、影响力的优势产业集群加速成长。贵州依托丰富的水电资源，打造大数据产业；四川、重庆在汽车、电子信息、装备制造等产业持续发力；湖南的先进装备、新能源新材料等产业为高质量发展注入源源新动能；上海、江苏、浙江、安徽共建长三角科技创新共同体，联合揭牌长三角国家技术创新中心，不断推动科创产业深度融合。

"在发展中保护，在保护中发展"，长江沿线正努力成为生态优先绿色发展主战场、畅通国内国际双循环主动脉、引领经济高质量发展主力军，奏响新时代的"长江之歌"。

（https://news.cctv.com/2022/10/01/ARTImKfIH4cXE7zf8HMbuPlt221001.sht－ml）

江河奔腾看中国｜奏响新时代黄河乐章

　　滔滔黄河是中华民族的母亲河，黄河安澜是中华儿女的千年期盼。党的十八大以来，沿黄河九省（区）坚定不移走生态优先、绿色发展之路，奏响了新时代生态保护和高质量发展的黄河新乐章。

　　大河奔涌，蜿蜒九曲。

　　在黄河源头，秋日的扎陵湖、鄂陵湖碧波无垠。这段时间，源头湖泊的水生态监测采样加紧进行，采样数据将为流域保护提供重要的科学依据。六年多来，随着三江源生态保护和建设工程的推进，三江源地区水资源总量明显增加，2021年年均出境水量达到765亿多立方米。

　　共同抓好大保护，协同推进大治理，沿黄河九省（区）牢固树立"一盘棋"意识，守好改善生态环境生命线。

　　上游，加大水源涵养。四川若尔盖县实施湿地生态综合治理，若尔盖湿地总蓄水量达到约100亿立方米，每年30%左右的黄河水来源于此。

　　中游，加强水土保持和污染治理。陕西以草固沙、以林拦沙、以坝留沙，进入黄河的泥沙量不断减少。山西累计投入170多亿元治理汾河，补齐水环境基础设施短板。

下游，健全防洪体系、完善湿地生态保护系统。河南建设了沿黄河生态廊道，廊道承担着防洪护岸等多种功能。去年底，黄河河南段右岸生态廊道757公里道路全线贯通，流域造林面积10.7万亩。位于山东东营的黄河三角洲，开展退耕还湿、退养还滩。十年来，累计恢复湿地188平方公里，鸟类由187种增加至371种。

以水而定、量水而行，全流域加强水资源节约集约利用，流域400余个县域全部达到节水型社会评价标准。在宁夏，引黄灌区高效节水灌溉农田超400万亩，占灌区农田一半以上。在内蒙古，通过农业节水增效、工业节水减排和城镇节水降损，提升水资源利用效率。在甘肃，推广高标准农田和高效旱作节水农业，年节水10亿立方米。

久久为功，十年来，黄河流域水质明显改善，2021年黄河干流全线达到Ⅲ类水体。黄河流域水土流失面积、强度"双下降"。水资源节约利用水平稳步提升。

在发展中保护，在保护中发展。沿黄河各省份坚定走绿色、可持续的高质量发展之路。清洁能源建设跑出加速度，绿电源源不断地向外输送，智能制造、航空航天等重点产业链加快布局，大数据、云计算等新兴产业蓬勃兴起，成为拉动黄河流域高质量发展的新动能。如今，沿黄河九省（区），咬定目标、脚踏实地，不断谱写新时代黄河流域生态保护和高质量发展的壮丽篇章。

（http://news.cctv.com/2022/10/02/ARTI3cQVouF7798sbfNaUsN622102.shtml）

江河奔腾看中国 | 松辽流域飞新歌　振兴谱写新篇章

松花江和辽河是滋养我国北方生态屏障的两条江河。它们孕育着大湿地、大粮仓、大森林，流域里生活着超过9000万各族百姓。党的十八大以来，松辽流域坚持绿色发展，筑牢东北生态屏障。

松花江流域涉及内蒙古、吉林、黑龙江，是我国七大河之一。党的十八大以来，松花江沿江省（区）坚持绿色发展。

松花江源头持续推进水源涵养。内蒙古实施人工造林、退化湿地修复等措施，目前，嫩江水源地周边湿地植被得到有效恢复。吉林长白山开展松花江源头生态环境综合整治，长白山87.5%的森林覆盖率涵养着源头水质。

在上游，黑龙江省与吉林省建立了跨省级河湖长制协作机制，推进跨省河段联合共治。在中游，吉林市启动"松花江百里生态长廊"建设，对松花江流域干流、支流及小流域开展综合整治，沿岸生态持续向好。在下游，佳木斯市建设河湖管理信息化平台，全面完成117条河湖岸线保护工作。

吉林省吉林市市民　李树堂：在这个季节里我们看江景，看栖息的水鸟，走在木栈道上，我们的心情非常愉悦。生态好了心情就好，日子就过得有滋有味。

东北黑土地耕地面积约2.78亿亩，集中连片，松花江水是它们重要的灌溉水源之一。十年来，松辽流域推动东北四省（区）"节水增粮行动"和大型灌区续建配套与节水改造。目前，松花江流域年供水量约460亿立方米，切实保障了1.33亿亩灌溉农田的稳产高产。

辽河全长1345公里，流经河北、内蒙古、吉林、辽宁。党的十八大以来，辽河沿河省（区）不断加强河湖水生态保护与修复工作，守护绿水青山。

在千里辽河发源地——河北平泉七老图山脉的光头山，当地通过落实河长制、全域河湖保洁等一系列举措，让水质常年保持Ⅱ类以上。

西辽河流域，从2020年开始，以水而定、量水而行，强化水资源统一调度。西辽河干流水头向前推进了18公里，生态逐步复苏。

东辽河流域，2018年治污全面展开，深入实施百万亩造林工程、百公里河道治理工程等，水环境质量创造有监测记录以来最好水平。

十年生态治理，辽河干流两堤之间，除水田和护堤护岸林外，112.3万亩河滩地实现了全线自然封育。如今，从起点铁岭福德店到盘锦入海口，千里生态廊道已全线贯通。

沈阳市民　张建军：生态环境的改善提高，让我们老百姓更加喜欢自己的母亲河，热爱自己的家乡了。

十年来，松辽流域各省（区）不断激发新动能。黑龙江省积极发展现代化农业，国家粮食安全"压舱石"作用充分发挥；吉林省万亿级现代汽车产业、高端化装备制造高质量发展，全省产业转型升级稳步推进；辽宁省国家机器人创新中心等重大创新平台有序建设，创新平台能级有力提升；内蒙古着力构建绿色产业体系，打造产业转移示范区、大草原品牌和国家级休闲旅游度假区。

如今，松辽流域各省（区）正在白山黑水间书写东北振兴的时代新篇。

（https://app.cctv.com/special/m/livevod/index.html?vtype=2&guid=52241b51b2244bacbdc07893892a9c50）

江河奔腾看中国｜奋力绘就新时代淮河安澜人水和谐新图景

　　淮河是新中国成立后第一条全面系统治理的大河。党的十八大以来，淮河流域水旱灾害防御能力进一步提高，幸福河湖建设成效显著，淮河成为一条人水和谐、绿色发展的幸福之河。

　　淮河流域地跨河南、湖北、安徽、江苏、山东五省。党的十八大以来，淮河流域坚持"统一规划""统一治理"，扎实推动淮河保护与治理高质量发展。在中游，总投资104亿元的怀洪新河灌区工程不久前开工建设，设计灌溉面积343万亩。在下游，淮河入海水道二期工程建设已经启动，设计行洪流量从现在的每秒2270立方米扩大到每秒7000立方米。

　　党的十八大以来，进一步治淮38项工程已开工建设36项，其中14项建设完成。如今，昔日水旱灾害频发的淮河，滋养着全国1/9的人口、1/10的耕地，贡献着全国1/6的粮食产量。位于淮河之畔的安徽阜南是产粮大县，近年来，投入资金100多亿元，彻底改变了过去易涝易旱的不利生产条件，今年，全县粮食产量将突破90万吨。

　　党的十八大以来，淮河治理还更加注重人水和谐，千里淮河水清岸绿，河畅景美。通过增强淮河水源涵养能力，全流域建立河长制、湖长制，开展林业增绿增效行动，建设生态走廊，重塑水域岸线生态，打造美丽河湖。10年来已建成幸福河湖1000多个，淮河流域水质常年保持在Ⅲ类以上，淮河流域人水相亲、城水相融的画卷正在徐徐展开。

新时代，新征程。淮河沿岸的人们将继续提升抗御自然灾害的水平，不断强化河湖管理，推动淮河流域生态经济高质量发展，奋力绘就新时代淮河安澜、人水和谐新图景。

（http://news.cctv.cn/2022/10/04/ARTIVTAY8pK9y4ipkPtjyeec221004.shtml）

江河奔腾看中国｜珠江潮涌谱新篇　闽山闽水物华新

江河奔腾看中国，今天（10月5日）来关注珠江和闽江。党的十八大以来，两江沿线坚持生态优先、绿色发展，走出一条生态效益和经济效益双赢的高质量发展之路。

珠江流域由西江、北江、东江及珠江三角洲众多河流组成，连通云南、贵州、广西、广东、湖南、江西和香港、澳门。

党的十八大以来，珠江沿线各地加快疏通"堵点"，打造内河网络与深水海港相连的黄金水道。广西西江航道一派繁忙，贵港港货物吞吐量已连续两年突破1亿吨，成为西江首个内河亿吨大港。

珠江"八口入海"联通世界。华南地区最大的综合性枢纽港——广州港，在珠江沿线开通多条驳船支线，初步形成了覆盖湾区、辐射内陆、联通全球的综合物流网络体系。

"黄金水道"便捷通畅的背后，是生态优先、绿色发展理念的落地生根。10年来，沿江各地共同抓好大保护、协同推进大治理。云南加大水源涵养，守好源头的绿水青山。贵州罗甸全面开展小流域治理，拆除网箱养鱼，近千户渔民上岸转产发展生态农业等。

广东投入约600亿元，沿多条河流总计建成4300公里碧道，成为集安全行洪、文化休闲、产业转型升级为一体的滨水生态廊道。如今，珠江流域沿岸正在加速形成产业协作深化、开放合作强化的高质量发展新局面。

闽江是福建省最大的河流，流域面积约占全省面积的一半。

近年来，福建坚持把生态环境保护放在优先位置，全力推进闽江综合治理，筑牢生态屏障。闽江源国家级自然保护区，构建起无人机巡护、地面监测为一体的防护网，保持源头的生物多样性。武夷山茶农一度为了经济利益毁林种茶，造成水土流失。这10年，当地严格落实河长制，大力整治违规开垦的茶山6万多亩，重新种上根系发达的针叶树、阔叶树，擦亮绿水青山的金字招牌。

闽江下游的福州市开展城区水系综合治理，先后建成1400多个串珠公园。近日，福建7个地市达成一致，将打破行政边界，协同立法保护流域生态。

经过坚持不懈的努力，今年上半年，闽江流域水质优良比例达99.3%，其中Ⅰ、Ⅱ类好水比例为75.4%。

生态持续向好，闽江成为造福百姓的生态之河、发展之河。在闽江两岸，节能、降碳、减污协同推进，纺织、鞋服等传统产业加快转型，新材料、光电、信息技术服务等战略新兴产业蓬勃发展。

（http://news.cctv.com/2022/10/05/ARTIPmMuh7oYjz6HFVZ8PoT6221005.shtml）

江河奔腾看中国丨塔里木河润绿洲　万泉河水奔海流

今天（10月6日）来看新疆的塔里木河、海南的万泉河。党的十八大以来，两地持续改善水生态环境，让保护与治理成果惠及沿线更多群众，走出一条生态优先、绿色发展之路。

塔里木河位于新疆塔里木盆地北部，发源于冰川融水，由144条河流汇聚而成，是我国最长的内陆河。这段时间，塔里木河下游的博孜库勒胡杨林区正加紧进行秋季生态输水。今年，塔里木河流域生态补水的胡杨林总面积将近582万亩，其中40%为分洪淹灌。

党的十八大以来，塔里木河坚持"流域一盘棋"，实施河湖连通、丰枯互济和各源流跨流域调水，有效解决了流域内水资源时空分布不均、用水不均的问题。叶城核桃、库尔勒香梨、皮山甜石榴等各类农产品实现普遍增产。在若羌县，当地将特色林果打造为主导产业。

从荒漠到果园，从涝坝村到丰饶地，这样的变化在塔里木河流域越来越多。塔里木河源流之一的叶尔羌河经过综合治理，沿河群众告别千年水患，开启了乡村振兴新征程。串起南疆几乎所有绿洲的塔里木河，滋养哺育着

4500多万亩良田和1200多万各族儿女。

万泉河位于海南岛中东部，流经琼中、万宁和琼海等市（县）。党的十八大以来，海南持续加强万泉河流域生态保护，划定饮用水水源保护区，取缔网箱养殖、畜禽养殖，建设沿河带状公园、滨海绿色长廊。现在，万泉河干流的水质长期保持在地表Ⅱ类水，依托好生态，沿线各地发展乡村旅游，打造特色小镇。国庆假期，万泉河畔的加脑村迎来大批游客。

在距离万泉河支流红岭水利枢纽约100公里的文昌文南村，刚收完水稻的村民们用上了万泉河水。红岭灌区工程启动以来已完成多次应急调水，预计今年底交付使用，将有效保障海南岛东北地区90多万人口安全饮水和超145万亩农田灌溉用水。

在万泉河的入海口，琼海博鳌镇因每年召开的博鳌亚洲论坛年会而闻名世界。依托博鳌效应，当地打造接待中外嘉宾的"美丽乡村会客厅"，建设农业对外开放合作试验区，推动农村产业融合发展。从生态之河到开放之河，今天的万泉河正在不断焕发出新的生机。

（http://news.cctv.com/2022/10/06/ARTIsNKIyxDLBeN25gvOpzhd221006.sht – ml）

江河奔腾看中国 | 古老运河　时代新貌

　　京杭大运河是世界上最长的人工运河。党的十八大以来，大运河沿线省份统筹推动保护、传承、利用各项工作，古老运河在新时代焕发出新的生机活力。

　　京杭大运河南起浙江杭州，向北途经江苏、山东、河北、天津，最终抵达北京通州，全长1700多公里。

　　位于江苏扬州的运河三湾段曾经聚集着农药厂、水泥厂等80多家企业，从2014年开始，当地启动工厂搬迁、河道疏浚、驳岸改造等工程，现在，三湾已经成为风景秀丽的湿地公园。党的十八大以来，一系列生态环境保护提升举措在运河沿线全面实施。今年，随着贯通补水工作进行，京杭大运河实现了百年来首次全线贯通。

　　大运河不仅滋养着两岸城市和人民，更被誉为"流动的文化"。2014年，大运河列入世界遗产名录。依托丰富的文化遗存，大运河国家文化公园加快建设，大运河文化带加速形成。

　　大运河还为沿线城市发展注入强劲动能。在北京通州，依托良好生态建设的运河商务区初具规模，吸引金融科技创新、高端商务服务等一批产业落户城市副中心。在山东德州，大运河穿城而过，文创产业园、生态廊道布局两岸。在江苏，4个绿色现代航运示范区已经建成。在河北，大运河沧州中心城区段不久前实现旅游通航，乘船游览大运河成为人们的假日新选择。

如今，大运河璀璨文化带、绿色生态带、缤纷旅游带正加快打造，"千年运河"在新时代绽放出绚丽光彩。

（http://news.cctv.com/2022/10/07/ARTIJsv5wIQeSdI5nvp11hIt221007.shtml）

"江河奔腾看中国"主题宣传活动中央媒体作品集

中央广播电视总台央视《焦点访谈》

◎看江河奔腾　讲中国故事

看江河奔腾　讲中国故事

《焦点访谈》20221008 看江河奔腾 讲中国故事

　　"一条大河波浪宽，风吹稻花香两岸"，这首歌，相信大家都很熟悉，长江、黄河、松花江、珠江这些大江大河，我们也从小就知道。江河奔腾，润泽万物，是生命之源、生产之要、生态之基。但在过去，过度开发利用、生态环境恶化等问题一度非常突出。祖国的大江大河，习近平总书记一直牵挂于心。党的十八大以来，他的考察调研足迹行至大江南北、大河上下。这十年，我们的江河发生了巨大的变化。变在哪里？

　　10月1日至7日，聚焦长江、黄河、松花江、辽河、淮河、珠江、闽江、塔里木河、万泉河、京杭大运河等10条江河，中央主要媒体逐一开展报道，全方位展现江河奔腾的壮美自然画卷和安居乐业的百姓生活。

　　以江河为脉，中央广播电视总台的大型融媒体报道"江河奔腾看中国"综合运用多种表现形式，带领观众和网友走近一条条大河。

　　空中、陆地、水下，全方位、多视角、伴随式，"江河奔腾看中国"，首先带着大家看到的是生态优先、绿色发展理念下的大美中国。

　　珠江"八口入海"，联通世界。珠三角世界级城市群依江发展，珠江入海口处，也是我国经济发展最迅速、最活跃的区域之一，这里，也是被称为"水上大熊猫"的国家一级保护动物——中华白海豚的国家级自然保护区。

保护区总面积约460万平方米，入海口处大部分区域都囊括其中。珠江航道如此繁忙，经济价值如此之高，那快速的发展中生态能不能优先？怎么优先？搭乘保护区的作业船，记者带着观众来到了现场。

不仅是港珠澳大桥这样的国家重大工程建设期间，保护区内禁止可能对中华白海豚造成直接危害甚至是间接影响的活动。过去10年，这里的中华白海豚的数量不断增加，现在已经有2500多头，成为全世界中华白海豚种群数量最多的地区。

不仅水更绿，在共同抓好大保护、协同推进大治理的理念指引下，江河安全的保障能力也在大幅提升。

淮河跨湖北、河南、安徽、江苏、山东5省，曾因下游排水不畅，历史上是有名的"灾害河"。党的十八大以来，坚持"统一规划""统一治理"，上游的河南大别山革命老区，引淮灌溉供水工程投资50多亿元，历时3年的建设，已经完成70%。下游的江苏，淮河入海水道二期工程今年7月开工，将进一步大幅提升淮河行洪能力。

水利部发展研究中心主任陈茂山说："以习近平同志为核心的党中央，对治水工作高度重视，特别是习近平总书记亲自谋划、亲自部署、亲自推动我国江河流域的系统治理工作。近10年，我国洪涝灾害年均损失占GDP的比重，由上一个十年的0.57%下降到0.31%，这是了不起的巨大成就。"

"江河奔腾看中国"的镜头下，绿水青山、江河安澜、人水相亲、城水相融的画卷正在徐徐展开。

滚滚碧浪中，"江河奔腾看中国"还带着大家看到了江河流域腾跃发展的活力中国。

除了繁忙的航运，以绿色、创新为特色，依托丰富的水电资源，贵州打造大数据产业；上海、江苏、浙江、安徽，正在共建长三角科技创新共同体，福州市发展数字经济，沿江流域各地正在谋求更高质量的发展。

不仅是看到大枢纽、大航道、大城市承载的大发展，潮起潮落、腾跃发展背后是人间烟火和热气腾腾的百姓生活。

"江河奔腾看中国"还把镜头移动到流域的一个个小村镇，聚焦这里众多普通百姓的生活变迁和他们身上的中国精气神儿。

位于山西吕梁大山里的碛口镇，是明清时期有名的黄河古码头。今年68岁的李世喜，十几岁就在黄河岸边做起船工，遇到逆风或激流时，他们喊着号子，背着纤绳，一步步往上拉。艰辛惊险的船工生活，不仅练就了老李搏击风浪的本领，也磨练出他坚毅果敢的性格。

后来，公路、铁路修了起来，碛口水上交通枢纽的地位逐渐消失，当地经济失去了支柱，老李也没了活儿，于是他就打零工养家。一直到脱贫攻坚战打响，依托独具特色的民俗风情、黄河风光，当地决定走发展文化旅游的新路子，不服输的老李，带头搞起了民宿。

凭着这股精气神儿，碛口古镇一年一个样，不仅脱了贫，去年还成功创建国家4A级旅游景区。除了开民宿，老李还成了非物质文化遗产黄河纤夫传承人。古镇越来越热闹，老李和乡亲们日子越过越红火。

一个个鲜活的人物，一个个生动的故事，除了中央广播电视总台呈现的精彩报道，《人民日报》《新华社》《光明日报》《经济日报》等也刊载了系列报道，以江河之美映衬时代之美，以江河之变反映国家之变，以江河之兴展现国家之兴，引发社会热烈反响。

陈茂山说："这是一次生动的国情、水情教育，也是一次讲好中国故事，讲好生态保护、绿色发展故事的一种成功尝试，也是在习近平生态文明思想、治水思路、江河战略引领下，我国流域治理管理和经济社会发展取得辉煌成就的完美呈现。"

江河奔腾，川流不息，新时代的中国蒸蒸日上、日新月异。跟随"江河奔腾看中国"，我们看到了活力中国、绿色中国、大美中国，看到了从南到北各大流域生态治理的成效、经济发展的盛况，以及依水而居、人水相亲、安居乐业的百姓生活图景。江河之美，映衬着国家之美、江河之新，展现着时代之新，从南到北，滚滚江水奔腾着新时代的精气神儿、流淌着新生活的风景线。

（https://tv.cctv.com/2022/10/08/VIDEbzVldO00cYcCJ3rz55LI221008.shtml）

"江河奔腾看中国"
主题宣传活动
中央媒体作品集

中央广播电视总台央视
《主播说联播》

◎奔腾的江河，升腾的中国！

奔腾的江河，升腾的中国！

《江河奔腾看中国》

　　今天是国庆节，清晨，二十多万人一起在天安门广场观看升旗仪式，国旗升起的那一刻，现场沸腾了。很多人都说，作为中国人总要来天安门广场看一次升国旗。以这样的方式向祖国表白，这是中国人的浪漫。国庆气氛拉满，不光是在天安门广场，走在大街小巷，到处都能看到飘扬的五星红旗，听到耳熟能详的歌曲。比如这一首，"一条大河波浪宽"。其实，很多人的心里，或许都有这么一条大河，那是自己眷恋的家乡。今天开始，总台推出了特别节目《江河奔腾看中国》，带大家看大江大河大中国。

　　看大江大河，看的不仅是一泓清水，还有青山绿水间绿色发展的故事。比如黄河，有句话说"九曲黄河万里沙"，而如今黄河流域发展注重的是"生态保护"，走的是"高质量发展"之路。近些年，黄河流域生态环境改善明显，肉眼可见很多河段都变清了。而长江"共抓大保护、不搞大开发"的理念已深入人心。如今，长江水也更清了，各种各样的"小精灵"比如"微笑天使"江豚都游回来了。

看江河奔腾，看的也是江河两岸腾跃的发展活力，和热气腾腾的生活。长江沿岸清退污染企业，产业不断转型升级，人们已经能够见水亲水；塔里木河曾映照丝路辉煌，如今又见证"一带一路"发展新机遇……江河之变折射的是时代之变，江河之兴的背后是祖国之兴。奔腾的江河，升腾的中国。

　　（https://content-　static.cctvnews.cctv.com/snow-　book/index.html?item_id=12432497423612242792&toc_style_id=feeds_default&share_to=wechat&track_id=deaf569c-3702-444e-a87a-5f74d5578aea）

"江河奔腾看中国"
主题宣传活动
中央媒体作品集

中央广播电视总台央视
《新闻频道》

◎长江·生态优先绿色发展　长江万里风正帆悬

◎黄河·大河滔滔　奏响时代新乐章

◎松花江　辽河·松辽之水润沃野　东北振兴谱新篇

◎淮河·千里淮河通江海　一水安澜润两岸

◎闽江　珠江·百川汇流入大海　珠江潮涌启新程

◎塔里木河　万泉河·穿越沙海润泽绿洲　相伴丝路奔腾向前

◎京杭大运河·千年运河　青春正好

长江·生态优先绿色发展　长江万里风正帆悬

宝晓峰：这里是中央广播电视总台、央视综合频道、新闻频道定期为您直播的特别节目《江河奔腾看中国》。

何岩柯：中国河流众多，水系丰富，江河奔腾，不舍昼夜，滋养着中华儿女，见证着岁月变迁。

宝晓峰：我们从众多的河流当中选取长江、黄河、松花江、辽河、淮河、珠江、闽江、塔里木河、万泉河、京杭大运河这10条江河。

何岩柯：从今天开始到10月7日，每天以一到两条江河为脉络，我们和您一起去饱览神州大地的江山多娇，领略新时代中国取得的非凡成就，感受咱老百姓的好日子和踔厉奋发的精气神。

宝晓峰：今天我们将首先沿着万里长江水陆空一路顺流而行，去看看共抓大保护、不搞大开发绘就出的山水人城和谐相融新画卷。

何岩柯：今天还将去探寻沿江各地如何在发展中保护、在保护中发展，走出一条生态优先、绿色发展之路，感受一下长江在新时代迸发出的蓬勃力量。

宝晓峰：长江发源于青藏高原的唐古拉山脉各拉丹东雪山西南侧，干流流经青海、四川、西藏、云南、重庆、湖北、湖南、江西、安徽、江苏、上海等11个省（区、市），最终在上海崇明岛附近汇入东海，全长6300余公里。支流延展至贵州、甘肃、陕西、河南、浙江、广西、广东、福建等8个省（区），流域总面积达180万平方公里，占我国国土面积的18.8%，是世界第三、我国第一大河。

长江干流上中游以湖北省宜昌市为界，中下游的分界点为江西省湖口县。上游主要流经高原、高山、峡谷地带，河流水量丰沛、水流湍急，中游河道迂回曲折，江面宽窄，水流迟缓。下游江阔水深，支流短小，河网稠密，纵横交织。长江水系航运资源丰富，素有"黄金水道"之称，是中国内河航运最集中的地区，同时长江流域还是我国重要的生物基因库，水资源配置的战略水源地，实施能源战略的主要基地，在保障我国的生态安全、供水安全、能源安全方面发挥了重要作用。

何岩柯：茫茫高原，皑皑白雪，眼前这一片巍巍矗立的雪山就是横亘在世界屋脊青藏高原上的唐古拉山脉。雪山林立的最高峰是唐古拉山脉的主峰各拉丹东，这里就是万里长江的发源地。

雪峰高耸与云团相拥相依，一条条巨大冰川犹如白色长龙，冰川末端是形态万千绚丽多姿的冰塔林，高耸的冰峰、曲折的冰谷、光洁的冰柱、晶莹的冰笋都营造出了一个童话般的冰晶世界。万里长江在它鲜为人见的源头把自己打扮得如此美丽。

宝晓峰：峡谷深邃，大江奔流，金沙江从两座雪山中间流过，原本平静的江山顿时变得急湍汹涌，江水穿山凿岩，气势汹涌地从两座雪山中奔泻而下，形成了雄奇险峻的虎跳峡。

虎跳峡全长20多公里，江面落差210多米，两岸是几乎垂直的悬崖绝壁，江面最窄处只有30米。金沙江水咆哮着拍击着岸边陡峭的崖壁，掀起层层巨浪，如万马奔腾，令人惊心动魄。

何岩柯：现在我们看到的就是长江三峡中的巫峡，巫峡绮丽幽深，奇峰突兀，层峦叠嶂，云腾雾绕，江流曲折，百转千回。船行其间，宛若进入绮丽的画廊，充满诗情画意。"万峰磅礴一江通，锁钥荆襄气势雄"这是对它真实的写照。长江三峡集自然风光、人文景观和地质现象于一体，是世界著名的峡谷和观景旅游胜地。

宝晓峰：货船、渡轮行驶在平展开阔的长江江面上，沿江绵延7.5公里，总面积135公顷。这里是武汉的青山江滩，昔日的老工业基地已变身美丽的城市花园，江、滩、堤、路、城"五位一体"，长江生态修复完美融入城市发展。这里绿树成荫，四季有花，层林尽染。健身步道、儿童乐园、游泳池、运动场，不同年龄的人们都在此得到放松，找到乐趣。

何岩柯：您现在看到的是长江江苏南京段，目前，长江干支流通航里程超过7.1万公里，占全国内河通航总里程的56%。长江江苏段连通着淮河、运河，是长江航运极为繁忙的一段，大型货轮南来北往，排着长长的队伍鱼贯而入，载着来自各地的货物送向远方。生态优先，绿色发展，让长江经济带释放新动能，黄金水道产生更加显著的黄金效益。

宝晓峰：长江奔腾终入海。现在镜头里出现的是位于长江入海口的崇明岛，崇明岛是我国第三大岛，也是世界最大的河口沉积岛，素有"长江门户"之称。岛上独特的湿地景观是长江的馈赠，也是上海重要的生态屏障。江畔的西沙湿地公园芦苇绵延不绝，水山错落有致，这里离都市不远，离自然很近，人们趁着假日远道而来，漫步于湿地深处，尽享惬意时光。

何岩柯：通过这样的一组景观画面，我们已经感受到了长江的气象万千，在源头它如冰清玉洁的少女，在金沙江段它又像奔腾向前的少年。

宝晓峰：在三峡，它是一幅平静秀美的山水画屏；在武汉，它是江城流淌着的动脉；在崇明岛以东，它气吞万里，奔流入海。

何岩柯：其实特别像歌声里所唱的那样：你从雪山走来，春潮是你的风采。你向东海奔去，惊涛是你的气概。

宝晓峰：那接下来我们就要请王音棋带我们通过自然资源部国土卫星遥感应用中心的卫星视角去探秘长江源，音棋，马上给我们介绍一下万里长江的源头活水究竟是从哪来的呢？

王音棋：好问题，长江源头从哪来呢？接下来我给大家详细说一说。

沱沱河、当曲、楚玛尔河等长江源头的大大小小的水源共同构成了长江最初的源头。根据河源唯远和流向顺直等因素，沱沱河被确定为长江的正源。万里长江的第一滴水就是来自沱沱河源头的姜根迪如冰山，我们来通过卫星图看一看。

在唐古拉山脉，各拉丹东是它的主峰，海拔有6621米，从高空远望，各拉丹东河四周20多座海拔6000米以上的雪峰共同组成了一片雪山群。这些雪山上孕育着大大小小几十条现代冰川，储存着大量的固定水源。这些冰川当中最著名的也最大的就是姜根迪如冰山，它位于各拉丹东的西南侧，分南北两条向下延伸，其中南侧冰川的长度和宽度都比北侧冰川略大，所以长江长度的起始点就是从南侧这条冰川的冰雪区算起的。两条巨大的冰川从雪山上延伸下来，冰川前沿形态各异的冰峰冰塔在吸收了太阳的光热之后，就形成了一滴一滴的冰川融水，最终汇集成流，流淌成河，奔腾成江。

各拉丹东雪山另一侧的冰川融水最终也是汇入到沱沱河，成为长江之水。庞大的各拉丹东雪山群源源不断地供给着长江源头丰沛的水流，让万里长江从雪山走来，生生不息，奔流向前，走向大海。

好了，不知道两位听完我这段介绍之后，是不是对"你从雪山走来"这句歌词有了更清晰的认识呢？

何岩柯：我觉得以后再听到《长江之歌》的时候一定会想到音棋的这段解读。

宝晓峰：没错。

何岩柯：刚才也是通过音棋的介绍，我们对长江源头有了更清晰的了解，而守护好这一江碧水，我们要从源头的第一滴水做起。

宝晓峰：是的，保护好源头的生态系统对于长江整体保护具有举足轻重的作用。

何岩柯：那接下来我们要去了解一下长江源头的另外一条河，就是当曲。它和沱沱河的源头是冰雪世界那样的景象不一样，当曲的源头是一片高原沼泽，但是在那我们却能够感受到长江源的另外一种生命力量。

记者：这里是海拔超过4500米的长江南源当曲，从2018年起，长江水利委员会、长江科学院水环境所的科研团队就在这里进行科考活动，他们要找到高原特有鱼种小头裸裂尻鱼的栖息地。这种鱼生活在海拔4400米至5200米的部分区域，是分布海拔最高的鱼类。2019年冬季，科研团队在当曲发现了它们的栖息地之一越冬场，也拍摄记录了令团队惊喜的水下世界。

李伟：水又澄清，又没有人打扰，水温又合适，流速又不大，那个鱼非常悠闲，就跟我们人在特别放松情况下的感觉一样，你感觉到它是一种很高兴的样子，真的是体现了那种鱼翔浅底的景象。

记者：越冬场的发现让科研团队极其振奋，接下来他们要攻克的第二个难关就是要找到小头裸裂尻鱼的另一个栖息地产卵场。从2018年开始李伟带领的团队14次登上高原，最多的时候一年去过6次，推论、寻找、推翻、研究、再寻找，凭借着坚韧的努力，终于在2021年夏天发现了小头裸裂尻鱼的产卵场。画面中这些亮晶晶的圆点就是它们的受精卵。与此同时，对高原鱼类的保护和生存环境的研究也加快进行。

李伟：我们现在评估出来长江源这一段水生态系统比较健康。

记者：利用在长江南源搜集的发育成熟亲鱼，李伟团队连续三年成功实现小头裸裂尻鱼人工繁殖，目的就是促进长江源水生态系统稳定，增加鱼类生物的多样性。今年6月，首次将人工孵化繁育的千余尾小头裸裂尻鱼在当曲河畔放流，未来长江科学院水环境所的科研团队将继续对高原鱼类的栖息地和自然环境进行深入研究，提供科学的保护措施。

李伟：开启了我们长江源鱼类栖息地研究的序幕，它的研究可以为我们中下游的栖息地修复提供借鉴参考。

宝晓峰：真的是不看不知道，让人惊叹，在长江源头竟然有这么大的鱼群，还有这么清澈的湿地。

何岩柯：是啊，雪山冰川流淌出长江的生生不息，沼泽湿地又孕育出长江的勃勃生机。

长江源是青藏高原生物多样性重点区域，这里动植物丰富而独特，既有像藏羚羊、藏野驴这样我们非常熟悉的动物，也有像裂腹鱼这样我们难得一见的特有物种。

宝晓峰：而位于沱沱河畔的班德湖就是一个鸟类的天堂。每年10月的中下旬，这里的雁鸭类候鸟就会迁徙到这里。这一段时间正是鸟儿们在这里集结补充能量准备迁飞的时候。

何岩柯：接下来我们就要跟随总台记者李奕璋去班德湖看一看。

李奕璋：我现在就在班德湖边，这里平均海拔在4700米，湖面面积在4平方公里左右。在不起风的时候，班德湖就如同一面镜子，蓝天白云倒影其中，犹如一幅七彩的油画，这就吸引很多雁鸭类的候鸟来到这里栖息、集结、休整。

据鸟类专家统计，在班德湖周边已经观测到了50多种鸟类。清澈的湖水和丰茂的水草让这里也成为斑头雁理想的栖息地之一，可以在画面中看到它们现在正在湖面上低空盘旋，有的扎入水中，有的正在梳理自己的羽毛，怡然自得。

每年的4月到6月，它们会来到这里筑巢孵蛋，等到幼鸟长大之后，又会飞往南亚国家越冬。而评判这里生态环境好坏的一个重要指标就是野生动物的种类和数量，通过监测显示，这几年斑头雁的数量已经从一千多只增长到了现在的五千多只，而棕头鸥、鱼鸥、针尾鸭、凤头鸊鷉等动物的数量也有大幅的增长。

与此同时，在志愿者所搭建的红外线摄像头当中也拍摄到了雪豹、野牦牛等国家一级保护野生动物的踪影。所以，从野生动物安家落户的角度来讲，班德湖无疑是长江源头的一块黄金地段。

值得一提的是，可可西里保护区也位于三江源国家公园长江源园区的一部分。在这一路上我看到了许许多多的小藏羚羊，这些小藏羚羊的毛发还略微发灰，略显稚嫩。据工作人员介绍，这大部分都是今年夏天在可可西里卓乃湖所诞生的幼羚，接下来它们要跟随母亲返回各自的栖息地。现在中国藏羚羊的种群数量也已经恢复到了30万只左右。

讲完了动物，我再跟您聊一聊长江的源头是如何保护的。

这几天在长江源区域采访当中，对我自己来说，也是走进自然、珍惜自然的过程。三江源国家公园成立以来，对于长江源区域的保护措施也在不断加大，在这一路上我看到了大大小小6个保护站，不仅有相关行业部门的保护者和科研人员，还有不少志愿者也来到这里做环保卫士，共同守护这里的河湖草地、一草一木。

保护长江生态，要从源头做起，守护一江碧水，人人都可参与。以上就是我在海拔4700米的长江源区域带来的观察。

宝晓峰：的确，保护长江生态，要从源头做起，守护一江碧水，我们人人都可以参与。

何岩柯：刚才我们是看完了班德湖的候鸟，接下来我们要从空中来俯瞰一下从沱沱河到通天河，长江在大地上为我们画出了一张怎样的风景。

短片：美丽的长江源头是纯洁的雪山冰川，当涓涓细流汇聚成河，长江便有了自己最初的名字——沱沱河。

从雪山流出的沱沱河也是长江海拔最高的一段，高到你在云端都能看清它俏如闪电般的身姿。

沱沱河从唐古拉山的峡谷中流出来，先是向西北方向流淌一段，然后突然转身向东，放慢了自己的脚步，好像等待沿途各条细小河流的加入。

长江源区域水源丰富，素有"中华水塔"的美誉，这里湖泊众多，大大小小湖泊也源源不断地为长江源头水系提供着水源保障。

沱沱河在汇聚了一路的水流之后来到了唐古拉山前的平旷地带，这时的沱沱河形成了水流交错、形似发辫的辫状水系。河宽水慢，水汊分聚，如发达的树根，似舒张的血脉。因为河床泥沙所含矿物质不同，河水又形成多变的颜色。

穿过云层，呈现在面前的是一幅巨大的图画。这是沱沱河的模样，是大自然的杰作，是万里长江的万千气象。

长江源地处青藏高原腹地，是重要的生态安全屏障。这里平均海拔超过4700米，气候变化敏感，生态环境脆弱，做好长江源头的生态环境保护，对维系整个长江流域的生态平衡至关重要。

2016年我国启动全国首个国家公园体制试点，在青藏高原建设三江源国家公园。随着各项保护措施的实施，长江源水体与湿地生态系统正得到修复，整体生态环境得到有效保护。

沱沱河恣意流淌几十公里之后，接纳了楚玛尔河和当曲，万里长江就到了通天河段。通天河的模样俨然是一条大河，它沿着河谷蜿蜒前行，画出了多处美丽的曲线，一路奋力向前。

何岩柯：从沱沱河到通天河变成了一条大河，通天河在广袤的高原上欢快地前行800多公里后，在青海玉树同巴塘河汇合，从这里开始一直到四川宜宾岷江口就是金沙江。

宝晓峰：金沙江段长约2308公里，在这里长江在峡谷中一路奔腾，也造就了一路的风景。

万里长江流出世界屋脊青藏高原，就进入金沙江段。江水到达位于云南省西北部的丽江市石鼓镇、迪庆州香格里拉市沙松碧村之间突然变得温顺，来了个180度的急转弯，转向东北形成了罕见的V字形大弯，蔚为壮观。长江第一弯海拔1850米，两岸植被丰茂，江边柳林如带，梯田阡陌，与石鼓古镇相映成趣，万里长江在这里被我们画出了一幅壮丽而锦绣的和谐美景。

何岩柯：金沙江在四川攀枝花市与雅砻江汇合，这里就是两条大江交汇的地方。两条江水颜色不同，一绿一青，二水合一水越发地湍急，攀枝花以下的金沙江段也是长江水能资源最为丰富的江段之一。

宝晓峰：您现在看到的是位于金沙江干流上的白鹤滩水电站。前不久白鹤滩水电站左岸机组全部投产发电，白鹤滩水电站是当今世界在建规模最大、技术难度最高的水电工程，全球单机容量最大功率、百万千瓦水轮发电机组，实现了我国高端装备制造的重大突破。金沙江下游河段也是长江水能富藏的黄金河段。

何岩柯：现在画面中看到的是位于四川宜宾的三江口，一江清水向前流淌，两岸植被郁郁葱葱。金沙江、岷江在此汇合，长江至此始称长江。

近年来，宜宾投入专项资金对长江沿岸的污染企业实施关停或搬迁，取缔沿江砂石堆场，拆除复绿非法码头，建成生态廊道近80公里。

宝晓峰：领略了金沙江的一路风景，接下来我们要再到岸上去看一看，一起去感受一下丰收的喜悦。

何岩柯：云南丽江华坪县曾是产煤大县，煤矿业的发展一度造成了环境污染和生态破坏。2013年以来，为了实现绿色发展，华坪县积极调整产业布局，引导煤炭企业有序关闭退出。

宝晓峰：当地利用废弃的煤矸石和土壤混合能够种植出高品质的芒果，而原本无处堆放的煤矸石也得到了有效的利用。

何岩柯：这段时间正好是当地芒果采摘的季节，我们就来看一下总台记者从当地发回的报道。

梁钟玲：我现在身处金沙江旁华坪县的一片芒果园，正值芒果的丰收季，我正在和村民们一块采芒果。刚刚问了一下，要先经过几天日晒，晒成这样的玫红色再采摘下来。

您好，我问一下这片芒果园都是您家的对不对？

陈健：是的。这一片芒果总的面积有300亩。

梁钟玲：收成怎么样？

陈健：今年挂果的这部分30亩的话收成在十七八万元。

梁钟玲：但是我看现在市面上芒果都快卖得差不多了，但是咱们华坪芒果才刚成熟。

陈健：这个是华坪芒果最大的特点，因为我们这里气候好、海拔高，在别人的芒果都卖完的时候，我们的芒果刚刚成熟，这个时候也是芒果价格比较好的时候。

梁钟玲：熟得晚，所以根本不愁卖。为了专攻晚熟这个优势，当地也是下了不少的功夫。

李朝刚：对，华坪芒果除气候优势和品种优势外，我们采取人工摘花的技术推迟芒果晚熟一个月上市，所以华坪芒果比较有市场优势。

梁钟玲：现在整个华坪县的芒果产值大概是多少呢？

李朝刚：目前预计到年底，华坪芒果面积可以达到44万亩，产量达到三十几万吨，产值达到26.5亿元。

梁钟玲：你很难想象华坪县的这一片片芒果园在10年前却是一片黑色的煤矿山。华坪县曾是我国100个重点的产煤县之一，大量的煤矿生产也带来了生态破坏。近年来，当地把保护长江上游和生态环境放到了压倒性的位置，实施矿业转型、推动绿色发展。在这个过程中，当地也发现芒果产业在造福当地百姓的同时，也修复了生态环境，这条由芒果林组成的百里绿色长廊也成为长江上游重要的生态安全屏障。

何岩柯：的确，长江流域是我国重要的生态屏障，长江流域山水田林湖草沙是浑然一体，是我国重要的生物多样性优先保护区域。

宝晓峰：为了保护好长江流域的生态屏障，沿江地区因地制宜，统筹治理与保护的各种要素综合施策，加快生态系统的综合治理。

何岩柯：在重庆，近年来就通过种植水中森林，在长江岸边打造出了一道道水清岸绿景色美的风景线。

宝晓峰：我想大家的感受一样，这水中森林听起来就觉得特别有意思，那到底是什么样的风景？这些林子又是怎么种出来的呢？接下来我们就跟随总台记者一起到重庆万州去看一看。

张丛婧：我现在就在重庆万州的大周镇，我此刻是身处一片森林之中，眼前这些树木长得高大又茂盛。但你能想到吗？再过一个月，这些树木将会全部被江水淹没。

你看这里有一个刻度尺，当三峡库区蓄水至175米以后，水位就会涨到最高处那里。这意味着超过我身高的地方都将会浸泡在江水里，而且会持续5个月之久。到那时，我所站的这片区域就会成为一片水中森林。

听起来是不是很神奇呢？因为这里并不是一片普通的林地，也是万州的消落带生态修复林。此时你是不是很好奇，这里种的是什么树可以在水下存活5个多月呢？

这种树叫中山杉，它是中科院植物研究所培育出来的品种。我们来看一下它的幼苗，可以看到这棵树还很小的时候，它的根系就已经非常发达了，长大后更是可以扎入土里3米多深，直径可达10米长，纵横交错可以覆盖周围80平方米的土地，固土效果是相当不错的。而且它耐阴、耐旱，当库区蓄水后它能够经受住江水长期的浸泡，当水位下降后，它又能扛住长时间干旱的考验。

消落带这样半年日晒、半年水淹的特性其实对植物的生命力来说是一个非常严峻的考验。因此，当地的科研人员也曾经在这里试过栽种竹柳、水桦等近10种植物。但是都长得不太好，最后只有中山杉不仅活下来了，还长得又快又好。

经过多年的试验和推广，现在长江万州段的消落带上已经种植了3200多亩的中山杉了。今天在我身后的这片树林里，工作人员就正在对中山杉的生长情况进行一些监测和养护，测量一下树木的一些相关数据，还在进行修枝、剪枝等工作。

如今这里能有这样一片绵延70多公里的水上森林美景，也是得益于当地因地制宜的科学治理，不仅是保持了水土，还绿化了两岸，修复了消落带脆弱的生态。而且这样一片水中森林的美景也吸引着游人们竞相而来，过来打卡，使得当地的村民也吃上了旅游饭。可以说，这样一片森林是守护了一江碧水，成就了一处风景，也富裕了一方百姓。

宝晓峰：一片森林，一江碧水，接下来我们的旅程就要来到长江三峡了。

三峡是长江最美的江段，这里有将近200公里的山水画廊，有跨越千年的人文遗迹，还有丰富多彩的地质景观。

何岩柯：三峡可以说是一幅画，重峦叠嶂，气象万千。三峡也是一首诗，"两岸猿声啼不住，轻舟已过万重山"。如果要游览三峡，一定得乘船而行，接下来我们就跟随总台记者行舟长江三峡，感受诗情画意。

邓丽娟：这里就是重庆的奉节港码头，而这里也是长江三峡从西向东的起点。顺江而下，我们将依次经过瞿塘峡、巫峡以及西陵峡，而今天我们将在这里登船带大家一起去船行三峡看变化。

离开奉节港一路向东便进入瞿塘峡，也是三峡中最短、最为雄伟险峻的峡谷。在瞿塘峡入口处，赤甲山巍然屹立江面，仿佛一座巨大闸门守卫着"夔门天下雄"的传说。

为保护好这一江碧水、两岸青山，筑牢长江上游平台屏障，重庆发起了"两岸青山，千里林带"建设，船在江上走，人在画中游的诗意美景更加清晰。

晏萍：这个山上的植被每年都有飞机播种，所以现在看到这里山上的植被是非常翠绿的，一年四季都非常漂亮。

福俊彦：很高兴也很兴奋，第一次来三峡，非常开心。祖国的山河真好看、真漂亮，水特别地清澈，环境也特别好。

邓丽娟：现在游船是抵达了它的终点站，湖北的秭归港，接下来我们将进行换乘，一起去看看轮船是如何通过三峡船闸的。

作为货运量位居全球内河第一的黄金水道，在今天的长江三峡大坝黄金水道的咽喉要道，我们看到更多的是平稳、高效和有序。

现在满载商品车的轮船即将驶入三峡大坝的五级船闸了，在甲板上，这些汽车是整整齐齐地排列在这里，离开这里。最近的距离只有我的一拳这么宽，那为什么能够做到这么窄的距离呢？其实完全是得益于我们长江航道通航能力的大幅提升。

王灵：主要航道条件好，如果航道狭窄、水流湍急，肯定就不能平稳地航行，会有颠簸感的。所以现在的船舶吨位也在变大，装车的装载数量比以前也更多了。

邓丽娟：通过多方面的提升，如今三峡船闸总通过量达到17.5亿吨，年均增长10.14%，这条生态、环保、高效的黄金水道正在激荡起一朵朵更美丽的浪花。

宝晓峰：刚才跟随记者的这趟旅程给我最大的感受就是现在的三峡不仅山青水绿风光好，而且船大坝高气象新。有机会还是建议大家可以实地坐着船去畅游一番，感受一下。

何岩柯：特别是近些年以来，以三峡游为代表的长江旅游客运在国内外的品牌影响力是不断地提升，通过交通加旅游的融合发展模式，长江客运也是不断提档升级推进绿色转型。

宝晓峰：而说到绿色，下面我们就要带您走进三峡坝区，这里更是绿意盎然，我们一起来感受。

黄桂云：这就是我们国家一级野生保护植物荷叶铁线蕨，这是远古时代的植物，也是恐龙时代的植物，是植物界的活化石。

记者：经过及时有效的抢救性保护和成功的人工繁育，如今已经有成千株的荷叶铁线蕨回归野外。

黄桂云：荷叶铁线蕨的保护应该说是我们所有珍稀植物抢救保护的一个缩影，到今天为止，我们长江珍稀植物保护所保护的特有、珍稀、资源性植物达到了1300种，而且我们已经有包括荷叶铁线蕨、疏花水柏枝、珙桐、红豆杉等一系列的国家野生植物回归到野外去了。

记者：除了育苗棚里的奇珍异宝，研究所的暗培养室中还住着一群太空旅客。去年10月16日，搭载神舟十三号载人飞船成功进入太空，遨游了183天的丰都车前种子，第一批进入科学实验程序的400粒天选之种正在科研人员日夜相继的精心呵护下苗壮成长。

不仅有遨游太空的珍稀植物，三峡坝区还有能潜江入海的水中活化石中华鲟。在中华鲟研究所养殖车间内，工作人员正在对处于青春期的2011年子二代中华鲟进行B超检查，为今年和明年的繁殖工作忙碌准备着。

杨菁：大家现在看到的是我们今年9月15日繁育的中华鲟小宝宝，经过半年的生长发育，我们的中华鲟小宝宝可以长到15到20厘米，到那个时候它基本上就可以作为放流苗的一个规格苗种向大自然放流回归了。

记者：今年又有25万尾子二代中华鲟陆续回到长江，数量创下了历史新高。为了更好地了解它们的洄游路径和海洋生活史，所有中华鲟在放归前都会被打上标记。今年有13尾大体积的中华鲟携带着最先进的卫星身份证踏上了回家的旅程，通过声呐调查评估，科研人员发现近年来放流中华鲟入海比例达到70%，说明绝大多数放流中华鲟能顺利地从长江宜昌段回到大海。

何岩柯：长江是我们的母亲河，它不舍昼夜流贯西东，用她博大的情怀润养着大江两岸的万物苍生。我们得到长江母亲的哺育，自然也要回馈长江，保护长江。

宝晓峰：告别了三峡大坝，我们继续沿江而行。接下来就进入了长江中游，中游长江的景色与上游截然不同，没有急流险滩和绝壁峡谷，这里长江在平原上奔流，旷野无边。

何岩柯：不过，这儿要单独提一下中游的荆江段，这里是长江比较险要的河段。人们常说万里长江险在荆江，为什么会有这样的说法呢？为什么长江的荆江段有如此的特点？

王音棋：好的，都说万里长江险在荆江，到底有多险？我们一起来看一看。

长江干流从湖北宜昌到江西湖口为中游，长度是大约938公里。其中从湖北宜都枝城镇到湖南岳阳城陵矶这一段长约423公里，主要是在荆州境内，所以也被称作荆江。以藕池口为界，荆江又分为上荆江和下荆江，长江冲出三峡在这一段没有了束缚，河段弯曲变宽，水流变缓。长江从上游携带来的泥沙在这儿沉积，也使得河床逐渐淤高。而下荆江也是长江弯道最多的一段，被称为是"九曲回肠"，江水在这儿蜿蜒曲折，转了十几个弯。

由于弯曲，所以会发生自然裁弯，江水会冲过河湾最窄处形成新的河道。而原有的河湾两端会被江水淤塞，这些弯曲的河道也被称为牛轭湖。下荆江两岸分布着许多这样的湖，这都是荆江古河道变迁留下的自然遗迹。

我们再看一看一段近似于闭环一样的故道，就是位于湖北省石首市的天鹅洲故道湿地，这儿也是湖北长江天鹅洲白鳍豚国家级自然保护区，保护的对象主要是白鳍豚、长江江豚、中华鲟等国家和省重点保护物种以及它们的生存环境。近期要对这个保护区的功能区划进行调整，进一步来明确保护区的功能区划和它的界限范围。核心保护区的范围以及面积在进一步地增加，这就意味着我们的保护力度在不断地加大。

党的十八大以来，荆江在完善水利设施、提高防洪标准的同时，正在全力加大岸线的生态治理，打造水清、岸绿、景美的生态岸线。

接下来我们一起通过空中视角来看一看下荆江的变化。

我们来到的是藕池口至城陵矶的下荆江，从空中俯瞰，蜿蜒河道在辽阔大地上划出几道优美的弧线，下荆江素有"九曲回肠"之称。这片湿地曾是污水横流的非法砂石码头，通过长江岸线专项整治行动，湿地生态得到明显改善。曾经尘土飞扬的华龙码头也有了一个诗意的新名字：江豚湾。而腾退出来的长江岸线如今全部回归原始芦苇荡，金秋时节，万亩芦苇青黄相接，野趣天成。

顺江而下，现在来到的是长江与洞庭湖的交汇处三江口。因江湖之水各有不同，水中央清浊交汇、泾渭分明。跨越分界线逆水而上入洞庭，无数船只或锚定停泊，或分装货物。大江环其东北，洞庭看其西南，现在我们来到的是城陵矶港，首先映入眼帘的是一座巨大仓库，宛如一颗巨型胶囊倒扣在岸边，这是长江流域首座巨型胶囊式全封闭散货仓库。散货不再像过去露天堆放，而全部改为进入胶囊，全程封闭式自动化地装卸到铁路，然后运送至各地。最大限度避免了扬尘和水污染。依托通江达海的生态区位优势，城陵矶新港区也应运而生，今年预计集装箱吞吐量将突破100万标箱。

何岩柯：刚才通过空中视角我们也感受到了长江岸线的绿色之变，修复长江生态环境是新时代赋予我们的艰巨任务，需要久久为功。

宝晓峰：大家通过航拍的画面也注意到了，现在岳阳段的长江水位很低，那是因为今年7月以来长江下游地区遭遇了持续的干旱，导致长江干支流河湖出现了低水位。目前，长江流域降水量仍然偏少，夏秋连旱，形势严峻。

何岩柯：为了应对旱情，水利部8月中旬实施长江流域水库群抗旱保供水联合调度专项行动。调度长江上游水库群、洞庭湖水系水库群、鄱阳湖水系水库群为下游累计补水35.7亿立方米，农村供水受益人口1385万人，保障了356处大中型灌区，灌溉农田2856万亩。

宝晓峰：而在9月中旬，水利部再次启动了长江流域水库群抗旱保供水联合调度专项行动，确保民众饮水安全，重点保障长江中下游和两湖地区秋粮作物灌溉用水需求。

何岩柯：接下来我们就通过总台记者的镜头去实地看一看抗旱的成效。

宝晓峰：这里是岳阳市君山区钱粮湖镇的三角闸村，现在正是洞庭湖平原秋粮的收获季，我身后这样一片单季稻经过125天的生长，现在已经是金黄一片，稻穗累累，4台收割机正在抓紧作业，很快就能够收割完毕颗粒归仓。今年的稻子长得怎么样，你看首先稻穗很长，已经超过了我的整个手掌。它平均一株大概在220到240粒，而且轻轻一捏，大部分都是很硬很饱满的，也有少许的瘪壳，但是数量不多，总体来讲，长势是非常不错的，老乡们说今年的亩产预计在1100斤以上。

这个谷皮也很薄，我们剥了一些出来，特写镜头可以看到它是比较透明的。它是细长状，比较透明就说明它的油性很高。这里教大家一个生活的小技巧，超市里面怎么挑米？就挑这种比较透明的米，它的口感会好一些。而像这样的米粒当中有不透明的白点，油性低的米粒，它的口感就没有那么好了。

其实7月下旬以来，君山区到现在都没有有效降雨，高温干旱的天气可以说是贯穿了整个单季稻生长的关键周期。但是现在来看，丰收在望，最关键的是当地精准调度解决了用水的问题。在干稻的旁边我们看到一条3米多宽的沟渠，里面的水是比较充足的，这些水都是来自30多公里之外的长江。

跟着无人机，我们来到了长江君山段，江水中坐落着一艘长方形的补水泵船。旱情发生后，泵船从8月2日启动补水工程，7台潜水泵24小时马力全开从长江取水，通过7根直径1.2米的输水管道而上，穿越长江干堤送至西干渠，泵船每天可以从长江取水大概160万立方米。

长江水上岸之后，再通过西干渠分别给华洪运河和华容河补水。为了解决县（市、区）之间的用水矛盾，岳阳市水利局根据旱情的具体情况分时段轮流补水，先是对华洪运河补水10天，然后对华容河补水5天，之后再3天一轮换，根据具体的旱情精细化地调度。

在这张简易地图上，我们所在的三角闸村在这儿，这是长江，长江水通过洪水港补水泵船运输到华洪运河，再通过毛家湖电排，这些解渴的水、保粮食安全的水就运输到我旁边这些沟渠，它可以有效覆盖三角闸村5000多亩农田的灌溉。

截至今天早晨8点，已经累计补水9130万立方米，华洪运河和华容河沿线70多万亩的农田得到了有效灌溉。眼下君山20多万亩的单季稻已经进入收割的尾声，丰收已成定局，再过十多天，晚稻又将开镰收割。目前看，有了长江母亲河的馈赠，又是一片丰收在望的景象。

宝晓峰：这里是宜昌市猇亭区今年刚刚建成的灯塔广场，这里原本是长江岸边的一个码头，而现在变成了一处欣赏江景、休闲健身的打卡地。从2018年起，宜昌市破解化工围江难题，复绿长江岸线97.6公里，一大批沿江化工企业关停搬转，取而代之的是一处处公园绿地、休闲广场。长江岸线旧貌换新颜，江上轮船往来，岸边风景独好。

何岩柯：这里是武汉城区的沙湖，现在的沙湖湖水清澈，岸边绿意盎然。过去受污水排放等影响，沙湖一度环境恶化，近年来经过一系列的清淤和水生态系统修复，湖底种下水下森林，水体逐渐恢复自净能力，水质提升。碧波荡漾，垂柳拂堤，现在的沙湖是市民休闲的生态公园。

宝晓峰：我们现在看到的是位于安徽芜湖的十里江湾，这是一条长达10.4公里的滨江生态景观带。十八大以来，芜湖市启动了长江岸线的专项整治，对长江沿线的200多个非法码头、修造船厂和非法砂点予以拆除，腾出了6000亩的滩涂。通过巧妙的设计，当地把原本光秃秃的防洪大堤隐藏在了绿地中，打造出了这条高颜值的生态景观带，真正做到了还江于民、还岸于民、还景于民。

何岩柯：天蓝水碧，绿影婆娑，江滩披新绿，岸畔复葱茏。这里是江苏江阴的船厂公园，它与鹅鼻嘴公园、鲥鱼港公园、韭菜港公园、黄田港公园等串联一体，形成了层级有序的滨江公园带。而就在几年前，这片长江岸线还是码头林立、砂堆连片。2016年开始，江阴关停取缔沿江散乱污企业，对腾退出来的滨江空间实施生态修复，船厂变公园，鱼塘变湿地，岸线变风景。

宝晓峰：长江滚滚东流，孕育出了城市的繁荣，沿江的一座座城市就如同一颗颗璀璨的明珠映射着长江的文明之光。

何岩柯：长江沿岸城市把修复长江生态环境摆在了压倒性的位置，一段段长江岸线在变绿变美，一处处城市河湖在变清变亮。

宝晓峰：共抓大保护，不搞大开发。近年来长江流域各城市全市推进生态环境保护修复，打造沿江沿河沿湖绿色生态走廊，长江岸边曾经的一处处伤疤变成了一处处风景。

何岩柯：说到这儿，我们来看几张图片，看看我们大屏上的三张图片。这三张图片其实是同一个地方，它们都是湖北宜昌的长江边的沿岸。

第一张，2018年以前这儿是一个原料的堆场，我们还可以依稀看到后面有一个小亭子。看看第二张，这是2018年以后，这里开始改造了，小亭子还在。到了第三张，这就是改造完之后的样子，是不是变美了？

宝晓峰：其实总结一下就是小亭依旧在，亭边风景已不同。岸线生态修复其实并不是拆几座工厂码头，建几处绿色公园那么简单，而是要把长江生态修复与城市发展相融合，绘就山水人城和谐相融的新画卷。

何岩柯：接下来我们就跟随记者的脚步到武汉青山江滩去走一走、看一看、听一听市民感受到的江滩之变。

金珠：2025亩滩地公园，绿化率超过80%，每年释放氧气约2400吨。来到青山江滩，会忍不住放慢脚步大口呼吸，去感受绿意包围下的放松。这座巨大的城市花园对游人充满了友善和温情。

武汉市青山区伴江而生，因钢而兴。过去青山最耀眼的名片就是坐落着大型钢铁集团，因此青山也被武汉人称为红钢城。2017年，全长7.5公里的青山江滩建成，这里逐渐变成网红打卡地，现在青山又有了新名字——绿城，名字的转变折射着这片老工业基地的生态之变。

走在青山江滩，会发现很多路面都铺着这种小碎石，其实在它们的下方还埋藏着导水管，这样使得江滩就像一块会呼吸的海绵，恼人的雨水就有了新的去处。

向鑫：我身边这片区域是下沉式生态草溪，整个青山江滩有近两万平方米的下沉式生态草溪和雨水花园，这些道路是透水铺装性材料，下雨的时候雨水通过透水铺装性材料和绿化缓冲带进入生态草溪中，需要的时候再将这些雨水释放出来并加以利用。

金珠：这样的设计让江滩堤路相互衔接，江城相融，人滩和谐。随着长江大保护的深入，青山逐步关停了沿江码头，拆除砂石码头26个，集中3处保留部分设备改造成为工业遗址。

美景与美事似乎天生就是一对，因此2021年5月，青山江滩设立了全国第一家长江边的婚姻登记点，显得那么顺理成章又令人期待。穿过三角形拱门，白色廊架的长廊唯美又浪漫，连同两侧的绿地花园都是拍摄婚纱照的好选择。长廊尽头坐落着婚礼堂，通过敞亮的落地窗，奔腾的长江近在咫尺，新人面向长江许下结婚誓言，更是与众不同的体验。

青山江滩之变是长江之变的缩影，水清岸绿，人与长江也更加亲近，山水人城和谐相融，一派怡然自得。

宝晓峰：长江经济带覆盖沿江11省（市），横跨我国东、中、西三大板块，人口规模和经济总量占据全国半壁江山，生态地位突出，发展潜力巨大。长江经济带正在打造成为我国生态优先、绿色发展主战场，畅通国内国际双循环主动脉，引领经济高质量发展主力军。

何岩柯：长江流域已经形成长三角城市群、长江中游城市群、成渝城市群，在推动长江经济带的高质量发展中，这些城市群就如同一串串的明珠，闪耀着新时代的城市之光。

宝晓峰：接下来我们再来感受一下长江湖泊的美丽。

何岩柯：这里是我国最大的淡水湖鄱阳湖，眼下成群夏候鸟在鄱阳湖水域集结觅食，成为鄱阳湖畔一道亮丽的风景线。今年鄱阳湖提前进入枯水期，变浅的湖水为夏候鸟觅食、嬉戏提供了好的去处。鱼虾螺蚌等丰富的水生物资源也为夏候鸟提供了更多的食物。

鄱阳湖是重要的候鸟越冬地，每年10月下旬左右，70多万只越冬候鸟陆续飞抵鄱阳湖，开始它们近半年的越冬栖息生活。

宝晓峰：太湖是我国第三大淡水湖，也是长江下游江河湖海水生态体系的重要组成部分。水天一色，烟波浩渺，湖中水禽嬉戏，散落的生态岛郁郁葱葱。随着太湖生态修复的逐步完成，这里的水环境正在变得越来越好。

初秋的太湖边，河岸绿植簇拥，水草摇曳生姿，鱼儿穿行其中，繁茂而美丽的水下森林与绿意盎然的岸边风景融为一体，别有一番悠长水韵。

何岩柯：您现在看到的是位于安徽合肥包河区的湖滨湿地，辽阔的巢湖水面、丰茂的岸边绿地让这里形成了一道水绿交织、城湖相映的美丽景观。

为了护水增绿，近年来当地加大巢湖生态系统的保护与修复。今年7月底，环巢湖十大湿地全面建成，总面积达到100平方公里。连片的湿地就像为巢湖戴上了一条绿色的项链，也筑起了环巢湖的天然生态屏障。

鸟飞鱼跃，水清岸绿，这些生态美景需要我们去保护、去呵护。

宝晓峰：为了保护好长江流域的河湖水质，沿江城市近些年加大了城市水体的治理。地处长江边上的九江市今年就建了6座污水处理厂，基本消除了城市生活污水直排。

何岩柯：不仅如此，一些新建的污水处理厂还成了城市的风景。屏幕上看到的这个公园其实就是一座新建的污水处理厂，你可能很难想象到。

宝晓峰：那接下来我们就一起来看一下前方记者带来的实地探访。

殷一元：环境好，空气好，是我走在双溪湿地公园里听到的最多的两句话。而如果您认为这只是一个公园，那您可就错了，在这里您敢想象吗？在我们的脚下还有一个正在忙碌的污水处理厂。

双溪一名取自九江市十里河和濂溪河，这两条河位于九江市中心城区，但是多年来因为管网不完善、沿河直排等问题，导致河道成为重度黑臭水体，属于劣V类水。

污水处理厂为什么建在地下？建在地下又有什么样的好处呢？带着这些疑问，我们一起来走进这个别有洞天的污水处理厂，来探一探它的地下秘密。

置身于这个1.2万平方米的地下污水处理厂中，我们既听不到噪声，更闻不到臭味，既然是污水处理厂，那么污水在哪呢？工作人员告诉我们说，整个污水处理的过程都是在我脚下这个全封闭微负压的设备中进行的。同时厂区采用的是目前国内最先进的生物除臭方法，通过这个类似抽油烟机的管道，把污水处理过程中产生的臭气集中收集处理达标后有组织地排放。

工作人员：我们脚下就是我们的生化池，污水从这里开始进行生物脱氮除磷处理，生化池中有很多微生物能够有效地去除污水中的有机质。通俗来讲，就是微生物将水中的有机质当作食物吃掉，有机质的含量越高，微生物繁殖得就越多越快，我们水质净化的效果就会越好。

金珠：在污水处理厂的中央控制室，我们还看到污水处理过程全部采用智能化控制管理，并对进出口和处理车间进行了实时监控，数据实时传输到相关部门。通过这个智慧大脑，不仅可以看到污水处理的运行状态，还可以根据实时监控到的数据对处理过程中出现的一些问题和偏差进行及时的调整和纠错。

处理后的水一部分直接用于地面公园的植被和绿化用水，而另一部分则被排放到了小洋河和十里河进行生态补水。值得一提的是，这里还种植了大量的水生植物，特别是眼前您看到的睡莲和美人蕉，这些植物可以有效地削减水体中有机物的含量，同时可以增加水体中溶解氧的含量，起到净化水质的作用。而优良的水质顺利实现了围水养鱼，利用生物检验直观呈现污水处理成果的作用。

地上造绿，地下治污，昔日脏乱之地如今变成了市民身边的好朋友。现在处理过的汩汩清水沿着十里河汇入八里湖，最终流入长江。

作为江西省唯一濒临长江的城市，这几年当地通过持续不断的水环境综合治理，每年减少约7万立方米的污水直排，新建管网300多公里，新增城市生活污水处理能力每天达到14.5万吨，让一江清水惠泽百姓的同时，真正实现浩荡东流。

何岩柯：浩荡东流，那咱们就继续顺江而下。距离九江市不多远就到了湖口县，湖口是长江与鄱阳湖的唯一交汇口，这里也是长江下游的起点，湖口到长江入海口是下游。

宝晓峰：湖口一带的江面也是水上交通运输的交汇处，船只往来繁忙。因为江水、湖水在此汇合，水面下的鱼儿也很多，现在江豚成了这里的常客，在天气挺好的时候常常可以看到在此觅食的江豚。

何岩柯：长江是世界上水生生物多样性最为丰富的河流之一，滔滔江水哺育着420多种鱼类，光特有鱼类就有180多种，淡水鱼占全国的33%，珍稀濒危植物占到了全国的39.7%。

宝晓峰：为了恢复长江鱼类的天然种质资源，让长江得到休养生息。从2020年1月1日起，长江流域重点水域实施十年禁渔计划，禁止天然渔业资源的生产性捕捞。

何岩柯：江边居民的日常垂钓其实也有严格的规定，钓鱼爱好者甩两竿休闲一下，或者是岸边的百姓钓个鱼解解馋，其实这些都是允许的，但是您要是钓鱼拿去卖，那可不行啊。

宝晓峰：没错，所以实施禁渔两年多来，一些水域的野生鱼类数量已经明显地恢复了，而沿岸百姓的护鱼意识也在增强。

何岩柯：守护好一江碧水就要守护好长江的生态系统，山水林田湖草沙，一草一木都要保护。

宝晓峰：接下来我们要回到岸上，去看看长江的微笑天使，我们来看一下总台记者从安徽铜陵的江豚保护基地发回的报道。

记者：今年60岁的张八斤2006年来到这里，成了一名江豚饲养员。16年的守护，一天4次喂食，让他对江豚的口味了如指掌。

张八斤：我们的江豚就吃淡水鱼，这个鱼质量肯定要好，但是大了还不行，它吞不下去，一般的情况在4两，4两到3两、2两最好。

记者：长江江豚是长江流域仅存的淡水豚类，是评估长江生态系统状况的重要指示物种。2017年的长江江豚科学考察结果显示，长江江豚数量约为1012头，种群极度濒危。为了保护江豚，铜陵淡水豚国家级自然保护区选择了4头长江江豚进行饲养繁殖，目前已经通过人工辅助的方式成功自然繁育出了7头江豚。

张八斤：这一条是去年4月17日生的，总共有11头了，最小的1岁多，最老的20多岁了。

记者：为了优化江豚种群的群体结构，2021年4月25日保护区从湖北长江天鹅洲白鳍豚国家级自然保护区引进了两头成年雄性长江江豚，并在当年的12月11日选出两头雄性江豚运往湖北，通过互换的方式来保证江豚种群的遗传多样性。

铜陵淡水豚国家级自然保护区面积315平方公里，除了保护的11头江豚，保护区水域内还有不少野生江豚。近年来铜陵市按照长江大保护战略，恢复长江自然岸线，开展十年禁渔，使长江水生态环境得到很大改善，江豚种群快速下降的趋势得到遏制。

蒋文华：目前据我们长期观察统计的长江野生江豚有40到50头。

记者：目前，全国范围内已经建立起了10处长江江豚自然保护区，长江江豚的生存空间得到明显改善。

何岩柯：刚才我们也说到，从2020年初开始，长江开始实施长达10年的禁渔令，沿江各省份的渔民也是纷纷退捕上岸，开启了新生活。

宝晓峰：安徽省马鞍山市薛家洼的三姑娘是一位地道的渔民，她响应号召上岸之后，在政府的帮助下办起了一家劳务公司，开始了自己的创业之路。

记者：三姑娘原名陈兰香，因为排行老三，登记户口时母亲随口一说，三姑娘成了她的名字。

陈兰香：老年人都讲，跟我们在水上漂叫啥名字不行，叫三姑娘就三姑娘吧。

记者：1995年，她和丈夫张周华（音）结婚后，就一直在长江上以打鱼为生。

陈兰香：船上只有三四十个平方，又没有电，又没有自来水，那个夏天热死了，蚊子叮死了，冬天冻死了。

记者：不仅生活条件差，由于无序捕鱼，长江的生态遭到了严重破坏，鱼越捕越少，环境也是越捕越差。

陈兰香：鱼种也越来越少，鱼打的也越来越少。大的鱼都打完了，后期打鱼网眼就越来越小，大鱼小鱼进来都出不去，所以越打就越少。

记者：为了扭转长江生态恶化的趋势，长江开始十年禁渔，2019年5月，马鞍山在全国率先实施禁捕退捕，包括三姑娘在内的1万多名渔民退捕上岸。

陈兰香：迷茫，我们当时就讲上岸觉得很迷茫，这一条路很难走，我们怕做其他工作没有经验啊，没有干过啊。

记者：政府为三姑娘一家办理了城乡居民基本养老保险，另外她还拿到了相关补偿补助款24万多元。她在政府提供的安置小区里买了一套近100平方米的新房。

陈兰香：住着这个房子是舒服，你看干干净净、清清爽爽的，你看再起风也好，下雨也好，我把门窗一关，一觉睡到天亮。

记者：上岸后三姑娘一直都想改名，在公安部门的帮助下，她终于实现了自己改名的心愿，叫了几十年的三姑娘变成了陈兰香。

陈兰香：我很开心、很高兴，这是我第一件大事，不然到老了人家还喊你三姑娘。

记者：在政府的帮助下，她成立了三姑娘劳务服务有限公司，经过一年多的努力，公司经营得有模有样。2021年盈利14万元，参与入股的渔民每户分红7000元。

陈兰香：很开心、很高兴，大家都抓在手上数着，哗啦哗啦地响，我自己也觉得为自己有点自豪，觉得还行，这一年了，能带大家分红了。

记者：发生变化的不只是这些上岸的渔民，过去的脏乱差如今已是水清岸绿，成了当地市民亲水休闲的打卡地。

陈兰香：看到这么美丽的长江，我们渔民也自豪，也高兴，我相信薛家洼的环境也越来越好，我们渔民上岸的生活也越来越好。

何岩柯：变化真的很多，名字从三姑娘变成陈兰香，身份从渔民变成老板娘，这三姑娘的变化值得我们为她点赞。生态优先，绿色发展，不仅渔民上岸创业，岸上的农民也是有了更多的获得感。

宝晓峰：接下来我们要去到的是安徽池州，现在正值当地焦枣丰收的时候，我们来看一下总台记者从当地发回的报道。

江凯：我现在是在池州市的西山村，这里属于长江重要的支流秋浦河流域，在我身后就是西山村的枣园，上面全部是村民种植的枣树，面积近万亩。今年这里又迎来了丰收，当地村民正在忙着进行采摘和加工。现在在旁边晾晒的就是刚刚采摘回来的鲜枣，和其他很多地方不太一样，虽然这里的鲜枣也是又大又甜，但是他卖的主要并不是鲜枣，而是通过杀青、晾晒、蒸煮等一系列的技艺加工以后做成的像这样的焦枣。

我们来看一下，这个焦枣形状像玛瑙一样，颜色看起来就像紫水晶，这就是当地非常出名的西山焦枣。目前西山村每年依靠这些枣树产值已经达到了2000多万元，可以说，这小小的焦枣已经成了当地的致富果。通过航拍我们可以看到，现在的西山郁郁葱葱，满眼都是绿色，但在以前这里却大多是荒山。

西山村位于高山之上，这里平均海拔500米，村里耕地面积只有1000多亩，山林面积有4万多亩。虽然山多，但这里大多是石灰岩山地，土壤贫瘠，一般的树种下去很难成活，因此过去这里是多年造林不见林。

近年来，池州市大力推动长江生态廊道建设，不仅仅是对长江岸线，而是加快整个流域的增绿复绿，特别是对这些石质山地、矿山废弃地等自然条件恶劣的地方发起了造林攻坚战。到2021年底，池州全市的林地面积已经达到了55万公顷，仅最近两年就完成增绿复绿以及低效新改造20多万亩，大量昔日的荒山秃岭都和这里一样变成了绿水青山，除了西山焦枣，还建设有油茶、香榧、黄桃等林业特色乡镇。在实现让长江流域水清岸绿的同时，也让这些绿水青山真正变成老百姓的致富山和幸福山。

何岩柯：这里是正在直播的《江河奔腾看中国》特别节目，欢迎回来。

宝晓峰：刚刚我们欣赏到了长江支流上的风景，可以说长江流域物产丰富，富饶而美丽。接下来我们再来听一听每个人心中的最美家乡河。

缪学智：我是四川省宜宾市江安县江安镇人，我们现在所在的这个地方就是我们的长江竹岛。我在这里出生，也在这里长大，因为是江心岛的缘故，以前生活基础设施比较差，居住条件也不是太好，2018年我们响应政府号召搬了出来，现在居住在县城里，居住条件得到了很大的改善。政府也将江心岛按照生态修复的方式改造成了我们的城市公园，这里也成为我们江安人休闲、散步、跑步、健身的好去处。

彭长明：我叫彭长明，今年59岁，从事清漂工作12年，我家乡母亲河叫壁南河。以前壁南河渣滓很多，水很臭，每天9个小时在河面上清漂作业，身上衣服都吸入味了。经过治理，水变清了，岸变绿了，现在在船上作业，心情特别舒畅。

谢超：我身后就是我家乡的母亲河长江，江边这条路线我已经跑快三年了，在有水的地方锻炼，心情都会变得更好。这几年滨江公园越来越美，环境越来越好，空气也是越来越清新。

汪加露：我叫汪加露，家住芜湖，生长于长江边，过去的长江天空灰蒙蒙，江水浑又浊，但是近年来，随着美丽长江建设，干流岸线的整治，我们的长江母亲河发生大变化了。大家看江水多么的清澈，天空多么的碧蓝，时不时还有江豚露出头呢。而我们新修建的十里江湾跑道更是我们消遣的好去处，这就是我们老百姓简单的幸福。

何岩柯：长江水系庞大，带给沿江百姓世世代代的舟楫之利，历来都被称为"黄金水道"。长江拥有全国最大的内河运输网，是我国重要的交通动脉，长江水运对流域经济发展起着至关重要的作用。

宝晓峰：随着长江经济带建设的推进，长江航运也迎来了高质量发展的新局面。接下来我们继续跟随前方记者船行大江之上，去看一看"黄金水道"的繁忙景象。

盛瑾瑜：滚滚长江一路奔腾，我们来到了长江下游的南通如皋段，在我身后这个以长江命名的小镇曾经是小散码头林立，而如今早已变换了模样。

现在18万吨级别的船只可以往来如皋港，长江南京以下12.5米深水航道全线贯通，货物实现江海联运，"黄金水道"的含金量大大提升。海上船舶进江后，通过江苏海事局研发的"船e行"船舶智能自动导航系统可以实现长江电子航道图和电子海图的导航无缝衔接。

盛瑾瑜：这个1万平方米的水上服务区相当于高速公路上的服务站，在这里停靠，船舶不仅可以使用岸电，还能回收船上的生活垃圾和污水，通过光伏供电，服务区电力自给自足。

沿着长江继续航行终于来到了长江入海口，在这个地方每天有十多艘疏浚船24小时不间断地作业，他们有着共同的目标，就是打通船只通江达海的最后一道门槛，长江口的拦门沙。

每年上游带来超过1亿吨泥沙在长江口淤积，疏浚船要在这条繁忙的航道上作业，维护12.5米深水航道的畅通。

朱剑飞：长江口它的自然条件特别复杂，所以水下的地形在不断演化过程中，长江口深水航道治理工程应该是整治与疏浚相结合。

盛瑾瑜：全长超过92公里的长江口深水航道已经从治理前的7米加深到了12.5米。今天的长江口每年26万艘次船舶在这里往来，1/3以上江海联运的大型船舶，每年通过长江口的货物总量能超过16亿吨。

何岩柯：真是大江大船大港，"黄金水道"处处都是生机勃勃的繁忙景象。在推进高质量发展的进程中，长三角地区正在被打造为区域协调发展新样板，构建高水平对外开放新高地。

宝晓峰：接下来，我们再通过水上行进的视角去看一看长江上最大的港口太仓港。

杨光：我现在是在太仓港四期的码头，这会儿在我身边我们能够看到所有的工位都在进行繁忙的作业。实际上今年整个太仓港的业务是非常繁忙的，我们有一个最新的数字，今年1—9月太仓港已经完成了588万标箱的运输，这个比去年同期增长了16%，并且最亮眼的还是外贸运输的成绩，1—9月已经运输了340万标箱的外贸货物，比同期增长了25%。

为什么会有这么大幅的一个增长？实际上也是得益于太仓港出台了许多鼓励外贸运输的一些相应举措，比如说我们看到第一个变化，在我身后我们看到渐渐驶离的这艘船是一艘水上公交。为什么这么说？因为这个船是专门往返于太仓港和上海之间的一艘接驳货物的船舶。过去比如说像长江中上游地区的一些集装箱船要到上海去运货的话，它可能要停到上海的多个港口，哪怕在每一个港口只要卸一箱货都要有相应的停靠，这其实还挺耽误时间的。而现在像这样的一些船舶全部都可以到太仓港进行一个中转的接驳，在这里会把货物进行一个前期的分拣，比如说这一船都是往洋山港的，那一船都是往外高桥的，分拣过后可以大大提高运输的效率。并且更关键的是像这样一些水上公交的接驳船过去是每8个小时一班，而现在已经加大到频次不到一个半小时就能发一班，因此基本上可以保证像这样的集装箱货物到这里之后可以随到随走。这是第一个变化，像这样每艘这样的船一天会发40多个班次。

除了这个变化，我们再看一个远一点的变化，在我前方我们看到有一片新的集装箱，像这样的集装箱也是今年的一个新的举措和变化，叫作空箱基地。这几年因为受到整个全球疫情的相应影响，我们知道许多货物都是一箱难求的。过去比如说一箱货从苏州工业园区出发，想要运输的话，可能企业先要到上海把空箱拉回到太仓之后装载过后才能出发，中间挺耽误时间，并且成本比较高。而现在太仓港和上海港之间实行了一个空箱的联动，像这样一些空箱由港口之间就提前做好一个统筹协调，在这里实际上是空箱在等着货物的。因此来说，整个的速率都会大大提升，并且费用也有所降低。比如说，像有一箱从苏州工业园区出发的货物，过去如果说要拉空箱的话可能需要2200块钱一个箱子，而现在这个费用基本上减了一半，并且时间也大大缩短，过去至少需要一天的时间，而现在半天就能够完成装载和运输的过程。

除此之外，在太仓港还有第三个变化，就是开发了更多种比如说汽车运输新的方式。我们只有苏州是江苏最大的汽车零部件生产城市，并且当中还有许多整车需要去出口。过去像这样一些车都是用传统的滚装船的方式进行运输的，而今年在太仓港开发出了一个新的整车装泊的方式，类似于像吊装集装箱一样。通过开发出的这样一个外围的筐子，将汽车提前装入筐中之后，吊起整个筐，像拼积木一样一点一点把它装到船里面去。像这样的方式不仅可以让整个船装更多的车，同时还能够最大程度保护车辆的运输安全。

应该说今年我们刚刚说到这个数字了，已经是1—9月完成了588万标箱的运输，在年底的时候预计太仓港将突破800万标箱。而预计在更快的时间当中，可能也就在2024年的时候，太仓港将会计划突破1000万标箱，真正成为在整个长江流域当中长江上最大的集装箱码头。

何岩柯：如果把长江经济带比作一条巨龙，那位于长江口的上海就是这条巨龙的龙头。作为我国最大的经济中心城市，可以说上海在推动长江经济带发展中发挥着举足轻重的作用。

宝晓峰：上海是一座依水而兴的城市，蜿蜒的苏州河承载了上海人更多的烟火记忆。近年来苏州河水变清、岸变美，成为上海这座城市的一道人水和谐的风景线。

梁志纬：苏州河源自太湖，经苏州进入上海，途经上海中心城区，最后汇入黄浦江。整个的苏州河在上海境内约长53公里，不久前在我身后的这些游览船正式开通了水上的游览，市民可以坐船游览苏州河两岸的美景。

1998年以来苏州河共经历了4期治理工程，多数水体的水质实现了Ⅲ类水，大部分时间属于优良水，市民亲身感受到了苏州河的变化。如今，市民都喜欢在苏州河边嬉戏游玩。

从排污河到景观河，上海的做法是污水厂处理能力提升，截污纳管，城市混接点改造和初期雨水治理等措施。

王晖：苏州河黑臭的原因主要是曾经大量污水直接排入苏州河，所以我们始终把苏州河治理中截污治污作为它的核心武器。你看这里就是一座苏州河沿线的初雨调蓄设施，在雨期时，我们把初期雨水那种较脏的雨水暂时存储在这儿，之后再送到污水厂进行集中达标处理排放。自从有了这些大量截污治污的措施之后，才有今日我们看到的一江春水向东流的水清岸绿的美好苏州河。

梁志纬：2021年，苏州河两岸42公里滨水岸线实现贯通，过去无人踏足的河边成了市民休憩的好去处。

于宏：以前苏州河水都是黑的，通过这几年的治理以后，苏州河鱼也看得见了，有好多人在这里钓鱼。

宋纬珍：包括我自己天天早晨出去打打拳，这样人心情也舒畅。

梁志纬：以新补新，修旧如旧。树立在苏州河边上的衍庆里仓库外观依旧保留着百年前的原貌，而内里则被改造为时尚中心，建筑南面是有百年历史的老式底弄。

和奔腾的黄浦江相比，蜿蜒的苏州河凝聚了上海市民的烟火记忆，上海把苏州河两岸打造成了世界级的滨水空间，上海也是真正地把最好的资源留给了人民。

我现在所在的篮球场就是利用桥下空间改造而成的，在这儿还有很多的年轻人选择在这里打卡，现在这旁边还有慢步道、骑行道等。其实在苏州河畔，这样的桥下空间，越来越多的年轻人选择在这里运动休闲。过去许多高架桥下的空间是灰色的，随着苏州河两岸的全线贯通，这里的城市治理者是把整个桥下空间来进行改善，让市民能够走得进来、坐得下来、动得起来。如今城市的边角变成了亮丽的风景线，市民出门就能遇见美，这也是上海这座城市在更新中不变的追求。

宝晓峰：从排污河到景观河，苏州河的绿色转身也造福了这座城市的百姓。

何岩柯：我们已经顺江而下来到了长江入海口上海，接下来我们要从空中视角飞越上海，飞到万里长江入海口，飞向广阔的海洋。

魏然：上海这座城市就建立在平均海拔4米的冲积平原之上，可以说是依江而生，因江而兴。此刻，我们正搭乘着上海领航队的直升机飞行在300米的高空。在我们眼前的就是长江入海之前接纳的最后一条支流，上海人的母亲河黄浦江。黄浦江穿城而过，就这样将上海分为浦西和浦东。

上海秉持着人民城市的理念，把最好的岸线资源留给每一位市民。如今的黄浦江两岸45公里岸线已经全部贯通，步道、花园、户外运动场遍布其间。虽然在上海节奏飞快，但有闲暇之时，人们都喜欢来到黄浦江边散散步，遛遛狗，打一打篮球，滑一滑滑板，总之好好享受都市里的慢生活。

画面前方，江心处高高耸立的建筑是一座为过往船舶指引方向的灯塔，看到这座灯塔你就来到了上海的水陆门户吴淞口。穿城而过的黄浦江在这里与长江相汇，两江合流后将一起向东奔向大海。这里是长江的主航道，也是上海最为繁忙的水路之一，每天经过长江口的五万吨级以上的大型船舶超过

160艘。百舸争流，通江达海，这是上海国际航运中心的最佳写照。

此刻，在我们眼前的这一片水域，你别搞错，它并不是什么湖，而是江心水库青草沙，这里也是全球最大的河口江心水源水库。

在我们前方的就是水库的上游闸口，长江水被引入后经过自然沉淀变成了眼前这般清波荡漾。从空中俯瞰，围堤的左边是长江水，右边是水库水，江水两色，格外分明。而经过沉淀过后，这里的水已经能够达到国家Ⅱ类水的标准，通过一条越江管道输送到上海的千家万户。在水库里还特意保留下了湿地，蔓延20多公里长，人们在这里栽种各种水生植物，利用自然的力量过滤杂质，净化水源。

现在，我们已经飞行到了崇明岛的最东端，在我们眼前出现的就是东滩湿地。湿地被誉为"地球之肾"，对生态有着不可替代的作用。湿地之上是候鸟的天堂，这里是东亚最大的候鸟保护区之一，记录的鸟类达300多种，其中国家一级保护动物17种，这里也是我国小天鹅最大的越冬栖息地。随着这些年东滩湿地修复工程的推进，保护区每年记录到的候鸟种类都在增长。

"芦花清浅处，飞鸟相与还"。沿着湿地的镜头再往东行，我们将见证万里长江在这里奔腾入海，这里的江水是安静的，壮阔的入海口最宽处要达到90公里宽，很难一眼望到头。这里的江水又是汹涌的，仿佛迫不及待地汇入大海的波涛。从各拉丹东的第一滴冰川融水到宽广无垠的长江入海口，从初始的涓涓溪流到现在我们眼前的浩浩荡荡，蜿蜒6300多公里的长江终于与大海相汇，张开怀抱与世界相连，迎接它的将是更加充满无限可能的广袤天地。

何岩柯：今天我们通过水陆空的视角感受了长江绿色发展的成就和变化，感受了它的蓬勃生机。

宝晓峰：长江是一首流动的诗，它流过历史的长河，流向无限的未来，一路奔腾向前。

何岩柯：长江是一幅隽永的画，它滋润山川大地，造福亿万儿女，描绘着山水人城和谐相融的新愿景。

宝晓峰：感谢收看《江河奔腾看中国——长江篇》的节目，明天我们将要走进黄河。

何岩柯：观众朋友们，再见。

宝晓峰：再见。

（https://tv.cctv.com/2022/10/01/VIDEITOUQV5gOJAkzNFF2Yux221001.shtml?spm=C55953877151.PjvMkmVd9ZhX.0.0）

黄河·大河滔滔　奏响时代新乐章

严於信：这里是中央广播电视总台央视综合频道、新闻频道定期为您直播的特别节目《江河奔腾看中国》，欢迎收看。

十一期间，我们每天以一到两条江河为脉络，看江河两岸边绿水青山间的壮美中国。今天，我们带您看黄河。

郑子可：黄河是中华民族的母亲河，也是世界上含沙量最高的一条河流。黄河宁，天下平，保护黄河是事关中华民族伟大复兴和永续发展的千秋大计。

严於信：大河奔涌，九曲连环，万里黄河，气象万千。如今黄河流域生态环境持续明显向好，去年，黄河干流全线达到Ⅲ类水体，生态流量全面达标。黄河流域经济社会发展和百姓生活发生巨大变化，实现了在发展中保护，在保护中发展。

郑子可：接下来，我们就从源头到入海口，看黄河如何从股股清泉起步，汇流百川，一路曲折跌宕奔流到海，看黄河沿线地区这些年如何因地制宜保护好我们的母亲河。看我们的国家近些年是如何治理黄河，让黄河安澜。同时，在这个金秋时节，看一下黄河两岸生态保护与高质量发展的成果。

严於信：好，首先通过一个短片来了解一下黄河。

短片：黄河发源于青藏高原巴颜喀拉山北麓约古宗列盆地，流经青海、四川、甘肃、宁夏、内蒙古、山西、陕西、河南、山东九省（区），最终于山东省垦利区注入渤海。干流全长5464公里，是中国的第二大河。

黄河流域西接巴颜喀拉山，北抵燕山，南至秦岭，东注渤海。流域面积大于1000平方公里的一级支流共76条，共同组成了黄河水系，流域总面积79.5万平方公里。黄河干流多弯曲，素有"九曲黄河"之称。其上中游以内蒙古托克托县河口镇为界，中下游的分界点则是河南郑州桃花峪。上游峡谷多，河道落差大，水利资源丰富，中游河谷深切，水流湍急，因流经水土流失极为严重的黄土高原，成为世界上含沙量最高的河流，也因此得名为黄河。下游河道宽浅，泥沙淤积，因此形成"地上悬河"。历史上黄河水患频繁，治理黄河成为历代安民兴邦的大事。

郑子可：黄河之水天上来，奔流到海不复回。它最初的样子是什么样的呢？我们就一起到它的源头去看一看。

严於信：您现在看到的这个泉眼正是黄河的源头，它位于巴颜喀拉山的约古宗列。约古宗列海拔在4600米至4800多米之间，是一个东西40公里、南北60公里的椭圆形盆地，在藏语中意为"炒青稞的锅"，这是当地藏族群众根据这里的地形而起的一个形象的名字。

黄河在这里起步，一湾细流回环曲折，蜿蜒前行，地下涌出的涓涓溪流一点一滴汇入其中，逐渐形成了黄河之水天上来的壮美。

继续东行20公里，沼泽草滩和大小不一的湖泊星罗棋布，五彩斑斓，这里就是星宿海。近年来，随着三江源地区生态保护力度不断加大，高原生机勃发，真正实现将生态还给了自然。

继续沿着黄河，我们来到位于青海省果洛州玛多县的黄河源头姊妹湖扎陵湖与鄂陵湖。扎陵湖东西长、南北窄，镶嵌在黄河上，烟波浩渺。离开扎陵湖，黄河在巴颜郎玛山南面进入一条300多米宽的河谷，河水在这里分成九股道，穿过峡谷流入鄂陵湖。10年来，黄河源头水源涵养能力不断提升，湖泊数量由原来的4077个增加到5849个，湿地面积增加104平方公里。

严於信：顺流而下，现在我们来到四川阿坝藏族羌族自治州若尔盖县。在这里，黄河之水犹如仙女的飘带自天边缓缓而来，河面宽而蜿蜒，曲折河水分隔出无数的河洲小岛，水鸟翔集。这片面积近3万平方公里的区域由草甸、草原和沼泽组成，地势平坦，一望无际。目前，若尔盖自然保护区总面积达到58.78万公顷，国家湿地公园总面积超过4094公顷，是黄河上游最重要的水源涵养地之一。

郑子可：黄河一路劈山凿崖奔腾而下，穿过积石山，出青海，入甘肃。在黄河的历史与地理文化中，积石山是一个古老而颇具文化底蕴的地名，一直流传着大禹治水的传说。《尚书·禹贡》中有"导河积石，至龙门，入于沧海"的记载。秋日阳光下，黄河两岸山谷险峻，绝壁悬崖。高耸入云的丹山与谷底的黄河构成了一幅如画的风景。

严於信：提到黄河，听到钢琴的那段旋律，相信大家都有这样的感触，奔腾不息的黄河水从古至今一直在哺育着两岸人民。

从刚才的片花当中，相信大家也看到了这一次我们特意从黄河的源头、中游和入海口取了三瓶黄河水，在节目当中我们也将会依次给大家呈现出来。

郑子可：其实从刚才的景观画面里我们也能看到、感受到黄河源头段的水是非常清澈的，清到什么程度呢？现在，我手里拿的就是从黄河源头青海的约古宗列渠取来的黄河水。能想象吗？它完全清澈到是可以直接饮用的矿泉水。

严於信：其实看到你手里的这瓶非常清澈的源头水，我就想象一下如果咱们俩真的是到了黄河的源头，一定也会忍不住想尝一口这么清冽甘甜的源头水的。

郑子可：是的。

严於信：说到黄河，在青海境内的黄河干流长度有1694公里，占黄河总长的31%，多年平均出境水量达到264.3亿立方米，占全流域径流量的49.4%，既是源头区，也是干流区。所以说，青海的生态地位是重要而特殊的。

郑子可：青海一方面积极强化着对黄河源头的保护，另一方面对炎黄所有地区统筹推进生态工程建设，坚持自然恢复和人工恢复相结合，着力改善黄河流域生态环境。

严於信：下面我们就去青海省海南州的贵德县看看当地在黄河流域保护方面都做了哪些努力和工作。

刘泽耕：我所在的位置是黄河贵德段，在我的身旁就是黄河了。大家可以看到黄河贵德这一段的河水是非常清澈的，从空中俯瞰，10月的黄河碧波荡漾，两岸郁郁葱葱，田畴沃野，村庄棋布。当地有一句俗话"天下黄河贵德清"，用来表示黄河贵德这一段的河水是非常清澈的，黄河水为何会在贵德清呢？我们来看一看黄河贵德段的河床。

这里的河床都是我手中拿的这样的石头，泥沙相对比较少，而且这种石质的河床使河水不易泛起泥沙。另外，在黄河的两岸种植了大面积的柳树和杨树，这些树对于固定风沙泥土、涵养土地、净化水体也起到了比较好的作用。现在贵德县域内76.8公里的黄河水静静地流淌，蓝天、碧水、丹山、绿地，行走在这里，让人感觉到生态底蕴更加地浓厚。

清澈的黄河水背后离不开贵德人民的守护，在我的身后贵德县的河湖长、河湖管护员以及志愿者正在沿着河道巡河管护。从2017年至今，青海省持续推进河湖长制，目前贵德县共设立县、乡、村三级河湖长232名，动态设立河湖管护员134名，每个星期他们都会在自己管辖的河道巡护两次。另外，现在巡河全面启用了手机APP巡河，开启掌上治水时代，河湖长在巡河期间打开巡河软件，在这个平台上可以看到巡河的运动轨迹，累计巡河里程等信息、河湖"四乱"问题，做到早发现早处理。

守护黄河安澜，只有进行时，没有完成时。如今当地的水生态环境整体改善，河湖面貌日渐亮丽，现在青海重要江河湖泊水功能区水质达标率百分之百，黄河干流出省境断面水质达到或优于Ⅱ类，水质、水量保持双稳定。

严於信：黄河滔滔，在甘肃两进两出形成900多公里，在黄河第二次穿甘肃而过时，其西部地区因为黄河被赋予了一个非常著名的称呼"河西走廊"。

郑子可：河西走廊，然而大部分都不是在黄河流域内，但其发展与黄河又有着紧密的关联。比如说甘肃民勤，它虽然不在黄河流域的范围内，但它离它最近的黄河干流也是100多公里。但是这座城市的农业发展、生态治理却真真正正地用着黄河的干流水。

严於信：那么为什么民勤要调用黄河水呢？黄河水又给民勤带来了什么改变？我们到那里去看一看。

安文剑：这里是甘肃省武威市民勤县重兴镇的红旗谷现代农业产业园。从地图上来看，这里离黄河距离非常地远，有200多公里，但同时这里与黄河的关系却非常地紧密。为什么这么说？这要从我身边的这些作物说起，它们的成长收获都离不开黄河水的浇灌。

我身边的这些万寿菊第一茬已经收完了，剩下的第二茬再有10天左右就可以进入收获期。它是非常好的抗氧化剂叶黄素的来源，我这边正在收获的是红彤彤的辣椒，它不但可以做辣酱，而且可以提炼食用色素，像女同志用的口红，包括食品中的饮料、蛋糕、冰淇淋都可以用到这样的红色素。在这边是苗壮成长的苹果树，这些苹果已经长了3年，明年就可以挂果了。

为什么要从这些作物说起呢？因为作物的生长都离不开水，像我们现在所在的苹果树旁边就用到了一个叫作四剑滴水设施。四个像小剑一样插到土里面的这个装置可以将水直接供给苹果树的根部，因为民勤的蒸发量非常大，而这样的方式就可以减少水资源的损耗。整个产业园用到了14种不同的节水措施，供给大田和大棚里的作物来供水。

为什么要用到这么多的节水措施呢？这跟民勤的水环境相关。我们从这张图来看一下，民勤过去水的主要来源为石羊河流域的地表来水，到达民勤县的水量其实就比较少了。而民勤县北部有巴丹吉林沙漠，南部有腾格里沙漠，如果两大沙漠在民勤握手，整个河西走廊将面临着被沙漠阻断的风险。

2001年民勤调水工程启动，从甘肃省白银市景泰县的五佛乡黄河边抽上来的水经过多级泵站的提灌，提高了500米的海拔，然后经过200多公里的跋涉来到了民勤县，每年可以给民勤提供7900万立方米黄河水的支援。

当然石羊河上游也进行了综合治理，武威市关停了3318口农业灌溉机井，农业用水从2009年的14.85亿立方米减少到了去年2021年的12亿立方米。从去年的数据来看，每年民勤可以从石羊河和黄河获得2.9亿立方米的水，作为两大沙漠之间的民勤绿洲生活生产的用水。

虽然说水量多了，但是民勤县现在用水更加地"小气"和"抠门"，当然这个小气和抠门是要打上引号的。民勤县一直缺水，所以说坚持用以水定产、以水定规模来调整农业种植结构。像洋葱、棉花这样的耗水作物是明令禁止种植的，转而种植一些节水的作物。比如说现在民勤就是全国茴香的主要产区，您在家做菜用的茴香很有可能就产自于民勤的节水茴香。

从去年开始，民勤县进一步提出要在现有的农业用水基础上继续下调20%的指标，那就需要这儿的农民对耕地进行像这个产业园一样的节水改造。当然，当地政府也拿出了2000万元的水费用于补贴这样的改造。

节省出来的水要干什么呢？来，我们来看一段航拍，这儿是民勤县的青土湖，这个曾经一度干涸的湖泊如今每年都会得到3000万立方米来自黄河和石羊河的水量补充。如今水鸟云集，芦苇遍地，形成了一片湿地景观，不断地改善着周边的生态系统。

黄河水经过200多公里的跋涉来到这里，支援着民勤的发展。当然，生活在这里的人们也在想尽一切的办法让每一滴来之不易的水都发挥更大的作用。

严於信：既善用水，又善节水，这也就体现了我们老百姓对于保护黄河的一种智慧。

沿着黄河，咱们出甘肃入宁夏，宁夏是沿黄河九省（区）当中唯一全境属于黄河流域的省份。俗话说"天下黄河富宁夏"，宁夏因黄河而生，因黄河而兴，千百年来黄河滋养了宁夏平原，造就了良田沃野、鱼米之乡的塞上江南。

郑子可：如今，塞上风物更胜从前。党的十八大以来，宁夏以黄河流域生态保护和高质量发展战略为统筹，不断实现经济社会发展和生态环境保护协调统一，走出了高质量发展的新路子。接下来，我们就跟随前方记者到黄河上乘坐羊皮筏子、听一听黄河上生生不息的宁夏新故事。

马威：我现在是在宁夏银川市的黄河河面上，大家看我现在乘坐的就是过去黄河上一种重要的交通工具羊皮筏子。在羊皮筏子上，人不能站着，只能像我这样坐着。很奇妙的是随着河水荡漾，筏子是微微的起伏，但是乘坐的人却不会被水打湿，的确让人感受到黄河的独特韵味。

你看，这就是黄河水，能感到河水非常地清凉，仿佛能够触摸到母亲河的脉搏，千百年来黄河就是这样滋润了宁夏平原，造就了鱼米之乡的塞上江南。

过去黄河两岸交通不便，这里就是用这种羊皮筏子来运送煤炭、蔬菜等生活物资。大家可以看，羊皮筏子其实由两部分构成，上面这个是用木头做的架子，下面这些圆滚滚的是羊皮做的皮囊。但是羊皮筏子只能顺流而下，不能逆流而上，所以还是存在着很多使用上的限制。

近年来，国家基础建设大发展，黄河上的大桥越来越多，交通也越来越便利，羊皮筏子作为传统的运输工具就退出了历史舞台，但是它本身却成了黄河沿岸多个省市的非物质文化遗产。特别是随着近年来黄河旅游的兴起，人们开始充分发掘羊皮筏子的旅游商业价值，打造黄河专属的旅游名片。

现在我们乘坐筏子来到的是黄沙古渡口，这也是黄河上一个非常有名的渡口。如今坐羊皮筏子赏黄河两岸的美景已经成了游客们到这里最喜欢的体验项目，而周边很多村民参与制作羊皮筏子或者撑筏子搭载游客，一年下来收入也非常地可观。可以说，一张羊皮筏子见证了黄河两岸的历史变迁，也见证了新时代宁夏人的幸福生活。

黄沙古渡旅游业的蒸蒸日上既得益于它独特的地理环境，也是当地生态保护的成果。黄沙古渡位于黄河的东岸，距离银川市区28公里，紧邻毛乌素沙漠的边缘，其中的湿地公园则是典型的黄河河流湿地。十几年前，这里因为人为的乱垦乱牧等造成植被沙化退化，加剧了风沙流动和水土流失，生态环境日益恶化。为了改善这一现象，银川市在湿地公园封域禁牧，退田还滩，种植花棒、沙柳等植被，有效地遏制了沙漠对湿地的侵害。

此外，这里还联合宁夏大学等高校和科研院所实施黄河湿地生态系统定位观测研究等项目，对动植物、水资源以及自然环境进行综合调查监测。随着生态环境的修复治理，公园现在已经有植物30多种，鸟类60多种，白尾海雕等国家级保护动物的种群数量每年都在递增。

黄沙古渡的故事其实只是宁夏黄河生态保护成功典范的一个缩影，近年来，包括青铜峡、沙坡头在内的宁夏知名旅游景点都是靠打生态牌成功实现了转型，向国内外游客呈现了"大漠孤烟直，长河落日圆"的壮阔美景。如今我们在黄河上乘坐传统的羊皮筏子，聆听着黄河的古老故事。而就在不远处，一艘艘游艇在水面穿梭，正在打开着黄河的现代美丽画卷。黄河滔滔而去，奔涌向前，也让人对它的未来有了无穷的信心。

郑子可：过去的宁夏因为黄河成了鱼米乡，现在的宁夏因为黄河打造了生态旅游的新名片。同样是因黄河而兴，过去和现在在宁夏有了新的含义。

严於信：特别是如果有机会的话，咱们一定要去体验一下坐羊皮筏子是什么感觉。出了宁夏，黄河就流入内蒙古了，黄河蜿蜒5000多公里，如果说最有特点的地方应该就是像汉字"几"一样的那道弯了，那么黄河是怎么走出这样一个大"几"字弯的呢？下面把时间交给刘妙然。

刘妙然：好的，接下来我们就一起来看一看黄河最有特点的这个"几"字弯。

从离开甘肃进入宁夏开始，黄河以宁夏为撇、内蒙古为横、山西陕西交界为竖、河南为最后一横，在中国大地上走出了一个大大的"几"字弯。那么黄河是怎么走出这个"几"字弯的呢？我们就要来看一下这个"几"字弯附近的地形了。

先来看宁夏，总体的地势是东南高、西北低，在黄河流经的区域，西侧是呈南北走向的贺兰山脉，东侧是鄂尔多斯台地，在中间形成了南北走向狭长的银川平原。

来到内蒙古，越过乌兰布和沙漠之后，阴山山脉横亘在河流北方，南侧依然为鄂尔多斯台地。黄河就沿着中间地势较为低平的河套平原和库布齐沙漠一路向东，并且经过了黄河上中游的分界点乌兰浩特市托克托县的河口镇。

来到山西和陕西段，吕梁山纵贯南北耸立在黄河东岸。黄河穿行于黄土高原之中，从峡谷之间一路向南奔流而过。而到了陕西潼关之后，沿着华山横转向东，在河南、山东，黄河横穿华北大平原最终注入渤海。就这样，黄河在我们的祖国大地上流出了一个"几"字的弯。

我们再把视线转向这个"几"字弯的西北部，有一处源自黄河改道形成的多功能湖泊湿地：乌梁素海。乌梁素海承担着保护生物多样性、改善区域气候等多种重要的生态功能，在乌梁素海最近也是飞回来了很多老朋友，就是您看到的这些候鸟，像疣鼻天鹅，还有白鹭、赤麻鸭等。接下来就让我们一起到候鸟云集的乌梁素海现场看一看。

薛东海：此时此刻，乌梁素海湖面水天一色，波光粼粼。进入秋天，乌梁素海的很多老朋友也飞回来了，成群的疣鼻天鹅、白鹭、赤麻鸭等大批候鸟来到了湖区。如今这片293平方公里的湖区有着鸟类260多种，每年在这里栖息繁殖的鸟类20余万只，目之所及的湖面迸发着勃勃生机。

我现在是在内蒙古巴彦淖尔市黄河"几"字弯顶端的乌梁素海，此时正值节假日期间，景区内也是游人如织，优美的景色吸引了不少游客前来游玩。来到这里非常有意思的一项体验就是像我坐着小船在湖面游荡的时候，和这里的水鸟来一次亲密的接触。通过航拍画面我们也可以清晰地看到芦苇荡小舟穿梭，游客们享受着这个秋日的生态美景。

其实在此之前乌梁素海并不是如今这个样子的，黄河水灌溉了农业的农区，同时农业的农田排水90%以上流到了乌梁素海。从2018年开始，当地系统性成体系地针对乌梁素海进行综合治理，乌梁素海流域也从单纯的治理湖泊提升到了流域的统筹治理。在乌梁素海流域上游的磴口县，当地高标准推进乌兰布和沙漠治理，减少泥沙流入黄河。在农业灌区推进乌梁素海流域1000多万亩农田的高标准建设。在湖区内部进行科学的生态平衡项目，比如说投放鱼苗、保护候鸟、底泥清淤、芦苇资源化利用等55个项目来提升湖体的承载力和自净能力。如今湖区水质越来越稳定，湖面越来越清澈。

现在乌梁素海水碧波清，芦苇摇曳，鱼鸟成群。目前这里有水生植物12种，鱼类约为29种，还有62种浮游生物等，可以说湖区的生物多样性在持续恢复当中。

就像我们船边的这些芦苇其实也有着不小的作用，在整个湖区水域面积293平方公里当中，芦苇的面积就占到150平方公里以上。您可别小瞧这些芦苇，它们在净化水质、抵御洪水方面有着无可替代的作用。

为什么这么说呢？是因为每年春夏阶段芦苇的根系生长的时候就可以很好地吸收水中的氮磷等营养物质，从而实现一定的水质净化。到了冬季，通过机械化的收割方式，整个湖区芦苇的产量大约在6.5万吨到8万吨每年，然后进行售卖。可以说，芦苇的收割和资源化利用也是湖区生态治理的一项有效措施之一。

就是我手中的这些芦苇，其实还有一些艺术价值，您看到我桌子上摆放的这些艺术品，其实都是用当地的芦苇和蒲草制作而成的。曾经昔日的部分渔民如今已经上岸成为手艺人，通过他们采摘的芦苇和蒲草，经过烫、染、泡等十几道工序之后，被编织成各种各样的小摆件和艺术品。您来到这里如果喜欢的话，也买一件回去。

乌梁素海这座源于黄河最终又归于黄河的水域如今重现大泽风采。因为在黄河之畔的河套地区，母亲河千百年来滋润着这里的沿岸百姓，守护好黄河流域最大的淡水湖乌梁素海就是呵护着母亲河带给我们的生态财富。

刘妙然：大家看，黄河在宁夏段和内蒙古段孕育了富饶而美丽的塞上江南。说这里因黄河而兴，因黄河而美，是不是再合适不过了？

郑子可：没错。

严於信：的确，通过刚才妙然还有前方我们同事的介绍，真的是感受到了黄河和两岸人民之间的那样一种亲密相连的关系。我们说万里黄河万千气象，刚刚我们一路从青海到内蒙古，其实每一段黄河都有它自己的性格。当黄河在晋陕边界转向南之后，它的气质又会发生什么样的变化呢？

郑子可：黄河穿行于晋陕两地，河曲水急，犹如金龙摆尾，雄浑壮美，大气磅礴。您现在看到的是黄河入陕第一湾莲花辿。这里位于陕西榆林府谷县，属于丹霞地貌。沟壑相映，岩石纹理犹如红色波浪，兼具苍凉与俊秀之美。两岸沃野葭绸，欣欣向荣，构成了一幅秋意山水画卷。

严於信：沿着黄河我们继续南下，进入晋陕大峡谷，山西省永和县和陕西省延川县之间的乾坤湾。天下黄河九十九道弯，光是在这里黄河就流出了七道磅礴壮美的蛇曲大弯，彰显九曲黄河风情的乾坤湾像一条蜿蜒盘旋的巨龙，蔚为壮观，又使黄河多了几分秀丽与温柔。

不远处的黄河岸边，山西黄河一号旅游公路的起点就在这里。崭新的陆路坐标从这里向黄河南北延伸，当地通过沿黄公路发展旅游，让这条串联沿途美景的公路成为造福大山百姓的致富路。

郑子可：您现在看到的是黄河壶口瀑布，黄河在流经这里的时候受到地形的限制，从300多米宽的河道陡然收缩成30多米，再加上30多米的落差，就形成了壶口瀑布千里黄河一壶收的壮观景色。瞬息万变的黄色瀑布犹如巨雷轰鸣飞流直下，瞬间升腾起巨大的水雾。秋季的黄河水受到黄河中上游降雨和水库调水的影响，含沙量明显增加，每年10月黄河壶口段水流量会稳定在每秒1500立方米左右。

严於信：从壶口瀑布向南60多公里，黄河冲出了700多公里的晋陕大峡谷。传说中大禹治水时在这里开凿的龙门，现在已经是连接山西和陕西的交通要道，跨越黄河的公路和铁路大桥形成的四通八达的交通网络。因为特殊的地理位置，龙门还是黄河水文测量的重要地点，这个在峡谷悬崖上的建筑是龙门水文站，每年要向国家以及地方相关部门提供水文信息。通过龙门之后，黄河河道瞬间变宽数公里，一泻千里，奔向中原。

郑子可：刚才看了这一段镜头，我有一个特别明显的感受，就是这好像才是我们大家印象当中黄河的样子。

严於信：的确，这一组画面都拍摄于黄河的山西陕西段，而这一段还有一个更加广为人知的名字，它叫黄土高原。

郑子可：由于特殊的气候、地理等原因，黄土高原沟壑纵横，土质疏松，土壤侵蚀类型多样，是全国水土流失最为严重、治理难度最大的区域之一。

严於信：而黄河在这一段的支流众多，多年来输入黄河的泥沙占黄河泥沙含量的一半以上，黄河中下游河道淤积的粗泥沙90%就来自陕西。大家可以看一下现在在我们的主播台上，这样一瓶就是取自陕西段的黄河水了，这瓶水其实在我们的节目进行当中已经放置一段时间了，但是还可以看到泥沙和水之间的混合状态，如果我们再去晃一晃它，这样的混合状态会更加明显，这就是我们身后大屏上奔涌的黄河水。

郑子可：其实大家常说黄河在这一段是泥沙含量和沉积比较多的，而且黄河的问题表象是在黄河，其实根子是在流域，想要减少黄河泥沙含量，就必须治理黄土高原的水土流失。

严於信：所以之前有一句话，叫一碗黄河水半碗沙。但是通过治理，生态就变化了。我这里还有一组数据给大家介绍一下，黄河流域1990年水土保持率为41.49%，但是2020年提高到了66.94%。黄土高原也由黄变绿，绿色版图向北推进了400公里。

郑子可：那这一切都是如何做到的呢？下面就让总台记者带我们揭秘入黄泥沙减少的密码。

吴成轩：这里是陕西榆林米脂县高西沟村的龙头山，站在这里就可以俯瞰整个高西沟村的全貌。村子距离黄河大概是70公里，在水土流失治理之前，这里每年的入黄泥沙量达到了8万吨。这是过去高西沟村也就是对面山坡的老照片，用当地的话说：山上光秃秃，下面黄水流，年年遭灾害，十年九不收。

因为地处黄土高原的丘陵沟壑区，过去水土流失严重，百姓生活艰难。但现在大家可以看我身后，这里已经变得郁郁葱葱了。国庆假期的第二天，游客也来到了高西沟村，和我会一样的纳闷，黄土高原黄土在哪里？入黄的泥沙为何会减少，而且减少得这么多呢？在这里我们做一个小实验，这是两块取自黄土高原的泥块，我们现在同时把它放到这样的容器里，大家来看一下它的变化。

在下降的过程当中，在我右手边的这个容器里，泥土快速地溶解，泥水不分而且很浑浊。但是在左边的这个容器大家可以看到，泥块在下降过程中基本没有分解，水现在还是清的。同样是黄土高原的泥块，为何差别会这么大呢？在我左手边容器内放的泥块大家掰开之后会发现土块内部有很多这样植被的根系，正是因为有了根系的加持，水土流失减缓明显。科研人员在黄土高原通过种植不同的植被，从而来发现哪一种植物对于水土保持效果最佳。此外，科研人员还在同等面积条件下种植同一种作物，但坡度不同，从而来寻找水土治理的最佳效果。

实验证明，在黄土高原25度以上的区域需要实施退耕还林，也就是大家现在看到画面中这些山顶的位置。这部分区域也是黄土高原水土流失治理三道防线中的第一道。在山顶有两个选择，降水量稍多的区域山顶种树，降水量稍少的区域则是种草。因为所处的位置在山顶，因此当地人俗称为山顶戴帽子。

在这里我们也是做了一个模型，相当于一个微缩版的高西沟地貌。刚才说的是山顶戴帽子，下来中间的这部分区域它最大的特点是落差大、坡度陡峭，这也是黄土高原水土流失治理当中的第二道防线。专家建议在这个区域内有条件地配置灌木或草，因为它处于半山腰，相当于我们系皮带，因此当地人俗称叫山腰系带子。

说完了中间，来到山脚下，这儿也是黄土高原水土流失治理的最后一道防线。以前这里是开放式的，但现在当地通过建设这样错落有致的淤地坝来防治水土流失。现在我们也来模拟下雨的效果，大家注意看，水浇上去不久之后，大量的水和土就进入了第一个淤地坝以内，而且水在上面很快就冲出了很小的沟壑。

当第一个淤地坝内的水积满的时候，它会顺着泄洪道进入下一个淤地坝内，而在此过程当中，第一个淤地坝内的泥水会进行一个沉淀，也就形成了黄土高原上的良田。而且在此过程中，土壤中的有机质得以保留，土壤的固肥能力也得到了提升，这也让黄土高原可以大面积地去推广种植经济林。眼下正是秋收的时间，黄土高原上的经济林比如苹果也正在变红，梯田里随处可见的谷子、糜子也正在由绿变黄。

得益于当地生态环境的不断好转，今年降水偏多，黄土高原谷子亩产量预计将达到800多斤。从最初的浊水黄山到黄土高原不见黄土，实现了绿水青山，再到即将迎来的秋收，百姓收获的则是金山银山。黄土高原主色调由黄变绿的同时，生态环境也实现了从过去的整体恶化、局部好转，到现在整体好转、局部良性循环的历史性转变。

郑子可：看完这个短片，我有一个非常直观的感受，就是黄土高原不见黄，黄河两岸幸福长。西长安，东晋汾，黄河两岸踏两省。穿大漠，越草原，黄河一路奔涌向南。黄河为世世代代生活在这里的人们赋予了充足的养分，在漫长的岁月里，为山西塑造了众多壮美雄伟的自然景观和人文荟萃的地域文明。

严於信：其实生活在黄河两岸的人们在这片黄土地上也绘就了非常厚重的黄河文化，今天我们走进山西吕梁碛口古镇，带大家认识一位黄河边上长大的汉子。

位于山西吕梁大山里的碛口镇是出了名的黄河古码头。明清时期，黄河水运的发展给碛口带来200年的繁华，这里一度成为当时的商贸重镇和水路运输中转中心。

今年68岁的李世喜十几岁就在黄河岸边做起船工，以船为家，四处漂泊，遇到逆风或激流时，他们喊着号子、背着纤绳一步步往上拉，但是一次行船途中的急流惊险让他至今难以忘记。

李世喜：船都过不来，一下大浪起来，我们船上装货不多，基本销售完了，赶快被子都不要了，就扔了，顾命要紧。那就跑了，游出来就没了，回来再重新买穿，无非经济上受点损失，就这样。

严於信：艰辛惊险的船工生活不仅练就了老李搏击风浪的本领，也磨炼出他坚毅果敢的性格。迎着汹涌浊浪，这位黄河汉子继续前行。

记者：不害怕？

李世喜：不怕。

记者：为什么不怕？

李世喜：吕梁人历代以来有很多男子汉，你看《吕梁英雄传》有多少出在咱吕梁的，吕梁人就有吕梁人的自信、有吕梁人的骨头。尤其咱是黄河汉子，更应该发挥黄河文化。

严於信：后来公路铁路架桥钻洞修到了黄河岸边，碛口交通枢纽的地位逐渐消失，昔日的繁华在历史变迁中落下帷幕。老李的号子声在黄河岸边逐渐消失，渡船没了生意，他只能靠打些零工来养家糊口。

李世喜：那段时间反正比较贫困。

记者：心情是不是有些低落？

李世喜：肯定嘛，国家一说搞旅游开发，哎呀，这是我们碛口人民生活中的一件好事。

严於信：凭借着独特的民俗风情、黄河风光，寂寞了几十年的碛口古镇开始复苏，许多专家学者、摄影美术工作者和游客纷至沓来。老李带头做民宿搞接待。

李世喜：这个人要开动机器。

记者：脑子得灵活。

李世喜：要科学创造，你不能死板教条，水运没了，你就不生活了？你还要干别的，结果这步棋走对了。

严於信：虽然现在说走对了棋，但是当时乡亲们很难接受陌生人住到家里，认为这不是好营生，当然也有和个别游客的小矛盾。

李世喜：刚开始不懂，干中就学会了，人就在矛盾中生活。但有问题，立马给人家排除解决，这不就好了吗。

严於信：几年过去了，乡亲们见老李的民宿越做越好，也纷纷加入进来，一起走上了致富路。

李世喜：我们小的时候做搬运工人扛包子的，黄河水运彻底没有以后他就断了收入，你看现在不是又富起来了吗？他也开个旅馆，卖个小东西啥的，卖个农副产品也能致富对吧。

严於信：10年来，当地大力推动沿黄地区文化和旅游高质量发展，沿黄旅游公路从无到有串联起各景点，碛口古镇基础设施不断完善，客流量与旅游收入飞速增长，碛口古镇的旅游发展完成了从粗放式向精细化的转变。去年成功创建国家4A级旅游景区，现在老李也成为非物质文化遗产黄河纤夫传承人，对于碛口的变化，老李说一年一个样。

李世喜：变化挺大的，举个例子，我们明清一条街，你看现在五华里长街以前破破烂烂，现在都是整整齐齐，甚至游客来自全国各地，摄影的团队、户外的，川流不断。

记者：黄河变化大不大？

李俊香：哎呀，太大了，你看这不是，马路边都是车，你看这头山那头水，就是好。

贾娟：干导游干到后面开饭店，开了个码头饭庄，然后从小饭店开到大饭店。

刘海云：我以前种红枣，现在做雕刻，凭的是碛口旅游发展起来了。

严於信：黄河上碛口边再次响起了号子声，老李从小生在黄河边，长在黄河边，从未离开过黄河。

李世喜：鱼儿离不开水，瓜儿离不开秧，我们从小就离不开黄河，为什么离不开黄河？我们从小生在黄河岸边，长在黄河岸边，一年四季靠着黄河水运码头来维持生活，因此我们对黄河有特别的感情。黄河，这一生中我们几代人永远爱戴着你，就像你是我们身上的血液一样。

郑子可：碛口古镇是黄河文化的一个缩影，山西地处黄河中游，汾河是黄河的第二大支流，从汾河发源到汇入黄河全长700多公里全部都在山西省境内。

严於信：近年来山西全面实施治污、调水、清淤、增湿、绿岸，推进汾河上游生态修复与治理。汾河百公里中游示范区、岩溶大泉保护、生态景观等工程，持续推动汾河水量丰起来，水质好起来，风光美起来，确保稳定实现一泓清水入黄河。

郑子可：现在汾河有哪些新变化？我们来听总台记者的介绍。

韩逾昊：我现在就是在黄河的一级支流汾河的岸边，这里也是太原市水上运动中心皮划艇和赛艇的码头，当然这里也是属于汾河的太原城区段。现在我身后的这些运动员们正在为即将举行的皮划艇赛艇的全国锦标赛进行备战，这里同时还是我国北方地区唯一的一个按照皮划艇训练国际标准在自然河道上建成的一个训练水域。

我们知道皮划艇和赛艇运动员他们长期要和水接触，所以对于水质的要求就非常高，水质需要达到Ⅲ类以上的标准。为了达到这样的水质要求，山西省在这几年也是做了很大的努力。

现在我们在画面中可以看到的是5年前我现在所在的这个汾河河道的样子，由于长时间的开采和植被的破坏，这里的河道已经是一片的荒芜，当时汾河干支流上13个地表水的国家考核断面有（48:10）常年为劣Ⅴ类的水质，从2017年开始山西下决心改变汾河的水质，也推动了汾河干流沿岸的污染企业退出或者是搬迁改造。同时在河道种植大量的水生植物，重建汾河的生态系统，增加自我净化能力。

现在我手上拿的这株植物就是人工在汾河岸边种植的水生的鸢尾，这样的花其实它的根系可以看到是非常发达的，而且它的根系是对水质有净化能力的，像这样具有净化能力的水生植物在汾河沿岸现在已经种了超过200万株了。到2020年6月的时候，整个汾河的13个国考断面的水质已经全部退出了劣Ⅴ类。

除了水质好起来，水量也要丰起来，除了对汾河进行生态补水，山西还对影响汾河水量的煤矿进行了关停。我们举一个例子，就比如说汾河的源头在山西省忻州市的宁武县，10年前汾河的源头甚至还出现过断流的危险，这些年当地也是陆续关停了17座煤矿。

当然，人不负青山，青山定不负人，我们现在再来看一下汾河源头的样子，水量丰沛，而且清澈见底。作为黄河的第二大支流，汾河源头出水口的水量现在已经能够稳定地保持在每秒0.2立方米。

现在在汾河的太原段，我们不仅能看到运动员在河面上百舸争流，同时在汾河的两岸还修建了专门的公园和步道，甚至还有专门的自行车道来供市民进行休闲和健身。同时，山西省现在也要求在汾河干流和主要的支流河堤外50米范围内种树种草，建设绿色的生态廊道，保护河流的生态空间。用这样的绿色屏障护送700多公里长的汾河水一路向南，最终在山西省的运城市汇入黄河。

严於信：您现在看到的是黄河小浪底水利枢纽工程，这是黄河治理的关键控制性工程。通过调控小浪底以及上游水库泄流，实施调水调沙，含有大量泥沙的浊流从排沙洞中喷涌而出形成了壮观的景象。不仅排出了水库中淤积的泥沙，还极大提升了下游主河槽的过流能力。一系列水利工程的实施，有力保障了黄河下游地区的防洪、供水和生态安全。

郑子可：高高耸立的黄河中下游分界碑将我们的视线带到河南郑州荥阳市。这里是黄河中游和下游的分界处桃花峪，山地与平原在此分野，往下看是黄河冲积而成的中原大地，万里黄河自此摆脱了高山峡谷的束缚，走向一马平川。

严於信：您现在看到的是河南原阳的双井控导工程，它全长8722米，是黄河下游最长的控导工程。一排排坝体屹立岸边，犹如一把长长的巨梳，疏导着滚滚东去的黄河。它并不是黄河大坝，而是深入到河滩内修建的工程，它既是抗洪抢险的一道防线，又能起着控制河道主河槽不到处摆动的作用，可以说是黄河大堤的好帮手。

郑子可：黄河从桃花峪顺流而下100公里来到了河南新乡长垣大车集，这里是黄河河道最宽处。画面中大家看到的是黄河主河道，但是黄河大堤要远远宽于主河道。在画面左右两侧十几公里外才是黄河大堤，大堤之间的距离长达24公里，而黄河就在这24公里之间来回游荡。在宽阔的河道之间，由于历史原因滩区曾居住着约125万滩区群众，他们在这里生产生活、耕种土地。2017年，河南启动滩区居民迁建三年规划，目前已有30万群众搬离滩区，过上了新生活。

严於信：那么黄河进入河南之后，就由山区向平原过渡。其实不同于其他江河以及黄河其他河段的特点，黄河河道在这里变得非常宽，开始成为"地上悬河"，并且具有了游荡多变、宽浅散乱的态势。再加上挟带着大量的泥沙，黄河也成为世界上最为复杂、最难治理的河流。

郑子可：为了控制黄河的河流走向，保护黄河大堤，人们在临河的大堤上修筑丁坝等险工工程，在滩地的合适部位修建了约束黄河流向的控导工程。

严於信：通过这些工程的修建，调节了河流走向，保护了黄河堤岸。如今人们可以在黄河的堤岸上尽享黄河之美，下面就跟随总台记者到河南开封黄河大堤上去看一看。

王涛：我现在的位置就在黄河开封黑岗口的观测台上，这里是开封去年刚刚建成的黄河生态廊道。站在这里，可以看到黄河的河面非常地宽阔，旁边还有黄河湿地，景色还是非常漂亮的，很多游客今天就来到这里来俯瞰黄河美景，又能够游览生态廊道。刚才我们在黄河大堤上也看到有游客在那里扎起了帐篷，吹着黄河风，享受黄河安澜带来的美好。

其实这一段是黄河有名的"豆腐腰"河段，为什么这么说呢？咱们来先看一个图示。我们现在所在的黑岗口就是在这个位置，往下大概8公里的位置就是柳园口，大家看这两个点，它的黄河的流势呈现出一个"W"的形状，在几处它的流势都几乎是一个90度的弯。这个地方用当地老百姓的话来说，黑岗口和柳园口就是黄河"豆腐腰"上的腰眼了。

可以通过航拍镜头来看一下柳园口的黄河流向，可以看到黄河从西北方向冲过来之后，离这个大堤只有几十米的距离，然后拐了一个90度的弯向东滚滚而去，这个地方可以说是黄河的险工，也是一个要害的地方。

我们都说黄河到了开封成了"地上悬河"，是因为黄河流经华北平原的时候，它的流速变慢了，挟带的大量泥沙就慢慢地沉积下来，逐渐抬高了河床，河床就慢慢高于开封市区的地面。现在通过黄河堤防的一个标准化建设，我们很难通过肉眼观测到开封这一地段的黄河是个"地上悬河"，但是通过一个图示可以了解到，其实现在这一段的黄河的河床已经高于开封市区地面7~8米，有的地方甚至要高出10米以上，这当然是当地的地理环境造成的。

面对着"豆腐腰"河段，我们国家是怎么治理的呢？智慧之一就是我身边的这些大石块了。由于黄河流经这里流速变慢，又挟带着大量的泥沙，所以河势在这里呈现出一种游荡多变、宽浅散乱的态势，下面可以通过一组图示来直观地了解一下。

这是在黄河柳园口，可以看到在2003年的时候，当时黄河的主河道是在这个地方，离黄河大堤还有几公里远。而到了2006年可以看到主河道在逐渐地向黄河大堤靠近，而到了2020年可以看到主河道几乎是呈南北走向来直冲向黄河大堤，离黄河大堤只有几十米，然后又呈现出一个90度的弯，滚滚东去。

为了控制这种黄河河势逐渐游荡变化的情况，咱们国家就采用了一种控导工程。控导工程伸向黄河的主河槽，将像一把把梳子来梳理着主河槽滚滚东去，黄河的河势也得以稳定。

当然，黄河治理是一个系统性的工程，每年的调水调沙将黄河下游的主河槽下切了2~3米。而通过黄河上中游的生态保护和治理，每年的来沙量又在逐渐地减少。通过这一系列的水沙综合运用，黄河得以安澜。由于这个地方体现了我们国家治理黄河的智慧和经验，所以当地也是修建了黄河文化公园，到节假日的时候，很多游客来到这里感受母亲河的风采，又能够了解咱们国家治理黄河的经验和做法。

严於信：不得不感慨，一系列的水沙治理举措真的是体现了中国人治理黄河的经验还有智慧。但是想真正治理好黄河，当然还需要一代代人的持之以恒，久久为功。

郑子可：没错，在黄河岸边每时每刻都有人在为守卫黄河的岁岁安澜而努力着。今天我们就通过一个短片了解一位黄河一线巡河人的故事。

张飞：远看卖炭翁，近看修防工，晴天一身土，雨水一身泥。这就是我们的工作环境。我叫张飞，来自开封黄河河务局，是一名一线的治黄职工，我在一线守护我们的母亲河已经10年了。

我们日常的主要工作首先是巡查，用简单的一句话来概括就是千里之堤溃于蚁穴，我们的主要职责就是寻找"蚁穴"，寻找工程的薄弱部位是我们的首要职责。河往哪走，你就重点看哪个坝，一定要走在这个河势变化前面。全年概括来说就是"冬备、春修、夏秋防"。冬备就是在冬季把我们的防汛物资，像这些备防石准备充足。春修是干什么呢？就是在春季非汛期的时候把工程薄弱的地方、往年出险的地方进行加固。夏秋防就是在伏秋大汛对我们主要的靠河工程进行巡防巡守。

因为你看不见黄河下面是什么样子，它时时刻刻都在发生变化，有的时候你表面上看黄河很平静，下面可能是暗流涌动，不确定因素是我们最大的难题。我们要解决这个难题，就是要靠我们的脚、靠我们的眼睛、靠我们的手走到工程的每一个角落、看到每一处地方、探到每一个地方。

现在正值伏秋大汛，也是我们每年最紧张的时候，像去年我们就刚刚经历了新中国成立以来最严重的一次秋汛。每秒4000多立方米流量持续了24天，对我们的整个下延控导是一个严峻的考验，我们的坝要扛受那么大的压力，而且经过长时间的浸泡，最多的时候我们7道坝有4道同时出险，坚持到后期我们所有的人员都非常疲惫，能够支撑我们的是当时的一部电影，那个电影叫《长津湖》，在那种情况下我们就像打仗一样，我们就是发扬杨根思的那种"三个不相信"的精神，不相信有克服不了的困难、不相信有完成不了的任务、不相信有战胜不了的洪水。当时杨根思英雄的原话是"不相信有战胜不了的敌人"，我们是不相信有战胜不了的洪水。

对我们来说，这个不回家、不按时吃饭都是太家常了，我们吃饭是看它（黄河），它没事了我们才能吃饭，它有事了，别说吃饭，睡觉都睡不成。24小时开机，三声之内必须接听电话，20分钟之内必须要赶到现场。

闫庆彦：原来大堤就是个土路基，一下雨泥泞得走人都滑。现在环境变了，黄河大堤真是一条风景线。生在黄河边，长在黄河边，从小就听着黄河的涛声和船工的号子声长大，特别是对黄河的感情，从小就留下了很深刻的印象。

到你们这一代要把黄河治理得更好，要变成造福人民的幸福河，这个接力棒就交给你们了。

张飞：我们创造了黄河70余年岁岁安澜，这是历史上绝无仅有的，而且每一天这个纪录一直在刷新，一直在刷新。

郑子可：我们继续沿着黄河到山东看一看。山东是黄河流经的最后一个省份，黄河从山东菏泽的东明入境，最后在东营汇入渤海。近年来，山东在黄河沿岸建设千里绿色生态廊道，大力实施黄河三角洲湿地修复工程，一幅生态优先、绿色发展的画卷正在黄河两岸徐徐展开。

严於信：现在大家可以看到我们又给大家展示出来了三瓶黄河水，离我最近的这瓶就是取自黄河入海口的了。通过这样的对比，大家可以感受到黄河每一段的性格以及每一处的风景，应该说第二瓶跟第三瓶，尤其这两瓶对比的时候更能凸显出来。黄河进入山东段之后到底是什么样的景色呢？跟随镜头我们去看一看。

郑子可：黄河流经河南兰考后从山东菏泽东明县流入山东，在东明境内，黄河依然属于游荡性河流，这里也属于黄河的"豆腐腰"河段。东明先后多次对黄河堤防加高加厚并进行标准化建设，如今防汛能力大大增强。2017年，东明县实施黄河滩区居民迁建，几年来滩区12万群众喜迁新居，生活环境得到改善，滩区面貌焕然一新，昔日贫苦的黄河滩正变身欣欣向荣的幸福滩。

严於信：九曲黄河，万里奔腾，流经山东省泰安市东平县，这里有黄河下游重要的蓄滞洪区东平湖，如同一颗镶嵌在黄河与大汶河冲积平原上的璀璨明珠。东平湖与黄河相生相伴，和汶水相接相融，京杭大运河贯通其间。襟三水而带五湖，控汶运而引江河，是黄河下游防洪的要冲之地，承担着分滞黄河水、调蓄汶河水的双重任务，维系着河湖平安和人民安宁。

郑子可：现在进入我们眼帘的是黄河济南段，黄河济南段河道全长183公里，为保护黄河生态，近3年来当地在黄河两岸持续开展生态绿化，沿黄两岸形成了200多米宽的绿色廊道。眼前正在逐渐泛黄的就是位于济南黄河百里风景区的千亩银杏林，每逢深秋时节，这里都会吸引无数游客驻足观赏。随着济南新旧动能转换起步区建设的深入推进，济南拥河发展的框架徐徐展开，黄河也逐渐成为济南的城市绿轴。

严於信：沿着黄河继续向东来到淄博，这里是黄河流经淄博的一处沉沙池，就在几年前这里还是一片"十米不见人，张口满嘴沙"的黄河漫流泄洪区。如今当地通过持续推进植被修复、水土保持等生态系统工程，疏浚了河道，恢复了湿地。昔日黄河沉沙池还变身乡村振兴精品示范区，利用黄河水进行河虾共养、稻蟹共生等立体养殖，将生态农业与乡村旅游相结合，百姓的日子也越过越红火。

郑子可：在山东，黄河流经9个地市，到了滨州穿城而过。滨州属于近海黄河冲积平原，地下水位高，且多为口感苦涩难以直接饮用的苦咸水，所以淡水资源极其匮乏，对黄河水的依赖程度很高。

严於信：自从当地修建小开河灌区引水工程之后，滨州市的经济社会发展、生态环境修复和人民生活品质都得到了极大的改善。在黄河水的滋养之下，曾经碱蓬满地的农业荒漠如今变成瓜果飘香的果园，成了老百姓增收致富的金土地。

郑子可：眼下正是丰收的时节，我们一起去看看。

魏子雯：今年的枣王已经诞生了，是6号。

李福友：细嫩多汁，口味纯正，皮薄肉脆，啖食无渣。

魏子雯：这么高品质的枣它是怎么种出来的？现在我们已经来到了枣园里面，放眼望去，这里的每一棵枣树大概都有2米高，而且个大饱满的冬枣也已经挂满了枝头，在我身后也有许多枣农正在忙着摘枣。其实很难想象，像这样丰产的景象，在过去这里都是盐碱地，连庄稼都无法生长。

王卫卫：我们小的时候盐碱相当严重，然后庄稼都长不起苗了，原来种冬枣树的时候盐严重的时候两三年才长出枝条来，也是长得比较慢，现在这土质比较好了，不过还能看到原先的比较盐碱的痕迹，像这种泛白的地方。

魏子雯：当初的盐碱地就是这个样子。

王卫卫：对，盐碱，比较板结这样的。

魏子雯：特别的硬。

王卫卫：对，你看现在土质很好了，比较松软。

魏子雯：从过去白花花的盐碱地到如今冬枣满园，其中的奥秘之一是枣树喝上了"甜水"。枣农们所说的甜水其实就是黄河水，过去这里被称为退海之地，一直饱受着海潮侵袭，土地盐碱化严重，地下水资源也极度匮乏，可谓是赤地千里，碱蓬遍地。而如今引来黄河水，又加上一系列水利工程实施之后，才终结了这片退海之地上的人们祖祖辈辈喝苦咸水的历史。

张军利：黄河水具有压碱的作用，黄河水所含的泥沙具有改良土壤的作用，所以我们当地人讲"一遍黄河水顶施一遍肥"。通过含泥沙这种黄河水的不断浇灌，将我们原来含盐量千分之七的重盐碱地改良成了含盐量不足千分之三的良田，通过沉沙之后的清水对冬枣树进行精准滴灌，这样节约了大量的水资源。冬枣树既是经济林，更是生态林，通过冬枣树的大面积种植，净化了空气，涵养了水源，引来了鸟类大量的栖息繁衍，保护了黄河流域的生态环境。

魏子雯：土壤肥了，水源足了，黄河水的浇灌如同打通了这片土地上的血脉，让滨州这片退海之地生机勃勃，充满活力。从原先仅有的56棵冬枣树发展到现在的30万亩，预计今年冬枣年产量可以达到6.5亿斤，年总产值可以突破50亿元，就单单冬枣这一项就可以让当地的枣农人均年收入过万元。

母亲河在流入大海之前，依然在不停地滋养着两岸的人民，靠着母亲河的浇灌，这片碱蓬遍地、风到沙起的荒凉之地已成为土地肥沃、稻菽千重的金土地，养育着一方水土，滋养着万物生灵。

严於信：黄河在山东东营市流入渤海，并在那里冲刷出了黄河三角洲，成为全球新生河口湿地的典型代表。在保护区内有这样的一群人，为了湿地生态发展和候鸟安全，他们远离城市默默守望。

郑子可：是的，从小就生长在黄河边上的吴立新就是其中一员，他们守护在黄河入海前滋养的最后一片湿地上，让南来北往的候鸟愿意在迁徙的途中来这里停留，然后继续飞向它们的远方。而保护区的工作人员们则会永远守护这里，为迁徙的候鸟，为黄河，也为我们的大自然。

吴立新：保护区的鸟就和我家庭成员的一部分一样，成为我生命中的一部分了，看到它们在某个地方安静觅食，我心里就很高兴。

过去的时候我们这地方就是一片盐碱地，黄河赶着渤海走，每年淤积土地，但是淤积出来的土地都是盐碱化的。对我们的影响是经常发大水，来水就经常淹了地，那时候就是说努力学习，争取不在黄河边生活，出去以后找一个好的工作。上完学以后，畜牧局招工，没想到又把我分配到黄河三角洲了，就是黄河入海的地方，离黄河更近了。我们赶着牛群迁徙，这里有很多沟，黄河来水以后，我正牵着一头牛，一下子就掉沟里了，那水一下子就到脖子这里了，但是牛会凫水，牛就牵着绳子救了我一命，把我拉到岸上去了。

以前为了放羊，可以把这些草都烧了，现在不行了，现在为了维护生物多样性，观念马上就转变了。这是原来的一个海滩，当时是白茫茫的一片盐碱地，这几年不断往里面蓄水，黄河丰水期蓄水，芦苇也慢慢长起来了，芦苇芽充当食物，鱼肥了，鸟的食物就丰富了，都是一条食物链的关系。

我的任务就是守护好这片黄河入海前滋养出的最后一片湿地，我已经53岁了，但是我还是会守在这里，看护好这里的每一片湿地。

严於信：我们也相信这样人和自然和谐共生的美丽画面会越来越多。在黄河入海口形成的黄河三角洲也是我们暖温带最为完整的湿地生态系统，近年来当地大力实施黄河三角洲湿地修复工程，修复湿地超20万亩。如今母亲河奔流入海的地方已成为水草丰美、候鸟迁归的生物多样性湿地。

郑子可：我们有三路记者在黄海入海口，分别在陆地、船上和直升飞机上通过这三种不同的视角为您呈现黄河入海的壮观景象，下面我们看记者从现场发回的报道。

刘悦：我现在所在的位置是在黄河的岸边，距离黄河注入大海还有十几公里，但是这里已经是人和车辆所能够到达的陆地的最尽头。在我的身后就是黄河的河道了，从这里往前，黄河的水流逐渐地变慢，在失去了固定河道的束缚之后，黄河将漫滩涌入大海。

从我的身后向下望去，可以看到黄河水的流速是相对而言比较缓慢的，因为这里地势比较平坦，同时黄河水呈现出不透明的黄色，挟带着大量的泥沙，而我们仔细观察也可以看到泥沙流动的痕迹。之前我们经常提到的一句话就是"黄河水一碗水半碗沙"，而我们之前也是在这里取了一瓶黄河水。在我的手上大家可以看到这一瓶黄河水在经过一天左右时间的静止和沉淀之后，只在瓶底留下了一层浅浅的泥沙。

工作人员告诉我，近年来黄河的水沙治理取得了显著的成效。2021年，黄河水利委员会利津水文站所检测到的黄河年输沙量已经不足3亿吨。但即便如此，黄河的造陆能力还是不容小觑的，黄河所挟带的泥沙经过淤积，在入海口形成了共和国最年轻的土地。而我们所在的这个位置其实就是20世纪90年代黄河泥沙淤积而形成的，接下来我也给大家近距离地去展示一下这片年轻的土地。

我们蹲下来可以看到这片土地的表面其实跟我们平常见到的土地差别不大，都是比较坚实和平坦的。但是我们用手在这片地上这样一划一拢，我们就可以看到有很多的泥沙在我们的手中就汇聚了，我们抓起一把来在镜头面前展示一下，可以看到这些泥沙其实跟田间的土壤还是有很大的差别，它里面的杂质非常少，而且可以看到它的质地是非常细腻，很绵软的。这样仔细地一捻，就可以看到有很多细沙在我们的指缝之中流出来了。而我们旁边的这个小土块它看起来非常的坚硬，但其实我们用手稍微地这样一捏它就碎了，碎成这片泥沙在我们的手上随着风流动下来了。而这些泥沙其实就是二三十年前来自于我们身后的这片黄河，但我们踩上去这片土地还是比较结实的。

作为世界上泥沙含量最大的河流，黄河在水量充足的情况之下，每年仍是以1公里到2公里的速度向海中推进。近5年来，它的年均造陆面积也是8平方公里左右。针对这些新生土地，当地所采取的措施就是封域保护，减少人类活动干扰，从而保持原生态的风貌。

沧海桑田黄河口，黄河不仅塑造了这片新生的土地，同时在黄河水的滋养之下，附近广袤的湿地上植被种类日益繁多。近海的生态系统得到良性的修复，人与自然在此和谐共生。

我在岸边的情况就是这样，接下来把时间交给我的同事刘颖超，她将带大家乘船，从水上视角来看黄河入海。

刘颖超：我们现在正乘船行驶在黄河入海前的河道上，乘船行驶，天空中不时有鸬鹚、苍鹭等鸟类飞过，乘风破浪，让人体会到母亲河的汹涌脉搏。

船长告诉我们，这段黄河河道的水深最深处能超过7米，而最浅处不到1.5米。现在我们向东行驶，因为是顺流，大约40分钟就可以到达河海交汇处，而返程时则是缓流，大约需要1个小时。

现在大家可以看到前方的水面中央出现了一处小沙滩，面积大约有3平方公里，这个沙滩是黄河中挟带的泥沙经年累月长期沉淀自然形成的。在2007年汛期，黄河流经这里时自然出汊分成了三股，其中最靠西侧的一股因为水深较深、流速较快，所以现在船只都从这里通过。随着向下游不断挺进，可以看到河道的宽度越来越宽，到临近入海的地方最宽处超过3300米，从高空看起来就好像是一只喇叭口侧面的形状。

沿着这侧河道继续行驶，我们终于来到了河海交汇处，通过镜头大家可以看到，在水面上黄色的河水和蓝色的海水之间形成了一条泾渭分明的界线。您可能会好奇，为什么这条分界线会如此的清晰，而不是从黄色渐变逐渐过渡到蓝色呢？据黄委水文局专家介绍，因为黄河径流的方向自西向东流，而海水的方向在河口每天是南涨北落，这两种水体它们的流动方向是垂直的，而挟带的泥沙量又存在着显著的差别。奔腾的黄河水流出河口之后就会被海水顶托在上方，在两者的交界处形成了一道切变锋面，这个锋面非常神奇，它被称为泥沙的捕捉器。在它的附近，水流速度非常微弱，表层黄河水中挟带的大量泥沙失去了动力，无法越过这道锋面继续向外海扩散，而是急剧落淤。这样一来，锋面内外两侧泥沙含量差别巨大，就形成了这样一条明显的分界线。远远看上去，就好像是一条蜿蜒的长龙。

除了造就黄龙入海的奇观，黄河水注入渤海还对海洋的生态环境保护和资源修复起到了重要的作用。黄河丰沛的淡水资源、丰富的营养物质为河口海域的生物产卵和幼崽发育提供了一个非常良好的环境。这里已经成为我国黄渤海渔业生物重要的产卵场、孵幼场和洄游通道，有力地促进了海洋生物繁育，提高了生物多样性。

我们在黄河入海口了解的情况就是这些，接下来把时间交给我的同事王成林，他将乘坐直升飞机带大家换个视角看黄河入海。

王成林：我现在是在黄河入海口的山东省黄河三角洲国家级自然保护区，万里黄河将在这里汇入大海，而在这最后的35公里当中，母亲河依然在滋养着两岸的土地，形成了我国暖温带最为完整的湿地生态系统：黄河三角洲。

从高空向下望去，我们现在可以看到自然保护区大汶流15万亩湿地恢复区。这里曾经因为黄河来水来沙量的减少，流路固化、河床下沉，从而阻断了黄河和周边湿地的水系连通，加上海水倒灌导致土壤盐碱化严重，湿地生态受到严重影响。打通水系成了修复黄河三角洲湿地生态的关键。

近年来，当地先后实施了十几项以水系连通为主的生态修复工程，来打通母亲河和湿地之间的毛细血管。首先是新建、改建了6处引黄闸口，在黄河两岸形成了9个引黄口的布局，在每年黄河大水量期间集中向湿地进行补水。同时疏通了241公里湿地水系，修复了黄河与湿地以及湿地内部的血脉连通。

有了充足稳定的淡水补给，黄河三角洲自然保护区又大力推进湿地水环境建设，来提升这里的生物多样性。按照生态学的原理，塑造微地形，建设鱼类栖息地、鸟类繁殖岛、植被生态岛，营造适宜鸟类生存的环境，形成了河流水系循环连通、原生湿地保育补水、鱼虾生物繁衍生息、野生鸟类觅食筑巢的生物多样性湿地，总面积已超过20万亩。

目前，自然保护区有野生动物1630种、野生植物411种，鸟类371种，其中国家一级保护鸟类25种，国家二级保护鸟类65种，38种鸟类数量超过其全球总量的1%，成为东方白鹳和黑嘴鸥全球重要繁殖地、丹顶鹤重要越冬地、白鹤全球第二大越冬地、卷羽鹈鹕东亚种群最大的迁徙停歇地。

如今，曾经的盐碱荒滩已不复存在，在母亲河的滋养下，水草丰美、候鸟群归的黄河三角洲又回到了我们的视野中。现在我们看到的是月湖，这里是黄河故道形成的一片水域，因形状像月牙而得名。围绕月湖以及黄河河道两侧分布的是2万亩天然柳林。放眼望去，一片绿色，整齐而不失层次，一派生机勃勃的景象。黄河挟带的柳树种子在这里落地生根、自然生长，逐渐形成了如今的2万亩天然柳树保护区，这里也是省级林木种质资源原地保存库。

继续往前我们看到的是黄河三角洲的"红地毯"，这是一种耐盐碱性特别强的植物，名叫翅碱蓬。进入秋季，它的颜色开始逐渐由绿变红，与蜿蜒纵横的潮沟相交织，像是一张无边的"红地毯"，从空中望去，鲜艳而壮观。

现在我们看到的是由黄河入海口奇特的潮汐之力形成的"潮汐树"景观。在潮汐的作用下，海水沿着潮沟，深入到泥沙中，随着潮水对泥沙的冲刷，形成了一棵棵树的形状，大自然的鬼斧神工，在这里绘就了一幅静谧的山水画。

黄河之水天上来，奔流到海不复回。这里就是黄河最后流入大海的地方，由于黄河水含沙量大，黄河水与海水交汇处便形成了这条明显的分界线，产生了"黄蓝交汇"的奇观，这条分界线在宽广的海面上弯弯曲曲、绵延不绝，界限两侧黄蓝分明。

母亲河从遥远的青藏高原出发，走过黄土高坡，穿越险峻的峡谷，跨过万里平川，一路奔腾而来，终于在这里平静地归于大海。这里黄河河口宽广，水流因此变缓，而大海则为远道而来的黄河张开了巨大的臂膀，与黄河紧紧相拥。滋养两岸的母亲河，在这里融入大海。

严於信：保护黄河是事关中华民族伟大复兴和永续发展的千秋大计，治理黄河重在保护，要在治理。

郑子可：要坚持山水林田湖草沙综合治理、系统治理、源头治理，统筹推进各项工作，加强协同配合，推动黄河流域高质量发展，创作好新时代的黄河大合唱。

严於信：好，感谢收看《江河奔腾看中国——黄河篇》的节目，明天我们将和您一起到松花江辽河去看一看。

郑子可：最后我们再通过一段画面来感受"黄河之水天上来，奔流到海不复回"的万千气象。

（https://tv.cctv.com/2022/10/02/VIDE77KU0vWXLN0lCtJRr3Rv221002.shtml?
spm=C55953877151.PjvMkmVd9ZhX.0.0）

松花江　辽河·松辽之水润沃野　东北振兴谱新篇

郑丽：朋友们，上午好，这里是中央广播电视总台央视综合频道、新闻频道定期为您直播的特别节目《江河奔腾看中国》。

潘涛：在这个国庆假期的每天上午10点，我们将分别和您一起走近长江、黄河、松花江、辽河、淮河、珠江、闽江、塔里木河、万泉河、京杭大运河等重要水系。

郑丽：展现江河奔腾的壮美自然画卷，蒸蒸日上的流域发展盛况，以及依水而居的百姓们安居乐业的生活图景。

潘涛：我们今天要探访的是东北大地上的松花江和辽河，它们的怀抱中孕育着大湿地、大粮仓、大森林，生活着超过9000万人口，沿岸的人们将它们视为母亲河。

郑丽：首先我们将走近松花江，您知道松花江的源头在哪吗？我们先通过一组景观镜头来看一看。

潘涛：松花江有南北两源，现在我们看到的是北源嫩江干流的起点，它以源出于大兴安岭支脉伊勒呼里山中段南侧的南瓮河为正源，在这里与二根河交汇，开始了嫩江的里程。

郑丽：而松花江的南源是第二松花江，它源自海拔2000多米的长白山天池，源源不断的地下水从天池涌出，自悬崖间倾泻而下，与同样发源于天池的其他几条河流汇合成第二松花江，再继续前行与嫩江相汇。

潘涛：嫩江、第二松花江各自出发，朝着松花江的方向奔腾向前。对松花江这个名字我们并不陌生，它有多长，都有哪些特点？我们再通过一个短片来了解一下。

短片：松花江有南北两源，北源嫩江发源于内蒙古自治区大兴安岭支脉伊勒呼里山，长度1370公里。南源第二松花江发源于吉林省长白山天池，长度958公里，两江在吉林省松原市三岔河汇合后称松花江，长度939公里。两江汇合后一路流向东北，最终在黑龙江省同江市注入黑龙江。松花江流域位于东北地区中北部，行政区划涉及黑龙江省、吉林省和内蒙古自治区，以及辽宁省的一小部分，流域总面积55.45万平方公里。流域内水系发达，支流众多，上游区域受山地影响，水系发育为呈树枝状的河网，河道长度较短。在中下游的丘陵和平原区内，河流较顺直且长度较长。

松花江流域土地肥沃，是世界瞩目的三大黑土带之一的中国东北黑土带的重要组成部分，是我国重要的粮食主产区和商品粮生产基地，在保障国家粮食安全中占据重要地位。流域山岭重叠，植被茂盛，有中国面积最大的林区，流域内矿产资源充足，工业门类较齐全，是我国石油、煤炭、化工、重工业、汽车、铁路客车的重要生产基地。

郑丽：松花江的南源第二松花江源自长白山天池，地下水从天池涌出，自悬崖间倾泻而下。现在大屏幕上展示的就是飞流直下的长白山瀑布，它也是东北地区落差最大的瀑布。

潘涛：下面我们一起跟随记者去现场探访长白山瀑布，感受它的气势。

张楚：您现在听到的就是长白山瀑布的轰鸣声，瀑布高度为68米，是东北地区落差最大的瀑布。清澈的天池水顺着瀑布飞流直下，开始了它的奔腾之旅。

长白山瀑布一直是热门的旅游打卡地之一，虽然现在是秋季，但是因为海拔较高，所以出现了山下下雨、山上下雪的景观，而且这个时候下雪就很难再融化了，往往会保持到第二年的春天。每年十一前后，这里都会迎来一波游客的高峰。与松花江的源头同框，绝对是值得记录的人生瞬间。

顺着水流的方向我们来到河边，我面前这条湍急的河流叫二道白河，河里有非常多的矿物质，是名副其实的矿泉河。二道白河的水质非常清澈，可以直接饮用，我现在就来品尝一下。看，是不是特别清澈？很好喝，有一丝甜味。

水为什么会这么清澈呢？您看见河里这些特殊的石头了吗？这些石头是火山岩，它多孔、透气，起到很好的过滤作用。在长白山主峰地区，这样的石头漫山遍野，在它们的作用之下，这里的水质可以常年保持在I类以上。

通过采访我了解到，经过多年的保护和复种复植，现在松花江源头地区的森林覆盖率已经超过90%，浓缩了从北温带到北极圈2000公里的生态景观和植物类型，被称为物种基因库和生态博物馆。

郑丽：奔腾的瀑布很有气势，现在演播室就有一瓶来自长白山瀑布的水。这个水看起来非常清澈，而且是可以直接饮用的，我们也喝过，它非常清甜又甘冽。

潘涛：对，取自自然、直接饮用的水。在吉林松原扶余市的三岔河口，第二松花江与嫩江握手拥抱团结一心，开始了松花江干流的旅程。它们的相汇成就了松嫩平原，留下大量肥沃的黑土地，以及众多大大小小的湿地沼泽。

郑丽：而湿地是重要的生态系统，具有涵养水源、净化水质、维护生物多样性等重要的生态功能。松花江流域是我国重要的湿地分布区域，有多个湿地被列入了国际重要湿地名录。

潘涛：接下来总台记者先要带您到位于吉林白城的镇赉县境内的莫莫格国家级自然保护区去看一看。

刘伯煊：大大小小的湖泊沼泽，还有秋日色彩缤纷的广袤大地，我现在所在的位置就是嫩江岸边的吉林莫莫格湿地。眼下，这片14.4万公顷的湿地正吸引着一批特殊的旅行团，每年秋季，多达十几万只候鸟都要经停这里，补充能量，休整队伍，然后继续向南迁徙。

这个季节走在这里，可以看到的是碱蓬草和芦苇荡红绿相间的湿地景观，呼吸到的是非常湿润的空气，听到的是层次丰富的鸟叫声。护鸟队队员刚刚告诉我们，他们在9月初就开始进行迁徙鸟群的观测，记录鸟群的状态，保障它们在这里安全舒适地完全中转。根据最新的观测结果，现在已经有白鹤、白头鹤、灰鹤等国家重点保护的候鸟陆续抵达这里，具体数字还在不断的更新和统计当中。这些候鸟们要在莫莫格湿地停留超过一个月的时间，接着再从这里出发向南飞行。

鸟儿多，说明这里的生态环境一定不会差，但让人很难想象的是10多年前由于降水持续偏少的原因，湿地不湿、湿地无水是当时的情况。其中2002年是莫莫格湿地非常干旱的年份，年降水量只有200毫米左右，补水让莫莫格湿地从缺水变为丰水。

这条宽度大约20米的水渠现在斜坡和底部都长满了杂草。当地人告诉我们水渠已经停用，但是在10多年前就是通过这条水渠从那一端的嫩江引水注入湿地，来解决湿地缺水的问题。这条补水之渠为何不再发挥作用？背后的奥秘是河湖连通工程。

2014年，吉林省白城市镇赉县启动了河湖连通工程，汛期多余的洪水会被引入大大小小的泡塘中，既为大江大河泄洪，也为莫莫格湿地生态补水。

现在我们跟随保护区管理局的科研人员穿梭在这片泡塘之中。这片泡塘曾经是死水塘，河湖连通之后就变成了活水塘，因为水多、水好了，所以现在大家可以看到这里蒲草这么高、这么密。当地的保护人员告诉我们，这两年在这里观测到的候鸟种群和数量都明显增多。

生态补水后的莫莫格湿地鸟儿种类较干旱年份增长将近50%，国家一级保护动物白鹤在这里停留的数量逐年增多，它们特别喜欢吃这里水生植物的球茎。湿地鸟类观测人员还发现，今年在莫莫格湿地繁殖的白骨顶鸡数量大幅增加，现在已经可以观察到千只左右的大群，这与湿地的草丰水美密不可分。

借助河湖连通工程，城市水网与湿地水系连接起来，十一假期，不少人涌向了这个家门口的镇赉环城国家湿地公园，在这里拍照打卡，观赏湿地景观，漫步滨水绿道。良好的生态成为湿地和一座城市的亮丽名片。

郑丽：其实不但有莫莫格湿地，在松花江流域以及由黑龙江、乌苏里江和松花江冲积而成的三江平原上，还有扎龙、南瓮河、洪河等多个自然保护区湿地，为各类珍稀濒危水鸟提供了良好的栖息环境，每年都会有不少国家一级、二级保护鸟类前来停歇，如东方白鹳、丹顶鹤、大天鹅、小天鹅等。

潘涛：我们现在看到的就是一只国家一级保护鸟类东方白鹳的卫星追踪迁徙轨迹，这只东方白鹳是2015年在洪河国家级自然保护区人工搭建的产房里出生的。地图上不同颜色的线路就是它迁徙时所飞过的路线。

郑丽：7年来，每年秋天它和同伴们都要花50天左右的时间飞越3000多公里，从洪河南迁至越冬地鄱阳湖，春天再花50天左右的时间从鄱阳湖北飞洪河，有时候会在位于天津的北大港湿地住上一段时间，而湿地就是它们广阔的家园。

潘涛：党的十八大以来，我国安排中央资金169亿元实施湿地保护项目3400多个，新增和修复湿地面积有80多万公顷，鸟类损失的农作物补偿面积超过100万公顷。今年6月1日，我国首部专门保护湿地的法律《湿地保护法》正式施行，湿地保护工作全面进入法治化轨道。

郑丽：下面我们再来一起欣赏松花江流域的湿地生态美景。

潘涛：现在我们看到的是黑龙江南瓮河国家级自然保护区，它位于大兴安岭的支脉伊勒呼里山的南路，是嫩江的主要发源地和水源涵养地，境内河流、湖泊、沼泽密布，20多条大小河流大多由南向北贯穿全境。在涵养了保护区22万公顷土地和生灵的同时，也形成了独特的岛状云景观。

郑丽：现在看到的是位于内蒙古呼伦贝尔的扎兰屯秀水国家湿地公园，嫩江一级支流雅鲁河蜿蜒流转在山峦峡谷之间，滋润着两岸的草木。这个时候也是秀水湿地公园一年中最美的时刻，近年来当地通过实施生态保护工程，构建起结构完善、功能完备的河流湿地生态系统。

潘涛：我们现在来到的是位于松嫩平原的黑龙江扎龙国家级自然保护区，浩瀚的苇草已经金黄了，保护区内丹顶鹤等珍稀水禽悠然自在地栖息觅食。这里是典型的湿地生态系统，也是我国以鹤类等大型水禽为主的珍稀水禽分布区。每年共有6种鹤类前来繁殖和停歇，占世界鹤类种类的40%。

郑丽：这里是图牧吉国家级自然保护区，位于内蒙古兴安盟扎赉特旗境内，属于嫩江水系。保护区内湖面波光粼粼，芦苇随风摇曳，特有的草原生态系统和内陆湿地生态系统，每年春秋季节都会吸引数十万只候鸟前来栖息。

潘涛：跟随镜头，现在我们来到同处嫩江水系的内蒙古兴安盟五角枫自然保护区，这里位于大兴安岭南路向科尔沁沙地过渡的地带，保存完好的天然五角枫树林与湿地构成了独特的草原自然景观。

郑丽：位于吉林白城通榆县境内的向海国家级自然保护区现在也迎来了浓墨重彩的时节，保护区内河道纵横，湖泊与草甸之间，沙丘交错起伏，生长着天然的蒙古黄鱼。广阔的沼泽湿地吸引了多种候鸟结队而来，停歇繁衍。

可以说湿地与水之间是同生命、互相依，我们也了解到，截至今年1月，我国的国际重要湿地已经有64处。

潘涛：而在目前全球的43个国际湿地城市当中，中国有13个，数量排名第一。接下来我们沿着松花江干流到其中之一的哈尔滨去看一看。

郑丽：我们总台记者将会从空中、船上和岸边用空、江、地对接的方式，带您感受这处位于城市中令人心旷神怡的生态美景。

任秋宇：江河奔腾看中国，此刻我们正在飞往松花江哈尔滨段的上空，欢迎大家和我们一起飞越松花江，俯瞰哈尔滨。

对于哈尔滨这座城市的划分，本地人有两个惯用词：江南和江北。带大家认识一位住在江北的朋友：哈尔滨新区。现在我们就已经来到了哈尔滨新区的上空，大家现在看到的这片区域是深圳哈尔滨产业园区，这个产业园"带土移植"，把深圳做法融会贯通、复制推广，目前多家数字经济领域头部企业已经落户园区，初步形成了以新一代信息技术、人工智能为核心的数字经济产业生态区。

作为国家重要的老工业基地，黑龙江面临着传统产业升级转型的重大考验，制造业的数字化、智能化转型迫切而艰巨。引进外部先进经验的同时，黑龙江本土的重点企业和高校也不甘示弱，纷纷落户哈尔滨新区，探索改革转型的新动力。

我们现在看到的这片区域，哈电集团科研基地和哈工大卫星产业基地都在此落户，持续打造一批高新技术产业聚集高地，助力一批高科技成果在黑土地上扎根、开花、结果。

沿着松花江，我们继续向东飞行，此刻我们来到了太阳岛上，大家看，这座高120米的摩天轮已经成为哈尔滨市的新地标，未来大家可以从这里俯瞰松花江两岸的美景。而且这座新地标旁边的空地就是哈尔滨冰雪大世界，到了冬天，能工巧匠们利用松花江江水凝结成的冰块搭建起一片冰雪童话世界。

我们继续向东飞行，还可以看到松花江索道、哈尔滨大剧院等地标建筑，如果你有机会来到哈尔滨，可以亲自去打卡一下这些地标。

继续飞行，现在我们来到了滨州县老松花江铁路大桥的上空。现在这里已经变成了观光游览的景点，国庆节期间，上面已经挂满了装饰。旁边这座白色的拱桥就是接替它的新桥：松花江特大桥，现在它是我国最北端高寒高铁哈齐高铁的重要组成部分。

其实很多人来到松花江边还会选择乘坐游船去游览一下松花江，此刻我们看到江中间正有一艘船在那里等待，我的同事杨洋正在船上，接下来把时间交给她。

杨洋：欢迎大家换一个视角跟随我们乘坐海事巡逻船来畅游松花江。松花江干流流经哈尔滨市的五区六县，区段总长466公里，现在我们将带大家开启的就是风景最宜人的一段了。

首先我们来到的是哈尔滨的著名打卡地哈尔滨防洪胜利纪念塔，这座塔是为了纪念当地人战胜1957年的特大洪水而修建的。现在塔的阶梯上还刻有1932年、1957年和1998年发生的3次特大洪水的水位。每一次面对洪水，这里的人们都是团结一心，兴利去患，就像现在塔身的浮雕和塔顶的雕塑展示的情景一样，各行各业的人们共同来修筑抗洪堤坝。

这些年来，哈尔滨市一直在加强防洪工程建设。我们现在行进的松花江不仅是哈尔滨的水源地之一，还是这座城市重要的水上航道。2021年在松花江干流港内进出港的船已经超过了15万艘次，客运量也超过了300万人次。

现在我们一路逆流而上，逐渐就行进到了万顷松江湿地百里生态长廊。现在我们行船可以看到松花江沿岸的树木已经随着秋天的到来呈现出了不同的颜色，这个时候我们再俯瞰，奔腾的江面波光粼粼，如果大口地呼吸空气，还会感受到两岸植被的芬芳。这幅画卷的舒展都得益于当地人爱护自己的母亲河。

近10年来，海事、公安等部门联合执法，共排查出523个"四乱"问题并且全部清理完成，近10年来，松花江的水质也是越来越好。我想这些变化有一群最好的见证者，就是此时此刻在船的另一侧能看到的在江面飞翔的成群江鸥。

跨越了松花江上的公路大桥，我们逐渐驶入了群力外滩湿地。我的另一个同事魏雯雯就在那，我们把时间交给她。

魏雯雯：好的，杨洋，我们在空中俯瞰了松花江，在船上畅游了松花江，接下来就让我来带大家沉浸式地到松花江的沿岸来逛一逛。

在哈尔滨有一句经典流行语叫"走啊，去江边啊"。因为不论是节假日还是工作日，开心或不开心，人们都喜欢到江边来走一走，我们现在看到整个沿岸非常热闹。松花江的江边为什么这么有吸引力呢？让我们到那边去看一下。

这片位于哈尔滨群力外滩湿地公园的向日葵花海最近成了新晋的拍照打卡地，大家都是精心打扮、有备而来。刚才我还看到有些阿姨都是带了专业的摄影师，收获了不少美照。

美，是让人们爱上江边的第一个原因。现在在松花江的沿岸可谓是一步一景，随手一拍，一张屏保可能就产生了。像我所在的这个区域附近有两个大型公园，这个湿地外滩公园占地40公顷，以湿地自然景观为主，一路向前，那边是音乐公园，占地47公顷。

行走在公园里，不仅景色宜人，四处也有跃动的旋律让人心情舒畅。当地政府为了给市民提供一个集景观、交通、防洪、休闲、绿化多位一体的活力滨水空间，在2020年启动了松花江哈尔滨段最大的沿江改造工程。整个工程打造了一个近10公里长的新水休闲廊道。我们现在可以看到这个路段是塑胶跑道，一路延伸，沿着江边还有自行车骑行道，通过这样的慢行绿道的建设，串点成珠、串珠成链，将整个沿江的6大公园串联起来，实现了从松花江南岸到城区段的全线贯通。

这一改造项目在今年8月全面竣工，解决了困扰沿江居民多年的难点和痛点，将违建拆除，变成了休闲广场，将脏乱的市场迁出，变成了运动场，腾挪出的公共空间全部变成了惠民空间。

一路走下来，我们不仅看到有人在漫步、在慢跑，市民们还自发组织成了各种各样的社团，有人在唱歌，有人在跳舞，有人在舞健身龙，等等。这样宜居宜业的生活场景和绿色的生活方式让人们实实在在地感受到了城市环境的提升给生活带来的幸福感和获得感。

潘涛：你看，优质的生态不但增强了沿岸居民的幸福感、获得感，还为当地的经济社会发展提供了强大的助力。

郑丽：生态湿地正在擦亮哈尔滨的旅游名片，近些年，每年湿地游客量近100万人次，为城市创造直接和间接价值数百亿元。

潘涛：接下来我们再到嫩江边的内蒙古莫力达瓦旗体验一趟百公里水路之旅。在这儿，沿着嫩江干流，当地丰富的水资源和独具特色的文旅产业融为了一体。

修治国：辽阔的江面碧波荡漾，周围的群山色彩斑斓，空中是白鸟翔集，耳畔是江水滔滔，这里是松花江的北源嫩江，今天我们百公里水路游的打卡第一站来到的是我身后的尼尔基水利枢纽。

尼尔基水利枢纽是嫩江干流唯一的控制性水利枢纽，在这里汇聚成了500多平方公里的开阔水面。今天来到这里正好赶上大坝放水，走，我们一起去看一下。

汛期调洪，枯水期补水，尼尔基水利枢纽改变了嫩江水量的分配。通过水库调蓄，减轻了下游的防洪压力，又保证了下游河道生态环境对水的需求。截至目前，尼尔基水利枢纽已累计向下游扎龙、莫莫格等湿地实施生态补水20多亿立方米，众多湿地的生态条件也因此改善。

从尼尔基大坝出发，沿着水路一路前行，大概9公里的路程就能够到达内蒙古自治区的莫力达瓦达斡尔族自治旗。看到我身后这些连绵起伏、五颜六色的群山了吗？这里就是我们今天的打卡第二站。

这里就是莫力达瓦达斡尔自治旗的民族风情园，它依山而建，紧邻嫩江，长年饱含水汽的江风让这里的植被尤为繁茂，这里不仅有传承千年的非遗体验，更有曲棍球国家队的夏训基地。

来到莫力达瓦达斡尔族自治旗，不得不提到的一项运动就是曲棍球运动，这里被称为"中国曲棍球之乡"，曲棍球是当地百姓最喜欢的运动方式之一。如果冬季来到这里，你还可以体验到冰上曲棍球、滑雪、冬捕、冬钓等特色活动。

离开民族园，沿着水路一路逆流而上，大概1个小时的航程就能够到达腾克村。这里是刚刚修建的民俗村景区，20多栋特色民宿格外引人注目。

腾克村位于莫力达瓦达斡尔族自治旗的东北部，因尼尔基库区蓄水整体搬迁。腾克村被嫩江环抱，有大大小小的岛屿数十座，湖光山色、景色迷人。优美的风光为这里发展旅游带来了机遇，过去当地人靠天吃饭，如今开门迎客，吃上了旅游饭。

郑丽：如同哈尔滨莫力达瓦一样，很多城市都是滨江滨河而建，水系发达、拥有众多支流的松花江流域更是如此。

潘涛：江河让城市更加灵动，而良好的生态环境是最普惠的民生福祉。

郑丽：让我们继续沿江前行，滔滔的松花江水灌溉着东北地区肥沃的黑土地，这可是咱们国家非常重要的粮仓。黑土地在这边是如何形成的？它又是如何分布的？接下来，让我们的同事王音棋给大家介绍一下。

潘涛：好的，音棋，时间交给你。

王音棋：好的，潘涛、郑丽。我想郑丽姐作为地道的东北人一定非常熟悉了，东北地区的气候特征是四季分明，植被在春夏的时候生长很茂盛，积累了丰富的有机质。到了秋冬的时候气温迅速下降，这些残枝落叶、植物残体因为太寒冷了，来不及分解，在土壤当中又转化积累成了厚厚的腐殖质。经过漫长时光的孕养，土壤的色泽就变得越来越黑，土质也就越来越肥沃，这就是我们说的黑土地。

东北典型的黑土区耕地面积大约是2.78亿亩，集中连片主要分布在松花江、辽河两大流域的中上游地区。如此大的耕地面积对于灌溉水有着非常高的需求，而松花江水就是它们非常重要的灌溉水源。仅在2021年，松花江、嫩江、第二松花江灌溉农田的水量就已经超过258亿立方米。

眼下正是丰收的时节，在松花江畔，黑龙江哈尔滨巴彦县的几十万亩水稻现在正在收获。今年水稻长势怎么样？当地都采用了哪些节水灌溉方式呢？我们先通过一个短片一起来看一下。

王海樵：这里是哈尔滨市的巴彦县，金秋时节稻谷飘香，眼下当地种植的37万亩水稻已经进入了收获季。在现场我们也可以看到有7辆收割机正在进行水稻的收割作业。

我所在的这个乡镇是松花江流经巴彦江段的第一站，它的名字叫作松花江乡。虽然说名字里带着松花江，但在过去相当长的一段时间里，由于缺少引水灌溉的设施，当地在种植水稻的过程中绝大部分引用的是地下水。直到2018年，巴彦县松花江乡提水灌溉工程建设完成，当地种植水稻实现了引松花江水来进行灌溉。现如今，利用江水进行灌溉的水稻面积占到了全乡水稻总面积的90%以上。

大家也许会问，同样是种植水稻，用江水和用地下水有什么区别呢？当地的农业技术人员告诉我们，整个巴彦县地下水常年的温度在8~10摄氏度，而松花江的江水从每年的5—9月温度都会保持在10摄氏度以上。在水稻生长最关键的8—9月，松花江的江水温度会达到25摄氏度以上。这么高的水温对水稻生长是非常有帮助的，首先，水稻种植更容易缓苗，在生长阶段它的干物质积累也更好。最重要的是，它整个生长过程的积温会比用地下水灌溉多出100摄氏度左右，这是什么概念呢？就是用江水灌溉的水稻要比用地下水灌溉的提早收获1周左右的时间，为当地的水稻早熟和增产提供有力的保障。

我们在现场准备了两份刚刚从地里取出的水稻样本给大家来看一下。这一株就是现在为数不多的用井水灌溉的水稻，这一份就是用松花江水灌溉的水稻，第一个很明显的直观上的差别就是两份水稻样本的颜色不一样，这一份更绿，而这一份已经明显是金黄色了。用手摸上去，整个籽粒非常结实而且饱满，而这一份特别是在稻穗的底部，有些籽粒还没有完全成熟，甚至还有一些空粒。经过当地农技人员的测产，现在这个水稻田里水稻的亩产要比过去用井水灌溉的水稻多出100斤左右，它的品质和口感更好，销售价格每斤也会高出1毛钱。

和过去采用大水漫灌的方式不同，如今当地采取的是一种更加控制成本的精打细算的灌溉方式。大家可以看我身旁的这个田间灌溉设施，初步统计，通过这种地下输水管线，可以节省地表耕地面积近2000亩，可以和物联网系统相结合，通过对田间实时温度、光照以及水位的监测，实时掌握灌溉水量，最大限度节约用水。

松花江水缓缓东流，滋养了两岸的土地，农田里稻谷飘香，带给了农民丰收的希望。面对自然的馈赠，这里的人们也在尽最大的努力保护这一条母亲河。

王音棋：我们看到松花江乡稻谷飘香，奔流不息的松花江水和东北黑土地之间的关系是你中有我、我中有你，一起为我们在金秋的时候带来丰收的喜悦。统计数据显示，黑土地的粮食产量约占全国粮食总产量的1/4，商品粮的1/3，可以称得上是我国粮食安全的稳定器和压舱石。

我们再来通过大屏看一张图片，图片上这条巨大的沟壑就位于黑龙江拜泉，汇集成谷的地表径流冲刷破坏黑土地形成了深沟，影响机械化耕作。当地人把这种水土流失现象称为侵蚀沟，而东北黑土区的侵蚀沟有数十万条之多。

党的十八大以来，国家实施了一系列黑土地保护规划和行动计划项目，侵蚀沟治理是其中非常重要的内容。我们再来通过图片看一看2020年黑龙江拜泉的侵蚀沟，通过植树种草等治理措施，黑土地上出现了片片绿意。今年8月1日起，《黑土地保护法》开始施行，让我们共同把黑土地保护好、利用好，守护好我们的大粮仓命脉，把我们中国人的饭碗牢牢地端在自己手上，两位说是不是？

潘涛：是，大家一起努力。

郑丽：谢谢音棋的报道。

潘涛：谢谢音棋的介绍。东北地区肥沃的黑土地是我国重要的粮食主产区和商品粮基地，刚才音棋的介绍非常详尽。但是很多人可能不知道，同样是位于东北地区的吉林西部还是世界三大苏打盐碱地分布区之一。所谓的苏打盐碱地，是一种主要成分为碳酸钠和碳酸氢钠的盐碱地。

郑丽：接下来我们要去的嫩江湾畔的吉林大安就位于其中，过去这里的盐碱地有近100万亩，当地农民用这样的话来形容：碱地白花花，一年种一茬，小苗没多少，秋后不剩啥。

潘涛：近年来，当地依托松花江流域广袤的水系展开一系列科技攻关和田间管理措施，实施盐碱地综合治理。我们看，现在我们的直播间放着的这两个实验容器当中就是吉林大安海坨乡的苏打盐碱土，颜色是有些不同。

郑丽：从画面也可以非常清楚地看出这个颜色。

潘涛：对，是经过改良前后的对比色系。靠近这边的这个是原来的苏打盐碱地的土，经过水土改良之后，形成了黑土地的一个本色。由于这个土壤非常肥沃，所以它里面的湿气也很重，放到容器当中形成了水珠，你看，可以看得出来。

郑丽：你看，这个没有经过改良的盐碱地的土，我近处来看，又干又白。

潘涛：对，不像饱含着露珠的、肥沃的改良土，看上去很有生机和活力。

郑丽：是的。

潘涛：经过改良之后，大家可以直观地感受到它的颜色，它更大的区别是什么呢？告诉你，就是酸碱度有很大的不同。

郑丽：此时此刻，在大安市的一处盐碱地示范田当中，有一场水稻种植的比武大赛正在进行，比的就是10多种治理盐碱地的农业科技手段。

潘涛：春种一粒粟，秋收万颗子，这场比赛自今年年初就已经开始了，经历了半年的酝酿，情况如何呢？总台记者张傲然从农田的现场为我们带来比赛的结果。

张傲然：这里是吉林省大安市海坨乡的一处农田，再过一周的时间，我身后的这270公顷水稻将迎来大面积的收割。看到一望无际的稻穗，可能你很难想象，就在一年以前这里还是一片白花花的盐碱地。

我们来看两张吉林一号卫星从50万米高空拍摄到的遥感影像。您看，这张卫星图拍摄于去年7月，中心点就是大安市的海坨乡，由于土壤的盐碱度过高，这里是白花花的一片。在同样的区域，我们从近期拍摄的卫星图可以看到，曾经寸草不生的盐碱地上已经种满了水稻，而且是绿油油的一片。

之所以有这么大的变化，是因为在今年春天，这里聚集了10家企业和科研院所，他们进行了一场比武大赛，用不同的技术在同一标准的盐碱地上种植水稻，秋收的时候通过对比产量和盐碱地改良结果等各项数据来决出胜负。测产的方式是在每块区域当中划定出5个1平方米来进行测量，收割之后的水稻经过脱粒、称重、测水，会转换成每亩的产量。

想在盐碱地上种出水稻，首要条件是要有充足的地表水。而吉林西部多风沙天气，降水量少，水资源一度成为当地农业发展的瓶颈因素。就在2013年，吉林省启动了河湖连通工程，以吉林西部的大型水利工程为主动脉，通过提水、引水、分水将江河湖水引到区域内的湖泡和湿地中，从而形成河湖互济的大水网。

我们来看当地的具体实践。通过修建水渠，将200公里外的松花江水引到这里的道字泡进行蓄水，然后再通过泵站将水引到连接瞿塘中，接着按照以水定地的原则将水按需分配到附近的农田。

水的问题解决了，各种改良的技术也就可以登场了。这里不同的地块所采用的改良方式可以说五花八门，有化学治碱的方式，也有生物治碱的方式。在这些方式中我们发现了一个非常有意思的有机硅新材料治碱。有机硅的应用非常广泛，比如很多面膜中就含有这种材料。有机硅如何能够治理盐碱地呢？我们来进行一场试验。

你看，这个就是当地未经改良的盐碱土壤，它呈白色的板结状态，土壤含盐量越大，钠离子含量就越高。我们来看，这两个容器中放的就是当地没有改良的土壤，如果将没有加入任何物质的水放到土里，会有什么样的一个现象？你看，水非常浑浊，而且土壤是不利于沉淀的。

而这个水里面就加入了有机硅的新材料，我们把它倒入盐碱土，看看会有什么样的一个效果？你看，由于有机硅有亲土性，会与土壤迅速抱团，并形成团粒结构。在这个过程中，又因为有机硅有排斥钠离子的特性，所以土壤中的钠离子会被不断排出。您看，抱团之后的土壤不断地下沉，而钠离子不断地向上排出，已经有明显的分层现象了，是不是非常神奇？

说到这儿可能您就有疑问了，灌溉过农田的水除了蒸发，它还会排到哪呢？我们再来看刚才的这张图，你看，这里就是我们现在所在的海坨乡，这些蓝色的线段就是修建的退水渠，灌溉过农田的水会通过退水渠引到附近的芦苇承泄区。在这里，水会进行自然降解，等各项指标达到要求之后才会进一步排出。

我们来看看今年比武大赛的产量结果如何。现在出来结果的这几个地块每亩的产量都在400公斤以上，这个结果基本上属于正常种植地块的7成左右，我们了解到，如果盐碱地经过两年的治理，它的产量将和普通的地块没有太大的区别了。

凭借良好的水利条件，截至目前，吉林省共改良盐碱地近210万亩。除了水稻，还有燕麦、小麦等多个品种也在进行示范种植，吉林西部广袤的盐碱地正成为粮食产量新的增长极。连通河湖，造出粮仓，看上去是人们利用了水，实际上是人顺应了水。水看似柔弱无骨，却能够细细浸润，节节延伸，看似无色无味，却能够挥洒出茫茫绿野和累累硕果。大江奔流，不舍昼夜，我们也期待着这些润物无声的江河湖水能够呈现出更多的生机与壮美。

郑丽：金秋时节也是松花江流域遍地"五花山"的时候。"五花山"不是山，而是每年秋季随着天气转凉，冷空气来袭，东北各地树种丰富多彩的林海。树叶开始渐渐改变了颜色，绿的、黄的、红的、紫的，仿佛被画笔层层晕染，呈现出绝美的景观。

潘涛：层林尽染"五花山"，秋意正浓惹人醉，让我们一同走进这浓浓的秋色之中吧。

郑丽：我们现在看到的是吉林敦化市郊的寒葱岭，位于松花江南源和牡丹江之间。这里曾经是东北抗联战士长期战斗和生活的密营核心区，当年的部分密营遗址至今保存完好。自2013年起，寒葱岭林场依托丰富的林业资源走上了旅游发展之路。人们来到这片红色沃土、生态净土，感受东北抗联艰苦卓绝的战斗历程和生态美景。

潘涛：这里是位于嫩江上游的大兴安岭林区，秋色雄浑壮美，万顷林海褪去了翠绿的外衣，换上了层次丰富的华丽的秋装。从高空俯瞰，茫茫兴安岭宛如一幅浓墨重彩的山水画卷铺陈在天地之间。

郑丽：现在我们来到位于长白山西路的白山湖，碧波万顷，峡谷雄壮。尤其是这片巨大的白色灰岩石壁，当地称之为仁义砬子，属于典型的北方地表岩溶景观。两岸五花山色与湖泊、石壁形成了奇美的生态景观。

潘涛：跟随镜头，我们来到了黑龙江鹤岗，松花江的一级支流梧桐河从这里的林场穿过，两岸山峦色彩斑斓，红、黄、绿缤纷遍野，不同类型的树种被秋色染出多彩的模样，山、水、林生态之美尽收眼底。

郑丽：现在我们来到长白山露水河国家森林公园，松花江水系的支流露水河穿过森林，山间色彩点染交融。这里森林覆盖率达95.4%，近期正是这里的旅游旺季，清澈的秋水、清新的秋风、缤纷的秋色，人们尽享生态之美。

潘涛：感觉"五花山"不只是五彩，还是七彩，金秋的大森林美得令人心醉。松花江流域有中国面积最大的森林区，松花江的南源从长白林海中穿流而出，北源自大兴安岭林区蜿蜒汇聚。

郑丽：而林区的森林生态系统在涵养水源、保护生物多样性等方面有着不可替代的重要作用。

潘涛：总台记者专门跟随加格达奇航空护林的护林观察员乘坐直升机从空中来探访嫩江源头。

任秋宇：这个季节的大兴安岭林区真是太美了，树叶呈现出五颜六色，这片林子从空中俯瞰会不会更美呢？今天我们来到了加格达奇航空护林站，这里有一群人长年从空中守护着这片林海，今天我们通过他们的视角一起去看一看。黄老师您好。

黄志镇：您好，秋宇。

任秋宇：黄老师是加格达奇航空护林站的一名观察员，黄老师，今天咱们要去干吗呢？

黄志镇：今天我们是执行日常巡护任务，飞行区域我们还可以看到嫩江源。

任秋宇：在空中俯瞰大兴安岭是不是特别美？

黄志镇：特别美，走，跟我看看去。

任秋宇：这个季节正是看"五花山"的好季节，从空中看下去真是太美了，五颜六色的。您能分清树种吗？

黄志镇：你现在看绿色的就是樟子松、冷杉，黄色的是白桦，红色的大部分是柞树。

任秋宇：那相当于每个季节从空中看大兴安岭都是不一样的颜色吧？

黄志镇：对，春天雪还没化的时候，俯瞰下去是灰白色的，只有绿色是樟子松。然后慢慢出现嫩绿的就是落叶松，然后再绿的就是白桦，最后是草塘沟都绿了，我们说这时候大兴安岭就"封门"了，火险等级降低了。然后秋天的时候又是五花山色了，10月一下雪又恢复到灰白色。

任秋宇：像一个循环一样。

黄志镇：现在下面看到的这个塔就是防火瞭望塔，在大兴安岭这样的塔都建在周边地势最高的地方，大兴安岭这样的防火瞭望塔有350多座，每隔30公里左右就有一个防火瞭望塔。大兴安岭的防火手段是人防和技防相结合的方式，天、空、塔、地立体防火体系，天是卫星，空是飞机，塔是瞭望塔，地就是地面扑火巡护人员。它实现了早发现、早处置，比如今年我们发生了雷击火26起，平均1小时36分钟扑灭，最短的一次只用了26分钟。

任秋宇：黄老师，现在在湿地里跑的两只是不是狍子？

黄志镇：对，我们东北叫"傻狍子"，现在两只是比较常见的，我们巡查的时候有时会看到十几只，尤其是这些年林子保护好了，生态好了，野生鸟类、动物经常会看得到。

任秋宇：我们现在看到这个河流就是嫩江源头了吧？

黄志镇：对，这个交叉处就是南瓮河和二根河的汇入点，从这条河往南就是嫩江了。

任秋宇：我看大兴安岭的河流基本上都被森林和湿地环绕着。

黄志镇：森林可以涵养水源，相当于一个天然的绿色水库滋养着河流，河流也会对森林起到保护作用。森林火灾发生时，众多河流也能够保证飞机吊桶取水，就近取水。

任秋宇：松花江一头源自长白山森林，一头源自大兴安岭森林，今天我们通过跟航空护林站的直升机和观察员黄老师一起俯瞰大兴安岭林区，更加感受到了林区和河流之间的关系是你中有我，我中有你，相互依存。所以，守护好这片森林，也就是守护好了这片江河。

郑丽：良好的生态环境是东北地区经济社会发展的宝贵资源，也是振兴东北的优势所在。刚刚我们看到了松花江流域的大森林、大粮仓、大湿地，以及人们为了保护好生态环境、守护好粮仓所做的努力。

潘涛：涓涓细流翻越山冈，穿过林海，终将汇聚成江河。而松花江又更为不同，它的大部分江段冬季都会封冻，有的封冻期长达半年。生活在松花江流域的人们不畏风雪、不惧艰险，从寒冷中走来，孕育着升腾的活力，奋力书写着黑土地高质量发展新答卷。

郑丽：您现在正在收看的是特别节目《江河奔腾看中国》，稍后我们将走进辽河。

潘涛：继续《江河奔腾看中国》，离开松花江，我们来到东北大地上的另一条大河——辽河。

郑丽：辽河是东北南部最大的河流，它穿越沙地，路过城市和乡村，汇入渤海。首先，我们通过一个短片来认识辽河。

辽河发源于河北省境内七老图山脉的光头山，流经河北省、内蒙古自治区、吉林省、辽宁省，在辽宁省盘锦市注入渤海，全长1345公里。辽河流域总面积22.14万平方公里，行政区划涉及辽宁省、吉林省、内蒙古自治区以及河北省的一小部分。由于东部主要为丘陵区，山势较缓，森林茂盛，水资源相对丰富，是中部城市群重要的水源涵养区。流域中部主要为平原区，地势低平，土壤肥沃，耕地资源丰富，在河口沿岸有大片的沼泽地分布。流域西部为农牧交错地带，耕地多，草场资源丰富。

辽河流域是我国重要的工业基地和商品粮基地，流域工业基础雄厚，能源、重工业产品在全国占有重要地位。石油、化工、煤炭、电力、钢材等工业地位突出，尤其是中下游地区是东北乃至全国工业经济最发达的地区之一。流域有肥沃的土地和适于作物生长的气候，农业种植以水稻、玉米、小麦和大豆为主。

郑丽：辽河流域的西部为农牧交错地带，草场资源丰富，中部是平原区，河口沿岸有大部分沼泽分布。

潘涛：而东部主要是丘陵区，森林茂盛，不同地理气候环境孕育着不同的生态景观。

郑丽：我们现在看到的是位于河北平泉的七老图山脉，辽河源国家森林公园，它地处河北、辽宁、内蒙古的交界处，最高海拔1738米，千里辽河就发源于此。清泉沿山石流过，穿行林间，随处都可以听到沁人心脾的泉水声。

潘涛：这里是位于内蒙古通辽的大青沟国家级自然保护区，它由两条深度数十米、宽度上百米的深沟组成，与科尔沁沙带接壤。独特的自然地貌为沟内种类多样的植物提供了丰富的生存空间，沟底溪流淙淙，山上绿意盎然。

郑丽：现在我们来到内蒙古奈曼旗孟家段国家湿地公园，它位于西辽河上游，科尔沁沙地腹地，面积有2500多公顷。这里的沙柳、芦苇、浅滩为鸟儿提供了良好的生态乐园。

潘涛：镜头转向辽宁东部山区的本溪，辽河流域浑河的支流太子河发源于此。这个时候正是五彩斑斓的季节，各色秋叶如同锦缎装点着层峦叠嶂。本溪市森林覆盖率达到了76%，种植有12个种类的26.5万亩的枫树，每到秋季，处处都可观赏层林尽染的美景。

郑丽：现在我们看到的是地处渤海湾的辽河入海口，河海交汇的地理环境造就了浩瀚千里的芦苇荡，也孕育了这里的红海滩。一棵棵极富生命力的碱蓬草随着季节由粉红到火红到紫红，仿佛为湿地铺上了一层红毯。

潘涛：辽河全长1345公里，从位于河北平泉的源头出发，它的中游河段是西辽河。接下来再次让我的同事王音棋带大家走近西辽河流域。音棋，时间交给你。

王音棋：好的，两位，我们一起来了解一下西辽河流域。西辽河流域主要位于我国内蒙古东部，属于农牧交错地带，这儿的特点是耕地多，草场资源非常丰富。这里地处世界三大黄金玉米带，也是我国重要的粮食生产区和商品粮基地。

可能很多人都不知道，由于历史原因，穿越科尔沁沙地的西辽河河段有将近200公里现在几乎全年是断流的。从2020年开始，水利部松辽水利委员会会同相关单位强化西辽河流域的水资源统一调度，量水而行，已经连续3年进行了生态水量下泄，逐步复苏西辽河的生态环境。

我们现在通过大屏看到的画面拍摄于今年9月21日，经过3年的量水而行，科学精细调度，西辽河干流的水头已经通过了内蒙古通辽的总办窝堡枢纽，向前行进了18公里，生态复苏的效果在逐步显现。

除了我们刚刚说到的科学精细的水源调度，西辽河流域也采取了很多沙地治理措施。多年来，当地依托京津风沙源治理工程，"三北"防护林工程，退耕还林还草、退牧还草等工程建设，持续组织实施了一大批生态建设项目。2014年还启动实施了科尔沁沙地"双千万亩"综合治理工程和生物多样性保护示范工程。今年又开启了山、水、林、田、湖、草、沙的综合治理。接下来我们通过大屏来看几张卫星遥感影像图片。

这些图片展示的是通辽科左后旗近年的治沙成果，时间跨度从2000年到2020年。通过植树种草等措施，绿色的部分是越来越多了，渐渐地布满了全图。科左后旗所在的通辽市森林覆盖率和草原的植被覆盖度分别由20年前的不足20%和58%提高到现在的23.78%和62%。

我们能感受到，每一个数据、每一个百分点的背后都是非常来之不易的。好了，时间交还给郑丽、潘涛。

郑丽：好的，谢谢音棋的介绍。就像音棋所说，每一个数据的背后都非常来之不易。刚才音棋提到了科尔沁沙地的治理，我们总台记者也探访了位于内蒙古通辽的科尔沁沙地综合治理努古斯台项目区。

潘涛：当地种树、治沙、涵养水源，完成了"千万亩"林业生态治理、"千万亩"草原生态治理工程。下面就跟随记者的镜头看一看那里发生的变化。

宝音：我现在在通辽市科左后旗努古斯台镇的森林湿地公园。望过去，在500亩的水域上有水鸟在翱翔，边岸处以樟子松为主的混交林高低起伏。您一定想不到，8年前这里还是一望无际的沙丘和连绵不断的沙浪。这里就是科尔沁沙地综合治理的一个项目区。

我们来看这张照片，这就是我们现在所在的位置2014年之前的样子，和现在的美景一对比，简直可以说是天壤之别。2014年通辽市启动科尔沁沙地"双千万亩"综合治理工程，我所在的这个努古斯台项目区就是其中之一，建设面积50万亩，到现在已经全部建设完成。

项目区里80%种植的是樟子松，我们来看旁边的这棵樟子松，这是一棵10岁的樟子松，它的个头现在已经有2米多高，8年长了1.5米左右。旁边这棵是要补栽的一棵樟子松，它的坑比较深，有80多厘米，采用的技术叫深挖浅埋，也就是再覆上浅浅的一层土，然后再浇水，它就可以自己生长了。

这个根埋得这么深，它的根系会不会往深处扎？恰恰相反，它的根是在地表浅层，它的根菌可以最大范围地改善土壤。

我们看一下这个区域的土壤改良情况，如果细抠可以看出这还是沙土，但是这个周围已经比较瓷实了，流动的沙子已经固定住了。

专家告诉我，从沙土变成壤土至少需要30年的时间，除了种植方法，在这里种什么树也是经过不断摸索总结出来的。像五角枫、桃叶卫矛、紫穗槐、油松这些适合本地生长的乡土树种，也增加了生态治理的物种多样性，目前这里造林成活率达到了95%以上。

这几天护林员会对樟子松的枝蔓进行修剪，枯枝落叶落到地上也不需要清理，它会慢慢地腐化，变成土壤改良的肥料。

这些护林员其实都是附近村子里的农牧民，原来沙化的土地流转给集体经济进行统一治理，然后他们在项目区打工，又增加了一份收入。同时项目区里还修建了作业观光路，把观景亭、敖包等人文景点和天然的湖泊、观景林串联起来，吸引了自行车骑行爱好者在这里骑行，畅享天然氧吧。

随着治理效果的巩固，许多候鸟也在这里的水面栖息过境，野生动物种群也逐渐增多。根据气象部门的监测分析，随着沙化土地的治理，局地降水量有了增加，风速减小，每年的大风天也在减少，这又有利于植被生长，形成了一种良性循环。随着多项生态保护措施的实施，通辽市逐步建成了面向东北和华北的一道生态防线。

潘涛：每种一株草，每植一棵树，都能够锁住黄沙，让绿色伸展，筑牢中国北方的生态屏障。多项防沙治沙工程的持续进行，让西辽河流域的生态环境不断改善，未来可期。

郑丽：我们继续前行，接下来要探访的是辽河一条重要的支流东辽河，在此之前，由于长期粗放式的发展和水资源的不合理利用，东辽河的水质严重下降。但是，从2018年开始，当地规划了多个项目，集中推进水污染防治攻坚，全面开展水生态修复，实施水资源保护。

潘涛：东辽河的一级支流叫仙人河，曾经是东辽河水污染的重要元凶之一，现在的仙人河是怎样的？我们来认识一位民间河长，在过去的10年里，他和这条河之间有一段特别的故事。

记者：早上刚5点多，关艺敏就出门了，仙人河紧邻他居住的小区，这段时间已经进入枯水期，1.5米的水位降到了几厘米深。

关艺敏：你看，这杂物就扔到岸边上，完了自己用水桶拎上去，如果大型的杂物就告诉大伙儿来集中抬。

记者：老关巡护的河段有1公里长，工作量不轻，正说着，帮手就来了。老亮名叫刘立亮，是仙人河的保洁员，他和老关自小在河边长大，见证了河水的变化。

刘立亮：河水清亮了，而且这里面还有鱼了，过去连鱼都没有。

记者：老关说现在日常清理的河中杂物可比以前少多了，仙人河过去是当地有名的龙须沟，沿河私搭乱建，工业废水、生活污水直排入河，曾被环保部门列入黑臭水体清单。把河里的垃圾运上去，可以通过护坡上这处高低不同的台阶，这台阶是老关过去10年里的心血。这里曾经是一个大型的垃圾填埋场，建居民小区时埋在地下的垃圾没清理干净，每逢大雨各种垃圾随着泥沙被冲到河里，脏乱不堪。关艺敏原来在建筑单位干过泥瓦匠，他最初的想法是让瘫痪的老伴能有个户外休闲的地方。

关艺敏：没有治理河流的想法，当时达不到那么高的境界，我就修个小块的平整地方，轮椅推过来，在这里待一待，她感觉肃静，挺得劲。后来她去世了，就在那底下一天整一点，一天整一点，整出兴趣了，也不干别的了，就天天下来琢磨把这儿整哪整哪。

记者：老关找来泥土，捡来旧砖头，砌墙修台阶。为了加固土坡，他还陆续栽下80多株果树。但这样的土坡是经不住雨水冲击的，老关自己也多次在这儿滑倒摔伤。

关艺敏：脑袋一下扎那树底下了，缝了7针，我当时说不干了，也真累了，有点灰心。后来一寻思你待着在哪都是待着，不如就在这重新振作起来，冲毁我就整，冲毁我就整。

记者：2018年东辽河流域治污全面展开，拆除了仙人河沿岸6万平方米违章建筑，13万立方米河底淤泥被彻底清除。两岸建起13公里的生态河岸带，原本脏乱差的岸边环境变成干净整洁的绿地公园，老关所住小区旁的这条臭水沟变清了。而当地水利部门得知他这些年为这处护坡花费的心血后，聘任老关做了民间河长，鼓励他的公益行动，还专门为这处护坡台阶装上了护栏。不过在今年夏天，一次较大的降雨后，上面的一段护坡又被冲塌，关艺敏决心全面加固整面护坡，远在杭州工作的儿子给他汇款表示支持。当地水利部门也送来1吨水泥，还从别的建筑工地抽调工人过来帮忙。就在几天前，老关终于将这处护坡修缮完毕，他第一时间给儿子拨去电话。

关艺敏：这是最后的一层，一层都完事了，这是才完工的这一层。

关艺敏儿子：我看看，欣赏一下。这环境不错，好啊。

记者：老关爱河守坡的事也影响着当地的人们，他所在的街道去年专门组织了一支清理河道的志愿者服务队。

康权：我们这支服务队人数越来越多，事实上我们服务队成立的初衷也是向关师傅学习，我们每个人都希望当一个"民间河长"，把我们自己的这条母亲河治理好。

郑丽：沿河前行，东辽河在辽宁昌图的福德店汇入了西辽河，就开启了辽河干流，辽河干流又陆续接纳了多条支流，拥有了丰沛的水量。

潘涛：曾经辽河流域是国家"三河三湖"水污染防治的重点流域，劣V类水体占据了40.7%。辽宁省启动多项措施展开治理。2014年，辽河成为全国首批生态文明先行示范区之一，也是唯一的流域型代表。

郑丽：2021年辽河流域水质达到了良好水平，优良水质断面占比83.3%，无劣V类水质断面。我们来看一下记者的探访。

杨雪：铁岭市昌图县的福德店处于辽宁、内蒙古、吉林交会处，现在这片区域已经变成了湿地公园，登上高处，东西辽河汇聚的壮美景致尽收眼底，538公里长的辽河主干流由此形成。悠悠辽河水哺育着两岸儿女，也促进了流域社会经济的发展，是辽宁人民的母亲河。现在就让我们一起去探寻辽河之美。

徐大光：原来辽河两岸千疮百孔，有好多采砂场、企业排污口、鱼池，滩地上都种满了庄稼。辽河生态封育，我们把滩地回租回来，恢复它的自然生态，让它自然地长树长草。

杨雪：10年生态治理，辽河干流两堤之间除水田、护堤、护岸林外，112.3万亩的河滩地实现了全线自然封域，从上游开始，自然生态环境得到了明显改善。

王大维：能有近10年了，一直在拍摄辽河。过去拍的时候就感觉拿起相机来没有可取的景，现在就不一样了，拿起相机处处都是风景。

黄文勇：没有蓄水之前，这个辽河河滩是滩地，以粉细砂为主，风一刮，整个河道就起来很大的风沙，近距离你都看不到前方。我们通过蓄水加上库区种植的树木，种植了2600亩的蒲草、5500亩的芦苇，还有3000亩的荷花，不仅防风固沙，对水质的改善也起到了很大的作用。

杨雪：在行船的过程中听到耳畔不停地有鸟鸣。

黄文勇：我们现在有动物330种，其中鸟类220种、鱼类20种，最珍贵的就是东方白鹳，每年我们都能看到5~10只。

杨雪：硫华菊、格桑花、波丝菊，10多种鲜花竞相开放，争奇斗艳，辽河下游的这片千亩花海将河畔点缀得美轮美奂，游客们纷至沓来，感受这份属于秋日的浪漫与美好。在不远处，秋风轻拂着稻穗，大地一片鹅黄，辽河干流台安段周边的近10万亩水田即将迎来丰收，这一切都要得益于辽河水的滋养。2年前当地启动了工程，引入辽河水进入台安县，三横五纵的水系网络已经覆盖了全县的100多个行政村，每年可减少地下水开采量超过2000万立方米，直接受益人口超过26万人。

这个是正在对辽河水进行取样吗？

郭荣刚：对，这是取样。你看，这水非常清澈，应该达到Ⅳ类，有的季节它能达到Ⅲ类，过去水非常浑浊，是劣Ⅴ类。这个水可以直接用来灌溉，有的处理以后可以饮用。

潘涛：现在辽河的干流从起点辽宁铁岭的福德店到盘锦入海口千里生态廊道已经全线贯通。

郑丽：接下来我们再到辽河流域一条水资源丰富的河流浑河去看一看。浑河全长495公里，在营口大辽河段汇入渤海。2017年，长172公里的浑河干流沈阳段，它的水质是劣Ⅴ类。

潘涛：经过多项治理修复工程，浑河不但水质改善，沿岸也建成了一条集旅游、观光、休闲、健身、娱乐于一体的绿色生态长廊，成了沈阳当地居民休憩的乐园。

陶泽文：我现在正在辽宁沈阳浑河9号码头，刚才在专业教练的带领下，我过了一把赛艇运动员的瘾。近年来，不少赛艇运动员将这里选作自己的训练场地。刚才我也跟专业教练了解了一下，赛艇运动与水环境是密不可分的，不但要没有航运的静止水域，更要求水质清澈洁净。

宋胜民：现在越来越多的青少年参与到赛艇运动中来，三年级开始，中学、高中乃至大学的孩子，成年人现在也越来越多。

韩家旭：划的时候就感觉身心得到了放松。

陶泽文：现在这里水清景美，但在过去，浑河的生态环境曾遭受过破坏，干流沈阳段的水质曾达到过劣Ⅴ类。近几年，沈阳制定了河流生态修复路线图，对浑河流域开展了全方位的集中治理，2019年下半年起，浑河干流城市段水质稳定达到了Ⅲ类以上。如今浑河河水越来越清，老百姓的生活也变得日渐多彩。在钢琴音乐广场上，琴声悠扬，不论是茶余饭后的自娱自乐，还是惠民演出的精彩绝伦，浑河沿岸正不断打造出人水和谐的场景，让生态与人文碰撞出别样的生活内涵。

在浑河两岸，不但有着丰富多彩的文化活动，更能亲身体验体育运动带来的快乐。还等什么？快来跟我一起健康动起来吧。

刚才的专业足球场以及篮球场、网球场、羽毛球场等诸多专业的运动区域，让百姓能够时不时约上三五好友，带上亲人来浑河岸边进行体育锻炼，这早已成为大家生活的一部分。每年在浑河两岸举行的体育赛事，更让这里火起来，让这条河活起来。

在绿茵场上挥洒完汗水之后，我们一定要找一个地方来放松一下。此时此刻，我来到了浑河岸边的城市露营地，在这样一个金秋时节，吹着河风在金黄的草地上享受一场城市露营，真的是十分惬意。水量丰了，水质好了，生态美了，辽宁沈阳依托浑河两岸优势的自然环境打造出越来越多适合百姓休闲的场所。

张建军：现在的浑河生态环境的改善提高，让我们老百姓更加喜欢自己的母亲河，热爱自己的家乡了。

陶泽文：现在不论是在白天还是黑夜，春夏或是秋冬，浑河这里是风光各异，季节更替间美不胜收。华灯初上，浑河夜航别有一番风味，如今通过治理，浑河早已成为一条绿色生态长廊，亲水近水的诗意和浪漫为百姓生活带来更多的幸福。

郑丽：水清岸绿，美丽河湖，生态美好了，生活在其中，幸福感和获得感就会油然而生。

潘涛：建设美丽中国，推进生态文明建设，改善民生福祉，来看辽河流域城市的美丽生态岸线。

郑丽：百川归海，我们一路沿河前行。接下来就到了辽河的入海口盘锦，今年6月，盘锦成为国际湿地城市。

潘涛：这个季节正是辽河入海口的红海滩色彩最为浓郁的时候，火红的碱蓬草还有金黄的稻田，辽河与渤海的相汇碰撞出的是怎样的生态胜景呢？

郑丽：与此同时，在辽河流域的百年老港营口港，从河到海又会展现怎样的风采呢？两位总台记者将会接力给我们探访。

闫崎峰：我现在就是在辽河干流入海口附近的盘锦红海滩风景廊道上。时值国庆假期，我们可以看到这个廊道上已经插满了国旗，游人也来到现场欣赏美景。从航拍画面中我们可以看到一条蜿蜒向海的河流，它就是辽河。辽河经过1345公里的跋涉，终于来到了盘锦，汇入了渤海。

每年的这个时候，成熟的碱蓬草都会将整个辽河入海口装点成这样鲜艳的红色。红海滩现在整个长度大概有18公里，今年当地雨水非常充沛，所以整个碱蓬草的长势可以说这是5年内最漂亮的一次红海滩。一条马路之隔，展现出一片金黄色的稻田，再有一个星期就到丰收的季节了，金黄的稻田上，当地人画成了稻田画，做成了景观。盘锦是优质水稻的生产基地，整个盘锦大概有60万亩的水稻。在金黄色的水稻之下别有洞天，我们看到这个水稻下面有一些河蟹，蟹稻共生是盘锦的一个名片，经过蟹稻共生之后，现在每亩水稻的产值可以提高1000元以上。

辽河每年要向整个盘锦60万亩水田进行灌溉，生态补水量达到了6亿立方米。母亲河如此慷慨，当地人又是如何保护母亲河的呢？我面前的这瓶水刚刚取自辽河入海口最后一个水质观测点，现在在这里采制的数据已经连续10年达到100%合格。

辽河还有一项重要的给予就是湿地保护区。党的十八大以来，盘锦的湿地保护区已经从8万公顷增加到了今天的12.4万公顷，鸟类从283种已经提升到今天的304种。尤其值得一提的是黑嘴鸥，从1200多只已经提升到了今天的将近12000只。

江河奔腾，永不停息，您知道吗？辽河的干流从盘锦入海也就是这几十年的事。1958年，辽宁对辽河进行了治理，辽河干流就从原来从营口入海改成了在盘锦入海。今天营口又呈现出哪些新面貌呢？下面把时间交给我在营口采访的同事齐莉莉。

齐莉莉：好的，崎峰，我此时此刻就在辽港集团营口港的47号粮食专用码头。在每年北粮南运的时候，60%~70%的粮食都是通过营口港走海运一路向南。此刻就有一艘15000吨级的散粮运输船正在作业，它一次的运量相当于300节火车车皮运送的总和。

在距离码头不远的位置就是火车的卸粮站，5条散粮专用线直接延伸到码头。粮食码头只是营口港众多专业码头当中的一个，我们来看，这个是营口港的航线示意图，蓝色的是海铁联运的线路，橙色的是外贸的线路，绿色的是内贸的线路。除了粮食码头，在货种方面，营口港还拥有集装箱、汽车、煤炭、矿石、钢材、大件设备、成品油和原油共9类专业货品的专业码头。

营口地处浑河大辽河段的入海口，紧邻渤海湾，河海交汇的地理位置让营口自古以来就成为重要的水运港口，发挥了举足轻重的作用。

大家来看，这里就是浑河的大辽河段，在大辽河的转弯之处坐落着营口的老港，它已经有160多年的历史了。营口老港是一个内河港，它与渤海之间有一条20海里长的内河航道贯通，为了更好服务经济发展，提升港口的可持续发展能力，鲅鱼圈新港区建设完成投入运行。百年老港升级为新老两港，真正由河入海。

营口新港就是我此刻所在的这个位置，这里成为大辽河奔腾入海后开启崭新航程的出发地。潮起云涌的渤海湾每天都孕育着新的希望，也见证着百年老港如何由河入海，如何从辐射东北腹地到融入"一带一路"。未来作为全国重要的枢纽港口，营口港还将会继续延伸它的航线网络，助力沿海经济带的高质量发展，在新时代东北振兴上展现更大的担当和作为。

潘涛：治沙久久为功，治水坚持不懈，我们也感受着辽河流域的人们以深深的爱和踏实的行动守护着这条大河，这条母亲河。

郑丽：建设美丽中国已经成为中国人民心向往之的奋斗目标，来听一听生活在松花江、辽河流域的人们讲述他们的江河故事。

曲三妹：大家好，我是查干湖渔村返乡创业的大学生，现在在查干湖渔港经营着农家乐，主营全鱼宴。这里的人都叫我曲三妹。

就要这条最大的。查干湖一眼望不到头，水质越来越好，鱼儿越来越肥美。目前查干湖的水域有60多种鱼的品类，光上桌的就有20多种。为什么查干湖的鱼捕不尽、打不尽，年年捕、年年有？现在我们所在的位置是查干湖的希望广场，这里也是查干湖鱼苗的增殖放流中心，春秋两季的时候会把鱼苗放到这个大湖里。

我的父母靠打鱼为生，我从小的时候就想去大城市发展，现在随着查干湖生态发展得越来越好，随着机会越来越多，我们可以守着家乡实现自己的梦想，并且可以守在父母身边，我觉得是一件特别幸福的事。

李佳伟：大家好，这里是我们五间房村的千亩沙棘示范基地，这两天沙棘果到了采摘的时候了，我带大家去看一看。

原来这里没有几棵树，也种不了庄稼，是撂荒地。从2018年开始，我们村里的乡亲们以土地入股的形式，由村集体牵头开始种植适合沙质土地的沙棘树。前3年都是政府投入管理的，去年开始挂果，今年已经是第二茬了，我们已经跟客商签好了订单，有了收益咱们村民就可以分红了。

大家看一下，这就是我们的沙棘果，它的色泽现在非常鲜亮，而且它的籽粒现在也已经非常饱满。它的味道现在是酸酸涩涩的，经过加工之后就变成了沙棘果汁。

每亩地能产500斤左右，林下还可以种植红小豆，也是一份收入。

郑云宝：我是郑云宝，是一名环卫工人，这里曾经是营口的垃圾场，我在这里工作了10多年，这张照片是我工作时候照的，那时候这里的垃圾能有10多万平方米，堆起来能有一人多高，味道夏天就不用说了，冬天也很难闻。

2016年，政府加大了这里的整治力度，把这里的垃圾都清除了，进行了无害化处理。现在这里的芦苇有一人多高了，水也更清了，有鱼也有虾了，春秋两季还有候鸟在这里栖息，现在它有了一个新的名字：营口市永远角湿地公园。

孙方斌：大家好，我叫孙方斌，是抚松县抽水乡碱厂村的村民，现在也是乡村旅游合作社的一员。我十八九岁就出去打工，前年返乡回来跟我们村4个老乡一起成立了旅游合作社，这几年咱们国家大力推进乡村振兴，咱老百姓也明白了绿水青山就是金山银山的道理，吃上了生态饭。

游完长白山，就不能错过我们头道松花江白山湖，要游湖就得造船。前两年，我去了桂林、莫干山好多地方，去学习那边的游船制造经验，这些游船就是我们自己请人设计的。

闫哥，今天出几趟船了？

闫士忠：出两趟了。

孙方斌：注意安全。我们的这个船是零排放、零污染的，船上可以聚会，也可以烤肉，游客们都很喜欢。今年合作社刚开始营业，旺季的时候每天能有3000多名游客，一天有10多万元的收入，现在已经带动我们村子10多个年轻人留在家乡就业了。

潘涛：大江奔流，不舍昼夜。今天在五彩斑斓的浓浓秋色中，我们一同探访了东北地区的松花江和辽河，它们润物无声，滋养了土地和生命，它们孕育生机，挥洒出茫茫绿野和累累硕果。

郑丽：生态优先，绿色发展，让松花江和辽河流域迸发出新的活力，守护好绿水青山黑土地是为了创造出更加幸福美好的新生活。

潘涛：今天的特别节目就到这里，感谢大家的收看。

郑丽：明天《江河奔腾看中国》将继续带您一起走近淮河。再会！

（https://tv.cctv.com/2022/10/03/VIDEoZgTsUojwmVjfh6WHS72221003.shtml?spm=C55953877151.PjvMkmVd9ZhX.0.0）

淮河·千里淮河通江海　一水安澜润两岸

胡蝶：观众朋友们上午好！这里是中央广播电视总台央视综合频道、新闻频道并机为您直播的特别节目《江河奔腾看中国》。

王言：十一期间，我们每天以一到两条江河为脉络，和您一起去饱览神州大地的江山多娇，领略新时代中国取得的非凡成就，感受咱老百姓的好日子和踔厉奋发的精气神。今天，我们将一起去看淮河。

胡蝶：淮河静静地流淌在长江、黄河之间，与秦岭一起，构成了我国南北气候分界线。

王言：淮河流域人口密集，土地肥沃，资源便利，交通便利，在我国社会经济发展大局中，具有十分重要的地位。淮河流域也是中华文明的发祥地之一，曾孕育了光辉灿烂的古代文化。

胡蝶：淮河上游陡、中游缓、下游平，特殊的地理气候因素，导致淮河历史上极易发生洪涝灾害。淮河是新中国成立后第一条全面系统治理的大河。

王言：党的十八大以来，淮河保护治理事业阔步前行，流域水安全保障能力显著提升。

胡蝶：今天，我们将从淮河的源头开始，沿河而行，看看千里长淮的一水安澜，两岸幸福；感受淮河生态优先、绿色发展的步伐。

王言：首先我们通过一条短片，来了解一下淮河。

胡蝶：淮河，发源于河南省桐柏县桐柏山，流域涉及河南、湖北、安徽、江苏、山东五省。淮河干流自西向东进入洪泽湖后，向南进入入江水道，在江苏扬州三江营流入长江，全长1000公里。

淮河流域介于长江流域与黄河流域之间，流域以古淮河为界，以南为淮河水系，以北为主要流经山东、江苏的沂沭泗河水系，两大水系间有京杭运河、分淮入沂水道和徐洪河沟通。流域东西长约700公里，南北宽约400公里，流域总面积27万平方公里。

淮河流域人口密集，土地肥沃，资源丰富，交通便利，是长三角一体化发展、长江经济带、大运河文化带、淮河生态经济带、中原经济区等重大国家战略和区域战略高度叠加区，在我国社会经济发展大局中具有十分重要的地位。

王言：青山叠翠照碧水，碧水环绕映青山。这里就是位于河南省桐柏县的淮河园国家森林公园，森林公园面积4924公顷。桐柏山林木茂密，山势逶迤绵延，一眼望去，满目青翠。

山峦高处，一丛丛马尾松直指蓝天，密密匝匝。良好的生态系统涵养了丰富的水源，置身山林，高处瀑布四溅如雪，林间溪流淙淙。及至山脚，清水汇聚成潭，千里奔流的淮河水便来自这片绿水青山。

胡蝶：我们现在看到的是位于安徽、河南两省交界处的洪河口，洪河在这里汇入淮河干流。从空中俯瞰，两条河流蜿蜒盘绕，拥抱着两岸的村庄和田野。洪河口也是淮河上游和中游的分界点，淮河从源头走到这里，360公里的路程中，急降170米。从这里开始，淮河进入平缓、低洼的中游。中游490公里，落差仅16米。

王言：沿着淮河一路向东，穿越水清岸绿的洪泽湖，我们来到位于江苏省淮安市的中渡，它是淮河干流中游和下游的分界点。经历洪泽湖的壮阔秀美、水波浩渺之后，淮河干流流经中渡，沿入江水道南下，汇入长江。

三河闸是入江水道的控制口门，也是淮河干流上最大的节制闸。现在，三河闸还是一处风光独特的水利风景区，拥有月亮湖、镇水铁牛等多处自然和人文景观。

胡蝶：淮河往南流入长江，最后一站就是您现在看到的位于江苏扬州的三江营。这里江河交汇，水流湍急，江面宽阔，船舶往来，一条大河入大江，波浪滔滔终入海。

近年来，当地累计关闭拆除了岸边的船厂、非法码头，疏浚整治河道40条，先后造林1700亩，修复湿地面积580多亩，建成了三江营湿地公园。如今的三江营入江口，天蓝水碧岸清秀，百舸争渡大江流。

王言：您现在看到的这两条笔直并行的人工河道，是淮河入海水道和苏北总灌渠。前方水天一色、浩瀚之处就是黄海，与海相连的地方叫扁担港，位于江苏盐城滨海县。

扁担港海口枢纽面海而立，闸口内泛青的是淮河水，闸口外泛黄的是黄海水。百川终入海。平常的时候，淮河水在这里温顺、平缓，但需要泄洪排涝的时候，河水将以奔腾之势流向大海，确保淮河安澜。

胡蝶：通过这组景观，我们看到了千里淮河上游的水出青山，中游的纳河过湖，下游的入江归海。淮河源头的桐柏山，山清水秀、满目葱茏，生态环境非常好。

王言：在淮河源头，有很多地点的名称都和淮河有关，比如淮河镇、淮源镇、淮井、淮渡、淮祠等。我们刚刚从景观镜头上也看到了淮河发源于桐柏山，从哪里才算是淮河的起点呢？我们来看一下总台记者的探访。

齐鹤：我现在就在河南南阳的桐柏县，这里是淮河水从山上流下来之后，经过的第一个县城，我身后的这片水就是淮河水。沿着河两岸走一走，有很多这样绿意盎然的小公园，这里有健身步道，还有休闲广场，早上、晚上来这儿运动健身的人可不少，也让这个穿城而过的淮河水显得有一些灵动。

当地人会告诉你，在桐柏山上，淮河源的水会更加美丽。淮河水在源头的桐柏山是什么样子？我们一起骑着车，去山上看一看。

骑行不必远，桐柏人在家门口就能享受绿水青山带来的惬意。

从桐柏县城骑行40分钟，就能遇到这一大片水域，林草丰美，鸟鸣清脆。让我们一起跟着无人机去看一下。

树多了，水土就能被留在山上。这些年，桐柏在很多荒山推进小流域治理，荒山绿化率已经超过90%，水土流失面积减少50%。

我们现在看到的是桐柏山上淮河源的一个中型水库，桐柏山上的溪流就是在这儿汇聚，现在桐柏县城吃的水就是这儿的水，我们去看看水质怎么样。你看这水还挺清的。

周健：淮河源头的水能不清吗？我们山上的水可以直接饮用，你们可以去看看。

齐鹤：淮河水滋润着桐柏人的生活，也滋养着大山的美丽。在山间骑行，这样的小溪纵横交错。相传，淮河水在桐柏山上地下潜行30里，出山化成了58条山间溪流，不知道这是不是其中之一呢？我们一起去前面的村子问一问。

这个水能喝吗？

杨清发：能喝，这就是矿泉水、山泉，老百姓吃的都是这水。

齐鹤：这是淮河水吗？

杨清发：是的，我们这里是淮河的发源地。

齐鹤：我听说淮河的源头是一口井？

杨清发：在那个地方，是一个淮祠，我们这是一起的，都是这水。

齐鹤：那淮祠离这儿还远吗？

杨清发：不远，就几里路。

齐鹤：桐柏县七山二水一分田，淮河水滋养着大山，转角处总有惊喜。秋天是大山里最热闹的时候，虽然现在山上的树叶还没有变红，但是各种山货到了成熟的季节，板栗、核桃、猕猴桃，都是当地人的营生。

我现在来到了淮源镇陈庄的一个漫水桥，听地名就知道，我们离淮河源又近了一步。秋高气爽，河水清澈见底，能看到很多小鱼成群结队，游来游去。我们继续出发，去找淮河源。

乡村小路，伴随着潺潺河水蜿蜒向前。山间，沉甸甸的稻谷已经陆续收割，路边时不时还能看到整齐的苗圃，这也是大山赋予的绿色产业，让路边的闲地也有了价值。小树苗勾勒出道路的绿色轮廓，也见证着山里人的奋斗和大山的变化。

绕着山山水水骑行3个小时，我们就来到了桐柏县淮源镇的淮祠。大家看，这个桥上写着"淮河第一桥"，让我们进淮祠看一下。

我眼前的这口古井就是淮河的零公里测量处，在淮祠内有三口古井，自古有三泉成井、三井成源之说，也就是说，这三口古井其实早先也是地面涌动的泉水。

碧水清流，青山巍峨，山水相依。桐柏山上的泉水，它们汇聚成瀑布河湖，滋养着树木山川，千里淮河在这里迈出了灵动的第一步。

胡蝶：通过记者的探访我们发现，淮河的起点是从一口井开始的。

王言：对。

胡蝶：虽然淮河的起点是一口井，但是这口井能够源源不断保持水位，还要依赖于源头的水源涵养。

王言：从画面当中也看到，是好美的一口井。淮河之水流淌千里，也滋养着两岸的百姓。为了解决淮河上游大别山区缺水问题，"十三五"期间，国家规划了总投资50.26亿元的大别山革命老区引淮供水灌溉工程，这是老区人民期盼已久的民生工程、发展工程和生态工程。

胡蝶：这项工程明年就要竣工，届时，淮河水将会给老区人民带来哪些变化呢？我们来看一下记者的报道。

田萌：我现在就在位于河南信阳息县的大别山引淮灌溉供水工程的施工现场。经过3年多时间的紧张施工，目前我们了解到，整个工程已经完成了70%。现在虽然是国庆假期，但是我们看到，整个施工现场依然是一片忙碌。

通过镜头看一下，现在我们身后的是整个引水灌溉工程的节制闸，从南向北，跨越淮河南北，一共分布着26孔这样的闸孔。

咱们往这边看，现在这个闸孔里面对应的闸门正在缓慢地上下开合。开合的过程，其实就是一个联合调试的过程，因为在开合的背后，整个工程的机械、电气、传输系统都在发力。

这一次的联合调试，就是要把这些系统磨合到最优的状态，为以后大坝的安全运行打下基础。

咱们再往这边看，现在工人师傅们正在抓紧安装的是分布在闸门上的传感器。这边，我们的工程师正在现场采集传感器实时发回来的数据。

整个节制闸一共是463米，传感器一共分布了400组。您看，就是我手中这样的一个小家伙，您想，463米，400组，那就意味着平均每1米多就有1组这样的传感器。

它起到一个什么样的作用？我们知道，传感器其实就像人的眼睛或者耳朵。它放在节制闸里，不仅可以实时监控整个水闸的运行状态，同时还可以随时捕捉水闸的受力、变形、渗透等情况。

为什么要在息县修建这样一座大体量的引淮灌溉供水工程？看一下这个地图，会更加直观。这里就是我们现在所在的息县县城，紫色标出来的就是淮河，它穿县城而过，城市居民用水只能靠地下水，农业灌溉就更不用说了。

息县是我们国家的产粮大县，每年贡献的粮食产量就有20亿斤。但是由于缺乏有效的灌溉，所以当地农业要么是靠天收，要么就是采取地下水，这样一来就增加了农业生产的成本。

但是现在，有了我们眼前的这座工程，到明年年底正式竣工通水之后，淮河水就可以通过新修的这些干渠给引过来，你看，这边也是一样，到时候可以给息县、潢川一共125万人口提供可靠、稳定的地表水源。同时，还可以为息县、淮滨县一共35.7万亩农田有效改善农业生产条件，并且它的年综合效益能够达到6.5亿元。

这座工程的正式通水，不仅可以有效解决当地水资源短缺的现实问题，更重要的是，对于巩固老区的脱贫成果，促进老区振兴，也将发挥非常重要的作用。

王言：党的十八大以来，淮河流域坚持统一规划、统一治理，扎实推动淮河保护与治理，高质量发展。10年来，进一步治淮38项工程，开工建设36项，其中14项已建设完成。

胡蝶：现在我们在大屏幕上看到的是位于河南信阳的出山店水库，这座水库2020年12月全面建成，是淮河干流最大的一座水库，兼顾防洪、灌溉、供水等功能。水库建成之后，使淮河干流王家坝以上的防洪标准由不足10年一遇提高到近20年一遇，对保障水库下游的防洪安全具有重要作用。

王言：水库正常蓄水之后，库区的水面达到7.8万亩，水面宽广平静。3公里长的生态廊道串联起了金沙湖、聚贤湖、映山湖3处特色湖泊，也形成了出山店的湖光山色。

胡蝶：随着一批批治淮工程的建设施工、投入使用、发挥效益，在秋日的暖阳下，淮河安澜无恙。

胡蝶：好，观众朋友，您正在收看的是《江河奔腾看中国》特别节目。党的十八大以来，淮河流域坚持绿水青山就是金山银山的发展理念，生态优先、绿色发展。特别是淮河上游山区乡村，通过发展生态农业，推动了乡村振兴。

王言：那接下来，我们就去到河南省的光山县，看一看那里的绿水青山，听一听生态田园的声音。

王一丹：这儿是河南信阳光山县的一个油茶林，您看，树梢上已经挂满了大大小小的油茶果。再过几周，到10月底，油茶就会迎来大丰收。成熟油茶果中的油茶籽就是榨油的原料，经过生产线上的冷榨和冷提，它们就会变成一瓶瓶山茶油。都说"一亩油茶百斤油"，种植油茶，不仅绿色生态环保，而且经济价值很高。

除了山上，光山的水边还有很多绿色生态产业。大片蓄满淮河水的浅滩湿地、湖泊池塘中，一系列种植养殖业发展得越来越好。

除了生态农业，绿水青山也是旅游业的富矿，我现在所在的这片林沼池塘就是光山一个农旅结合的旅游小镇，为了吸引游客专门设计的采摘体验项目。

绿色发展的路子越走越宽，光山人民的日子也是越过越好，让我们一起听听他们的声音。

杨长太：我最喜欢这个割稻的声音，这个声音就是丰收的声音、喜悦的声音，你看。

王一丹：特棒。

杨长太：丰收的是我们的绿色水稻，喜悦是我们喜悦的心情，我们的钱包越来越鼓了。

胡蝶：这是农人的心声，也是幸福的声音。

王言：对。

胡蝶：说到淮河，很多人可能都听说过一个地方，那就是王家坝。王家坝可以说是淮河防汛的一个风向标，每到淮河防汛期，不论是上游还是下游，都会把目光聚焦在王家坝上。

王言：王家坝为什么这么重要？接下来请出我们的同事王音棋，通过示意图给大家介绍一下。音棋，把时间交给你。

王音棋：好的，胡蝶、王言，王家坝的重要性体现在哪些方面呢？我们一起来看。

首先说说它的地理位置，王家坝地处河南和安徽两省三县，淮河、洪河、白鹭河3条河的交汇处，这儿也是淮河上游和中游分界的地方。大家都叫它王家坝，其实它是一座水闸，水利上的名称是王家坝闸，因为建在王家坝村而得名。

我们可以把地图放大来看一看。我们看看王家坝闸并不是建在淮河河道上的，而是在淮河的边上，它是濛洼蓄洪区的进水闸。

那王家坝和濛洼蓄洪区的关系是怎样的呢？我们把地图缩小来看。您看，图片上的红色区域就是濛洼蓄洪区。蓄洪区的南边弯弯曲曲的这一段，就是淮河干流，因为这段淮河过于弯曲，而且地势低，每到汛期降水增多，淮河上游水来得快，下游的水去得慢，洪水就会在这段河流聚集。平坦广阔、地势低洼的濛洼蓄洪区，就成为洪水唯一的去处，这个时候就要开启王家坝闸，让洪水进入到濛洼。

每当王家坝开闸泄洪的时候，洪水进入到濛洼蓄洪区，居住在蓄洪区的百姓就要遭受损失，躲避洪水。现在在濛洼蓄洪区的北面，正在实施濛河的拓浚工程，就是我们在地图上看到的这条蓝线的位置。濛河相对顺直，进行拓宽疏浚之后，相当于在淮河的濛洼段上做了一个搭桥手术。当洪水来袭的时候，弯曲的淮河干流水不畅的时候，一部分洪水就可以通过濛河流下去，这样就可以减少王家坝闸开启的概率，让濛洼里面居住的百姓能够更加安心。

接下来我们就一起通过空中视角，去实地看一看王家坝和濛洼。

记者：从空中往下看，这座 13 孔的控制水闸，就是被称为千里淮河第一闸的王家坝闸。王家坝闸 1953 年兴建，1954 年第一次开闸蓄洪。我们现在看到的是 2003 年新建的水闸，王家坝闸位于安徽、河南两省的交界处，毗邻洪河口，是淮河干流中游衔接上游的区域，也是淮河濛洼蓄洪区的主要控制工程。

王家坝闸就是濛洼蓄洪区的进水口，根据以往的情况，当王家坝闸上水位超过 29.3 米时，就会开闸蓄洪，也就是让一部分洪水进入濛洼蓄洪区进行分流，从而保障淮河干流沿岸城市的安全。濛洼蓄洪区前后一共在 13 个年份共 16 次开闸蓄洪，最近一次蓄洪是在 2020 年。

跟随镜头，我们现在进入了濛洼蓄洪区，这里是淮河干流的第一个蓄洪区，可蓄洪 7.5 亿立方米。濛洼蓄洪区面积有 180.4 平方公里，里面有 4 个乡镇、75 个行政村、131 座庄台，有居民 19.5 万人。

您现在看到的就是濛洼蓄洪区里的庄台，这些庄台蓄洪时，就成为居民生活的小岛。过去，这些庄台上建满了房子，人与家畜拥挤在有限的空间里，洪水来临，庄台上就会断水断电。阜南县在 2018 年启动了濛洼蓄洪区居民迁建工作，目前已迁建居民 2 万多人。今年 10 月底前，还会再搬迁 13000人，搬迁出的居民有的住上了政府建在保庄圩里的安置房，有的领取政府补贴后在县城安了家。

蓄洪区内有耕地面积 18 万亩，您现在看到的是蓄洪区里大片的稻田。这两天，当地的水稻正陆续成熟，经过改造的高标准农田，加强了农田水利的建设，今年又迎来了一个好年景。除了种植水稻，当地还大力推广适应性农业，发展芡实产业和养殖业，人们的收入逐年提高。

濛洼不仅仅是一个蓄洪区，它还是一片湿地，平静的水面、葱茏的草滩、游弋的白鹅、觅食的牛群，一幅生态和谐的田园美景。依托湿地生态、田园风光和独特的庄台文化，濛洼又开始发展乡村旅游，越来越多的人在节假日来到这里，参观王家坝、游览田园湿地、到庄台人家做客。濛洼在越变越美，庄台人家的生活也越来越安稳、越来越幸福。

胡蝶：刚才我们通过音棋和记者的介绍，已经对王家坝和濛洼蓄洪区有了一定的了解，特别是从空中去看，濛洼俨然是一幅生态田园，人与自然的和谐画卷。

王言：刚才在短片中，我们也看到了濛洼里的两种特色村落，就是这个庄台和保庄圩。为了让大家更加直观地了解这两种村庄，我们也把这两个村带到了演播室，我们作为村代表给大家介绍一下。

胡蝶：好，我这个村代表先给大家介绍一下，我面前的这个就是庄台的模型。庄台就是这种建在高台上面的村庄，可以躲避洪水。但是它的空间有限，洪水来临的时候，周围都是洪水，它就容易形成孤岛，还容易断水断电。

王言：欢迎大家再到我们王村来看一看，大家现在看到的我这边这个模型，就是保庄圩。保庄圩相当于在村庄的外围建了一圈堤坝，所以洪水来的时候，它就能够把村庄保护起来。保庄圩通常是建在蓄滞洪区边上的，你看这边有一条和外界相连接的道路，看来我们村在交通设置上比你们村稍微要好一点。

胡蝶：所以庄台就像是散落的星星，而保庄圩就像是圆圆的月亮。居住在庄台上，除了环境和基础设施差一点，最重要的是缺少安全感。

王言：保庄圩是一个聚集地，相当于一个社区，各种条件都是有保障的，最重要的就是蓄洪的时候，大家的生活不会受到太大的影响。现在濛洼里越来越多的居民搬到了政府建在保庄圩里的安置房。

胡蝶：这几年生活在濛洼里的居民们，也越来越安心，越来越幸福。

记者：郭国丽是濛洼蓄洪区的居民。去年，一家人离开庄台的老屋，住进保庄圩里的新楼房。新家临近学校、医院，还配套了公交车直通县城。

郭国丽：高兴啊，开心。我那个时候没有想到老房子拆掉，给这么好的安置房，确实也方便，小孩上学也近，各个方面都方便。

记者：180平方公里的濛洼蓄洪区，矗立着131座庄台，这种蓄洪区里特有的村落形式，顾名思义就是把村庄建在台地上，蓄洪的时候，村庄就变成了孤岛。

郭国丽：老房子都是起脊的，是这样盖的，两间半，以前那个房子，好挤。

记者：保庄圩就是一个四周筑起防洪堤坝的集中安置点，水电畅通，学校、医院也都离得近，很多庄台人家都搬迁到了这里。搬到新家后，郭国丽到县城找了一份工作，每月能有4000多元的收入，家里的几亩地流转给了种粮大户。

孟祥根：今天这个飞机飞的高度就不能太低了，因为一个是稍微有点风，另外这个稻子成熟快到后期了，矮的话就把稻子都吹倒了。

记者：在外打工多年后，孟祥根最终在濛洼的土地上找到了创业的新机遇。今年，孟祥根不仅自己流转了800亩农田耕种，还承接了濛洼乡亲们4000亩良田的完全托管，提供了从播种到收割的全过程管理。

孟祥根：你看这个产量，穗头怎么样？

村民：穗头好，可以。

孟祥根：后期还有月把时间就要收了，你看还有什么要求？

村民：那就再上遍水吧，让后面的小穗再成熟一些，多增加点产量。

记者：今年夏天，当地的降雨少，不过依托政府改造的高标准农田，提水灌溉仍然能够得到充分保障。孟祥根代管的这片水稻长势喜人，细心耕作也让委托他管理的乡亲们十分满意。

孟祥根：以前就是靠人工种下去，然后人工再收上来，收成多少靠天气，由天气来决定。现在不一样了，现在都是机械化种地、机械化管理，干了我们上水，水大了我们把它排出去，收成全部在我们自己手里掌握着。所以说，这个种地跟以前种地模式不一样，概念也不一样了。

记者：这几年，濛洼在发生着日新月异的变化，庄台人家的生活更有奔头。

郭国丽：自己没有什么别的想法，只要多挣点钱，以后供两个小孩上大学。

王言：江河奔腾看中国，今天带您看淮河，国庆期间，安徽颍上县保丰河景观带、五里湖湿地，一片片的水杉林，成了市民游客的打卡地。或在林间道路骑行跑步，或到水边拍照赏景，或到水杉林里的健身空地锻炼身体，惬意而放松。

颍上南临淮河，湖泊湿地众多。近几年，当地在加大湿地、河滩生态修复，大面积种植以落羽杉为主的防浪林。因为落羽杉不怕水淹，浸泡在水中也能生长，在稳固河岸的同时，还营造了独特的生态景观。

胡蝶：现在我们看到的是安徽霍邱县城西湖，它是淮河中游的天然湖泊、蓄洪区。平时城西湖是霍邱县城边上的一处生态湿地，到了汛期，如果淮河涨水，城西湖可以接纳一部分洪水，减轻淮河干流的防洪压力。

城西湖碧波浮动，水草丰美，成为水鸟的乐园。优美的生态环境也吸引了络绎不绝的游人。

王言：您现在看到的是淮河流经的高邮湖，高邮湖水面宽广，环境优美，物产丰富。高邮湖芦苇荡湿地位于高邮湖畔，总面积35平方公里，其中陆地面积8平方公里，水域面积达到27平方公里。这个季节的高邮湖，芦苇一望无际，滩地绿草如茵，野生动植物丰富多样。

近几年，高邮湖沿岸各地大力推进退养还湖，芦苇荡湿地水域管护成效显著，湿地生态系统得到了保护。

胡蝶：看过了这些河湖湿地的生态治理效果，给我们一个非常大的感受,那就是淮河在变美。党的十八大以来,淮河治理从抗洪防汛为主,转向人水和谐,实现社会全面可持续发展。

王言:在安徽蚌埠,现在就在实施"靓淮河"工程,不但要把淮河变美,还要让它和城市融为一体,我们来看记者的报道。

任谨:我身后就是淮河蚌埠段的主河道,我现在所在的这个位置是正在搭建的一个临水的观景平台。我们距离淮河现在的河面大约不到10米,所以可以很清楚地看到,在河面上有机械船正在进行切滩作业。

什么是切滩呢?其实就是把河滩的一部分切除掉,这样可以让淮河的河道变得更宽阔,让它的岸线变得更顺直。为什么要切滩呢?从空中俯瞰的话,我们就能够找到答案。我现在的位置是淮河蚌埠城区段最狭窄的部分,这里的河面原本只有280米左右。

我们现在往河面上看,零星的滩涂地依然可以看到原本河滩覆盖到的位置。最远处距离我们现在看到的岸线大约有170米的距离。切滩以后,这里的河道将会拓宽到450米,这样可以明显提升淮河的行洪能力。

对于这一段生活在两岸的居民们来说,原来他们只能够在数百米之外的淮河大堤上远远地观望淮河,虽然是靠水而居,却不能亲水。现在,这里除了修建起临水观景平台,像我脚下这样的沿着淮河而建的亲水廊道也正在搭建当中。

我们再往这边看。这里正在打造一个湿地景观,你看,工人们正在种植一些水生植物:再力花、千屈菜、鸢尾花、美人蕉等。工人们告诉我,这些水生植物不光能美化水景,更重要的是,它们还能够净化水质、固岸护坡。

围绕着这片湿地景观,这里还正在打造沿淮的生态公园。虽然现在还正在建设当中,但是我们在现场已经看到了,比如说有骑行慢跑道、体育设施、文化长廊等。相信这些建造也会给生活在两岸的居民们搭建起一个和淮河亲近的空间,以及休闲的场地。更重要的是,能够提升两岸居民们生活的幸福感。

在蚌埠城区26公里的淮河两岸,将会修建起19个这样大的生态公园。19个不同主题的水文化公园,经过一条淮河,也会串联成一个巨大的中央生态公园,在扮靓沿河风景线的同时,也会修复淮河的生态环境。

从原来的避水到现在的临水,从原来的惧水到现在的亲水,对于生活在两岸的居民们来说,淮河正在变成一条幸福河。

王言:好,看完了淮河两岸的美景,我们再来看看淮河流域的物产。淮河流域土地肥沃,物产丰富,是我国粮食主产区和重要的商品粮供应基地。

因为处在南北气候的分界线上,所以南北方常见的农作物都有生长。

胡蝶:眼下秋高气爽,淮河两岸一片丰收的景象,成片的玉米已经陆续开始收获了。接下来,我们就到安徽怀远去看看粮食丰收的场景。

李屹:我现在就是在怀远县包集镇潘圩村的玉米地里,这里紧邻着淮河的支流新浍河,丰富的水网也为这儿的农业生产提供了良好的灌溉基础。今年,潘圩村种植的玉米有将近5000亩,当地老乡告诉我,现在这儿的玉米都已经基本成熟了。

我们来看一下这儿今年玉米的长势。您看,这金黄的玉米颗粒饱满,籽粒的分布也整齐紧凑,非常好看。这两天,当地正在组织机械采收,今年这儿使用了这种新型的收割设备,叫作玉米茎穗兼收收割机,跟以往收割机作业的时候只收割玉米不同的是,这种收割机上面有两个筐子,前面的筐子用来收玉米,后面的筐子同步收秸秆。1次作业,就能完成2道工序,避免了在收割之后,还需要再进行秸秆离田的工作过程,效率大大提高了。

根据当地的统计,这台机器1个小时就能完成6~8亩玉米地的收割作业。从这儿收下来的玉米棒,再经过晾晒之后,在村子里就能进行脱粒再加工。收割的效率提高了,其实这里的种植管理模式也在不断地优化创新。

今年,因为潘圩村这儿实行了"一村一块田"的大托管经营模式。我身边的这些玉米地已经都不再需要农户自己来种植收割,而是由村集体来组织专业的社会化服务主体,提供从良种选育到耕种、收割的全程服务。这样一来,有了规模化的组织,既提高了效率,又降低了成本,也为品牌化和订单化生产提供了可能。

对于农民们来说,把土地托管给村集体经济组织,一方面他们能够拿到土地流转的保底收入;另一方面,他们还能够获得自家土地上农业生产收益的二次分红。当然,能够实现这种"一村一块田"的大托管模式,也得益于高标准农田项目的实施。

我们所在的这片玉米地,在今年5月已经完成了高标准农田项目的建设,田块间原来的泥土路硬化了,大型机械能够方便地到达田间作业。同时,通过拓宽沟渠、畅通水流、平整田块,提高了在这儿开展大规模农业生产的便利性。

就在刚刚过去的7—8月,当地经历了持续的高温干旱天气,这对于当时的玉米生长来说是一个考验。当地组织农业技术人员下田指导,增强生长期玉米植株的抗高温、抗干旱能力,通过这些高标准农田里的高效节水灌溉设施,及时地进行地下水补给灌溉,确保了玉米的生长需要。

根据预计，今年这片玉米地的亩产大概在1000斤。为了提供更充分的应对这种类似极端天气下的水利条件，上个月22日，安徽省最大的河灌区怀洪新河灌区正式开工建设。建成后，作为淮河支流的怀洪新河的灌区功能将可以更好发挥，并覆盖更广泛区域。

当然，也包括我现在所在的怀远县这里的农业生产，也会直接受益。当地的老乡们说，在村集体经济组织的带动下，有了现代化的管理模式，有了高科技的种植技术，再加上淮河新洪灌区建成后的助力，接下来他们一定能够多种粮、种好粮，为国家的粮食安全贡献力量。

王言：您现在看到的是位于淮河北岸的安徽农垦龙亢农场，淮河流域的气候条件和自然环境，为这里的农业生产提供了良好基础。眼下，农场里的3万亩水稻正进入灌浆期。黄绿相间的稻田里，绿色的稻叶在慢慢转黄，水稻的籽粒也在逐步成熟，一派充满希望的盎然景象。

再过20多天，今年秋季的水稻就能在这里收获了。如今，这里的水稻单产已经由10年前的1200斤左右提高到了现在的1600斤左右。

胡蝶：我们现在看到的是安徽省淮南市二道河农场的4000亩大豆，眼下是大豆生长的关键期，绿色的田野里，无人机来回穿梭，为大豆生长喷洒足够的养分。农户们穿行在田垄中，辛勤地清除杂草，查看农作物的长势。

悠悠流淌的淮河，为这里的农田提供了肥沃的土壤和充沛的灌溉，成为适宜耕作的高产田。得益于良种、良田和科学的管理，今年这里的大豆长势喜人，丰收在望。

王言：这里是山东临沂郯城县，秋天的郯城累累硕果挂满银杏枝头，斑驳颜色点缀枝叶之间。特别是沂河沿岸的众多村落，银杏树可以说是望不到边际。银杏林与碧水清波的沂河融合成一幅美丽的画卷，风光旖旎，景色宜人。

郯城有百年生以上古银杏树3万余株，保存着9处具有一定规模的古银杏树群落。目前全县银杏种植面积达30万亩，成为推动乡村振兴的重要产业。

胡蝶：这里是湖北省随州市随县淮河镇，淮河镇地处桐柏山东北麓淮河岸边。因独特的地理环境，这里的生态环境和气候条件非常适宜茶叶的生长，孕育出的紫茶品种稀有，品质优良。走进茶园，只见漫山遍野的茶树随着山势绵延起伏，阳光照耀下，茶叶泛着紫色的光。

如今，淮河镇紫茶面积约2000亩，产量达到5000斤，带动周边300个农户就业，经济效益达到1000万元。

王言：江河奔腾看中国，我们继续看淮河。我们给大家介绍了淮河的源头，千里淮河一口井，又看到了干流流过安徽，接下来进入下游的江苏。进入江苏，淮河水流进了洪泽湖。

胡蝶：进入洪泽湖之后，淮河的河水变湖水，等到湖水流出洪泽湖的时候，就分成了几个方向。淮河之水究竟流向哪里呢？接下来我们有请音棋，结合示意图给大家做一个介绍。

王音棋：听起来好像有点绕，接下来我们继续来看一看这个淮河水到底流到哪儿了。大家看到图片上这一大片水域，这就是位于江苏西部淮安、宿迁两市境内的洪泽湖，它也是我国5大淡水湖泊之一。通过胡蝶的介绍，大家都知道了淮河的特点是上游陡、中游缓、下游平，洪泽湖就是处在中游和下游分界的地方。

洪泽湖的下游是一望无际的平原洼地，每到大水年份，洪泽湖最高的洪水位往往比下游的洼地要高出十几米，所以它对于淮河下游的防洪安全至关重要。淮河流入洪泽湖之后，干流就会通过三河闸进入入江水道，经过高邮湖和邵伯湖南下，进入长江。

在洪泽湖的东面，淮河入海水道和苏北灌溉总渠，这是两条平行的人工河道，一直向东直通黄海。

洪泽湖还有一条入海通道，它的起点是在洪泽湖的二河闸，经过淮沭河、新沂河，最终也是进入黄海。

洪泽湖西纳淮河，东通黄海，南注长江，北连沂沭，既是淮河流域重要的防洪调蓄水库，也是苏北地区生产生活的重要水源，养育着沿湖数千万百姓。

所以说，把洪泽湖治理保护好，才能更好地让淮河人水和谐，造福百姓，确保淮河一水安澜，两岸幸福。

好了，我们看完示意图的介绍，接下来我们再跟随记者，搭乘着直升机，从空中看一看淮河流经的洪泽湖。

李筱：江河奔腾看中国，我们在直升机上看。我们现在飞越的位置是位于江苏淮安市的盱眙县，脚下是青龙山，前方看到的河就是淮河了。再往下游12公里，就是洪泽湖。

淮河发源于河南，从安徽五河进入江苏，经洪泽湖调蓄之后，分别入江、入海。淮河进入淮安之后，沿着盱眙的丘陵绕一个大弯，进入到了洪泽湖。

洪泽湖是我国第四大淡水湖，也是淮河流域上最大的湖泊型水库，也是江淮生态大走廊的生态绿心。俯瞰湖面，万顷碧波尽收眼底，洪泽湖湖面辽阔，在正常水位12.5米时，水面面积为1597平方公里；汛期或大水年份，水位可以达到15.5米，面积扩大到3500平方公里。

我们今天能看到这样的景象，离不开多年来对洪泽湖的治理保护工作。洪泽湖有很多水域被圈养、种植侵占，截至2017年底，洪泽湖442处非法圈围养殖清除任务完成，恢复调蓄库容1亿多立方米。

2020年10月以来，洪泽湖实现了重点水域的禁捕退捕，湖区禁渔，水生资源增长非常明显，目前生态系统得到了有效恢复。数据显示，与2020年相比，目前洪泽湖监测到的鱼类由48种增加到了52种，鱼类的密度有了明显增加。

洪泽湖美丽富饶，水生资源非常丰富，生态优美，是历史著名的鱼米之乡。

胡蝶：淮河从洪泽湖向南，进入入江水道之后，经过的第一个湖泊就是高邮湖。和洪泽湖一样，高邮湖也实施了10年禁渔。同时，为了解决围湖养殖的问题，自然水域也全面禁止水产养殖。

王言：现在当地的特色水产养殖，已经转移到了人工养殖区，养殖方式也采取了标准化的生态养殖。金秋十月蟹膏肥，这几天正是高邮湖大闸蟹上市的时候，接下来我们就到高邮湖的螃蟹养殖基地去看一看。

记者：我现在所在的地方就是扬州高邮的菱塘村，正好位于高邮湖的南岸。现在高邮湖大闸蟹又迎来了丰收的时候，我所在的这一片3000多亩的螃蟹标准化养殖基地里面，这水面下可全都是肥美的大闸蟹。这几天，蟹农们正忙着捕捞螃蟹。

螃蟹从养殖的池塘捞起来之后，并不是直接售卖的，它先要被转移到这个2米×2米的网箱当中，一方面使螃蟹在这个地方歇歇脚、吐吐泥沙；另一方面，工作人员也会根据每天的订单，直接来这个网箱里捞螃蟹，提高了效率，也最大程度让螃蟹待在水里保鲜。

吃螃蟹，新鲜是最重要的，所以螃蟹捕捞起来之后，工作人员要做的第一件事情就是赶快进行分类。分类的标准很多，比如个头、品相等。你看，在这个地方，大哥们正在分类。

您好大哥，给我一只大的。好嘞，这个大。你看我拿起来，我觉得我的手都控制不住它，张牙舞爪的，还吐着泡泡。

他们说好的螃蟹有几个标准，像这个腿得是金黄的，腿上的毛得是黄色的，背得是青的，肚子得是白的，尤其在它肚脐的这个位置，还得透露出一点红，说明这个膏比较厚。这个好重啊，我感觉它生气了，赶紧放回去吧。

螃蟹根据大小分类好了之后，大姐要赶紧捆扎了，她们用的全部是这样的香草，捆起来之后，你看这螃蟹就听话多了。而且煮的时候，这样的螃蟹还会带着青草味，特别好。

所以说，这么好的螃蟹，它其实是有很多原因的。一方面，品种比较好，水也是非常重要的。这里养殖螃蟹的水全部都是从旁边高邮湖引进来的，高邮湖是淮河流域的重要组成部分，也是淮河入江水道的重要一环，淮河70%的水量都会通过高邮湖进入长江，所以这些螃蟹是喝着淮河水长大的。

淮河水引进来之后，还会投入一些螺蛳，增加一些水草，提高水的质量。我们刚才也从池塘里打捞起来一些水，你看，这个水是非常清澈的。水好，螃蟹才会好。

采访的时候，我们还看到了很多生态美景的画面。有些池塘的螃蟹捞完了之后，他们会晒田，把水放干，就会有很多周围高邮湖的水鸟们飞来，去吃池塘里面的小鱼小虾，真的是一个生态美景。

说话之间，捕捞起来的新鲜大闸蟹就已经蒸好了，来看一看，膏是不是非常厚？味道特别鲜美，我都已经馋了。相信在不远的将来，咱们高邮湖丰收的大闸蟹会以更加生态、更加鲜美的状态，呈现在千家万户的餐桌之上。

王言：好，沿河而行，接下来我们要去到淮河流域的沂沭泗河水系。淮河流域以古淮河为界，以南是淮河水系，以北为沂沭泗河水系。这个听起来有点绕，感觉像四条河，其实沂沭泗河水系是由沂河、沭河、泗河组成，它们都发源于沂蒙山区，主要流经山东、江苏，两大水系间由京杭运河分淮入沂水道和徐洪河沟通。

胡蝶：听起来确实有点复杂，但这也恰恰说明了淮河流域的水网密布、人工河道众多的特点。那接下来，我们就一起去欣赏一下沂沭泗河水系的河湖景观。

这里是位于山东日照的沭河莒县段，秋天的沭河波光粼粼，金色的阳光洒满河面。白鹭在水上翩跹起舞，为沭河增添了几分灵动之气。

沭河是淮河流域北部沂沭泗水系的重要河流，沭河莒县段，公园、湿地、广场、长廊等顺河而建，一幅生态好、风光美的人与自然和谐共处的画卷呈现眼前。

王言：这里是位于山东济宁的南四湖，它是南阳、独山、昭阳、微山四个串联湖泊的总称，因为在济宁以南而得名。南四湖属于淮河流域北部的沂沭泗水系，具有防洪、灌溉、供水、养殖、通航以及旅游等多种功能。

秋天的南四湖，景以水润，静以山幽，美不胜收。独特的渔家风情，吸引着各方游客。南四湖中的微山湖，以景色优美、物产丰富、历史底蕴深厚，被称为鲁西南一颗璀璨的明珠。

胡蝶：这里是山东成武县的文亭湖，现在正是坐船游湖的好时节。文亭湖近万亩的水面，蜿蜒5公里，一条生态环湖景观带，串起了一处处特色景点。湖心岛上，水鸟翩跹起舞，展开了一幅风景优美、水城相依的生态画卷。

近年来，当地围绕河湖生态治理，对岸线进行提升改造，把生态景观和文化景观融为一体，打造城市休闲新空间，把文亭湖建成了湖与城相融的幸福湖。

王言：通过这些美丽的景观镜头，我们也确实看到近年来淮河坚持生态优先、绿色发展，流域内全面建立了河湖长制，建成1000余个幸福河湖。淮河干流水质长年保持在Ⅲ类以上，淮河流域人水相亲、城水相融的画卷正在徐徐展开。

胡蝶：山东临沂在保护和修复河道生态的同时，大力美化、绿化河道沿线，为市民提供了休闲娱乐的好去处，打造了人水和谐的幸福河道和生态走廊。接下来我们就跟随着记者，去行走临沂的幸福河道。

薄亚楠：蒙山高，沂水长，八百里沂蒙好风光。我现在就要和摄影师们一起去拍摄沂河岸边的日出美景，感受幸福河道的美好风光。

波光粼粼、清澈见底的沂河水面，与金光灿灿、旭日东升的日出交相辉映，一幅动人的生态美景呈现在眼前。

季志平：这里经过建设以后，非常美。

薄亚楠：我现在位于沂河岸边的绿色生态长廊，走，让我们跟着骑行队一起，感受幸福河道的速度与激情。

沂河两岸因地制宜，建设了亲水生态岸线，沿河打造出一条绿色游憩长廊。这条绿色长廊犹如绿带，飘逸在沂河畔，吸引了四面八方来客来这里观光游玩。

刘丽：我就是这附近的，经常过来在这河边骑个车，因为这边环境很好。自从咱这个沿河改造之后，这就是我们健身的好地方。

薄亚楠：沿着沂河发现美，家门口也有很多美好，临沂市深度挖掘沂河文化旅游资源，发现美景、美食、独特地标等文旅体验，讲好沂河故事，感受沂河魅力。

此刻的悠然舒缓，是不是也让你感受到已身处烟雨江南？在沂河畔，你也可以体验这种"春水碧于天，画船听雨眠"的惬意之感，让我们与流水为伴，一起感受不一样的乘船之旅。

这里有着临沂小江南之称，已经成为新晋网红打卡地，当地市民可以在休闲娱乐之时，穿一袭汉服，乘船荡舟赏荷，与家人一同品尝街边的美食，沉浸在古建筑群中，赴一场跨越时光的约会。

刘珊珊：来拍拍照、打打卡，吃吃美食，欣赏一下美景，感觉整个人都非常惬意。

记者：沿着沂河岸边，除了乘船赏美景，在沂河畔露营，也成为临沂市民出游的新选择，还吸引了不少周边市区的游客，来此慢休闲、微度假。白色的帐篷支在草地上，桌上美食飘香，携亲伴友，在大自然中放松嬉闹。抬头远看沂河美景，低头尽享聚会温馨。

孙警钛：带着老婆孩子来河边，扎个帐篷，喝杯茶，看看美丽的沂河，看看河里漂亮的白鹭，看看美丽的天空，作为临沂人，我特别幸福。

徐芳：我叫徐芳，从小生活在河南省虞城县的响河边上。小的时候这条河道特别窄，而且没有后面的这座桥，一到下雨的时候，就会形成内涝积水，路面非常难走。但是现在大家看一下，现在桥上是人来人往，车来车往，交通特别方便。桥下的河道，也是又宽敞又美丽，出门就有一种江南水乡的味道。

王楠：这个位置是涡河的河滨公园，你看，两岸绿草遍地，杨柳婆娑，各种花儿竞相开放。顺着河道逆流而上，不远处就是我的家乡小宋庄村。这些年，村里围绕乡村振兴，流转土地1700多亩，沿涡河开发了旅游观光园，每逢节假日，就会有十里八乡的乡亲们来这里游玩。

周寒林：我叫周寒林，在我旁边的就是大沙河。以前的大沙河，河里杂草丛生，河面上漂着很多垃圾，我们遛弯、散步都绕着这个河走。经过整治以后，你看，现在河里的水多清啊，水变好了，周边的环境也都变好了。这里是大沙河旁的果园，你看现在这里种的是葡萄，个头都非常大，非常漂亮，非常非常甜，就像我们现在的幸福生活一样。

李秀：我叫李秀，在沭河岸边石门镇大岱村生活了20多年，以前交通不便，这里是个渡口，我爷爷在这里摆渡了30多年，那时大家出行非常不方便，遇上刮风、下雨、涨水，没法过河。现在上下游都修了大桥，交通便利太多了，现在沭河两岸都整治得非常漂亮，发展乡村旅游，这个渡口也成为游客码头，我不再摆渡，而是带着游客游美丽沭河，我们的日子越过越好。

杨锐：我叫杨锐，我的任务就是天天在淮河上管理这些过往的船只，确保他们的安全。走千走万，不如淮河两岸。现在的淮河变化可大了，以前过往的船只都是些几十吨、几百吨的小船，如今都是这些2000多吨的大型货轮，最高峰的时候，每天可以同行200多艘。

贾兵：老张，把锚起了，开航。

头几年，夜里基本上不能开，没有灯光显示，发生交通事故概率比较大。现在，夜里面航行我们基本上也不停船了，生活垃圾都是装在垃圾桶储存起来，码头上有接收的单位，专门接收下去。生活污水就是经过管道、污水柜，污水都全部储存到一起，到港口，码头有接收的车，或者有接收的管道。以后子孙后代有可能还是在这个河道上过生活，把一个干净的淮河，我们尽我们的能力吧。

薄亚楠：留给他们。

贾兵：对的，对的。

胡蝶：当水清岸绿、鱼翔浅底逐步成为常态，当开窗见景、出门见绿逐渐变为现实，我们就收获了一份环境带来的幸福。

王言：在沂沭泗水系，一处处美丽河湖正在向幸福河湖升级蝶变，在这个过程中，生态优先、绿色发展的理念，也带动了生态旅游、绿色产业的发展。

胡蝶：接下来我们就要到山东兰陵县的国家农业公园去感受一下生态农业的科技奇迹。

殷明慧：这里是山东兰陵代村的国家农业公园，金秋十月，整个公园里充满着丰收的喜人景象，也吸引着很多游客前来观光。在这儿，您不仅可以欣赏美景，还可以亲自采摘，感受农业高科技。

从这个角度看，像不像图书馆？白色的书架近10层高，纵横林立。但是在书架上却种满了蔬菜。这是当地常见的一种新模式，叫作立体化管道栽培，通过建立这种立体化的管道，不仅可以增加产量、随意造型，还能够有效地隔绝病虫害。所以说从这里长出来的蔬菜，是绿色无公害的。

更有意思的是，这些蔬菜可跟我们日常的蔬菜不一样，我们买回家的蔬菜如果吃不完可能会烂，但是这些蔬菜叫活体蔬菜，也就是说如果吃不完的话，可以把它的根放到水里养着。

为了更好地让大家感受嫁接的技术，这里还有一些好东西，给大家推荐一个，就是盆栽，它叫作白菜萝卜盆栽。人们常说，萝卜白菜，各有所爱。但是现在，白菜就长在萝卜上，整个造型非常有特点，真是别出心裁。

我们也尝一下，这白菜的叶子味道怎么样。白菜的叶子放到嘴里，有一丝甜，还有萝卜的清香呢，不错。

正是因为这里的农业具有专业和趣味性，所以也经常举行一些针对小朋友的研学游活动，我们可以看到，小朋友都已经参与进来了，一起看看他们在做什么。

您好老师，给我们介绍一下大家都在进行什么活动啊？

孙静：我们和孩子们一起，在农业园里进行研学，孩子们亲手摘了农业园的新鲜蔬菜，在制作蔬菜沙拉。来到这里，孩子们看见了现代科技的农业，也感受到了劳动的快乐。

殷明慧：好，谢谢您。为了进一步促进农民的创收，代村走上了绿色发展之路，也打造了这样以农业加生态旅游为一体的田园综合体。也就是说，这里的农民是住在公园里，种菜还能卖门票。率先富起来的代村，并没有故步自封，它现在也是联合邻近的十几个村子一起发展，充分利用代村的产业优势，来唤醒其他村子的闲置资源，共同实现乡村振兴。

王言：特色农产品一定要请到演播室里来。

胡蝶：对。

王言：大家看到我们现在就摆上了几盆来自兰陵国家农业公园的特色植物。其中最边上的这两盆，就是刚刚短片里记者介绍的萝卜白菜长在一起的蔬菜，我们给大家看看特写。

胡蝶：的确是萝卜白菜，你看它是萝卜根、白菜叶。我们常说，萝卜白菜，各有所爱，这两样长在一起，你可以称它是白菜萝卜，也可以称它是萝卜白菜，也可以说它是可可爱爱，反正是一菜两吃。

王言：特别可爱。虽然我们的记者在现场也是品尝了这个白菜叶，但是它的主要用处其实不是吃的，而是作为蔬菜盆景，当然也是可以吃的。所以我们中午加炒一个萝卜炒白菜。

胡蝶：可以，自己炒自己，够内卷的。我们展示的是蔬菜嫁接技术，因为这两种蔬菜同属于十字花科，所以可以嫁接在一起。因为是刚刚嫁接不久，所以我们这个白菜叶子还没长大，还没长开呢。

王言：对，长大了以后，味道更好吃。除了这两盆，还有一些好玩、好看的特色花卉，比如说这个袖珍蝴蝶兰，蝴蝶兰一定要跟胡蝶摆在一起。

胡蝶：对，惺惺相惜嘛，这个看到了就像是蝴蝶舞翩跹。其实世界上不缺乏美，就缺乏发现美的眼睛，希望这盆盆栽放在家里，增添您的生活情趣。

王言：人和花一样美。还有我的这盆特别厉害，叫碰碰香，你有没有发现，我们今天演播室特别香？我觉得应该就是它的这个味道。因为它尤其是碰一下以后，我碰了一下，它好像更加香了。

胡蝶：你不碰都香，我都感冒了，都能闻得到，非常香，有点像我们做菜用的罗勒、紫苏之类的。

王言：对，它作为香料，是可以入菜的。所以这些特色的蔬菜、花卉，在展示农业生态科技的同时，也装点着我们的生活，花开芬芳，生机盎然。

胡蝶：接下来，我们要跟着淮河向东走。历史上，淮河是一条独流入海的河流，入海的方向也是一路向东。现在古淮河的河道仍然是存在的，只不过水流无法畅行了，成了一条景观河道。淮河水东流入海的河道，是两条并行的人工河道：淮河入海通道和苏北总灌渠。

王言：接下来我们就跟随前方记者，沿着这两条人工水道向东行进，去看一看淮河如何东出洪泽湖，如何跟京杭大运河交汇，如何东流入黄海。

徐大为：跟着淮河向大海，淮河进入江苏境内，首先抵达的就是我现在所在的洪泽湖。此时的洪泽湖烟波浩渺，一望无际，演绎着鱼米之乡的壮阔和秀美。这儿也是水网密布，在洪泽湖的东岸，分布着大大小小的出水口门。

淮河水进行洪泽湖的调蓄之后，找到了自己的入海通道。在我前方的不远处，二河闸就是淮河入海通道的第一道闸口。空中俯瞰，二河闸的一侧还有一支水系，这就是苏北灌溉总渠，它在20世纪50年代，新中国成立后不久建设而成。接下来的行程里，苏北灌溉总渠都将一路伴随着淮河入海水道并肩而行。

顺着淮河水流的方向，我们现在来到了淮安市的城区。历史上，黄河曾经夺淮入海，形成了黄河故道。在淮安城区，就是我脚下的这条古淮河。秦岭、淮河是我国地理上的南北分界线，这条分界线在淮安的城区，就是这条古淮河。

穿过河中间的这一座球形的标志物，我们就可以体验一把一脚跨越南北。所以这个地方也成为很多市民和游客慕名而来打卡的新地标。

沿着淮河一路走来，我们看到淮河上面很多地方都在施工。这里也是淮河入海水道二期工程的施工现场，二期工程会对整个入海水道上面的重大水利枢纽进行改造，同时入海水道也会进行加深、加固、拓宽。到时候，整个入海水道的行洪能力将会大大增强，洪泽湖的防汛标准也会由现在的100年一遇提升到300年一遇。到时候，2000吨级的船舶也可以经过入海水道，进入大海。

淮河流域，沃野千里，物丰廪实。江苏境内淮河流域面积6.53万平方公里，占全省面积的63%；耕地4800万亩，占全省的78%；人口3700万人，占全省的44%。秋日的淮河两岸，水稻渐熟，安澜奔腾的淮河水，见证着奋斗者们的付出和收获。

一路向东，淮河终于要和大海相会了。这里是淮河入海水道和黄海的交汇处。从空中俯瞰，淮河入海水道最后一道水利枢纽——海口枢纽，横跨在淮河之上，两侧的水泾渭分明，造就了神奇的景观。

淮河入海水道和苏北灌溉总渠自洪泽湖而出，一路160公里，几乎是一条直线。它们经过了城市，经过了乡村，江淮儿女造就了它们，它们也同样毫无保留地滋养着这一方热土。

胡蝶：淮河一路向东到达了波澜壮阔的黄海，在那里等待它的不仅是广阔的海洋，还有一段美丽的海岸线。

王言：就在距离淮河入海口不远，就是正在建设的滨海港，未来这里将会进一步提升淮河通江达海的交通优势，助力淮河流域对接京津冀和长三角。

徐大为：淮河入海水道一路向东，最终从盐城市的滨海县汇入黄海，这个地方也是江苏东部沿海中间，从地形上面向大海最突出的部分。所以这些年当地依托良好的区位优势和江海联动、内河航运的优势，推进沿海开发和港口建设。

我现在所在的位置就是盐城市的滨海港，这个地方距离入海口往北大约10公里。大家看我身边的这张图，这张图上面五颜六色标注的位置，就是现在正在规划建设中的滨海港。在2014年之前，这个港口是没有外贸业务的，而且大型的船舶无法靠停到港口码头。

不过现在情况已经发生了变化，大家看我身后正在建设的，就是港口的主港区。现在主港区已经初步建成，5万吨级的船舶可以通过主港区进入码头。

不仅如此，在主港区的北面，正在建设的是北港区，现在图中黄色标线标注的就是正在建设的防波堤。北港区建设完成之后，20万吨级的船舶就可以通过外海进入航道里面，从而停靠到码头之上。

当地这些年积极推进港口建设，也是希望把江海联动、内河航运的优势发挥到极致。其实整个江苏河网密布，内河航运特别发达，就拿这一片区域来说，现在一条自西向东的北疏港航道已经疏浚完成，通到港口码头。

这样一来，港口上的企业生产所需的原材料，以及生产出来的产品，就可以通过北疏港航道外送，连接到连申线，向北就可以进入灌河航道，以及江苏苏北的航道，从而抵达江苏的一些海港，比如说响水港、连云港港口；以及再向北的话，进入山东境内。整个这一片的交通路网特别发达，有铁路、公路，还有航空。

去年，整个港口的货物吞吐量已经突破1000万吨。特别值得一提的是，这中间就有175万吨是外贸业务。而且现在港口的建设还是刚刚起步阶段，他们规划建设的码头岸线整个的长度有13公里，码头的泊位有78个，设计吞吐能力将达到2亿吨。

胡蝶：今天我们行走了淮河的生态之河、幸福之河，感受了淮河的工程之利、交通之利，见证了淮河的安澜之便、绿色之便。

王言：淮河是一条地理的河，南方、北方以此为界。

胡蝶：淮河是一条富饶的河，物产丰富，仓满廪实。

王言：淮河是一条靓丽的河，水清岸绿，生态宜人。

胡蝶：淮河也是一条希望的河，一水安澜，通江达海。

王言：感谢您收看我们今天的《江河奔腾看中国》，明天我们一起去看珠江和闽江。

胡蝶：好的，观众朋友们，再见！

王言：再会！

（https://tv.cctv.com/2022/10/04/VIDEeZSGXacnng464kT5ZiDR221004.shtml?spm=C55953877151.PjvMkmVd9ZhX.0.0）

闽江 珠江·百川汇流入大海 珠江潮涌启新程

李梓萌：江河浩荡，奔腾向前。观众朋友上午好，这里是中央广播电视总台央视综合频道和新闻频道并机为您直播的特别节目《江河奔腾看中国》。

黄峰：从10月1日开始，我们已经分别带您了解了长江、黄河、松花江、辽河、淮河等重要水系，今天我们再来走近两大水系，它们是珠江和闽江。

李梓萌：它们雕刻出了最为灵秀的山水画卷。山重水复，江河奔涌，浓缩了多彩的中国。

黄峰：发源于云贵高原的珠江，冲刷出了南国大地的奇绝地貌，黄果树瀑布、桂林山水，仅仅是其中的冰山一角。而它广阔的河流，如同船只的高速公路，成为连通云贵、两广、湘南、赣南的交通动脉。三江汇流，八口出海，珠江成为西南内陆与沿海地区经济互补、协调发展的重要纽带。

李梓萌：闽江是福建的母亲河，蜿蜒曲折的水系，如一片脉络细腻的叶子，滋养着八闽大地。依托严格的生态保护措施，福建成为全国首个省级生态文明先行示范区，让绿水青山成为福建的骄傲。奔腾入海的闽江见证着21

168

世纪海上丝绸之路的繁忙，拉开了闽江沿线新一轮发展的蓬勃画卷。

黄峰：接下来，我们通过一个短片了解珠江。

画外音（女）：珠江流域，由西江、北江、东江及珠江三角洲诸河汇聚而成，主流西江发源于云南省曲靖市沾益区境内的马雄山，从上游至下游，依次称为南盘江、红水河、黔江、浔江、西江，流经云南、贵州、广西、广东四省（区），至广东与北江、东江汇流，形成珠江三角洲。再经虎门、蕉门、洪奇门、横门、磨刀门、鸡啼门、虎跳门、崖门八大口门汇入南海，形成三江汇流、八口出海的独特景观，全长2214公里。因其广州到入海口的一段流经著名的海珠石，也被称作珠江，后来演变成流域的总称。

珠江流域总面积45.37万平方公里，珠江流域西部为云贵高原，中部丘陵、盆地相间，东南部为三角洲冲积平原，山地和丘陵占总面积的94.5%，平原仅占5.5%。流域内水资源充沛，多年平均水资源总量3385亿立方米，位居全国江河第二。

珠江流域经济社会发展十分活跃，尤其是珠江三角洲地区，毗邻港澳，区位条件优越，逐步成为中国内地经济最发达、最具市场活力和投资吸引力的地区之一。

黄峰：潮涌珠江两岸阔，作为中国水资源总量第二大的河流，珠江以它独有的活力与热情，奔腾入海。

李梓萌：通过刚才的短片，大家也能够感受到，如果说长江、黄河像乔木，那么珠江就像是灌木，它水系众多，河流众多。珠江的西江、北江、东江三条干流有交汇，最后又各自入海。

黄峰：丰盈的河水与众多的支流，给珠江的航运事业带来了优越的条件。接下来我们就溯流而上，到珠江的主流、西江的上游，去寻源珠江。

画外音（女）：珠流南国，得天独厚；沃水千里，源出马雄。您现在看到的就是位于云南省曲靖市马雄山的珠江源头，神奇秀丽的滇东高原。清澈的泉水从双层石灰岩伏流水洞中潺潺流出，在洞前汇集成一泓清澈见底的碧水。这里生态良好，物种丰富，森林覆盖面积达95%以上，数百种动植物在此生长繁衍。

10年来，当地深入实施生态环境建设行动，珠江源头这幅山宁水静、峰峦叠嶂的画卷愈发秀美。

画外音（男）：珠江源头的清泉奔涌而来，形成了珠江的主源南盘江。南盘江穿越崇山峻岭，尽挽平湖田畴，浩浩荡荡，日月奔流，雕刻着大地的容颜，也雕刻出了壮美山河、极致风光。

汹涌的南盘江曾经隔绝了当地与外界的交流，如今，一座座桥梁飞架两岸，沿线各族群众在南盘江的滋养之下，发展特色农业、生态旅游，实现了脱贫致富。

画外音（女）：现在我们来到贵州安顺镇宁县境内，在珠江水系的打帮河流域，白水河从78米高空陡然坠落，撞击在犀牛潭中，发出阵阵轰鸣。这就是著名的黄果树瀑布。

近年来，当地坚守生态与发展两条底线，将周边近千户居民搬迁转移，森林覆盖率超过70%。眼观凌空飞瀑，置身鸟语花香，黄果树瀑布正成为可以全方位观赏的生态胜景。

画外音（男）：跟随着镜头，我们来到了位于贵州望谟县、册亨县和广西乐业县的交界处，北盘江在这里与南盘江交汇，形成了珠江水系的西江、红水河段。两江汇流之处的蔗香客运码头，是红水河上游第一个重要的渡运码头。

目前，南北盘江、红水河三级航道、红水河龙滩1000吨级同行设施建设和望谟港等重点工程，已经纳入贵州省"十四五"水路交通发展规划，蔗香正快速成为珠江流域西南出海水运通道上、贵州南下两广水路的咽喉之地。

李梓萌：在珠江上游，云贵高原深处，有一个巨大的深水型淡水湖泊，静置于云南玉溪市的澄江、江川、华宁三县之间，它就是被形容为"琉璃万顷"的抚仙湖，也被称为"高原明珠"。

黄峰：多年来，抚仙湖一直保持着I类优质水资源标准，是维系珠江源头以及西南生态安全的重要屏障。那么当地是如何呵护这一高原明珠的？

记者：我身旁的是珠江源的第一大湖抚仙湖，这里是珠江上游南盘江水系的源头，也是目前我国最大的深水型淡水湖泊。来到抚仙湖，我最大的感触就是这里的水质，不仅清澈见底，而且俯瞰湖水，湖面犹如一块蓝宝石。

这里的水质究竟有多么清澈呢？我们来简单感受一下。我舀了一小杯抚仙湖的水，可以看到这里的水完全没有杂质，清澈透亮。这里的水长年来保持着I类水标准，即水质达到可以饮用的标准。

目前抚仙湖的储水量约为200亿立方米，即它为每一名中国百姓储存了15吨的I类用水，同时它也是我国泛珠三角区域经济发展的重要保障。

在岸边感受过抚仙湖的碧涛荡漾后，让我们跟随一台水下机器人，慢慢地潜入抚仙湖，去感受湖底的景色。

跟随水下镜头，我们可以更加直观和沉浸式地感受到抚仙湖水质的清透，各类水草、鱼类等水生生物肉眼可见。镜头现在拍到的是一群集体活动的抗浪鱼群，成百上千的抗浪鱼汇聚在一起，有时排成一字形，有时围成一个圆，在湖中畅游，是抚仙湖水下的一种特有的自然景观。抗浪鱼对水质的要求很高，它的出现也印证着抚仙湖良好的水质环境。

除了抗浪鱼，我们还可以在湖底看到青鱼、金线鱼等多种当地特有的稀有鱼种。从水下看抚仙湖，生物形态万千，瞬息万变，比起岸边就更多了一分生物多样性的美丽。

抚仙湖的良好水质离不开人们对它的保护。在岸边，我们经常可以看到工作人员在打捞水草、清理垃圾，他们大多是抚仙湖周边的居民，近年来，为了保护抚仙湖，当地实行了"四退三还"的政策，其中"四退"即退人、退房、退田、退塘。在这个过程中，许多搬到城市中去住的村民们又回到了抚仙湖，做起了清洁和保护的工作。

除去此类人工保护，抚仙湖旁还有一片片的湿地。这些湿地不仅有观赏价值，更重要的角色是一个保护屏障。因为抚仙湖地势较低，所以山上的水在流下来之前，首先会经过一条平行抚仙湖设置的调蓄带，之后其余的水流向湿地，会经过芦苇等水生植物进行进一步净化，再流向抚仙湖。

在抚仙湖旁还可以看到一片片的青山，都说"好山涵养好水"，这片青山也构建起了一道保护抚仙湖的绿色屏障。

在多重的保护措施下，我们守住了抚仙湖的这一池碧水。如今来到抚仙湖，您可以感受到它"治愈系"的美丽，也能感受到它带来的一片纯净和安心的蔚蓝。

李梓萌：珠江的主流西江自贵州进入广西，自西向东，奔流不息。西江水系在广西流经6个市的22个县（区），流域面积占广西陆地总面积的85.4%。

黄峰：对于广西而言，珠江的主流西江既是母亲河，也是重要的经济动脉。整个广西的城市布局和城镇建设，正是以水为中心，依江而建。

李梓萌：接下来，让我们跟随景观镜头，了解一下广西沿江地区的秀美风光和发展新变化。

画外音（女）：珠江水系西江上游，南北盘江汇合之后，名字换作了"红水河"。出贵州，入广西，河道蜿蜒曲折，两岸奇峰异谷，崇山峻岭中，红水河形成了一处180度的U形大湾，被当地人称作"红水河第一湾"。每当晨曦或者雨后，峡谷间云雾缭绕，若隐若现，雄浑之中透出灵动婀娜。大自然的鬼斧神工，让人流连赞叹。

画外音（男）：您现在看到的是位于广西百色靖西的鹅泉河，这是珠江流域的一种特殊的地下河，孕育于喀斯特地貌。经过在地表下数亿年的侵蚀、静流，于靖西市新靖镇鹅泉村流出。附近还有奇妙的天坑，坑内两岸万物生长、郁郁葱葱；而坑外，峰峦叠嶂，群山环抱。如此美妙景观，也为珠江流域增添了不少神秘之感。

画外音（女）：现在画面中的是西江的重要支流——柳江，它带着丰沛的水量自北而来，在柳州市区蜿蜒环绕，穿城而过，孕育了这座重要的工业城市。

"岭树重遮千里目，江流曲似九迴肠"，近年来，从粗放式利用到生态型治理，柳州坚持生态优先、绿色发展，不断提升着绿水青山的颜值，绮丽的柳江也见证了工业城市柳州生态宜居的蝶变。

画外音（男）：一条江串起一座城，您现在看到的是西江水系的邕江，邕江是南宁的母亲河，缓缓穿越南宁市区，水面宽阔，碧波荡漾。江面船舶往来如梭，一座座秀美的滨水公园错落有致，被邕江连成了闪闪的珠链，一幅生机盎然的河流生态美图，正在徐徐打开。

画外音（女）：这里是西江长洲水利枢纽，是我国西南水运出海的咽喉要道，船闸过货量年均增长超过30%，成为西江黄金水道上的首座亿吨船闸。长洲水利枢纽所在的梧州市，借助黄金水道优势，全面对接，深度融入粤港澳大湾区，已有近两千家企业落户梧州。

黄峰：从南宁到广州，河流水面宽阔，水流平缓，是西江亿吨级水道的关键河段。

李梓萌：这10年来，西江航运也迎来了高质量发展，尤其是在基础设施领域，投资力度大、发展速度快，运量也有了很大的提升，为经济发展增添了新活力。

黄峰：到明年，西江亿吨黄金水道的关键节点大藤峡水利枢纽就将会全部完工，昔日西江上的"魔鬼航道"正变成"黄金航道"。

记者：我们现在乘船行驶在珠江的干流西江之上，这一段称为黔江。一路奔流的西江是穿越了广西最长最大的峡谷大藤峡，峡谷两岸风光秀丽，江面宽敞开阔，江面上来往的船舶自由穿梭。可是您能想象吗？过去的这里却是另外一番模样。

过去，这里被称为"魔鬼航道"，往来船舶要想安全通过，需要专门请一位送滩师傅，也就是领航员。如果没有送滩师傅的带领，船舶很可能发生触礁。

通过双视窗画面，我们可以看到过去魔鬼航道的状态。如今，在同一航道，船舶却能畅行无阻。可以说，过去的魔鬼航道已经变化为现如今的"黄金航道"。随其变化的，是原先在江面上的小船纷纷更换为像这样更大吨位的大船。

除了运载货物增多，船上整体的生活条件、驾驶体验均有了质的飞跃。这条船的船老板告诉我，过去20年，他驾驶的是都是300吨级的小船，前两年，他才购置了这一艘4000吨级的大船。

更换大船，单次运载的货物增多，收入提高，正是得益于大藤峡水利枢纽的建设。大藤峡水利枢纽使得航运等级提升、航道宽敞平顺。现在，可以说是高峡出平湖，一路顺畅了。

我们所在的这一艘货船，前后还停留着好几艘货船，正在整齐有序地等待着通过大藤峡水利枢纽的船闸。该船闸闸门被誉为"天下第一门"，高47.5米，是世界最高的闸门，比三峡闸门还要高出9米，相当于2.5个篮球场那么大。

大藤峡水利枢纽的这一项破纪录的设计，有效地提高了通航的效率和规模，可以让6艘3000吨级的船舶同时过闸，过闸时间只需1个小时。

我们现在站在大藤峡水利枢纽工程的坝顶之上，它位于珠江干流西江最后一个峡谷的出口，我们从地图中就可以直观地看到此处位置的关键所在。大藤峡水利枢纽控制着西江流域超过50%的水资源和流域面积，它与水库群联合调度，就可以进一步提高西江下游的防洪标准。

建成大藤峡水利枢纽，相当于在西江之上设置了一个水龙头，控制该水龙头就可以减轻下游的防洪压力，为大湾区城市群的防洪提供安全保障。前几天，大藤峡水利枢纽工程顺利通过了蓄水61米高程验收，这也是大藤峡工程建设的关键节点目标，标志着工程将可蓄水到61米的正常蓄水位。

目前，大藤峡右岸工程正在加紧推进中，预计于明年年底时全面完工。届时，大藤峡水利枢纽将会为整个珠江流域的社会经济发展再注入新的动能。

李梓萌：就像刚才记者所介绍的，过去大藤峡入口的勒马滩一带的航道被称作是"魔鬼航道"，当地民间谚语形容它是"水急如箭多凶险，龙王过滩心亦寒"。

黄峰：刚才在片子当中，我们的记者提到了魔鬼航道上的一个职业，叫作"送滩师傅"。2020年，大藤峡工程一区蓄水之后，送滩这个事业逐渐成为历史。

李梓萌：但是作为西江上的行船人，这些送滩师傅都亲眼见证了"魔鬼航道"到"黄金航道"的转变。

王榜朝：我叫王榜朝，在西江开船二十几年了。记得我第一次上船的时候才五六岁，还很小，看见老爸他们开船上滩的时候，七八个人在岸边一边擦汗，一边用绳子拉船，只是觉得有趣。后来慢慢长大了，父亲也老了，我就跟着父亲和师父学开船，后来我就成了送滩师傅，专门带不熟悉航道的船家过"魔鬼航道"。

这里马上就要进入魔鬼航道，这里有二十几道弯，没有直的航道，全部都是弯的；礁石多、急流多，加上因为水流很急，所以速度不能慢下来，很危险。

黔江流域的勒马滩这一带，就是人们口中的"魔鬼航道"，每到这个航段，船家都要请我们这种熟悉航道的送滩师傅引航通过。小时候也看见过其他船触礁，船就烂在那里，旁边搭着一个帐篷，人留在岸上，等着别人来帮忙救援。很辛酸，一艘船就是全副的身家了。

2003年因为发生了触礁，我都不想跑船了，有卖掉船的冲动。师父也跟我们说，有时候事故是避免不了的，你只要往着好的方向走，能挺过来就好了，不要灰心，困难只是暂时的。

后来的几个月，师父就经常来带着我跑船。师父说，再跟着重新学一遍，把心态放好，看准每一个滩，就很容易掌控（船）了。人生就像开船一样，看准船头的方向，往前看，往远处看。

生活在船上，就是装货、卸货、开船。平时等待装卸货的时候，就划着小船去买菜，这份工作平常又简单，护送一船又一船过滩，做久了，慢慢也喜欢上了这种感觉。

现在大藤峡蓄水起来了，险滩被淹没过去了，以前只有几百吨的小船能通过，现在几千吨的大船都能过，航道也好走很多了。最主要的是，航道的改变、船的改变、码头的改变，三合一之后，才形成今天这么好的发展形势。这让我非常惊讶，因为发展得太快，从原来的样子演变十来年走到今天，我们拥有了样样先进的仪器：测深仪、AIS定位，还有雷达！

到这里，我们已经从"魔鬼航道"完全出来了。走出"魔鬼航道"，心中的包袱就放下来了。

大藤峡蓄水之后，"魔鬼航道"没有了，我就买了船，专心跑自己的船。我的梦想是拥有一艘6000吨的大船，就像我师父说的，西江的水上人，敢拼敢闯，就像过险滩，以平常心态面对，坚持走下去。滩滩惊险滩滩过，天天送滩天天过，要站得高、看得远。开船是这样，做人做事也是这样，只要努力，梦想以后肯定能实现，这才是我们西江的水上人。

李梓萌：今年广西又开建了一个大工程——平陆运河，从西江支流引河道向南，连通南海的北部湾港。

黄峰：有了平陆运河，就相当于在珠江的中游多了一个出海口。接下来，我们将介绍有关平陆运河的详细情况。

刘妙然：一条运河串起江海，平陆运河于今年8月28日正式开工建设，其起始点是位于西江干流南宁横州的平塘江口，经过钦州灵山，沿钦江干流南下，最终进入到北部湾，也就是地图上钦州港的位置。

平陆运河全长约135公里，航道等级为内河一级，可以通航5000吨级的船舶。这条运河不仅以航运为主，还综合供水、灌溉、防洪、改善水生态环境等功能，项目建设工期约为54个月。

平陆运河是新中国成立以来建设的第一条江海连通的大运河，也是西部陆海新通道的骨干工程。它纵向贯通西江干流与北部湾国际枢纽海港，在建成之后，将会以更短的距离开辟西江干流入海新通道，实现广西5873公里内河航道网、云贵部分地区航道与海洋运输直接贯通。

举例而言，如果西南地区的货物从此处出海，就能比以往从广州出海缩短入海航程约560公里，每年为西部陆海新通道沿线地区节省的运输费用预计超过52亿元。

可以说，未来平陆运河开通之后，不仅会助力西江中上游地区发展向海经济，推动革命老区高质量发展，也会为"一带一路"有机衔接构建新发展格局提供有力的保障。运河向海是值得期待的！

黄峰：就像妙然说的，平陆运河给我们带来了新的景观。但是在西江水系中还有许多充满诗情画意的河流，我们非常熟悉的漓江，就是其中最美丽的河流之一。

李梓萌：为了保护好漓江，广西通过一系列的措施综合治理，令漓江流域的生态持续向好，带动当地群众发展旅游致富。

记者：峰峦叠翠，碧波荡漾，畅游漓江，仿佛置身于水墨画之中。我现在位于漓江的阳朔兴坪段，在这里可以感受如诗如画般的画境。

漓江位于桂江上游，汇入西江。在阳朔的兴坪段，我们可以看到黄布倒影、雄鹰展翅等形象的山峰，这里的每一座山峰都有属于自己的名字和意义。沿着漓江一路而下，透过江面，我们可以清晰地看到江底的石头和水草。在漓江上面游览的游客，可以沉浸式地体验，感受山水相融的灵动。

现在大家看到漓江两岸形态各异的山峰，正是典型的喀斯特地貌。近10年来，广西桂林通过治乱、治水、治山、治本的措施，加强了对漓江的保护。通过拆除漓江沿岸各类违法搭建，彻底清理漓江干流桃花江、清溪潭水库等重点水域网箱养鱼问题，关停沿江家禽养殖场，在漓江桂林市市区段，还对一些洲岛上的居民进行搬迁，减少漓江沿岸污染源。

在漓江源头，沿岸森林也被全面纳入生态公益林管理，完成植树造林超过160万亩。如今在枯水期内，还通过科学调度补水，通过调节上游水库，补充漓江水量，保障大中型游船船舶的航运。

现在我所搭乘的排筏逐步靠岸，相信很多游客和我一样，还是忍不住留步再看看这绿水青山。能看到，曾经出现在课本里的老人与鸬鹚出现在大家眼前。

鸬鹚俗称鱼鹰，老渔翁正在给游客展示用鱼鹰捕鱼的技艺。这位老人家其实就住在附近的村落，虽然当地的村民们已经不以捕鱼为生，但是环境改善后，当地的旅游产业也从过去的粗放式变为如今的精细化升级，附近村民也吃上了多种多样的"旅游饭"。

通过统筹漓江山水林田湖草沙全方位系统修复治理，漓江沿岸生态景观环境以及流域人居环境得到极大改善。青山做伴，碧波荡漾，桂林漓江这边风光独好。

李梓萌：沿着西江，出广西梧州，进入广东肇庆。在广东，西江、北江、东江以及珠江三角洲诸河汇聚成珠江。

黄峰：珠江也是广东的母亲河，不仅冲刷出了珠江三角洲，也为广东带来了便利的内河航运条件，巨大的海湾，众多的深水良港，可以停靠数十万吨的巨轮。

李梓萌：接下来让我们继续跟随镜头，看看珠江在广东如何串珠成链，有潮平岸阔。

画外音（男）：现在画面中看到的是西江进入广东后的第一处秀美的峡谷——羚羊峡，这里群山绵延起伏，江流穿峡出谷，水运位置重要，是历史上"扼咽喉于岭南"的险要之地。如今，当地依托厚重的文化底蕴，推动生态保护，旅游事业也得到不断的发展，来此游览寻古的游客越来越多。

画外音（女）：沿着西江，我们来到佛山三水，西江、北江、绥江、三江汇流于此。西江温柔，北江豪迈，绥江婷婷。江面上，货随船行，川流不息。三江汇流，不仅丰茂了河岸的草木，也孕育了一个千年历史的古老村落——江根村。特殊的地理地位，造就了丰富的物产，也成就了著名的"鱼米之乡"。

画外音（男）：珠水云山，面朝碧波南海。画面中看到的就是广州的珠江两岸，风光秀丽，历久弥新。因为流经江中的一处海珠石，珠江因此而得名。如今珠江航道不断地改善，船舶往来更加繁忙。

画外音（女）：继续向东，便来到地处广州中心城区的海珠国家湿地公园，总面积1100公顷，是全国特大城市中心区最大的国家湿地公园。这里水网交织，绿树婆娑，百果飘香，鸢飞鱼跃，融汇了繁华都市与自然生态，独具三角洲城市湖泊与河流湿地特色，不仅是候鸟迁徙的重要通道，也是名副其实的"广州绿心"。

黄峰：河涌水道密布，是珠江下游城市群的一个标志。珠江水系在这里的河道交错如巷陌，水系繁密形成了水网。人们因水聚居，与水共生。

李梓萌：是的，你刚才特别说到了一个"涌"字。

黄峰：对，"涌"。

李梓萌：这个字是非常有广东地方特色的。因为河流众多，所以不同规模的河在广东有着不同的称呼，刚才所说的这个"涌"字，在当地一般指的是比较小的河流。还有"滘"字，也经常会出现在广东的地名当中，像是思贤滘、北滘、叠滘，指的就是水相通的地方。

黄峰：确实，人和水的关系非常地紧密。如何在发展当中保护身边水网的清澈，广东省也在不断地探索。

画外音（女）：在广州，这条北起麓湖、南注珠江，名叫东濠涌的小河，依旧静静流淌，惠泽一方，这也是古代广州护城河中唯一保存至今的一段。然而，由于一度忽视污水处理，东濠涌的污染加剧，也对周边居民的生活产生了影响。

东濠涌博物馆工作人员　张景远：我们秉持着"还水于民"的整治理念，把东濠涌打造成了一条连接云山珠水的生态绿轴，最大限度地保留了我们古城广州的水城记忆。

东濠涌周边居民　刘女士：我经常带小朋友来这边玩的，希望我们这边的一桥一石、一草一木，某个细节，在她长大的某个时刻，能唤起她儿时的幸福时光。

画外音（女）：提升幸福指数的珠江水系不只是东濠涌，这条流经深圳、东莞的茅洲河，一度是一条污染严重的"墨水河"。2015年，当地打响了茅洲河污染治理攻坚战。

深圳市水务局水污染治理处副处长　高玉枝：河流的水质根子在岸上，核心在岸上的管网。截至2022年6月底，茅洲河流域新建的污水管网已达到2000多公里，全面补齐了管网的欠账。

画外音（女）：从源头治污，深莞两地还对不符合产业布局、污染严重的散乱污企业，采取关停取缔、整合搬迁、升级改造等整治措施。与此同时，茅洲河沿岸大大小小的产业园也在升级换代，原来老旧的大洋洲工业园，如今改造成为一座高科技企业聚集的园区。

李梓萌：白云山高，珠江水长，珠江孕育了广州，承载了广州的历史文化记忆。而得天独厚的水环境，也使得广州的文化人文景观都是围绕着珠江而建，使得珠江成为一条风采尽显的景观轴。

黄峰：接下来就让我们跟着总台记者陈旭婷一起乘船珠江，沿着一江两岸去感受广州这座千年商都的历史、现在和未来。

陈旭婷：在珠江上看广州，一江两岸，风光无限，我们的船现在正由西向东行驶在广州市荔湾区的白鹅潭河段，北岸就是大家熟悉的珠江新城了。这两座高的建筑，就是东塔和西塔，在东塔、西塔之间，是被誉为广州城市客厅的花城广场。

在广场的正对面，600米的广州塔高耸入云。大家现在看到的这座造型优美的人行天桥，叫作海心桥，是去年建成的，它把美丽的花城广场和雄伟的广州塔跨江连接在了一起。一塔、一江、一广场，刚柔相济，动静结合，浑然一体。

在花城广场周边，还汇聚了广州博物馆、广州大剧院等总面积约30万平方米的世界级文化设施，这里已经成为广州市民的日常休闲地和网红打卡地。

珠江新城不仅环境优美，而且经济活力强劲。有两个数字很有代表性，去年珠江新城所在的天河中央商务区的建成区，实现了生产总值3400多亿元，每万平方米写字楼GDP达到了2.46亿元，构建了以总部经济为引领、数字经济和楼宇经济为支撑，金融业、现代商贸业和高端专业服务业为主导的现代产业体系。

我们一路向东行进在珠江上，也看到了广州一路以来的发展和变化。接下来，我们一起往珠江南岸看，现在画面中出现的这一片现代化的建筑，就是琶洲人工智能与数字经济试验区，目前已经聚集了一大批人工智能与数字经济领域的龙头企业。在这些龙头企业的辐射带动下，数字经济创新产业集群加快在琶洲急剧发展。截至2022年6月底，琶洲核心区企业总数已经超过了3.3万家，这里将建设成为广州乃至大湾区经济发展的新引擎。

紧挨着的就是广交会展馆，这里是广州市著名的城市地标建筑，画面中呈现的是正在建设中的广交会展馆四期工程。建成后，广交会展馆将成为全球最大的会展综合体。

画面中的是已经竣工、即将投入使用的琶洲港澳客运码头口岸。待建成投入使用后，人们可以从此处上船过关，沿珠江航道出海，直达港澳，极大方便了广州和港澳两地人员的往来。

珠江是广州的母亲河，大江大城共生共荣，珠江沿岸瞄向打造成为世界一流滨水活力区和高质量发展典范。大江大城又将一道听涛逐浪，生生不息。

李梓萌：珠江孕育了广州，而在珠江的入海口分布着一百多个大大小小的岛屿，灵山岛就是其中的一个。

黄峰：灵山岛位于广州的南沙区，特殊的地理特色和发展规划定位，也给灵山岛的建设提出了未来城市亲水设施建设的要求。

李梓萌：那么未来城市滨水景观到底是什么样的？接下来我们去灵山岛看一看。

记者：从空中看，灵山岛，像一艘将要驶向海洋的大船，尖头部分就叫作岛尖。每到傍晚和假日，在灵山岛间就会长出这样一顶一顶的帐篷，一边看蕉门水道的碧波荡漾，一边感受海风轻轻拂面。看日落、放风筝，难怪这里已经成为粤港澳大湾区的露营必打卡区域之一。

沿着两公里的滨水步道跑步，可以尽情欣赏沿岸的风景。右手边是水岸，左手边是城市，人和水的距离可以如此之近，秘密就在灵山岛间的超级生态景观堤。

灵山岛间位于珠江蕉门水道，这里水域宽广，台风登陆影响广东沿海时，常在此处形成大风大浪，对灵山岛间和周边河口区的堤岸造成很大冲击，所以此处海堤的建设必须考虑防浪性能。整个生态堤宽度有80~120米，由多级景观消浪平台构成，它打破了"浪多高、堤多高"的传统设计理念，让这里看起来是堤，又不像是堤。

前面最靠近水的亲水平台，就是第一级的消浪平台。台风天到来时，它是第一道防线，而平时它也可以抵抗潮汐的冲刷。

再往上看，我所处位置是第二级消浪平台。这里既可以通过地形来衰减波涛的能量，也可以通过草坪和绿植减少波涛的能量；同时，如此一片绿地也为市民群众提供休闲游玩场所。可以说，此种设计既满足了台风天防洪的需求，也拉近了人与水的距离。

亲近水，而不侵扰水。这里在建设时，通过引用两栖生态修复技术，再造了鸟类、鱼类、滩涂、微红树林生态体系，形成绿色的护岸系统。在固碳、释氧、水质净化、消浪护岸、改善动物栖息环境等方面发挥了积极作用。

李梓萌：粤港澳大湾区世界级城市群依江发展、向海前行。在珠江八大口门之一的虎门，拥有包括广州港、深圳港和东莞港等在内的港口码头，还有深中通道、狮子洋通道和港珠澳大桥等各项重大的工程。

黄峰：珠江水道见证着中国发展的速度，下面就跟随记者去广州港的南沙港区，感受一下那里的生机和活力。

记者：我现在所在的位置是广州港南沙港区的二期码头，在我身后，新苏州号班轮正在紧张地装货中。这艘船舶行驶的是东盟方向的航线，将在今天下午开往泰国林查班港口，装载的货物主要有由大湾区生产的产品，包括电池、通信设备、家具、家电等。

这里在整个国庆假期要比平常繁忙，货物24小时不间断装卸。广州港是历经千年的大港，不过原来广州港的中心港区并不在这里。通过地图我们可以发现，过去广州港的中心港区主要在黄埔一带，它不断地从珠江内河外迁至珠江入海口。这种外迁路径正体现出珠江上往来船舶越来越大，贸易越来越频繁，港口建设得越来越好。

现在，广州港的南沙四期码头更成为世界上领先的智慧港口码头。画面中偌大的一个厂区，已经实现无人操作，机械实现自动化运转，其中包括5G技术的应用、自动化的装卸设备、无人装载车及智能的调度系统等。

南沙港区不仅连接内河，也连通外海。此刻，泊位上停靠的是来自珠三角各内河码头的驳船。驳船将出口货物运往南沙港区的堆场，再转运到海运班轮上，发往世界各地。

珠三角地区的内河水网比较密集，运输发达便捷。据不完全统计，货物从产业园或工厂出发，只需约20分钟车程，就能够到达珠三角任意码头或港口。

过去，企业需要先后在内河码头和海港报关。现在，随着广州海关推行"湾区一港通"改革，企业不必再走烦琐的流程，只需要直接在距离最近的内河码头实现一次申报、一次查验、一次放行。如此，沿海、沿江的物流就能够实现无缝衔接，整体物流时长便从5~7天缩短至两天，企业成本也降低了20%~30%不等。

近年来，整个珠江流域上的珠江航道也进行了一系列的提档升级。截至2021年底，整个珠江水系三级以上的航道（高等级航道）占到整个珠江流域航道的17%。2021年，珠江水系沿线的主要省（区）共完成水路货运量14.64亿吨，占全国水路货运量的17.8%，成为一条不折不扣的经济大动脉。

在南沙港区，泛珠三角省份及部分南方省份的货物，大多从这里出海。目前，南沙港区已经拥有了150条外贸航线。

珠江入海孕育出了世界级的港口群，如今，广东省的广州、深圳、珠海、东莞四个位于珠江两岸的港口，已经迈入亿吨级别的大港行列。广州港、深圳港的集装箱吞吐量也已经跻身全球前五名，航线覆盖世界各个国家的主要港口。

黄峰：从虎门出海口，沿伶仃洋继续顺流南下，越过深中通道，到达港珠澳大桥所穿越的这片水域，就是中华白海豚国家级自然保护区。

李梓萌：在这片总面积约460平方公里的水域，栖息着大约2500头中华白海豚及上百种海洋生物。天气晴朗时，可爱的中华白海豚会偶尔跃出水面觅食嬉戏。但是因为水域宽广，想要在海上偶遇它们并不容易，想要拍摄到它们更需要运气加持。

黄峰：那么，它们的生存状况如何？记者又能否拍摄、观察到中华白海豚呢？下面请跟随记者去珠江的入海口看一看。

记者：我现在所在的位置是珠江流入南海的入海口，我身后是珠江三角洲冲积平原上形成的珠海、中山、江门等城市。

此处不仅是人类的家园，也是海洋动物生长、繁衍、栖息的乐园。我们所在的这个地方，生存着一种被誉为"水上大熊猫"的国家一级保护动物——中华白海豚，而我们所在的这片区域，就是中华白海豚的国家级自然保护区。

今天，我们将跟随港珠澳大桥海事局和中华白海豚保护局管理局的工作人员出海，最主要的工作是观测白海豚的生存状况。同时，还有一个特别的任务是安装水下声呐，这个设备安装完成后能全天候地自动监测途经这片水域的中华白海豚。应用这种新技术，也是为了更好地保护中华白海豚。

我们的作业现场就有一群中华白海豚，据我观察，这群中华白海豚大约有4只，这符合它们的生活习性，即3~5头作为一群。在这样天气晴朗的季节，它们很喜欢跃出水面嬉戏、觅食，并且经常会在船舶附近出现，也更容易被观察到。

我们了解到，体色偏灰色的属于青年状态，体色偏粉红色的属于成年且年纪偏大的状态。据介绍，目前这种中华白海豚在我国总量约有5700头，其中约2500头就在我们所处的珠江口，即这里是全世界中华白海豚种群数量最多的地区。

大家能够在珠江口经常看到海豚，受益于近些年珠江口加强了对海豚的保护。所谓保护区，就是在此范围内，禁止从事任何可能对中华白海豚造成直接甚至是间接影响的活动。具体而言，在此处进行渔业捕捞、水上施工等用海方面都采取最严格的审批制度，水域附近的采砂场也被直接关停。

我们现在看到的是港珠澳大桥。为减少用海面积，港珠澳大桥建设优化设计，让桥墩数量从318个缩减到224个，共减少94个桥墩，降低了对海豚生存环境的影响。

有趣的是，当时在施工期间，这样的施工船舶必须配备一个叫"观豚员"的岗位。观豚员需要取得上岗证才能够上岗作业；同时，他们会将"出海期间有没有遇到白海豚""施工期间有没有白海豚"等登记在册、记录在案。一旦施工期间遇到白海豚，现场施工将暂时停止。

港珠澳大桥在保护白海豚方面支出达到3.4亿元，通过这种严格的保护措施，实现了建设期间中华白海豚零伤亡的目标；同时，使过去10年间珠江口中华白海豚的数量呈增加趋势。

其实，不仅是白海豚，珠江口的这片水域还生活着鱼类154种、浮游植物44种、浮游动物61种、底栖生物58种，以及国家二级保护动物江豚。

珠江保护不只局限于一个入海口，而是在整个珠江沿线城市加强了源头治理。它们采取了一系列江海联动的保护措施，共同保护美丽湾区。可以说，从源头到入海口，中国把一条生机勃勃的珠江交给了世界。

李梓萌：在一路奔腾的征途里，珠江泽被四方，滋润着两岸的沃土，托起了繁华都市和秀美乡村。

黄峰：从源头生态保护，到入海口中华白海豚的嬉戏畅游，借用刚才记者的一句话，就是"中国把一个生机勃勃的珠江交给了世界"。

李梓萌：离开了珠江，让我们将目光转向福建，来看润泽八闽大地的闽江。闽江是南方地区重要的生态屏障，是东南地区重要的水源涵养地、水土保持地和生物多样性保护地。

黄峰：同时，它还是福建的母亲河。蜿蜒曲折的水系、脉络细密的叶子，润泽着闽山闽水，孕育了波澜壮阔的文化文明。

李梓萌：现在闽江两岸的发展变化，可以用一句诗来形容，那就是"挽住云河洗天青，闽山闽水物华新"。接下来，让我们一起走近闽江。

画外音（女）：闽江，发源于福建省西部武夷山中段的建宁县均口镇台田村，上游有建溪、富屯溪、沙溪三大支流，在南平延平区附近汇合后，称闽江。闽江东流，最后在福建省福州市汇入东海，干流全长575公里。

闽江是福建的母亲河，在它60995平方公里的流域面积中，有59847平方公里在福建省内，约占福建全省面积的一半。闽江的水力资源也较丰富，多年平均径流量达到584亿立方米。

闽江上中游以南平市延平区双剑潭为界，中下游以福州市闽清县安仁溪口为界。上游为山区性河流，两岸多高山峡谷，河道坡降大，流经山间盆地则形成宽谷，两者呈串珠状展布。中游地段河谷狭窄，滩多水急。下游河水流速缓慢，沉积作用占优势。

如今，闽江流域已经成为福建省内重要的机械、商贸、旅游、水电发达地区，闽江流域各河段也成为福建重要的交通运输线。

黄峰：从刚才的介绍当中，我们知道闽江的源头在福建省西部武夷山脉中段的建宁县，那里的金铙山是福建境内海拔最高的山，闽江就发源于此。

李梓萌：既然这里这么特别，那我们也来换一个特别的视角，再来看一下这里。接下来，让我们通过高速飞行的穿越机航拍镜头，来欣赏闽江源头的秀丽与多姿。

黄峰：闽江从闽江源开始了它奔腾的旅程。沿着它的流域，我们在不同的地点选取了几片各具特色的叶子，每片叶子都代表了一个独特的地域特色。

李梓萌：先来看我手中的第一片叶子，它是人工培植的珍稀植物红豆杉的树叶标本，来自闽江源国家级自然保护区。原生红豆杉受法律保护，它的根、茎、叶、果实等均不能采摘。在别的地方，想找到一棵的话很难，而在闽江源却有一大片的原生种群。可以说，这里确实是一片宝地。

黄峰：不仅如此，在这片秘境当中，还栖息、生长着数不胜数的珍稀动植物。而就在这几天，新一轮的闽江源生物资源本底调查也正在进行中。接下来，我们就一起来一场探秘之旅。

画外音（男）：闽江源国家级自然保护区的生物资源本底调查，每隔5年就进行一次，其目的是摸清大森林的家底，同时考察保护成效。

这里是闽江源国家级自然保护区，今天我们特意请到了一位向导。高老师，您好。

福建生物工程学院副研究员　高元龙：您好。

记者：带我们去找找珍稀的植物吧。

高元龙：花榈木，国家二级保护植物。多花兰。红豆杉，两百多年树龄。

记者：这么粗啊，一个人根本抱不过来。

党的十八大以来，这片横亘于闽江源的连绵山峦被保护起来，这也让和植物打了40多年交道的老高，在最近10年收获了最多的植物新朋友。

高元龙：这个是毛萼香茶菜，属唇形科，它是福建省的新分布品种，在闽江源的保护区发现福建新分布约20个品种。

记者：白日里，在秋季的亚热带常绿阔叶林，动物们往往匿了影踪。但沿着考察路线，一路向海拔更高处寻觅，它们的栖息痕迹带着我们翻开了一页又一页的百科全书。

闽江源国家级自然保护区黄岭管理站副站长　黄洵：这个地方是一个大石头留下的底部空间，有些野生动物喜欢躲在里面休息。

记者：季节更替，又有一批新的红外相机要布设在这些野生动物们的打卡地。

黄洵：我们所在的这条路就很明显是一个兽道。

记者：算上这次科考，闽江源的大山里已经有近100台红外摄像机，在用最不打扰的方式记录着森林精灵们的生活点滴。海拔880米、成片的针叶树种开始咬合进常绿阔叶林，这样的仙境栖息着诸多难得一见的珍稀鸟类，其中就有"鸟中大熊猫"——黄腹角雉。

黄洵：你看前面就有一个黄腹角雉。

李梓萌："问渠那得清如许，为有源头活水来。"南宋著名学者朱熹在闽江发源地武夷山写下了这句诗，恰恰说出了在闽江生态保护当中源头保护的重要性。

黄峰：没错，福建是全国首个省级生态文明先行示范区，闽江流域内就有22处省级以上的自然保护区。而说到保护源头活水，我要问问梓萌，你觉得在武夷山什么叶子是最著名的？

李梓萌：那首先想到的就是茶叶，就像我面前的这杯武夷岩茶，汤色金黄，茶香温暖，看着就让人垂涎三尺。

黄峰：没错，摆在这里已经茶香四溢了。没错，茶叶是其中之一，除此之外，还有一片叶子也非常重要，我要给大家展示一下，那就是杉树的树叶。而就是这两种看起来毫不相关的植物，曾经却有过一场冲突，这场冲突就和武夷山的源头活水有关。

记者：来到武夷山，不仅可以体验动感的水上运动，还可以慢乘竹筏，欣赏九曲溪两岸的美丽风光。而吸引大家的，就是这一汪清澈的溪水。

来武夷山，玩水和品茶是两样必不可少的项目。十几年前，这两件事却有点矛盾，这是为什么呢？当地人说，到山上去看一下就明白了。

福建武夷山市武夷林业工作站站长　郑双贵：你们看这个树苑，这个应该是杉木，挖的时间比较久了。边上这些树是我们后来补种的。

记者：那原来为什么要把它挖掉呢？

郑双贵：挖掉就是为了种茶嘛，茶有效益。

记者：大约15年前，武夷山茶叶的价格开始持续走高，为了追求更大的利益，一些茶农开始违规开垦茶山，甚至毁林种茶。不过，这种行为看似只是换了一种植物，但是叶子底下的情况却大不一样。

福建武夷山市水利局局长　杨洪辉：武夷山茶树是灌木类植物，浅根系使其固着土壤的能力比阔叶树差得多。

记者：那几年，一些针叶树、阔叶树被茶树所替代，造成了一定程度的水土流失。

福建武夷山市九曲溪竹筏艄公　郑宜合：山体上面的水冲蚀下来以后，它是浑水。用一句诗来形容九曲溪叫"九曲清流绕武夷"，一旦这个水质变化，这个品牌就被我们这一代人给毁了。

记者：近10年，武夷山推出了严格的退茶还林举措，共整治违规开垦的茶山6万多亩，并重新种上针叶树、阔叶树。茶要给树让位，茶农们就不干了。

福建武夷山市茶农　占永禄：老百姓们也会提出来，种茶我们能挣钱，种树我们又挣不到钱。

记者：难道茶和林就一定要这样"你死我活"吗？科技特派员们在武夷山探索建设生态茶园，让树成为茶的好帮手。

记者：这片茶园很漂亮，上面都有好多树。

福建武夷山茶产业发展中心科技特派员　徐茂兴：这就是生态茶园。我们当地人经常讲的一句话，叫"头戴帽、腰束带、脚穿鞋"。茶园种一些树，留一些灌木，围起茶园当中的草，再种一些豆子或者油菜。

记者：大树遮阴能降低温度、提高湿度，生物多样性也增加了，病虫害就减少了，各种植物还为茶叶提供了天然的绿肥。看到了这些好处，茶农们不再破坏树木，甚至有些人又把树请回了茶园。

福建武夷山燕子窠生态茶园示范基地制茶师　何世安：这片（茶园）大概两百多亩，我们种了700多棵树，其中有樱花、桂花，还有一些柿子树。通过这种生态种植模式，茶的品质得到有效提高，效益增加了百分之十几。

记者：现在在武夷山，近两万亩茶园已完成生态改造，林和茶用这种方式达成了"和解"。通过退茶还林、落实河长制等一系列措施，10年来，全市水质基本保持在Ⅱ类以上，野生动物频繁出现，生态成了最大的招牌。

福建武夷山民宿经营者　邱华文：有时候我们连一个房间都抢不到，国庆节期间也基本上订完了。为有源头活水来，水活了，我们的生意也活了，所以说我们要用心地爱护这片山水。

李梓萌："为有源头活水来"原来是这样的一个故事，源头的水好了，下游的水才能好。

黄峰：没错，由于严格的生态保护，闽江的水质在全国的各大流域当中都是居于前列的。那接下来，我们再次有请妙然为我们介绍。

刘妙然：好的，黄峰、梓萌。其实正如黄峰所说，闽江水如此清澈离不开科学严格的生态保护措施。闽江的上游由建溪、富屯溪、沙溪三大支流汇流而成。正如刚刚的短片中所见，建宁和武夷山就位于沙溪和建溪的上游。

近年来，福建持续推进闽江流域的水土流失治理，可以看到，闽江流域的水土流失率由2011年的9.04%下降到2021年的6.92%。可以说，闽江流域水质持续向好。

今年上半年，主要流域Ⅰ到Ⅲ类水质的比例为99.3%，市、县两级饮用水水源地的水质达标率继续保持在100%。

想要保持在100%，对于闽江水质的保护就不能局限于上游。近年来，闽江推行了全流域187家规模以上淡水养殖场的尾水集中处理，新建、改造、修复污水管网1396公里，市、县生活污水的处理率达到了98%。

不仅仅是上游，闽江水质保护还实现了上下游联动。就在一周前，闽江流域沿线的7个城市打破了行政边界，联手协同立法，建立健全闽江流域的水生态环境保护联席会议制度，联合河湖长制、上下游生态补偿等流域水生态环境保护工作，实现规划统一、信息互通、统筹协调、协商解决。所以说，这绿水清流还是要靠工作合力。

黄峰：没错，通过妙然介绍的数据，我们可以发现：一条河的治理，只有通过上下游的联动才能够取得成效。

李梓萌：说到综合治理，再来看今天的第三片叶子——荔枝树的叶子。在福建，有一条名为木兰溪、水边遍植荔枝树的溪流。

黄峰：过去，木兰溪水患频繁。20多年前，木兰溪开始进行流域治理，它也成为全国第一条全流域系统治理的河流。

李梓萌：党的十八大以来，木兰溪再次迎来了绿色之变，昔日水患之河，如今已经成为造福人民的生态之河、发展之河。

记者：我现在就在木兰溪边的一座公园，叫绶溪公园。溪流两岸种植了上万棵的荔枝树，虽然说红彤彤的荔枝已经采摘完了，荔枝叶依然绿意盎然。

今年十一假期，公园吸引了不少游客。但是在过去，让人们最苦恼的也是这条溪流。为了根治水患，1999年时，木兰溪开始建设防洪工程。这是木兰溪一段的平面图，看得出来它的河道蜿蜒曲折，最多的地方有20多道弯。

为了让洪水排得更快，当地用了一个"裁弯取直"的办法，就是把蜿蜒的窄河道打通成一条更宽的新河道。但是在筑堤的时候又遇到了新难题，大家来看这个道具，这个是木兰溪地质横断面的展示，看得出来里面全都是淤泥，这就相当于要在豆腐上筑堤。

最终，水利专家们采用了"软体排"的技术。首先是在河道的淤泥上打沙井，使淤泥中水分充分地排干；再经过晾晒，让淤泥硬化，成为地基；通过一层层地堆积，晾干后的淤泥做成防洪堤；最后在河道内铺上一层土工布，用混凝土块盖压，再用绳索串联，就像是给大坝穿上了铠甲，这样就可以防止洪水冲刷。

就这样，木兰溪成了安全之河，继续向生态之河迈进。在它的入海口，人们种植了30多万平方米的红树林，各种水鸟栖息在林间，形成一片生态和美的景象。

我们现在看到的航拍画面是玉湖，通过裁弯取直，现在已经改造为水域面积超过700亩的城市内湖，相当于一个有蓄洪能力的"城市绿肺"。

从水患到水治再到水美，木兰溪增加了一个又一个公共绿地、街心花园、休闲场所。

金秋十月是收获的季节。木兰溪的泄洪区瓜果飘香，稻浪滚滚。当地实施了水稻和蔬菜轮作，每亩的效益从2000元提升到了7000元。过去备受水患困扰的洼地正在变成产业高地。

现在，木兰溪的生态修复工程还在持续进行中，让我们一起打开这幅百里风光图，领略木兰溪的山水画卷。

木兰溪的上游构筑了保护、治理、修复等多道防线，下游联通河湖水系，保护生态湿地，建设城市绿心。木兰溪的治理，不仅仅是解决了防洪的难题，还将水生态、水经济、水文化的建设同时纳入全流域的治理体系中，成为了山水林田湖草沙综合治理的生动实践。

我们打开的是跨越时空的美丽画卷，展示的是一泓清水惠民生的民心工程。

李梓萌：蓝图绘就，谱写新篇。相信通过综合治理的思路和科学的方法，一定能够"一泓清水惠民生"。

黄峰：没错。接下来我们就通过一组景观镜头，来看生长在闽江之畔的人们怎样和自然休戚与共，互利共生。

画外音（女）：碧水蓝天之间是绵延的山峦，这里是三明市将乐县常口村，闽江的支流金溪自山下流过。2021年，全国第一张林业碳票在常口村颁发。三千多亩森林的固碳释氧量换取到14万元收益，让村民不砍树也能致富。村庄、山林与金溪融合成了一幅人和景美、生态和谐的乡村画卷，常口村村民实实在在感受到了绿水青山就是金山银山。

画外音（男）：2018年，三明尤溪县的联合梯田被联合国粮农组织列入全球重要农业文化遗产。9月中旬起，这里已经进入了丰收季节。群山环抱，绿树掩映着金黄的稻穗，与周边错落有致的民居相交融，构成了一幅"稻花香里说丰年"的喜悦画卷。

尤溪再生稻全国闻名，再生季的亩产量7次打破世界纪录。10年来，这里的农村人均可支配收入年均增长9.8%，去年达到了22000多元。

画外音（女）：来到福州永泰县，画面中是建成不久的全国172项节水供水重大水利工程之一——莒口闸工程。这个项目可实现水资源优化配置和防洪智能调度，保障沿线580万人口的生活用水。

不仅如此，水闸边还配套建设了鱼类资源增殖放流站，每年可放流鱼苗5万多尾，有效保护天然水域的生物多样性。

画外音（男）：马尾地处福州闽江下游的三江汇合入海口，国际公认的航海标志罗星塔就屹立在岸边的山上。数百年来，它见证了海上丝绸之路的繁华和中国近代船政的诞生。

2015年，马尾被纳入福建自贸试验区；2019年，"两马"新航线——福州马尾琅岐至马祖南竿福澳港航线首航，如今的马尾已经成为福建省的重要港口和便利的综合交通枢纽。

李梓萌：过去，位于大金湖核心景区的三明市泰宁县水际村是福建省级贫困村，吃饭靠回销，出门靠小船，照明靠松光，就连做了新衣裳，还得等到过年穿，说的就是水际村的过去。

黄峰：如今，这里的村民靠着大金湖过上了"金日子"。那他们是如何实现了这样的蜕变呢？让我们跟着记者一起来探访水际村。

记者：我们现在来到的就是三明市泰宁县的水际村。这是当地的一张老照片，村居环境简陋，但是现在这里不仅修建了宽阔的公路，还有一幢幢白墙灰瓦的湖景小别墅。这一切的变化就源自于大金湖。

这是水际村家家户户曾经使用过的渔网，网眼细密。而现在，当地换成了大网捕鱼，网眼可以穿过成人的手臂。当地曾以捕鱼为生，一度因为过度捕捞出现无鱼可捕的局面。

十多年前，水际村成立了渔业协会，引导库区周边的持证渔民入股，实现统一管理。现在，渔民们每个星期仅捕捞2~3次，鱼的块头越长越大，甚至能够跃出水面1米多高，远销数百公里外的江苏、浙江等地。入股渔业协会的渔民每年都可以获得数千元的分红。

山清水秀的大金湖为水际村发展旅游创造了良好的条件，但是早年，这里使用的是加装柴油机的小木船，油污废水直排入湖。后来，水际村也成立了游船协会，既能实现规范经营，又能升级换代游船、降低排放。而现在，大金湖即将进入用电时代。这就是一艘正在试航的电动游船，充满电后可以乘坐60名乘客、航行4个小时。

大金湖还拥有一套水上生活污水处理系统，每天可采集和处理50多吨游船排放的生活污水。泰宁金湖水质常年达到地表水Ⅱ类标准，泰宁县域水环境和空气质量目前也居福建省首位。

良好的生态也进一步推动了当地旅游的发展。就在去年，泰宁县的游客量同比增长了近20%，达到了660多万人次，水际村曾经的渔民都实现了转型升级，家家户户开起了民宿、搞起了餐饮。

比如我们面前的这一桌全鱼宴，是当地人为了满足全国各地不同游客的需求，用一种鱼做出了近20种吃法的成果。如今，民宿业的户均年收入也达到了3万~5万元，曾经的贫困村已经发展成泰宁县的首富村。

当地的村居环境还在持续提升，在大金湖畔，建成了像我身后这样一条十多公里长的环湖步道，沿线种植了水杉、垂柳等多种植物，既提升了金湖沿线的景观风貌，也让当地群众的日子过得更加滋润。

李梓萌：大家看，水际村背靠大金湖，过上了金日子，村子真的是山清水秀、鸟语花香，太美了！

黄峰：没错，你刚才形容水际村的景致很好，用到了一个词，"鸟语花香"。今天的第四片叶子就和花香有关，也就是我们桌上的这盆茉莉花。而现在恰好是福州闽江两岸茉莉花开、满城飘香的季节。

闽江穿福州而过，不仅见证了福州城市的历史变迁，而且还是福州重要的生态廊道和发展轴线。接下来，让我们跟随总台记者黄珊乘坐直升机到福州的上空看闽江。

黄珊：江河奔腾看中国，此时此刻，我们的报道团队就在400米的福州城市上空。接下来，我们要跟随着闽江干流自西而东，穿城而过，带您空中看闽江。

从福州开始，闽江正式进入了下游，这里是福州西部的闽侯县。从空中俯瞰，沿线一片葱绿，清甜的闽江水滋养着两岸的水土，让这里的物产十分丰富。

现在大家看到的山包上这些葱绿绵延的矮树是橄榄树。闽侯被称为"中国橄榄之乡"，这里一共种植了6万多亩的橄榄林。据统计，我们吃的每4颗橄榄里就有1颗来自这里。近期，一些早熟的品种已经开始采收了。

这几年来，闽侯还结合橄榄和旅游，通过橄榄研学、沙滩露营等农旅项目增加农民收入。在江边的草场沙地上，我们可以看到星星点点的彩色帐篷，这里是一片露营基地，也是大家亲水、近水的好地方。

可以说，这么一颗小小的青橄榄，如今已经成为当地乡村振兴的金橄榄了。

接下来，随着江面逐渐开阔，我们来到了闽江的分水岭。20世纪60年代，因受到上游洪水下行和下游潮水顶托的夹击，城区水患频发，沿岸老百姓的生命财产安全受到了严重威胁。也是从那时开始，福州持续推进闽江下游防洪工程体系建设。截至目前，主城区已经建成了长达74公里的防洪堤，连同17座排涝站和36座水闸一起，在闽江两岸筑起了防洪长城，将沿岸的防洪标准提高到了100年到200年一遇。

大家可以看到，有一片沙洲伸向江中，这里就是分水岭。在这里，闽江一分为二，四成的水量向北流入北港，六成的水量汇入南港。可以看到，南岗的江面明显比北港要宽出许多。

在闽江的南岸，我们看到的这一汪碧绿的湖水是福州的旗山湖，这里也是一座综合性生态公园。除娱乐休闲功能外，这片湖面还是水上培训、水上赛事的重要举办地，如大学生龙舟赛、皮划艇比赛等。

可以看到，这里今天非常热闹，湖面上星星点点都是游船，如今旗山湖也成为福州新晋的一个网红打卡点。

有江必然少不了桥。在过去，老福州人习惯用建成时间顺序为闽江上的大桥命名，即一桥、二桥、三桥等。随着过江通道不断增多，福州的城市格局也从闽江北岸逐渐向东、向南拓展。

如今，30座气势非凡的跨江大桥跨越南北，如同一条条时光隧道，连接起这座城市的历史与未来。现在我们可以看到的江面上这座像白色飘带一样的大桥，是闽江上的第一座横跨南北的桥梁，它原名万寿桥，后来更名为解放大桥。

解放大桥的东西两侧水域连通南北两岸，这4.1公里的岸线有一个非常好听的名字，叫作闽江之星，这里是福州的城市会客厅。乘坐游船行驶于闽江之上时，你会在江河奔腾中更加深切地感受到有福之州的活力与魅力。

闽江北岸的这片区域是福州的台江区，早期这里还是一片江面，随着上游来水不断冲积，泥沙堆积成沙洲陆地，就变成了我们现在看到的台江区。

自古以来，台江区这里都是码头重地和商贸中心。如今，这里的海峡金融商务区是福建金融产业链最完整的区域，金融业年税收约占福建全省的1/4。大数据、元宇宙等新产业、新业态，让数字经济成为福州高质量发展的强劲引擎。

这片位于闽江南岸的楼群是福州的政务中心，196家市直单位都在这里集中办公，我们又称其为东部办公区。在主楼的楼顶上，我们可以看到"马上就办、真抓实干"八个大字。这么多的行政机关单位在一处办公，就是为了提升办事效率。

东部办公区旁边的庞大建筑是海峡国际会展中心，数字中国建设峰会、中国航天大会等重大活动都曾在这里举办。会展中心的四周环绕的一条绿带是浦下河龙舟池，每年端午前后，这里都会举办世界级龙舟赛事。也正是因为福州的内河水系发达，从古至今，福州人对龙舟的热爱都始终不改。每个周末和节假日，这片水域都会上演热闹的龙舟竞技。

继续东行，现在我们看到的位于闽江南岸的建筑是海峡文化艺术中心。从空中看去，它就像一朵盛开的茉莉花，每年这里都会举办超过80场的文化艺术演出。茉莉花是福州的市花，在闽江的冲积下，沿岸沉积的冲积土湿润肥沃，透水性强，非常适合茉莉花的生长，花开时节，花香满城。

现在我们提升飞行的高度，可以看到江面越来越宽，闽江、乌龙江、马江在这里汇集。积蓄力量之后，江水向东奔腾汇入浩瀚东海，这里也因此被称为三江口，许多货船、游船都会在这里交会，通江达海，海事部门的巡逻船艇也会对这里进行重点巡航。

东扩南进，沿江向海，可以看到，福州正以日行千里的姿势，跟随着奔腾的闽江水向入海口不断挺进，奔向海上福州的新时代。

黄峰：一座城市有江河，就有了奔腾的活力。我们也看到，闽江两岸因保护而美、因发展而兴。

李梓萌：说到统筹保护和发展，就要拿出今天的最后一片叶子了，这个叶子叫作短叶茳芏，它生长在闽江的入海口。

黄峰：闽江河口湿地国家级自然保护区是福建省最大的原生态河口湿地，是候鸟迁徙通道上的重要驿站。

李梓萌：现在正是越来越多候鸟飞抵的时节，我们就跟随前方记者吴燕敏的镜头，共同去看一看当地的景象。

吴燕敏：我现在所在的位置是闽江河口湿地国家级自然保护区的核心区，顺着沙洲再往前的水面，就是闽江入海口的水面，沙洲上竖直生长的植物就是短叶茳芏。短叶茳芏是闽江河口湿地沙洲上的主要植物，成片的短叶茳芏下不仅有丰富的底栖动物，也是鸟儿喜欢栖息的地方。

以前闽江河口湿地外来植物互花米草破坏生态。多年来，通过不断的治理，现在这里的互花米草零星可见，取而代之的是短叶茳芏、芦苇、红树林等植物。现在是低潮位，潮水退去后的沙洲是鸟儿最喜欢的地方，丰富的食物吸引它们在沙洲上觅食、嬉戏。

这些鸟儿中，还有刚刚抵达此处的迁徙候鸟，闽江河口湿地是东亚、澳大利亚候鸟迁徙通道上的重要驿站。我们了解到，从8月下旬开始陆续有候鸟抵达。最新数据显示，闽江河口湿地共有候鸟和留鸟一万多只。闽江河口湿地就像一座加油站，为长途跋涉而来的候鸟提供了丰富的食物来源和安全的栖息环境。

通过航拍镜头，我们可以感受到芦苇摇荡绿水悠，留鸟候鸟满洲头。多年前，闽江河口湿地却不是这般美好模样，一度濒临生态垂危状态。2013年，闽江河口湿地成为国家级自然保护区；2020年，被列入国家重要湿地名录；上个月，闽江河口湿地正式成为我国世界遗产预备项目。

与现在的低潮位不同，涨潮之后，现在的沙洲就会被潮水覆盖，那么鸟儿们去哪里了呢？顺着沙洲往上的航拍镜头里，出现了一个个像池塘一样的区域，这是高潮位水鸟栖息地。2018年，闽江河口湿地开始退养还湿，并改造成鸟类的高潮位调节区。退养还湿，不仅让湿地生态更好了，养殖大户也成为湿地管护员，守护湿地。

最新数据显示，闽江河口湿地国家级自然保护区里共有野生动植物1089种，其中有水鸟166种，年均栖息水鸟数量超过5万只，中华凤头燕鸥、黑脸琵鹭、勺嘴鹬、遗鸥等全球极危和濒危鸟类成为该湿地的常客。

现在，高倍摄像机拍到了正在沙洲上觅食的勺嘴鹬，大家看到的"自带饭勺"的小鸟就是勺嘴鹬，全球仅存数百只。

闽江河口湿地还有全球仅存约100只的中华凤头燕鸥。上个月，中华凤头燕鸥已经迁徙走了，所以我们通过实时虚拟影像把它们请到现场。中华凤头燕鸥曾经在人类的视野中一度消失了63年，一度被认定已经灭绝。2004年，中华凤头燕鸥重现闽江河口湿地。

越来越多的鸟类来了，也吸引越来越多的人们走进湿地、认识湿地。国庆假期，每天都有不少游客来到这里观鸟，探秘湿地。相信闽江河口湿地美好的生态画卷，也在越来越多人的心里种下了爱护鸟类、守护湿地的种子。

我们也期待闽江河口湿地的生态越来越好，受到更多鸟类的喜爱。

李梓萌：其实，这个湿地距离当地的城镇并不远，当地守住了生态的红线，也守住了发展的底线，这才有了人和鸟和谐共生的场景。

黄峰：没错，沿着闽江一路走来，我们感受最深的就是江河和人之间的关系。我们常常提到一个词：母亲河，大江大河滋养了两岸的土地，也养育了两岸的人民。

李梓萌：是的，每当我们想起家乡的时候，常常会想起家乡的河、河边的芦苇、嬉闹的伙伴以及河里出产的各种美食，这种丰饶的感觉就是记忆当中的家园。

西山竹纸制作技艺传承人 刘仰根：我们将乐是传统手工造纸大县，最有名的就是我们的西山竹纸。其最大特点是不腐不蛀，可以说放100年、1000年都没有问题。三分的材料、七分的水，水的质量是最关键的。金溪是闽江的支流，我们这边的水非常漂亮，所以我们造出来的纸非常好。

建瓯白酒技艺传承人 蒋国兴：我们建瓯酿酒有3000年历史，俗话说，水是酒之血，曲是酒之骨，我们都是取闽江上游的水，好水酿好酒，这一瓶酒与闽江的水密不可分。

闽清线面技艺传承人 林咸乐：在福建，线面是一个传统食品，不管是做喜事还是祝寿，人们必须吃上一碗线面。它最大的特点就是长和细，这种手工线面对水质要求特别高，山泉水的活性比较高，面就会拉得更长、拉得更细。

闽侯金鱼养殖户 潘国诚：有一句话叫"世界金鱼看中国，中国金鱼看闽侯"，全国80%的高端金鱼都产自闽侯，因为闽侯金鱼的体格较圆润，色彩也较丰富。其实，能不能养好一条鱼，取决于它的水质。我们闽江的水特别适合养殖这个金鱼，希望我们养出来的金鱼能够游向全世界。

将乐县高唐镇常口村村委会主任 邓万富：青山绿水是无价之宝，山区画好山水画，保护好我们这个青山，管护好我们的母亲河，我们村到处都是青山绿水，到处的森林都是郁郁葱葱，非常漂亮。

福州居民 董建飞：闽江是我们的母亲河，所以我们要保护闽江，把闽江建设得更美。"七溜八溜，不离福州"，还是我们福州美，闽江好。

李梓萌：真是谁不说咱家乡好，从源头到入海口，我们看到了生态保护结出的累累硕果。

黄峰：不仅仅是生态保护，绿色就是闽江流域最浓重的发展底色，福建的绿色经济、数字经济、海洋经济和文旅经济的发展，都是依托优良的生态环境，走上了高质量发展之路。

李梓萌：当地也正坚持生态保护第一，统筹保护和发展，建设人与自然和谐共生的现代化。

黄峰：感谢各位收看今天的《江河奔腾看中国》，明天我们一起去看塔里木河和万泉河。

李梓萌：观众朋友，再见！

黄峰：再见！

（https://tv.cctv.com/2022/10/05/VIDErHhaAJlIeuT5551vzxkc221005.shtml?spm=C55953877151.PjvMkmVd9ZhX.0.0）

塔里木河　万泉河·穿越沙海润泽绿洲　相伴丝路奔腾向前

张韬：江河浩荡，奔腾向前。观众朋友们，大家上午好！

天亮：大家上午好！这里是中央广播电视总台央视综合频道、新闻频道并机为您直播的特别节目《江河奔腾看中国》。

张韬：从10月1日开始，我们已经带大家分别了解了长江、黄河、松花江、辽河、淮河、珠江和闽江等重要水系。今天，我们将和大家一起探访新疆的塔里木河以及海南的万泉河。

天亮：首先我们将走近塔里木河。塔里木河是我国最长的内陆河，全长2486公里，流域总面积占新疆总面积的六成多，串起了南疆地区几乎所有的绿洲。

张韬：塔里木河水滋养哺育着4500多万亩良田和1200多万各族儿女，还有香甜可口的各类瓜果与令人惊艳的天然胡杨林。

天亮：在干旱炎热的中国第一大沙漠——塔克拉玛干沙漠边缘，塔里木河润泽田野，守护绿色，沿岸的人们也以同样的热爱守护着母亲河。

张韬：如今行走在塔河两岸，到处是生机无限、奋进崛起的绿洲，接下来我们就共同认识一下塔里木河。

画外音（女）：塔里木河流域位于新疆维吾尔自治区南部的塔里木盆地，由盆地内九大水系、144条河流组成，其主流有和田河、叶尔羌河和阿克苏河，在新疆维吾尔自治区阿克苏地区阿瓦提县的肖夹克附近汇流而成；随后向东，流经塔克拉玛干大沙漠北缘，到群克附近直向东南，流入台特玛湖，与开都、孔雀河一起形成了"四源一干"格局。

从最长的源流叶尔羌河算起，塔里木河全长2486公里，是中国最长的内陆河。塔里木河流域总面积为102万平方公里，占全疆面积的61.4%。该流域远离海洋，气候干旱，降雨稀少，蒸发强烈，水资源总量379.6亿立方米。流域内有水则为绿洲，无水则为荒漠，是我国最干旱、生态环境最脆弱的地区之一。

塔里木河流域土地、光热和石油天然气资源十分丰富，是我国重要的石油化工基地和能源战略接替区。

此外，塔里木河流域还是世界最大的天然胡杨林区，有天然胡杨林1100万亩，占全国野生胡杨林面积的90%以上。

张韬：正如刚才短片当中提到的，塔里木河拥有包含四条源流、一条干流的河流体系，其中四大源流流经的区域是新疆南疆地区的主要水源区、绿洲分布区和经济发展区。

天亮：下面，我们就一起去认识一下这四条源流。

画外音（男）：现在映入我们眼帘的是发源于天山山脉的阿克苏河，其干流长113公里，是塔里木河水量最大的源流。每到夏季，天山山脉的多条冰川融水沿河道而下，汇入阿克苏河，流经阿克苏市后，汇流成为塔里木河。

画外音（女）：接下来，我们来到的是叶尔羌河。叶尔羌河源自喀喇昆仑山脉，全长1281公里，其河流域总灌溉面积为944万亩，是全国第四、新疆第一的特大型灌区。

受冰川融水影响，叶尔羌河每年汛期洪水频发。2017年底，叶尔羌河流域防洪治理工程全面完工，水患从此变水利。

画外音（男）：我们现在看到的是和田河的源头区，和田河全长约1127公里，它自昆仑山脉出发，是唯一一条穿过塔克拉玛干沙漠腹地的河流，因其水量来源主要靠冰川融水，水源补给有限，和田河全年只有两到三个月能流进塔里木河。

画外音（女）：开都河发源于天山山脉，行至巴州博湖县境内汇聚成了中国最大的内陆淡水湖——博斯腾湖。湖水从博斯腾湖的西南角流出，形成孔雀河，通过人工渠系，在下游注入了塔里木河。

美丽的巴音布鲁克草原位于开都河上游，河流在草原上蜿蜒曲折，形成了"九曲十八弯"的美景。

张韬：塔里木河的四条源流穿越了雪山、草原、沙漠、戈壁，有时静静流淌，有时奔流不息。河水与沿途的景观交相辉映，真是别具特色。

天亮：源流之一的阿克苏河，年径流量占到塔里木河总量的七成以上，既是天山冰雪融水的重要泄洪区，又处于抗击土地荒漠化、沙化、盐渍化侵蚀的最前沿。

张韬：在阿克苏河流域内有一个名叫柯柯牙的地方，这里曾经是一片无人居住的荒滩戈壁，每到春秋季节，大风常常会裹挟着沙土形成沙尘暴，侵袭周边的农田以及城市。

天亮：因此，当地干部群众从阿克苏河引水修渠，启动了柯柯牙绿色工程，一年接着一年干，一代接着一代干。如今，这片曾经的戈壁荒滩已经成为新疆南疆产量最高的林果业产区。

张韬：这段时间正是柯柯牙苹果成熟的季节，总台记者也去到了果园当中，让我们一同去看一看。

天亮：我现在置身于新疆温宿县柯柯牙的百万亩果园，通过镜头，大家可以看到我身后果树上一颗颗红彤彤的苹果已经迎来今年的丰收季。阿克苏是我国重要性的优质苹果产区，像这样刚刚摘下来的一颗红彤彤的苹果，它的含糖量非常高，经测，其含糖量超过20%。

由于柯柯牙所在的阿克苏地区紧邻塔克拉玛干大沙漠，这里的苹果在生长关键期的夏季，每天可以享受到15个小时及以上的日光浴。另外，这里的灌溉水源引自阿克苏河源流的天山山区水源，水质非常好，无污染、纯天然。

大家可以看到，此刻果树上方覆盖的网，是为了防止有可能发生的冰雹灾害而特别制作的防护网。另外，地面铺满了反光条，这是为了将阳光反射到苹果的底部，让整颗的苹果都能够照射到阳光。可以说，这里的苹果从开花到结果、收获，全程都实现了科学化、精细化的种植。

如今柯柯牙经过当地各族干部群众的辛勤努力，成为新疆南疆最大的林果产区之一。这里种植着苹果、红枣、核桃、香梨等果树，足足有100多万亩，将曾经的戈壁荒滩变成了果香四溢的大果园。

这次来到柯柯牙红旗坡的苹果丰收现场，当地的果农为了告诉我柯柯牙这些年发生了的变化，专门准备了两个箱子，里面装满了不同种类的泥土。

　　大家可以看到，这箱泥土取自柯柯牙现今仍保存的原始地貌区泥土，这箱土与20世纪80年代各族干部群众刚启动改造时的泥土一模一样。土的表面是结成硬块的一层土壳，里面是非常干燥的沙土，各类营养物质含量非常低。

　　那么，这箱土就有所不同，它取自于我身后的这片果园。土质摸上去就非常潮湿，里面肉眼可见许多细小的根系。经过改造以后，曾经荒漠化戈壁上的干土，变成了现在这样肥沃的土壤。如今，整个柯柯牙的百万亩林果基地，也成为了新疆果业对外展示的一张名片。

　　经过不断的改造升级，柯柯牙绿色工程从最初的以生态效益为主，逐步转变为既有生态效益又有经济效益的可持续发展道路。2021年，柯柯牙林果业的产值突破了8.5亿元。

　　近年来，柯柯牙通过不断地发展壮大林果业聚集人口，2017年，温宿县柯柯牙镇正式成立。如今这片土地上有8000多名各族群众安居乐业，我们相信柯柯牙的明天将会更加美好。

　　天亮：可以说，这每一颗红红的苹果都凝聚着一种精神，即在困难面前不低头、敢把沙漠变绿洲的进取精神。党的十八大以来，柯柯牙工程在先期26万多亩造林成果的基础上，新增造林90多万亩，已经达到了120万亩以上。

　　张韬：与此同时，近10年来，当地还以阿克苏河水系为依托，为居民打造了多处城市水系景观。地处塔克拉玛干沙漠边缘，却能够拥有水中之城的美景，会是什么样的感觉？让我们共同来听一听土生土长的阿克苏人是怎么说的。

　　摄影爱好者　张明：我叫张明，今年63岁，我用照相机记录了阿克苏多浪河两岸老百姓生活的变化。我记得原来那个水脏脏的、臭臭的，是吧？

　　市民：是，都是臭的。近几年的特别是十八大以来，水的脏、乱、臭逐渐没有了。

　　张明：有了水就有了灵气，大家的生活质量也提高了，有了休闲娱乐的去处。看到水，人的心情就愉快了，多浪河一天比一天美了，我想用我的相机一直记录下去，我们每一个阿克苏人生活在这样的环境非常幸福。

　　美术老师　西仁古丽：我叫西仁古丽，是一名土生土长的阿克苏人。2015年，我大学毕业回到家乡，现在是一名幼儿教师。我在多浪河边长大，你看我们班的小朋友画的多浪河是各种色彩的，和我小时候相比，变化真的太大了。我记忆中的多浪河很窄，环境也不是特别好。现在的孩子很幸福，他们童年的多浪河是一条非常宽广干净、周围绿树成荫的美丽河流。

　　大家可能知道，我们阿克苏离塔克拉玛干沙漠非常近，以前我们这里下土、刮沙尘暴是常有的事情。但是现在的阿克苏有了这条城市水系，它改善了我们的环境，让空气更加湿润、绿色变多，现在我们课外活动最喜欢来的地方就是多浪河。

我们的多浪河好不好看呀？

孩子们：好看。

西仁古丽：那我们的水干不干净啊？

孩子们：干净。

西仁古丽：那我们能不能往水里面扔垃圾啊？

孩子们：不能。

西仁古丽：我们要爱护我们美丽的多浪河，好不好？小朋友们。

孩子们：好。

长跑爱好者　刘伟：加油，往前冲！

我叫刘伟。2021年，我们这些跑步爱好者成立了阿克苏悦动跑团。从最初的八九人到现在的接近300人，我们阿克苏最适合跑步的地方就是湿地公园，7公里多的步道将上千亩的湿地环绕其中，空气特别湿润。

我们老阿克苏人都知道，原来湿地公园这个位置是城郊地带，最初这里引了多浪河的河水，建起了不少鱼塘。2018年，政府把这里改造成了阿克苏城市水系中重要组成部分：湿地公园。

市民：湿地公园现在是最好的。

刘伟：去年冬天还有七八只天鹅。有了这片湿地，不仅是我们这些跑步爱好者，很多市民有空时也会来这里走一走、转一转，为我们有这片城市湿地而高兴。

天亮：有了水，一座城市就有了灵气。接下来，我们再到叶尔羌河去看看，叶尔羌河灌区是全国四大灌区之一，历史上这条河洪灾频发。据统计，叶尔羌河在1949—1999年的50年间，有36年都发生了洪灾。

张韬：每到汛期，流域90%以上的农村劳动力都要参与防洪，物资投入更是不计其数。2014年，叶尔羌河流域防洪治理工程被纳入国家项目；2015年，叶尔羌河上的阿尔塔什水利枢纽主体工程开工建设。

天亮：目前相关工程已经全面完工。告别千年水患的沿岸群众现在的生活状态如何？让我们一起去探访。

莎车县阿格其艾日克村村民　阿布都拉·苏力担：我是阿格其艾日克村的村民，防洪坝修完以后，我大部分时间外出打工。

我去上班了，中午回不来；晚上回，做好饭。

肉孜，走了走了，干活去。

村民　肉孜：好呀，干活去。

阿布都拉·苏力担：大工给200元，小工给150元，上车。

我们以前没有这样子干活，来洪水的时候，我们村的全部人都会去防洪。

莎车县阿格其艾日克村村民　麦麦提·马木提：老的、少的、男的、女的，（村里）所有人，都到这里防洪。

莎车县防洪办主任　哀孜孜·麦麦提明：这么粗、这么大的木头，我们塔克拉玛干（沙漠）的这个环境下，用10~15年长成这样。但是以前的防洪没有别的办法，必须把树根子砍过来，进行防洪抢险。

砍树，一边砍一边种，就和这棵十余年的树一样，我们砍了一棵，就种上去10棵；10棵慢慢长起来之后，我们又砍，就是因为防洪需要。

新疆阿尔塔什建设管理局综合办公室主任　丁兆贵：这边是我们阿尔塔什的泄洪系统，它主要是为了保证农田灌溉，同时根据下游的调度指令调节水量，起到防洪灌溉的作用。

比如1999年叶尔羌河的洪峰流量达到了每秒6070立方米，给下游带来很大损失。阿尔塔什水利枢纽工程建成投运以后，可以抵御比它更大的洪峰。

阿布都拉·苏力担：现在有时间就业了，3月到10月都能挣到钱。

莎车县阿格其艾日克村村委会主任　麦麦提尼亚孜·艾麦尔：我们村有种万寿菊的、种核桃的、种巴丹木的，还有当老板的。现在，我们农民一年人均收入1万（多）元，最高的3万元，4万（元）也有。

张韬：作为塔里木河四大源流之一的和田河，是唯一的一条穿过塔克拉玛干沙漠腹地的河流，曾经在周边地处高山严寒或者沙漠腹地不通水的村落，人们常年只能喝上又苦又咸、不太卫生的涝坝水。

天亮：党的十八大以来，党和国家始终把新疆各族群众饮水安全作为事关人民群众身体健康和生活质量的重大民生工程来抓，目前已经累计完成投资195亿元，实施农村饮水安全工程1428项，解决和巩固提升了152万贫困人口的饮水安全问题。

张韬：南疆四地州、67个不通水村的7.7万农牧民群众喝上了自来水，和田地区策勒县博斯坦乡阿其玛村全村的166户、436名村民都是其中的受益者。

策勒县阿其玛村村民　芒力克·麦图迪：大家好，我叫芒力克，今年20岁，是新疆大学大三的学生。我是在阿其玛村长大的，这里是我的家乡。

其实，在离我们村几公里处就是和田河的一条支流——阿克塞音河。但是因为我们这里的海拔较高，有 2300 多米，所以把河水引过来是一件非常困难的事。村子里的人都靠喝涝坝水生活。

2014 年，政府在山下修起了水库、建起了水厂，我们家家户户都通了自来水，现在我们再也不用为吃水发愁了。通过引水灌溉，水渠也修到了村里，家家户户门前种花、种树，还增加了将近 1 万亩饲草料地用来养羊、养牛。

很多孩子跟我一样上了大学，等我们毕业回到家乡，一定会把家乡建设得更加美丽、更加美好。

天亮：我们继续顺流前行，塔里木河的三条源流在阿克苏境内的肖夹克汇聚，也就是从这里开启了塔里木河的干流。

张韬：总台记者将带我们从空中俯瞰三河汇聚的壮美景观。

记者：从空中俯瞰，我们可以清楚地看到肖夹克三河汇聚的壮丽景象。发源于喀喇昆仑山的叶尔羌河和发源于昆仑山的和田河，从不同的地方奔涌而来，在这里汇合。再奔腾 5 公里，与发源于天山的阿克苏河汇合，一起向着终点台特玛湖滚滚而去，形成总长 2486 公里的中国最长的内陆河——塔里木河。

它的河道分散穿插，蜿蜒曲折，部分河段没有固定河床。同时，它是季节性河流，每年汛期集中在 7 月、8 月、9 月三个月，非常容易产生洪水灾害。因此，塔里木河被人们形容为"脱缰的野马"。

如今，经过塔里木河流域综合治理，洪水得到了有效控制，最大程度地减少了洪涝灾害，两岸的生态也得到了有效恢复，到处是沃野良田，郁郁葱葱，充满着生机和希望。

天亮：塔里木河水从肖夹克奔腾而来，在下游遇到了它的第四条重要源流——开都-孔雀河，我国最大的内陆淡水湖博斯腾湖就在这条河上。

张韬：每年 8 月到 10 月是博斯腾湖的秋补黄金季。近 10 年来，当地落实严格的水资源管理制度，通过一系列生态修复工程改善水体。今年博斯腾湖的鱼儿长势如何？我们来看一下总台记者从秋捕现场发回的报道。

记者：这里是博斯腾湖，眼下正是当地的捕鱼旺季，最近天气也非常好，渔民们每天早上都会开着渔船到湖的中央去捕鱼。今天和我们一起出发去捕鱼的还有这些沙鸥，因为渔船在行驶的过程中，它的机轮会把湖里的一些小鱼小虾带起来，所以对于沙鸥来说，看到了渔船就意味着它们有好吃的了。

博斯腾湖是开都河的尾闾，同时也是孔雀河的源头，可以说它是一个处在两条河中间的、庞大的天然水库，它们都构成了塔里木河下游最重要的水源补充。

对于塔里木盆地而言，塔里木河是母亲河；而对于整个巴音郭楞蒙古自治州来说，博斯腾湖则是他们的母亲湖，因为它滋养着周边100多万人口，灌溉着300多万亩的农田。

与此同时，这里也是新疆最大的渔业基地，出产30多种鱼类。现在我们的渔网已经撒在了湖中，两条船在并行向前推进，今天能捕上什么样的鱼，收获怎么样，运气好不好，让我们拭目以待。

我们看，渔民现在正在起网，这是非常激动人心的一个时刻。沙鸥也都来了，估计今天收成会不错。据渔民估计，这网鱼有1吨多，里面有鲤鱼、鲫鱼和池沼公鱼。

我们现在从大船上到了一条负责活鱼运输的小船，这条船上有一个活水舱，可以把活鱼放到活水舱里，里面的水与湖水相连，能够保证把活鱼运到码头。

可以看到，这边的小鱼叫池沼公鱼，它不是没有成年的鱼苗，而它长到最大也只有这个大小。池沼公鱼是博斯腾湖经济价值非常高的一种鱼，而且它的产量很高，年产量在1000多吨。

捕完这网，我们要继续前往下一个捕捞点。那么，当地是如何在保证产量的情况下做到年年有鱼的呢？其实，在每年他们都会增殖放流，来补充鱼苗；同时，在每年的禁渔期也会禁止捕捞和垂钓。

除此之外，还有两个关键词：一是抓大放小，通过控制捕鱼渔网网洞的大小，过滤掉没有长成的小鱼；二是人放天养，即不人为地抛撒饲料，而是让鱼在湖中吃浮游生物、天然虫子等，使其自然生长，从而保证品质。

除了鱼，博斯腾湖还有丰富的物产。西南边小湖区的环湖芦苇有60万亩，每年的产量达到20万吨左右。除此之外，近期也是当地小湖区螃蟹上市的季节，平均每天有600公斤的螃蟹捕捞上岸。

丰富的物产给当地带来了可观的经济收益。同时，包括博斯腾湖在内的开都-孔雀河浇灌了下游的良田，也浇灌了生态胡杨林，维持了当地的生态平衡。正是由于它们的存在，才能阻挡住塔克拉玛干沙漠的扩张，使塔里木河流域的绿洲生机盎然。

张韬：看出来了，博斯腾湖真是鱼丰水美。据塔里木河流域管理局介绍，现在博斯腾湖的水质总体基本达到了Ⅲ类标准。

天亮：2018年起，当地就开始截断工业废水、生活污水、农田排水的入湖通道；疏通入湖河道，实现河湖连通，让博斯腾湖的水体实现良性循环。

张韬：塔里木河流域，不仅有博斯腾湖欢腾的鱼儿，还有各种各样的丰富物产。大家可以看到，摆在我们桌子上的是来自塔里木河流域当季的新鲜水果，有和田的石榴、库尔勒的香梨、阿克苏的苹果等。

下面请音棋来为我们详细介绍。

王音棋：金秋时节，塔里木河流域内出产的各种瓜果陆续成熟，为我们丰富的画卷增添了一抹亮色。接下来我们一起来看一看。

当前，喀什地区伽师县的新梅采摘季刚刚结束，这里出产的新梅酸甜可口，深受消费者欢迎。每亩地收获的新梅能为果农带来超过6000元的收入。

今年，距离伽师不远的中国核桃之乡叶城县种植了64万亩核桃，最近喜获丰收。叶城核桃的特点是果大壳薄，果仁香甜。在当地农牧民年均纯收入中，有3917元都来自于核桃，占当地农牧民人均纯收入的三成多，确实是"致富增收的金果子"。

如果你在金秋时节来到和田地区皮山县，那么好客的乡亲们一定会捧出香甜的皮亚曼石榴来款待大家。去年，皮山县皮亚勒玛乡的农民人均纯收入为17354元，其中，有70%来自于种植石榴所获得的收入。可谓是火红的石榴，带来了红火的日子。

接下来，大家要看到的是久负盛名的库尔勒香梨。当前，梨城库尔勒的41万亩香梨已经进入全面采摘期。30万吨香梨甜蜜上市，正在等待大家的品尝。

随着塔里木河流域综合治理工程不断推进，塔河两岸生态治理成效凸显，不仅有刚刚介绍到的各种水果，还有沙漠边缘的虾肥蟹美鱼满舱，给人们的餐桌送上一道道丰收的大餐。

比如说，阿拉尔市的螃蟹近期就迎来了销售旺季。当地采取稻蟹共养的方式，即培育出优质的蟹苗，再把蟹苗投放到塔里木河上游水库放养。经过一年的生长期，螃蟹个个肉质肥美，蟹膏金黄。随着南疆地区道路建设和物流体系更加的便捷，这些来自塔里木河的螃蟹也将陆续进入千家万户。

在喀什地区的麦盖提县，山东援疆干部因地制宜引进了澳洲淡水龙虾，今年在当地首次获得大规模的养殖成功。在塔里木河水的滋养下，淡水龙虾不仅色泽鲜艳，而且个头非常大、体型饱满。当地先后培训了一批青年致富带头人，共形成了150亩养殖水面、20万尾的养殖规模。

物产丰富的塔里木河流域不仅让大家饱口福，更能让我们在美味当中一饱眼福。

我们来看，在巴州焉耆，辣椒晾晒场像一片红色的海洋，和蓝天白云交相辉映。

在喀什地区的莎车县，红色的万寿菊组成了花海，朵朵摇曳生姿。

我想，这些五色斑斓的色彩不仅绘就了塔里木河流域丰收的美丽画卷，也印证了新疆各族人民的美好生活。

天亮、张韬，时间交还给二位。

张韬：好，谢谢音棋带来的介绍。

天亮：的确如音棋所说，塔里木河水为人们带来了丰厚的收获，滋养着南疆的万千儿女；同时，创造出了灿烂的绿洲文明，让流域内多座城市沿河生长，人民安居乐业。

张韬：接下来，我们要带大家探访即将进入最美观赏期的天然胡杨林。我国90%以上的天然胡杨分布在新疆，其中的90%又集中在塔里木河的中下游。

天亮：10月中旬开始，塔里木河流域上千万亩的天然胡杨林，会陆续给人们展示令人惊艳的、像火一样热烈的金黄色。

张韬：总台记者为大家提前探访了一些塔河流域经典的胡杨林观赏点，此时，胡杨开始渐渐变色，景色很美。

记者：这里是地处塔里木河干流的新疆沙雅县天然胡杨林保护区，我现在就置身于470万亩天然胡杨林中。

我现在乘坐的游艇正以每小时50公里的速度穿行在塔里木河，这里也是塔里木河流经沙雅县胡杨林最美丽的河段。

从空中看去，河水像一道弯弯的月亮，镶嵌在茂密的原始胡杨林间。据当地林业部门介绍，每年夏秋季节，塔里木河丰水期，两岸的胡杨就会迎来一年中最枝繁叶茂的季节，胡杨会将根系深深扎进沙土中，努力尽量吸饱水分。塔里木河从不辜负胡杨林的等待，每年准时赴约。

在塔里木河水的滋养下，小胡杨也长出了绿色的枝丫。

胡杨林还为野生动物提供了远离沙漠的家园，白鹭、灰鹤、鸬鹚、绿头鸭、红麻鸭等都在这里繁衍生息。这两年，当地野生动物保护人员还曾多次拍摄到国家一级保护动物塔里木马鹿的美丽身影，它们和原始胡杨林一起构成了美丽的生态画卷。

记者（女）：塔里木河一路奔腾，从上游沙雅县来到了中游的轮台县。在轮台县长达100多公里的河道两岸，分布着面积约69.21万亩的天然胡杨林。接下来我将坐上小火车，带大家去探访塔里木河流域原始胡杨林最集中的地带。

眼前的这些胡杨还没有褪去身上的绿装，等到10月底霜降之后，才会呈现出一片金黄的景色。

一下车，我们就看到了灰胡杨林。灰胡杨的叶片与苹果叶片相似，但是摸起来要比苹果叶片硬一点，所以当地人也把它叫作"苹果胡杨"。在它的前方，就是整片胡杨林的引洪渠，灰胡杨在这里可以第一波喝到塔里木河水。

近年来，轮台县通过开展塔里木河流域生态修复治理项目，修建了多个这样的引洪渠、输水支渠、拦水坝等项目，胡杨林的生态功能得到修复，生态承载能力也在逐年提高；同时，也减轻了塔里木河水量过大时的泄洪压力。

在这片胡杨林中，年龄最大的就是我身后的这棵胡杨树，需要有5个我才能将它紧紧地环抱住。

胡杨树干上这样黄色或白色的块状结晶物是胡杨碱，在胡杨根部将土质里面的盐分吸收到足够多时，会从树干裂口处分泌出来。当地的老百姓用胡杨碱洗头、洗衣服，还会把它加入面粉中，做成香喷喷的烤馕。一棵成年胡杨树每年可以分泌出数十公斤的胡杨碱，堪称"拔盐改土的功臣"。

从高空俯瞰，胡杨林即便被连绵的沙丘包围，也依然呈现着生机盎然的绿色。塔里木河赋予了胡杨林无限的生命活力，而胡杨林也给周边原本脆弱的生态环境加固了一道绿色生态屏障，这不仅减少了沙尘天气的发生，也减缓了沙子的流动速度。

塔里木河沿岸葳蕤蔓延的胡杨林是风景线，也是生态的"输水线"。

塔里木盆地降水稀少、气候干旱，如何用有限的生态水滋养更多的胡杨林，答案就在我身后的试验区。这片10平方公里的林区，涵盖了塔里木河下游典型的生态。科研人员正在通过模拟试验，寻找促进胡杨种子萌发、生长的给水时机和方式。

这片看似荒芜的土地正在孕育着希望。这些还不足1厘米高的幼苗就是刚满月的"胡杨宝宝"。别看现在"胡杨宝宝"个头小，它在地下的根系已经有几厘米长了。

漂种是胡杨的繁衍方式之一，胡杨絮中藏着许多针尖大小的种子。如果这些种子在落地后的一周内接触不到水，就会失去活力，不再萌发；反之，如果抓住了黄金72小时，胡杨种子3天就可出土露苗，两岁的小胡杨就能担起防风固沙的重任了。在塔河滋养下，两岸日渐繁茂的胡杨林形成了防风固沙的生态屏障。

这里是塔里木河下游若羌段，两岸郁郁葱葱的胡杨林绵延百余公里。深秋是胡杨林最美的季节，再过10天，连绵起伏的沙漠、蜿蜒流淌的塔里木河和金色的胡杨将在大地上勾勒出浓墨重彩的油画。

从试验区沿着218国道向塔里木河下游出发，散落的胡杨林与沙漠相映衬，像忠诚的卫士，守护着塔里木河下游的"绿色走廊"。

天亮：现在的胡杨林基本还是绿色，让我们共同期待着美丽的金色胡杨林。继续前行，我们将来到塔里木河的尾闾——台特玛湖。

台特玛湖是塔河下游唯一的湖泊。从20世纪40年代开始，塔里木河源流来水大大减少，在干流下游大西海子水库以下300多公里河段持续断流的近30年里，台特玛湖也干涸了。

张韬：从2000年开始，随着连续23次的生态输水，地下水位普遍上升，台特玛湖渐渐复苏，面积增加，周边生态环境也得到了全面的恢复。现在的台特玛湖是什么样的？总台记者将会从空中、船上、岸边接力探访。

记者：我们现在坐着直升机，来到了台特玛湖的上空。下面这个非常宽阔的水面，就是台特玛湖。其实它非常像一个碟子，很大、很浅，平均的深度只有0.4~0.6米，即使是最深的湖心区也只有1~2米深。

我们来看，许多湿地与水面共同组成了台特玛湖。从空中看，台特玛湖碧波荡漾，水草丰茂，看起来像江南水乡的一个浅湾。

但事实上，它的西侧就是世界上第二大流动沙漠塔克拉玛干沙漠，东侧是新疆第三大沙漠库姆塔格沙漠，而塔里木河就从这两大沙漠间流过。沿河的胡杨林和绿色植物构成了一道能够有效阻隔两大沙漠合拢的绿色长廊。

这些年来，国家启动的塔里木河流域综合治理项目连续向台特玛湖进行生态输水23次，累计下泄水量达93.3亿立方米，也因此我们才看到生机勃勃的台特玛湖。

畅游在台特玛湖湖面，让人感觉舒畅，有时甚至会忘记这个湖泊地处大漠深处。今年，整个台特玛湖的水面面积达到54平方公里，而在2017年的10月，此处的水面面积达到了历史最高峰，形成超过500平方公里的水面。

台特玛湖如此特殊，到底多大的水面才最适合它？研究人员进行长达十几年的研究后发现，只要它的水面面积维持在30~110平方公里，就是最适合的状态。

我们知道，因为台特玛湖的湖面大但湖底浅，没有明显的湖底形态，所以就算给它注入再多的水，它也不会变深，只能不断地向四周漫溢。如此，当地的年蒸发量高达2900毫米，这些漫溢出去的水大多都会被白白地蒸发，用于改善生态的作用发挥得并不明显。

研究发现，如果长期实施淹灌，那台特玛湖湖区就会生长出大量的我们眼前的这种喜水性植物——芦苇。只有适时、适度地淹灌，才能形成以胡杨为主，与红柳、梭梭等不同植物搭配的生态群落，这样才更有利于台特玛湖生态系统的稳定。

现在来看，塔里木河的河水宽容而温和，但事实上因其许多河道没有固定的河床，也被称为"脱缰的野马"。想要驾驭它，办法只有一个，就是科学：科学调配，优化设置，高效利用。

今年，整个台特玛湖注水过程也有一个非常大的变化，我们可以从这里的图板看到，台特玛湖西南面的车尔臣河在今年正式并入了塔里木河的管理体系，从南边开始向台特玛湖注水。

以往注水，是塔里木河河水从中上游一路下行注入台特玛湖，只能影响沿途两岸大约1公里宽的范围，呈现出很窄的线状。现在，车尔臣河的助力不仅让台特玛湖有能力保持适合的水面面积，还能让塔里木河的河水更多地用于中上游和源流区的经济发展、农业灌溉以及生态输水等，受益区从线状变为面状。

而中间阻隔两大沙漠合拢的绿色生态廊道，也因为更多的水被科学利用受益，其廊道会越来越宽，生态越来越好，更好地惠及沿河及下游地区的各族群众。

眼下，台特玛湖除了飞翔的水鸟、成群的牛羊，还多了更多发展的声音。除原有的218国道恢复通行外，两条新建的出疆大通道，依若高速公路和格库铁路，一路伸向远方，将沙漠腹地原本少为人知的各种特产运往各地，助力南疆经济行稳致远。

张韬：台特玛湖重展绿水清波的容颜，塔里木河下游恢复生机的胡杨、梭梭等植被有效阻挡了沙漠的侵袭。江河奔腾，不舍昼夜，塔里木河水为流域两岸带来生命之水，人们科学配置、统筹利用，用有限的水资源浇灌万顷绿洲。

天亮：如今，当地正在逐步构建塔里木河流域基本稳定的生态系统，让大美新疆天更蓝、山更绿、水更清，为推动生态文明建设和高质量发展奠定坚实基础。

张韬：接下来，我们从中国第一内陆河塔里木河，跨越3000多公里，来到海南岛上的万泉河。万泉河是我们本次《江河奔腾看中国》节目中为大家展现的唯一一条热带河流；当然，也是最短的一条河流，它的长度只有163公里，但是知名度却非常高。

天亮：我想大家一定非常熟悉耳边的旋律了。万泉河声名远播，一是因为红色娘子军的故事，伴随着耳边这首《万泉河水清又清》的歌曲，传遍了祖国的大江南北。二是源于万泉河畔的小镇博鳌，从昔日的小渔村，成为博鳌亚洲论坛的永久会址，每年以开放的姿态迎接各国嘉宾汇聚一堂，为亚洲和世界贡献博鳌智慧。

张韬：万泉河穿梭在茂密的雨林当中，流淌在丰沃的大地之上。清清的河水仿佛在诉说着它的自然风貌之美以及给两岸百姓带去的幸福生活。接下来我们就通过一个短片了解万泉河。

画外音（女）：万泉河位于海南岛中东部，有南北两源。南源称乘坡河或乐会水，为干流；北源称定安河或大边河，为一级支流，均发源于琼中县五指山风门岭。南北两源汇合于琼海市合口嘴，干流流经琼中、万宁和琼海等县（市），于博鳌港汇入南海。干流全长163公里，流域面积3693平方公里，年径流量54亿立方米。

万泉河流域是海南岛降水量最为丰富的地区，多年平均降水量2280毫米，沿河两岸是典型的热带雨林景观。

万泉河上游山峦起伏，森林茂密，河段迂回弯曲，水流湍急，跌水礁滩较多。两岸群山环抱，森林茂密，植被良好。

中下游则河面宽阔，水流缓慢，河床河沙覆盖厚，两岸为冲积台地平原。

万泉河出海口处横亘着海沙与河沙冲积而成的玉带滩，使河口形成葫芦形的港湾。出海口南侧还有九曲江、龙滚河汇入，形成沙美内海泻湖，与河口连成一体，博鳌亚洲论坛永久会址就坐落在出海口处的东屿岛上。

天亮：刚才的短片中也提到，万泉河源于五指山的热带雨林中，这就又让我们想起了一首歌，那就是《我爱五指山，我爱万泉河》。

张韬：没错，可以说五指山和万泉河是密不可分的。正所谓"秀水出名山，五指蕴万泉"。如今的万泉河源头已经被纳入海南热带雨林国家公园的核心区，实行最为严格的保护。2021年10月，海南热带雨林国家公园成为我国首批设立的五个国家公园之一。

天亮：好，下面请音棋为我们介绍海南热带雨林国家公园的情况。

王音棋：接下来就请大家跟随我们一起来了解海南热带雨林国家公园。

万泉河的南北两源均发源于海南热带雨林国家公园，整个国家公园位于海南岛中部山区。如果用两个字来形容它的话，那就是大和多。

首先是大，其区划总面积4269平方公里。大家可能对单一的数字没有什么概念，但是，这个数字代表着热带雨林国家公园占到海南岛的陆地面积的

1/8，并分为黎母山、霸王岭、鹦哥岭、五指山等7个片区。

其次是多。据初步统计，园内我国特有植物多达427种，其中419种是海南特有的。现在大屏幕上展示的破垒、卷萼兜兰、美花兰等，都是国家一级保护植物。在动物方面，记录到了陆栖脊椎动物多达540种，像海南长臂猿、海南坡鹿、海南山鹧鸪等共23种野生动物，只在海南才有发现。

这里，我想特别为大家介绍海南长臂猿，它是全球最濒危的灵长类动物之一，海南热带雨林国家公园是它们在地球上唯一的家园。

海南长臂猿一生中毛色要经过几次变化。现在我可以教大家一个非常简单的方法，来通过毛色辨别成年后的公猿、母猿。这种纯黑色的是成年的公猿，母猿则在六七岁左右从黑色渐渐变成金黄色。

自2020年起，此处连续3年共发现4只新出生的长臂猿宝宝，目前观测到的长臂猿总数已有36只，种群数量在稳步地增长。通过严格保护、精心管护与科技助力，我们的雨林物种户口本还在不断地更新。

茂密的热带雨林也是非常重要的水源涵养库，海南岛的多条河流都发源于这里。保护好热带雨林，也是从源头上保护了我们的生命之源。

接下来就让记者带大家走进五指山的热带雨林深处，去探访万泉河的南源，也就是干流的源头。

记者：早上8点多，我们驱车赶往离万泉河源头直线距离2公里的防火哨所，这是离源头最近的公路口。万泉河干流的源头位于海南热带雨林国家公园五指山片区的核心保护区内，没有现成的路。我们这次去源头是由护林员引导上山，护林员们早早就开始准备上山的物资。除了准备食物和必要的防身武器，我们还需要给鞋子刷一圈特殊的液体。站长，请问这刷的是什么？

海南热带雨林国家公园管理局工作人员　王圣科：刷的是蚂蟥药，因为山上蚂蟥太多，所以要刷这个药防止蚂蟥咬。

记者：现在是早上的9点22分，我们现在已经准备完毕。据护林员所说，沿着我身后这条路一直往里走，就能找到万泉河的源头，让我们一起看看几点能够到达。来，紧跟着我们，出发。

沿着入口往里走，开始还是宽阔平稳的石子路，大约1个小时后，领路的护林员突然拐弯上坡。

王圣科：现在我们是要从这里走到万泉河源头，这种山路也是我们以前巡护走出来的路。

记者：第一次进入保持原始状态的雨林，开始我们还十分好奇地东张西望。越往深处走，就需要时刻注意能落脚的地方，一不留神就有可能踩空。

王圣科：在前面水沟边休息一下吧。

记者：好，前面比较远，在这里休息是吧？

王圣科：对。

记者：在休息间隙，护林员到山沟的上游段，拿空瓶接了满满一瓶水。这个水直接能喝吗？

王圣科：可以，我们平时上山，如果把自己身上带的水源喝完了，我们就会找个水沟接山上的水。我们上山都会带一些盐，因为有时汗水流太多了，身体需要补充盐分。（山上的水）跟我们平时买的矿泉水的味道是一样的。

记者：是，而且更加清冽甘甜一点。

王圣科：对，比较凉，刚打上来的水，瓶子上是有水珠的。

记者：（前面）大概60度、70度角（的坡度）了，一不小心，顺着这个河道就下去了。这样翻过去，前面可能还有不少这样的突出来，会挡着我们的路。

热带雨林也是诸多国家保护动植物的栖息地，除了借助仪器监测珍稀物种的出没活动，护林员们在巡护中也会观察到一些有趣的踪迹。

王圣科：这个羽毛是国家二级保护动物白鹇的。

记者：白鹇？就是这个羽毛很漂亮、黑白相间的？

王圣科：对。运气好的话，你走着走着会看到（白鹇）。但是像我们这样一边走一边讲话的话，它听到声音就不会出来了，因为它胆子比较小。动物的敏感度比人类的敏感度要高，一旦闻到气味或听到声音就会跑。

记者：我们已经走了一段距离，很累，但是这位大哥从这个山里发现了路边的野橄榄。它是从旁边这棵树上掉下来的，是这个雨林里面的野橄榄。

大哥，这个是能吃的对吧？擦一擦就能吃？

护林员：对，擦干净就可以吃，先苦后甜的味道。

记者：很苦！但吃完了，最后还是会有一点回甘。（这是）大自然的馈赠，雨林的馈赠。

我们已经走了3个小时左右，终于听到越来越响的瀑布声了，就在那个方向，越来越大声了。

我们经历了约4个小时的路程，终于到达了本次丛林探险的终点，就是我身后的这个瀑布、万泉河干流的源头。在我身后对岸的这块巨石上，刻有"万泉河之源"五个字。我觉得，这里的温度比山脚下要低一点，站在这里特别凉快，水声尤其悦耳动听。

王音棋：清澈的河水伴着悦耳的水声，万泉河南北两源从海南热带雨林国家公园启程，穿行在起伏的山峦中。刚刚我们在短片当中也看到，两岸雨林茂密，景色非常秀美。也许大家对记者刚刚的丛林探险之旅还不够过瘾，那接下来的旅程还交给我的两位同事，天亮、张韬。

张韬：好的，谢谢音棋。刚才我们和大家一起探访了万泉河的南源。接下来，再带大家去北源上游看一看。

天亮：万泉河流域是海南岛降水最为丰富的地区之一，但是雨水的时空分布非常不均匀，既容易给中下游造成洪涝灾害，也浪费了水资源。与此同时，海南岛的东北部文昌、定安等地却存在着工程性缺水的问题。

张韬：什么是工程性缺水呢？就是海南岛东北部多是平原，没有大型的水利工程。虽然说雨量充沛，但是雨水是留不住的，也难以存蓄利用。

天亮：党的十八大以来，海南省加大万泉河流域的综合治理，在北源定安河上游建设了红岭水利枢纽工程及其配套灌区工程。下面就跟随着我们的记者一起去看看。

记者：这里是位于海南琼中黎族苗族自治县境内的万泉河红岭水利枢纽，我身后的这个水库大坝就像一个水龙头的阀门，把万泉河上游的水在这里"拧住"了，水库断面的水资源总量占到了整个万泉河流域的近两成。

把水留下来，是为了把水用好。通过红岭水利枢纽的大小干渠，万泉河的水就可以源源不断地供往海南岛的东北部。

这条架设高空中的红岭灌区总干二号渡槽，目前是亚洲第二大单孔跨度渡槽。从高空俯瞰，2.15公里的渡槽犹如一条巨龙盘踞在屯昌县境内，以每小时两三公里的自然流速，带着万泉河的水向海南岛东北部流去。

海南省红岭灌区管理中心主任 李学：（总干）二号渡槽的设计流量是每秒过水45立方米，即可以用不到1个小时的时间供水10万立方米，相当于一个小（2）型水库的库容。

记者：追逐着水流，我们已经来到了文昌市文南村的文中洋灌区，这里已经不在万泉河的流域范围，但是现在万泉河水正源源不断流向这片2000多亩的农田。

我身旁的这条渠道就是红岭灌区工程的"最后一公里"，田间渠道。从红岭水库开车到这里大概有100多公里，渠道的长度也是这样的距离。按照每个小时2~3公里的流速来算，现在这些水应该是50多个小时前从红岭水库放出来的水。

大姐，你们知道这个水是从哪里来的吗？

文昌市文南村村民　邢琼香：知道，万泉河的水。开心，以后都不缺水了。

记者：村民邢琼香刚刚收割完上一茬水稻，在为冬季种植经济作物做准备。正在试水调试中的红岭灌区，犹如及时雨般把水带到了田间地头。

邢琼香：因为我们的水沟都留不住水，以前是用抽水机把河水引到土渠道里才能耕地，很不容易。现在政府都搞好了，种反季的冬季瓜菜，辣椒、圣女果、冬瓜等什么都可以。

记者：目前，文南村文中洋灌区是文昌市东部地区最大的连片农田。几年前，这片农田的灌溉水渠已年久失修，难以将水源直接引到田间，许多耕地因此撂荒。2020年，这里被纳入红岭灌区田间工程建设，文南村顺势整合撂荒的田地，成立村集体企业，种植经济附加值高的农作物，新增耕地近千亩。

文昌市文南村党支部书记　林永青：之前我们村里面好多年轻人都去外地打工，现在他们都回来了，回来的目的就是在我们村搞农业、种反季的瓜菜。主要还是有水了，能够发展农业，他们才能回来。

天亮：这个空中渡槽真的是非常壮观，也让万泉河水流淌到了更远的地方，发挥了更大的作用。

张韬：一方水土养一方人，万泉河两岸村寨星罗棋布，当地的百姓利用红色资源和民族特色，办起了乡村旅游，发展美丽乡村。

天亮：好，下面就让记者带您走近万泉河上游琼海市会山镇加脑村。

记者：这里是琼海市会山镇的加脑村，是一个传统的苗族村寨。现在万泉河畔又飘起了悠扬的歌声，不知道大家有没有听出来，这是一首非常有名的海南民歌《久久不见久久见》。

国庆期间，本地的苗族同胞们穿着节日的盛装，苗族的阿姐站在岸上，苗族的阿哥站在竹筏上，隔空对唱，用最热情的歌声欢迎远道而来的客人。

这里叫作蹦来湾，苗语翻译过来就是约会湾，以前相爱的苗族青年男女会在这里隔着万泉河对唱情歌。

现在我们就从万泉河边进入加脑村中。观众朋友们，美更！"美更"是苗话"你好"的意思。现在正是国庆假期，不少的游客都来到加脑村游玩休闲。看，前面小广场上的旅游集市开集了，我们赶快过去逛一逛。

这个旅游集市是加脑村一个特色的旅游体验，每到周末或是节假日就会迎来热闹的旅游赶集日，当地村民就会拿出一些民族特色产品到集市上进行展示售卖，比如苗族阿姐一针一线手工绣的苗绣作品，还有当地的农副土特产品。

前面这个更具特色，这些都是村子里土生土长的水果、山菜，比如芭蕉、杨桃、竹笋等。

在做好疫情防控的前提下，我们热情好客的加脑村村民在前面这个苗族传统屋子里，为游客们准备了一桌丰盛的美味大餐——长桌宴。来，大家来尝一尝刚做好的椰子糕。

我们看，这一桌美食都是用本地食材制作的。这个叫五色饭，是在米饭中加入不同颜色的植物汁水制作而成的；这个是万泉河里面生长的鱼制作的。总之，在这个长桌宴上看到的都是就地取材做成的菜肴，这既体现了当地的民族特色，又展现了村民的热情好客。

党的十八大以来，加脑村立足自身的优势与特色，大力发展乡村旅游产业。2019年，高速公路又通到了村口。这个曾经偏远的苗族村寨，如今已经成为远近闻名的美丽乡村，村民的日子也越过越红火。

天亮：择水而居，依水而兴，万泉河滋养着两岸的百姓，也见证了今天幸福美好的生活。

下面我们再通过一组镜头，去看看万泉河畔的人间烟火。

画外音（男）：您现在看到的是位于万泉河上游的万泉湖，万泉湖坐落在风光秀美的牛路岭库区，银泉飞瀑，从崇山峻岭奔流而下，在此汇集。

这里湖面宽阔，岛屿众多，两岸群峰迭起，雨林茂密。万泉湖边还居住着苗族、黎族同胞，碧水蓝天下，整齐的村落点缀其间，呈现出一幅人与自然和谐相处的美丽乡村新画卷。

画外音（女）：这里是琼海市阳江镇。1931年，红色娘子军在这个万泉河畔的小镇成立；如今，红色娘子军成立大会旧址绿树环抱，芳草萋萋，石刻的步枪、斗笠，默默地讲述着红色娘子军的英勇事迹。

90余载过去了，红色娘子军留下的宝贵精神财富，依然激励着这片土地上的儿女，开拓进取，不断前进。

我们现在来到了琼海市万泉镇。万泉镇地处万泉河、文曲河交汇处，沿岸自然生态良好，村庄古朴宁静，景色灵动秀丽。近年来，万泉镇结合自身区位资源和人文优势，打造了"万泉水乡、河畔人家"特色风情小镇，令人流连忘返。

画外音（女）：顺流而行，我们来到了琼海市中原镇。中原镇素有"华侨之乡"的美名，琼海也将这里规划建设为南洋风情小镇。在郁郁葱葱、造型独特的藤萝雨树的掩映下，道路两旁的骑楼建筑显得更加雅致。

画外音（男）：跟随镜头，我们来到了琼海市的主城区嘉积镇，万泉河水在此形成一个月牙状的沙洲，然后曲折蜿蜒，穿城而过。万泉河水静静流淌，不远处的红色娘子军雕像昂首挺立，勤劳的琼海人在万泉河的守护下安居乐业，创造着属于自己的美好生活。

天亮：流淌了上百公里，万泉河的南北两源终于在琼海市合口嘴汇合，从这里开始进入了河面宽阔、水流平静的中下游。

张韬：万泉河流域生态环境优良，水质常年保持在地表Ⅱ类水标准。为了让万泉河水长久保持清又清的状态，2017年，万泉河建立了省、市、乡、村四级河长体系，同时开展水生态修复、水环境整治及沿线的规划改造。

天亮：好，下面我们的记者将带您沿着水路走村串寨，看看沿岸的美丽风景和新风貌、新变化。

记者：我现在在万泉河中游石壁镇附近的河段，我的水上之旅就要从这里开始了。沿着万泉河，两岸遍布着村镇。今天我就带您畅游万泉河，欣赏两岸秀美的风景。沿途我将探访3个各有特色的村寨。好了，我们出发吧。

这里是万泉河旁一个非常普通的小村庄。这里的村民大多数从事种植业或是外出务工。走在这里，我最大的感觉就是绿树成荫，非常干净整洁。可以看出，村民的生活环境非常不错。

我发现村里的墙面上统一喷上了彩绘，里面画满了万泉河里各种各样的鱼虾，展示了万泉河里的生态。由于紧邻万泉河，也为村子里的景色增色不少。

为了实现长久保护，5年前，万泉河建立了省、市、乡、村四级河长体系，在这个村子里，就有一位河长正在巡视，我们去看一看。

石壁镇党委委员、村级河长　曾令菲：今天，万泉河水比较平缓，河水比较清澈，也没有任何垃圾。

记者：除了巡视，您平时还有哪些工作？

曾令菲：我们平时也在推进沿河两岸农村生活污水的处理。

记者：我知道在万泉河附近几乎没有工业污染，那我们怎么处理这个村子里的生活污水呢？

曾令菲：走吧，我带你去看一下这边的污水处理站。这个就是我们村的生活污水处理设备，它通过管道收集每一户的生活污水，再集中处理，达标排放。每一天可以处理40吨的生活污水。

记者：顺着河流，沿岸有一座充满红色基因的村庄。近百年前，琼崖革命武装斗争的第一枪就在这里打响。如今它在传承历史和人文的基础上不断发展经济，提升村容村貌，在去年还获评了海南省幸福河湖的称号。

今天我也提前请到了一位村子里的讲解员，正在岸上等着我们，带我们一起看一看这座红色村庄的新风貌。

椰子寨驻村工作队队员、义务讲解员　李达升：2017年我们修建了亲水广场、椰子寨战斗纪念馆及"第一枪"的标识，这也是我们现在村庄的一个标识，是（琼崖革命）第一枪打响的地方。

记者：村庄的变化不仅体现在红色基因的传承，还体现在硬件设施的完善上。当地政府将红色历史主题和美丽乡村建设相结合，帮助椰子寨发展乡村旅游；同时改善民居，让村民的日子过得越来越好。昔日万泉河畔的浴血奋战，成就了今天的幸福生活。

现在我们已经换上小船，来到了万泉河的下游。这里是博鳌镇，镇上分布着很多美丽的村庄。据我了解，博鳌镇的农村污水治理覆盖率已经达到97%，这也进一步保障了万泉河的水质。

在前方，我们马上要到达一个码头，这里就是如今的美丽乡村——留客村。

留客村是有名的侨乡，全村有2000多名华侨，分布在世界20多个国家。也正因如此，当年的一些归国华侨在留客村建起了这样具有南洋风情的建筑。这些建筑也保留至今，成为万泉河边的一道亮丽风景。

听村里的老人说，这些木材、琉璃等建筑材料，都由当年下南洋的船队从海外运来。早年的琼海华侨纵使历经风雨，看过世界，也依旧留恋万泉河边美丽的家乡。

2019年开始，留客村通过村企合作的方式，整合集体土地，建设万泉河边的美丽乡村。经过开发建设后的留客村既保留了古色古香的建筑，也建设了配套的旅游基础设施，吸引了不少游客前来畅游山水、休闲度假，这也为当地的村民带来了收益。

我现在就来到了当地一个村民的老宅里。阿姐，您好！

留客村村民　莫红英：您好。

记者：您现在做什么工作呀？

莫红英：现在在村里当保洁。

记者：那您现在一个月能挣多少钱？

莫红英：3000块，这个工作对我来说很好，工资又高，比以前在外面打工轻松多了。

记者：一路走下来，我们看到了万泉河水清又清，也看到了岸边居民的日子越过越红火。通过不断加强生态治理，这条被琼海人民称为"母亲河"的河流，正不断焕发出新的生机，万泉河也将见证河畔居民更加美好的生活。

张韬：其实，我们已经跟随记者的小船来到了万泉河的最后一站博鳌镇，万泉河即将在此汇入茫茫南海。

天亮：博鳌有鱼多、鱼肥之意，2001 年，博鳌亚洲论坛在这里正式宣布成立。20 多年来，小渔村华丽转身，受到了世人瞩目。

张韬：经过多年的建设，这里已经成为世界一流水平的会议中心和特色鲜明的旅游、度假、休闲中心，而博鳌效应也辐射周边，带动周边的村镇，打造"美丽乡村会客厅"。那接下来，我们就共同去博鳌逛一逛。

记者：来到博鳌，大家应该都想去博鳌亚洲论坛的会址打卡。可能有的人还不知道，除永久会址外，博鳌亚洲论坛还有一个成立会址，那我们今天就先带大家去那里看看吧。

这里就是成立会址了。整个会场的棚顶是用白色特殊钢膜覆盖而成的，成波浪状，似船帆指引方向。2001 年 2 月，博鳌亚洲论坛就是在这里宣布正式成立，并在此处承办 2002 年的首届年会。

利用海南得天独厚的气候条件，将这里打造成为一个全开放式的会场，坐在这里开会，就能欣赏到万泉河的美景。距这里 2 公里外，就是永久会址所在地——东屿岛。

我们已经来到了东屿岛，这里就是博鳌亚洲论坛的永久会址。从 2003 年第二届年会开始，博鳌亚洲论坛的大部分会议都在我身后的会议中心召开，已经有整整 20 年的时间。

整个会议中心是一个近似圆形的建筑，总面积有 37000 平方米，总共分为 3 层。主会场是位于会议中心的二层，能够同时容纳 2000 人与会。

在博鳌亚洲论坛大酒店的大堂内，有一幅 10 米高的巨型壁画，这幅壁画是双面的，正面取名为"万泉归海"，上面用金色的熔铜雕琢成涓涓溪流涌入大海。正像博鳌亚洲论坛的意义一样，海纳百川，凝聚共识，为亚洲和世界的发展汇聚正能量。

这里是距离博鳌亚洲论坛不到 5 公里的沙美村，东边紧邻万泉河九曲江和龙滚河交汇而成的沙美内海。独特的地理优势和美丽的自然风光，让这里成为博鳌亚洲论坛期间中外嘉宾们喜欢的打卡点。

在沙美内海的西侧，一栋栋琼北民居风格的建筑让沙美村又多了一份属于海南的独特魅力。随着近年来美丽乡村的打造，村民们在家门口开起了民宿和咖啡馆。

沿着沙美内海走，就能发现这样一座古色古香的凉亭，刚才我在这边转了一圈，发现这里包括桌椅在内都是用造船的木材建造而成的，而且四面皆美景。博鳌亚洲论坛期间，来宾们可以在这里感受到椰风习习，来一场不扎领带的会谈。在会场之外，还能感受到海南美丽乡村的风情和文化。

琼海市博鳌镇沙美村党支部书记　冯锦锋：今天，博鳌（亚洲论坛）期间负责餐饮的陈师傅在这里设计新的菜品，我带你去看看。

博鳌亚洲论坛 2022 年美丽乡村会客厅餐饮总监　陈家斌：我已经连续两年负责博鳌年会期间的餐饮工作了，这是件让餐饮工作者自豪的事。美丽乡村、万泉河中的美景和新鲜的食材，给我带来了很多创作的灵感。

（这道菜）是万泉河鱼，拿豆浆来代替奶油，尝尝。

记者：好。这鱼肉很紧实，有淡淡的豆浆甜味在里面。

从永久会址的世界大舞台，到遍布周边的美丽乡村会客厅，位于万泉河入海口的博鳌，已然成为展示中国对外开放形象的窗口。

天亮：万泉河沿岸也是海南省大力发展热带特色高效农业的区域，现在这里的经济作物品种也越来越丰富。

张韬：可以说，今天的节目也是一场水果盛宴，先有新疆香甜的水果，现在又摆上了海南新奇特的热带水果。为什么说是新奇特呢？相信大家去过海南多次，但是今天的很多水果真是第一次见到。

比如说这个，大家能猜到是什么吗？天亮来猜一猜。

天亮：我手里拿了几个。说实话，我觉得这个乍一看就是辣椒，红色的就是红辣椒。这个深色的像个大枣，实在看不出来这是什么水果。

张韬：这个手指粗细的水果，其实是手指柠檬。而且大家看，这个柠檬的果粒是不是就像鱼子酱？刚才在上节目之前我还尝了一下，手指柠檬的味道是柑橘夹杂着柚子的一种清香的味道。

天亮：而且，我们这里有一大盘水果，我都叫不上名字，都不认识。

张韬：我来给大家现学现卖一下，这个叫可可果，那个叫黄金果。还有这个带一点粉色的，叫粉红柠檬。

天亮：相信观众朋友和我们两个一样认识了很多新的水果。我听说，这些水果全是在离博鳌镇不远的热带水果基地种植出来的，那里还有哪些新奇特的水果呢？下面我们就一起去一饱眼福。

记者：我现在来到了海南琼海的世界热带水果之窗，这里引进了超过400 种来自世界各地的新奇热带水果，我估计有一些水果品种您还真叫不上名字来。今天我就带大家一起去看一看、尝尝鲜。

看到这满桌的新奇热带水果，我想先挑几样来跟大家玩一个热带水果连连看游戏。大家看我右手这一列，是几种常见的食物；我左手这一列，是要跟它们连连看的新奇热带水果。

首先来看这个杨桃，您是不是要把它跟这个长得特别像杨桃的瓜连一起呢？这可就错了，这叫作杨桃瓜，也叫作非洲牡蛎瓜。我们一般只吃它的瓜瓤部分，（这部分）像青枣一样脆。

接下来再看这个火龙果，我把它跟这个金黄色的水果相连。这个叫作燕窝果，它的果肉像燕窝一样晶莹剔透，结构呈现细丝状，老家在美洲。

接下来我要提高难度了，因为这里的一些水果可以说是美味到跨界了。您看这块巧克力，我把它跟这个叫作巧克力布丁果的水果连一起，巧克力布丁果成熟之后，它果肉的颜色跟巧克力特别像，口感也非常软绵，搭配甜点吃才是它的正确打开方式。

最后要连一起的就只剩冰淇淋和冰淇淋果了，这个冰淇淋果的果肉就像是一个冰淇淋球，口感真的是入口即化。

这两样像甜品一样的水果都是从墨西哥引进的，而且特别受欢迎。基地里还有很多来自世界各地的新奇热带水果等着我去打卡，看来这个世界热带水果之窗真的能满足我们不出国门便可以看遍、尝遍全球热带水果的愿望。

张韬：大几百种新奇特的水果，真是让人大开眼界，我打算一会儿下了节目，就从它们开始尝起。

天亮：那么，是谁把这些新奇的热带水果引进琼海，并且大规模种植推广的呢？下面我们就来认识一下这位新果农，听听他的故事。

琼海"世界热带水果之窗"项目负责人　王俏：我叫王俏，是土生土长的琼海人。我的父母是果农，2017年，我返乡创业，当起了一名"新"果农。

您刚才在园区看遍了我们全世界的热带水果，也吃了不少世界佳果，我们还用全世界的热带水果做了一百多道水果特色菜。先猜一下这个是什么？

记者：火龙果炒饭。

王俏：对的，这是我们火龙果做的红红火火炒饭；前面这个是用大杨桃（瓜）的籽、杨桃（瓜）籽做的虾滑蛋；这个是来自于澳洲的手指柠檬，它可以搭配各种菜品，比如说手指柠檬五花肉、手指柠檬凉拌包菜、手指柠檬角虾都可以。

开始时，我们引进了1000多份手指柠檬种质资源，但是引进以后，种植的时候才发现，有些根本就不会发芽，有些经过3年种植后得到的根本就不是纯种。我们又花了3年时间，到原产国去引进新的品种来培育，总共花了6

年的时间才培育出现在适合商业化种植、产量好、品质好的手指柠檬品种。

我们向周边农户租用土地，并雇用他们来基地务工。这样一来，果农收入提高了，基地热带水果种植面积也逐步扩大。目前，园区有示范和实验性种植新品种水果20万余株，有近20种引进来的优选品种在全省产业化推广，种植面积达到了2.5万亩。

我心中一直有一个热带水果种植梦，想把全世界的热带水果新品种都引入到咱们琼海来种植，经过开花挂果，让全国人民都吃上我们的世界佳果。同时，我也看到海南的热带水果种植同质化严重，我当时就想，为什么我不开发利用手上的一些优良热带水果种质资源呢？目前的话，我们引进了来自全世界各地400多个热带水果新品种。

在2019年的博鳌亚洲论坛上，我们寻找到了欧盟的采购商，签署了2000万元的手指柠檬采购协议。同时，我们积极开展农业对外交流合作，为泰国等东南亚国家提供技术服务，合作种植热带水果2000余亩。

我是土生土长的琼海人，博鳌给了我们开放的机会，我们又来反哺家乡。万泉河哺育了我们，我们希望用自己的力量反馈给这片土地，给这片土地带来新的生机。

天亮：引进来，走出去，开放的博鳌焕发新的生机，带来更多的机遇，奏响激昂的乐章。万泉河畔，南海之滨，清清万泉河与滔滔南海在此相遇，逐渐交融，形成独特景观。

张韬：万泉河的入海口是河流出海口自然风光保护较好的地区之一，接下来我们就一同跟随航拍镜头，领略一下那里的魅力。

画外音女：现在我们从航拍画面中看到的是万泉河的入海口，奔腾的万泉河水从五指山一路东流，在琼海市博鳌镇与其南面的九曲江、龙滚河交汇，缓缓汇入广阔无垠的南海。

一条狭长的白色沙洲玉带滩横卧在万泉河与南海之间，玉带滩全长8.5公里，最宽处约300米，最窄处涨潮时仅10余米。内侧的万泉河沙美内海湖光山色，外侧的南海烟波浩渺、一望无际。一边河水静流，一边海浪翻涌，构成了一幅奇异的景观。入海口处还有东屿岛、沙坡岛、鸳鸯岛，三岛隔水相望。

良好的生态环境也吸引了越来越多的鸟类来此繁衍生息，临海而建的旅游公路也将河海串联，绵延的海岸线风光旖旎，海浪轻拍沙滩，海风吹拂椰林，吸引了许多人来这里体验人与自然和谐相处的魅力。

天亮：今天我们的节目带大家一起探访了直线距离3000多公里的塔里木

河与万泉河，塔里木河自雪山冰川走来，穿越沙漠、戈壁，润泽丝路绿洲，沿岸各族儿女倾力守护，助塔河展千里奔腾之美、奋进之姿。

张韬：从万泉河源头的清泉步步，到上游的激荡回旋，中下游的婉约秀美，再到入海口的独特景观，都向世界展示着它的生态之美、开放之姿。

明天是国庆假期最后一天，《江河奔腾看中国》将带大家领略大运河的风姿。

天亮：好，感谢大家收看今天的特别节目，再会！

张韬：再会！

（https://tv.cctv.com/2022/10/06/VIDEGeBBetX8vqdSs9KAtsyB221006.shtml?spm=C55953877151.PjvMkmVd9ZhX.0.0）

京杭大运河·千年运河　青春正好

宝晓峰：江河浩荡，奔腾向前。观众朋友们，上午好！这里是中央广播电视总台央视综合频道、新闻频道并机为您直播的特别节目《江河奔腾看中国》。

从10月1日开始，我们已经带您分别了解了长江、黄河、松花江、辽河、淮河、珠江、闽江、塔里木河和万泉河等重要水系。

何岩柯：我们今天要关注的是京杭大运河，千年水运，万物通济，大运河从时间上连通古今，从空间上贯穿南北，连接中国几大水系。千年来，一直承载着促进沿河两岸经济、文化发展的重要作用。

宝晓峰：接下来，我们将通过水陆空多视角，从京杭大运河的起点浙江杭州出发，一路向北，看我国近年来是如何保护好、传承好、利用好大运河；看金秋时节，沿河两岸的生态美景，品味运河文化的独特韵味，领略京杭大运河新时代高质量发展的新风采。

何岩柯：首先我们通过一个短片了解一下京杭大运河。

画外音（女）：京杭大运河位于中国东部平原地区，南起浙江省杭州市，向北经过江苏省、山东省、河北省、天津市，最终抵达北京市。全长约1789

公里，是世界上最长的人工运河。

京杭大运河始建于春秋时期，开凿至今已有2500多年的历史。京杭大运河把海河、黄河、淮河、长江和钱塘江五大水系联系成一个统一的水运网，是古代南北水运的主动脉。

2022年，水利部联合北京、天津、河北、山东四省（市），开展京杭大运河全线贯通补水行动，对京杭大运河黄河以北河段进行补水。4月28日，实现了全线贯通。

全线通水后的京杭大运河，将为沿线生态环境修复、建设大运河绿色生态廊道起到积极的促进作用。同时，也将对沿岸地区的经济文化发展与交流发挥巨大作用。

宝晓峰：千年运河，壮美景秀。经过多年的保护和利用，京杭大运河正在焕发新的生机。

何岩柯：那我们就先来通过一组景观画面，从大运河南端起点出发，一路向北，去感受千年运河的新魅力。

画外音（女）：您现在看到的是位于杭州的拱宸桥，拱宸桥所在区域作为杭州水运的北大门，曾是漕运往来的交通要道。现如今，这条河道依旧繁忙，满载货物的船只从桥下穿梭而过。

运河两岸临水而建，沿水成街，白墙黛瓦，绿植环绕。千百年来，大运河宛如一条玉带，蜿蜒在此，以水波为笔，以船帆点缀，描绘出一幅江南水墨丹青的千秋画卷，见证着古今繁华。

何岩柯：这里是位于江苏扬州市区南部，古运河畔的三湾片区，是天然的生态湿地和重要的水工遗产。历史上，为解决漕运交通的问题，古人把原有的100多米长河道改弯后，变成1.7公里，形成此时运河三湾的景象。

近年来，当地着力加强大运河扬州段沿线生态修复与文化保护，为百姓小康生活打上生态和文化底色。

宝晓峰：现在大家看到的是京杭大运河山东段的四女寺水利枢纽，从空中俯瞰，大运河水在通过四女寺水利枢纽后，被一分为三，其中较窄的河道是大运河的主航道；另外两条比较宽阔的是减河与岔河，担负着防洪、灌溉、输水等重要功能。

今年4月28日，四女寺水利枢纽的闸门缓缓开启泄水，这标志着一个世纪以来，京杭大运河首次全线通水。与此同时，沿河两岸植被不断地在恢复，生物多样性正在逐渐改善。

何岩柯：金秋时节，大运河河北香河段，河面碧波荡漾，绵延浩渺，与周围城市和绿地形成了一幅幅生态画卷。这里上接北京通州，下连天津武清，是大运河连接北京、天津的重要节点。

2021年，这里与北京通州实现了旅游通航，跟随游船，可以看到运河两岸绿树成荫，郁郁葱葱，野生鸟类穿行其间的美景。

宝晓峰：跟随镜头，我们来到天津的三岔河口，大运河在天津被分为了南北两段，上与北京相通的北运河，下能直达浙江杭州的南运河，在三岔河口交汇，流入海河。"地当九河津要，路通七省舟车"，描述的就是大运河给天津带来的地理优势。

漕运鼎盛时期，三岔河口船舶南来北往，天津成为我国北方水运的交通枢纽。现如今，三岔河口成为天津这座城市的风景线，这里有水清岸绿的优良生态，更有百姓看得见、摸得着的幸福生活。

画外音（男）：您现在看到的是京杭大运河北京通州段，这里如今是北京城市副中心。通州历史上因漕运通济而得名，曾经是漕运的重要枢纽。通州大运河文化带是北京三条文化带之一，近年来，经过大力治理，运河水由劣Ⅴ类提高到Ⅳ类，水质得到显著提升，河道宽了，水更清了，岸更绿了。

如今，以大运河森林公园为主，已建成连片的滨河公园，成为人们休闲健身的好去处。

宝晓峰：悠悠运河，流淌千年，流过浙江、江苏江南水乡的秀美富庶，流过山东、河北一望无际的沃野平畴，流过天津、北京繁华都市的文明时尚。

何岩柯：千年古运，通江达海，运济天下。浙江杭州是京杭大运河的南起点，古运河穿城而过。近年来，浙江着力打造运河文化，将文化和旅游融合，深度开发利用大运河资源。

这个国庆节，杭州大运河边的小河公园正式对外开放，而且国庆期间，每天都有公益的活态艺术在这里展演，下面我们就一起跟随总台记者，去看看这个运河边的新公园。

记者：我现在就在京杭大运河的杭州段。说起变化，第一，就是这河道。河道上我们能看到旁边有运输船、旅游船，还有我所在的这个公交船。公交船和公交车一样，是杭州市民上下班通勤的一个选择，到任何一个站点都只需要3块钱，而且在船上我们还可以欣赏两岸的风光，能够看到沙鸥、白鹭，并且不会堵。

为什么不堵呢？我们能看到在运河之上有很多红绿灯，杭州人把数字化的红绿灯加装在运河全线上，可以实时地监测整个运河的流量，船是否超载，是否有排污。数字化赋能，让运河维持着好生态，通行速度快。

第二个变化，就是我眼前的这座小河公园，这里以前是新中国成立之后，浙江省的第一个油库，现在油库已经搬迁了，油罐、厂房却保留了下来，浓浓的工业风也成为小河公园最大的亮点，成为附近杭州市民晨练、散步、遛娃的好去处。

在这里需要强调一点，小河公园是10月1日才正式对外开放的，这也意味着杭州主城区30.4公里的运河沿线绿道全线贯通。

为了打造永不落幕的运河博物馆，这30.4公里的绿道公园里，会经常有一些公益演出、公益活动。比如：国庆七天，周边的活态艺术馆就将自己的活态艺术搬到了室外，很多家长带着孩子来到这里，现场体验。

现在我们看到的这个就是土布纺织技艺，我也体验一番。

您好，您能简单教我一下这个东西怎么用吗？

土布纺织记忆非遗项目代表性传承人 傅梦帆：好的，我们现在做的这个是土布纺织技艺的一个纺织。纺织其实就是经线和纬线的不断交叉。

记者：经线和纬线。

傅梦帆：对，我手里拿的这个叫梭子，它也是带动纬线的工具，脚踏板就是可以带动我们的经线均匀地分开两层。您看，我的梭子就从两层经线中穿梭而来，然后我们把这个拍筘打下，纬线打平，手织布就这样慢慢织成了，您可以试一下。

记者：它其实是考验手脚的协调能力。就像刚才老师给我介绍的土布纺织的技艺，它总共有72道，而我们所体验的只是最后一道工序。虽然看似复杂，但这些孩子们体验得很好，而且学习得也非常认真。

其实除了土布纺织技艺，我们可以往这边来看，"何处是江南，回首一丛竹"，这边还有竹编，还能看到有油纸伞、冷瓷土的捏塑技艺等。

最近10年，运河两岸的建筑在变化，经济在发展，生态在恢复，老百姓的生活变得越来越美好。同时，运河依然在发挥着它重要的运输功能，老手艺也在手艺人的传承之下散发着光芒，这就是京杭大运河杭州段。流动的史诗，复苏的运河。

何岩柯：京杭大运河见证了沿岸的人间烟火，也孕育了独有的非遗技艺。而随着浙江多地对非遗保护的加强，走进京杭大运河，就像是走进了一座座流动的非遗博物馆。大家看这些古老的民俗技艺文化产品，也随着悠悠流水，延绵至今，书写起了新的篇章。

宝晓峰：那下面就让我们一起走进那些运河边的非遗文化，共同感受千年古运河传承下的传统韵味，寻找运河边的非遗记忆。

运河边的技艺不仅鲜活，而且美好，在传承当中散发着独特的江南韵味。那今天在演播室，我们也特意选取了这几样很有代表性的物件，它们就来自运河的岸边。

　　何岩柯：先给大家展示一下我身边这个风筝，这个风筝虽小，但它是用绫绢制作的，绫绢是绫与绢两种织物的合称，是用桑蚕丝织制而成。绫绢是浙江著名的传统工艺美术品，距今已经有数千年的生产历史了。

　　其实绫绢风筝有一个很好的寓意，特别是大家看图案上面有蝴蝶，还有牡丹，这也体现出了对幸福和对美好生活的向往。

　　宝晓峰：的确，今天我们给大家展示的这些物品，不仅是一段历史，同时也是一道风景。比如我手中拿的这把扇子，是不是看起来特别的秀丽典雅呢？

　　何岩柯：很美。

　　宝晓峰：这个扇子也叫作绫绢扇，应该跟我们的风筝是同一种材质，它也是我们中国传统手工艺品之一，产于浙江南浔。它用细节的纱、罗、绫等制作而成，这把团扇的造型非常精美。

　　扇面上的图案，是春色花鸟图，体现了春意盎然、蓬勃生机，一片欣欣向荣的优美景色。

　　何岩柯：而且我发现，这个扇子跟你的气质特别搭。

　　宝晓峰：哦，是吗？

　　何岩柯：中间这个毛笔可能跟我的气质很搭。它叫作湖笔。因为从元代开始，这个湖笔就被广泛地使用，闻名于世。

　　宝晓峰：一支湖笔的制作，一般经过12道大工序，120多道小工序，非常复杂。而且湖笔制作的精湛工艺，也体现了劳动人民不凡的智慧和技能。

　　何岩柯：的确，传承保护千年运河文化，其实一代人有一代人的担当。近年来，运河沿线地区不断地将可持续发展理念与文化遗产保护传承相融合，结合信息技术，持续提升大运河文化遗产的价值，让大运河活在当下，流向未来。

　　宝晓峰：那下面我们就一起去看看浙江大学文物数字化团队，是如何利用数字化技术，让拱宸桥活起来的。

　　浙江大学文物数字化团队工程师　檀剑：你看这个地方，它就是经过了风吹日晒，然后被侵蚀了一块，跟其他地方（相比），以前应该是一个完整的状态。

　　注意那个桥墩子，要多拍几张。无人机，加上我们地面的相机拍摄，一共拍摄了 18000 张左右，大概 1 个多 TB 的数据。然后经过后期软件处理，再生成我们最后的结果：高精度的纹理映射模型。

浙江大学文物数字化团队工程部负责人　黄硕：我们通过技术手段，把现实的拱宸桥搬到计算机里面去，然后我们现在看到的是第二个步骤，我们叫作第二座桥。第二座桥是通过数字化的手段，以及虚拟的手段，去重建一个桥梁。

桥的营造和建设过程中我们使用拍照、测量、三维扫描等技术，进行计算与建模的目的，尽可能完整地保留下这些文化遗产的全貌，随着时间的变化，有些遗产它会"生病"或者发生意外，比如：遭遇到火灾、洪水、地震之类。正因为有这些数字化档案的存在，我们就可以对它们进行复原，用我们数字化的方式保留和保护这些文化遗产，就能让它们长长久久地保存下来。

何岩柯：如今，随着运河功能不断提升，大运河这张金名片给两岸发展注入了新的活力，正在形成一条自然生态和谐、文化底蕴彰显、经济活力迸发的绿色发展带。

宝晓峰：大运河沿岸枕水而居，乘水而兴，河与城、河与民互融共生，一脉相连。下面就让我们去浙江，看看运河边的人们现在都在忙些什么。

运河文化街区设计师　朱胜萱：它是原来的一个老的粮站和茧站，因为它在运河边上，水运比较方便，所以这里就是原来最繁华的小镇中心。但后来慢慢地退出，就一直是一个偏闲置的地方。

我们长期在上海，大部分是设计师出身，吸引我们的就是湖州大运河深厚的文化，围绕着长三角一体化的过程当中，在湖州和上海周边，能够沿着运河边去做一些文化和消费场景，然后让运河的文化能够传递出来，向外界展示出来本地有好的文化自信。

创业青年　陈海欣：您好，您的咖啡。

创业青年　施洁莹：这边就是一些糕点的展示，这些是我们果子的展示，相当于是一个运河礼物店。

创业青年　周意：运河边有很多博物馆，博物馆有一个镇馆之宝，它有很多表情包可以开发。

10 年前我们在运河最南端的杭州，结合运河的一些本土特色，去做一些文创产品的开发，非遗美食、研学课程（等等）。

我算是杭州比较早期的大学生创业的那一代，随着运河越来越被重视，10 年后有很多小伙伴会围绕运河去创业，在运河边发展生根。经历了 10 年的沉淀，它也成为文创新势力集聚的一个高地。

南浔区高新区工作人员　许颖洁：我们的大运河承载着比较好的货物链接，可以通到上海港和宁波北仑港。

每天都有一到两拨的客商过来参观考察。最近也是签约了很多项目，希望一些智能制造行业、数字经济行业植入进来，带来一些新的活力和发展，大运河也是作为我们招商方面的一个主线，我们通过这样一条脉络，能够链接整个长三角的经济优势。

运河文化街区设计师　朱胜萱：运河的发展在往前走。

创业青年　施洁莹：运河边上，有理想、有情怀、有抱负的青年小伙伴。

南浔区高新区工作人员　许颖洁：能够在我们的大运河附近，去展现自己的人生价值来创业。

创业青年　施洁莹：赋能我们整个运河带。

创业青年　周意：可以接上年轻人的步伐，再走向未来。

何岩柯：运河不仅汇聚了南来北往的人，也带来了南来北往的美食。独特的运河美食文化更是挑动了运河沿岸南北方城市之间所有人的味蕾。

宝晓峰：没错，那么在今天大运河南端的浙江和江苏地区，又有哪些运河沿岸的江南美食呢？让我们一起到岸边去走一走，一饱眼福和口福。

来尝一下，很好吃的木锤酥。

来，绕绕糖，绕绕糖。

来，走过路过，来看一下啊。

看一下，新鲜出炉的袜底酥。

非常棒，每天早上来吃的。

老板，来一碗辣油馄饨。

这是运河船点，琅蟹鱼汤饭。古人下江南，游运河时就地取材，在船上烹饪的运河菜系。

何岩柯：刚才这个短片，我们一起领略了江浙的美食。从浙江往北，就到了运河的江苏段。这些年来，江浙也是依托运河，增强经济和文化的交融。

宝晓峰：在江苏的六圩河口，长江和运河两条河流在这里交汇。总台记者乘坐直升机，带您领略江河交汇的壮观场景，一起感受运河上川流不息的繁忙景象。

总台记者　李筱：我现在飞越的是运河扬州段六圩河口。在镇江的对面，隔着长江就是扬州了，两座长江沿线的历史文化名城在这里隔江互望。

这条与长江垂直、线条笔直的水道，就是京杭大运河。而我们现在从高空所看到的，就是六圩河口，也是京杭运河与长江干流在江北的交汇水域。

相比于长江江面，六圩河口比想象中更为窄小，但业务非常繁忙。20多条船连成一列，长龙一般，画出一条优美的圆弧线。

这座红白相间的灯塔，就是六圩河口的灯塔，过去跑船人到这里都得看两眼，因为是航行的指示标。如今这里建成了一个灯塔公园，吸引了不少游客前来游玩。

自古以来，六圩河口都是船舶通行的一个要道，来往于此的船流，通过不同的方向，每天平均通行千余艘。看着水面上来来往往的船舶，有一种百舸争流的感觉。

运河自古以来，首先是用来运的河，和旱路一样，水路也有十字路口，经常会拥堵不堪，因为船只太多了。海事部门也是在这里设立了水上岗亭，保证船只安全通过。

顺着运河，我们来到了古镇施桥，施桥船闸是大运河航道最为重要的枢纽之一，施桥船闸也是扬州水上的南大门。近些年来，船舶通货量连续5年超3亿吨，持续创造了全国内河船闸年通货量的新高。

随着绿色现代航运示范区的水上交通工程的建设设施，如今的大运河已经成为一条集航运、旅行、水利、景观、遗产等功能为一体的综合性运河，在促进经济腹地与沿海地区物资交流、推进沿河产业合理布局、文旅资源开发利用和经济社会发展的诸多领域，都发挥着至关重要的作用。

何岩柯：我们都感受到了，大运河现在依然承担着繁忙的航运任务。近年来在发展的同时，江苏也在更加细致地去保护大运河的生态环境。

宝晓峰：眼下，在苏北运河段，绿色航运示范带建设正在全面展开。那么绿色与航运如何统一呢？总台记者到江苏淮安一处经过改造的运河锚地进行了探访，我们来看他发回的报道。

总台记者　汤涛：我现在所在的位置是京杭大运河淮安段一艘正在靠岸的货船上，这艘船拉的是石子，从湖北的武穴送往江苏徐州。还没有到达目的地，这艘船为什么会选择在这儿临时停泊呢？我们先通过航拍镜头来看一下。

这些船都是在这儿等待过淮安船闸的，他们之所以选择在这里等待，因为这块锚地是去年刚刚打造出来的，既缓解了船舶过闸前的等靠难题，也给船员生活带来了便利。

锚地长1500米，在岸边，每隔几十米就有一个这样的悬梯，方便船员上下船。我们看到这些船员正在将缆绳固定在缆桩上面。这种缆桩每间隔20米左右就有一个，就是为了方便固定船舶。

在这片锚地，补水是免费的，船员打开手机，在这个补水桩上扫码以后，就可以选择加水了。另外，船员还会用手机扫描这个岸电桩的二维码，便可以将自家的插头插到岸电桩上。岸电桩就类似于一个建在岸边的大插座，这样一来，船在停泊期间的生活用电问题就解决了。

通过我身旁这个水系图大家可以看到，我们现在所在的这个位置叫作淮安锚地，在它下游3公里的位置就是淮安船闸。通过这个图我们还能够看到，淮河入海水道、苏北灌溉总渠、京杭运河3条水系，是在这里交织，这也就意味着，在这块区域是有3个方向的来船。虽然船多，但过闸的时候井然有序，这得益于船舶智能调度系统，船员只要有一部手机，就可以1分钟内办好过闸手续。

这几年，沿线各地也在持续地推进植绿、复绿工作，400多公里的京杭大运河苏北段，目前已有300公里的河段复绿，已建成运河绿色示范带。

如今对于跑船的人来说，大运河是一条致富河；而对于居住在运河两岸的居民来说，这已经成为人与自然和谐共生的绿色幸福河。

何岩柯：从一个小的锚地，我们就能够感受到，当地政府对大运河保护的细心，对跑船人生活的关心，以及提高运河运输效能的用心。

宝晓峰：这一切的努力都是为了能够更好地让大运河成为幸福河。而提到对幸福的感受，我想一定是住在运河边的人们最有发言权。接下来我们就通过一个短片，一起来听听他们都怎么说。

摄影爱好者　王全大：我觉得运河它是一条流淌的诗歌，流淌的画卷。

运河跑船人　周达峰：在我的眼界里，运河就是我的家。

扬州市民　杭树志：这条河流就是绕着扬州城而过，我们的护城河就是运河。

摄影爱好者　王全大：我叫王全大，我拍运河已经将近50年了，一共有1万多张照片。我实际上从小就是在古运河边上长大的，这张照片就是在这个角度拍的，当年是20世纪70年代初，桥还是这个，这样的船现在也看不见了，还是摇橹的。

运河原来的作用是运输，给我们带来衣食住行。现在运河以一种新的面貌出现了，改造以后，特别是近10年来，变化就更大，人文的东西多一点，民俗风情多一点，修旧如旧，让我们去了解（运河）旁边的历史。

运河跑船人　周达峰：我叫周达峰，我在大运河上跑船已经30多年了，常年在船上。

可欣啊，向外公打个招呼，嗨，你要吃什么，回去买东西给你吃。

以前（到了船闸），都要人上去登记，现在直接用手机就可以在网上买票，这就便捷许多。现在开船，很多条件都好了，特别是这几年环保搞得很好，现在水一路都很清澈，我们看到心情也好多了。

扬州市民　杭树志：我叫杭树志，从小在运河边长大，现在在扬州的运河边开了一家小店，希望把运河的文化通过这些文创分享给大家。

我外婆其实就住在运河边，那边有一座桥叫通扬桥。后来上了小学，学历史的时候，介绍到京杭运河，用的那张插图就是那个画面，我当时第一次觉得，这个历史其实就在我脚下的土地。

我们这座城市的文化和这个河流的关系是很密切的，各种生活习惯、饮食、文化，其实都是这条河流带过来的。这个是我自己画的一个图案，这条丝带一样的就是运河。

十几年的时间，两岸变成了公园，老年人可以在那边跳舞，年轻人在运河边打篮球，环境是越来越好了。

很多的历史和沉淀，是通过运河带来的，很希望能够通过自己的努力，把这些古老的东西，通过一个比较有趣的方式传递出来。我也希望更多的人能够来扬州的运河看一看我们这座城市。

何岩柯：运河文化是一种流动的文化、鲜活的文化，运河沿线地区正依托古村镇，使运河文化遗产活起来、美起来，让历史文化在保护中得到更好的传承。

宝晓峰：大运河江苏段分布着10个世界级非物质文化遗产，239处国家级文物保护单位。京杭大运河也串联起了许许多多的历史文化名镇、名村，那接下来我们就一起去苏州，逛一逛当地的平望古镇，来感受运河边江南小镇的古韵新生。

总台记者　杨滢：这里是位于苏州吴江区的平望古镇，新运河、古运河等4条河流在这里交汇，这里也因此成为苏州运河十景之一，平望四河汇集。

船行四方，无论哪一方都绕不开平望，平望也因此兴盛繁华起来。见证平望兴盛的除了运河，还有横跨古运河之上的安德桥。走上安德桥，当地人告诉我，这一块块的小凹槽，其实是马蹄印。

正是凭借着运河，漕运发达，商贾云集，一时的盛景也是可以想象的。

随着运河上的船只越来越多，老运河的运输能力已经被新运河所取代，而古运河依然在古镇上静静地流淌着，当地正被打造成为以运河文化为主题的旅游目的地，平望古镇正焕发着新的生机和灵气。

很多平望的老人都喜欢到茶馆里面来喝茶，清晨一杯热茶，几个好友在一起聊天，这就是平望人一天生活的开始。

而现在越来越多的人到古镇来，能喝到的不只有茶，还有咖啡。我现在所在的这栋建筑，就是古镇新改造的一个书吧，老房子被融入了现代的建筑理念。这是一个改造前后的对比图，外立面贴着满满的小广告，这个就是改造之前的前身，这个就是改造之后的模样了，变化非常大。

每到周末和节假日，许多周边城市的游客会到古镇来逛一逛，体验古镇老街的慢生活。

在古镇博物馆，我们可以看到大运河当时货船船舱的模型。运河给平望带来了丰富的物产，当然也有一些比较特殊的物产，比如辣椒。当地人告诉我，南来北往的船只把辣椒带到了平望，这让大家的口味和饮食习惯变得更加多样化。

老街上，我们还发现了一个老的照相馆，里面可以找到很多平望的老照片。

照相馆老板：这个是最老的莺脰湖的风景，这个是最老的平望汽车站。

杨滢：老照相馆记录着一代又一代人的生活，老人告诉我，子女们现在都留在了当地工作。生在运河，长在运河，运河已经成为他们生活的一部分。

过去平望因为运河而成为繁盛的集市，现在平望古镇正在以更为青春的姿态，延续着昔日的繁华。

何岩柯：其实运河的重生，不仅仅是物理空间的重整，古运河更需要一场立体化的重生。我们刚才说的运河沿岸古镇的这些保护，其实就是古运河立体化重生的一种重要形式之一。近年来，运河沿线的文化古镇都在加大保护力度。

宝晓峰：大运河在苏州纵贯南北96公里，在古城与护城河相连，环绕苏州古城而过，与古城浑然一体。

2014年，中国大运河申遗成功，苏州是沿线城市中唯一以古城概念申遗的城市。航行千里由此过，我家就在运河边。来苏州，在运河上乘一艘画舫，或是在岸边健身步道上走走停停，你会更加懂得苏州人对运河的感情。

何岩柯：大运河江苏段全长是687公里，古时是漕运要道，现在依然发挥着重要的运输作用，每年货运量高达5亿多吨。在苏州，利用江南水网发达的特征，开展多市联运，运河里的货船不仅可以通江，甚至能够达海。我们来看总台记者从苏州国际铁路物流中心发回的报道。

总台记者　杨光：我现在是在苏州国际铁路物流中心，在我身后这条笔直宽阔的河道就是京杭大运河的苏州段。苏州段整个航运非常繁忙，每天有超过6000艘的船舶在上面进行航行。

今天我给大家介绍的主角，是一艘非常特殊的船舶。它特殊在它是一艘河海联运的船舶。正常情况内河船舶和海船、海轮是不能混用的，因为抗风浪的等级，包括设计的标准都不一样。内河的船舶只能在内河航行，而海轮只能在海上航行。但这一艘船却可以将运河跟大海连接起来，它可以实现河海的联运。

它的特殊性首先从它的整个结构来说，比内河船舶抗风浪性更强。但同时我们可以看到它的外观，它的高度又比过去我们常见的海轮要矮一些。比如，我们现在看到的这个白色的部分，就是整艘船中一个船员的生活区。

如果说是海轮的话，可能它的高度会达到三四十米，但是像这样的一艘船，它现在露出水面的高度只有6.5米。为什么要在这个高度？因为目前在运河之上的三期航道河面上的桥梁净高是7米，保证在7米以下，就可以让船安全地、顺利地在运河上通行。

现在我们看到这艘船上装的都是集装箱，实际上它今天刚刚从上海的洋山港完成运输任务之后，载着空箱又回到了我所在的这个苏州的码头之上。

苏州有着大量的货物出口的需求，比如说一些电子类的产品，他们现在都会选择这种河海联运的方式，从我现在所在的苏州国际铁路物流中心装船之后，一路走运河，到达上海的外高桥，最终一站到达洋山港，完成和外轮的对接之后，将货物发往全球各地。

这当中河海联运最大的好处是什么呢？它能够装更多的货物。比如用比较传统的海铁联运，从苏州将集装箱走铁路运到上海之后，它每天只有一班这样的班次，并且每一个铁路上最多只能装80个标箱。而像这样一船可以装124个标箱，能够装得更多。

并且由于这个船只有4艘，因此每周有三班的轮转。而在明年，这个船会增加8艘，届时将有12艘船在整个运河和海洋之间，形成一个相应的班次，这会让整个物流变得更加顺畅。

说完了船，再给大家介绍一下我现在所在的苏州国际铁路物流中心。我现在所在的位置是一个正在建设的码头，包括我身后正在搭建的龙门架，还有岸边的一些岸电设施，他们最大的一个目的就是建成之后，能够让这样的一艘河海联运的船正式地停靠。

今天像这艘船只是为了测试码头的建设，有一个测试停靠。而在今年，这个码头将全部建成，建成之后这个船就可以正式停靠了。而在2025年之前，像这样的码头在这里总共有3个，届时整个的苏州国际铁路物流中心将建成大运河上最大的集装箱码头。

通过运河这样的一个地利，再加上这样的一艘非常特殊的船舶，可以真正让大运河跟世界、跟海洋，有一个更加紧密的连接，让整个在苏州，包括周边地区产出的产品，可以更加顺畅地走向世界各地。

何岩柯：大运河离开江苏继续北上，就来到了山东。运河山东段处于京杭大运河中段，流经枣庄、济宁、泰安、聊城、德州五市，全长643公里。

宝晓峰：大运河从山东济宁的微山湖穿湖而过，微山湖也是京杭大运河的黄金水道。近年来，通过污染防治、生态修复，微山湖焕发出了更加秀美的风光。

画外音（女）：微山湖湿地，蒹葭苍苍，谷草金黄，一首《弹起我心爱的土琵琶》，让微山湖风光声名远扬，当地几乎人人都能哼唱几句。

当地居民　杜洪亚：这两年微山湖的生态环境、自然风光越来越好了，鸟类也越来越多，水生植物也越来越丰富。

画外音（女）：近年来，微山湖所在的微山县，通过增殖放流、退渔还湿、退养还湖等一系列措施，使微山湖水质长期稳定在地表水Ⅲ类标准，通过鱼虾蟹生态养殖，提高渔业产品的品牌价值。

生态养殖，长效治污，让微山湖水质得到了明显的改善。目前微山湖已恢复鱼类近百种，鸟类294种，水生植物148种。

何岩柯：过了山东，大运河就进入了河北。大运河在河北流经多个城镇，在沧州，运河文化也是非常的丰富。今年大运河全线通水之后，北京到河北实现了旅游通航。

宝晓峰：9月1日，京杭大运河沧州中心城区段也实现了旅游通航。这个国庆假期，乘船游览大运河，成为很多沧州市民的假日新选择。我们来看一下总台记者从现场发回的报道。

总台记者　杨海灵：从南川古渡码头登上游船，我现在行驶到了大运河沧州中心城区段。一个多月以前，这里实现了旅游通航，整个通航的沧州中心城区段的全长是13.7公里。此刻游船的速度不快，慢悠悠地欣赏着两岸风光，整个游览的过程1个多小时。

在船上看大运河是什么样的感受呢？这和流经南方时候的婉约不同，北方的大运河有了几分粗犷的味道。两岸都是大片的芦苇，芦苇沙沙作响，和潺潺的水声交织在一起。所以在船上游览，感到非常的放松和安静。

从空中俯瞰，可以直观感受大运河流经沧州时候的姿态。沧州段的全长是216公里，最大的特点之一是弯道密集。你看在已经通航的沧州中心城区段，就有一个大大的U字形，这个U道的全长是2000米。像这样大大小小的弯道，在沧州段一共是有230多个。

当地有一句话，叫作"三弯抵一闸"，意思就是三个这样的弯道可以抵得上一座闸门。古人通过增设人工弯道，为的是降低水的流速，让行船更加地平稳，而且降低水对于大坝的冲击，可以更好地保护两岸群众的安全，所以这也体现了当年修建大运河时候的人工智慧。

现在船行进的过程当中，出现的这座建筑叫作南川楼，它是当地在恢复大运河景观的时候复建而成的。相传当年这个建筑是长芦盐运使司打造而成，沧州是当年非常重要的盐运码头，盐通过运河运往南方，也运进了千家万户。

繁忙的漕运不仅带动了城市的繁荣和发展，也留下了宝贵的文化遗产。在沧州，沿沧州运河而生的非物质文化遗产代表项目就有370多个，像沧州的木板大鼓、吴桥杂技和沧州武术，都是国家级的非遗项目。

现在沧州正在打造中国大运河非物质文化遗产展示中心，将运河沿线的数千种的非遗项目集中展示，让运河文化可感可知，更好地保护、展示和传承。未来沧州还要在大运河的生态修复和文旅融合发展方面做文章，让千年文脉焕发新时代的光彩，给老百姓带来更多的民生福祉。

何岩柯：大运河能够实现全线通水，得益于水资源的保护和综合利用。就在距离沧州不远的白洋淀，通过生态补水和科学保护，水域面积逐年扩大，生态环境持续向好。

宝晓峰：这里不仅成为运河生态带上的一颗绿色明珠，更是为雄安新区的千年计划铺陈了绿色底色，为京津冀协同发展迈出了生态优先、绿色发展的步伐。

画外音（女）：秋日的白洋淀水光潋滟，绿意盎然，芦苇荡轻风徐徐，荷花淀野鸭游弋。湿地内白鸟翩跹，处处都是充满生机的生态美景。

在白洋淀引黄泵站，跨流域调来的黄河水正源源不断地流入白洋淀。白洋淀是华北平原最大的淡水湖泊，对维护华北地区生态环境发挥着重要作用。

为满足白洋淀的生态用水需求，水利部门统筹调度，利用当地水库水和跨流域调水，每年都向白洋淀补水。2018年以来，累计补水超34亿立方米。现在的白洋淀淀区，水位稳定保持在7米左右，淀区面积从2017年的约170平方公里扩大到了约293平方公里。

为了净化水质，在白洋淀上游来水的府河和孝义河入淀河口位置，建成了两处河口湿地。其中府河河口湿地占地面积约4.23平方公里，是目前华北地区规模最大的功能性人工湿地。

白洋淀生态系统独特，143个淀陂星罗棋布，3700条沟壕纵横交错。现在正在推进生态清淤、百淀连通等工程，打通淀区水流、水系通道，提升水动力条件，让白洋淀的水活起来。

这一系列措施，使得白洋淀生态明显改善，野生鱼类、野生鸟类种类正在逐步恢复。

雄安新区安新县西堤村村民　冯帅：白洋淀变化相当大，水质也清了，然后各式各样的鸟也多起来了，比如骨顶、鸥类各种鸟。

何岩柯：离开了河北，大运河就进入了天津。天津境内的京杭大运河全长约180公里，分为南运河和北运河，南北运河相向而流，最终在三岔口汇聚入海。

宝晓峰：文脉相连，文化璀璨。随着运河的流淌，我们来到天津的杨柳青古镇，一起来看看京杭大运河给这里带来的独特文化。

总台记者　王晓沛：曾经有这样的一句诗词来形容杨柳青，叫作"津鼓开帆杨柳青"，说的就是明清时期，由于漕运非常的发达，使得运河岸边的杨柳青的经济文化都得到了繁荣发展。说到杨柳青的文化，就一定要带您来看看由这条运河孕育出的杨柳青木版年画。

走入这条重新修缮的古街，我们可以看到无论是灯杆上，还是脚下的井盖上，都印有杨柳青年画。我想正是用这样的一种方式来记录着、传播着杨柳青的文化，以及大运河的文化。

来到一家画社门口，大家可以看到，室内正在进行的就是杨柳青年画的第四个步骤，叫作手工彩绘，也是用现场来展示的方式，告诉大家更多的杨柳青年画制作背后的故事。

走入这个画社当中，您会发现杨柳青年画内容非常的丰富，而其中有一个特点，很多年画都有一个共通之处，就是有一条河。由于当时漕运非常发达，杨柳青已经成为南方粮畴北运的一个重要枢纽。

而且当时南方非常精致的纸张、颜料，通过运河运送到杨柳青，使得杨柳青的文化得到了繁荣发展的同时，又运用运河之利，把年画传送到全国各地，使它成为家喻户晓的艺术作品。

今年杨柳青大运河国家文化公园已经正式开工建设了，现在看到的就是这座文化公园未来的样子。我身后这座名为"四知书屋"的建筑，它就把屋顶设计成峰峦叠嶂的造型，这样不仅把文化基因融入到有形的建筑当中，同时也满足了古人对于山的憧憬。

未来杨柳青大运河国家文化公园的最高点，就是这座文昌阁。百余年前的琅琅书声，和我们对于知识的孜孜不断的追求，也伴随着大运河水奔腾不息，亘古传承。

说到传承，刚才给您介绍的这座文昌阁，现在已经出现在了文创的小本子上了。这些年，随着杨柳青年画的内容不断地丰富，它的形式也是更加地多样，出现在我们生活当中方方面面，比如这些文创产品上。

而且杨柳青年画这些年已经走入了校园当中，来储备杨柳青年画的后备人才。未来，杨柳青将以文化为主线，以城市公园的形式来讲述更多的属于杨柳青年画、属于杨柳青、属于运河的故事。

何岩柯：除了年画，大运河给天津带来的，还有一种舌尖上的味道。您现在看到的，就是天津用运河水滋养出来的小站稻。

宝晓峰：100多年前，天津当地人用运河水种出的小站稻，颗颗饱满，唇齿留香。

何岩柯：20世纪80年代，随着工业发展，种植面积的减少，小站稻也是一度消失在了百姓的餐桌上。如今，小站稻又重新在天津多个区扩面种植，让人们找回了运河的老味道。而在这背后，离不开的是这片水质发生的变化。

宝晓峰：在过去的几年间，在天津，运河水质出现了怎样的改变呢？我们一起去看一看。

记者　侯雪雍：这里是有着140多年历史的酒仙闸，酒仙闸是目前京杭大运河天津段最古老的水闸之一，也被视为大运河进入天津的标志。您看我身边这个，就是从前人们用来提闸的绞关石，在今年4月，北京、天津、河北、山东四省（市）启动了京杭大运河2022年全线贯通补水行动，南来之水就从这里汇入，与北运河在天津的三岔河口处交汇，实现了京杭大运河百年来的首次全线通水。

大运河流淌至今，不仅成为天津的文化线，也是天津的生态线。从水生态重构到水质监测，让古老的运河成为生态河。无人机航拍、智能机器人探测，天津正在海陆空齐动员，控源、治污、扩容、严管，如今天津的12条入渤海河流已经实现水质全部消劣，总体达到IV类水体标准。

河道恢复生态需要大量的水源，但是天津作为水资源较为缺乏的城市，打造生态河道的水还要从哪儿来呢？答案就在我的手里。您看这是我刚刚打捞上来的经过集中处理的再生水，我们来做一个比较。

在这个量杯当中装的是直接进入污水处理厂未经处理过的污水，经过处理之后，水的颜色由之前的黑黢黢、灰蒙蒙，变到现在的清晰透明。

近年来，天津每年能够实现10亿吨的污水由废转清，特别是以保障重要河道的生态水量为重点，对河道生态补水。同时全市的再生水利用率能够从2015年的30%提高到如今的43%。

水清河畅，枕水而居的天津人，也不断享受河道治理带来的成果。生态休闲林带工程、滨河绿岛工程，大运河也逐渐成为新时代重塑人河环境的纽带。预计到2025年，天津大运河沿线区域的森林覆盖率将达到22%左右，建设沿河绿道70公里。

现在在运河边长大的天津人，喜欢带上初来乍到的好友前往三岔河口。来到北运河的永乐桥，登上摩天轮，欣赏运河美景，感受城市的变迁。

2014年，大运河被正式列入世界文化遗产名录，北、南运河天津三岔口段也列入其中。如今，古老的运河水流入新时代，承载着天津卫的浓浓乡愁；同时，也映射着凝聚力和幸福感。

宝晓峰：大家现在看到大屏幕上所呈现的图片，就是天津三岔河口。南北运河在这里交汇，流入海河，而三岔河口也因此成为大运河沿线重要的漕运枢纽，同时也是天津这座城市的重要发祥地之一。

何岩柯：因水而生，乐水而居，现在这座城市里的人又因为穿城而过的河，有着什么样的生活呢？我们一起去看一看。

高中生　摄影爱好者：我们的团队叫霓虹光影工作室，之所以叫这个名字，是因为我们想用霓虹去创造光影的艺术。我们今天拍摄的是解放桥和天津之眼。

你往前头飞，那我把杆往后头推，前进杆量可以再给大一点。

现在会为了某一个想要的镜头，在旁边等待很长的时间，我们也会为了一个运镜，去飞很多遍。我们会走遍整个天津，去寻找一个更好的角度。

天津的这个海河比较美，所以我比较愿意去围着这个海河沿岸拍一拍天津的美景，用航拍去展现自己家乡的变化，然后让更多人去看到我的家乡更美好的建设。

皮划艇教练　武晓龙：我叫武晓龙，今年39岁，我从2015年成为一名皮划艇的培训教练。从小就一直喜欢体育运动，正好赶上2017年天津市全运会，所以我们决定用皮划艇去影响更多的人。

划船的重要动作是，你前手一定要定位于你眼睛的位置。

皮划艇学员：啥时候到500米，我要赶快回去。

皮划艇教练　武晓龙：继续，划起来。

这几年天津河里的水越来越清，水多好，环境好了，更多人也愿意来学习水上运动了。我希望在未来的5年、10年里，我能成为一个更优秀的皮划艇教练，带更多的人体验水上运动的魅力。在海河里、运动中，感受天津的环境变化。

海河游船船长　王鹏：我叫王鹏，今年36岁，我是海河游船的一名船长，我的工作内容就是带领游客们游览海河上游最美的几公里。我是土生土长的天津人，我家就住在海河附近，毕业之后我还是希望在海河上面工作，就从水手一直做到现在的船长。

我每天开着船，听着这些讲解，一晃都10年了。这个城市每天都有新的变化，灯光也越来越丰富，经过一座桥，有游客拿起手机跟家人直播，称赞天津。我特别愿意跟游客聊聊天，介绍我们天津的历史、景色。

海河对于我们意味着什么，我觉得海河是我们的母亲河，滋养着一代代的天津人，也让我们的生活更美好。

何岩柯：与运河相通的海河，真是天津人的母亲河，荡漾的河水也始终在记录着时代的脉搏。

宝晓峰：接下来，我们就一起跟随镜头，来到河水之上，海河岸边，听听那里奏响的时代声音。

大运河全线文化遗存丰富，随着大运河国家文化公园建设逐步推进，沿线各地依托文化遗产，多点联动，把生态、旅游、教育融合起来，科学规划、突出保护，全力打造大运河文化带、绿色生态带、缤纷旅游带。

何岩柯：大运河南起杭州，北到北京，为了将大运河保护好、传承好、利用好，北京正积极发挥示范作用，将运河通州段的12.1公里的两岸区域打造成运河文化景区。到2022年底，大运河文化旅游景区将会全面建成开放，赶紧去那儿看一看。

总台记者　罗子瑛：这里是大运河文化旅游景区的南区，大运河森林公园，2010年建成开园。十年树木，如今这片林海早已郁郁葱葱，犹如铺在运河两岸的锦缎。

如今的漕运码头停泊的都是游船，从北京通州到河北香河，已经实现旅游性通航，北运河再次串接起京津冀的千年文脉。

"无恙蒲帆新雨后，一枝塔影认通州"，矗立在五河交汇处的燃灯塔，曾经指引着漕船的方向。如今这里是体现运河历史文化的主要承载地，今年国庆节前，这里开始免费对公众开放。

运河之舟、文化粮仓、森林书苑这三大建筑，将成为北京城市副中心的文化新地标，而它们的建造工艺和难度也在不断刷新人们的认知。

为了打造全球最大的无隔墙开场阅读空间，森林书苑穿上了一件全球独一无二的无龙骨、全通透、超高玻璃幕墙外衣，整整276块超大玻璃互为依托，这样的受力结构属全球首创。这些玻璃幕墙高16米，宽2.5米，重达12吨，是目前已知全球最重的玻璃幕墙。

三大建筑往南，原来的东方化工厂所在的区域，现在已经变身成为城市绿心公园，面积有3.8个颐和园那么大。这里保留了古运河河道，还打造了一条拥有彩叶树种的健步道。跑一圈，可以形成一个五角星的形状，还能浏览一遍二十四节气景观视窗。

这还是一个没有围墙的，适合老、中、青三代共同游玩的全龄公园，开园两年，到现在已经接待了游客500多万人次，举行公益活动119场次。这个国庆节期间，天天都有活动，有机会一定来哟。

何岩柯：京杭大运河也为京津冀协同发展注入了新活力，以前运河是一条以运输为主的河，现在是文化河、致富河、幸福河，千年运河依然在散发着新的生机。

宝晓峰：通州区是京杭大运河漕运之要道，这里因运河而生，因运河而盛。近几年来，通州发生了翻天覆地的变化，河道宽了，水更清、岸更绿了，我们就一起跟随记者的镜头，去现场感受一下。

记者：大运河千百年来承载了我国连通南北方物资运输的一个非常重要的历史使命，但是即使到了今天，大运河活力依然不减。今天，大运河上，北京的一只桨板队伍正在进行着训练。而就在不久之前，这里刚刚举行了北京首届桨板公开赛，还有2022北京城市副中心运河赛艇大师赛。

同时在大运河畔，还举办了首届北京露营大会，古老的运河与现代都市人的生活方式紧密结合，成为一条充满生机的活力之河。

大运河同时也是一条生态之河，我们现在所在的位置，是位于通州区的五河交汇之处。这里为什么会有这么多的河流在此交汇呢？给大家看一张图。

大家可以看到，北京的地势是西高而东南低，因此北京城区内90%的排水最后会汇集到这里，然后流出北京。大运河的这段河流，它的水质实际上是北京地区各条河流水质的一个短板。

十八大以后，北京市持续加大了水生态的修复，以及水环境的治理，北运河的水从2021年开始，由此前的劣V类水提升到了IV类水。也正是得益于水生态不断地改善，运河可以有更多的一面展示在我们面前。

运河不仅是一条活力河，还是一条文化的河、旅游的河。从2020年开始，依托运河独特的风光和沿线丰富的历史文化资源，通州区积极地打造大运河历史文化旅游景区。经过两年多的改造，前两天，这个景区的北部区域已经正式地对外开放了，一场文化市集可以让游客在这里体验投壶、蹴鞠游戏，来感受昔日的运河生活和文化。

千百年来，大运河见证着两岸的经济发展和人民的生活变化，在未来它还将深度地参与到北京城市副中心的建设和京津冀的协同发展。我身旁的这片区域，是正在建设当中的运河商务区，这里是北京自贸区和国家服务业扩大开放综合示范区的重点区域。

这里未来将建成以金融科技创新、高端商务服务为重点的综合功能片区，目前整个运河商务区已经注册的企业达到了1.8万家，注册的资金超过了4200亿元。未来北京推动两区建设的政策红利，还将进一步地在这里释放，这片因运河而兴的区域，也必将拥有更加美好的未来。

宿迁市民 万静宇：我是一个生在运河上、长在运河上的宿迁人。小时候，我的父母在运河上经营着一艘货运轮船，我的每一个寒暑假都是在运河上度过的。运河不仅见证了我个人的成长，也见证了我家乡这座城市的发展与变迁。

在我小时候的印象中，望向河两岸，只有无尽的泥滩与一片片的杂草。如今，我在运河栈道上，依然可以看到络绎不绝的货运轮船、运河的风光带、植物景观、娱乐设施和休闲场所。像这样横跨运河的大桥，宿迁一共有10座，连通了运河两岸，便利了居民的出行和生产生活。

常州经开区丁堰街道居民 王晓茹：我在运河边已经生活了40多年，儿时，运河也没有这么宽，发大水时运河会倒灌。经过政府的惠民工程、老房改造，我们住上了高楼大厦。在家里就可以欣赏到运河的风景，而且在家门口也建造了运河公园。

东光县摄影爱好者 郑延涛：我身后就是京杭大运河，原来没水的时候，河床里长满了野草，村民们就在这里放羊，我拍了许多他们的照片。现在来水了，两岸的植物也茂盛了，引来了很多的水鸟。

油坊口村，这个村就坐落在运河的边上，这里有一口古井，在20世纪80年代，这口井就已经干枯了。这几年通过地下水超采治理，这口井又复涌了，尤其是今年，大运河全线通航以后，这口井的水位达到了10米左右。

武清区南蔡村镇居民 吴利军：大家好，我叫吴利军，我们从小就生活在大运河边，现在这条大运河变化是特别大的，水越来越清，环境也越来越好，河两岸的植被也越来越多。每到傍晚的时候，河边全是遛弯的。

现在正是秋高气爽，丰收的季节，我们依托大运河发展旅游，现在来到咱们的葡萄园，这是新品种，我们这也试种成功了，这种葡萄吃到嘴里是满口的香甜。现在全村老少都齐心协力，争取把地种好，把葡萄种好，把环境保护好，芝麻开花节节高。

何岩柯：京杭大运河自南向北，连通了钱塘江、长江、淮河、黄河、海河几大水系，用中华民族的智慧创造了人间奇迹，沟通了南北的繁荣，带动了两岸的繁华，孕育了灿烂的运河文化。

进入新时代，大运河生机焕发，南起长三角，北通京津冀，一条文化带，一条遗产走廊，大运河国家文化公园日新月异，水清岸绿，风劲帆满。

宝晓峰：国庆七天，我们《江河奔腾看中国》特别节目，和大家一起沿着大江大河，领略了祖国的山河秀美、生机盎然，感受了江河流域生态优先、绿色发展的成就。

今天在演播室，我们也邀请到了特约评论员杨禹，来和我们共同解读大江大河所赋予我们的时代内涵，欢迎杨禹。

杨禹：你好。

宝晓峰：今天我们关注了京杭大运河，千年来，京杭大运河始终是连接南北的一个重要纽带，同时它也是推动沿岸地区不断发展的一个重要基石。进入新时代，大运河也呈现出了崭新的面貌。所以在您看来，大运河的这些"新"，具体体现在哪些方面呢？

杨禹：新时代的大运河的故事，有着非常多的"新"，有几点令人印象深刻，正如前面报道里面体现的，一讲到大运河，大家在后面就要加两个字——文化，因为大运河是贯通南北的经济命脉，也是一个重要的文化长廊，而且是贯通古今。

在新时代，它特别体现了，把大运河文化的传统含义跟时代元素有机融合，并将它融入我们国家高质量发展的进程当中，让博物馆里那些文化元素，跟时代、跟生活、跟我们不断前进的经济社会发展更紧密地结合起来。

第二点就是大运河在这些年，跟长江、跟其他那些江河一样，特别体现了坚持"共抓大保护、不搞大开发"这样的理念。2019年，中办、国办印发了《大运河文化保护传承利用规划纲要》，其中就特别强调了这个重要理念。

我们看到了沿河很多生动的故事，其实也有很多是城市的故事、乡村的故事。所以在规划纲要当中，体现了蕴含深意的12个字，要体现什么样的思路呢？即做到河为线，城为珠，然后由线串珠，再由珠去带动整体面的一种空间格局。

所以今天大运河的发展，是以它现有的主河道，还有一些历史上离现在最近的主河道，共同作为基础，由此衍生出了它的核心区、拓展区、辐射区。而大运河作为南北纵向的一条河流，它既能连线成网，又能融会交流。

新时代、新征程上的大运河，在高质量发展中体现了特殊的、不可替代的作用。

宝晓峰：所以千年运河，串联古今，历久弥新。

杨禹：是的。

宝晓峰：在新时代高质量发展中，大运河还在源源不断地散发着生机和活力。

杨禹：是。

何岩柯：不仅是京杭大运河，这些天我们《江河奔腾看中国》特别节目，也是在展现国内重要水系的同时，展示出了一幅生态优美、产业兴旺、文化昌盛、百姓幸福的美丽画卷。杨禹觉得这其中蕴含了什么样的意义？我们能够从中获得什么样的启示？

杨禹：咱们跟广大观众一起连续7天《江河奔腾看中国》，看的是什么呢？我想我们通过江河奔腾，看的是中国之美、中国之绿，还有中国之进，前进的进。我们看江河，能看到大江东去、不舍昼夜的壮美，"黄河之水天上来，奔流到海不复回"的辽阔，也有家门口江河的秀美。

我们看到今天这个美愈发之美，关键在于有一个"绿"字，我们中国的江河都在特别体现着生态环境保护这样重要的追求。通过这样的努力，我们还看到了中国的发展，中国的开放，中国的不断前进。

在看到这些我们共同经历的图景当中，有几点让人印象深刻，比如，通过看江河的奔腾，我们能看到立足全局、立足长远的战略谋划。新时代，习近平总书记亲自谋划推动的五个重大的区域发展战略，都跟江河有关，包括我们看到的长江经济带的发展、黄河流域生态保护和高质量发展，这就是我们两条母亲河。

京津冀的协同发展、长三角一体化的发展、粤港澳大湾区整体的发展，都跟与之相关的江河有着密切的关联。一个长江经济带发展，就连接了11个省（市）；一个黄河流域的生态保护、高质量发展，涉及了9省（区）。从全局、从长远，不仅谋划今天，而且为子孙后代做谋划，这是从江河奔腾当中能感受到的。

通过江河奔腾，我们还特别能感受到今天前进当中的锐意进取的改革创新，这里边有发展的故事，更有改革的故事。比如：涉及江河，它就有上下游的关系、左右岸的关系、干支流的关系、江湖库的关系。要处理好这些跨越了传统行政区的流域内的关系，一定要用制度的创新，包括围绕江河、绿色发展，一定有很多生态产品价值实现机制的这种制度创新的探索。

中国人谈到江河，总会体会它其中深沉的文化自信，体会它的时代精神。所以通过《江河奔腾看中国》，我想看到的、感受到的是新时代、新征程上，中国人民的奋斗状态。

在前进当中，中国的江河，百折不挠，大江东去，奔着自己的目标滚滚向前，克服一切困难、一切障碍的精神力量，能够唤起多少共鸣。

有一首歌我想大家都知道，叫《祖国不会忘记》，有几句歌词跟节目的主题特别相关，说"我把青春融进祖国的江河，山知道我，江河知道我，祖国不会忘记我。在辉煌事业的长河里，那永远奔腾的就是我"。

这个"我"，是大我，是14亿多勤劳勇敢的中国人民，在新时代、新征程上，我们继续奔腾向前。我们通过看江河，本质上看的是勤劳勇敢、不断奋进的中国人。

何岩柯：沿着大江大河，我们确实感受到了时代之美、祖国之兴盛、民族之兴盛。非常感谢杨禹的评论，我们也相信，未来我们将会开启更加美好的新篇章。

杨禹：是的。

何岩柯：中央广播电视总台新闻频道、综合频道并机直播的特别节目《江河奔腾看中国》今天就要结束了，国庆七天假期里，我们沿着长江、黄河、松花江、辽河、淮河、珠江、闽江、塔里木河、万泉河，以及京杭大运河，看到了新时代神州大地美不胜收的自然画卷，日新月异的发展盛况，还有安居乐业的百姓生活图景。

宝晓峰：的确，江河之美映衬着时代之美，江河之变反映着国家之变，江河之兴展现着民族之兴。

何岩柯：江河奔腾，中华锦绣。让我们在新征程上，像一往无前的江河那样，不惧激流险滩，不畏艰难险阻，勇毅前行，创造更加美好的明天。观众朋友们，再见！

宝晓峰：再见！

（https://tv.cctv.com/2022/10/07/VIDE9YXCR8dzRVuM0FN5P88c221007.sht ml?spm=C55953877151.PjvMkmVd9ZhX.0.0）

"江河奔腾看中国"
主题宣传活动
中央媒体作品集

中央广播电视总台央视
《中国新闻》

◎江河奔腾看中国｜万里长江新气象　山水人城更相融

◎江河奔腾看中国｜强化流域系统治理　护佑黄河长久安澜

◎江河奔腾看中国｜松辽流域滋养黑土地　物庶民丰五谷飘香

◎江河奔腾看中国｜淮河千里扬波　涌入新航道

◎江河奔腾看中国｜珠江闽江展新貌　向海图强开新篇

◎江河奔腾看中国｜塔里木河万泉河　治理有方助经济

◎江河奔腾看中国｜生生不息运河水　蓝绿交织现繁华

江河奔腾看中国｜万里长江新气象　山水人城更相融

（http://tv.cctv.com/2022/10/01/VIDERtgVmgfTE2yjixZ3OOHx221001.shtml）

江河奔腾看中国丨强化流域系统治理　护佑黄河长久安澜

（http://tv.cctv.com/2022/10/02/VIDEDyTUaWGdq0h8CZo9O7kf221002.shtml）

江河奔腾看中国丨松辽流域滋养黑土地　物庶民丰五谷飘香

（http://m.app.cctv.com/vsetv/detail/C10336/58c342f04b194773966358dbd30de
b79/index.shtml#0）

江河奔腾看中国 | 淮河千里扬波　涌入新航道

（http://tv.cctv.com/2022/10/04/VIDETaQ6Oj2mhf54KAl8RHqR221004.shtml）

248

江河奔腾看中国｜珠江闽江展新貌　向海图强开新篇

（https://tv.cctv.com/2022/10/05/VIDEoM1SWEr7hDZqWsWkdl6e221005.shtml）

江河奔腾看中国｜塔里木河万泉河　治理有方助经济

（http://tv.cctv.com/2022/10/06/VIDE2JBHdNZZXGAjkgixtCvL221006.shtml）

江河奔腾看中国｜生生不息运河水　蓝绿交织现繁华

（http://tv.cctv.com/2022/10/07/VIDEcHYbIoBCjYONzX9KPR3k221007.shtml）

"江河奔腾看中国"主题宣传活动中央媒体作品集

光明日报

万里长江奏响新时代澎湃乐章

6300千米，她从世界屋脊一路奔腾，东流入海；

180万平方千米，她润泽万物而不争，大爱无言。

长江，是中华民族的母亲河，也是中华民族永续发展的重要支撑。共抓大保护，不搞大开发。在发展中保护，在保护中发展。近年来，长江经济带生态环境保护发生了转折性变化，经济社会发展取得历史性成就。长江经济带正成为我国生态优先绿色发展主战场、畅通国内国际双循环主动脉、引领经济高质量发展主力军。

清水长流——同心共护母亲河

一夜难眠。9月20日一大早，四川省遂宁市蓬溪县荷叶乡涪兴坝村民间河长吴让忠就急匆匆地出门了。"下了一夜雨，不晓得上游有没垃圾冲下来。"几分钟后，吴让忠到达了自己负责的水域乌木段。看到江水清亮澄澈，他松了口气："这要是几年前，江面上的漂浮垃圾早就堆满了。"

近年来，遂宁在全国率先建立"行政河长+技术河长+民间河长+河道警长+检察长"五长共治新模式。截至2022年8月，全市6个国考断面水质达标率达到100%。

峡尽天开朝日出，山平水阔大城浮。9月底，在"一半山水一半城"的湖北宜昌，滨江公园提档升级后，从葛洲坝坝头到猇亭三国古战场，沿江50里滨江步道贯通，步移景换，美不胜收。

记者行至王家河江豚科普平台时，恰巧望见约百米外两头江豚吹浪，忙不迭地掏出手机拍摄。一旁的市民郑先生说，这没有什么稀奇的，我们经常见。记者心想，怎么不难得呢？去年初，这里还是油库码头。

在湖南省岳阳市城陵矶三江口，最吸引人眼球的莫过于被称为"胶囊"的巨型散货大棚。

"作为湖南人，吃得苦、霸得蛮、耐得烦，要搞就搞第一。"湖南省港务集团董事长、党委书记徐国兵说，以前货物露天堆放在港口，经常晴天一身灰，雨天一身泥。公司积极响应岳阳市建设长江经济带绿色发展示范区的要求，率先规划建设巨型"胶囊"。散货大棚长470米、宽110米、高46.5米，成为长江流域首个巨型"胶囊"形散货仓库。

生态好不好，看鸟往哪儿飞，鱼往哪儿游。近年来，上海加快推进崇明世界级生态岛建设，坚持人口规模、建筑密度、建筑高度"三个管控"，建立空间留白机制。地处北长江口的崇明岛，2018年底就在全国率先实现全域退捕。

崇明所在的长江口地区，是西伯利亚—澳大利西亚候鸟迁徙的重要中途驿站。观测数据显示，崇明本岛占全球种群数量1%以上的水鸟物种数，从2011年的7种提升到2020年的11种，总数从25万羽增加到33万羽。白头鹤、黑嘴鸥、黑脸琵鹭等珍稀濒危鸟类，已成为崇明岛的常客。

披沙拣金——提升发展"含绿量"

让青山绿水常在，让生态与发展共赢。

四川宜宾，金沙江与岷江在此汇流，这是一个以白酒、煤炭"一白一黑"两大产业为支撑的资源型城市。2016年以前，连一个整车制造厂都没有。近年来，宜宾肩负构筑长江上游绿色生态屏障的重任，加快发展新兴产业，推进绿色转型。

7月21日至23日，2022世界动力电池大会在此举行，宜宾签约一大批动力电池和新能源汽车配套项目。项目达产后，预计可实现产值超1500亿元，为四川打造万亿级动力电池产业集群及宜宾打造"动力电池之都"再添新动力。

眼下，在长江最大的支流汉江上，湖北襄阳市东西轴线道路工程鱼梁洲段项目，已进入收尾阶段。鱼梁洲段项目两过汉江、下穿鱼梁洲，是汉江第一条公路隧道，是国内整体建设规模最大的内河沉管隧道。襄阳市政府投资工程建设管理中心总工程师张林介绍，其实一开始是建桥过江方案，但这会破坏鱼梁洲的湿地生态，与市委市政府打造"城市绿心"的总体规划不符。经权衡论证，最终采用建隧道过江过洲。

襄阳好风日，醉美鱼梁洲。近三年，鱼梁洲新增绿化面积800万平方米，相当于给襄阳城区市民人均增加5平方米绿地。

地处长江腹部的湖南，将长江保护修复攻坚战、污染治理"4+1"工程等标志性战役和专项行动紧密结合，向城镇污水、化工污染、船舶污染、尾矿库污染全面"开战"。

六年来，"一江一湖四水"391个砂石码头被取缔，小散泊位254个全部拆除，27个长江干流岸线利用清理整治项目全面完成，非法采砂全线杜绝，长江湖南段38家沿江化工企业和42家城镇人口密集区中小型危化品企业完成关停搬改，尾矿库得到有效治理。

长江入海天地宽。在上海，绿色发展也彰显着广阔未来。

发电厂居然还养螃蟹！在崇明绿华镇，上海华电44兆瓦渔光互补光伏发电项目去年已全容量并网，通过"水上光伏，水下养殖"的方式，实现渔业和光伏的垂直空间错位利用。据测算，该项目可实现年平均上网电量约4651.7万千瓦时，相当于可为约4万户家庭提供全年绿色能源。

上海坚决贯彻新发展理念，致力转变发展方式。截至2020年底，万元GDP用水量19立方米，万元工业增加值用水量34立方米，分别较"十二五"末下降38.7%和35.8%。全市建成市级绿色工厂100家，绿色园区20个，开发绿色设计产品116项，打造绿色供应链11条。

江海相连——畅通双循环主动脉

千百年来，长江流域以水为媒，形成经济社会大系统。如今，它又是连接"一带一路"的重要纽带。

7月26日，空中客车飞机全生命周期服务项目在四川成都双流如期动工，该项目将实现飞机重量90%以上的回收，并通过全球二手航材交易市场实现再次利用。

成都双流航空经济区管委会相关负责人表示，项目落地将补齐客改货、飞机拆解、飞机改装等产业链薄弱环节，带动飞机租赁、二手飞机交易、航材贸易三大市场，对促进航空产业建圈强链、提升四川在全球航空产业链中的地位具有重要意义。

近期，湖南省岳阳市城陵矶新港区智能制造捷报频传。被誉为激光打印机中的"战斗机"的小米激光打印一体机K200产品，实现下线并量产，这也标志着新港区从规模最大的全球喷墨打印机基地，正式向激光打印机产业进军。

新港区党工委书记李建华底气十足，岳阳七大千亿产业和"12+1"优势产业链，构建了岳阳高质量发展的"四梁八柱"，建链、延链、补链、强链态势强劲，265家链上龙头和重点企业持续壮大。

九省通衢的湖北武汉，在光电子信息产业领域独树一帜的东湖高新区，以"光"联通世界，正从"中国光谷"加快迈向"世界光谷"。

十年前，华工科技产业股份有限公司海外销售规模，只有近7000万元。2021年，已逾15亿元。今年还有望增长40%以上。目前，华工科技的高性能光纤数控切割机床，在两年内就已覆盖欧洲市场，在韩国市场连续三年销量居榜首。

华工科技董事长马新强表示，国内市场始终是华工科技的战略基点，企业要通过国内大循环不断锤炼产品，更好参与国际竞争，成为全球市场中不可或缺的一部分。

联通世界的，不只有光，还有水。近年来，上海、南京、武汉、重庆等长江港口发展高歌猛进。长江干线连续多年货物通过量居世界第一，长江已成为全球运量最大、运输最繁忙的通航河流。

船出长江口——上海。9月2日，进出口银行向上海国际港务（集团）股份有限公司和浙江省海港投资运营集团有限公司，投放首笔进银基础设施基金。资金将主要用于支持上海国际航运中心洋山深水港区小洋山北作业区集装箱码头及配套工程建设。项目的实施，将推进长江黄金水道江海联运发展，进一步巩固提升上海国际航运中心地位，促进长三角世界级港口群建设，增强参与全球和区域合作竞争优势。

日月轮转，江河奔流。

穿过亿年的万里长江，正奏响新时代的澎湃乐章。

（2022 年 10 月 1 日 第 4 版 。 https://news.gmw.cn/2022-10/01/content_36062507.htm）

巡天遥看幸福河

文明古国的诞生都有一个共同的故事模式——大河孕育，而黄河就是中华文明的摇篮。在漫长的地质年代，水与土的天作地合，黄河与黄土高原的旷世奇遇，形成了巨大的地理塑造力，大河加厚土，山河激撞，携泥裹沙，形成的惊天伟力，塑造了大片中华民族赖以生存的物理空间。

党的十八大以来，以习近平同志为核心的党中央将黄河流域生态保护和高质量发展上升为国家战略。总书记更是走遍沿黄九省区，先后两次主持召开座谈会聚焦黄河流域生态保护和高质量发展。按照总书记擘画的蓝图，沿黄九省区牢牢把握共同抓好大保护、协同推进大治理的战略导向，推动黄河流域生态保护和高质量发展不断取得新进展。

睇眄四方，这条孕育了中华民族灿烂文明的母亲河，正在成为造福人民的幸福河。

生态保护：正当海晏河清日

她，出青藏高原，舞步轻盈；遇绝壁峡谷，激流怒吼；越黄土高原，恣意滔滔……九曲黄河，亘古奔腾，揽万里江山，阅千年往事。

黄河流域最大的问题是生态脆弱。沿黄各省区按照国家"一带五区多点"空间布局，上游涵养水源、中游水土保持、下游湿地保护和生态治理，黄河全流域正在以亲水、护水的姿态回报母亲河的养育。

海拔约3600米的甘肃省甘南州玛曲县阿万仓湿地属黄河上游水源涵养区，黄河干流流经433公里，补给了108.1亿立方米径流量，占黄河源区总径流量的58.7%。为守护好这个"黄河蓄水池"，甘南州大力实施退耕还林、治理沙化草原、核减超载牲畜等治理。目前，全州草畜平衡基本实现，湿地面积较2004年扩大2.8倍，湿地保有量面积730万亩。黄河径流量比十年前平均增加18.6%，出境水量增加了31%。

黄河进入宁夏，一改咆哮翻滚之势，岸阔浪稀波渺茫，润泽了"塞上江南"。

徜徉宁夏北部的沙湖，黄沙碧水，候鸟翩跹。然而，沙湖水质也曾恶化，一度到了劣Ⅴ类。按照"外部隔离、内部循环、水体置换、污水外迁、生态修复、综合治理"的治理思路，宁夏打出一系列组合拳，2021年沙湖全年平均水质稳定为Ⅲ类，沉水植物面积比三年前增加30%，鸟类品种增加到210多种。近十年来，黄河干流宁夏段水质连续保持在Ⅲ类及Ⅲ类以上，良好水质以上断面比例始终保持100%。

九曲黄河万里沙，浪淘风簸自天涯。黄河与黄土高原，水沙关系不协调是其复杂难治的症结所在。

"宜川森林覆盖率由1980年的20.1%提高到2020年的59.6%，水土流失总面积由2299平方公里降至893平方公里，治理程度达61.2%。"陕西省延安市宜川县副县长曹红星说，通过多年治理，该县每年进入黄河的泥沙量从900万吨降低到400万吨。按照规划，陕西省"十四五"期间将建设拦沙工程2263座、淤地坝420座、实施坡耕地治理102.75万亩。

黄河中上游的内蒙古、山西等省区，遵循黄土高原、毛乌素沙地等的植被地带分布规律，大力实施林草保护，增强水土保持能力，终于换来千山披绿、万壑叠翠。

绿色发展：万里写入胸怀间

黄河生态本底差，表象在水里、问题在流域、根子在岸上。

治理黄河，要"顺流而下"找问题，更要"逆流而上"挖根源，下大力气调整产业结构，摒弃靠要素驱动的传统粗放发展方式，推动高质量发展。

"在黄河流域生态保护和高质量发展先行区建设中，宁夏从水、土、污、林、能、碳六要素资源市场化配置入手，开启'六权'改革，构建确权到位、权能有效、定价合理、入市有序的市场体系，引导资源要素向高质量项目流动。"宁夏回族自治区发展和改革委员会主任李郁华说。

2021年，宁夏6家企业通过竞拍，从国家能源集团宁夏煤业有限公司洗选中心购买到用水权17.586万立方米，"谁节水谁受益"在宁夏蔚然成风。一年多来，用水权改革带动了万元GDP用水量、万元工业增加值用水量分别比2020年下降9.06%、6.17%，农业节约用水1.78亿立方米。

同时，土地权改革实现"盘活增值"，去年以来以"弹性年期"方式出让工业用地94宗4792亩；排污权改革推动"降污增益"，并实现"以权换财"的破题；山林权改革促进"植绿增绿"，全区1386.8万亩林地权属全部厘清，通过"以林换利"，融资担保机构支持山林权在保金额4226万元。

"用好每一滴水"的探索实践，水与其他自然资源的高效组合，伴随着传统产业不断升级、新兴产业不断涌现。

甘肃省立足省情特点和优势，突出强龙头、补链条、聚集群，传统产业"三化"改造不断加快，新能源、新材料、大数据、生物医药等新兴产业发展势头强劲，建成全国首个千万千瓦级风电基地，全国一体化算力网络国家枢纽节点建设稳步推进，全国重要的新能源动力电池和电池材料生产基地正加快建设。

2022年7月，在陕西西咸新区泾河新城"秦创原"1980泾造中心产业园，陕西首条年产2万吨的磷酸铁锂生产线正式建成投产。

这几年，随着"秦创原"创新驱动平台迅速落地成势，一大批科创企业如雨后春笋般在西咸新区拔节生长，越来越多的科研成果选择就地落地转化。该平台依托陕西科教资源优势和高端装备制造、能源化工、汽车、电子信息、新材料等重点产业优势，调动高校、科研院所、企业等各类主体和人才积极性，让一批大院、大所、大企有了融合发展的"撬动点"。

在沿黄九省区，高质量发展正在呈现"黄河怒浪连天来"的澎湃气势。

文化铸魂：不尽黄河浪有声

大河汤汤，泱泱华夏。千百年来，母亲河丰盈着中华民族的精神世界。

黄河流域为中华民族繁衍生息提供了生存空间，也逐渐成为黄河文化生成、绵延的"摇篮"。

民族史专家、宁夏大学教授陈育宁这样解读："黄河文化吸收和扩展了中国传统的农耕文化，同时处于北方诸民族交汇地区，更具有包容性、融合性，是多种文化形态的交替、共存。"

黄河文化流淌在千年古渠里、绵延在长城关口上、萦绕在长征会师地、浸润在民族交融中。新时代，如何更好地保护传承弘扬黄河文化？

最好的保护就是用起来，最好的传承就在生活中，最好的弘扬就在体验上。黄河文化正在沟通历史与现实、拉近传统与现代，融入人们的现实生活，创造出新的文化体验和消费方式。

文旅，打开了讲好黄河故事的一扇窗。

宁夏在黄河文化旅游带沿线开发生态观光、文化探秘、亲子研学等主题旅游产品，推出16条黄河文化旅游主题线路、22条红色旅游线路等。

在兰州，夜幕降临，乘船游于黄河之上，两岸华灯璀璨。东起榆中县青城古镇、西至西固区三江口自然风景区的"兰州黄河风情线5A级大景区"，将黄河文化、丝路文化、兰州历史民俗文化、城市现代文化等元素融为一体。

在陕西历史博物馆，"黄土　黄河　黄帝——黄河流域生态文明与历史文化展"从"大河上下之寻根溯源""大河上下之一脉相承"两个主题出发，河南裴李岗石磨盘、山东大汶口文化红陶兽形壶、山西陶寺遗址陶器、内蒙古鄂尔多斯青铜器、四川汉抚琴石雕……沿黄河13家文博单位180余件文物及相关展品告诉人们，黄河流域孕育了中华民族最早共同体。

在中原大地，去年以来，从《唐宫夜宴》到《元宵奇妙夜》，再到《端午奇妙游》，河南卫视几档节目迅速"出圈"。舞台惊艳的背后，是中华五千年厚重历史的文化自信。

如今的古河之畔，满眼绿色写不尽，人寿丰年福意绵，千年遗韵焕新风。

（2022年10月2日第4版。https://news.gmw.cn/2022–10/02/content_36063611.htm）

松辽奔腾　激荡振兴发展不竭动力

9月末的长白山略显微凉，乘车绕过72道弯，登顶主峰，碧蓝天池出现那一刻，一切烦恼抛之脑后。

水流从长白山天池西北溢口飞泻而下，形成68米的瀑布。高处远眺，河流犹如白色的飘带在深谷中飞舞，被称为白河。二道白河是松花江的正源。向北约1500公里，在大兴安岭支脉的伊勒呼里山中有一条南瓮河，则是松花江北源嫩江的起始段。

作为我国七大江河之一，松花江与发源于内蒙古自治区克什克腾旗芝瑞镇马架子村的辽河一起冲积出松辽平原。两大江河流经的辽宁、吉林、黑龙江三省是我国的老工业基地，诞生了无数个新中国工业史上的第一。

如今，随着新一轮东北振兴战略的实施，在新发展理念的指引下，东三省转方式、调结构、闯新路，加速产业转型升级。江河两岸，激荡着振兴发展的不竭动力。

悠悠江河　润泽沃野良田

金秋九月，天高云淡，在黑龙江省富锦市万亩水稻科技示范园，金灿灿的水稻一直铺展到天际，微风拂过，稻浪滚滚。站在高高的瞭望塔上俯瞰，一幅幅赏心悦目的稻田画，吸引游人到此打卡拍照。

"又是一个丰收年，预估亩产575公斤。"富锦市东北水田现代农机专业合作社理事长刘春说。看着眼前这片高产田，谁能想到，10多年前，这里曾是低产的涝洼地。"政府修建灌渠引来松花江水灌溉，'井水变江水'让土地上'补丁'一样的钻水井、晒水池，都变回了耕地。有效耕种面积增加了2%。"

"江水温度高且富含微量元素，提升水温积温，让土地'减肥'，水稻提质。"富锦市农业技术推广中心副主任张羽介绍，2013年这里建立了国家级的水稻节水灌溉试验重点站，开展水稻灌排节水研究。目前，每亩水田用水量由原来的900立方米降至460立方米，节水近一半。

富锦市位处松花江下游，因这条母亲河的浇灌，让富锦市成为名副其实的天下富足锦绣之地。2021年富锦粮食总产达到63.8亿斤，实现"十八连丰"，粮食产量连续6年位居全省之首。

在富锦市西部松花江南岸，锦西灌区主体工程已全部完工。"锦西灌区是国家'十三五'规划确定的重大水利工程之一，是我省'松江连通'工程首个项目，工程总设计水田灌溉面积可达110万亩，去年4月开闸放水，现已有两个乡镇受益。"富锦市水务局水利工程管护中心主任王军说，目前测算，江灌水稻比井灌水稻亩增产100余斤。

水利是农业的命脉。松辽流域耕地面积约5.6亿亩，是我国最重要的粮食主产区之一。随着松原灌区、尼尔基下游灌区等水利工程建设，流域灌溉面积达到1.88亿亩。源头活水润泽东北"大粮仓"，保障国家粮食安全。

在辽宁省盘锦市大洼区三角洲，除了秋粮丰收带来的收益外，水稻田里，蟹、虾、鱼又为当地农户带来可观的收入。

作为辽河入海口，盘锦市利用丰富的湿地资源，提出把稻田养蟹变为蟹田种稻，同时在稻蟹模式的基础上尝试摸索"稻蟹+虾""稻蟹+鱼"等稻渔新模式，产业规模和效益稳步提升，一直保持"中国河蟹第一市"的领先优势。

目前，盘锦的河蟹养殖面积已经发展到160万亩，今年的产量预计达到7.85万吨，产值40亿元。

中秋节假期第一天，吉林省东辽县辽河源镇安北村"酱香小院"里人流如潮。"做酱，水是关键，俺们用的可是东辽河源头清冽甘甜的泉水。"大酱坊老板杨润兰捧着酱坛子给游客介绍，"这叫'笨酱'，你闻闻香不香。"

水润山村，靠水吃水。依托山清水秀、鸟语花香的自然风光，安北村做起水文章，改善村庄环境，挖掘源头文化，以保护性开发为原则发展生态旅游业，带动村民增收致富。

产业转型 振兴步履铿锵

走进吉林省吉林市江城广场，市标雕塑摇橹人高高矗立，仿佛向游人倾诉着吉林市与松花江的不解之缘。

江水自城西南而入，犹如弯弓，成反"S"形穿城而过，流经50余公里后，奔出城外，逶迤东去。吉林市因此得名"吉林乌拉（满语）"，意为"沿江的城市"，又名"北国江城"。

吉林化纤的生产车间内，雪白的原丝在1000多摄氏度的高温下变为黝黑的碳纤维，成为不惧高温、坚过钢铁的"新材料之王"。全市现有碳纤维研发及生产企业19户，其中规模以上企业12户，成为全国最大的碳纤维生产基地。

不仅以"黑色黄金"碳纤维为首的新材料产业蓬勃生发，包括电力电子、冰雪旅游等产业也逐步发展壮大。吉林石化公司投资339亿元建设吉林省规模最大的单体工业项目，国家高新技术企业在"十三五"末达到216户，是"十二五"末的4.2倍，粮食总产量稳定在110亿斤……白山松水间，吉林市交出产业发展的新答卷。

在辽河油田兴隆台采油厂，一台台"磕头机"正规律地上下摆动，不远处一大片光伏板正源源不断给采油厂供应清洁能源。

"兴隆台采油厂目前在93处站场用上了'绿电'，投运7.5兆瓦光伏建设，年均可减少二氧化碳排放8850吨，相当于种植了49万棵树木。"辽河油田执行董事、党委书记李忠兴说。

辽河油田稠油比例高、开采难度大，既是能源生产大户，也是能源消耗大户。面对加油增气与节能降耗的结构性矛盾，辽河油田打破传统高耗能生产模式，加快绿色低碳转型。

近两年，通过加大节能降耗和绿色替代力度，辽河油田生产能耗总量、碳排放量分别下降11.1%、10%。

沿哈尔滨松花江公路大桥向北，曾经的滩涂地上高楼林立，大项目建设如火如荼。随着哈尔滨新区设立，自贸区哈尔滨片区挂牌，在松花江北岸，一座充满活力的现代化新城正在崛起，以网络安全、信息技术、生物医药为代表的高新技术企业加速汇聚。

17个项目签约，奇安信、腾讯等行业头部企业纷纷落户哈尔滨新区……在今年8月举办的2022世界5G大会，哈尔滨新区收获颇丰。

哈尔滨新区工信科技局局长万勇表示，引来头部企业发展数字经济，将助力哈尔滨新区产业振兴，更重要的是利用头部企业带动产业链，为龙江中小企业赋能。

以新发展理念引领高质量发展。黑龙江省大力发展数字经济、生物经济、冰雪经济，着力打造经济发展新引擎。哈尔滨作为全省"四大产业"集聚区和主阵地，扛起省会担当，奋力为全省振兴发展打头阵。

2021年，哈尔滨新区386家企业通过国家高新技术企业认定，同比增长77%；科技型中小企业859家，同比增长62.38%。

数字的背后，是在体制机制创新撬动下营商环境的持续优化。哈尔滨新区在国内率先试行"以照为主、承诺代证"改革：用"承诺代替证明，信用代替跑腿"，将十多种许可从原来所需的多个环节、要件和时限降为了"零"。创新推出的"无感续证"新模式，让企业在"无感"状态下实现了许可延续。

水清岸绿 百姓吃上生态饭

在辽宁省铁岭市昌图县的辽河封育区内，一望无际的芦苇荡，追逐嬉戏的飞禽，吸引大批游客到此游玩。

"2005年，辽河还出现过断流，没封育的时候，到处都开荒种地，施肥打药，常见的酸得溜、婆婆丁都没有了，鸟儿也特别少。这几年眼见草长起来了，各种鸟也飞回来了，一到节假日好多外地人来玩。"昌图县长发镇王子村村民刘峰打小在这里长大，亲眼见证辽河的改变。

辽河是辽宁省最大的河流，流经内蒙古自治区、吉林省、辽宁省的多个县市，从辽宁省盘锦市大洼区汇入渤海。

辽河干流昌图段总长64.35公里，主行洪保障区面积4.3万亩，已全部退耕还河，形成了辽河保护区生态廊道。2020年在原封育基础上，增加封育面积2.65万亩。辽河干流昌图段河滩地植被覆盖率达到100%。

"你瞅，这水多清，水草都看得清，你们旅游一年来一次，我天天逛公园。"在佳木斯富锦湿地公园，船夫李长吉开船带着游客观湿地。

2005年，政府开始退耕还湿，保护湿地。"地是我们的命根子，咋能说退就退。"起初，李长吉一万个不同意，在工作人员的反复劝说下，他一点点转变了观念。

湿地公园开放后，他谋了份开船的工作。"没承想，还吃上了生态饭。"李长吉指着远处说，那边原来是我家的地，现在成了鸟栖息的地方。

秋日里的吉林省吉林市松花江长白岛湿地公园天高云淡，风清气爽，人行栈道干净整洁，文化长廊引人驻足，江边沙鸥翔集。

"原来是一个杂乱无章的荒岛。改造后，为老百姓提供了茶余饭后休闲娱乐的场所，要用一个词儿来形容给居民带来的改变，那就是'幸福感'！"吉林省吉林市通江街道办事处副主任孙德洪说。

2018年，吉林市作为吉林省唯一的全国首批水生态文明建设试点城市通过水利部验收。抓住这一契机，吉林市以河湖长制为抓手，统筹推进松花江流域生态综合治理，实施松花江百里生态长廊长白岛水生态修复项目，打造"河畅、水清、岸绿、景美"的水生态环境，为群众建设幸福河湖。

绿水青山、金山银山。长白山下，松花江畔，文化旅游产业不断升级。今年6月到9月，"心往长白山 松花江上游"松花江旅游季陆续展开。今年上半年，吉林省白山市接待游客148.7万人次，实现旅游综合收入17.17亿元，全市旅游直接从业人员达3万人。

（2022年10月3日第4版。https://news.gmw.cn/2022-10/03/content_36064645.htm）

千里淮河今安澜

悠悠淮水，自河南省桐柏山蜿蜒东去，逶迤千里。

"走千走万，不如淮河两岸。"淮河流域以不足全国3%的水资源总量，承载了全国大约13.6%的人口和11%的耕地，贡献了全国9%的GDP，生产了全国1/6的粮食。

"泥巴凳，泥巴墙，除了泥巴没家当。"历史上，由于黄河长期"夺淮入海"以及淮河本身落差较大等原因，沿淮百姓曾饱受水患折磨。据统计，从14世纪到19世纪的500年间，淮河流域发生较大水灾350多次，严重旱灾280多次。"大雨大灾、小雨小灾、无雨旱灾"的淮河，曾被称为"中国最难治理的河流"。

新中国成立后，古老淮河终于迎来新生。随着毛泽东同志发出"一定要把淮河修好"的伟大号召，淮河成为新中国第一条全面、系统治理的大河。70余年来，广大治淮建设者和流域人民励精图治、踔厉奋发，淮河由泛滥变安澜，土地由贫瘠变富饶，人民由贫困变小康，绘就了新中国水利发展史上的灿烂画卷。

治淮：从九龙治水到一心一力

金秋时节，淮河静流如歌。淮河安徽蚌埠闸水利风景区人流如织，极目远眺，荆山、涂山巍峨耸立。相传，大禹曾在此劈山导淮。

淮河水利委员会治淮陈列馆里，一张褪色的老照片记录了淮河流域第一座山谷水库——石漫滩水库开工建设时的情景：数以千计的治淮建设者头顶烈日开挖土方，挥汗如雨。"淮河流域特殊的地理、气候和社会条件，决定了淮河治理的艰巨性、复杂性和长期性。"蚌埠市水利局二级调研员赵传奇介绍照片时感慨。

72年前，中央人民政府颁布《关于治理淮河的决定》，淮河从此告别九龙治水，迎来系统治理。72年来，一代又一代治淮人久久为功，佛子岭水库、蒙洼蓄洪区、临淮岗洪水控制工程等一大批治淮"利器"相继建成，淮河洪涝灾害防御能力显著增强。据水利部数据，目前淮河流域已建成6300余座水库，约40万座塘坝，约8.2万处引提水工程，水库、塘坝、水闸工程和机井星罗棋布，淮河干流上游防洪标准超10年一遇，中游主要防洪保护区、重要城市和下游洪泽湖大堤防洪标准可达100年一遇。

2020年7月，"千里淮河第一闸"安徽阜南王家坝闸历史上第16次开闸泄洪。一个月后，习近平总书记考察安徽，第一站就来到王家坝闸。他强调，要把治理淮河的经验总结好，认真谋划"十四五"时期淮河治理方案。

"节水优先、空间均衡、系统治理、两手发力"，新时代治淮人不断加快治淮重大骨干水利工程建设，以"水"为笔绘就美丽生态画卷。

建重于防、防重于抢、抢重于救。今年9月16日，河南省淮河流域重点平原洼地治理工程《可行性研究报告》通过专家组同意。作为国务院确定的150项重大水利工程之一，该工程估算投资38.38亿元，涉及7个省辖市的25个县区。建成后，不仅可以有效保护农田免遭涝灾，还能为流域内粮食生产基地提供补充水源。

同样在不久前，国家今年重点推进的55项重大水利项目之一——淮河入海水道二期工程开工。建成后，将进一步扩大淮河下游洪水出路，使洪泽湖防洪标准达到300年一遇。"这也是新中国成立以来江苏省内工程量和单体投资最大的水利工程。"江苏省水利厅规划计划处处长喻君杰介绍。

"十一"前夕，引江济淮工程也传来了好消息，由中铁十局三建公司承建的引江济淮工程（安徽段）菜巢线切领段进入最后冲刺施工阶段，长江、淮河距离"牵手"又近了一步。

"靓淮"：人河更相依，城河更相融

晚饭过后出门锻炼，是土生土长的安徽蚌埠淮上区小蚌埠镇居民卢德迁每天的"仪式感"。"出了家门就是河滨公园，一年四季都有不同的风景，俺们蚌埠人咋能离了淮河！"卢德迁说。

然而，就在十多年前，淮河沿线除了大大小小的砂场，只有滩地和农田。"六十年代洗衣灌溉，七十年代水质败坏，八十年代鱼虾绝代。"一首流传于淮河边的民谣可以印证。

人与河，本该相依相生。然而很长一段时间里，淮河却始终没有走进沿淮百姓的心里，人与河的关系亟待一次重塑。

"淮河是蚌埠的母亲河，河流穿城而过，是名副其实的城中河。"蚌埠市水利局局长荀异然说，但是淮河两岸滩地存在着与城市割裂、生态环境较差、缺乏系统有效的生态保护与规划利用等诸多问题，实施"靓淮河"工程、打造城市"中心公园"十分必要和迫切。

当前，"靓淮河"一、二期工程已全面掀起大干热潮。工程坚持与当地历史文化、自然人文景观相结合，与城市道路交通相结合，与水利工程建设相结合，在提高防洪能力的同时，持续修复淮河生态，让人河更相依、城河更相融。

作为淮河中下游结合部的巨型综合利用平原水库，洪泽湖承泄淮河上中游15.8万平方公里面积的洪水。由于历史原因，洪泽湖周边圈圩围网养殖和捕捞产业迅速发展，渔民逐步依湖建船为家，存在较大安全隐患。渔民上岸前，一条水泥船起风就晃，全家吃喝拉撒都在船上，部分船没有接通自来水，不仅洗澡、如厕十分不便，也给洪泽湖生态环境增加了压力。

江苏省积极探索治水与富民相结合，2020年将洪泽湖住家船整治确定为全省遵循新发展理念、排查解决突出民生问题的重点任务之一。如今，洪泽湖7066条住家船、49条餐饮船以及近2万住船渔民上岸安居，湖体平均水质总体稳定达Ⅳ类。

江苏省泗洪县和安徽省明光市、五河县一衣带水。今年5月27日，三地检察院检察长、河长办主任共同会签了《淮河、怀洪新河跨区域生态环境保护公益诉讼协作机制》，明确了联合巡查、跨区域案件办理协作等6项机制。

"40多个违法养殖网箱全部拆除，船只残骸全部清理完毕，周围几处'垃圾山'也已不复存在，水清岸绿的本来面貌回来了。"近日，泗洪县检察院在对淮河泗洪水域回访时，第一时间将无人机拍摄画面回传给了明光市检察院。

"拥淮"：一水兴，百业旺

"走遍天边，不如太白顶圆圈儿！"太白顶，河南省桐柏县桐柏山主峰，千里淮河之源。

"喝着上游水，不忘下游人。守护良好生态，就是守护'桐柏气质'，就是守住'源头担当'。"桐柏县委副书记、县长党建凯表示。

好生态，是桐柏谋发展最大的底气。走进桐柏县朱庄镇粉坊村，大片油茶树映入眼帘，长势喜人。"这是我们规划的'油茶十里长廊'，以盘山公路两侧荒山为主，规避和保护原有自然林，引进油茶新品种，还套种了五角枫、栾树等树种。"朱庄镇镇长闻佳介绍。

目前，全镇已种植油茶3300余亩，栽种油茶苗33万余棵，计划三年内种植规模达到5000亩以上。预计五年后油茶进入收获期，到时亩产收益能达到4000元。

一水兴，百业旺。60多年前竣工的跨淮河、长江两大流域的综合型水利工程淠史杭灌溉工程，依旧深深滋养着安徽六安，为六安发展现代化农业奠定了坚实基础。近年来，六安紧紧围绕念山水经、唱生态戏、走特色路这一宗旨，大力推进优质粮油、生猪、水产品、油茶等十大基地建设，其中"六安瓜片""霍山黄芽"等绿色农产品品牌已享誉中外。与此同时，旅游业蓬勃兴起，祖祖辈辈靠山吃山、靠水吃水的六安农民，如今倚着青山绿水，纷纷吃上了"旅游饭"。

2018年，沿淮人民迎来喜事，淮河生态经济带正式上升为国家战略，为沿淮城市群"起飞"注入强大势能。淮河生态经济带涵盖5省28地市、辐射1.8亿人，人口密度5倍于全国平均水平，城镇化和消费市场潜力巨大。

去年，首届淮河华商大会在江苏淮安举办，淮河生态经济带侨务工作联盟、淮河生态经济带食品产业链联盟等重要平台相继建立，沿淮各省市之间、各省市与侨领华商之间进一步实现全方位、常态化对接。

今年8月23日，第二届淮河华商大会开幕，沿淮"朋友圈"又一次在江苏淮安欢聚一堂。"淮河华商大会等一系列平台，将充分发挥淮河连接沿淮各省市以及海内外华侨华人华商的纽带作用，努力形成更加高效良性的互动协作格局，让淮河生态经济带迸发更加强大的生机活力。"淮安市市长史志军说。

（2022年10月4日第4版。https://news.gmw.cn/2022−10/04/content_36065832.htm）

珠江、闽江：汤汤清水润南天

无论是"岭水争分路转迷，桄榔椰叶暗蛮溪""树拥层城水带沙，八闽南望是天涯"，还是"潮来濠畔接江波，鱼藻门边净绮罗""借得西湖水一圜，更移阳朔七堆山"。古往今来，触及岭南洞天，八闽大地，人们的目光中、词句间、意境里，总少不得一个"水"字。

及至今日，翻开中国南缘的版图，珠江汤汤、闽江滔滔，仍像两条巨龙，绵延匍匐在这片满是生机与活力的土地上。千百年来，两江清流过处，不光润土、润物，更润人、润心。江如画卷，沿江而走，徐徐铺开，身之所在，目之所及，用心品读，人们便能惊喜地发现，镌刻在青山绿水间，遁形于熙熙攘攘里的，那段磅礴的历史，那个可爱的中国。

航运之利　黄金水道孕育百舸争流

从《山海经》中"番禺始作舟"的相关记载；到公元前214年，沟通长江、珠江水系的我国最古老运河——灵渠的开凿；再到近代依托背靠大西南，面向东南亚的区位优势，成为中国航运和外贸的中流砥柱之一。航运之利，一直都是珠江水系给予岭南乃至中国的一份厚礼。

9月20日，记者站在广西西江船闸调度中心15楼瞭望台俯瞰长洲船闸，一艘艘装满货物的大型船舶有序地排列待闸，然后缓缓驶过长洲水利枢纽的4座船闸……

截至今年8月15日，长洲水利枢纽船闸过货量达1亿吨，较2021年、2020年分别提前15天、32天突破"亿吨"大关。长洲水利枢纽运量的增长，是广西西江黄金水道迅猛发展的缩影。

素有黄金水道之称的西江航运干线，是指南宁至广州航道，其与长江干线并列为我国高等级航道体系的"两横"。它是我国西南水运出海大通道的重要组成部分，是广西最繁忙的航道。随着珠江—西江经济带、西部陆海新通道、粤港澳大湾区等国家战略的实施，广西西江黄金水道不断提级增效。

大藤峡工程被喻为珠江上的"三峡工程"。广西大藤峡水利枢纽船闸管理中心主任王小林说，大藤峡船闸投运后，枢纽上游100公里以内航道被渠化，以往的险滩、礁石没于水下，曾经的"魔鬼航段"已成为历史，过往船舶由试通航前的数百吨级提升至 3000 吨级。

贵港港是珠江水系首个内河亿吨大港。目前，这个港口开辟有贵港至香港深圳集装箱定期班轮、广州港"穿梭巴士"贵港支线、贵港至南沙集装箱定期班轮等货运航线。

目前，广西千吨级及以上高等级航道里程已达 1200 多公里，已形成以南宁港、贵港港和梧州港为全国内河主要港口，柳州港、来宾港、百色港和崇左港为地区性重要港口的布局。

梧州港是西南区域综合运输体系和西江黄金水道的重要枢纽，目前，已建成 33 个千吨级以上泊位，连续 21 年保持广西内河港口集装箱第一大港地位。梧州市水路运输航线可达广州、深圳、佛山、珠海、肇庆、香港等大湾区重要港口。

如何提高航运效率？西江实行流域多梯级联合调度。2022 年，西江流域已有 12 个梯级 17 座船闸接入联合调度系统，6 个梯级 8 座船闸按照"三统一分"模式管理，"一干三通道"船闸联合调度体系已初步形成。

与此同时，一条沿江产业带正由西向东崛起于西江之畔。依托西江黄金水道廉价的物流成本，一大批水泥、陶瓷、钢铁、建材、电力等大进大出的产业沿江布局，珠三角地区产业向上游转移并沿江聚集的趋势越发明显。

生态之利　绿水青山映衬美丽中国

近年来，不少河流过处纷纷启动了流域生态治理与保护。经过精心的修复整治，"浓似春云淡似烟，参差绿到大江边"的和谐景致，开始在越来越多的地方重现。珠江、闽江流域，更不例外。

练江，因水清如白练而得名，源自广东揭阳普宁市，流经汕头潮南、潮阳，在海门港出海。20 世纪 90 年代起，在发展经济的过程中，工厂污水肆意排放、居民生活垃圾随意丢弃，导致练江的水质长期处于劣 V 类，水体发黑发臭。在 2018 年 6 月成为中央环保督察"回头看"的反面典型之后，练江的整治进入"动真格"状态。两年多时间过去，治理成效也逐渐显现。

迎着刚升起的朝阳，普宁市占陇镇下寨村，党支部书记陈喜亮骑着小摩托，开始了一天的河长工作。上午他巡视一遍村里的河流，随后赶往村里新建的莲藕池查看情况。中午短暂休息后，下午他到一条小支流的工地现场，监督施工方对河道的清淤工作，观看草根艺术家给村里老房子画画，鼓励村里龙舟队训练。

"虽然现在河水变清了，但任重道远，还需要继续努力。"陈喜亮对练江重现"水清如白练"充满信心。

2017年，闽江流域山水林田湖草生态保护修复工程入围全国第二批试点，试点项目涉及三明、南平、福州、龙岩、宁德5个地市29个县（市、区）。福建各地还积极探索"山水林田湖+景观提升+产业振兴"发展路子，不断增强群众对良好生态环境的获得感。

位于闽江支流古田溪上的翠屏湖，有着"八闽第一湖""福建版千岛湖"之美誉。"这两年翠屏湖沿岸越来越美，景观公路修到了村边，村民开始修整房屋，许多游客前来露营、野餐。"站在自家新装修的民宿前，福建省宁德市古田县凤埔乡桃洲村村民王利登开心地说。

"环翠屏湖景观提升，源于生态保护修复打下的基础。"古田县财政局副局长谢陈宁介绍，2018年起，古田县闽江流域山水林田湖草生态保护修复试点项目正式实施，湖中生物多样性、水体生态功能大为提升。

如今，借助翠屏湖生态与周边秀美乡村、特色产业，古田正打造一个集食用菌特色体验、民居民俗展示、红色研学、农事娱乐、康体养生于一体的宜旅宜居乡村旅游产品体系。

发展之利 江河见证下的"成绩单"与"幸福感"

文艺范儿十足的青年广场，宽阔疏朗的草坪，被称为"福州最美天桥"的青年桥……平日里，"闽江之心"已成为福州市民的热门"打卡点"。"闽江之心"西起三县洲大桥、东至闽江大桥的陆地及水域。这里，是福州南北古城文化中轴线与闽江山水文化轴的交汇点，也是福州"两江四岸"重点打造的核心段落。

在今年持续实施的"闽江之心"核心区整体提升中，百年古厝青年会再展芳华。青年会建成于1916年，由闽籍爱国侨领黄乃裳筹建，著名作家郁达夫曾在这里寓居，写下了很多关于福州的文章。

据了解，接下来"闽江之心"将立足长远，系统规划，集约利用地上、地下空间，最大化方便市民出行和游客观光。同时，"闽江之心"注重文旅结合，用好历史文化资源，在重要节点策划开展常态化演艺活动，不断提升片区热度和人气。

而在闻名遐迩的羊城广州，穿城而过的珠江，串起了这座城市的灵气。它奔涌而来，流淌出日夜生活，冲刷出市井百态，孕育了这座城市两千年的历史文化。

广州人对珠江有独特的感情，珠江牵连着广州城发展的主要脉络。百年珠江两岸，富贵十里长堤。见证改革开放变迁的十里长堤，有老广州津津乐道的"高光时刻"。有水就有桥，从广州到珠江入海口的水道上，那些或微不足道，或闻名遐迩的桥梁，正是这片土地发展奇迹的最好旁证。深中通道，不外如是。

目前仍在加紧建设中的深中通道，是一项世界级"桥、岛、隧、水下互通"集群工程，不仅要克服复杂的海床环境、超长的跨海距离，还得应对恶劣的自然环境。33岁的郑伟涛，2018年8月调到深中通道项目工程技术部西岛分部工作。

今年6月28日，随着最后一节钢箱梁完成焊接作业，深中通道中山大桥正式合龙。大桥横跨珠江口横门东航道，如巨大"竖琴"矗立于江海中。在深中通道的建设过程中，世界级的工程难题正被一一攻克。而郑伟涛，正是这一切的亲历者、参与者和见证者。

"跟这片海相处久了，竟然有点儿'相看两不厌'的意思，有了感情！能跟它一起见证国家又一项工程奇迹的建成，想想都觉得兴奋。"郑伟涛有些腼腆，却又透着自信。

（2022年10月5日第4版。https://news.gmw.cn/2022-10/05/content_36066717.htm）

绿意盎然　绿富同兴——塔里木河、万泉河流域生态故事掠影

金秋时节，塔里木河两岸的千里沃野奏响最美"丰收曲"。行走在塔河两岸，到处是郁郁葱葱、生机勃勃的绿洲。塔里木河奔腾2000多公里，在102万平方公里的土地上，在干旱炎热的沙漠边缘，写下绿色传奇，孕育灿烂文化。

跨越万里，绿色故事交相辉映。在海南省琼海市，万泉河碧波荡漾，成群的白鹭不时从空中列队飞过，构成一幅美丽的自然画卷。全长163公里的万泉河自五指山脉悠然而下，流经琼海7个乡镇，滋养了两岸土地，也形成了沿河特有的风景和经济发展带。

绿色走廊风光重现

"水多了，河两岸胡杨茂盛了、湿地绿了。草场的草长得很好，羊吃得肥肥的。"说起塔里木河治理后的变化，新疆沙雅县哈德墩镇阿特贝希村牧民热依木·司马义感慨万千。

2001年开展综合治理以来，通过生态输水和修复保护措施，塔里木河水生态持续改善，下游原本干涸的河道再度被清澈的生态水填满，这条"绿色走廊"重现了往日的绿色生机。

在新疆尉犁县境内大西海子水库下游约十几公里处，一条砂石道路蜿蜒伸进胡杨林深处。在林间行进了七八公里后，一块写着"科研重地"牌子的院落展现在记者眼前。中国工程院院士邓铭江的团队，正在这里进行塔河生态治理研究。

"这里是我们的'汉渗轮灌生态修复试验区'。"中科院新疆生态与地理研究所研究员凌红波说，"我们正在研究怎样让生态水在塔河下游的使用更加高效、集约、精准，探索生态水在胡杨林间的最优灌溉路线和方式，形成'地下生态水银行'，获得最佳的生态保护和修复效果。"

科学理念，为塔里木河综合治理带来新动力。今年来，新疆塔里木河流域管理局以系统观念为指引，进一步提高水资源科学统筹配置水平。通过洪

水资源化利用，塔里木河沿线灌区农作物得到充分灌溉，增加灌溉面积63.06万亩，河道沿岸胡杨林生态补水效果明显，流域生活、生产、生态用水呈现多赢局面。

万泉河上游两岸有着莽莽苍苍的热带天然森林保护区。清晨，天刚微亮，琼海市会山镇加略村村民许高南就背着竹篓进山了。"台风'奥鹿'刚过，我今天要去看下蜂箱有没有被吹倒，里面蜂蜜是否充足，附近有没有蚂蚁，等等。这里是万泉河上游，我的蜂箱都是安装在悬崖峭壁上的石头洞、空树洞或参天大树的高处，山好水好蜜才好！"许高南自豪地介绍。

加略村位于万泉河上游，是琼海市市区最偏远的一个村，也是典型的苗族聚居村。村子散落在崇山峻岭间，与村边的牛路岭水库交相辉映。

为守护好这青山绿水，会山镇政府在加略村建设了6个污水处理站，并启动河流长效保洁机制，在河流枯水期对河（湖）及河流两岸垃圾进行打捞清理，开展非法采砂综合治理行动，加强河砂重点区域巡查。

近年来，琼海市实施了万泉河流域环境综合治理项目，有效削减生活污染物排放。同时，加强万泉河沿岸治理，严格禁止乱采砂乱砍伐，将治水与绿化结合起来，走出一条生态优先、绿色发展之路。

传奇故事激励后人

万泉河中游河水平缓，河面也开始变宽，两岸风光旖旎，这里不仅有景区，还有许多传奇故事。

走进万泉河中游南岸的椰子寨，村子里最耀眼的就是椰子寨战斗旧址纪念广场上那座高9.23米的主题雕塑。"椰子寨战斗揭开了琼崖武装总暴动的序幕，是琼崖革命23年红旗不倒的发端。"在椰子寨战斗纪念馆里，讲解员才源正认真地将这里的英雄故事讲给来参观的游客听。

万泉河畔，还有一支传奇队伍，那就是红色娘子军。91年前，中国工农红军第二独立师第三团女子军特务连在今琼海市阳江镇成立，100多位花一般美好的女孩，奏响了中国革命和中国妇女解放运动史上动人的乐章。

红色娘子军留下的精神遗产，一直激励着后人。1969年8月1日，由琼海阳江公社100名红色娘子军后人组成的红色娘子军民兵连成立。"时至今日，新一代的红色娘子军民兵连，只要一有空就在这里举行操练。"村民们指着绿草茵茵的操练场告诉记者。

在南疆的塔里木河畔，提起"塔河五姑娘"，很多兵团人都难以忘却。1958年5月，为解决塔里木河南岸50万亩新开垦土地的灌溉问题，农一师

（现为新疆生产建设兵团第一师）决定在荒原上开挖一条引水总渠。在众多男同志中，5位年轻姑娘的身影格外醒目。她们白天挖渠挑土，晚上主动加班，工效甚至超过了小伙子们。凭着对祖国的忠诚和对事业的热爱，建设者们最终修建起新疆历史上第一条大型人工灌溉水渠。

时光荏苒，塔河两岸改变了模样，"塔河五姑娘"精神却依然闪耀着时代光芒。凭借坚定的理想信念，一代代兵团人扎根边疆，在自然条件恶劣的"风头水尾"，把戈壁荒滩变为"大棉田""大粮仓"和"大果园"。

如今，新一代兵团人接过节水治水的接力棒。为提高水资源利用率，兵团广泛推广节水农业新技术，加快高标准农田建设，促进农业节水增效和增产增收。

发展奇迹正在续写

顺着万泉河一路向东而行，便来到了万泉河的出海口——博鳌。2001年，博鳌亚洲论坛成立大会在博鳌召开。一年后，博鳌亚洲论坛首届年会在博鳌召开，论坛会址永久落户海南博鳌。从此这个偏远渔村一下走向了国际舞台。在博鳌亚洲论坛品牌带动下，琼海市的旅游、商贸、餐饮、会展等产业迅速发展。

愈加开放的环境，也为当地的经济发展带来了更多可能。80后青年王俏是土生土长的琼海人，2017年怀揣着对热带水果的热爱，他放弃在深圳、海口等地的高薪工作返乡创业，在琼海引进400多种世界各地的热带名优水果，并部分实现产业化推广。

"我想继续通过世界热带水果之窗项目，吸引全球的热带水果新品种以及与之配套的人才、技术、设施设备等前来展示、交流、推广和贸易，促进农业国际交流合作，推动海南的农业发展。"王俏说。

随着塔里木河复流，地处塔克拉玛干沙漠北缘的轮台县变得绿草茵茵、牛羊成群。生态环境的改善，为促进流域经济社会可持续发展夯实了根基。

"我们不断挖掘林业的多种功能和效益，县里举办的胡杨文化旅游节，每年吸引数万名游客来参观消费。我们正大力发展特色林果业，其中仅白杏就种植8万多亩，每年销售额达1.6亿元。"轮台县林业和草原局党组书记、副局长樊卫民介绍。

塔里木河重返生机，让更多的沿岸百姓吃上生态饭、旅游饭。尉犁县在塔河岸边建设罗布人村寨，每天平均接待游客上千人次。在阿克苏地区，采摘观光、醉游胡杨等旅游项目深受游客欢迎。巴楚县倾力打造的红海景区，直接解决就业200余人，间接带动就业2000余人。

　　从生产到生活，从城市到乡村，从万泉河流域到塔里木河流域，科学统筹水资源开发配置同经济发展、生态环境保护的关系，大美中国的生态画卷正徐徐铺展。

　　（2022年10月6日第4版。https://news.gmw.cn/2022−10/06/content_36067419.htm）

千年大运河焕发新生机

京杭大运河北起北京、南达杭州，全长1960余公里，流经北京、河北、天津、山东、江苏、浙江6个省市，沟通海河、黄河、淮河、长江、钱塘江五大水系，成为贯穿南北的交通大动脉，极大促进了中国南北经济、文化的交流和发展。

2014年6月，中国大运河项目入选世界文化遗产名录。2017年2月，习近平总书记在北京城市副中心大运河森林公园考察时强调："要古为今用，深入挖掘以大运河为核心的历史文化资源。"当年6月，总书记对建设大运河文化带做出重要指示："大运河是祖先留给我们的宝贵遗产，是流动的文化，要统筹保护好、传承好、利用好。"

一条大河，滔滔奔流2000余年。近年来，沿线城市通力合作打造大运河文化带建设，深入挖掘大运河文化的丰富内涵，加大力度保护、传承、利用运河文化，努力把千年运河打造成文化之河、生态之河、发展之河、幸福之河。让千年运河不仅流淌在大地上，更流淌在文字中，流淌在乡愁里。

北京通州：千年运河满目皆新景

日前，在北京城市副中心大运河畔，"国潮——2022运河文化时尚大赏"精彩上演，国风与时尚的结合，将大运河的历史之幽与当代之美呈现了出来。北京市通州区委宣传部副部长西雪莲表示，活动通过时尚化的表达方式，让更多人感知运河之韵、运河之美、运河之变。

北京通州是京杭大运河的北起点，运河流经北京约41.9公里。千百年来，运河水汇聚于此，凝结成深厚的运河文化。

大运河申遗成功后，按照人文运河、生态运河、魅力运河的理念，北京通州着力恢复和提升大运河防洪排涝、输水供水、内河航运、生态景观、文化传承等功能，以大运河文化带建设为契机，开启"北京通州大运河文化旅游景区"国家5A级旅游景区创建工作。目前，"燃灯塔及周边古建筑群"景区已按历史格局完成了提升修缮，总建筑面积近3000平方米，包括燃灯塔、文庙、佑胜教寺及紫清宫。"景区南广场名叫'凌云广场'。到了夏天，广场通过蓄水会形成一片水面，将塔影倒映其中，再现'古塔凌云'的壮丽景观。"从小在运河边长大的运河研究专家任德永告诉记者。

燃灯塔不远处，城市副中心剧院、图书馆、博物馆排列错落有致，三大建筑风格和而不同。曾经的东亚铝业老厂房华丽转身，被改造成城市绿心活力汇，利用工业遗存和老旧厂房，打造成集文化、健身、休闲于一体的水城共生、人水和谐的绿色空间。

今年4月，京杭大运河补水后实现百年来首次全线水流贯通。"现在看北运河，处处都不一样，处处都是新景色！"任德永自豪地说。

河北沧州：两岸美景入画来

9月1日，京杭大运河沧州中心城区段实现旅游通航。游客泛舟水上，观览运河两岸无限风光。

沧州段全长216公里。欣赏着运河美景，看着河岸边的佟家花园拆迁改造区，沧州市民刘宗成感慨地说："我家就住在运河岸边，现在不但运河获得了新生，我们也将搬到新的安置楼，在新家开始新生活。"

近年来，沧州对大运河沿线配套工程进行了全方位升级改造：新建12座旅游码头、6座步行景观桥；积极实施引水、补水工程，2021年引水1.8亿立方米，今年又完成引水3亿立方米；下足功夫提升大运河两岸绿化工程，一条绿意盎然的生态走廊展现在公众眼前。

2000多年来，生生不息的运河孕育了灿烂的文化，构成独特的自然风情和文化景观，再加上非物质文化遗产，内容就更加丰富。沧州市已对沿线176处文化遗产、375个非遗项目建立保护名录；对泊头胜利桥沉船、泊头冯家口宋墓进行了抢救性挖掘，完成青县马厂炮台、泊头清真寺等文物的保护修缮；建成沧州市东光谢家坝水工智慧展示馆、捷地分洪设施水工遗产核心展示园，复原南川楼、朗吟楼历史名楼风采；中国大运河非物质文化遗产展示中心主体封顶，将成为大运河沿线省市非遗文化的集中展示区……

"运河沿线物质文化遗产类型多样、分布广泛、文化价值高，具有多样性及复杂性的特征。做好运河历史文化遗产的保护传承，必将为沿线发展带来全新的契机。"河北省文旅厅一级巡视员张立方说。

浙江杭州：江南水乡的生活风情

作为京杭大运河南端的标志，位于浙江省杭州市拱墅区的拱宸桥横跨大运河，一头连接着历史，一头连接着未来。桥东是高楼耸立的现代城市，桥西是粉墙黛瓦的历史文化街区。

京杭大运河杭州段列入世界文化遗产的河道总长约110公里，遗产点段共11处，铺叙着江南水乡的生活风情。2020年年底，中国京杭大运河博物院（暂名）、小河公园、大运河滨水公共空间等标志性项目集中开工，拉开了杭州建设大运河国家文化公园的大幕。

运河畔，占地4.94公顷的小河公园于国庆节开园。"这里原来是新中国成立后浙江省建设的第一座油库——小河油库。2019年6月，小河油库全面关停。里面的历史建筑及工业遗存被保留下来并重新开发利用，整个区域被打造成小河公园。"杭州运河集团副总经理沈杨根说。

小河公园，由国际建筑大师隈研吾设计，是集水陆交通、文化体验、游览休闲于一体的滨水绿色空间和园林式艺术文化空间。

占地55万平方米的大运河杭钢工业旧址综保项目，是大运河国家文化公园标志工程之一。过去的高炉将变成艺术文化中心，气柜将变成亚洲最深的室内潜水馆；全长23公里的大运河滨水公共空间将于明年开放，漫步道、跑步道、自行车道，串联起"门户水街商业区""活力艺术核心区""工业乐活休闲区"，与"生活休闲水岸""艺文运动水岸"形成互动。运河两岸，杭州运河大剧院、运河中央公园、上塘古运河夜游等20个文化地标也将于亚运会前亮相。

（2022年10月7日第4版。https://news.gmw.cn/2022-10/07/content_36067988.htm）

"江河奔腾看中国"
主题宣传活动
中央媒体作品集

经济日报

万里长江展雄姿

大江东流，奔腾不息。在中国的版图上，长江犹如一条舞动的巨龙，串联起11个省份，是中华民族生生不息、薪火相传的历史见证者。

党的十八大以来，为了让一江清水绵延后世、惠泽千秋，以习近平同志为核心的党中央为长江经济带发展领航立规，母亲河面貌一新，长江流域开启了绿色高质量发展新征程。

生态优先，母亲河重焕光彩

推动长江经济带绿色发展，关键是要处理好绿水青山和金山银山的关系。

秋分时节，在湖北宜昌市伍家岗区王家河江豚观测平台，一批批游客慕名而来，大家都想一睹江豚天使的微笑。宜昌市民张鹏说："早就听说这里新建了一个观景平台，有机会看到江豚逐浪，今天我专程带家人来看看。"

而6年前，江豚在这里几乎绝迹。厂房污水横流、码头沙尘漫天、水质持续恶化……沿江200多公里岸线上，散布的130多家化工企业、上千公里的化工管道，是这些"长江精灵"回家的最大障碍。

忍得一时苦，品得长久甜。湖北省副省长、宜昌市委书记王立说，宜昌痛定思痛，打响了化工产业转型之战，开出"关改搬转"四张药方。目前，沿江134家化工企业"关改搬转"阶段性攻坚任务已基本完成，实现沿江一公里内"清零"，复绿长江岸线近百公里。

从化工围江、污染绕城到远山滴翠、江豚戏水，类似的变化不只发生在宜昌。在湖南岳阳市君山华龙码头，曾经污水横流的非法砂石码头经过整治复绿、湿地修复，面貌焕然一新；在安徽芜湖市，"智慧长江（芜湖）综合管理平台"试运行，初步构建起长江保护一体化的全要素生态网络监管体系；在江苏南通市狼山脚下，曾经的全国最大进口硫磺集散基地狼山港硫黄堆场被关闭，随后修复腾出岸线，江边筑起绿色廊道；在上海崇明岛，岛上生活垃圾分类减量、农林废弃物资源化利用，潮水退去，崇明东滩芦苇依依、飞鸟翱翔……

全域协同发力是确保一江清水东流的重要保障。沿江11省份把修复长江生态环境摆在压倒性位置上，深入践行"共抓大保护，不搞大开发"的绿色发展新要求，其力度之大、规模之广、影响之深前所未有。

水利部长江水利委员会党组书记、主任马建华表示，近年来，长江委着力强化流域水资源动态管控，断面监测数2021年年底已增至265个，基本实现主要河流水系全覆盖和全部断面信息接入动态管控平台。

一江清水、两岸青山。今日之长江，全流域生态发生了历史性、根本性变化，处处生机盎然。统计显示，2021年长江流域水质优良的国控断面比例达97.1%，干流水质已连续两年全线达到Ⅱ类，当年两岸完成营造林1786.6万亩、水土流失治理574.7万亩。

东西互济，崛起黄金经济带

长江集沿海、沿江、内陆开放于一体，是连接"一带一路"的纽带，具备东西双向开放的独特优势。

党的十八大以来，长江上中下游三个城市群正逐渐发展为三大增长极，一条贯穿东中西部的黄金经济带加速崛起：

——望下游，长江三角洲城市群"龙头"昂首向前。沪苏浙皖紧扣"一体化"和"高质量"两个关键词，各展所长、协同发力，一体化发展的体制机制更加健全，软硬件基础更加扎实，发展动能愈加强劲，示范引领作用充分发挥。

——观中游，长江中游城市群"龙身"蓄力腾飞。近年来，武汉、长沙、南昌三个都市圈体量逐年壮大，中心城市发展能级不断提升，产业基础不断夯实，装备制造、汽车制造、电子信息、航空航天等产业实力明显增强，内陆开放型经济高地建设不断向前。

——探上游，成渝城市群"龙尾"翩跹起舞。四川、重庆两地联合推出3批共311项"川渝通办"政务服务事项清单。截至7月底，160个川渝两地共建的成渝地区双城经济圈重大项目共有153个实现开工，完成投资1287.5亿元。西部陆海新通道不断生长延伸，朋友圈不断扩大，贸易规模不断壮大。

城市发展成果市民感受最深。"以前回家，坐绿皮火车要9个小时。现在，从成都东站坐最快的一班高铁，仅需1小时2分钟就能到达重庆沙坪坝站。"长期在成都工作的重庆人张晓玲说，时速350公里的成渝客专完成提质改造后，不仅拉近了成渝两地的时空距离，也拉近了家人的心。

三大增长极如何充分发挥比较优势，推动陆海联动、东西互济发展？建设综合交通运输体系，这是推动长江经济带高质量发展的重要支撑，也是畅通国内国际双循环主动脉的关键举措。沿江省份坚持全国一盘棋思想，加强基础设施互联互通，长江经济带综合交通运输体系正加速形成，促进了各类要素合理流动和高效集聚，实现了联动发展。

扩水运，长江干线武汉至安庆6米水深航道整治工程投入试运行，万吨级船舶可直达武汉；建高铁，沪渝蓉沿江高铁武汉至宜昌段正式开工，合安高铁、安九高铁开通；通航空，我国首座专业货运枢纽机场鄂州花湖机场投运，成都天府机场、芜湖宣州机场等投运。

铁水联运、江海联运、多式联运共同发力，让长江经济带日益成为畅通国内国际双循环的主动脉。今年前7个月，长江干线港口完成集装箱吞吐量1367万标箱，同比增长6.0%；港口集装箱铁水联运量完成21.7万标箱，同比增长86.5%。

交通运输部长江航务管理局局长付绪银说："随着北斗应用试点等工作有序推进，黄金水道潜能不断释放，长江航运服务国家战略能力明显提升。"

创新驱动，引领高质量发展

长江经济带不仅是生态优先绿色发展的主战场，更应是引领经济高质量发展的主力军。

党的十八大以来，沿江省份积极培育具有国际竞争力的战略性新兴产业集群和先进制造业集群，推动科技创新成为引领高质量发展的"最大增量"。

——找准优势，持续发力。伴随轻微的"嗞嗞"声，一块长达10米，表面附着锈迹、油漆的U肋仅用8分钟就被洗得干干净净，用传统方式清洗则至少需要1小时。这台设备是华工激光研发的国内首台清洗桥梁U肋的激光装置。该企业负责人表示，随着新技术不断被市场认可，公司生产的多种激光清洗智能装备不但在国内广泛应用，还在国际市场上赢取了一席之地。

这家企业所在的湖北武汉东湖高新区，是以光电子信息为代表的"光芯屏端网"重点产业集聚地。今年上半年，湖北光电技术产品出口增长最快，增速达114.7%。武汉海关统计分析处副处长李真涵表示："高新技术产品出口占比提升，同湖北省近年来专注'光芯屏端网'核心产业链建设密不可分。"

——引人留人，相互成就。在安徽合肥，针对顶尖人才、领军人才、高级人才、科技创新创业人才，开启"6311工程"；聚焦集成电路、新型显示等重点产业，推出产业人才政策"7条"；围绕高校新毕业生求职创业的难点痛点，实施高校毕业生"9条"……各类措施密集出台，让合肥人才结构悄然生变，有效支撑合肥经济迈向高质量发展。

——搭建平台，厚植产业。上海张江、安徽合肥综合性国家科学中心，武汉科技创新中心加快建设；重庆、四川共建西部科学中心，启动建设成渝工业互联网一体化发展示范区。各类平台成为产业高质量发展的重要载体。

如今，创新已成为长江经济带高质量发展的重要底色，有力地推动长江两岸经济发展实现质量变革、效率变革、动力变革。

百舸扬帆，通江达海。今日的长江水更清、沿岸山更绿，沿江省份经济社会发展取得历史性成就，人民生活水平显著提高。只要我们保持历史耐心和战略定力，沿着生态优先、绿色发展的道路阔步前行，长江经济带必将成为引领我国经济高质量发展的主力军，中华民族母亲河必将永葆生机活力。

（2022 年 10 月 1 日第 6 版。https://proapi.jingjiribao.cn/readnews.html?id=275176）

黄河畅流无尽时

黄河落天走东海，万里写入胸怀间。

天高水阔、岸美河畅。金秋时节的黄河两岸沃野平畴、生机无限。黄河是中华民族的母亲河，孕育了古老而伟大的中华文明，保护黄河是事关中华民族伟大复兴的千秋大计。

党的十八大以来，习近平总书记多次实地考察黄河流域生态保护和经济社会发展情况，就三江源、祁连山、秦岭、贺兰山等重点区域生态保护建设作出重要指示批示。习近平总书记强调，黄河流域生态保护和高质量发展是重大国家战略，要共同抓好大保护，协同推进大治理，着力加强生态保护治理、保障黄河长治久安、促进全流域高质量发展、改善人民群众生活、保护传承弘扬黄河文化，让黄河成为造福人民的幸福河。

综合治理提升颜值

千百年来，黄河一直"体弱多病"，水患频繁。着眼黄河之"病"，实现黄河之治，需要厚植高质量发展生态底色，统筹推进山水林田湖草沙综合治理，不断提升绿水青山"颜值"。

行走在乌梁素海环湖公路上，只见波光粼粼的湖面上鱼跃鸟飞，不远处一艘汽艇在宽阔的水面上劈波斩浪，几只天鹅振翅高飞，令人心旷神怡。

乌梁素海位于巴彦淖尔市乌拉特前旗境内，是内蒙古西部最大的淡水湖泊，是候鸟南北迁徙的主要通道，也是黄河流域最大的功能性湿地，流域面积约1.63万平方公里，对调节北方气候和黄河干流水量具有极其重要的作用。

据当地居民介绍，很久以前的乌梁素海水质好，鱼类资源丰富，有鲤鱼、鲫鱼、鲢鱼、草鱼等20余种鱼类，是内蒙古自治区第二大渔场，每年鱼产量达500多万公斤。"在2000年左右，乌梁素海的水质开始变得浑浊，每到春天刮大风时，湖水的味道臭不可闻，颜色像酱油一样不堪入目。"巴彦淖尔市乌梁素海湿地保护大队的刘文斌回忆说，当时有专家预测，这片湖若不治理，10年至20年内将会消失。

20世纪90年代以来，随着黄河上中游地区工业化、城镇化的快速推进，排入乌梁素海的工业废水、城镇生活污水逐年增加，每年多达3300万吨。

对此，内蒙古自治区下定决心进行治理。巴彦淖尔市坚决抓好生态保护治理，实施"四控两化"行动，抓保护，强治理，乌梁素海流域生态环境持续改善，成功获批乌梁素海流域山水林田湖草生态保护修复国家试点工程并基本完工。

"我们坚持'湖内的问题、功夫下在湖外'，由单纯的'治湖泊'向系统的'治流域'转变，整合和争取各类项目支持。"乌梁素海生态保护中心原主任杜占贵介绍，当地按照"山、水、林、田、湖、草、沙能力建设"和"点源、面源、内源、生态补水、物联网建设"及"水生态治理"等方面进行综合整治。

2018年，巴彦淖尔市启动实施点源污水"零入海"工程，对7座污水处理厂进行提标改造。同时，打通120公里网格水道，建成60平方公里生物过渡带，加快湖区水体循环；2019年4月，总投资约56亿元的乌梁素海流域山水林田湖草生态保护修复试点工程启动，利用3年时间持续改善乌梁素海流域生态功能。

如今的乌梁素海水域面积已达到293平方公里，最大库容达到5.5亿立方米，湖区有鸟类264种、鱼类22种，每年有600余万只候鸟在此停歇。

因地制宜科学利用

昔日盐碱地，今日优质田。开发利用好盐碱地资源对提升黄河三角洲生态质量、保障粮食安全意义重大。

秋分时节，山东东营黄河三角洲农业高新技术产业示范区盐碱地现代农业试验示范基地内金黄遍野，一派大好的丰收景象。"现在的土壤比较松软细腻。"中国科学院烟台海岸带研究所黄河三角洲盐碱地农田生态系统观测研究站站长王光美俯身拿起土块轻捻，细土便从指尖滑落下来。

总面积达350平方公里的黄河三角洲农业高新技术产业示范区，是2015年国务院批复同意设立的。由于海水侵袭等因素，黄三角农高区80%以上都是盐碱地，土壤盐分含量从1‰至10‰自西向东梯次分布，覆盖轻度、中度和重度三种盐碱地类型，是滨海盐碱地的典型代表。

"土壤盐分含量高，保水保肥能力低，若开展春种，发芽率会非常低。"2018年3月，王光美带领团队来到农高区，彼时地表没有植被覆盖，到处可见斑驳的盐渍。种植什么作物，不耽误粮食种植，还能提高土壤肥力？王光美团队想到冬季绿肥：冬季时间短，种植绿肥，可以增加地表植被覆盖，减少春季返盐；等到绿肥盛花期，将其翻压还田，还能改善土壤结构，提高土壤养分和有机质含量，一举两得。然而，提高地力仅靠绿肥还不够。

在农高区中国科学院生物产业技术中试研发平台车间里，工人们正有条不紊地拎起肥料桶，加料、定容、搅拌……流水线高速运转，72小时后就是成品微生物菌剂。"我们生产的微生物菌剂，绿色无污染，还能提高地力。"研发人员岳国磊说。

近年来，农高区坚持问题导向、因地制宜，探索出一套盐碱地改良技术新体系。其自主研发的有机循环农业模式，应用微生物菌肥、生物有机肥、绿肥换填等方式，走出了一条"用养结合""种养结合"的新路。近3年来，土壤有机质含量提高22%以上，有益微生物数量提高4倍至7倍，减少化肥使用量32%以上，地力提升1个至2个等级。

立足"黄河入海口"和"国际重要湿地城市"的实际，东营市积极探索差异化生态产品价值实现路径，形成具有鲜明地域特色可复制、可推广的典型模式。盐碱地治理和综合利用模式便是典型模式之一。

东营市有341.8万亩盐碱地，占山东全省的38%。全市打造沿黄沿海盐碱地特色乡村振兴齐鲁样板，从提升盐碱地生态价值入手，选择科学利用途径。如现代农业示范区的思田汇农业科技公司，联合中国科学院地理所等科研机构，以"盐碱地耐盐牧草种植—健康畜禽养殖—生物有机肥生产—盐碱地改良和肥力提升—高产高效种植"为链条，打造6000亩示范基地，构建"草—牧—园"滨海盐碱地现代利用模式，综合亩均纯收益达到1485元，实现盐碱地由传统"高耗低效"开发向"高效、高质、高值"绿色生态利用转换。

河畅其流造福两岸

自2018年开始，水利部黄河水利委员会连续5年实施乌梁素海应急生态补水，累计补水28.81亿立方米，乌梁素海水质由劣Ⅴ类改善为整体Ⅴ类、局部Ⅳ类，鱼类鸟类逐渐得到恢复，水生态环境显著改善，并将生态调度由下游扩展到黄河干流及重要支流。

自2012—2013调度年以来，利津断面年均进入渤海水量达242.8亿立方米，比上一个十年（2002—2012年）均值179.5亿立方米增加63.3亿立方米，其中向黄河河口湿地实施生态补水9.1亿立方米，最大程度呵护了我国暖温带最完整的湿地生态系统；同时，实施引黄入冀补水77亿立方米，促进了河北雄安新区水城共融、白洋淀生态修复和华北地区地下水超采综合治理，通过生态调度，宝贵的黄河水资源在更多区域发挥了生态效益。

去年10月，中共中央、国务院印发了《黄河流域生态保护和高质量发展规划纲要》，要求各地区各部门结合实际认真贯彻落实。同时，《黄河流域生态保护和高质量发展水安全保障规划》《黄委推动新阶段黄河流域水利高质量发展"十四五"行动方案》编制完成，落实国家重大战略路径更加明晰。

黄河安澜更有保障。加快构建抵御自然灾害的防线，古贤水利枢纽前期工作取得关键性突破，黄河下游标准化堤防全面建成，禹潼河段治理、黄河下游"十四五"时期防洪工程开工建设。持续开展调水调沙，下游主河槽最小平滩流量提升到5000立方米每秒，进一步打开了下游防洪调度空间。

河畅其流造福两岸。强化水资源最大刚性约束，严格节水评价，累计核减申请水量7292万立方米，对黄河流域6省（区）的13个地表水超载地市和62个地下水超载县暂停新增取水许可，开展取用水管理专项整治，有效遏制违规取用水。加强水资源统一调度和优化配置，2019年以来干流累计供水910多亿立方米，实现黄河连续23年不断流，为国家粮食连年丰收和流域高质量发展做出了贡献。

黄河生态功能明显增强。深化生态调度，黄河流域10条重点河流、20个主要控制断面生态流量全部达标，持续开展向乌梁素海应急生态补水、引黄入冀和河口湿地生态补水，河道生态功能明显增强。强化河湖管理，清理整治河湖"四乱"问题，河湖面貌焕然一新。

长河激浪起，潮涌日日新。立足黄河流域生态保护和高质量发展，继续推进黄河保护治理，造福人民的幸福河建设必将成色更足、品质更高。

黄河名片

黄河发源于青藏高原巴颜喀拉山北麓，呈"几"字形流经青海、四川、甘肃、宁夏、内蒙古、山西、陕西、河南、山东9省（区），注入渤海。黄河全长5464公里，水面落差4480米。流域总面积79.5万平方公里（含内流区面积4.2万平方公里），是我国第二长河。黄河流域西接昆仑、北抵阴山、南倚秦岭、东临渤海，横跨东中西部，是我国重要的生态安全屏障，也是人口活动和经济发展的重要区域。

（2022年10月2日第6版）

松花江畔稻花香

春华秋实，丰收在望，沃野千里稻浪黄。连日来，黑龙江、吉林、辽宁等地陆续开始秋收。在黑龙江省拜泉县新生乡兴安村，村党支部书记柳彦明的喜悦之情溢于言表，"虽然今年雨水大，但是我们这里没有出现水土流失的问题，今年大豆、玉米产量预计增收20%"。

松辽流域耕地面积约5.6亿亩，是我国最重要的粮食主产区之一，在保障国家粮食安全中具有重要的战略地位。2018年9月，习近平总书记来到黑龙江农垦建三江管理局考察调研时，强调中国人的饭碗任何时候都要牢牢端在自己的手上。牢记总书记的殷殷嘱托，松辽流域三省一区坚持规划引领，努力在保障农业用水安全、提高农业用水效率、有效保护黑土地等方面破壁垒、解难题，为确保粮食连续增产提供了坚实的水利支撑和保障。

黑土地是"命根子"

以水土保持闻名遐迩的黑龙江省拜泉县，丘陵起伏、漫川漫岗。秋收季节来到拜泉县，只见层层梯田如诗如画。

拜泉县曾是著名的水草丰茂、土壤肥美的膏腴之地。不过随着毁林毁草开荒加剧，20世纪70年代，全县水土流失面积高达97.4%，成为黑龙江水土流失最严重的县域之一。许多土地变成了"破皮黄"，粮食亩产不足百斤，农民收入不足百元，在人们看来，"照那样下去，拜泉终将无地可耕。"

如何扭转生存危机？人们意识到，保护黑土地是不二之选。调整垄向、兴修"三田"、小流域综合治理、综合立体开发，拜泉通过四个阶段，探索出适合全县实际的水土流失综合治理新路径。拜泉县水务局副局长张春山告诉记者，由山顶到沟底配置了生物、工程、农业相结合的技术措施，建立综合防治体系，拜泉形成了丘陵漫岗侵蚀区防治水土流失的立体模式。

经过近40年的水土流失综合治理，拜泉县陆续被授予全国水土保持先进县、全国水土保持生态文明县、全国农田水利建设先进县等荣誉称号，2021年，拜泉县还被水利部选为全国水土保持高质量发展先行区。

拜泉的水土流失治理是松辽流域保护黑土地的一个典型代表。松辽流域位于全世界仅有的三大黑土区之一，是我国重要的商品粮基地，流域内耕地面积占全国耕地面积的26.1%。根据国家统计局数据，2021年流域粮食总产量达3463亿斤，占全国粮食产量的25%。

耕地是粮食生产的"命根子"。松辽流域三省一区的水利部门紧紧围绕保护珍稀黑土资源，积极推进坡耕地治理、侵蚀沟治理等国家水土保持重点工程建设，同流域各省区携手形成了漫川漫岗区、丘陵沟壑区、农牧交错区、东北现代农业垦区等水土流失综合防治技术体系。

水利部松辽水利委员会水保处（农水水电处）副处长任明向记者介绍，为推进东北黑土区水土流失综合防治，先后编制完成《东北黑土区水土流失综合防治规划》和《黑土区水土流失综合防治技术标准》等多项规划和标准，为保护好黑土地提供了科学指南和技术支撑。数据显示，与全国第一次水利普查相比，东北黑土区水土流失面积减幅达15.41%。

万顷灌区成粮仓

秋收时节，肥沃的黑土地上，万顷良田稻谷将熟。在吉林省长春市九台区龙嘉街道、公主岭市南崴子街道等地的水稻种植区，水稻颗粒饱满、稻穗低垂，秋收拉开序幕。截至9月26日，吉林省秋粮已收获1.51%。其中水稻已收获1.91%，大豆已收获4.76%，进度与往年相当。

人的命脉在田，田的命脉在水。位于黑龙江省汤原县的引汤灌区是我国434个大型灌区之一，造福6乡（镇）2场的20余万农民。

站在引汤灌区渠首大桥向下望，松花江支流汤旺河犹如一条丝带，在一片黄澄澄的稻田中蜿蜒。眼下，灌区已经结束了给水作业，工人们将进行检修、养护、清淤工作。"引汤灌区是一项民生工程，在汤原县的粮食增产、农民增收、县域经济发展方面，灌区的作用都极为关键。"引汤灌区管理处主任徐明葛说。

汤原县汤原镇仙马村是第一个享受到引汤自流水福利的村子。曾经的提水灌溉改为自流灌溉，饿肚子的低产田改造成了旱涝保收的高产田，全村水稻种植面积已经从当初的几十亩发展到现在的3200亩。村党支部书记唐有海说："有了引汤水，产量比以前高了很多，而且因为水质好，我们的大米都卖得好！"

在虎林灌区，50多万亩水田通过灌区引江水置换地下水。虎林市水务局局长黄建国告诉记者，"相比地下水，江水水温高、有机质含量丰富，有利于提高大米产量、口感、品质，平均1亩至少增产50斤至80斤"。

黑龙江省水利厅农水水电处处长王智勇表示，近年来，黑龙江将农田水利基础设施建设摆在现代化大农业建设的重要位置。目前，全省有万亩以上大中型灌区332处，骨干渠道长度2.58万公里，农田灌溉水有效利用系数提升至0.6102。

与此同时，引绰济辽、吉林中部城市引松供水、锦西灌区等工程建设，逐步形成了蓄、引、提、调相结合的水资源调控体系；

嫩江流域和洮儿河流域水资源统一调度，形成了有效协调省际间、部门间的水资源调度和监督机制；

依托松原灌区、尼尔基下游灌区等水利工程建设，建成万亩以上灌区700余处，约占耕地面积的38%……

灌区作为粮食生产的中流砥柱，一头连着国家粮仓，一头连着百姓生计。为充分发挥东北"大粮仓"保障国家粮食安全的作用，松辽流域各省区水利部门始终将农田水利基础设施建设作为重要任务，开展"节水增粮行动"和大型灌区续建配套与节水改造，流域节水灌溉面积近8100万亩，粮食主产区水资源短缺问题逐步得到解决。

江河再现生态美

家住黑龙江省佳木斯市的李英莲每天晚饭后都要到江边遛弯，"现在沿江环境大提升，我们老百姓真是打心眼儿里高兴"。

松花江是佳木斯的母亲河，曾经一段时期，乱采乱占、围垦河道等现象普遍存在，人水矛盾凸显。"我们深刻认识到河湖管理保护势在必行。"佳木斯市水务局河湖长制工作科副科长刘艳说，自全面推行河长制、湖长制以来，佳木斯集中力量啃下了一大批"硬骨头"。2019年11月，水利部将黑龙江省松花江佳木斯段列入全国第一批17个示范河湖建设名单。

现在，松花江佳木斯段不仅发挥着防汛、生态、文化旅游的作用，更是一条农业命脉河。"沿岸都顺势发展起了生态农业、有机农业、特色农业旅游等项目，带动了当地农民增收致富。"刘艳告诉记者，沿岸的振兴灌区抽水站引渠疏浚工程、星火灌区续建配套与节水改造工程、桦川县"百里绿色稻米长廊"等，都为黑龙江省粮食压舱石的地位提供了有力的水利保障。

2022年，水利部印发《松花江、辽河流域省级河湖长联席会议机制》，强化松辽流域河湖长制及河湖管理各项工作。以黑龙江为例，该省的五级河湖长体系和13项河湖长制工作制度已建立健全。黑龙江省水利厅河湖长制工作处处长平达向记者介绍，黑龙江全省河湖面貌显著改观、河湖水质持续向好、河湖保护意识明显提高，2019年至2021年连续3年获得国务院河湖长制督查激励。

多年来，水利部松辽水利委员会联合三省一区组建了松辽水系保护领导小组，颁布实施《松花江水系保护暂行条例》《松花江流域水资源保护规划》等规章制度10余项、流域性规划10余项，有效维护河湖健康生命。水利部松辽水利委员会副总工程师李和跃表示，"下一步，我们将强化统一规划、治理、调度、管理，搭建好流域水网主骨架和大动脉，促进水系互联互通，在面向东北振兴和粮食安全等国家重大战略上，与三省一区形成合力，共同促进松辽流域水利高质量发展"。

松花江名片

松花江有南北两源，北源发源于大兴安岭，南源发源于长白山天池，两江汇合后始称松花江。松辽流域总面积124.9万平方公里，流经广阔的辽河平原、松嫩平原、三江平原，是我国重要的商品粮基地，以占全国13%的土地面积、8%的人口贡献了全国四分之一的粮食产量。

（2022年10月3日第6版。https://proapi.jingjiribao.cn/readnews.html?id=275228）

人水相亲淮河靓

悠悠淮水，从河南桐柏山一路向东，绵延千里。淮河流域土地肥沃，资源丰富，交通便利，是长江经济带、长三角一体化、中原经济区的覆盖区域，也是大运河文化带主要集聚地区，在我国社会经济发展大局中具有十分重要的地位。

"走千走万，不如淮河两岸"是沿淮美好生活的生动写照，但受黄河夺淮等因素影响，淮河一度桀骜不驯、泛滥成灾，又给两岸带来数不尽的水患之苦。

时空轮回，一代又一代治淮人久久为功，淮河治理取得显著成效。

"上拦、中畅、下泄"防洪体系逐步完善。《淮河流域综合规划（2012—2030年）》、流域"十四五"水安全保障规划等一系列规划相继编制完成；进一步治淮38项工程已开工建设35项，南水北调东、中线一期工程相继建成通水，流域水安全保障能力显著提升；淮河流域河湖长制工作体系全面建立，建成1000余个幸福河湖，淮河干流水质常年保持在Ⅲ类以上；180万脱贫人口饮水安全问题全部解决……

淮河的面貌发生了彻底改变，为流域经济社会发展提供了有力的保障。人水相亲、城水相融的画卷徐徐展开。

建重点工程　水患变水利

秋分时节，记者来到安徽省淮南市寿县安丰塘镇戈店村，53岁的种粮大户顾广银种植的3000亩水稻一片金灿灿，收获在即。他说："今年遇上罕见的高温干旱，幸亏有了老祖宗留下来的安丰塘，庄稼能浇上水，保住了大部分秋粮收成。"

顾广银所说的安丰塘古称芍陂，为春秋时期楚相孙叔敖主持修筑的沿淮水利工程，至今已有2500多年的历史，被誉为"天下第一塘"，列入世界灌溉工程遗产。

"作为中国古代四大水利工程之一，该工程至今仍发挥着灌溉作用，灌溉面积达116.6万亩，在今年抗旱保苗中发挥巨大作用。"安丰塘镇水利站站长杨越告诉记者，安丰塘堤坝周长约25公里，面积约34平方公里，蓄水量1亿多立方米。

历史上，淮河可以说是水患严重，常常是大雨大灾、小雨小灾、无雨旱灾。千百年来，兴修水利，变害为利，一直是沿淮群众的企盼和追求。

淮河是新中国第一条全面系统治理的大河。治淮陈列馆里，一张褪色的黑白老照片记录了淮河流域第一座山谷水库——石漫滩水库开工建设时的情景：数以千计的治淮民工头顶烈日，开挖土方，挥汗如雨……自1950年中央人民政府做出《关于治理淮河的决定》开始，新中国的治淮之路已持续走过了72年。

党的十八大以来，中央对淮河治理高度重视，各级政府治淮力度不减，兴建了一系列治淮重大工程。

9月22日，总投资104亿元的安徽省怀洪新河灌区工程在蚌埠市开工建设。水利部淮河水利委员会规划计划处副处长李晶告诉记者，怀洪新河灌区是安徽第一大河灌区，设计灌溉面积343万亩，其中改善灌溉面积171万亩，新增灌溉面积172万亩。工程在城镇供水、提高农民收益、保障国家粮食安全等方面都将起到重要作用。

7月30日，位于江苏淮安、盐城境内的淮河入海水道二期工程正式开工，该工程建成后将大幅提升淮河入海能力。水利部淮河水利委员会水旱灾害防御处副处长王春阳表示，二期工程使入海水道设计行洪流量由2270立方米每秒提高到7000立方米每秒，可进一步提高洪泽湖的洪水调蓄能力，加快淮河中游洪水下泄，有力保障淮河流域2000多万人口、3000多万亩耕地的防洪安全。

"入海水道二期工程项目在江苏，效益在全流域，是减轻淮河上中游防洪除涝压力，实现全流域安澜的重大举措。"江苏省水利厅厅长陈杰表示，工程实施后，也为提高淮河出海航道等级、增强运输能力创造了条件，助力实现"淮江海联运"，进一步助推淮河生态经济带发展。

建设重点工程的同时，农村饮水安全、大中型灌区续建配套与节水改造、中小河流治理等民生水利工程建设持续推进。"四纵一横多点"的国家水网（淮河流域）逐步完善，正在推动着新阶段淮河保护治理高质量发展迈上新台阶。

碧水映蓝天，峻岭袅轻烟。随着一批又一批治淮工程的建设施工、投入使用、发挥效益，在秋日暖阳下，淮河，安澜无恙。

治流域环境　护一河碧水

站在淮河边的江苏淮安市盱眙县黄花塘镇芦沟村田间地头，放眼望去，万亩连片稻田尽收眼底，清澈的河流穿越良田，环绕着村庄，一幅美丽的丰收水彩画伸向远方。

　　生态美景的呈现得益于不久前刚建成的盱眙县官滩镇圣山小流域综合治理项目，通过该项目实施，当地疏浚9条沟道、配套涵洞、闸、桥等建筑物57座，整治梯田109.5亩，不仅改善了当地水生态，还极大地改善了农业生产条件。

　　20世纪80年代，随着淮河流域经济的快速发展，大量工业废水和生活污水排入河流，淮河水质一度恶化。

　　淮河污染，问题出在岸上，根源在落后发展方式。20世纪末开始，特别是党的十八大以来，淮河流域各市县（区）通过调整产业结构、加快污染源治理、实施污水集中处理、强化水功能区管理、限制污染物排放总量、开展水污染联防和水资源保护等一系列措施，入河排污量明显下降，河湖水质显著改善。

　　流经蚌埠市淮上区梅桥镇的三汊河是淮河的一条支流，当地村民张兴玉曾在河畔办了家农家乐，由于味道好、环境优，生意特别好。然而，为保护淮河水质，蚌埠市准备在当地建设三汊河生态湿地，张兴玉位于规划红线里的农家乐面临拆迁。

　　张兴玉一度不理解。后来梅桥镇上的干部不断上门做工作，让他明白了良好生态对淮河的重要意义，拆掉了自家的农家乐。在当地"河长"的帮助下，他又发挥特长，异地建饭店，还搞起农业采摘项目，生意做得风生水起。

　　张兴玉的变化是淮河流域环境治理千千万万故事中的其中一个。党的十八大以来，呵护一河碧水，已成为沿淮群众的自觉行动。截至目前，27.2万名河湖长让淮河流域的每一条河流、湖泊都有了守护人；淮河全流域纳入全国"清四乱"专项行动的7787个突出问题全部完成整改；严格禁止非法采砂，洪泽湖、骆马湖至南四湖段全面禁采得到很好落实，非法采砂船只全部清零。

　　随着这些措施落实，淮河流域河湖面貌发生显著改善。2022年上半年，淮河流域381个国控断面中水质Ⅲ类及以上的断面占比达到77.4%，同比上升了3.6个百分点，水质实现了持续改善。

城乡同携手　旖旎风光美

　　如今的淮河，不仅用甘甜的乳汁哺育着两岸，促进了流域经济社会发展。两岸风光也是一年更比一年新，成为游人向往的新去处。

　　秋日傍晚，卢德迁换上运动装，走出家门。"出了家门就是公园，一年四季都有不同的风景，一有时间我就到河边走一走，对淮河的感情是难以割舍的。"卢德迁说。

　　然而，如果把时间线拉长，卢德迁可不会这么说。十年前，淮河岸边除了大大小小的砂场，就是河滩地和农田。

"淮河是蚌埠的母亲河，河流穿城而过，是名副其实的城中河。"蚌埠市水利局局长苟异然说，淮河两岸滩地存在与城市割裂、生态环境较差、缺乏系统有效的生态保护与规划利用等诸多问题。主城区淮河两岸滩地现状已远远不能满足人民对幸福河湖美好愿景的期待，实施"靓淮河"工程、打造城市"中央公园"已十分必要和迫切。

去年，蚌埠市委、市政府将"靓淮河"作为工作主线之一，通过高起点、高标准规划实施淮河蚌埠主城区段防洪交通生态综合治理工程，全面优化主城区淮河防洪交通生态体系，着力打造"堤固、水清、岸绿、景美"的幸福淮河，高标准打造国家幸福河湖示范段。

苟异然说，目前，"靓淮河"一、二期工程已全面开工建设。

沿岸城市在扮靓淮河，沿岸乡村也在打造胜景。

夕阳西下，倦鸟归林，安徽省颍上县八里河景区清澈的水面上掠过飞鸟的身影，远处的吊桥、塔楼、凉亭、纪念碑都镀上了一层金色。

"这里碧波荡漾，杨柳依依，鸟语花香，在淮北也能看到江南风景，实在令人流连忘返。"颍上县城居民刘梅华带着家人正兴致盎然地在八里河景区游览。

人民呵护淮河，淮河也在回馈人民。八里河原先是块沼泽地，通过多年的生态建设，曾经的水患之地，现在已经成为著名的廊道和全国农业生态旅游示范点。

"八里河区域是淮河流域典型的湖洼地区，曾是水来成泽，水退为荒。"八里河旅游区管委会副主任黄辉说，1991年，一场百年未遇的洪水过后，当地群众转变观念，以改善生态为切入点，出工出力，每村承包一个小项目，因势利导治水，因地制宜用水。几年间，他们在堤坝和水域间修起了占地3600亩的人与自然和谐共存的生态乐园。

生态环境的改善带来可观的经济效益和社会效益。八里河农民也适时改变了利用传统农业致富的方式，以景区为中心建成了上百家"农家乐""渔家乐"，游客在这里可以采摘瓜果、播种、垂钓，享受渔家欢乐。目前，八里河景区年均收入上亿元，带动周边农户增收。

自然环境得到改善和保护，还实现了人与自然的和谐相处。目前，这里栖息着各类候鸟、留鸟数十万只；盛产武昌鱼、鳜鱼、鳗鱼等50多种水产品，成为皖北重要的渔业生产基地。

（2022年10月4日第6版。https://proapi.jingjiribao.cn/readnews.html?id=275253）

珠江奔流　向海图强

初秋时节，登广州塔远眺，烟水珠江碧蒙蒙。

传说一颗宝珠落入江中化为海珠岛（石），因流经此岛而得名的珠江恰如其名，如宝似珠，为沿岸带来富庶。发源于云南曲靖，奔流而过多省（区），联通香港、澳门和珠三角再注入南海……珠江两岸沿江地市经济总量约占粤桂滇黔四省区经济总量的四分之三以上。今天，如果说崛起中的世界级城市群粤港澳大湾区是一张拉满的强弓，奔腾浩荡的珠江就是一支势不可挡的利箭。

守好水生态　引得游人醉

秋风习习，沿着东濠涌散步的市民多了起来。前不久，广州越秀区推出了东濠涌绿游线路，线路横贯白云山珠江水，叠水瀑布、滨水步道沿涌分布，小桥、凉亭点缀其间，广府文化与水利文化的融合如诗如画。

2012年12月，习近平总书记来到东濠涌考察时强调，东濠涌以及遍布广东各地的绿道，都是美丽中国、永续发展的局部细节。如果方方面面都把这些细节做好，美丽中国的宏伟蓝图就能实现。10年间，广州牢记总书记嘱托，高质量推动珠江沿岸碧道建设，提出"碧道+"模式实施水质改善、生态保育、水岸复兴、城市发展的综合方案，建成碧道900多公里。"东濠涌从'臭水涌'变成亲水走廊，生态变好了，周边居民的幸福指数也提高了。"当地居民林志强说。

东濠涌是珠江流域坚持"系统治理"治水思路、让百姓享受生态红利的生动缩影。山水林田湖是生命共同体，这在水系发达、河网密布的珠江三角洲体现得尤为明显，仅广州市就有河道1700多条。作为改革开放先行地，珠三角水生态欠账问题也较为突出。记者从珠江水利委员会了解到，珠江流域水量丰、水质好，但也存在局部生态系统功能受损的问题。

如何补上数十年的欠账？近年来，珠江委坚持全流域"一盘棋"观念，追根溯源、系统治疗。2018年，珠江流域各省区市全面建立河湖长制，设立各级河湖长约13万名。2021年，珠江委牵头建立"珠江委+流域片省级河长办"协作机制，形成流域统筹、区域协同、部门联动的河湖管理保护新格局。同时，积极推进全国水生态文明城市建设试点，2013年以来，南宁、广州、东莞、玉溪等14个试点城市探索走出了南方地区水生态文明建设的特色之路。

如今，珠江流域水生态面貌实现了历史性改变。据统计，2020年，珠江流域水质为Ⅰ至Ⅲ类的河长占评价总河长的92.7%，重要江河湖库水功能区水质达标率提高至90%。从云南珠江源"高原明珠"焕发光彩到广西漓江"百里画廊"游客不断，再到广东万里碧道"变水为财"，生态优势不断转化为发展新动能。

云南曲靖的珠江源作为世界上唯一能驱车抵达的大江大河源头，成为珠江流域百姓及港澳同胞、海外侨胞抒发饮水思源之情的旅游胜地。10年来，当地守好生态安全屏障，深挖源头文化、红色文化、美食文化，擦亮了"珠江源"生态旅游名片。

广西桂林的漓江久负"桂林山水甲天下"盛名，却一度因采石挖砂、污水排放导致沿岸环境遭破坏、水位下降。近年来，漓江经历了由乱到治，从出台保护条例、设立专项资金、完善"河长+检察长"协作机制，到实施"两江四湖"水系连通工程、漓江补水工程……保障了漓江百里画廊清水长流，全年游船通航不断。

善用水资源　护育城市群

珠江流域水资源时空分布不均，缺水、洪灾、咸潮……水安全问题长期困扰着经济活力强劲、人口逾8000万的粤港澳大湾区。

广西大藤峡被喻为珠江上的"三峡"。近两年，随着大藤峡水利枢纽工程发挥效益，原需10天才能到达的紧急调水3天便可直抵珠三角。今年年初，珠江流域发生60年来最严重的干旱，并遭遇珠江口咸潮上溯袭击，关键时刻，大藤峡工程紧急调度3.3亿立方米宝贵淡水，抗大旱、战咸潮，助力澳门等城市安然度过用水危机。

近年来，珠江流域坚持"空间均衡"治水理念，聚焦服务大湾区、珠江—西江经济带等国家战略，大力提升水资源优化配置能力。记者从珠江委了解到，随着大藤峡水利枢纽、珠江三角洲水资源配置等重大工程加快建设，环北部湾水资源配置、澳门珠海水资源保障、粤东水资源优化配置等重大工程前期工作加速推进，珠江流域供水基础设施网络正不断完善。如计划总投资354亿元的珠三角水资源配置工程，将有效解决深圳、东莞、广州等地发展缺水问题，为大湾区城市群崛起提供战略支撑。

用水之道，节水优先。珠江委还积极探索实践南方丰水地区的节水之路，推动流域用水方式向集约节约转变。近年来，创新建立了粤港澳大湾区国家级重点监控用水单位联合监管工作机制，实现大湾区重点监控用水户的全覆盖监控。2020年，珠江流域万元GDP用水量从2010年的124立方米降至51.1立方米，万元工业增加值用水量从2010年的82立方米降至26.4立方米。

构建大通道　联通全世界

走进广州港南沙港区四期全自动化码头，作业区内几乎空无一人，只有码头"搬运工"——全球首创的北斗导航无人驾驶智能导引车在堆场间穿梭，行云流水般将集装箱精准运抵指定位置。这个7月底新投入运营的码头，充分发挥地处珠江口、联结珠江水系内河网络与深水海港的优势，成为全球首个江海铁多式联运全自动化码头，大大提升了内外贸货物物流衔接效率，为大湾区打造世界级港口群注入新动能。

通江达海、内畅外联。10年间，珠江水运实现了大投入、大发展、大跨越。数据显示，2021年珠江水系沿江四省（区）完成水路货运量14.64亿吨，与2015年相比年均增长6.2%；珠江水系34个港口货物吞吐量达到18.73亿吨，年均增长4.3%。

作为我国第二大通航河流，珠江水上运输大通道的构建成为沿江地区经济腾飞的有力支撑。内河水运方面，珠江—西江黄金水道持续畅通升级，由西江干线、珠江三角洲航道网等构成的"一轴一网四线"高等级航道网基本建成，曾经"千帆待发"的堵船场景变为"万舸争流"的水运盛况；出海港口方面，广州港、深圳港、珠海港、东莞港等大港联通全球，在国际航运、物流体系中的地位不断提升，使大湾区加速迈向国际一流湾区。

珠江水运正用一个个举世瞩目的奇迹，托举沿江省区老百姓实现家乡大发展的美好愿望。

西江"黄金水道"产生了"黄金效益"。大藤峡船闸启动试通航后，险滩、暗礁永沉江底，过往船舶逐步实现了大型化，带动了流域沿岸超50亿元产业经济发展，常年跑西江水运的船老板黄巨轮，以前驾驶的是300吨级的小船，如今他购置了3000吨级的大船，生意日渐红火。

去年，百色水利枢纽通航设施工程开工建设，断航近20年的云南南下珠江、联通粤港澳大湾区的水运大通道有望在"十四五"时期打通，云南经珠江走向大海的梦想即将变成现实。

今年8月底，西部陆海新通道骨干工程——平陆运河开工建设，广西北部湾形成海铁+江海联运新格局，它将与湘桂运河衔接，在中国大地上形成一条新的纵向水运战略大通道，实现广西5700万人民向海图强的梦想……

浩荡珠水，奔腾不息。生态航道、绿色港口、纯电动游船正加速布局建设，一大批信息化的智慧港口发展得如火如荼，珠江将在未来创造更加辉煌的奇迹。

（2022年10月5日第6版。https://proapi.jingjiribao.cn/readnews.html?id=275281）

大河重生润南疆

这条大河，胸襟开阔。流域总面积逾百万平方公里，流域内分布着新疆5个地州、新疆生产建设兵团4个师市，润泽全疆近半数人口。

这条大河，百转千回。曾因遭过度侵袭，被迫反复改道。走过沧桑岁月，而今破茧重生，河水清波荡漾，两岸林茂棉丰。

这条大河，穿越时空。它曲折向前，从历史走来，孕育和滋养了深厚的文化，见证了古代西域兴衰，绿洲经济之变，新时代南疆蓬勃发展新貌。

这条大河就是蜿蜒在新疆南疆的塔里木河，从其最长的源流叶尔羌河算起，全长2486公里，为我国最长的内陆河，流域总面积占我国国土面积的11%。今年以来，新疆坚持"节水优先、空间均衡、系统治理、两手发力"治水思路，把统筹推进节水蓄水调水作为事关新疆长治久安的根本性、基础性、长远性工作，塔里木河流域展现动人新姿。

水是新疆经济社会发展的命脉，水资源利用效率高，新疆的发展空间就大。在这一理念和思路指引下，如今塔里木河流域护水、补水、蓄水、调水、用水更加科学高效，流域内生态环境保护、高质量发展迈出新步伐。

首尾之变见证大河重生

位于新疆生产建设兵团第一师阿拉尔市十六团新开岭镇的塔里木河，是发源于昆仑山脉的和田河、叶尔羌河和发源于天山山脉的阿克苏河3条河流交汇处，也是塔里木河的起点，两座隔塔里木盆地相望的传奇山脉通过这种形式实现"交流"。

自上世纪40年代起，受气候变化和人类活动影响，源流来水减少，导致干流水量锐减，塔里木河干流下游一度出现断流。随着流域生态治理持续推进，三河水量增加，汇流处重现大河滔滔，也让两山"互动"显得愈发热烈。

作为"塔河源"，兵团一师十六团以守护塔里木河源头为己任。在十六团，当好生态卫士，呵护河水就是呵护赖以生存的绿洲，早已成为共识。

兵团一师十六团开展了塔河源水系连通生态保护治理项目，包括叶尔羌河清淤疏通工程和生态护岸工程两个工程，以增加河道排流量、降低土壤盐碱度，维护塔河源生态安全。

"水流大了，沙尘少了。"该团职工王刚华说，有水才会有家园，团里开展以林护水，每年春秋两季都开展胡杨林抚育和管护。

一系列"护水"举措，产生了良好的生态效益和经济效益。如今，"塔河源"成为狐狸、野鸭、白鹭、河狸等野生动物的家园，十六团还通过布设投食器等，让野生动物家园成为野生动物乐园。

此外，十六团充分发挥水域面积优势，大力发展水产养殖。该团十三连发展小龙虾养殖，目前年产小龙虾11吨。"全连可利用的水域面积400余亩，非常适合小龙虾生长。我们计划进一步扩大养殖规模，并增加垂钓体验项目，通过发展水产养殖反哺生态保护，实现'以水养水''以水护水'。"十三连党支部书记周奇辉说。

自兵团一师十六团起，塔里木河一路奔腾，最终注入台特玛湖。台特玛湖是目前塔里木河下游的唯一湖泊，是塔里木河下游绿色生态走廊的重要组成部分，也是南疆特别是若羌县最重要的生态屏障之一。

然而，很难想象，眼前波光粼粼、芦苇摇曳、水鸟翔集的台特玛湖曾一度消失，甚至整个塔里木河下游也奄奄一息，湖心变为一片盐壳，狂风起时沙尘弥漫。

断了水，便失去了家园。靠近台特玛湖的若羌县英苏村村民被迫搬离故土，最后辗转来到如今的铁干里克镇英苏牧业村。塔里木河流域干流管理局局长艾克热木·阿布拉说，为拯救这条大河，塔里木河综合治理项目启动，向沿线29个县市、18个团场投入逾107亿元，进行生态输水。

"最初是补充到沿线地下，经过多年生态输水，下游河道沿线的地下水已经比较充分，水就会更快流向台特玛湖。"中科院新疆生态与地理研究所研究员凌红波说。

得益于22年连续生态输水，汩汩清水注入下游，让这条新疆各族人民的"母亲河"重焕生机——塔里木河告别断流史。

统计显示，从2000年至2021年，台特玛湖年均入湖水量1.36亿立方米，塔里木河尾闾台特玛湖形成500多平方公里的水面和湿地，下游植被恢复和改善面积2285平方公里。

从"塔河源"到台特玛湖，一首一尾之变，见证大河重生。如今的塔里木河犹如一条玉带，锁大漠、润戈壁、育红柳、映草碧，河水滔滔，奔腾不息，在大漠上书写下一幕幕绿色传奇。

两岸之变折射绿色答卷

新疆尉犁县罗布人村寨原本是一片沙漠，因塔里木河滋养，胡杨、红柳等植物在此生长扎根，形成一片绿洲。过去，当地人逐水而居，经过保护性开发，如今已成为4A级旅游景区，塔里木河穿景区而过。

滔滔河水、漫漫大漠、棵棵胡杨，成为罗布人村寨旅游景区的亮点元素。

"没有塔里木河的治理，就没有景区的发展。景区不仅因塔里木河而兴，而且已与景区融为一体。"新疆塔里木旅游开发有限责任公司负责人马兴建说，每年10月，遍布两岸的胡杨披上金黄色的秋装，引人入胜。

水文章，林为笔。塔里木河在沙雅县境内蜿蜒220公里，两岸胡杨成为阿克苏地区县城的一张金名片。近年来，当地利用汛水期和洪水期，向胡杨林区实施引洪灌溉，加强胡杨林退化和生态修复力度。今年，实施生态引水约2.28亿立方米，对44万亩天然胡杨林进行灌溉，塔里木河两岸愈发生机勃勃。

"草长得好了，羊吃得美哩。"沙雅县哈德墩镇阿特贝希村村民热依木·司马义笑着说，只要水来了，胡杨和畜草就茂盛。"现在我觉得水真能生财，看我这群羊娃子，不就是被塔里木河的水浇灌肥的。"

守着水，更要呵护水、节约水、用好水。在"塔河源"——兵团一师十六团，一方面牢固树立农业节水意识，实行用水计划申报等节水制度；另一方面不断加强植被保护，开展人工种植乔木、修复退化林和封沙育林。

党的十八大以来，铺展在塔里木河两岸的绿色答卷，越写越实、越写越深。兵团一师十六团党委书记、政委李学表示，十六团坚持保护优先、绿色发展，依托位于塔里木河源头的区位和生态优势，加快建设塔河源旅游度假区，推进以水润城、文旅兴团。

流域之变传递发展脉动

"开闸，放水！"今年8月初，新疆生产建设兵团第三师图木舒克市永安坝水库，一股股清流喷涌而出，奔向柯坪县哈拉坤胡杨林区，这是今年首次跨流域向这座胡杨林区补水。柯坪县林业和草原局党组书记戚大海说，通过此次引洪补水，可为3.5万亩胡杨林解渴，受益胡杨林面积达6万余亩，进一步促进了区域生态系统修复。

科学制定方案，打破行政界限，按照最优选择把生态水输送到最需要的地方，是今年塔里木河流域生态输水的一个重要变化，它表明新疆科学统筹水资源的重要部署已转化为具体行动。

根据这一部署，塔里木河流域管理局今年还首次将车尔臣河纳入统一调度和管理，通过疏堵结合等方式，确保这条河流入塔里木河终点台特玛湖，以缓解塔里木河对台特玛湖补水的压力，让塔里木河能够滋润更广阔的胡杨林，富余水量用于农业灌溉。保护和利用好塔里木河，最根本的是完整准确全面贯彻新发展理念。

在阿克苏地区，从天山奔流而下的冰雪融水，在灌溉农田、林果后，大多注入塔里木河干流。得益于天山冰雪融水浇灌，当地林果业发展较快，成为一项重要的富民产业。"天山冰雪融水也是宝贵资源，一定要让其发挥最大的作用。"阿克苏地区林草局负责人说。

"如果离开滴灌，农民可能都不会种果树了。"记者在采访中，常听到这句话。从一滴水的新旅程、一滴水的新使命，便可管窥发展理念的变迁。塔里木河流域正打破"5地州、兵团4师市"的行政界限，科学统筹推进节水蓄水调水；林果业等产业则以高效节水技术为支撑，努力用好用足每一滴水。

据阿克苏地区林草局统计，今年全地区特色林果果品产量将超过260万吨。与产量相比，当地更加重视质量，突出品质以占领市场。记者在采访中了解到，目前阿克苏地区林果业正在实现"三个转变"，即从重产量到重质量的转变、从重林间到重车间的转变、从重经销到重营销的转变。使这项特色产业迈出高质量发展新步伐。

"化繁为简，变粗为精。"阿克苏格林凯生态果业有限公司负责人黄金枝总结了两个变化：现在林果业发展越来越精细了，一是在生产端，流行小袋装，包装越来越实用、简约；二是用水更高效，在普通滴灌基本全覆盖基础上，已开始普及智能滴灌技术。

（2022年10月6日第6版。https://proapi.jingjiribao.cn/readnews.html?id=275308）

"江河奔腾看中国"
主题宣传活动
中央媒体作品集

中国青年报

◎长江水更清　江豚逐浪游
◎由治到"靓"　淮河蝶变
◎向前！江河奔腾看中国
◎绿色作底　古老黄河展新颜
◎松辽之水奔腾　谱写东北振兴新篇章
◎运河新画卷：波浪宽　香两岸
◎"万里长江，浩荡东流"——来一场横跨中国的云端之旅
◎流水滔滔，黄河安澜——与"母亲河"相约云上共赏盛景
◎"走千走万，不如淮河两岸"，快来和我"云游"淮河！
◎松辽之水，润泽良田——波涛滚滚谱写东北振兴新篇章
◎千年大运河，奔涌向未来

长江水更清 江豚逐浪游

江豚是万里长江生态的"晴雨表"。9月20日，2022长江全流域江豚科学考察在宜昌葛洲坝附近江面发现了首批江豚群，多头江豚露出水面，其中还有江豚"小朋友"。这意味着，如今长江的生态环境已大为好转，更加适宜这种"水中大熊猫"群居生活。

曾几何时，长江流域生态恶化，污染严重，一些生物种群灭绝。保护长江生态刻不容缓。但对于这样一条穿越九省二市，滋养4亿多人，贡献了全国四成GDP的大河，统筹经济发展与生态保护，谈何容易！

"推动长江经济带发展，理念要先进，坚持生态优先、绿色发展，把生态环境保护摆上优先地位，涉及长江的一切经济活动都要以不破坏生态环境为前提。"2016年1月26日，习近平总书记提出了"共抓大保护，不搞大开发"的总体思路。中共中央、国务院还印发了《长江经济带发展规划纲要》，把保护和修复长江生态环境摆在首要位置，明确了2020年和2030年长江经济带生态文明建设目标要求。

此后，生态环境的保护与发展被放到突出位置。这条中华民族的母亲河、生命河，也成了一条生态与经济协调发展的金色之河、绿色之河。

昔日"化工围江"，如今"江豚逐浪"

把镜头对准长江，总能给湖北省宜昌市的摄影爱好者杨河带来惊喜。2014年，杨河第一次拍到了一度从人们视野中消失的江豚路过宜昌江段的踪迹，2019年10月开始，他陆续拍到江豚在不同场景戏水逐浪的情景，如今已有两群江豚在长江宜昌段定居。

"江豚逐浪"再现，得益于长江的水质和生态改善，也是长江保护成果的最直观呈现。

以杨河居住的湖北宜昌为例，这里有丰富的磷矿资源，江边一度聚集了不少化工企业，长期气味刺鼻，沿江居民生活受到影响，甚至不敢开窗晒衣。当地很早就想治理"化工围江"问题，但因为化工产业贡献了全市近三分之一的工业产值，解决了大量就业，要不要治理、怎么治理、怎么转变生产方式始终是个大难题。

江豚一家三口在长江畅游。视觉中国供图

长痛不如短痛，治污还须下猛药。近年来，宜昌打响了化工产业的转型之战，提出"关改搬转"四剂药方：关停一些粗放生产的化工厂，安排企业职工转岗培训；改造升级，让化工企业向精细化、高端化转型；支持符合环保、安全标准的化工企业搬迁到其他工业园区，远离长江干流；整合同类企业，提质增效，避免"村村点火、处处冒烟"的无序发展。

"搬"出一片新天地。2018年，湖北山水化工有限公司接到"搬离长江1公里，进行转型升级改造"的通知，该公司淘汰高能耗、高污染的电石法EPVC糊树脂生产工艺，新建产品附加值更高的离子膜烧碱项目，实现了工艺、产品、设备和管理"四大升级"。

从"伤筋动骨"到"脱胎换骨"，山水化工的蜕变是宜昌乃至整个长江经济带上化工企业转型发展的历史缩影。据统计，最近十年来，湖北全省"关改搬转"沿江化工企业443家。

在前不久召开的新闻发布会上，湖北省委书记王蒙徽说，湖北始终把修复长江生态环境摆到压倒性位置。长江干流湖北段水质保持在Ⅱ类，丹江口水库水质保持在Ⅱ类以上，确保"一江清水东流、一库净水北送"，全省生态环境明显改善。

十年禁捕，水更清澈鱼更多

如今"江豚逐浪"的情景不仅仅出现在湖北，在许多地方都能看到。

每当看到江豚跃出水面，67岁的南京市民余金发都会格外开心。余金发从小就在摇晃的船上生活，听江水翻滚、船声荡漾，这样的日子他过了大半辈子。2019年，长江南京段禁渔退捕，习惯了"在江里讨生活"的余金发也上了岸。

对于长江"十年禁捕"的政策，余金发十分理解："鱼越来越少了，我们吃长江的、用长江的，也该'还还债'了。"他讲了一个最直观的例子：30多年前，他与父辈一起打渔，每一网都能捞上千斤的刀鱼，但前两年，从前"烂大街的"刀鱼却成了稀罕物。一斤就能卖2000元。

上岸后余金发依旧向往着从前的生活。每天早晨，他都会起个大早，绕着长江边转悠。此外，他还"下血本"，买了七八支钓竿，"不能打鱼，钓钓鱼也是好的！"

在钓鱼之时，他结识了"长江守望者联盟"的志愿者吴亚楠。25岁的安徽姑娘吴亚楠是南京江宁星火社工事务所的社工，主要负责"长江守望者联盟"的相关工作。吴亚楠同余金发聊起过往的打鱼生活，"鱼越来越少"成为了"爷孙俩的共鸣"。

"那余大爷，咱就别钓鱼了，跟我们一起保护长江环境，不是也挺好吗？"吴亚楠向余金发发出邀请。"长江守望者联盟"成立于2019年。该联盟以"长江边的人做保护长江的事"为信念，针对巡江、清江、护江等开展志愿服务活动。

从"长江索取者"变为"长江守望者"，余金发被这两个"新鲜词"打动了，他成了一名保护长江的志愿者。两年时间过去了，他在长江里又发现了

长江乌江汇合处。视觉中国供图

消失许久的江豚。"水更清澈、天空更蓝。鱼多了、鸟也多了。"余金发还从吴亚楠那儿学了一句诗形容眼前的景象，那就是"万类霜天竞自由"。

全流域协同治理，共护长江水更清

为了让母亲河水更清，中央提出了"共抓大保护，不搞大开发"的思路。在保护与开发的矛盾之外，更加具有挑战性的是长江经济带上众多地域、城市的生态治理如何达到协同效应。

长江穿过11个省区市，覆盖4亿多人，流域面积约180万平方公里，绵延约205.23万平方公里，横跨东中西部。与传统意义上毗邻城市间的合作不同，长江经济带节点城市间的合作面临自然条件禀赋、经济发展阶段、区域特点与区位特征等多方面问题，同时受到跨越行政区边界和地理空间限制的约束。

治理长江生态，尤其是水域生态的治理，不能顾上不顾下，需要更加体系化的制度建章立制。为兼顾上下游，发挥协同效应，近年来各地探索建立了生态保护补偿的制度体系，护航万里长江水更清、景更美。

位于安徽与浙江交界处的新安江，是长江流域生态保护补偿制度的"试验场"。这条发源于安徽黄山的河流最终流入浙江千岛湖，在242公里的河段上，现在平均每隔6公里就有一座水质自动监测站。从2012年前后开始，安徽、浙江两省率全国之先，共进行了三轮新安江流域水环境生态补偿试点。按照约定，若新安江水质不达标，上游的安徽要补偿浙江；若水质达标，下游的浙江补偿安徽。十年间，安徽年年实现水质达标的承诺，共获得57亿元补偿资金。

这座"试验场"也让生态保护补偿制度在全国逐步推广实施。国家发改委地区振兴司副司长王心同近日在新闻发布会上表示，符合我国国情的生态保护补偿制度体系已初步建成。据统计，到2021年底，全国共建立了13个跨省流域生态保护补偿机制，出台建立了长江、黄河全流域横向补偿机制实施方案，制定了洞庭湖、鄱阳湖、太湖流域生态保护补偿的指导意见。

中国人民大学长江经济带研究院高级研究员鄢杰表示，长江经济带作为中国经济空间格局的重要部分，其内部各省市的区域性合作对于长江生态修复重建、重塑长江经济带内经济空间、提高整个长江经济带资源配置效率，进而提高整个长江经济带的经济发展质量有着极其重要的作用。

（https://baijiahao.baidu.com/s?id=1745637815767215736&wfr=spider&for=pc）

由治到"靓" 淮河蝶变

金秋时节，秋粮丰收在望，安徽省蚌埠市禹会区29岁的创业青年赵保昂每天都会来到家庭农场查看水稻长势，前年流转土地种下的近2000亩蜀黍（高粱）也已进入成熟期。

自小在淮河边长大，如今又在淮河边创业，赵保昂和他的家庭农场正享受着淮河治理带来的生态"红利"。创业之初，他在家乡承包200亩地池塘，尝试稻虾连作，但因为水质问题，一度产量堪忧。

淮河水质改善后，他建了抽水泵站，引来淮河干流的水进行养殖和灌溉，还趁势将稻虾连作规模扩大到3000亩。2017年，他成立了家庭农场，将整体种养殖规模扩大至13000亩，其中有9000亩位于荆山湖行洪区周围。

"淮河水好，对于我们而言是重大利好，种养殖创业成功与否，至少三分之一的因素在于水质。今年龙虾亩产300多斤，创下历史新高。水稻品种也不断增加，都是绿色种植。"他感慨道。

2020年8月，习近平总书记在安徽考察时强调，淮河是新中国成立后第一条全面系统治理的大河。70年来，淮河治理取得显著成效，防洪体系越来越完善，防汛抗洪、防灾减灾能力不断提高。要把治理淮河的经验总结好，认真谋划"十四五"时期淮河治理的方案。

水清岸绿、鱼翔浅底成为常态，开窗见景、出门见绿变为现实，生态旅游、绿色产业成为经济新增长点……昔日"大雨大灾、小雨小灾、无雨旱灾"的淮河流域，如今以不足全国3%的水资源总量，承载着全国大约13.6%的人口和11%的耕地，贡献着全国9%的GDP。

近年来，淮河流域的治理更加注重统筹水的全过程治理，更加注重高质量的发展，以"防洪保安全、优质水资源、健康水生态、适宜水环境、先进水文化"为目标，谋划了一批基础性、枢纽性的重大项目，为沿淮人民安居乐业的美好生活提供了坚实的水利保障。

科学防治，兴修水利，淮河安澜

淮河曾是一条复杂难治的河，据统计，从14世纪至19世纪的500年间，淮河流域发生较大水灾350次，严重旱灾280多次，频发的水旱灾害给两岸人

淮河岸边创业青年赵保昂的基地一角。受访者供图

民带来深重灾难。新中国成立后，在"一定要把淮河修好"的伟大号召下，掀起三次大规模治淮高潮。

党的十八大以来，淮河流域综合规划、流域"十四五"水安全保障规划等一系列规划相继编制完成；进一步治淮38项工程已开工建设35项，南水北调东、中线一期工程相继建成通水，14项列入国家172项节水供水重大水利工程的治淮项目已开工13项，流域水安全保障能力显著提升。

生于长江之畔，却与淮河打了一辈子交道的水利专家虞邦义退休之前供职于安徽省（水利部淮河水利委员会）水利科学研究院。他对淮河治理的堵点、难点如数家珍。"特殊的气候、地理和社会条件，决定了治淮的长期性、复杂性和艰巨性。"据他分析，淮河下游入江、入海的设计泄洪能力要在洪泽湖水位较高时才能达到，洪泽湖中低水位时，入江、入海、入沂的泄流能力较小，洪水出路严重不足，对淮河中游洪水造成顶托，延长淮河中游高水位时间，加重中游地区的洪涝灾害。

2022年7月30日，位于江苏淮安、盐城境内的淮河入海水道二期工程正式开工建设，该工程将进一步提升淮河入海能力，也将减轻淮河中游防洪除涝压力，充分发挥防洪、航运、生态等功能，对保障流域经济社会发展具有重大意义。

据水利部淮河水利委员会介绍，这十年，统筹水库、行蓄洪区、分洪河

淮河治理过程中修建的佛子岭水库。水利部淮河水利委员会供图

道等工程联合调度运用，采取"拦、泄、蓄、分、行、排"流域洪水综合调度措施，成功防御了淮河2016年、2017年超警洪水，战胜了2020年淮河流域性较大洪水和2021年沙颖河区域洪水，有效防范了近期3次强台风对沂沭河的影响，最大限度减轻了洪涝灾害损失，保障了流域防洪安全。

牵手长江，皖北豫东同饮长江水

水乃生命之源，吃水是天大的事。2022年安徽省政府工作报告中明确提出，要让皖北地区群众喝上引调水，并作为重要民生工程付诸实施。

皖北地区，共涉及6个市28个县（区），3000多万人，人均水资源紧缺，由于地表水资源相对不足，84.5%的人口饮用的是地下水。长期开采地下水，造成地下水位下降，由此形成约3000平方公里的地下水漏斗区，且部分地区地下水含氟、铁、锰等超标。要想"治标又治本"，最彻底的解决之道是跨区域调水，用地表水替换地下水。为此，2012年起，"淮水北调""引江济淮"工程相继开始实施。

值得一提的是，引江济淮工程被视为安徽的"南水北调"工程，它是由长江下游向淮河中游地区跨流域补水的重大水资源配置工程，这也是目前全国在建的投资规模最大的单项水利工程，其供水范围涉及皖豫两省15个市55个县（市、区）。

引江济淮工程安徽段自南向北分为引江济巢、江淮沟通、江水北送三大段，今年底将试通水试通航，长江与淮河"牵手"，梦想即将变成现实！

作为一名老水利人，巢湖研究院院长朱青感慨道，这项世纪工程的背后，是几代安徽水利人的梦想和坚守。他见证了可行性方案所历经的上百次讨论、审查与评估。党的十八大之后，该工程实施前期环节全面提速，得到国家相关部门的批复后，随即全面开工建设，创造了一系列工程建设的奇迹。

今天，位于肥西县的湄河总干渠渡槽，是世界上跨度最大的通水通航钢结构渡槽，主跨达110米，比目前世界著名的德国马格德堡水桥还要长3.8米，引来众多摄影爱好者前来"打卡""围观"。

在交汇处，湄河总干渠从引江济淮运河上凌空而过。"如同高架立交一样'桥上有桥'，在这里形成了一座'河上有河'，可通水行船的'水桥'。"80后的中铁四局钢结构建筑公司高级工程师杜伸云这样形容眼前宏大的建筑奇观。

据他介绍，由于桥梁桁架整体结构刚度大、杆件之间空间位置关系复杂等因素，公司在建设过程中摸索出了一套"金点子"，保证了钢渡槽建设有序进行、质量可控。它的建造也为今后国家类似水利工程提供了借鉴。

作为配套，皖北各地正在加紧建设取水工程、地表水厂、管网配套等工程，力争让群众早日喝上引调水。预计到2025年年底前，千万人口大市阜阳市将全部完成供水地下水源替换和城乡供水一体化。此外，豫东骨干水网正加速形成，河南870万人也将吃上长江水。

扮靓淮河，绿色发展，造福民生

庄台，是治理淮河和抗击洪水过程中，蓄洪区形成的特殊民居，类似

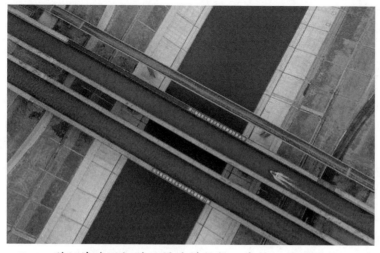

引江济淮湄河总干渠渡槽航拍。中铁四局供图

"堡垒"的防洪工程。每到开闸泄洪时，房屋田地被淹，庄台成为可以栖身的临时家园，但是居住环境堪忧。安徽境内有199个庄台，其中阜南县濛洼行蓄洪区内就有131个。

当前，安徽省正在全力推进行蓄洪区安全建设工作，按照"减总量、优存量、建新村、分步走"的总体部署和"一区一策"的基本要求，逐步完成行蓄洪区低洼地和庄台超容量居住人口的安置任务。

该项目实施后，沿淮行蓄洪区内总人口将由101.27万人减少至75.44万人，庄台人均居住面积由21平方米提高至50平方米，群众生产生活条件将得到明显改善，获得感、幸福感和安全感显著提升。

庄台"蝶变"引来"凤还巢"，王家坝镇李郢村的创业青年任超返乡后，流转100多户农民的土地，办起了"田园综合体"。"在地里种芡实，同时还能养鱼和黄鳝，一亩地能有3000多元的纯利润，很多农民主动上门，要求流转土地。"任超介绍，低洼地将改造成鱼塘、采摘园，当下正在探索'公司+合作社+农户'模式，吸引更多年轻人一起创业，共赴致富路。

辩证地看，"水患"可以变成"水利"，劣势也能转化为优势。位于淮河、颍河交汇处的阜阳市颍上县，曾经饱受水涝灾害。县委、县政府提出"变对抗为适应，变水害为水利"的发展思路，从实施平原绿化，改造自然生态环境入手，不间断地开展植树造林、修沟筑渠、疏通水系，改善生态环境。

在此基础上，当地农民掘地成湖，积土为山，在低湖洼地上建起了八里河风景区，后来升格为5A级景区。遵循着"变废为宝"的思路，因地制宜地开发出一系列独具特色的旅游资源：煤矿塌陷区形成的数千亩水面，后来治理开发成迪沟4A级景区；闲置的淮河河滩地种上牧草，形成万亩淮上草原的壮丽景观……

这是生态优先、绿色发展的十年。淮河流域河湖长制工作体系全面建立，清理整治12万个"四乱"问题，建成1000余个幸福河湖，淮河干流水质常年保持在Ⅲ类以上，淮河流域人水相亲、城水相融的画卷呈现世人眼前。

安徽蚌埠位于中国南北分界线之上，如果将约1000公里的淮河河道拉伸成一条直线，它恰好位于这条线的黄金分割点。国庆前夕，细心的蚌埠市民发现淮河北岸已经开始铺设沥青和草皮，"靓淮河"工程又有最新进展。该工程将全面优化主城区淮河防洪交通生态体系，旨在打造"堤固、水清、岸绿、景美"的幸福淮河，从而提升城市品质、拓展发展空间。伴水而生、治水而荣的"淮河明珠"，如今实现从"治淮"到"靓淮"的新跨越。

同样是在国庆前夕，全国产粮大县安徽阜南传来好消息，比亚迪股份有限公司将在此投资100亿元，建设整车线束、精工中心等新能源乘用车零部件生产线，达产后预计实现年产值100亿元，带动近万人就业。阜阳市将以此为契机，在新能源汽车产业配套、推广应用等方面同比亚迪开展全面合作。不久的将来，在淮河之滨，一个新能源汽车产业集群呼之欲出。

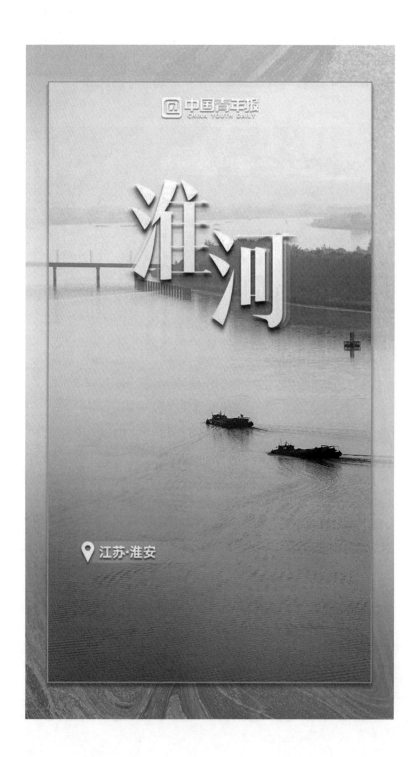

(https://baijiahao.baidu.com/s?id=1745831309501338418&wfr=spider&for=pc)

向前！江河奔腾看中国

　　万古江河，奔腾如斯。如果说水是生命之源，江河就是承载生命流动的血脉。人类文明源于江河、兴于江河，也就成了亘古不变的铁律。在世界上，尼罗河、幼发拉底河、底格里斯河、恒河、密西西比河等知名大河，为流域人民带去丰收与安定；在中国，长江、黄河、松花江、珠江等人们耳熟能详的名字，勾勒出中华大地的骨架，凝聚起中华儿女的精神。

　　逝者如斯夫，不舍昼夜。许多围绕江河阐述道理的谚语，都抓住了水流不息的特征。这种流动甚至奔腾，给人力量，给人希望，更为时代前进赋予源源不断的能量。改革开放以来，中国人民从"摸着石头过河"，到百舸争流、千帆竞渡，增长了探索未知的经验与技术，积累了大步向前的实力和信心。长江黄河不会倒流，改革开放永不停步，滔滔江水教会人们的真理，伴随一代又一代人的成长。

　　中华民族很早就理解与江河和谐共生的深刻哲理，从大禹治水的传说，到闻名世界的水利工程都江堰，遵循规律、因势利导是人们与江河相处的朴素原理。党的十八大以来，我国水利事业发生历史性变革，随着一系列重大水利工程的建成投用，水利治理能力实现系统性提升。江河奔腾看中国，看的就是中国人善待自然、效法自然的经验，看的就是江河流域中国人的努力和奋斗。上善若水，水善利万物而不争，对于只有付出不计回报的"母亲河"，我们没有理由辜负。

　　江河之变折射时代之变，江河之兴折射时代之兴。有历史学者概括影响中国命运的三大因素，其中之一就是"时而润泽大地、时而泛滥成灾的黄河"。新中国成立以来，黄河治理取得巨大成就，千里黄泛区从饥荒连年、"一杯茶水半杯泥"的贫瘠之地，变成全国现代农业的示范区。有人总结道："历史上没有一个政府曾经把一个政令一个运动，一个治水的工作深入普遍到这样家喻户晓的程度，这是一个空前的组织力量。"直到今天，我们仍能感受到老一辈治黄人的精神与意志。

　　一条大河波浪宽，曾经泛滥不宁的黄河、淮河归于平静，"两年一小灾、三年一大灾"局面彻底改变，其功不在禹下。随着可持续发展的理念渐入人心，"为河流让出空间"体现出当代人对生态文明的更深刻认知。"每条河流要有'河长'了"，从"九龙治水"到"河长管水"，河湖长制凝聚起强大治水合力，各个部门协调联动，实现每条江、每一片湖有人管、管得住、管得好。

大运河延绵千里，在中国的水系中占有特殊地位。这条贯穿南北5大水系、流经8个省市的千年水脉，虽然一开始是人工开凿的运河，却随着岁月磨砺显露浑然天成的风姿。中华大地上一代代居民千百年来繁衍生息的河流，不仅是大自然的美好馈赠，也是祖先留给我们的宝贵遗产。江河奔腾看中国，从中也能看到流动的文化，无论是惊涛拍岸的大江大河，还是婉约内敛的小桥流水，都是传承历史的文脉，记录着中华民族精神的深层基因。

沧海横流方显英雄本色，风高浪急更见砥柱中流。万川东去，终有汇入大海的时候，但入海口的潮水更显磅礴。我们站在江河汇入大海的前哨，看潮涨潮落，看日升日落，看星河璀璨，看烟火人间，感受江海一体的辽阔与伟岸，体会弄潮逐浪的激情与澎湃。面向新时代的新征程，我们凌波踏浪，砥砺前行，必将书写属于未来的江河奇迹。

（http://news.youth.cn/gn/202210/t20221001_14037632.htm）

绿色作底　古老黄河展新颜

古老的黄河，越来越青春焕发。她穿行5494公里的距离，一路向东，奔向大海。沿河的一座座水利枢纽和堤防工程，守护着它的澎湃。

不同于20世纪五六十年代起青年一代对黄河开创性修复的"人定胜天"，如今对于黄河的生态保护与治理更强调"人水和谐"。综合治理、系统治理等词句在多个黄河治理的规划文件之中可见。2019年，黄河流域生态保护和高质量发展更是上升为国家战略。

世界变绿在中国，中国变绿在黄河。为着这份绿，一代代人接力创新，人们关乎美丽中国的畅想正在变成现实。

"黄河宁，天下平"

如今跟随航拍画面，我们可以云游黄河：从青藏高原巴颜喀拉山北麓出发，过扎陵湖、鄂陵湖，看草原广布、峡谷险峻，在蜿蜒向前的黄河上，感受斗转星移、时代变迁。

但50年前，人们想一窥黄河全貌，并不容易。1971年，导演姜云川接到拍摄黄河的任务时，不知从何入手。那年7月，摄制组光找黄河源头就花了一个月。姜云川在后来的访谈录中说："摄制组找源头很困难，海拔很高，看到水流下来就往上爬。"

黄河由"碗口大"的细流出发，一路劈开大山和深峡，切断腾格里沙漠，穿越黄土高原的峡谷，经壶口，出龙门，过潼关，蜿蜒于河南、山东两省的大平原上，呈"几"字形流经青海、四川、甘肃、宁夏、内蒙古、山西、陕西、河南、山东九省（区），329个县（旗、市），汇集起35条主要支流和千余条溪川。

这段曲折之旅也塑造了黄河流域自古以来复杂的地形地貌与生态。决口、泛滥、改道、淤积……"黄河宁，天下平。"在河南黄河河务局办公室一级调研员赵炜看来，历史上我国政治、经济、文化中心长期处于黄河流域，可以说中华民族治理黄河的历史就是一部治国史。

绿色正成底色

"越来越清澈"正成为黄河儿女对黄河的最新记忆。在黄河穿城而过的兰州，30多岁的墨非和其他4个年轻人，把黄河的"大河之美"装进了视频影像。他说，"我眼里的黄河是彩色的"，而绿色是这种"彩色"的底色。

墨非记得，当他第一次把黄河拍出绿色的时候，好多网友包括本地人都惊呼"这不是平时看到的黄河"，问他"是不是把颜色调过了"。但墨非坦言，这就是黄河在汛期之外的颜色，"其实大部分时间黄河并不浑浊，它在深秋、冬天、春天甚至初夏的时候都是非常清澈、非常绿的。"

2016年，金海亮发起"乌梁素海清源行动"，时隔多年后，已经50岁的他再次看到了乌梁素海的水天一色与波光浩渺。这个位于内蒙古自治区巴彦淖尔市乌拉特前旗境内的湖泊，是黄河流域重要的自然"净化区"，但上世纪90年代以来，大量农田排水、城镇生活废水和工业污水的注入，一度让乌梁素海"鸟少了，鱼少了，光彩不再"。

2013年，向乌梁素海的生态补水开始了。黄河水利委员会黄河设计院水资源所所长崔长勇介绍，2018年以来黄河共向乌梁素海生态补水24.32亿立方米，向华北地下水超采区生态补水47.07亿立方米。"湖内的问题，功夫要下在湖外。"乌梁素海生态保护中心副主任高占飞说，当地由单纯的"治湖泊"向系统的"治流域"转变，整合和争取各类项目支持，对山、水、林、田、湖、草、沙等进行生态综合整治。

目前，乌梁素海水域面积保持在293平方公里，水质由之前的劣V类提升至IV类，疣鼻天鹅今年也增加到500多只。这是黄河全流域生态保护与治理的一个缩影。绿色正在成为黄河的底色，无数人正以不同方式，守护着这条大河波澜壮阔里的"绿意"。

作为目前黄河中下游唯一能进行水沙综合调节运用的水利枢纽，小浪底水库当前泥沙淤积量为31.46亿立方米，占设计拦沙库容的42%，有专家说，小浪底水库节省出44亿立方米库容，相当于修建了44座大型水库。

而在黄河下游地区，50多年前让姜云川难忘的"水上长城"，依旧伫立。它今天更为人所知的名字是黄河大堤。崔长勇说，如今，下游"上拦下排、两岸分滞"的防洪格局基本形成，三门峡、小浪底等上拦水利枢纽，提高了拦蓄洪水、拦截泥沙和调水调沙能力，黄河下游标准化堤防全面建成，防洪能力显著提升。

分类施策　青年同行

可以说，在全流域统一治理的思路下，黄河上下游、干支流、左右岸的不同治理都体现出共同的治理理念：生态优先、环保为重，以水而定、量水而行，因地制宜、分类施策。

自新中国成立以来，黄河生态保护与治理方案就以具体的流域情况与生态类型而定。在姜云川熟悉的"治黄关键在治沙"的年代，治理黄河包括上游开发利用，中游劈山种树、拦洪筑坝、水土保持、建成大批水电站，下游改造黄河大堤。

几十年过去，全流域系统治理的思路日益明晰，上中下游的治理方向分别为上游推进水源涵养，中游加强水土保持和污染治理，下游落实湿地生态系统保护。

"尤其是2019年党中央发出'让黄河成为造福人民的幸福河'的伟大号召，黄河流域生态保护和高质量发展上升为重大国家战略，至此掀开了黄河保护治理新篇章。"在崔长勇看来，随着2021年10月《黄河流域生态保护和高质量发展规划纲要》、2022年5月《黄河流域生态保护和高质量发展水安全保障规划》的正式印发，黄河保护治理的"四梁八柱"已经搭建起来，在河湖生态持续复苏的同时，黄河已实现连续22年不断流。

"在生态保护工作被高度重视的背景下，我和一帮团员青年在共和国最年轻的土地上扎根奋斗。"在山东三角洲国家级自然保护区工作8年的赵亚杰，已经习惯在大河之洲与鸟儿为伴，诗句中关于黄河入海的想象，在这里是一项项与巡护监测相关的具体工作。

被称为"候鸟天堂"的黄河口，拥有我国暖温带保存最完整的湿地生态系统，是鸟类迁徙途中的重要中转站。赵亚杰说，团队坚持滩涂监测6年来，80多种18万只水鸟稳定地在这片原生地觅食，这也是保护区团员青年奋力守护的核心区域。

从鸟类巡护者、清源志愿者，到水利工程、堤防工程工作人员，黄河生态保护与治理的进程上，有青年一路同行。和祖辈侧重于防洪的治理初期不同，如今他们面对的是更加复杂的系统治理。

"一时的坚持很容易，一直的坚守却很难。"赵亚杰说，时代在变化，生态环境保护事业在发展，创新的脚步不能停止。未来，团队打算加快构建国家公园感知系统，综合运用互联网、立体感知、大数据决策等技术，构建全国陆海统筹型国家公园智慧化保护管理示范区。

与自然共生的和谐画面也正在黄河治理中缓缓展开。以黄河流域治理水土流失的情况看，截至2020年，黄河流域累计初步治理水土流失面积25.24万平方千米，黄河流域植被覆盖度由20世纪80年代的20%提升至2020年的60%以上。"黄土高原的主色调由'黄'变'绿'。"崔长勇说，这也意味着中国对世界生态保护又多了份贡献：世界变绿在中国，中国变绿在黄河流域。

（https://baijiahao.baidu.com/s?id=1746341862187541350&wfr=spider&for=pc）

松辽之水奔腾　谱写东北振兴新篇章

金秋十月，东北大地一幅忙碌的秋收景象。紧邻松花江的北大荒农业股份有限公司二九一分公司的农场里，各类现代化收获机车往来穿梭在金色田间。玉米和水稻都颗粒饱满，农户们又迎来了一个丰收年。

松花江是全国流域面积第三大河，与辽河共同构成松辽流域的两大水系。松辽之水奔腾向前，润泽广袤的黑土地，养育一代代东北儿女，也谱写着东北地区发展振兴的新篇章。

松辽水　润良田

仓廪实而天下安。松辽流域内拥有令人瞩目的东北黑土区，是全世界仅有的三大黑土区之一，是我国重要的商品粮基地。"黑土区的黑土层平均厚度在一米左右，需要经历数万年的腐殖质积累才能形成。腐殖质中有机质含量极高，并含有大量农作物生长所必需的氮、磷、钾、镁等矿物质，肥力极高，且土壤保水性好，有利于农作物吸收。"据中国水利水电科学研究院水资源研究所副总工程师谢新民介绍，人们常用"一两土二两油"来形容黑土的肥沃与珍贵。

松辽流域内耕地面积5.6亿亩，粮食总产量约占全国的四分之一，是我国最重要的粮食主产区之一。北大荒农业股份有限公司二九一分公司地处松辽平原东北端，北邻松花江。1955年开发建设初期，这里因地势低洼，十年九涝。历史上，这里以种植小麦和大豆为主，与水稻无缘。后来，以稻治涝的种植业革命和水利设施的修建，结束了长达40年"战天斗地"的局面，改良了土壤、增加了农民收入，保证了粮食安全。

北大荒农业股份有限公司二九一分公司农场收割场景。二九一分公司供图

江水的矿物质、微量元素含量极为丰富，比地下水温度要高很多，用江水灌溉非常适合水稻生长，有利于产量和米质的提升。现在的二九一农场里，松花江水灌溉面积已经达到了1.2万亩，这里的水稻种植也走上了优质优价的致富发展路。

尽管江水灌溉水稻的优势明显，但在北大荒集团，控制江水灌溉面积仍是一项重点工作。水稻是高产作物，也是用水"大户"，黑龙江是一个水稻大省，水稻年用水量占全省农业用水量的95%，在水资源日益匮乏的今天，推行节水控灌技术，既能节省水资源又能提高农作物产量效益。北大荒农业股份有限公司二九一分公司农业生产部负责人孟庆东表示，目前农场大力实施绿色农业发展道路，以此维护松花江水质安全、生态安全，保护好松花江水。

据水利部松辽水利委员会（简称"水利部松辽委"）副总工程师李和跃介绍，松辽流域内有广袤的黑土地，为了保障粮食安全，流域内已经建成万亩以上的灌区700多处，流域灌溉面积达到了1.8亿亩，约占耕地面积的32%。

为了推动高效节水灌溉农业，松辽委实施了农业规模化灌溉、东北四省区"节水增粮行动"等节水灌溉工程，让松辽水得到更精准、合理的开发利用。

"东北拥有丰富的水资源、广袤的土地、湖泊湿地和辽阔的森林草原，是我国重要的工业基地、能源基地、农牧业基地和生态屏障，在保障国家粮食安全、生态安全、能源安全、产业安全等方面战略地位十分突出。"谢新民指出，松辽水资源时空分布不均匀，与经济社会发展用水需求不太匹配。为解决水资源供需矛盾，黑吉辽三省修建了各类水利工程，包括蓄水工程、引提水工程、外调水工程和地下水开采工程等，为满足农业用水需求，也修建了大中小型灌区，有效地缓解了用水紧张的问题。

松辽水　清又绿

蜿蜒的松花江穿城而过。在北国江城吉林省吉林市，松花江畔处处皆风景，夏季有绿树掩映，冬季有雾凇奇观，成为市民休闲健身的好去处。

到了周末，在江边能看到身穿马甲的志愿者们捡垃圾、擦护栏。为了保护母亲河，让家乡更美好。近两年来，共青团吉林市委组建了河小青专项青年志愿服务队，每个周末，青年志愿者分批在松花江南北两岸开展卫生整治行动。截至目前，吉林市已经先后有145个团体单位，近1700名青年志愿者，参与到保护母亲河的净滩行动中，成为保护松花江的青年卫士。

青年志愿者在松开展卫生整治行动。共青团吉林市委供图

来自中国石油吉林石化公司的"宝石花"青年志愿者服务队的净滩行动已坚持多年。有一次，志愿者们专门给江边两个护鸟站送去了1500斤鸟粮。

护鸟人向志愿者们讲解了野鸭和鸳鸯等水鸟对松花江生态系统的保护作用，这让志愿者们更深刻体会到保护松花江的重要性。

辽河平原上的卧龙湖自然保护区位于沈阳市康平县城西，辽河上游西岸，其中的卧龙湖还是辽宁省最大的平原淡水湖。在自然保护区里，有各类水鸟238种，其中有国家一、二级以及国际濒危的鸟类64种。

每年春秋迁徙季节，能看到白鹤、丹顶鹤、白头鹤、白枕鹤、灰鹤、东方白鹳、大天鹅、苍鹭、鸿雁、青头潜鸭等大量珍稀鸟类途径此地。保护区成为它们栖息和觅食的重要场所。

2019年，卧龙湖湿地科普馆对外开放，不仅展示了湿地文化，普及了鸟类知识，更传递着人与自然和谐共生的发展理念。

据谢新民介绍，辽河流域东部水多，而西部水少、生态环境脆弱和水土流失较严重，全流域属于资源型缺水，局部兼有污染型缺水。为此，针对辽河存在的问题，近10余年来，辽宁省和内蒙古自治区修建和正在修建的大伙房输水工程和引绰济辽调水工程，能改变和解决全流域东部水多、需求少，中西部水少、需求多，水资源分布与经济社会发展需求不匹配问题。

同时，辽宁省还在全国率先组建了辽河保护区管理局，使辽河治理和保护工作由以往的多龙治水、分段管理、条块分割向统筹规划、集中治理、全面保护转变。经过近10余年探索和艰辛努力，辽河水资源保护成效显著，河流水质根本性好转，重现"水清、流畅、岸绿、景美"的辽河画卷。

"人与自然和谐共生"的理念贯穿在松辽流域全域水资源的开发和保护工作中。据李和跃介绍，近年来，水利部松辽委与流域各省区多措并举、协同推进流域河长制和湖长制，取得了显著成效。值得一提的是，松辽流域内河湖"清四乱"专项行动涉及的问题，已全部完成整改。

目前，松辽流域的省、市、县、乡、村5级河湖长有6.77万名，覆盖了流域所有规模以上河流、湖泊，水利部松辽委建立了"流域省级河湖长联席会议机制""河长+警长+检察长+法院院长"等跨区域、跨部门的沟通协作机制。不仅如此，各地还招募河湖保洁员、水管员和志愿者服务队，积极参与管水、治水、护水，的行动中。

松辽美　聚青年

85后创业青年李佳俊是土生土长的吉林省松原人，从小就在松花江边长大。"以前在江边玩，晴天一身土，雨天一身泥。"李佳俊记得，每次玩耍后全身都脏兮兮的。而如今的松花江，江水清澈，河道两侧干净整洁，清晨或傍晚时分经常行人如织。

看着家乡越来越好，大学毕业后李佳俊选择留在松原创业。傍晚时分约上好友到松花江边散步，吹清凉的江风，成为他释放工作压力的方式。

如今在这片黑土地上，吸引着越来越多青年返乡就业、创业，振兴东北，建设更美的家乡。

在沈阳市沈北新区有个"稻梦空间"，因为有各式各样的稻田画，这里成为一些电影的取景地。登上稻田里的观光塔，能看到以大地为画板，以彩色稻为颜料的稻田画。

"稻梦空间"让张琬婷实现了自己的田园梦。2015年，张琬婷从澳洲留学回国，成为了一名大学教师。两年后，她选择辞职返乡创业，当一名新农人。在她看来，学有所成的标准，不只是一张毕业证，而是应该有更丰富的内涵。

这几年，张琬婷和父亲一起把"稻梦空间"打造成了集稻田画观光、立体种植养殖、水稻深加工等多产业融合发展的田园综合体。

"乡村是我的根。"这是黑土地上返乡创业青年的共同心声，也是程连坤放弃城市丰厚薪资、返乡创业的原因。

程连坤出生在黑龙江省宁安市渤海镇小朱家村。那里三面环水，缓缓流淌的牡丹江是松花江的第二大支流，也是小朱家村的母亲河。程连坤的记忆中，牡丹江水一直滋养着当地村民，童年时他看见祖辈们靠打鱼为生，如今，返乡创业的自己又依靠村子的临江优势，开发了江边的特色餐饮。

走出去开了眼界的程连坤重新发现了家乡得天独厚的生态优势，成立了黑龙江省春风十里生态农业有限公司，其下有小朱家村大米专业合作社、米业加工厂和旅游度假村。在程连坤的带领下，村里陆续开业了9家农家乐和家庭旅馆，创办了"小朱家村渔猎文化节"，建设了村史馆和火山熔岩台地观光主题公园，打造了龙泉岛户外活动营地等乡村旅游项目，近年来，村里年均接待游客约15万人次，年营业收入6000万元，让老乡们的钱袋子越来越鼓。

依靠"绿水青山"致富的同时，程连坤也深知要守护好"绿水青山"。"保护生态的意识在我看来是一种传承，爷爷那一代人靠打鱼打猎为生，人与自然和谐共生的道理让我知道，我们这一代人，更要接好棒，继续保护好绿水青山，这是发展好乡村旅游的基础。"

今年，程连坤还在成都开了一个小朱家村的城市体验店，"这是第一家，第二家正在筹备。"他有一个更大的目标：通过在城市开体验店的方式，让小朱家村的品牌走得更远。"家乡是我心里最美丽的地方，我想通过自己努力，让更多人看见我们家乡的美。"程连坤对村子未来的发展充满向往。

（https://baijiahao.baidu.com/s?id=1746221317556507372&wfr=spider&for=pc）

运河新画卷：波浪宽　香两岸

京杭大运河全线贯通后，北京市通州区运河游船开通观光航线。通州区融媒体中心供图

2022年4月28日，京杭大运河实现百年来首次全线贯通。作为世界上里程最长、工程最大的古运河之一，京杭大运河与长城、坎儿井并称为中国古代的三项伟大工程，并且使用至今。粮米、丝绸曾沿河北上，送入北方市集商铺，建材、矿产也曾搭乘货船，直达南方。

从古至今，随着这条千年运河流动的不仅有物资、游船，还有日新月异的沿岸经济、文化等。可以说，奔腾的运河拉来了商贾繁茂，更拉开了区域发展的壮美画卷。

因河而兴，老城传承运河文化

城镇因这条运河而兴，运河又孕育了丰富的历史文化遗产。2014年6月22日，《世界文化遗产名录》将京杭大运河收录其中，大运河成为中国第46个遗产项目。

北京市通州区委宣传部副部长戴迎春介绍，自2014年大运河成功申遗以来，北京一直在重点推进大运河文化保护传承利用。2019年，《北京市大运河文化保护传承利用实施规划》和五年行动计划（2018—2022年）发布后，副中心积极对标国家、市级相关规划政策，制定《通州区大运河文化带保护建设规划》和《2020—2022年行动计划》，成为北京市以及运河沿线第一个对外发布此类规划的区县城市。

"要打造古今同辉的人文城市。"在北京市通州区张家湾镇党委副书记、镇长周丰看来，张家湾古镇要充分挖掘古镇的红学文化、漕运文化等，支撑整个大运河文化带建设。

沿河南下，苏州市相城区望亭镇"以亭为名，因河而起"。大运河穿镇而过，承载着望亭镇将近2000年的历史。

今年78岁的许志祥是望亭中心小学的退休教师，在他的印象里，大运河望亭段有着极其丰厚的文化和历史。退休后，许志祥花了大量的精力整理相关素材，并撰写了7000余字的《相城区大运河望亭段基础研究报告》。谈及大运河，他是这样写的："望亭镇由水而生，依水而建，水是望亭的灵魂。古老的大运河穿镇而过，世代望亭人在此繁衍生息、生活劳作，它为望亭创造了繁华景象，带来了经济文化的繁荣，也留下了丰富的文化遗产。"

因河而变，城市重塑运河生机

当京杭大运河完成"通"的任务时，"绿"的行动也在积极开展。

2017年以来，城市绿心组图责任规划师、北京清华同衡规划设计研究院副院长恽爽的主要工作之一，就是帮助大运河畔的北京城市副中心"变绿"。她说道，北京城市绿心是千年运河历史的一部分，既要强调景观的绿，又要注重建筑的绿。在规划中，绿心森林公园选用中国二十四节气等元素搭建休息岛及景观，让市民在美景中感受千年文化的流淌。

距离北京城市副中心逾1000公里外，无锡市人民检察院第七检察部副主任符世锋也在助力运河沿岸的生态环境建设。2021年3月，符世锋和同事在京杭大运河江南段专项检查中发现，某地发电厂的工作人员为储煤方便，将运煤船直接当成了运河上"漂浮的储煤场"。了解相关情况后，他们前后走访调查、耐心沟通。最后，多部门合力通过设置专用临时待泊区、设置交通标识等措施，保障大运河航道通行安全和发电厂生产安全。

据水利部水利水电规划设计总院总师办主任赵钟楠介绍，近年来，京杭大运河沿线各省市及国家有关部门，围绕大运河的生态环境保护治理开展了大量工作，一是加快水资源保护和水环境治理；二是开展沿线河湖综合治理，给沿线历史文化、经济建设、生态环境发展等带来新的生机。

因河而盛，擦亮运河发展名片

大运河畔年轻人的一天可能是什么样的？北京市运河商务区青年创业者小潘形容，早上开车经过大运河森林公园到达公司，休息时间可以到公司楼下不远处的西海子公园找灵感，商务区内还能轻易找到餐馆、书店、艺术馆等。

北京市通州区运河商务区管理委员会党工委书记、管委会主任林正航说道，在引进人才方面，城市副中心提供了"个税奖励""人才落户""工作居住证绿色通道""医疗和子女就学保障"等全生态链的政策支撑体系，全力打造首都营商环境"新高地"。

从"政策礼包"到基础设施建设，京杭大运河这张"金名片"赋予城市副中心的不仅仅是底蕴，更是发展动力。

北京城市副中心文化旅游区管理局副局长王玥介绍，2021年环球主题公园在城市副中心文化旅游区拔地而起，开园仅3个月就带动了副中心的规模以上的文化体育和娱乐收入同比增长约367%，今年一季度带动行业收入同比增长约532%，加速推动副中心文化旅游产业高质量发展。

千年流淌的大运河见证了北京辉煌的建都史，如今，历史的聚光灯又打在这座承载着特殊使命的通州新城上。根据《北京城市副中心控制性详细规划（街区层面）（2016—2035年）》，城市副中心要打造低碳高效的绿色城市，蓝绿交织的森林城市，自然生态的海绵城市，智能融合的智慧城市，古今同辉的人文城市，公平普惠的宜居城市。

可以预见，蜿蜒逾千公里的京杭大运河，还将与沿岸城市一同"晒"出更多的发展"成绩单"。

（https://baijiahao.baidu.com/s?id=1746341862189702288&wfr=spider&for=pc）

"万里长江，浩荡东流"——来一场横跨中国的云端之旅

主持人张默（音）：观众朋友们，大家好，您正在收看的是由《中国青年报》为您带来的十一特别系列直播节目《江河奔腾看中国》，我是张默（音），10月1号到5号，每天两小时，我将和搭档程斯（音）陪您一起云游祖国江河。今天的直播节目现场我们非常荣幸地邀请到了水资源研究所的蒋云钟所长带我们一起用科学发展的眼光观察欣赏。

水资源研究所所长蒋云钟：观众朋友们，大家好，很高兴来到中青报《江河奔腾看中国》直播现场。

主持人程斯（音）：国庆第一天，我们一起祝福新中国生日快乐，首先，我们要领略的是"大水天来，一泻万里。浪似山高，势如卷席"的长江之美。

主持人张默：正式出发之前，不如先请蒋所长为我们介绍一下长江的整体情况。

水资源研究所所长蒋云钟：好的，长江发源于青藏高原唐古拉山脉的中段各拉丹冬雪山西南侧，干流流经我国青海、西藏、四川、云南、重庆、湖北、湖南、江西、安徽、江苏、上海等11个省（自治区和直辖市），最后流入东海，全长6300多公里，在世界大河中仅次于非洲的尼罗河和南美的亚马孙河，居世界第三位。它的支流伸展到甘肃、陕西、贵州、河南、广西、广东、福建、浙江等8省（自治区），流域面积约180万平方公里，约占中国国土面积的19%。你知道吗？从长江源头到长江口由西向东跨越了我国大陆地势的三级阶梯，四川宜宾以上叫上游，长4500多公里，宜昌到湖口这一段为中游，长1000公里左右，湖口以下为下游，长938公里，由南至北跨越了我国南温带、北亚热带、中亚热带和高原气候区等四个气候带。

你知道吗？长江水系非常丰裕，直接注入长江的大小支流有7000多条，多年平均径流量约1万亿立方米，大约相当于全国总量的36%。

主持人程斯：蒋所长，我们想请问您，为什么称长江是中华文明的母亲河呢？它的历史文化意义有哪些？请您介绍一下。

水资源研究所所长蒋云钟：因为大家都知道人类文明是大河文明，从世

界范围来看，四大文明古国都位于大江大河的中下游。长江流域是中国文明的发源地之一，早在旧石器时代，也就是距今170万年前的元谋人化石是咱们国家发现最早属于猿人阶段的人类化石，也是长江流域人类活动历史悠久的一个有力证明。

长江沿线还分布着像宝墩文化、大溪文化、屈家岭文化、石家河文化、河姆渡文化、良渚文化等一系列史前文化。在几千年的发展过程中，长江流域又形成了特征明显的区域文化，如上游的巴楚文化、中游的荆楚文化、下游的吴越文化、江淮文化等等。长江文化也可以说是以水为主题的文化，认识水、利用水、治理水的主题始终贯穿在长江黄河的历史长河当中，像杭州良渚古城外的水利系统是咱们国家迄今为止中国最早的大型水利工程，像四川都江堰水利工程是当今世界宏大的水利工程保留得非常完好的，长江三峡工程也是现在世界上最大的水利工程等等。

到了现在，长江流域以占全国约19%的面积养育了全国约33%的人口，生产了33%的粮食，集中了约36%的GDP，也就是三分之一。因此说长江是中华民族的母亲河，也是中华民族发展的一个重要支撑。

主持人张默：那百闻不如一见，我们赶快出发，今天我们先从源头说起，第一站我们将去到的是青海三江源，一起来看。

短片：长江、黄河、澜沧江从这里出发，一步步走向磅礴，位于青海省南部的这片区域也因此有了与江河相关的名字，三江源。充沛的水源，多样的地形地貌，让这里成为无数珍稀物种的家园，但生息于此的生命无时无刻不在接受挑战。高寒、缺氧、或适应、或对抗，顽强的生命之花在这里绽放，赖以生息的家园也有脆弱的一面，如何保护三江源成为人们永恒探索的课题。

治多县三江源国家公园的工作人员正忙于鼠兔洞穴的堵洞工作，24小时后检查，如已堵好的洞口被推开，意味着洞穴有鼠兔使用。当每1万平方米草场的鼠兔超过一定数量时，则需要治理。处在食物链底端的高原鼠兔维系了高原生态系统的平衡，也是重要的生态警示者。如果鼠兔泛滥，会加重区域的荒漠化速度，导致河流补给量下降、水源断流，整个三江源的水系将受到影响。

原本一览无余的草场上树起许多木杆，它们为鼠兔的天敌鹰隼提供了落脚筑巢的地方。三江源国家公园体制试点的五年间，通过种草架设鹰架等方式控鼠，有效维护了高原生态的平衡。如今，三江源地区的草地覆盖率产草量分别比十年前提高了11%和30%以上，而对生态修复的探索还远没有结束。

近日，玛多县黄河乡的鼠兔们发现它们的家园附近出现了一些奇特的洞穴，这是生态控鼠的一项新实验，通过在鼠兔数量爆发的地方筑洞，吸引藏狐、猞猁等鼠兔的天敌入住，进而实现控鼠的目的。嘎仁扎西（音）是这支施工队的队长，几个月来，他为动物建了几十座新家，自己却只能栖身薄薄的帐篷。抽出管子，供动物进出的通道已经成形，盖上房顶，他们心中的大石也落下了，现在只差一个新居落成的仪式。

留下红外相机监测动物的入住情况，结果还不得而知，但只要一直以保护优先、自然恢复为主，遵循生态保护内在规律的保护准则，大地终会迎来新生。

对家园树立起正确的认识是一切保护工作的前提，复杂的自然环境类型让三江源国家公园成为全国32个生物多样性优先区之一，列入国家重点保护野生动物名录的共有69种，占全国重点保护物种的26.8%。而这些友邻的生存状况与家园的安危息息相关。

雪豹向导桑周（音）：就晚上和早上最好，中午它在休息，我们几乎看不到。

短片：凌晨5点，桑周（音）已经带着生态访客们开始了大山中的体验。桑周（音）的家乡位于杂多县昂赛乡，这里山高路远，环境原始。据估算，每25~35平方千米就有一只雪豹，对雪豹与生态的关注让越来越多的城市来客走进这里，熟悉当地情况的生态管护员也多了一个找雪豹向导的身份。但雪豹行踪诡秘，一周的生态体验转瞬即逝，众人还是一无所获。

雪豹向导桑周（音）：这是雪豹粪便，山上很多，下来是来喝水的。

短片：雪豹粪便给了大家鼓舞，很快他们又有了新发现。

雪豹向导桑周（音）：我们找雪豹是怎么找的？靠秃鹫和喜鹊，为什么？首先发现它的是喜鹊和秃鹫两种鸟，然后我们靠它来找雪豹的位置。

短片：生态链中每个物种都有各自的位置，雪豹作为顶级捕食者，需要稳定的食草动物种群作为食物供给，因此雪豹也被称为高海拔生态系统健康与否的气压计。

雪豹向导桑周（音）：来来，快，有雪豹，有雪豹，有三只。

记者：哪个？我看看。

雪豹向导桑周（音）：快到山顶了，最高的山顶，有三只。

短片：望远镜中上演着真正的生死对决，这既是狩猎，也是授课。两只小雪豹马上要独立生存了，但它们显然没有进入状态，在成为真正的雪山之王前，它们还要经受重重考验。不论是人类社会还是自然界，关于生存家园的思考都是对生命最初的探索。短短七天，生态访客们一路见证思考，保护之心也由此而生。

为了能科学地监测这些雪域精灵，有些人甚至踏入生命的禁区。11月的可可西里气温低至20多摄氏度，人迹罕至。作为长期研究三江源国家公园可可西里地区的科学家，朵海瑞带领团队向可可西里东北部的库赛湖出发一路向西，他们的目标是雪豹曾出没的豹子峡。动物频繁经过踏出的兽道是朵海瑞寻找雪豹的重要线索，细心寻找，一处洞穴映入眼帘。

科学家朵海瑞：这儿也有一个比较完整的兽道，把红外相机和采样的盒拿上来。

短片：雪豹生性警惕，布设红外相机是较为有效的调查方法。未来几天里，这套动作要在一千多平方千米的范围内重复数十次，一片红外相机监测网即将形成，它们将为摸清可可西里野生动物家底奠定基础。

科学家朵海瑞：掌握自己家底就相当于我们每十年做一个人口普查一样，比方说我们有雪豹，我们怎么样不去干扰，让它能很开心地繁衍，把这块它们的家园还给它们。

短片：随着三江源、草地野生动物等资源本底调查项目逐步完成，三江源正揭开它神秘的面纱。因为了解，所以当危机浮现时，人们总能找到应对之法。

晚上10点多，一通电话打破了澜沧江园园区管理委员会办公室的平静。

澜沧江园园区管理委员会办公室文嘎（音）：群众举报，熊又出来了，让我们马上就去。

短片：对于文嘎（音）来说，这样的深夜行动并不罕见。这次的不速之客是三只棕熊，棕熊体型庞大，移动速度高达60千米每小时，手无寸铁的人类根本不是对手。夜幕成为棕熊的掩护，他们动用枪声这个驱赶利器先声夺人，棕熊能藏身的地方被一一排除。紧绷的神经终于得到放松，但这个夜晚注定无法平静。与熊打交道并不是每次都能像昨晚那样幸运，进入冬季虽然棕熊活动减少了，但仍不能掉以轻心。

在牧区，经常能见到伤痕累累的房屋，被熊撞凹进去的铁皮墙，墙上锋利的爪痕，熊甚至会进到屋中破坏家具。人熊冲突的背后除了栖息地之争，还有棕熊从人类居所获取食物更为容易等多种因素。为了减缓矛盾，三江源国家公园特别为全体生态管护员购买了野生动物肇事保险，并采取了加固牧民房屋、野外固定投食等一系列措施。

在玉树市巴塘乡的一座寺庙，人熊以另一种状态比邻而居。下午5点，相古寺的僧人们开始做饭，他们的老朋友也拖家带口踩着饭点前来，它们的目标是寺院前盛放剩饭的铁桶，护院的藏獒已经习惯了它们的到来，熊与这里的一切建立了默契，而僧人们也摸清了它们的好恶。白菜帮不受待见，饼子则是珍馐。僧人们不记得熊是从哪天来的，人与熊的相处自然而然，这种与万物和谐共生的理念一直生长在他们的心间。正因此，保护的力量才能源源不断。

　　主持人张默：我们都说人与自然如何融合共处一直都是一个引人深思的命题，但是想问一下蒋所长，人类的生活范围和野生动物的生活范围一定是不可兼容的吗？谈谈您的观察。

　　水资源研究所所长蒋云钟：好的，应该说咱们中国历来非常重视人与自然的关系，早在《论语·述而》中就记载"钓而不纲，弋而射宿"，指的是人类应该适度捕猎，不要影响生物繁衍，避免破坏生态系统。野生动物是平衡生态系统功能的一个关键，对人类的生存至关重要，咱们人类最好的不会说话的一种朋友，因此人类要尽量避免侵占动物生存的空间，尽量减少人类活动对野生动物的打扰，避免破坏野生动物的食物链。同时，野生动物也对环境有一定的适应性，就像刚才片中所提到的青海省玉树藏族自治州有一个巴塘乡，位于三江源，那儿的人们早已习惯了跟野生动物共居一处，大多数时候他们互不干扰。因此，人类的生活范围与野生动物不是不可兼容的，而是可以和谐相处的。

　　主持人张默：蒋所长，我们都知道保护生物多样性的重要意义，今天也想请您和我们谈谈这个话题，以及生物种群的消失可能会给长江带来哪些影响呢？

　　水资源研究所所长蒋云钟：好的，我先解释一下什么是生物多样性。生物多样性是生物及其与环境形成的生态复合体，以及与此相关的各种生态过程的总和，由遗传多样性、物种多样性和生态系统多样性等三个主体组成。生物多样性是其中最关键的部分、是地球生命的基础、是使地球充满生机、是人类生存和发展的基础，所以我们要保护好。

　　长江拥有非常独特的生态系统，是我国重要的生态宝库，长江某种生物群的消失就意味着食物链中间环节的某些生物灭绝。一个链条的丧失就可能造成整个食物链崩塌的风险，而如果多种生物灭绝，也就意味着食物链崩塌的风险就更大，食物链被破坏，生态平衡也就被破坏，就会危及人类的生存。

　　主持人张默：没错，为了织牢织密生物多样性的保护工作，其实我们也做了非常多的努力，尤其是近十年有一些非常经典的案例，请蒋所长为我们稍微列举一下。

水资源研究所所长蒋云钟："共抓大保护，不搞大开发"，习近平总书记为咱们长江生态环境保护和织牢织密生物多样性保护网络指明了方向。2020年，农业农村部发布了长江十年禁渔计划，目前是长江生物多样性保护的最主要抓手，同时我国在长江实施了促进鱼类生存生长、产卵繁殖的生态调度，以及江豚等重要水生生物栖息地的保护，小水体的清理整顿，水产种质资源的保护区建立等一系列措施来努力保护长江宝贵的生物多样性。

主持人张默：其实不仅是三江源，整个长江流域的生物保护都取得了巨大成果，在这里不得不提的是长江标志性动物，被称作"活化石"和"水中大熊猫"的江豚，非常可爱，它可是长江生态的晴雨表，具有重要的保护地位和研究价值。

主持人程斯：是的，从9月19日开始，持续八天的2022长江全流域江豚科学考察也是刚刚结束。这是长江十年禁渔后的首次科考，科考队正是在湖北宜昌葛洲坝附近的江面发现了此次考察的首批江豚群，而且多个地区也都发现了江豚的身影。此时此刻我们的记者正在湖北宜昌，让我们跟随镜头一起去寻找一下江豚的身影，一起看看。

记者：杨老师，很高兴代表《中国青年报》来采访您，问您几个简单的问题，首先您可以做一个简单的自我介绍吗？

摄影爱好者杨河：好的，我是摄影爱好者杨河，是一个地地道道的宜昌人，生在长江边、长在长江边的宜昌人。

记者：为什么您会选择拍摄江豚这个题材呢？

摄影爱好者杨河：拍摄江豚就是长江大保护以后，我能天天拍到江豚，也见证了长江大保护给我们老百姓带来了真真切切的一种感受。过去我们看到的天、云都是带有化工气味的，现在长江大保护以后看到的天是蓝天，我们也闻不到化工的味道了，特别是我们的江豚又回来了，这是我要拍江豚的一个原因。

记者：那您从2019年到现在这么长时间拍摄江豚过程中，有没有一件事让您觉得特别地记忆犹新？

摄影爱好者杨河：我最难忘的一件事就是今年2月9日，我们江中有一只江豚被尼龙绳缠住了，我当时在拍摄的时候就发现它上面带有两只矿泉水瓶，一层一层的，我就通知了江豚救护巡护队，江豚救护巡护队要赶到现场的时候，三峡海事局就下达了一个调度令，所有沿道的船舶就地停航12分钟，让出生命的通道。这是我们这座城市对生命共同体的一种尊重。

记者：现在宜昌经常可以看到有江豚在嬉戏的身影，对这个您有什么想说的吗？

摄影爱好者杨河：天也蓝了，水也清了，江豚也回来了，要引起人们对江豚更多的关注，这是我们的一个财富，也是我们长江生态修复的一个指标性的物种。

主持人程斯：江豚的频繁现身也说明长江生态环境正在持续变好，这是长江十年禁渔成果的最好体现。长江流域的环境治理并非一日之功，我们国家也投入了大量的人力物力，并且成立了相关组织，70年来也一直致力于长江生态环境的保护。

主持人张默：是的，这就是长江水利委员会，它自1950年成立至今始终不忘初心，守护长江，一起来了解一下。

短片：对于长江来讲，第一位的是要保护我们这条母亲河，这是中华民族的母亲河。

从各拉丹冬这滴水落下的那一瞬，长江，这条举世闻名的巨川便开始了纵横跌宕、波澜壮阔的万里行程。全长6300多公里的长江，是世界第三、中国第一大江河，流域面积达180万平方公里。长江水系庞大，自西向东横贯神州大地，干流流经11个省（市、自治区），支流延展8个省、自治区，是我国水资源配置的战略水源地、重要的清洁能源战略基地、横贯东西的黄金水道、珍稀水生生物的天然宝库和改善我国北方生态与环境的重要支撑点。

长江哺育了世世代代的中华儿女，孕育了悠久灿烂的华夏文明，但长江频繁的洪患又给两岸人民带来深重的灾难。

治国先治水，新中国成立仅四个月后，在党中央的亲切关怀下，组建了长江水利委员会，专司长江流域的规划与治理。1952年春夏之交，新中国对长江水患宣战的第一个战役荆江分洪工程在长江委主持下75天完建，并在两年后的1954年特大洪水中三次开闸分洪，为保卫江汉平原和大武汉的安全发挥了重要作用。

1953年2月，毛泽东乘长江舰视察长江，听取了长江委主任林一山的汇报，提出了长江流域规划、兴建三峡和南水北调工程的构想。根据1958年中央政治局成都会议批准的意见，1959年7月，长江委编制完成《长江流域综合利用规划要点报告》，明确了以防洪为中心的治江三阶段战略任务。1990年和2012年又先后对流域综合规划进行两次修订，逐步形成了以综合规划为龙头、专业规划为骨干、主要支流综合规划和专项规划为补充的流域规划体系。

在规划指引下，长江委围绕流域治理与开发，开展了大规模的水利规划建设。1994年12月，经过长江委40余年的论证、规划、勘测、设计和科研攻关，长江防洪的关键控制性枢纽工程三峡工程开工建设，"更立西江石壁，截断巫山云雨"，2009年三峡工程全面建成，2020年完成整体竣工验收，全面发挥巨大综合效益。

南水北调工程同样经历了长江委半个多世纪的论证、规划、勘测、设计和科研。2005年9月，南水北调中线工程的两项关键工程丹江口大坝加高工程和穿黄工程正式开工。2014年12月，南水北调中线一期工程正式通水，成为京津冀豫受水区城市供水新的生命线。2021年6月，白鹤滩水电站投产发电，标志着长江流域综合规划中规划的金沙江下游四座巨型梯级电站全部建成，宏伟蓝图一步步变成美好现实。长江委积极开展流域水利工程运行调度研究与实践，促进水利工程实现防洪、发电、供水、航运、生态等综合效益多赢。

经过70多年的治理开发，长江流域已建成堤防近13万公里，水库5万余座，基本建成以堤防为基础、三峡水库为骨干、其他干支流水库、蓄滞洪区、河道整治工程相配套，封山植树、退耕还林、平垸行洪、退田还湖、水土保持措施及防洪非工程措施等相结合的防洪体系，昔日洪患频仍的长江正成为一条洪行其道、惠泽民众的安澜巨川，成为实现中国梦的重要战略支撑点。

保护长江一直与治理开发长江同行，经过几十年的不懈努力，初步建成了以水功能区管理为基础的水资源保护管理体系，基本建成了流域水环境监测网络，加强了水污染综合治理。目前，干支流符合或优于Ⅲ类水，河长占98.1%，水质总体上保持良好状态。

1989年1月，国务院批准实施长江上游水土保持重点防治工程，30多年来，长江流域水土流失面积减少了28.5万平方公里，较20世纪80年代中期遥感调查流域水土流失面积下降了45.82%。

从2011年开始，长江委持续开展生态调度实验，2022年，长江宜都江段监测总产卵量和四大家鱼产卵量均创历史新高。连续四年开展丹江口水库鱼类增殖放流，2021年鱼苗放流数量首次达到325万尾的设计规模。

1988年颁布实施、2002年修订的《中华人民共和国水法》开启了流域管理机构依法治江的新纪元。2021年3月1日起，我国首部流域法律《长江保护法》正式实施，为长江母亲河永葆生机活力、中华民族永续发展提供了法治保障，长江委认真履行各项涉水法律法规，赋予流域管理机构的职能，切实加强水行政管理、流域水事活动逐步规范。

自2002年1月1日《长江河道采砂管理条例》实施以来，长江委采取联防联控、专项执法等多种措施强化管理，实现由乱到治、由多头管理到统一管理、由全面禁采到依法有序开采的历史性转变。多年来，长江委持续推进流域管理与区域管理相结合的水管理体制，国家相关部委、流域管理机构、流域省级人民政府齐心协力共襄盛举，合力保护母亲河。

为切实履行好新时代赋予的历史使命，长江委扎实开展长江经济带发展水利支撑与保障工作，及时编制完成《长江经济带发展水利专项规划》等重要规划，系统推进河湖岸线保护与管理，统筹推进长江流域水资源集约安全利用，狠抓长江经济带涉水生态环境突出问题整改，一幅幅共抓长江大保护崭新的时代画卷徐徐展开。

"九层之台，起于累土。"长江委从成立之初就组建了水文、勘测、设计、科研等机构，70多年来积累了水文泥沙、地质勘查、河道观测等方面丰富完整的基础资料，建成了集水文、水质、水生态、泥沙于一体的综合站网体系，各类监测站点达6804个。近年来，加快构建数字孪生长江体系，初步建成数字孪生长江算据基础。科技创新驱动事业发展，经过多年发展，目前拥有国家级工程技术研究中心、省部级重点实验室、野外科学观测研究站等国家级、省部级科技创新平台共20个，荣获两项国家科技进步特等奖在内的国家级、省部级奖励近800项，申请获批各类专利成果1000余项，形成一批国际领先的核心技术，为中国设计、中国创造贡献了长江力量。

治江伟业考量人才格局，70多年治江实践培育锻造了一大批科技人才。他们以对党和人民的无比忠诚、以对治江事业的无比热爱，毅然承担起长江保护与发展的历史使命和社会责任，战胜了一次次水旱灾害，攻克了一道道世界水利技术天堑，凝成了团结、奉献、科学、创新的长江委精神，铸造了一座座精神丰碑。

主持人张默：我们都说长江的治理保护不光是一个组织或一个部门的事，长江之所以能够长足发展，完全得益于社会各方的努力。其中，高校师生也是这支队伍当中不可小觑的一支力量。

主持人程斯：没错，武汉纺织大学绿色环保协会的同学们就参与到了长江大保护的活动中，一起了解一下。

记者：姚老师好，十多年来，围绕长江大保护，我们武汉纺织大学绿色环保协会主要做了哪些方面的工作？

武汉纺织大学环境工程学院党委副书记老师姚瑶：我们武汉纺织大学绿色环保协会成立的时间比较久，是大学生们以自愿服务的形式集合起来的集环保学术性于一体的一个社团组织。我们在长江大保护方面有着多年的实践，主要是包括几个方面。

第一个方面就是在环保宣教方面，进行广泛的宣传，比如说宣传长江保护相关的政策，包括节水护湖的相关条例，通过群众们比较喜欢的方式让环保宣教更加深入人心。

第二个方面就是进行环保的实践调研，我们连续十多年走进全国的10多个省、20多个城市、65个湖泊，通过大量的调研数据观察长江沿岸相关的湖泊变迁，也看到了湖泊得到了良好的发展。党的十八大以来，习总书记提出的"两山论"让绿色环保深入人心，碧水蓝天变得更加美丽和漂亮。我们的大学生群体们在实践调研过程中就发现社会群众的环保意识在不断提升，整个地方政府所做的环境保护举措也让我们的环境更加美好，在实践走访过程当中也让大学生们亲历亲见了长江相关的一些保护改革的举措和它的成效。

第三个方面就是进入中小学开展环保课堂，这也是我们的环保志愿者比较引以为傲的，他们连续十多年的时间走入全国大概3000多个学校的中小学课堂给上万名中小学生进行环保科普讲座，尤其是孩子们比较喜欢的亲子活动课堂，讲长江珍稀动植物还有水生生物，像白鳍豚、中华鲟等等，深受孩子们的喜欢，也向孩子们传播了环保理念，宣传了生物多样性保护的重要性。主要是做了这三个方面的事情。

武汉纺织大学学生张秋月：作为一位环境的学子，我通过长江大保护的调研实践学到的许多知识是无法从课本上得来的。比如说我亲身去感受河流污染，从课本上无法很好地感受到原来我们身边的湖泊面临着很多难以解决的问题。这种感觉会时刻带动着我们去学好这个专业，然后用好我们这个专业，去保护河流。

主持人张默：《江河奔腾看中国》，我们接着听长江的故事。长江不仅是中华民族的母亲河，更是荆楚儿女生产生活用水的主要来源。在那些喝着长江水长大的荆楚儿女心中，长江是什么样子的呢？接下来，我们一起来连线《中国青年报》中青校媒记者朱可心，听一听江城人的长江印象。

主持人程斯：可心，你好。

主持人张默：可心，你现在所在的位置是在哪里？可以给我们介绍一下吗？

记者朱可心：好的，主持人您好，各位网友大家好，我是《中国青年报》湖北校媒记者朱可心，是土生土长的武汉人，也是一名武汉大学生。我现在的位置是在武汉汉阳江滩，我身后就是著名的武汉长江大桥。

主持人张默：可心，我们都知道你是一个地地道道的武汉姑娘，想请你给我们介绍一下武汉长江大桥现在是什么样的呢？

记者朱可心：对，长江大桥是横跨于武汉蛇山和汉阳龟山之间，也就是传说中的龟蛇锁大江，是万里长江第一桥，也是毛主席笔下的"一桥飞架南北，天堑变通途"。这个武汉的城市名片和地标建筑早已存在了我童年的记忆中，小时候的周末跟着爸爸妈妈在桥上散步的经历依然历历在目。十几年过去，我考上了武汉的大学，长江也看着我长大了。

主持人程斯：可心，有一句俗语不知道你听过没有，它是这么说的，"长江的水环境怎么样，江豚的数量说了算"。最近看到了科考队发现江豚的新闻，能不能给我们介绍一下你在当地了解到的情况呢？

记者朱可心：好的，没问题。我们最近可以看到不少新闻，因为我们不少的武汉市民频繁地在长江武汉段偶遇江豚在水中嬉戏，它们可以说是我们武汉人多年未见的老朋友了。我们也知道这群"微笑天使"是全球唯一的江豚淡水亚种，已经在我们地球上生存了超过2500万年，被称作"活化石"和"水中大熊猫"，是长江生态的晴雨表。从多年未见到时常遇见，成群的江豚证明我们长江十年禁渔工作已经取得的明显效果，也折射出长江流域生态文明建设取得了良好进展。

主持人程斯：好的，确实江豚非常可爱。可心，你今天既是我们的场外连线记者，也是我们的青年代表。那你认为青年人可以为长江生态建设做出什么样的努力呢？分享一下。

记者朱可心：我觉得长江是我们中国重要的保护资源，作为我们青年人应当承担起自己的青年使命，从自己做起保护长江的生态。首先我觉得我们可以做到不购买、不烹饪、不食用水生野生动物，以实际行动践行长江大保护。同时我们也可以积极参与学校或者社区组织的志愿活动和宣讲活动，呼吁公众从自身做起，从个人带入家庭、带入我们的朋友圈，让长江生态保护与绿色生活理念更加深入人心，共同守护我们的一江碧水。

主持人张默：好的，感谢可心现场带来的分享，感谢，谢谢你可心。

主持人程斯：谢谢可心。

记者朱可心：谢谢主持人，再见。

主持人张默：跟着校媒记者实地探访了武汉长江大桥，我们再去了解一些它背后的故事。提到保障长江大桥的平稳运行，就必须提到最强防洪军团，最强防洪军团到底是什么呢？一起来了解一下。

短片：长江流域水资源时空分布不均，洪灾基本由暴雨洪水形成，降雨强度大、范围广、历时长、洪水遭遇复杂，导致长江流域洪水频发。曾经我们的防洪工作缺乏有效手段，堤防千疮百孔，我们只能靠人海战术和洪水肉搏。但是现在我们不再对洪水束手无策，随着以三峡水库为核心的流域水库群逐步投入使用，我们开始手握重器，能主动去调度洪水。水库对水资源的调蓄就是统筹蓄与泄关系，突破时间和空间的禁锢，使桀骜不驯的洪水变得温顺。比如汛期洪水大了，水库拦蓄，减轻下游防洪压力。汛后及时蓄水，枯水期增加下游供水，满足综合利用需求。所以，我们要统筹考虑这些重要水库的调度，让这些水库同心协力相互配合，形成一个有机的整体，上下游水库进退有序，就能发挥"1+1>2"的效用。

自2012年长江流域水库群联合调度方案批复以来，纳入联合调度的水库范围从10座逐步拓展为今年的51座。它们组成了长江流域防御洪水的最强防御军团，牢牢把守流域每个关键节点，充分发挥拦洪、削峰、错峰作用。

长江委防御局党支部书记、局长徐照明：十年来，整个长江流域的防洪工程体系和非工程措施体系在不断地完善。在工程体系方面，我们开展了洞庭湖、鄱阳湖以及长江支流的地方加固以及长江干流河道的治理，稳固了河道的泄洪能力。这是一方面。

第二个方面，我们开展了大量的防洪水库的建设，包括长江上游的乌东德、白鹤滩以及我们丹江口大坝的加高工程，增加了防洪151立方米。这是第二个方面。

第三个方面，增强了蓄的能力，我们加强了城陵矶附近151立方米蓄滞洪区的建设和洞庭湖一些蓄滞洪区一些围堤的建设，这样增加了蓄的能力。通过这些措施，整个防洪体系的洪水风险抵抗能力得到了显著提升。

另一方面，非工程措施的能力也全面加强，监测、预警、预报和智慧调度的能力也得到了提高。这样，基本上整个流域的防洪工程体系长江中下游荆江河段可以防御百年一遇的洪水，结合蓄滞洪区的应用，可以防御千年一遇的洪水和1870年那样的洪水，城陵矶以下可以防御新中国成立以来最大的洪水——1954年洪水。

我们的工程也接受了大洪水的检验，我们这些年成功防御了2020年的流域性大洪水和2012年、2016年、2017年包括2021年的区域性大洪水，战胜了洪水灾害。应该说我们流域性的控制水情调度从三个工程向工程群调度发展，调度的目标从防洪向生态、供水、灌溉、发电等综合调度发展。

主持人程斯：了解过最强防洪军团，我们再去了解大国重器。装备制造业是一个国家制造业的脊梁，在国家发展建设中承担着特殊的使命，今天我们要看到的是世界上规模最大、技术和难度系数最高的升船机，三峡升船机，一起了解一下。

主持人张默：一起来看。

短片："舟楫之利以济不通，致远以利天下。"自古以来，人们利用河流运输物资，互通有无，大船畅行，江水浩荡。此刻，满载货物的货船鹏捷6号船舶经引航道，过上闸首，在完成百米下降之后，船出下闸首，顺利驶向下游引航道，整个过程约32分钟。

三峡升船机是世界上规模最大、技术和施工难度系数最高的升船机。自2016年9月18日试通航以来，过坝快速通道作用日益显现。长江设计集团一直肩负着三峡升船机的总体设计任务，钮新强院士率领国内科研院所建造单位协同攻关，大胆创新突破，成功解决了升船机机械设备与混凝土承重结构变形协调，大型齿条螺母柱精准安装等一系列的世界级技术难题，形成了具有中国特色的水利水电工程齿轮齿条爬升室升船机成套技术。这是世界升船机工程建设技术发展的里程碑。

长江设计集团高级工程师王蒂：近几年由长江设计集团设计的主要升船机包括三峡升船机、向家坝升船机、亭子口升船机和戈壁滩升船机。我先说一下三峡升船机，三峡升船机是目前世界上技术难度最大、技术最复杂、安全保障性最高的齿轮齿条爬升式垂直升船机。三峡升船机的建成提高了三峡工程的通航能力，发挥了水运运价低、运能高、能耗低的优势，为打造长江黄金水道和促进长江经济发展发挥了重要的作用。三峡升船机实现了客船和其他特种船舶的快速过坝，其中使客船能45分钟内通过三峡大坝，这给乘客带来了安全舒适和愉悦的过级体验，也促进了长江旅游事业的发展。以往通过五级船闸大概要耗费3.5个小时。我国在升船机技术领域起步比较晚，但是经过几代人的不懈努力，已经实现了从跟跑到领跑的飞跃。

我是2010年从武汉大学结构工程专业硕士毕业然后到长江设计集团工作，参加的第一个项目就是三峡升船机，后面陆续参与了向家坝升船机、亭子口升船机、戈壁滩升船机等多座升船机的设计工作。在参与这些升船机的设计过程中，我觉得自身的技术水平得到了很大的提升，同时我也为能参与这些大国重器的设计制造、能贡献自己的一份力量而感到骄傲和自豪。

主持人张默：叶建（音）是武汉桥工段长江大桥的一名车间桥隧工，他和长江大桥之间又有哪些故事呢？我们一起来了解一下。

武汉桥工段武汉长江大桥车间桥隧工叶建（音）：我叫叶建（音），我是武汉桥工段武汉长江大桥车间的一名桥隧工，我是2012年参加工作，至今刚好十年。

在我的印象中有水的地方几乎必然就有桥，武汉也不例外。当我第一次以长江大桥养桥人的身份近距离站在大桥上时，大桥的威严壮观让我着迷，大桥的每一处细节都透露出厚重的历史底蕴，小到一颗螺丝钉，大到每一座灯台，似乎60几年前建桥时的场景还历历在目。从参加工作那一刻起，我就下定决心要当好大桥的养桥人。

自建成通车至今，武汉长江大桥实现了无一起责任行车事故的骄人成绩，养护维修水平一直位居全路前列，钢梁桥养护作业更是全路典范。正因为有我们武汉桥工段长江大桥车间三代养桥人的精心养护，历经65年的风雨，今天的大桥仍然神采奕奕。

听老师傅们说，上个世纪养护维修桥梁主要依靠肩扛手抬的传统简单作业方式和手段。大桥是钢梁结构，桥上轨枕均是木质，加上桥上场地窄，行车密度大，重体力高强度的作业多，养桥工作相当辛苦。当时考察一名工人是否合格，不光看业务技术，更要看体质体能是否过硬。而到了我这一代，我们开始广泛使用电动扳手、电镐、电动打磨机、高压喷漆机等先进工具，秉承科学养桥理念和工匠精神，着力在提高养桥水平和工效上下功夫。

我们车间成立了QC攻关小组，我是小组骨干成员，近两年与大伙一道做了十多项小发明、小创造，有效提高了作业精准度和劳动效率。十年前，从大桥上通过的都是绿皮车、红皮车等既有车辆，随着高铁时代的来临，如今放眼望去，一列列动车组成了大桥的常客。

另一个显著的变化就是现在的长江水更清，沿江两岸的树更绿了，陆续建成的江滩公园休闲场所可以说让老百姓的生活幸福指数不断得到提升。休息的时候我也经常带着妻儿一起到江滩附近走一走，每每听到市民和游客夸赞武汉长江大桥雄伟壮观，我们一家总有一种说不出来的喜悦。

人在桥上，桥在心中，是我们养桥人内心深处的特殊情结。爱桥、养桥、护桥、美化桥，是我们养桥人的生动写照。

乘坐火车通过大桥的旅客，也许他们并不知道这一切的幕后还有我们这样一群人在默默守护大桥的平安，但我不在乎。如同螺丝钉深深拧紧于这两条钢铁长龙之上，从它被制造之日起，就注定了成为一名无名英雄。如果把大桥比作一棵大树，我就是这棵树上不起眼的叶子，随着时间的积累我会一点点长大，风吹雨打让我越来越坚强，发出醉人的翠绿，在阳光的照耀下美丽地摇曳。所以，在我苗壮的时候我要努力成长，因为我热爱它，我把它的根深扎于大地，我坚信它会越发苗壮，努力地长高长大。作为一名新时期的大桥人，我无怨无悔。

主持人张默：不管是水库群联合调度、升船机还是长江大桥，都是我们中国智慧的体现。所以，接下来请蒋所长再介绍一下长江沿岸这些利国利民的国之重器还有哪些。

水资源研究所所长蒋云钟：好的，长江沿岸的国之重器非常多，这里我就简单举几个与水相关的，首先是大家都知道的三峡水利枢纽工程，它是世界上最大的水利工程，是世界最大的水电站之一。另外，还有它上游的白鹤滩水电站，它安装了16台全球单机容量最大的、也就是百万千瓦机组的水轮发电机。另外，像雅砻江的两河口水库大坝是中国最高、世界第二的土石坝，坝高达到了295米。此外，还有像宇宙号巨型货轮也由中国自主研制建造的世界最大级别的集装箱，最多可装载2万多个标准集装箱，最大载重量19.8万吨等等，这些都是大国重器。

主持人张默：听完蒋所长介绍，我们也是知道有一大批的国之重器不断在长江两岸聚集。蒋所长，也想请问您，大国重器如何助力黄金水道发展的呢？

水资源研究所所长蒋云钟：好的，水道应该就是水运的意思，水运跟公路、铁路相比具有运量大、费用低等特点。三峡水库建成以后，对水库上下游的航运条件都有了显著的改善。

首先说水库的上游。2021年，三峡枢纽航运通过量达到了1.5亿吨，再创了历史新高，库区600多公里长的河道的通航条件都得到了根本改善，万吨级的船队可以直达重庆。

再说水库下游，三峡及长江上游库区枢纽工程建成之后，通过去峰补枯，使得枯水期长江中下游的流量显著增加。像宜昌站的最小月平均流量从原来近枯以前的3000立方米每秒左右提高到现在的5000立方米每秒左右，相当于增加了约70%。

再往下到大通站，年最小月平均流量由原来的6300立方米增加到了10000立方米左右，也增加了大约70%。枯水期最小流量增加，也就意味着长江干流通航条件的显著改善，加之航道的综合整治，使得十万吨级这样的大船可以到达江阴港，五万吨级的海船也可以到达南京港，五千吨的船可以到达武汉，三千吨的船可以到达宜昌，因此大大发挥了咱们长江黄金水道的作用。

主持人程斯：确实是很重要。

主持人张默：到这儿我们还想问一下贾所长，我们这样非常努力地扎实地去打造国之重器，它的最重要的意义是什么呢？

水资源研究所所长蒋云钟：好的，国之重器是实现咱们国家跨越式发展的一个支柱，也是国家经济安全、国防安全的一个底线。因此，大国重器必须掌握在自己手里，否则就会始终被别人牵着鼻子、卡着脖子，我们的发展就会受到很大的制约。推动高质量发展，满足人民日益增长的美好生活需要的目标就可能很难实现。

习近平总书记强调"创新是引领发展的第一动力"，是建设现代化经济体系的战略支撑。"问渠哪得清如许，为有源头活水来"，只有创新才能占得先机、取得优势、赢得未来，才能打造真正属于自己的大国重器。

主持人张默：沿着长江大桥，我们随镜头来到下一站，南京长江大桥。这里有一支特殊的队伍，他们将传承守桥精神作为一生的信仰，我们一起去看看吧。

武警江苏总队南京支队执勤十四中队中队长杨奎：现在我们就位于我们的铁路面3号哨，我们这条铁路每隔5分钟都有一辆列车从铁轨上经过。总体来看，每天都有将近200余辆列车从铁路上驶过去，而我们的哨兵始终坚守在执勤的一线。

实际上我们的执勤环境还是比较恶劣的，特别是在2013年以前，我们主要面临的三个方面的恶劣条件。第一个就是高温，第二个就是高寒，因为南京又临长江，湿气比较重，寒气也比较重，冬天，当列车带着寒冷的江风吹在我们执勤哨兵身上的时候，犹如一把把锋利的小刀往身上骨头上直接扎。第三个就是高噪声，我们哨兵感觉是最明显的。当列车从铁轨上走过去的时候，特别是我们这个哨位距离铁轨只有2米，这么近的距离，这种声音感觉很刺耳，对于我们哨兵的心理和身体都是一种挑战。

武警江苏总队南京支队执勤十四中队战士高润泽：从我记事开始，南京长江大桥经常能出现在我耳畔，外公就经常会跟我讲他以前在南京当兵的一些故事，包括讲这座大桥。所以，耳染目濡之下，我就特别想来南京这座城市。我就在日记上写了这样一句话，我说，50年前外公站立的地方，50年后我也来了，就感觉很幸运很开心。

记者：这一天战士高润泽的家人也从浙江赶到了南京，帮助他的外公实现一个长久以来未曾实现的心愿。

时隔40年，外孙与外公两代守桥兵在南京长江大桥相会，近在咫尺的一个军礼既是战友间亲切的问候，也是祖孙俩接力守护南京长江大桥的无声默契。

高润泽外公陈钊福：这是中国的骄傲。

武警江苏总队南京支队执勤十四中队战士高润泽：对，中国的骄傲。我们这里每天一般会开过五六十辆火车，北上和南下的都有。火车有运客人的，有运货的，还有现在的高铁，就是我以前带你去坐的高铁。

高润泽外公陈钊福：我们作为军人，不要忘记过去的苦，即使国家需要我们战斗，我们也能继续啊。

记者：外公用南京话表达了他的心声，不要忘过去的苦，军人要时刻为战斗做准备，这对高润泽来说是一份嘱托，也是全体守桥兵们的共同心声。守桥官兵们用青春脊梁守护着南京长江大桥，守护着几代国人的特殊情感与记忆，他们以奋斗者的姿态书写天堑飞虹的壮丽篇章，守护着时代长河中不灭的青春之光。

主持人张默：从武汉到南京，长江大桥的守护展示了变与不变。变的是两岸环境，不变的是一直以来的守桥精神。

主持人程斯：是的，在环境的变化中，我们也见证了长江两岸的生态环境是越来越好，下面我们就走进新济洲国家湿地公园一起看一看。

短片：千年潮涌，涵养生息，孕育了这片资源丰富的生态宝库。大江滔滔，逐绿而行，竞逐出这颗多彩绚丽的洲滩明珠。

新济洲国家湿地公园位于长江干流江苏段最上游，由泥沙淤积而成的洲滩湿地组成，包括长江低水位时的新济洲、新生洲、再生洲、子母洲、子汇洲及陆域码头，面积2681.3公顷。作为长江中下游江河洲滩型湿地的典型代表，新济洲湿地集森林沼泽、草本沼泽、河流等湿地类型于一体，呈现出高质量的湿地生态系统。

保持完好的原生态环境使得新济洲成为湿地物种基因库和野生动物栖息天堂。目前共拥有555种维管植物、34种鱼类、37种两栖爬行类、215种鸟类、19种哺乳动物，其中列入IUCN红色目录的极危、濒危、易危物种达18种。多样的湿地环境为东亚-澳大利西亚候鸟迁徙通道上约60种越冬候鸟提供了重要的停歇地和越冬地，为112种夏候鸟和留鸟提供了重要的繁殖地。

调查显示，每年在湿地公园内栖息的鸟类总数达5万余只，其中普通鸬鹚、白琵鹭、花脸鸭、罗纹鸭、斑背潜鸭在湿地公园范围内已形成稳定的越冬主群，数量均超越全球区域种群数量的1%。

新济洲国家湿地周期性水文变化促进了洲滩与长江水体的物质循环和能量流动，为长江珍稀和特有鱼类提供了良好的索饵、育肥和繁殖的场所，亦为长江江豚提供了食物来源和良好的庇护场所。

新济洲的蝶变新生擦亮了长江中下游绿色低碳高质量的新底色。早在2001年江宁区为加强长江生态保护对洲上1123户居民实施生态移民工程。近年来，新济洲湿地公园以习近平生态文明思想为引领，持续推进湿地保护和生态建设工作，开展洲滩内的水系整理和水位管理，将原居民活动留下的农田和鱼塘实行退耕还湿、退渔还湿，优化洲滩湿地生态系统结构和功能，增加动植物栖息地。

建立高标准的生态监测监控系统，定期开展生态资源调查，数据同步传输到湿地生态监测大数据平台，强化了湿地公园智慧化管理。同时，聚焦长江大保护、立足长江洲滩湿地特色、建设生物多样性展示馆、开展自然教育生物资源直播等宣教活动，宣传湿地保护理念与科学知识。

长江入苏的第一关是江苏落实长江大保护战略的第一关，未来新济洲湿地公园将坚定不移走生态优先、绿色发展之路，全面提升湿地公园湿地生态质量和管理能力水平。以与江共生的生动实践，奋力谱写新时代长江文明的生动答卷。

主持人张默：其实不仅是生态环境的变化，绿水青山就是金山银山，随着生态环境的改善，人民的物质生活水平也在持续提升。接下来我们就把目光转向泰州、苏州的乡村，看看这些地方发生了哪些变化，一起来看。

短片：自然中孕育而生的德积，35平方公里以水为脉联动鲜活，依江傍水，鱼跃稻香。江海相会第一湾，张家港湾全线12公里东西相接，似一条玉带环抱千家百企万亩良田。在这方土地上，人们的生活像芦苇一样扎根，扎根在悠长的时间长河里，从容面对岁月的洗礼。抗日战争和解放战争时期，德积作为沙洲地区共产党员活动的根据地，点亮了江畔的星星之火，也将纯朴坚强的红色基因植入了田间阡陌里。

在红与绿的交相辉映中，生态绿色的自然禀赋相得益彰，最美江滩、最美江堤、最美江村、最美江湾，一幅幅产业兴旺、生活富裕的振兴图景正徐徐展开。

庭美福民、明美小明沙、秀美北荫、家美朝南、水美新套、田美德积、美美永兴、和美双丰、邻美元丰、德美德丰，一村一美，纷至沓来。一首首生态宜居、乡风文明、治理有效的歌谣正飞扬在希望的田野上。

小桥、流水、人家，每棵树默默地记下几代人的故事，将星移斗转一并收藏。无论住到哪里，家门口的树都在这片叶香林中守望相携，每棵树每个码都是独一无二的，都是一个家庭最美的瞬间、最暖的回忆，是心中最柔润的乡愁。

传统与现代的历史叠影照见着奋勇前行的初心，这里的人们用一根小小的纱线串起了一个产业的崛起、一个集镇的繁荣，织就了一座占据全国三成市场的中国包芯纱名城，张家港德积。

如果说认识一个地方从食物开始，那么草头、菱角、贵妃鸡，江水养育的稻米、莲藕、老鸭，列入非遗的螃蜞豆腐，它们会让你想起什么？四方食事，不过一碗人间烟火，食为德积源于平常之物，却在通往食物的酸甜苦辣中穿越了一方水土的沧桑变迁。抚今追昔，那些在乘风破浪路上曾经遗失的美好生活和传统重新被打捞起来，人与人之间简单纯粹的关系被一一唤醒。

主持人张默：城市与自然如何和谐相处、融合共生是永远的不变的课题。近年来长三角地区一直在探索绿水青山转化为金山银山的现实路径，在上海杨浦就交出了它的答卷。

短片：上海东北部黄浦江在这里拉开了一张美丽的弓。百年来，杨浦沿江而生，这里拥有上海中心城市最长的黄浦江滨江岸线，是上海面积最大、人口最多的中心城区。今天，站在两个一百年奋斗目标的历史交汇点上，杨浦向历史致敬，和未来对话。"人民城市人民建，人民城市为人民"的重要理念在杨浦成为最生动的实践。是的，这就是上海杨浦。

一百多年前的黄浦江畔，650余位留法勤工俭学学生从这里出发踏上寻求救国真理的道路，百年大学文明蕴含着深厚文化积淀，百年工业文明创造过无数奇迹之光，百年红色公寓凝聚着红色信仰力量，百年市政文明书写下城市发展印迹。杨浦被誉为中国近代民族工业的发源地，是中国近代工人运动的发祥地，是党的初心启航地。《义勇军进行曲》从这里传唱全国，以"七一勋章"获得者黄宝妹、人民教育家于漪等为代表的一大批杨浦优秀儿女在这了扎根、奋斗，与杨浦共生。当四个百年的历史底蕴遇见创新动力，一张从工业杨浦到创新杨浦的美丽画卷在这里徐徐展开。

在杨浦，创未来已经成为每一个杨浦人的共识。今天，三区联动、三城融合，百年杨浦华丽转身。举创新旗、走创新路、打创新牌，杨浦成为国家创新型城区、全国双创示范基地、上海科创中心重要承载区，也是全国首批上海唯一的科创中国示范城区，创新之举得到国务院办公厅连续多年发文通报表彰。在杨浦，未来触手可及，在新一轮的发展中，杨浦将着力聚焦滨江、大创智、大创谷、环同济四大功能区，全力打造三大千亿级产业集群，立足上海，面向长三角，向世界发声。

当下，杨浦正在大力推动数字经济与实体经济深度融合，整体转型打造"一带、一区、一圈"数字经济地标，"长阳秀带"在线新经济生态园正在向在线新经济首选地转型升级。大创智数字创新实践区正在建设大创智数字公园，让市民群众充分体验数字化的魅力。环同济知识经济圈正在加速构建以数字为核心的未来生活圆形街区，每一粒创新的种子都能找到合适的土壤。在杨浦，推开窗户就能感受到杨浦创新创业的气息。

杨浦，有永不落幕的舞台、永不间断的展览、永不退潮的时尚，从一桥、两环、四线、五隧，未来将拓展成一桥、两环、八线、九隧，从儿童友好到幸福养老，杨浦正在串起全生命周期服务。黄浦江畔承载了百年的印记和对未来的期许，今天这里正在创建上海首个市级公园城市先行示范区、世界会客厅、全域旅游特色示范区、国家文物保护利用示范区，从工业锈带到生活秀带、从陌邻家园到睦邻家园、从城市公园到公园城市，推动高质量发展，创造高品质生活，杨浦从未停止脚步。

让人与生活互融共生，打造出人民城市建设样本，成就每个杨浦人的美好梦想就是杨浦的梦想。未来杨浦将充分发挥战略机遇、高校集聚、空间载体、双创品牌四大优势，朝着高标准人民城市示范区、高能级科技创新引领区、高水平社会治理先行区、高品质生态生活融合区迈进，全面建成"四高"城区，成为具有世界影响力的社会主义现代化国际大都市、人民城市标杆区，一条江，一张弓，一百年，一座城，一方人，百年杨浦，未来可期。

主持人张默：我们上海记者站的记者王烨捷也是来到了黄浦江畔的滨江步道，跟随她的镜头一起走一走，一起看一看。

记者王烨捷：我现在所在的地方是上海杨浦滨江的人民城市建设规划展示馆。上海的杨浦滨江因为一句"人民城市人民建，人民城市为人民"而成为全国众所周知的知名场所。上海多年前已经尝试把黄浦江两岸45公里的步道打通开来，都给老百姓来使用。这几年杨浦滨江的发展也是有目共睹，今天我们请了杨浦滨江的"小水滴"给我们讲一堂她的行走的团课。

杨浦区"小水滴"志愿者李晨希：大家好，我先介绍一下自己。我叫李晨希，是一个生活在上海杨浦的白领。我在今年的3月5日看到青春杨浦公众号上有招募"一江一河""小水滴"志愿者的一个推送，我就积极报名成为了一名"小水滴"的讲解志愿者。

记者王烨捷：你这个行走的团课是它是怎么样一个动线，会讲哪些内容大概？

杨浦区"小水滴"志愿者李晨希：我们这个行走的团课它是从为人民城市重要理念的这样一个路线，起始点就从我们的杨树浦水厂开始。因为杨浦滨江是一个从工业锈带到生活秀带的转型，百年工业在这里体现得淋漓尽致，比如说杨树浦水厂是一个始建于1811年建成于1883年的全国第一座现代化的水厂，当时是李鸿章开闸放水的。

记者王烨捷：就是这座水厂吗？

杨浦区"小水滴"志愿者李晨希：对的。

记者王烨捷：它现在还在？

杨浦区"小水滴"志愿者李晨希：对，不仅还在，它还在使用，然后还供应着我们全城大概300万市民的生活和工业用水。

记者王烨捷：我听说在杨浦滨江的改建过程当中，因为杨浦滨江工业的痕迹特别明显，很多诸如水厂、工厂之类的，要把它们动迁掉有点难度。这里还留着一个工厂的大吊车，是什么意思？

杨浦区"小水滴"志愿者李晨希：这个吊车是当年服务于打捞局的吊车，现在我们已经不再使用了，作为一个历史遗迹保留下来了。

记者王烨捷：这里绿油油的地方就是那个网红打卡点"绿之丘"是吗？

杨浦区"小水滴"志愿者李晨希：对，这边有一个网红打卡点叫"绿之丘"，承接过很多影视剧的拍摄。它是由烟草公司的机修仓库改建的，在这里可能看不出来，它是保留了一半的结构，形成了一个层层叠叠的感觉，我们一会儿也可以看一下，上面种了很多花草树木，树木很茂盛的时候远远看上去就像一个绿色的山丘。

记者王烨捷：那我们就跟着"小水滴"的脚步一起去探寻一下杨浦滨江的网红打卡点。

杨浦区"小水滴"志愿者李晨希：走到这里，我们远眺就可以看到前面这个建筑就是"绿之丘"。"绿之丘"是一个向上收缩的规划，拆除了一半的墙体，形成了一个像山丘一样的建筑。在夏天绿意盎然的时候，它就看上去像一个层层叠叠的山丘，所以它取名为"绿之丘"。

记者王烨捷：这个"绿之丘"里面现在是做些什么？

杨浦区"小水滴"志愿者李晨希：它也是一个城市公共空间的转型，一楼是一个党建空间，二楼有很多的会议室，三楼、四楼、五楼有很多打卡点，也是对市民游客开放的。

记者王烨捷：那我们去"绿之丘"看看。

杨浦区"小水滴"志愿者李晨希：好。

记者王烨捷：据说这个网红打卡点很火是吧？好多网红都在网上上传这个照片。

杨浦区"小水滴"志愿者李晨希：对，它很适合拍照。嗨，任老师，这个是我们团市委青志协的"小水滴"项目组的任老师。

记者王烨捷：任老师你好。

"小水滴"项目组任老师：你好。

记者王烨捷：你今天到这边来做什么？

"小水滴"项目组任老师：今天正好来看看我们杨浦滨江附近的"小水滴"他们工作情况怎么样。

记者王烨捷：任老师能不能介绍一下"小水滴"是怎么一个形式？怎么样通过什么平台可以预约到"小水滴"的讲解服务？

"小水滴"项目组任老师：讲解服务属于"小水滴"职能的一个板块，叫做江河文化讲解员，大家可以通过各个团区委的微信公众号来预约相关的行走的团课，现在也已经向我们全市的各个团组织进行开放预约了。

记者王烨捷："小水滴"会讲解哪些内容？

"小水滴"项目组任老师：主要是讲解各个区滨江沿岸一些历史风貌的故事，还有一些城市记忆变化的传承，还有一些历史文化的传承。

记者王烨捷：重点是围绕黄浦江和苏州河是吗？

"小水滴"项目组任老师：对的。

记者王烨捷：黄浦江和苏州河两岸的故事对上海来说它的意义在哪里？

"小水滴"项目组任老师：对上海来说，可以让广大青少年去感受江河文化，传承江河文脉，并且也是能够体验到历史文化变迁的轨迹，能够更加感受到现在城市高质量的发展。

记者王烨捷：那我们往前继续看一看。这个是不是原来的厂里面的旧东西？

杨浦区"小水滴"志愿者李晨希：对，这边可以看到有很多木头，为什么？这边是我们以前的祥泰木行。

记者王烨捷：祥泰木行，我刚刚骑车的时候好像路过。

杨浦区"小水滴"志愿者李晨希：对，祥泰木行的旧址。

记者王烨捷：还可以扫码了解建筑历史故事，我扫一个看看有没有反应。扫码观看老建筑的历史故事，真有，我看见了祥泰木行的故事。

杨浦区"小水滴"志愿者李晨希：对。

记者王烨捷：这跟上海的滨江还有点不一样，浦东的滨江是可以骑行的，杨浦滨江是不能骑行的。

杨浦区"小水滴"志愿者李晨希：对，徐汇滨江是一个宠物友好滨江。

记者王烨捷：徐汇滨江是以可以撸小狗为特色。那在徐汇滨江也可以约到行走的团课吗？

"小水滴"项目组任老师：可以，徐汇滨江还有一些美术馆也可以预约，里面有比较优秀的艺术文化讲解。

记者王烨捷：那徐汇滨江可以看的东西也很多。

"小水滴"项目组任老师：是的。

记者王烨捷：上海各个区的滨江段都能找到"小水滴"是吗？

"小水滴"项目组任老师：是的，我们是根据不同区实际的特色来的，徐汇区是宠物友好，还有一些做艺术型的讲解。还有静安区，是在江河两岸做一些文字类型的，通过文字去了解我们的一些江河文化。黄埔滨江是通过四川路桥一个历史事件的基站来描述江河两岸，所以不同区能体验到不同类型的团课。

记者王烨捷：这个就是"绿之丘"。

杨浦区"小水滴"志愿者李晨希：对。

记者王烨捷：其实这里原来都是厂，糖厂、船厂、新材料厂等。这里还有一个塔吊，我们刚刚在的就是祥泰木行旧址。

杨浦区"小水滴"志愿者李晨希：永安栈房也是一个纺织厂的旧址，所以这边各个工厂的旧址还是蛮多的，因为杨浦是一个百年工业区，糖厂、肥皂厂、烟草公司、纺织厂、船厂、水厂等在这边都有迹可循。

记者王烨捷：杨浦滨江现在正处于如火如荼的建设开发阶段，不仅有很多新盘投入，而且有很多网红企业，对吧？

杨浦区"小水滴"志愿者李晨希：是。

记者王烨捷：比如字节跳动、bilibili、美团都在这里。

杨浦区"小水滴"志愿者李晨希：在线新经济的一些企业。

记者王烨捷：在线新经济企业都在这里买了楼，接下来会有员工入驻进来，而且这里会越来越热闹，对吧？

杨浦区"小水滴"志愿者李晨希：是的。

记者王烨捷：这个岸和上海外滩很不一样，外滩边上的那个墙都是砌得很漂亮，这里的墙就是水管做的。

杨浦区"小水滴"志愿者李晨希：对，我们特意保留了一些管道，包括这种看上去锈迹斑斑的样子，其实也是经过特意设计的，体现出历史底蕴。

记者王烨捷：所以杨浦滨江的特点就是从工业锈带变成生活秀带，工业锈带的锈是那个金字旁的锈，生活秀带就是优秀的秀。

我们今天杨浦滨江的探索之旅就暂时告一段落了，我们上海的黄浦江是长江汇入东海的最后一条支流。整个长江流域一路往下，我们在最下游的地方，最后汇入东海，这个过程当中整个长江流域的两岸都在发生着翻天覆地的变化，以上海为例，除杨浦滨江外，浦东滨江、虹口滨江还有黄埔滨江近两年都发生了巨大的变化，特别欢迎全国各地的朋友们、各团支部、各团总支来通过"青春上海"预约行走的团课，这样就可以把上海的滨江一路沿线45公里全都看遍，而且能知道它的历史故事。

主持人张默：感谢烨捷，最后我们想请蒋所长来总结一下，我们这一路看过来，您认为如何正确处理长江流域经济发展与环境保护之间的关系呢？

水资源研究所所长蒋云钟：好的，长江流域横跨西南、华中、华东地区，幅员非常辽阔，人口众多，气候温和，土壤肥沃，而且水资源和矿产资源十分丰富，发展潜力巨大。因此，在我国经济社会和发展当中占有极其重要的战略地位。

从古代人类文明兴衰的历史来看，生态兴则文明兴，生态衰则文明衰。怎么处理好两者之间的关系呢？2016年以来习近平总书记先后三次主持召开长江经济带发展座谈会，发表了若干重要讲话，国家部委和长江经济带的各省（区）立即行动。其中生态环境部、国家发改委联合印发了《长江经济带生态环境保护规划》，水利部组织开展的诸如小水体清理整顿和梯级水库群生态调度实践等工作。农业农村部也印发了《长江十年禁渔计划》等等，长江经济带各省也组织了沿江化工企业的整顿、岸线的综合整治等等行动，长江流域的河湖生态环境显著改善，资源利用效率显著提升。与2017年相比，2021年长江流域耕地的亩均灌溉水量下降了4%左右，万元GDP用水量下降了23%，并且全面消除了劣Ⅴ类的水质。刚才前面片子当中提到的，江豚数量急剧下降的趋势得到了全面遏制，洞庭湖、鄱阳湖等再现了鱼跃龙门的景观。

但是，近年以来，受气候变化和人类活动双重影响，长江大保护仍然面临着巨大的挑战，尤其是今年，长江全流域遭遇了61年以来最严重的干旱，昔日浩浩荡荡的鄱阳湖干旱已经超过70天，浩瀚的湖泊变成了一个茫茫的草原，甚至在湖里面刮起了沙尘暴，对生态保护和经济社会发展都带来了严重的影响，因此长江的治理任重而道远。下一步我们仍然要坚定不移地按照总书记强调的推动长江经济带发展需要正确把握的五个关系，在发展中保护、在保护中发展，要走预防为主、保护优先的新路。

《中国青年报》这次策划的国庆特别节目，从长江上游的野生生物保护，到中游的生态治理和大国重器的打造，到下游绿水青山转化为金山银山的探索，为我们全景式展示了长江流域的绿色发展之路，我相信必将会对推动长江大保护和经济带的发展产生积极的促进作用。

最后，我想借用本次节目的主题词"青春宛如奔腾的河流"，在举国欢庆的国庆节日祝愿我们古老的长江青春永驻、永远奔腾。

主持人程斯：的确，就像蒋所长刚刚提到的，绿水青山就是金山银山，我们也欣喜地看到长江生态环境治理工作取得了重要成果。生物多样性逐步恢复，再现了鱼翔浅底、水清岸绿的美丽景象。汇聚千流、接纳百川的长江以生生不息的姿态滋养着沿岸儿女。

主持人张默：是的，绿水青山就是金山银山，保护好长江流域生态环境其实不仅仅是为了保护环境和水生生物，更是为了推动长江经济带高质量发展。看着滚滚长江向我们奔涌而来，不禁让我们回顾过去的这十年，也感慨颇多。高校青年学生也同样用自己的方式记录下他们的体会，近日，清华大学联合八所高校发起了"这十年·青年讲"全国高校宣讲联赛，吸引了133所高校的青年学生参与其中，"一带一路"交融互通，"天下一家"命运共同，节目最后，让我们一起听听他们的心声。

西南交通大学学生韩沁儒：各位好，我是来自西南交通大学外国语学院汉语国际专业的硕士研究生韩沁儒。在我的手机相册里珍藏着这样一张照片，这张照片是我作为教育部中外语言交流合作中心的线上汉语教学志愿者给万里之外的苏格兰小朋友们讲授中文课的视频截图。

我们可以看到照片里孩子们正非常兴奋地向我展示他们写的汉字"家"，家在中国文化里意蕴深刻，民胞物与，天下大同。不只是个体的小家，更是家国天下。而在全世界像他们这样正在学习和使用汉语的人早已超过了一个亿，表面上看，一亿这个数字仅仅是关于中国话，这数字背后折射出来的其实是中国对世界的融入以及世界对中国的关注。

从中国话到中国话语，从全世界都在学中国话到国际话语体系里的中国声音。这是我国推进沟通人类命运共同体的中国方案，从大写意到工笔画，构建"一带一路"追求的是发展，崇尚的是共赢，传递的是希望。

十年来，"五通三同"的建设理念时刻为共建"一带一路"指明方向。作为"五通"之首，政策沟通是推进"一带一路"建设的重要基础和保障。目前，中国已经和149个国家、32个国际组织签署了200多份共建"一带一路"的合作文件，共建国家由亚洲扩展到非洲、拉丁美洲，得益于沿线国家的政策沟通，一大批跨境交通基础设施建设逐渐连通，十年来在亚欧大陆上，中欧班列的开行数量已达到了开通当年的近900倍。这支新时代的"钢铁驼队"正展现出"一带一路"的强大韧性与活力，一个辐射全球各大陆、连接世界各大洋的互利合作网已经初步形成，国际贸易也更加畅通。今天的中国不仅是世界工厂，更是各国青睐的世界市场，贸易额飞速增长，中国也更加深入地嵌入了全球供应链。

除此之外，设立金砖国家开发银行、筹建丝路基金等等金融措施都体现出中国推进"一带一路"建设、加强货币流通的意志。我们常说，"国之交在于民相亲，民相亲在于心相通"。从产业扶贫到旅游扶贫再到生态扶贫，中国把自己带领近一亿人口摆脱贫困的经验毫无保留地分享给全球发展的同路人。根据世界银行报告，到2030年将有沿线相关国家的760万人摆脱极端贫困、3200万人摆脱中度贫困。五色交辉，相得益彰，八音合奏，中和且平，"一带一路"建设不是中国一家的独奏，而是沿线国家的合唱。丝路万里交融互通，从和谐号到复兴号，从驼铃古道到丝路高铁，中国高铁已成为向世界展示的中国名片。

在非洲，海外首次采用全套中国标准和中国建造的第一套现代电气化铁路，亚吉铁路，汇集了埃塞俄比亚和吉布提的两国民众。

在中亚，卡姆奇克隧道填补了乌兹别克斯坦铁路隧道的空白。19.2千米的长度，通行时间900秒，不为人知的是早在苏联时期就曾经计划修建这条隧道，苏联专家的预计施工期为25年，这个项目全球招标时，欧美竞标公司给出的施工期是5年。到如今群山变通途，在中国建设者手中仅用了900天。

在东南亚，湄公河畔的老挝首都万象，一座火车站拔地而起，中老铁路把这里和一千多公里外的中国昆明相连。不久前刚刚下线的雅万高铁更是中国高铁走出去的又一个代表作。

过去的十年间，交通特色鲜明的西南交通大学也用自己的方式为高质量共建"一带一路"添砖加瓦。以上项目的落地，无一不是共建"一带一路"进程中的交大印记。在这一个又一个闪光的交大印记中也有属于我的独特记忆，西南交通大学发起并成立了"一带一路"铁路国际人才教育联盟，联盟的作用之一就是培养"一带一路"沿线国家的来华留学生，为沿线国家的铁路建设储备高素质人才。

我们中国有句俗话讲"要想富，先修路"，而对于来自埃塞俄比亚的一百多名留学生而言，想学高铁，先学中文，所以我们特意成立了埃塞中文班。

至此，我们的目光又一次回到了中国话，中文课堂为来自世界各地的留学生们架起了学习世界一流高铁技术的桥梁，未来这些留学生也将带着在中国所学成为"一带一路"建设的生动注脚。

"志合者，不以山海为远。"这十年，世界清晰地看到"一带一路"为世界在开放中创造机遇，在合作中破解难题。今天的中国正与世界奏响"一带一路"交融互通的宏大乐章，今天的中国也正向世界传递着天下一家、命运与共的动人期望。

主持人程斯：观众朋友们，今天《江河奔腾看中国》第一期长江篇到这里就结束了，明天同一时间，我们继续《江河奔腾看中国》，走近中华民族的母亲河黄河。

主持人张默：明天同一时间，蒋所长依旧会在直播间里守候大家的到来，明天我们同一时间不见不散。

水资源研究所所长蒋云钟：明天黄河见。

（https://news.youth.cn/zt/ztzb/202209/t20220930_14035410.htm）

流水滔滔，黄河安澜——与"母亲河"相约云上共赏盛景

程斯（音）："九曲黄河万里沙，浪淘风簸自天涯。"观众朋友们大家好，您正在收看的是由中国青年报带来的十一特别系列直播节目《江河奔腾看中国》，我是程斯。10月1号到5号，每天2小时中国青年报和您一起云游祖国江河。今天是10月2号我和搭档贺瑶（音）一起带您走进中华民族的母亲河——黄河。

贺瑶：没错，除了我们俩，今天的直播现场我们还邀请到了中国水利水电科学研究院水资源研究所的蒋云钟所长，和我们一起走进黄河，看黄河流域生态治理的大小事，领略黄河之水天上来、奔流到海不复回的自然之美。蒋所长也和我们观众朋友们打个招呼吧。

蒋云钟：两位主持人好，观众朋友们好。

贺瑶：我们今天即将走进的黄河，作为中国的第二大河流，是中华文明的主要发源地，哺育了中华民族灿烂而悠久的文明。而黄河的开发治理也非常的重要，正所谓黄河宁天下平。

程斯：的确是这样，从古至今，治理黄河，加强黄河流域的生态保护和高质量发展都是极为重要的。蒋所长，我们马上要出发，出发前想请您介绍一下黄河流域的整体情况。

蒋云钟：好的，主持人。黄河是我国仅次于长江的第二大河，它发源于青藏高原海拔4500米的约古宗列盆地，流经我国青海、四川、甘肃、宁夏、内蒙古、陕西、山西、河南、山东等九省（区），在山东省的垦利县流入渤海。干流全长5464公里，流域面积约79.5万平方公里，占全国总国土面积的8.3%左右。

黄河流域西起巴颜喀拉山，东临渤海，北抵阴山，南面到了秦岭，横跨青藏高原、内蒙古高原、黄土高原和黄土平原四个地貌单元，地势西部高东部低，由西向东逐级下降。

黄河的特点是干流弯曲多变，首先从河源到内蒙古的河口镇是黄河的上游，河道全长3472公里，流域面积43万平方公里，占了黄河流域的一半左

右。其中黄河上游又可分为两段，一段是从青海的玛曲到宁夏境内的下河沿，黄河这一段流经的都是高山峡谷，落差很集中，水资源量非常丰沛，是我国重要的水利基地。再一段是从下河沿到河口镇，黄河流经了宁蒙平原，河道变宽，变得平缓，两岸分布着大面积的引黄灌区，灌溉面积有2000多万亩。

从河口再到河南郑州的桃花峪是黄河的中游，河道全长1200多公里，流域面积34万平方公里。中游绝大部分支流都是处在黄土高原，这一段暴雨很集中，水土流失十分严重，是黄河洪水和泥沙的主要来源区。

从桃花峪以下到渤海入海口为黄河下游，流域面积只有2.3万平方公里，这段的河床现在要高出河床背面4到6米，比两岸平原高出的更多，成为淮河流域和海河流域的分水岭，是举世闻名的"地上悬河"。

水少沙多，水沙异源，是黄河的主要特征。黄河流域的多年平均水资源量是584亿立方米，潼关镇多年平均输沙量有9.15亿立方米，黄河的含沙量是长江含沙量的40倍之多。

黄河流域总的来说它的自然景观非常壮丽秀美，分布着浩瀚的沙漠，有广博的平原，有险峻的峡谷，尤其是壶口瀑布更是气势恢宏，两位主持人有时间也可以去看看。

黄河的蓝黄交汇，河黄海清，泾渭分明，每天都在上演一幕大海与黄河争雄的奔流气势。黄河三角洲既是我国最大的三角洲，也是我国在温带最广阔、最完整、最年轻的一个湿地，同时也是世界上少有的河口湿地。这里的生态系统很独特，湿地资源非常丰富，景观类型很多样。

贺瑶：非常感谢蒋所长的介绍，也让我们对于这个即将开启的黄河之旅期待值拉满。黄河全长5464公里，流经9个省（区），今天我们的旅程也将途径黄河的上游、中游和下游的几个城市。

程斯：没错，我们要从上游开始，一段一段的向下游直播，看涓涓溪流逐渐汇成磅礴巨流。首先我们要到的是黄河上游，位于地球第三极——青藏高原腹地的三江源国家公园，一起去了解一下。

解说：三江源地区位于我国青海省南部，平均海拔3500到4800米，是世界屋脊青藏高原的腹地，也是孕育中华民族中南半岛悠久文明历史的世界著名江河长江、黄河和澜沧江的源头汇水区。三江源区河流密布，沼泽湖泊众多，雪山冰川广布，是世界上海拔最高、面积最大、分布最集中的地区。湿地总面积达7.33万平方公里，占保护区总面积的24%，被誉为中华水塔。青海西藏相邻的巴颜喀喇山北麓的卡日曲河谷和约古宗列盆地，源头湖泊小溪星罗棋布，水草丰美，是中华民族母亲河黄河发源的地方。

三江源国家公园，地球第三极独特的生态系统，严酷的自然环境孕育了独特的动植物区系和生态系统，成就了高寒生物种子资源库。垫状点地梅、藓状雪灵芝、唐古特红景天、多刺绿绒蒿、匍匐水柏枝，以84种青藏高原特有种为种子资源代表的214种植物，将荒野、草甸、湿地装点成一幅幅动情的锦缎。花斑裸鲤、裸裂尻鱼、极边扁咽齿鱼等不少物种均属珍稀物种或高原特有物种。黑颈鹤、黑鹳、白尾海雕、金雕等众多高原珍稀鸟类，它们的存在使国家公园的生物多样性和物种生物链关系有了更加丰富的内涵。

三江源国家公园始终保持着原始的生物状态和地理景观，藏羚羊、野牦牛、鼠兔、欧亚水獭、雪豹，三江源始终珍藏着青藏高原最神奇的生存密码，呵护着地球之巅最华丽的生物多样性。

程斯：我还没有去过这边，但是看完确实能感受到当地独特的自然环境，也是孕育了三江源国家公园独特的生态系统。也想请蒋所长介绍一下三江源地区生态系统的重要性。

蒋云钟：好的，首先三江源地区就像刚才片中所说的一样，它指的是长江、黄河和澜沧江的源头汇水区。说它的生态重要性，我想其中很重要的一条，因为这个地方是世界上水资源最为丰富的地区之一，被誉为中华水塔。

三江源地区多年平均地表水资源有大约5万亿立方米，其中属于黄河源区有208亿立方米，占了黄河总水资源量的38%，这就是说它的水量非常重要。

其次三江源作为青藏高原的重要组成部分，是亚洲大陆对流层，是中部的"热岛"和"中流砥柱"，以强大的热流作用和动力作用改变了大气环流，形成了亚洲季风气候。同时青藏高原处于荒漠的起源，阻挡了荒漠的向东推进。在三江源地区的西北部分布着广大的干旱和极度干旱荒漠，三江源区的高山和植被有效阻止了荒漠向东南扩张，这是气候的重要性。

再有三江源是中国，乃至世界上高寒生物资源的保护，三江源地区所在的地理位置和独特的地貌特征，决定了它具有丰富的生物多样性、遗传多样性、基因多样性和自然景观的多样性，区内有野生种植植物1700多种，有国家一类保护动物17种。应该说，三江源是现代众多珍稀高寒野生动物植物在地球上生活的唯一的家园，是咱们中国大生态系统生物多样性的重要载体。因此说，三江源地区具有极其重要的生态意义。

贺瑶：感谢蒋所长的介绍，又涨知识了。我们刚刚看过了三江源，接下来的时间我们就走出青海，去到甘肃，去看一看黄河在甘肃流经了哪些地区，在当地黄河的情况又如何呢，以及黄河是如何造福人民的，一起去看。

解说：甘肃地区地处黄河上游，是黄河流域重要的水源涵养区和补给区，承担着黄河上游生态修复、水土保持和污染防治的重任。甘肃省水利厅切实强化上游意识，担好上游责任，远谋近施，率先发力，全力推进黄河流域生态保护和高质量发展水利工作，努力在让黄河成为造福人民的幸福河的伟大实践中贡献甘肃力量。

甘肃黄河流域是全省经济社会发展的核心地带，沿黄九个市(州)、59个县市区，总面积14.59万平方公里，自产水资源量120.4亿立方米，以全省44%的水资源量，支撑着全省67%的耕地、70%的人口，和近80%的生产总值。绝大部分地区处于400毫米等降水量线以西，陇中、陇东、黄土高原每年入黄泥沙量占黄河年均输沙量的26%，水土流失防治形势依然严峻。水资源总量短缺，时空分布不均衡，供给结构性矛盾突出，人均和亩均水资源量分别为全国平均水平的三分之一和五分之一，缺水成为制约甘肃经济社会发展的瓶颈。

长期以来面对恶劣的自然环境，甘肃各族群众在黄河流域除水害、兴水利、保生态，一批重大水利工程相继建成，有西北都江堰之称的引大入秦工程滋养润泽着秦王川大地，被誉为中华之最的国内第一高扬程、大流量的景泰川电力提灌工程，体现了保生态、润荒原的巨大价值。

引洮供水跨流域调水工程，圆了陇中人民不愁吃水的梦。水土保持和荒漠化治理成效明显，庄浪梯田开启了黄土高原水土流失治理的新篇章。修堤筑坝，清淤除泥，治理水患，植树造林，防沙固土，一代一代陇原儿女艰苦卓绝的奋斗，为保证黄河长治久安做出了巨大贡献。

黄河国家重大战略，为幸福河建设指明了前进方向，注入了强大动力。三年来在省委省政府的坚强领导下，全省水利系统立足当下，身处守仓之地，永担守仓之责，敢做守仓之为，上下一心，真抓实干，夯实生态保护这个基础，扭住节水治水这个关键，守好黄河安澜这个底线。按照"三对标、一规划"要求，深刻领会习近平总书记黄河治理系列重要讲话和指示批示精神，深入贯彻"节水优先、空间均衡、系统治理、两手发力"治水思路，管好用好每一滴水，解决国家战略所需、甘肃现实所能、群众热切所盼水土保持综合治理成效显著提升。

"山水林田湖草沙"一体化保护和系统治理成效显著，被誉为黄河之肾的玛曲县，昔日的草原沙化侵蚀已经退去，如今河曲马场、欧拉、曼日玛等地区的黑土滩重现天蓝地绿山青水净的醉人美景。

随着黄河流域生态保护和高质量发展战略的深入推进，绿色发展深入人心，沿黄九个市（州）的生态环境发生巨大变化，两岸人民的获得感、幸福感不断提高。

程斯：我们看黄河沿线有这么多的工程设施项目，也确实能感受到黄河流域是我国重要的生态安全屏障，的的确确是造福人民的幸福河。所以，我们国家对黄河的治理开发也是极为重视。

贺瑶：没错，我们接下来就去具体地了解一下黄河治理的成就。黄河水利委员会、黄河设计院水资源所的崔长勇所长将为我们具体介绍目前黄河治理的总体成就，一起来了解一下。

崔长勇：现阶段，十八大治黄主要有以下几个方面的成就。在防洪方面，坚持人民至上、生命至上，续写了黄河岁岁安澜新时代的华章。黄河防洪关键是在下游，下游上拦、下排、两岸分治的防洪格局已经基本形成。

一是修建了三门峡、小浪底、故县、陆浑等上拦水利枢纽，提高了拦蓄洪水、拦截泥沙，调水调沙的能力。二是黄河下游的标准化堤防全面建成，巩固了下排的能力，显著提升了防洪能力。三是开辟了东平湖和北金堤滞洪区，提升了两岸分治的能力。四是着眼滩区居民的安居乐业，开展了河南、山东下游滩区的居民迁建。滩区以前有180万群众，现在已经基本解决了90万人，已经解决了一半的群众的防洪安全问题。

二是从供水安全的角度，有力地支撑了流域和相关地区经济社会发展。

三是把水资源作为最大的刚性约束，打好了深度节水控水的攻坚战。按照总书记提出的以水定城、以水定地、以水定人、以水定产的要求，我们黄河流域的深度节水控制站已经取得了很好的成绩。

四是突出抓好了中游的水土保持，黄土高原绿色版图在不断的扩展。实施上中游水土流失区的重点防治工程，国家水土保持重点建设工程等，黄土高原的主要采沙区的林草覆盖率由上世纪80年代的不足30%，提高到60%以上，黄土高原的主色调由黄变绿。

五是把大保护作为关键任务，河湖生态持续复苏。强化水资源统一调度，黄河已连续实现22年不断流。

此外，我们将黄河生态调度由干流向支流，由下游向全河，由河道内向河道外进行延伸。同时我们与生态环境保护部门联合，加强水质问题的处理，现在流域一类到三类的水质由2012年的55%提高到现在的接近90%的水平。

程斯：听了专家介绍我们也就更加明白，为什么说黄河治理重在保护，要在治理。在这个过程当中也离开了众多青年人积极投身于黄河保护事业，在全社会也是形成了守护黄河安澜的青春合力。

贺瑶：没错，保护黄河的方式也有很多种，其中就有一部分青年人拿起相机，用镜头去记录他们眼中的黄河。那他们眼中的黄河是什么样的呢？接下来我们就走进一位专门拍摄黄河的摄影师，看一看他眼中的黄河。

程斯：一起了解一下。

摄影师墨非：hello，大家好，我是墨非，80后的尾巴，来到兰州有15个年头了。我记得刚来兰州的时候刚好是2008年的奥运会，这15年见证了新中国的非常大的跨越，也见证了兰州在这15年当中的巨大的变化。现在觉得兰州是一座非常美丽的城市，也是一座非常现代化的城市，觉得自己在这里扎根，这就是自己的家乡。以至于现在会定期地去拍一些短视频，去为兰州代言，去给大家展示兰州的美。

黄河在我平时的拍摄题材当中是出镜率最高的，归根到底是因为我出身在临潭，是在洮河边长大的，洮河是黄河的支流，我内心深处对河还是有一种非常喜爱的情愫在里面。因为兰州这座城市有了黄河，才让它显得更加的美丽，更加的有一种它自己独有的特点。就像我们兰州人每天早晨都会在黄河边晨练，迎着朝阳去吃一碗用黄河水煮成的牛肉面，每天晚上下班之后也会在黄河边散步，去喝一碗"三炮台"，去结束美丽的一天。

黄河对兰州人来说真的是至关重要的，和生活的任何事情都是息息相关的。这个追溯到远古，人类祖先发源的时候，他们也是临水而居的，就是从刚开始有人的时候开始，大家对河，对水，还是有一种非常强烈的本能的渴望。我觉得生活在兰州的兰州人民还是非常幸福的，因为他们每天都有黄河母亲河，每天都陪伴着他们，让他们能感受大河奔流的精神，和包揽万物的胸怀，我觉得这是我们兰州人从黄河母亲身上学到的一种精神和他们的一种情怀吧，我觉得这个就是兰州，这个就是黄河。

我在兰州生活15年，真正地静下心能去好好看看黄河，真正的能静下心来看看黄河，我觉得还是疫情时候才开始的，让我也能停下手中忙碌的工作，有更多的时间和精神去观察黄河。慢慢地我会发现，其实黄河并不是像大家平日看到的那样，刻板印象中的它是一条黄的河，它并不是这样。它只是在夏季汛期的时候，上游下过暴雨，泥沙冲下来的时候，才会非常浑浊。其实它在深秋、冬天，甚至春天、初夏的时候，它都是非常清澈的，非常绿的。

当我第一次把黄河拍出来绿色的时候，好多人，网友都会在网上，包括兰州本地的人都会惊呼说，这不是黄河啊，这不是我们平时看到的黄河吧，这个是不是你颜色调过了。其实并没有，后来大家也会去留心观察汛期之外的黄河，大家也会发现其实黄河大部分时间并不是浑浊的，是很清澈的。所以，当黄河清澈的时候，有好多船只、快艇，包括我们兰州的水上公交，还有一些游轮，在黄河上行驶的时候，我仿佛间会觉得自己在海边，所以我拍了两期作品叫《欢迎到兰州来看看》。其实内地人很多都会向往去大海边，去感受大海的博大和一望无垠。其实有时候在黄河边也会有相似的感觉，这时你静下心来去听它浪花的声音，轻轻拍打在沙滩上，看着这个清澈的河水在你脚旁慢慢流过的时候，忽然就会感觉自己在海边。

我觉得黄河还是非常美丽的，它让兰州成为一个非常宜居的城市，现在大家也能看到黄河两岸是非常的郁郁葱葱，整个两山夹一河的生态是非常好的，而且近几年兰州政府也加强了它的建设力度，在黄河两岸建成了40里黄河风情线，有非常连贯的健身绿道，可以一直从兰州的东面，从黄河边走到兰州的西面，我觉得这也是兰州非常独特的，其他城市没有的一种体验吧。

在大家的刻板印象中，会觉得兰州是一座非常偏远的城市，当我们第一次用淘宝在网上购物的时候，淘宝卖家甚至都不知道兰州是属于哪个省，都不知道在祖国的哪个位置。其实兰州并不是那样的，也不是大家认为的那样落后、贫瘠。在兰州生活的年轻人其实是非常有活力和多元的生活方式，他也是很时尚的，包括现在兰州有非常多的商圈，有非常丰富的夜生活，大家有很多不同的生活方式去体验兰州夜晚的美，我觉得这个真的是你必须到兰州来亲身体验，才能感受它的夜晚是美的，不能通过自己的刻板印象去评判，它可能并不是你想象的那样。

拍了这么多关于黄河的作品，我觉得黄河不单单是一条简单的河，它在兰州人民心中还是有一种精神的所在。黄河代表了我们中华民族的一个文化的传承，我觉得这是一个大国和小家的结合，正因为有了大国情怀，才有了我们小家的一种精神所在，我觉得这是黄河母亲带给我们的，也是我们化身为"小兰"去回馈这个社会，去帮助我们身边的每个人，为这座城市出自己的一份力量。

拍摄黄河前后已经有三年时间了，这三年我也去认真的发现了兰州之美、黄河之美，我觉得最大的收获可能是在整个网络，全国各地的朋友对黄河、对兰州有了一个全新的认识。因为之前可能对兰州、对黄河，都有他自己的刻板印象，包括我们当地人也是。我就像写日记一样，通过自己的一些业余时间，也是自己非常喜欢去把兰州和黄河的不一样呈现给大家，让大家觉得，哇，原来黄河是这个样子的，我们想象中的兰州并不是那个样子的。先后为兰州、为黄河，也出了几个自己的系列，我想把它做成一个自己坚持的事情去做，因为我真的非常喜爱兰州，非常喜爱黄河。

我尝试做第一个系列叫做《这是兰州人》，基本是关于兰州，关于黄河的一些视频片段，这个专辑已经达到了2000多万的播放量，我相信看到这些作品的人，会对黄河和兰州有一个全新的认识。在这之后我也做了一个《墨非的天空之城》，从空中的视角去更多地展示兰州和黄河。这个专辑我认为更适合称之为兰州的天空之城，以至于我今年又新做了一个新的专题，叫《把兰州拍成电影》，我觉得兰州除了美丽的风景和美丽的黄河，它还有很多故事，需要我们去发现、去讲述，让大家更了解黄河，包括我们兰州人自己更了解兰州这座城市。

刚开始我去拍摄兰州，拍摄黄河，纯属是自己的爱好，全部都是发自内心地喜欢这条河，喜欢这座城市。但是后来我们得到了一些网络或者当地，还有一些官方的认可，官方给我颁发过兰州旅游宣传大使、甘肃省宣传大使，包括其他周边的兄弟城市，甘南和张掖也很荣幸地担任过它们的旅游大使。包括去年和对口城市青岛也签署了一个旅游对口城市的活动，也给我颁发了一个青岛宣传大使的称号。我觉得这个称号对于我自己来说肯定是一种官方的鼓舞，一种认可，对于自己来说还是非常有意义的。

其实我最大的收获还是来源于网络，好多网友、全国各地的朋友留言都说，看了我的视频跟他们想象中的兰州完全不一样，他们想来这座城市，去感受一下兰州的生活，去吃一碗牛大，喝一碗三炮台，然后在黄河边坐着，看夕阳，或者坐一个快艇在黄河上穿过这座城市，去感受不一样的兰州，感受不一样的黄河，这个就是我最大的收获。

欢迎全国各地的朋友都来兰州看看，兰州真的非常美，黄河真的非常漂亮。

程斯：看过青年眼中的黄河，我们就跟随镜头来到素有"塞上江南"之称的宁夏。其实历史上黄河一直是水患频发，三年两决口，百年一改道。但是它又有这样一句俗语，说的是"黄河百害、唯富一套"。那我今天要考一下你，贺瑶，你知道这句话指的是什么吗？

贺瑶：正好在我的知识点上，"唯富一套"说的就是在宁夏和内蒙古之间的河套平原因为黄河的存在而变得富饶，也因此让宁夏有了"塞上江南"的著称。今天蒋所长在现场，可以给我们具体地讲解一下吗？

蒋云钟：好的，主持人。咱们先说宁夏，宁夏自古以来就有"天下黄河富宁夏"之说，或者就像刚才主持人说的塞上江南。实际上这里指的是富庶的宁夏平原，宁夏平原西南是从中卫市的沙坡头开始的，北边到石嘴山，南北长约320公里,东西宽是10到50公里,面积有1万平方公里左右。

宁夏平原地处西北干旱区,多年平均降水量只有130到140毫米,如果没有黄河的话,这里应该说是人类最不适合居住的地方。宁夏平原是由黄河冲积而成,地势很平坦,土层深厚。黄河就像一条玉带一样贯穿其中,引水很方便,利于支流灌溉,因此宁夏引黄灌溉的历史非常悠久,最早可以追溯到2000多年前的秦汉时期,并且延续到现在,经久不衰。它充分利用了北高南低、地高河低的地形之优势,到如今宁夏引黄灌溉面积有接近1050万亩,灌区内农作物的单产量不亚于咱们国家的长三角和珠三角地区,而且它的富裕程度也与成都平原可以媲美。

宁夏跟同属黄河上游的青海、甘肃相比,在青海、甘肃是地高水低,利用黄河水非常困难,它需要通过多级泵站提水,实际利用黄河的水并不多。

咱们再说河套平原,河套平原是在几字形的黄河湾,它也是黄河的冲积平原,同样也是得益于黄河水利灌溉事业的发展,这一代的农牧业非常发达,湖泊众多,湿地连片,风景非常优美,就像刚才所说的塞上江南。再加上这个地方的光照条件非常好,像水稻、小麦、玉米、胡麻等农作物都很适合在这里生长,所以它也有塞上粮仓之称。

无论是对宁夏平原还是对河套平原来说,黄河就意味着丰饶和富足。河套所在的地区叫巴彦淖尔,巴彦是蒙古语,它的意思就是富饶。

贺瑶:非常感谢蒋所长的介绍,听了蒋所长的介绍,我和陈思已经迫不及待地想要去富饶的宁夏看一看了。我们接下来就一起去到贺兰山东麓的葡萄酒学院一探究竟。

马永明:宁夏当地政府非常重视葡萄酒产业,在十三次党代会把葡萄酒作为"六特"产业之首,提出了打造葡萄酒之都,实现总书记提出的宁夏葡萄酒"当惊世界殊"的目标。葡萄酒教育作为葡萄酒产业链发展当中的重要一环,伴随着葡萄种植、酿造、销售、副产品开发等各个环节都有着非常重要的作用。葡萄酒教育不仅培养人才,更多的是培养消费者对葡萄酒的爱好。

宁夏葡萄酒管委会现在组织编写了宁夏葡萄酒贺兰山东麓产区课程,也组织国内像李德梅、李阳等专家编写了侍酒师初高级教材,并进行了培训。现在产区课程可以走出去、请进来,都进行培训,使更多的消费者、专业爱好者了解贺兰山东麓。

侍酒师课程初、中、高级今年已经开始进行培训,起到了很好的作用。到目前为止今年在贺兰山东麓葡萄酒教育学院,已经对梅林政(音)、洪世普(音)等重点种植大户进行点对点的跟踪、培训,从田间到教室,葡萄种植,进行全年的培训。葡萄酒酿造也是进行多次高质量发展培训班，在今年进行的以抖音为主的新营销模式的培训，今年还进行了旅游+品酒师的培训。今年到目前为止已经培训人员达到3万多人，到年底力争达到6万人的培训目标。

未来，我们在目前进行的申办中法葡萄酒学院的基础上，与国际结合，培养高端的全方位人才，也进行消费者的培训，使葡萄酒教育进入全国各地的大学课堂，成为学生的选学课程。另外加强职业认证资格，酿酒师、试酒师、种植师、栽培师的培训，让更多人掌握葡萄酒的各种技能，为实现总书记提出的"当惊世界殊"的宏观目标打下坚实的基础。

程斯：流过富饶的宁夏，黄河继续奔流，来到了中游的内蒙古地区，我们一起去看一看这一边的风采。

解说：乌拉特前旗位于内蒙古自治区西部，东临包头，南临鄂尔多斯，紧靠呼包银榆经济区，是巴彦淖尔市的东大门，总面积7478平方公里。这里美丽富饶、山河景胜，被誉为浓缩的内蒙古。阴山山脉横亘东西，挺起河套大地的脊梁，乌拉山国家森林公园集雄、奇、险、秀、优、旷之美于一身，有塞外小华山的美誉。黄河浩浩荡荡，绵延舒展157公里，润泽着河套平原346万亩耕地，似锦如织。乌拉特草原一碧万顷，390万亩天然牧场牛羊遍野，如诗如画。

乌梁素海方圆293平方公里，是地球同一维度上最大的湿地，264种1000多万只珍稀鸟类的家园。优越的自然条件孕育了丰富的物产，乌拉特前旗以现代农业为引领，农业规模化、机械化、标准化水平不断提升，为打造绿色农畜产品精深加工基地奠定了坚实基础。粮食年产量30亿斤，牲畜饲养量411万头只，获评全国粮食生产先进旗、县。

两品一标，名特优新农产品71个，先锋枸杞，黑柳子白梨脆，明安黄芪被认定为国家农产品地理标志产品。羊肚菌、木耳、花菇、应季果蔬等特色种植产业初具规模，以特色产业助力乡村振兴。

贺瑶：刚刚我们看到的是有着塞外明珠美称的内蒙古乌拉特前旗的乌梁素海，为了让大家更好地了解当地的情况，我们内蒙古站的记者石佳（音）驱车400多公里来到了那里，接下来的时间我们就交给石佳，看看他在乌梁素海都探访到了什么。

解说：乌梁素海流域地处黄河几字湾顶端，位于内蒙古自治区巴彦淖尔市，是黄河的天然屏障，被称为黄河生态安全的自然之肾。

程斯：记者来到位于乌拉特前旗的水质自然监测站，了解乌梁素海流域生态环境、物联网建设与管理支持项目。在乌梁素海流域像这样的监测站总共有38处，监测站里的分析仪可以监测高锰酸盐指数、氨氮、总磷、总氮等地表水环境质量标准值。负责人从自动采水仪器中取出一杯水，能直观地看到从乌梁素海中取出的水特别清澈。

高占飞：乌梁素海污染形成主要有三个方面，面源、点源和内源。所谓的面源就是农田排水进入乌梁素海，带入了农药、化肥和地表它们的残留物，进入以后，形成了一种污染，这是面源污染。点源污染就是城镇生活污水和工业污水，他们最终河套地区5个旗（县）所有的污水全部都进入到乌梁素海。第三是内源的污染，可能乌梁素海内的动植物的生死形成了一个内源。

从2008年开始，巴彦淖尔市开始治理乌梁素海，到"十三五"期间重点排查点源、面源和内源的治理，同时我们山水林田湖草沙进行综合效果治理。"十三五"期间投入了65亿元人民币的建设资金，经过不懈的努力，到"十三五"末期乌梁素海整体的水质是四类的标准，直接的变化就是水清了、鱼多了、鸟多了。

现在在乌梁素海这片海上据不完全统计，鸟的种类达到265种，每年到春夏秋三季的时候，2000万只左右的各种鸟类栖息在这里，实现人与自然的和谐共生，在治理的过程中达到这样一个效果。

记者（石佳）：大家好，我是中青报中青网的记者石佳，今天我们来到的是乌梁素海景区，我正在跟着青年志愿者一起乘船游湖。能看到我身后的海鸥正在盘旋飞翔，美丽的乌梁素海有着塞外明珠之称，欢迎大家有机会到位于巴彦淖尔市的乌梁素海游玩。

金海亮：我们2016年创立了乌梁素海清海行动项目，通过我们的实际行动和活动不断的开展，在2018年获得第四届世界水资源服务项目大赛的一等奖，在2020年我们又获得全国第五届资源服务项目大赛的金奖。

我们为什么要发起乌梁素海清水行动的项目呢？因为乌梁素海是我国很大的淡水湖，同时也是地球最大的湿地，也是今年通过水资源服务项目的开展和我们的雪山实践服务，也取得了一定的成效，也带动了更多的人提升了环保意识。

张昊昀：我叫张昊昀，今年19岁，我在2020年加入了志愿者协会。

程斯：为什么想要参加这个志愿者活动？

张昊昀：因为我觉得这个特别有意义，最起码总比在家里强，而且过来做一下公益活动，也能够让自己有所提高，也能学到很多东西，也能见到很多事情。

程斯：你都参加过哪些公益活动？

张昊昀：挺多的，像清理乌梁素海的白色垃圾，还有清理社区街道，疫情防控的核酸检测。

罗跃忠：这就是我们的乌梁素海，我是乌梁素海的巡护员，一个是喜欢摄影，喜欢摄影之后就走上了护鸟、爱鸟的保护行业。乌梁素海有疣鼻天鹅，它每天3月从南方迁徙到乌梁素海，飞回到乌梁素海，开始筑巢、产蛋，5月28日第一批天鹅湖出来了。现在有一批天鹅湖马上就可以练飞了。乌梁素海的候鸟200多种，常年过境鸟有数百万只。乌梁素海的生态随着这几年的治理逐渐变好了，水绿了，鸟多了，环境好了。前方是保护站，保护站每年11月和3月迁徙过来的候鸟，受伤的我们都要救助到保护站进行保护，放到保护站饲养上，它能飞我们就把它放回大自然。前两天我又救助回来两只小疣鼻天鹅，一个是腿断了，那是8月15日救助回来的；前天是9月18日我又救助回来一只小疣鼻天鹅，一会我带着你们可以去保护站看到，被困住的疣鼻天鹅。我们现在保护站有十几只已经救助回来三年了，它都在保护站过冬了，因为它翅膀受伤了，飞不回南方了。

记者（石佳）：大家好，我是中青报中青网的记者石佳，我现在所在的位置就是乌梁素海的候鸟保护站。大家可以看到我身后的这些白色的就是被救助回来的疣鼻天鹅。目前保护站总共有8只大的疣鼻天鹅和1只小的疣鼻天鹅，它们都是在受伤之后被保护站的工作人员所救助。据介绍，有巡护员每日巡护，如果有发现受伤的疣鼻天鹅就会及时地送回保护站进行救治。疣鼻天鹅经过专业的兽医救治痊愈后，又会被放回大自然。

面积约300平方公里的乌梁素海里生长着大量的芦苇，当地手艺人连军强用芦苇做花，作品屡次获奖。2017年芦苇花被列为巴彦淖尔市非物质文化遗产名录。据不完全统计，乌梁素海有野生鸟类265种，2019年5月连军强开始创作乌梁素海野生鸟类芦苇花。他耗时一年时间，完成这幅总长度达到160米的巨型芦苇粘贴画。这幅画由265幅鸟类图组成。

连军强：我们把乌梁素海265种鸟类，我们6个人做了一年零6个月，把265种鸟类全做出来了，现在在全国巡展，现在应该在浙江一带。

周旭：芦苇花制作手续比较麻烦，像这上面的毛都是一点一点拿小剪刀剪下来的，上面的颜色大部分都是原色，像这些重一点的是烫出来的，像这些带颜色的都是用染布的方法煮出来的颜色。像这些都是一根一根铰出来，60%都是原色，基本都是天然的，没有化学的东西。我们5个人做了半个月。

程斯：连军强还用芦苇编织工艺品，免费培训当地农民，累计带动当地

2000多人就业。

连军强：我们为了带动当地的农民，专门成立了一个草编合作社，由于草编合作社相对芦苇花技术含量低一点，所以从2019年开始到现在培训了327位农村剩余劳动力，带动他们共同致富。手艺人他们基本在每年闲暇时候做，每个人能增收1万多，平时他们也在自己的地里劳动。

贺瑶：我们看到乌梁素海是生态环境治理和优化的一个典型案例，也想请蒋所长来谈一谈乌梁素海的治理对于黄河整体水域的治理有哪些可以借鉴的经验呢？

蒋云钟：乌梁素海治理的成功经验非常的多，我想其中最值得其他水域治理借鉴的有三条。

第一它是遵循习总书记提出的"山水林田湖草沙"，是生命共同体的理念，实现山水林田湖草沙的一体化的保护和修复。在乌梁素海的生态环境治理过程当中，首先它根据流域内不同的自然地理单元和主导的生态系统类型，分成了乌兰布和沙漠、河套灌区的农田、乌兰山、阿拉奔草原、环乌梁素海生态保护带、乌梁素海水域等6个生态保护修复单元，然后针对各个单元的主要生态问题在消除不当的人类水资源开发利用活动，切断点源污染的基础上，进行分区、分类的治理和综合管理。

第二条经验是，遵循基于自然的解决方案，比如在湖区的周边关停整顿了一批破坏生态、违法违规的矿山企业之后，通过料堆的削坡整形、采坑回填、撒播草籽和植树造林等措施，严格执行基本草原的保护，实现草区的平衡，和经牧、休牧、轮牧制度，全面落实草原生态保护补助奖励政策，来强力地推进乌拉山的生态修复，和乌拉特草原的自然修复，实现了对集中林片功能退化的草原生态系统的自然修复整治。

第三条经验是，将乌梁素海的流域生态治理跟绿色的高质量发展紧密结合，把沙漠的治理与乡村振兴、精准脱贫、旅游开发、现代农业、清洁能源、特色小镇等等结合在一起，进行一个一体化的推进，推动了产业转型和生态环境治理的结合。并且创新了投融资的模式，带动了社会资本的合作，真正体现了共建、共治、共有和共享。

程斯：听完您的介绍，我有一个期待，更加期待内蒙古草原上亮起更多的塞外明珠。今天现场我们也是连线到了前方记者石佳，她现在所在的位置是黄河中游的几字湾地区，接下来的时间我们就交给石佳，请她为我们介绍一下黄河流经当地的情况。现在，石佳还有一个小的地方可以介绍一下，我们记者石佳她就是内蒙古自治区包头人，所以她今天也是回到了她的家乡。

贺瑶：她对当地很了解。

程斯：好，石佳，你可以看到我们吗？

贺瑶：石佳现在是在黄河几字湾段。老师帮我们介绍一下现在这个段的情况，现在是在黄河几字湾段。

石佳：你好，大家好，主持人，我是内蒙古记者站的石佳，我现在在黄河中游几字湾的上半坡，这里地处内蒙古包头市。大家可以看到，我身后是翻涌奔腾的黄河，这边是黄河大桥，车辆正在从上面驶过。黄河流经内蒙古843.5公里，由于覆盖中西部7个蒙市，内蒙古黄河流域区位独特、面积广阔，资源能源丰富，产业集中，是我国北方的重要的生态安全屏障。我的家乡就在内蒙古包头，黄河从包头市的南边流过，也正因为黄河流经包头，这里是原始人类较早活动的地区。目前已发掘的古人类文化遗迹就有十多处。

我从小在这里长大，也见证着黄河的生态变得越来越好。每到春季，黄河包头景观上就挤满了车辆，大家都会去看天鹅，看从南方迁徙而来的候鸟，有很多的摄影爱好者前来拍摄珍稀野生鸟类的画面。2021年内蒙古自治区黄河流域的42个旗县共完成林草生态建设1000亩，黄河流域内沙漠周边重点治理区域的沙漠化现象得到了有效的遏制。多年来内蒙古自治区深入实施黄河流域国土绿化行动，坚持印发黄河流域内蒙古段生态廊道建设规划，经过多年的保护、修复和治理，内蒙古黄河流域的42个旗县目前森林覆盖率达到了16.68%，草原植被的覆盖度达到了32.76%。

黄河也是我们的母亲河，黄河浇灌了包括呼和浩特市、包头市、巴彦淖尔市等内蒙古19个地区，浇灌面积达936万亩，养育农业人口201万人。我的爷爷奶奶就是巴彦淖尔市的普通农民，他们以种地为生，可以说黄河养育了我的祖辈、我的父辈，养育了2400万的内蒙古人。如今沿着黄河流域，农旅休闲旅游业蓬勃发展，呼和浩特市清水河县老牛湾村三面环水，一面连山，呈牛头形状坐落在悬崖峭壁上，是一个黄河与长城握手的地方，老牛湾村曾是全县最穷的村庄。而如今老牛湾村依托旅游业的发展，逐步走上了产业兴、安居乐的富裕路。2021年老牛湾景区全年共接待国内外游客3万人次，实现旅游收入300万元。"十四五"期间内蒙古计划打造8个国家黄河文化公园，让黄河成为造福人民的幸福河。

在这个十一假期，我诚挚地欢迎大家邀请大家来内蒙古旅游观光，让我们沿着黄河登高望远，收获秋日好风光。

贺瑶：非常感谢石佳从前方传来的消息，黄河的治理也离不开我们青年人的付出，接下来我们就要为大家介绍这样一位青年，在穿越黄河的黄河铁路大桥上一直默默守护，成为母亲河上的守桥人。接下来我们就一起去了解一下。

何龙：江河奔腾看中国，我与铁路共成长，我是中国铁路呼和浩特局集团有限公司包头公路段包南路桥工区工长何龙。我在穿越黄河的包西县黄河铁路特大桥上工作3年了。2019年10月当了工长，将工区交到我手上时，我知道接过来的不仅仅是工长的职务，更是肩上沉甸甸的责任和担当。

当我第一次来到黄河特大桥时，我被眼前的景色深深吸引，一望无际的绿野尽收眼底，桥下奔腾的黄河水奔涌而过，我下定决心一定要将这座大桥守护好，保证桥上列车运行的绝对安全。

包西铁路黄河特大桥是包头西至包头段唯一一座钢结构大桥，自北向南跨越黄河，全长3918米，有114个桥墩，有23万多个螺栓连接而成。如果爬上钢梁架最顶端检查连接部件，此时距离桥下的黄河水面足足有60米，相当于20层楼的高度。当我第一次登上钢梁时，耳边隆隆的水声和呼啸的风声，我的内心充满了恐惧。作为退伍老兵的我，军人的铁血精神不允许我退缩，最终战胜了自己，也战胜了这座令人敬畏的大桥。

我所在的包南路桥工区大多数是年轻人，平均年龄26岁，我作为工长不仅要安排好工区的日常工作，还要照顾好大家的生活，确保设备和人员的绝对安全。做好这些离不开大家的共同努力，三年来在大家的共同守护下，黄河特大桥以及管内其他设备，均未发生过任何安全事故。看着一辆辆火车从大桥上飞驰而过，我们的付出就是值得的。未来我们还会继续努力奋斗，当好母亲河上的守桥人，用饱满的工作热情续写新的篇章。

程斯：我们也是要感谢每一位为了守护黄河而默默付出的人。江河奔腾，滔滔不绝，青春也仿若奔腾的长河在人生的赛道上不断回荡着澎湃的激情。

贺瑶：中国青年报也特别推出江河奔腾看中国主题音乐MV《奔腾》，用声画词曲串联起好山好水好风光的大美中国，一起来欣赏。欣赏完动听的音乐和壮美的景色，那我们要继续这趟沿黄河而下的旅程。

程斯：没错，人说山西好风光，随着奔腾的黄河水，我们的镜头也来到了被黄河揽在臂弯里的地方，山西省运城市。

贺瑶：那我们就先带大家领略一下黄河山西运城段的风采，一起来看。

解说：初夏时节，黄河岸边一场人欢鱼跃的壮观场景已然展开。靠山吃山，靠水吃水，养殖户鱼养心，信鱼又养鱼，是个名副其实的鱼二代。与父辈不同的是，他采用科学化智能养殖模式，一个人可以管理50亩鱼塘。每年为他减少4万多元的人工成本。

嘉宾：这台设备全程可以控制4台增氧机，可以手动，也可以拿手机控制，一按就开了，你看我在手机上，可以给它关停了。

解说：收网，过秤，装车，上万斤活蹦乱跳的鲜鱼将从这里走向远方的餐桌。一条致富路，连起一方产业兴，2018年底沿黄公路1号线开通之后，客商也多了，这些咸鱼被销售到西安、太原、西宁、兰州，更远的市场。

一方水土既能养一方百姓，也能育一方产业，永济市依靠黄河水资源的地利人和，借助沿黄公路强健的翅膀，围绕渔业养殖，已成立了18家渔业合作社，5家渔业家庭农场，7家养育公司，鱼塘面积达到1万多亩，产鱼量1.9万吨，年收入2.9亿元。产业之基越牢，产业链条越长，产业效益就越好。

李菲：现在我们就是依托交通优势和水产优势，也修建了一些休闲娱乐，像农家乐，和那边有一个垂钓园，现在有很多比赛。我们就想再加大加深渔业的产业链，造福我们的蒲州的一方百姓。

解说：以路为骨，以水为魂，这条依偎在母亲河身边的沿黄公路，犹如盘旋在乡间田埂之上的绚丽丝带，串起了黄河沿岸的水天一色，还有数十公里以外的飘逸果香。

这个季节的临猗是翠绿的色，涂满了黄土城堡是诗意放大的远方，果香荡漾。置身于离凤冈家300多亩的果园里，整个园子里看不到一个果农，只有一台智能操控设备来管理。以机器换人为方向的果业机械化耕作管理模式，通过苗情监控，给果蔬追肥灌溉，果蔬也不需要拉枝套袋。

贺文建：这个苗就是在无土栽培的成品苗，这个苗就是今年栽树明年亩产就能在1000斤以上，第三年就能丰产。

解说：果业新业态、新技术、新方式的应用和推广，让果农们尝到了科技农业新模式的甜头。

李锋岗：以前咱们的果农都到山东、陕西洛川那边学习，现在不是，全国各地都到咱们这儿学习，咱们这儿是目前全国国内最高的技术，最领先的技术。

解说：一个果业全产业链提质增效，进入换装果业新时代的临猗正厚积薄发。围绕黄河一号旅游公路，"特""优"农业建设，"百十万"粮安工程，黄汾百万亩粮食优质高产高效示范基地，10万亩玉米高粱基地，万亩水稻基地，已然实施。沿黄八县市特色农产品蒙区县正在建设，一条沿黄公路，走心的1319公里，将沿岸特优农业的前例载入科技探索方向，全市农业正在探索未来模样。

人们对一个地方的初印象应该是属于颜值，沿着一号旅游公路，我们继续在路上。悠悠竹林，万顷翠色，几多清幽和宁静，这片向上而生的竹林，历经了时代带给它的巨变。从盲目砍伐的急剧锐减，到如今的随风摇曳任自由。

李钊：因为竹子的生长需要一个湿度，这个条件非常的苛刻，咱们保护地下水之后，这个竹子才能更好的生长。

解说：自然就是这么可爱和大度，我们的努力它都知道。前方已到大平路，此时需要你换个视角去看这片土地。当在晴朗的正午时分，无人机高飞时，你看到的是翠绿的山，葱茏的树，碧水蔚蓝的黄河，以及被美色所吸引的震撼。因为它的配色刚刚好，你应该也很难不被这黄河岸景观所吸引吧。

当然黄河岸边一定有人家，绿色、红色、蓝色、黄色，这是一座彩色的村子，而对于村子里的人来说，以前他们住的地方最常见的是满目土色，从单色到多彩，是生态搬迁带给他们的红利。村民们的环境变美了，生活变好了，那这流入下水道的水会如何流入黄河呢？

薛明岐：这是处理完的水，我给你取个样，你看一下。

程斯：刚取上来感觉水是非常清亮的。

薛明岐：对，我把它放在一次性杯子里面。

程斯：只有这样干净透明的水排进我们的母亲河黄河，才会让我们更加放心，更加安心。

解说：通过实施重点河、湖、库生态修复和沿河农村生活污水治理等工程，汾河、涑水河等入黄支流水质持续改善。天更蓝，地更绿，水更清，沿岸群众生活更舒适，生活更富裕。高颜值的背后是综合生态治理的当先，农村已然从求生存向求生态转变，保护优先，绿色发展，生态信仰，已然确立。

万荣县荣河镇庙前村北黄河岸边，海内祠庙之冠——后土祠矗立于此。沿黄河一号旅游公路向北，黄河文化雕塑博览园因其特殊的地理位置，令人无限遐想的雕塑和自然清新的湿地空气，成为新晋的网红打卡地。这里每一座雕塑都代表着一段历史，古老文化与现代艺术恣意流淌，在黄河母亲的臂弯里，视觉与心灵都受到双重震撼。将雕塑艺术从城市中心走向黄河岸畔，用抽象化、装置化的方式提炼传统文化精神，传递伦理价值观，在黄河与汾河的交汇处文化气息与艺术气质就这样在潜移默化间根植在人们的心里。

沿着黄河一号旅游公路您可以在后土祠内秋风楼畔感受秋风起兮白云飞的壮阔。登望河台，凭栏远眺荣光幂河的归里景象，在600年历史依存的北辛舍利塔前回望历史。

黄河一号旅游公路，加文旅融合，通过整合炎黄文化旅游资源，提升景观，丰富业态，叠加功能，全力建设黄河一号旅游公路国家精品旅游示范带。随着城镇化的加快推进，不少村庄成了空心村，而西磴村986户，2630口人，常住人口就达2300人。

薛民：从我们开始研究黄河整治开始，我们的目标就是农村城市化，就是城里有的我们也有，我们有专门的健康辅道，在全村有百八十套的健身器材，我们利用歌词、70周年、100周年，还有我们的小曲晚会，把我们干群工作的关系更拉近了。

解说：坚持保护与开发并重，建设中的西磴印象村史馆，挖掘本村在生产、生活、剪纸、根雕、小曲、花馍等方面的传统文化，全方位呈现村落历史变迁，推动乡村旅游发展。农民已从受益者向参与者转轨，不仅追求物质富裕，更追求精神富有。

发源于绛县中条山区的涑水河被称为运城的母亲河，近年来通过打造荷花旅游文化产业，推动乡村振兴，让绿色发展成为常态，绛县正在积极融入全域旅游发展新格局。

荣亿：就是在涑水河田园风光带的基础上，一方面既要做好水利设施，确保人民群众的生命财产安全；另一方面要走农业、旅游和文化的融合之路，提升老百姓的获得感、幸福感和满足感。

解说：近年来，运城市围绕涑水河流域规模，从控污、清淤、添绿、畅通、增产等方面入手，实施涑水河田园风光示范带建设项目，实现了经济发展与生态文明互促互进，运城市围绕涑水河流域规模，从口红、沿岸重现当年田园诗画的美丽景象。

稷山板枣历经千年岁月锤炼，造就了皮薄、肉厚、核小的甜蜜口感，成为造福一方百姓的幸福果。

贺宁杰：稷山板枣是我们山西省目前为止唯一一个中国重要农业文化遗产。稷山板枣的栽植面积是15.3万亩，年产值是7个亿，产量是5000万公斤。稷山板枣覆盖稷山48个枣村，有8万枣农从事着枣业生产。我们现在也在积极地做农旅融合、文旅融合，也在为我们稷山的零碳城市、富态农村，做着巨大的贡献。

解说：如今被誉为枣中之王的稷山板枣已经由活化石变成了乡村振兴的新样板，实现了产业兴、生态美、百姓富，成为峨眉岭绿色产业示范带上最美的一道风景线。

在距离稷山板枣园不远的汾河岸边，草长莺飞，植被丰美，汾河水自东向西横贯稷山县城，宛如一条绿色的腰带，成为人们放飞心情、亲近自然的城市花园。

悠悠大河润泽民生，伴随着沿黄、沿汾、沿涑水河、沿中条山和峨眉岭五条绿色长廊的建设，绿水青山正在成为造福百姓的金山银山。五条飞扬的绿飘带，集聚起运城高质量发展的澎湃动能。河东大地，正以前所未有的决心和魄力奋笔疾书，在大河之畔绘就绿色、低碳、高质量发展的全新画卷。

程斯：果然处处都是高风光，跟随镜头游览黄河沿岸，你愈发能感觉到美丽黄河、魅力黄河。而随着黄河沿线的智力开发，沿岸地区的经济建设也迈出了正青春的步伐。

贺瑶：的确，随着文化旅游技术产业等等不断的发展，越来越多像黄河一号旅游公路，山西黄河第一湾等等网红打卡地走进了我们的视野当中。

程斯：黄河山西段全长是945公里，可以说山西沿黄地区是在保护中开发，在开发中保护。伴随着黄河的治理开发，沿岸居民的生活也是蒸蒸日上。

贺瑶：了解了黄河沿岸地区的发展变化，我们也想请蒋所长为我们介绍一下，在实施乡村振兴和经济发展的过程当中，应该如何兼顾好我们的生态保护呢？

蒋云钟：好的，主持人。黄河流域它的农村人口特别多，占比大概为43%，这个比例是高于全国平均的40%，也高于咱们所说的长江流域的38%。因此农村是黄河流域生态保护和高质量发展的重要战场，要实现生态保护和乡村振兴、经济发展的兼顾，就要在广大农村建立生态环境保护与乡村发展的一个互促的机制，做到农村的产业生态化和生态产业化相结合。目前在黄土高原开展水土保持，就面临着生态保护和乡村振兴结合不足的问题。要进一步探索多渠道、多元化的水土流失治理机制，在加大中央投资力度的同时，将水土保持生态建设资金纳入到地方各级政府的公共财政框架，并且要鼓励社会力量通过承包、租赁、股份合作等各种形式，参与水土功能保持的建设，来引导民间资本参与到水土流失的治理当中，来提高治理的效益，同时又能够促进产业的发展，改善人居的生活环境，使得治理的效果能够更好地惠及广大的群众。

例如在黄土高原植树造林做水土保持工作的同时，一方面我们要坚持宜草则草、宜灌则灌、宜桥则桥、宜风则风，同时要在营林造林和农民的收入增加相结合，选择适合的区域做一些特色的经济林，使经济林能够成为群众增收致富的摇钱树。

另外，像在陕西的榆林、铜川他们发展宁夏经济这一块做得非常好，充分利用了宁夏的土地资源和树林造荫的优势，从事宁夏的种植，宁夏的养殖等立体复合的生产经营。比如说可以利用宁夏的空间来养殖野鸡、野鸭等禽类，来发展林业模式。

再有可以利用山多林茂来养殖猪啊、牛啊、羊啊等畜类，来发展林畜模式。再者可以利用山上丰富的阔叶林模式，来发展林蜂模式，也就是植林和养蜂结合起来。另外，还可以利用得天独厚的土壤和气候条件，在林间种植厚土、天麻等等这些药材，来发展林药模式，从而使得林、农、牧各业都能够实现资源的共享，优势的互补，能够形成一个循环的相互协调的发展，使得生态空间能够山清水秀，使得生产空间能够集约的高效，使生活空间能够更加的宜居适度，实现了生态在山上，生产在沟湖，生活在沟口的有机的统一。

再有，在适当的地方我们还可以探索农业碳汇交易的机制，来推广农业减排的固碳的技术。比如说开发茶园、果园、沼气、农田等等这些农业的碳汇项目，通过经济杠杆来切实提高咱们农村生态保护的一个基准线。我想经过生态环境保护和振兴乡村主要有这么一些兼顾点。

程斯：感谢蒋所长给我们介绍了这么多，我觉得听完您的介绍，我相信贺瑶跟我有一样的感受，真的就是绿水青山就是金山银山。黄河离开山西，就来到了山东，并且也由此注入渤海，这就意味着这趟旅途即将结束。当年唐代诗人王之涣写下的白日依山尽，黄河入海流，就描绘了这样的场景。

贺瑶：从黄土高原到齐鲁大地，黄河从山东省东营市汇入到渤海，在这里形成了我国乃至全球暖温带保存最典型、最完整，也是最年轻的滨海湿地生态系统。那我们接下来就一起来到黄河口国家公园看一看。

解说：河海相约，黄蓝相融，黄河每年携带大量泥沙在这里沉积，造就了这片年轻的土地。长河大海的双重恩赐，得天独厚的自然条件，使这片新土地上面的生物资源异常丰富。据统计，在黄河入海口一带有各种野生动物1764种，各种野生植物411种，是备受科学家青睐的天然物种基因库、生物科学研究的天然实验室。

这里是环渤海区域水生生物重要的产卵场索饵场、越冬场和洄游通道，有40多种鱼类在此产卵繁殖，洄游性鱼类种类约占渤海区域的74%，是环渤海区域海洋生物的重要种子资源库和生命起源地。

这里是东亚、澳大利亚和环西太平洋鸟类迁徙路线重要的停歇地、越冬栖息地和繁殖地，现有鸟类371种。其中丹顶鹤、东方白鹳等国家一二级重点保护鸟类90种，有38种鸟类数量超过其全球总量的1%。这里也是东方白鹳和黑嘴鸥全球重要繁殖地，丹顶鹤重要越冬地和潜在繁殖地，白鹤全球第二大越冬地，卷羽鹈鹕东亚种群最大的迁徙停歇地。

芦苇苍苍三角洲，鸥鸣鹤舞山滩头，每年有数百万只的鸟类在这里迁徙、越冬、繁殖，被誉为鸟类的国际机场，被列为中国环渤海候鸟栖息地第二期世界自然遗产示范地。这里是中国东方白鹳之乡和中国黑嘴鸥之乡，这里还拥有着黄龙入海、河海交汇的世界奇观。奇浑的黄河水和碧蓝的大海相互交汇，形成了独特的黄蓝交汇的奇观，犹如一条蜿蜒的巨龙在河与海中遨游，泾渭分明，世界罕见。

从春日的刺槐飘香，苇荡泳波，到暮秋的红毯迎宾，荻花飞雪。从仲夏的大河东流，长河落日，到初冬的湿地飞羽、白鹤争舞，四季轮替，均成大美。这里所绽放的美丽吸引着越来越多的目光，贴近自然，认识自然，享受自然，这里已经成为人们拥抱河海、体验神奇、释放激情的最佳选择。湿地秀美，生物多样，和谐共生，大河安澜。

程斯：黄蓝交汇的景象真的是泾渭分明，看过了黄河口国家公园，我们再去认识一位用科技力量保护生态环境的年轻人。他是大河之洲的生态守护者，他的青春与大河之洲相伴而过。一起去了解一下山东省青年五四奖章获得者赵亚杰的故事。

赵亚杰：大家好，我是山东黄河三角洲国家级自然保护区的工作人员，我叫赵亚杰。2014年博士研究生毕业之后，我来了自然保护区工作，加入到了生态保护的队伍当中，见到了黄河三角洲的新生湿地。与印象中地表泛白的盐碱地不同，这里别有一番风景。浅水之中，芦苇繁茂丛生，鹤鸣婉转动人，我被广袤开阔的沼泽湿地震撼，被这里新奇的鸟类所吸引。那时我就下定决心，一定要守护好大自然的这片馈赠。

新时代呼唤新精神，新起点期待新作为，总书记指出要加强黄河下游河道和滩区环境综合治理，提高河口三角洲生物多样性。在黄河三角洲为了更好的保护数百万只鸟儿温暖的家园，我们借助科技的力量，构建动态感知网络。2022年我们在保护区内建设25处5G基站，为保护区的信息化建设提供网络传输保障。

同时我们又在建设监测平台后台终端系统，实现城区和现场双处办公，提高工作效率。为了更好的监测保护区的环境质量，我们在保护区内建设了一处空气质量监测站，三处湿地生态系统定位观测场，动态监测空气、土壤、水文等指标变化。我们也在与研发团队密切合作，研发鸟类智能识别与监测系统，初步实现了关键区域的实时应用。

针对生态补水，我们构建了科学补水专项监测网络，实时的监测湿地的水位和流量变化，设置生态流量阈值，科学指导生态补水事件。

时代在变化，生态环境保护事业在发展，我们创新的脚步也永不停止。现在我省正全力推进黄河口国家公园创建工作，我们保护区的青年们一定当好突击队、生力军，在青春的赛道上奋力奔跑，争取跑出当代青年的最好成绩，为黄河国家战略奉献青年力量。

绿水青山就是金山银山，在生态保护工作被史无前例重视的背景下，我和一帮团员青年们在共和国最青年的土地上扎根奋斗，加入到了巡护监测的队伍当中。这里是候鸟的天堂，而巡护监测是候鸟保护的基础。刚加入队伍当中的时候，认鸟是我面临的最大难题，为了尽快地熟悉业务，我连续9个月每天吃住在基层管理站，上午我们就出去做监测工作，拍摄鸟类的照片，下午的时候就在办公室一张张图里认，一条条信息中学。经过勤学苦练，我终于能够熟练地辨识湿地中的水鸟。

没有大城市的繁华，我们终日与鸟儿为伴，用科学数据记录保护区的变化，近些年我们发现了一些新物种，保护区的鸟类由187种增加到371种，其中国家重点保护鸟类达到90种。2020年自然保护区荣膺中国湿地生态保护示范奖，2021年习近平总书记来到保护区，对生物多样性保护工作为我们点赞。

一时的坚持很容易，一直的坚守却很难，在保护区工作，适应环境是个大考验。每年春季水鸟纷纷北迁，而保护区是它们中转途中重要的驿站，我们要穿着齐胸高密不透风的连体橡胶裤，背着十几斤重的照相机、望远镜、三角架等设备，趟潮沟、走秧线，常常是踩到泥里脚拔不出来。身后潮汐频繁的海滩却暗藏危机。有时潮水涨起来很快，我们必须马上离开。有时陆地近在咫尺，却因为潮沟的阻隔，要绕到几公里才能爬上岸。任性的潮汐，复杂的地形，让监测工作更加困难。为了掌握潮汐特点，了解滩涂地形，我们查阅海域的潮汐表，下载最新的摇杆影像图，向周围海域的渔民来请教，设计科学合理的调查时间和徒步调查路线。滩涂监测我们坚持了6年时间，80多种18万只水鸟稳定地在这片原生地栖息觅食。这里也是我们保护区团员青年逆风执炬、奋力守护的核心区域。

时代在变化，生态环境保护事业在发展，我们创新的脚步永不停止。现在我省正全力推进黄河口国家公园创建工作，我们保护区的青年们一定要当好突击队、生力军，在青春的赛道上奋力奔跑，争取跑出当代青年的最好成绩，为黄河国家战略奉献青年力量。

程斯：黄河之水流到下游，看过了守护大河之洲的青年人，我们还想再介绍一位在穿越黄河的钢轨上工作的青年朋友。来自济南西工务段济南东综合车间的钢轨修理工李思晨（音），一起走进他的公司。

李思晨：江河奔腾看中国，我与铁路共成长，我是济南西工务段济南东综合车间钢轨修理工李思晨。在穿越黄河的这条钢轨上工作5年了，我是踏着火花起舞的钢轨美容师。每当夜幕降临，最后一辆动车组驶入动车之家后，我的工作便正式开始了。经过一天繁忙运输，高铁线路可能会出现亚健康状态，钢轨上可能会有一些细微的不良痕迹。我就是通过人工打磨钢轨，消除掉这些不良痕迹，从而让列车通过时能更加平稳、舒适。

2017年8月我加入到了济南西工务段这个大家庭，成为一名钢轨修理工。面对重达200多斤的钢轨打磨机，面对误差用毫厘计算的精准度，我一时间不知如何入手。为了攻克这项难关，每次在正式工作前我都会提前到岗，整理好当日作业的各种材料，不断熟悉掌握打磨流程。打磨过程中，我会紧紧地跟在师傅旁边，仔细观察每一个动作，把它记在本子上，更记在心里，不懂的问题我就一条一条地请教解答。

差之毫厘，失之千里，用来形容我们的工作一点也不夸张。渐渐地我也更加明白了肩上的责任，能给旅客提供更加平稳、舒适的乘车体验，让越来越多的人愿意选择高铁出行，那我所做的一切都是非常有意义的。

每一次打磨作业结束后，初升的太阳把我们打磨的钢轨照射得异常闪亮，这仿佛是大自然对我们的馈赠。随着第一趟列车安全驶过，这便是对我们的工作最大的褒奖。我深知未来的路还很长，我将继续带着对高铁独有的成就感与使命感，无悔选择并坚守在夜幕星辰之下。在每一次打磨作业中，与灰尘火花碰撞，同机械轰鸣搏斗，和毫厘变化较量，用辛勤汗水诠释着青年力量，用实干担当为高铁安全保驾护航。

程斯：看了这么多故事有很多的感慨，也正是因为有这么多人的守候，我们才看到了这样壮美的黄河。正所谓黄河之水天上来，奔流到海不复回。黄河从位于世界屋脊的青藏高原，经过了大约5464公里的漫长征途，也终于来到了美丽富饶的山东东营。

贺瑶：没错，在黄河的入海口东营垦利可以说是大河浩荡，而黄河5464公里的征途也贯穿了9个省（区），终于一路奔腾在这里找到了归属。接下来我们就一起来看一看这些壮阔的景色。

贺瑶：刚刚视频里这个黄蓝交汇的场景真的是非常的震撼。

程斯：确实是这样，而且还有一个感受，就是这些年黄河的智力开发也确实是卓有成效。我们也是一路看着黄河从高原上奔腾而下，蜿蜒过高山、盆地，我们也遇到了用镜头记录黄河的青年摄影师，他穿梭在平原和丘陵中，经过了富饶的塞上江南宁夏。

贺瑶：紧接着就去到了被誉为塞上明珠的乌梁素海，听到了一段有关重生的故事。黄河继续奔流，看到了被黄河揽在臂弯里的地方山西运城，最终在东营垦利缓缓地汇入渤海，也形成了接下来我们即将看到的黄蓝交汇的壮美景象。

程斯：我们每个人都在用自己的方式记录天下黄河九十九道弯，九曲黄河百折不挠的故事。

贺瑶：没错，新时代的黄河故事汇就了更多的青春面庞，也有着更加丰富的讲述方式。接下来我们就一起了解一下新时代如何讲好黄河故事呢？

赵炜：关于讲好黄河故事，我主要是结合我的工作谈一点。按照我们目前十九大讲话以后，围绕生态保护高质量发展，特别是黄河文化这一块，作为总书记提出来五大任务目标之一，我们侧重从三个方面做。

一个是结合目前国情实际，结合文化发展所需，我们提出来打造黄河文化千里一线治理（口音）。这里面主要抓手就是要把防洪工程与黄河文化，甚至红色文化融合起来，共同发展。让更多的社会大众看到我们黄河治理的成就，体现我们治水与治国这个重大的关系，感恩黄河，热爱黄河，热爱我们的母亲河，这是我们目前最重要的工作。

另外一项工作就是要建立系列文化场馆，按照目前的考虑是，给我们各级干部也好，中小学生也好，提供一个政治思想教育的基地，也提供一个了解黄河、热爱黄河的窗口。

再一个就是文化产品，利用我们现有的力量，打造创造团队，围绕黄河文化的研究出成果，通过深入挖掘黄河流域，特别是黄河文化、红色文化，讲好我们黄河治理故事。

贺瑶：今天我们看到了黄河奔流入海，在这个过程中也了解到了很多动人的故事，看到了正在为治理黄河，实现沿岸乡村振兴而尽心尽责的人们。蒋所长，也想问问您，您认为在黄河流域的生态治理，以及乡村振兴方面，我们还需要做哪些努力？

蒋云钟：好的，主持人。咱们首先说说黄河的重要性，黄河是咱们中华民族的摇篮，千百年来黄河跟长江一样哺育了勤劳勇敢的中华民族，孕育了咱们国家灿烂辉煌的中华文明，塑造了刚劲有为、自强不息的民族品格，是咱们中华民族的重要象征，也是中华民族精神的一个重要标志。因此说保护黄河，让黄河之水奔腾不息，是中华文明永久延续，和实现中华民族伟大复兴的一个不懈的力量源泉。

说到黄河保护，它首当其冲的是需要解决生态环境问题。现在黄河流域仍然面临着水生态系统退化、水沙关系失调、水体污染、水资源短缺等等诸多环境问题。比如说黄河流域它的人均水资源量只有473立方米，只有全国平均水平的23%，也就是只有五分之一、四分之一的水平。水资源开发利用率却高达80%，远远超过了一般流域40%的生态间接线，因此黄河流域已经属于过度开发。

我们要像长江一样，切实把保护生态修复环境摆在压倒性的位置，这个应该说是破解黄河突出生态问题的一个根本途径，也是现阶段高质量发展的一个客观需要和现实的需求。

贺瑶：也还是有很多的努力需要做的，是吧。

蒋云钟：对，绿色发展是实现黄河流域生态治理和乡村振兴，来保障黄河长治久安的一个重要手段。前面说了，要着力破解生态环境问题，建设总书记号召的幸福黄河，必须大力推进产业经济的绿色转型。这里面有几个方面，一是要切实落实水资源是最大的刚性约束，要确实落实以水定城、以水定地、以水定粮、以水定产的方式。同时要推进绿色的生活和绿色的生产方式，打好碧水的保卫战，打好蓝天的保卫战。

三是要推进形成一个绿色的空间格局，来全面保护从黄河上游的河源区到黄河中游的生态屏障，到河口的保护区等等。同时还要推进山、水、林、田、湖、草、沙、冰的系统治理，来提升整个黄土高原的水源涵养能力。

再有一方面要广泛地发动公众投身到流域的生态治理里面，这应该说是打造幸福黄河一个重要的保障。黄河流域生态环境关乎到流域的每一个人，因此它的治理也需要依靠流域内的群体人民。要让流域内的，甚至是流域外的，因为黄河有很多水是流到流域外的，要让流域外、流域内利用黄河水的每一个人都要充分认识到流域生态环境问题，来增强资源节约和生态环境的保护意识，来实施集约化的生产，推进绿色的消费。

再有要着力推动观众的监督生态环境保护治理，因为大家都说群众的眼睛是雪亮的，不仅要让公众做好生态环境保护治理的运动员，而且要发挥公众监督员的作用，要畅通各种监督与举报的渠道，广泛地发挥公众监督的作用，让不合理的利用和破坏生态环境的行为无处遁形，打一场保护黄河的人民战争。

再有我想强调一下的是，要加强科技对黄河治理和乡村振兴的一个支撑。因为前面也说了，黄河流域治理还有很多新的要求，在这种新的要求下，迫切需要发挥科技是第一生产力的作用，在诸如怎么样能够更好地节水，怎么样能够更好地提高用水效率，怎么样能够进行生态平衡，怎么样能够实现水沙的平衡，以及如何利用数字孪生技术，高新的信息化技术，来建设数字孪生的黄河，数字孪生的水利工程，以及整个黄河流域的数字孪生水网的建设，通过这些进程来不断保障幸福黄河的打造。

贺瑶：也就是说随着现代化的发展，以及科技的发展，我们有越来越多的方法可以应用到黄河的治理保护当中。包括您刚才说的，不只是黄河流域沿岸的这些人，应该是树立全民的保护意识。

程斯：的确是，感觉蒋处长确实是感受很深，我相信您在以往的经历当中也有线下去看过黄河。也想问问您，今天跟着我和贺瑶一起，在这样一种方式，跟随镜头从黄河流经的不同城市，领略了黄河的风采，您觉得有没有什么感受可以和我们分享呢？

蒋云钟：我想中国青年报本次策划的国庆特别节目《江河奔腾看中国》确实非常有意义，就像我前面所说的一样，这个形式真是广泛发动公众投身到流域生态保护治理的重要的宣传，我想通过这些宣传必将会对推动黄河流域的综合治理，推动黄河流域的生态环境保护，推动黄河流域的高质量发展，产生非常积极的促进作用。在这里我想引用唐代大诗人刘禹锡的一句诗词，叫作：晴空一鹤排云上，便引诗情到碧霄。借用本次题目的主题词，青春宛如奔腾的河流，在举国欢庆的国庆节日，在喜迎二十大召开之际，在全国人民奋进新时代的今天，让我们共同祝愿我们古老的黄河青春永驻、奔腾不息，让黄河成为造福人民的幸福河。

贺瑶：也非常感谢今天蒋所长的分享，正所谓"黄河宁、天下平"，绿水青山就是金山银山，坚持生态优先绿色发展，保障黄河长治久安，也是我们要不断努力的话题。今天黄河正在以新的姿态滋养着沿岸的居民，成为造福人民的幸福河。

程斯：就像刚刚蒋所长提到的，青春宛如奔腾的河流，历久弥新的黄河故事也生动地诠释着黄河流域生态文明的发展和变化。我们也期待在守护黄河安澜的旅程中汇聚越来越多的青春力量。

贺瑶：到这里由中国青年报为您带来的《江河奔腾看中国》第二期《黄河》就结束了。明天的同一时间我们将继续《江河奔腾看中国》，一起走进芡实飘香的淮河两岸。

程斯：观众朋友们，我们明天再见。

蒋云钟：再见。

（https://news.youth.cn/zt/ztzb/202210/t20221001_14038297.htm）

"走千走万，不如淮河两岸"，快来和我"云游"淮河！

张默：璀璨新时代，弄潮正精彩。观众朋友们大家好！您正在收看的是由《中国青年报》为您带来的十一系列直播节目"江河奔腾看中国"，我是张默。在前两天的直播当中，我们领略了滚滚长江和滔滔黄河的壮阔雄伟，今天我们要带大家一起云游淮河。

主持人（女）：说起淮河，它可能没有我们前两场直播当中长江、黄河的知名度高，但是它作为中原大地上一条古老的河流，在数千年文明发展史上，始终占据着非常重要的地位。它有着悠久的治水历史，有着丰富的人文景观，有着一批古代水利工程遗产，也闪烁着古代劳动人民改造自然、征服淮河的智慧之光。

张默：今天的节目当中，我们有幸邀请到了水利部水利水电规划设计总院总师办主任、正高级工程师赵钟楠，欢迎赵主任的到来。

赵钟楠：好，两位主持人好，屏幕前的观众朋友们大家好！很高兴做客直播节目，和大家一起说淮河。

张默：今天由赵主任带我们一起云游淮河，首先请赵主任为我们介绍一下淮河的基本情况。

赵钟楠：好的，淮河和我们昨天两天说的长江、黄河一样，是我们的七大江河之一，古称"淮水"，与长江、黄河、济水并称为"四渎"。淮河地处我国东中部，流域面积约为27万平方公里，发源于河南省桐柏县，自西向东流经河南、安徽、江苏等省，主流于江苏南京市三江营，注入长江，全场约1000公里。

淮河是一条非常有特点的大河，我总结它有四个方面的特点。第一，淮河是一条和合南北之河，它是我国南北地理分界线和重要的生态过渡带。在地理学上，把"秦岭-淮河"一线作为我国南北地理的分界线。古语也提到"橘生淮南则为橘，生于淮北则为枳"，同时南北很多物种都能在淮河流域生存、繁衍，是中国南北过渡地带生物多样性最丰富的地区之一。

第二，淮河也是一条泽被东西之河。为什么这么说呢？因为淮河流域地处我国东中部的腹地，是一条促进我国东西部连通的重要经济走廊，是东部率先发展和中部地区崛起、区域协调发展战略的重要连接带，也是长三角一体化发展、长江经济带发展、大运河文化带建设等重大国家战略区域的叠加区。

第三，淮河又是一条穿越古今之河。淮河流域是中华文明的发源地之一，诞生了老子、孔子等众多思想家，流域内现有郑州、开封、淮安等十一座国家历史文化名城。

进入当代，由于淮河流域拥有较好的资源禀赋优势，已经成为国家的重要粮食基地、能源基地和交通枢纽，在我国经济社会发展中具有十分重要的地位。尤其是在水利方面，淮河流域水利发展史在全国的水利发展史上具有十分重要的地位。

最后，淮河又是一条多灾多难的河。淮河流域自身的地理特点和气候特点，导致淮河流域极易发生灾害，特别是12世纪起，黄河夺淮700多年，极大地改变了淮河流域原有的水系形态。据统计，16世纪至新中国成立初期的450年，平均每百年就会发生水灾90多次；新中国成立以来，也有多个年份发生过较大的洪涝灾害和旱灾，可谓是旱涝灾害频发。

张默：感谢赵主任详尽的淮河科普介绍，刚才您也讲到，淮河其实发源于河南省桐柏县桐柏山太白顶西北侧的河谷，那么我们今天就从河南开始，开启今天的淮河之旅。

画外音（男）：桐柏，是一座有着五千多年人文历史的山城，这里承载着华夏千年的文明，汇聚着淮源文明的历史和未来。

淮河，为古"四渎"之一。桐柏地处中国南北地理和气候的分界线，淮，始于大复，六个省级、九个地级党政军领导机构在此设立。老一辈无产阶级革命家曾在这里战斗和生活过，一万多名烈士长眠于此，长篇小说《桐柏英雄》改编的电影《小花》影响和感染了一代又一代中华儿女，桐柏革命纪念馆是全国百家红色经典旅游景点之一。

桐柏县生态良好，物种繁多，是麦道轮作复种制的发祥地，森林覆盖率达53%。空气中负氧离子含量高达四万个每立方厘米，被誉为"天然氧吧"，是国家级生态功能区。境内有大小河流58条，中小型水库108座。塘堰万余座，如颗颗珍珠，点缀在淮源大地。

桐柏始终坚持最严格的生态保护政策，持续为淮河下游区域生态和饮水安全做着巨大贡献。桐柏山淮源风景区被命名为国家级风景名胜区，被评为"中国旅游最佳去处"。

桐柏是茶文化发祥地。神农氏最早的活动地在桐柏山，陆羽《茶经》"茶之为饮，发乎神农氏"。宋时，桐柏山茶厂为全国十三大茶厂之一。目前全县有生态茶园15万余亩，茶业已成为令数万群众增收致富的主导特色产业，被中国国际茶文化研究会授予"三茶统筹发展先行县"。

开放包容的桐柏，更是一片活力迸发的创业创新高地。宁西铁路、沪陕高速、312国道横穿东西，焦桐高速纵贯南北，现代化交通体系加速接轨新时代。

天然碱、金、银、石油等矿藏丰富，被称为"全国特大资源保护县""中国天然碱之都"，氯碱化工、生物医药、农副产品加工三大百亿级产业集群，领航桐柏高质、高效跨越发展。

桐柏县先进制造业开发区基础完善，功能齐全，一区两园开发区新格局全面形成，两个院士工作站、一个院士科技产业园顺利落户，开启"政府+院士+企业"的金三角院士经济新模式。大项目集群突破、大平台组团落地、大城建加速迭变，先后成功摘取"全国文明县城""国家园林县城""国家卫生县城""国家义务教育基本均衡发展县""四好农村路全国示范县"等30多项殊荣。新时代的桐柏，正在高质、高效跨越发展的大道上阔步前行。

"他年淮水能相访，桐柏山中共结庐"，1915平方公里的英雄土地上，新时代桐柏老区人民接棒领航，厚积薄发，承载着昨天的荣誉和明天的希望，激情创造辉煌的新时代。

主持人（女）：看过短片之后，我们对于淮源文化有了大致的了解，我相信张默肯定跟我一样，对这里产生了非常浓厚的兴趣。

张默：不仅是非常浓厚的兴趣，可以说是非常期待了。此时此刻，《中青报》记者潘志贤已经到达了河南省桐柏县淮源文化陈列馆。他将和淮源文化陈列馆副馆长、讲解员张欣一起，为我们揭开淮河源头的神秘面纱。

潘志贤：我们现在来到了淮河的源头，河南省桐柏县淮祠，就是淮河源文化陈列馆。

张欣：我们说长江、黄河的源头不好找，今天我们到"四渎"之一的淮河的源头了，在哪呢？这口井叫"淮井"，是千里淮河的零公里测量点。就是说1078公里淮河的长度，就是以此为界，全长为1078公里。

淮源在哪里呢？《一统志》记载，从桐柏山主峰太白顶，伏流数十里涌出三泉，因浚为井，并称为"淮源三井"。我们院里有三口井，桐柏山主峰太白顶上面还有两口井，地下水系相通，共同组成了淮河源头的标志。而且这口井就是千里淮河的零公里测量点。这口井又叫"禹王锁蛟井"，大禹把无支祁蛟龙捉住之后，锁于这口井中，从此天下太平。

蛟龙现在到哪里去了，有三种说法。鲁迅先生在《中国小说史略》中说，淮源妖怪无支祁就是《西游记》中孙悟空的原型，因为《西游记》的作者吴承恩曾在我们桐柏的邻县新野任过知县，多次到桐柏山游览，桐柏山的许多地名，水帘洞、通天河、母猪峡，和《西游记》的地名吻合，桐柏山的许多传说故事和《西游记》中的故事梗概大致一样。最有证据的一点，说孙悟空说的是我们桐柏方言，他说"俺老孙去也"、"师父，我身上刺挠得慌"，浑身痒痒的意思。所以，许多专家学者到此论证之后说，孙悟空的老家当在桐柏。

东汉延熹六年，淮祠改为"淮渎庙"，当时有亭阁楼宇526间。在宋真宗时期，这个庙迁至桐柏县城东，所以这里1997年才改名叫淮源镇，在此之前一直叫"千里淮河第一村"固庙村，这就是淮井"禹王锁蛟井"。最有意义的一点，千里淮河始于足下。

淮河在我国古代称为"四渎"之一，现代是我国的七大江河之一，自古以来都是兵家必争之地。而且，淮河流域还是我国传统文化的摇篮。孔子、孟子、老子、庄子、朱元璋、施耐庵……这许许多多的哲学家和政治家都是淮河流域的人。

我们现在所处的位置叫"走读淮河"，就是淮河流域的微缩景观，把千里淮河按照比例缩建此。在这里，我们可以看到毛主席的题词"一定要把淮河修好"，主席关于治水修河的指示有三个："一定要把淮河修好""要把黄河的事情办好""根治海河"。

淮河流经河南、湖北、安徽、山东、江苏五个省，养育了全中国八分之一的人口。我们可以看到，淮河接纳的第一条支流就是信阳的浉河，浉河的水自从1955年南湾水库建成后，就从南湾出发，途径信阳的浉河区、平桥区，经信仰的罗山注入到淮河。

在这个地方我们可以看到一个支流，叫白露河。白露河的上游一直通到河南新县的小界岭附近。

这边有大洪河，上游在我们河南省驻马店的新蔡县。

这里有"千里淮河第一闸"之称的王家坝水利枢纽工程，王家坝也是两省、三河、三县的交界处。2020年，王家坝泄洪，它的蓄洪区就是蒙洼，蒙洼也是淮河流域地势最低洼的一个地方，王家坝也是我们河南和安徽的分界线。

所以你看，淮河的地势呈两头翘、中间洼，从我们桐柏到王家坝，它的落差就有179米，从王家坝到洪泽湖只有20米，所以说产生了两头翘、中间洼的一个地形。

1951年，隶属于中央人民政府的治淮委员会成立后，全国人民掀起了治淮大潮，这就是1950年在蚌埠成立了属于中央人民政府的第一届治淮委员会。

在这边有一条支流叫涡河，涡河的上游一直在河南开封的尉氏县。

那边有一条支流叫浍河，浍河的上游在河南省商丘的东郊。

洪泽湖是我国第四大淡水湖，有"日出斗金"的美誉。在那里有一个入海口，是国家经过12年的时间打通的、长163.5公里的人工运河。入海口打通，结束了淮河八百年来不入海的历史，也是增加泄洪量、减少泛滥几率。

这边是入江水道，从扬州三江营那个地方入长江的。

我们看了"走读淮河"就知道，它源于我们桐柏山，最终注入洪泽湖，分两路入海入江，入的是黄海和长江。

主持人（女）：通过刚才的云游，我们对于淮源文化有了更为完整的认识。针对淮源文化，赵主任有没有什么想跟我们分享的？

赵钟楠：我有三方面的感受。第一，就是水对于中国文明、文化形成的至关重要的作用。儒家提到"智者乐水"，道家认为"上善若水"，佛家认为"善心如水"，这充分说明水在咱们中华文化的重要地位。河流是人类文明的发源地，千百年来人们对淮河源头的探寻，也是对我们民族文化的寻根。

第二就是淮源文化的多元性。短片里提到，除了源远流长的淮渎祭祀文化，在淮源地区，还汇聚着盘古开天辟地、大禹治水等传说，佛教、道教等宗教遗址以及三军会师桐柏的红色文化。多样的文化为淮源文化注入了丰富内涵。

习总书记指出，中国特色社会主义文化源自于中华民族五千多年文明历史所孕育的中华优秀传统文化，熔铸于党领导人民在革命、建设、改革中创造的革命文化和社会主义先进文化，根治于中国特色社会主义伟大实践。多元的淮源文化，也正是中国特色社会主义文化的一个缩影。

第三，我深刻感受到，保护、传承、弘扬好淮源文化的重要性，要不断赋予淮源文化新时代的内涵。总书记指出，要加强历史研究和传承，使中华优秀传统文化不断地发扬光大。我们要坚持创造性转化和创新性发展的原则，充分挖掘淮源文化内涵，做好淮源文化研究成果的转化和应用，不断为淮河文化注入新的时代元素，进一步繁荣发展淮源地区乃至整个淮河流域的文化事业和文化产业。

张默：刚才提到的这些优秀传统文化，早已深入当地人的心中。听完您的介绍，我脑海中其实已经浮现了一幅可以称之为千年大河的历史变迁史。

在这片历史源远流长的土地上，不仅有我们刚才提到的许多优秀的传统文化故事，近年来也诞生了无数振奋人心的奋斗故事。历经千年，如今的淮源文化已经是一部值得青年朋友们仔细阅读、学习的厚重史册了。

主持人（女）：我们今天还邀请到了河南省桐柏县文化馆副馆长、县文联副主席李修对，为我们介绍淮河源头那些动人的文化故事。

记者：您好，我们桐柏县也是革命老区、红色热土，请您谈一下您的红色文化研究，好吗？

李修对：好的，桐柏县地处桐柏山腹地，以豫鄂两省交界的桐柏山为背景，这里在革命年代发挥过根据地的作用。特别是据资料研究，在中国革命的各个历史时期，都有革命的烽火在燃烧，形成了星星之火燎原之势。

在党的初建时期，这里有几个在外地求学的学生，比如说金孚光、李怀玉、桂仲锦等在信阳师院、在开封师院等学校读书的时候，就秘密加入了共产党。回到家乡之后，他们就组建了共产党的早期组织。桐柏的早期支部，也是南阳地区最早的（一个），1925年2月成立的桐柏第一个党支部，是整个南阳地区成立最早的基层党组织。不久又成立了桐柏县委，在党的初创时期就有很多革命活动。

土地革命时期，这个地方是一个中心区域。当时杨靖宇就在桐柏山留下了许多革命遗迹。还有当地的一些革命名人，比如说牛德胜、张星江，就在这个时候参加了革命，成为土地革命时期桐柏区域的革命领导人。

抗日战争时期，桐柏县又是咱们中原地区的抗日根据地，李先念、彭雪枫、王国华等革命名人都曾在这里转战和生活过。

开馆以来，每年接待游客都在100万人以上，所以说这是一个影响很大的红色革命纪念地。2017年，这里被中央宣传部批准为全国爱国主义教育基地，每年有大批的青年学生来这里参观学习、受爱国主义教育。

主持人（女）：从刚刚李馆长的讲述中，我们了解到淮河以百折不挠的磅礴气势塑造了中华民族自强不息的品格，而这也是淮河百姓甚至是中华民族坚定文化自信的重要根基，也让我们更加意识到保护好淮河的重要性。

我们都说，生态兴则文明兴，保护淮河生态是一个特别重要的话题。我们也想问一问赵主任，在保护淮河流域生态环境方面，我们还要做出哪些努力？

赵钟楠：总书记强调，生态环境是人类生存和发展的根基，生态环境变化直接影响文明的兴衰演替。

淮河流域以前流传着这么一句民谣，"五十年代淘米洗菜，七十年代农田灌溉，八十年代水质变坏，九十年代鱼虾绝代"。面对不断恶化的水生态状况，党中央国务院高度重视淮河流域的生态保护治理工作。早在"九五"时期，淮河的水污染防治就被列为了"三河三湖"环境保护的工作重点，此后也陆续开展了我们现在熟悉的零点行动、淮河水体变清等一系列重大的污染防治行动。

特别是党的十八大以来，按照"节水优先、空间均衡、系统治理、两手发力"的治水思路，淮河流域开展了一系列生态环境治理工作。流域的水污染恶化的趋势得到了有效遏制，生态环境进入到一个良性发展的轨道，水生态环境持续向好。

为此，我们主要采取了以下几个措施，首先是节水。大家都知道，节水不光是节水资源，节水也是节排，从源头减少污染入河。我们落实最严格的水资源管理制度，推进节水型社会建设。

其次，我们开展了系统治理。水污染防治是一个系统工程，通过调整产业结构、加快污染源治理、实施污染集中处置、强化水功能区管理等一系列措施，流域入河排污得到明显下降，河湖水质得到显著改善，淮河干流和南水北调东线一期的输水干线的水质，现在常年维持在三类。2005年至今，淮河也没有发生过大面积突发性水污染事故，有效保障了沿淮城镇的用水安全。

此外，我们还坚持流域的生态修复，坚持山、水、林、田、湖、草系统治理，强化水域、岸线的管控与保护，有效提升了上游水源涵养和水土保持、生态保绿的功能，积极开展重要的河湖的保护修复，地下水保护以及河湖生态流量保障等工作，依托已经初步形成的江河湖库水系联动工程，实施多次的生态调水。

通过这些措施，我们有效保障了整个淮河流域重要湖泊的生态安全。可以这么说，淮河见证了我们从"要温饱"向"要环保"、从"求生存"向"求生态"的转变过程。

张默：水是生命之源、生产之钥、生态之基，人类文明都是起源于大江大河，沿着河流奔腾的方向繁衍发展的。接下来我们要连线一位大学生石佳艺，他是河南科技学院的一名在读大学生，是一名土生土长的淮源人。我们来听一听当地"00后"眼中的淮源文化。

张默：首先想请您分享一下，您眼中的淮源文化是什么样子的？这些年你观察到淮河相关的哪些变化发展？

石佳艺：大家好！我是来自桐柏县的一名大学生石佳艺。作为一名土生土长的桐柏人，是在淮源文化的灌溉下成长的，下面我来谈一谈我心中的淮河文化以及我眼中的淮河。

桐柏山北边的峡谷，也被称为淮源谷或盘古谷。我们这代孩子都是听着盘古开天辟地的神话长大的，爷爷奶奶在小时候总跟我们说，淮河是盘古开天地以后留下的血水，这也正是《五运历年记》中"盘古开天地，血为淮渎"口口相传的结果，因此桐柏文化也可以说是淮源文化的化身。

我所理解的淮源文化是多元的、厚重的，其主体内容包括淮源四大文化，分别是淮渎文化、盘古文化、道佛文化、红色文化。在我看来还应该包括桐柏的历史人文、山水风物、民间习俗、文学艺术等，加起来就是淮源八大文化，可谓是内容丰富、异彩纷呈。

与此同时，这些年我也见证了家乡淮河的变化。作为淮河的源头，在政府的治理下，环境美化、水质改善。在我还在小学时，淮河边杂草丛生，河里的水总是又稀少、又浑浊，河道两边还有刺眼的生活垃圾。

可是现如今，淮河边上绿意盎然，淮河水中清澈明朗，俨然一副新面貌。淮河的生态环境改善了，我们当地人民的环境也更加舒适了。

不仅如此，在政府产业生态化、生态产业化的号召下，我们也收获了淮河带来的经济效益。山青水绿的景象为我们带来了游客，也带来了财富，大家脸上喜气洋洋，保护淮河的干劲也更足了。

我的母校桐柏县实验高中正前方是淮河河道，在那里，我们总是能看到参与河道整治、维护的工人。可以说桐柏人已经把保护淮河生态刻进了心里，付诸了行动。

总而言之，我眼中的淮河是可爱的、亲切的，它敞开温柔的胸怀，孕育着丰富的淮源文化，哺育着一代又一代桐柏儿女。我们桐柏人民在它的怀抱下发展壮大，也同样深爱着它，为保护它付出不懈努力。

张默：好的佳艺。可以看得到，刚刚佳艺聊起淮源文化、聊起自己的家乡，满眼都是幸福和骄傲。佳艺是河南南阳人是吗？

石佳艺：对的。

张默：那佳艺，我想问一下，可不可以用咱们的家乡话讲一下"我是淮源青年，我骄傲"呀？

石佳艺：我是淮源青年，我骄傲。

张默：好的，感谢佳艺，我们赵主任都给您点赞了。听到这样的家乡话，非常的亲切。

主持人（女）：其实我们看到，像佳艺一样的00后对于自己的家乡、对于淮源文化有很深刻的了解，那我们今天在现场也想问问赵主任，了解淮源文化和他们当中的英雄故事，对于当代青少年有什么样的意义？

赵钟楠：青少年是民族的希望，是祖国发展和社会进步的重要力量，也是我们坚定文化自信的重要阵地。了解源远流长的淮源文化，对于青少年来说有两方面的意义。一方面就是传承和发展好悠久的水文化、治水文化。

中华民族几千年的历史，从某种意义上来说，就是一部治水史。我们青少年要传承包括淮源文化在内的、千百年来形成的内涵深刻、实践丰富的治水文化，为新时代保障国家水安全贡献我们当代青年人的力量。

另一方面，也在于传承好、发展好我们身后的红色文化，用英雄故事不断激励着当代青少年，不断提升我们自身的文化内涵和底蕴，引导青少年积极树立正确的世界观、人生观和价值观，坚定走中国特色社会主义道路，为实现中华民族伟大复兴贡献青年力量。

张默：没错，通过佳艺的介绍我们可以发现，当地的红色文化、传统故事，确确实实振奋着当代青年的内心，也确实对文化的宣传、继承、发扬有非常好的效果。

当好淮河流域生态安全的守护者，其实需要我们每个人的努力和守护。咱们河南省桐柏县就有一群志愿者，他们始终为保护淮河贡献着青春力量。

主持人（女）：我们现在也在云端连线到了河南省桐柏县淮河源环保志愿者协会会长潘中华，桐柏县淮河源环保志愿者协会青年志愿者王珂，为我们介绍他们保护淮河的那些故事，欢迎两位老师。

潘中华：桐柏县淮河源环保志愿者协会成立于2009年，协会宗旨是宣传环保意识、开展环保活动。我们做的工作是在学校对同学们进行环保意识的教育活动，一学期要开展一到两次学校大的教育活动。平常在学校领导安排下，做一到两次的主题班会，对学生进行环保意识的教育。当他们幼小的心灵得到这些教育后，以后他们走向各自的工作岗位都能发挥环保作用。

我们开展的另外一项工作就是开展环保活动，例如我们每年都要配合团县委做"河清"活动。在我们这，从桥东边到西边这个区域，我们去年和今年都在这里捡拾一些白色塑料垃圾，每年基本上还要搞一到两次到桐柏景区例如祖师顶、河南佛教学院、水帘洞这些地方，捡拾一些垃圾、打扫卫生，有些时候我们还发放一点宣传页，提醒、引导游客注意环境保护。

王珂：我加入淮河源环保志愿者协会已经四年。加入环保志愿协会的初衷目的，是为建设美丽家乡贡献一份自己的力量。每年我们协会组织的一些环保支援者活动，我都会积极参与，来到家乡的小河边，清理河道、拾捡垃圾，为建设美丽家乡做一份贡献，积极倡导"美丽中国，我是行动者"的理念。

主持人（女）：感谢潘会长和王珂的分享，听到他们刚刚的讲述，我特别感动。在保护淮河的这条路上，能有这样一群年轻人，为了让这片家园更加美好，贡献着自己的青春力量。

张默：所以接下来我们要为这个青年力量点赞。我们可以看到，如今，越来越多的淮源青年凝聚起青春力量，展现出青年担当。接下来就让我们跟随镜头，一起去听听他们的故事。

河南省桐柏县茶叶协会秘书长 李文超：桐柏是淮河的发源地，是中国南北气候的分界线，是茶产期的最北方。独特的地理位置和自然条件，成就了淮源地独特的茶品质。就像新疆的葡萄和哈密瓜一样，昼夜温差大，白天进行充分的光合作用，晚上积蓄养分，造就了桐柏淮源茶品牌，例如淮源剑毫、桐柏玉叶、桐柏红。在国家大力实施乡村振兴战略中，在县委县政府的扶持下，桐柏茶产业不断壮大，现有茶园 14 万亩，从事茶产业 5 万余人，直接、间接脱贫两万余人，现在越来越多的年轻人开始返乡创业、就业，为乡村振兴贡献着青春的力量。

主持人（女）：赵主任，相信在您的工作当中，也会遇到很多有类似经验的年轻人，他们利用当地优越的自然环境回乡创业，可以跟我们分享一下这些故事吗？

赵钟楠：我在工作中确实遇到过很多这样的青年。我记得总书记强调，推动乡村全面振兴关键靠人。桐柏县良好的生态环境、广袤的田野、多元的文化积淀，蕴藏着无限的机遇与希望，为许多青年人提供了人生出彩的舞台。青年是整个社会力量中最积极、最有生气的力量，在返乡创业、振兴乡村中，扮演着重要的角色。我想他们带来了以下三个"新"。

第一，带来了新理念。不少返乡创业的年轻人接受过良好的教育，有过在市场上打拼的精力，具有开阔的视野、先进的理念、活跃的思维，了解市场需求，善用"绿水青山就是金山银山"的理念，培育高效优质的农副产品，延长产业链、价值链，加速生态产品的价值实现。

第二，带来了新动力。返乡创业的青年人善学习、肯钻研，在实现自我成长的同时，也让更多人看到了乡村发展的机遇，带动了更多人投身到了乡村振兴的热土。

第三，带来了新机遇。青年人返乡创业，拓展了乡村的产业，让资金、技术、人才等要素加速向乡村汇聚，在实现自身梦想的同时，也带动了乡亲们的就业致富。

主持人女：的确，青年的确是在乡村振兴中起着不可或缺的作用。那我们逛完淮河的源头之后，跟着镜头继续云游。淮河从河南一路向东奔流，来到中游，接下来我们将一起去到的是安徽。

张默：最近正值初秋，漫步在安徽街头，我们能看到连片水塘碧波粼粼，莲叶如绿伞轻浮在水面上，如果再有一阵微风吹过，阵阵幽香。水塘上时不时还掠过几只飞鸟，给这如画美景添了几分灵动。更不要说"芡实遍芳塘，明珠戴锦囊"。接下来让我们跟随镜头，一起去闻一闻淮河两岸的芡实香。

村民：这两年收益蛮好的，黑鱼跟龙虾套养，平均每天都在五六十吨左右。

村民：我们村的芡实产业从一开始的一百余亩，发展至现在两千余亩，连续几年扩大规模，而且在生产、加工和销售方面，已经形成了完整的产业链。

讲解员：2020年8月18日，习近平总书记来到阜南蒙洼，夸奖一种植物说："很好，可以去湿，我们北方没有。"

它是什么植物？又为什么会被夸奖呢？芡实是传统药材，也是保健食材，本是生长在南方的水生植物，却在淮河北岸迅速铺开，成为阜南县陆河村的特色产业。

说来让人感慨，该怎样用绿色产业来统一性覆盖蓄洪区的纵横阡陌？该怎样把头疼的洼地蓄水用专项农业来和谐性利用？这在以前没有可能，简直就是天问。而今，陆河村党支部率领村民，用绿色产业改善自然生态的果敢行动，给出了现实性的答案。这个奇迹的背后，却有着一段非同寻常的感人故事。

2020年7月19日晚，王家坝水位直逼29.3米的保证水位。指挥部下发紧急通知，要求7个小时内全部撤离蒙洼蓄洪区内两千多名滞留人员。当夜的行动悲壮而又平静，迅速而又镇定。

早7时，最后一次拉网排查结束，当指挥人员和电业工人拉下电闸的那一刻，大家伙都哭了。8点32分，随着王家坝十三孔闸门缓缓打开，浑黄的淮水如脱缰之马，翻滚着涌入蒙洼蓄洪区，很快吞没了庄稼和树木。

自1953年王家坝闸建成至今，这是蒙洼蓄洪区村民做出的第十六次牺牲。不容易啊，阜南县的党员干部们深深地看着大坝和洪水，他们思考着，到底怎么样才能把蒙洼发展好呢？

习近平总书记在西田坡庄台的一番讲话，让大家有什么体会？我总觉得总书记的这句话意味深长。"这个斗，不是跟老天爷作对，是人与自然要更加和谐，要顺应自然规律，更能摸得到自然规律。如果我们在自然生态上找出路，找出人与自然、产业三者之间的价值关系，从而形成稳定逻辑，并能放之未来而皆准，是不是就能发展好适应性农业，从而增强抵御灾害的能力？"

说得好！牢记总书记的嘱托，发展好适应性农业，这回呀，咱就变水害为水利，把淮河给用好。

接下来，他们用一种低到尘埃里的苦心，示范带行动；用一种高到天穹的信心，治淮加致富。近几年，党和政府先后投入8亿多元改造全部庄台，用最直接、最现实的获得感凝聚民心民力。经过绿化、亮化、硬化、净化、美化"五化"整治后，每个庄台皆有一条文明路，一口干净塘，一块文化墙，一个小广场，到处充满了勃勃的生机与活力。

居住环境的改善只是第一步，围绕水做特色产业才是重头戏。王家坝现已带动莲藕种植面积超过一万亩，芡实、莲藕、螃蟹等适应性产业的发展，带动当地20%左右的群众创业就业，亩均效益4000元以上。

杞柳，这一淮河边上常见的杂树，更是被当地人变废为宝，将其编织成工艺品，畅销全世界20多个国家。不仅荣膺"中国柳编之都——阜南"称号，更是形成了百亿规模的产业集群，农民增加收入6.5亿多元。

深水鱼、潜水藕，滩头洼地植杞柳，鸭鹅水上游，牛羊遍地走，观光农业助增收，已是今天庄台人生活的真实写照。

生态美的同时，助推乡亲们的生产生活发展，这不正是绿水青山就是金山银山最生动的写照吗？

回首王家坝69年的抗洪岁月，王家坝人用科学治水所塑造的小康故事，徐徐铺展着全面推进生态文明建设的时代画卷。

主持人（女）：刚刚视频里变水害为水利、治淮还能致富的思路，让我们眼前一亮。那赵主任对于刚才的游览中哪一段场景印象比较深刻呢？

赵钟楠：我对于淮河两岸这幅芡实飘香、水美鸟飞的人水和谐的场景印象非常深刻。这一幅场景来之不易，新中国成立以前，沿淮人民同水旱灾害斗争了近千年，但受社会制度和当时生产力水平的制约，流域的灾害频发的局面始终没有得到根本的改观。

新中国成立以来开启了淮河治理、开发、保护的新纪元。1951年5月，毛主席就发出了"一定要把淮河修好"的伟大号召。70多年来，在党中央国务院的不懈努力下，在沿淮人民的奋斗下，几代治淮人进行了坚持不懈、开拓进取，进行了全民、系统、持续的保护治理工作。

党的十八大以来，在以习近平同志为核心的党中央的坚强领导下，治淮工作取得了新的历史成效。2020年8月，总书记亲自到淮河视察了治淮工程，察看了淮河水情，充分肯定了七年来的治淮成就，并对进一步推进淮河治理工作做出了重要的指示。

经过多年努力，淮河流域基本建成了与全面建成小康社会相适应的水安全保障体系，为流域经济社会发展、人民幸福安康提供了强有力的水安全支撑与保障，基本实现了从大雨大灾、小雨小灾，到洪旱无虞、河湖安澜；从十年就有九年荒，到旱涝保收米粮仓；从水质变坏、鱼虾绝代，到清水绿岸、鱼翔浅底的历史性的转变。

张默：可以说是成果卓然。当然了，这其中有当地人民不懈的奋斗和努力。在淮河的滋养下，安徽也成为一片富饶的土地，除了优越的自然环境，还要得益于百姓的辛勤汗水了。这些年，安徽当地不少青年人发现了自然带来的商机，并且开始积极创业、投入到自己的美好生活中去。

画外音：广袤的田野蕴藏着无限的机遇与希望，同时也成为很多人的舞台。如今越来越多的青年选择返乡创业，在实现自身梦想的同时，也带动了乡亲致富。他们用热情、专业知识和坚持，在农村挥洒汗水，为乡村振兴注入强劲动能。

蚌埠市妮菲逸蔬菜种植农民专业合作社，位于蚌埠市淮上区曹老集镇周台村，主要从事设施蔬菜种植与销售，主营品牌"小小蔬"，先后被评为"安徽省大学生返乡创业示范基地""省级菜篮子标准蔬菜院""省级示范农民专业合作社"。

记者：今天我们来到了淮上区曹老集镇周台村，在我身边的是返乡创业青年代表张帅。

张帅：大家好，我是蚌埠市妮菲逸蔬菜种植农民专业合作社理事长。

画外音：张帅是一个标准的80后，毕业于中国国防科技大学电子对抗学院，有着五年的网络工程管理经验。2014年，他辞职返乡，创立了蚌埠市妮菲逸蔬菜种植农民专业合作社，现在也担任蚌埠市青联委员、副秘书长，蚌埠市青年创业者协会秘书长、淮上区第十二届人大代表。

记者：您大学学习的是网络工程专业，是什么样的力量驱使您放弃了原先的工作、回到家乡创业种菜呢？

张帅：农村出身的人都有一种情怀，即使长大后不再从事农村的工作，这份农村情怀也深深藏在心底。我毕业工作后生活在城市，日常吃饭时总感觉没有家乡的味道，也没有小时候的感觉。很怀念家乡小菜园子里面的那种菜，所以就萌发了自己种菜的想法。

2014年春节我回到家乡，看到父母在洗菜，在零下7摄氏度的天气里、在水里洗菜，特别辛苦，我才做出了自己要返乡创业种菜的决定。

画外音：虽然出生在农村，可是拿起锄头的时候张帅才发现，关于种蔬菜，除了决心，他什么都不会。天道酬勤，不会没关系，张帅凭借着坚韧的毅力，先后在蔬菜批发市场干过装卸工，农场里面翻过地、播过种，还在批发市场卖过菜，省内省外也跑过运输，同时又从网络上学习到了很多理论知识。

经过一系列的实践摸索，张帅渐渐熟悉了这个行业，种植的蔬菜以有机为主打，还有独特的包装，赢得了市场的认可，直接销往本地的超市。

看着张帅从一个门外汉到种植销售能手，村里的乡亲们都认可了张帅的能力。于是，张帅带着村民成立了合作社，进行规模化生产，销售渠道也拓展到了合肥、滁州、北京、上海、南京等地。

张帅：通过四年的经营和发展，2018年，合作社启动了品牌化经营战略，转型做精品蔬菜。紧跟国家绿色发展战略，选育了主打蔬菜品种番茄，申请并通过了国家农业部的绿色食品认证，并且以当前热门的线上直销模式运营，建设了自己的小程序商城，线上下单、线下物流直配。

记者：咱们这一路走来，合作社发展到如今的规模，一定也遇到了一些坎坷吧？

张帅：确实，创业这一路走来也遇到了很多的困难。2018年，我跟乡亲们种植了120亩的大棚香芹，连续的降雪导致大棚骨架承受不住积雪的重量。眼看着大棚就要坍塌，为了保住大棚，我们含着泪将棚膜划开，让雪落进土里。

但是雪一旦覆盖到香芹上，香芹就全部绝收了。当时一棚香芹的产量在9000斤左右，产值在两万多块钱。有的社员就比较犹豫，不舍得划开，结果就损失很大。最终基地也坍塌了将近有十分之一的大棚，棚膜划了将近有一半。

还有是2020年的新冠肺炎疫情，开春是我们销售的旺季，因为疫情的原因，导致蔬菜无法及时销售。

记者：后来呢？

张帅：那个时候确实很困难。眼看着蔬菜一天天长大，到了销售季节，但是卖不掉，全部都烂在地里。好在后期政府为我们及时联系了保障车，部分蔬菜得以销售，也保住了我们一部分成本。

记者：目前我们合作社的生产销售也已经步入正规了，下一步您有什么计划？

张帅：我有一个"番茄梦"，就是能种出小时候吃的番茄的那种味道。所以从创业之初，我一直在做番茄品种的选育，每年都会试种七到八个品种，不同的时节、不同的品种、不同的种植模式。

经过四年的摸索，2018年我们达到了想要的那种番茄的口感。但这并不是我们的最终目标，我们就是想继续提高番茄的口感和甜度，到2019年，我们合作社种植的番茄口感再次得到了提升，也获得了农业部的食品认证，并且我们的番茄在线上和线下都获得了很好的口碑，尤其是线上好评率达到99.8%。

现在"小小蔬"的番茄品牌可以说是深入客户的心里，每当听到客户说，就是这个味，这就是曾经的味道，我们的心里就特别有成就感。

画外音：张帅常跟朋友们说，自从选择做农业，每一个刮风下雨的夜晚都无法睡好，都想着地里的设施和蔬菜。发展至今，虽经历坎坷，但也一直在不断前行。从一个人，到现在志同道合的一群人，从当初的十几亩地到现在的几百亩地，张帅想感谢家人的理解和支持，同时也感谢政府的扶持和帮助。

张帅：选择做农业，有苦更有乐，创业至今八年，我始终坚持我的初衷，做一个有情怀的农民，种健康蔬菜，把更多更好的蔬菜送到消费者的餐桌。同时也祝愿所有创业青年，都能持之以恒、创业有成。

张默：刚刚我们云端畅游一番，不仅欣赏了淮河两岸的芡实香，还了解到了淮河两岸人民努力创造美好生活的幸福故事，相信每一位看到的观众心里都涌动着一股暖暖的幸福感。接下来，我们要去看一看淮河上的水利工程。

主持人（女）：安徽不得不提的一项水利工程，就是引江济淮渒河总干渠钢渡槽，这是世界上跨度最大的钢结构渡槽，它位于江淮分水岭的北侧，作为合肥和六安两座城市的重要供水渠道，有这样一段形象的比喻，说它如同高架立交一样，桥上有桥，河上有河，形成了一座可上下通水通航的水上立交桥。

画外音：引江济淮渒河总干渠钢渡槽位于江淮分水岭北侧，作为合肥和六安两座城市的重要供水源渠道，它比引江济淮渠道高出30多米，渒河总干渠从引江济淮运河上凌空而过，取水只能通过架设传统的渡槽过流，如同高架立交一样，桥上有桥，在这里就形成了一座河上有河，可通水行船的水桥。

　　淠河总干渠渡槽总长350米，其中钢渡槽长246米，总重约2.1万吨，设计流量150立方米每秒，设计水深4.0米，为六级航道，能通行100吨级船舶。桥跨布置采用"68米+110米+68米"的三跨钢结构桁架式梁拱组合设计，主跨达110米，比目前著名的德国马格德堡水桥还要长3.8米，是世界上跨度最大的通水通航钢结构渡槽。

　　渡槽下部为引江济淮二级航道，两航道高差约30米，工程概算投资10.65亿元，引江济淮淠河总干渠钢渡槽于2018年12月开工建设，2020年11月5日整体合龙，2021年3月28日开始充水实验，2021年5月1日正式通水通航。充水试验期间，按设计300年一遇的校核洪水位进行分级加载充水，2021年4月15日达到最大充水水深5.05米，总充水量达10万立方米。

　　渡槽为全焊接桁架式梁拱组合结构，桁架整体结构刚度大，全位置焊接量大，焊接变形控制难度大。杆件制造及安装过程中的焊接质量控制是本工程控制的重点，渡槽杆件之间空间位置关系复杂，高空杆件对接数量大，呈多维度。

　　其杆件的制造及安装精度控制是本工程的重难点，渡槽臂板为不锈钢复合波折钢腹板，由高等级不锈钢与桥梁用钢压制而成，不锈钢复合板采用专用模压机压制成型。该不锈钢复合渡槽在类似钢结构渡槽中首次使用，渡槽底部棱角焊缝通衢后，长期处于水下，受水流横向冲击度荷载和温度荷载的影响较大，焊缝成型质量必须优质可靠。

　　该工程施工全周期开展运用BIM技术，在渡槽钢结构深化设计、数字化加工、虚拟建造、施工进度管理和安全监控等方面，将工厂制造、现场施工等环节有序串联，实现淠河总干渠渡槽建设过程数字化、信息化管理。超级且可变水载荷作用下的全焊接钢横梁对制造及焊接过程均有严格要求，通过新技术、新工艺的运用，收集并整理出全焊桁架式梁拱组合体系钢渡槽制造及焊接施工数据库，为类似结构工程的制造及施工工艺提供有力借鉴。

　　通过渡槽钢横梁组拼施工工法、全焊钢结构、焊接变形控制工法和不锈钢复合板波折板成型及焊接工法等一系列施工工法的运用和实践，在总结工艺技术经验的同时，也填补了国内外大跨度全焊接钢结构渡槽制造及施工技术空白。

　　嘉宾：这个渡槽是由外侧主长和内侧的臂板组成的，这个外侧主长是采用箱形结构，强度非常高。大家可以看到，上面的这个结构是充分利用了梁拱结构的体系，提高我们整个桥的刚度。

　　最难的复杂点是中间E11的位置，这个下行最多有13个方向的接头。要保证每个方向的接头都严丝合缝，这对制造精度要求非常高；同时它是超宽的构建和超重的杆件，对我们运输确实要求也非常大。

我们其他的难点，就是内侧大家可以看到的这个臂板，它是一个波折钢腹板，同时它采用的材料也是不锈钢复合板，这个不锈钢复合板主要是为了渡槽里引水面的防水，也就是说要保证这个跟雨水接触的材质是不锈钢的，减少防腐，同时对水也是绿色环保的效果。

在槽底有16道焊接工序，每道都要严丝合缝焊接，这也就要求我们16道小纵梁的焊接，同时槽底板的不锈钢复合板的焊接，要控制它们的变形精度，所以这一块对现在的焊接难度非常高，严格焊接工艺、优化焊接顺序，减少焊接变形。

画外音：引江济淮工程是一项以城乡供水和发展江淮航运、结合灌溉补水和改善巢湖及淮河水生态环境为主要任务的大型跨流域调水工程。自南向北分为引江济巢、江淮沟通、江水北送三段，输水线路总长为723公里，其中新开河渠88.7公里，利用现有河湖311.6公里，疏浚扩挖215.6公里，压力管道107.1公里。

引江济淮工程供水范围涵盖安徽省12市和河南省两市，共55个区县。其中安徽省有亳州、阜阳、宿州、淮北、蚌埠、淮南、滁州、铜陵、合肥、马鞍山、芜湖、安庆12个市、46个区县，河南省有周口、商丘两个市、九个区县，涉及面积约7.06万平方公里。

淠河总干渠作为六安和合肥两座城市的重要供水源渠道，与引江济淮运河立交，淠河总干渠钢渡槽将引渠水而过，与引江济淮总航道共同形成"河上有河、船上有船"的立体交叉奇观，是引江济淮工程全线标志性建筑。

淠河总干渠钢渡槽主跨跨度110米，建成后将成为世界上主跨跨度最大的钢结构渡槽。同时，渡槽在通衢后，承载巨大，且远超自身桥梁自重，其特殊性非一般行车交通桥梁可比。

淠河总干渠钢渡槽正逐步将世界级水桥从蓝图变为现实，它的建造为今后国家类似水利工程在设计、制造及施工等方面提供了强有力的借鉴意义。

引江济淮工程是沟通长江、淮河两大水系的重大基础设施建设工程，也是辐射长江、润泽安徽、造福淮河、惠及河南的水资源配置战略工程，更是经济社会发展与水环境改善的民生工程。

引江济淮工程的开工建设是国家继南北水调、三峡水利枢纽等一系列现代大型水利建设工程之后的又一项壮举，展现了国家强大的建造实力。

张默：片中出现的这项大国重器的参与建设者，高级工程师杜申云，此时此刻已经在我们的镜头对面等候多时了，那接下来让我们一起连线《中青报》记者王海涵，听他和杜申云现场分享建设背后的故事。

王海涵：主持人你好，我是《中国青年报》驻安徽办的记者王海涵。我目前所在的位置就是刚刚视频中所说的引江济淮淠河总干渠钢渡槽的建设现场，而我身边这位就是刚刚在视频中出镜介绍的高级工程师杜申云先生。

王海涵：您好杜工，我想请问一下，这个桥是世界上最大跨度的钢渡槽。在这样一座桥的建设过程中，您觉得它突破的最大的困难或者说难点是什么？

杜申云：大家可以看到，我们这个渡槽是外侧桁架和内侧水槽组成的。可以跟大家简单地打个比喻，这个结构就相当于我们吃的豆腐脑，外侧桁架就相当于碗，里面的不锈钢复合波折板和内臂板就相当于塑料袋，形成了外刚内柔、刚柔并济的结构。

这个渡槽的难点是什么呢？主要是不锈钢符合波折板，采用这个结构。渡槽臂板高度是7米高，这个7米高的高度在国内应该是最宽的加工长度。

在我们这个项目的建设过程当中，当时是有28个项目的管理人员，其中17个是年轻人，他们的思维很活跃，在创新和执行力方面发挥了核心作用。

王海涵：据您所说，有很多年轻人发挥了非常重要的作用。能不能再请您介绍一下，咱们这个钢渡槽建好之后，对引江济淮工程有什么样的好处，它的意义什么？

杜申云：好的，淠河总干渠是连接六安和合肥的一个重要的水利要道，它连接着城市用水，还有灌溉的作用。所以说，我们要修建引江济淮的主航道。大家可以看到，下面的水和上面的水之间形成一个立交，高差有30米高。为了贯穿淠河总干渠的航道，我们建了这样一个渡槽，相当于是实现了水的一个连接。

在这里上下行船，下面是二级航道，行船大概是2000吨级的；上面是六级航道，大概100吨的船可以在这个渡槽里面穿行。所以，这个在建成后对城市用水、沿线灌溉起到很重要的作用。

考虑到城区用水，渡槽采用的是不锈钢和波折板，水接触的部分全是不锈钢，不锈钢的厚度是4毫米左右，可以抵御上百年的侵蚀。不锈钢的特点是免维护、绿色环保，渡槽的水为合肥供水，不会对水造成任何的污染。

王海涵：也就是说，咱们的钢渡槽既能满足供水，也能满足灌溉和一些便利，既生态环保，又有防洪抗旱的作用，是一个实实在在的民生工程。现在已经听到旁边施工现场传来施工的声音，这说明现在很多附属工程还在施工的建设过程当中。

杜申云：这个渡槽是世界上最大跨度的一个供水通航的渡槽，比德国的马格德堡水桥还长3.8米，总跨度是110米。我们建成之后，上下行船形成的景观很漂亮，应该会成为一个网红打卡点。人、车、水、船将会在这里交汇，形成一个奇观的景象，也是一个非常亮丽的风景线。

王海涵：大国重器的背后，凝聚了千万工程人员的辛苦和努力。

张默：最后想问一下海涵，你现在此时此刻看到这样一个景象，你的内心是什么样的呢？

王海涵：我的内心一方面是十分震撼，另一方面也是觉得十分感动。无数的工程人员默默地后努力，才能把这个工艺作品展现在我们的面前。向他们致敬，也向国庆节所有坚守在一线岗位的工作者致敬！

主持人女：谢谢两位老师来自现场的分享。我们也看到，建设这样一个大国工程非常不容易，要突破很多的技术难点。

张默：没错。

主持人（女）：不过看完这些之后，相信很多的观众朋友会有这样一个疑问，为什么要耗费这么多的人力、物力修建这么大型的工程呢？

赵钟楠：因为淮河是一条和合南北之河，它的地理位置特殊，气候条件复杂，流域水资源的时空分布不均，特别是流域内的人均水资源量不足，低于全国的平均水平。但是，淮河流域在全国保障粮食安全、生态安全、能源安全中的作用非常突出，而且淮河流域灾害，旱灾尤其爆发频繁。在这样的情况下，我们怎么来解决这个问题呢？就是通过引江济淮工程，来为我们沟通长江、淮河两大水系。这是一项跨流域、跨区域的综合利用工程，同时也是我们国家水网的主骨架和大动脉的重要组成部分。

刚才杜工也提到，引江济淮工程是历经了半个多世纪的规划论证、反复比选之后才立项实施的。它的建设不仅有利于改变淮河流域中游的水资源短缺的状况，能改善巢湖、淮河的水生态环境，还将为我国增添一条重要的南北水运黄金通道。可以说，它集供水、航运、生态三大效益为一身，可实现长江与巢湖的水量交换，有效缓解沿淮、淮北地区以及输水沿线地区的工业和城乡生活供水紧缺的矛盾，补充农业灌溉用水。

而且从航运效果来看，新开辟的这条引江济淮通道也将为淮河水系新辟一条通江达海航线，可缩短淮河中游与长江中下游水运航线两百到六百公里，大大完善江淮之间的现代综合运输体系，优化皖、豫两省产业布局和促进区域协调发展。

同时从生态效益来看，依托引江济淮工程及其水资源布局，可促进巢湖水环境改善，维持淮河的生态流量，抑制我们整个淮北地下水超采，大大改善整个巢湖和沿淮、淮北地区的水生态环境。所以说这项工程非常重要。

张默：刚才杜工也介绍到，在这样的一个工程背后，有一群年轻人也出了不少力。这些年轻人心里也有一些话想要一吐为快。所以接下来，让我们来听听他们的心声。

李汉文：我叫李汉文，担任工程部技术主管职务。项目有建设人员45人，青年员工占比65%。每天负责现场施工质量、安全控制，白天在现场负责施工顺序、施工方法、技术措施等内容。为了弄清现场施工中薄弱环节和关键部位，晚上在办公室熟悉图纸，结合工程实际，编制对应的专项施工方案并学习新的规范、新工艺、新标准。

派河是引江济淮工程唯一一条穿越主城区而过的河流，为保证引江济淮水质安全，消除输水干线上存在的污染，针对性地采取治污、避污、截污、导污、控污等综合防治措施。派河截污导流工程是水质保护工程中体量最大、线路最长、实施最困难的一项工程。

中铁四局四公司施工的引江济淮安徽段派河治污水质保护工程施工二标，施工内容包括主干线等约32公里的管道铺设等施工内容。工程完成后，将直接削减进入派河的污染库存，对引江济淮输水水质提供有力保障，并间接改善巢湖、派河湖区水质。

作为一名青年员工，能够参加引江济淮工程，我感到很骄傲。

张默：奋斗者正青春，向所有投身大国工程建设，默默贡献智慧力量的青年人致敬。

张默：千里淮河一路向东，流过安徽之后，我们继续东行。接下来我们的镜头也将继续向东走，淮河的主流在江苏扬州的三江营入长江，全长约1000公里。

淮河下游主要有入江水道、入江海道、入海水道、苏北灌溉总渠、分淮入沂水道和废黄河等。赵主任，能不能给我们介绍一下刚刚提到的这个"废黄河"是什么意思？

赵钟楠：好的，其实淮河原本也是一条独流入海的河流，滋润良田、泽被两岸。但我们昨天云游的黄河对淮河的面貌发生了改变。历史上黄河曾多次夺淮入海，尤其是公元1128年的黄河夺淮给淮河带来了灭顶之灾。一直到公元1855年，黄河在铜瓦厢北决，由利津入海为止，才结束了长达七百多年的夺淮历史。

这七百多年的黄河故道，随着黄河北去，就变成了所谓的废黄河了。黄河在夺淮期间携带的大量泥沙沿线沉积，使河道变成了高出两岸地面四到六米的悬河，使原本单一的淮河流域变成了淮河水系和沂沭泗水系两大部分，废黄河也成了两大水系的分水岭，淮河也不再回归故道，完全失去了入海通道，由三江营入长江，所以这样淮河水系才变得这么乱。

但是，通过长江入海的这条路也并非一片坦途。前面我提到了，淮河地处我国南北气候的过渡带，降水时空分布不均衡，降水主要集中在夏季，而且多暴雨。淮河的主流干流全长1000公里，水系庞大，支流众多，但总的落差却只有200米，所以它的河道宣泄能力比较弱。加上它弯曲、狭窄，排水不畅，水系汇流无法入海，也导致淮河洪涝灾害频发，这也是淮河的一个特点。

主持人（女）：没错，所以每年行洪的时候，淮水一路南下，一定会经过我们的高邮湖，河水上涨也是极易造成泛滥，淹没农田。

起初水闸的功能不仅仅是减水，通过这种减水量，将运河的水位控制在安全的范围内。比如说我们的水位过高，河堤就有决口的风险；水位过低，漕运的舟船就没办法通行。

张默：可以说十分不容易，但当地的百姓也通过自己的智慧在危境当中找到了生机。他们在水闸减水的同时利用多余的水量发展灌溉，这样不但化解了水患，还成就了当地的鱼米之乡。

令人惊奇的是，这项水利工程沿用至今。时至今日，我们还是受益于其中。那接下来让我们跟随镜头，云游江苏高邮这个世界灌溉工程。

画外音：这座国家历史文化名城，就像一颗镶嵌在江苏省地理中心的明珠。高邮，地处江淮平原南端，属亚热带湿润气候区，雨量充沛，境内有烟波浩渺的高邮湖、繁忙的大运河、众多湖滩、河流交错分布。

《高邮州志》记载，高邮湖由36个自然湖泊演变而来，蓄水量达6亿立方米，为中国第六大淡水湖。

里运河，古称邗沟，始建于公元前486年，它是繁忙的漕运干线，也是灌溉引水的通道。高邮灌区为全国大型自流灌区，总面积649平方公里，有效灌溉面积超过50万亩。

《新唐书》记载，宰相李吉甫调蓄运河水位平津堰，"以防不足，泄有余"这句话成为其后一千多年高邮水利建设的指导思想。

《旧唐书》记载，李吉甫为淮南节度使，在高邮湖筑堤为塘，灌田数千顷，又修筑富人、固本二塘，不仅保证了山阳渎水力的充足，又增万顷灌溉之田，史称"高邮三塘"，大规模灌溉初步形成。

黄河夺淮后，高邮成为悬湖，使里运河沿线具备了独特的自流灌溉条件。明清两代，官府以保漕为主，禁止农民私自引水灌溉，地方官员常参与调节禁运与农业灌溉之间水源分配。

清《高邮州志》记载，"闸洞之设专为济旱减涨，应启即启，应闭即闭，务使民田有益"。"塘之在邮境者东西长八十里，各有斗门石工涵洞数十处，水则西湖（高邮湖）藉南北河（运河）以为之泄，旱则南北河藉西河（湖）以为之溉，此古高邮之利也"。高邮湖通过运河闸洞灌溉里下河万顷农田，水患变为水利。

至民国十年，高邮境内运河两岸，已建成九闸九洞及四座归海坝，形成了完善的灌排体系。南水关洞，建于北宋开宝四年；子婴闸，始建于明万历二十四年；界首小闸，始建于顺治十年；车逻闸，始建于乾隆五年；始建于明永乐十二年的南关坝，则一直沿用至解放前。几百年来，运河水通过这些古老的灌溉工程，流入灌区，滋养数十万农田。

里运河高邮灌区灌溉工程遗产，以湖、河、潭为蓄水载体，以闸、洞、关、坝为调水通道，以干、支、斗、渠为配水网络，形成完善的灌溉用水体系，体现了两大动态平衡，暨调节旱涝的水位平衡，兼顾漕运和灌溉的功能平衡，系统化的灌溉工程思想领先时代。

明代以前，运河以相互连通的众多湖泊为运道，从明弘治二年，陆续修建里运河东西两堤，实现了河湖分离，这不仅避免了船行湖中的风浪之险，还使高邮湖成为调节里运河水量的水柜。

从技术上看，南关坝的建造工艺尤为突出，坝主体为条石结构，以密集的杉木装间，以三合土做基础，条石间用石灰糯米汁灌注，并用铁钉连接，形成流线型溢流坝面。坝体结构严谨，经二百多年洪水考验，仍然完好。

乾隆二十二年，高邮御码头水则运行，是我国近现代史上较早的系统性水位监测活动。

高邮湖、里运河、高邮灌区，是完美的湿地农业系统。丰富的浅滩湿地为各种动植物的生长、栖息、繁衍，提供了得天独厚的生态环境。目前已知的野生动植物有五百多种，以稻鸭共作为代表的复合生态完美诠释了天人合一的传统农耕思想。

春秋邗沟、西汉子婴河、隋代三阳渎、明清运河，结合完善的灌排工程体系，让高邮成为全国性的粮食主产区。宋代，里下河区域已形成稻麦一年两熟的耕作制度。

今天的高邮灌区，更是当之无愧的共和国水利名片，灌溉工程为古城高邮的经济繁荣、社会安定、文化昌盛，提供了强有力的物质支撑。

张默：赵主任，从您的调研观察来看，治理淮河水患，江苏还有哪些好的案例和做法呢？

赵钟楠：好，江苏是咱们水利大省，新中国成立以来，江苏多次掀起了大规模的治淮高潮，形成了比较完善的防洪、除涝、灌溉、调水工程体系，成功地防御了多次流域较大的洪水，基本保障了较大干旱年份的生产生活供水，经济社会环境效益显著。

具体来看，主要包括四个方面的措施。一是在防洪减灾方面，建成了较高标准的防洪减灾的工程体系，形成了洪泽湖调蓄，入江、入海、相机入沂出海的三路外排的防洪格局，为区域经济社会发展提供了强有力的水安全保障。

二是在水资源配置方面，建成了较高标准的跨流域水资源配置工程体系，基本建成了江水北调的供水系统，形成了以江都水利枢纽为龙头，苏北的京杭运河、淮沭新河、徐洪河等主要的输水河道，九个梯级取水泵站，串联了洪泽湖、骆马湖、微山湖这样的工程体系，整个改善了苏北地区的供水条件。

三是在保障粮食安全方面，建成了较高标准的农田水利体系，为淮河下游旱改水，里下河地区沤改旱的耕作制度的历史性变革提供了基础保障，实现了这一地区农业生产水平的重大突破，成为江苏最为重要的米粮仓，改变了江苏南粮北运的历史。

四是水利工程调度管理方面，江苏也建成了比较高标准的水利工程调度运行体系，基本建成了水利工程调度运行管理、防汛指挥决策系统，实现了信息采集、传输的自动化，为洪涝等灾害进行科学预测、预报和评估提供了基础，大大提高了调度决策的科学性和时效性。

主持人（女）：没错，黄河夺淮入海，不仅改变了我们的江苏高邮，也让淮河以山东废黄河为界分为两个水系，废黄河以南是淮河水系，以北是沂沭泗水系。刚刚老师提到的，江苏人民在发挥我们智慧的同时，北边山东的朋友同样在淮河的治理当中找到了一些好方法

画外音：我一直想向这条大河致以敬意，清波善水，泱泱千年。这条大河的历史，就是沂蒙的历史。因为你的润泽悠扬，所以故乡瓜果飘香，渔歌声声。因为你的慷慨激昂，所以家园安居乐业，广厦万间。

你张扬着豪迈与自信，倾诉着牛郎织女的美丽传说，桀骜不驯地从泰沂

山脉南部走来，一路浩浩汤汤574公里，流域面积17325平方公里，河面最宽达1540米。自北向南，贯穿临沂，由江苏入海，是发源于山东境内的第一大河。

你，沉淀着历史与文化，滔滔南流去，阅尽盛与衰。书圣王羲之，智圣诸葛亮，无数先贤圣哲灿若星辰。北寨汉画像墓，银雀山竹简汉墓，众多文化古迹两岸错落。

你，诠释着生命与奉献。淮海战役的硝烟中，百万父老乡亲拥军支前，十万沂蒙儿女血洒疆场，红嫂乳汁救伤员撼天动地。陈毅元帅说，我进了棺材，也忘不了沂蒙人民，他们用小米供养了革命，用小车把革命推过了长江。

淮河治洪的岁月里，沂蒙人民割舍良田，搬迁家园，铮铮铁骨与肝胆柔情，擎起了八百里沂蒙的脊梁。

你，勾勒着生态与和谐。以河为轴，两岸开发，八河绕城，河河相通，让这座大气奔放的北方城市平添一份温润。蜿蜒的沂河静流如歌，蛟龙卧水，飞虹横贯，十五座闸坝节节拦蓄，回水近百公里，水面面积50平方公里，形成一坝一风景、一闸一景观的串珠型湖泊景观。

春风拂柳，夏雨淋荷，秋醉红叶，冬恋飞雪。泛舟河上，水路弯弯，杞柳扶摇，好一幅江南烟雨画卷。

依水而生，因水而秀。你，赋予这座城市独有的气质，成就了润泽苍生的大水城。沂河滨河景区被评为国家最大的城市湿地公园，小埠东橡胶坝以其1130米的长度载入吉尼斯世界纪录。龙舟赛、F1赛艇、花样滑水赛等世界级水上运动逐鹿沂河，奏响全球水文化交流的乐章。

你，涌动着开放与激情，中国市场名城、中国物流之都、全国首个省级水生态文明城市、全国首批水生态文明城市建设试点市等，一张张崭新的城市名片，伴随着沂蒙山小调悠扬的旋律走向世界。

你从远古走来，奔涌出文化的奇迹，繁衍着家乡的文明，在这里流淌成一首诗，蜿蜒成一幅画，汇聚成一首歌，载着生机与希望奔向大海，奔向未来。

红色沂蒙，美丽沂河。致敬，沂蒙人民的母亲河！

主持人（女）：沂河是淮河流域沂沭泗水系当中较大的河流，被临沂人民誉为母亲河。今天我们有幸邀请到了沂沭河水利管理局副局长郭爱波，请他为我们揭开沂河治理故事的神秘面纱。

郭爱波：淮河流域地处中国东部，南临长江，北到黄河，是中国七大流域之一。流域跨鄂、豫、皖、苏、鲁五省40个市，160个县（区），流域面积27万平方公里。

淮河流域山东片主要包括泗运河水系、沂河水系和沭河水系，泗运河水系有泗河、南四湖、韩庄运河、伊家河、中运河及入河入湖的支流组成，流域面积有四万平方公里。

沂河沭河水系，在山东境内主要由沂河、沭河两大干流及相应的支流组成。山东内的流域面积为17253平方公里。

新中国成立初期，在毛主席"一定要把淮河修好"的伟大号召下，山东省实施了导沭整沂工程，切开了马陵山，开辟了新沭河，加固山东境内的沂沭河堤防，开挖了新沭河的分沂入沭水道，兴建了大官庄、沭河大坝，扩大了排洪能力。

1953年起，沂沭泗地区治水规划由治淮委员会统一领导、山东省根据规划安排，开展了一系列大规模的水利建设。沂沭河经过70多年的治理，已经形成了由上游水库、河道、堤防以及控制性的水闸工程等组成的防洪体系，近年来，成功防御了多次的台风、暴雨、洪水。

2020年8月14日，沂沭河流域突降暴雨，临沂站洪峰流量达到了10900立方厘米每秒，沭河重沟站的洪峰达到了5940立方厘米每秒。流域机构与地方政府密切配合，精密调度，成功防御了沂河流域1960年以来最大的洪水。目前，新沭河的防洪标准已经达到了50年一遇，沂河的防洪标准也达到了20年一遇。

沂沭河上游堤防加固工程也正在实施，预计2023年完工。届时，沂沭河的东河口以上的地方，整体的防洪标准也能达到20年一遇。

2017年，沂河入选全国首届十大最美家乡河；2019年11月，入选水利部第一批示范河湖试点建设试点名单，是山东省唯一入选的河流。2021年，沂河也是高分通过了全国示范河湖的验收。

历史上的沂河是一条洪涝灾害频发、多灾多难的母亲河，鲁南、苏北的人民深受其苦。历经70多年的治理，尤其是实施河长制以来，现在的沂河河畅、水清、岸绿、景美、人和，沿河人民群众安居乐业，经济社会高质量发展。如今的沂河，已经蜕变为人民满意的幸福河。

张默：听完刚刚郭局长的介绍，我们了解到治理好一条河对于当地老百姓的重要性。但是想把一条水患频发的大河治理好并不是一件容易的事。为了今天的水清景美，很多人都付出了巨大的努力，也正是因为他们，如今的淮河两岸不再像70多年前那样满目疮痍。如今不少年轻人也接过了老一辈手中的旗帜，继续守护着绿水青山。

画外音：八百里蒙山巍然屹立，五千年沂河奔流不息。这是一片用文明点亮生命的土地，历史悠久，文化灿烂，历史名人灿若星辰。这是一片用生命诠释奉献的土地，在革命战争年代，沂蒙人民毁家纾难，勠力支前，沂蒙精神彪炳史册。

这是一片用激情实现梦想的土地，1995年，这里在全国18个连片扶贫地区中率先整体脱贫。2009年，位列新中国成立60周年中国城市发展代表；如今，又在建设生态文明的时代大潮中，唱响了红色热土、绿色家园的宏大乐章。

实施全过程治污，实现高标准达标，达到常见鱼类稳定生长水平，流入国家淮河流域水污染防治规划内，78个项目提前一年全部完成。全市又自我加压，建设1122项治理工程，并对重点河流实行"六个一律"，入河直排口一律封堵、河流沿线一律截污、所有污水一律入管、企业排放一律达标、土小项目一律取缔、支流水质一律达标。

顶着财力不足全省平均值、经济指标急需跨越赶超的巨大压力，坚决化解落后产能。曾是全市利税大户、也是当地县级财政支柱的阜丰集团等企业的一批高污染生产线退出临沂。

把治理污染作为企业升级发展的第一门槛，大力推行清洁生产，两次实施治理提标，积极打造"十个一"环保型企业，排水全部达到南水北调重点保护区标准。

把治理污染作为城镇基础设施建设的第一任务，全市已经建成29座城市生活污水处理厂，九座乡镇污水处理厂，配套管网2367公里，日处理能力达到130万吨，全部达到或超过一级A类标准，污泥全部实现规范化处置。

把治理污染作为城乡环境综合整治的第一要求，98%的村居实现垃圾村收集、乡镇转运、市县处理。625个新型农村社区配套生活污水处理设施，全市清理养殖场点4.5万个，6348家环保养殖场，实现废水零排放，农村沼气工程数量居全省第一位。

发展生态农业，建设纵跨三个县区的沿河百里生态农业长廊。中国最美乡村，成为沂蒙的最好诠释。

临沂，地处淮河流域上游，用好水、护好水，不仅关系临沂自身，还关系到苏北地区的发展。在新中国成立之初，临沂人民响应"一定要把淮河治好"的号召，割舍良田十一万亩，170万群众全力奋战，40万人搬迁家园，410多人因公致残或牺牲，为淮河治理做出了巨大贡献。

今天，临沂已成为丰水型城市。但为了节约水资源和保障下游用水，全市始终大力推行再生水节、蓄、导、用，实行政策倾斜、价格撬动，大力培育再生水市场。25家企业配套建设再生水回用工程，14家污水处理厂再生水日处理规模达18万吨，北城新区市政建设同步配套再生水回用管网，高新区景观使用再生水达到1000万吨，在支流、干流建设闸坝17座，年蓄再生水1.5亿立方米，全市再生水回用拓展到工业、农业、生活等各个领域。

近几年来，全市以年均削减达2%的取用水量，支撑了年均11%的GDP增幅。培育循环经济试点县区三个、园区七个，循环经济发展呈现勃勃生机。

坚持源头保护，三退三还和内源治理，打造湿地工程，加强生态修复和保护。规范建设云蒙湖、沭河源头、跋山水库等三个省级生态功能保护区，让源头之水更加纯净。以当地县年财政收入三倍的投资规模，筹集20亿元，建设云蒙湖150公里环湖生态隔离工程，十公里隧洞保留工程，实现饮用水源地、乡村、城镇退水全隔离。

实施退渔还水，沂河、沭河、白马河，沿河一万群众放弃以渔为生，清理养鱼网箱4.2万个。

实施退房还岸，对穿过县级以上城区的21条河流全部打造清水廊道，建设生态河岸300多公里。临沂城区六河贯通，八水绕城，全部消除劣V类水体。

实施退耕还湿，在沿河重点村居、城镇、污水处理厂下游和重点河道走廊，建设人工湿地达33个，面积达到47000亩，全国最大的武河人工湿地长达15公里。

开展内源治理，实施河道底泥重金属治理工程，实行立体化生态修复，让一个个流域重现人水和谐的美景。

为防控环境风险，全市建立起全方位、数字化环境安全保障体系，实行环境信息公开，重点排水企业全部设立公众观察池、生物指示池、电子显示屏，排污信息、排污口、在线监测数据全部向社会公开，接受公众监督。

加大环保违法行为查处力度，建立环保红黑榜制度，实行金融信贷约束。建立数字监控体系，在全省率先建立副县级环境应急处置机构，建设智慧环保管理平台，省、市、县区三级联网，视频、在线、电子闸门、总量控制卡同步监控，严防超标问题发生。

建立事故防控体系，企业风险点位、生产车间、总排污口三层防范工程配套，下游汇水河道、支流、干流多级闸控，水利设施一岗双责、并行管理。企业、城市污水处理厂、入河段面、县区交界段面、出境段面，五级预警监测，定期开展拉网式排查，组织开展应急演练，鲁苏边界十二县区联合治污，绝不让一滴污水失控出境。

水是生命之源，发展之机。五年来，全市环保达到150亿元，市、县区、乡镇层层建成制、用、保综合体，让每一条河流休养生息，让有河就有水、有水就有鱼的记忆重现眼底。

沂河、沭河、祊河、新沭河、武河、白马河、沙沟河、邳苍分洪道，八个国控断面水质全部达标，水质提升26%，COD平均浓度下降11.4%，氨氮下降35.4%，水环境质量改善取得历史性新突破。几年来，全市经济增幅一直位居全省前列，迸发出经济发展和环境保护共赢的强大活力。

主持人（女）：可以看到，无论是治理水患还是污水处理，数千年来，如何治水一直是人们极其重视的命题。无论是大禹治水的故事，还是一条条运河的修建，在漫长的历史当中，我们不仅筑起了坚不可摧的防洪堤，更是看到了中华民族骨子里所透出来的坚韧和凝聚力。

今天我们也想请赵主任聊一聊，河流治理为什么地位如此重要？随着时代的发展，年轻人可以在其中起到什么样的作用呢？

赵钟楠：好，兴水利、除水害，历来都是治国安邦的大事。咱们中华民族有着丰富的治水智慧和优良传统，历史上许多重大水利工程的修建，都对改变国运发生了战略性的作用。

比如说，郑国渠的修建促进秦统一六国，都江堰成就了天府之国，大运河畅通了南北，灵渠推动了岭南地区的发展和长江流域与珠江流域的文明交流。可以说，重要的水利工程建设对于拓展发展空间，推动中华民族发展，发挥了巨大的决定性作用。

我们党历来高度重视治水，始终把水利摆在执政兴国的重要位置。党的十八大以来，党中央明确了"节水优先、空间均衡、系统治理、两手发力"的治水思路，统筹推进水灾害防治、水资源节约、水生态保护修复和水环境治理，南水北调东中线一期工程等一批重大的水利工程建设并发挥效益。

经过多年的不懈努力和艰苦建设，我国治水成绩显著，建成了世界上数量最多、规模巨大、受益人口最广的水利基础设施体系，为经济社会发展奠定了坚实的基础。

但是我们还要清醒地认识到，咱们国家特殊的水情，决定了治水仍然是一项长期、艰巨的任务。我们一开始就提到，我国是世界上中纬度受季风气候影响最为剧烈的国家，夏汛冬枯、北缺南丰，水资源时空分布极不均衡的基本水情没有改变。比如说我们今年长江流域发生的旱情，这些都威胁到国家安全的根基。

第二，一些地区水土资源开发利用过度，超采地下水、侵占河湖空间、水生态损坏严重，这些都对民族的永续发展带来严重影响。

同时，随着全球气候变化，国内外经济社会发展和国际形势的变化，水安全的风险会进一步加剧。所以为什么说现在要强调保障水安全，因为水安全涉及国土安全、经济安全、社会安全、粮食安全、能源安全、生态安全，是经济社会发展的生命线。

保障水安全，有利于形成全国统一大市场和畅通国内大循环，促进协调发展。保障水安全是人民群众幸福的基础，关系到人民生命财产安全，便捷普惠的水利基本公共服务和良好的生态产品的供给。所以说，治水事关战略全局，事关长远发展，事关人民福祉，事关民族永续。

再回到我们年轻人身上，青年人从事水利事业，始终要从国之大者的角度来认识治水工作，要从实现中华民族永续发展的战略高度，来解决好水安全问题。

其次，作为年轻人，要坚持久久为功，以功成不必在我的精神境界和功成必定有我的历史担当，谋划长远，干在当下。

最后，要始终坚持系统治水的思想方法，前面提到治淮就是一个系统治水的典范。我们要加强前瞻性的思考、全局性的谋划、战略性的布局、整体性的推进，把系统观念贯穿到治水的全过程和各个方面。

最后我想说，青年兴则国家兴，青年强则国家强，我们水利青年是水利事业发展的重要力量，广大的水利青年要与新时代同行，发扬"党有号召，青年有行动"的优良传统，按照总书记关于治水和青年工作的重要讲话精神，勇敢担负起时代赋予的重任，志存高远，脚踏实地，为推动我们新阶段水利高质量发展、提升国家水安全保障，做出我们应有的贡献。

张默：赵主任提出了自己的期待，我们也一同期待更多的青年投身于水利队伍当中，为国家水利安全贡献自己的青春力量。

主持人（女）：那到这里，由《中国青年报》为您带来的"江河奔腾看中国"第三期——淮河，到这里也就结束了。

张默：再次感谢赵主任做客到我们的直播现场。明天同一时间，我们继续"江河奔腾看中国"，明天我们将走进的是松辽，敬请期待，我们明天再见！

主持人（女）：明天再见！

（https://news.youth.cn/gn/202210/t20221003_14040075.htm）

松辽之水，润泽良田——波涛滚滚谱写东北振兴新篇章

贺瑶：观众朋友们大家好！您正在收看的是由《中国青年报》为您带来的十一特别系列直播节目"江河奔腾看中国"，我是贺瑶。10月1日到5日，每天两小时，《中国青年报》和您一起云游祖国江河。

张默：今天是10月4日，我将和瑶瑶带大家一起走近的是松辽流域。今天的直播节目现场，我们非常荣幸地邀请到了中国水利水电科学研究院、水资源研究所副总工程师谢新民老师。前几场直播当中，我们走过了长江、黄河和淮河，今天的直播有一点点特别，我们将在一场直播当中，带您走近两条河流，就是松花江和辽河。

贺瑶：没错。

张默：首先我们老规矩，先请谢老师为我们介绍一下松辽流域的基本情况。

谢新民：好，两位主持人好，观众朋友们好。松辽流域地处我国东北，三面环山，一面朝海，受三大山脉，暨长白山、燕山、大小兴安岭等山脉的控制，形成三大平原，暨松嫩平原、三江平原和辽河平原。

另外，松辽流域拥有松花江、辽河、额尔古纳河和黑龙江、乌苏里江等河流，其中松花江流域面积近56万平方公里，涉及黑龙江、内蒙古、吉林、辽宁四省区。

松花江有南北两源，北源为嫩江，发源于大兴安岭伊勒呼里山，流域面积近30万平方公里。南源为第二松花江，发源于长白山山脉，主峰白头山，流域面积7万多平方公里。

松花江还分布有扎龙湿地、向海湿地、查干湖湿地等众多国家级湿地保护区。

辽河发源于河北省境内，燕山七老图山脉光头山，流经河北、内蒙古、吉林、辽宁四省（区），在辽宁盘锦市注入渤海，流域面积22万平方公里。辽河流域主要河流有西辽河、东辽河、辽河干流和浑河、太子河。

辽河流域也是我国重要的工业基地和商品粮基地，可以说，松辽流域对

于我国的生态安全、粮食安全、产业安全等，都有着十分重要的作用。

张默：我也是第一次听说，辽河发源于河北，作为河北人，我就迫不及待，接下来我们赶快出发。首先咱们通过一个短片，了解一下松辽流域的大美景象。

画外音：松辽流域，位于我国的东北，地跨黑龙江、吉林、辽宁、内蒙古和河北五省（区）。这里山泽水润，钟灵毓秀，古老的松花江和辽河宛若银龙，劈波斩浪、携川纳流，奔腾在这片广袤的黑土地上。

十年奋进，砥砺前行。党的十八大以来，松辽委以习近平新时代中国特色社会主义思想为指导，顺应国家发展大局，在流域管理实践中，充分体现水的核心纽带地位和关键控制性作用，为流域经济社会发展提供了强有力的水利支撑和保障。

这十年，松辽委不断完善流域水旱灾害防御体系，强化"四御"措施，科学调度尼尔基、白山、丰满、察尔森等水库，与流域各省区一道，成功战胜多次流域性洪旱灾害。

这十年，松辽委积极推动引绰济辽、大伙房输水等工程建设，着力构建流域水网，北水南调、东水西引的水资源配置格局不断完善，流域年供水能力超过700亿立方米。

这十年，松辽委强化节水和水资源统一调配，大力支持高效节水灌溉和灌区节水改造。为确保东北地区粮食稳产增产，提供水利保障。

这十年，松辽委多次向扎龙、向海等湿地实施生态补水，湿地资源恢复了往日的生机和活力。积极落实西辽河"量水而行"，生态复苏效果初步显现。

这十年，松辽委加强河湖空间管控，建立流域省级河湖长联席会议机制，推动河湖长制从有名有责到有能有效，河湖面貌持续改善。

这十年，松辽委有力推进"坡耕地、侵蚀沟"制，实现国家级重点防治区水土流失动态监测全覆盖。黑土区水土流失面积减幅达15.41%，有效保护了黑土地这个耕地中的大熊猫。

这十年，松辽委不断完善规划体系，深入推进"放管服"改革，加强水护、农村饮水安全、中小河流治理等监督检查，积极推动数字孪生流域建设，强化科技交流合作，依法治水管水能力全面提高。

征程万里风正劲，重任千钧再出发。站在新时代、新起点，松辽委将在水利部的坚强领导下，充分发挥在流域治理管理中的主力军作用，踔厉奋发，笃行不怠，在江河无恙、五谷丰登里，续写松辽大地的水美画卷。

那接下来我们直播的上半程就将带大家走进松辽流域的"松",也就是我们的松花江。

张默:松花江的名字源于满语"松阿里乌拉",意为天河。它是除长江、黄河之外,流域面积第三大河。下面我们将跟随水利部松辽水利委员会副总工程师李和跃的脚步,从松花江的北源讲起,一起来看。

李和跃:松花江的大部分应该是在黑龙江省境内,从黑龙江省来看,西部,就是嫩江属于黑龙江西部,这里边重要城市有齐齐哈尔、大庆,那么这个地区应该是松嫩平原,耕地面积比较大,但是它的降水比较少,一般大概在400多毫米,光靠雨养农业是不够的,所以从农业来说,也需要灌溉。

历史上我们建了一些重要的水利工程,一个是干流在尼尔基,就是干流在上中游的交汇处建了尼尔基,嫩江目前唯一一个控制性的水利枢纽工程,尼尔基水利枢纽,总库容86亿立方米,控制我们整个嫩江,具有防洪、供水、灌溉、发电、航运、生态补水的作用。

在中下游建了著名的北部引嫩工程、中部引嫩工程和南部引嫩工程,满足我们整个松嫩平原的水资源的需求。

在嫩江这一块,对黑龙江来说,应该说保证我们大庆油田的供用水,同时满足我们整个松嫩平原这一块农业发展大规模的灌溉需要,同时保证有关的城市,比如说齐齐哈尔、大庆市等城市供水。刚才说降雨400多毫米,径流深不大,流域面积比较大。嫩江地表径流有200多亿立方米。

总的来说,不管是城市、工业还是农业,需要我们通过嫩江的一些水来补给,包括满足它的用水需要,满足它的灌溉需求。

下游的松花江干流这一块,基本就是黑龙江中部,还有一些支流,这个地方也是黑龙江的中部,一个是大规模发展一些水田,水稻灌溉。除了水稻以外,以玉米为主,有一部分大豆,中部的玉米和大豆基本上是不用灌溉的。

这里面从城市来说比较多,一个是干流的哈尔滨,包括下面的佳木斯,还有一些支流所在的绥化、伊春、牡丹江、七台河,这些都是我们松花江流域的一些城市,还有鹤岗。

再向下就是三江平原,三江平原既是我们松辽的,也是我们国家最重要的水稻,就是粳稻生产基地。三江平原的粳稻有3000多万亩,黑龙江总的粳稻现在将近6000万亩,大概占一半以上的三江平原。这个也是我们最重要的商品粮基地。

三江平原耕地有将近7000万亩,有超过一半的水稻,现在应该是我们整个农业,包括松花江、黑龙江、乌苏里江的水,发展我们这一块灌溉。其他的除了水稻，它的降雨大概500多毫米到600毫米，中部到东部基本上是这么一个情况。

农业除了水稻，别的基本上都是雨养农业。三江平原的干旱指数大概是1:1，就是降水和蒸发大概基本上接近。我们西部比较干旱，基本上干旱指数在3:1，就是蒸发量大约是降水量的3倍，是这么一个情况。

贺瑶：从刚才的视频当中我们可以了解到，幅员辽阔的黑土地上有着广袤的耕地，但是有一些地区的降水量并不足以支撑咱们的农业用水。节目现场，我们也想请教一下谢老师，流经黑龙江省的松花江，它的水资源分布有什么样的特征呢？以及针对刚刚提到的缓解用水量的问题，我们的水利部门是怎么样去统筹解决的呢？

谢新民：好的，流经黑龙江省的松花江，其水资源总量为408亿立方米，人均、亩均水资源量分别为1633立方米和394立方米。同时，松花江水资源时空分布不均匀，与经济社会发展用水需求不匹配。

为解决水资源供需矛盾，就需要修建各类水利工程，包括蓄水工程、外调性工程和地下水开采工程等，尤其是为满足农业用水需求，黑龙江省修建了很多水利工程，和大小型灌区，有效地解决或缓解了用水紧张的问题。

张默：刚才视频里的专家也介绍了许多的农作物，当时我看视频的时候，脑子里就只有两个字，那就是粮食。刚刚我相信谢老师的介绍其实也印证了一点，就是我们现在之所以可以把装着中国粮的饭碗捧得这么稳，和黑龙江当地得天独厚的土壤优势，以及松花江水的灌溉其实是密不可分的。

贺瑶：没错，说到粮食，我们一定会想起北大荒粮仓这个令人耳熟能详的地方，那里生产的粮食可以说是走进了千家万户。那当下正值丰收季，让我们一起去那里感受一下丰收的喜悦。

张默：一起来看。

画外音：在美丽的松花江沿岸，这里稻浪连绵，金秋时节的北大荒，千里沃野，遍地金穗。在黑龙江省北大荒农业股份有限公司二九一分公司，此时这里已是一片繁忙的景象，各类现代化的收获机车往来穿梭，集中收获的场面随处可见，丰收的喜悦洋溢在种植户的脸上。让我们一起走进这里，感受这片黑土地上的火热。

北大荒农业股份二九一分公司农业生产部负责人孟庆东：这块地是我们的大豆良种育繁基地，年初我们与种业签订了种植订单，经测算，亩产能达到265公斤，亩效益能达到700元左右。今年我们打造了高端农产品基地，坚持打绿色牌、走生态路，规划了水稻、玉米、高粱等作物，种植面积达14万亩，全面采用订单种植，实现了企业增效、职工增收。

画外音：291农场有限公司拥有耕地61.78万亩，地处松辽平原东北端，三江平原黑土带的中部，辖区北邻松花江。1955年开发建设时期，这里地势低洼，十年九涝，历史上这里一直以麦豆种植为主，几乎与水稻无缘。

上个世纪80年代末、90年代初，以稻治涝的种植业革命和水利设施的修建，结束了长达40年战天斗地的局面，改良了土壤，增加了收入，保证了粮食安全。

近年来，291农场围绕北大荒集团绿色智慧厨房发展战略，树立量质并重和用养结合理念，坚持农机、农艺、工程、生物相融合，全面积实施秸秆还田等措施，为黑土地加油，致力于保护好耕地中的大熊猫。

北大荒农业股份二九一分公司二管理区技术员宋明：秸秆抛撒是秸秆还田的主要部分，只有将秸秆控制在10公分左右，通过秋季翻地，才能保障明年春季的顺利实施。水稻秸秆还田既可以缓解因秸秆废弃、焚烧而带来的环境污染，实现资源的优化配置；也有助于改良土壤质量，提高土壤含氧量，解决土壤黏的问题。

画外音：在二九一农场有限公司的保护性耕作示范地块中，三台收获机正在联合作业。今年的玉米长势喜人，这里的种植户正以每斤0.94元的价格销售玉米。

种植户刘波：今天我的地开收了，产量14吨左右，每垧地能挣个7000块钱左右。原来每垧地能打个十一二吨，经过这么多年的土地保护性工作，产量也在慢慢地提升，现在打个十五六吨也不是啥稀奇事了。

画外音：降水的矿物质、微量元素含量极为丰富，较地下水温度要高很多，用江水灌溉十分适合水稻的生长，有利于产量和米质的提升。

近年来，依托种植技术的提升，291农场有限公司已经开始从聚外水向引外水方向迈进，目前江水灌溉面积已经达到了12000亩，让这里的优质米水稻种植走上了优质、优价的道路。

孟庆东：江水灌溉的水稻优势明显，有助于效益的增加。但是我们会有效地控制江水灌溉面积，大力支持绿色农业发展道路，维护松花江水质安全、生态安全，保护好松花江水。

北大荒农业股份二九一分公司副总经理王宝林：今年我们预计实现粮食总产7.5亿公斤目标，多年来黑土地保护工作，使我们得到了经济效益和生态效益。下一步，我们将农技、农艺、工程、生物相融合，全力建设国家现代化农业示范区，粮食安全产业带，进一步提升绿色农业、科技农业、智慧农业，为国家粮食安全提供保障。

张默：看过北大荒的丰收季，真的不禁感叹一句，绝对是粮丰安天下。

贺瑶：没错。

张默：谢老师，其实有一位朋友曾经跟我讲过，你们觉得黑土地它就是黑色的，其实不是，我们黑土地有多种颜色，比如说它到冬天是白色，夏天是绿色，到秋天就像在视频当中，是一抹丰收的金黄色了。

谢新民：是的，黑土地是世界上最肥沃的土壤，在我国主要分布于黑龙江、吉林、辽宁和内蒙古，目前全世界仅有的三块黑土区之一，就有咱们国家的东北平原。三大黑土区，黑土层的平均厚度在一米左右，需要经历数万年的腐殖质积累才能形成，所以形成时间是非常漫长的。

黑土是指腐殖质含量很高的土壤，其黑色来源于腐殖质的黑色。腐殖质中，有机质含量极高，并含有大量农作物需要的氮、磷、钾、镁等矿物质，肥力极高，且土壤保水性好，有利于农作物吸收，人们常用"一两土，二两油"来形容它的肥沃和珍贵。

我国东北黑土区总面积有100多万平方公里，这里是我国主要的商品粮基地，经过几代人的艰苦努力，黑龙江修建了数目众多的水利工程，目前全省有效灌溉面积达到9850多万亩地。

贺瑶：感谢老师给我们的讲解，老师刚刚其实讲到了黑土地的重要性。我们都说"民以食为天"，筑牢粮食安全的根基，也一直是这片黑土地上的人们扛起的使命担当。

随着脱贫攻坚战取得全面胜利，和乡村振兴篇章的开启，有越来越多的年轻人在农业领域深耕，那下面我们就来认识两位一线青年，听一听他们的故事。

赵诗琪：主持人好，《中国青年报》的网友们大家好，我是北大荒农业股份有限公司七星分公司农业科技园区的科研工作者赵诗琪。我和我的伙伴们正在进行水稻的栽培普查工作，这是我们开展试验的人工气候箱。在这里，我们可以多个周期进行水稻新品种试验栽培工作。

服务好农业生产，是我们这个科技园区的主要工作，也是我们的主责主业。现在我们这里迎来了新一季的丰收季，为了让种植户用好种、打好粮，我们充分发挥起科技创新研发、技术推广应用、农业人才技能培训增五大功能作用，解决好卡脖子技术问题，和黑土地保护，更是我们的重头戏。

吴志环：《中国青年报》的网友大家好，我叫吴志环，是北大荒集团北兴农场有限公司电商营销中心的负责人。2019年，北大荒集团提出181战略，建设北大荒绿色智慧厨房，北兴农场有限公司顺势而为，组建了一支年轻化的营销团队，将传统的电子商务中心升级改造成北大荒绿色智慧厨房，精选本地七大类、67款农产品，以统一的品牌和形象推向市场。

刚开始我们采取线上开设淘宝店，线下搭建大型商超销售平台的销售模式，产品已经销售到哈尔滨、北京等地，受到消费者的喜爱。五年里，我们北兴农场营销中心通过智慧厨房的建设，累计销售农产品1221万元，获得利润170余万元。作为第三代的北大荒垦荒人，我们一定当好乡村振兴的主力军，以北大荒特有的资源禀赋，发展壮大主导产业，通过我们电子商务的发展，进而推动农产品由种得好，向卖得好转变。

张默：现在正值丰收季，这也让我想到前几天，我们《中国青年报》的记者刚刚发布的一篇关于丰收节的稿件。当中一位农户的话令我们印象非常深刻，叫做"盼丰收，更盼年轻人接过中国农业的接力棒"。

谢新民：是的，青年是农业发展不可或缺的有生力量，我国粮食安全需要一代代年轻人无私的奉献和勇于担当，我们国家数目众多的水利院校和农业院校，每年培养以千计、万计的大学生，硕士、博士研究生，博士后研究人员，为我国农业现代化和粮食安全源源不断地输送优秀的可用之才。

贺瑶：那我们刚刚感受到了田间的喜悦和热情，接下来镜头将转向城市的街头，这次"江河奔腾看中国"的直播当中，我们请到了《哈尔滨日报》新媒体团队的老师出镜，带我们一起去看看著名的哈尔滨中央大街、防洪纪念塔和松花江。下面我们就跟随主持人雨琪和摄像师岩松，漫步街头，观赏江水，聆听一座城的故事。

雨琪：江河奔腾看中国，现在我们来看哈尔滨。各位《中国青年报》的网友们大家好，我是哈尔滨日报社的记者雨琪。很多外地的朋友来到哈尔滨之前，都会问我这样的一个问题，来到哈尔滨，一定要去哪些地方呢？我都会回答他们，一江、一塔、一街。

那现在我所在的位置就是这一街，也是素有"百年老街"之称的中央大街。那接下来让我们有请到中共哈尔滨市委史志研究室韩士明老师，与我们一起来聊一聊，中央大街的百年故事，有请韩老师！韩老师您好。

韩士明：主持人好，观众朋友们好。

雨琪：那我们先从脚下讲起吧，这条中央大街有什么历史呢？

韩士明：这条中央大街南起经纬街，北到防洪纪念塔广场，全长1400多米，宽21米多，这个方石路面宽10米多。

雨琪：10米多？

韩士明：对。

雨琪：方石路面是不是我们日常说的面包石？

韩士明：是的，它长18厘米，宽10厘米。

雨琪：这么长？

韩士明：对，高20厘米，形状有点像面包，所以说老百姓就把它称为面包石。

雨琪：形状像面包，也就是我们哈尔滨一个特产叫大列巴呗？

韩士明：对，外形差不多。

雨琪：那我们现在看到的面包石，觉得它很平，但其实它里面是竖着扎下去的这种感觉，对吧？

韩士明：对，下边夯实的是三合土，然后扎下去，勾的缝，这样非常结实、耐用。

雨琪：走在这条街上，我们也能听到很多悦耳的音乐，因为哈尔滨也是冰城，也是音乐之都，我们还有很多美食。比如说现在我们走到的这边是马迭尔西餐厅，这个是非常典型的来到哈尔滨必打卡的一个位置了，对不对？

韩士明：对，马迭尔西餐厅，还有我们这个华梅西餐厅，是哈尔滨老字号的西餐厅。

雨琪：那我们马迭尔，它除了西餐，因为俄式西餐在哈尔滨是非常地道的。那我们前面有马迭尔冰棍，也是我们来到这儿必打卡的，对不对？

韩士明：对，马迭尔冰棍非常好吃，基本上游客来，都要到哈尔滨尝一尝马迭尔冰棍。

雨琪：这也算是我们东北的一个特色。

韩士明：特色美食。

雨琪：不管是炎炎夏日，还是滴水成冰的三九天，都要来尝一尝。而且我们看见，走在路上，我们的游客如织，在这条街上，你可以感受到不同的音乐的感受，也可以尝到很多的美食。很多人都说哈尔滨是冰城，但是其实后面还有两个字，叫做"夏都"，哈尔滨冬天来看雪，夏天是不是就来避暑了？

韩士明：对。

雨琪：那我们这条街上，建筑、美食都打卡了，然后我们今天是给您做攻略，一定做的就是我们走到这头，从这边开始的话，这边要算是尽头了，就是我们的防洪纪念塔。

韩士明：对。

雨琪：我们到前面去看一下。

韩士明：好吧。

雨琪：好的，跟随着镜头的脚步，我们来到了中央大街尽头广场的防洪纪念塔。老师，我身后这样的一个防洪纪念塔，给我们介绍一下它的由来，以及它的故事。

韩士明：这个防洪纪念塔中方设计师叫李光耀，他1946年毕业于哈工大，是城市建筑学专业。我们可以边走边说。

雨琪：好，我们来看一下。

韩士明：1957年，哈尔滨人民战胜了大洪水，为了纪念哈尔滨人民战胜这个大洪水，我们要建一个建筑物，以此来纪念它。李光耀当时设计了一个纪念碑，但是这个纪念碑在评审的时候没有通过。后来他就根据这个有机建筑理论，设计了这么一个纪念塔，这是两部分组成，一部分是主塔，一部分是围廊。

现在这个是防洪纪念塔，这个塔高22.5米，下边是一些浮雕和雕塑，当时这些浮雕和雕塑，都是原东北美术专科学校雕塑系的师生雕刻的。我们再看下边，这里有几个水位线，119.72米，这个是1932年大洪水的水位线，当时是大连的海拔标高。

1957年这个是120.30米，后来1998年洪水，又在上边做了一个标记，120.89米。

雨琪：这是1998年洪水的那个位置。

韩士明：对，1957年这个洪水比1932年这个更大，因为它这个下雨时间更长，它从6月就开始下雨，一直下了40多天。它不但是雨大，这个松花江上游，什么拉林河、嫩江、第二松花江洪峰涌来，当时还刮了八级大风。

其实这种情况下，当时哈尔滨市人民在党和政府的领导下，军民团结一心，也保住了哈尔滨这座城市。

雨琪：那我们看到，这两年的洪水，然后我们再看1998年的时候，就觉得这个水势应该是特大洪水了，相当于。

韩士明：对，1998年可能你都经历过了吧？

雨琪：1998年我刚四岁。

韩士明：1998年那个水也是非常的大，当时我在江边看，几乎像大海一样，一片汪洋。江边全是解放军战士堆的沙袋，当时水已经都漫过来了，江边这都有水了。但是在党和政府的领导下，我们还是把这座英雄的城市保住了。

雨琪：其实我们现在两个人站在这儿，我听老师在讲这些故事的时候，似乎眼前就能浮现当时的场面，而且也能感受到其实洪水来临的时候，我们作为百姓的那种恐慌；更能够感受到，其实看着这些雕塑，能够感受到英雄的哈尔滨人民在面对着这样的特大洪水的团结一致。

老师，您是不是站在这里跟我讲这些故事的时候，眼前也是画面呢？

韩士明：确实是，我尤其经历过 1998 年的大洪水，我现在还能回想出当时的场景。

雨琪：那我们现在继续向前面看一下，后面这个围栏，它有说法吗？

韩士明：这个围廊也是有说法的。李光耀当年设计这个围廊，它是有讲究的。这个围廊是由 20 根科林斯柱组成的，这就象征着这次大洪水发生在 20 世纪，它这个围廊是由柱和板组成，而不是柱和梁组成，所以说形成了一个个门洞。这就是考虑当时的人流问题，因为毕竟后边还有斯大林公园。

雨琪：好的，那现在让我们摄像老师把镜头投向我们美丽的松花江面，大家可以想象一下，当太阳从东方的地平线上冉冉地升起，金色的阳光洒在宽阔的江面，荡起了五彩缤纷的波浪，映衬着我们雄伟的防洪纪念塔，也就是我们说的一江一塔一方天地，一城一水一片风情。

美丽的城市哈尔滨立了根基，留了血脉，气象万千，也就生机勃勃。那现在，让我们感谢韩老师为我们一路上的讲解，我们去向下一站。

好的，亲爱的网友们，现在我们来到的是百年滨州铁路桥，也是深受年轻人喜爱的拍照的网红新晋打卡地。那接下来我们邀请到的是中共哈尔滨市委史志研究室的于文生老师，有请于老师，于老师您好。

于文生：您好。

雨琪：和我们观众朋友们打个招呼。

于文生：观众朋友们大家好！这个滨州铁路桥它是松花江最早的一座铁路大桥，也是哈尔滨第一座跨江大桥，它更是中国铁路最早建成的超千米的特大桥梁，堪称中国近代桥梁史上的代表作之一。大桥 1900 年 5 月开工，1901 年 8 月竣工，10 月建成通车，工期近 15 个月。

雨琪：这么快。

于文生：这在当时也是绝无仅有的。最初铺设的铁轨采用了当时世界上最先进的型号，每米重 32 公斤，铁轨的轨距是采用俄制的宽轨距，轨宽是 1524 毫米。新中国成立后，大桥先后于 1962 年和 1971 年两次大修，更换了钢梁。

随着与其相邻的就是这座高铁专线大桥的建成，这座百年的老江桥与

2014 年的 4 月停止了使用。目前它是全国重点文物保护单位，2016 年的 10 月，哈尔滨市政府将这座桥改建成了开放式的主题公园。

雨琪：好的，那也再一次感谢于老师为我们一起来讲述了这座百年滨州铁路桥的故事，谢谢您。

好的，在刚刚于老师给我们讲解的过程当中，我相信大家耳边也听到了一些音乐，那夜晚的老江桥其实也是别有一番韵味的。此时此刻，大家可以看到我的头发在随着风不断地飞舞，然后江风两侧吹着我们。今天如果说镜头前的您像我今天一样，来到哈尔滨，建议您上江桥的时候，戴上一个帽子。

那接下来呢，我们可以一起来感受一下，刚刚了解了历史，那其实在这样的一个百年铁桥上，我们可以感受到它经久不衰的这样一个故事，同时我们也可以触摸和感受到这段历史，之所以我们可以感受到，我相信也是因为有无数的工作人员默默地付出。那接下来我们请到的就是我们这个铁桥的维修老兵，与我们一起来聊一聊，您好！

张金勇：您好。

雨琪：和我们观众朋友打个招呼。

张金勇：大家好！

雨琪：其实作为一个哈尔滨人，我们来到这个铁桥很多次，但是其实我第一次，说实话真正地感受到，原来这个铁桥的维修可能也有很多我们不知道的事情，可不可以跟我们聊一聊您日常的工作呢？

张金勇：这个桥一共是 1015.15 米，一公里多，大梁是八孔，小梁是十一孔，钢桁梁，上承式和下承式的钢桁梁。因为钢桁梁属于明桥面，下边是木质部分比较多，木质的枕木，还有护木。正常维修的时候，我们的木质部分这块要每年夏秋季节进行防腐处理，防止木材腐蚀。

雨琪：因为受江水风蚀。

张金勇：对，延长它的使用周期，就要对这个木质进行防腐。铁质部分要进行钢梁和附属的设施杆件上除锈、涂装油漆，也是为了延长钢梁的使用寿命。

雨琪：那冬季呢？

张金勇：冬季我们是对墩体、墩台周围的围堰进行刨冰，刨除这个冰沟，测量河床，冬天在冰面上进行测量河床，看看这个江体，江里边这个水有没有滚动，墩体周围有没有冲出。

雨琪：那刚刚说到这么多的时候，我脑海里想到了一个词语，是两个字，其实看到百年滨州铁路桥了，它是一种传承。那接下来，在我们维修工作人员当中也有一种传承。再次感谢您，然后我们传承到下一位，就是我们在岗的青年工作者，您好，欢迎您。

焦宗鹏：您好。

雨琪：首先来和我们的观众朋友们打个招呼，做一下自我介绍吧。

焦宗鹏：大家好，我是中国铁路哈尔滨局集团有限公司哈尔滨公务段哈路桥车间的桥隧工焦宗鹏，大家好。

雨琪：老带新，说的就是新人，青年工作者，是不是？

焦宗鹏：是。

雨琪：那首先跟我们聊一下，对于这个江桥您日常的工作，以及您对我们这一座，您的工作岗位吧，未来有什么感受？

焦宗鹏：未来感受，今天跟我们老工长上桥检查之后，我们老工长也是语重心长跟我们说了很多，平时也能感觉出来，他今天的话特别多。因为我们老工长确实，他想把自己一身的本领现场帮带的形式，想介绍给我们，想倾囊传授给我们。然后我作为我们青年职工，我们也是悉心向老工长进行学习。

当年我们老工长上班的时候，松花江上只有两座桥，现在大家看看，现在我们松花江上已经建设了这么多的桥梁。

雨琪：高铁火车刚刚过去。

焦宗鹏：高铁火车刚刚过去。然后这是我们的老江桥，老江桥现在已经不用了，现在已经开启了我们新的高铁桥梁。这个高铁桥梁设计属于四线系杆拱连续梁结构，在建设的时候也是攻克了世界难题，在高寒地区建设高铁的一些诸多难题。

雨琪：还需要跨江，对不对？

焦宗鹏：对，它是跨江桥。它全长是3460.6米，设计时速达到250公里。我们现在主要的任务就是，平时进行检查，我们现在维修工作量新桥上已经很少了，我们平时检查都是在夜间或者是在凌晨，因为白天的时候是没有，一般都是在夜间。然后我们上桥检查，现在还好一些，主要是冬天，冬天的时候，像咱们哈尔滨的天气，最低气温能达到零下30摄氏度，基本上就是寒风刺骨，也给我们维修作业人员带来了很大挑战。

雨琪：非常辛苦。那作为新青年，您对于我们的松花江的桥梁也好，或者是对于松花江的感情也好，或者是对于未来的憧憬也好，跟我们聊一聊吧。

焦宗鹏：作为新时代的年轻人和铁路人，我们要传承好我们铁路和铁路老工人的优良传统和工匠精神，我一定要努力学习自己的本职专业和自己的业务知识，不光是要做一名合格的桥梁维修工人，而且要肩负起交通强国、铁路先行的责任。

雨琪：走在我们百年滨州铁路桥上，我们可以看到很多游人如织，感受着哈尔滨不同的风情。刚刚我们在采访的过程当中，让我们的导演找了一位现场游客，和我们一起来聊一聊，您好。

游客：您好。

雨琪：我们是"江河奔腾看中国"哈尔滨站，您可以向我们全国的网友们打声招呼，做一下自我介绍。

杨悠：网友们大家好，我是哈尔滨市师范附属小学校少先队辅导员杨悠，大家好。

雨琪：是我们哈尔滨本地人。我刚刚看您坐在这儿，望着我们的松花江面出神，导演说好漂亮啊，说您漂亮。

杨悠：谢谢。

雨琪：给我们分享一下您坐在这儿，看着这个松花江，您有什么印象或者是感受呢？

杨悠：我是一个土生土长的哈尔滨人，所以对于松花江，对于我们的老江桥都是非常有感情的。小的时候，我们每天都在期盼着周末，爸爸妈妈可以带我们来到江边，尽情挥洒童年的快乐，所以在这儿承载的是我们童年的一份回忆。

后来我们进入青春期，慢慢地长大了，也有了自己的心事，可能经常独自来到江边走一走，或者跟朋友们一起聊一聊身边的事情。所以在这儿，承载着的也是我们一份青春的回忆。

现在我们已经工作了，作为哈尔滨建设者的一员，看着两边我们城市迅速地发展，在内心其实更多的是一份骄傲和自豪，也希望能通过我们的双手，把我们的家乡建设得越来越好。

雨琪：说得真好，再次感谢您接受我们的采访，谢谢。

刚刚我们的采访过程当中，我们听到了，我注意到一点，说可以来到这儿想一想自己的心事。你发现了吗？很多人都说，如果你心情不好的时候，或者是你有一些心事的时候，可以去海边感受一下大海的宽阔。但是此时此刻，如果您看向我们的松花江面的时候，你就会感觉这是一种别样的一望无垠的风景。

接下来我们继续向前行，我们看一下能不能采访到一些外地的游客，或者是我们一些比较有趣的点，我们感受一下。我们看到前面有一个，您好您好，我看您比较年轻，您是哈尔滨本地人吗？

游客：我不是。

雨琪：那你是东北人，东北语言比较重。

游客：是东北的，但不是哈尔滨的。

雨琪：你是哪里人？

游客：我是牡丹江的。

雨琪：你是来这边工作还是学习？

游客：我之前在这儿上学，然后毕业了就留在这儿了。

雨琪：我刚刚看你往那边去，你要去干吗？

游客：就是平时觉得辛苦的时候就来这儿逛逛，就觉得特别解压，然后觉得这儿风景特别好，吹吹风。

雨琪：那你感觉哪个时间点，因为现在你们年轻人应该知道，这是一个网红打卡地了。

游客：对。

雨琪：哪个时间段来拍摄的风景是最美的呢？

游客：我反正比较喜欢晚上，但是我觉得以哈尔滨的风景来说，24个小时、春夏秋冬，我觉得都是最美的。

雨琪：这个夸赞我们要点个赞。那如果说让你说一句话，向我们镜头前的观众朋友们邀约他们来到我们的冰城、夏都哈尔滨，可不可以来向我们表达一下？

游客：哈尔滨这地儿特好，来就对了。

雨琪：好的好的，谢谢谢谢，再一次感谢您接受我们的采访，谢谢。

张默：感谢雨琪，感谢岩松。跟着他们的脚步，我们了解了一街、一塔、一桥的故事，下面让我们稍作休息，欣赏一下以松花江、辽河为主要元素制作的歌曲《奔腾》，一起来看。

雨琪：好的，亲爱的《中青报》的网友朋友们，那现在我们来到的是本次"江河奔腾看中国"哈尔滨站的最后一站了，那现在此时此刻我所在的就是我们的松花江面，您可以看一下我身后的景色，美不美？

那今天呢，我们一会儿邀请到了我们海事部门的工作人员，和我们一起来讲一讲松花江的故事，您好。

李伟卓：您好主持人。

雨琪：您好，和我们观众朋友们打个招呼。

李伟卓：各位网友好，我是哈尔滨海事局执法人员李伟卓。

雨琪：首先我们聊一聊，江上行船的特点是什么呢？

李伟卓：松花江属于内河水域，它里程长、支流多，具有航道条件复杂、水文气象多变等特点。在江上，船舶航行安全易受航道和自然环境，比如说航道水深、航道宽度、水流、大风、能见度等因素的影响。特别是在哈尔滨市区段水域，它共有11座桥梁，客运航线有18条，客运船舶有70余艘，桥梁非常多，船舶通航密度非常大，稍有不慎就可能发生碰撞、搁浅等事故，对城市发展建设和人民群众生命财产安全造成了直接的危害。

雨琪：那在国庆节期间，我们有什么工作重点吗？

李伟卓：在国庆期间，我们将紧紧围绕"防风险、保安全，喜迎二十大"主线，全力抓好隐患排查治理和风险防控。一方面深入实施安全监管包保责任制，落实网格化管理，每个航运公司和船舶都有海事人员具体负责，联系督导，进一步压实压紧安全生产责任主体。

另一方面，在节前，将对辖区的所有客运公司船舶安全监督检查、航运公司安全检查、客运航线实施巡查，实施百分之百全面覆盖，防范化解各类风险，坚决杜绝重特大事故的发生。

雨琪：那刚刚在百年滨州铁路桥上，我们聊到了"传承"二字，也请到了我们的青年工作者，那现在在游船上，我们同样还要邀请一位青年工作者张越超来聊一聊，你好，越超。

张越超：您好主持人。

雨琪：您好，和大家打个招呼吧。

张越超：各位网友好，我是哈尔滨海事局执法人员，我叫张跃超。

雨琪：那冒昧地问一下，您是哪里人？

张跃超：我是吉林市的。

雨琪：那也是东北人。

张跃超：对对对。

雨琪：跟我们聊一聊对松花江和东北这片土地的感情。

张跃超：说到这儿，我就想到了一句词，叫"漫漫松花江，浓浓东北情"，因为东北都是老乡，松花江作为东北地区的母亲河，养育了我们，我的老家是吉林市的，吉林的松花江是在上游，有一种"同饮一江水"的深厚情谊在里面，我感觉我很幸福。我也很爱这条松花江，也很爱这里的人民，我希望我可以通过我和我同事们的努力，能让松花江变得越来越美丽。

雨琪：跟我们分享一下，你们工作当中印象最深刻的事情。

张跃超：好的，我记得那是2020年，那时候哈尔滨遭遇了台风三连击，巴威、美莎克、海神，我和我同事有一次在巡航过程中，发现连接失位了，然后我和我同事迅速靠岸之后，第一时间跳入江水中，然后将连接复位了，用了将近一个多小时的时间。我们上岸后衣服全都湿透了，可是我们觉得很开心，因为我们成功化解了一次险情。

雨琪：那接下来就该跟我们聊一聊了，青年人你觉得该如何地振兴东北？

张跃超：我觉得青年人有的是朝气蓬勃，有的是青春活力，应该激发青年人的创新创造能力。但同时，青年人也应该立足岗位，踏实做事，苦练本领，用自己的青春汗水投入到东北振兴的工作当中去。在此，我也希望更多的年轻人投入到东北这片热土上，为东北振兴贡献自己的力量。

雨琪：好的，再一次感谢您，谢谢。今天我们还请到了黑龙江省春风十里生态农业有限公司的董事长程连坤，程董您好。

程连坤：您好主持人，大家好，我是黑龙江省春风十里生态农业有限公司董事长程连坤，我来自美丽的牡丹江市渤海镇小朱家村。

雨琪：可不可以请您来跟我们分享一下您的成长过程，和为何返乡创业呢？

程连坤：好的，首先那是我从小生长的地方，我热爱我的乡村，更爱我的家乡人。还有就是这里面三面环水，有着得天独厚的环境和资源。我从2015年返乡创业以来，开发了稻田公园，开办了加工厂，建设了乡村旅游，当地的政府及相关部门对我给予了很大的支持，有资金、有政策，和人才等方面的。

雨琪：那这些年，你有没有发现村子里有哪些变化，或者是让你印象最深的呢？

程连坤：近几年，村子里变化很大，我们的村民生活方面，我们建了活动广场，在江边也建起了大舞台。从产业方面，增加了特色的餐饮和精品民宿，为村民和村集体带来了增收。另外我们修建了村史馆，这是几代人的共同记忆，让我们留住乡愁，懂得幸福的来之不易。

雨琪：那说起幸福的生活，您觉得青年人在东北乡村振兴的这样一个环节当中，起到了什么作用？并且返乡的多不多呢？

程连坤：我觉得乡村振兴中，人才振兴是很关键的，也关键在人，有很多资源，没有人也不行。青年有活力、有思想，接受新鲜事物快，能够更快地带动身边人，形成带动效应。近几年，村里返乡的创业青年也越来越多，有大学毕业生，有外出务工回乡的，还有派来咱们的驻村第一书记。

雨琪：说到您刚刚说到的这些内容，我想到了家乡的魅力。那您觉得家乡魅力的关键词，在您心中是什么？

程连坤：我觉得我们小朱家村的关键词用四个词来形容，第一个就是北国水乡，还有就是鱼米之乡、世外桃源和品味乡愁。就是说你现在去我的家乡小朱家村，你也能感受到我们黑龙江人的热情，民风很淳朴，也能找到儿时的回忆，在江边捡小鱼、捡鸭蛋。

雨琪：太快乐了。

程连坤：我们在宣传的时候也是这么说，就是将大自然的馈赠还给正在奔跑中的少年，清水弯弯，鱼鸭鲜鲜，袅袅炊烟，烟火人间。

雨琪：是这样的一个感受。那你觉得黑龙江四季分明，你最喜欢哪个季节呢？说实话，黑龙江四季分明，都有它的特点，很难说出我更喜欢哪一个。春天万物复苏，一片生机盎然，我们的江上每年都有上万的候鸟和大雁逗留半个月。

雨琪：上万只是吗？那么多？

程连坤：对呀，然后还能品尝我们的开江鱼。夏有凉风冬有雪，捧出绿色就醉人，是我们的避暑胜地。冬天我们家乡打造中国冰村，到处银装素裹，冬天的冰天雪地也是金山银山。现在是秋天，到处是金灿灿的，也是收获的季节，也代表着幸福。

雨琪：好的，再一次感谢程董，对我们乡村的振兴建设做出的贡献，谢谢您，谢谢！

好的，现在站在我身旁的就是哈尔滨交响乐团声乐艺术指导教师孙铭谦，孙老师您好。

孙铭谦：您好。

雨琪：作为哈尔滨人，跟我们来聊一聊您对这座城市，或者是松花江的情感吧。

孙铭谦：首先我是土生土长的哈尔滨人，我父母一代、我这一代都是在哈尔滨出生、长大，我已经在哈尔滨生活了三十多年。那么从我的成长经历来讲，我从小由于父亲是教师，妈妈是医生，很注重我的文艺和体育方面的培养，所以才在这个音乐之都，从小培养我表演、游泳、画画，六岁接触学习钢琴，七岁学习小提琴，并且在我们学校的乐团也参加过排练，长达三四年，这些经历对我至今可以说都有着深远的影响。

从高中又开始接触学习声乐，而一直到我的研究生毕业，我都没有离开哈尔滨，我所有的学习都是在哈尔滨。所以说，可以说我对这个城市有着特殊的一种情感，这里的每一片土地、每一个街道、建筑，我都是深有感情的。

雨琪：那我们了解到您留学国外，那回乡，然后来继续深耕音乐这样的一个领域事业，是有什么样的感受呢？

孙铭谦：我很喜欢哈尔滨的文化艺术，它的建筑、它的氛围、风土人情，包括美食。更重要的，我觉得是它这片土壤对艺术这方面的结合，是非常符合我的所学的，这是土壤。

再说从专业领域来讲，我学的是声乐艺术指导，是钢琴伴奏的一个行业，我本身也是声乐的学习，我是双专业。在全国这个领域来讲，现在也是正在上升期，我也是作为年轻一代人，我觉得要有自己的使命感，为家乡这个专业领域的建设尽一份力，主要是这些方面。

雨琪：那说到哈尔滨，其实很多人第一印象就是冰城，冰雪文化。但是其实，冰城夏都它也是音乐之城。

孙铭谦：是的，是的。

雨琪：那说到音乐，您对人才培养、青年培养有什么样的感受，跟我们讲一讲。

孙铭谦：我觉得说到培养，那么就不得不提到哈尔滨，它除了冰雪之城，它还是音乐之城。那么从这个艺术的角度来讲，艺术和建筑、文化这三点是合一的，是不能分家的。你比如说跟艺术相关的，我们这个演出的一些剧场和建筑，比如说有老会堂音乐厅，不得不说到哈尔滨音乐厅。说到这儿，就是我的单位哈尔滨交响乐团也是在哈尔滨音乐厅，我们是厅团一体。

说到哈尔滨交响乐团，我也不得不提，在江的北面，有我们很著名的哈尔滨大剧院，它的建筑设计是像雪花一样，然后它的里面主要上演的很多，比如说歌剧、舞蹈剧，有音乐话剧、音乐剧等等，也有一些不一样的。它也有小厅，也有室内乐的演出，包括大型的。

所以说正是有这样的建筑，结合这样的艺术，也让我们更多老百姓和观众们能去聆听、欣赏到，接受艺术文化的熏陶。

除了以上我提到的这些，还不得不提我们大学的教育方面，在教育方面，我们有很多的音乐院校，还有综合类大学，都有音乐方面的专业。每年，包括省市领导在我们的城市建筑当中，有很多的活动也是面向全体的老百姓，也是走进校园的。

比如说我们有"哈尔滨之夏音乐，这个是全国很出名的；我们有"哈尔滨音乐大赛"，这个也是在哈尔滨大剧院成功举办过，每两年一届；我们还有闻名遐迩的中央大街的"中央大街夏季音乐节"的演出；我们每年的秋冬季，还有"高雅艺术进校园"，走进校园，让所有在校的学生，无论是你学习专业，还是非专业的，都可以去接触艺术，接受艺术的熏陶。

所以在此，我也非常感激能有这样的一个城市的环境，这样的一个教育的多方面的机构，综合的一个土壤，才使得我们能有更好的一个艺术方面的熏陶和发展，我觉得这很重要。

雨琪：没错，恰逢国庆，今天要不要给我们演唱一首呢？

孙铭谦：好啊好啊好啊，今天特意选择了一首，也是来自我们家乡的创作型歌手，也是现在全国比较著名的李健老师的一首歌曲《松花江》，带给大家。

（歌曲演唱）

张默：这段嘹亮的歌声真是让我们听到的人都感到十分陶醉，在画面当中，我们看到了波光粼粼的松花江水，相信大家也跟我一样，感觉自己已经置身在松花江畔了。

贺瑶：没错。

张默：那接下来想问一下谢老师，您之前有没有去过松花江畔，对那儿的初印象是什么样的呢？

谢新民：好的，我不止一次到过松花江畔，最早是1982年9月初，在上大学的途中，当时是利用在哈尔滨站换车的空暇时间，在学长的带领下到松花江畔和防洪纪念塔旁照相留念。当时感觉黑龙江真美，松花江的水真多，真是波涛汹涌。

张默：现在照片还留着吗？

谢新民：照片还是保存着呢。另外有一年冬天，在哈尔滨参加一个会议，到松花江畔冰雪大世界游览了一圈，当时感到江水结冰，雪压枝头，和规模不一、形态各异的冰雕，给人又是另一种美。

张默：嗯，很吸引人。

谢新民：我还清楚地记得，2003年4月中下旬，我和同事们一起去松花江北源嫩江，实地察看了南部、中部和北部三条引嫩工程及扎龙湿地，还到了嫩江唯一一个控制性枢纽工程尼尔基水库，当时正处于建设期，印象非常深刻。

张默：可以说您刚才提到的这几处我都没去过，但是听过谢老师的分享，我就很想去松花江畔走一走，看一看。刚刚我们通过视频，看到松花江在过去的几十年当中出现的几次洪水，尤其是1998年，相信许多人也都印象深刻。不过我们现在的防洪能力是越来越强了，谢老师，请您介绍一下，在松花江水的防洪治理上，我们的水利部门都开展了哪些重要的相关工作呢？

谢新民：好的，值得说明的是，1998年当时发大洪水时，嫩江上游尼尔基水库、第二松花江下游哈达山水库均尚未修建，可以说当时流域防洪工程体系还不够健全，所以当时大洪水造成的灾害是很大的。

松花江大洪水主要由松花江上游和嫩江先后发生连续暴雨，洪水汇集而成。所以对于嫩江大洪水而言，目前上游有尼尔基水库调控，下游有月亮泡和胖头泡蓄滞洪区作为补充，可以有效地缓解嫩江流域洪水及对下游松花江干流的影响。

对于第二松花江大洪水而言，上游有红石水库、白山水库和丰满水库、石头口门水库、新立城水库，下游有哈达山水库等调蓄，可以有效缓解第二松花江洪水对下游松花江干流的影响。

总之，通过这么多年的防洪工程体系的建设，松花江流域防洪能力得到了极大地提高。

张默：没错。

贺瑶：的确，我们可以看到，随着时代的发展，松花江上的防洪能力其实是越来越好了。那其实提到松花江，我们的观众朋友们都不陌生，但是要知道松花江源头的人却并不多。松花江其实分为南北两源，谢老师，咱们一会儿要去到的南源其实就发源于吉林省是吧？

谢新民：是的，松花江南源暨为第二松花江，发源于长白山，流域面积七万多平方公里，主要分布在吉林省境内。

张默：那接下来咱们话不多说，即将走近的是长白山天池。据《长白山江岗志略》记载，天池在长白山巅的中心点，可以说是群峰环保，离地面约高20余里，故名为天池。

贺瑶：没错，而且听说我们到了长白山，咱还不一定就能看到天池。

张默：刚刚也聊过了，是这样。

贺瑶：对，还得配合非常适当的气候才行。不过今天，跟随咱们直播的观众朋友们有眼福了，马上跟随我们的镜头就可以看到天池胜景。

张默：一起来看。

张默：近年来，长白山通过自然资源环境的治理和保护，使越来越多的野生动物前来繁衍定居，一幅幅人与自然、人与野生动物和谐共生、和谐共处的美好画面，都在这里定格。

贺瑶：没错，那在长白山迷人的自然风光下，我们生态环境的改善也离不开这样一群人，他们是长白山的守护者。那接下来一段视频，一起了解一下。

画外音：在长白山近20万公顷的原始森林中，始终活跃着这样一支队伍，他们是长白山自然保护管理中心的巡护员们，他们爬冰卧雪，风餐露宿，顶烈日、披寒月，将自己的青春年华和一生的精力都奉献给了长白山的森林保护事业。

薛俊森，长白山自然保护管理中心白山保护管理站的副站长。1989年，子承父业的他来到了长白山，凛冽的北风、齐腰的积雪、湿冷的炕子、寂寞的环境，都没有让他产生退却之心。他迎难而上，用了24年的时间，将长白山的地图刻进了自己的骨血，这座大山里的一草一木于他而言，都是不可侵犯、不可亵渎的宝藏。

在长白山，有四百多个像薛俊森一样的巡护员们，他们春季秋季森林防火，夏季保护灵芝，防止非法穿越，冬季反盗猎、反盗伐，还得根据雪量大小，适时地给野生动物们投食。

总之，一年四季365天，他们都与山林为伴。夜半山深风雨冷，龙吟虎啸紫貂啼，因为要经常在山里驻扎，慢慢地，他们和附近的黑熊变成了邻居，每年一到驻扎期，黑熊总会来到营地外围，不远不近地和他们打个招呼，而后双方开始各自忙碌，互不打扰，形成了一幅人与自然和谐共生的绝美画卷。

张默：我们刚刚看过了自然风光，也了解了当地青年的故事，那接下来我们进入一段视频，将跟随水利部松辽水利委员会副总工程师李和跃，进一步了解吉林省的松花江都有哪些特点，一起来看。

李和跃：我们第二松花江基本上都在吉林省，东部是长白山脉，所以它主要是山区。山区一个是降雨比较丰富，径流也比较丰富，所以我们水源开发在长白山，第二松花江上游的这些河流和这些支流，水利资源蕴藏量是比较丰富的，所以现在开发的水电站也比较多。

那么在第二松花江的干流上，我们有白山、红石和丰满三座梯级电站，丰满是我们整个松辽流域在我们境内的，因为鸭绿江上的是跨界的，在我们境内最大的一个水库。我们第二松花江有吉林、有长春，长春支流上，在伊通河。伊通河上有新立城水库，是我们长春的供水水源；在饮马河还有石头口门水库，也是我们长春的供水水源。

在长春丰满，我们又从第二松花江丰满下游建了引松入长。我们现在正在建设，快要结束的，从丰满库区给吉林中部，有一个吉林中部的引水工程，从丰满引出来，对长春、四平、辽源，涉及的一系列县市，大概有十二个城镇，还有二十五个镇，就是吉林中部引松工程，这几年正在实施，也基本通水了，这是我们比较大的引调的工程。

张默：刚刚在视频当中多次提到了有关于电站的信息，在这里想请谢老师给大家介绍一下，在第二松花江，电站是一种什么样的存在？它具体又发挥了哪些作用呢？

谢新民：好的，第二松花江建有红石、白山、丰满、星星哨、石头口门和新立城等十一座大型水库，其中红石水库和白山水库以发电为主；丰满与星星哨等水库除了以发电为主，还有供水的任务，尤其是丰满水电站，是我国东北电网重要的调峰电站。

贺瑶：没错，刚刚我们谢老师提到的这个丰满水电站，可以说是见证历史的存在了。1937年建设的丰满水电站，在当时是亚洲第一大水电工程，也被称为是"中国水电之母"。

谢新民：是的，丰满水电站经过上世纪50年代以来的改造、扩建，以发电为主，兼有防洪、灌溉、养殖、旅游之利的综合性水利枢纽工程，是东北电网调峰、调相和事故备用的主力水电站，起到了巨大的作用。可以说丰满水电站对新中国的建设和发展做出了重要贡献。

丰满重建工程自2012年开工建设以来，始终坚持生态优先，新增了鱼类增殖站和丰满、永庆两处过鱼设施，水力发电装机提升了50%，实现了清洁能源、生态环保、防洪减灾、灌溉养殖等多重成效，更好地满足了下游150万亩农田灌溉和近千万城镇人口的生活用水需求，更好地发挥电力供应和调峰、调频的作用。

张默：没想到，这个小小的电站其实发挥了这么多的用处。刚才通过谢老师的讲解，我们也好似回到了一个激情燃烧的岁月。都说一方水土养一方人，那作为吉林市的母亲河，保护松花江成为一代代青年志愿者们基因里的事业。下面让我们通过视频了解一下，当地青年志愿者是如何身体力行，保护母亲河的，一起来看。

张定军：2018年11月，我从《江城晚报》看到，长淞岛鸭粮告急，护鸟人求助。我第一时间和长淞岛的护鸟人取得联系，及时了解相关情况。随后带领十多名宝石洼青年志愿者给护鸟站送去鸟粮1500斤，护鸟人给我们详细讲解了野鸭和鸳鸯的有关情况，以及水鸟对松花江水上、水下保护的重要作用，让我们感受到志愿服务的重要意义。

游光辉：大家好，我是共青团吉林市委副书记、吉林市青年志愿者协会会长游光辉。下面我向大家介绍一下，近两年共青团吉林市委围绕保护松花江母亲河开展的净滩志愿服务活动，下面我通过几幅照片向大家介绍一下我们的青年志愿服务活动。

这张照片是9月17日，世界青年日在三号码头我们开展志愿服务活动时的大家合影，我们可以看到这里面有大学生、有中学生，还有小学生，我们一起用实际行动践行习近平生态文明思想，我们来共同守护河畅、水清、岸绿、景美的松花江风貌。

下面向大家介绍的第二幅图片，是我们的青年志愿者在松江东路国防园绿化区捡拾地面垃圾，对电池等有害垃圾和塑料等不可降解的垃圾进行有针对性地处理。

第三幅照片是我们的青年志愿者在滨江西路沿岸擦拭公共区域栏杆，去除小广告、贴纸和其他脏物，用实际行动为市民提供更加优质的休闲、放松环境。

下面这幅照片是我们的青年志愿者在临江门桥下，站到上面开展卫生清理的画面。这个区域是我们的市民平时集中锻炼、休闲娱乐的重点区域，根据我们的观察，这个地方人流量特别大，而且这个运动的地方距离河道特别近，极易造成河道污染。我们的青年志愿者在这里经常性开展志愿服务活动，带动广大市民来爱护我们的环境，不断提高广大市民的环境保护意识。

这几幅照片是我们的青年志愿者担当护江使命，穿梭在松花江沿岸，对江水冲刷冲击在河岸两边的垃圾进行一个地毯式的收集，一步一个脚印，践行保护母亲河的行动内涵，守护松花江的生态。

通过两年的广泛动员和精心组织，由共青团吉林市委主办，吉林市青年志愿者协会承办的"保护母亲河主题净滩志愿活动"取得了良好的社会效益和生态效益，先后共有145个团体单位，近1700名青年志愿者参与活动，累计志愿服务时长达到了2200个小时，行动得到了吉林市市民的一致好评。此项行动也成为吉林市青年群体参与生态环境建设的重要途径，有效带动了广大市民提升环境保护意识，牢固树立生态文明观。

下一步，共青团吉林市委将继续聚焦主责主业，坚持围绕中心、服务大局，团结带领吉林市团员青年，共同守护松花江、母亲河，助力吉林市打造全国生态宜居样板城市和美丽中国十佳案例，为加快实现新时代吉林市全面振兴、全方位振兴，贡献青春力量。

张默：看到这么多年轻人身体力行地守护着母亲河，其实也让我们深受感动。在河流生态系统治理保护上，国家其实也是屡屡地加大力气，我国已经全面推行了河湖长制，在这里也请我们谢老师为我们介绍一下，在松花江流域的治理保护方面，我们主要做了哪些工作？

谢新民：好的，针对松花江流域，老工业基地比较聚集，且大多集中分布在水源区、干流和主要支流，所以工业废污水排放等造成的污染十分严重，对流域供水安全和生态环境安全造成严峻的挑战。但是通过近十一年的不懈努力和综合治理，现在河流水质有了很大的提高，比如过去寸草不生的阿什河和伊通河，现在发生了翻天覆地的变化，重现了生机。

尤其是通过水利人几十年的努力和建设，先后建成了尼尔基水库、哈达山水库，吉林中部引松供水工程，暨阿什河、伊通河综合治理工程等，松花江流域的水安全保障能力得到了极大提高，有力地支撑了全流域的快速发展和生态文明建设。

贺瑶：没错，刚刚谢老师跟我们分享的松花江流域的治理成果，的确是让我们看到了国家在改善生态环境方面的决心。那当发源于吉林长白山天池的松花江继续奔流，流到松原市时，江面已经有数百米宽阔了，一条条长条形的江心洲，也是把宽阔的松花江分割开来，而江心洲正是松嫩平原上河流体系中最典型的地貌单元，属于湿地环境。

张默：现在这座水系丰富的城市，也成为越来越多年轻人奋斗拼搏、返乡创业的绿美小城。接下来让我们一起聆听四位松原青年，讲述他们和松花江的故事，一起来看。

毕胜：我是毕胜，我是一名致力于生态环境保护的志愿者，我们主要以青少年服务与生态环境宣教为主要服务内容，而此时我所在的位置就是松原市民间发起和建立的生态环境宣教基地。

这两个设施是在吉林省民政厅、省财政厅和团市委、河长制办公室等国家单位支持下，于2021年9月动工，同年10月对外开放的首个民间生态宣教场所，主要针对我市广大青少年、企业单位开展生态环境与河湖治理方面的宣传教育工作。2021—2022年，我们累计对3000余人次的青少年开展了生态环境、河湖治理保护等方面的宣教活动20余次。

李佳俊：我是李佳俊，是一名高级企业培训师，我现在所处的位置是松原松花江畔的纳仁汗公园，这里边所有的风格和设计，丰富地蕴含了满蒙文化；当然，这里边的一草一木，也在诉说着松原悠久的蒙古文化。

纳仁汗公园左右横跨约8公里，这里边无论是林中小路还是沿江公路，都成为市民们休闲、娱乐、健身的大型园林场所。

儿时的松花江桀骜不驯，粗犷又豪放，这里也成为我们这群野孩子游玩的乐园，晴天的时候一身土，雨天的时候一身泥，每次来到这里都是脏兮兮的。但今天不一样，今天的松花江江水清澈，沿江两岸绿树葱葱，河道两岸干净整洁。这里边无论是清晨，还是当夜幕降临，也都会有很多市民来到这里边休闲、散步、聊天，就算是我们这些创业者，每每也会到晚间的时候，约上三五知己，来到这里去感受一下凉凉的江风，能够释放这一天的工作压力。

这几年疫情的关系，众所周知，很多的企业都受到了影响和冲击，我们的行业也不例外。在疫情的严重冲击下，市委市政府也给我们这些很多的民营企业的创业者，很多的鼓励政策。比如说在税收方面，有的是免税，有的是延期缴税，这样的话就给我们这些创业者很多解决了资金方面的压力。

第二，帮我们对接，民企对接会，为我们这些小微商户提供微贷款，特别是很多的贴息贷款，贴息的指标非常非常低。我们团市委还给我们组建了人才交流活动，让我们企业更多的人才引进来，更多的时候给我们这些创业者提供了企业家交流大会，让我们在精神上、在士气上，都能够面对这样突如其来的疫情。

一路的风雨，一路的拼搏，我感谢松原这座年轻的城市，给我们希望，给我们平台。我也愿意以真心践初心，以初心守好我们的真心，与松原这座城市一道同行筑梦。

李兴柱：我是李兴柱，是一名从事新电商行业的松原人，我现在所在的位置是松原市天河大桥，曾经的松原被松花江水一分为二，南北两岸居民隔江相望，却止步岸边，摆渡是两岸唯一的互动方式。如今我们可以看到，一江两岸的特色发展，一座宏伟的桥梁承载着城市快速发展的脚步。在这里，能看到松原市的发展缩影，天河大桥也见证着松原市今后的发展。

作为农民的儿子，我把创业目光投向了新电商，投向了乡村振兴。2012年创办了第一家公司，互联网销售松原特色农产品糯玉米，凭借着过硬的产品质量和优质的服务，2015年成立了希瑞自有品牌，2016年建设了工厂，2017年销售额破千万，2021年分别在杭州成立了分公司，从无到有，从有到强，从强到精，我的成功离不开当地政府的扶持、政策的支持、技能的培训、租金的减免、平台的提供，让我们这些返乡创业者回得来、留得住、干得好。

潘若生：学生时代，在科普书中了解到石油是如何产生的，而一种求知欲和好奇心驱使我想更深入地了解石油是如何从地下采出来的，所以我毅然决然地报考了石油专业。而事实上，每一项事业都不是想象中的那么简单，随着吉林油田的深入开发，传统的一次采油、自喷开发、二次采油、水汽开发，已经不能满足现阶段石油开发的需求，迫切需要攻克和解决三次采油的一些瓶颈技术问题，而这个难题正是我目前主要的研究方向。

通过14年的钻研和拼搏，我带领我的攻关团队，在二氧化碳驱油与埋存技术方面取得了重大突破，攻克了二氧化碳安全注气、效率低等瓶颈问题，创新研发了连续管注气工艺等技术系列、二氧化碳安全监测及控制技术体系，目前该技术已经累计增油30万吨，埋存二氧化碳也达到了两百万吨以上，使之成为了国内一流、国际领先的技术，获得了多个奖励和专利。

贺瑶：刚刚走过了美丽的松花江畔，接下来直播的下半程，我们将一起走近的是辽河。辽河流域可以说是工业基础雄厚，能源、重工业产品在全国占有非常重要的地位，是我国重要的工业基地和商品粮基地。

张默：近年来，辽宁省相继对辽河实施了退耕还河、生态封育，促进河流休养生息。经过这么多年的治理，辽河河道现在是郁郁葱葱，千里生态廊道是全线贯通，不仅沿河生态环境有了明显的改善，生物多样性也得到了持续恢复，沿河群众的生活质量当然也是有了明显提升了。下面让我们再次跟随水利部松辽水利委员会副总工程师李和跃的讲述，系统了解一下辽河水系的具体特点。

贺瑶：一起来看。

李和跃：一个总体来说，降雨偏少，特别是西辽河，我们西辽河从1999年、从2000年开始，基本上就断流了，断流了超过20年。所以我们这些年在实施西辽河生态补水的方案。

那么辽河干流和浑河、太子河，浑河、太子河实际上历史上是和辽河干流有水的联系，后来50年代人为地截断了，现在基本上不通了，可能未来还是要打通，所以它形成了两个独立的，一个是通过盘锦，我们辽河干流通过盘锦的双台子河入海；一个是浑河，太子河汇入浑河以后，通过营口入海。

我们辽河主要是在我们的左岸，就是东侧，有很多支流，我们有大型的水库群，在辽河干流上有一个水库，这个主要是以防洪为主。

我们在浑河上有大伙房水库，在太子河上有观音阁水库，这都是我们这些年在建设的成就，这都是我们辽宁中部最重要的供水水库，这是辽河的一个基本情况。

辽河的流域面积是22.1万平方公里，西辽河基本上非常少，所以主要在这一片产水相对比较多。所以，我们总的辽河的水资源是比较紧缺的，现在除了它本流域供水，我们还有一个大伙房水库的输水工程，对整个城市群形成供水。

在我们南部就是大连，我们下一步要建设从大洋河给大连进一步引水、供水，这是我们的一个基本的情况。

　　张默：前几天其实我也偷偷看了一些关于辽河的风景片，在每一个视频当中，河面都是碧波荡漾的，两面都是绿树成荫，可以说岸上的每一处风景都如诗如画。在这里想问一下谢老师，辽河被视为辽宁的母亲河，在辽宁省，辽河具体和辽宁省的哪些城市有着更为紧密的关系呢？

　　谢新民：好的，辽河对于铁岭市、沈阳市、鞍山市、辽阳市、营口市和盘锦市的发展具有举足轻重的作用，尤其是经过水利人几十年的不懈努力和建设，目前已在辽河主要支流和干流建有柴河水库、清河水库、石佛寺水库、大伙房水库和汤河水库等，为辽河流域城镇化、工业化和农业灌溉等提供优质可靠的供水水源，有力地支撑了辽宁中部城市群、沈阳经济区和辽宁沿海经济带的快速发展。

　　贺瑶：刚才我们谢老师提到了很多个城市，那接下来我们就其中一个城市来重点地讲一讲，我们要去到的是铁岭。那辽河在铁岭境内绵延208公里，灌溉着955万亩良田。丰厚的粮食产能也是使铁岭成为辽宁省名副其实的米袋子和菜篮子。

　　张默：接下来就让我们走进铁岭，看看辽河如何在这座城市流淌前进，一起来看。

　　画外音：辽河，铁岭的母亲河。

　　沧海桑田，你奔流不息，泽被千里。

　　是你，孕育辽河文明，光耀中华。

　　是你，养育辽北儿女，不负华夏。

　　有你，辽北大地物阜年丰。

　　有你，铁岭人民幸福安康。

　　如今，十年风雨，辽水汤汤，绿水青山，锦绣华章。

　　这里是辽河铁岭段终点，不远处的一座高台上，古烽火台已默默驻守两千多年。

　　嘉宾：在这个制高点看到咱们辽河的风景和家乡的美景，真的是很美很美。

　　画外音：帽山烽火台始建于战国，明永乐十一年重建，一处烽火，阅尽千古，见证了多少边关事，见证着辽河几度沧桑向南流。曾经烽火燃山河，如今稻米香两岸。

　　辽河，铁岭人的诗与远方，它的慷慨与博爱，换来了辽河儿女的深情回馈。全面封育，休养生息，曾经的烽火硝烟地，现在是平畴千里的辽河平原，丰饶肥沃，水清岸美。

烽火台下，一个古老村落叫陈平铺村，多少年来默默目送着辽河远去，在铁岭境内蜿蜒奔腾208公里，辽河在这里最终流出铁岭，奔赴与大海的约会。

得益于辽河整治封育的成果，村民过上了越来越富足的生活，村外不远处的陈平工业园区改变了村民世代务农的历史。农忙时，他们驾驶农机驰骋田野；农闲时，他们穿上工装，忙碌生产。在这里，他们活出了新时代农民的幸福模样。

工人：我们企业有很多都是陈平村的，大多数都是，而且有很多夫妻在这儿工作，大家每天工作都特别积极向上，特别开心。

工人：我们种地有一部分收入，我们上班还有一部分收入。

画外音：村民对辽河有着深厚的感情，保护辽河已成为世代传承的基因。他们退耕还河，他们不再放牧，全力呵护着辽河在铁岭的最后一段旅程。如今的辽河，是一条有温度的河，它水系繁多，却岁月静好，在斑驳的烽火台下，呈现出别样风情。

烽火台远处的鲁家大桥，犹如长虹，横卧在辽河铁岭终点处，过了桥就是沈阳区。每日，桥上是滚滚车流，桥下是辽河的深情回眸。

那曾经的烽烟早已飘进历史，熏黄了时光，湮灭了征鼓，从大地深处喷薄而出的是铁岭新时代的朝阳。而烽火台将继续见证一往无前的辽河，日新月异的美丽幸福铁岭。

张默：辽河是一条文化之河，不仅促进了城市的发展振兴，也使当地涌现出了许多的青年企业家。

贺瑶：的确，随着东北振兴战略的实施推进，有越来越多的青年人愿意回到家乡，并且留在家乡，为家乡的发展贡献自己的一份力量。

张默：是的，那接下来让我们一起跟随镜头，一起倾听两位当地青年的创业故事，一起来看。

张琬婷：我叫张婉婷，一名90后新农人。我身后的这幅图是我们今年在我们园区里面种植的稻田画，叫做"稻梦空间"，稻的世界、梦的海洋。

2015年夏天的时候，我刚刚结束了在澳洲的硕士学业，回到国内，成为了一名大学教师，最后还是决定回到我原来的家乡。最开始我回来的时候，有很多人都是不理解的，我心里面认为的学有所成，不应该是拿到了一个毕业证书，或者是大家看起来可能是很体面的一份工作，那我想的学有所成是有更深的含义在里面的。

现在我们的稻田画技术已经不断地在进步了，我们也培养出了属于我们自己的稻田画的制作团队，在我们园区里，我们也融入了当地的锡伯族、少数民族的一些元素在园区里，现在园区里面不止只有稻田画，我们还做了很多跟农耕有关系的，大家在城市中体验不到的一些农耕项目。

像我们现在在跟村民一起合作，把我们村民现在闲置的民房给改建起来，让我们的乡村更美。这样其实不光是让我们农民的腰包鼓了起来，让他们也找到了自身的一个成就感，不只是他们现在的收入高了，现在他们的一些认同感，包括对乡村振兴还有乡村旅游的前景，他们也是看得越来越好了。

每年通过我们和农户之间的这种合作关系，我们统一采购所有的投入品，几个环节中，我们可以为周围所有的基地合作的农户每年节约将近500万元。同时，我们也有将近200人，每年可以解决200个人的就业问题，可以在园区里面做服务。

沈阳市沈北新区稻梦空间民宿服务员关昕：之前我们村都不是很富裕，像我这么大的都出去打工了。现在好了，附近有稻梦空间、民宿，通过这些平台，在家就能赚到钱了。

张琬婷：现在还是会有很多人说，一听到可能放弃大学教师的工作，都觉得很可惜，都会问我后不后悔。但是其实说实话，我自己内心是从来没有后悔过的，我也希望有越来越多的年轻人和我们一起，把我们的农村变得更美，把我们的家乡也变得更美。

刘禹成：大家好，我是刘禹成，现任朝阳市远成科技有限公司总经理，很荣幸接受这次采访，与大家分享我的创业经历。远成科技成立于我的家乡，辽宁省朝阳市，作为辽河流域的上游企业，近些年随着辽河流域的发展，也促进了朝阳的振兴发展。在这之中，涌现出了许多像我一样的青年企业家。

大学毕业后，我也面临过选择，一边是国外薪资不菲的工作机会，另一边是熟悉的家乡。经过一段时间的深思熟虑之后，我还是决定回乡创业，不是因为吃不了异国他乡的苦，而是我有着更远大的理想，和朝阳一起发展，用我的所学建设朝阳，加强家乡。

源头是一条河的开始，而家乡是一个人的起点，作为辽沈大地的母亲河，辽河无言流淌了千百年，为两岸大地带来了一年又一年的丰收。而我们一代代的青年人，用青春、用汗水，在两岸的家乡打造出了日新月异的变迁。愿我的家乡，以及所有青年企业家们如滔滔辽河水，伴随着时代的步伐，永远向前。

张默：松辽水系除了对粮食安全非常重要，其实对于生态环境也是十分的重要。在这儿想请谢老师为我们介绍一下，辽河的生态环境有什么具体特征呢？

谢新民：好的，辽河流域东部水多，而西部水少，生态环境脆弱，和水土流失较严重，全流域属于资源性缺水，局部兼有污染性缺水。为此针对辽河存在的问题，近十余年来，辽宁省和内蒙古自治区修建和正在修建的大伙房输水工程，和引绰济辽调水工程等，将彻底改变和解决全流域东部水多需求少、中西部水少需求多、水资源分布与经济社会发展需求不匹配问题。

辽宁省还在全国率先组建了辽河保护区管理局，使辽河治理和保护工作由以往的多龙治水、分段管理、条块分割，向统筹规划，集中治理，全面保护转变。同时还设立了省公安厅辽河保护区公安局，实行省公安厅和辽河局双层管理，这在我们国家是首次，在全国河道管理与保护方面开了先河。

总之，经过近十余年的探索和艰辛努力，辽河水资源保护成效显著。目前辽河保护区实现人类零干扰和植被自然修复，并通过多种措施截污减排，实现河流水质根本性好转，重现水清、流畅、岸绿、景美的辽河画卷。

尤其值得介绍的是辽河双台河口湿地，那里属于国家级保护区，是环太平洋鸟类迁徙的中转站，也是东北亚、澳大利亚候鸟迁徙的重要中转站。湿地中分布有各类野生动物，是我国高纬度地区面积最大的滨海芦苇区，拥有大面积的滩涂和浅海海域，为湿地生物提供了重要的栖息地。

贺瑶：没错，我们可以看到，在大家共同努力下，生态环境系统发生的这种剧变。尤其是近些年，国家大力推进生态环保工作，把绿水青山和城市人居融为有机整体。那接下来，我们即将走进的锦州东湖森林公园，就是其中的典型，一起来看一下。

画外音：锦州东湖森林公园位于锦州城区东南部，小凌河与女儿河交汇之处，东起百股河大桥，西至云飞桥，全长4.5公里，面积约117.5公顷，是锦州面积最大的城市休闲健身公园，也是锦州市城区南扩的重点建设项目之一。

今年8月16日，习近平总书记来到这里，考察当地生态环境修复保护情况。他强调，要坚持治山、治水、治城一体推进，科学合理规划城市的生产空间、生活空间、生态空间，多为老百姓建设休闲、健身、娱乐的公共场所。

锦州东湖森林公园经过十年的建设，现已建成入口岛、欢乐岛、棋牌岛、健身岛、野餐岛、眺望岛、观鸟岛、活力岛、人文岛、冥想岛、区域文化岛11大岛，近20个景点，开发各类游乐项目约10项。

如今的东湖森林公园绘就出一幅山在城中、城在林中、水在绿中、人在画中，人与自然和谐共处的水墨丹青。

贺瑶：我们常说，水是文化的源头，那事实上辽河流域也是华夏文明的发源地之一。无论是在牛河梁发现的大型建筑群，还是像彩陶等等，都集中地反映出辽河流域五千多年的文明历史。

张默：是的，从草原文化到农耕文明，辽河为华夏文化的崛起和振兴其实做出了巨大贡献，彰显着华夏文明一脉相承的文明之光。

贺瑶：没错，那接下来随着一段视频，让我们一起走进朝阳市牛河梁遗址，一起来了解红山文化。

朝阳市红山文化研究院名誉院长王昭凯：说到辽河，这是我们辽宁人非常骄傲的一条河，它是我们的母亲河。因为辽河从河北发源以后，经过了四省，河北、内蒙古、吉林和辽宁，在盘锦入海。

在这样长的距离之中，其中河北、内蒙古和辽宁都是红山文化的分布区，可以说红山文化是辽河孕育出来的。当红山文化发展到5500年的时候，进入了一个历史的辉煌期，也就是鼎盛时期。到这个时候，社会出现了一个红山古国，红山古国阶段就进入了中华文明阶段。所以，辽河对红河文化的养育、发展，是非常重要的。

最典型的遗址就是发现于我们朝阳市建平县、凌源市交界处的牛河梁红山文化遗址，它的时间段是5500年前到5000年前，这么500年的时间，它代表了红山文化的发展顶峰。在这里发现什么呢？有祭坛、女神庙、积石冢，还有陶器、玉器、石器。

祭坛，按专家的说法，牛河梁的祭坛应该是中国三重圆祭坛的鼻祖，就是最早的。大家看过北京的天坛，它的造型跟北京的天坛是类似的，但它时间很早，5500年前。它是用红色的棱状石铺就的三重圆，第一重圆是22米，第二重圆是16.5米，第三重圆是11米，逐层升高，层差是0.5米。最上一层，在摆就红色棱状石以后，石搭的内部是用白色的硅石铺成的一个台形，这样就组成了整个的坛体。

所以还是中国考古学会原理事长苏秉琦先生说，牛河梁的发现非常重要，说"红山文化坛庙冢，中国文明一象征"，就是"坛庙冢"集于一体的发现，这是中华文明的象征。所以，牛河梁红山文化遗址也就成为中华文明的曙光。

所以辽河流域发现的这些红山文化，尤其是牛河梁红山文化，说明辽河对红山文化的发展起到了一个很好的作用。所以，辽河这条大河，是我们辽宁人的骄傲，其意义就在这里。

张默：谢老师，听说您少年时期就是在东北长大的。

谢新民：是的。

张默：所以作为一个在东北本地成长起来的这样一位青年，您对于东北有着什么样的别样的记忆呢？

谢新民：好的，我是生长在内蒙古呼伦贝尔，原来划归黑龙江，后来又划回内蒙古。作为东北长大的人，我对东北有很深的感情，东北拥有丰富的水资源、广袤的土地、湖泊湿地和辽阔的草原、森林，是我国重要的工业基地、能源基地、农牧业基地和生态屏障，在保证国家粮食安全、生态安全、能源安全、产业安全等方面，战略地位十分重要。

东北是一片大有希望，闪烁着青春激情活力的热土，希望在不久的将来，能全面建成城乡一体化供水体系、现代化灌溉体系、河湖生态水系和防洪减灾体系，形成九横八纵大水网格局，水资源供需矛盾和防洪短板得到彻底解决，率先迈入人水和谐的生态文明社会，实现水清、泉涌、流畅、岸绿、景美、水安澜的美丽松辽和幸福松辽园景。

贺瑶：是一个很好的期待，我相信有很多像谢老师一样，在东北成长的年轻人，同样对于这片土地怀抱着深厚的情感，那接下来的视频，就是中青校媒邀请在东北读书的高校学子，特意制作的对于母亲河的祝福，一起来看。

黑龙江科技大学贾婉艺：我是来自黑龙江科技大学的贾婉艺，我的学校坐落在美丽的松花江畔。在校内，每当我推开窗，映入眼帘的便是松花江那浩荡无际的江面。哈尔滨作为我求学的第二故乡，松花江也自然而然成为了我的母亲河。

依稀记得，每到冬天，松花江面云雾缭绕，阳光洒满了冰面，隐约还能听到江边吹奏《喀秋莎》的萨克斯乐音，萦绕在空中，洗涤着人的心灵。这就是我钟爱的松花江，我的母亲河。

沈阳师范大学王晨瑞：我是沈阳师范大学的王晨瑞，我来自辽宁丹东，而我的大学所在地沈阳，也就是我的第二故乡。当我刚入学时，我们的老师就和我们说过，浑河养育了沈阳人，因此浑河也就是我的母亲河。

浑河古称沈水，又称小辽河，历史上曾经是辽河最大的支流，现为独立入海的河流，同时，也是辽宁省水资源最丰富的内河。接下来让我们一同欣赏浑河的景色。

2022年的暑假，我和我的朋友们选择留在沈阳，我们所居住的房子位于浑河岸边。在这期间，浑河对我而言，已然成为生命中不可或缺的元素。

每当工作任务使我超负荷时，我会约上三五好友去浑河岸边跑步、运动，去享受多巴胺带给我的快乐。抑或是约上闺蜜，去岸边的公园里感受油菜花的魅力，去寻找百合花的芬芳。到了傍晚时分，吹着河边的风，与同窗们支起帐篷，一起去享受音乐，一起去发现浑河的美。

贺瑶：其实看了这么多年轻学子的视频，我自己也是深有感触。两个多小时的直播，一路走下来，我们看到的不仅是松辽流域美丽壮阔的自然风光，更是它背后所带动的社会发展，和它所滋养的人文情怀。

张默：没错，谢老师，今天您跟随着我们的镜头再次领略了松辽流域两条河流的风采，您看过之后有哪些新的感触，可以跟我们分享一下吗？

谢新民：好的，在祖国欢庆节日期间，我能参加和再次领略松辽流域风采，感到非常高兴。在节目最后，衷心祝愿我们国家欣欣向荣，不断发展强大，期待这片黑土地上的人民，通过不懈地拼搏和创新，开创全面振兴、全方位振兴新局面。

贺瑶：的确，四期的"江河奔腾看中国"让每一位观众，包括我自己，都加深了对于母亲河的感情。我自己就是在北京长大，对于北京的大运河也别有一番感情。说到这里，明天《中国青年报》将带您走进"江河奔腾看中国"的最后一站，京杭大运河。

张默：那明天的同一时间，张默继续陪您一起"江河奔腾看中国"，我们明天再见。

贺瑶：明天再见！

谢新民：再见！

（https://news.youth.cn/gn/202210/t20221004_14041184.htm）

千年大运河，奔涌向未来

张默（音）：观众朋友们大家好，您正在收看的是由中国青年报为您带来的十一特别系列直播节目《江河奔腾看中国》，10月1号到5号每天2小时，我和搭档程斯（音）陪您一起云游祖国江河。今天的直播节目现场我们邀请到了一位老朋友，来自水利部水利水电规划设计总院总师办主任正高级别工程师赵钟楠主任，继续带我们用科学发展的眼光观察欣赏。

赵钟楠：两位主持人好，观众朋友们大家好，非常高兴能再次走进直播间。

程斯：今天已经是国庆节的第5天了，也是我们江河奔腾看中国的最后一期。今天我们带大家走进京杭大运河。

张默：提到京杭大运河，相信很多人对于它的印象大多是来自于历史课本当中。

程斯：没错，隋炀帝下令开凿修建京杭大运河到今天已经有2000多年的时间了。下面我们一起简单了解一下。

解说：通波千里，谱写大地史诗。纵贯南北，见证沧桑巨变。跨越古今，赓续中华文明。一条大运河，半部中国史，如果说万里长城是巍巍神州傲然屹立的脊梁，那么中国大运河则是泱泱中华生生不息的血脉。2014年6月22日，在第38届世界遗产大会上，中国大运河正式列入世界遗产名录。这条世界上里程最长、最古老、工程最大的人工运河，成为中国第46个世界遗产项目。

中国大运河始建于春秋，贯通于隋唐，取直于元，兴盛于明清。历经2500余年的时空变迁，作为中国古代劳动人民创造的世界奇迹，展现了东方文明在水利技术和漕运管理上的杰出成就。

作为古代中国南北交通的大动脉，及文化融合的重要纽带，它曾深刻影响了一个文明古国的统一、融合、兴盛与繁荣，是中华民族活着的文化遗产，流动的精神家园。

始建于公元前486年的中国大运河，全长2700公里，跨越地球10多个纬度，纵贯中国东部的华北平原与江南水乡，通达海河、黄河、淮河、长江、钱塘江五大水系，是世界上最宏伟的古代四大工程之一。中国大运河由隋唐大运河、京杭大运河、浙东运河共三大部分，十段河道组成。大运河系列遗产分布于沿线8个省市27座城市，包括河道遗产27段，总长度1011公里，相关遗产点58处。包括闸、堤、坝、桥、水城门、纤道、码头、险工等运河水利与航运工程遗存，以及仓窖、衙署、驿站等配套和管理设施。还包括伴生的建筑、园林、历史文化街区和环境景观等共364项。中国大运河承载着王者的雄心，流淌着百姓的辛酸，映射着我国古代水利专家与劳动人民的伟大创造。大河之上，无数熠熠生辉的名字闪耀在历史的星空，他们或以开天辟地的韬略连贯江河、沟通南北，首创世界之最。或以巧思卓越的智慧，截弯取直、节水行舟，让航运不再取道漫长。或以战天斗地的果敢，束水冲沙，借清刷黄，于泛滥溃决中力挽狂澜。

中华民族用代代传承的自强不息创造奇迹，让瑰丽的运河文化在清波荡漾里生长，哺育繁荣，焕发新生。尤其进入新时代以来，随着国家《大运河文化保护传承利用规划纲要》的出台，古老运河重焕生机，迎来复兴的高光时刻。因河流而重生，因河而兴的河畔城市，在保护与传承之上多元发展，串珠成链，讲述着一条古老河流的新时代故事。

张默：看过视频简介首先就有一个问题，首要的是古人为什么要开凿这样一条大运河呢，它对我们的时代又有怎么样的影响，这里想请赵主任为我们从专业角度介绍一下。

赵钟楠：好的，一般我们提到的中国大运河包括了京杭大运河、隋唐大运河和浙东运河三部分，刚才短片里面已经介绍了。京杭大运河是最主要的部分，它始建于春秋时期，是世界上开凿时间较早、沿用时间最久、规模最大的一条人工运河。在我看来，京杭大运河的重要性体现在三个方面。

首先它是一条贯通南北的，我们东部的大河基本是东西走向的，而京杭大运河自北向南纵贯我国东部平原，地跨北京、天津、河北、山东、江苏、浙江六个省市，与五大流域多个河流湖泊相互连通，构成了复杂多样的水网体系。正由于它贯通南北，可以衔接京津冀协同发展、长江经济带发展、长三角区域一体化发展、黄河流域生态保护和高质量发展等这些区域重大战略。沿线地区以占全国不足10%的国土面积，承载了超过三分之一的人口，和一半以上的经济总量。

二是连通古今，京杭大运河是具有2000多年历史的活态遗产，沿线的水工依存、运河古道、名城古镇等物质文化遗产超过了1200多项，列入了世界文化遗产的就有80多处，是我国优秀传统文化高度富集的区域。不仅如此，如今大运河仍然发挥着内河航运、输水排水、灌溉等功能。其中黄河以南段通航长度超过1000公里，年货运量5亿吨，是仅次于长江的黄金水道。今年我们又成功实现了黄河以北段百年来的首次全线通水，这必将带动我们京杭大运河未来新的发展。

三是文化深厚，刚才短片里面已经介绍了，京杭大运河融汇了京津、燕赵、齐鲁、中原、淮扬、吴越等地域文化，以及水利文化、漕运文化、船舶文化、饮食文化等文化形态，形成了诗意的人居环境、独特的建筑风格、精湛的手工技艺、众多的民间故事，以及丰富的民间故事，可以说京杭大运河蕴含了中华民族悠远绵长的文化基因，凝聚着中华文明数千年的灿烂辉煌。

程斯：没错，听完您的介绍，总结来说它就是南北水系的重要通道，还有重要的历史文化价值，还有政治、经济也很重要。今天我们的旅程就要从大运河的南端浙江杭州出发，这一段风景非常优美，沿岸有很多著名的景点，下面我们就一起走进运河的浙江段。

张默：一起来看。杭州有很多古老的街区，比如，讲到杭州有大兜路、桥西、小河直街，它们现在都被改造得非常现代化，成了许多年轻人的拍照打卡胜地。

程斯：没错，在当地相关部门的统筹改造之下，现在的运河可以说是真正打造出了具有时代特征和杭州特色的景观河、生态河、文化河，出现了一批网红历史街区。不仅丰富了周边居民的文化生活，也带动了当地的旅游经济。

张默：确实如此，对于街区的改造既保留了杭州的市井文化，又融入了青年气息，所以接下来让我们一起到那儿看一看。

张默：看过这三个被改造的街区确确实实吸引人，要么说它既保留文化特点，又洋溢着青春气息，吸引了一大批青年人前去打卡。改造后的街区给大学生们又留下了什么样的印象呢？接下来让我们一起来听听浙江中青校的学生代表是怎么说的。

冯易初：这里是杭州，大家好，我是中青校浙江的冯易初，如果要说一个极具江南特色的地方，京杭大运河边的历史街区一定榜上有名。今天我想给大家介绍的是历经修复和再造的大兜路，趁着天清气爽，找个周末的午后，约上三五好友去大兜路历史文化街区骑车，比起市区的热闹，这里更像是另一个世界，没有川流不息的游人，也没有熙熙攘攘的时刻，有的只是惬意和舒适。

在这儿吃饭绝不会有人挤人的烦恼，点一杯香醇的咖啡，在运河边看看风景，悠闲地享受一段难得的静宜。如果你是文创爱好者，绝对不能错过运河专属福袋，我最喜欢的手做店，来一次手工DIY，如果时间充裕，建议拍几张照片，写几张明信片存入邮箱，寄给远方的家人，分享此刻的喜悦。

沿着运河，经过树林浓郁的小路之间，那里的书馆、茶店、艺术空间都充满文艺气息，绝对称得上是宝藏地点。吃过晚饭的本地人会来这儿散步、消食，人文景观和自然风景的融合，使古旧的街道更加凸显出它独特的人文气息。

为迎接亚运盛会，提升景区品质，杭州本着修旧如旧的原则，起动运河历史街园区提升改造工程，自谋划之初市民游客就为大兜路历史文化修复和提升工作提出了许多好的想法和建议。目前整个沿河绿化更新项目正在逐渐收尾，杭州将打造更多休闲舒适的公共空间，为市民和游客们提供更多便利。

悠悠运河边，历史街区将杭州千年的历史文化底蕴和江南风情偷偷珍藏，让我们共同期待运河边更美好的遇见。

程斯：看完他们分享的感受，我觉得下次咱们可以一起去，到大兜路走一走，喝杯咖啡，吹吹河风，拍拍照。

张默：约上赵主任一起。

赵钟楠：同去。

张默：那咱们说走就走，听说杭州除了街区有一些工业园区也被改造成了休闲娱乐的新场所。

程斯：没错，比如，十一期间刚刚正式向民众开放的小河公园，就是由一处老油铺改造的，曾经的工业园区也成为杭州市民游览运河的新去处。

张默：现在我们就一起去了解一下小河公园的前世今生，看这运河边曾经的工业园区是如何摇身一变，成为工业遗产景观的。

程斯：看到小河公园的大型油罐我第一个想到的是北京的首钢园，今年北京冬奥会结束后，首钢滑雪大跳台也是作为后冬奥时代的遗产，成为了市民休闲娱乐的好去处。

张默：没错，老工业园区在改造后也可以说是重新焕发生机。像杭州当地保留下来的不只小河公园，还有不少改造项目，我们也想请赵主任谈一谈这些改造中的项目，对运河沿线的经济发展和文化传承都有哪些意义？

赵钟楠：好的，大家都知道，我们说上有天堂下有苏杭，杭州的发展运河在其中发挥了举足轻重的作用。大运河奠定了杭州的城市格局，见证了城市发展，扩展了城市空间，繁荣了城市经济，丰富了城市文化。所以说大运河是哺育杭州成长的母亲河，维系城市兴衰的生命河。

运河两岸曾经是杭州市民生活居住的黄金宝地，但是20世纪下半叶开始，一些城乡建设活动挤占了大运河的一些生态空间，部分岸线缺乏有效的维护，河段冰河湿地淤积退化，河流水质变差，生态系统服务功能变差，所以当时运河两岸的居民苦不堪言。

进入新世纪以来，杭州实施的运河综合保护工程，确立的第一个目标就是要还水于河，还河于民。此后杭州市实施了运河沿岸的改造项目，就像我们刚才看到的，一方面通过实施景观园林绿化工程，建设了两岸的旅游步道，改善了运河自然生态，修复了运河的人文生态，实现了公共资源利用效益的最大化、最优化，也拉动了城市经济发展，吸引人才留住。另一方面沿岸改造项目在新建改建的同时，也加强了对于沿岸一些古建筑、古工业区的保护，恢复了一批历史宜居街区，保留了市井文化，又加入了青年的气息。

程斯：从您的讲解中我们对杭州这种还河于民，注重保留市井文化的改造方式，也有了一定的了解。

张默：下面要给大家介绍的是长安闸，长安闸是世界水运史上现存建筑年代最早的复闸实例，它始建于唐贞观年间，位于海宁市长安镇，是连接江南运河和上塘河水系的重要水利枢纽工程，在交通和军事上都非常重要。清中期后逐渐废弃，现在也仅存遗迹了，但2014年它成为了世界文化遗产京杭大运河嘉兴段的两个遗产点之一。

程斯：听了张默的介绍，我们就继续去了解这个曾经被誉为临安府的咽喉，见证了运河发展变迁的长安闸。

张默：一起来看。

程斯：我们了解到长安闸是中国古代系统水利工程，它在历史上发挥了什么作用？到今天它又扮演了哪些新的角色，我们也专门请到了浙江省海宁市文保所的徐超老师，请他远程为大家介绍一下长安闸，一起了解一下。

徐超：长安三闸的运行水是比较复杂的，在北宋的一个日本僧人成寻，他的《参天台五台山记》中有比较详细的记载。北宋时期的日本僧人成寻，他来到中国参拜天台山五台山，经过了我们的长安闸，他在书里面记载了长安闸的具体运行方式，通过三道闸门的次第开闭，调整船闸式的水位，来达到上下水位的平水，解决上河水系和下河水系的通航水平。

但是三闸运行中不得不考虑的一个问题是，在船闸开启的过程中，上河的水位会流失，而上河的水来自于杭州西湖，它的水源并不充足，所以上河的水是比较宝贵的。如何才能避免在船闸运行的过程中上河水的流失，在这之后，成寻过长安三闸不久之后，在三闸的旁边又设置了两澳，就是上澳和下澳。所谓的两澳用我们现在的理解来说就是一个蓄水池，在长安三闸闸门打开的同时，上河的水把它积蓄到两个水澳中，这样就避免了因为开闸而导致的上河水位的流失。

我们知道运河的运行是需要一定水位深度的，如果水位太浅，船只将无法行驶。而我们前面讲到的上河水的水源是西湖，水源并不充足。因为两澳的存在，就是两个蓄水池的作用，还有一个作用，就是在枯水时期长安三闸也能正常运行，通过两澳来对三闸进行水位的补充。因为长安闸等一系列水利设施的存在，便利的交通也促进了长安镇经济的发展，北宋时期长安镇就已经存在了。

到了明清时期，虽然运河的主航道不走上塘运河了，在元代以后运河主航道进行了改道，不走长安的上塘运河。但是长安的水利条件依然存在，水运依然繁忙，长安镇的经济也得到了快速的发展，成为海宁市最大的两个市镇之一。在长安镇我们也形成了比较繁荣的米市，被称为江南第二大米市，仅次于苏州枫桥的一个米市。正是因为长安闸的存在，使长安镇交通便利，所以才形成了长安镇市政的繁荣。

运河申遗成功后，我们加强了对长安闸的保护利用措施。首先是建设了大运河长安闸遗产馆，在这个遗产馆里面我们通过一些图片、沙盘模型等等展现了长安三闸两岸科学运行的过程，并展示了我们进行考古发掘的成果展示。对海宁长安镇大运河沿岸的一些东中西老街进行了保护性的改造，优化了它周边的一些风貌。

另外，我们注重保护长安与运河有关的一些非物质文化遗产，像芽麦圆子、长安宴球等等。我们注重打造大运河的旅游，计划跟周边的一些运河古镇进行联动。再就是我们准备开发一些长安镇高校，比如，像东方学院等等，校地合作的一些项目，加强大运河文化的研究，以及一些研学的活动。

张默：感谢徐超老师的精彩分享，我们继续。刚刚通过徐老师的分享，我们可以看到运河见证了沿岸的历史，同时岸边的人们也在运河。下面来看一部以杭州半山电厂拆除为主题纪录片。半山电厂坐落在大运河的沿岸，片中一位00后新杭州人的视角出发，见证了电厂最后一座冷却塔拆除的最后40个小时。

我们厂有自己60多年的历史故事，现在，在职员工平均年龄40岁，我是厂里唯一一个00后，虽然我只在这里工作了一年几个月，但我也见证了这个厂的时代变革。以前5座冷却塔是我们的地标，现在最后一个也马上要拆除了。

听老师傅们说半山电厂始建于1959年，属于京杭大运河最南端的工处，初建的半山电厂是军用电厂，如果把电厂修建在明面上，就会被敌人用战斗机狂轰乱炸。所以虽然这离半山很远，但也建名为半山，去迷惑敌军。从使用燃煤发电机的黑金时代，到实现无污染物排放的蓝天时代，可以说我们电厂见证了浙江工业时代的兴衰与蜕变，承载了几代人的工业记忆。

事实上我们都很不舍得，只是烟囱时代已经过去了，在数字化和智能化的新时代里，它注定要随着杭州城市建设而谢幕。

我是赵英岐，00后，摩羯座，是一个地道的东北人，同样也是一个新杭州人，这是我来到杭州的第二年。我为什么来到杭州呢？因为我来之前大家都在说杭州是一个互联网网红的城市。但是我印象里的杭州正如古诗里所说："欲把西湖比西子、淡妆浓抹总相宜"的美景之城。未来我还想继续在杭州生活，年轻人的奔赴，继续让杭州这座城市永远饱含着青春和活力。同时杭州也为我们提供了奔向更好未来的保障。

程斯：就像纪录片里提到的，告别是为了更好的开始，在京杭大运河2000多年的漫长岁月里，它见证了沿岸无数次的新旧更替。在这个过程中一批批青年人也为运河沿岸的发展贡献了智慧。在运河流经浙江的一处村落里，就有这样一位年轻人，他的出现就为当地带来了重要的变化，让我们听听他的故事。

解说：位于浙江省长兴县的华西村人烟稠密，水体纵横，美丽乡村建设如火如荼，年轻的村干部王云峰每天都要到正在挖河筑堤的工地现场去看看。

王云峰：这条河道未来除了两边会装好护栏，还会沿着河岸做亮化，就是那个灯带全部打亮。

解说：王云峰的家就在华西村，2016年他大学毕业后考取了华西村的工作岗位，可回村后他才发现，同村长辈村民们的名字他自己都叫不出来，除了日常工作自己还能为村里的发展做些什么，更是找不到突破口。

王云峰：我找不到应该为了这个村庄发展贡献一些什么力量，归根到底就是我跟这个村庄脱节了。

解说：2017年王云峰参与了村里的一项重点工作，清理河湖污染，恢复水系健康，华西村河湖交织共有大小水体200多个，王云峰小时候经常在这些水塘里戏水游泳。可20年的发展建设却让这些曾经的清溪变成了臭水沟，鱼塘变成了污水池。为了完成好这项工作，王云峰跟着村里的老同志们一个个池塘进行现场踏勘，晚上在电脑上给村里的水系水体建立地图档案，还给每一个小水塘都起了名字。

王云峰：这条河是谁的，我们以他的名字来取。比如说，这条河叫建国塘，因为这家人家叫王建国。

解说：王云峰仿佛一下子找到了打开工作局面的突破口，他背着相机走遍了全村200多个河湖水体，认识了很多以前不认识的村民，摸清了每一个水体的污染状况，还利用电子地图绘制华西村治水清淤作战图，给每一个水体都编写了有针对性的病例卡，和治污策划书。后来王云峰又想到用无人机进行日常巡查，经过几年持续治理，华西村生态环境和村容村貌彻底变了样，绿水青山给村民们带来了经济收入和实惠，也带来了生活习惯的改变。

王云峰：现在河边上，河搞那么干净，你好意思扔垃圾吗，他们也不好意思，对老百姓是一个长期影响的过程。

解说：2020年王云峰获得由共青团中央，联合生态环境部、全国绿化委员会等颁发的第九届全国母亲河奖、绿色卫士奖。经过三年的治水治污，王云峰也真正走进了故乡华西村，他注册网名村口小王，为村里的农特产品直播代言。搜集整理华西村名人古迹、诗歌绘画、历史掌故，他编写了超过100万字的村镇历史文化资料，他对全村35周岁以下的400多名青年进行摸底建档。先后组建了青年篮球队、春泥服务队。从修复乡村生态环境，打造绿水青山，到修复乡村文化环境，打造精神家园，王云峰也找到了奋斗的目标，那就是用自己的努力为家乡书写新的历史。

张默：既打造绿水青山，又建设精神家园，这样一位有担当、有能力的年轻村干部，为他的家乡注入了满满活力。而接下来的这位青年又在以另一种新颖独特的方式，在运河沿岸创造着价值。一起来了解一下。

解说：自成为两宋的生命线起，京杭大运河就越来越多出现在诗人画家的笔端，凝固为永恒的瞬间，流传千年。最近这些静止的送运场景在京杭的一群年轻人手里活了过来。

嘉宾：我们找了一些有大运河、西湖这些杭州地标的古画，再运用一些动画的小技巧，让里面的人物、动物、器物，根据剧情需要动了起来。最早用这种形式是去年12月，当时我记得有一个艾灸馆有聚集疫情，我们在找素材时又刚好看到南宋李唐的画作《艾灸图》，觉得把这两个东西结合在一起为疫情防控的正面宣传出份力，十分有趣。

解说：2021年12月19日，用《千里江山图》《艾灸图》《眼药酸图》等古画局部做成的宋运版防疫指南，在各大短视频平台上线了。

嘉宾：可能之前大家都没有见过这种形式，觉得比平常的标语横幅大字海报要有意思一点，也就乐意给我们点点赞，转发到朋友圈。后来美丽浙江这些官媒看到了，也转发了，一下子就火爆了。

解说：老百姓用手投票的结果，不仅成就了一个小爆款，让出门要戴口罩，非必要不聚集等防疫行为规范，更为深入人心。在这之后的春节、端午等传统佳节，团队陆续推出了有浙江特色的宋运文化宣传片。前不久，浙江省举办了"诗画江南、活力浙江"全球短视频征集大赛，已经把这个形式做顺手的团队立刻就报了名。

嘉宾：浙江这两年大力打造宋运文化，我们作为扎根杭州的内容生产团队，很高兴能贡献自己的绵薄之力。诗画江南和活力浙江两个结合在一起，第一时间我能想到的就是大运河。

解说：在离职创业前李欣阳所在的单位有一个传统，过完年开工的第一天都会组织员工顺着大运河岸边走一圈。

嘉宾：领导说这叫走运，希望大家在新的一年里工作和生活都能有更好的运气。一次次的走运过程中，我逐渐了解到大运河有数千年历史，频繁出现在文人墨客的诗画里，同时这条水路又是钱塘自古繁华的源头之一，到今天都还发挥着经济动脉的作用。所以这次要夸夸我的城，第一个浮现在我的脑海里的就是大运河。

解说：和很多新老杭州人一样，李欣阳在说到杭州时，喜欢在前面加一个前缀我的城。

嘉宾：我是2000年到杭州上大学的，来了以后就再也没离开过。20多年，眼看着这座千年古城，历久弥新，同时又可以日新月异，焕发出勃勃生机，你很难不爱它。

解说：李欣阳也相信平均年龄不超过25岁的飞鸟与禾团队，可以凭借自己内容创造的能力，在跟这座大运河畔的美丽城市深度绑定中，收获好运和美好未来。

程斯：宋运版防疫指南确实让人眼前一亮，静止的作运场景在李欣阳和同伴们的手里活了起来，这体现的不仅是科技的进步，更是年轻人对传统文化的创新传承，也体现了他们扎根杭州、建设杭州的决心。

张默：李欣阳眼里的大运河是什么样的呢，如今的京杭大运河在通过逐年改造后褪去了陈旧，变得更为现代化。作为这一过程的见证者，他又有哪些感触和心得呢？一起来听听李欣阳的心声。

李欣阳：我眼里的大运河是美丽的，可亲近的，生机勃勃，并且未来有无限的可能。我在大运河边20多年，是眼睁睁看着它从一个灰姑娘变成了一个大家闺秀。我的感触就是，这个过程中政府需要做很强的规划，并且有很强的执行力，同时老百姓市民的文明程度也要逐步的提高。只有在这两个点上都得到了体现以后，整个大运河的生态才可以恢复，才可以到今天这样一个，你在边上走过就会觉得赏心悦目的结果。

内容产业最重要的就是人，现在对年轻人来说最需要的就是他们能够去提供创意，而创意的产生就在于你要给他们一个自由的环境，并且不能给他们灌输一些你认为正确的或者重要的东西，而是说你应该去引导他们。所以像我们这次这种形式，我们自己内部认为是很好的。因为技术是年轻人的技术，但是我们用到的这些材料是古代先人留下来的文化的结晶。把这两个结合在一起，某种程度上我们可以做出更好的内容，同时又可以让年轻一代通过这样子的方式方法，他可以更自发的了解这些古代优秀的文化遗存的动力。

张默：谢谢欣阳，我们也希望看到有更多像他们一样的青年力量，为运河沿岸的发展赋能。这里想问赵主任一个问题，刚刚我们听了两位创业青年的故事，能不能请您谈一谈运河给青年人带来了哪些影响和机遇，以及未来可能会有怎样的发展趋势。

赵钟楠：好，穿越古今的运河，一直随着时代的发展而不断变化着。在我看来新时代的青年是运河文化的传承者，是运河故事的讲述者，是运河精神的守护者，一系列的运河保护治理工作都给我们青年人提供了广阔的舞台。

一是从运河水利治理来看，运河航运的转型、扩能、升级，生态环境的保护、治理，以及以京杭运河作为主要通道的南水北调通线工程等一系列的重要工程，都呼唤着我们更多的青年团队加入，也期待着更多的青年志愿服务组织相伴守护。

二是从我们传承运河遗产来看，一系列探索京杭大运河重现青春，比如我们前面看到的水闸、码头重焕新生，"九龙漱玉"景观再现，通州船工号子深深入耳。另一方面运河博物馆、运河书院等拔地而起，原创的歌剧、舞剧惊艳亮相，更多的青年正以深度的文化认同和共建、共治、共享的主人翁姿态，不断壮大守护着大运河文化的青春队伍。

三是从助力运河区的发展来看，今天的大运河依旧是带动沿线区域经济社会发展的活力引擎。在北京城市副中心、运河商务区、全球财富管理中心加速建设，第一码头漕运古镇变身高新设计中心等等，在山东梁山运河新航道，现代化船闸都助推北门南运，打开产业新格局。在浙江乌镇，河畔互联网+的水乡孕育着数字经济、人工智能的新动能。这些都可以看到大运河畔的青年群体，正为着区域创新、协同、融合的发展，扬帆击鼓，凝聚力量。

程斯：听完您的介绍，我们真的是对运河沿线的发展建设充满期待，与此同时我们也非常的好奇与浙江为邻的江苏这些年又发生了哪些变化呢？下面我们就继续北上，走进运河的江苏段。

张默：走进江苏段，这次让我们把目光转向位于常州市区东部的常州经开区，这里是沪宁创新走廊与长期经济带的重要战略节点，也是长三角一小时经济圈的核心地位。

程斯：没错，在经开区的南北两岸分别是民国风情的文化公园和梧桐成荫的延陵东路，可以说这里在四季更替中守望着近代工业文明的沧桑巨变。下面让我们一起走进常州经开区。

相信大家已经对常州段经开区有了一定的了解，赵主任，想请您给我们介绍一下近年来常州地区运河沿岸的工业发展历程。

赵钟楠：好的。之前我们在参与有关大运河的规划编制工作中，对于沿线经济社会发展的历史也做了一些了解，自己从一些方面谈一些粗浅的认识。

因为常州自古为三吴襟带之邦，百越舟车之会，大运河从常州穿城而过，千年来南北来往的舟楫，推动了常州从农业文明一路流向工业文明，运河两岸烟囱林立、厂房如织，这就是常州工业与运河交织的一个生动的写照。

常州经开区作为我国近代民族工业重要的发源地，也是常州百年工业的一个发展的地方。在这里我们都知道曾经有荷花牌灯心绒、常柴牌柴油机、东风牌手扶拖拉机、红梅牌照相机等一批享誉全国的产品，是全国文明的工业明星城。

近年来常州把工业遗产保护和城市更新、创业经济相融合，形成了常州工业遗产保护与活化利用的常州经验。特别值得注意的是，常州也把运河的保护治理作为一项重要的工作，进入新发展阶段，贯彻新发展理念，构建新发展格局，在高质量发展的主题下，常州将运河原有资源内力转化成发展的张力。一方面加大力度推进运河文化，建设与科技、商贸、体育等产业深度融合；另一方面很重视运河文化的保护传承利用，努力把大运河文化带常州段建设成为高颜值的生态长廊、高品位的文化长廊和高效益的经济长廊。

程斯：感谢赵主任的建设，通过您的介绍我们也相信有这样完善的保护措施，我们未来也可以更好地去延续运河的千年历史。接下来我们顺流而下，近距离了解一下谏壁船闸。

解说：世界水能第一大河的长江，与世界历程最长、工程最大的古代运河，凭自然之壮美，人工之伟丽，在江南古城镇江交汇。素有江南第一闸美誉，正式通航42年，安全运行超15000天的谏壁船闸，传承历史文脉，守护港航安全，更赋予了这一历史交汇点新的智慧和生机。

1980年7月11日，当年在内河船闸中已属大型的谏壁船闸一线闸正式通航，自此大运河镇江段一改原来靠天吃饭的原始航运面貌，第一闸也担起振兴港航经济排头兵的重任。42年里，第一闸已历三次飞跃，"十三五"期间第一闸更是连年实现船舶通过量、货物通过量双过硬。"十四五"伊始，第一闸正在变得更聪明、更绿色、更惠民。

集首创靠闸与通闸相结合的集中控制运调放闸模式，率先推行一站式服务，首个推行水上ETC智能便捷过闸系统等后，实现5G全覆盖的谏壁船闸，为京杭运河镇江段智能感知网的铺开，电子航道图的绘制，畅通港航关。既严格落实过往货船油水分离，生活污水集中上岸清理，大功率船舶安装空气防污装置等要求后，谏壁船闸集管理与服务，一手为使用清洁能源的船舶打开优先过闸绿色通道，建设绿色航道；一手杜绝不菲（音）等船舶进入运河，守住水质闸。

继新冠肺炎疫情发生以来，全省船舶待闸时间最短，运转效率最高，安全系数最大的谏壁船闸，克服多种不利因素，打出安全保畅组合拳。对运输生活物资、首要生产物料的船舶采用优先放闸，大数据预测过闸时点等新举措，提升便民项。

舳舻转粟三千里，灯火临流十万家，如今入选江苏省最美运河地标的谏壁船闸，正以崭新的姿态，应运长江大保护的宏大背景，顺应长江经济带高质量发展的历史潮流，为千年古运河绽放新时代新活力而继续奏响华美乐章。

程斯：通过刚刚的一番云游，我们对谏壁船闸有了更多的了解。想请赵主任为我们具体介绍一下谏壁船闸的情况，以及它是如何促进经济发展的。

赵钟楠：好，谏壁船闸地处于长江与京杭运河的交汇处，素有江南第一闸的美誉，常年通航的船舶遍布全国10余个省市，成为江苏省内河运沟通南北、横贯东西的重要的交通枢纽。船闸的发展和变迁与改革开放同步，改革开放40多年来，谏壁船闸从最初年设计船舶通过量2000多万吨，到如今超过1.5亿吨，通航的船舶从数十吨至百吨的小船，发展到如今的千吨级大船，可以说船闸的发展见证了改革开放后水运经济的腾飞。

程斯：确实是这样，船闸的通航能力可以用飞跃来形容，刚刚我还注意到一点，就是数字化管理技术的运用。其实现在数字化已经是进入我们生活的方方面面。赵主任，您能不能给我们介绍一下数字化这项技术在运河沿岸是怎样运用的呢？

赵钟楠：是的，从谏壁船闸的发展来看，智能、便捷已经成为船闸服务水运的新目标、新方向。近年来，谏壁船闸开创了集中控制运用的模式，同时创新使用水上ETC、红外线激光监控、智能网络通信等一系列高科技产品，使谏壁船闸成为全省船闸待闸时间最短、运转效率最高、安全系数最大的船闸之一。

说起运河沿岸的数字化管理就必须要提到我们的大运河国家文化公园数字云平台，通过数字云平台的建设，我们整合了大运河沿线文物、文化、生态、产业等资源，构筑了运河文化产业生态圈，打造了世界级的运河文化品牌，形成了运河文化资源的保护、传承利用，与沿线城乡发展、人民生活全面融合的一个格局。与此同时，我们还要把握好沿线传统业态的升级和新兴业态发展的关系，取长补短，有效衔接，顺应运河发展，从而实现数字化、智慧化的转型。

程斯：感谢您的耐心解答，除了技术运用的话题，城市和自然如何和谐相处、融合共生也是永远不变的一个课题。洪泽湖湖区曾经也因监管不力等因素，使湖泊的各项功能都受到了影响，现在在积极的生态治理措施之下，洪泽湖重现了生机，让我们去看看洪泽湖经历了怎样的改造过程，如今又焕发了怎样的光彩。

和洪泽湖有一个相同境遇的还有潘安湖，下面我们把视线转移到徐州段的潘安湖湿地风景区，这儿是全国资源枯竭城市转型的典范之一，曾经是权台矿和旗山矿的采煤塌陷区域，也是当地塌陷面积最大、最集中的一块区域。其实潘安湖它本不是湖，原来可以说是坑洼破败、灰头土脸，和美丽是没有一点关系，雨天一身泥，晴天一身灰，是当时周边居民生活的真实写照。但是经过治理和修复，昔日满目疮痍的矿山、矿坑，如今破茧成蝶，蜕变成风景宜人的湿地公园。华丽转身的背后，深藏着理念之变，一起了解一下。

确实很难想象这里曾经是雨天一身泥、晴天一身灰，所以生态环境治理确实是久久为功。

张默：没错，我们能看到如今的潘安湖焕发了别样的生机。接下来我们请赵主任为我们介绍一下，近年来为了治理运河沿岸的生态环境，我们都做了哪些努力呢？

赵钟楠：好。党中央、国务院高度重视大运河的治理保护与利用工作，沿线各省市和国家有关部门近年来围绕大运河的生态环境保护治理，开展了大量工作，取得了明显的成效。主要包括两个方面，一是加快水资源保护和水环境治理，沿线省市均把加强大运河的水资源保护和生态环境整治作为一项工作重点，依托全面推进河长制、湖长制，沿线省市基本建立了省市县乡四级河长体系，制订了一河一策的行动计划，开展了运河水功能区管理、入河排污口整治、运河污染源整治等一系列重要的工作。并且结合南水北调东线工程治污对东线核心区域的江南运河的江苏段、淮阳运河、中运河段都进行了全面的治理和保护。

二是积极开展了沿线河湖的积极治理，结合淮河治理，对梁济运河、南四湖、韩庄运河，以及洪泽湖，都进行了系统的治理。结合太湖治理，对无锡走马塘、新沟河、新孟河实施了延伸拓浚，太嘉河及杭嘉湖地区环湖河道的整治等等，结合城市防洪和水景观建设，也实施了像通卫河北京城市水系综合政治、北运河天津城区母亲段南运河津海段等等方面的运河的输水排涝功能的整治，通过这些措施，改善了生态环境。经过多年的不懈努力，大运河沿线水生态环境状况不断改善，山东段基本消除了劣V类水体，苏北段水质整体为Ⅱ到Ⅲ类，大运河及沿线河湖生态状况持续向好。

程斯：的确是持续向好，现在京杭大运河已经实现了百年来的首次全线贯通，给沿线的历史文化、经济建设、生态环境发展等等都带来了新的生机。在绿水青山就是金山银山思想的指导下，赵主任，想请您为我们讲解一下，运河沿岸是如何在保持经济发展的同时，兼顾绿色生态的呢？

赵钟楠：好的。其实大运河还存在着一些部分河道断流，水岸线侵占、水体污染这样的问题，目前主要从三个方面来推进保护大运河治理工作。

一是改善河道水系的水资源条件，针对大运河不同河段的水资源条件与用水需求，我们强化大运河沿线地区的水资源节约、集约利用，加快沿线地下水超载的综合治理，健全水资源优化调度的配置体系，为我们大运河的文化带建设提供一个坚实的水资源保障。

二是促进岸线的保护和服务提升，我们严格大运河水域岸线的空间管控，推进大运河水利基础设施网络建设，强化水利工程的维修、养护，加强水利遗产的保护和利用，着力恢复河道干净整洁的面貌，使岸线成为大运河文化生态系统的一个重要的组成部分。

三是我们加强水生态的保护和修复，针对我们大运河分段水生态特点、功能定位和存在的问题，我们分段施策，改善大运河水生态环境状况，保护和恢复大运河河湖的基本形态，恢复大运河的绿色生机，为大运河整个水生态服务功能提升做贡献。

张默：非常感谢赵主任系列、系统的解答，让我们充分了解了蜕变后的付出，洪泽湖和潘安湖的环境蜕变也让我们看到了理念之变的扎实的力量。

程斯：的确是这样，对京杭大运河来说，生态发展和经济文化建设是相辅相成的，看到这里让我们一起听听中国青年报特别推出的《江河奔腾看中国》主题音乐MV《奔腾》，再次领略京杭大运河的风采，一起来欣赏。

（播放MV《奔腾》）

张默：对了，斯斯你知道吗，2015年6月30日在多位文史专家的见证下，京杭大运河北起点标志碑在北京通州区立下了，正式确立通州为京杭大运河北起点。下面就让我们本次直播最后一站，来到了北京。

程斯：接下来我们把时间交给北运河畔的第二演播室，看看他们将会带来哪些有关大运河的内容。

记者（张敏）：谢谢斯斯和张默，奔流的江河，流动的文化，在历史上京杭大运河的北端到涿郡，也就是如今的北京。接下来中国青年报社联合北京市通州区融媒体中心，带着大家一起来到京杭大运河的北京段，让我们一起感受一下北运河的魅力。

今天我们有幸邀请到了北京市通州区委宣传部副部长戴迎春女士来到了我们的演播室，戴部长好。

戴迎春：主持人好，中国青年报的观众朋友们大家好。

张默：大家好，我是中国青年报的主持人张敏。

记者（冉帅）：大家好，我是通州区融媒体中心的主持人冉帅。

张默：大家都知道首都北京与京杭大运河有着密不可分的联系，京杭大运河作为世界上里程最长、工程最大的古运河之一，与长城、坎儿井并称为中国古代的三项伟大工程，而且使用到今天。

程斯：你说的一点没错，在北京的民间流传着这样一句俗语："大运河飘来的北京城。"不过在聊到北运河之前，我想先抛出咱们通州的一个地标，通州的燃灯塔。清代的诗人王维珍曾经写到："无恙蒲帆新雨后，一支塔影认通州"说的就是古代人民随着漕运的船只来到北京时，隔着大老远就可以望见那个高耸的建筑，就是我们的燃灯塔，就知道来到通州了。

张默：果然你这么一说是涨知识了，的确这条运河本身就是一个流动的历史，在运河沿岸也可以捕捉到非常多的历史的痕迹。历史上这条京杭大运河是怎么形成的呢，今天我们也通过云端联系到了中国传媒大学文化发展研究院副院长卜希霆卜院长给我们介绍运河的来历。

卜希霆：北京是隋唐大运河和京杭大运河都流经的地方。

首先说说隋唐大运河，其实它是以隋朝的国都洛阳为中心，隋王朝在天下统一之后，就做出了贯通南北运河的决定。隋开运河确实有经济方面的动机，中国古代很长一段时期内经济重心一直在北方的黄河流域，北方的经济要比南方更加进步。但是魏晋南北朝时期社会发生了深刻的变化，400多年的混乱使北方的经济受到了严重的冲击，与此相比南方经济却获得了迅猛的发展。隋统一全国之后，非常重视这个地区，在公元604年迁都洛阳之后，隋炀帝为了加强对南方的管理，需要与富庶经济区进行联系，也需要南方的粮食物资供应北方，就以洛阳为中心，北至涿州，也就是咱们今天的北京，南至余杭。疏浚之前，众多王朝开凿留下来的河道，最后修了隋唐大运河。所以隋唐大运河主要是隋炀帝时期疏浚的运河。

而京杭大运河时间可以追溯到春秋时期，是世界上里程最长、工程最大的古代运河，也是最古老的运河之一。跟长城、坎儿井也并称为中国古代的三项伟大工程，并且使用至今，是中国古代劳动人民创造的一项伟大工程，是中国文化地位的象征之一。

从位置上讲，隋唐大运河是以洛阳为起点，而我们京杭大运河是南起余杭，就是今天的杭州，北到涿郡，就是今天的北京，途径今天的浙江、江苏、山东、河北四个省，以及天津、北京两个直辖市，共贯通了海河、黄河、淮河、长江、钱塘江五大水系。历史上讲，京杭大运河最早是春秋吴国为伐齐国而开凿邗沟，到了隋朝时大幅度的扩修，并且贯通至都城洛阳，且连上了涿郡。

在13世纪末元朝定都北京之后，为了使南北相连不再绕道洛阳，必须开凿运河，把粮食从南方运到北方，为此先后又开凿了三段河道，把原来以洛阳为中心的隋代横向的运河，修筑成以大都为中心，南下直达杭州的纵向运河。元朝花了10年时间，先后开挖了济州河和会通河，把天津至江苏清江之间的天然河道和湖泊连接起来。清江以南接邗沟和江南运河，直达杭州。而北京与天津之间原有运河已废，又新建了"通惠河"。这样新的京杭大运河不必绕到洛阳的隋唐大运河，缩短了900多公里，所以才有了今天的京杭大运河大致的样貌。

程斯：古代北京城的城市依赖着大运河，大运河又孕育了沿岸的城市。那么有请戴部长给大家介绍一下，我们的京杭大运河北京段，也就是我们说的北运河和北京这座城市的联系，尤其是和咱们城市副中心的联系。

戴迎春：谢谢主持人，刚才你也提到了北运河是流动的历史，事实上通州区历史上也是因为漕运同济而得名的。京杭大运河北京段全长是80公里，40多公里都是在通州区境内。事实上在历史上大家都知道，特别是在明清两代，大运河是作为重要的交通枢纽来连接中国的南北，同时源源不断的从南方向为北京城输送了茶叶、木材、粮食、丝绸等物资，从而为通州也留下了非常多的物质和非物质的文化遗产。

随着城市的不断发展，运河漕运的承载功能越发减弱，所以我们转而开始深入地挖掘运河丰富的历史文化。进入新时代之后，根据副中心控规，构建了一带一轴多组团的空间格局，大运河文化带建设就是这里面的一带。其实大运河文化带也是全国文化中心建设的三个带里面重要的内容。自从2014年成功申遗以来，北京市一直重点推进大运河文化带的传承利用，2019年12月5日也正式发布了北京市大运河文化带的保护传承利用实施规划，和2018年至2022年五年行动计划，其中涉及文物、生态、旅游、景观、协同等多个方面。

副中心也积极地对标国家、市级相关的规划政策，制订了通州区大运河文化带保护建设规划，和2020年到2022年的行动计划，目前我们在着手制订下一个三年的行动计划，也是北京市以及运河沿线第一个对外发布此类规划的区县城市。如今副中心已经初步健全了，长期有规划，中期有行动计划，年度有折子工程（音）的规划实施体系。

张默：刚才听了两位专家的介绍，想必大家和我一样，对这条蜿蜒近2000公里的京杭大运河和北京段有了进一步的了解。其实北运河不仅是一个宝贵的历史文化遗产，也是一个丰富的生态保护。

程斯：没错，要说到生态，现在运河的生物多样性已经在逐步恢复了，20多种水生草本植物和花卉植物在这里生长，还有近200多种鸟类在这里栖息，其中还有被称为鸟中大熊猫之称的中华秋沙鸭等珍稀的品种，可以说绿色是北运河的底色，也是我们北京城市副中心的底色。

接下来就让我们一起走进城市绿心，静观生态。

恽爽：作为一名城市规划师，参加副中心的规划工作也从2017年开始到现在5年多的时间。北京一直在推进生态文明建设，城市绿心就是其中一张金名片。"城市绿心"是一处集生态修复、市民休闲、文化传承为一体的城市活力森林。城市绿心位于大运河以南，六环以东，在北京城市副中心的创新发展轴和生态文明带的交汇处。总占地面积11.2平方公里，是纽约中央公园的3倍大小。

绿心先期向市民开放的是森林公园，选用了更多的本地树种，像油松、红瑞木等等，形成一种稳定的复合性的生态群落。

公园里处处都是花，是一个天然的大氧吧。

我们也希望绿心森林公园给市民提供更丰富多彩的活动场地。

非常适合早晨出来锻炼。

保证全龄都在这里面能够活动的比较舒适和自如。

在城市里有这么一个鸟语花香的公园感觉特别幸福。

还建有许多休息岛和景观，选用了中国的二十四节气，它是世界文化遗产，也是中国古代立法、气象、农耕等文化的一个智慧结晶，让市民在美景中感受千年文化的流淌。

在森林公园周边还有很多的城市公共服务的组团，剧院、博物馆和图书馆，我们更强调建筑对于自然的尊重。资源的集约利用，地下空间能够连通，错时、分时的共享，市民通过绿色交通可以最短的距离进入到你想去的任何一个场馆。

城市绿心它也是整个北京千年运河历史的一个组成部分，我们进行了一些景观化的恢复，发挥城市海绵相关的作用。大大小小的洼地可以成为临时的雨水收集点，补充到地下水位当中。

绿心为工业遗址也做了充分的保护利用，它的厂房保留还比较完好，我们把它进一步修复成室内的体育场馆。

城市绿心也是展示副中心风貌的一个城市客厅，从我参与规划到绿心建成，再到副中心一座未来之城的拔地而起。五年间北京正在展开一幅蓝绿交织、清新明亮、水城共融的画卷。我十分期待副中心能够成为城市高质量发展的新高地。

张默：看完城市绿心的片子我能感受到我们副中心的绿是在方方面面体现的，下面我想请戴部长介绍一下，我们这个绿是如何建设的，这个绿色的画卷又是如何去铺开，去绘就的？

戴迎春：确实绿色现在也是北京城市副中心的一个最鲜明的底色，近年来城市副中心始终贯彻落实绿色发展的核心理念，在启动建设之初就规划了两带一环一心的绿色空间格局。副中心潮白河生态带、马驹桥湿地，以及东南郊湿地，三座万亩以上的森林湿地宛若三块巨大的翡翠环抱在城市副中心的核心区。作为城市副中心标志性的立旧项目，我们绿心公园也是在旧的工业遗址之上建设起来的，现在也在绚丽地绽放，已经成为游客观光、游览、健身打卡的一个网红景点。

张默：听着好心动啊。

戴迎春：我们现在一座座的公园也都在建成开放，成为周围居民惬意休闲的港湾。目前城市副中心绿色建筑执行的标准也是全市最高的，绿色新技术的应用场景也在不断地涌现，为国家绿色发展示范区的建设也打下了坚实的基础。

此外，副中心国家森林城市创建指标也全部达标，绿色的通道也成环成网，文化生态空间更加的优化。通州区已经入选了国家林草局公示批准的国家森林城市名单，我们预计到"十四五"末通州区的森林覆盖率也将达到34.5%以上。如今人民走进城市副中心，也能感受到大运河畔的水清岸绿，大家知道通州区是因水而兴，多河复水，可以说水对通州区意义非常重大。但是在20世纪80年代末，随着城市规模不断的扩大，人口不断的增长，其实一度也是水质逐渐的恶化。近10年以来，城市副中心加大了水环境治理的力度，重点实施了北运河、萧太后河和通惠河三大水系的综合治理工程，水质现在也得到了非常大的提升。现在来到副中心，青山绿水也成了我们副中心的一个生态的名片。

程斯：是的，一个特色。

戴迎春：如今人们站在运河文化广场一号码头向远处眺望，咱们西岸的运河商务区，鳞次栉比的高楼，与东岸的垂柳掩映，芦苇荡漾的自然风光，相互的交融辉映，展现出了一幅和谐共生的绝美的风景画。

如果说通州是运河的北起点，那么通州运河的北端点就在我们的五河交汇处，温榆河、通惠河、小中河、运潮减河和北运河在这个地方交融成一片46万平方公里的开阔的水域。近年来我们副中心也持续用生态的办法来解决生态的问题，在整体提升水质的同时，也进一步改善了生态环境。如今这里已经成为附近市民休闲娱乐主要的滨水场所，同时这个地方也是我们大运河文化旅游景区的网红打卡地了。

张默：真的，听了戴部长讲解，我仿佛已经在这个美丽的环境里面了。

程斯：是的，讲得太好了。

张默：绿色是处处不在，绿色也是深入到我们每个通州人的心里面。

戴迎春：是的。

张默：京杭大运河的北端在北京，南边在杭州，所以如果今天观众朋友是正好在运河的游船上看我们的直播，相信他也可以不出北京就可以感受到江南绿意。

程斯：没错，想象一下，我们沿着运河不仅可以看到绿树红花，还可以看到河畔的高楼大厦。所以我们现在要把视角转换一下，转换到高楼大厦，我们一起来看一下在两区建设过程当中有什么发展故事。

林正航：我们管自己叫陆通天下大运之城，陆就是秦始皇的秦驰道，是当年秦朝的国家级的高速公路，我们通州区北京城市副中心就坐落在这条高速公路上。所以我们在2016年的考古发现中，发现了陆县古城，所以我们叫陆通天下。

刚才您说的商贾云集，我们这个大运之城，因为我们是因运河而兴，所以早在600多年前大运河就发挥了大量的商贸往来的作用。现在我们所在的运河商务区是北京城市副中心高端商务的核心承载区。运河商务区20.38平方米，现在已经集聚了将近18000家企业，这么多的企业大体上分为金融总部类、科技创新类、绿色金融类，这样几个主要的方向，尤其是我们以财富管理作为未来发展的主导方向。前一阵我们拍了一个小片子，还是很受欢迎，讲的就是一个年轻人他住在大厂，但是到我们通州区城市副中心运河商务区来上班。这就是反映了很好的京津冀协同发展给年轻人带来的重大利好。

所以我们现在在招商的时候经常讲，叫人才久有、大运时德。人才久有首先就是你有发展的机会，在这儿有大量的商业企业向这儿集聚，有大量的营商环境和应用场景在这儿发展，所以有机会。第二还有我们所说的户口资源、人才指标、高管落户，这些也是副中心得天独厚的优势。我们在"十三五"期间通州区整个常住人口每年增加10万人，所以作为首都中心功能的核心疏解区，我们是唯一一个人口增加区。所以这个为青年的成长发挥了巨大的作用。

再一个我们这儿有住所，过去大量的房屋供给和现在新建的，包括公租房、廉租房、共有产权房、高端商务公寓的资源，绝对会为年轻人提供各取所需、各具优势的房屋资源。同时我经常开玩笑说，现在我们年轻人来了之后，他们的孩子，可以幼儿园上北海幼儿园通州分校，小学读皇城根小学史家小学通州分校，中学读人大附中、首师大附中、北理工附中通州分校，大学读人民大学本部，研究生读北道口金融学院，工作了可以来运河商务区，所以基本上一生的医疗教育的需求都可以在这儿解决。我想这样我们人才久有、大运时德，就是交通四通八达来得了、产业空间充沛留得下，大家能够在这儿集聚，能够在这儿发展起来，还有特色美食荟萃吃得开，最后携手共创未来走得远，所以人才久有、大运时德是我们对年轻人打出的金字招牌。

张默：看完这个片子我感觉又是在一个现代化非常强的城市里面生活，不知道各位年轻朋友们看完之后是不是和我一样，想要加入这个副中心的建设。我想请戴部长再跟我们聊聊，在两区建设中，副中心是怎么打好建设样板这张牌的？

戴迎春：好，谢谢主持人，开放、包容、合作是流淌于通州这座千年之城历史文化的基因。通州区以国务院关于支持北京城市副中心高质量发展的意见为指导，落实关于推进城市副中心高质量发展的实施方案精神，打造了北京改革开放的新样板间。世界眼光，国际标准，中国特色，高点定位，是副中心建设发展一贯坚持的理念。

张默：很高大上的定位。

戴迎春：是充分体现两区建设空间要素的优势，我们布局了台湖演艺小镇、宋庄艺术创意小镇、张家湾设计小镇等一系列的产业和功能的高质量发展的平台载体，让重点的业态依托这些平台，在通州区蓬勃发展，集聚城市。

同时副中心坚持优化产业生态，构建高精尖的产业体系，园区国家高新技术企业已经达到了1040家，"十四五"期间副中心的8000亿元的最大投资规模，以及多元化产业的引导基金，绿色基础设施基金的设立，也都彰显出了强大的区域投资的优势。与天津、河北在交通一体化、产业合作、环境建设等领域也取得了一大批实实在在的成果。

张默：我感觉到戴部长在讲这些成效时如数家珍，也都是我们通州的宝藏。

程斯：确实，因为我现在也是一个新的通州人，所以我的感受也很强烈。我们刚刚听得特别仔细，戴部长提到了要打造北京开放的新样板间，其实我作为一个新通州人在通州的每一天，都能感觉到我们城市副中心的飞速发展的变化。到不断增长的企业进驻数量，以及拔地而起的高楼大厦，通州搭建了一个非常厚重的发展的根基。

张默：我听着都心痒痒，都想来通州工作。

程斯：快来吧。

张默：所以我相信很多朋友和我一样，我们刚才逛了通州的商务区之后，也很想来再深入感受一下运河这张新名片带来的新的生机。听刚才各位介绍之后，我也感觉到现在副中心开启了一个新的发展的模式，进入了发展快车道，很多年轻人在这里找到自己奋斗的目标，开启自己新的生活。通州的魅力，运河的魅力，还不止于此，刚才戴部长也多次提到了北运河几个特色小镇，接下来我们就把焦点转到文创开发，探索一下这些新鲜的特色小镇，又给我们带来哪些新的惊喜。

程斯：小镇虽小，但是价值可不少，不管是张家湾设计小镇这个以设计为主打的小镇，还是台湖演艺小镇，主打演艺，以及宋庄艺术小镇，主打画室，以及各种各样的艺术场地，它们都是以文化创意开放为切入点，因地制宜，谋求发展，现在已经成为推动文旅产业发展，提高居民生活品质的新动能了。也想请戴部长来介绍一下，我们在大运河金名片的带领下，如何建设好我们的特色小镇，如何发展我们的文化产业。

戴迎春：文化旅游功能是北京城市副中心四大主导功能之一，我们今年初也发布了北京城市副中心"十四五"时期的文化旅游发展规划，明确提出要以大运河串联张家湾设计小镇等区域，来形成产业的聚合之势。为进一步推进副中心的文化产业高质量发展，我们以一河一区三镇为建设抓手，构建北有宋庄原创艺术，南有台湖演艺小镇，东临张家湾设计小镇城市绿心，中有环球主题度假区，这样一个大的文旅的格局。

文化旅游区作为国家文旅商融合发展示范区，承载了北京最大的外资项目，也就是咱们的北京环球度假区。去年9月开园以来，也是对区域经济的带动效应非常的明显。

张默：一票难求。

程斯：现在一周年了。

戴迎春：是的，非常的火热。2022年的上半年，咱们在环球强力的拉动之下，我们通州区的文体娱乐业的收入同比增加了328%，GDP1.4个百分点。在北京市推进全国文化中心建设长期规划，也就是2019年到2035年的规划之中也提到了，要构建世纪文化产业园区、示范园区，以及特色小镇、文创街区、文创空间等多层次、立体化的文创产业空间的体系。为了有效地承接环球的外溢效应，我们也大力地发展张家湾设计小镇、台湖演艺小镇，以及宋庄艺术小镇，高质量发展的布局。目前我们的头部文化企业也是集中的入住，特色的民宿也在有序地进行高质量的发展，文体娱乐业也成为通州新的经济增长点。

特色小镇作为挂在北京城市副中心的闪耀项链，既是重要的功能节点，也更是展现副中心文化魅力的一个新名片。在北京市三个一百的重点工程清单上，位于特色小镇的多个文旅的建设项目也入选了。比如说，宋庄小铺的印象街，还有周边改造的区域，台湖演艺小镇台湖图书城等改造项目，今年我们新出台了通州区文化产业园区的认定管理办法，还有我们关于促进文化产业高质量发展的有关措施，也将进一步强化政策的引领，扩大产业合作的渠道，也促进我们一区三镇文化产业健康有序的发展。副中心的文旅发展不是完成时，而是正在进行时。

张默：能感觉到正在进行，努力地去为未来远航。

戴迎春：今年通州区在全市率先向社会发布了三大类15个应用场景的清单，也启动了智慧城市28项标杆的示范项目，也发布了副中心的元宇宙三年行动计划，发布了北京市副中心的文旅产业高质量发展的三年行动计划。所以说广阔的应用场景需求和巨大的商机，也在进一步地释放。

展望未来，文化旅游区，以及特色小镇建设，也将推动副中心文旅产业在更广的范围，更深的层次，更高的水平上，实现融合发展。

周丰：张家湾整个历史，整个漕运的历史是非常有名的，我们整个应该是有1000多年的漕运历史文化。所以在历史上用一句诗："潞水东湾四十程，烟光无数紫云生"这就看出来当时漕运的兴盛，这么多年一直以漕运闻名于史。一直到整个运河改造之后，再加上当时朝代的一些背景，所以渐渐逐渐的衰落。但是在改革开放之后，特别是在90年代，张家湾引进了很多制造业企业，在那个时期村村冒烟这种工业大院也很多。所以在1994年、1995年的时候，张家湾就以一般的制造业为主导的产业，形成了整个全北京第一个亿元乡，在这个时期也是非常辉煌的。

到了近几年，特别是2017年之后，北京市非首都功能疏解，城市副中心的功能定位，所以这些企业逐渐地通过疏整退出了。经过城市功能定位之后，张家湾以最早的张家湾工业园区为基础，5.4平方公里为规划的底色，我们做了一个设计小镇的规划。整个功能定位的调整给我们整个，无论是生产、生活、老百姓的出行和公共配套，带来了极大的提升，城市空间的品质也得到了极大的提升。

青年人最需要的是什么，包括他们来的第一点，有一个符合自己，愿意展现自己价值的一个平台，一份岗位。第二个需要的是能够有一个基本的生活保障，就是住。第三个青年人一代结婚之后，他需要一个学校，我们正在规划建设九年一贯制的高水平的，跟市级重点学校合作的学校，解决青年人一系列关注的问题。

我们下面主要有几项工作。第一是按照党代会的要求推动设计小镇精彩亮相，比如说，青年人最关注的是什么，就是交通，很多在市里面住着，来了之后我们101航线已经开始增，地铁101航线，在我们整个设计镇的范围内有三站，所以地铁是一个重大项目。第二是沿着101号线建的整个苏字港项目。第三是我们进行一些基础设施，张梁路，包括广元街，一些拓宽改造。

第二个方面是一批产业项目落地，我们还要在相关的节点区域建设城市的高线公园，我们建设家园中心，我们还要建设创意湾，把设计小镇打造为国际设计新高地，开展各类项目。

第二个重大项目就是张家湾古镇的建设，张家湾古镇有1000多年的历史文化，包括红学文化、曹学文化，怎么恢复古镇的盛况，所以我们把张家湾古镇通过几年的时间打造起来，跟环球影城形成中外文化的互融互通。所以支撑整个运河文化的建设。

程斯：听完戴部长讲完这么多的美景，我都想去现场再去打卡一遍了，太漂亮了。

张默：对，我也想带着我的亲朋好友们，登登游船，逛逛小镇，能感受到很多不一样的美貌和体验。

程斯：你要再往下聊，你就要在通州这块扎根了。

张默：已经有这个想法了。

程斯：我们都知道副中心在近些年来的发展当中，我们既注重历史文化的传承，比如说，对于燃灯各个景区的保护；同时又注重城市建设的发展，比如说，智慧城市建设。我们既要打造繁荣的副中心，又要打造宜居的副中心。所以接下来我们要聊点别的，就是城市副中心的人文风貌，看看他们是如何焕发千年运河生机的。

王玥：如今千年流淌的大运河正在见证着北京城市副中心的横空出世、生机勃发。一年前中国首家全球规模最大、内容最丰富的环球主题公园在副中心文化旅游区拔地而起，盛大开园。在规划中我们充分考虑大运河文化带和环球主题公园两大IP的双核驱动，从空间上形成了有效的联动，打造古今交融、中西合璧的副中心文旅的大产业格局。

首先在文化旅游区内，我们以拥有千年历史的萧太后河为依托，加紧研究水系整体通航的可行性，不断完善与环球主题公园的接驳交通体系，将形成独具魅力的滨河景观和雅致夜景，打造一条充满生机的滨水活力发展轴。

除此以外，在9月中旬，规自委对外发布了重磅消息，就是北京市商业消费空间布局专项规划草案进入了公示环节，环球影城和大运河景区都成为了北京市重点打造的四大国际消费体验区。这也意味着副中心两大品牌强强联手，有望成为北京市一流的国际商圈和网红打卡地。

程斯：刚才我们看到这个短片感觉非常的新鲜，和我们老百姓的生活是息息相关的。我们可以想象一下一位通州居民的一天，他白天在运河商务区上班，晚上之后就可以在运河旁边散散心，欣赏一下沿途的风光，周六日可以去赛赛艇，参加一下马拉松，感觉太惬意了。

张默：生活真的是非常丰富。下面我想请戴部长和观众朋友们再聊一聊，在这个新的历史机遇下，副中心要如何抓住机遇，持续地焕发运河新的生机。

戴迎春：就像刚刚主持人想象的，其实一千个人有解锁一千种副中心生活的方式。有的人可能喜欢体验运河文化的碰撞，有的人可能更向往于自然的交融。

程斯：我就是这种。

戴迎春：可能还有的人追求新兴的文娱业态，去台湖演艺小镇，去打卡。

张默：文艺青年的打卡必经之处。

戴迎春：是这样。所以说在副中心的建设当中，百姓所想就是我们的建设所需。作为京津冀协同发展的桥头堡，我们副中心也是持续地进行高水平的规划，也实现了京津冀三地的功能互补、错位的发展。北京市城市副中心的控规也明确副中心的战略定位是国际一流的和谐宜居之都示范区、新兴城镇化示范区，和京津冀区域协同发展示范区。所以在这样战略的定位之下，要构建城市副中心高质量发展的建设体系，就是要打造我们所谓的六个城市，这六个城市是低碳高效的绿色城市，蓝绿交织的森林城市，智能融合的智慧城市，还有古今同汇的人文城市，以及公平普惠的宜居城市。

2021年11月，国务院印发了关于支持城市副中心高质量发展的意见，也围绕强化科技创新引领，推进服务业扩大开放等等重点任务清单，我们明确了六个方面17个具有针对性的高含金量的政策举措，推动城市副中心建设更上一个台阶。从蓝图规划到现实的画卷，副中心的高质量发展可以说是已见成效。正如我们此前谈到的大运河赋予了副中心历史的文化底蕴，绿心也给予副中心时代的特色。两区建设也给副中心的建设提供了沃土，特色小镇也为副中心注入了文创的活力。

当下副中心的人文风貌也正在焕发勃勃的生机，像副中心剧院、图书馆、博物馆，三大建筑现在已经全部封顶了。北京大学人民医院通州院区也正在开诊，像首师大附中通州校区，副中心的政务服务中心，也陆续地投入使用。另外，我们北京城市副中心站的综合交通枢纽作为亚洲最大的一个地下综合交通枢纽，目前也进入了主体结构的施工阶段。预计2024年底将具备通车的条件。

程斯：很快就看到副中心的速度。

戴迎春：对，另外地铁平谷线、101线等等也在这里汇集成一条四通八达的轨道交通网，也推动了京津冀的协同发展，也迈向更高的水平。如今城市副中心快速地成长也将是一件具有里程碑意义的大事，历史的聚光灯也正打在这座千年古城之上，城市副中心也将向着建设国际一流的和谐宜居之都示范区、新型城镇化示范区、京津冀区域协同发展示范区、国家绿色发展示范区阔步前进，续写一段运河畔全新的传奇篇章。

程斯：听戴部长讲的，我感觉有一种史诗感，就能感觉到仿佛再过一两年城市副中心的建设就肉眼可见地在飞速的发展。所以再次感谢戴部长的讲解。

　　大家已经和我们一起云游了大运河北京段，穿越古今，饱览着40多公里的沿途风光，以及这运河背后的历史文化价值。目前京杭大运河已经实现了百年来的首次全线的贯通。

　　张默：真是一个令人振奋的好消息，觉得通州大运河不是正在准备，而是已经准备好了。感谢屏幕前的各位和我们一起云游了运河，接下来我们把时间交回给斯斯和张默。

　　程斯：感谢张敏、冉帅，感谢戴部长，带我们云游了京杭大运河北京段，穿越古今，饱览了这40多公里的运河风光。

　　张默：没错，从运河的历史文化价值，再到经济文化价值，我们在这儿听着也是津津有味，确实能感受到沿岸的勃勃生机。不知不觉我们今天的旅程已经接近尾声了，在看了这么多的故事之后，相信赵主任也深有感触，您能不能从文化、经济、生态三个方面一起总结一下京杭大运河发展历程的重要作用呢？

　　赵钟楠：好的，每次聊起大运河都会有很多新的收获，大运河经过2000多年的发展，形成了集文化传承、经济发展、生态景观等多种功能为一体的综合的水利工程体系。首先是文化传承功能，这点我一开始跟各位观众都介绍了，大运河是具有2000多年历史的活态遗产，跨越燕赵、齐鲁、中原、江南等不同的文化圈，形成发展了历史悠久的水利文化、漕运文化、船舶文化、饮食文化等文化形态，运河两岸诗情画意的人文风光，丰富多彩的民间艺术，匠心独运的手工技艺，以及独树一帜的建筑风格，构成了一个巨大的文化网络，是我国优秀传统文化高度富裕的区域，这点我们在前面很多的篇中都看到了，都深有体会。

　　其次是经济发展功能，大运河连通五大水系，海河、黄河、长江、淮河、钱塘江，历史上在南粮北运、商旅交通、军资调配中都发挥了巨大的作用，目前仍然具有重要的防洪排涝、输水供水、内河航运等功能，对于我们东部地区经济社会发展具有非常重要的作用。

　　从防洪排涝方面来看，大运河纵贯大江大河上下游平原地区，防洪排涝是它一个重要的功能。从输水供水方面来看，大运河部分河段承担了南水北调东线调水输水任务，在构建我国四横三纵、南北调配、东西互济的水资源配置格局中发挥了重要的作用。从内河航运方面来看，前面我们也提到了大运河黄河以南段是我国仅次于长江的黄金水道。

　　最后是我们的生态景观功能，悠久的大运河漕运历史形成了以大运河为核心的文化带，如北京城市的水系格局就是在元代郭守敬开辟通惠河的基础上形成的，江苏的苏州、无锡、扬州，和我们刚才看到的常州，包括浙江的杭州、绍兴、嘉兴等等，都是依托大运河成为富有江南水乡韵味的典型城市代表。

进入新时代以来，随着大运河成为世界文化遗产贯通南北的绿色生态廊道加快构建，刚才我们看到了通州大运河的森林公园、江州的水利枢纽等等相继建成，其生态景观作用也进一步凸显。

今天沿着大运河，让我体会颇多，再次领略了大运河厚重的文化积淀、优美的生态环境、独特的人文景观，同时也深深地感受到保护传承利用好大运河文化的必要性和紧迫性。我们作为当代的青年，要勇敢肩负起时代赋予我们的重任，志存高远，脚踏实地，为大运河在新时代发挥更大作用做出我们青年人应有的贡献。

张默：感谢赵主任的分享，对于这样一份宝贵的遗产我们一定要加倍爱护、加倍保护、继续传承，让它的价值得到充分利用。

领略过了大运河厚重的文化积淀，今天的《江河奔腾看中国》的第五期《京杭大运河篇》到这里就全部结束了。这5天以来我们看过了汇聚千流、接纳百川的长江，孕育了中华文明的母亲河黄河，看过了闪烁着古代劳动人民智慧之光的淮河，滋养了许多民族繁衍生息的松辽流域，以及今天我们看到的充满了时代活力的京杭大运河。

万古江河，奔腾如斯，如果说水是生命之源，江河就是承载生命流动的一个血脉。

程斯：江河之变折射时代之变，江河之兴折射时代之兴，新时代的今天，绿水青山就是金山银山早已成为我们每个人心中不变的信念。青春宛如奔腾的河流，伴随着滔滔江水，一代代青年人，凌波踏浪、砥砺前行，用青春和热爱书写属于未来江河奇迹。

张默：亲爱的观众朋友们，由中国青年报为您带来的十一特别系列直播节目《江河奔腾看中国》到这里就全部结束了，再次感谢赵主任做客我们的直播间现场，感谢所有的观众朋友们对我们的关注，谢谢大家，我们再见。

赵钟楠：再见。

程斯：再见。

（https://news.youth.cn/gn/202210/t20221005_14042314.htm）

"江河奔腾看中国"
主题宣传活动
中央媒体作品集

中央广播电视总台
央视新闻客户端

◎江河奔腾看中国 | 大江万里共此青绿　看诗意长江新画卷

◎江河奔腾看中国 | 生生不息　幸福黄河

◎江河奔腾看中国 | 万千气象松花江　泽被北国永奔流

◎江河奔腾看中国 | 千里淮河通江海　一水安澜润万家

◎江河奔腾看中国 | 潮起珠江两岸阔

◎江河奔腾看中国 | 塔里木河　大漠生命之河

◎江河奔腾看中国 | 赓续悠悠千年文脉　重焕运河古韵生机

江河奔腾看中国｜大江万里共此青绿　看诗意长江新画卷

解说：全长6300余公里，穿11省（区、市），串起6大城市群，流域面积达180万平方公里，覆盖4.6亿人。长江，中国第一大河，孕育了五彩斑斓的中华文明，塑造了动力强劲的长江经济带。

长江是诗意的，有"碧水东流至此回"的浩荡，有"孤帆远影碧空尽，惟见长江天际流"的情意。

长江是绿色的，10年禁渔，岸线治理，水清岸绿，鱼跃鸟飞，绿色长江正奔腾而来。

长江是金色的，一条黄金水道加速织就经济一张网。超35亿吨，长江干线港口货物吞吐量去年居世界内河首位。从中国光谷到中国声谷，再到中国制造，创新发展，点亮今日长江。

江海畅游，天地广阔，山水人城，和谐相融。《看见锦绣山河江河奔腾看中国》，10月1日国庆长假第一天，央视新闻带你跟随长江，遇见诗意山水，感受发展速度，发现锦绣中国。

王艺：从古老的冰川，一滴滴水滴下，形成涓涓细流，最终汇聚成滔滔大河。一路奔流，润泽方圆，孕育璀璨文明，镌刻锦绣山河。各位央视新闻的网友国庆好，欢迎来到央视新闻国庆特别节目《看见锦绣山河 | 江河奔腾看中国》，我是总台主持人王艺。

现在我们大家看到的就是位于青海的唐古拉山主峰各拉丹冬雪山，我们的母亲河长江就是从这里发源的。长江是世界第三、我国第一大河，干流全长6300余公里，穿过11个省（区、市），在上海崇明岛注入东海。

国庆的这7天，每天从这个时间开始，我们将分别陪伴大家随着长江、黄河、松花江、淮河、珠江、塔里木河、京杭大运河，一起云游祖国的锦绣山河，领略祖国的发展变化，看大江大河滋养华夏大地，看新时代的中国迈步新征程。

这里是沱沱河，也是长江的西源，冰川融水汇成涓涓细流。从空中飞过，我们可以看到这些一条条像辫子一样的河道，交织在高山草甸之上，一直从雪山绵延到我们面前，最终汇成沱沱河向东而去。现在我们就沿着沱沱河开启今天的万里长江之旅。

蓝天白云倒映湖面，美景让人一见倾心，这是位于沱沱河流域的班德湖，海拔大约4700米，水域面积达4.5平方公里，比杭州西湖略小一点。现在我们看到的是班德湖畔的斑头雁，斑头雁是世界上飞得最高的鸟之一。据估计全球现存数量不足7万只，班德湖是它们主要的繁殖地之一。天气渐冷，这几天母雁将带着小雁开始又一年的迁徙之旅，飞到更暖和的南方去过冬。

除了斑头雁，如今在班德湖也有野牦牛、藏羚羊、雪豹、藏野驴等国家一级保护动物的出现，这片水土正成为长江源野生动物们的天堂。多年来，为了守护班德湖，守护长江源，许多志愿者们都前来坚守。接下来我们就跟着志愿者一起走进班德湖，走进长江源，走进生态保护的日常。

记者　李奕璋：各位央视新闻的网友们大家好，我是总台记者李奕璋。今天我来到了长江源头沱沱河边上的班德湖，这里的平均海拔在4700米左右，而班德湖的面积在4平方公里。

在两个月之前我刚刚去了格拉丹东雪山，也就是长江的发源地，看到了长江还是冰的样子，而班德湖可以说是一江清水向东流的起点之一了。我们往远处看，连绵在群山下的辫状水系就交织在高原草甸之上，一直蔓延到班德湖，再加上班德湖的地下水，共同汇入到沱沱河，形成了奔腾壮阔的长江，开始向东流去。

接下来我们要通过长江源的故事跟您聊一聊长江源头的活水是如何保护

的，这里又有什么样的野生动物。所以我们今天请到了长江源头保护站的一名工作人员，吐旦旦巴。

李奕璋：吐旦老师您好。

吐旦旦巴：你好。

记者：能跟央视新闻的网友先介绍一下吗？

吐旦旦巴：好。大家好，我是戈加尔·吐旦旦巴。我是一名土生土长的长江源头的本地人，我是一名长江源头的牧民，同时我也是一名长江源头的环保工作人员。

李奕璋：您干了长江源头环保工作大概有多久了？

吐旦旦巴：我从2011年加入的，到现在至少有10年。

李奕璋：就是干了10年，是什么样的动机让您选择加入到长江源头的保护工作中来？

吐旦旦巴：本身这里就是我自己的家乡，在这边看着以前的环境慢慢地变坏，甚至这边的垃圾，包括这边野生动物的数量越来越少。后来就有了一个这样的机会，我就加入了这个环保组织，一直在做野生动物的保护工作。

李奕璋：在您保护的这10年的工作当中，您觉得这个生态有怎么样的变化，从动物，或者从环境上来讲。

吐旦旦巴：我们是单纯从班德湖的斑头雁这个项目，我们是从2012年开始发起这个保护的。因为之前在班德湖这边斑头雁的数量，有很多外人捡拾斑头雁的蛋，导致斑头雁的数量越来越少。我们从2012年发起了斑头雁的保护，我们招募志愿者。每年从3月到6月，在这期间是斑头雁孵化的过程，我们在这边扎个帐篷，就守护在这里。过完之后，这个项目结束。一直过了10年，起初斑头雁的数量是1700只，现在已经提升到5000只左右。

李奕璋：之前的一些保护工作当中遇到的困难有哪些？

吐旦旦巴：在这个保护工作中是挺多的坎坷，很多困难。像我们这个湖面的房子建设的时候，所有建筑的材料都是从最近离沱沱河镇400公里的格尔木运输过来，而且从那边大的卡车，12米的卡车进来。今天的路况咱们也了解到了，小车都是很容易陷进去。你想把这些大车开到这里面来，是非常不容易的，很容易陷车。再一个像高原这种地方，如果做这些工程，各种困难很多。而且像我们起初刚开始拉到这儿来的时候，一定是最冷的季节把这些东西拉过来，要不然像今天这样地面完全融化以后，别说大车了，连小车都进不去。所以那时候运进来之后，我们再把这些东西全部放到这边来，再把它建起来，非常非常的困难。

李奕璋：从我自身的感受来讲，这里属于高寒缺氧的地方，高寒缺氧，又要搭建这样的工程，工作进行可能更加困难。

吐旦旦巴：对。

李奕璋：我在这里看到这一块破碎的玻璃，您能给我们讲讲这个玻璃是如何破碎的吗？

吐旦旦巴：这个玻璃很有故事了，有一个惊心动魄的故事。我们以前是帐篷，帐篷从3月到6月，这个项目结束，现在我们有政府已经帮我们建筑了这些房子，就是集装箱房子之后，这个项目从3月一直持续到11月，所有的鸟类全部迁徙走，我们这儿持续有人，做一些工作。

我们今年6月的时候，因为周边的山上都有很多棕熊、雪豹、狼，种种的野生动物特别多。今年6月棕熊跑到这儿来，还好它是夜间来的。我们这边的集装箱是宿舍，下面也是宿舍。当时这两个宿舍里面都是晚上有人住着，因为这是我们的厨房，这边没有人。当时棕熊可能闻到这个气味，过来之后，把我们的垃圾桶打翻了，在里面找了一些吃的。在这个房子两边宿舍的门口溜达了一圈，最后就跑到厨房这边，当时灯亮着。我们防止这些野生动物过来破坏，所以我们把灯都打开着。结果它趴到这里，其实它就趴在这里，轻轻地拍了两下，就把玻璃全部干碎了。第二天我们所有的志愿者，都是第二天醒来之后，看到垃圾桶打翻了，才发现不对，昨晚肯定有什么动静，结果我们把周边摄像头回放的时候，才发现原来是棕熊来了。

李奕璋：对于保护站的工作人员和志愿者来说会不会有危险性，如果不是厨房，是一个卧室的话，棕熊看到了，是不是就会比较危险。

吐旦旦巴：这是很危险的，像这几年三江源这边最头大的，牧民最头大的事情就是熊害，现在熊的数量越来越多了，可能也是生态慢慢变好，所以熊啊这类野生动物的数量越来越多。它们现在除了自然的生物链，吃的这些东西之外，它经常会去牧民的家里扒人家的房子。像人家今年刚刚建好的一个新的房子，他是季节性的居住，冬季的房子，可能夏天搬出去的时候，熊就跑到这个房子里面，把门也砸了，窗也拆了，进去把全部的东西都弄坏了。第二年过冬的时候他一过来，没办法住，先要把房子维修一遍，里面要是有吃的，那全部都祸得稀稀的，就是这种方式。所以这几年也是对人危害比较大的，也发生过类似的一些事情。

李奕璋：咱们再往保护站里面走一走，第一眼看到的是多种多样的设备，有无人机、脚架，还有一些长焦的镜头。我能问一下，咱们平常用这些设备来拍摄那些动物吗？

吐旦旦巴：其实这些设备都是我们日常在外面的一些拍摄的设备。我们是分类拍摄的内容，因为我们还有一些岛上的这些东西是顾不上的，所以岛上的一会我们讲其他的设备。这些东西是外面的野生动物拍摄的，像这种飞机航拍机，弄个大的镜头，既不干扰到动物，还能拍到它们很好的画面，所以我们需要比较好一点的无人机。还有这种长焦，专门拍摄野生动物。我们因为靠不到太近的距离，如果有些地方靠得太近，会干扰它们。所以我们就在远处架在那里，把它们的行为全部拍下来，记录下来。还有一些小镜头的，还有这种是拍星空的，这边高原的星空也是非常完美，非常漂亮的，大概就是这样的过程。

李奕璋：像我们平常用这些设备拍到过哪些比较珍稀的野生动物？

吐旦旦巴：像我们这边常有的雪豹啊，狼啊，熊啊，像这边的黑颈鹤，鸟类的岛上靠边的就不说了，有很多很多，其实也拍到过不少素材。像这些拍完之后，我们也会交给志愿者，就是科考的志愿者，有些动物团队，交给他们来分析，让他们来得出一些数据，再做科学的研究。我们同时也提供给政府部门，需要这些素材的，我们也会免费提供给他们。

李奕璋：我在这里面看到了这块白板，这块白板是咱们班德湖每日排班，能给我们介绍一下每日的工作有哪些吗？

吐旦旦巴：好，这是我们日常的工作，现在我们这边有3个人，所以我们会排班。一日三餐就是做饭，然后打水、倒水、烧水，包括周边温度的测温，这是负责的第一个工作。第二个是我们数鸟，我们有两个摄像头，有一个是青海环保厅的摄像头，还有一些我们自己的摄像头，对周边的鸟类进行一些统计，所以要数鸟。这个数鸟一个是拿摄像头来拍摄，第二个是我们航拍，把图片合成以后，再通过这个图片来数。

李奕璋：我比较好奇的是，这里写了黑颈鹤的观测记录，黑颈鹤是国家一级野生保护动物，平时在这里观察到的次数多吗？

吐旦旦巴：挺多的，这边黑颈鹤的量不是特别多，但是这边有固定的几个黑颈鹤是每年在这里筑巢的。它筑巢之后，把小鸟孵出来，我们整个在这个过程中都会记录下来。它从开始下蛋，到破蛋，到慢慢成长，直到飞走的位置，我们都会用摄像头一直记录，一直观测它，所以这边加了一个。记录这个的值班人员可能就有点辛苦，因为除了吃饭的时间是大家轮着来，吃饭之外就一直盯着它，看着它，它所有的习性全部要记录下来。

李奕璋：我还了解到咱们在岛上，包括在边上的班德山，都搭建了云台摄像头和一些红外线摄像头。

吐旦旦巴：对。

李奕璋：咱们从监控室看看这些摄像头是如何记录的。

吐旦旦巴：好。现在这边就是3个屏幕，这边是3个储存的交换机。这个交换机和这个显示器是班德湖周边和山上的，就是野外的山上，班德山上，周边达尔宗，还有山上的机器，全部用这个，存在这个上面。这两个机器和这两个交换机就是负责岛上，因为班德湖有两个岛，一个大岛一个小岛，这个上面一共装了8台摄像机，记录所有鸟类的行为过程。所以就这两个是专门在岛上的。现在是我们呈现的画面，全部是在岛上。

李奕璋：这些就是拍摄下来的画面？

吐旦旦巴：对，这是实时的画面，可以随意地动一动。

李奕璋：能稍微摇杆检测操控一下吗？。

吐旦旦巴：可以。

李奕璋：就像刚才说到的黑颈鹤的巢，我很好奇它到底长什么样。

吐旦旦巴：所有的鸟类巢已经没有了，因为这个时间段所有的已经孵化完了，都已经不在巢里住了，它已经离开了那个区域。所以像摇杆这种的，像这个机器，现在我们看到水面上的都是鸭子。现在这边鸭子的数量，这边有好多种鸭子，现在统计起来鸭子的数量已经能够达到5000多只了，光是鸭子的。我们这个都是4K的摄像头拍摄的，所以我们现在岛上装的和山上装的所有都是4K的画面，所以我们拍到的所有都是非常高清的。

李奕璋：就像刚刚聊到的招募志愿者，像这样的一种高寒缺氧，再加上气候恶劣的条件，咱们招募志愿者有哪些特定的需求，有哪些筛选条件。

吐旦旦巴：我们志愿者也是面向全国的，我们这边报名就是网上报名。第一个，因为这是高海拔地区，招募志愿者的第一个要求就是身体的状况，包括他要体检，他的心率、心跳，身体的状况是第一个卡的，这是达关，这是第一个。再下来就是你的技能，你有摄影啊，包括做饭啊，各方面的，这些技能。再就是你对野外的经验啊。通过这些优先录取到。

李奕璋：之前聊天的时候说咱们这里的工作人员有一个必备的小本本，就是驾驶证。

吐旦旦巴：对。

李奕璋：这是为什么，为什么一定得有驾驶证才能成为工作人员？

吐旦旦巴：因为我们工作人员面临的工作种种，有很多。其中有一项离不开的是，因为我们所有的项目，保护站在沱沱河那边，哪怕是火车站接一个人，也得工作人员开车。我们野外的项目就不用说了，不管任何一个项目，如果不开车是到不了的。像这些地方，以及我们驿站所有的沿线全部都要开车，所以车是非常安全的问题，所以我们一定要有驾驶证。不光是有驾驶证，而且一定要有经验，就是野外开车的经验，如果没有的话，带着你慢慢地熟练那些。要不然以后的工作当中就遇到一些，像自己去野外的情况，可能就会陷车，或者产生各种问题。

李奕璋：就是存在一定的危险性。

吐旦旦巴：对，危险性。

李奕璋：包括刚刚讲到的熊，我就感觉在这里工作需要野外的经验和技能，是特别必要的。

吐旦旦巴：是的。

李奕璋：像平时咱们这里的志愿者，包括工作人员，他的生活，比如说吃饭、用电、用水的问题是如何解决的？

吐旦旦巴：用电的话就是背面的这些光伏板，这些光伏板就是很多爱心企业给我们捐赠的太阳能光伏电，现在班德湖有40千瓦的光伏电。我们日常的用电是够了，但是现在取暖可能还是不太够。取暖这种一个是3月左右，一个是11月左右的时候，还是比较冷的，只能靠一些电褥子这种的来（取暖）。像取水，那个木头围着的是一个泉眼，那是我们的打水点，我们在那边打水。我们拿一个网子，稍微地过滤一下，其实这个水是特别好的，这是地下冒出来的泉水。

李奕璋：这个水能直接喝吗？

吐旦旦巴：对，我们现在喝的就是这个水，直接喝的，因为我们保护站志愿者服务期是1个月。1个月之后，志愿者在保护站那边服务一段之后，就会带到这里来一段时间。不管再冷的天气，身体再怎么难受，他们都愿意在这里待的时间长。因为这边的景色是非常吸引人的，所以他们再苦再累也喜欢待在这些地方。

李奕璋：咱们还有很多水下，比如对于水草的监测和拍摄。

吐旦旦巴：除了水上的，我们也摸索水下到底是什么样的。其实班德湖这边，除了这些水草，其实也有很多种，像鱼啊，虾啊，等等，有很多那种动物。也想通过我们的视频，向外面宣传一下。我们就用皮划艇划过来一下，才能拍到水下。

李奕璋：好吧，我们现在就上皮划艇吧。欢迎大家继续关注《看见锦绣山河　江河奔腾看中国》，我接下来要跟吐旦老师，一起去探索班德湖的奥秘。各位央视新闻的网友们，再见。

王艺：听过了吐旦旦巴等志愿者的故事之后，我们继续前行。这里是川藏线318国道，右手边就是金沙江，金沙江是长江的上游河流，流经西藏、四川和云南，也是川藏的界河。据记载，战国时期成书的《禹贡》将其称为黑水，在《山海经》中称之为绳水。因为盛产沙金，古代这里常有大量的淘金人。到了宋代，将其命名为金沙江。

滚滚金沙江，因其险要的地形被称为千古闭塞之江，交通落后一直是制约金沙江流域经济社会发展的绊脚石。如今，金沙江上的大桥达到了50多座，平均不到50公里就有一座。近年来，金沙江流域的西藏、四川和云南等地实现了跨越式发展，沿江经济活动日益稠密。金沙江正如其名，给沿江两边带来越来越多的金子般的收获。

如果说长江是一条忽高忽低、忽曲忽直、忽细忽宽的漫长的跑道，那么金沙江这一段所跑的路更是陡坡挨着陡坡，拐弯接着拐弯。它从藏区腹地穿山越谷而来，在即将冲破这巅川要塞之时，似乎想要舒缓一下长途奔波的疲劳，于是放慢了脚步，围绕着日锥峰画了一条弧线，形成了我们现在所看到的金沙江大拐弯。

沿江继续向前，我们就来到了令人震撼的虎跳峡。虎跳峡地处丽江玉龙雪山和哈巴雪山之间，因传说曾有老虎借助江心多处的巨大礁石过江而得名。虎跳峡分为上虎跳、中虎跳、下虎跳三段，共有险滩18处，江面最窄的地方仅有30多米，海拔高差3900多米。绝美的风景让虎跳峡成为云南的著名旅游景点，圈粉无数。身临其境，沉浸式地感受这摄人心魄的壮美，也更能理解大美中国的底蕴。

穿越峡谷险滩，金沙江继续向东流，这里是四川攀枝花附近的金沙江大峡谷，诗和远方尽收眼底。低头俯瞰，湍急的江流和险峻的峡谷就在脚下，长江的落差高达5000米，而金沙江的落差就有3300米，几乎每流1公里就要下降1米多。金沙江的江面又是如此狭窄，水流量又非常巨大，因此金沙江的许多河段都蕴含了丰富的水电资源。攀枝花下游河段已经建成了乌东德、白鹤滩、溪洛渡向家坝4座世界级水电站。

现在，大家看到的是位于四川凉山州和云南昭通市境内的白鹤滩水电站，这是当今世界在建规模最大、技术难度最高的水电工程。今年9月22日，白鹤滩水电站8号机组顺利通过并网调试72小时试运行，正式转入商业运行，这标志着左岸机组全部投产发电。特高压白鹤滩至浙江线是我国实施西电东送、清洁能源外送的重大电网工程，线路长度达2140公里。除了刚才我们提到的4座水电站，加上三峡和葛洲坝，截至今年5月，这六座梯级水电站多年累计发电量突破30万亿千瓦时，差不多够全国用电量第一大省的广东用上足足4年。长江已经成为世界上最大的清洁能源走廊，万里长江水，点亮万家灯火。

金沙从雪岭而来，岷水经青衣而至，沿江继续前行，便到了四川宜宾。金沙江、岷江在此汇合，长江至此始称长江，宜宾也因此被称为"万里长江第一城"。宜宾水系发达，除了金沙江、岷江、长江，还有600多条大小溪河，蜿蜒流经于此。如今的宜宾三江口成为当地市民游客前来休闲观光的好去处。三江六岸，特别是月圆之夜，明月当空、江口浪静、双月辉映，是世间少有的美景。

很难想象，这里曾是倍受污染困扰的沿江工业区，从这里向北五公里，遍布化工、热电、水泥、造纸等工业企业，污水直接排进长江。"共抓大保护，不搞大开发"，宜宾一手铁腕治污，一手升级产业。现在三江口公共休闲区日均接待市民1万人以上，也是近年来宜宾转型发展的缩影。如今以动力电池、智能终端等为代表的绿色产业成为宜宾经济发展的新引擎。走生态优先绿色发展之路，这正赋予长江第一城以新的无限可能。

历史上宜宾的故事始于三江口，接下来我们就从三江口，去听一听宜宾今日的故事。看看宜宾如何打造现今的动力电池之都，如何发展绿色能源，打造1+N动力电池绿色闭环全产业链生态圈。

记者　陈凯：各位央视新闻的网友大家好，我们现在所在的位置是在四川宜宾。今天是10月1日，首先在这样一个日子当中，我们也祝愿伟大的祖国生日快乐，繁荣昌盛！

现在介绍一下我们所在的位置，我们所在的四川宜宾，提起它你又会想起到什么呢？可能很多人知道这里是长江首城，有三江口，有蜀南竹海，也有美酒。同时宜宾也是长江上游非常重要的生态屏障。这些年在"共抓大保护、不搞大开发"方针的指引之下，宜宾也是牢固树立上游的意识，加大自己的生态环境保护的力度。最近几年，一方面在落后的产能上做减法，比如说取缔了一些污染比较严重的企业，像长江岸线上的一些非法的砂石堆场，非法的码头在不断地取缔。同时一方面在培育新动能，在一些绿色的产业上也在做加法。于是宜宾就提出了"一蓝一绿"的概念。什么叫"一蓝一绿"呢？就是着力发展数字经济和新能源。

现在我们所在的地方就是宜宾一个生产新能源的企业，是一家生产动力电池的企业。当我们走进的时候，首先映入我们眼帘的是电池的零碳工厂——四川时代，同样也是宁德时代全资子公司。为什么叫零碳工厂，这个工厂为什么会选择在宜宾这个地方。我们现在请到零碳工厂的负责人胥总。您好，给我们央视新闻的网友们打个招呼。

胥彬：大家好，欢迎进入我们世界首家零碳工厂——四川时代。

陈凯：胥总，接下来我们开始我们的交流。我们说到它的零碳工厂，同时也跟长江非常有渊源，为什么这样一个工厂会跟长江也非常有渊源呢，给我们介绍一下。

胥彬：是的，说到跟长江的渊源，我们从零碳工厂的三大特点说起。首先我们零碳工厂是绿色能源、绿色物流和绿色制造。说到绿色能源，工厂位于四川宜宾，长江首城，在长江的上游有非常充沛的水利资源，所以我们整个生产环节全部是用的水电。

陈凯：用的清洁能源。

胥彬：对，是清洁能源，它是零排放的。第二点跟长江相关的，比如我们绿色物流，我们大幅的产品和原材料是采用长江的航运，是属于低碳，而且成本也会比较低，更好地保护好环境。同时绿色物流还有一个特点，在我们厂区里面所有的物流转运全部是实现电动化，实现了零碳的排放。

陈凯：我们全用的是新能源的交通运输工具来进行转运的，所以它的碳排放量会很少。

胥彬：是的。接下来我再介绍一下零碳工厂的第三大特点，就是绿色制造。首先是基于全生命周期资源的回收和再利用，大家知道电池制造的过程中，镍、钴、锰、锂这些属于比较稀有和贵重的金属，都是需要矿山开采。所以我们公司已经做到了在这方面高达99.3%的镍、钴、锰回收率，以及高达90%的锂回收率，会减少资源的开采，保护我们的生态。

陈凯：同时这些重金属的东西流入到外面、随便排放，也是一种污染，对吗？

胥彬：是的，所以资源的回收再利用显得极其的重要。

陈凯：我们现在看到的这个是什么？

胥彬：我接下来再介绍一下我们的全生产过程中的数字化和智能化的生产，以及我们的智慧能源的管理系统。在整个全生命周期生产环节里面，都是高度采用数字化、智能化，加上我们现在的AI视觉，提高了产品的良率。提高良率之后，进而减少原材料的消耗，这也是对环境和资源的保护。

第二个方面就是我们自主研发的CFMS智慧能源的管理系统，进一步减少整个生产过程中的能源消耗，接下来我给大家展示一下整个智慧管理系统的结构。

陈凯：我们能看到它的排放量都是有一定的监测的，对吗？

胥彬：是的，我们所有的水、电、气的用量都是属于在线实时监控的，包括所有的用能设施都是实时监控。我们利用5G技术和现在的物联网技术，随着工业4.0以及数字化浪潮扑来，所以我们的厂房设施的管理完全进入到数字化的时代。我们实现了厂房的设施设备和生产设备，以及生产的排产系统之间的数据的互联互通，让整个系统在用能方面，在参数上自动寻优，寻找到最适合、最节能的工况和参数再运行。

陈凯：在广大观众可以理解到，一个数字化的工厂能够给大家带来什么。第一个是带来可视化数据的体现，就是我们到底用了多少，大家原来可能是一个虚数，但是现在是有一个精准的。第二个是我们让数字自动地做一个加法和减法，就是它在过程当中会寻找一个用能最优化的方式，这种方式也是节能最优的方式。

胥彬：是的，我们看下面这张图就可以简单地看到，就以我们整个工厂电力使用状况来看，我们有非常清晰的电力能源的流向图，整个工厂的电力流向一目了然，非常清楚，每一个模块的使用量和占比。而且，我们后台有非常精确和及时的诊断和预警分析系统，会给我们过往使用电的标准使用量做参数对比，如果一旦超出，就会提出预警，超出了一定的标准和幅度，就会实时的报警，让人工去干预和介入。

陈凯：防止这种情况，可能某一个领域用能会超标、会过多，会污染、排放会加大的时候，这个时候我们要及时看哪个环节，进行一个调整。好的，胥总，既然今天来到电池工厂，尤其是生产动力电池的，这两年我们也知道动力电池是随着新能源车现在越来越普及，动力电池是一个非常热门的话题。大家其实都想了解一下，到底动力电池是怎么产生的，动力电池到底跟普通电池有什么样的区别。今天正好来到您这儿了，您是不是也给我们介绍一下？

胥彬：好，我们往这边看。

陈凯：好的。

胥彬：我先简单讲一下电池的原理，无论是锂离子电池还是什么电池，基本原理通俗的理解都得有正负极。以锂离子电池的基本原理为例，让锂离子在充电的过程中从正极跑到负极。在开车放电的时候，又从负极回到正极，来回地脱嵌、嵌入和穿梭，这是通俗的理解。所以我们整个锂电池的生产，首先要把正极的极片和负极的极片，这些重要的原材料制备出来。接下来我给大家简单介绍一下正极与负极是如何制备出来的。

现在大家看到的是正极，也叫阴极，它的基材是铝箔作为载体，特别薄，一般是5~7微米。我们在上面加上磷酸铁锂，或者是三元锂的粉料，结合黏结剂，再加上搅拌工艺，最终把它均匀快速地涂铺到铝箔的基材上。再经过一系列的冷压、磨切，一系列的工艺，就形成了正极极片的一个制备。

陈凯：这边的不用说了，是阳极。

胥彬：阳极是负极，差异是基材不一样，用的是铜箔，上面的载体也不一样，主要的材料是石墨。正极和负极制备完，就进入到下一个环节，要把电池组装起来，简单的理解。大家都知道正极、负极肯定是不能直接贴着的，因为会短路，所以在正极和负极之间有一层白色的隔离膜，简单的理解就是起绝缘的作用。看起来就像三明治的结构，通过转绕设备，把根据我们需要的不同电池芯的容量，单颗电池产品不同的容量，卷绕到一起，形成电池的雏形。

再到后面的工序是，我们把正负极引出来之后，需要通过激光焊接，把整个焊接成型，引出到外面的转接片上面，通过转接片引入到整个顶盖上面，进一步完成电池的制备。最后就是装入壳子。

陈凯：问题来了，我有两个问题。第一个，我不太了解电池，大家平时看到的电池是圆筒形的，为什么我们这个变成方盒形的？

胥彬：我们公司生产的产品有圆形的，也有方形的，状况不同，只是根据不同的应用场合，按照我们的需要和里程的要求，以及最终成型的模组外部装配的结构，所以有不同的产品。接下来可以看到我们部分产品的展示。

陈凯：这个确实能看到，有圆形的，有方形的。它的区别是什么，用途不太一样，还是什么不太一样？

胥彬：主要是应用场景上有些不一样。比如圆形的，更多的是现在像哈罗单车，两轮车上面用得比较多。像方形的，这是280Ah的，应用在电动大巴，主要是大巴的应用场景。这款是在混动车型上面的。

陈凯：HEV？

胥彬：HEV是混动车型，BEV是纯电动车型，PHEV是插电混动，就是混动又是可以在外部充电的，这样一个车型里面。再往里面看，这里面还有两个小产品，一个是12伏的，一个是48伏的，它是替代传统车上的铅酸电池。因为铅酸电池体积比较大，寿命也没那么长。

陈凯：我们叫电瓶的那个东西。

胥彬：对，电瓶，它是体积小，使用寿命长。

陈凯：这其实就是大家现在看到的动力电池车型下面的电池组了，对吧？

胥彬：对，我们把一颗一颗的电芯，最后集成到整个PAK的架构里面。以这款展示产品来说，是我们C2P2.0的技术，可以直接装载在电动大巴上面。现在我们有更先进的，大家看电视都看到了，C2P3.0，也就是我们的麒麟电池，它能够做到所谓的续航1000公里。

陈凯：现在问题也提出来了，我今天来的时候也做了一些功课，带着很多网友的疑问。比如之前有的网友想问，现在我们电动车越来越多，街上的人，大家也有环保意识，也有节能减排的意识，但是我们也会担心这种电池在行驶里程当中有磕碰，会不会发生燃烧，或者电池组会出现这样的问题。这种情况在我们作为生产企业来说，作为设计者来说，我们在当中是怎么考虑安全性的问题？

胥彬：我们屏幕上可以大概看到一个关于整个电池产品的实验，这是其中的一项实验，就是火烧实验。我简单讲一下电池产品设计生产环节的安全理念。安全是我们企业的生命线，整个安全贯穿了从产品的开发、设计、制造，以及售后服务，包含回收利用，全生命周期整个安全的保障体系。我们每一颗电池产品生产出来有100多道检测工序，有3600多个点的过程质量控制点。

陈凯：但是我还是想问一下，我们刚才看到咱们有阴极，有阳极，它为什么能够承受住火烧，还有时间，这个烧了大概多长时间？

胥彬：这是70秒左右，直接燃烧，间接的离开明火过后，然后到旁边，大概是60秒，会有自动窒息，像阻燃，有自动窒息的功能。

陈凯：电池很多网友、消费者也很关心，比如它会遇到意外的情况，外部环境的，比如遇到明火的时候，会不会也发生燃烧，我们有没有什么方法阻止它出现这种情况？

胥彬：如果有关注到我们公司的产品介绍，包含整个产品的阻燃，以及窒息这一块，我们做得非常安全。这个可以到我们的官网仔细浏览一下。

陈凯：我明白了，通过设计，包括通过对电池工艺的控制，是能够做到不是那么轻易地出现燃烧的状况。

胥彬：是的。

陈凯：那您继续。

胥彬：接下来映入我们眼帘的是一款巧克力的换电块，一个换电产品。为什么会有换电产品上市呢，它解决什么问题呢？通俗的理解解决两个问题，一个是购车成本的担忧和忧虑。

陈凯：还有一个我猜应该是里程。

胥彬：对，第二个就是里程焦虑。一辆20万的新能源车，大致电池成本占到8万~10万元，如果未来用户只要买车，不用买电池，那他的购车成本极大地降低，也有利于新能源车快速地普及和推广。同时肯定这中间又会涉及一个话题，会不会换电池的时间特别久，大家没办法容忍。我们的换电块可以做到1分钟换一块，而且是灵活的模块组合，比如你最多可以装三块，根据你的里程，你在市区跑可能装一块，200公里足够了，跑远一点，装两块、装三块，灵活选用，租赁的方式。下面可以看一下换电块整个电池更换的动画示意。

陈凯：就是在车子的底部，我们根据自己的需求，如果在需求量大的时候，一块、两块、三块，这样的方式来进行，是吗？

胥彬：是的，我们可以简单看一下。

陈凯：在这个过程当中，我们也给大家进行一下介绍，现在大家聊到新能源车的时候，更多的是两个担心，一个是续航，另外一个是充电。从电池的角度，您作为专业人士来说，能不能告诉我们一下续航和充电在电池上怎么样能够实现，比如有的续航长，有的充电的时间更短，这种是怎么做到的？

胥彬：先讲续航吧，我们刚才提到超过1000公里续航能力的电池，有两大特点。

陈凯：因为我们这个节目时间的原因，这个话题可能聊出来会比较久一些，最后我们也想咨询您一个问题，采用新能源这种产品之后，我们会有一个怎么样的节能减碳的效果？

胥彬：一辆电动车和一辆燃油车它的碳排，选用电动车大概会减少43.4%左右的碳排。以2012年到2021年期间所有车辆碳排的平均数据来测算，每增加100万辆新能源车，整个碳排会减少1280万吨，所以新能源车的推广，对我们整体的"3060"和实现环境的保护是极其重要的。谢谢。

陈凯：谢谢您。因为时间关系，现在我们还有最后一个问题，今天也给大家介绍一下，我们请到了宜宾市经信局的胡局长，现在由于时间关系，最后一个问题留给您，当初我们在选择产业转型的时候，为什么会把目光投向"一蓝一绿"这个产业？

胡局长："一蓝一绿"是宜宾市战略性新兴产业发展的重点方向，"一蓝"指的是数字经济新蓝海，"一绿"指的是以动力电池、晶硅光伏为代表的绿色新能源产业。我们提出"一蓝一绿"产业发展方向主要是基于三个方面的考虑。

一是宜宾是"万里长江第一城"，有责任保护好长江这一江清水。所以正是因为这样，宜宾在产业的发展上，必须加快绿色低碳产业的发展，担负起长江生态屏障保护的责任。这是时代的要求。

二是当前国家大力实施"双碳"战略，重点支持数字经济、新能源产业的发展。我们提出的"一蓝一绿"产业，也正是国家战略发展的方向，也是全球产业发展的风口，这是我们自身发展的需要。

三是我们在区位交通、绿色能源、人才支撑等方面，具有发展"一蓝一绿"产业的明显优势。比如在区位交通方面，我们宜宾处于一带一路、长江经济带、成渝地区双城经济圈三大国家战略的结合部，铁、路、水、空非常的完善和发达。同时宜宾也是全国80个综合交通枢纽城市之一，也是全国50个铁路枢纽城市之一。再者我们的绿色能源，当前我们宜宾的水电资源非常丰富，水电的发电装机容量超过了700万千瓦，而且可以为企业提供80%以上的绿电，价格还非常便宜，一度电大概在5毛钱左右。再如我们在人才支撑方面，现在我们有7个院士工作站、13个产研院、12个高校，现在在校的大学生有9万多人。这些都是发展我们"一蓝一绿"产业的战略资源。

陈凯：因为时间的关系，刚才通过胡局长的讲解也知道了宜宾在发展产业上，在人才优势、能源的储备，包括交通优势上，为什么会选择绿色的产业。我们也同时通过我们的"一加一减"，淘汰落后产能，同时增加新产业的布局和发展优势，着重发展新能源的产业、绿色环保的产业，同时也是做好了我们守护长江上游生态屏障的责任和担当。

好的，各位央视新闻的网友，今天我们直播的现场就到这里，谢谢各位。

王艺：这里是央视新闻特别节目《看见锦绣山河江河奔腾看中国》。我们继续出发，宜宾的故事始于三江口，现在正在续写自己的新篇章。从三江口顺岷江而上，前往成都，那就是"三花茶泡起，龙门阵摆起，巴适得板了"。今日天府之国的惬意悠然、生机勃勃，离不开2200多年前建成的水利工程——都江堰。都江堰位于成都平原西北边缘岷江出江口处，大家现在看到的就是2000多年来一直生生不息、泽被后世的都江堰。普天之下称作堰的数不胜数，唯都江堰名气最盛。将曾经旱涝无常的四川平原改造成了天府之国。都江堰始建于公元前3世纪，是战国时期秦国蜀郡太守李冰及其儿子率众修建的一座水利工程，是全世界至今为止年代最久、唯一留存，以无坝引水为特征的水利工程。引水灌田，分洪减灾，从此成都平原沃野千里。"水旱从人，不知饥馑，时无荒年，谓之天府。"都江堰为无数民众输送了股股清流，至今仍然灌溉着60多万公顷的良田。接下来我们跟随总台记者蒋林，一起去穿越历史，走进都江堰，去寻找古人的治水智慧和历久弥新的生态观。

记者　蒋林：各位央视新闻的网友大家早上好，欢迎各位继续跟随着我们直播的镜头一起江河奔腾看中国。在我们国庆假期的第一天，10月1日这一天，我们将会跟随着中央广播电视总台的多路记者，还有我们所呈现的这些直播的画面，从长江的源头一路向东，最终奔向大海。现在我所在的地方就是刚才我们所介绍的都江堰景区。

都江堰的历史悠久，而现在我们在画面当中所看到的这一江碧水，就是成就天府之国，或者说也是在长江奔流的过程当中非常重要的一条支流，叫做岷江。岷江之水天际来，在我们现在所看到的直播画面当中，我们的镜头所望向的是岷江的上游。而今天都江堰的天气，如果我们把镜头稍微抬高一点，大家往远处去看，实际上远处的山峦就是我可视的能见度大概在1公里。更远处的岷山，因为云雾的遮盖，远近不同，会有呈现出中国水墨画这样的层次渐变。但是隐隐约约大家也能够看到，在这样一条碧绿的大江更上游的位置，其实是层层叠叠的远山，这也造就了岷江的性格。

其实在我们今天去说江河奔流的过程中，包括我们说到长江，为什么在四川我们会选择岷江作为一个非常重要的今天直播的话题，借由它来说江河与人之间的关系。这是因为岷江在相当长的中华文明的历史当中，它被认为是长江的源头，直到明代的徐霞客经过实地的踏勘，最终确定现在我们所认为的金沙江是长江的正源，而岷江在之后依然被作为长江最为重要的一条支流被大家记住。当然还有一点很重要，就是通过都江堰水利工程，对于这样一条桀骜不驯的江水的利用，最终成就了良田沃野、生活富足的成都平原，也就是大家经常说到的天府之国。

现在，在画面当中大家能够看到一条镶嵌着很多卵石、呈现出灰白色的一条低埂，它一直伸向水流的远处。而从现在的画面当中，它真的像一条鱼巨大的脊背，鱼头是没于水中，它像一条巨大的鱼，浮于岷江的江水之中，因此它也得到了一个非常好听的名字，叫作鱼嘴。鱼嘴可以说是都江堰水利工程非常重要的一个渠首的位置，由它将奔腾的岷江一分为二。在画面当中大家可以看一下，在鱼嘴靠右侧的位置会有一点洁白的浪花，如果把画面拉开，很明显在鱼嘴的这一边，会有这种激流奔腾所形成的浪花的感觉。但是如果我们向鱼嘴的左侧来看，这里的水流是相对平缓的。这就是都江堰在"天人合一""道法自然"理解水流的力学当中，我们的古人所读懂和表现出来的一大特征。

内外江之间，内江更宽阔，更平坦，水流相对也会比较平缓。而内江的河床在历史上永远都是低于外江的河床，所以水流在到这儿，特别是在枯水季节的时候，在这种高低落差之下，水流将会被更多的引入内江。因此，在鱼嘴分水和内外江分流的状态当中，就制造了一个天然的分水的效果。在洪水季节的时候，水流很急，而水流直线奔流的速度会更快，所以就会有60%的水在夏季的洪水季节进入外江，为成都平原泄洪。而在冬季枯水季节的时候，会有60%的水进入更低的内江的河道，引入成都平原。这使得在2000多年前没有更多的现在所看到的像这种闸门作用的状态下，内外江之间能够实现一种天然的水量的调剂，保证成都平原的使用。

我们接下来向旁边去看一看。说到岷江和成都平原的关系，除了它在都江堰水利工程所引流的江水，最终改变了整个成都平原的农业生产，造就了后来富足的生活方式外，其实在没有都江堰水利工程之前，它塑造了我们现在成都的大体的地貌。现在在画面当中看几个细节，就在内江江口的位置上，会有很多被上游巨大的水流推波过来的一些粗壮的树干、巨大的卵石，它们都伴随着降水的退却，滞留在江滩相对较浅的地方。整个成都平原在形成的过程中，和周边的大江大河的天然搬运工的作用很明显，整个成都平原都是一个堆积平原，四川盆地的最低最平的这一块，其实是亿万年当中，这种水流不断带来的卵石、泥沙，不断堆积起来的一个主体的结构。我记得前几年我去成都地铁工程采访的时候，曾经有地铁建设者说："你知道吗，在成都修地铁很难，因为它的地下水比较富济，而且在成都看似一马平川的城市的底部，因为这种亿万年所形成的冲积平原和巨大的堆积体，所以经常盾构机在前进的时候会不期而遇一块巨石，而这块巨石可能就是某一次史前洪水所带来的。"因此，我们看到都江堰在后来的2000多年当中，对于成都平原带来更多的是润泽，更多的是灌溉。但实际上周边，包括岷江在内的这些大江的搬运作用，造就了成都平原的平坦和现在的沃野千里的物理基础。

看完了这儿，今天我们再跟大家说一下，此时此刻也是今年国庆长假的第一天。今天我们在来到景区的时候，也听从工作人员的建议，大家尽量在游览的过程当中，也可以佩戴口罩。用这样的方式，带着大家一起来感受一下都江堰水利工程。我们看完了鱼嘴，接下来我们要说一说这个水利工程和人之间千丝万缕，或者说彼此相互照顾、相互影响的关系。我们要坐电瓶车去到都江堰水利工程另外一个很重要的地点。

我们接下来就要乘坐电瓶车去到前面的宝瓶口和飞沙堰的位置，可能我们在这个地方直播的时候相对较多，但是真正能够让成都平原保证它的"水旱从人"，其实还和一座山有关系，那我们现在就向前进。接下来我们将会乘坐电瓶车行走的，也和当年都江堰造就它的人是有着关系的，而且在千百年来每一任到四川进行治理的官员，很重要的一项工作就是设立专门的管辖机构，拨出专门的款项，在历史上一直对都江堰进行岁修、维护各种工作，这也保证它在2200多年的时间当中一直使用，从未废弃，而且一直都处在一个可以说最好的状态当中。

当然在新中国成立之后，1949年以后都江堰迎来了更大的发展规模。在1949年的时候都江堰的灌溉面积大概有200多万亩，而到了今年，在我们今天直播之前，我在和现在的都江堰水利发展中心了解现在的都江堰灌区面积的时候，得到的数字是已经超过了1000万亩，从200多万亩，现在达到了1000多万亩。所以这种倍增的数字不光是由历史上的都江堰所给我们留下的一份丰厚的灌溉遗产，更重要的还是在新中国成立之后，通过我们现代的渠网水利设施，不断地补足短板，让都江堰引来的岷江水灌溉了更广大的、数倍于曾经的天府之国的面积。包括现在的粮食生产和守护更多的像成都这样2000多万人口中心城市的生活、生产和生态用水，其实都和我们2000多年前所修建的这座水利工程有着巨大的关系。

在我们的车缓缓前进的过程当中，我们现在走在，从空中去看一分为二，把都江堰变成内外江的金刚堤上。我们也请北京的同事帮我们调出一段昨天所拍摄到的都江堰鱼嘴和我们现在所处的环境的插画面的短片，大家在画面当中和我们一起感受一下给人带来震撼感的人类与自然共同的杰作——都江堰水利工程。从空中去看，我们刚才所说到的鱼嘴的造型会显得更加的突出，现在在鱼嘴的一侧，外江入口的位置上建起了一个闸门，它也是为了保证在枯水季节可以通过闸门的限流作用，有更多的水进入内江，保证成都和下游地区的农业、生活和各方面的用水安全。但实际上它没有改变的是都江堰基本引水的原理。直到现在都江堰仍然是要依靠岁修的办法，来调节内外江之间天然的海拔落差，保证都江堰这种自然引流的效果。

在没有都江堰上游的紫坪铺水利工程的时候，每年夏季的洪水会带来大量的泥沙，因此当时会有岁修的制度，现在岁修依然会被保持。但是因为有了上游水库对于泥沙拦去的作用，所以现在内江断流的岁修会将近10年进行一次，每年会对它进行小规模的岁修的工作，来保证整个河道的畅通。而在今天的直播当中，过一会儿大家会看到一个细节，就是都江堰不仅仅是2000多年前李冰父子他们去读懂自然的伟大工程的杰作，与此同时历朝历代都江堰的治理者也在继续地读懂历史，包括鱼嘴的造型也是在后来的朝代当中去定型，去确定，在历史上它有很多方案的变化。包括过一会儿我们将会看到的一个地方，是在2008年"5·12"汶川地震时候，在2009年大家为了顺应当时的水流的变化，而增设的一个都江堰的设施。但实际上所有的设施都是在对岷江流淌的状态，包括自然的原理更多的了解之后，大家找到的这种与自然共生的一种顺应水势、因势利导的治水之策。

我们跟随着都江堰流淌的方向，现在我们即将到达的位置是在飞沙堰和宝瓶口所在的地方，内江水引到这个地方之后，就会准备进入成都平原了。而当年李冰在治水的过程当中很重要的一项创举，就是将横亘在眼前阻挡江水进入成都平原的玉垒山，在没有火药和其他钻探爆破手段的时候，依靠放火烧山石，以水淬石，最终凿石，破出了这样一个宝瓶口，将水引入成都平原的位置。我们到前面去看一看。

可以看到伴随着时间的推进，今天第一波的游客已经开始陆续进入景区了。而且每年在春节，或者是国庆假期的时候，大家都会发现这种举家结伴出行的数量会很多。大家可能也会觉得在这样的自然环境当中，特别是和自己的家人，和自己的朋友，和自己的爱人一起到这儿来，是一个享受假期特别好的办法。

我们带大家来看一看，大家会发现内江的水流到这个地方，其实是有一个落差，在这儿形成了一个激流的地方，这个就是在2008年汶川地震之后增加的一个落差的地方。在这儿形成的激流，会让一部分从上游被带下来的，比如说破碎的山石，在这个地方能够缓解它向前冲的力量。把镜头慢慢地挪过来，在这个巨大的落差所形成的激流漩涡区的正前方，就是正对着宝瓶口，其实这个建设的东西就是为了保护前面的宝瓶口。因为这个地方也是整个内江最窄的地方，它起到了一个天然限流的作用。还是回到刚才那个话题，在当年没有闸门的状态当中，怎么保证夏季的水流不会过度地进入成都平原，带来新的溃涝的灾害。其实很重要的就是靠宝瓶口，它像铁将军锁门一样，在这儿制造了一个天然的闸门，保证进入成都平原的水流量是相对可控的。而在夏季如果水流量过大的时候，它就会从旁边的飞沙堰，以及其他的泄洪通道，进行二次的分流、三次的分流，再回到外江，这样保证成都平原的安全。

在我们今天直播的过程当中，我们还要带大家去看两幅我们借来的地图，这是从都江堰水利发展中心借过来的四川省的水系图和都江堰灌区的水系图。通过它我先跟大家说一说，回到我们今天这个主题，江河奔流看中国。这是整个四川省的地图，你会发现四川省的地理结构，这边是青藏高原，这边是连接着秦岭，向南的方向，整个四川伴随着中间的山系，你会发现大江大河基本都是在进入四川之后，是从北向南流，然后再折返之后向东去。这条是雅砻江，这个地方是金沙江，就是长江的上游，其实它在很长一段距离当中也是界河，和青海省，和西藏自治区。长江从南向北一路到这儿，到云南拐个弯，然后再回到四川的境内。然后雅砻江，这个地方是大渡河，基本上也是从北向南，在乐山的位置上与我们所说的岷江汇流，最终在宜宾的汇入长江。

我们今天要找的岷江在这儿，它发源于四川境内青藏高原，也是一路向下，过汶川，这个地方还是阿坝藏族羌族自治州，这儿就是都江堰。大家会发现从这儿以后，会有很多的小的蓝色的线条，它们当中不少都是因为都江堰水利工程在进入成都平原之后，继续不断地分支出来的，其实是我们人工引流和当年天然河道集合的产物，最终把岷江水变成一个扇形的骨架，滋润整个天府之国，才有了现在成都人的气质。所以今天这个节目也想告诉大家，成都人大家都会觉得很会生活，很乐观、很包容，其实很大程度上都和这条岷江给成都人在过去2000多年带来相对安逸的生活是有关系的，它不仅仅是在改变着这儿的地理地貌，更塑造着一方水土上人的性格。

说完了这个东西，我们再回到这儿，这个就是放大之后的都江堰的灌区。现在这个红点所在的位置就是我们今天的直播地点，都江堰水利工程，我们把它叫渠首枢纽，在上游是后来新建的紫坪铺水库。通过都江堰的分水，我们可以看到像扇子的骨架一样，把它变成若干条支流，在这儿我们可以看到有蒲阳河、柏条河、走马河、江安河、黑石河、沙沟河，变成一个扇形继续向下。而且这还没有结束，我们可以看到现在的都江堰水利工程，曾经的都江堰的灌溉面积大概就是200多万亩，现在已经可以达到1000多万亩的灌溉面积，是怎么做到的？以前的天府之国，都江堰的灌溉面积只有这个地方一块，现在通过人工的渠道，通过一种叫作自流式的引水，利用天然地形的落差，就是西北高东南低，利用这样的一个天然的落差。这个落差有多大？给大家举个例子，这是成都市的市中心，成都市的海拔最低点是359米，我们现在都江堰水利工程的渠首的位置海拔现在是740米，也就是说在这五六十公里的直线距离当中的落差就达到了300多米。利用这样一个天然的落差，和这种扇形的骨架，将水流分流。现在最远的都江堰水可以调到哪儿？已经到了几乎是四川的东北部了，通过不断地调水，而且现在我们成立了都江堰水利发展中心，在干渠当中还会配合大中型的水库，比如说鲁班水库、继光水库，通过干渠的调水让这些水得以在一些丘陵地区暂时地保存，再通过提灌的方式，向更广大的面积去进行灌溉。

所以在今天这个节目当中想告诉大家什么，就是我们承袭着古人的智慧，特别是在新中国成立之后，用更多水利工作者他们更科学严谨的方式，在缓解的就是四川，包括中国很多地区共同面临的用水方面的难题，时间、空间上严重的不均匀。以四川为例，可能我们在全年当中的大部分时候，大家看到真的是风景宜人。但是你要知道，我们也拥有全国非常明显的降雨区，所以在每年夏季的时候，防汛、抗洪又是我们工作的重点。因此，通过人工的水利设施、天然河道的整治，最终是要把水害变成水利。同时我们还希望在一年当中丰水季节的时候能多保存一些，这样在遇到像今年夏季，或者往年的春季可能出现的农业灌溉用水紧缺的时候，通过人工补充的手段，来让我们的农业生产得到最好的保证。

在我们今天这段直播的最后想跟大家聊一聊，还是回到都江堰水利工程。在今年夏天的时候，都江堰迎来了自己建成之后一次特别大的考验，那就是今年夏天7—8月的降雨量只有常年降雨量的50%，天然来水锐减，而很多的农田在7—8月正是秋粮生长过程当中最需要用水的关键时期。以都江堰整个灌溉区为例，今年天然的水量较之去年减少了7000万立方米，但是今年通过我们水利工程的接续的引水和更合理的水量分配，保证像刚才说的四川东北部和一些更远端，距离都江堰100多公里以外的丘陵地区的水稻生产的农田，向这些地区多输送了4000多万立方米的用水。其实这一加减之后，就有将近一点多亿立方米的水是通过都江堰水利工程和它所带来的都江堰发展中心的各个渠网之间的联动，在为保证粮食生产做出努力。

所以要在新时代打造更高水平的天府粮仓，我觉得需要农民伯伯的努力，当然需要乐观的四川人继续发扬他们不怕困难的精神，我觉得还要更科学地去调度水资源，保证我们的农民朋友在生产的过程当中，在最关键的时期能有水用，有充足的水用。这也就是我们从2000多年一直沿袭至今的科学读懂自然的治水态度。

2000多年过去之后，最终都江堰它造就了天府之国，"水旱从人，不知饥馑，时无荒年，史称天府也"。其实所谓的天府，更多的是大家对于美好生活的一种向往，也是成都人骨子里的那份乐观。正是因为有了这份延续至今的相对安逸的生活，它才造就了成都人的乐观与豁达，以至于现在作为一个新兴发展城市，现在的成都已经有2000多万人口。很多人彼此交流的时候发现自己并不是土生土长的成都人，但是这座城市给予了他创业的空间和最大的包容，这就回到我们今天的主题，这就像一条奔流的母亲河一样，饮此江水便是它的儿女。在这样奔流的过程当中，我们形成了新的群落，形成了新的城市和新的归属感的定义，而这也是来自自然江河对我们的一份哺育。

在我们接下来的直播当中，我们将会继续跟随着中华文明当中最为重要的这条母亲河流淌的脚步，继续一路向东，去看一看这条河流所滋养的上下游，不同的人，不同的家园，但是共同的这颗被长江滋润的心。

好的，以上就是我们从天府之国——成都都江堰发回的直播的报道，继续我们向前的脚步，时间交还给北京。

王艺：看见锦绣山河，江河奔腾看中国。"巴山披锦绣，蜀水漾清波"。接下来我们把目光回到长江干流，继续向东行。

离开四川，我们就进入了山城重庆，这是重庆的经典地标——朝天门，这里被长江和嘉陵江两江合围。站在朝天门广场可以看到两种颜色的河水相汇，如果说重庆的地形像一条长长的舌头，朝天门就是这条舌头的舌尖了。到了重庆，吃一顿火锅，打卡朝天门，这些都是必须要做的事情。重庆的台阶特别多，好像是数不尽的钢琴琴键。山在城中，城在江边，山水相融，为这座城市注入了无限的活力，也成就了属于重庆的城市美学。

沿江继续向东，大家现在看到的就是位于重庆奉节的瞿塘峡，在瞿塘峡入口处是鼎鼎大名的三峡西大门——夔门。夔门又叫瞿塘关，是古代东入蜀道的重要关隘。第五套人民币10元纸币的背面，印制的就是夔门。三峡自此向东，依次为瞿塘峡、巫峡、西陵峡。瞿塘峡全长约8公里，在三峡中最短，却最为雄伟险峻。奉节因其壮丽的长江三峡风光，以及深厚的历史文化底蕴，吸引着大量的游客前来观光旅游。"朝辞白帝彩云间，千里江陵一日还"，唐代诗人李白曾经留下了歌咏三峡的千古绝句。诗中所写的白帝城就在奉节。据传李白第一次过三峡时，风华正茂，他为了实现自己的凌云壮志，离乡背井，踏上了远游的旅途。三峡的壮丽风光给许多人留下了难忘的印象，在离开三峡多年以后，还常常沉醉在美好的回忆里。看到此情此景，您是不是也想扬帆启航，畅游三峡呢？接下来就跟随我们的记者一起乘游船，纵览三峡之美。

记者　王宇辰：央视新闻的网友们大家好，我是总台记者王宇辰，我现在就在长江三峡游的星际游轮上，今天我就在这条船上给大家带来今天的直播。通过今天的直播，就让我们一起去感受长江三峡的生态游，以及我们去体验一下星际游轮的新变化、新设施。首先让我们请出本场直播的第一位嘉宾，是我们星际游轮的驻船导游杜苗老师。杜老师你好，跟央视新闻的网友们打声招呼。

杜苗：央视新闻的网友们大家好，今天我们将带领大家一起去游览长江三峡。

王宇辰：我想请您跟我们讲一讲，我们现在过的这个峡是什么峡？

杜苗：我们现在正在经过的这个峡是长江三峡的第二段峡谷，叫做巫峡。

王宇辰：咱们现在所在的位置就是在巫山县附近。

杜苗：对，我们现在所在的位置就是重庆市巫山县附近，前面看到的这一座大桥是巫山公路长江大桥。游船进入大桥之后，就正式地进入巫峡境内。

王宇辰：我听说咱们长江三峡游整个一段会经过三个峡谷，是不是？

杜苗：对，长江三峡总共分为三段峡谷，我们从上游往下游依次去到的是瞿塘峡、巫峡和西陵峡。这三段峡谷各有特色，第一段峡谷瞿塘峡是三段峡谷当中最短的一段，它只有8公里，它虽然短，但是它短而精悍，因为它是以雄伟壮观著称的。第二段峡谷的巫峡有46公里。

王宇辰：长了快六七倍了。

杜苗：对，46公里，而巫峡的特色特点是以幽深秀丽为主的，像文人笔下的"曾经沧海难为水，除却巫山不是云"就是这里了。第三段峡谷叫做西陵峡，它全长有76公里，是最长的一段峡谷。我们的三峡工程、三峡大坝就坐落在西陵峡的中段。

王宇辰：相当于这个全程，长江三峡还是有特别长的旅程，是不是？

杜苗：是的，我们游船将经过长江三峡的三段峡谷，总长度是192公里。

王宇辰：那咱们是多少时间能够完成整个路程？

杜苗：路程虽然是192公里，但是我们整个游程是边走边看边玩，所以大概是需要3天的时间。

王宇辰：那体验相对还是非常丰富的。

杜苗：是的。

王宇辰：我们现在就边走边说，想请您介绍一下两岸的情况，我们看后面就是巫山的县城。想请您给我们讲一讲，因为是长江，这10年来发生了很多的变化，想请您讲一讲有什么样的变化？

杜苗：我们现在看到的这一片城市是巫山新县城。巫山新县城，大家现在看到高楼林立的，也是建设得非常好。可能很多人对于乡村，对于农村，对于长江沿岸的一些百姓的生活比较关心，可能觉得他们的生活比较贫苦一点。但实际上现在的生活，现在的发展比较好，发展也比较迅速，包括我们看到的高楼林立，百姓的生活肯定是越来越好。根据我们游船这么多年来的经过，我们现在停靠的港口码头越来越多，从这一点也可以看出它的经济发展、旅游发展，还有它的一些生态资源也是比以前生活质量和品质要提高很多。

王宇辰：有质的提升。

杜苗：对。

王宇辰：您在这个船上工作了多久，当船员的经历。

杜苗：当船员的经历已经有4年了。

王宇辰：在您的体验来说，咱们现在和之前有些什么样的变化？

杜苗：变化很大，旅游的景点越来越丰富，因为要满足游客来到长江三峡，可以看到关于人文，关于自然，这样一些类型的风景，所以给大家行程安排得非常的饱满。

王宇辰：我听说以前长江它的水位没有很高，对不对？

杜苗：是的，我们现在游船经过的长江三峡是非常平稳的，因为我们修建的三峡工程、三峡大坝之后，江水蓄上来了，所以现在是高峡平湖的景观。但是在以前没有修建大坝的时候，我们的水位非常低，有这样一句谚语："青滩、泄滩不算滩，崆岭才是鬼门关，十船就有九船翻。"可以说往来船只，在经过西陵峡，经过一部分巫峡段，是非常惊险，令人惧怕的，十船就有九船翻，就是当时的情况。

王宇辰：咱们两边的峡谷上面是郁郁葱葱的，这么陡峭的山是怎么种上去的，这些树啊。

杜苗：有很多游客之前也有这样的问题，在20世纪80年代左右的时候，我们长江两岸曾经有两次飞机播种，就是对山体上的植物进行播种，也是还我们这边的青山绿水。

王宇辰：是用播种机播种？

杜苗：是的。

王宇辰：就是飞机飞过来，然后把种子播到山上。

杜苗：对，所以我们才可以看到这样郁郁葱葱的山体。

王宇辰：了解了，我们现在镜头可以看到，这边山在悬崖峭壁上长的是非常旺盛的。

杜苗：对，而且现在游船经过的这一段叫作巫峡，巫峡就是以幽深秀丽的感觉为主的。

王宇辰：对，非常漂亮，很有这种纵深感。

杜苗：对。

王宇辰：游客对他们来说，他们自己最喜欢是哪一段？

杜苗：游客最喜欢的就是巫峡段。

王宇辰：就是咱们这一段。

杜苗：是的，这一段对于大家来说是比较期待，比较神秘的。因为巫山的云雨是最漂亮的，不然的话元稹也不会写出巫山云雨的诗句。曾经，毛主席也写了《水调歌头》"截断巫山云雨"的诗句。但是巫山云雨不是每一次每一天都能够看到的，可能要等到下雨之后，幸运的时候。

王宇辰：幸运的时候才能看到云雾缭绕的感觉。

杜苗：是的。

王宇辰：了解，我们再往前面走，咱们这个船一共有几层？

杜苗：我们游船一共有7个楼层，从负1楼一直到游船的最高楼层6楼。我们船上平时会给客人提供一些休闲娱乐区域，因为三峡游对于很多游客来说更加的休闲，更加的轻松，而且我们沿途也可以看到更多美丽的风景，不同的季节可以看到不同的景观。像夏季的时候郁郁葱葱，冬天的时候可以看到巫山的红叶非常的漂亮。

王宇辰：我现在就很期待红叶到来之后，这两边神秘的巫峡会变得更加美丽。

杜苗：是的，整片的红叶，非常的漂亮。

王宇辰：前面就是我们的大脑中枢了。

杜苗：对，前面就是我们的驾驶室。

王宇辰：有点探秘的感觉，是不是？这里就是我们的大脑中枢了。

杜苗：请进。

王宇辰：好的，谢谢，杜老师，感谢您带我到这里，我现在就马上去找船长了，感谢您，再次感谢。

杜苗：好的，谢谢。

王宇辰：观众朋友们，现在跟着镜头，咱们去寻找非常神秘的船长。船长，您好？

船长：您好。

王宇辰：咱们一进来，这里毕竟是咱们船的大脑中枢，它们是有一些什么样先进的设备？

船长：我们这个船是长江上的第六代豪华游轮，设施设备都比较好，按照最新的设计要求来的。我们是去年4月16日才正式下水的，每一个表都有它的功能。我挨着给你介绍，这个是风向风速仪器表，现在是4级风，它的风速是每秒钟6.9米。

王宇辰：就是实时可以监测到。

船长：6.9米，现在是5级风，因为船在行走，船上也有速度，风也有速度。这是我们的北斗卫星定位，我们船随时走到哪里，我们公司，还有长江海事，都可以随时监控看得到我们的船，中间就是我们的船。

王宇辰：这都是北斗系统的。

船长：北斗导航系统。这是我们的电子海图，上面也有定位系统，这是雷达，雷达上面也有定位，像这个中心点十字点就是我们船的中心线。这条线就是我们的船首线，船首线就是根据舵，执舵的人掰着舵，和我们的船首有一个旗杆。

王宇辰：这个就是舵。

船长：对，这个是舵，船首的旗杆连成一线，就是我们的方向，对着什么地方的，这样可以看到。

王宇辰：相当于这个是保证我们船正常的运行。

船长：台面上的仪器主要就是看两部主机，我们有两部主机，这两部主机是动力，两部发动机，这个是雷达，这个是电子海图。

王宇辰：这个发动机是咱们实时操控。

船长：实时操控，前进、后退，都靠这个，我们两部主机。这是我们的超声仪，就是船底到江底的距离有多少，深度，现在是59米，就是船底到江底有59米。

王宇辰：可以实时看到。

船长：这是我们的一个测速器，就是船可以横行，横着走。

王宇辰：这个还是挺厉害的。

船长：就是靠船和舵，这两部主机，加上舵，和我们的车推，可以产生船的横启开。

王宇辰：就是保证咱们这个船的运行。船长，咱们出去看一下。

船长：可以。

王宇辰：您今年是多少岁？

船长：我今年60多岁了。

王宇辰：您作为这个船长的生涯有多长了？

船长：我在长江上已经干了48年了。

王宇辰：您在航行的当中有什么印象最深刻的事情？

船长：印象最深的就是看到长江上的变化很大，像我们的游轮，以前在江上，江水很浑浊，现在看上去就是青山绿水，你看江水多绿，很干净。现在包括船上都是采取的零排放，严格控制这个问题。因为对于长江有深厚的感情，因为我是子承父业，自从我的祖祖开始，我的祖祖，我的爷爷，我的父亲，都是长江上的船长，他们都是老船长。

王宇辰：相当于您一家人全都是船长。

船长：我是第四代，杜家的第四代，我想趁着这个机会在长江上多做点奉献，发挥点余热，为三峡游轮培养徒弟。

王宇辰：也像杜船长说的，咱们满眼望去真的是绿水青山，咱们长江的水是非常清澈的，两岸郁郁葱葱的树看起来让人感到很舒服。

船长：所以希望全国各地更多的没有来过三峡的，或者怀念三峡的这些游客，尽量到我们三峡来旅游。

王宇辰：今天的直播就到这里，船长，我们一起给央视新闻的网友们说再见吧。

船长：网友们，欢迎你们到三峡来做客，再见。

王宇辰：再见！

王艺：刚才我们随着总台记者王宇辰乘船体验了巫峡生态游，我们也看到了两岸俊秀的景色，感受了游轮里的黑科技，也听老船长讲述了三峡美丽之变的故事。长江不只青绿，也一直被誉为黄金水道，去年长江干线港口货物吞吐量超35亿吨，同比增长6%以上，创历史新高。其中集装箱吞吐量2282万标箱，同比增长16.3%。长江航运有力保障了国内国际物流供应链的稳定畅通，实现了"十四五"良好开局。接下来我们就从游船换一艘货船，进入辽阔的长江黄金水道，一起去通过三峡双线五级船闸。

记者　陈瀚乔：各位央视新闻的网友朋友们大家好，我是总台记者陈瀚乔，现在我所在的位置是位于湖北宜昌的三峡船闸北线，今天我是随着一艘货船跟着他们一起过船闸，此刻我们正在等待着进入第二闸室。在闸口开门之前，我先带大家看一下这艘货船。这艘货船也不是一个普通的货船，接下来我就请到货船的船长来给大家介绍介绍。船长，您好，给大家介绍一下，这位就是这艘货船的王船长，王船长，您给大家打个招呼。

王船长：大家好，我是华嘉7号本船的船长，现在我们船正在三峡北线船闸里面，我们现在装了商品车826台，从重庆运往武汉的。

陈瀚乔：您现在可以跟我们说一下整个这艘船，您刚才说装的是商品车。

王船长：对。

陈瀚乔：这艘货船的名字是叫什么名字，它是什么样类型的船？

王船长：商品滚装船，就是装商品车的，就是所有到消费者手里面的商品车新车，主要是运送这个的。

陈瀚乔：运送车辆的，这些车辆主要是从哪里来的，是从哪里到哪里？

王船长：我们现在是从重庆，现在目的港是到武汉，重庆运往武汉的。

陈瀚乔：平时咱们这个船，除了从重庆到武汉，还会去到哪里吗？

王船长：有时候会到武汉到上海，还有武汉到重庆，还有芜湖，就是长江沿线，有商品滚装船码头的都会去。

陈瀚乔：您能不能带我们看一下货船里面的商品车辆？

王船长：可以。

陈瀚乔：现在我们跟着船长看一看商品滚装船里面车辆的装载情况。我们进到了船舱里面，就能够看到，放眼望去一望无际全是车辆。您刚才说装载了800多辆车辆，这个船一般最大的载重是多少？

王船长：我们的最大载重量只有1400吨左右。

陈瀚乔：这个数量大概是什么水平，是属于很大的，还是属于中等的？

王船长：是中等的，标准的升船机船型，尺度也是按照升船机来打造的尺度。

陈瀚乔：咱们这1000多吨的货船有没有一个，比如在航行的过程当中它的特点，你们在操作上有没有什么特别需要注意的地方？

王船长：操作主要是针对过闸，过三峡船闸和葛洲坝，这一块是比较复杂的，平时的话就是航行。

陈瀚乔：航行一个是它的吨位并不是很大，这个会不会影响这个船的航行过程？

王船长：不影响，我们的船，能看一下车装得比较紧，我们的车本来也是裹好的，航行条件现在是相当好的。

陈瀚乔：您刚才说的车辆之间停放的距离非常的窄，我可以跟大家比一下，我手算比较小，伸进去基本就是一个拳头的距离，这么紧的距离，在航行过程中会不会有颠簸？

王船长：没有颠簸感。

陈瀚乔：主要是用一些什么方式？

王船长：我们采用的方式，船舱里面就像一个露天停车场，我们整个船有七层楼，相当于停车场的七层，像停车场一样开上来的，我们采用的隙固方式就是用木塞固定的，前轮塞到驾驶室这边，后轮塞到副驾后面，就是塞到对角。

陈瀚乔：这个主要是起到固定的作用？

王船长：对，固定的作用。

陈瀚乔：现在这个航道的情况怎么样，对稳定上来讲航道有没有什么影响？

王船长：现在航道没有影响，航道现在改变挺大的，现在航道各个方面，航道局，还有海事部门，会发出通航信息，现在比较全面，海事部门也会提醒过往船舶注意哪些事项，所以对我们船员来讲是大大提高了航行的安全保障。

陈瀚乔：现在我们目前正在等待着进入第二闸室，船闸是不是整个航行当中比较重要的阶段？

王船长：对，我作为船长来讲，是全程要自己亲自操作的，全程在场。

陈瀚乔：我们现在在这里主要看到整个船舱里面车辆存放的问题，接下来我们可以到更开阔的地方，一起去看一下接下来即将开闸门，进入第二闸室的情况。船长，我现在到上面看一下开船闸的事情。

王船长：你注意一下安全，要按规定把救生衣穿戴好。

陈瀚乔：好的，我现在穿戴一个救生衣，上到整个船上面的第七层，顶层，到上面我们就能够看到即将开闸的情况。现在我是已经从刚刚的驾驶室的这一层，上到了最顶层的甲板上面。现在我们可以看到这里的视线比较开阔，接下来在我们前方会进行过船闸的过程。关于三峡船闸我今天也是请到了一位专家，来给咱们讲一讲。这位就是三峡船闸的王处长，王处长，您好，给央视新闻的网友们打个招呼吧。

王处长：各位网友大家好。

陈瀚乔：王处长，现在我们在等待进入第二闸室的过程当中，我想请教一下您，在整个三峡过船闸的过程当中，我们是要经过多少个这样的闸口？

王处长：我们三峡船闸叫连续的五级船闸，所谓五级船闸是由六个闸首和五个闸室组成，这样一共要经过六个闸口。现在因为库区水位比较低，在146，我们采用的是四级运行，也就是说第一个闸口是敞开的。我们现在是从第二个闸口开始，马上第二个闸门就要开启了。

陈瀚乔：像这样三峡船闸的闸口，大概每天的运行情况是怎么样的，比如大概有多少船只通过？

王处长：平均下来，一天大概要过30到31个闸室，一个闸室按4条船来算，一天大概要120条船。

陈瀚乔：现在我们在画面里面看到闸门已经在缓缓地打开，再过不久，等到闸门打开之后，这艘货船就将通过这个闸口，进入到第二闸室。这个闸门打开需要多长时间？

王处长：这个闸门打开需要4分钟左右。因为我们的闸门，比如这个闸门是38.5米高，重将近900吨，单扇闸门将近两个篮球场那么大。

陈瀚乔：体积很大。刚刚我们在等待的过程当中，我也观察到了，我们在进闸口的时候，很多船是排着队依次通行，感觉很有秩序。咱们是有什么样的方式，让大家这样有序地、有安排地往前走吗？

王处长：我们现在采用的是联动控制的方式，也就是说原来三峡船闸调度水域只有59公里，三峡河段。现在在三江航务管理局的协调指导下，从2017年12月27日开始，和江的海事机构一起联合实行过坝船舶的联动控制，也就是说把三峡河段的水域扩展到，从重庆万州驷马大桥一直到湖北监利观音洲714公里的水域，把它分成了四个区，我们叫四区八线。最靠近我们的叫核心区，再往外叫进坝区，再往外就叫调度区和控制区。过闸的船舶可以通过我们开发的三峡通航驿站，我可以给大家看一下，在我的手机上。

陈瀚乔：这是我们一些新的工具？

王处长：对，我这里有一个三峡通航驿站，这里面有一个滚动的预计划，比如说黄表表示这是马上等待过闸的核心水域，蓝表就是在我的进坝水域，白表就是在我的调度水域和控制水域。

陈瀚乔：所以从黄表到白表，距离依次离坝口是越来越远的，黄表是马上就要过闸口了。

王处长：对，这是等待过闸。我们这里还有一个过坝计划，这是近24小时之内需要过闸的船舶。

陈瀚乔：通过这些新的手段，能够给咱们三峡船闸所有水上的航行带来一些什么样的好处？

王处长：有两点，第一是过闸的秩序更加有序，第二是给船员的体验也会更好。比如他在万州，他知道几天后要过，这段时间如果有空闲，我可以安排船员上岸调休等等，他们这样体验会更好一些。

陈瀚乔：所以是更高效地让大家能够通过这个闸口。我们也知道长江黄金水道通航之后，给长江上、中、下游都带来了很多的好处，从您的角度来看，整个航道打通之后，主要起到了一些重要的作用是什么？

王处长：我们三峡工程，也就是说三峡大坝建成以后，叫高峡出平湖。也就是说我们原来穿江爬坡型的航道变得一马平川，这样宜昌到重庆的航道条件极大地改善。比如我们通航的时间可以缩短6小时，万吨级的船队可以从上海直达重庆。

陈瀚乔：我们现在看到整个第二闸口的闸门已经完完全全打开了，这艘货船还将进行的步骤是什么？

王处长：下面船向第二闸室移动，靠泊好以后，包括整个闸室的其他几条船靠泊好，接下来第二道闸门关闭。第三闸室的输水的阀门开启，水就一直往下降，一直降到和第三闸室的水齐平以后，第三闸室的人字门才缓缓打开，这样就可以进入下一个闸室了。

陈瀚乔：所以我们要经过这么多闸室的原因，就是水位让它不断地往下降。

王处长：对，因为三峡闸室设计的，它的总水头是113米，也就是说上游蓄水到175的时候，下游62，这样113米，是通过5个闸室一级一级地克服水头，这样下去。就像爬楼梯一样，一级一级地往下爬。

陈瀚乔：爬楼梯，这个比喻非常形象。过三峡船闸的船只主要是一些什么样类别为主的，都是货船吗？

王处长：主要是以货船为主，原来也过客船，自从三峡升船机建成以后，它作为快速过坝通道发挥了作用。这样客船，以及已经适合升船机过坝穿行，就可以快速地通过升船机过坝。

陈瀚乔：现在我们看到船只已经在缓缓地向前移动了，目前我们是即将进入到第二闸室，进入之后就是刚刚王处长说的等待着水位慢慢地下降，我们就可以再等待进入第三闸室的情况了。

王处长：对。

陈瀚乔：今天我们在整个过三峡船闸的过程当中，也能够感觉到大家等待的时间还不算很长，我看到我们在第二闸室等待的时间好像是半小时左右，是吗？

王处长：对，三峡船闸现在是四级运行，整个运行从进闸到最后出闸的时间大概在3个小时到3个半小时。

陈瀚乔：这跟以前相比变化大不大？

王处长：它设计的能力基本是按照这样来的，通过我们的工程技术手段把船舶移泊、进闸这些时间尽可能优化以后，它的时间到现在优化的水平是现在这个样子。现在大家可以看到，非常有序了。

陈瀚乔：好的，谢谢王处长今天给我们这么专业又详尽地解释三峡船闸过闸的过程，非常感谢王处长。

王处长：不客气。

陈瀚乔：现在我们看着这艘货船载着800多辆汽车从重庆驶向武汉，目前马上就要进入到第二闸室了。再过2个多小时左右，我们就将完整地通过整个三峡船闸，驶向武汉。今天的直播就到这里，感谢大家。

王艺：看见锦绣山河，江河奔腾看中国。三峡如此瑰丽，也是因为中间的巫峡就处在中国地理第二阶梯和第三阶梯的分界线上。长江穿越巫山，山与水一起成就了三峡的盛名，这给航运带来了不利的影响，但给水利水电又提供了绝佳的条件，三峡大坝、葛洲坝也都建在这里。三峡区域还是中国重要的自然物种资源保护，也是世界重要的物种基因库之一。

这是位于宜昌的长江珍稀鱼类保育中心，今年中国三峡集团首次将循环水养殖模式引入到中华鲟早期苗种培育过程中。不久前20余万尾人工繁育的中华鲟成功出苗，中华鲟曾与恐龙生活在同一时代，距今至少已经有1.4亿年，是现存最古老的鱼类之一。它是一种江海洄游性鱼类，在长江出生，在海里长大，成年中华鲟体长可以达到4米，体重可达千斤，寿命可达百岁。1988年中华鲟被列为国家一级重点保护野生动物，2010年被世界自然保护联盟归为国际极危物种。近年来，三峡集团通过声呐调查评估，发现放流中华鲟入海比例达到了70%，这也就说明绝大多数放流中华鲟都能顺利地从长江宜昌段回到大海。

在三峡地区还有近6000种植物生长，占全国植物分布的近40%，其中三峡特有的珍稀濒危植物有近188种。在三峡大坝的坝顶上藏着一个珍稀植物园，这里的工作人员从30年前起就对三峡库区的珍稀植物分布情况进行了调查，在实验室里模拟植物野外生长的环境，开展批量繁殖。接下来就让我们一起走进长江珍稀植物研究所，看看有哪些我们没见过，甚至没听说过的奇特的珍稀植物。

记者　沈潇迪：观众朋友们大家好，我现在所在的地方是湖北宜昌三峡坝区长江珍稀植物研究所，这边种植的植物全都是来自长江流域的植物，其中有很多是三峡坝区特有的珍稀植物，今天我想带大家认识一下这个植物。其实我对它们也不是特别了解，所以我请到了一位特殊的嘉宾，来带着我们一起认识一下这些植物。这位就是长江珍稀植物研究所的副所长黄桂云，跟我们观众朋友们打个招呼吧。

黄桂云：央视新闻的朋友们大家好，节日快乐。

沈潇迪：节日快乐，黄所长，今天特别感谢您抽出宝贵的时间，您先给我们讲一下长江珍稀植物研究所大概的情况。

黄桂云：好的，长江珍稀植物研究所是我们三峡集团科技环保的一个重要组成部分，我们主要从事的工作和使命就是保护水电开发流域的珍稀植物和自然性植物的保育，是一个陆生生态的建设。截止到目前我们所共保护了长江特有珍稀自然性植物达到了1300种，2.9万株，我们陆生生态建设主要从事库区绿地，包括消落带的建设，在下面的工作中我们会把珍稀植物运用到消落带上，一一给大家做介绍。

沈潇迪：我看到咱们这里有一个植物分布的展示牌，植物在这里布局分布上有什么特殊的讲究吗？

黄桂云：很多植物种植上面也跟我们人一样，有的处得来，有的处不来，也有相生相克一说。所以我们根据它的生长习性，有的喜阴，有的喜阳，需要的光照水分都不一样，所以我们就制定了几块不同的区域，给它不同的养护。

沈潇迪：您现在给我们介绍一下咱们这儿最特别、最珍稀的一些植物，好吗？

黄桂云：好，我们一起看看我们特别的宝贝。现在在我的右手边可以见到的是国家一级野生植物红豆杉，它主要是体现在紫杉醇，就是用于人得了癌症之后，放疗化疗用的药，市面上也非常贵，这些都是我们通过植物克隆，播种的方式，繁殖出来的一批。

沈潇迪：这边是什么？

黄桂云：在我的左手边这是我们国家一级野生保护植物珙桐，也是我们植物界的活化石。它主要是开花的时候特别漂亮，像飞翔的鸽子停留在树上，满树的白鸽。

沈潇迪：它开花是什么季节，现在没有花。

黄桂云：它的花是在4月底5月初，欢迎你们4月底5月初，可以看到我们满树的白鸽。

沈潇迪：那一定很好看。这边的植物您给我们讲一下。

黄桂云：现在映入眼帘的，号称为水中的大熊猫，国家二级保护植物，也是我们三峡库区特有的珍稀植物。

沈潇迪：疏花水柏枝？

黄桂云：对，这种植物跟别的植物有不同的习性，你现在看它长得不是很壮实，其实它是刚刚睡觉醒来，它处于休眠期。

沈潇迪：夏天是它的休眠期？

黄桂云：对，它夏天休眠，冬季生长。

沈潇迪：跟其他植物正好反着。

黄桂云：反着。而且今天观众朋友们非常幸运，能看见它的花和果。疏花水柏枝的花，它生长在90米以下的沙滩上面，原则上我们库区蓄水将它原产地淹掉了，看不到开花的状况。通过我们人工驯化放到陆地上，看到洁白如雪的就是它的花蕾。这种植物它的特性是，所谓的种子成熟是从基部往上的，就是同一个枝条上面能看到种子，也能看到花。我可以选一个带花的给大家展示一下，这就是它的花，我们通常说会飞的种子，我简单一吹。

沈潇迪：就像蒲公英一样。

黄桂云：对，跟蒲公英一样。而且神奇的是，这个种子我吹下去之后，如果遇到地面上有水，7个小时就可以长出白乎乎的芽，这也是发芽最快的一个种子，在我们的研究中。

沈潇迪：既然它发芽这么快，怎么还会濒危了呢？

黄桂云：因为它原来生长的环境不同，它是生长在库区以下，90米以下的江滩上面，这个季节是被水淹掉的，一般蓄水都要蓄到165，给它淹上有10米深，所以就收不到它的种子。后面是通过人工驯化，收到它的种子之后，我们经过播出来的时苗，这个我们还是填补了国内的一项空白。文献上有记载说它的种子怎么样，真正播种时苗的在我们这里大片见到的还是第一家。

沈潇迪：它就是在种子长出来的是被埋在水下的。

黄桂云：对，它整个淹在水下。

沈潇迪：所以没有咱们人为的工作，可能这个植物就活不下去了。

黄桂云：当时环评报告上提到了两种植物，一个是疏花水柏枝，一个是荷叶铁线蕨，这两种植物可能受三峡大坝蓄水影响，会灭绝掉的。在这里我也非常自豪地告诉所有的观众朋友们，我们一种都没有灭绝，而且给它们保护得非常好。

沈潇迪：刚才提到荷叶铁线蕨，那个植物咱们在这儿能看到吗？

黄桂云：这个植物在这儿特别的宝贝，在我们园子里面都能见到。现在走到我们正前方就可以看到了。

沈潇迪：就是这个荷叶铁线蕨。

黄桂云：荷叶铁线蕨，现在也是生长最旺盛的季节，绿油油的一片。

沈潇迪：它很漂亮。

黄桂云：对，可以看到，我拿一盆给观众朋友们看一下，荷叶铁线蕨叶片像荷花的叶片，它的茎非常的硬，可以用手摸一摸。

沈潇迪：很硬。

黄桂云：所以叫荷叶铁线蕨，它是最早的一种蕨类植物，也是恐龙时代的植物，而且是大陆板块迁移的时候留下来的唯一一个物种。在这个植物的背面有一串黑色的，知道这个是什么吗？

沈潇迪：我不知道，让我猜一下，是不是它的茎，跟它的茎连着长上来的？

黄桂云：这个不是，这个是它的孢子囊，因为它是菌类植物，它就形成孢子。我们通俗的说法，就是它的种子，就长在叶片上。

沈潇迪：就长在叶片的下面，就是种子。

黄桂云：对，长在这一圈，这种植物在野外也长这么高，不到10厘米。在我们亚洲板块发现的唯一一个种，在三峡库区的石柱县。刚才也提到，这两种都是专家论证会灭绝的植物。我们不仅得到了保护，而且我们让它回归到了它的老家石柱县。而且这种植物，沿着长江上游见到很多小区里面都成片种了这种植物。现在来看，它也有繁衍生息的能力了，有一些新芽出来。

沈潇迪：这个植物有什么特殊的用处吗？

黄桂云：它是一种中药，人得了黄疸肝炎，利尿啊，等等，也是我们的珍稀植物。看到园子里这么多珍稀植物，70%以上的植物都有药用价值。

沈潇迪：它们是珍稀植物，数量很少，也可以拿来随便做成中药吗？

黄桂云：不行，这个就体现了长江珍稀植物所工作性质的重要性，我们首先要找到这些野生植物，它很少，要把它找回来，就地保护或迁地保护，包括它原来的模本存留下来。通过我们的科繁，我们的播种、植物克隆等方式，繁育很多植物，就是小苗，很多小的宝贝。我们通过上幼儿园，上大学，把它送到社会上去，完成它整个体系建设的过程之后，形成了很多，让它珍稀，变成不珍稀之后，你们就可以拿来做药啊，或者来认领、认养，都可以的。

沈潇迪：就是我也可以拿一盆回家去养。

黄桂云：会的，我们这个已经有好几万株了，后面我们会大量地科繁，繁育之后，我们欢迎全世界的朋友来进行认养。也实现你们以后在办公室或者家里都有一盆。

沈潇迪：那太好了，到时候我一定要来领一盆。

黄桂云：好的，欢迎。

沈潇迪：这里还有什么其他的植物，可以给我们介绍一下。

黄桂云：另外一种也是环评报告上面提到的可能会灭绝的植物，我们也进行了保护，就是映入我们眼前的，看着长的不起眼的一些小宝贝。它跟水柏枝有相同之处，两栖植物。

沈潇迪：现在也是它的休眠期，它开花和结种子的时候也是被淹在水下的，我说的对吗？

黄桂云：对的，看样子你专业性还很强。

沈潇迪：没有。

黄桂云：现在看着不起眼，它确实是休眠期，30度以上它就休眠，现在休眠期才发出来。它是长在丰都鬼城中心小岛的一种特别的植物，因为江中心小岛就是三峡大坝蓄水175之后是淹掉的。这个丰都车前草和观众朋友们经常看到原来的圆叶的车前草，它们两个有明显的区别，因为这个叶片像菠菜一样的，看起来很嫩，而且它是真正的植物界的大熊猫，两栖植物。在我们的植物志，在百度上，能搜索到唯一一个两栖植物，就是丰都车前草。它跟疏花水柏枝有区别，它是草本植物，疏花水柏枝是灌木。这个植物我们还带到神舟十三上，在太空中遨游了183天。

沈潇迪：这么厉害。

黄桂云：为什么要遨游，我们就抛砖引玉，一个问题放在这里，我希望全国的观众有时间来我们植物所现场考察，我再给你们解答。

沈潇迪：您现在还不告诉我。

黄桂云：我们主要还是想提取它的新品种和诱变，提取它的新品种。

沈潇迪：就是它还可以有一些学术和研究的价值。

黄桂云：对，主要是用于消落带上，刚才我提到的种子里面有一个重要的工作就是消落带，现在疏花水柏枝和丰都车前草两种植物都是我们首选用于消落带的生态修复。简单说一下消落带，消落带就是我们三峡大坝蓄水到175，或者消落下去到145，这之间形成了35米黄土裸露的地方，所以大家要坐船看到两边裸露的黄土，这个就叫消落带。现在我们所正在研究能让这个黄土变成绿洲的植物，就叫两栖植物，既能耐水淹，又能耐干旱的植物，对它进行生态修复。目前我们也建立了2万米的生态修复示范区，效果还很不错。

沈潇迪：如果是黄土裸露的状态，是不是就不好看？

黄桂云：首先第一感觉就是非常难看，看不到绿色。第二就是水土流失，因为没有这些植物固住土坡，水土都可以流到长江，对我们的航道，对我们的坝，都可能有危险。所以我们下大力度研究消落带的植被，到目前我们筛选了25种水淹的乔灌草。

沈潇迪：这些植物对于修复长江岸线的生态起到了很大的作用。

黄桂云：对，我们首先对这些所有的珍稀植物进行保育，就是先期保护，进行繁育，最后是利用，利用到这些消落带上去，完成一个生态修复的过程。

沈潇迪：我听说您过去20多年都是在长江流域奔走，拯救和保护这些珍稀植物，所有这儿的植物都是您从野外带回来的吗？

黄桂云：到目前品种有近150种，有两种，一种就是刚才看到的荷叶铁线蕨、疏花水柏枝，这些就是野生的，从野外带来的模本，都是野生的。看到的这个小苗都是通过我们人工进行繁育、培育出来的，就是有两种，都是我们长江中上游的特有珍稀植物，在这个大棚里面见到的都是特有珍稀植物。

沈潇迪：这些植物您把它们带过来，培育扩繁之后，再让它们回归到野外去，可以种在刚才说的消落带的地带上，有些可以做药，为人所用，是不是这个意思？

黄桂云：是的。因为我们纯粹去保护，就失去了保护的意义，我们最终要让它形成一个再生的能力，跟我们人一样，有繁衍生息的能力。种到室外去，我们还长期进行监测和观察，看它有没有新的植株出现。如果有新的植株出现，就完成了我们的使命，就证明我们的保护是成功的，要不然我们保护就不成功。第二个保护完了之后，希望为人做贡献，有药用价值，药用开发，像红豆杉体系紫杉醇，包括刚才荷叶铁线蕨，都有药用的价值，有了大量的苗，就可以进行开发利用。

沈潇迪：您在这个过程中肯定是做了相当大的工作，您能给我们分享一下您在这个过程中的一些特别的故事吗？

黄桂云：这个也没什么特别的，总的来说这些植物都来自野生，来自原产地。首先我们出去第一步就是要做野外调查，野外调查我们是苦并快乐着。首先第一个很苦，我们根据原来的文献也好，包括横断山脉和五莲山脉，特别是三峡库区5.5万平方公里的土地，我们都靠脚步丈量过。

沈潇迪：这么大面积，你们都亲自走过？

黄桂云：都亲自走过，原来文献上记载的很多东西不存在，因为气温的变化，人为的破坏，就不存在了。所以我们根据这个文献记载，找不到这些植株。所以我们又会扩大范围，去保护，去找，就会走。因为我们这个年龄比较年轻，平均年龄不到30岁，去了还要负重，生活用品啊，帐篷啊，干粮啊。一般在野外，我们住帐篷，要有水，就会扎帐篷扎在水边，也可能有动物的攻击，特别有时候睡觉醒来身上爬满了蚂蟥，全身都是血等等，这是困难。我说苦并快乐着，通过这么多调查研究，在野外还是找到了很多原来宣布灭绝的，像丰都车前草、鄂西鼠李，这种虽然国家宣布灭绝了，但是在野外我们都有发现。所以我们有新的发现，新的品种，所以我们感到很快乐。

沈潇迪：您刚才说感到很快乐，这就是为什么虽然很艰苦，但是您还一直坚持做这个工作的原因吗？

黄桂云：应该说植物保护是我们生物链的一个重要组成部分，如果我们一种珍稀植物的灭绝，就会导致20到50种植物的灭绝，它是有一种伴生关系。因为生态链里面包括动物和植物，如果植物灭绝，动物就没有食用的原材料等等，就导致生态链的断裂。生态链如果断裂了，直接危害到人类身体的健康。我们在这个星球上面，要呼吸这些植物放出来的氧气等等，就造成家园的毁灭，包括现在很多的灾难等等。所以我们要坚持做这些小的事情，这些微不足道的事情，所以一直在坚持。

沈潇迪：咱们看到很小的一株植物，但是它的灭绝可能会给整个生态链带来很大的灾难。

黄桂云：确实，因为一种植物的灭绝，就会带着一个链条的断裂。所以在这里我也会呼吁所有的观众朋友们，和全国的、来自全球的朋友们，我们所里有一个活动，叫认养珍稀植物。就是你可以带着你的家人，一边来参观三峡大坝，一边到我们这里来认领一棵珍稀植物，每年给它施施肥，浇浇水，看到它的茁壮成长，可以看到它成长的全过程。也欢迎所有的朋友到实地来看我们的珍稀植物宝贝。

沈潇迪：您刚才说的认养不是我把它带回家，是它还在这儿养？

黄桂云：有两种，一个是你可以把它带回家，但是带回家一般人都养不好，会导致它死亡，我们还是不放心。最好的是到我们这儿认领，认领之后寄养在我们这边，我们可以给一些技术指导，就是你每天可以来看看，来观察它的生长。要是实在来不了，我们通过线上可以看。

沈潇迪：现在线上很方便。

黄桂云：对。

沈潇迪：这样我们每个人都可以参与到珍稀植物的种植，还有它的生长，它的保护中来。

黄桂云：可以的，不管是老中青，我经常说我们所来的小到4岁的娃娃，上到90岁的老者，都有不同年龄段的，包括认领也都是不同年龄段的。希望大家都参与到这个活动中来，不仅是保护长江流域的珍稀植物，是应该保护所有我们国家里面的植物，都应该有专门的机构来倡议，来保护，这是对我们人类做出贡献的。就是我们住在这个星球，这个家园上，都离不开这些宝贝。

沈潇迪：我觉得您说的非常好，也非常感谢您这么长时间努力地工作，给宝贝的植物留下了这么多珍贵的植物物种，得到了延续。确实这个应该是我们每个人从小事做起，保护植物不光是在修复长江的生态环境，修复中国的生态环境，也是修复咱们整个地球的生态环境。

黄桂云：是的，欢迎来自全世界的朋友们来三峡参观大坝，再参观我们的珍稀植物。

沈潇迪：好的，谢谢黄所。我们在长江珍稀植物所的报道就到这里，接下来我们再顺流而下，看看长江下游还有什么新鲜好玩的事情。

王艺：从湖北宜昌开始，长江就进入了中游。长江中游长约1000公里，流经江汉平原，这里河道迂回曲折，江面宽展，河床比降锐减，水流迟缓。流域的湖泊和支流众多，又可以形成江湖互补。说到中游的长江就不得不说到与之相连的位于长江以南、湖南北部的洞庭湖。"予观夫巴陵胜状，在洞庭一湖。衔远山，吞长江，浩浩汤汤，横无际涯，朝晖夕阴，气象万千。"范仲淹的千古名篇《岳阳楼记》为我们展现了长江与洞庭湖的独特景色。"洞庭天下水"，是岳阳独特的自然生态禀赋，"岳阳天下楼"则是岳阳深厚的历史人文底蕴。如今新时代的岳阳楼记正在续写。

我们根据穿行镜头行驶在东洞庭湖上，当快艇驶过水面，我们看到成群的鱼儿高高地跃起，欢快地追逐着浪花。长江十年禁渔计划启动以来，洞庭湖生态恢复，鱼类的数量快速增长，水生生物种类较2018年增加了近30种。2021年底，湖南省林业和草原局首次组织开展洞庭湖区域水鸟同步调查，记录到洞庭湖区域的水鸟74种，40.4万只。

长江告别了洞庭湖，继续流向东北，巍峨的石壁，两个醒目的大字告诉我们，这里就是赤壁。谈笑间樯橹灰飞烟灭，很多人认为三国的赤壁之战就发生在这里，当然这个问题存疑。因为赤壁可不止一个，光是在武汉附近就有5个赤壁。赤壁之战确立了魏蜀吴三国鼎立的形势，千百年过去了，"江流石不转"，赤壁成为回望历史的驻足地。如今的赤壁江河澄澈，生机盎然，沿江两岸人们以同样的长江水写下全新的历史，2021年赤壁所在的咸宁市境内，长江经济带地区生产总值超过1200亿元，同比增长13.2%。

离开赤壁沿长江水流而下，我们就到了武汉，提到武汉就会想到当地的特色"过早"，甜酒冲蛋，三鲜豆皮，再来一碗地道的热干面，十足的武汉味。发源于秦岭南麓的汉水，在这儿流入长江，两江汇合把武汉市分隔成三个部分，汉口、汉阳和武昌，一般也称为武汉三镇。新中国成立后修建的汉水桥和长江大桥，又把武汉三镇连成了一个整体。这里就是武汉长江大桥，这座被誉为"万里长江第一桥"的特大型公铁两用桥，于1957年10月建成通车。一桥飞架南北天堑变通途，大桥打通了被长江隔断的京汉、粤汉两铁路，形成了完整的京广线，成为中国南北交通的要津和命脉。

武汉不但是交通要冲，也是长江中游政治、经济、文化中心之一，自古就是人文荟萃的地方。"故人西辞黄鹤楼，烟花三月下扬州。孤帆远影碧空尽，唯见长江天际流。"唐代诗人李白在黄鹤楼边以诗送别友人，千百年后黄鹤楼作为武汉的城市坐标在江畔静静地见证着武汉的日日夜夜。

如果说长江大桥、黄鹤楼是武汉的经典名片，那么如今绿色的江滩风光就是武汉的新亮色。这里是武汉青山江滩，20世纪50年代武汉青山区因兴建国家"一五"重点工程武钢而建区，逐步发展成为重化工聚集区，老工业基地。过去这里曾经工业码头林立，环境污染严重。近年来当地积极推进产业转型升级和生态环境保护，现在的青山江滩一眼望去，长江水面宽阔，沿岸绿树成荫，生态环境宜人。坝、滩、路、城相互映衬，生态草溪，雨水花园，青山记忆，一步一景。如今在武汉，这里的百里长江生态廊道涵盖长江岸线284公里，汉江岸线112公里，并衔接城市腹地1至3公里。江汉汇流之地，南北要冲之地，九省通衢之地，武汉尽显新时代的精彩与风流。

继续沿江而下，离开湖北我们进入江西，我们迎来了一座著名的古城——九江。九江古称九江口，又称江州浔阳，它位于鄱阳湖注入长江水道左侧，临江傍湖，是江西省北部重要的港口城市。

现在我们看到的是位于长江江畔的浔阳楼，至今已经有1200年的历史了。唐代诗人白居易曾在《题浔阳楼》中感慨说，我常常仰慕陶渊明的文辞高妙，疑惑韦应物的诗情为何清雅闲淡，如今登上浔阳楼才终于知道他们为什么如此出色了。"大江寒见底，匡山青倚天，清辉与灵气，日夕供文篇。"从古至今，九江江畔的青山沃土为文人墨客提供了不少的灵感。

沿浔阳江畔向南，我们便来到了庐山，横看成岭侧成峰，远近高低各不同，不识庐山真面目，只缘身在此山中。奇峰怪石、壑谷瀑泉，形成了奇特瑰丽的山岳景观。站在庐山上极目远眺，不知您是否也有当年诗人的灵动诗意呢。坚持生态优先、绿色发展，绿水青山就不只存在于诗和远方，也在你我推开家门就能走进的地方。

现在我们来到的是长江大保护首个花园式全地下污水处理厂，江西九江两河地下污水处理厂。地下治污，地上造绿，这里的污水日处理规模可达3万立方米，净化后的污水可达准四类标准，可以直接排入长江。

我们现在看到的是长江江豚，今日长江中下游同步启动第四次长江全流域江豚科学考察，这也是长江实施全面禁捕，和《中华人民共和国长江保护法》颁布施行后，首次开展长江流域物种系统调查。江豚是目前长江中仅存的水生哺乳动物，是长江生态系统状况的重要标识。守护一江碧水靠的是大家的力量，在江西九江彭泽县就有许多人为长江十年禁捕和打击非法捕捞发挥着协管群护的作用。从靠江吃江，到守江护江，接下来我们一起前往彭泽县，和他们一起登船巡江。

记者　余思贤：央视新闻的网友们大家好，我是总台记者余思贤，顺着滔滔江水我们现在来到了长江的下游，我现在所在的位置是长江的彭泽段，这里位于江西省九江市彭泽县境内。今天我要带着大家一起和当代的农业综合行政执法大队，来体验一次巡江。

我首先给大家介绍一下这支执法大队，它是由33名在编的队员组成，每天他们要对境内超过46公里的长江岸线进行生态巡护。今天如大家所见，我已经登上了执法船，目前船上有5名执法队员，正在进行今天的水上巡护任务。这片水域生长着江豚、白鹤，还有小仙鹅、胭脂鱼等众多的国家级保护动物，所以他们的工作对于长江生物多样性的恢复和保护有着重要的作用。今天为了更加进一步地了解他们的工作内容，我们今天邀请到了执法大队的队长胡队长，胡队您好。

胡队长：你好。

余思贤：跟大家打个招呼。

胡队长：央视新闻的网友们，大家好，我是江西省彭泽县农业综合行政执法大队队长胡然。

余思贤：你好，实不相瞒，就在不久前我们已经在水上巡护的过程当中看到了一名非法垂钓的人员，请您来给我们介绍一下我们整个过程是要怎么去处置这样的事件？

胡队长：好的，我们在执法的时候主要分水上和岸边进行巡查。我们在水上发现岸上有违规垂钓的行为，会及时与岸上的执法人员联系，并通知他们对此事件进行处置，要求他们对事件进行调查、询问，并将结果报至大队。

余思贤：我们今天看到的不久前看到的垂钓者，他其实是在非常陡峭的山体上面进行垂钓，这种时候我们的船是很难开过去的，对不对？

胡队长：对，我们有时候也利用无人机进行侦查，我们的船只到不了岸边的时候，会及时通知岸上的执法人员，去查、去堵，将违规的垂钓者抓获，然后进行询问，并将他们的调查结果报到我们局里面。

余思贤：我们收缴的渔具会怎么进行处理？

胡队长：如果是禁用的渔具，我们会收缴上来。如果使用的是一般的休闲垂钓渔具，我们也会暂扣。对于鱼，活的我们会当场进行放生，死的会带回去送到我们的幸福福利院。

余思贤：这就是我们大概每天水上巡护基本的工作内容，对不对？

胡队长：对，我们还会在水上巡查时，经常会检查看看有没有撒网的，还有会联合涉水部门对商用的渔船也进行检查，看看他们是否携带一些禁用的渔具。

余思贤：在我们身后的执法人员拿着望远镜在对江岸进行巡视，咱们除了望远镜，还有没有其他的工具是在巡护的过程当中用到的？

胡队长：有的，我们不但使用望远镜，还有安装了高空视频探头、无人机，还有渔政 AI 预警处置系统，我们白天的时候就开展日常的巡护，晚上我们还会与长江生态管护队开展联合突击执法检查，并密切联系涉水部门和沿江乡镇开展联合执法检查。

余思贤：也就是说咱们一是有非常齐全的装备进行生态巡护，二是我们是水上和岸上同时两路进行巡护。我们岸上的巡护，相对于水上有哪些特殊之处，有哪些侧重？

胡队长：因为我们彭泽县水域岸线有46.5公里，还有一个棉泉镇有31.6公里，我们的执法监管的岸线还是比较长的。

余思贤：棉泉镇是什么意思？

胡队长：棉泉镇，就是我们下面的一个镇，也是在我们的监管范围。

余思贤：也就是说它是一个。

胡队长：是一个冲积洲。

余思贤：不算在46公里范围之内，但是它也是需要我们去巡护的？

胡队长：对，平时是我们监管的范围。总共是将近80公里的监管岸线，我们白天开展日常的巡护，晚上开展联合执法检查，并联系沿江的乡镇和涉水部门开展突击执法检查。特别是刚才说了，利用一些高科技的设备，形成了一种专管+群管，人防+技防的执法格局，严厉打击违规捕捞及违规垂钓行为。

余思贤：我们就是在岸上可以看到江岸非常多的石头，它行走起来是很困难的，我们执法人员在岸上进行巡护的过程当中会遇到哪些困难？

胡队长：在岸上巡查，一个是线路长，二是特别在水位下降之后，岸边的石头多，路很难走，特别是对执法队员，有时候鞋经常会磨破。特别是违规垂钓者，现在使用的那些渔具，隐蔽性更强。

余思贤：现在他们使用的渔具跟之前比先进了？

胡队长：对，以前都是使用的钩杆钓，现在是使用一些网具，比如说地龙网，还有减轻了垂钓的成本，他利用矿泉水瓶，绑一个线，绑一个钩，直接抛到江里面，人不在这里。给我们第一现场取证造成了很大的困难。

余思贤：今天胡队带来了几种常见的渔具和现在新兴的违禁渔具，今天他还会给我们介绍一下这些渔具，现在已经摆在这儿了。

胡队长：好的，像这种是属于一种路亚竿，我们检查的时候最主要的是检查他们使用的钩，如果是一钩、两钩，我们就会对他们进行一些教育，如果是三钩至六钩，我们就会对他进行行政的处罚，如果是七钩以上，他就属于禁用的渔具，我们会把这个案件移送到司法机关。这个钩就是使用这种的。

余思贤：我们展示给镜头看一下。

胡队长：这种是禁用渔具，叫拟饵复钩。

余思贤：它的形状特别像小银鱼。

胡队长：对，就是拟饵复钩，这种钩只要查过，都会及时地移送到司法机关。

余思贤：像这样的钩上面有很多小的钩子。

胡队长：对，有九个钩子。我们刚才说七钩以上都会移送司法机关。

余思贤：还有没有其他的？

胡队长：像这个竿子是海竿，但是使用的这个钩叫真饵复钩，这种钩抛下去之后，主要是针对钓鲢鳙的，这个是八钩，都是属于禁用的渔具，我们都会严厉地打击。

余思贤：这样的渔具对于长江内的水生动物伤害是非常大的。

胡队长：对，对我们水生生物的伤害确实很大，而且他们这样的，如果放任他们钓，一天都能钓好几百斤。

余思贤：一天就能钓好几百斤。

胡队长：对，所以我们对这种钩一定是采取严厉的打击。

余思贤：这种渔具，捕鱼的人还是会在场。接下来胡队会给我们介绍几种人和工具分离的渔具。

胡队长：对，大家看到的这种属于龙骨类的，属于一种地龙网。这两头，一头用石头绑上抛到江里，一头用一个绳索绑定以后，在岸边找一根竹竿或者棍子插在那里，绑一个矿泉水瓶，或者做一个记号。这个渔具确实伤害性很大，无论大小鱼类都全部对它进行捕获，所以对这种渔具我们也列为禁用的渔具。

余思贤：这种渔具在找到的时候，是不是当时并不能把非法捕捞的人也同时抓获？

胡队长：是的，因为这种渔具抛下去以后，人不一定在这里，有时候都是晚上九十点钟放，早上三四点钟去取，所以很难抓获。第二个这个摆在岸边的时候，你如果不仔细检查，很难发现这种。因为它是沉到江底的，叫地龙网。所以我们的管护队员，包括执法队员，平时都是很用心、很仔细地去检查。

余思贤：要在这么多石头的江边一点一点地仔细地排查这些捕鱼的工具，对不对？

胡队长：对，确实是的。还有一种刚才说的，这种成本就更低，就是用矿泉水瓶，用一根竹竿插在这里，把这个钩抛到江里，平时都没有人管。你如果不仔细查，轻易都发现不了。

余思贤：也就是说这个矿泉水瓶，再加上鱼线，再加上一个小木棍，就已经能够构成一个非法捕鱼的工具了。

胡队长：因为它使用的钩是七钩以上，就是属于非法捕捞的一种，而且它成本很低。

余思贤：所以也会在江边放置非常多的数量。

胡队长：对，所以我们经常检查的时候，一搜搜到几十个，甚至一天都能搜到上百。那是刚开始的时候有，现在由于我们的打击，现在数量慢慢逐步地在减少。

余思贤：也就是说在我们工作的坚守之下，现在来长江做这种非法捕捞的现象已经是越来越少了。

胡队长：对，我刚才说了我们专管+群管，人防+技防的有力震慑打击下，现在在非法捕捞及违规的垂钓者正在逐步减少，但是还偶有发生。

余思贤：也就是我们不能松劲，这个工作还是白天夜里都是轮番持续地在干。

胡队长：对，我们还是在技术坚持，白天黑夜，加大执法力度，联合涉水部门开展执法。

余思贤：您就是在长江边上长大的，您作为一名执法人员，作为长江生态的保护人员，您现在心情是如何的？

胡队长：我是土生土长的彭泽人，我从小就在这个江边长大。长江这几年的变化确实是很大。

余思贤：央视新闻的网友欢迎回来，我们刚刚因为在江上，所以信号有一点中断，接下来我们继续，刚刚您发现近年来江豚的数量越来越多了。

胡队长：对，这几年长江水生生物多样化正得到改善，据我们市水科所今年上半年在彭泽段开展的水域恢复生态调查，与以往的监测数据相比，我们彭泽段鱼类的种类正在逐步恢复。水生鱼类的种类由以前的20种，上升为现在的27种。

余思贤：这也是胡队长带领的执法大队的功劳在里面。

胡队长：不是，长江十禁捕，是从百年计为子孙谋的民生工程、生态工程，长江可持续发展是我们生存的重要保障，只有保护好长江，才能更好地发展经济，更好地造福子孙后代。实施长江禁捕两年来，虽然我们取得了一定的成效，但是十年禁捕仍属于开篇，下一步我们将树立高度的责任感和使命感，严厉打击非法捕捞和违规垂钓的产业链，全力做好禁捕工作。

余思贤：好，谢谢胡队，今天咱们巡江的内容到此告一段落，接下来是午餐时间，我在总台江西总站的同事鳌鑫，要给大家发起午餐邀请了。稍后他将会和几位在长江边长大的记者朋友们一起，边吃边聊，跟大家共享长江边的午餐桌。

鳌鑫（江西）：江河奔腾看中国，长江边上的午餐桌开饭了，欢迎各位央视新闻的网友继续收看我们的直播。刚才相信大家已经领略了长江沿岸各地的美好风光，现在正值午餐时间，我和小伙伴也邀请大家一块儿入座，共赴云餐桌。长江沿岸到底有哪些不可错过的美食呢，也欢迎各位网友可以在我们的直播间，或者我们的评论区，跟我们一块儿互动。

现在各个小伙伴已经到了云餐桌旁边了，我现在所在的位置是江西省九江市的彭泽县。这个地方也是长江沿岸，我的三位小伙伴也来自长江沿岸的三个城市，待会大家会一一展示餐桌前面有哪些好吃的、好玩的。接下来我们请江苏总站的小伙伴跟大家打个招呼。

李筱（江苏）：hello大家好，我是江苏总站的记者李筱，我现在是在江苏的江阴，今天我们将给大家带来非常丰盛的午餐，大家期待一下吧，可以拭目以待。

鳌鑫（江西）：接下来有请湖北总站的汪一鸣老师。

汪一鸣（湖北）：央视新闻的观众朋友们和三位小伙伴们大家好，我是总台记者汪一鸣，此刻我正位于武汉的汉口江滩，长江大桥就在我的左手边，今天准备了好看的、好吃的、好喝的、好玩的，等着和大家一起分享，具体要干什么呢，我们待会再来揭秘。

鳌鑫（江西）：重庆的牟亮老师。

牟亮（重庆）：各位央视的网友大家好，我现在也在重庆长江边上的一家火锅店，今天这家火锅有什么特别的呢，待会再给大家一一道来。

鳌鑫（江西）：好，我们先依次展示一下餐桌上有什么。我们还是从牟亮老师来，跟我们从长江的上游往下游走，展示一下餐桌上有哪些具体的好吃的？

牟亮（重庆）：因为今天重庆是一个大晴天，可能各位网友看到我背后特别亮，我挪动一下手机，让大家看一下餐厅的位置。我背后是重庆长江的朝天门大桥，这个餐馆是临近江边的一线江景的火锅店，现在我桌上已经摆满了丰盛的火锅的菜肴和底料，这就是传统的重庆火锅。我现在给大家看一个，这么大一个盆子是重庆火锅里面的最有特色的一道用来上火锅的菜，是毛肚。今天我有三种毛肚摆在餐桌，可以先给大家看一下，这是第一种，这是第二种，还有一种是这一种。大家可以猜一猜，这三种毛肚哪一种是最贵的，哪一种是最便宜的，我待会来给大家讲一下，为什么毛肚会有这么多花样。

鳌鑫（江西）：我猜红色的会比较贵。

牟亮（重庆）：我把现场交还给引导。

鳌鑫（江西）：好，我们接下来就看一看湖北总站的汪老师给我们展示一下餐桌上有哪些好吃的。

汪一鸣（湖北）：我们刚才从长江上游一直到了长江中游，大家都知道湖北省地处江汉平原，九省通衢，水资源众多，因此我们今天好吃的通通都跟水有关。以前一提到武汉好吃的可能大家会想到热干面、豆皮这种早餐类的美食。当然我们今天也准备了热干面，各类美味的早餐。但是我们今天中餐就要为大家揭秘武汉这边的好吃的可远远不只早餐，比如这里第一道，大家知道这是什么吗？这条就是入秋以后一定要吃的武昌鱼。当年毛主席在横渡完长江之后，就写下《水调歌头》："才饮长沙水，又食武昌鱼。万里长江横渡，极目楚天舒。"入秋之后武昌鱼正值鲜美的季节。还有几道跟水有关的菜，待会我们就一一细细地跟您道来，我们把时间交给下一站。

鳌鑫（江西）：下一站是江苏总站的李筱老师。

李筱（江苏）：因为都是在长江边长大，江苏又更是水网特别的密集，其实江苏和其他省份相比粮食作物，比如像水稻可能还没有到秋收最关键的时期，但是我们的水产特别的丰盛，却从来没有缺席。而且正好是到了各地各湖大闸蟹丰收的季节。说到这儿，不知道大家馋不馋，你看我们桌上摆满了跟蟹有关的菜，比如像面拖蟹。我们都说秋风起，蟹脚痒，但是在江苏今天气温可能达到了33度，好热，还没有到真正的西北风刮起来的时候。这道菜也是从6月就开始一直持续到现在，面拖蟹，还有的地方称之为六月黄，就说明螃蟹正值青壮年，还没有到完全成熟的时候。这道菜是蟹黄豆腐，就是用螃蟹的蟹黄挑出来，和豆腐做成的一道非常鲜美，但是又特别朴实的菜。

这笼蟹黄汤包，是不是也是非常的诱人。这个蟹黄汤包皮也特别有讲究，特别的薄，稍微碰一碰，还能感觉到它在里面特别灵动的感觉。另外就是我眼前的醉蟹，还有半只虾，这个醉蟹也是晋南人必吃的，到了这个季节的口味，可能会用一些酒进行泡制，根据每个人不同的爱好，有的人喜欢用米酒，有的人喜欢用黄酒，做出这道醉蟹，味道非常棒。另外就是蟹黄虾仁，就是将蟹和虾都融合在一块，这道菜看上去就已经很鲜了。我们是不是也有点迫不及待了，但是我们还是要看一下江西的鳌鑫来给我们介绍一下你们江西的菜还有哪些。

鳌鑫（江西）：好的，刚才看着大家吃的，馋得我都忘记了我面前的吃的。给大家介绍一下，我旁边有小龙虾，这边有碱水粑，还有炒米粉，这边是当地特有的菊花茶，以及这份是我们独有的蒸米粑。这边是我们的大螃蟹，刚才看江苏总站大螃蟹的时候，我就已经示意我们的大厨把螃蟹端上来了。看到阳澄湖的大闸蟹，我就特别想穿过屏幕去夹。这边还有彭泽鲫，因为我在的地方就是彭泽县，当地有非常出名的一道鱼，和武昌鱼是遥相呼应，都是以地名来命名的。这边还有一道菜，也是用米做的米锅巴。我面前这里非常的丰富，刚才大厨还特地嘱咐我，螃蟹要趁热吃。所以今天主要给大家介绍的也是一些水产和鱼米之乡米做的食物。

我们接下来也想跟大家聊一聊每个城市有自己独特的口味，各位小伙伴最推荐的一道菜是什么？由牟亮老师先跟我们说一下。

牟亮（重庆）：我现在在一家火锅店，在重庆基本是最主流的一种饮食，而且外地人到了重庆一定要吃重庆当地的本地火锅。重庆本地火锅的特色就是牛油火锅，俗话说五斤牛油一斤干料，就是重庆火锅的牛油特别重，我可以给大家看一下现在锅里面的油，基本是完全被油覆盖的。吃重庆本地地道的重庆火锅，一定少不了几道菜，刚才我给大家留了一个谜底，这个是毛肚，这个是牛血，这个是牛舌，这是重庆本地在吃火锅之前，有的可能要先垫吧垫吧，是酥肉。这里也是我们这儿非常流行的菜，大刀腰片。在这儿是刚才说的毛肚，我们揭晓毛肚，到底哪一个毛肚是质量最好的。这是黄猴，也是重庆火锅里面的老三件之一。

鳌鑫（江西）：吃火锅必吃的。

牟亮（重庆）：对，必吃的，本地人吃火锅就是老三件一定要吃。为什么要吃老三件，而且一定要吃毛肚、黄喉和鸭肠或者鹅肠。我们再留一个问题给各位网友，在这几个食材里面，哪一种食材是最能够体现火锅本来特点的，也就是说我们最能尝出火锅味道的。再留一个问题，过一会我再给大家揭晓，两个谜底一起揭晓，这是关于菜的。然后我再给大家讲一讲重庆火锅和其他火锅的区别，刚才我们讲到了重油，还有一个特点，重庆的火锅最早的时候是长江边上的码头工人和纤夫发明出来的菜式。最早的时候为什么全是内脏呢？现在人提倡健康，不太吃内脏，但是当时这种内脏是因为牛的下水或者猪的下水是最便宜的一种肉类，这种肉类当时码头和纤夫们才买得起这种肉。买了以后怎么吃？就往里面不断地加辣椒、花椒、香料，然后把它做出味道来。因为码头上的人下苦力，就着米饭，要吃很多的米饭，所以要做出很有味道的东西，这样火锅就由最初的蔓延演绎到现在餐桌上吃到的各色菜品，因为市场的发展，各色味道。现在包括川渝两地的火锅还是有区别的，四川的火锅油没那么重，重庆的火锅油更重，而重庆火锅还有一个九宫格，大家可能知道，九宫格的由来也是。以前卖火锅，火锅小贩怎么弄呢，就是这个铜锅，把它隔成九格，就地用炉子把它烧热，码头工人一人占一格，选了一些菜，九个人可以同时吃一桌。

鳌鑫（江西）：都是辣的吗？

牟亮（重庆）：对，全是重辣重麻，因为重庆有一个叫无辣不欢，无麻不欢。

鳌鑫（江西）：得有实力才能参加到这个餐桌里面来，吃辣的。

牟亮（重庆）：是的，我觉得全国各地能吃辣的人不在少数。

汪一鸣（湖北）：对，湖北人申请出战。

鳌鑫（江西）：江西报名。

李筱（江苏）：江苏人吃辣不太多。

牟亮（重庆）：剁椒，重庆这边吃剁椒比较少，主要是干辣、油辣。老火锅就是这样，老火锅体现了重庆的一种质朴的精神，饮食就是体现了一个社会的发展。现在的火锅虽然吃的东西多了，可以选择的也多了。但是作为老重庆人，还是怀念以前的那种岁月，就是我们说的老三件，就是刚才我说的它是一种，并不是说这三件东西一定很好吃，它是因为一种传统习俗，一种火锅精神的传承，是这样的一个意思。好的，我现在关于重庆火锅的美食介绍完了，我想顺着长江往下肯定还有刚才大家介绍的，还没有更进一步的介绍。我知道现在秋风起，螃蟹肥，还有包括很多的稻米也熟了，江西的稻米，各式的稻米也熟了，肯定在全国的东南西北有很多很多好吃的。重庆能拿得出手的并不多，火锅确实算重庆最能体现的，这叫一招鲜遍天下。

李筱（江苏）：现在你那边已经开锅了。

鳌鑫（江西）：对啊，等着火锅的油开始咕噜咕噜了。

牟亮（重庆）：现在已经开锅了。

鳌鑫（江西）：好想打车过去，等我们一下。我拿个筷子来夹了。

牟亮（重庆）：我也试一下，找一双筷子。

汪一鸣（湖北）：牟老师，我想提问，咱们今天的火锅是微辣，还是中辣，还是特辣？

牟亮（重庆）：因为我是地地道道的重庆人，从小在长江边长大，也就是说小时候吃火锅也是微辣，到了中学就变成中辣，到工作以后就变成重辣了。

李筱（江苏）：随着年龄的增长，和级别的提升。

牟亮（重庆）：随着年龄的增长，味蕾的积累对于辣的程度就越来越厉害，而且我觉得辣椒能带给人一种，当你身边的温度有30多度，但是吃火锅可能会吃得全身大汗，但是重庆人就喜欢这种大汗淋漓的、酣畅淋漓的火热的感觉。所以这是火锅。

鳌鑫（江西）：牟老师，你刚才说给我们揭开谜底，你现在可以给我们涮一涮，把你刚才给我们提的问题说一下，哪一种最好。

牟亮（重庆）：好的，我还是把镜头拿一下给大家看一下，装容器特别漂亮的火锅，这是毛肚，它的食材之一，这个不是最贵的，这个小盆子装的，个小，所以它肯定是最便宜的。刚才摆到边上的，我们看到的这个毛肚，这才是最好的毛肚。

鳌鑫（江西）：就是这个红色的毛肚，我从来没有见过红色的毛肚。

牟亮（重庆）：我再给大家看一下，这样的。

鳌鑫（江西）：您涮一下，看看它怎么缩水，毛肚一般要涮多久？

鳌鑫（江西）：七上八下。

牟亮（重庆）：对，七上八下。重庆吃毛肚是这样的，一般下去三五秒，然后上来，然后再下去，过一会，看着它还差一点点火候。

鳌鑫（江西）：我看着口水都流下来了，我感觉我的心跟你也七上八下。

牟亮（重庆）：到毛肚基本上卷了，收卷了，基本就可以了。刚才大家看到的这种张开的到收卷的基本上就熟了，这样稍微地在碗里冷一下就可以吃了。我先代各位网友尝一下，这个毛肚贵是贵在哪里。

汪一鸣（湖北）：牟老师吃的瞬间我想问一下小伙伴们，如果涮火锅的话，会调什么底料？

鳌鑫（江西）：我们这边油碟比较多，我相信重庆也一定会加花椒之类的东西。

李筱（江苏）：是吗，江苏这边，江苏从南到北口味还是有一定的变化。

比如我现在所在的江苏的江阴，它的很多菜偏清淡，大家从我桌前也能看出来，苏南可能更偏甜。所以如果苏南人吃火锅，可能大部分都是微辣，但是也有吃辣厉害的，不排除，但是我们这儿属于又想吃辣，又菜又爱玩的感觉。但是真正的像牟老师说的他的最高级别的辣，我们可能真的尝试不了。

汪一鸣（湖北）：牟老师一般会用什么底料。

李筱（江苏）：对，透露一下正宗的重庆底料。

牟亮（重庆）：对，我给大家看一下，我们刚才烫的毛肚还没有吃完，这是我们这边一定要用的芝麻油，加上蒜泥，有的人喜欢放点香菜、葱花，一般这是比较正宗的重庆老火锅的吃法，就是放点葱花和香菜就够了，还有一些会放点蚝油，因为咸味不够，可能会加点蚝油。这样的话不用多放很多东西，有的火锅店里面还会加一些花生碎、芝麻碎，但是我觉得正宗的老火锅就是芝麻油加蒜泥就够了，吃的就是它本来这个底料的味道。而刚才我留的第二个问题，我现在给各位网友揭晓，为什么重庆老三件里面毛肚重庆人一定要吃，因为一张毛肚通过火锅涮一下，可能只需要二三十秒，它经过油之后，能够尝出这个火锅底料的味道到底正不正宗，它的辣椒好不好，它的花椒好不好，它的香料好不好。而好的重庆火锅辣椒不是单一的一种，是复合的辣椒，可能有很多种辣椒放到一起，这样做一个辣味的荟萃。好的火锅底料它的熬制，各家店有各家店的特色。所以你在重庆吃火锅，吃了这家店和另外一家店，味道有稍稍的区别。这个区别在哪儿？就是现在这个毛肚能够品尝出来。所以我建议大家到重庆来吃火锅，一定还是试一下毛肚。而且毛肚荤菜里面不坏汤，不坏汤是什么意思呢，肉煮到火锅底料里面去，不会把汤的原味给变了。但是你不能上来就煮几块豆腐，煮几块土豆，煮点茼蒿之类的，它就把火锅原来的味道给变了，就吃不到最好、最初的味道了。我继续吃我的火锅。

鳌鑫（江西）：我感觉我的肠胃也在沸腾。我们看完了刚才重庆的火锅，现在去湖北看一看餐桌上面有什么，必推荐的是哪些？

汪一鸣（湖北）：我先来说一下刚刚推荐过的武昌鱼，告诉大家，武昌鱼有一个鉴别它正不正宗的方式，最重要的方式。我跟湖景酒楼的大厨刚刚聊过，就是十三根半刺。大家记一下，就是整个武昌鱼是鳊鱼，也是边鱼，在它的单侧一定是不多不少这样的大刺是十三根半刺。如果它是准确的十三根半刺，就说明我们的武昌鱼是最正宗的了。说完了武昌鱼，我要给大家最最推荐湖北的一道菜，就是我们的排骨藕汤。不知道大家有没有听过，排骨藕汤。

鳌鑫（江西）：听过。

汪一鸣（湖北）：是我们湖北人公认的最具有湖北味道的一道菜，我来盛一碗。像今天正逢国庆，也是入秋了，一般来说我们湖北人秋天的第一口甜不是奶茶，也不是别的什么饮品，而是一碗藕汤。可以说在秋冬季节我们湖北人血管里流淌的就是排骨藕汤。为什么说藕汤这么重要呢？我们这边有一句话，叫作无汤不成席，这个汤在冬天主要指的就是排骨藕汤。确实我到其他的地方也吃过其他地方的藕，但是没有一个地方能够比得上我们湖北的藕。湖北的藕有这样几个特征，首先我拿一个给大家看一看，这是我们的一节生藕，大家可以数一数里面有多少个孔。我这边数过，应该是有接近13个。

鳌鑫（江西）：9到11个孔。

汪一鸣（湖北）：以前说多孔藕，很多人的概念里只有7孔或者9孔，但是湖北可以做到有13孔。这个孔数也是我们辨别藕好不好吃的一个重要标准。一般来说我们会想要色白，根茎够粗，质地够细腻，这样多孔的藕它的淀粉含量是最高的，也是最适合煲汤的。基本藕香和肉香在这一碗汤里面就能得到最好的呈现。我给大家喝一口，对，像煨汤的藕一定要粉藕。粉藕经过特制的容器，叫作吊子，不知道大家有没有见过，大概这么长，这么宽，基本家家户户如果要煲汤的话，都是用这么高这么宽的吊子熬，至少要5到6个小时。不需要加任何的调味料，很简单，一勺盐，两片姜，5个小时就能够尝出它最清澈又甘甜的味道了。

鳌鑫（江西）：是不是只能晚餐吃得到？

汪一鸣（湖北）：我们确实晚餐吃得比较多，为什么呢，也是因为我们晚餐是最重要的一餐，把这种重头戏都会留给晚餐。像我自己是湖北人，我真的是藕汤从小喝到大。

李筱（江苏）：怪不得皮肤那么好。

汪一鸣（湖北）：我们逢年过节，包括平时的周末只要入了秋，大家基本上都是有藕汤的。如果有亲朋好友，有好朋友造访，家里也是一定会盛上一碗藕汤招待。有时候我在外面接到妈妈的电话，屋里煨了汤，回来喝汤。只要接到这个电话，我不管在外面干什么，我可以不回来吃饭，但一定要回家喝汤。这个汤的重要性就是这么重要。

鳌鑫（江西）：这是家的味道。

汪一鸣（湖北）：对，对我来说藕汤真的就是家的味道。

李筱（江苏）：妈妈的爱。

汪一鸣（湖北）：说起藕汤也有一个小故事，我曾经听家里的长辈说过，年轻的男孩、女孩，如果把自己的男朋友或者女朋友带回家吃饭，如果餐桌上端出了这样一道排骨藕汤。这说明爸爸妈妈很喜欢这个小伙子或者这个小姑娘，这样藕汤在餐桌上就是对他们的一种认可，这就是藕汤。

牟亮（重庆）：我们要相亲的时候自带排骨藕汤，行吗？

鳌鑫（江西）：可以，我也是在想，我也没上排骨藕汤怎么办。

汪一鸣（湖北）：那就自己带一份。

牟亮（重庆）：刚才你说藕汤排骨，湖北的藕汤排骨里面还加点什么东西吗？

汪一鸣（湖北）：什么都不加，就是最单纯的两味原料，就能够喝出它最不一样的地方。像我在外地有一些同事，比如北京的同事，他们来武汉我就招待他们喝这个排骨藕汤，喝过之后每个人都是忘不了。到冬天他们如果还想再喝排骨藕汤，又不能来湖北怎么办呢。他们就会打电话跟我说，我就把我们湖北的藕用生鲜物流的方式寄给他们。他们都说好像只有湖北的藕能够煨出这样的味道，其他地方的藕煨不出。至于为什么湖北的藕这么特殊，我也卖个小小的关子，待会告诉大家。好，我们把时间交给下一站老师。

鳌鑫（江西）：现在轮到我了，看那么多吃的，我感觉胃已经在烧了。

牟亮（重庆）：我等着啊。

鳌鑫（江西）：刚才已经说了他的武昌鱼，我之前在介绍我餐桌的时候也说了彭泽鲫。我面前这道给大家展示一下，看一看，我面前的这一道就是我们的彭泽鲫。我们一般看到的鲫鱼个头都比较小，这个个头是比较大的，所以这就是它特别不一样的地方。我现在把它做好之后，就给大家吃一吃，讲一下它特别的地方。鲫鱼一般都是生活在三层养殖的最底层，所以鲫鱼一般都是比较小，刺比较多的，在彭泽这边也是靠着长江，它的岸线非常的长，所以它的鲫鱼非常的大。一般的鲫鱼是有31排鳞片，彭泽鲫有33排鳞片。我面前的这个，我吃一口。

李筱（江苏）：有33排鳞片，是吗？

鳌鑫（江西）：对，就是以它这个鳞片可以判断它的长度是比较长的。

汪一鸣（湖北）：说明这个鲫鱼是比较肥美的，是吗？

鳌鑫（江西）：对，刚才说到长度，各地的鲫鱼最重也不过是几公斤或者是几斤，在这边钓到最大的彭泽鲫有6.5公斤。

汪一鸣（湖北）：6.5公斤，那就是有13斤了。

鳌鑫（江西）：对，是6.5公斤没错，我自己都有点惊讶，是6.5公斤，不是6.5斤。

李筱（江苏）：有点像年画娃娃过年抱的那条鱼，那种感觉，好大。

鳌鑫（江西）：因为它是高质蛋白，所以基本在彭泽家家户户，逢到比较重视的场合，桌上一定有彭泽鲫。它可以红烧，也可以煲汤。刚才给大家介绍彭泽鲫，一个是因为我们这边长江水资源孕育了这么好的品种，它现在已经实现了规模化的养殖。我的旁边刚才提到了，也是牟亮老师提到了鱼米之乡，除了鱼，还有米，所以给大家介绍一个非常特别的就是我们的蒸米粑，看上去像什么，我的蒸米粑掉到我的鱼上了。

李筱（江苏）：那更有滋味，就变成鱼汤味江滩。

鳌鑫（江西）：对，大家看它的样子像什么形状？

汪一鸣（湖北）：饺子。

鳌鑫（江西）：我一开始也以为是一个大饺子，但后面发现它跟饺子太不一样了，你们能知道这里面包的是什么馅吗？

李筱（江苏）：素的还是荤的？

汪一鸣（湖北）：是甜口还是咸口。

鳌鑫（江西）：偏咸口。我来给大家揭秘吧，我咬一口，大家可以看到吗，主播的手势。

牟亮（重庆）：甜的还是咸的？

鳌鑫（江西）：咸的，为什么我说咸呢，是因为你要什么样的口味都能包进去。我这个里面包的是粉丝和豆角。说到蒸米粑，一开始上来的时候我也以为它是面粉做的，但是知道它是米做的面皮之后，我就特别好奇它能够擀到多薄，因为我们的饺子皮是可以擀得很薄的。

汪一鸣（湖北）：我想问一下，米做的皮跟小麦做的皮口感有什么区别？

李筱（江苏）：对，有什么不同。

鳌鑫（江西）：你这个问的，我昨天特地又把它的专业知识查了一遍，用作蒸米粑的米是鲜米，鲜米的黏性是比较小的，所以这个盒子包得很大，边缘的地方收一下口就可以了。不像饺子，小麦黏性大一点，可以沾点水，可以马上就制成褶子。这个主要是最旁边收一圈就行了，所以可以包得很大。而且饺子跟它对比的话，这里面的馅是有点门道的。我之前问过一个问题让大家猜一猜，我们的饺子馅，一般都是和一大摊饺子馅，这边是饺子皮。我们问一下蒸米粑这里面的馅，和的馅是熟的还是生的，把它包进去？

汪一鸣（湖北）：如果是饺子的话都是生的馅吧。

鳌鑫（江西）：对，饺子是生的馅。

汪一鸣（湖北）：这个还真不敢说。

李筱（江苏）：50%，生的，熟的。

牟亮（重庆）：有生有熟。

鳌鑫（江西）：因为万物都可以包。

牟亮（重庆）：比如放点腊肉，那就是熟的，放点鲜肉，那就是生的。

鳌鑫（江西）：这个也可以，有道理。大部分里面包的东西都是可以先用水焯一遍，焯到七分熟以后再包进去，再到锅上面蒸，最后出来的就是我手里的蒸米粑。它有一个小故事，说到之前的传说，行军打仗的时候大家吃不到新鲜的食物，吃那些干粮遇到水就会馊掉。但是它可以把新鲜的菜处理一下之后，包到米饭里面。

李筱（江苏）：储存很久。

鳌鑫（江西）：对，可以储存，同时在你饿的时候又可以吃到新鲜的，这就是智慧的结晶。

李筱（江苏）：太棒了，感觉一直在咽口水。

鳌鑫（江西）：我这边米做的东西还有很多，刚才给大家看的是蒸米粑。我这个旁边还有一道菜，分量都很大，给大家展示一下，也是米做的。

汪一鸣（湖北）：这是米做的吗？

鳌鑫（江西）：对，这是米做的，因为九江是四大米市，彭泽又是玉米之乡，所以很多米做的东西，这个看上去是不是有一点像河粉。

汪一鸣（湖北）：有一点，比较宽的河粉。

鳌鑫（江西）：这个叫碱水粑，也是米做的。它是米放上碱水，把它处理之后，变成像年糕状，要吃的时候把它切片，可以配合不同的炒。像这样的炒，就是你们说的咸口，跟鸡蛋或者青菜一块炒，也可以加小米椒。要是甜口的话，像李筱老师习惯清淡一点，可以像炒桂花年糕那种，这样的话也可以做。包括我这旁边还有炒粉和汤粉，大家都知道江西的粉是非常非常出名的，所以米做的东西可以有各种各样的东西，而且粉还有雁山的汤粉，南昌的拌粉。刚才说到汤的时候我就特别想递一个瓦罐给你们，尤其给一鸣，我说我拿你的瓦罐来你这儿盛点汤行不行。

汪一鸣（湖北）：说到互动的话，我手里这个东西也给你们看一下。

李筱（江苏）：这是什么？主食。

汪一鸣（湖北）：这是我咬了一口，这是它原来的样子。是主食，你们猜是什么东西，是不是很像铜锣烧。

鳌鑫（江西）：这是不是鸡蛋做的？

汪一鸣（湖北）：看着黄红色，可能看起来有点像鸡蛋做的，但其实跟江西一样，这个也是米粑粑，不过我们这里不会夹杂太多的夹心，更多的里面会放一点点，比如说葡萄干。就是一个甜口的吃法，一般来说我们早餐作为主食可以吃，中餐、晚餐在外面就餐的时候，也是作为主食吃的。因为湖北和江西挨的还是挺近的，咱们都是鱼米之乡，因此这种主食类，大米做的食物还是挺多的。

鳌鑫（江西）：是，刚才说到米，我这边还摆了一盘米，当地人一定要给我展示一下当地的米有多好。这边也是依着长江，有万亩良田，长江不仅给我们带来了很多水产，也带来了很多丰富的稻米资源。刚才在最开始的时候李筱老师跟我们说她面前有很多蟹，现在正好是赏菊吃蟹的时候，李筱老师也给我们分享一下你这边的必吃宝。

李筱（江苏）：对，我看你们都动起来了，我觉得都看饿了。我这一桌菜，请摄像老师给我们一个镜头看一下，有没有感觉到在江苏这边看菜最大的特点就是摆盘特别的精致，做得也精细化。因为现在也确实到了螃蟹开始逐步上市，没有到它完全最好的时间段，到了一个逐步上市的时间。所以我们现在可以看到很多的食物都跟蟹是有关系的，比如说像蟹黄豆腐，它的制作也是比较特别，需要把蟹黄提前先挑出来，用油过一遍，它还保留自己原来的色泽，红色的蟹膏，吃一口用这边的话是要鲜掉眉毛的，江南话要鲜掉眉毛。说实话，江苏从南到北有吴语区，还有靠北方方言区，可能语言确实是太多了，都不一样。眼前的这道是面拖蟹，为什么叫六月黄的螃蟹来做，就是6月的时候螃蟹逐渐开始有蟹黄，但是又没到那么硬，肉质那么丰满的时候，所以我们可能会借助一些面粉在外面先裹一裹，或者加一些汤汁，做了这道面拖蟹。再来这边，在江苏很多地方都会有这样的蟹黄汤包，而且江苏13个地市做这个汤包都不太一样。我们现在是在江苏的江阴，我们尝了一下蟹黄汤包，里面有一些蟹黄，还有肉，混合而成的，当然有一点点偏甜口。我们拿筷子稍微戳一戳，大家能感受一下。跟江阴仅长江一隔，到了晋江，它一只蟹黄汤包的面要比这个大很多，而且里面基本上没有什么固体，可能全是汤汁，这么一笼屉可能就是一只。那个是用喝的，咱们这个还可以用嘴来嚼。

鳌鑫（江西）：用吸管吃。

李筱（江苏）：对，差不多是这样的，另外要着重介绍一下我们眼前的这道菜，就是蟹黄虾仁，这个很特别，像春天我们可以用其他的茶，江苏的龙井啊，也会有一些，碧螺春也会有一些，来做这个虾仁。但是到了这个季节，我们的配菜也叫浇头，江苏这边喜欢叫浇头，就变成了蟹黄。

汪一鸣（湖北）：浇头？

李筱（江苏）：对，江苏包括早餐有一些面食也是喜欢，阳春面，外面加一些浇头，这道菜也可以算是浇头之一。

汪一鸣（湖北）：虾加上蟹简直就是鲜上加鲜。

李筱（江苏）：绝配，能感受到蟹黄在这个盘子里面流动的场景。我们也知道，现在虽然是国庆1号，很多人还坚守在自己的工作岗位上，在加班，大家看到这样的画面怎么样，有没有觉得一定要好好吃一顿午餐，好好犒劳一下自己。包括刚才有一些网友说，也到上海来看一看我们的腌笃鲜，腌笃鲜也是在长江边的食物。我们江苏像江南、江阴，包括苏州这一块，也是有腌笃鲜的，也是能感受到沉降的味道。我们今天也非常荣幸，请来了江阴餐饮协会的会长杨先生，有请杨先生，一起加入我们。因为下面他要给我们介绍一道难度比较大的菜，就是我最后留着的，在我手头这个还没有给大家介绍的这道菜，叫作醉蟹，给大家看一看，是不是感觉还挺诱人的。可能需要您大点声给我们介绍一下。

嘉宾：这个醉蟹是用太湖水养殖的大闸蟹。

汪一鸣（湖北）：醉蟹是喝了酒的蟹吗？

李筱（江苏）：太湖水喝多的蟹。

嘉宾：大闸蟹，是选用我们当地的黄酒、精盐、绵白糖腌制而成的，很具有特色的一道菜品。为什么我说这道菜难度很大，因为平时在很多文学作品里面，包括四大名著里面都提到，江南这边吃蟹还挺讲究的，会有一些工具来辅助一下，您给我们介绍介绍吧。

嘉宾：就像《红楼梦》里面写的，吃螃蟹要用工具，八大件。

牟亮（重庆）：哪八件？

嘉宾：有小锤子、小墩子，还有叉子、小剔子。

李筱（江苏）：我想问一下，蟹黄里面是不是都是用小剔子把蟹黄剔出来。

嘉宾：对，我们现在用的是竹制的。

李筱（江苏）：原来可能会有一些金属的。

嘉宾：原来的是用铜和银做的，最好的就是用银做的八大件。八大件是以前古人都是吃螃蟹、品螃蟹、饮酒、赏菊的时候，用这个工具。现在人生活节奏加快了以后，慢慢弃用这些工具了。现在的人喜欢吃把蟹黄剔出来做的。

李筱（江苏）：接下来我要开始动手了，刚才看很多老师都已经吃了，我在吃之前也跟大家说，我们这边苏南有时候说话会比较嗲一些，如果你是我的好朋友，我请你来吃饭，可能会给大家先上这道菜，大家猜一猜是为什么，虾仁。

汪一鸣（湖北）：是因为江苏虾仁比较多吗？

鳌鑫（江西）：爽一爽口吗？

李筱（江苏）：鱼米之乡，我们不否认江苏鱼米之乡，小鱼小虾会特别多。还有一种是因为吴语区的方言，虾仁在很多地方的发音叫互宁（音）。

汪一鸣（湖北）：什么意思？

李筱（江苏）：互宁（音），如果跟普通话音有点像就是欢迎的意思。如果您是我邀请的特别喜欢的客人，所以我就要先上这道菜互宁（音），来请大家尝一尝，代表我是非常真诚地、特别热情地欢迎大家到江苏来做客。接下来我们开始演示一下醉蟹，它其实已经很贴心了，醉蟹已经给我们敲了一半了，这样剥起来会稍微简单一点，蟹黄还在流汁。跟大家解释的是，可能还要再等一等，因为江苏现在气温还比较高，要等到东北风开始刮起来的时候，蟹就开始蜕壳，里面的肉就会特别特别的紧致。所以现在我们看到饭店大部分产品还是这样的小一点的，年轻一点的螃蟹。醉蟹有的时候还会用花雕酒泡制一下，但是一定会加糖，在江浙这一带吃醉蟹里面都是甜口的，稍微有一点点酒味，所以提醒一下大家，如果开车的话尽量不要吃醉蟹，可以选择这种产品。如果没有开车，因为里面加了酒，所以可能还是可以来尝一尝这样的醉蟹。我们把螃蟹的肚子扒开，这块是因为比较凉性的，肠道不太好的朋友也是不能吃的。然后我们揭开它的盖子看一看里面，这个横切面就会特别清楚，我的技术没有那么好，所以没有办法给大家展示。如果真的是有高手在，最厉害的地方就是能把一只螃蟹剥完，把它吃得干干净净，但是还能还原成就像一只没有动过的螃蟹，非常具有迷惑性，大家都不知道这只螃蟹已经吃完了。这个黄是可以用手掰开的，我们来尝一尝螃蟹黄，特别鲜。

鳌鑫（江西）：我假装我在跟你同步。

李筱（江苏）：大家靠着长江边，一起来吃蟹，就是这种感觉，其实味道真的是很不错。

汪一鸣（湖北）：我只能喝一喝莲藕汤了。

李筱（江苏）：其实我们江苏也有莲藕汤，到了这个季节，在空气中，虽然是在长江边，但是我们还是能闻到桂花的香味。在江苏我们会把藕的每个孔里面塞上糯米，再加上桂花，加上蜂蜜汁，又是一道甜口的菜，可能江苏比较喜欢吃甜口。

汪一鸣（湖北）：确实不一样，像在武汉，武汉的藕一般都是鲜甜口，或者是咸香口，我们用来煨汤，如果是脆藕，我们就会来用来炒藕片，加一点点蒜，就会很香很甜。

鳌鑫（江西）：感觉我们的口味真的差得很多，虽然我们都是在长江旁边，但是口味却差了一个长江。

汪一鸣（湖北）：我感觉从上游到下游吃辣程度慢慢开始递减。

鳌鑫（江西）：对，我之前还看到一个长江沿岸口味的分布图，由上游到下游，就是由重变淡，辣味都是递减。

李筱（江苏）：这个有什么道理？

鳌鑫（江西）：我觉得是不是跟我们的水域有关系。

汪一鸣（湖北）：我觉得跟咱们的自然地理条件，包括环境条件，都是有一定关系的。像重庆那边是多山地，四川那边又是一个盆地，湿气比较重，一般来说多吃辣、多吃花椒，能去一些湿气。

李筱（江苏）：但是近些年也有一个变化，说实话原来江苏火锅店没有那么多，但是现在牟老师，我们江苏重庆火锅开得可多了，各种品牌，各种都有。

牟亮（重庆）：是的，你看我现在吃的就是虾仁，做好的虾滑，现在我觉得全国的美食还是在一个融会贯通的过程中间，很多食物到了当地还是有一定的发展。

汪一鸣（湖北）：重庆火锅现在可多了。

李筱（江苏）：江苏人比以前能吃辣了，只能是我不太行，但是有的江苏人还是很能吃辣的。

牟亮（重庆）：我可以举一个例子，我们现在看到的这盘肉，这是福建的吃法，鲜切牛肉。

汪一鸣（湖北）：偏潮汕口味。

牟亮（重庆）：对，潮汕口的那种吃法。

汪一鸣（湖北）：新鲜的肉。

牟亮（重庆）：对，以前的重庆很少这么鲜切牛肉，牛肉都是另外一种样式的，用辣椒面腌制好的。但是这种鲜切牛肉现在已经很大规模地走上了重庆火锅的餐桌。这个是鸳鸯锅，就是中间有一个清汤的，这个清汤里面可以涮一下牛肉，还有一些蔬菜，比如说这种贡菜，可能有的地方叫抬杆，干的贡菜，这个地方叫贡菜，这种也可以涮辣的火锅，也可以涮清汤，而且涮出来口感是非常好的，真的是又脆又鲜，而且把鲜汤的味道可以吃出来。而且这种贡菜可以在辣的里面煮，煮了以后，你要觉得太辣了，还可以用水稍微洗一洗，就没那么辣。

鳌鑫（江西）：重庆人最后的倔强。

牟亮（重庆）：对，大家猜一猜这个是什么菜，我为了方便给大家展开，大家猜一下这是什么菜？

汪一鸣（湖北）：我觉得可能是某一种内脏。

牟亮（重庆）：这是新鲜的牛舌片，就是牛舌切出来的片，也是新鲜的，不是冷冻的。这种新鲜的牛舌片是非常有口感的。而且牛的八件，就是我们说的牛的下水，在重庆的火锅里面是最早被运用在火锅食材的。重庆火锅，有一句俗话，天上飞的，只要不带翅膀的都能涮，地上四条腿的，不是板凳的就能涮。这个是开玩笑说，重庆火锅什么都能涮。现在因为长江禁渔，包括有的动物保护，以前很多的食材，包括长江里面的野生鱼，现在都是不允许吃的。但是现在的食材，举个例子，重庆又在长江边上，有长江黄金水道之列，而且现在重庆有中欧班列，还有南向通道，就是我们说的入海新通道。像欧洲、东南亚，还有各地，从上海那边，因为上海是物资非常大的集散地，上海的东西也可以通过长江很方便地运过来，飞机也可以。所以重庆现在的食材是不缺的，缺的就是每个火锅店会有自己的特色，像我们在的这家火锅店，就是传统的东西，注入了一部分现代的元素。就是说传统老火锅的涮法，但是也有一些新火锅的吃法，比如我刚才给大家看的鲜牛肉，还有这种鲜的虾滑，这些都是逐步加入的一种元素。而且现在全国各地的饮食美食的融合进程，随着经济社会的发展，是越来越快的。大家不管在任何地方，像在江西，或者在湖北，或者在江苏，你想吃全国各地的美食是都能吃到的。我还是觉得吃重庆火锅，还是要到重庆来。刚才我在等着，特别好，江西的鲫鱼特别好，江苏的大闸蟹特别好，我等着你们邮寄给我们。我的火锅不太方便邮寄，就算了，我就等着大家邮寄吧。

汪一鸣（湖北）：牟老师，我要跟您说一个我们这儿隐藏的美食，可能跟您也有一定的关系，因为它的口味真的很特殊。很多人来武汉，不知道咱们武汉本地人有一道隐藏菜单，那就是咱们湖北的辣得跳，就是这三个字，辣得跳。这个名字听着就特别有喜感，又很生动，这道菜真的就是吃一口下去，就能辣得让你跳起来，我们一起来看一下这到底是什么菜呢。这是一道辣牛蛙，也是我们的水产品。

牟亮（重庆）：有多辣？用辣椒，一颗星。

汪一鸣（湖北）：全国各地爱吃辣，能吃辣的朋友们，我都在这里发起挑战，欢迎大家来武汉尝试我们胡锦的辣得跳，绝对让你不虚此行。对于我来说，我对这道菜真的是又爱又怕，跟李筱老师说的又菜又爱玩。如果不吃我隔一段时间就特别特别想，如果吃它，又有一点，真的有点辣。所以友情提示大家，如果大家要来吃这道菜，一定提前准备好一杯牛奶，一杯酸奶。

鳌鑫（江西）：压一压。

牟亮（重庆）：我下次去湖北的时候一定要挑战一下。

汪一鸣（湖北）：咱们北京有某位同事，他每次来武汉，是一定要让我带他吃这道菜的，走的时候还要打包带走，这就是辣得跳的魅力。辣得跳就是比较典型的京厨卤味。刚刚讲到变化，京厨卤味的变化也是相当大的。说到卤味，大家肯定都知道，鸭脖子，武汉人最先开始吃的，还有我们的鸭舌。变化是这样的，在过去武汉人也是非常爱吃卤味，那个时候基本三步一个卤味摊，但是那时候的味道更多的是比较单一一点的家常口味。随着交通的不断发达，像湖北九省通衢建立起了非常发达的高速公路、铁路，包括水路，四通八达的交通网之后，北边、南边、西边、东边，各地好吃的都可以过来了，就让我们整个京厨卤味的食材、香料、做法、口味都开始兼容并包，现在我们这里基本上什么味道都有，从单一的家常味，也变到了交融和丰富的口味。甜辣，辛辣，咸辣，麻辣，酸辣，咸香，咸甜，只要你能想到的，我们这里都能有。

牟亮（重庆）：如果要做京厨卤味大拼盘的话，估计是不是要摆满一桌子。

汪一鸣（湖北）：这个桌子都摆不下了，就是依靠着这样的交通网，京厨的卤味也是走出了湖北，大家都知道，也是广受各地消费者的欢迎。

李筱（江苏）：江西呢，江西怎么样？

鳌鑫（江西）：说到这个，我这儿已经吃了一只手边的，大家应该很熟悉的，小龙虾。说到新变化我体会特别大的是，我个人特别喜欢吃小龙虾。但是你知道小龙虾大部分都是在夏天，在大排档，喝着啤酒，吃着小龙虾。

李筱（江苏）：哇，太惬意了。

鳌鑫（江西）：但是到10月以后小龙虾就慢慢下市了，我们就很难吃到新鲜的小龙虾了。而且我自己当时感受颇深的是，有一年冬天我在暖气特别足的地方，特别想念小龙虾，当时特别想吃到这一口。后来发现，尤其是在网上，其实可以买得到比较新鲜的小龙虾，它的储存方式也发生了变化，它是一种液氮冷冻锁鲜的方式。现在我们在，不管是长江哪个地方，沿岸的工厂化养殖，技术化养殖，吃到的小龙虾，都是经过了特殊的锁鲜和冷链储存的方式。尤其我现在的这个小龙虾，可以看得到还是个头比较肥美的，它吃着长江的水，然后再工厂化由人工细细的养殖，大家吃到的龙虾又干净又卫生。我现在给大家展示一下。

汪一鸣（湖北）：现在经过新的物流方式做的小龙虾，是不是口感跟新鲜的相差无几。

鳌鑫（江西）：我觉得相差不大，它可能更多锁鲜的是清蒸的，没有口味的小龙虾，所以可以让你每次吃到的，你可以自己调口味，比如说蒜蓉。我最喜欢的就是油焖大虾，可以嗦着汤，然后吃。

李筱（江苏）：刚才鳌鑫说了之后，我也特别有感触，大家知道螃蟹它也是淡水的，所以它的储存也很难。但是随着现在物流的提升，现在全国各地都可以吃到新鲜的大闸蟹，另外我们也会采取一定的技术，就像刚才鳌鑫说的冷链。像这个汤包，在全国各地也可以寄，而且基本是一两天通过冷链的物流，就能到达您的餐桌上。另外还想跟大家介绍一下我们身后，我身后就是长江了，也是著名的黄金水道。我们虽然餐桌在长江边，但是我自己都能从镜头上看见外面的船只，来来往往，非常的繁忙，川流不息。像原来这块地方有很多的工厂、化工厂，都在长江边。但是现在随着长江大保护的进行，这片已经变成了归还给江阴市民休闲旅游特别好的场所。比如我们昨天晚上来的时候，看到很多人会在这里带着小朋友散步，放风筝，跳一跳广场舞，也是非常非常的惬意。同时在下面还有一个长江大保护的展示馆，就在我们隔壁，如果假期您可以领着小朋友进行一个打卡，了解目前长江江苏段这块对于长江大保护有一些怎么样的知识，让小朋友在这边特别好的能感受到整个长江保护的成效。

既然我们都是在长江边长大的记者，接下来有一个仪式感的事情非常重要，大家是不是都提前准备了一个彩蛋呢？准备好了吗？我们准备好了共饮一杯长江水。今天确实给大家带来一场从长江上游、中游，一直到下游延续不断的午餐，所以最后我们就一起共饮长江水，谢谢大家。

牟亮（重庆）：我祝长江头，君祝长江尾，共饮一杯水。

鳌鑫（江西）：祝大家国庆快乐。

汪一鸣（湖北）：国庆快乐。

李筱（江苏）：加班的小朋友，待会没吃完的一定打包，大家一起分享。

牟亮（重庆）：希望大家国庆节都能尝到自己喜欢的美食，国庆快乐。

鳌鑫（江西）：国庆快乐。

李筱（江苏）：接下来继续江河奔腾看中国，大家再见。

解说：全长6300余公里，穿11省区市，串起六大城市群，流域面积达

180万平方公里，覆盖4.6亿人。长江，中国第一大河，孕育了五彩斑斓的中华文明，塑造了动力强劲的长江经济带。长江是诗意的，"有碧水东流至此回"的浩荡，有"孤帆远影碧空尽，唯见长江天际流"的情意。

长江是绿色的，十年禁渔，岸线治理，水青岸绿，鱼跃鸟飞，绿色长江正奔腾而来。

长江是金色的，一条黄金水道加速织就经济一张网。超35亿吨，长江干线港口货物吞吐量去年居世界内河首位。从中国光谷到中国声谷，再到中国制造，创新发展，点亮今日长江。

江海畅游，天地广阔，山水人城，和谐相融。看见锦绣山河，江河奔腾看中国。10月1日，国庆长假第一天，央视新闻带您跟随长江，遇见诗意山水，感受发展速度，发现锦绣中国。

王艺：网友们中午好，这里是央视新闻特别节目《看见锦绣山河　江河奔腾看中国》。刚刚和记者们一起吃完了美味的午餐之后，现在我们继续随着长江看锦绣中国。现在我们大家看到的是长江安徽安庆段的画面，长江在江西壶口接纳了鄱阳湖水系后便流入了安徽，万里长江自此进入了下游。长江下游长800多公里，江阔水深，河网稠密。长江干流安徽段绵延416公里，被称为八百里皖江。

顺江而行，我们可以看到江畔高耸的振风塔，振风塔又名迎江寺塔，后取名振风，以振文风之意。振风塔临江而立，高60余米，居高远眺，可见方圆十里的景色，享有"万里长江第一塔"和"过了安庆不说塔"之美誉。

现在我们看到的是安庆的皖河农场，一大片水稻田扑面而来。金秋稻黄美如画，万亩水稻迎丰收。这里东临长江，西依皖河，优质的自然条件和便利的交通为农业种植、养殖提供了有利条件。进入10月，江边农场种植的5万多亩水稻也将很快地迎来丰收。

我们继续沿江而行进入安徽池州段。说到池州，我们首先想到的是千古名句，借问酒家何处有，牧童遥指杏花村。位于长江中下游南岸的池州，有一种"采菊东篱下，悠然见南山"的畅然，陶渊明曾在此种菊赏菊。菊花不仅代表着秋天的绚烂之美，更象征着陶渊明式的田园生活美学。坐拥一城山水的池州，也由陶渊明开始成为人们向往的诗意栖居之地。

沿江而行，现在映入我们眼帘的是江边的一座座高耸的输电铁塔，从克拉丹东雪山而来的长江，既灌溉着希望的田野，也见证着西电东送的重大工程，特高压白鹤滩至浙江线。半个月前，安徽池州段跨越长江放线工程，完成了最后6根导线的展放，标志着特高压白浙线安徽段长江大跨越线路贯通。白浙线是国家西电东送、清洁能源外送的重大电网工程，途经四川、重庆、湖北、安徽、浙江五省（市），线路长度2140公里，工程投运后预计明年输送电力将超过300亿千瓦时。

从长江岸到巢湖边，一江之水塑造着安徽的风土与安徽人的性格，他们也像这江水一样奔腾向前永不停歇。作为省会的合肥，更是将这种性格发挥到了极致。10年来合肥的科技成果不断涌现，原始创新不断展现高峰。2012年以来，合肥累计9项成果入选科技部评选的年度中国科学十大进展，78项成果获得国家科学技术进步奖，墨子号卫星升空，九章计算机问世，祖冲之上新二号等一批具有国际领先水平的前沿科技成果相继问世。

这里还有中国声谷，也就是全国首个定位于智能语音和人工智能领域的国家级产业基地。从2013年项目正式落地至今，这里的入驻企业已经超过了千家，产值超千亿元。接下来我们跟着记者去听一听中国声谷里关于创新与发展的好声音。

记者　王欣：各位央视新闻的网友大家好，我们现在在画面中看到的是一辆无人驾驶的小车，正在中国声谷的园区里缓缓地通行。我是总台记者王欣，我现在就坐在这辆小车上，接下来就是要带大家体验一下江滩的高科技。

提起声谷，这里是一个定位于人工智能的国家级产业基地，在这里集聚了非常多的高新技术产业和高科技成果。提到高科技，就像我们刚刚提到的无人驾驶小车就是一个特别前沿的技术。大家可以看到我身后的驾驶位是没有人进行操作的，但是你看方向盘在转，包括车是在非常平稳的运行当中。提到无人驾驶，有的时候大家有时候也会有点顾虑，就是它的安全性，它能不能够像人一样非常敏捷地做出反应。我们看到园区有时候也会有一些人来人往，车行车来。但是有安全员在这里，有的时候安全员可以应对突发情况，做一些调整。我们今天看到园区因为放假人比较少，但是平时这边的车还是比较多的，这个小车现在继续在往前走了。前面有一个行人过马路，这个车就能够让他过去，有一个停顿，这个人过去之后，这个车再继续往前走。所以无人驾驶车它的反应还是比较迅速的。

它为什么能够及时地躲避掉这些障碍呢？它就像我们的司机一样，也是有它的眼睛和耳朵，只不过是带着引号的。因为在这个车上我们安装了非常多的传感器，在车身四周有摄像头，可以看到周边的环境。在这个车的正前方也是有一个非常高清的摄像头，能够观察正前方的路况。而在车头的一左一右则是两个非常灵敏的雷达，能让这个车在10米之外就能感应到障碍。它有时候也会做出判断，可能不一定非得停下来，可能安全距离足够我通过的话，它可能就会非常顺畅地过去，这样也保证了出行的效率。这个车还能够自动地调节速度，像我们现在坐的速度是比较均匀的，比较缓慢的，在到了转弯的时候，不知道大家有没有感觉到，刚刚我们的速度是明显地慢了下来，这个也是为了保证通行时候的安全和舒适。

无人驾驶技术现在应用也是比较广泛，除了我今天坐的这样一个摆渡车，在园区的一些扫地车，包括充电车，上面都有广泛的应用。比如大家在园区游玩的时候没电了，这样一辆在园区巡行的电动车，就像是一个移动的充电宝一样，也能够保证大家的出行。

我们现在就到了体验中心的门口，刚刚我们在车上有一个功能，不方便给大家进行展示。我们现在下车，来给大家看一下。这个车一个很大的亮点，就是它能够双向驾驶，也就是说它的两头都可以以前进方向去进行。这样在一些非常狭窄的道路上，就不用调头，可以直接开出去。我们也请安全员为我们演示一下。大家现在可以看到这个车现在是缓缓地离开我们的视线了，现在我们就在体验中心的门口。我这次也请到了这边的讲解员来做我的嘉宾，为我介绍一下这里的情况。你好，我们现在就进去。

嘉宾：好。

王欣：这个声谷我来之前就有一个问题，有点好奇。咱们为什么要叫声谷呢？

嘉宾：首先我们中国声谷是工信部与安徽省人民政府共建的一个部省合作项目，成立于2013年。在那个时候我们中国声谷主要攻克的是AI语音交互技术，但是随着时代的发展，我们现在对AI的定义越来越广泛，所以我们中国声谷也是在紧随时代潮流，多元化地去发展。

王欣：中国声谷的声一开始是智能语音，主要是聚焦于这一块。

嘉宾：是的。

王欣：咱们在这块主要有哪些企业？

嘉宾：目前我们的方向，比如有智慧医疗、智慧教育、智慧城市，包括像我们自主研发的芯片，国产计算机，都是有涉及的。

王欣：等于软件、硬件咱们都有。

嘉宾：对。

王欣：声谷在这其中是不是就像一个平台一样，能够有很多的高新技术产业聚集到这里？

嘉宾：对，您说的对，我们会吸纳超多的企业在我们园区内办公，进行其他的一些，都是可以的。

王欣：咱们就到门口了。

嘉宾：对，这就是咱们的体验中心。在这边首先为您展示的是我们一个足部探测的技术。

王欣：这个怎么弄，您教教我。

嘉宾：您可以上来体验一下。

王欣：刚才让我站上来，是要给我做安检吗？

嘉宾：对，是的。

王欣：能看到我鞋里的情况吗？

嘉宾：对。

王欣：我是不是因为下来太快了，只有一只脚。

嘉宾：没关系，我今天准备了两样违禁物品。

王欣：刚才我的鞋子是比较正常的，里面没藏什么东西。咱们这是什么功能？

嘉宾1：我们这是国内首创的一个成像式足部安全检查仪，可以通过一个成像的方式来对足部进行一个检测，不用脱鞋了，非常方便。

王欣：比如你脚下藏了非常危险的东西就可以。

嘉宾：对。

王欣：我刚才是没有异物，万一真藏了它真能检查出来吗？

嘉宾：对，我今天为了让大家看得更清楚，准备了两样违禁物品，一个是打火机，一个是陶瓷刀片，非金属的，打火机里面还有一些金属元素。我来给大家展示一下，我也是把它藏在我的鞋子里面，这样裤子遮起来，是看不太出来的。

王欣：对，还是挺隐蔽的，平时普通的安检可能不一定会发现。我在这边已经看到了，特别明显的异物的成像。

嘉宾：这个就是陶瓷刀片的成像，这个就是根据看到的打火机，非常的清晰。而且整个流程非常的快速，就几秒钟，不用脱鞋，非常的方便。

王欣：这是什么原理？

嘉宾：从图像上看大家也能猜到是X光。

王欣：我刚刚也是想说，是不是这个。提到X光片我有一个问题，它会不会对咱们的身体有影响，可能会带来辐射。

嘉宾：对，大家听到X光肯定都会想到医院，感觉会很害怕。对于咱们这个技术大家可以完全的放心，因为这个技术已经经过了十几年，这个产品的公司已经有十几年的研发，把这个剂量做到了天然本底水平非常非常低。

王欣：什么叫作天然本底水平？

嘉宾：天然本底水平大家可能没有概念，相当于我们坐飞机在高空飞行3分钟，或者吃1到2根香蕉的辐射剂量。

王欣：等于非常小，可以忽略不计的。

嘉宾：对，对人体完全没有伤害。

王欣：咱们这个是不是已经在有些地方有应用了？

嘉宾：对，由于它的便捷和清晰，现在已经在一些机场、法院和一些重点单位投入使用了。

王欣：我觉得这个还挺实用的，我之前有时候在机场会要求脱鞋，会有一点点尴尬。

嘉宾：对，我们这个就是为了解决要脱鞋安检尴尬的难题。

王欣：谢谢您的介绍，我们再往里面看一下还有哪些好玩的。

嘉宾：非常的多，我们可以一一体验。

王欣：我们现在进入里面感觉很有科技感的，蓝光，非常的有未来感。

嘉宾：是的，接下来帮您体验的也是一个我们的动态捕捉的技术。

王欣：什么叫动态捕捉？

嘉宾：我们相关的人员可以做一个简单的介绍。

王欣：老师您好，我想问一下，这个叫动态捕捉是什么意思？

嘉宾：主持人您好，现在看到的这套是一个基于三维视觉的动作捕捉系统，它是融合了三维视觉技术和人工智能技术为一体的前沿应用。

王欣：是什么意思，是我做动作，它会跟着我动吗？

嘉宾：对，它会精准捕捉您的动作。

王欣：我来试一试。我的双手这样伸展开，包括我做一个弯臂的动作，我抬抬我的腿，它都会跟着我动。这个还挺有意思，有点像在家里玩体感游戏。这个的原理是什么？

嘉宾：是基于三维传感器，就是来获取三维的动作，通过人工智能的分析。

王欣：这像一个摄像头一样的，这是能拍到我的动作轨迹，是吗？

嘉宾：对，这就是一个三维的相机，在二维的基础上，可以获取我的动作信息。

王欣：您刚才提到这个技术有哪些应用的范围？

嘉宾：刚才主持人说到娱乐，除此以外再举几个例子，比如在运动场上通过这套系统可以精准地捕捉运动员的动作，可以帮助运动健儿实现技术的突破。

王欣：等于它可以分析他的一些动作轨迹，比如我怎么打球，或者哪个角度更好。

嘉宾：没错。

王欣：除了运动，还有什么别的吗？

嘉宾：比如在汽车，它可以用在驾驶舱内，可以对我的驾驶员和乘客的动作进行实时的智能分析。

王欣：为什么要分析驾驶员和乘客的动作？

嘉宾：防止驾驶员出现疲劳驾驶的时候，它可以及时地提醒。

王欣：可能我人要瞌睡，眼睛半闭半睁了，它能识别出来，是吗？

嘉宾：没错，它可以通过人打瞌睡的动作，识别出驾驶员可能有点疲劳了。

王欣：所以大大地保障了驾驶的安全性。

嘉宾：没错，是的。

王欣：现在咱们这个已经有在应用的场景吗？

嘉宾：没错，这套系统在智能车上，明年就会有相应的车型推出来。

王欣：所以我们马上就能够感受到一个更智能的驾乘体验了。好的，谢谢您的介绍。

嘉宾：好的。

王欣：我们再往里面走，这些都是我们声谷的产品。

嘉宾：这些是声谷生产制造的一些产品，这边都是有的，我们可以接着往下走。这边是我们的智能写作平台，这边展示的也是国产计算机，包括我们自己研发的芯片都是在这边有些展示。

王欣：都是一些比较硬核的科技。

嘉宾：对，您说的没错。

王欣：接下来咱们还要看啥呢？

嘉宾：我们可以看一个空中成像的技术。

王欣：空中成像啥意思，是这个盒子吗？

嘉宾：对，就是这个盒子。

王欣：这个黑盒子，感觉老远好像就是一个有点像打印机那种黑盒子，它的玄机在哪里？

嘉宾：您可以站在正前方，我们仔细去体验一下，是不是看到有屏幕。

王欣：对，我现在看到了，大家现在这个机位是侧面，看不到，但是我在这里可以看到一个非常完整的系统，我们给摄像机一个正的机位看一下，不知道大家能不能看到。它是可以写字吗，还是干吗？

嘉宾：对，这个系统有六大功能，非常的多，订餐、教学、3D换装、游戏、影音、签字。

王欣：签字系统，就是可以写字，是吗？

嘉宾：对，可以体验一下我们签字的系统。

王欣：我来试一下。

嘉宾：可以直接在这块屏幕上，在空中就可以写一下。

王欣：我来写一个，我的字不太好看，大家将就着看一下，主要是给大家看一下效果。我可能这个系统用得不是特别熟练，这个是不是跟距离有关系。

嘉宾：对，这个跟距离有一定的关系。比如我们必须要站到正前方。

王欣：大家可以看到左边的电脑屏幕上就出现我写的字了。跟我的距离也有关系。

嘉宾：对，它的核心技术是这样的，在机器的内部会内置一个摄像头，摄像头会记录您手指的行动轨迹，同时下方有一个光线辐射原理透镜，所以两者相结合，就可以进行空中成像的技术。包括这边有一个感应条，它会感应到您的距离。

王欣：对，我看到这儿有一个小长条在这儿。

嘉宾：对。

王欣：这个技术有什么应用吗，因为它看起来很酷炫，有没有什么实际的应用场景？

嘉宾：您可以来这边，这也是它的应用场景，医院无接触自主挂号机，您可以站在红线面前体验一下。

王欣：对，我站在这儿就能看到跟咱们平时去医院拿号、缴费的页面是一样的。我来试一下，办卡，身份证，非常灵敏地反应到我的一些按键和操作。

嘉宾：是的。

王欣：刚才大家在侧面的机位看，我就是在空气中点了几下，但是如果真正在应用的时候，我已经完成了整个的操作。

嘉宾：对。

王欣：除了像医院挂号，还有别的应用吗？

嘉宾：这边的设备是我们电梯的内呼机和外呼机，您也可以体验一下。

王欣：这个是电梯的。

嘉宾：这个是内呼机，可以安装在电梯的内部，有楼层的按键。

王欣：从侧面看你们会感受更深一点，侧面看我可能就是在空气中点，但是你每听到一个声音，就是系统对我动作的一次响应。这个还挺实用的，现在有时候坐电梯也会遇到手消毒，拿纸巾隔着操作，有了这个就会方便很多。

嘉宾：对，它也是在根本上杜绝了细菌的交叉感染，目前在很多企事业单位都已经在使用这样的设备了。这边是我们的一些智能手表手环，接下来为您介绍的也是我们非常有意思的产品，是我们的鼠标。

王欣：鼠标有什么特点，有什么特别的？

嘉宾：像这样的鼠标区别于传统的鼠标，会多了左右两个按键。我们按住左键对它说话可以进行上网打字，按住右键对它说话，可以进行实时的翻译。

王欣：您给我们演示一下。

嘉宾：我们首先演示一下上网的功能。合肥天气怎么样，我想明天坐高铁去北京，我想明天坐飞机去北京。

王欣：大家看页面都非常快速地出现在这个上面，像一个语音小助手一样。我来试一下，我看它除了这个还有没有别的，按住左键对它说话。我想看电影。大家看，一个常用的视频网站的页面就出现在面前了，大家就可以自己选择了，所以还是非常方便的。您说的打字又是怎么回事？

嘉宾：给您演示一下，您可以看到。

王欣：大家可以看到屏幕上出现的文本非常的正确，包括标点符号的使用，准确率大概看一下，应该是在100%，还是非常的便捷。这样我们在平时办公打字的时候就省了很多事。这个要是自己人手打的话估计还得有一会。除了打字之外还有别的功能吗？

嘉宾：我们还有一个翻译的功能。为您做个简单的展示。

王欣：翻译就是你说中文，它就给你翻译成英文。

嘉宾：我说中文，或者我说英文，它也可以转换成中文，都是可以的。以英文为例，做一个简单的演示。

王欣：大家看，它非常非常快地把英文翻译出来了，而且我大概看了一眼，也是基本准确的。所以有了这样一个鼠标之后，咱们的生活，包括工作上都会有很多智能的小助手。这片大概是什么样的内容？

嘉宾：这边也是我们一个智慧医疗板块，在这边为您介绍的，大屏幕里是肺部的精准诊断系统。

王欣：它的作用是什么？高科技高在哪儿？

嘉宾：我们传统的肺结节判定方法，放射科的医生需要在300到500张黑白影像CT中慢慢筛选，由于肺结节非常小，同时又是黑白的影像，所以放射科医生可能很难精准地定位到每个肺结节到底存在于细节之处。使用了这个系统之后，它会快速地将300到500张影像CT，还原成彩色的立体模型，模型可以进行无限的放大和缩小。

王欣：可以看细节，所以这个能够非常快速的帮助医生进行诊断了。

嘉宾：是的。

王欣：还有别的科技在生活方面的应用吗？

嘉宾：有啊，我们还有一个智慧交通。

王欣：就是这个吗，这个看着还挺不起眼的，这个怎么用？

嘉宾：对，它是一个动态违法交通抓拍机器人，可以安装在公安、交警，以及执法部门的车辆上，在车辆的行驶过程中，两个摄像头就会抓拍道路上的车辆是否有交通违法信息，它的速度非常快，定位也非常精准。

王欣：等于它就像是一个机器人巡逻，在路上可以把一些不文明的交通现象都拍下来。

嘉宾：对，都是完全可以捕捉到的，审核能力也是人工审核的10倍，所以对于交警来说也是大大提高了他们的效率。

王欣：效率会特别快，也会很省事。

嘉宾：是的。

王欣：刚刚听您给我们介绍了这些，真是涉及了生活、娱乐，包括交通、办公、工作各个方面。声谷是哪一年成立的？

嘉宾：2013年成立的。

王欣：到今年也将近10年了，这10年期间应该是发展非常的快速，取得了很多的成果。

嘉宾：对，发展非常的迅速。在这边也有一个数据为您做一个展示。

王欣：您来给我们介绍一下这个图。

嘉宾：我们声谷也是在"十三五"期间完成了双千目标，入园企业超千家，GDP产值超千亿。2016年的时候入园企业只有72家，但是到达2020年入园企业已经超过1024家，完成了"十三五"的双千目标。截至目前，我们的入园企业达到了1911家。

王欣：我看这个图上写的还是2021年是1400多家，今年目前来看已经是

1900多家，它是一直在非常快地上升。包括我们看这个图，如果是一条线也可以看出来，上升的趋势是非常高的。

嘉宾：对。

王欣：上面的图呢？

嘉宾：上面的图是我们的产值，2016年的时候我们的产值是327亿元，但是到了2020年底，我们的产值已经达到了1060亿元。在2021年的年底，我们的产值也是超过1378.6亿元。

王欣：看未来形势也会非常的好，咱们下一步有什么发展计划吗？

嘉宾：下一步"十四五"期间的发展目标是我们的产值达到5000亿元。

王欣：所以是一个很大、很宏伟的目标。

嘉宾：对。

王欣：我们今天看了这么多的展品，大家也会意识到科技不是一个高高在上的，而是已经走进了千家万户，走进了我们的日常生活。我们也期待越来越多的高科技给我们带来更多的惊喜，感谢大家的收看，我们的直播到这里就结束了，谢谢大家。

王艺：看见锦绣山河，江河奔腾看中国，在听过了合肥的科技创新发展好声音以后，让我们继续向东行。现在我们来到了长江安徽铜陵段，9月19日2022年长江江豚科学考察正式启动，本次考察是长江十年禁渔实施后，首次流域性物种系统调查。对于摸清长江江豚的家底，保护江豚，乃至整个长江生态系统，意义重大。

在长江江豚保护方面，安徽一直在努力，铜陵淡水豚国家级自然保护区是世界上首个利用半自然条件，对长江江豚等野生水生动物进行异地养护的场所。保护江豚最重要的就是保护好它们赖以生存的家园，而就地保护是最好的保护方式。目前保护区内江豚种群有40~50头。据介绍，长江江豚平时多在晨昏活动，早晚有两次活动高峰，而在傍晚的时候，活动最为频繁。

这样的生态保护故事在安徽长江沿岸还有很多，随着长江继续东行，我们现在来到了位于安徽和江苏交界处的马鞍山。马鞍山是一座滨江资源型城市，经历了先有矿后有市，先生产后生活的发展过程，曾经背负了沉重的环保欠账。近年来马鞍山也逐渐走出了一条内涵式、激越型、绿色化的高质量发展之路。截至目前马鞍山市拆除长江干支流非法码头158家，整治散乱污企业756家，腾退长江岸线约10公里，滩地1000多亩。

现在我们看到的是位于安徽马鞍山的薛家洼生态园，这里地处长江东岸，占地近千亩，曾经有着非常突出的生态环境问题。晴天一身灰，雨天一身泥，是曾经这里真实的写照。而如今这里已经成为当地的城市生态客厅，绿意盎然，美不胜收，早已经成为市民出游的打卡地。沿着长江看安徽，我们看到了创新精神，也看到了绿色理念，安徽将它有机地贯穿在发展中，这才不仅有了美丽的长江岸线，也有了欣欣向荣的发展。

离开安徽马鞍山，长江东流进入江苏后，第一个来到的城市便是六朝古都南京。说到南京，史上的别称特别多，比如说金陵、建业、建康、秦淮、石头城、应天等等，屏幕前的你还会想到哪一个呢？南京与长江相依而生。现在大家看到的这座桥被称为"南京眼"，它是长江上第一座人形布道桥。中国江南古桥以石拱桥居多，南京也中部微拱起，契合了小桥流水人家的诗意。行人穿行其间，犹如琴弦上跳跃流动的音符。

长江在发源时是涓涓细流，在上游时会狭窄急流，而到了下游长江的江面会越来越宽，在南京江面最宽的地方有大约 2500 米。

顺江继续而去，我们看到的这座跨江大桥，就是著名的南京长江大桥。这是长江上第一座由我国自行设计和建造的双层式铁路公路两用桥梁，打破了当时公铁两用桥梁长度的吉尼斯世界纪录，也被称为蒸汽桥。南京长江大桥建成通车，打破了外国专家认为长江南京段无法建桥的预言。火车过江时间由过去的将近两个小时，缩短至短短两分钟。它连接起京浦与沪宁干线，京沪线全线贯通，成为中国南北交通要津和命脉。

京口瓜洲一水间，钟山只隔数重山。长江东出南京就来到诗中所说的京口，也就是如今的镇江。现在我们看到的就是位于镇江的长江和京杭大运河的交汇点，在镇江的对面隔着长江就是扬州。两座长江沿线的历史文化名城在这里隔江相望。与长江垂直，线条笔直的水道就是京杭大运河。提到镇江，人们就会想到当地的香醋。在《丹徒县志》中记载说，京口黑醋味极香美，四方争来获之。作为江南鱼米之乡，镇江这里肥沃的土地，丰富的水系，为制醋提供了极其有利的自然资源。

顺着长江继续往下而行，我们现在看到的这座大桥是沪苏通长江公铁大桥，上面跑汽车，下面跑高铁，蓝色的钢梁从长江上空而过，别有一番风味。对于很多苏北人而言，之前对这座桥的开通充满了期盼。大桥通车之后，南通至上海之间铁路出行的最短时间从 3.5 小时左右，压缩到了 1 小时 6 分钟。南通向南不通的难题也终于解决。南通作为长江三角洲中心区 27 城之一，是城三角北翼经济中心和现代化港口城市。在强手如林的江苏，这座城市曾经是一个低调的存在，随着长三角一体化的推进，沪苏通长江公铁大桥的开通，也让南通深度地融入了苏南，对接了上海。

沿长江经过沪苏通长江公铁大桥，现在我们看到的是南通的五山的滨江片区。区域内的狼山、军山、剑山、黄泥山、马鞍山临江而立，沿江岸线14公里，是长江南通段重要的生态腹地和城市发展的重要水源地。曾经这里是全国最大的进口硫黄集散地之一，滨江不见江，近水却不亲水，2016年以来这里实施生态修复保护工程，搭建生态绿色廊道和城市客厅。而现在的五山，拥江揽海，好似五颗绿色的翡翠镶嵌在长江之畔。

经过五山再往下就到了苏通大桥，在沪苏通长江公铁大桥开通之前，这是南通连接苏州和上海最主要的通路。"隔山不算远，隔水不为近"，在江苏长江既是沿江城市横向之间的黄金带，也是南北之间的阻隔带。为跨越天堑，促进长江两岸长三角地区进一步融合发展，江苏始终在加快推进过江通道的建设。根据规划，到2035年江河已建和在建过江通道将达到45个，也就是平均每10公里就有一个。

在通过交通织就经济发展一张网，强化长三角一体化的同时，江苏也在深入推进科技创新发展。在集聚了16万家制造业企业，智能制造享誉全球的苏州，也就打造了一家制造服务超市，为企业提供一站式的综合服务。那么这里有哪些中国制造的黑科技，未来又有哪些发展的新趋势呢，接下来我们一起去解锁。

记者　黄冠华：各位央视新闻的网友们，我是苏州广电总台全媒体记者黄冠华。都说制造业是国民经济的根基，在全国来说要说制造业看哪里，一定得是江苏。过去10年江苏通过构建自主可控的现代产业体系，制造业增加值规模从2.3万亿元，增加到了4.2万亿元，占全省GDP的比重也是提升到了35.8%，占比全国最高，而在江苏又数苏州的制造业优势最为突出。今天我们就来到苏州市智能制造融合发展中心，大家看我身后都是一些各式各样的智能装备，这些看上去非常硬核的大家伙，究竟能如何改造我们当今的工业生产制造呢？今天我们也非常高兴地邀请到了中心的言慕琦老师，带领大家一起探秘。言老师，跟我们网友打个招呼吧。

言慕琦：好的，央视新闻的网友们大家好，我是来自苏州市智能制造融合发展中心的言慕琦。

黄冠华：言老师，首先从我们所在的展厅说起，我看到这些大大小小的机械臂，看上去非常的自动智能，它们分别都有哪些才艺呢？

言慕琦：我们现在所在的是我们的产品展区，这里汇集了苏州智能制造的28家企业的32件产品。我们现在看到的就是由机械臂和柔性夹爪联合展示的一个柔性抓取的解决方案。

黄冠华：一只手拿着杯子，一只手在拿杯盖。

言慕琦：对，它模拟了人手的抓取动作，也是摆脱了传统的生产线生产对象尺寸的束缚，它适合于一些易损伤，还有软性不规则的物品。

黄冠华：抓粉丝，抓鸡蛋，这些平时在家里用人手操作都容易弄碎的东西，现在机械手臂可以非常精准地、完好地抓取。是不是还有一些其他的操作？

言慕琦：是的，可以看到我们的柔性夹爪不仅可以抓取，还可以点啊，提啊，推啊，一些精细动作也可以完成。可以看到我们的柔性夹爪通体采用了食品级硅胶的材质，可以直接接触食品，非常的放心安全，不会被污染。

黄冠华：这边有个篮球，这个篮球是做什么的？

言慕琦：这是我们的机械手焊接工作站，是由两台弧焊机器人组成的。一台机器人跟踪另外一台机器人的弧形估计，体现了双机器人的跟踪精度和协作配合的能力。

黄冠华：所以它们彼此是要根据对方的动作来协调。

言慕琦：对，来配合，协作。我们弧焊机器人也是采用了交流4V驱动技术，具有良好的低速稳定性和高速动态响应，并且实现了免维护。

黄冠华：免维护，那就是使用成本大大降低了。

言慕琦：对，大大降低了生产成本。这里是我们的六关节机器人。

黄冠华：这个看上去灵活好多。

言慕琦：对，它的特点是高精度，高稳定性。它的精度已经从原来的正负0.05毫米，已经提升到正负0.01毫米。

黄冠华：这个精度，什么行业会做到这个精度？

言慕琦：主要是一些高精尖产品的加工制造领域，目前也是广泛地应用在汽车制造行业，还有工业机器人的领域。前面看到的是打冰球机器人的互动环节。

黄冠华：这就是一个球台？

言慕琦：对，我们可以体验一下。

黄冠华：我跟它对打吗？

言慕琦：对，是的，在蓝色区域内进行一个有效的击打，机器人会做出阻挡的动作，类似于守门员的位置。

黄冠华：好，就是我进攻，它防守，是吗？

言慕琦：对，是的。

黄冠华：走你，还挺快。

言慕琦：它速度非常的快。

黄冠华：它怎么能看到。

言慕琦：我们是通过上方的摄像头，可以实时获取冰球的动线，通过大量的数据运算，来阻挡冰球，类似于守门员的位置。

黄冠华：所以这是视觉跟机械的一个联动。

言慕琦：对，四轴机器人，以及视觉系统的人机互动，实现了。

黄冠华：我们今天看到这些机器人感觉非常的智能，非常的自动化。

言慕琦：是的，这些硬核设备都是在具有自主知识产权的新架构和新算法的基础上研发的，产品性能和功耗可以与国外同类产品竞争，有很强的市场竞争力。在促进产业数字化发展中，也是起到了支撑和引领的作用。现在我们看到的是一条柔性定制鼠标生产线。

黄冠华：这是一整条产线，这么长。

言慕琦：对，是的。我们产线从移动终端下单，到生产完成，全过程实现了自动化和智能化。我们可以来扫描体验一下。

黄冠华：我扫描？

言慕琦：对，可以定制专属自己的鼠标。

黄冠华：怎么扫？

言慕琦：第一步扫二维码，关注一下我们企业服务总入口的一个公众号，然后在预约里面有一个鼠标定制。然后再扫第二步，下单就可以了。

黄冠华：可以选我自己喜欢的，是吗？

言慕琦：可以，可以写姓名和座右铭。

黄冠华：输入个央视新闻吧。

言慕琦：姓名和座右铭都会刻在鼠标的背面。

黄冠华：这样就下单完了，是吗？

言慕琦：对。可以看到我们的产线已经开始启动了。

黄冠华：这就是我的鼠标刚才下单的。

言慕琦：对，我们的核心零部件是提前都准备好的，前期就是拼组的过程。拼组完成之后会进行智能检测，检测完成之后会利用激光打印的方式在鼠标的背面进行刻字，然后配备包装和电池就可以了。

黄冠华：所以整条生产线就是展示了一个电子器件生产的全过程，是吗？

言慕琦：是的。值得一提的是我们产线的25家核心供应商中，本地供应商已经超过了72%，软硬件国产化率超过95%。可以看到这边鼠标制作的流程。

黄冠华：这就是我的鼠标进展到哪一个环节都可以看到？

言慕琦：对。

黄冠华：实时的吗？

言慕琦：可以看到工序的作业时间，还有工单的生产进度，都可以看到。

黄冠华：像这条产线在实际应用中还可以做别的什么东西吗？

言慕琦：这是一条柔性定制的生产线，除了生产鼠标之外，像3C产品，比如手机，还有硬盘、优盘，都是可以生产的。

黄冠华：我想问一下，这个鼠标多久可以拿到？

言慕琦：这个鼠标大概四五分钟就可以了，待会我们参观完成之后就可以领取了，待会我们智能巡检机器人会送到我们身边。

黄冠华：好。

言慕琦：刚刚我们参观了智能生产线，接下来我们前往技术展区。随着数字经济的发展，大量的新业态、新模式、新技术涌现，像5G、VR、XI，还有物联网、大数据技术的应用，也使数字技术运用具备了更好的条件。

黄冠华：所以也是给我们刚才看的那些机器人、智能车床也提供了技术的支撑，是吗？

言慕琦：是的。我们这里看到的就是5G在工业领域的一些应用案例。

黄冠华：这是展区，很酷炫，非常的有未来感。

言慕琦：对，这里我们展示的是智慧眼镜，是主要应用在工业领域。当我们的设备遇到故障时，利用智慧眼镜，专家可以以第一视角进行远程诊断。你可以戴上之后看一下我们的设备，我们这边就会有显示。您看到哪边，我们这边的屏幕上都会显示出来，让专家即使远隔千里也可以。

黄冠华：所以我的视角和大屏幕上的视角是同时的。

言慕琦：是的。

黄冠华：我理解的现在生产线的设备，专家可能不能24小时住在厂里，如果有了5G通信的支持，是不是可以我跟外地的专家，或者技术人员，比如产线出现了设备故障，需要检测，需要维修，可以得到实时的技术支持。

言慕琦：对，技术连线，远程诊断。

黄冠华：很方便。

言慕琦：是的。这边展示了一个圆盘，它是模拟了电子产品零部件的一个生产环境，通过高清摄像头前端连接边缘计算盒子，在前端可以对我们的良品率进行检测。绿色的就是一个合格品。

黄冠华：它一闪一闪就是在快速的拍照吗？

言慕琦：对，快速的拍照，可以识别，红色就是不良品。

黄冠华：所以拍一下就知道这个东西是不是合格。

言慕琦：对，是的。这个设备我们一小时可以完成5万件的产品检测。

黄冠华：一小时5万件？

言慕琦：对，大幅提升了产品的生产效益，降低人工成本。这里是我们大数据的展示，大数据的处理离不开人工智能技术，这里展示了无人驾驶在商业场景下的一些应用。可以看到有清扫车，可以自动清扫，自动洒水，还有智能补水补电。

黄冠华：这个是无人驾驶吗？

言慕琦：对，是无人驾驶。还有智能平板车，主要是聚焦在港口场景，可以实现高精度定位。

黄冠华：各种场景下的商用领域都可以应用到。

言慕琦：对，是的。

黄冠华：我相信随着5G技术的快速发展，是不是有越来越多像这样智能化、智慧化的生活场景，可以出现在我们生活中。

言慕琦：是的。接下来就让我们智能巡检机器人带领我们前往平台展区。

黄冠华：就是你告诉它，它就会去哪儿。

言慕琦：是的。

黄冠华：它会说话吗？

言慕琦：可以，它可以进行讲解，拍照留念等等。它不仅可以实现语音导览，还可以实现巡检监控，并且可以作为远程协助的平台。它通过上方的摄像头，可以对工厂工人的日常着装、设备异响、物品合规摆放进行检测判断，形成一个视觉检测的平台。

黄冠华：所以它在车间上就是一个行走的车间主任了。

言慕琦：对，管理人员可以通过它实时了解到工作人员的工作状态。现在我们来到的就是平台展区，在这里汇集了6家国家级双跨工业互联网平台，以及8家本地垂直行业平台，和2家公共服务平台。

黄冠华：双跨是什么意思？

言慕琦：双跨就是跨行业、跨领域的意思。

黄冠华：其实是工业互联网的一个特征，是吗？

言慕琦：对，是的。目前我们国家29家国家级跨工业互联网平台中，已有14家落户在我们苏州。我们现在看到的是新能源车的智能远程运维云服务平台，给您演示一下。

黄冠华：这是怎样，是可以体验的吗？

言慕琦：是的，它是通过5G将数据可以传输到平台中，可以检测到这辆新能源车的行驶轨迹，并且兼备了远程断电和位置管理等功能，并且已经实现了预测性维修，可以预测到车辆的故障问题。

黄冠华：就是它的车况已经显示在大屏幕上了。

言慕琦：对，是的，可以显示的。我们也可以通过收集大量的电池信息，来优化电池，延长电池的寿命，目前也是广泛地应用在共享单车和快递的行业。像共享单车可以通过平台来监测是否停放在电子围栏内，采取额外收费的方式，也是解决了共享单车乱停乱放的难题。

黄冠华：快递呢？

言慕琦：快递可以通过平台解决丢件的问题。

黄冠华：就是快递找不到了，可以通过平台去找，是吗？

言慕琦：是的。这里是落户在苏州的一些工业互联网平台，以及它们一些典型的应用案例。前面看到的是一个缩小版的电梯。

黄冠华：这是个电梯？

言慕琦：对，是的。它不仅可以正常运行，还可以将数据传输到后台的大屏幕。

黄冠华：这是可以上下的吗？

言慕琦：对，可以演示一下，现在我们在3楼，在平台中可以看到。

黄冠华：同步。

言慕琦：对，实时联动的。

黄冠华：这个是不是就是我们常说的数字孪生的概念。

言慕琦：对，数字孪生可以通过这个技术算出未来十几个小时是否会出现故障的问题，让维护人员提前上门进行维修，确保电梯可以正常地使用。

黄冠华：等于我在远程就可以实时地了解到电梯的状况。

言慕琦：对，管理员通过平台就可以实时了解到这台电梯的全部情况。这边请。

黄冠华：这边都是一些日常的东西。

言慕琦：对，这边是专注于离散型制造业的工业互联网平台，前面是日化行业的工业互联网平台。

黄冠华：看到一个彩色的，有点像高压锅的装置。

言慕琦：是的。

黄冠华：这是做什么的？

言慕琦：这个机器可以控制原料，设定温度，通过5G可以在线上完成检验检疫工作。

黄冠华：是生产什么的？

言慕琦：这是生产口红的，目前企业的生产已经突破了原来的库存销售，现在都是电商网红带货经济，客户在我们直播间下单的日化品，会一键连接到日化行业的工业互联网平台。平台根据客户的订单和需求，下发厂区进行生产。生产完成之后，直接送到客户手中，实现了小批量、多批次和低成本的行业新制造。

黄冠华：等于并不是我生产什么卖什么，是消费者要买什么，我再生产什么。

言慕琦：对，平台上会获取我们的需求和订单。

黄冠华：等于现在工业互联网把按需生产、按订单生产，给它精细化了，用小批量、多批次，非常的方便，成本也减少不少。

言慕琦：对，降低了成本。疫情防控期间它也是第一个出消毒液的企业，能在线上就完成检验检疫工作。

黄冠华：所以也是有了工业互联网的支撑，才可以这么快速的响应。

言慕琦：对，像我们以前都要送到北京去质检，现在我们通过5G，可以直接在线上完成了检验检疫。我们的鼠标已经生产完成了，智能巡检机器人送到这边。

黄冠华：就是我刚才用手机下单定制的个性化鼠标现在已经制作完成，由智能机器人送货上门。就是这个，我为今天的直播特地输入了个性化信息，央视新闻，一个小标志。我们今天的直播到这里也告一个段落。

相信提起苏州，大家传统的印象里都是小桥流水、吴侬软语，但是通过今天的探访，是不是也刷新了您对江南水乡的认识呢。其实过去10年间苏州制造业的规模和效益一直走在全国的前列，有一个指标特别有代表性，就是灯塔工厂，目前全球灯塔工厂有5个就在苏州，占全国的七分之一。可以说科技改变生活，新技术、新产品、新平台，不仅为制造业解锁了全新的生产方式，也为我们的生活带来了更多的便利。也希望今天的直播探访能给您带来新的认知和体验。今天的直播节目就到这里，感谢您的关注和守护，再见。

言慕琦：再见。

王艺：看锦绣山河，江河奔腾看中国，在苏州感受了充满未来感的生产线和工业机器人后，我们现在来到了这次长江之行的最后一站——上海。

现在镜头飞过的是上海吴淞口附近的江面，这里是长江和黄浦江的交汇点，可以看到船来船往，通道通畅而繁忙，一艘艘南来北往的航船千姿百态。随着航拍的视角转动，我们还可以看到吴淞口国际游轮港，它目前是亚洲第一、全球第五大的国际游轮母港，在未来5年内有望跻身国际前三名。

从吴淞口往里，我们就进入了黄浦江，现在我们看到的画面就是行驶在陆家嘴附近的黄浦江上。在上海一江一河流经了这座城市的历史与现代，见证了江河两岸的变迁。黄浦江是长江最后一条支流，将上海分为浦西和浦东。长江被称为中华民族的母亲河，黄浦江可以被称为上海的母亲河，它是上海的黄金水道和运输大动脉，承载着航运、排洪、生态景观、旅游等等综合功能，也是来上海值得打卡的城市地标。很多朋友不管是来上海出差，还是游玩，都会来黄浦江畔走一走。很多时候可能都是没有目的的漫步，看看江景，吹吹江风，或许这样就能感受到了风情万种的上海滩。

现在我们画面的右边可以近距离地看到著名的东方明珠，以及陆家嘴三件套。习惯了站在外滩看陆家嘴，从现在这个角度看过来，陆家嘴建筑群也是别有一番震撼。黄浦江充满着一种特殊的魅力，不管你到这儿来过多少次，而每次来到这里这种魅力就会强烈地吸引着你。这也许就是许多没有到过黄浦江的人，对它十分向往的原因了。

这里是上海长江大桥，位于长江入海口之上，是上海崇明越江通道的重要组成部分之一。沿着上海长江大桥，随着车流，跨过长江入海口，就可以抵达上海崇明岛。上海崇明区位于万里长江入海口，主要由崇明、长兴、横沙三岛组成，其中最大的是崇明岛。它是世界上最大的河口冲积岛，也是中国第三大岛，素有"东海瀛洲，上海门户"之称。

从空中俯瞰全岛，满眼皆绿，草木葱茏，鸟语花香，万亩峥嵘，绿影婆娑，可谓是天然氧吧，这是人们对绿岛崇明的感受和评价。越来越多的人在节假日会选择来崇明岛休闲度假，放松自己，和大自然亲密的接触。目前崇明岛森林资源和滩涂资源大幅跃升，全岛生态资源面积约占上海全市的30%，水源涵养、生物多样性维持功能约占全市80%。大气净化、固碳释氧、缓解热岛等生态系统服务供给量超过全市总量的50%。崇明岛为中华鲟、江豚等珍稀濒危动物，以及大量的洄游性鱼类提供了繁育的场所，发挥了长江河口生态安全屏障的重要作用。作为国际重要湿地，国际候鸟迁徙路上的必经之地，崇明岛占全球种群数量1%以上的水鸟物种数已有11种。

近年来上海举全市之力推进世界级生态岛建设，世界级生态岛建设，就是要在与水怎么处理、垃圾怎么分类、树怎么种、水稻怎么栽、蟹怎么养、房子怎么造，这些最基础的工作当中，把生态发展理念融入进去。

在崇明岛的西南端有一个年轻的乡镇——绿华镇，它从一片长江滩涂湿地围垦起来，成为上海市著名的宝藏村庄，并首批入选全国乡村旅游重点镇。在"生态+"的加持下，这个位于崇明岛西南端，地理位置相对偏远的乡镇，是如何逐步蜕变成一个集聚众多优质项目的宝藏乡镇的。时值国庆长假的第一天，当地有哪些值得一去的打卡地，我们和总台记者魏然，一起走进绿华，感受生态魅力，寻找都市人向往的诗意与远方。

记者　魏然：各位央视新闻的网友大家下午好，欢迎大家来到上海，欢迎大家来到崇明。此时此刻我们已经远离了上海的喧嚣，在我的身后是一片的绿色生态。没错，我们现在已经登岛了，从上海开车三四个小时，穿过上海长江大桥，就来到了崇明岛。其实从昨天晚上开始整个崇明岛上岛的队伍就非常长，大概要堵车三四个小时，才能够登岛。现在上海人喜欢在节假日的期间登上崇明生态岛，来体验体验崇明岛究竟绿在哪里，空气究竟清新在哪里，究竟有多么生态的环境。今天带大家一块来体验，有请到的是小朱。你好，小朱，给央视新闻的网友打个招呼。

嘉宾　朱旭东：各位央视新闻的网友们大家好。

魏然：小朱，我知道你是开民宿的，所以我们首先要让小朱带我们看一看崇明岛上的民宿。崇明岛据我们了解，注册在内的民宿大概有1000间，还不算上所有的民宿。

朱旭东：对。

魏然：我们现在看到的是岛上村民的房子改建的民宿。

朱旭东：是的。

魏然：来给我们介绍一下，很漂亮的院子。

朱旭东：我们当时拿下这套房子是2017年的时候，对于整体的农民房进行了内部的改造和外部的装修，以及整个园林做了禅意的园林设计。

魏然：很禅意，你看这个院落，真的一点也看不出农家房的感觉，而且这儿还有一口井，刚才你说这口井也是原来就有的，是吗？

朱旭东：对，当时它没有打那么深，我们后面又打了将近20多米深。

魏然：所以咱们对整个农家院落的房子做了一番很精心的改造。

朱旭东：是的。

魏然：在这里我们能看到这个房子大的格局，整个小院落也是别致，很典雅。这个房子应该是两层楼，加一个阁楼是三楼。

朱旭东：对，是的。当时整个楼层一共是二层半，因为政府是不允许我们造三层的，所以就把最上面的半层改造成阁楼的样式。

魏然：我们赶紧进屋瞧一瞧。现在崇明岛也在大力的开展民宿业，所以很多岛上村民的房间都改造成了民宿，而且精品民宿现在在崇明岛也是非常流行的。像上海市区的这些市民，包括游客，很多时候就喜欢周末的时候来到这样一个民宿，带着一家老小过来。赶紧带我们展示一下，这边有一间是你们非常有特点的房子。

朱旭东：是的，这是我们一个主打的星空房，因为这两年星空的概念是比较火的，所以我们也算是蹭了一波热点。

魏然：我们来看一下，这个有一点像一个小的Loft，要上到二楼来。整个原来村民家的房子，最后民宿有多少间房？

朱旭东：我们一共是7间客房。

魏然：哇，很宽敞，而且采光很好，这边两个大窗户。

朱旭东：对，整体都是落地窗。

魏然：还能坐在这儿喝喝茶。

朱旭东：我们当时想的是，大家在快节奏的生活当中能够到我这边来放慢一个节奏，所以做了各种设计。

魏然：为什么叫星空房，赶紧给我们演示一下。

朱旭东：好呀，上面的玻璃顶全部是可以打开的，我们通过这根手杆，手动打开。

魏然：而且崇明我知道空气非常好，没有污染。

朱旭东：对。

魏然：晚上应该是能够看到星空。

朱旭东：对，崇明天气好的时候，像云彩比较少的时候，在这个星空房里面可以看到外部的星空，崇明的星空还是非常漂亮的。

魏然：我发现一个很浪漫的地方，咱们这个大床房的房顶上，也是可以打开的星空。如果是一对小情侣的话，晚上可以躺在床上，很惬意的看看星空，也是非常浪漫的事。小朱，我们赶紧下楼，再看一看整个民宿，这个房间里面还有什么样的玄机和奥妙。真的时间有限，我特别想带大家多看看几个房间，除了星空房，还有其他主题的房子。

朱旭东：对，我们有影院主题，还有亲子主题，各种主题的房间。像星空和亲子是卖的比较好的，因为整体上上海的游客大多数都是带老人和孩子来的，这是一个主流的市场。

魏然：而且非常有情调。

朱旭东：对。

魏然：我知道咱们这个民宿的主题是藏红花的主题，所以我看您这儿已经备好了。

朱旭东：已经备好了两杯藏红花茶。

魏然：我们来浅浅地喝一口。大家有所不知，藏红花其实在国内并不是产自西藏，最大的产地是在崇明岛，是不是？

朱旭东：对，国内最大的产地是在崇明岛，全球最大的产地是在伊朗，当时从伊朗进入到国内走的路线是西藏，所以当时大家所了解的就是藏红花，但是其实它的学名叫西红花。

魏然：崇明最多的时候能产全国80%到90%的藏红花，都在崇明岛。

朱旭东：对。

魏然：所以也可以反映出整个崇明岛生态是非常好的。有一股淡淡的清香，我们看到的这个是花蕊。

朱旭东：红色的是花蕊。

魏然：所以住咱们这个民宿，你们得给客人准备藏红花茶。

朱旭东：我们会给客人免费准备藏红花茶，这个在大众认知里面还算是比较新鲜新奇的方式，我们也是想用这种方式给大家做一个科普，让大家了解藏红花的文化。

魏然：很清香，还真是我第一次喝藏红花茶，有一股淡淡的清香味。如果我们还有再多的时间，可以让大家深度地看一下民宿的格局，还是很漂亮。而且看到有壁炉，这边整个古典的风格，传统的风格，还是很清楚的。我们再看一看外面，其实上海的市民，包括游客来到崇明岛，除了体验民宿，还有很多户外的项目。因为崇明岛本身就是一个生态非常好的地方，崇明岛森林的覆盖率能够达到30%，在全上海森林是占到全上海森林的四分之一，绿树森林都在崇明，所以可以体现它是全上海最绿的地方。所以走在这儿，真的是呼吸起来空气都是很香甜的。

朱旭东：很新鲜的。

魏然：你在这儿工作这么久，应该能体会到崇明岛生态的好。

朱旭东：对，因为本身崇明算是上海的一个，作为一个康养之都，崇明是以这样的方式走向大众的。所以很多人都喜欢选择在节假日和周末来到崇明，呼吸大自然的新鲜空气，再加上返璞归真的生态自然，所以导致了崇明现在的旅游热度。

魏然：而且现在民宿肯定是一房难求，国庆期间。

朱旭东：是的。

魏然：我们现在所在的绿华镇应该也是民宿很多，是不是？

朱旭东：对。

魏然：除了你们这家，应该很多老百姓都是把自己的房子改成了民宿。

朱旭东：对，我们整个绿华镇目前有将近30家的民宿。

魏然：30多家，肯定是供不应求了。

朱旭东：是的。

魏然：我们走在这样一个场地上可以发现，豁然开朗，整个民宿就坐落在整个村庄的环境当中，非常的绿色。今天国庆第一天，看到有游客来到这儿来住宿了。

朱旭东：现在客人在这边玩，因为这边是一个户外的草坪，大家在这边踢踢球，那边是野餐露营。

魏然：现在流行露营，上海人每到周末，露营的人真的是最多的。

朱旭东：是的，像我们刚才提到的以亲子游为主，你看现场这么多的小朋友。

魏然：我们看看小朋友在那边做什么。

朱旭东：好呀。

魏然：大人可以踢踢球，小朋友应该是正在做手工。

朱旭东：应该是正在做手工。

魏然：这个是藏红花的花蕊，是不是？

朱旭东：对。

魏然：小朋友是在用花蕊作画，是吗？还是在写字？

朱旭东：在写字。

魏然：准备写什么，才刚刚开始吧。这个花蕊是在酸奶上作画，是不是？

朱旭东：对。

魏然：我们看一下这两个小朋友，这是一个国旗吗？

朱旭东：想做一个国旗，做个小红旗。

魏然：这个小朋友在做什么。

朱旭东：小老虎。

魏然：这个得运用我们的想象力，这是老虎的耳朵，眼睛。因为民宿本身就是藏红花的主题，所以这边我们前来体验的家庭也可以做一些手工。

朱旭东：是的。

魏然：而且草坪的这边，这边是种水稻的。

朱旭东：对，这边是一片无公害的稻田。

魏然：我听说这个水稻未来就不种了？

朱旭东：我们是到国庆过后，大概会把它收掉，改种藏红花。

魏然：这个也可以种藏红花。

朱旭东：对，它是和水稻作为轮作的产物。

魏然：就是10月份，这个月之后收割完水稻，就可以种藏红花。

朱旭东：对，真正开花是要到11月中下旬，藏红花开出来的花还是非常漂亮的，之前有很多客人也是特地慕名而来，带小孩过来看藏红花到底是怎样的一个样式。因为藏红花还是整个上海重要的特色花卉。

魏然：除了您刚才讲的藏红花，还有水稻。我们知道10月，那边我已经看到了，远远看到了有橘子。10月对于上海人来说也是吃蟹吃橘子的时候，我们叫橘黄蟹肥。而且这个地方生态好在，旁边还有一个河沟，今天也有游客在这儿钓鱼，还能钓到鱼。确实整个崇明岛村庄的生态也是非常好。橘子在哪儿，我们来看一下，是已经到收获的季节了吗？

朱旭东：还要再等一下。

魏然：这边稍微黄一点，我尝一个，这个能直接摘来吃，是吗？

朱旭东：可以，崇明的橘子分为早橘和晚橘，这一棵就是早橘，早橘在国庆的时候就已经可以食用了，晚橘还是要等到国庆10月中下旬的时候才可以。

魏然：这是村民自己种的？

朱旭东：这是我们自己种的。

魏然：村民家应该也有。

朱旭东：是的，绿华有很多的农户村民都自己在院门口、家门口种一点，像绿华这边还有一个专门的柑橘的采摘园。

魏然：我们那天来采访，过后在路上也买了一些，村民在那儿摆摊，买了一些橘子回去。现在的橘子还稍微有一点点酸，可能再过一段时间，会稍微好一点点。说完了橘子，大家还很关心蟹，崇明大闸蟹，我来到崇明才知道，全国很多地方的大闸蟹的品种是产自于崇明，就是大闸蟹苗是来自崇明，这个我还是第一次听说，这是我们崇明生态岛很厉害的地方。

朱旭东：对。

魏然：不知道能不能看得到那个角落。

朱旭东：河边上。

魏然：对，有一些光伏板，可能有一点点远，不知道摄像机能不能带得到，就是在这个光伏板。我们事先也拍摄到了一些光伏板的画面，在整个绿华镇有这样一个光伏产业园区。它是在田野当中开拓出了一些水荡，在水荡上面铺设光伏板。光伏板下面用作干吗呢，就是用来养大闸蟹。它有什么好处，上面的光伏板可以起到清洁能源的作用，蟹是喜欢阴凉的环境，它不喜欢太阳，喜欢阴凉的环境。所以光伏板下面遮阴的地方，这片水域平均温度会比外面的温度低上两三度，对于大闸蟹就非常喜欢生活在这样一个很阴凉的环境当中。所以我们之前提前拍摄到的画面，也看到有捕蟹人，现在也快到了捕蟹的时候，穿梭于光伏板之中，来把大闸蟹给捕捞起来。这真的是非常生态、绿色、环保结合的，两种产业的结合，一方面是清洁能源，一方面也有利于养殖。

魏然：我们今天就是带大家简简单单地从民宿走到这边，不到200米、300米的距离，也大约能带大家领略一二，崇明生态岛的生态、旅游结合的生活方式。现在有越来越多的上海的年轻人、老人、小孩都喜欢来崇明旅游。最后帮崇明岛做一个案例，你觉得崇明有什么好的地方，希望大家来崇明体验一些什么样的生活？

朱旭东：好的。本身崇明的生活节奏就会偏向市区慢一点，我们崇明的生态在整个国内还算是比较有名的，所以我还是更加希望大家如果有机会的话，能够到崇明，不管是哪一个镇，都可以去体验当地的各种民风民俗，以及当地的生态环境。最后也希望有更多越来越多的朋友能够加入到我们的民宿，或者是酒店各种行业里面来，为了崇明的乡村振兴，贡献一份力量。

魏然：我们也希望有越来越多像小朱这样的年轻人回到乡村，扎根乡村，把崇明岛的生态旅游搞上去。我们也知道崇明岛有一句口号，叫："离都市不远，离自然很近。"而且还有一句话，视线所及即自然。这就是对崇明岛整个的描述。今天大家简单领略了崇明生态岛的旅游，接下来就有请我的同事瑾瑜来为大家详细讲一讲崇明岛上高科技的生态农业究竟长什么模样。我们现在把直播信号交给瑾瑜。

记者　盛瑾瑜：各位央视新闻的网友大家好，我们现在来到的这个地方是在崇明岛的东侧，我们站的位置直线距离，距离长江只有200米的距离。在我们所在的大棚里面，其实在这儿是一个非常先进，科技蕴含量很高的一个果蔬的工厂。至于果蔬工厂里面到底有什么值得看、值得品、值得尝的，我们首先有请的是杨工，杨工给各位央视新闻的朋友打个招呼。

杨少军：各位央视新闻直播间的朋友大家下午好，在这个特殊的日子我将和主持人一起，带领大家一起领略上海都市现代农业的魅力。

盛瑾瑜：好的，我站的这个地方已经闻到了一种有点像辣椒的味道，是不是？

杨少军：是，现在种植的就是我们的彩色小甜椒，可以看到现在已经有小小的果实出来了，再经过35天左右的时间，这样的彩椒就会变成各种各样的颜色。

盛瑾瑜：现在咱们这个彩椒长大之后是什么颜色的？

杨少军：目前这个彩椒的颜色是红、橙、黄三种颜色。

盛瑾瑜：现在是果蔬刚刚在小宝宝的状态。

杨少军：对，刚刚坐果的阶段。

盛瑾瑜：如果长大之后是什么样子的？

杨少军：长大之后它的果形是一个锥形的，是一个颜色非常漂亮，非常亮丽的一个彩色甜椒品种，更加适合作为水果食用。

盛瑾瑜：我看里面特别的茂盛，里面种的是什么，我们能进去看一下吗？

杨少军：里面就是我们正在采收的黄瓜。

盛瑾瑜：这个怎么进去？

杨少军：旁边的拉手就是我们进入各个区的开关。

盛瑾瑜：我来拉吗？

杨少军：可以。

盛瑾瑜：为什么会设置这样一个不同的门？

杨少军：因为不同的作物有不同的生长环境，所以我们需要用这种门进行空间的分割。

盛瑾瑜：其实这个地方感觉非常大，我们刚才一路走进来，刚才过了好几道这样的门，这里多大？

杨少军：我们的总面积超过了20公顷，占地面积将近有29个足球场这么大。

盛瑾瑜：可以说在全球都是独一无二的。

杨少军：目前来说是我们在建的国内最大的温室项目。

盛瑾瑜：今天我们穿的首先是有这样特殊的服装，头上还得戴头套，这是为什么？

杨少军：因为整个环境是一个封闭的环境，从外面的人进来可能会携带病菌。

盛瑾瑜：我们的衣服上和头发上可能都会携带。

杨少军：会携带病菌，要进行隔离防控。

盛瑾瑜：这片种植的是什么？

杨少军：这片种植的面积是15000平方米，整个是一个黄瓜生产区。

盛瑾瑜：赶紧看一下，我们要么走进去看一下，我发现这个黄瓜的叶子都长的特别大。

杨少军：对，你可以看到它比普通黄瓜的叶子都大很多。

盛瑾瑜：我们现在可以走进来。

杨少军：对，我们可以看得到，目前这个位置的黄瓜基本上进入到了采收阶段。

盛瑾瑜：这个下面有一个这么大的桶，这是干嘛的？

杨少军：你可以看到，在这个位置我们感觉到体感是非常舒服的。

盛瑾瑜：对，感觉有风出来，而且叶片也会摆动。

杨少军：这个主要是风筒给我们带来的这个感觉，我们可以看到底部有开的密密麻麻的小孔。

盛瑾瑜：是这个，有风出来。

杨少军：对，有风出来。这个风筒就是给整个植物提供更加适宜的生长的温度、湿度和二氧化碳。

盛瑾瑜：对，植物生长是需要二氧化碳的。

杨少军：对，植物要进行光合作用，二氧化碳是它的食物，所以有充足的二氧化碳，整个植株的叶片才会长这么大。

盛瑾瑜：我们知道植物生长除了二氧化碳，还需要有土，土在哪里，我好像没有找到土。

杨少军：对，因为这个地方属于冲积平原，刚开始的土壤并不适合种植蔬菜、水果，所以我们采用的是基质栽培，我们采用的都是这种椰子壳。

盛瑾瑜：我们可以把它推进看一下，如果您家也养植物的话，就知道现在根茎发育得非常好，首先很干净，其次很发达。

杨少军：对。

盛瑾瑜：这个基质是什么做的？

杨少军：这个基质是目前比较生态的椰子壳，这种椰子壳是很好的有机物质，经过一年的使用之后，我们可以继续用它来肥田，就是还田，所以它是一个生态环保的基质。

盛瑾瑜：为什么考虑用的是这种基质取代土壤？

杨少军：我们知道传统的土壤经过多年种植之后，土传病害是非常严重的，一旦发生这样的病害，对于我们的生产是非常严重的致病性的。传统农业只有依靠农药才能解决这种土壤连作的障碍。使用基质栽培，完全是克服了土壤种植的连坐障碍。

盛瑾瑜：除了这个基质之外，上面还有这样一块一块小的，同样也是基质吗？

杨少军：对，其实是粉碎得更加细的椰子壳，上面插了两个滴键，其实是用来进行灌溉的作用。

盛瑾瑜：我们能拔出来看一下吗，我可以上手拔吗？

杨少军：可以，我们现在实行了智能化管理之后，可以通过手机端控制它。

盛瑾瑜：是这样的吗？手机上可以控制的，是吗？

杨少军：对的，我可以开启它的灌溉，它马上就会出水。

盛瑾瑜：已经出水了，刚才是我们远程在手机上操作的。

杨少军：对，我们通过远程手机端就可以进行。

盛瑾瑜：所以它的精准度是？

杨少军：我们可以看到是一滴一滴滴出来的，这样可以实现精准的灌溉。

盛瑾瑜：我们有一些检测或者探测的仪器，知道目前土壤的含水量。

杨少军：我们可以根据基质重量的变化，判断整个植物是不是缺水，或者我们给予多少的水，适合整个植物的灌溉量。

盛瑾瑜：我明白了，就跟我们家种花一样，如果盆轻了，说明水少了。但是我们这里的数据不是定性，是定量的。

杨少军：对，要定量灌溉。

盛瑾瑜：我们除了没有化肥，用的是定制的精准滴灌，又是定制的空气，我不知道结出来的黄瓜，规范化种植的果蔬口感怎么样。

杨少军：我们可以尝一下，其实整个生长当中我们采用的是绿色防治的技术，整个生长阶段我们是不使用农药的，不使用化学农药，所以它整个安全性是可以直接食用的。

盛瑾瑜：是吗，您赶紧帮我挑，我得尝一下。

杨少军：这个位置的黄瓜都适合我们采摘了。

盛瑾瑜：挑一个。

杨少军：这个就不错。

盛瑾瑜：这个感觉能够掐得出水。

杨少军：对，比较嫩。

盛瑾瑜：不用洗就可以吃吗？

杨少军：对，不用洗，非常干净。口感很脆。

盛瑾瑜：这让人想到了咱们小时候吃的那种黄瓜，一个是水分含量很高，很脆爽的感觉。

杨少军：对。

盛瑾瑜：关键是它还不用洗。

杨少军：不用洗，非常干净。我们更加把它当作一个水果来食用。我们从高处看的话可能更加壮观一点，接下来我带您从高处领略一下。

盛瑾瑜：在我们走到高处之前还有一个问题想请教您，上海地区是一个四通八达的地区，怎么样提供选择水果黄瓜，可能会有一个选择的问题，从品种上你们怎么选的？

杨少军：整个品种来说，我们经历了三个生产季，最终我们选择了这种水果黄瓜为主。因为它的营养更丰富，口感更好，更加适合大部分消费者的口感。

盛瑾瑜：好，我们现在可以上车了。

杨少军：对。

盛瑾瑜：这个车平时是用来做什么的？

杨少军：这是我们操作工人平时进行工作的采摘车。

盛瑾瑜：确实看到这个下面有篮子，是今天工人已经采过的。

杨少军：对。从高处看可能会更加直观一点。

盛瑾瑜：升上来我看到有两条黄颜色的带子，这是干什么的，感觉特别明显。

杨少军：我刚才说整个园区采用的是生物防治的技术，我们使用这种黄色的粘虫带，就是为了减少化学农药的使用量，就是用来粘虫子的。

盛瑾瑜：难怪上面有一些小点点之类的。

杨少军：对。

盛瑾瑜：一般在这样一个高度，除了采摘之外还会有一些什么样的作业，看的是什么？

杨少军：主要是进行一些盘头、疏花、疏果这样几个作业。

盛瑾瑜：比较专业，首先说盘头是什么？

杨少军：以这个为例，这个植株工人没有进行盘头，一个晚上，一天的生长量是超过10厘米的。

盛瑾瑜：一个晚上就长10厘米。

杨少军：对，一个晚上就将近10厘米的生长量，如果两天不进行绕藤的话，这个头有可能会弯下来，甚至会折断，这时候我们就要进行绕蔓的工作。另外我们可以看到，在每个节间有好多这样的小黄瓜。

盛瑾瑜：对的，不知道镜头能不能看到，除了有一片叶子以外，还是有很多很小的黄瓜，像这边就有三个。

杨少军：对，我们要进行疏花疏果的工作，每个叶片只保留一个黄瓜。

盛瑾瑜：为什么只保留一个？

杨少军：保留一个黄瓜之后，它的生长的均匀性会更好一点。我们可以看到整个植株上面，每一节工人都进行了操作之后，基本上都是保留了一叶一瓜。

盛瑾瑜：这其实也是标准化生产的一个部分，对不对？

杨少军：对。

盛瑾瑜：我们能不能继续再往上升一点看看，站在这个地方感觉到非常热了，温室的感觉更强一点。

杨少军：因为整个空间越往上，整个植物的空间就越小，它的蒸腾量就比较低，所以我们感觉到这边的温度比下面要高大概3度左右。

盛瑾瑜：刚才我们说了空气、水、土都是可以控制的，还有哪些是可以控制的？

杨少军：还有我们的帘幕，还有我们的补光灯，你可以看到密密麻麻的补光灯。整个面积将近15000平方米，这里面种植了将近27000株的黄瓜，高峰时期我们一天可以采摘将近3吨的黄瓜，这个量非常大。整个20公顷的温室，每天上市的蔬菜量超过20吨，在今年保供期间，我们每天的供应量占整个上海低产蔬菜供应量的1%，这个量已经负责非常大了。其实这就是科技的魅力，也是都市现代温室的科技感所在。

盛瑾瑜：是的。我们知道蔬菜属于园艺，园艺的用工量是很高很高的，我们站在这个地方比较高，可以看一下周围，几乎看不到有工人在，你们是怎么做到的？

杨少军：整个温室里面没有多少工人。我们知道一亩菜田用工量跟十亩良田工作量是很相近的，在我们整个温室里面，尤其是在上海劳动力比较短缺的城市，用工需求矛盾非常突出。解决这个突出矛盾的唯一方法就是提高整个机械化程度，所以这就是我们引进先进温室的主要原因。整个温室里面将近2万平方米，总的用工量只有13个人，这已经大大提高了劳动效率，主要还是依赖于机械化程度的提高和先进设备的使用。

盛瑾瑜：我们的资源也是非常精准的供给，人力也是非常精准地来提供，生产出来的这些果蔬也是标准化生产的，所以它更像一个工厂。

杨少军：对，它就是我们未来农业发展的方向，工厂化生产。

盛瑾瑜：尤其是在都市，这又是产地，和市场距离又这么近。

杨少军：这么近，市场需求、消费潜力非常大。

盛瑾瑜：我们刚才在那个棚，进门之前看到了小辣椒是什么样子，在这个地方又尝到了藤上刚刚摘下来的水果黄瓜。我想知道这些植物的生命周期结束了之后，这些会去哪里？

杨少军：这是我们农业的整个生产理念，就是生态循环，黄瓜从种子到生长结束大概有4个月的生长周期，4个月之后整个温室会进行一个集中的拉秧处理。

盛瑾瑜：拉秧处理是什么？

杨少军：就是秸秆会被粉碎回收，经过发酵处理，直接还入到外面的大田，当做有机肥。所以整个农业园区实现了从播种、生产到结束的整个生态循环的生态链。

盛瑾瑜：这样也是完成了一个循环。

杨少军：对。

盛瑾瑜：刚才最开始在下面看到有一个圆筒，圆筒里面有二氧化碳，二氧化碳是从哪里来的？

杨少军：二氧化碳有两个来源，当然最主要的还是空间中的二氧化碳，但是空气中的二氧化碳是远远不足以提供植物生长需要的。两个来源，一个是夏季的时候我们会采购液体的二氧化碳，二是冬季加热天然气锅炉的时候，燃烧天然气，天然气产生的二氧化碳，可以实现99%的回收。

盛瑾瑜：几乎接近零碳了。

杨少军：对，这个碳排放接近于零。

盛瑾瑜：非常的前沿，是超有未来感的。包括我们走进来穿的这个衣服也是非常有未来感的。

杨少军：对，这也是我们跟传统农业面朝黄土背朝天有所区别的一面，在整个园区里面工人已经实现了产业化和工厂化的概念，他们已经作为我们的一个产业工人，这样一个工种来进行培养。所以跟我们传统农民有完全不同的区别。

盛瑾瑜：概念完全不一样，这样的改变就发生在世界级生态的崇明岛上，就位于长江口。

杨少军：对。

盛瑾瑜：今天在这个地方我们看到了小小的现代的农业，从一个刚刚结果的小苗苗，到成熟的黄瓜，我们还知道这个背后的碳循环的利用和资源有效的供给，展现出了都市现代农业科技含量的体现，可能也是我们未来发展的一个趋势。

杨少军：对，这是我们未来农业发展一个很大的方向。

盛瑾瑜：好的，今天其实这个地方已经是非常非常接近长江的入海口了，可能是所有的点位里面最接近奔向大海的位置了。在这个地方我们要结束这场直播，我要继续把我没吃完的黄瓜继续吃完了，因为真的非常好吃。央视新闻的网友们，再见了。

杨少军：再见。

王艺：江海畅流，天地广阔，这里是央视新闻特别节目《看见锦绣山河　江河奔腾看中国》。我们今天从格拉丹东雪山出发，随长江东流6300余千米，经过青海、四川、西藏、云南、重庆、湖北、湖南、江西、安徽、江苏、上海等11个省（区、市），在崇明岛注入东海。长江，世界第三大河，中国第一大河，孕育了五彩斑斓的中华文明，塑造了动力强劲的长江经济带。

一路东来，我们看见了绿色的长江，发现了金色的长江，遇见了诗意的长江，也打卡了美味的长江。那么此时此刻，面对这浩瀚的长江入海口，您想对长江再说些什么呢？接下来我们一起来听陈铎再说长江。

陈铎："你可以以为这是大海，是汪洋吧。不，这是崇明岛外的长江。一叶飘摇扬子江，白云尽处是苏洋。"我和虹云主持的大型电视连续节目《话说长江》曾经吸引了一代人的关注。在中国长江从来就不止一个地理名词，它承载着中国的历史，凝结着中国的经济和文化脉动。一晃39年过去了，由于《话说长江》的缘故，这些年来我对长江的变迁自然是多了一份关注。以我所出生的上海为例，我对长江口的变化就格外有兴趣。1983年播出的《话说长江》最后一集是走向大海，当时提到了长江口的治理，其中引用了一位外国专家的话说，先别谈什么时候动手治理长江口，就是寻找一个治理的规划设想方案没有20年时间恐怕是找不到的。当年我们望着长江口，对着崇明岛，颇有些望洋兴叹啊。很难想象如今的崇明岛会如此华丽转身。

崇明岛过去的这些年关停了棉纺厂、织布厂、漂染厂，彻底摆脱了工业废水。从上海通往崇明的跨海大桥也开通了，崇明岛开启了生态立岛之路。现在我认识的不少上海朋友会开着车去岛上拍鸟，知道吗，每年来崇明东滩越冬的鸟类数量超过百万只。崇明岛啊，成了名副其实的候鸟的国际加油站。根据规划，到2035年崇明岛将基本建设成为具有全球引领示范作用的世界级生态岛。

一位常居崇明岛的现代诗人写了这样的句子："我们以为今天会见不着

鹤，它却突然降临，亭立在我们左侧的水洼。这高贵的飞禽，令我们遇上曼妙的汉语般欢喜，仿佛一首诗，要等待完成。"

啊，奔流六千三百多公里，长江千回百转，气象万千，它和黄河一起共同养育着世世代代的中华儿女，共同孕育着中华民族的灿烂文化。江海畅游，天地广阔，欢迎大家明天继续关注《江河奔腾看中国》，遇见青山绿水，感受造福人民的母亲河。

（https://m-live.cctvnews.cctv.com/live/landscape.html?liveRoomNumber=5456 935017173971303&toc_style_id=feeds_only_back&share_to=wechat&track_id=1c9 c535d-4d9b-4210-90ca-b93bd9dc9482）

江河奔腾看中国 | 生生不息　幸福黄河

解说："黄河之水天上来，奔流到海不复回。"穿越九个省（区）干流全长5464公里，横跨四大地貌单元，拥有黄河天然生态廊道等多个重要生态功能区域。黄河流域有3000多年是全国政治、经济、文化中心，孕育了古老而伟大的中华文明。"九曲黄河万里沙""黄河宁，天下平"。目前，黄河已实现连续23年不断流，十年间，黄河流域治理水土流失2.68万平方公里，平均每年减少排放黄河泥沙3亿~5亿吨，黄河生态绿线最宽处向前推进约150公里，推动黄河流域生态保护和高质量发展。

"宜水则水，宜山则山，宜粮则粮，宜农则农，宜工则工，宜商则商"。"看见锦绣山河，江河奔腾看中国"10月2日，国庆长假第二天，央视新闻带你跟随奔腾黄河，遇见青山绿水，见证黄河流域生态保护和高质量发展，感受造福人民的幸福河。

王艺：在青海巴颜喀拉山脉北麓约古宗列盆地的南缘，海拔4640米，有一个碗口大小的泉眼，清澈的泉水不断地从草皮下涌出，汩汩有声。你可能很难想象，眼前的涓涓溪流就是中国第二条大河黄河的源头。这片开阔的山坡上分布着大大小小无数个泉眼，溪流汇聚成大河，最终奔腾入海。

　　各位央视新闻的网友大家好，我是总台主持人王艺，国庆假期的第二天，欢迎跟随我们继续开启《看见锦绣山河，江河奔腾看中国》新媒体直播。

　　现在我们所处的位置就是在黄河的河源区，黄河正源所在的约古宗列区位于青海曲麻莱县，是一个东西长40公里，南北宽60公里的椭圆形盆地，在这里一湾溪流串联起了大小水泊，蜿蜒前行。都说"黄河之水天上来"，巴颜喀拉山脉高山冰川消融的水流在盆地上流淌，忽而分叉，忽而汇集，恣意纵横，挥洒出诗意的图景。滔滔大河，蜿蜒九曲，从青藏高原出发，这条孕育了中华民族灿烂文明的母亲河绵延5464公里，流经九省（区），东入渤海。

　　顺流而下，海拔3330多米，我们就来到了美丽的姊妹湖，扎陵湖和鄂陵湖，它们也是黄河源头两个最大的高原淡水湖泊。扎陵湖位于鄂陵湖的西侧，是黄河流经的第一个大型湖泊。扎陵湖在藏语中意为白色的长湖，形状像一只大贝壳，黄河在这里经过一番回旋之后，继续东行，流入鄂陵湖。秋日的鄂陵湖湖光潋滟，水色极为清澈，天晴日丽时，天上的云彩、周围的山岭倒映在水中，因此也被称作蓝色的长湖。

　　与2015年相比，扎陵湖、鄂陵湖湖泊面积分别增大了74.6平方公里和117.4平方公里，在过去的十年中，黄河源头水源涵养能力不断提升，湖泊数量增加了将近一半，达到5849个，湿地面积增加了104平方公里，草地综合植被盖度增长至56.3%，野生动物种群由原来的79种增加到了106种，尤其是藏野驴、藏原羚等动物数量明显增加。

　　在四川省，阿坝州成为黄河唯一流经的地方，我们在画面中看到的就是壮美的若尔盖，若尔盖高原湿地被称为"黄河之肾"，是黄河上游重要的水源涵养区，对上游的水量补给量达到上游来水总量的29%~45%，是中华水塔的重要组成部分。青青的牧场，蓝蓝的天，牛羊散落在天地间，独特的气候和地理环境孕育了丰富多样的高原物种，黑颈鹤、白鹳等珍稀的野生动物也都会来这里栖息。

　　在广袤草原上盘旋蜿蜒的黄河柔美而温婉，进入若尔盖唐克镇附近后，黄河突然调转了方向，重新折返向西北突围流去，形成了一个"U"形的大回旋，这就造就了著名的九曲黄河第一弯。

　　顺着蜿蜒的河流，我们离开四川进入甘肃，玉带滑过广袤的草原，延展向无尽的远方。各位央视新闻的网友大家上午好，这里是中央广播电视总台特别报道"江河奔腾看中国"。

　　碧波荡漾万顷，重峦叠嶂千仞。黄河由高原进入山区后遇到的第一个峡谷就是龙羊峡，在藏语中龙为沟谷，羊为峻崖，龙羊就是险峻的悬崖沟谷。

在这座峡谷的入口，伫立着黄河上游第一座大型T级电站——龙羊峡水电站。现在龙羊峡水电站迎来了一位新搭档，就是在他西侧的塔拉滩光伏园区，两者共同构成了世界领先的水光互补的新能源电站。光伏发电无噪声、无污染，能够改善生态环境，光照充足时可以减轻水力发电的压力，而到了夜晚或者阴雨天，龙羊峡水电站就可以弥补光伏发电的不足，提供稳定的电源，这座电站每年为电网输送电量近15亿千瓦时，相比于火力发电不仅节约了近47万吨煤炭，还减少了123万吨二氧化碳的排放量。

"两岸丹山藏龙虎，一湾碧水泻琉璃"，在这里黄河一改咆哮千里之势，清澈、恬静，这里就是被称为"高原小江南"的贵德。"天下黄河贵德清"，贵德县具有典型的高原"山水林田湖草沙冰"复合生态系统特征，是黄河上游和黄土高原向青藏高原过渡带的重要生态安全屏障区。为了守护黄河的安澜，当地采取了不定期巡查监管等方式，构建起了网格化河湖监管体系。

接下来我们就和正在与当地护河队一起工作的总台记者刘泽耕去现场看一看。

刘泽耕：各位网友，大家上午好！这里是央视新闻国庆特别节目，《看见锦绣山河，江河奔腾看中国》，我是泽耕。今天我在青海省海南州的贵德县，带着您沉浸式体验天下黄河贵德清。

在青海省境内黄河干流长1694公里，占黄河总长的31%，多年平均出境水量达到264.3亿立方米，占全域径流量的49.4%，青海省既是黄河的源头区，也是干流区。

"九曲黄河万里沙"，在贵德县，这里的河水却是有不一样的面貌，当地有一句俗话说"天下黄河贵德清"，用来表示黄河贵德这一段的河水是非常清澈的，我们今天就站在黄河岸边，在我的旁边就是黄河水，各位可以透过清澈的黄河水，看到河床上的石头。为什么黄河水会在贵德清呢？这是因为这里的河床都是这样的石头，河水当中的泥沙含量比较低，另外这种石质的河床底使得河水不易泛起泥沙。

除此以外，在黄河两岸种植了大面积的柳树和杨树，这些树对于固定风沙泥土、涵养土地、净化水体也起到了比较好的作用。

10月的黄河秋意正浓，贵德县域内76.8公里的黄河水静静地流淌，从空中俯瞰，贵德县的黄河水碧波荡漾，两岸郁郁葱葱，田畴沃野，村庄棋布，河水在蓝天的映衬下，河道两边的绿树交相辉映，显得更加的温婉动人。如今清澈的黄河水已经成为贵德县的一块金字招牌，当然这其中离不开贵德县的河湖长和河湖管护员的守护。从2017年至今，青海省大力推进河湖长制，目前贵德县共设立县、乡、村三级河长、湖长232名，动态设立河湖管护员134名。今天我们也特别有幸地邀请到了我们的第一位节目嘉宾，贵德县的河湖长王延忠，王大哥您好，来和央视新闻的网友们打个招呼。

王延忠：大家早上好，我叫王延忠，是县上的巡河员。

刘泽耕：王大哥是贵德县一名资格非常老的河湖长了，您也是土生土长的贵德人，您在贵德生活多少年了？

王延忠：已经50多年了。

刘泽耕：那您做河湖长多少年了？

王延忠：六年了，实际上我们从2010年开始做这项工作，我们在巡自己母亲河两岸的生态，主要是这个。

刘泽耕：您管护的范围有多大？

王延忠：从这座铁桥以西到那边是12公里，加上黄河一大支流，还有一个3公里的巡河任务。

刘泽耕：加在一起有15公里了，这个距离是非常长的，其他的管护员也都是这个距离吗？

王延忠：一样。

刘泽耕：每个人都要巡河十几公里。

王延忠：对，不光是我们巡河员在巡，现在黄河段上有5个乡镇，有30个村，在这个黄河边上有30多个巡河员往这边开始巡河。

刘泽耕：你平常管护一次要花费多长时间？

王延忠：最长的时间是24小时，主要是在8月、9月，进入主汛期以来，巡河任务就大了，时间也长，因为河水下来以后，我们这些巡河员主要看看河道里面的水量，能不能及时上传水量，就看这些东西。

刘泽耕：今天王大哥这套装备就是河湖长每次在巡河时候的标配，身穿印着"贵德县河湖长制"的蓝色马甲，然后拿着的这个夹子是专门用来捡垃圾用的。你们平常在巡河的时候都需要做什么？

王延忠：主要看黄河边上有没有"四乱"现象，就是乱采、乱挖、乱占、乱堆的现象，还有看看河边上有没有游客游水的，八九月份游水的人比较多，主要是考虑他们的安全。

刘泽耕：像您提到八九月份防汛的任务压力也比较大的。

王延忠：大。

刘泽耕：您在做河湖长之前有没有过巡河的经历？当时是什么样的？

王延忠：有，主要是2010年开始，慢慢把黄河两岸的生态管护起来，我们县上提倡得早，抓得比较紧，主要是保护好母亲河两岸的生态，现在水这么好，这么清，大家都有责任管好它。

刘泽耕：以前的黄河在您做河湖长之前，以前的黄河是什么样子的？

王延忠：以前黄河两岸没有这些护堤的时候，汛期来了以后，两岸的树林、耕地、农作物全部冲走了，没有一个保障，现在国家投入大量资金把黄河沿岸种植了绿树，把护堤修起了以后，黄河水也比较清，也能控制住。

刘泽耕：在您以前巡河和现在巡河有什么不同的地方？比如说手段或者是巡河的交通方式。

王延忠：有，我们过去巡河的时候拿一个日记本，走到哪儿记上，还是不方便的，挺误事，汇报起来也挺麻烦的，现在我们巡河主要靠的是水利系统的 APP，手机上安装了智能巡河的 APP，走到哪儿，定位定到哪儿。现在比较方便的。

刘泽耕：也开启了"掌上治水"的时代。

王延忠：对，现在信息时代，黄河两岸都装上了高清的摄像头，挺好的。

刘泽耕：在您这么多年巡河的经历当中，有没有遇到过困难呢？

王延忠：有。

刘泽耕：什么样的困难，跟我们讲一讲？

王延忠：前年我们遇上一个事情，就是有人在河道里面采沙，没有手续。我跟我们党支部书记跑到事发地点一盘查，他什么手续都没有，跟他说了他还不高兴，跟我们直接发生言语上的冲突，言语很难听，我们就耐心细致地做工作，讲解法律法规，讲一讲生态的重要性，保护生态的重要性，保护黄河的重要性，最后他也是承认错误，给我们道了歉，已经装好的两车沙子全部原地卸下来，还把沙坑填平，以防止意外，小孩跑到水塘，害怕淹到。

刘泽耕：通过您的劝导，当地人对黄河保护的理念也发生了变化，通过您这么多年的保护黄河的经历，您感觉到黄河有没有什么样的变化？

王延忠：有，现在挺好的，树这么好，河堤这么好。

刘泽耕：这是您拍的照片是吗？

王延忠：对，这是我拍的照片。

刘泽耕：我来给各位网友们展示一下，这是我们王大哥自己拍的照片，这是什么时候拍的？

王延忠：这个时候庄稼刚成熟的时候拍的。

刘泽耕：我们看到弯曲的河道就是黄河，两侧是贵德县的村庄。

王延忠：这个方向就是从那个方向，从山上往下拍的。

刘泽耕：也就是我们这条河道的样子。

王延忠：对。

刘泽耕：这个是黄河的也是夏天拍的吧？

王延忠：夏天，早上。

刘泽耕：云雾缭绕，日出的一个景观，我们再来看看下一张。这张是我们贵德县一个标志性的景点，这个是水车广场，这应该是秋天拍的吧，树都已经成黄色了。再来看看这张，这是冬季的黄河，树上挂的雾凇非常好看。再来看看最后一张，这是大哥亲手拍的，这也是贵德县的标志性的景点，水车广场，这应该也是日出的时候吧？

王延忠：是。

刘泽耕：这个景色非常的漂亮，能感觉到大哥作为贵德人其实心里有一种非常骄傲的自豪和满足，现在景色这么好看了，你想做河湖长做到什么时候，对于黄河有什么样特殊的感情呢？

王延忠：主要是我身体允许的话，我想把保护环境一直做下去，我希望我们广大人民群众都积极参加到保护环境、保护黄河中来，黄河养育了我们两岸这么多人，黄河水也点亮了很多人家的灯火，黄河上游建起的很多电站都是来自黄河水。

刘泽耕：明白，能感觉到王大哥对黄河守护的坚守和执着，非常感谢您今天参与到我们的节目当中，谢谢。

今天王大哥代表的是贵德县的河湖长，我们今天还邀请到了另外一位嘉宾，他代表的是贵德县的河湖管护员，接下来我们有请出的是贵德县的河湖管护员马占荣，马大哥，您好，来和我们的网友打个招呼。

马占荣：大家好，我是贵德县河湖管护员马占荣。

刘泽耕：马大哥，您平时管护的范围从哪里到哪里？

马占荣：我管护的范围是黄河城北村沿岸。

刘泽耕：平时要多久管护一次？

马占荣：按工作要求是每天一次，每年的5月到9月汛期的时候，我们是一天两到三次，如果下雨的话，我们晚上还会下来测量黄河的水位。

刘泽耕：平时管护的时候都需要做什么呢？

马占荣：平时管护的时候主要就是看一下沿线有没有乱倒垃圾等"四乱"现象，采沙这样的，然后看一下黄河水是不是发生了什么改变，颜色这方面。

刘泽耕：您为什么想要当河湖管护员？

马占荣：我是在黄河边长大的孩子，对黄河有很深的感情。曾经在这里，黄河这里也有一段脏乱差的景象，就是建筑垃圾、生活垃圾，就是90年代，我上小学的时候有很多。后面经过政府的整治之后，黄河的水都变清了，沿岸都变绿了，这也是我来做河湖员的初心吧。

刘泽耕：听说你在村子里还担任村的团支部书记，也有本职工作，而且你刚刚又提到每天都要来这里管护，你是如何平衡本职工作和河湖管护员工作呢？

马占荣：我觉得河湖管护员和团支部工作是有关联性的，它们是相辅相成的。我觉得青海的生态保护，我们团支部也制定了相应的工作计划，就是青少年生态保护教育。我们河阴镇的每个村和社区都组织了志愿者服务队伍，他们是有党员还有团员，还有群众，定期地在黄河进行一系列的活动，比如说保护母亲河行动、环境卫生整治、植树造林等。今年夏天的时候我带领团支部返村的大学生、中学生、团员，主要是青少年安全教育，防溺水教育进行了一些活动，这样提高了青少年和群众的生态保护意识，加强了他们的观念。

刘泽耕：非常感谢王大哥参与到今天的直播当中，从刚刚王延忠和马占荣两个人讲述管护黄河的经历来讲，我们看到了一代又一代的贵德人肩负起了保护黄河的职责和使命，黄河安澜，生态先行，绿色发展，这是对母亲河哺育儿女最好的回馈，也是黄河流域生态保护和高质量发展长卷的最美注脚。一幅大河浩荡连通秀美山河、织就锦绣大地的美景正在徐徐展开。

看见锦绣山河，江河奔腾看中国，接下来跟随着我们的镜头，一起随着黄河顺流而下。

王艺：黄河一路劈山凿崖，奔腾而下，冲出了一条险峻的高山峡谷，河谷两岸碧水丹山、峭壁林立。画面中我们看到的就是黄河两岸的积石山，积石山沿黄河20余公里，与峡谷内的丹霞地貌绘成一幅壮美的画卷。

《尚书·夏书·禹贡》记载大禹"导河积石，至于龙门"。据传说大禹治水就是从积石山开始的。"览百川之洪壮兮，莫尚美于黄河。潜昆仑之峻极兮，出积石之嵯峨。"

经过积石山，黄河就来到了禹王峡，这里地势险要，气候温和，四周绿树成荫，很难想象这里曾经是一片荒山，经过当地群众的不懈努力，现在的禹王峡生机勃勃，一湾碧水环绿山，宛如彩绸一幅，悠悠东去。

一路东行，黄河在临夏再次进入了陇原大地，黄河的一条重要支流——洮河，就是在这里与它相遇的。原本清澈的黄河水遭遇了来自洮河的泥沙，一笔浓重的黄色颜料就这样缓缓地汇入了黄河，洮河黄沙滔滔，黄河一波碧水，形成了一道泾渭分明的界限，景色尤为壮观。

跟着奔腾的黄河，我们来到了千年古城——兰州。兰州是黄河流经途中唯一穿城而过的省会城市，兰州人与黄河的关系非常的密切，坐在黄河边喝一碗"三炮台"，吹一吹河风是很多兰州人的日常。"九曲黄河十八弯，筏子起身闯河关"，作为西北地区最古老的水上交通工具，羊皮筏子在黄河上的使用时间已经大约有2000年了。

此时，我们的记者正乘坐着一艘羊皮筏子漂流在兰州城中，我们就一起去看一看，兰州有着怎样的故事。

焦健：我是在甘肃兰州，我是总台记者焦健，今天我要带大家一起看一下这条黄河穿城而过的幸福城市——兰州。现在我是在羊皮筏子上，可以看一下这是黄河兰州段，今天我要坐着羊皮筏子带大家一起顺流而下，走起。

大家可以看到，我们现在是漂行在黄河上，其实今天黄河的水流相对而言还是比较平稳的，是吧，师傅？

师傅：平稳得很。

焦健：大家可以从我的画面里面看到黄河两岸。现在的河水其实已经不是完全的黄色，看一下我身后河水的颜色，今天兰州天气还是不错的，大家可以看到划筏子的师傅，他是坐在羊皮筏子的最前面。我们现在是在往河中心划，是吗？

师傅：划到当中，顺流而下。

焦健：划到当中，让它漂下去，所以羊皮筏子只能顺流而下，不能逆流而上，是吗？

师傅：上不来。

焦健：以前您划羊皮筏子，是游客坐的还是用来做什么的？

师傅：主要是交通运输工具，没有汽车，没有车，运菜，为了过河划过去。

焦健：就是一个交通工具，是吧？

师傅：对，就是一个交通工具。

焦健：后来呢，就变成了一个旅游项目了。

师傅：2017年出了一个旅游公司，搞旅游的。

焦健：现在就搞旅游了，那咱的收入是不是也比以前好了。

师傅：好的多了。

焦健：有点浪，就是因为刚才过了一个游船，我得抓紧一点，确实能够感觉到它的颠簸了，一叶扁舟在水里面是什么感觉，所以划羊皮筏子其实还是有技巧的是吗，遇到有浪的时候，需要尽量顺应它还是需要改变它，抵抗它呢？

师傅：顺着它走。

焦健：顺着浪头走。

师傅：你不能逆，不能来回摇晃，打上来一点水，就能把你掀起来。（唱歌）

焦健：这就到了，还挺快的，我都没有坐够，我可以站起来了吗？师傅您再跟我说说一个筏子怎么做的吧，这个里面是要吹气吗？

师傅：吹气。

焦健：吹完气把它扎起来是吧？

师傅：对。

焦健：我看一下这个头子扎得还是挺扎实的，这都是拿麻绳绑起来的，这里面充气的时候有什么讲究吗？

师傅：嘴吹。

焦健：用嘴吹的？

师傅：我给你吹一下。（吹羊皮筏子）

焦健：平时如果气不足了就可以直接这样加气，然后再把它绑上。它平时会漏气吗？

师傅：热胀冷缩，见水就瘪了。

焦健：见水就热胀冷缩了，现在这筏子到这儿了，怎么让它弄回去呢？

师傅：快艇拉回去。

焦健：用快艇把它拉回去，拉到刚才的点上是吧？

师傅：最早要扛上去。

焦健：你以前扛过吗？

师傅：扛过。

焦健：费劲不费劲？

师傅：肯定费劲。

焦健：走下了羊皮筏子，我现在走上了黄河的堤岸，走在黄河风情线上，前面不远处就是我们下一站要去的地方，中山桥，在这儿我想先跟大家介绍一下，我今天请到的嘉宾，就是兰州市的文化学者汪小平老师，汪老师，跟我们央视新闻的网友打个招呼。

汪小平：大家好，我在兰州的黄河之滨，欢迎大家来到兰州。

焦健：谢谢汪老师的热情，我们先往前面走一走，您顺便也给我们讲讲黄河的故事吧，我听说您是一个土生土长的兰州人是吧？

汪小平：对，生在兰州，长在兰州。

焦健：我刚刚从羊皮筏子上下来，您坐过羊皮筏子吗？

汪小平：坐过，小的时候经常坐，几乎是我们少年时期非常重要的一项工作。

焦健：主要是玩吗？

汪小平：玩，体验黄河的感觉，因为我觉得羊皮筏子是这个世界上离黄河水最亲近、最近的交通工具。

焦健：对，就是最近距离在母亲的怀抱里面的，我刚才刚体验过。我记得咱们当地有一句俗语叫"羊皮筏子赛军舰"，您知道这是怎么来的吗？

汪小平：这个特别有意思，首先我们觉得羊皮筏子是作为一个黄河文化的重要元素，无论过去作为交通工具，还是今天作为历史文化遗产的标志性的旅游标志，都起着不可磨灭的作用，这怎么来的呢？当时抗日战争的时候，有很多物资要运到重庆，很不方便。兰州就组织了一次"筏子客"组成的羊皮筏子队伍，就到了广元这个地方，从嘉陵江搭着羊皮筏子把很多的物资，尤其是汽油就送到了重庆，最大的羊皮筏子要600个扎在一起，可能能装30吨，到了重庆以后，大家就惊呼说"这个完成了军舰没有完成的任务。"所以就有了"羊皮筏子赛军舰"的美称。

焦健：虽然也是一个半开玩笑的话，但是实际上确实是肯定了当时的意义和作用。

汪小平：对，因为当时军舰没有办法完成，陆路都不好走，就是兰州的"筏子客"一帮男人。

焦健：特别热血澎湃是吧？

汪小平：对，你想象一下，能装30吨的600个羊皮筏子扎在一起，非常壮观。

焦健：我们眼看着就走到了中山桥了，我们再跟大家说一说，中山桥现在已经是兰州旅游的打卡地了，但是这个桥我们都说它是百年铁桥，它实际上是黄河第一座铁桥是吗？

汪小平：对，我们之所以说它是黄河第一桥，并不是因为我们是上游城市，而是它确实是万里黄河上面的第一座钢架铁桥。

焦健：这个桥前身是什么样的，有故事吗？

汪小平：在黄河铁桥中山桥之前，在明代的洪武年间，为了方便两岸的交通，特别是军事方面的需要，在这里架设过一个镇远浮桥。

焦健：那是什么材质？

汪小平：就是木质的，镇远浮桥大概是500年的历史，镇远浮桥有很大的作用，但是也有很多的弊端，比如说遇到大浪和冰凌的时候，就会冲垮。

焦健：对，稳定性也会差一点。

汪小平：对，而且那时候冬天黄河是要结冰的，结了冰以后就得拆了，到了来年天气热的时候又要重新搭建，费时费力。后来到了清末，在彭英甲的建议下，当时甘肃的总督升允也同意支持，就拨了30万6千两的白银，就有了1907年开始架桥的中山桥——黄河铁桥。

焦健：这个铁桥后来是经过了很多次的维修是吧？

汪小平：重大的一次是一九五几年，原来那个铁桥上面是这样平的，修完以后就成了这样一个拱桥，更加壮观，更加像一个非常宏伟的钢架建筑。

焦健：我的印象里面最后的一次修，当时的原则是说修旧如旧的颜色，颜色又回归了这种比较基础化的颜色。

汪小平：对，原来的时候有一点铁锈再加一点那个东西，你注意到没有铁桥上有很多和平鸽，你发现了没有，和平鸽很多时候就在这个上面做窝了。

焦健：对，能看到铁桥上面的鸽子，这会儿还很多呢。

汪小平：这个景色也非常好，古老的百年铁桥，上面有一群象征着和平的和平鸽在上面做窝。

焦健：你不说，平时我们在这儿过来过去，好像很少抬头看天，这也说明现在我们的生态环境更好了是不是？

汪小平：肯定的。我们对黄河的生态环境的保护和治理一直是责任，也是义务，是必须要做的事情，你看那都是鸽子。

焦健：上面架子上都是鸽子。其实黄河两岸这两年环境的变化也挺大的，包括绿化，包括交通，您在这儿生活的时间很长吧。

汪小平：我生在兰州，长在兰州。

焦健：对兰州是不是特别有感情。

汪小平：特别有感情，我觉得我生在黄河岸边，作为城市的公民，我感到非常荣幸，真的非常荣幸。我们早上踩着黄河的浪花开始一天的生活，晚上伴着黄河的波涛入睡，就在母亲的怀抱里。

焦健：黄河上游现在桥是不是也比较多了，黄河兰州段的桥您了解吗？

汪小平：大体了解一些，因为过去只有1909年建成的铁桥，后来兰州在百里黄河风情线上架了很多桥，而且是风格各异的桥，现在有十几座桥，投入使用的也有八九座了。那边的元通桥，是像彩虹一样。

焦健：桥上还有红旗。

汪小平：对，国庆，我们祖国的生日嘛。然后是城关桥，再往下就是雁盐桥等，往上面走就有小西湖立交桥，还有银滩大桥、西沙大桥等，整个是一个桥的城市。

焦健：我记得兰州有一个桥梁博物馆对吗？

汪小平：有，就在白塔山上面，专门建了一个桥梁博物馆。从某种意义上讲，因为有了百年铁桥，又架了很多桥，我们兰州可以说是一个桥的城市。

焦健：除了桥的城市，我想到了兰州还是一个雕塑的城市对不对，沿黄河有很多的雕塑。

汪小平：对，有黄河母亲，最重要的就是黄河母亲。然后有"采种支甘"纪念的三棵松，有平沙落雁，还有唐僧取经的师徒四人的雕塑等，沿黄河风情线，看到了以后就是这样的。

焦健：其实都是一种文化是吗？

汪小平：是文化，所以我们说兰州市是黄河文化的重要发源地，蕴含了很多这样的东西。比如说兰州的水车，沿岸有很多水车，包括水车公园，水车也是一个非常了不起的非遗，过去是灌溉农田，给我们提供生活用水，现在是景观。

焦健：对，而且兰州那个水车博览园，那是一个公园，我印象里每到节假日的时候，去玩的人特别多，除了游客之外，还有咱们当地的市民，有很多带孩子到那里玩的。

汪小平：里面弄了许多小水车，可以体验式的，孩子们可以在里面玩，沿线不到10公里就有两个水车博览园。

焦健：确实对于兰州市民的业余生活也是一种丰富。

汪小平：是的，你在那里面既陶冶了情操，又了解了历史。

焦健：对，尤其是对孩子，他知道农业灌溉水车是怎么进行的。

汪小平：对，他油然而生了对城市的依赖感和归属感。

焦健：对，也有热爱。从这儿其实可以看到黄河两岸现在的自然景观是不是比以前多，这种所谓的公园，湿地公园、马拉松公园是不是也很多？

汪小平：对，这是以后我们为了保护黄河的生态，使人民更有一种幸福感，建立了马拉松公园、黄河公园，再往银滩大桥那边还有一个湿地公园，我们对面眼看过去就是白塔山公园很著名的白塔山公园。

焦健：中山桥到头就是白塔山公园。

汪小平：对，这边是金城关。

焦健：金城关也是有很多非遗的产品在这里展示，也是一个文化内涵比较多的地方。

汪小平：对，有秦腔馆，有雕塑馆，还有剪纸，还有刻葫芦等。

焦健：所以说，其实沿着黄河两岸的文化氛围也是比较浓厚的。

汪小平：非常好，你记不记得我们兰州的金牌赛事马拉松赛就是沿着黄河在跑，所以我有时候觉得跑马拉松在兰州跑特别幸福，等于是在黄河母亲的怀里奔跑。

焦健：对，所以今年十一国庆，今天时间稍微早一点，昨天中午前后我专门过来了一趟，人要比现在多很多是吧？

汪小平：多，特别是到晚上，中山桥有七种颜色，晚上经常有外地人、本地人到这里来照相，晚风习习当中欣赏黄河的美景。

焦健：对，而且刚才我看到好像还有在这儿拍婚纱照的是吧？

汪小平：有，这是我们兰州现在的一个地标。

焦健：这里我们到了白塔山码头。

汪小平：对，这是一个码头。

焦健：这个游船是不是晚上开得比白天更频繁一点。

汪小平：晚上两岸的亮化都起来了，给人感觉有点外滩的感觉。

焦健：所以说我们的幸福感很足，觉得自己生活在外滩。

汪小平：你刚才说你从羊皮筏子上下来，过去兰州，很久以前唯一的交通工具就是你刚才坐的羊皮筏子，现在黄河上面有了游轮，有了水上巴士。

焦健：水上巴士我都没有坐过，因为它的那个起始站正好不是我上下班的地方。

汪小平：你哪天体验一下，说老实话，你刚才坐在羊皮筏子上紧张不紧张？

焦健：其实有一点，就是那个水流刚好起浪的那一会儿，就会觉得还是有一点紧张。但是我坐筏子的时候，那个筏子上的老师也是特别有经验了，所以其实我心里还可以。

汪小平：不要紧，你下次坐羊皮筏子的时候，所有坐羊皮筏子的外地游客，我都告诉他们，"不要紧，你跌倒了也是在母亲的怀抱。"

焦健：而且穿着救生衣，对吧？

汪小平：对。

焦健：开玩笑的话。今天我们的游船上看到还有国旗。

汪小平：国庆的氛围还是比较足的，除了布置以外，还有沿街的铺面都自觉地把国旗挂在门前，我觉得这也是一种对祖国的依恋和热爱。

焦健：确实是从自己内心生发出来的感情。

汪小平：我们现在走在已经过了100多年的铁桥上，它现在更多的已经不是作为战略的交通，或者交通工具了，而是作为历史的见证，矗立在这里，是不是也挺……

焦健：沉甸甸的，让您这样一说，我就设想百年之前走在这个桥上的人们，当时周围的景观是什么样的，这些人们的心情是什么样的，历史感一下就出来了。

汪小平：对。这座桥实际上是见证陪伴着我们城市的一百年，我相信它会继续陪伴和见证着我们这个城市对于未来梦想的追求。

焦健：咱们对面就是白塔山公园是吧？

汪小平：白塔山公园，你看到的就是白塔，塔院里面当时有一个镇山三宝，一个就是象皮鼓，一个是紫荆树，一个是青铜钟。

焦健：这也是我们当地比较有名的。黄河沿岸，尤其是北边这边，黄河兰州段，其实还有文化遗产的保护和留存。

汪小平：有。比如说我们白塔山脉有一个九州台，在九州台上有一个文溯阁，《四库全书》的保存地就在文溯阁，这是不可拷贝和复制的兰州唯一的。当然上面还相传大禹治水就在这个地方划分九州，所以兰州的黄河文化源远流长。

焦健：其实我们还挺自豪的，是一个特别有文化的地方。

汪小平：对，黄河对兰州也特别钟情，她把兰州温柔的一分为二，两个手搀着南岸就顺流而下，从此就有了兰州的味道。

焦健：我们也是不知不觉地就走过了黄河铁桥，也感受了很多兰州文化的故事。刚才我们看到白塔山上的游船，我有点跃跃欲试了，我们再去黄河母亲的怀抱里，再去感受一下上下班和游船，走吧。

汪小平：你刚刚坐完最古老的交通工具，现在坐现代化的游船，我觉得体验是不一样的。

焦健：好的，我们去感受一下，走吧。

汪小平：好。

焦健：现在我们又站到了黄河游船上，刚才我体验了传统的羊皮筏子，然后又走过了中山铁桥，接下来我要和汪老师感受一下幸福河。我们现在坐着船，从黄河当中顺流而下，穿行而过，还可以看到两岸城市的建设。

汪小平：对，这边就是白塔山北岸，这边是南岸。随着城市建设的发展，人口的增加，经济的发展，文化的发展。

焦健：你是老兰州吗？

汪小平：我生在兰州。

焦健：小的时候到黄河边玩吗？

汪小平：经常玩，那是必玩的地方，那时候黄河滩没有这么多的东西，那就是浅滩，我们往河里扔石子，打水漂。现在兰州市老百姓还是喜欢到黄河边来，黄河边有很多的亲水平台，那都是老百姓群众搞演出的地方，还有很多的摊，啤酒摊，茶摊，一边喝着三炮台，一边吹着黄河的风。我就说我们兰州人很幸福，每天上下班的时候，我们是走在母亲河的胸怀当中，晚上睡觉的时候，又伴着黄河的涛声，在母亲的拍抚下入睡。

焦健：所以像这里有趸船，这个到夏天的时候是不是全都是可以坐在趸船上面？

汪小平：对，喝喝茶，甚至一些简餐，还有一些演出、演艺，黄河在我们小的时候，20世纪50年代、60年代初的时候，黄河都是结冰的，黄河我们都是把它叫冰桥，就是上面都是可以走马车的。

焦健：那就冻得很结实了。

汪小平：很结实，现在气候转暖等因素，河面不会再冻住了，现在沟通南北就是桥，主要是桥。

焦健：我们九州台是很有历史的，相传在大禹治水的工作台在这儿，将天下划分为九州，九州台因此而得名，而在那个山脉上面还有我们的文庙，有《四库全书》的存放地文溯阁等，它承载着黄河文化很大的一部分。

焦健：您从小就是在兰州长大是吗？

汪小平：是啊，也可以说在黄河边长大。

焦健：您对黄河这边有没有印象特别深的地方？

汪小平：我印象特别深的就是从心里面总是有一种把自己当成黄河儿女的感觉，我觉得它不是一条简单的河，你刚才说它有灵性，它赋予了我们兰州人，或者我们黄河儿女的生活、梦想、工作等。黄河上我们小的时候印象最深的东西就是水车，它太厉害了，因为水车是我们黄河特有的东西，过去灌溉、引水都要靠水车日夜不停地转，当然现在水车的任务不再是灌溉和饮用了，但是它作为旅游标志就留下来了，所以到黄河不能不说水车，这是从明朝到现在400多年了。

我就觉得黄河特别钟情于我们兰州，它没有舍得离开兰州，它没有绕开兰州，它温柔地把兰州分成两半，然后左手挽着南岸，右手挽着北岸，一路向东，然后黄河从此就有了兰州的味道。

解说："黄河之水天上来，奔流到海不复回。"穿越九个省（区）干流全长5464公里，横跨四大地貌单元，拥有黄河天然生态廊道等多个重要生态功能区域。黄河流域有3000多年是全国政治、经济、文化中心，孕育了古老而伟大的中华文明。"九曲黄河万里沙""黄河宁，天下平"。目前，黄河已实现连续23年不断流，十年间，黄河流域治理水土流失2.68万平方公里，平均每年减少排放黄河泥沙3亿~5亿吨，黄河生态绿线最宽处向前推进约150公里，推动黄河流域生态保护和高质量发展。

"宜水则水，宜山则山，宜粮则粮，宜农则农，宜工则工，宜商则商"。"看见锦绣山河，江河奔腾看中国"，10月2日，国庆长假第二天，央视新闻带你跟随奔腾黄河，遇见青山绿水，见证黄河流域生态保护和高质量发展，感受造福人民的幸福河。

王艺：在接下来的旅程当中，让我们跟随着黄河一起走进宁夏。

宁夏是黄河流经的九个省（区）中唯一一个全境属于黄河流域的省份，您现在看到的这片充满生机的村庄就是南长滩村，也是黄河进入宁夏的第一站，这些郁郁葱葱的树木，大多数都是生长了三五百年的梨树和枣树，每年的4月上旬，这里梨花绽放，花香袭人，仿佛置身于世外桃源。依山傍水的南长滩村，犹如一弯新月，宁静而温馨地躺在黄河母亲的臂弯里。

宁夏因黄河而生，因黄河而兴，这里近90%的水资源来自于黄河，78%的人喝的水是黄河水，炎黄地区创造了宁夏90%的经济总量，94%的财政收入，74%的粮食生产量。

有人戏言，没到过沙坡头，就等于没有到过宁夏。通过这句话，我们就足以了解沙坡头在宁夏旅游产业当中的分量。"大漠孤烟直，长河落日圆"，黄河在这里与中国第四大沙漠——腾格里沙漠相遇，沙丘与河水在这里同框。

现在我们大家看到的这座横跨黄河上的大桥非常有特点，它是一座3D动态玻璃栈道，由于融入了3D技术，走在上面你会感觉到非常的惊险和刺激，如果能够来到沙坡头旅游，可千万不要错过这独一无二的特殊体验。

顺着黄河一路前行，现在画面中的就是青铜峡鸟岛，青铜峡鸟岛是宁夏最大的一块湿地，也是西北地区第二大的鸟类繁衍栖息地。总面积8.3万亩，经过多年的保护和修复，如今保护区内水面开阔，沙洲遍布，湖沼成片，鱼虾等水产资源非常丰富。

每年有180多种旅鸟和候鸟在春、夏、秋三季途经这里，包括10多种国家一类、二类保护鸟类，黑鹳、中华秋沙鸭、白琵鹭等珍稀的鸟类都曾经到这里栖息。特别值得一提的是，在去年有上百只大天鹅在南迁的途中，首次选择留在鸟岛越冬。鸟儿们在芦苇丛中抢占地盘，筑巢孵蛋，时不时会有鸟儿从芦苇丛里飞出来，非常的热闹。

各位央视新闻的网友，大家好！这里是中央广播电视总台特别报道——江河奔腾看中国。一路蜿蜒向北，黄河穿过牛首山和贺兰山之间的山谷，就形成了黄河上游最后一道峡谷——青铜峡。

青铜峡素有黄河上游小三峡之称，大峡谷内山河相依，两岸峭壁奇景。

黄河一路向北，顺流而下，来到了宁夏首府银川市，我们现在是在银川的黄河古渡口，这里位于银川市东30余里的黄河东岸，来这里的话，一定要体验一下乘坐羊皮筏子漂流黄河。

银川又被称为凤凰城，相传古时候从贺兰山来了一只凤凰，看到黄河如金色飘带，两岸麦浪翻滚，风光秀丽，便久久徘徊，不忍离去，于是化身为一座美丽的城市，而这座城市就是银川。

银川有着悠久的引黄河水灌溉的历史，自古沟渠纵横，湖泊棋布，有"七十二连湖"之称，这里也被称为"塞上鱼米之乡"，这里物产丰饶，大家最为熟知的可能就是我们保温杯里的枸杞了。

唐诗有云："贺兰山下果园成，塞北江南旧有名"。如今的贺兰山下果园里一串串酿酒葡萄成为塞北江南的新名片。

接下来我们就和总台记者一起来探访贺兰山下的葡萄园，看看它们是如何酿就人民的幸福生活的。

范文佳：央视新闻的网友们，大家好，我是总台记者范文佳，我现在所在的位置是宁夏贺兰山东麓的葡萄园里，宁夏贺兰山东麓是全国最大的酿酒葡萄集中连片产区，这里种植了有52.5万亩的酿酒葡萄，占到了全国种植面积的近三分之一，大家顺着我手指的方向看过去，远处就是贺兰山了。在贺兰山底下这大片的酿酒葡萄已经成熟了，工人们正在趁着晴好的天气，都在忙着进行采收。

酿酒葡萄也分为很多不同的品种，比如说红葡萄、白葡萄，不同品种采收时间也是不一样的。比如说我们酿造白葡萄酒，它的品种采收期已经结束了，大概在8月底就已经完成了。现在地里工人们正在采收的是红葡萄品种叫做赤霞珠，大家听起来是不是很熟悉，它是我们常见的一个酿酒葡萄的品种，而且在宁夏产区赤霞珠的种植面积也是最广的，占到了70%以上。我们可以看到现在工人们正在进行手工采摘，这样也是为了便于筛选葡萄，让它有一个好的品质。而且合格的酿酒葡萄，它的产量并不是越高越好，果实太多，会影响后续酿酒的品质，所以说，通过合理的疏果，可以让葡萄的风味更加集中，有利于后续酿酒的口感。

临近采摘期果园通常还面临一个问题，就是如何确保酿酒葡萄已经成熟了，把它采摘下来送进酿酒车间。在过去这通常是依靠酿酒师的经验和味觉进行判断的，不过现在我们可以借助科技手段，比如说我们把酿酒葡萄送到实验室进行检测，检测其中的糖度、酸度以及有机的、无机的苹果酸的含量，来确定现在是不是最佳的采收时节。

您看看我身边的这位大姨，她已经采了有半筐了，我也想现场采摘一下试试，我们来挑一下这串吧。采摘葡萄其实也有讲究的，主要就是三个字：第一个就是快、第二个是准、第三个是轻。采摘葡萄的时候，一手托住葡萄的底部，大家看一下，这就是我们刚刚采摘下来的新鲜酿酒葡萄，放的时候要轻拿轻放。我们刚才剪下来两串，我们先把这一串放在筐子里，给大家展示一下酿酒葡萄有什么不同，首先从个头来看，大家看它的个头比咱们吃的鲜食葡萄要小很多，来做一个对比，你看这个葡萄其实和我的这个拇指指甲盖是差不多大的。

咱们再来剥开看一下，我们先把这个放进筐里，您看，汁水还是比较丰富的，然后它里面的葡萄籽比较多，酿酒葡萄还有一个不同点，就是它的果皮比较厚，不过酿酒的关键就藏在这个厚厚的果皮当中，我们在品鉴一款葡萄酒的时候，经常会听到一个词叫丹宁，丹宁其实是一种天然的酚类物质，简单来讲就是构成葡萄酒涩的味道的主要来源。我们说丹宁广泛存在于葡萄皮和葡萄籽当中。另外红葡萄里面含有的花青素也是红葡萄酒里面颜色的主要来源。

我现在拿在手上的小葡萄已经觉得有点黏黏的了，我们先来尝一下，它吃起来是一个什么样的感觉。我第一感觉是觉得它皮很厚，没有什么果肉，葡萄籽也比较大，而且它是非常甜的，有多甜呢？我们现场也带来了一个糖度的测试仪，来给大家测一下酿酒葡萄的糖度能达到一个什么样的程度。我们先用蒸馏水清洗一下测试的区域，然后给它擦拭干净，接着把酿酒葡萄的汁液滴到测试的区域里面，我们稍作等待，它的数值一会儿就出来了，大家看一下这颗酿酒葡萄的糖度是25.2度，这是一个什么概念？可以说它的糖度已经超过了我们平常所吃的荔枝、龙眼的糖度了，还是相当甜的。

不知道大家刚才有没有发现，我们这些酿酒葡萄生长的特点都是集中在葡萄藤的下方，距离地面是比较近的，我们今天也是请到了宁夏贺兰山东麓葡萄酒产区管委会的副主任文学慧老师，文主任，您好，首先您可以先跟我们央视新闻的网友们打个招呼。

文学慧：各位网友好，欢迎到贺兰山东麓葡萄酒产区进行参观旅游。

范文佳：文主任，我刚才面向广大的网友，代替大家提了一个问题，你看咱们这些酿酒葡萄都是集中在下方，这样做的好处在哪儿呢？

文学慧：这样可以使枝叶跟葡萄分开，有利于接触充分的光照，也有利于葡萄充分的成熟发育和糖分的积累。

范文佳：另外为了能更大限度地接受光照，我发现这些葡萄藤都是斜着长的，这样做又是为什么呢？

文学慧：这也是现在产区主推的架型，叫"厂"字形，"厂"字形是现在主推的架型，冬季埋土的时候，在葡萄藤需要冬季保暖的时候，埋土可以直接操作，方便操作。

范文佳：冬季埋土，春季展藤，把它埋到土里，埋土也是为了去给它保暖、保湿对不对？

文学慧：是的。

范文佳：这边还有一条黑色的管子，这个是什么作用？

文学慧：这个黑管是滴灌设备，这个滴灌设备就是我们引进的滴灌设备，是为了葡萄藤精准的施肥、灌水。

范文佳：咱们是用的什么水进行灌溉呢？

文学慧：黄河水，天下黄河富宁夏，黄河流经宁夏397公里，很好地滋育了卫宁平原、银川平原，也包括葡萄长廊。贺兰山东麓产区的葡萄藤都是引用的黄河水，充分保障了葡萄生长所需要的水分。

范文佳：您看，黄河水不仅是提供给葡萄所需要的水分，我想其中含的一些矿物质，是不是也在滋养着这片葡萄地。

文学慧：是，黄河水有丰富的有机质和矿物质，也很好地滋养了葡萄藤的生长、发育。

范文佳：大家看一下，这上面有一个一个的小眼、小孔，平常水就是从这里滴下来的。

文学慧：精准滴灌，也是有利于节水的。

范文佳：水肥一体化的滴灌设备，看来节水的应用在葡萄园里还是非常的广泛的。在整个贺兰山东麓葡萄的酿酒、葡萄的种植当中，除了我们滴灌设备的应用，还有哪些科技元素的加持呢？

文学慧：这么多年宁夏产区从葡萄苗木到种植，到酿造，非常重视技术的引领和推动。目前出台各方面的技术标准有41项，很好地发挥了引领带动的作用。在这个园子里面我们看到有一个观测设备，就是前面这个观测设备，它就是收集我们的土壤情况、墒情情况、病虫害情况，包括气候情况、天气情况。这个设备的数据会传输到我们后台进行大数据的分析，为智慧化葡萄园的种植，智慧化的生产，包括下一步葡萄与葡萄酒的追溯建立良好的数据支撑。

范文佳：所以大家在画面中看到的小型设备，其实相当于是一个微观的气象站，可以把葡萄整个生长过程进行一个大数据的收集。

文学慧：收集、交换，然后分析运用，宁夏气候条件，在葡萄生长季，光照有2800~3200小时，另外就是昼夜温差比较大，在12~15度之间，这样的光照条件、温差条件，非常有利于葡萄糖分和有机物的积累。

范文佳：您提到的昼夜温差大，光照热量充足，我们这个园子里，还有一些什么样的条件适合酿酒葡萄的生长呢？

文学慧：我们产区是国际上公认的，世界上最适合种植酿酒葡萄和生产高端葡萄酒的黄金地带、绝佳产区，这个黄金地带和绝佳产区，土壤条件是非常重要的。大家看到这个土壤条件有这种小的沙砾，大小不一的石头。

范文佳：大家来看一下。

文学慧：对，大小不一的石头。

范文佳：砂石土壤是吧？

文学慧：砂石土壤、砾石土壤，这样的土壤条件，不适于水稻、玉米这样传统作物的生长，但是特别有利于葡萄的生长，我们把它叫胁迫条件下的葡萄的生长，所以这是一个得天独厚的条件。

范文佳：为什么适合呢？

文学慧：这样的土壤通风、透气都非常好，这是它非常明显的优势，有利于葡萄的生长。

范文佳：在过去没有这一片葡萄园的时候，这片地都是这样的砂石土质是吗？

文学慧：是，过去的土壤条件都是砂石、鹅卵石、砾石，可以说是寸草不生、荒无人烟、人迹罕至，用风吹石头跑来说，一点不为过。经过这么多年的治理，现在变成了葡萄文化长廊，郁郁葱葱，绿树成荫，而且有的还建成了旅游酒庄，有的还有运动休闲公园，既是一个生态产业，又是一个富民产业，还是一个多功能的复合型产业。

范文佳：我刚才看这张图片，过去条件还是比较恶劣的，尤其很多的大石头。您刚才拿的这一张图片，这是一个什么场景？

文学慧：这是一个之前的采砂场，因为在过去的发展过程当中，这些地方都被采砂了，很多企业在采砂，形成了砂坑，满目疮痍，这么多年我们采砂场进行了治理，就是通过种葡萄，恢复生态，修复植被，进行了葡萄园的种植。

范文佳：咱们在种葡萄之前，是不是也需要把这些土壤进行改良，去清理大的石头？

文学慧：对，是要做一个清理工作，清理工作的成本一亩地在8000~20000元不等，也是有成本的。

范文佳：咱们讲说这种土壤不适宜种粮食，适合种酿酒葡萄，咱们是怎么想到要把这样一个戈壁荒滩，恶劣的自然条件下去种葡萄，是怎么一步一步发展起来的呢？

文学慧：这么多年我们坚持发展葡萄酒产业，要与加强黄河滩区治理结合起来，与加强生态修复结合起来，按照这个原则，我们坚持先种防风林再建葡萄园，目前产区的防风林建设达到了6万多亩。

范文佳：听了您的介绍，葡萄的种植，不仅是给贺兰山东麓的生态带来了很大的改变，其实这两天我也跑了很多次葡萄园，在和工人们交流的过程中也是深切地感受到了葡萄酒产业给当地的一些农民也是起到了增收致富的作用。我们现在果园里忙碌的工人们，他们通过采摘葡萄就可以有一个比较好的收益，我们现场也来采访一位工人。大姨，您好，我看您已经采了满满一筐了，您是几点过来的啊？

阿姨：七点半过来的。

范文佳：您采摘得特别熟练，您一天能采摘多少筐？

阿姨：三四十筐。

范文佳：一天采摘三四十筐，能挣多少钱呢？

阿姨：挣100块钱。

范文佳：整个的葡萄采摘季有多长时间？

阿姨：能采一个月吧。

范文佳：有一个月。文主任，您看刚才说除了在地里采收葡萄，葡萄酒产业还给大家带来了一个什么样的就业机会呢？

文学慧：葡萄酒产业是一个一、二、三产业高度融合的复合型产业，不光在地里面有务工收入、采摘收入，有的还在酿酒车间有务工收入，有的孩子还被培养成讲解员、试酒师和销售人员，还有一个三产的收入。据统计，产区每年可以为移民提供季节性固定用工和固定用工13万个岗位，年收入是10个亿，当地农民1/3的收入来自葡萄酒产业，是就业增收，脱贫攻坚的重要产业，也是下一步推进乡村振兴的重要产业。

范文佳：这小葡萄还真是了不得，当地农民有1/3的收入都是来自葡萄酒产业。文主任，我们现在采收的葡萄是不是后续都会通过装车送到酿酒车间进行加工？

文学慧：对，为了保持酿酒葡萄的新鲜度，这些采摘下来的葡萄马上会运到车间进行处理，经过粒选、除梗，把葡萄叶和一些个别的坏葡萄、不成熟的葡萄剔除出去，然后进入发酵罐，在发酵罐里面大概有20天、30天左右，优质的葡萄酒还要进入橡木桶，进入橡木桶以后，葡萄丹宁会变得更加的柔顺、细腻，酒体也会更加的饱满，香气、颜色也会更加的饱满。

范文佳：通过橡木桶让它有一个更加好的熟成的过程。刚才咱们也讲到了贺兰山特有的自然禀赋和风土条件，造成了这里的葡萄酒有什么特点、特色呢？

文学慧：贺兰山东麓独特的资源禀赋和风土条件，造就了宁夏葡萄酒酒体饱满、香气馥郁、甘润平衡、色泽鲜明的特质。

范文佳：我听当地人描述咱们葡萄酒的时候经常会说一些词，比如说平衡、协调、饱满这样的词。

文学慧：对，圆润，口感都会说饱满，我们总结为甘润平衡的中国特点，东方品质。

范文佳：就是非常大气的东方特质。文主任，你看咱们葡萄酒产业从20世纪80年代起步，发展到现在有快40年的时间了，那将近40年的时间里，咱们达到了一个什么样的水平呢？

文学慧：经过1984年咱们出第一瓶葡萄酒近40年的发展，我们现在是面积达到了52.5万亩，占全国的近1/3，年产葡萄酒1.3亿瓶，占国产酒庄酒的60%，产值达到了300亿，贺兰山东麓葡萄酒的品牌价值是301.07亿元，每年带动的旅游人数是120亿人次。

范文佳：也感谢文主任今天给我们讲了这么多葡萄酒产业的方方面面。

大家看到了吗？一串小葡萄有着非常大的能量，现在在宁夏贺兰山东麓的葡萄酒已经成了一个集种植、酿造加工、休闲旅游为一体的一、二、三产业融合发展的产业链。最后我也诚挚地邀请大家，有机会亲自到宁夏贺兰山东麓走一走，体验这里的大美风光，来一次酒庄游，并且去尝一尝这里的葡萄美酒。

今天的直播就到这里了，谢谢大家的关注。

王艺：画面中的这段黄河，有着一个非常浪漫的名字，银河湾。"水浮千重雪，银河落九天"，来到这里，可千万别忘了在一个满天星光的夜晚，看看天上地下两条银河交相辉映。

黄河岸边的冲积平原滩地，生长着天然的沙漠红柳林、芦苇荡和沙枣林，每年夏天时，湿地上的白鹭、苍鹭等随处可见。退耕还湿，借助生态恢复的东风，银河湾里的银河村大力发展乡村旅游，绿水青山变成了金山银山。

看到眼前这片沙中有水的景色，大家是不是觉得很神奇呢？沙漠和湖泊融为一体，远处有沙，近处是湖，这里就是乌海湖，与沙丘隔水相望的城市就是乌海市，是黄河流经内蒙古的第一座城市。黄河从内蒙古开始进入著名的"几"字弯，西岸是乌兰布和沙漠，南岸是库布齐沙漠，水与沙的冲突在这里更为明显。2014年渤海湾水利枢纽竣工，节水、蓄水成功之后，黄河水积聚就形成了乌海湖，总面积118平方公里，相当于18个西湖的大小。在乌海湖坐船去看沙漠，也成了黄河上一道新的风景，如果自己能够置身其中，真的会大呼过瘾。

从乌海市一路向北，我们就来到了黄河的最北端巴彦淖尔，画面中的三盛公水利枢纽工程被称为"万里黄河第一闸"，黄河水在这里一分为三，通过总干渠滋养灌溉着870万亩的土地。巴彦淖尔所处的就是著名的"塞外粮仓"河套平原，黄河的冲刷带来了肥沃的土地，这里也是我国优质中强筋小麦、优质玉米的主要产地。巴彦淖尔还拥有全国最大的向日葵种植县，年产瓜子超过5亿斤，说不定现在您边嗑着瓜子，边看我们的直播，手中的瓜子就是来自于黄河边。

现在我们回到三盛公水利枢纽所在的磴口县，让我们跟随总台记者一起深入乌兰布和沙漠。

张宁：生生不息，幸福黄河，各位央视新闻的网友们，大家好，我是总台记者张宁。从黄河的源头一路向东，现在我们来到了位于内蒙古自治区境内的黄河几字弯区域，我现在所在的位置就是巴彦淖尔市磴口县乌兰布和沙漠腹地内的一个有机产业园。大家可以看到，现在在我身旁的就是一块占地500多亩的有机牧草的草场，此时在那儿的喷灌机也正在对牧草进行浇水，大家可以看到画面上绿意盎然，郁郁葱葱的，整个画面迸发着无限的生机与活力。但您可以想象到吗？如果把时间倒回到九年之前的话，这里可以说是一幅完完全全另外的景象，大家来看，这里有两幅拍摄于2013年的照片，从照片上我们可以看到，当时的原始地貌，到处都是这样大大小小的沙丘，同时可以说看不到一点绿意，整个是处于荒凉的状态。

那我们当地是如何从这样的不毛之地，一步一步实现绿进沙退，到如今完成了一个如此漂亮的生态转型的呢？今天我们的直播就将为大家解答。首先请出我们今天第一位的直播嘉宾，乌兰布和沙漠有机产业园的工作人员李敏。李敏，来给我们的网友朋友们打个招呼吧。

李敏：大家好，我是李敏。

张宁：李敏，观众朋友们跟我一样都非常好奇，我们这一片这么广袤的土地，是怎么从刚刚看到的不毛之地变成如今郁郁葱葱的草场呢，你来为我们介绍一下？

李敏：我们大家可以将目光投射到模拟最早以前乌兰布和沙漠土壤的状态，做了两个瓶子，这个瓶子是整体乌兰布和沙漠之前的状态，下面是丰富的红泥层，上面是沙子。后来经过我们的改良，把这两种不同状态的沙壤土进行整合以后，变成了现在的可以满足于种植的土壤。大家也看到了瓶内的状态下面是红泥，也可以看到细细的裂痕，其实因为这样的状态，证明了我们的土壤的特性就是下面的红泥会把水分锁住，阻止向下渗透，密实度更强一点，而我们的沙子是不保水、不保肥的状态，浇进去的水、肥都不能完全地进行保存，所以这样两种不同性质的土壤，我们进行充分的有机搅拌，加入我们后续有机的粪肥，也就是我们的牛粪，形成了满足种植状态的土壤。所以我们后边的牧草也是通过改良形成的土壤进行种植的，现在一年一年地好转和改良，我们不光能种出身后这样绿色的牧草，还能种出这样的瓜果和蔬菜，我们今年种植的贝贝南瓜、玉米，口感特别好，状态也特别好，旁边也可以种出我们这样的红皮甘草来。

张宁：刚刚给我们非常详细地介绍，我有点好奇，这个红泥层的形成跟当地之前的地理环境有没有什么关联呢？

李敏：其实和原来的地理环境有特别重要的关联，因为我们的沙漠形成之前，它原来的地貌不是这样的，是因为我们的乌兰布和是这样一个黄河故道，后因改道形成了乌兰布和沙漠，所以它的地层底下会有丰富的胶泥层，所以我们也把乌兰布和选择为种植、养殖的重要基地。

张宁：其实我理解就是相当于最开始这个红泥层的土壤特性是比较密实的，没有那么多的缝隙供植物呼吸，但是上面的沙土层又是不保土、不保肥的状态，我们对土壤所做的改造就是把它们物理混合，使这两种土壤可以充分地发挥他们各自的作用，最后再加入我们的有机肥，对土壤一年一年进行改造，最后能够达到可以种植的状态。

李敏：是的。我们就是通过这样物理的状态把它混合，满足我们种植的需求。

张宁：我们最开始种植不太顺利，最开始不会说第一年就立马改造了之后有非常好的收成，对，我们最早以前种植是特别难的，因为这里的风沙比较大，经常我们种的会颗粒无收，被风沙全部打死，或者我们当年就有绝收的状态。我们最早以前种的作物有可能会直接翻到地里做绿肥，慢慢逐步地改造，现在也形成了绿意盎然的景色。

张宁：相当于前两年只能种一些比较基础的作物，就是对土壤的要求没有那么高，到现在大家都可以看到，我们已经可以种出各种各样种类丰富、同时有一些对当地种植条件要求非常高的水果相关的农作物，可见近十年来，当地对沙土的治理是非常成功的。

李敏：对。

张宁：我们这块只有种植业吗？还是有别的什么？

李敏：我们这边除了种植还有养殖。我刚刚介绍到土壤中的牛粪也来自于我们这里的牧场，就是我们的小牛产出来的牛粪会加到土壤里面，为土壤提供有机质和肥料来源。

张宁：我们这边相当于是种养一体化的养殖模式。

李敏：是，我们这样种养一体化的循环，形成了"草—畜—肥—田—草"这样一个循环模式，也为我们的生态治理、治沙的环境提供了一个独有的循环模式。

张宁：我们都知道植物生长，除了土壤非常关键，水也是很重要的，我今天一来就看到后面的喷灌机非常的有特点，这个具体的节水效果怎么样？有一些什么样的特点给我们介绍一下。

李敏：我们现在看到的喷灌机是指针式的喷灌机，就是以最深处的架子为中心，像手表指针一样的圆盘状地去旋转，它更好的特点是喷出来的水是雾状的，能够精准地到达植物，植物通过雾状的水能够精准地吸收，也起到了一个节水的作用。

张宁：我知道我们河套平原其实是非常离不开黄河水的灌溉的，而且河套地区的农业发展得益于黄河水的灌溉，我这两天也了解到，我们磴口是有"百湖之乡"的称号，湖泊的数量非常多，这个湖泊数量多、湿地多的话，也能够补给地下水。同时我们都知道河套地区的灌溉系统是非常发达的，这两天采访我也自己了解了一些相关的知识，我今天就来给大家介绍一下河套灌区的相关知识，李敏作为当地人帮我看看说得对不对。

　　大家都知道河套灌区是全国三个特大型灌区之一，现在河套灌区引黄灌溉的面积已经达到了1000万亩以上，之前黄河引黄灌溉的特点的是，在这个示意图中大家可以看到，下面这条蓝色的飘带就是黄河，在之前黄河引黄灌溉的历史都是从黄河上直接多口取水，这样取水的特点就是受黄河自然水位的限制非常大，而且不能够很好地调节水位和水量，所以灌溉的效果可能不是特别好。

　　在新中国成立之后，我们对于河套灌区进行了几次大面积的水利建设，首先第一个就是在磴口县附近修建了三盛公黄河水利枢纽，也是一个黄河引水灌溉闸坝的工程。同时大家可以看到，我们现在请后期老师帮我们播放一下之前准备的简易的河套灌区的示意图，大家可能更容易明白，现在图中这条红色的线就是河套灌区的一个总干渠，总干渠就是俗称"二黄河"，相当于之前黄河的灌溉就是从黄河上多口取水，最多的时候达到10多个取水口。现在黄河引水就只有总干渠的一个引水渠口，在其他上面的分布全部都是从总干渠上再引出的干渠，最北边的蓝色这条就是黄河的总排干沟，就相当于现在黄河河套灌区已经形成了非常完善的七级排灌系统，下面列到的这些就是非常密集的水网系统。我们黄河水通过总干渠像动脉一样的这些细支的支条干渠注入到整个河套地区的农田里面。灌溉完之后，再通过我们整个密密麻麻的排干沟，排到最北边的总排干沟里面，最后汇集到在我们东边的乌梁素海，可以对乌梁素海起到一个非常好的补给作用，同时乌梁素海的水也会再补给到黄河里面，形成了整个这样一个非常完善的灌排系统。

　　其实在整个黄河河套灌区水利建设的过程中，完成了三个历史性的超越，首先就是从无坝引水到现在修建了三盛公水利枢纽的有坝引水，从之前的多口取水，到现在形成了一首制灌溉，这就是我们刚刚给大家介绍到的，只从一个口引水。第三，从之前的有灌无排，可能会导致土壤盐碱化的情况，到现在灌排结合，整个非常完善，可以说是非常完善的灌排系统给我们河套地区的农业带来非常大的发展。

　　李敏：对。我们大力发展农业得益于我们的黄河。

　　张宁：我今天早上来了就听到那边有牛叫声，旁边就是牧场是吧？

　　李敏：对。

　　张宁：我们现在到牧场那边看一看，在中间走这段路，我想问一下李敏，你作为当地人，十多年来对于我们当地生态环境的改善有一些什么样的变化，可以给我们讲一讲。

　　李敏：我们最早磴口县经常会刮沙尘暴的，这样的沙尘暴大概有10米或者5米之内相互都看不到人，慢慢风沙得到治理以后，我们的风沙变小了，还有一个特别有趣的细节就是我上学的时候，我们的校服是黑色的，那个校服每年上学的时候，遇到这样的沙尘暴，我们整个衣服就变成了灰色的样子。但是直到现在，我们风沙变小了，最早种植会有减产或者绝收的状态，现在基本上已经很少很少，几乎都没有了，而且我们现在整体的环境，通过这样的改造，发展这样的农业和产业也为当地的居民提供了很好的收入，为农业发展提供了更好的条件。

张宁：相当于在人居环境上，之前沙尘暴的天数已经很少了，对大家的居住环境有很大的改善，从生活方面呢，农业方面不会再受到那么大风沙危害的影响。同时我们现在发展这么完善的产业，也为当地提供了更多的就业机会。

李敏：是的。

张宁：不知不觉我们已经走到了小牛旁边了，我看到这些小牛的个头都不大，它们大概是多大？

李敏：我们现在看到的这个叫犊牛岛，犊牛岛里的小牛，大概都是三个月以内的小牛。

张宁：我看它们为什么都一个一个住自己的房子呢？

李敏：因为我们的小牛就像人一样，就像小婴儿一样，它有很多的系统因为刚出生是需要吃母乳的，就是吃牛奶，长到两个月龄的时候会接替一些饲料，其实和婴儿一样，它的呼吸系统也好、内脏系统也好，是没有那么发达的，所以它的免疫系统也比较低，单独的、精准的养护的话，对它来说，可以更好地照顾它，如果某一头小牛生病了，我们可以更精准地看到它生病的状态，也可以更好地照顾它，而且避免一些交叉感染。

张宁：我们刚刚一直都聊到整个产业园，包括种植业和牧业都是一个有机产业园，这个有机是贯穿在整个产业过程中，具体有哪些环节的要求？

李敏：不光种植也好，养殖也好，全部都符合国家和欧盟有机的标准，种植是从源头的种子，一直到投肥的部分，还有最后的养护部分全是有机的，包括养殖，包括大家看到的牛棚里头的垫料和它们吃的东西，都有详细和严格的有机指标控制它。

张宁：不光环境是有机的，而且生产出来的产品也都是有机的。

李敏：是的。

张宁：其实在我们这边生产出来的原奶，再到加工后的鲜奶，品质是非常好的。

李敏：是，我们通过这样种养一体的循环模式进行整体的发展和开拓的话，为当地的奶业振兴贡献力量，乃至向内蒙古的奶业振兴贡献更多的力量。

张宁：非常感谢李敏刚刚给我们的介绍，从李敏给我们的介绍中我们了解到了磴口县当地在有机产业园的发展，其实除了产业这种形式，我们当地还有很多别的治沙固沙的方式。

现在有请出第二位直播嘉宾，磴口县防沙固沙局的副局长韩应联，韩局长，您好，韩局长给我们的网友朋友们打个招呼。

韩应联：大家好。

张宁：韩局，您再给我们介绍一下，我们当地除了这样的固沙模式之外，还有一些别的什么样的模式？

韩应联：近年来产业治沙，我们把它作为一个乌兰布和沙漠的主要手段，还有一些陆续开发的一些光伏治沙产业，还有刚才大家看到的有机草业的种植，还有就是特色经济的种植，还有就是以乌兰布和沙区的荒漠中药材，特别是以肉苁蓉种植这一块为主的产业治沙模式。

张宁：总的来讲，大体的路径分产业治沙和工程治沙两种，我们刚刚给大家介绍的整个种养一体化有机产业园的一种就属于产业治沙的一种。

韩应联：对，咱们现在看的主要是产业治沙，近年来还有一个光伏治沙，特别是光伏治沙利用乌兰布和的资源优势，乌兰布和沙区，日照每年在3300小时以上，资源是非常丰富的，所以非常适合发展光伏治沙。截至目前，我们已经建成了37万千瓦光伏基地，总占地面积是1.2万亩，年发电量是4亿度左右。

张宁：年发电量是4亿度，这4亿度是什么样的概念？

韩应联：可以这样折算，按每一个家庭年使用的用电量，2000到3000度计算，可以保证十几万户一年的用电量。

张宁：咱们这个光伏产业其实是属于清洁能源、新能源，在环保效益上有没有什么概念？

韩应联：光伏发电属于国家支持的新能源建设主要的发展方向。同比对比，比如说咱们用煤电，就是与燃烧煤发电相比，可以节约1亿度电，就可以节约近10万吨的碳排放量，所以节能效果还是非常明显的，也是非常显著的。

张宁：相当于我们年发电量是4亿度，几乎可以减少40万吨的碳排放量，这个数据还是非常可观的。除了光伏，我们刚刚也讲到还有通过草方格工程治沙，通过铺设草方格种植梭梭，还会在梭梭下面再种植一些中草药，这个再给我们介绍一下。

韩应联：还有一种方式就是对沙漠进行草方格养沙，草方格压完以后种植梭梭为主的沙生灌木，同时在梭梭成长起来以后，可以接种肉苁蓉，发展荒漠中药材。

张宁：现在梭梭、肉苁蓉的种植面积是多少？

韩应联：截止到目前，全县一共有梭梭林大约45万亩，其中已经发展了人工接种肉苁蓉是12万亩左右，年产鲜品肉苁蓉大约是700万吨，按照现在的产值和市场价核算，我们一亩地大约有1200元左右。

张宁：非常感谢韩局的介绍。今天我们带大家在现代产业园虽然没有看到奔腾壮美的黄河，但是我们能从郁郁葱葱的草场，同时从蒸蒸日上的产业发展，能够看出我们当地受到黄河非常深刻影响的印记。其实在黄河滋养润泽当地人民的同时，当地人民也在用他们的实际行动为黄河，为生态保护做出他们自己的努力。

接下来就请大家继续关注我们的直播，跟着我们的直播镜头一路继续向东，江河奔腾看中国。

王艺：各位央视新闻的网友大家好，这里是中央广播电视总台特别报道"江河奔腾看中国"。

离开浩瀚的乌兰布和沙漠，眼前这片水草丰茂的地方，正是素有塞外明珠美誉的乌梁素海，乌梁素海古时是黄河的一部分，清道光年间，黄河改道向南移动，乌梁素海就成为黄河流域最大的淡水湖。这里的渔业资源非常丰富，其中最著名的就要属黄河大鲤鱼了。湖中遍布着连片的芦苇，长得又高又密，当地的渔民把芦苇制成手工艺品增加收入。不过要说最吸引人的还是栖息在这里的各类珍禽，这里可以说是鸟类的天堂，每年有200多种600万只野生鸟类，在这里栖息、繁衍。其中国家一、二类保护鸟类45种，其中就包括疣鼻天鹅，作为中国现有的三种野生天鹅里最漂亮的品种，疣鼻天鹅对生活环境有着相当高的要求，现在乌梁素海已经成为疣鼻之乡。

沙水交织，离开乌梁素海，现在我们所看到的就是中国第七大沙漠库布齐沙漠，它位于几字弯里的黄河南岸，就像连接黄河的一根弓弦。江南水乡广为人知，沙漠水乡你见过吗？2015年开始，临汛期的黄河水被引入库布齐沙漠，形成了一片片水塘，有了水之后，不少的牧民就跨界做起了渔民，不光养牛羊，还要养鱼、养螃蟹，沙漠日光丰富，也是一种取之不尽的能源——太阳能。在库布齐沙漠腹地，每年日照时间近3500个小时，在耀眼的阳光下，光伏板熠熠生辉。

峡谷雄奇，山河浩荡，顺着黄河，我们来到了准格尔大峡谷，这里的黄河一湾碧水，绕行于险峻的峡谷当中，近乎转出了两个360度的大转弯，从高处俯瞰，犹如一幅太极图。这几年当地依托地貌的优势，建起了准格尔黄河大峡谷旅游区。

领略完大峡谷的雄奇风光之后，你还可以到"三面环水，一线通陆"的百年古村落崔家寨去住一晚，如今这里依然保留着古村落的原始风貌，铺满石板的幽深古道，迂回曲折的古村旧巷，柴扉半敞的老宅，无不在诉说着黄河人家的悠久历史。

天下黄河九十九道弯，最美不过老牛湾，老牛湾地处黄河偏关段，河谷两岸壁立万仞，河道中碧波荡漾，在这里中华民族的两大重要象征——长城与黄河交汇握手。

屹立在断崖之上的方形建筑就是明代修建的烽火台叫望河楼，黄河水在老牛湾有一个大回头，形成了一个接近360度的大回旋，千百年来，这里也为世人留下了令人称赞的壮丽奇观。地处黄土高原和蒙古高原的交界，农耕和游牧文明自古便在这里融合交汇，老牛湾古村落建筑依山而建，错落有致，所有建筑都是就地取材，全部使用当地的石头和石片修砌而成。

解说：黄河之水天上来，奔流到海不复回。穿越九个省（区）干流全长5464公里，横跨四大地貌单元，拥有黄河天然生态廊道等多个重要生态功能区域。黄河流域有3000多年是全国政治、经济、文化中心，孕育了古老而伟大的中华文明。"九曲黄河万里沙""黄河宁，天下平"。目前，黄河已实现连续23年不断流，十年间，黄河流域治理水土流失2.68万平方公里，平均每年减少排放黄河泥沙3亿~5亿吨，黄河生态绿线最宽处向前推进约150公里，推动黄河流域生态保护和高质量发展。

"宜水则水，宜山则山，宜粮则粮，宜农则农，宜工则工，宜商则商"。"看见锦绣山河，江河奔腾看中国"10月2日，国庆长假第二天，央视新闻带你跟随奔腾黄河，遇见青山绿水，见证黄河流域生态保护和高质量发展，感受造福人民的幸福河。

王艺：各位央视新闻的网友，大家好，这里是中央广播电视总台特别报道"江河奔腾看中国"，欢迎各位网友跟随着我们的镜头，和黄河一起继续奔涌向前。

现在出现在我们画面当中的就是准朔铁路黄河特大桥，准朔铁路连接了内蒙古准格尔和山西朔州两地，是重要的煤运通道。这座黄河特大桥全长655米，飞越晋陕大峡谷，使天堑变通途。

沿着黄河继续前行，眼前这条蜿蜒的公路就是与黄河并行的"黄河一号"旅游公路，贯穿忻州、吕梁、临汾、运城四市。它连接了沿线65个A级及以上景区，行驶在这条公路上，你可以遇见气势磅礴的壶口瀑布、《西厢记》里绝美爱情的发生地普救寺，以及更上一层楼的鹳雀楼，来感受黄河沿线风景文化的独特魅力。

一路奔流，黄河来到山西永和和陕西延川，在绵延68公里长的峡谷中，黄河自北向南形成了七道磅礴壮美的蛇曲大弯，其中最著名的就是乾坤湾，S形河道犹如巨龙摆尾，黄河在这里展现出了母亲的宁静从容，大气和谐。

晋陕大峡谷是黄河干流上最长的连续峡谷，像一把利剑将黄土高原劈为两半，在这里，黄河的黄字体现得淋漓尽致，穿过黄土高原，黄土丘壑泥沙俱下，虽然晋陕大峡谷河段的流域面积仅占黄河的15%，但是这里的来沙量却占全部黄河的56%。

看到眼前的景象，想必大家都是震撼又熟悉，内心澎湃又自豪，这里就是壶口瀑布。"源出昆仑衍大流，玉关九转一壶收"，黄河水奔流到这里，河口收窄犹如壶口，从30多米高的陡崖上倾注而下，造就了黄河上最为壮丽的奇观。

相比起刚才奔腾咆哮的壶口瀑布，眼前的这条河显得非常的宁静，这里就是黄河的第二大支流——汾河。汾河是山西的母亲河，全长700多公里，流域面积近四万平方公里，养育了山西1/4的人口。《山海经》云，"管涔之山，汾水出焉"，这也是有关汾河的最早的文字记载，而与汾河相关的还有一句著名的诗句，"问世间情是何物，直教生死相许"，相传《摸鱼儿·雁丘词》正是元好问路过汾河时遇到的故事。

接下来就让我们跟随总台记者的镜头，走进位于汾河岸边的平遥古城，来感受汾河水孕育的三晋文化。

武思宇：历六朝五代，诉说文明；经千秋百世，引领风骚。这里是平遥古城，今天是国庆长假的第二天，绵绵细雨也为平遥古城增添了几份独特的意蕴。这座有着2800余年历史的平遥古城，宛若一幅行走的画卷，包含了明清时期，汉民族文化、社会、经济的万千景象，如果想要全面地了解平遥古城，您特别需要一位专业人士，今天我就请到了我的小伙伴和我们一起游古城，来跟我们的镜头打个招呼。

小张：大家好，我是平遥古城景区的讲解员小张，今天就由我带领大家共同走进古城。

武思宇：好的，那我们边走边聊。

小张：其实平遥古城是中国历史上保存下来最完整的汉民族县级古城池，它的历史是非常久远的，始建的年代是在西周宣王时期。当时周宣王姬静派大将尹吉甫北伐猃狁，于是在这个地方屯兵，修建了夯土结构的城垣，所以这个古城有2800余年的历史。它在春秋时属晋，战国时属赵国。秦置平陶，汉置中都，北魏年间，正式由最初的平陶，更名为平遥，一直用到今天，所以平遥这个名字距今的年代是1500年。

整座古城保存得非常的完整，面积也非常的大，古城的总占地面积是2.25平方公里，相当于我们现在大概是3300多亩地，整个城区里面还有很多老百姓居住，所以这个景区是一个保护区、居民区，还有我们讲到的景区合在一块的大型的复合型景区，我们今天走到的古城，我们说2.25平方公里。现在古城内常住居民大概是11000多人，4800多户，也正是因为古城人民对家乡的浓厚情结，和对古城浓浓的情谊，才使得古城和古城人民，人城共存，休戚相关。

整座古城其实还有一个别称，它叫"龟城"，就是它很像一个爬行的乌龟的造型，古城一共是六道城门南北各一，东西各二。南面、北面各有一道城门，东西两边各有两道城门，所以古城是一个龟城的造型。最主要的是古城里面保存的非常的完好，古城里面完整地展现了中国明清时期的县衙建制、街道规划、民居建筑、商街店肆的完整的真实情况，一直保留到今天，所以说我们讲到的平遥古城，确确实实是迄今为止保存下来，具有历史原真性、风貌完整性，包括生活永续性的一个满城风华，独具烟火气的一座活态古城。

联合国教科文组织其实给予了平遥非常高的评价，他是这样说的，他说平遥古城是中国汉民族城市在明清时期的杰出范例，平遥古城保存了其所有特征，而且在中国历史的发展中，为人们展现了一幅非同寻常的文化、社会、经济及宗教发展的完整画卷。

当然，大家也可以通过我们的镜头看到古城里面保存有完整的古街道、古店铺、古民居、古寺庙组成了一个庞大的古建筑群。古城里面保存有3798处古民居，同时保存有研究价值的、我们进行编号保护的、非常完整的院落一共有506处，这506处院落，不仅仅囊括了北方所有民居的特点，而且在保存数量上以及完整程度上都是在中国非常少有的。所以说平遥古城也被称之为"中国古民居建筑艺术博物馆"。

当然了，来到平遥不得不去的就是中国最早的第一家票号日升昌，很多人来到平遥之后还会去县衙，会前去我们的《又见平遥》演出剧场，真真正正地了解平遥人的走西口，看看平遥人的忠义性，陕西人的精神骨。

武思宇：听您刚刚讲了这么多，我已经沉醉在这浩瀚的文化历史当中了。接下来让我们用一段画面，一起带大家看一看平遥之美。

我现在就是走到了平遥古城的南大街，而这里也是平遥古城在明清时期最为繁华的商业中心，可以看到两边都是有着明清风格的建筑，商铺林立，都说来到平遥一定要吃平遥牛肉，那这里的牛肉为什么这么出名呢？走，一起去看看。您好。

店员：你好，咱们这里有孜然牛肉，这边还有牛腱子，还有一口香牛筋。

武思宇：我早就听说咱们的平遥牛肉特别的出名，而且制作工艺也是特别的复杂，您能详细地给我们介绍一下吗？

店员：咱们平遥牛肉至今有2000多年的历史了，它的加工工艺就是相、屠、腌、卤、修。相，就是相牛，"非病、非残、非犊之健牛"，要一些健康的牛。屠就是屠宰，然后就是腌，先腌后煮，最后是急火慢炖，这样煮出来的牛肉就非常好吃。

武思宇：我早听说平遥牛肉特别香，我特别想尝一口，行吗？

店员：行，这边已经给您准备好了。

武思宇：看起来这种红红的都是瘦肉是吗？

店员：对。

武思宇：我尝一口。

武思宇：别看它好像红红的都是瘦肉，但是一点都不柴，真好吃，而且香味特别的浓厚，怪不得它这么出名了，我要赶紧买一包，给我的家人也尝一尝。

品尝完美食，下一站我们的记者带您一起去了解非物质文化遗产推光漆器，把时间交给他。

李晋源：我现在所在的位置是中国推光漆器博物馆，这里珍藏了3000多件的漆器作品，今天我们还有幸请到了一位专家，接下来就让专家带领我们一起来体验一下这些展品吧。

专家：主持人你好，大家好，欢迎来到中国推光漆器博物馆，在这里先给大家介绍一下关于漆器的历史，漆器的历史可追溯7200多年前的朱漆碗，而平遥推光漆器历史可追溯的是4200多年前彤车白马、帝尧车乘，你看在大同石家寨司马金龙墓出土的汉代五叶人物彩绘屏风，据考古是平遥的推光漆器。在2006年平遥推光漆器修髹饰技艺就被列入了国家首批的非物质保护遗产名录。

李晋源：这个是漆器盒对吧？

专家：对，它是首饰盒，大漆的首饰盒，你看上面引用了铜丝镶嵌，在平遥大街小巷流传了一句话是说"男人是赚钱的耙耙，女人是攒钱的匣匣，不怕耙耙没爪，就怕匣匣没底"，说的就是这款首饰盒了。

李晋源：我看到它的外观非常的精美，您能打开盒给我们看一眼吗？

专家：可以的。可以看一下，这款首饰盒一共是三层，刚打开这个有一个化妆镜，这边可以放置戒指、耳饰、手镯，在下面也同样有一个隔层在里面，包括这边，还有一个小隔层在下面放着。

李晋源：我相信这个一定能够放很多很多的首饰了，送给家里的母亲也好，送给自己的女朋友也好，我认为这都是一个不二的选择。

专家：对，也叫做一个装满爱的盒子嘛。

李晋源：是的。

专家：您看在2006年成为非物质文化遗产的时候，我们说到保护、传承，在这个基础上要进行创新和发展，看到的这一款产品就是偏向于创新与发展的作品了。

李晋源：这是一个茶台。

专家：对，茶台，你看咱们中国文化有道是说茶文化、陶瓷文化与漆文化，这就将中国三个文化合为一体，里面斟上茶是茶文化，所用到的胎体是瓷胎，是瓷文化，而外面用大漆工艺髹饰的犀皮漆文化，上面也镶嵌了螺钿彩贝，是非常漂亮的。

李晋源：真的是光彩夺目啊。非常感谢专家为我们详细地介绍，接下来就有请我们的工作人员挑选一些非常好看的漆器作品，带大家一起感受。

刚才在展厅里看到了很多的推光漆器，真的是让我大饱眼福，接下来就请您给大家详细地介绍一下推光漆器的故事吧。

专家：好的，漆器始于尧，兴于唐，盛于明清，繁于当代，几经变迁传承至今。而平遥推光漆器有着4200年的历史在里面，制作一件精美的漆器需要从实木制胎、表部刮灰、漆光髹漆、画工彩绘、镶嵌装饰、手掌推光，6个工种，66道工序才可以制成。

李晋源：这么多道工序，我想问您的是最长的、也是我们师傅最用心的一道工序是哪一个呢？

专家：就是我们接下来要看到的这道工序，工艺师傅在上面进行髹饰彩绘。

李晋源：那我们一起去看看吧。

专家：你看平遥独有的是描金彩绘，三金三彩，堆鼓罩漆，融合了国内的平磨螺钿、剔犀云雕这些工艺，而我们现在这位师傅所在进行到的是描金工艺。

李晋源：师傅，您好，我想问您一下，您从事这个职业有多久了呢？

师傅：28年了。

李晋源：28年之久，我们看您画的这五个孩子，非常的生动活泼，您能给我们讲一讲这个推光漆盒有什么样的名称吗？

师傅：我现在做的这个是名叫《五子赏月》的大漆首饰盒。

李晋源：像您做完这么一道工序大概得耗费多长的时间呢？

师傅：单纯的画这个盒子大约需要20天左右。

李晋源：这么长的时间，真可谓慢工出细活啊。

专家：对，我们常说到推光漆器，会说到的是繁工细活的体现，我们大师刚刚已经说了，她是做了28年了，她是咱们晋中市市级工艺美术大师，在唐都公司的话，有国大师、省大师、市级工艺大师，而每一位大师，他们都需要经过这样子一步一个脚印去磨炼，才可以成为大师。

李晋源：看来我们的平遥推光漆器走出平遥，走向世界是有他的原因的。接下来就让我们的另一路记者一起带大家感受平遥日升昌票号的晋商文化精神。

胡晓冬：各位央视的网友，欢迎大家来到山西的时段，通过镜头大家应该可以看到我现在所处的地方，没错，就是平遥古城。在节假日期间，来古城走一走，逛一逛，一定是一个不错的选择。

我来说一下古城的位置吧，在古城旁边流淌着一条河流，是山西人的母亲河，叫汾河，它也是黄河的第二大支流，在这样一个区域，孕育着浓厚的晋商文化，所以说我今天带大家在古城里逛一逛，转一转，最主要的目的是给大家带来晋商文化的起源和发展。

在我前面这个日升昌记是来平遥古城一定要来转一转、逛一逛的地方。

李朝：作为当时的一家私人票号来讲，因为在清朝的时候，票号引领了当时整个金融风尚，包括主宰了清王朝的金融命脉，一家票号一年的汇兑额可以高达3000多万两白银，那如此庞大的汇兑额，它经手的费用，包括它的汇票非常的多，一旦有汇票造假的话，就会造成客户的损失，包括票号的信誉损失，因此这张票号上使用过多重防伪。比如说在墙上看到的是密码，也就是防伪，最重要的防伪，比如说内容当中提到了，从右往左看，第一部分："谨防假票冒取，勿忘细视书章。"它字面的意思是告诉大家一定要谨慎，防止假票冒取钱财，不要忘了细细观察上面的书法笔迹防伪和印章防伪，笔迹印章是最基础的两道防伪。除此之外还有水印，当然它看上去是员工守则之类的话，但是它代表的是一年12个月份，每一个字代表一个月。第二部分，堪笑世情薄，天道最公平，昧心图自利，阴谋害他人，善恶总有报，到头必分明。一共是30个字，分别对应农历一个月的30天。

胡晓冬：所有的这个我们看起来是员工守则，其实是包括了日期和金额的。

李朝：对。最为关键的地方在于，当时如果客户拿着汇票丢失了，被抢了，但是票号能保证您的资金安全。这个很关键啊，怎么保证啊？因为当时票号有规定，如果拿着汇票丢了，此汇票虽然有一项制度叫做认票不认人，拿着票可以取钱，但是还有一条："见票迟三五日交付。"如果作为客户来讲，他丢票了，他会立即到最近的日升昌票号去挂失，挂失以后，捡到票的人，或者抢到票的人，他拿着票过来取钱，肯定不能马上取走。三五天的时间足够这一家分号写信通知所有的联号，那就意味着大家都知道这张票被抢了，此票作废。作废以后，拿着这个票的人绝对不可能再去票号取钱，因为他会被抓起来，所以他唯一有可能做的事，是通过这张票去仿造更多的票。但是有一点最关键的，如果他要防，他一定会更改日期，更改金额是吧？所以他不知道密码母本的话，他无从知晓应该对应写哪几个字，所以他取也取不了，仿也仿不了，钱安全了。

胡晓冬：为什么会在平遥这个地方出现这样一个天下第一票号？

李朝：第一家票号产生在平遥有很多的原因，首先从汉代开始，平遥就是一个非常重要的商业集散地，商业特别地繁荣，而后来第一家票号产生有他本身自己的优势，因为当时很多大的客商到外地做生意，会携带大量的现银，很不方便，因此在面对这种情况的时候，当时只要是在不同城市开联号的机构就开始试行汇兑，也就是说在自己的机构里，甲地存款，乙地取款，帮助别人用一张取款凭证，信也好，什么也好，用一张取款凭证代替运钱，我们最开始试行汇兑。慢慢地大家发现了商机之后，很多人都觉得这个办法好，要比雇镖局方便得多，于是只有一个叫"西裕成颜料庄"的字号率先将原先的机构不做了，改营成专做汇兑的票号。实际上关于票号产生年代，包括时间，有很长时间学术界在推测，到底是什么年代产生的这家票号。首先有一些通信的保障，还有各方面的保障才能够成为后来专做票号之后有很多方便的地方。

胡晓冬：其实相信你从我们的参观和讲解当中一定能明白晋商为什么会一步一步地发展壮大，票号又是如何产生的，如果有兴趣的话，您也可以自已来这边转一转，看一看。

武思宇：逛了一圈古城，发现这里到处都是古与今的融合，新与旧的碰撞，一砖一瓦都充满了故事，在这样一座古城里，是如何历经千年又历久弥新的呢？今天我们也请到了平遥古城的文化学者赵永平老师，赵老师您好。

赵永平：您好。

武思宇：来跟大家打个招呼吧。

赵永平：大家好，我叫赵永平，是一位土生土长的平遥人，走进平遥古城，就像走进一座历史博物馆，一座文化博物馆一样，因为平遥古城保存到现在，主要是平遥人注重历史文化的传承和历史文化的保护，平遥古城1997年申报为世界文化遗产，这个世界思维再次在平遥打开，后面2001年开始，平遥就举行平遥国际摄影大展，现在已经举行了22年了，还有平遥国际摄影展、平遥国际雕塑节，这些都是活态保护、活态传承的东西，古城不是商业化的一座古城，是文化传承的一座古城，包括我们的非遗传承。比如说平遥古城国家级非物质文化遗产推光漆器，我们是中国推光漆器之都，有中国推光漆器博物馆，有国大师、省大师，有一批推光漆器人才，把这个非遗项目传承下来。

包括平遥牛肉，平遥牛肉也是一个国家级非遗项目，也是大家通过这个古城不断地传播下来，这个古城传播的不仅是一个商业信息，更重要的是一种历史，一种文化，一种烟火气。我们走进这座古城，看的不是过度商业化的样子，看到的是一种文化传承，我们现在推行研学，研学的时候就是小学生、中学生、大学生通过平遥古城看到中国优秀传统文化的呈现。

武思宇：说得真好，我们相当于是在古城里免费地听了一场生动的课堂，非常感谢赵老师参与我们的直播，谢谢您。

悠悠岁月刻进了每一寸古城墙，而晋商精神也融入到了平遥人的骨血当中，传统文化的魅力就在这样一座活起来的古城里生生不息。

王艺：跟随母亲河继续蜿蜒穿行，龙门峡谷位于晋陕大峡谷的末端，是黄河的咽喉地带。黄河一线有140多个水文站，工人条件最艰苦、位置最险峻的就是大家眼前的这座龙门水文站。依绝壁而建，面对奔腾不息的黄河，它被称作是悬崖上的水文站，想要进入水文站必须在山西河津一侧称作唯一的交通工具——"吊箱"，从空中抵达，距离水面20多米。一代又一代的龙门水文人，在这里把脉黄河，守护黄河，岁岁安澜。

现在我们看到的就是被称作"三秦锁钥"的潼关，陕西、山西、河南三省在这里交界，洛河、渭河在这里汇入黄河，估计每一个来潼关的人都会迫不及待地想要去潼关古城看一看。这里曾经是关中的东大门，地处黄河渡口，占据着长安至洛阳驿道的重要关卡，历来都是兵家必争之地，在古城外的三河口水利风景区，就可以看到洛河、渭河、黄河，三河汇聚后急转东流的壮阔景面。

秋风吹渭水，落叶满长安。沿着黄河最大支流渭河逆流而上，我们就来到了西安。早在新石器时代，这里就诞生了仰韶文化的典型代表半坡文化，西周至唐，朝代更迭变换，不变的是都城，西安成为13朝古都，目前西安两项六处遗产被列入世界遗产名录，分别是秦始皇陵及兵马俑、大雁塔、小雁塔、唐长安城大明宫遗址、汉长安城未央宫遗址、兴教寺塔。

黄河流域孕育了古老而伟大的中华文明，在中华5000多年的文明史上，黄河流域有3000多年都是全国政治、经济、文化的中心，接下来我们跟随记者一起云游陕西历史博物馆，来领略黄河流域的灿烂文明。

刘天惠：各位央视新闻的网友大家好，我是总台记者刘天惠，江河奔腾看中国，今天和您一起看黄河。

滔滔黄河水，悠悠华夏情。黄河流域作为中华文化传统的发源地，在5000年的文化史中，有3000年都位于中国的政治、经济和文化中心，在这里孕育了关中文化、河套文化，诞生了西安、洛阳、开封等古都，并且产生了"天人合一""协和万邦"的思想观念，诞生了四大发明、《史记》《诗经》这样的经典著作。

今天我们也是特别为您请到了陕西历史博物馆"黄土、黄河、黄帝——黄河流域生态文明与历史文化展"的策展人刘芃老师。刘芃老师您好，来和我们央视新闻的网友打个招呼吧。

刘芃：大家好，欢迎大家跟我一起探寻"三黄展"。

刘天惠：刘老师，我们知道，说到黄河，肯定离不开黄土，著名的考古学家苏秉琦先生在自己的著作中也曾经提到了，在豫晋陕邻近的黄土地区，其实是中华文化的主的根系，而且在《史记》中，对于黄帝也有一个土德之瑞故称黄帝的说法。我们这儿呈现了两个黄土块，这个黄土标本就是从形制上和特点上，为什么会对黄河流域的文化发展产生这么重要的影响呢？

刘芃：这个黄土的形成是200多万年前，我们大自然，西北气候变化和地质运动变化，形成了一个松散的沉积物，黄土富含氮、磷、钾等40多种微量元素和20多种氨基酸。氨基酸在我们早期农业是一个非常肥沃的沃土，适于原始农业耕种。另外黄土的孔隙性、碱率性是适于做建筑的材料，宜居、宜耕。

刘天惠：也就是说黄土在远古时期人类的生产、生活中扮演了一个从居住到饮食、到种植一个必不可少、非常重要的角色。

刘芃：我们现在待在黄土高原上面，我们底下就是窑洞，这是几千年来生活形态的真实反映。

刘天惠：关于黄土我们原来会不会有什么样的传说故事，是影响到我们华夏文化几千年的进程呢？

刘芃：我们知道的女娲造人，上古传说女娲团土造人，就是大家对黄土的认识，黄土造就了我们人类，造就了华夏民族的传说。

刘天惠：我们知道如果要去考察一段历史的发展和渊源，其实是离不开一些非常重要的文物，我们需要让它去说话，让它来讲一些故事，来告诉我们一些我们以前不知道的历史，今天能给我们选几个比较重要的介绍一下。

刘芃：先介绍老官台文化，老官台这里有一个彩陶，这是我们目前发现的中国最早的彩陶，陕西发现老官台遗址，但是它典型的器物代表是在甘肃的秦安大地湾遗址发现的，所以这是大地湾文化一期的彩陶，它是距今有8000千年的彩陶文化，对后面的仰韶文化、彩陶文化，包括马家窑这些影响是深远的。

刘天惠：它其实是作为根源和根系？

刘芃：对，它是彩陶的源头，目前最早的，也是我们在世界上发现的早期的彩陶之一。

刘天惠：跟随镜头我们可以看到，在这个展厅的右侧，这边的陶器和左边的陶器其实有明显的不同，我看到这里的画面和刚才陶器的画面已经呈现了文化不一样的样子，您能和我们解释一下有什么寓意吗？

刘芃：这是我们马家窑文化——彩陶文化的典型的器物，它是反映上古人类在生活当中，对河流、对自然的观察，你看我们水波纹里面的黑点，像漩涡纹一样，是对自然观察以后，对自然的认识反映到器物上面，也是一种文化。

刘天惠：也就是说那个时候的人类已经在生产生活中把自己的所见所想呈现在自己的生活器具上。

刘芃：我们再看这件圆点旋纹彩陶罐，这个上面的小圆点有不同的解释，也有人认为它是太阳，也有人认为它是水中漩涡涡纹的涡点，就是不同的含义，它已经有它自己的表现方式了。

刘天惠：接下来您要带我们看到的是哪一种文化，哪一个特殊的器具呢？

刘芃：接下来我给大家介绍一下仰韶文化，这是在我们姜寨出土的蛙纹彩陶盆，我们看到上面有一个青蛙，蛙纹据考古学家和专家的研究，它是上古人类对生殖、对生育的崇拜，希望人类的繁衍，有这种含义。我们知道女娲造人，女娲的"娲"和青蛙的"蛙"是同音的，也有一定的联系。

刘天惠：我看到这有一个鱼纹彩陶葫芦瓶，它和我们其他摆设的器型上呈现一个非常不一样的特色，它在兼具实用性的同时，也有一个很美观的作用是吗？

刘芃：它这个是葫芦型，这个也是生殖崇拜，跟生育有关系，另外它在仰韶文化时期，这也是比较典型的器物。

刘天惠：我之前也做过一些功课的，为什么仰韶文化在考古学上有这么重要的意义，就是因为距今6000多年前，我们考古会认为仰韶文化代表了氏族部落向国家转化的标志，并不是说从这个时候就已经出现了国家的象征和符号，而是在这个时期仰韶文化的氏族从一个鼎盛时期逐渐走向衰落。看到仰韶文化的葫芦瓶就可以知道，它推测出当时应该呈现了一个明确的社会分工，这个葫芦瓶的诞生有可能是当时一些掌管天文、掌管占卜，或者是跟宗教相关的人进行了一些需求，所以它在我们中华文化的历史上是有非常重要的作用。

我们看这儿有一个刻符陶钵，这个上面好像会有一个标记是吗？

刘芃：是，这是在我们史前文化里面，我们从甘肃，从陕西彩陶里面经常看到一些符号，专家研究是我们中国文字的早期的雏形，因为在不同的陶器中发现了一些相同的符号，但是具体表现的含义，大家解释还不是那么清楚，但是可以肯定的是它和我们后面的文字，包括甲骨文文字的发展有一定内在的联系。

刘天惠：我看到这儿有一个特别可爱的，不像是一个文物，反而像一个玩具的器型，您给我们介绍一下这个吧。

刘芃：这是山东省博物馆收藏的大汶口文化的红陶兽形壶，这个是大汶口文化一个典型的代表器物，我们从正面看有点像小猪，侧面看有点像狗，这个很鼓的腹部，尾部有一个柱，倒水的地方，口部有流，可以把水倒出来，底部可以加热，因为它是兼具实用和仿生学功能在一起的，到了这个时期，我们史前人类对于文化工艺的进步和对生活的认识，有了艺术性的提高。

刘天惠：我看到这里有一个玉铲，这个玉在我们中国直到现在为止，我们都讲"君子温润如玉""宁为玉碎，不为瓦全"，它在我们传统文化直至今日都扮演一个非常重要的角色。

刘芃：对。这个玉器到这里已经具有礼制的象征，因为它已经从氏族部落迈向国家的层面，是有礼仪性的，并不是一个实用的生产工具了。

刘天惠：这个从器型上就吸引了我的注意，这个里面有没有什么讲究？

刘芃：这个蚕纹双联陶罐是我们甘肃省博物馆收藏的齐家文化比较典型的器物，这个双联纹陶罐，我们先看这个纹饰，为什么叫蚕纹呢？这两个陶罐各有三条蚕，我们大家知道丝绸之路、丝绸古国，蚕丝业在很早之前就有了，这个蚕纹双联罐的发现，更加证明了我们古老的桑蚕养殖业和丝绸在4000多年前就形成了。这个为什么叫双联罐呢？有专家认为，它像我们结婚的合卺，就是交杯酒，有合卺的意义，它应该还是跟生殖、生育、繁育，对后世的祈望、祈福有关系。

刘天惠：我们看左边这个展品，它从颜色和薄的程度上，让我觉得它跟其他的有点不太一样。

刘芃：这是我们山东龙山文化的蛋壳黑陶高足杯。

刘天惠：它叫蛋壳黑陶，是不是跟它的薄厚有关系？

刘芃：它不到1毫米厚，就是0.5毫米厚，这是龙山文化最典型的黑陶器物，龙山文化黑陶的发现，从考古学上推翻了文化西来说，证明我们华夏文化、中华文化是本土诞生的，这个跟其他文化没有任何的关联。当然后来我们在河南、山西、陕西也发现了龙山后面的文化，但是最典型的还是在山东，龙山文化的黑陶文化做得特别精美，这是一个技术和艺术高度发展的社会。

刘天惠：也就是说黑陶文化的发展彻底否认了中华文化西来的学说。

刘芃：对。

刘天惠：那现在带我们看一下，刚刚也通过马家窑文化、龙山文化、齐家文化，我们已经知道了这些史前文化非常重要的特点，那您接下来带我们看一下通过这些文物怎么呈现我们几千年留下来的制度。

刘芃：我们现在给大家介绍一下，陕西历史博物馆收藏的师𫘦鼎，这是我们在陕西扶风强家村出土的师𫘦鼎，师𫘦是周共王时期的一个大臣，他的祖父、父亲都是在周王朝里面做大臣的，到他这个时候，周共王对他赏赐了一些衣服和车马器，然后让他表示像他的祖先一样，承担祖先的美德，然后把他自己的美德再继续传下去，传给后世子孙。同时周共王自己也说他要继承他先王的美德。这里面铭文一共有196个字，整个里面铭文里面有七处提到"德"字，我们看到这个"德"字，德字在西周之前的商朝，德字下面是没有"心"，但是在西周时期我们发现德字下面已经有"心"了，它是从外在的东西，变成内在的思想，这种思想是从3000多年前已经有很成熟的德治观念的思想，这对我们后世的影响是非常大的，我们现在讲究以德治国，中国人的道德思想观念是从3000多年前就已经形成了。

刘天惠：除了我们非常重要的礼乐制度以外，我们还有哪些制度是对中华文化产生很大的影响？

刘苋：郡县制度，就是县制度在战国时期就已经有了，但是到秦始皇统一以后把这个制度划下来，县这一级对我们后世的影响，到现在还有县这一级的建制，我们最基层讲县域经济，县下面的乡里、乡村治理，我们在2000多年前，在我们国家这么庞大的地域里面，怎么治理这个国家，怎么去治理，我们祖先已经有了很好的制度，包括我们说的"宰相必起于州郡，猛将必发于卒伍"，这都是最注重基层治理的，很早以前就知道了。

刘天惠：我们知道除了制度以外，文字也是中华文化保留至今一个非常重要的载体，我们跟随镜头可以看到刚才我们在那里看到了有一个刻符的陶钵，就是上面出现了第一个字符，通过发现可以看到这个文字其实跟我们黄河流域的农耕文化还是有非常紧密的联系，文字的形制，有农具，有稻谷或者麦穗一样的东西。

刘苋：是的，这个就是看我们文字的发展，就我们刚才说的刻符，一直到甲骨文，到经文，尤其是到秦始皇时期，统一以后，统一文字，这个对我们后世影响是非常深远的。就是在2000年前我们把这个文字、度量衡与货币统一之后，一直延续到今天，就是中华民族五千年不断裂的文明史怎么来的呢？就是我们从上古时期一直到现在思想上是传承下来的，文字上面也是承载了文明，一直传承下来。我们现在的孩子还能认识2000多年前的文字，这个在全世界其他国家是没有的。

刘天惠：除了文字之外，一个城市的建立，它其实背后承载了更多，除了文字以外，有经济，有政治制度，还需要有文化，我们知道黄河流域是诞生了长安、洛阳、开封、郑州，非常拥有历史文化传统的城市，为什么这些定都的地方都会选择在黄河中游这一片区域呢？

刘苋：其实我们看中国的地图，在黄河中游，在陕西、河南、山西，我们叫秦晋豫这个中原地带，黄河在拐弯这个地方，这是我们的中心地区。我们知道"宅兹中国"，这个"宅兹中国"指的是河洛地区，就是洛阳市中心，古人最早的宇宙观念就是居中，居天下之中向四周辐射，我们在上古文明探讨时说像花瓣，一瓣一瓣地打开，但是最核心的东西就是在于黄河中下游这个地方发展，尤其我们的都城，承载了政治、经济、文化，在我们5000年里面，黄河流域3000多年都处于核心的位置，我们知道周、秦、汉、唐一直到北宋的开封，都在我们黄河流域发展起来了。

刘天惠：在这里看到了一个又熟悉又陌生的东西，在陕西历史博物馆的屋檐上好像也能看到这样一个，叫螭吻，它是一个什么样的形状，用来做什么的呢？

刘芃：它是在古代建筑里面的一种神话，它主要是防火作用，就是一种装饰性，也起防火作用。

刘天惠：在几千年的文化中，我们的先民是通过自己的经验和智慧，通过观天象，通过总结农时，其实是在农耕文化的传承过程中总结了一套对现在都有参考意义的，比如说二十四节气，它对现在其实都还是有非常重要的借鉴意义。

刘芃：对，因为这个二十四节气就是在黄河中下游几千年的农耕文化中产生的，这二十四节气在黄河中下游，我们知道四季分明，雨热同期，所以到现在，在我们上古，经过古人观天象，看气候，然后定下这二十四节气以后，对我们农耕生活还有一定的指导意义、指导思想，另外对于我们的文化具有广泛的影响。有专家说二十四节气是中国的第五大发明。

刘天惠：我们知道黄河流域除了二十四节气之外，饮食上是不是也会有一个在不同中有一个相似之处呢？

刘芃：对，比方说我们北方大家都在吃面食，在兰州有拉面，在陕西有油泼面，在山西有刀削面，在河南有烩面，北方生活里面对于面食是有共通的，但是各地有各地不同的做法，这就是在多元一体化，饮食方面是多元的，但是在主要的方面我们都是吃面食的。

刘天惠：我们知道要想做出非常好吃的美食，其实它中间是有一些对于粮食生产制作方面会有一些比较先进的技术经验的要求的，我们这儿看到了一个类似于小房子的东西。

刘芃：这个是河南博物院收藏的陶仓楼，这就是在中国古代经济水利的发展，对农业的促进。我们讲黄河，黄河自古以来一个是防洪，一个是要治理疏导，要变害为利，我们水利工程就是变害为利，对农业灌溉有大的促进作用，通过灌溉改变了土地的结构，变为良田，变为良田促进农业的发展，农业促进经济的发展、粮食的增产、社会的发展、人类的繁衍，这都是在一起的，我们看到多方经济的发展情况。

刘天惠：我们也是知道在之前氏族部落时期，黄河的水患是非常多的，正是由于不同的氏族之间，他们经过共同的抗击黄河的水患，逐渐凝聚成有一个文化，有一个民族象征更大氏族的部落。其实有朝代历史以后，黄河流域，华夏民族也同周边的民族不断地进行交流和融合。

刘芃：是的，我们通过展览，通过历史的研究发现，中华民族的形成是几千年来各个民族共同的，我们现在说我们的历史，我们的文化，我们是融合与交流，总结这5000多年来，我们各个民族共同书写了中华民族的文化，共同创造了我们的文明，共同铸造了我们的中华民族精神，是我们各个民族共同铸造起来的。

刘天惠：也就是说中华民族在跟不同文化的交流互鉴中，焕发了新的生机活力，谢谢刘老师。

今天我们的探索就到这里了，湿润的黄土沉淀了中华民族的深度，九曲的黄河灌溉了华夏文明的精神，黄土、黄河、皇帝凝聚了中华民族自强不息、坚韧不拔的民族精神，也成为今天中华民族文化自信的重要根基。

江河奔腾看中国，今天带您看黄河就先看到这里，我们下期再会。

王艺：渭河旁边的大荔县黄河滩区，翠绿的芦苇迎风摇曳，候鸟时而飞舞高歌，时而悠闲漫步。关关雎鸠，在河之洲，到过大荔黄河湿地的人恐怕也会和我一样，惊叹于眼前的风光，与《诗经》中所描写的自然风貌如此的一致。

不知不觉已经到了午饭的时间，我们总台的四路记者已经上线了，来一场面面俱到的约会，其中有山西刀削面，甘肃兰州拉面，陕西油泼面，河南烩面，四地的面食齐聚，不知道会碰撞出怎样的火花呢？我们现在就一起去看一看。

解说：黄河之水天上来，奔流到海不复回。穿越九个省区干流全长5464公里，横跨四大地貌单元，拥有黄河天然生态廊道等多个重要生态功能区域。黄河流域有3000多年是全国政治、经济、文化中心，孕育了古老而伟大的中华文明。"九曲黄河万里沙""黄河宁，天下平"。目前，黄河已实现连续23年不断流，十年间，黄河流域治理水土流失2.68万平方公里，平均每年减少排放黄河泥沙3亿~5亿吨，黄河生态绿线最宽处向前推进约150公里，推动黄河流域生态保护和高质量发展。

"宜水则水，宜山则山，宜粮则粮，宜农则农，宜工则工，宜商则商"。"看见锦绣山河，江河奔腾看中国"10月2日，国庆长假第二天，央视新闻带你跟随奔腾黄河，遇见青山绿水，见证黄河流域生态保护和高质量发展，感受造福人民的幸福河。

胡晓东：各位央视新闻的网友，大家好。到了饭点的时候了，相信大家通过我们的屏幕应该可以看见，现在该到了吃面的时候了，刚才我们从平遥古城到陕西历史博物馆，听了很多沿黄的各类故事，其实沿黄不仅孕育了我们黄河流域的文明，更是让沿黄这一带的人民群众有一个共同的爱好是什么呀？吃面。今天我们四家就带来了各家具有代表性的面，大家PK一下，各位网友也可以PK一下，看看谁家的面好吃，我是总台的记者胡晓东。

焦健：各位央视新闻的观众，大家好，我是总台记者焦健，这里是甘肃兰州。我面前的这一碗就是兰州牛肉面了，我现在坐在黄河边上，一边在黄河母亲的怀抱，一边享受我们的牛肉面。兰州的牛肉面是面型最多的，我可以跟大家说一下，比方说我们在吃面的时候可以选择细的，二细、三细、薄宽、大宽、韭叶，还有二柱子、三棱子，很多很多的面型，所以用我们兰州当地人的话就是"兰州牛肉面（信号断）"。

贺雨晴：央视新闻的观众朋友们大家好，我是西安广播电台的记者雨晴，我们今天在陕西西安给咱带来的是陕西八大怪之一的biángbiáng面，我这个碗巨大，我在这儿想问一下其他三位老师，大家知不知道biángbiáng面为什么被称为陕西八大怪之一？

焦健：我只知道陕西biángbiáng面的那个biáng字特别不好写。

贺雨晴：对，这个字我给大家看一下，非常的复杂，有很多网友说，这一个字复杂到我写着写着就忘了。来给大家说一下我们为什么被称为八大怪之一，我们可以看一下这个面非常的宽，而且很长很长，就是它的形态很像是我们的裤带，就是人的腰带，所以又称之为裤带面。像之前张嘉译老师在《白鹿原》里面总是蹲在地上叠的那个大碗宽面就是这个陕西biángbiáng面，我觉得那个场景非常好的诠释了咱陕西人咥面的精神，用一个形容词来说就是"嘹咋咧"。我这边的面要坨了，老师，我要先咥口面了，你们说。

李恩浩：各位央视新闻的观众们，大家好，我是总台记者李恩浩。提到面食，肯定是绕不开河南的，因为河南是中国的粮食产量大省，它也是占据了全国粮食生产的1/10，小麦的1/4，所以河南也是把面食作为一个主食来对待的，而我今天带来的是，提到河南的面，其实我不用说大家也知道，河南只有一种面非常出名，那就是河南的烩面，河南的烩面口感是非常的筋滑的，它的汤是非常鲜而肥美的，包括它的配料是非常齐全的，所以素有吃尽一碗"中原风"之美誉，今天我们就带大家来看一下，整个河南烩面的口味以及制作工艺，来给大家的各种面食PK一下，到底谁的味道最好吃。

胡晓东：我说咱们就先边吃边聊吧，一会儿面坨了，好不好？

焦健：对啊，我也正想说呢，我觉得大家都在说自己面食的优点，但是我其实刚才忘了跟大家说了，兰州牛肉面有一个缺点，就是不禁放，一泡就坨了，所以我们就边吃边聊。

李恩浩：我们烩面的口味很多，不但有羊肉的，还有山菌的，光卤的，还有三鲜的，口味极其多。

贺雨晴：**𰻝𰻝**面最原始的做法就是油泼的，我们这边现在还有西红柿鸡蛋、肉臊子，然后陕西还有一大特色是什么呢？就是三合一，就是把三种臊子放在一起，最常见的就是油泼辣子、西红柿鸡蛋、肉臊子放在一起，然后充分满足你的味蕾。

胡晓东：你们要说到臊子，你就能看到我面前有多少配料，我们刀削面的配料可是很足的，从这边我们可以看一下有酸菜开胃的可以拌一下，我们走近来看一下，看见没，酸菜开胃的，这两个是凉拌的，这边有牛腩，这边是猪肉，这边是鸡蛋，当然了，除了这些，可以看到周边的小盘子里面，还可以根据自己的口味挑各种的，同时还要加料，我这个料，鸡蛋、丸子、香肠、豆腐干还有排骨各种都有，你们呢，你们有什么呢？

李恩浩：说到臊子，虽然我们烩面是一个汤面，但是它的配料可以说跟你们相比，是配料最齐全的，因为烩面的精华在于它的汤，它的汤是通过上等的羊肉和羊肚炖制五个小时熬制而成的，而且在炖制的过程中，它是加入了20多种的中药材，所以说配料齐全方面，烩面一点也不输你们。

焦健：我来说说兰州牛肉面吧，刚才已经吃了两口，算是解了个馋了。我们先跟大家说话一下兰州人吃牛肉面其实是挺讲究的，我们把这个面叫一清、二白、三红、四绿、五黄，我们可以让摄像过来一点，我跟大家讲一下。这个面的一清，首先是说汤要清，我这个汤可能放的辣椒多了一点，但是汤看起来很清，但是牛肉的浓郁却是特别的浓厚。二白是说汤里面白色的萝卜，你看这个萝卜必须煮得白白的，透亮的。三红就是红红的辣椒油，放在这个碗里面特别的有刺激的感觉。绿就是香菜和蒜苗飘在上面的，是绿颜色的，所以这样一碗颜色特别丰富的面，放在面前首先是一种视觉上的享受。最后我们把这个面挑起来，可以看到这个面有一点微微发黄的颜色。所以一碗这样的面入口，它才是好吃、好看，又好闻的地道兰州牛肉面。

说完这个面，再说一下我面前的这些配菜，现在兰州牛肉面的发展可是跟以前不一样，不是干干的一碗面了，你看，我们有牛肉、腱子肉，然后还有各种小菜，还有这个，这个是酸奶，我估计有些地方也有这个东西，但是我们的酸奶可是用牦牛奶酿出来的，用发酵的菌类发出来的，上面还放了一些干果，葡萄干、枸杞丁，当然还有蜂蜜，酸甜可口。

这个我不知道大家见过没有，这个叫甜胚子，它是用燕麦，当然还有些用青稞，放酒曲把它发酵出来，也是一种酸甜的味，吃完牛肉面之后，如果您觉得有点牛肉的味太浓郁了，我们用这个清清口。

我这儿还有一个蓝瓷碗，大家看到了，咱刮一刮，这个是三炮台，这个其实也是大家吃完牛肉面，如果还有时间我觉得坐在这个地方看看黄河，刮刮碗子，享受一下周末的休闲假日，真的也是特别的惬意。

好了，我接下来再吃两口，看看其他的老师有没有想说的。

贺雨晴：老师，我想问一下，你们那边吃面有没有吃蒜的习惯？

焦健：牛肉面可真不能吃蒜，如果吃羊肉是可以吃蒜的。

李恩浩：我能吃蒜，烩面吃蒜。

胡晓东：这边有蒜。

李恩浩：吃面不吃蒜，味道少一半。

胡晓东：对，这边也一样。

李恩浩：但是我们这儿是糖蒜。

贺雨晴：我们吃糖蒜都是吃咱陕西的小炒泡馍吃的，我们吃面的话一般也会吃蒜，而且我们这儿还有一个讲究，就是吃面的时候会喝汤，他们说一句叫"吃面不喝汤，如同细肠灌浆"，一定要来一碗咱刚刚煮面的汤，我觉得大家都吃得很香啊。

焦健：我们都"埋头苦干"都顾不上说话了。

李恩浩：我们这儿叫"吃完烩面喝口汤，给个神仙都不当"。

胡晓东：那你们那个汤是浓汤吗？

李恩浩：其实我们吃烩面有一种仪式感，我在这里给大家演示一下，大家可以看到这个烩面颜色是白的，上来之前是原汁原味的，所以上来之前你要体验正宗的烩面，就可以先喝它的汤，感受一下它非常的鲜美，非常有营养，当你吃了这个面的1/3之后，你可以放入刚才我说的糖蒜、香菜，有的人不爱吃香菜，可以不放，放完香菜之后可以放糖蒜，可以再放一些辣椒油，这个辣椒油是精华，虽然这个汤是白色的，放完辣椒油一拌就有另一种口味，就有一种兰州牛肉面的感觉。拌完之后呢，当你吃到第三步的时候，还剩下1/3的时候，你可以加入这个醋，最后再感受一下山西的味道，所以我们这个算是融合了东西南北中所有的口味。

胡晓东：那你们这是属于取各家之所长了，都有了。

李恩浩：对，因为河南本来就地处中原腹地，所以融会了东西，贯穿了南北，所以饮食不但没有川渝的辣，也没有江浙沪的甜，但是它是符合大众的口味的，所以它在很短的时间内在全国可以说非常有名。

胡晓东：光顾着吃面呢，咱还没看面怎么做的。

焦健：我也觉得，我刚吃得差不多了，我现在带大家去看看我们的拉面师傅是怎么工作的，我专门选的这家面馆子，它的后厨是开放式的，我们可以直接在吃饭的地方，旁边就可以看到拉面师傅的工作流程。

我们先看这边，这位师傅的工作叫揉面，我们说兰州牛肉面，其实面和汤都是必不可少的，它的精髓既在面上，也在汤上，比如说我们现在看到的面，兰州牛肉面的和面有一个说法，叫"三遍水，三遍灰，九九八十一遍揉"，为什么这么说呢？因为这个面要筋道、爽滑，除了水和灰的配比之外，全部都在师傅揉面的功夫上，现在这个师傅就是揉面的师傅，但是他诀窍现在还没有露出来，因为他的工序已经到了揉面的后半部分，他现在叫掐剂子，所以他要把揉好的面分成差不多大小一块一块的，放在这边供拉面的师傅用，手底下很快，把这几块剂子拉完之后，师傅接下来还揉面吗？

师傅：不揉了。

焦健：不揉了，可以揉啊？我们赶得真的是时候，我们一会儿师傅揉面的时候可以再看一下，看看九九十八一遍面是怎么揉出来的。

这是一大块新的面，有没有发现我们的案板。

胡晓东：下一碗面得多长时间？

焦健：问到点子上了，这是我们拉面的师傅，这可是精华，我刚才问过他，他很谦虚地跟我说，他拉一碗面大概需要八秒钟。我还跟他说我不信，他说他拉一碗面只需要八秒钟，我发现这个墙上，大家看这个墙上，正好有一个钟表，咱们掐一下好吗？咱们看看他拉一碗面，能不能八秒钟拉好。您别紧张，您正常发挥就好了，别一不小心拉个六秒出来。这道面要进锅了这会儿开始，我来看。重新来，一、二、三、四、五，六秒进锅了，给您点个赞。这个师傅跟我说他拉这个面6秒一碗，大概一中午能拉多少碗？

师傅：600多碗。

焦健：您这个确实是厉害，一中午拉600多碗面，手底下一点都不停。

李恩浩：我想问一个问题，兰州拉面跟兰州牛肉面有什么区别？

焦健：其实我觉得它要表达的是一个东西，但是大家的叫法不一样，其实兰州本地人就叫兰州牛肉面，还有一种叫法叫牛大。就是我们自己有的时候说吃什么去，整个牛大，因为那个碗特别大嘛，刚才大家也看到了，我们简称牛大。其实牛肉拉面加"拉"字的话，它多数是从外省份说兰州牛肉面的时候容易加拉面，其实兰州当地所有的牛肉面馆没有写兰州牛肉拉面的，就叫兰州牛肉面。你们都在吃呢，我才发现，就我一个人。我再带大家逛逛吧，你们先吃着。

我们继续看一下。

胡晓东：还有什么面的做法？

李恩浩：还有刀削面的做法，机器人刀削面。

焦健：我们绝对是手工。

贺雨晴：这块面板子真够大的。

胡晓东：见真功夫了吧。

贺雨晴：这师傅我估计臂力不错啊，拿得这么稳。

胡晓东：这个面有多少斤？

师傅：13、14斤。

胡晓东：他把这个削完以后，整个就放到锅里，大概不到十秒钟削一碗面，直接就能出锅了，这个刀功可是绝对考验人的技术，感觉怎么样。

李恩浩：不错。

胡晓东：这个是我们一般人还得经过很长的时间才能削出您这样的吧。

李恩浩：胡老师，我想看您削一下面。

胡晓东：他拿着钩刀，特殊的刀削面的工具，一般你不到后厨，看不到这种技艺展示。刀削面最主要的是什么呢？刚才焦健也说了，拉面要揉多少遍面，刀削面是这样，三揉三醒，然后刀不离面，所以说三揉三醒就可以把这个面做得更筋道一些，然后才能削出来这样的质感，要是咱们普通人拿一个普通的面团削，没有这个质感，削不出来。看到你们那儿还有什么做法呢？

李恩浩：看一下𰻝𰻝面吧。

贺雨晴：来看看我们西安这边。我们先给大家看一下，其实我们今天不仅给大家准备了𰻝𰻝面，还准备了其他的陕西特色小吃，我们来看一下，锅贴大家肯定都认识，其他的老师们还有没有认识的，有没有能叫得上名字的？

李恩浩：没有。

贺雨晴：都没有吗？这个是咱陕西的泡泡油糕，这个是我们的柿子饼，这个是金丝油塔，这个是我们的板栗酥，这个是桃酥，是不是看起来都特别有食欲。但是我跟大家说，我们陕西的特色小吃，远远不止这些，所以也欢迎大家来我们陕西。我来看一下这个面进行到哪一步了？

师傅：现在做宽面呢。

贺雨晴：我也想体验一下。𰻝𰻝是不是就是因为这个面甩到面案上，发出这种声音，然后由此得名的，𰻝𰻝的声音就是这么来的。这个是最传统的做法是吧？

师傅：这是最传统的做法。

贺雨晴：我刚发现了一个特别吸引我眼球的东西，大家看一下，就是这个碗。这个面我们看一下，我问一下，这个面为什么都是大碗的。

师傅：碗越大越好，为的是用油泼，搅匀，搅拌着吃，这是陕西八大怪之一。

贺雨晴：陕西八怪还有什么，有凳子不坐，蹲在凳子上。

这个不是醋是吗？我还以为这是醋和酱油之类的呢。

师傅：这个是醋和酱油，还有其他的。

贺雨晴：这个是咱们特制的调料是吧？

师傅：这个是咱们关中秦川的秦椒，辣面。

贺雨晴：辣面是不是也是咱一大特色，就是咱的面用的不是辣椒，是辣面。

师傅：这个辣面是秦椒，是陕西有名的辣椒，闻着特别香。

贺雨晴：油泼上去那一刹那，我跟大家说油泼𰻝𰻝面的精髓在哪儿，最后师傅把烧得滚烫滚烫的热油，浇到做好的面和辣面上，摄影老师一定要给我们一个近镜头特写。

师傅：对，还要用到蒜苗，蒜苗是增香的，还有青菜、豆芽，然后吃的时候吃蒜。

贺雨晴：刚才说到了吃面不吃蒜，香味少一半。听说咱这个面有很多的要求。

师傅：这个一定要用关中的小麦，而且要用中筋粉，做面的时候要加点盐，增加筋性。

贺雨晴：我们是放盐的是吧？

师傅：对，下完的面汤就是略带点咸味，咱们吃面的时候就是原汤化原食。

贺雨晴：那喝这个汤的时候，是直接喝汤呢，还是也会加入其他的佐料？

师傅：不用加了。

贺雨晴：马上就要泼油了，我太期待这个镜头了，大家可以看一下，咱陕西的油泼辣子特别特别的香，可以看一下。有很多辣子的感觉，有些朋友觉得这个辣，这个是不辣的。马上就要泼油了。

胡晓东：𰻝𰻝面的精华在于浇油的一瞬间。

李恩浩：浇个油看一下。

贺雨晴：要烧到冒泡泡是吗？

师傅：对，油要冒烟。

贺雨晴：还要等一下，马上就好了，这些小吃我都可以吃吗？

师傅：可以。

贺雨晴：这些看起来真的特别有食欲。一会儿吃点魐魐面，再吃上咱的小吃，今天太有口福了，因为我本身不是陕西人，来了之后体验了很多陕西的美食。

师傅：这个香味直接就出来了。

贺雨晴：大家看这个冒泡和热气腾腾的感觉，满屋子都是香味，这碗面就好了，我们把这碗面端过去。

李恩浩：我这里好了，我也给大家看一下河南制面的方式，我拿一下手机，在我们河南有一句话怎么说呢，来了河南，如果说没有吃碗烩面的话，就相当于没有来河南，我请摄像老师来拍一下，看一下我们纯正的河南烩面的做法。来看一下，大家先看一下这个调料，全部都是制作烩面的调料，我刚才为什么说烩面配料最齐全呢？大家从这个调料里就可以感受到，这个是熬汤的，这个也是高级技师李师傅。

李师傅：大家好。

李恩浩：咱们烩面精华都在汤里，咱们汤的炖法是如何炖的？

李师傅：前期就是先煮汤，这都是上等的羊肉，羊棒骨放在一起，再用大火熬制五个小时左右，才能熬制出一锅好的汤，另外下烩面，这些都是他的配菜，有粉条、千张、娃娃菜、木耳和青菜，这都是一会儿要下烩面的配菜。

李恩浩：最重要的就是汤，汤的营养价值非常高，为什么放这些中药材呢，我们可以一一介绍一下。

李师傅：这些东西只是我们部分的大料，这是花椒、八角、小茴香、香叶、草果、党参、当归，这都是滋补品，像毛桃和丁香都是香料，这样使汤的浓香味更加突出一点。

李恩浩：可以说营养价值非常高。说了那么多，我们下一碗面，刚才兰州牛肉面师傅说，扯一份面需要七秒钟，咱们扯一份面要多长时间？

李师傅：我们扯一份面用不了七秒钟。

李恩浩：那咱们来PK一下，咱们现在扯一下面，因为这个面我们选的也是高筋面，也是为了保证口感，我们请师傅扯一下面。我们没有表，但是我们也数一下，开始，一、二、三、四、五、六、七，下锅。

李师傅：这个面就拉好了。

李恩浩：就这么快，而且这个制作的方法是一锅一面。

李师傅：对，一锅下一碗，先用白开水把面下个四五成熟，先过滤掉面粉里面多余的芡粉，使面吃起来更光滑筋道，然后等这个面煮到四成熟的时候，再放到高汤里面，加上我们的配菜，就是刚才那几样的配菜加在一起，再一块烩制，所以这一碗标准的好吃的烩面就做成了。

李恩浩：其实大家可以感受到面的精华，不过我还是想试一下，我来拉一下这个面，河南这个烩面还有一个特点就是不断圈的是吧？

李师傅：对，我们这个面拉好就是一个圆圈。

李恩浩：我来试一下，我先卖弄一下。

李师傅：我来现场给你弄一下，面要拿中间，这样上下翻，就和我们跳绳差不多，这个面选用的是河南的高筋粉，从中间撕开来。

李恩浩：看一下它的弹性，然后扯一下。

李师傅：这个面拉好就是一个圆环，没有一个断头。

李恩浩：把我们这个下到锅里面。

李师傅：这就是一碗面，二两的，直接就下锅了，太长，要折叠起来直接下锅，这就是我们的烩面。

李恩浩：这个面应该煮好了吧？

李师傅：这个面煮好了，让我们的师傅盛出来。

李恩浩：盛出来配一下，看看要用哪些配料和配菜。怎么样我们这个烩面，是不是很有弹性。

李师傅：吃起来非常的筋滑，非常光滑的。

李恩浩：我现在需要把这个面捞出来配点配菜，这是原汁原味烩面的做法。

李师傅：你看我们这个配菜，就刚才那几种菜，加上我们的秘制羊肉，倒在烩面里面，和这个面一起烩制，再加上味精、盐，再加上秘制羊油，这个羊油是有讲究的，一般的羊油是不行的，这个羊油我们加了十几种大料在里面，所以也叫料油，再多加一点。这里面有青的，有黑颜色的，多漂亮，然后再给它盛出来，一碗烩面就做好了，这是我们只下了一个二两的。你看这个颜色多好看，再加上枸杞子，再做上面一个点缀。

胡晓东：面里还放枸杞。

李恩浩：这吃的不是烩面，吃的是健康。我们放这儿，今天我要吃这五大碗烩面，我们摄像头翻转一下，河南的烩面从早上可以一直吃到晚上，一直都有。

焦健：一早上就那一大碗？

李恩浩：对，早上就开始吃面。

焦健：说到这儿我记起来，之前有很多外省的到兰州来旅游的人，我们说早上带他去吃兰州牛肉面，他们都觉得不可思议，说这么大一个海碗，当早饭怎么吃得下去，后来我跟他们讲，这个面真的是要早上吃，因为早上汤也熬得比较清，大家都觉得特别不可思议，这一碗面太扎实了。

李恩浩：你看我们这碗面，满满的一碗。

焦健：我看你刚才说的烩面做的过程，放了原料和调料那些都是公开的？

李恩浩：都是公开的，有一些秘制的调料肯定是公开不了的，当然在家做的话肯定能做成的。

焦健：兰州牛肉面就不行，他熬的那个汤，这些年相对商业化一点，之前都是各家的老板自己关起门来，据说早上三四点爬起来，各家熬各家的汤，然后汤里放了哪些调料都不会跟别人说的，都是各家有各家的味。

李恩浩：不过现在河南烩面口味也多，也入了寻常百姓家，他们在家也可以制作烩面。

焦健：那我们不行，我们非得到馆子来吃。

李恩浩：你们来到河南必须得吃碗烩面才能走，如果说有朋友在河南，吃饭没有请你吃烩面，那说明你俩关系不到位。

焦健：好的，下次我们去找恩浩老师吃烩面。

胡晓东：我想问一下，最后还放几粒枸杞是什么意思？

李恩浩：枸杞不是点缀的，是原有的，每碗都有枸杞，看到没。

贺雨晴：恩浩老师这个面真的是很滋养。

李恩浩：很补，吃的不是烩面，主要大家吃的是健康。

焦健：吃的是养生。

李恩浩：对，我们吃的是养生。而且我还给他们提了一个建议，我说大家以后能不能研制出一个吃面可以减肥的套餐。

贺雨晴：对，我们平时为了上镜好看一点，还会注意一下饮食，吃碳水会吃得少一点，今天是放开了吃了。

胡晓东：碳水是放在第一要素。大家都吃完了没有？

李恩浩：我这儿有五大碗呢，我要慢慢吃。

贺雨晴：刚才有观众朋友说，这吃了能胖好几斤。

焦健：没事儿，吃不完我可以打包走，保证不浪费。

李恩浩：吃不了我兜着也不浪费，胡老师，我们这碗太大了。

焦健：我们今天主要是为大家展示，不然我自己来吃肯定不会要这么多的花样，够我吃一天的了。

胡晓东：对。咱们都想把自己最好的面，最好的方式呈现给观众朋友们。咱们吃了半个小时了，在黄河流域孕育出人类文明，又孕育出这么多吃法来，真的是想想都流口水，一会儿再"炫"一碗。

好，各位观众朋友们，再见。

李恩浩：咱们最后碰个面吧，来。

胡晓东：干了。

李恩浩：我们就再见了。

解说：黄河之水天上来，奔流到海不复回。穿越九个省（区），干流全长5464公里，横跨四大地貌单元，拥有黄河天然生态廊道等多个重要生态功能区域。黄河流域有3000多年是全国政治、经济、文化中心，孕育了古老而伟大的中华文明。"九曲黄河万里沙""黄河宁，天下平"。目前，黄河已实现连续23年不断流，十年间，黄河流域治理水土流失2.68万平方公里，平均每年减少排放黄河泥沙3亿~5亿吨，黄河生态绿线最宽处向前推进约150公里，推动黄河流域生态保护和高质量发展。

"宜水则水，宜山则山，宜粮则粮，宜农则农，宜工则工，宜商则商"。"看见锦绣山河，江河奔腾看中国"10月2日，国庆长假第二天，央视新闻带你跟随奔腾黄河，遇见青山绿水，见证黄河流域生态保护和高质量发展，感受造福人民的幸福河。

王艺：跟着黄河奔流入海，画面中出现的就是三门峡大坝，也被称为"万里黄河第一坝"，黄河中游自北向南冲出晋陕大峡谷后，在三门峡进入了河南。三门峡相传是大禹治水的时候，使用神斧，将高山劈成了人门、神门、鬼门三道峡谷，从古代开始，黄河的治理一直备受关注。在进入河南之后，黄河可谓是一泻千里，河道也变得宽、浅、散、乱，而且淤泥淤积严重，河床逐年升高。

从三门峡水利枢纽顺流而下，在大约130公里的地方就是小浪底水利枢纽工程，小浪底位于黄河中游最后一段峡谷的出口，是黄河干流三门峡以下唯一能够取得较大库容的控制性工程。水库控制了黄河91.2%的水量和近乎百分之百的泥沙，是控制黄河下游洪水、协调水沙关系的关键工程。小浪底风景区还是国家4A级景区，有机会的话，大家一定要去近距离地感受一下黄河之水天上来的奔腾气势。

画面中的这座石碑就是黄河中下游的分界碑，黄河上中游的分界点是内蒙古托克托县的河口镇，也就是几字弯一横的末端附近。而中下游的分界点就在河南郑州的桃花峪，自桃花峪以下，黄河进入华北平原，河道宽且浅，泥沙淤积，黄河成为地上悬河，河道洪水全靠河道两岸的河堤约束。

各位央视新闻的网友，大家中午好，这里是中央广播电视总台特别报道"江河奔腾看中国"。沿着桃花峪继续向前，就能遇到画面中的郑州黄河公路大桥，大桥全长5549.86米，横跨黄河河面，连接着河南省的郑州市与新乡市。郑州地处中原腹地，是中国八大古都之一，华夏文明在这里萌芽壮大，如今这座古老的城市正在焕发出新的活力，接下来我们就跟随总台记者的镜头，去看看河南制造业中高端的装备制造发展状况。

徐倩：央视新闻的各位网友大家好，我是河南广播电视台的记者徐倩，今天我要带大家来看一个国之重器——盾构机，同时它也被称为是工程机械之王，说到盾构机，大家可能普遍的比较陌生，盾构机是一个什么样的东西呢？其实它在我们生活当中比较少见，它主要是用于隧道、桥洞、铁路等地方的开挖。说起盾构机，在20年前，我们国家的盾构机基本都是依赖于国外进口的，因为盾构机的系统构成比较复杂，但是要跟大家说的是，从2021年开始，我们国家自主研发的盾构机在国内市场的占有率达到了九成，国际市场的占有率达到了七成。而这样一个数字说明了我们国家这些年的变化发展，也说明了我们国家用十年走完了发达国家五十年走的路程。

我现在所在的这家企业连续五年世界销量第一，是当之无愧的盾构机的灯塔企业，同时也是黄河流域生态保护和高质量发展的一片澎湃浪潮。说了这么多，盾构机是什么样的，它的工作原理又是怎样的呢？接下来，来为大家直观地介绍一下。

叶院长：主持人好。

徐倩：您好，叶院长。

叶院长：戴上安全帽。

徐倩：谢谢。刚才跟大家有介绍盾构机，您带我们简单地了解一下它的工作原理。

叶院长：大家好，这是一个盾构机模型，它是按照实物1:30的大小来制作的，大家可以看，现在旋转这个蓝色的部分，我们叫盾构机的高盘，相当于我们的牙齿，它的作用就是把前面的土、石头、岩石进行切削，然后开挖。大家可以看到上面这个黑色的和白色的，就是我们上面说的刀盘的刀具，就是我们说的牙齿，这个作用就是既要挖土，还要破石头，还要切削花岗岩，所以它这个材质的要求是非常高的。原来这个材料都是要进口，现在我们已经实现了国产化替代了。

徐倩：听您这么讲很形象了，就相当于我们牙齿把这些土层和岩石吃进去，吃完了以后，我们的土该去哪儿呢？

叶院长：大家可以看，大家看这个圆柱一样的，里面有一个红色螺杆一样的旋转的，这个我们是叫盾构机的消化系统，我们叫螺旋输送机，它的作用就相当于把前面开挖的土、石头，通过它排到隧道的外面。

徐倩：然后这样一个流程基本上就走完了？

叶院长：还有，这个只是其中两大功能，还有一个很重要的功能，就是这个盾构机有几层楼高，甚至还有几千吨重，大家可以想象这么大的设备在地下隧道里面进行工作，大家会有一个疑问，这个隧道开挖完以后会不会塌呢？我可以告诉大家，这是非常安全的，是不会塌的。

徐倩：为什么呢？

叶院长：我们设备上有一个拼装的功能，叫支护，大家可以看这个黄色的叫拼装机械手，它的作用就是把预制好的钢筋混凝土管片，把它贴到隧道的内壁上，相当于贴瓷砖一样，就相当于它的保护壳，所以它是非常的安全的。所以说盾构机是集开挖、输送、支护是一起的，盾构机只要开过去，这个隧道就成型了。

徐倩：听您这么一讲，好像挖隧道还是一件挺简单的事。

叶院长：它的机械化程度是很高的，而且比传统的矿山来说是非常安全的。

徐倩：听您这么一讲，我们对盾构机真的是有一个非常直观的了解了，但是我发现它有很多细节的零件确实是需要我们中国的智慧才能完成的。非常感谢您，接下来呢，因为今天是国庆假期，所以我们就一起和国之重器拍照打个卡。

刚才我们详细地了解了盾构机的工作原理，接下来我们就要带大家看一看真正的盾构机了，我身后的这台盾构机在厂区里面算是比较小的，但是你不要看它小，它非常的重要，因为它是出口到德国汉堡热能隧道的一台盾构机，它是有非常重要的意义的，究竟是什么样的意义呢？在这里先给大家卖一个关子。刚才我也看到有工作人员正在跟客户进行交流，我们来一起看一下。您好，有打扰到您工作吗？

工作人员：稍等一下。

徐倩：这是正在跟客户进行交流是吗？

工作人员：对。

徐倩：是德国的客户吗？

工作人员：对，我刚才正在和德国汉堡的客户进行视频的直播，设备验收。

徐倩：验收成果怎么样？

工作人员：验收很顺利，客户很满意。

徐倩：我们来看一下客户满意的这台盾构机，这个是出口到德国汉堡的热能隧道的盾构机，它的直径有多少呢？

工作人员：它的直径是4.57米，这是我国国产盾构机首次出口到德国市场，它属于具有指标意义的盾构机。

徐倩：它有非常重要的意义，接下来我们就近距离地感受一下吧。刚刚我们有看模型，这个应该是我们盾构机的刀盘了。

工作人员：对，这个是我们盾构机的刀盘，他的设计我们是根据项目的地质情况定制化设计，不仅仅是刀盘，我们整个盾构机，所有的部件都是根据项目的地质情况，客户的需求，定制化的设备，我们旨在解决客户的痛点，让客户满意。并且这一台设备交付之后，将会是用于德国汉堡热能隧道的建设，建成之后，将提升当地居民冬季的取暖能力，大大改善当地居民的生活水平。

徐倩：我来摸一下这个刀片，这个刀片就是根据当地的土质情况进行设计的吗？

工作人员：对，定制化的。

徐倩：所以每一台盾构机都是根据当时的情况定制的？

工作人员：对。

徐倩：我们继续往前看一下盾构机。刚才看到您有说这个是到德国的，我们都知道德国是制造大国，并且我们全球第一的盾构机品牌也在德国，那为什么德国会舍近求远，选择我们呢？在和德国客户的沟通过程当中，有没有遇到什么困难？

工作人员：随着中铁装备在欧洲市场的不断发展，我们在欧洲，比如说法国、意大利、葡萄牙、奥地利等国家，都取得了非常显著的项目业绩，并且在这个项目来说，我们从设计、生产、制造、质量管控方面，结合客户具体的需求，我们做到了让客户满意，所以最终客户选择了我们。

徐倩：我理解的意思就是我们已经形成了品牌的效应，所以客户对我们也是充分的信赖了，对你来说工作是不是减轻了不少？

工作人员：也并不是这样，我就举一个例子，就拿这次设备验收来说，在设备验收的时候，客户对我们的验收还是有一些担心，他就给我们提出来一个非常苛刻的条件，他提出来这个设备在测试的时候，把所有的测试项都要给他拍视频和拍照片，这个设备总共有三万多个零件，这样拍下来的话，是一个非常大的工程，拍下来的话要拍上万张照片，上千个视频，我们需要三个人进行将近一个月的工作。我们接到要求之后，首先我们和客户进行了沟通，我们又提出来了一个大胆创新的想法，就是我们把这台设备的第一次验收视频直播给客户。

徐倩：第一次验收就敢这样直播，是不是有很大的风险，之前有过这样的情况吗？

工作人员：这个在之前是没有案例的，我们是创新的第一次。正常情况下，我们在给客户验收的时候，我们要先经过内部验收，但是这次我们敢把第一次验收就同步直播给客户，也是证明了我们对中铁装备产品以及国产盾构机的信心越来越强。

徐倩：这也证明了对我们的产品有信心，我们的技术过硬，刚才看完了这个小家伙，您再给我们介绍一下旁边这个，我看比这个大很多。

工作人员：对，旁边这是一台8米级的盾构机，它是用于土耳其伊斯坦布尔的地铁建设。

徐倩：这个是出口到土耳其的，再旁边这个，我看上面有韩文，是到韩国的，是吧？

工作人员：对，另外旁边这一台是我们出口到韩国的设备。

徐倩：其实不同的设备出口到不同的国家，我们需要它有不同的技术、有不同的设计，经过您手交付的盾构机还记得有多少台吗？

工作人员：经过我这里交付的盾构机，遍布非洲大陆、美洲大陆、中东地区以及欧洲的意大利、法国，以及身后的这台德国的。

徐倩：您工作了几年？

工作人员：我工作五年时间。

徐倩：这五年您感觉最大的变化是什么呢？

工作人员：我感觉最大的变化就是随着装备的快速发展，海外经营得越来越好，我结识了越来越多海外的朋友，在这几年每当节假日的时候，我都能收到来自全球各地朋友的祝福，感到十分的自豪。

徐倩：所以说，你国际上的朋友、全世界的朋友越来越多了。

工作人员：是。

徐倩：因为今天是国庆节，所以我们一起和国之重器一起来自拍合个影吧，留个纪念，打卡一下。

徐倩：刚才听了这样一个小故事，就觉得确实是在这样的节日里面，真的是充满了自豪，刚才带大家看了盾构机，但是盾构机是怎么样操作，怎么样运行的，接下来我们有一个模拟器，我们就可以直观地了解、感受一下，我们来操作一下盾构机。您好，来给我们讲一下面前的这个机器。

工作人员：这个是3D模拟操作台，我们这个盾构机还是比较智能化的，整机十几个项目在主控室基本都可以操作。

徐倩：我们看到上面的按钮很多，操作起来会不会很复杂。

工作人员：不会复杂，还是比较简单的，我可以给你操作一下。

徐倩：行，您教一下我，这样我也会开盾构机了。

工作人员：首先模拟实验台要启动的话，先启动刀盘功能，刀盘开挖。

徐倩：这个刀盘，按一下就可以启动了。

工作人员：对，然后选择速度按钮。

徐倩：这个是调速度，我们来把速度转到最大。我看到屏幕上，这个是模拟操作系统的屏幕，现在刀盘已经转动起来了。

工作人员：对，现在刀盘转动起来了，下一步就是需要启动泡沫系统，需要在这个地方选择启动。

徐倩：这个泡沫是什么意思？

工作人员：泡沫就是需要开挖过程中这个渣土可能比较粗糙，我们泡沫需要提高润滑效率，改良土质，使盾构机开挖更具有效率，这个泡沫系统需要在这个地方选择按钮。

徐倩：我们把泡沫系统开一下。

工作人员：在模拟操作台界面上，我们可以看到泡沫系统已经成功启动起来了。

徐倩：这样就起到对土质有一个润滑的作用，我们就可以更好地开挖了，我们的摄像机可以给一个镜头，可以看到现在正在喷出这样的泡沫，这个我觉得还是挺先进的。那接下来刀盘转动了以后，我们还要干什么？

工作人员：接下来这个刀盘转动泡沫，这是属于挖土的功能，我们还需要通过螺旋输送机，把渣土输送到后方，我们现在选择启动这个按钮就可以了，正转，然后选择调速按钮，速度选到最大。在这个界面上有一个界面选择，可以看到刀盘的视角，这个位置就是我们的螺旋输送机。

徐倩：我们摄像机可以给一个镜头，这个就是螺旋输送机。我特别想问一下，在没有盾构机的时候，我们开挖是用的哪一种形式呢？

工作人员：在没有盾构机的时候，我们隧道建设使用的基本都是爆破式，就是靠人工或者机器来打眼放炮，工作效率低，而且还比较危险，人数也比较多，一个项目大概都需要100多号人，自从隧道建设用上了盾构机之后，我们一个项目大概只需要十几个人，而且整体的工作环境也干净、整洁了很多。

徐倩：也就是说我们人员越来越少了，工作难度也是小了很多，我们只需要监看屏幕就可以了。

工作人员：对。

徐倩：我们工作人员是轮班换着监看这个屏幕吗？

工作人员：对，我们工作人员是轮流监看。

徐倩：听说现在盾构机上的环境也很好。

工作人员：对，现在很多盾构机上都配备了洗手间和休息室，我们工作之余都可以在休息室喝喝咖啡交流一下工作技术之类的。

徐倩：非常感谢。您看，从中国速度到中国质量的转变，我们操作工作人员的工作方式，还有生活方式其实也发生了很大的转变，接下来我要给大家介绍的这几个小罐子，您看着很不起眼，平平无奇，但是它却有着至关重要的作用，来，给我们介绍一下面前的这几块土。

叶院长：这都是一些岩土标本，就是我们从各个施工现场带回来的岩土标本，都是比较有典型意义的。

徐倩：我看不同地区是不一样的。

叶院长：对。因为咱们地下地质是非常复杂多样的，每一个地方都不一样，比如说这个，这是一个沙，这个是从西安那边带过来的，这个沙跟我们平常看到的很像，我们在郑州、西安地底下很多地方都有这种沙。

徐倩：沙子会不会比较好挖掘，因为它会比较细软。

叶院长：这个沙子开挖相对来说还是比较好的，但是它有一个很大的特点，它对刀具的磨损是非常厉害的，这样盾构机设计就要特别耐磨。

徐倩：沙子怎么会磨损比较厉害呢？我们平时了解到沙子都是很细的啊？

叶院长：沙子里面可能有一些食盐含量特别高，我们原来就碰到过铁板沙，就跟磨刀石一样的，你上去之后，如果这个刀具设计不耐磨，可能几米就磨完了，就特别厉害。

徐倩：所以对我们的刀片的要求，就是一定要耐磨、够坚硬。看完沙子，我们再来看一下这个，这个是什么，还挺特别的，是一块一块的，打开看一下。

叶院长：这个是用在迪拜项目上，是一个排污隧道，这个地层也比较有特点。

徐倩：这就是迪拜的地层。

叶院长：对，这个叫泥岩，其实就是经过风化之后的了，不是原状土了，其实它不是很硬，但是它很有特点，它遇水之后就会变成那种类似于老黄土或者黏土，就特别黏，这种地层如果说盾构机设计得不好、不匹配，有可能就把刀盘的牙齿、嘴堵住了。

徐倩：它就会粘住我们的刀盘，就像口香糖一样会粘住。

叶院长：对，这样的话就没有办法进行开挖了，也没有办法把土排走，所以这种地层盾构机的针对性也是很重要的。

徐倩：听您这样一讲，我发现真的是有各种各样的地质都要设计不同的刀片挖掘它。您见过的最难挖掘的土层是什么样子的？

叶院长：最难的应该是属于复合地层，大家看到现在都是一种一种的地层，其实我们的地下是非常复杂多样的，我们一个项目有可能出现四五种，有可能都会出现，这是最复杂的项目，有可能出现特别软的，也有可能突然出现特别硬的，这样刀盘、刀具，包括盾构机的整体设计，所有的地层都得适应。

徐倩：我们有没有设计这样的？我们国家设计的有吗？

叶院长：有，这个叫复合盾构机，这也是我们的拳头产品。

徐倩：我们自主研发的复合盾构机，真的是太厉害了。我刚听您讲，您工作这十年间，您觉得我们国家自主研发的盾构机，最大的变化是什么呢？对您来讲，带来最大的变化是什么呢？

叶院长：这十年我们盾构机行业发展是非常迅速的，从几个方面来说吧。第一就是从类型来说，原来我们最早是做土压盾构机，主要是用来做城轨、地铁开挖的。现在我们还有穿江过海的泥水盾构机，还有穿山的我们叫TBM页岩盾构机，还有各种类型的双模、多模的盾构机。第二是大小，我们说直径范围，我们现在能从2米到6层楼高，18米的盾构机现在都能生产。第三，从领域来说，刚才说了，我们最早是用在城轨的，现在还用在穿江过海的，还有铁路、公路，还有水利水电，这几年比较新鲜的领域，包括抽水蓄能，包括煤矿、金矿之类的，我们现在也开始慢慢地用盾构机来开挖。

徐倩：我们有各种各样的盾构机。刚才听您讲了这么多，刚刚我们在模型那儿合了个影，这会儿我们跟叶院长在这个盾构机面前再来合一张影。非常感谢您。

听了刚才叶院长的介绍，包括带大家看了我们的盾构机，确实发现我们国家自主研发的盾构机，从跟跑到并跑再到领跑，真的是实现我们国家自己的加速度，同时我们国家自主研发的盾构机也成为我们的"争气机"，给我们国家的高质量发展按下了加快键，目前我们中国已经成为世界工程机械门类最齐全、产业链最完整的国家。2020年我国机器出口额首次成为世界第一，2021年保持了这一优势，在盾构机、港口机械起重机等世界市场细分领域也成为主流。在未来，中国工程机械装备还会继续地创新求变，磨砺过硬的品质，逐渐完成由大到强的转变。

王艺：离开郑州，继续和黄河一起奔腾，由于泥沙的堆积，河南开封段的黄河河面已经高出了地面6~8米，被称作中国最高的悬河，历史上开封曾多次因黄河泛滥被泥沙掩埋，形成了城摞城的奇观。在如今的开封城下，自下而上，依次埋藏着魏大梁城、唐汴州城、北宋东京城、金汴京城、明开封城以及清开封城6座古城。张择端《清明上河图》中描绘的北宋东京城，现在已经深埋在十多米的地下。

黄河在兰考迎来了最后一道弯，不到一公里的距离，黄河完成了一个90度的大转身，兰考段是黄河历史上决口最多的河段，如今的兰考段黄河大堤，像一条绿色的长城，成为兰考人民的生命安全线、抗洪保障线、旅游生态线。

黄河流经河南兰考之后，从山东菏泽东明县焦园乡辛庄村流入山东，东明县成为黄河入鲁的第一县。在山东境内，黄河绵延628公里，滋养了齐鲁大地。

这里是孔子的故乡，儒家文化从这里发源，影响深远。"有朋自远方来，不亦乐乎"，画面中这就是位于山东济宁曲阜的"三孔"，孔府、孔庙、孔林。黄河哺育了儒家文化，儒家文化诞生发展于黄河流域，是黄河文化的重要组成部分。

各位央视新闻的网友，这里是中央广播电视总台特别报道"江河奔腾看中国"，让我们继续跟随着黄河的脚步奔腾向前。

现在画面中的就是黄河东平湖，东平湖滞洪区始建于1958年，处于黄河过渡性河段与弯曲性河段相接触的右岸，是黄河下游唯一的重要滞洪区。

现在进入我们眼帘的是黄河济南段，黄河济南段河道全长183公里，为保护黄河生态，防风固沙，当地在黄河两岸持续地开展生态绿化，沿黄两岸形成了200多米的绿色廊道，主要种植了杨树、柳树、银杏树等树木。

"东流滔滔去，沃野飞秋蓬。"如今驱车行驶在黄河两岸，一边是滚滚黄河水，一边是林茂粮丰的北国江南。

黄河泺口水文站，设立于1919年，是黄河干流上修建最早的水文站，也是黄河唯一的百年水文站。现在我们看到的是位于黄河入海口的山东黄海三角洲国家级自然保护区，万里黄河将在这里经过最后的35公里汇入大海，黄河三角洲自然保护区是中国最大的一块新生湿地，目前保护区内野生动物有1630种，其中国家一级保护鸟类25种，国家二级保护鸟类65种，每年有600余万种鸟类，在这里繁殖、越冬和迁徙，有鸟类国际机场的美誉，也是全球最大的东方白鹳繁殖地。早前总台记者也来到了黄河三角洲，来了一场特别的探秘。

李秉禅：我们常说"黄河之水天上来，奔流到海不复回"，今天我们来到的地方就是黄河即将入海的地方。央视新闻的各位网友大家好，我是中央广播电视总台记者李秉禅，我们现在所在的地方是位于山东省东营市的黄河三角洲自然保护区，从这里大家往我左手边看，再往前大概20公里的地方，就是黄河入海的地方，从那里将流入渤海。但是为什么我们没有到达入海口的位置呢？有几个原因。第一，我们步行是很难到达那个地方的，因为它都是属于自然保护区。第二，整个黄河三角洲自然保护区的面积达到了1500多平方公里，其中70%都是像我们身边这种湿地的环境，其实我们再往前走，和在这里，我们看到的地形地貌几乎是完全一样的。第三，在这里做报道，我们可以看到更多的、重要的水利设施，这样也可以便于大家更好地了解这片湿地。

今天为了更好地探访这片湿地，我们也是请到了黄河三角洲自然保护区的一位工作人员，你好，跟大家打个招呼吧。

马平川：各位观众大家好，我是山东黄河三角洲国家级自然保护区工作人员马平川，也是非常欢迎今天通过镜头和大家一起走进湿地，了解湿地。

李秉禅：我们看到这个湿地，其实在我印象当中，没来湿地之前，我以为湿地到处都是湿的，但是我们看到这个土好像是干巴巴的样子。

马平川：对，其实要说到湿地，就要了解很多的情况，首先我们这里的土就是我们的母亲河黄河所带来的泥沙，我们可以看到是很松软的，并且这都是很细很细的细沙，每年黄河可以说淤积了大量的泥土在我们的入海口处，我们这儿每年都会有一些新生的湿地形成，所以说我们这儿也被称为是最年轻的地方，因为它土地可以说每时每秒都有一个新面孔出现。

说到这儿，其实打个比方，我们这里现在脚下，我们两个所处的位置，可能在20世纪80年代的时候，有可能就是一个负3米深的一片海域。

李秉禅：负3米深，就是水深3米的？

马平川：对。所以说也是黄河通过不断地泥沙淤积，形成了一个新生湿地，慢慢地现在脚下就是一片土地，所以说我们要是把它的年龄，打个比方像人一样，在我们这儿很广袤的地面上，可能都是几万年，几百万年的陆地。这儿就是几十年，它是刚新生的，就像一个新生的婴儿一样，因此也是需要我们去呵护它，保护它。

李秉禅：其实我们知道整个沿黄流域还是有很多湿地的，我们这个湿地跟其他湿地相比的话，有什么区别呢？

马平川：如果说湿地的类型，在咱们保护区里面，现在所处的位置是叫河流沼泽湿地，是淡水环境为主，随着我们向海边延伸，还有盐沼湿地，那里可能就会是一个咸水和淡水交互的区域。随着继续向前推进的时候，那就是我们的海边，潮间带的湿地，它是负3米以上的，就是还没有到更深的地方，这都属于湿地的范畴，如果说最大的特色，那我觉得咱们黄河流域流经九省，有上游，有中游，包括我们的下游，只有在入海口的地方就是咱们有着河跟海交互的地方，最大的特色就在这里，有河有海。

李秉禅：有海的湿地，跟没有海是什么区别呢？

马平川：我们不同的湿地有不同的特色，有不同的生态环境，我们这边有河有海，因此生物多样性就会更加的丰富。你看很多的候鸟都会在我们这里，我们这个自然保护区，主要是以保护我们的新生湿地系统，还有保护野生鸟类作为关键的保护目标。

在这儿也是跟随镜头看一下，前面这是一片滩涂，这个水域的边上错综复杂着密密麻麻的各种鸟类的脚印。

李秉禅：这些就是脚印是吗？像十字花一样的。

马平川：对，这些一般就是涉禽，你比如说一些白鹭、苍鹭，还有我们这里是东方白鹳之乡，它们这些大型的涉禽就喜欢在这种滩涂上，它们有着大长腿，也不怕陷到沼泽里面，他们就在这儿觅食、捕食，在这儿活动。还是能看到很多这样的脚印，就说明在相应的时节，一般是清晨或者傍晚这里应该有很多的鸟类都在这儿。

李秉禅：你刚才也提到东方白鹳，这可是国家级重点保护动物。

马平川：没错，在自然保护区，可以说是有着众多的鸟类资源，特别是一级的保护的鸟类是有25种，二级的保护鸟类有65种，其中最关键的两种就是东方白鹳还有黑嘴鸥。

李秉禅：但是我还发现一个细节，就是在那片相对较干的地方是没有脚印的，而是只有在湿的地方有脚印，这是什么原因呢？

马平川：说明这里有食物。

李秉禅：小鱼小虾。

马平川：对，甚至是一些底栖部分淡水交互的螃蟹，小螃蟹都是这些鸟类们非常喜欢吃的零食。但是相对来说，这里稍微地海拔一高，就呈现了不同的样态，因为我们在这儿可以说是能够看到很原生性、很完整的演变过程。你比如说我们刚刚新形成的湿地，新淤积的土地，是在咱们河口的地方，那儿基本上是没有植被出现的。但是随着我们海拔的增高，淤得越来越厚，越来越高，就开始出现了植物的分布，最先出现的植物叫红地毯，就是盐地碱蓬，在咱们很多河口的滩涂上都有分布，但是在保护区分布的面积是非常广的，它比较耐盐、耐碱，因此它会是优先最早的一种植被出现在了咱们的滨海湿地上，那个时候海拔大概是在0.5米左右。而随着海拔进一步增高呢，在0.8米左右的时候，就开始丰富起来了，像我们这边经常出现的，我们当地叫荆条，就是红柳，学名是怪柳，这样的植被也就开始出现。当海拔进一步增高，就到达了我们咸水和淡水都能开始交互影响的区域，就出现了保护区里面分布面积非常多的大片大片的芦苇。芦苇在咱们黄河三角洲国家级自然保护区的面积有近40万亩，所以它也是我们比较亲水、喜水，在湿地里面比较常见的植被。随着海拔进一步增高，我们还可以看到有部分的树木，这些树都是随着黄河水，它的种子自然冲刷过来，陆地在这儿自然形成的，这是沿着河道的两侧，同时还伴生着很多，现在很漂亮的，我们叫芦花飞雪的景象，其实这其中有芦苇，还有另外一种植被是荻，这两种是伴生的，现在正好是盛开的时节，很漂亮，我们也是在这儿可以说以芦花飞雪的姿态让大家去感受。

李秉禅：其实当我们走到这个位置的时候，我们看镜头前能看到一个小型的水利设施，在这场报道之前，我们沟通的时候，你也跟我们说这是一个很重要的水利设施，但是没有跟我讲为什么，能不能跟我们各位网友一块说一下？

马平川：其实这个就体现到了我们同事们开展的工作了，首先向大家介绍，它叫引黄闸，就是我们需要将黄河水在水位高的时候，通过这样一个设施把黄河水送入到湿地之中，水位一高，我们打开闸门，黄河水就能够进入到湿地里，因为对于湿地来讲，水资源真的是太珍贵了，也非常需要我们进行补水的工作，围绕着补水工作，这是第一步，因为它是水的入口。我们还需要进一步将引进来的黄河水，像血管、主血管、支血管、毛细血管一样的，送到不同区域里去，这样就能够恢复我们河流跟咱们湿地的交流。

李秉禅：让淡水分布的更加均匀，是吗？

马平川：对，我们之前面临着一些问题就是黄河水"引不出，送不到，蓄不住"，现在我们开展的工作就是希望把黄河水引得住，然后引出的黄河水再送得到，通过我们的水系连通打通各个湿地之间的交流，让水能够到达我们相应的湿地，另外重新在湿地里面恢复生态。

李秉禅：为什么要把黄河水，把淡水引过来，靠自然的降雨量不行吗？如果说不引的话，会带来什么影响呢？

马平川：刚刚我说了，水资源是很珍贵的，如果说我们这里缺水，在春季植物萌发，还有鸟类、动物在繁殖的时候，都是需要淡水资源的，像我们很可爱的，各种各样的雏鸟，鸟宝宝，包括一些小动物，刚刚我们来的路上，我还观察了地上有很多动物粪便，野兔都是需要补充淡水的，如果没有水，生物多样性就会受到严重的影响，没有水就缺乏了我们这一切生态良好的基本关键因素。

李秉禅：就是靠自然降水是远远不够的。

马平川：远远不够的。

李秉禅：而且我发现在这个地方还有一个土坝，这个是用来干什么的？

马平川：其实在这儿我们就可以做一个对比，我们可以通过我们现在这个角度看到，这条水渠里面，它的水很清，刚刚我们在黄河边的时候是浑的，因为这些水就是湿地里的水了，现在正好是属于我们黄河里面的水量不多，因此水位比较低，出现了一个情况，就是湿地里面的水位，要比黄河里边的水要高，水往低处走，湿地里的水，如果我们不去在这儿稍微地拦它一下，它就跑到河道里去了，也不叫浪费，还是回到自然了，但是可能我们也很需要它，所以说我们想在这儿，我们的工作人员在日常巡护的过程中发现了情况，我们就抓紧用相应的措施挡一挡这个水。

李秉禅：做了一个人工的小水坝。

马平川：对。

李秉禅：但是那边已经有水闸了，为什么还要再修一个？

马平川：因为这个只是我们明面上挡住了，水还可以通过地下，包括渗透等方面都会过去，再加上那个闸门可能相对来讲虽然是落下来了，但是水量多的时候，水嘛。

李秉禅：密封没那么严。

马平川：对，有任何的缝隙，它就会跑掉了。

李秉禅：所以通过这个很小的细节也可以体现出我们自然保护区的工作人员对于淡水的珍惜程度。

马平川：没错。虽然是紧邻着河，但是湿地很需要我们的淡水。刚刚说的是我们水系连通，包括补水，这些都是我们每年都会开展的补水工作的环节。当然这些往往是我们进行湿地修复开展的第一步，因为刚刚介绍的时候，这里所处的环境叫河流沼泽湿地，对于自然保护区来讲，你刚才也介绍，面积很大，而且我们有河、有陆还有海，河、陆、滩、海会形成多种多样的湿地，我们这儿是淡水的、绿色的植被，随着再往海靠近的时候，那种盐沼湿地就不一样了，它那种是更多在滩涂上的。

李秉禅：我们发现了一些不同寻常的东西，这是什么呀？

马平川：这是"仙丹"，这个一看就是野兔的粪便，而且还不是特别干这个应该也就是昨天，有可能有一些小野兔在这里活动过，很多，其实要仔细观察的时候，我们动物的痕迹、植物的痕迹，包括鸟类的，刚刚在这个滩涂边的时候，我看看这里还能观察到吗，就是我们会通过看不同的鸟类的粪便，大概判断出是哪类的水鸟。

李秉禅：根据粪便都能看得出来？

马平川：对。像我们这些吃植物的、吃根的、杂食性的，它吃的食物纤维就比较粗，不好消化，粪便就成条状的，还有一种是吃鱼的、吃蛋白质的，他们这种消化完之后，食物消化得比较彻底，在我们滩涂边上，湿地边上就是一摊一摊白色的，这就是吃鱼的鸟。

李秉禅：蛮有意思的，我这还是第一次听人把动物的粪便表述得这么生动形象。

马平川：对于保护区的工作同事们来讲，可能是几十年如一日，都在湿地环境内开展各项工作，我们有对刚刚介绍湿地的保护修复，还有生物多样性的保护，这些都是我们日常工作去开展，需要在湿地一线上开展的。所以我们今天也就是正好和我们一起进湿地的环节，也是跟大家一起进来看看，像湿地的风貌，是非常原真性的。

再往前，我们就会发现跟刚才有一些区别，因为在我们前边是一条黄河故道，曾经黄河就在我们前边，那是一条水道，随着后来黄河改道，我们刚刚站的位置，但是再往里面去，因为有水流下来了，这儿的植物有了更好的生长条件，我们明显地看到我们现在身边这个植物的高度、密度是又呈现了另外一个样子。

李秉禅：对，咱们来举一个例子，这个是芦苇吗？

马平川：这是芦苇。

李秉禅：我是1米8的身高，这个芦苇比我高很多，大概差不多2米了。其实我们顺着镜头再往里看的话，也看不到太远的地方了，因为这些芦苇都很高，所以在整个湿地里面，全部都是这样的一种环境。人在里面置身其中，也会显得隐蔽性比较强，很难被发现。

马平川：其实我们可以这么来考虑，因为有着众多的植物，就会有很多的昆虫在我们的环境之中。我们感受最明显的就是蚊子。

李秉禅：这里的蚊子特别大。

马平川：你也已经感受到了。

李秉禅：对。

马平川：但是我们可以再考虑一下，这样更多的昆虫，各种各样的昆虫，它是为我们的鸟类作为一种食物，你比如说蚊子的幼虫在水中，又为鱼类提供了食物，因此就是各种各样的，我们无论是水生生物还是植物，还是昆虫等等，它有一个比较良好的环境，整体地就会形成一个比较好的湿地系统，我们就是对它进行一种封育保护，减少人为的干预，再一个就是及时关注它的情况，刚刚咱们一开始说过，它其实还是一个新生湿地，需要有一定的正向的保护措施，让整个生态更好。

李秉禅：我们发现再往前走，真的是很难进入了，全是这么高的芦苇，我们再往后退一点，到相对平坦一点的地方，再给大家找一些细节好不好。这里面全都是这种芦苇吗？还有没有其他的比较有特色的植物？

马平川：这里面保护区我们根据名录统计到的野生植被411种，刚刚我说了不同的海拔有不同的演替，我们常见的芦苇、芦荻，你看它们两个的区别还是很明显的，这种穗状花的就是芦苇，而且叶子就比较宽大。周边的就是芦荻，它的花絮就很柔顺。

李秉禅：芦荻是哪一个？白色那一个是吗？

马平川：对，白色，这些都是。它的叶子就比较细长。

李秉禅：那这个红色的植被是什么？

马平川：是罗布麻（音），因为本身这边马上也快到海的地方了，这个土壤的盐碱度还是要高一些的。

李秉禅：怎么看出来的呢？

马平川：本身我们可以看到这儿，这种植物的密度不是很高，是有几个原因的，因为我们这儿每年都会对我们的疏水渠道进行清淤工作，清淤工作时就会有新的沉积土壤盖到上面来，另外我们这儿离海的距离也不是很远，地下水相对来说就是盐层比较高了，反馈到我们地表植被上的时候，如果有一些淡水补充不是很充足的地方，肯定地下水要咸，所以植被相对来说一些耐盐碱度高的植被长得就会多一些，其他的植物可能适应性差一些，长得就少。主要还是因为我们这儿真的是黄河即将入海的地方，因此这里就是大河跟大海双重作用下形成了现在这片湿地，无论是从它不同的湿地类型的分布，以及我们现在能够感受到的周边湿地上的植被，还有我们目光所及能够看到的很多动物都构成了广阔、完整的湿地生态系统。

李秉禅：我记得之前您跟我说过，这个地方还是作为一个候鸟的国际机场，这是怎么回事呢？

马平川：因为在全世界是有九条鸟类的迁徙路线，保护区正好是处于了东亚到澳大利西亚，还有环西太平洋这两条鸟类的迁徙路线的交汇处，所以每年到了迁徙季，大概是在冬天，会有大量的鸟类迁徙，来这儿进行越冬、迁徙、停歇，然后到了春季的时候，还有一部分的鸟类把这儿作为一个繁殖地。其实还是得益于咱们这儿生态好，因为本身这儿首先它们觉得很安全，我们对它有整体的保护，减少了人为的干预。另外就是食物充足，无论是刚刚咱们聊的植被之中的昆虫类，还是湿地里面的各种鱼类，甚至滩涂上的各种底栖生物，鱼、虾、贝、蟹，这都是咱们鸟类的食物来源，食物也很充足，所以满足了它们迁徙，包括繁殖的条件，它们就选择来这里，并且数量是越来越多。

李秉禅：这种候鸟大量地在湿地里面进行栖息的话，对咱们生态环境会有怎样的作用呢？

马平川：本身鸟选择这里，就说明这儿是一个生态比较好的地方，再一个，鸟类的迁徙作用是有着众多意义的。咱们就打一个小比方，这些鸟儿就像蜜蜂一样，他们把不同地方的种子，或者是不同区域的，它们通过觅食的过程，飞着飞着，消化、半消化的就排出，排出之后就使得这儿植被更多，是一个散播的过程，就像一个空中的播种机。

李秉禅：怪不得，您说土地是新生的土地，那像这些我们也没有人工种它，它怎么长出来的呢，其实很多就是靠鸟类的粪便把种子带过来是吧？

马平川：这只是其中一种。同样的，鸟类丰富了以后，也会逐渐地引出。

李秉禅：我又发现了这里有一个不同寻常的。

马平川：这个首先根据尺寸大小，这应该是鹭，白鹭、苍鹭、草鹭这种体型的，因为白鹳要比它更大，另外一个你看它不是特别深，说明这个鸟的体重也不是很重。但是看起来好像很硬的地面，说明下雨之后有鸟儿在这儿活动的痕迹。结合着咱们近期天气的话，下雨可能是在三四天前。

李秉禅：就是根据一个小小的脚印，我们就可以看出很多的信息，像警察断案一样，是吧？

马平川：都是一些痕迹，其实真的是，在湿地之中，我们要让我们的心态更多地融入自然，你就会发现很多很有意思的小细节。

李秉禅：像这种知识点，对于你们来讲是一种常识，咱们工作人员了解到这些信息之后，对于咱们的工作有什么帮助吗？

马平川：本身我们会对本体资源进行大量的调查，同时我们也会联合众多的科研院所、高校带队来我们这儿，从生物、植物，包括我们的鸟类等相关的领域，开展各种各样的科研合作，来提升我们整个工作的数据化和科学性。

这个洞很有可能是咱们某种动物打的洞，很多动物都有打洞的习惯。

李秉禅：这是兔子的吗？

马平川：不一定。因为刚才咱们来的路上，我还发现有这种狗爪爪印，就是狗的脚印，有很多动物会打洞，但是我们这边能看到这么多兔子的粪便，这周边肯定有很多窝的小野兔在附近。

李秉禅：狡兔三窟。

马平川：对，就在那里扒着小眼睛看咱们呢，只是咱们在明，它们在草里面。

其实说到这些，这些植物你离近了一看，是各种各样的，很丰富的，在这儿给你举一个例子，你就看这种，这个植物就很有代表性，你看它长不高，它是缠绕着咱们其他的植物上，而且它有豆角，这就是野大豆，国家二级保护植物野大豆，它耐盐、耐碱，然后抗病性强，它的基因有着很高的研究价值。打个比方现在有各种各样的转基因的大豆，它到底是有着不同的什么样的特性是需要跟咱们这样野大豆的原始基因做对比的，所以无论你研究出怎样的结果，都需要跟原生样本做对比。

李秉禅：这是最原生态的一种？

马平川：对，所以在保护区里面，像这种野大豆分布也很广泛，我们这儿也被称为是野大豆的天然种植资源库。

李秉禅：就是湿地不光对环境改善有很好的作用，也有很高的科研价值。

马平川：对，没错。我们这里植被是一大方面，再一个就是我们经常会对这里相应鸟类的研究更多一些。咱们鸟类的研究，包括疫病的防治，迁徙路线的观测、记录，都是由专业的科研人员根据保护区同事们的记录进行开展研究、鸟类救助、鸟类巡护、疫病防治，再加上鸟类栖息的研究。我们这儿即将要开展的，就是成立了东方白鹳和黑嘴鸥的研究中心，对他们的习性和整个动态做进一步的深化。

刚刚说到了柽柳，你看这红色的枝干很典型，所以我们叫红柳，这种植被相对来说有着好几种的俗称，每一种俗称都有不同的意义。在农民伯伯的眼中，它叫观音柳，因为当一片土地开始长柽柳的时候，说明它盐碱的程度已经得到了改善，能长出柽柳来，就说明能开始种庄稼了。

李秉禅：它不是纯粹的盐碱地了。

马平川：对，但是相对来说盐碱度还是要高一些，产量可能都是受到影响，但是有它一出现，说明这个地就能种了，这是一种称呼。另外它还叫三春柳，咱们在古语之中，"三"就是多的意思，它是经常开花，不像很多常见的植物一年一次，它是一年多次，所以就是三春柳，它有着比较大、比较强的繁殖能力。

李秉禅：其实在保护区里面我看到过好几次这个植物，但是它的颜色好像都不太一样，有的红一点，有的绿一点，这是什么原因呢？

马平川：绝大部分因为红色部分是枝干，绿色的是枝叶，它的颜色的变化还没有那么典型，在这里我给你推荐另外一种植被，你可以了解一下，就是红地毯的盐地碱蓬，它的学名是翅碱蓬，因为它两颗小牙就像我们张开的翅膀一样，但是它有一个很强的特性，在盐碱度高的地方，刚长出来的嫩芽都是红色的，要是在盐碱度相对较低的地方，长出来就是正常的，跟植物一样是绿色，直到它到了秋季，因为它是一年生的植物，到了秋季的时候，慢慢地变成红色，就会越来越红。但是盐碱地上，我们滩涂湿地上生长出来的小嫩芽都是红色，在这儿我们绝大部分看到的都是红地毯，红色的，红毯迎宾。

李秉禅：其实通过今天的探访和报道，说实话对于我来说，我是第一次来到像这样的一片湿地近距离去观察，虽然在高空中去看，它是一片绿颜色，显得生机盎然，但是我们近距离观察的话，真的就像刚才马主任说的，全部都是像这种新生的土地，其实是非常的脆弱，需要我们进行用心的呵护和细心的保护。

同时，今天我们也了解到黄河入海并不是简简单单的大河的水流到了海里去，在它进入大海的最后一刻，其实还是为我们的环境做出贡献，我们把它引到了这片湿地当中，发挥着最后的余热，也希望大家有机会的时候，可以多去关注黄河，多去了解我们湿地自然保护区的一些相关的知识，我们共同努力一起做好湿地的保护工作。

好的，今天的报道就到这里，我们继续来欣赏一下美丽的湿地景色。

王艺：这里就是黄河最后流入大海的地方，九曲黄河，滔滔东进，经万里壮阔迂回，终于在这里汇入大海，黄河水与海水交汇处，这条蓝黄交汇的分界线，在宽广的海面上弯弯曲曲，绵延不断，界限两侧，黄蓝分明，蔚为壮观。

您可能会好奇，为什么黄蓝之间的界限如此分明，而不是从黄色逐渐地过渡到蓝色呢？因为黄河是自西向东流，而海水每天沿着河口南涨北落，两者流向垂直，而且含沙量差别显著，奔腾的河水流出河口后，受到海水的顶托，形成了一道切变峰面，这个峰面非常神奇，这里的流速很微弱，号称泥沙的捕捉器。表层黄河水中的泥沙失去动力，迅速落淤，无法越过这个峰面向海扩散，因此峰面内外蓝黄分明，这就形成了这条明显的分界线。

"黄河之水天上来，奔流到海不复回。"今天我们跟随黄河从青藏高原奔腾而下，跨越青海、四川、甘肃、宁夏、内蒙古、山西、陕西、河南、山东九省（区），蜿蜒5464公里之后，终于来到了山东东营垦利区的黄河口镇，进入浩瀚的渤海。早在上古时期，黄河流域就是华夏先民繁衍生息的重要家园，在我国五千多年的文明史上，黄河流域有三千多年是全国政治、经济、文化的中心。现在沿黄各地区从实际出发，"宜水则水，宜山则山，宜粮则粮，宜农则农，宜工则工，宜商则商"，积极探索富有地域特色的高质量发展之路。

明天继续看见锦绣山河，江河奔腾看中国，看万千气象松花江，泽被北国永奔流。

（https://m-live.cctvnews.cctv.com/live/landscape.html?liveRoomNumber=9931030826069699265&toc_style_id=feeds_only_back&share_to=wechat&track_id=77b81a89-340d-463c-8151-b9dc8c0e516b）

江河奔腾看中国丨万千气象松花江　泽被北国永奔流

解说：关于松花江，你了解多少？一条大河，两个源头，滋养三江平原和松嫩平原，每年供应鲤、鲫、鳇、哲罗鱼等达四千万公斤以上，高粱、大豆、玉米、小麦、水稻，年年五谷丰登。松花江流域水资源丰富，通航条件良好，还有中国面积最大的林区，央视新闻邀您踏上一趟叫做滋养的旅程，走进中国七大水系最北端的松花江流域沿途经过高山、峡谷、平原，穿越林海、草原、湖泊、湿地，看一条大河孕育出的不同风土人情，倾听两岸产业制造畅想的创新之歌。看见锦绣山河，江河奔腾看中国，10月3日，一路随松花江遇见东北，发现锦绣中国。

薛晨：各位央视新闻的网友，大家上午好！这里是央视新闻国庆特别节目《看见锦绣山河，江河奔腾看中国》。今天我们带大家去看一看奔腾在东北大地的松花江。

松花江是一条风光旖旎，婀娜多姿的江，一条绵延千里、奔流不息的江，它滋养白山黑水，万物与之共生。长江黄河之外，它是中国流域面积第三大河，更是东北儿女心目当中的母亲河。沿江而上，松花江有两个源头，分别是长白山和大兴安岭，他们处于中国东北大地的两端，南北相望，众水归一，让我们先从其中一个源头开始，感受江河奔腾的力量。

大荒之中，有山名曰不咸。这是《山海经》中有关于长白山的记录，不咸就是有神之山的意思。长白山里大半年都白雪皑皑，是座休眠的活火山。白山黑水的主色调，让这里气度不凡。来自于长白山天池仅仅1.25公里长的乘槎河，从天池北侧龙门峰和天豁峰之间的缺口溢出，这个缺口就是天池的出水口。

乘槎河是连接天池与长白瀑布的白色纽带，它经过牛郎渡，形成近南北走向的河谷，之后遭遇强烈的落差，一跃而成68米长的长白瀑布，气势直冲幽谷。奔流而下的流量，使得松花江有49公里的江段常年不封冻，从天池蓄积而来的能量，之后成就了一条绵延数千里的大江。

"疑似龙池喷瑞雪，如同天际挂飞流"，这是对长白瀑布的最佳注解。值得一提的是，松花江的源头至今还蒙着一层神秘的面纱，长白山天池的水位，三百年来都没有明显变化，周围的水系也是水流不断，源源不绝，这在今天仍然是个未解的地质之谜，需要进一步探寻。

我们的记者张楚，正在长白山天池瀑布，我们来看一下那里的情况。

张楚：央视新闻的网友们，你们好，我是总台记者张楚。江河奔腾看中国，今天我们来到了松花江的源头，您现在看到的就是长白山瀑布，这个瀑布的高度为68米，它也是东北地区落差最大的瀑布。松花江分为南北两个源头，南源在长白山天池，北源在大兴安岭之脉，它流经了七成东北大地，可以说是孕育了众多的城市。在奔腾了2300多公里之后，松花江汇入黑龙江，最终向东注入太平洋。南北相望，众水归一，今天我们回到了松花江的源头，一起来聆听山野的呼唤，感受生命的力量。

今天我们也邀请到了一位嘉宾，他可以说是土生土长的长白山人，平时也会通过多种平台向外界的朋友们一起来介绍长白山的文化以及背后的美景，我们欢迎王萌老师。

王萌：央视新闻的网友朋友们大家好，我是王萌。

张楚：其实我们可以看到虽然说现在是秋季，但是周围已经有了雪的痕迹，王老师能不能给我们讲一下，为什么我们在山下其实看到的是秋景，但是在山上能够感受到冬日的景观呢？

王萌：首先长白山自身的海拔高度在这里，它在中国境内的海拔最高峰是白云峰，它是2691米，这样一个海拔高度就导致它呈现出"一山有四季，十里不同天"的景色。而长白山这座巨大的山体，通过植物的光合作用、水体的蒸腾作用，就使得它有一个自己独特的山体小气候。其实长白山这么多年我们看下来，它有一个非常特殊的规律，而且也是比较有意思的现象，就是每年它基本上在五一的时候会下冬季的最后一场雪，在每年十一的前后一定会迎来新冬季的第一场雪，它一定是这样的状态。所以，其实在这样的季节如果来到长白山的话，我们就能够感受到山上是白雪皑皑，而山下依然红叶烂漫这样一个极具视觉冲击性的景观。

张楚：我们面前的这个长白瀑布是游客经常来打卡的地点之一，因为我们现在可能时间比较早，游客还没有上山，但是大家通常来到这边的时候，一定会跟长白瀑布合影，大家可能不会发现的是在不知不觉期间，你已经和松花江的源头有了一次亲密的接触了。

我们眼前的这个非常壮美的落差高达68米的长白瀑布是怎么形成的呢？

王萌：是这样的，长白瀑布首先是长白山天池唯一的出水口，它现在在两侧是从天豁峰和龙门峰的交汇处流下来，这个缺口被称之为闼门，而我们现在能看到瀑布现在看起来是分成了两条玉带，而在它最初流下来的时候是一条河流，中间的那一块石头我们称之为牛郎渡，被它一分为二，分成两条玉带下来的。

长白瀑布源自于长白山天池，从长白山天池到长白瀑布中间还有一段长达1200米的距离，在这一段距离里也形成了一条河，叫做乘槎河，古人又称它为"通天河"，这条乘槎河目前是我们内陆最短的一条河流。长白山是三江之源，而唯一从长白山天池发源的江只有松花江，松花江滋养了很多的关东儿女，所以我们常常说长白山是关东儿女的母亲山，而松花江就是我们关东儿女的母亲河。

这条河流同样也孕育了很多的美景，因为有这样一条河流的存在，长白山地区的历史文化非常悠久。早些时候，我们的祖先逐水而居，很多的动植物也是这样的，这些年在松花江流域发现的猛犸象遗址也非常多，包括披毛犀等等这些远古生物。也是在长白山的流域内，我们也发现了恐龙化石，说明在很早的时候，应该说从古至今，长白山都是一座生态的大山，是一座生物生长栖息的乐园，不仅是因为它有绵延的森林，更重要的是因为它有丰沛的水系。

张楚：说得非常好。王老师，我了解到长白山天池的水位300年来都没有明显的变化，周围的水流也是连绵不绝，这是为什么呢？

王萌：这个也算是长白山的一个未解之谜，现在比较主流的说法是在海拔2000多米的位置上有大气降水和地下水的补给。但是在地质学界也有一个论调认为在海拔2000多米的时候，它已经失去了地下水补给的可能。现在大家认为长白山每年有非常丰沛的降水，每年降水大风的天气会超过280天，所以这样的降水量、流量和蒸腾量，我们认为是可以成为一个正比的。所以，现在长白山天池看起来是风平浪静的。如果说天池展现的是长白山的静态之美，那我们来看长白瀑布的时候就是动态之美，展现了中华民族的冲劲和闯劲。

张楚：没错，这个词特别契合我们今天直播的主题叫"江河奔腾"，通过江河奔腾来看中国近些年来的发展。

王萌：我们现在所来到的位置在地质上是一个非常著名的区域，这个地方叫作长白山的U形谷，它是第四纪冰川移动侵蚀所留下来的，在这条U形谷的下面，松花江的源头二道白河奔腾而下，现在再来看过去的话，我们能够感受到大自然的力量，也能够感受到水的力量。随着水在不断流淌，这些年长白山也因为这条河带来了很多的变化。我觉得山水相依，有山的地方，有水的地方就是钟灵毓秀之地。

张楚：我们在这个台阶两侧都可以看到这种低矮的呈褐色的，往一边倒的树木，这样的树种在其他地区很难见到，这应该是咱们长白山特有的树种，能不能给我们介绍一下呢？

王萌：这个树种是长白山非常典型的植被景观带，长白山一共有四个垂直景观带，在这个区域内，这个景观带叫做岳桦林带，它是桦树的一种，但是这个桦树跟别的桦树不太一样，首先岳桦树不要看它每一棵都不太粗，都细细小小的，但是基本上它们的年龄都在300多年。

张楚：这么悠久的历史？

王萌：对，因为长白山每年的无霜期只有不到90天，这就导致植物的生长每年只有这短短的90天，它们就会长得格外的紧实。所以，长白山有几个比较神奇的地方，其中一个就是树木会沉到水下去，因为它的密度特别的高，当我们把树枝扔到水里的时候，你会发现它是浮不上来的，它会沉下去。当你看到岳桦林的时候，大家也就能够判定一下自己的海拔高度一定是在1600米到2300米之间了。

在这个林带里面同样也有很多的动物会在这儿活动，比如说马鹿、黑熊、棕熊，它们很喜欢在这个区域内活动。

张楚：那我们现在会在这个区域内见到您刚才说的动物吗？

王萌：在景区内不会，因为动物还是比较机警的，它看到人以后会选择离开。但是当我们没有人类活动，或者我们游客不是很多的时候，还是可以看到的，比如说我们科研人员在这儿设立了很多远红外线相机，很频繁地会拍到它们的活动踪迹。而且在这个区域还有一种非常可爱的小动物叫做高山鼠兔。

张楚：它长成什么样呢？高山鼠兔，鼠兔是结合了鼠类和兔类的长相吗？

王萌：对，它的身体是兔子，然后它的耳朵是小老鼠的那个圆耳朵，呆萌呆萌的，这个区域也是它们主要的活动范围。

再就是我们会发现岳桦，传统印象中的桦树都是笔直笔直的，但是岳桦长得非常婀娜。

张楚：是往一边倒的，为什么会只往这一边倒呢？

王萌：这就是长白山的风向，它是顺着风走的，而且它曲折的程度也是因为它要承受风雪的压力，因为长白山每年的雪非常大。

张楚：我们顺着水流的方向已经来到了我们面前的这条河，这条河是不是我们经常听到的二道白河？

王萌：对，它就是二道白河，你看像一匹银链一样下来，并且你仔细看它的水，因为现在是秋天了，它开始泛青色，黛青色，如果是夏天来的时候，或者是冬天来的时候，它的水体就会泛成那种蓝色。

张楚：不同的季节，水体的颜色呈现出来的还是不一样的颜色。

王萌：不一样的，跟周围山体的颜色、反射物的颜色都是有关系的，长白山的水非常纯净，因为今天是多云，阳光没有直接照射在那儿，所以它反射的光不一样。我们总上山来，每次在这儿看的时候，就会在这儿发呆很久。

张楚：你在看到眼前这么湍急的河流的时候，你什么都不想，主要就是被眼前的景色所吸引了。

王萌：对。而且这些年我真的觉得每次上山来的时候，能感受到长白山的变化，也能够感受到祖国的变化，而这个变化不是说长白山的游客接待量增长了多少，也不是说长白山的基础设施又完善了多少，而是一种骨子里的精神上的东西。

张楚：为什么会感觉到有骨子里精神上的变化呢？游客量的变化是非常直观的变化，但是您刚才说到的精神上的变化是怎么感受出来的呢？

王萌：大家的整个精神状态真的是蓬勃向上的，大家以前来的时候，有一些人会说今天长白山天气不太好，有一些遗憾。但是我们这些年听到越来越多的是大家会说这次来长白山，我没有看到天池，我没有看到瀑布，那不要紧，我再来。也从一个侧面反映出来我们一定是国富民强了，才会有这种淡然和底气，就是我现在生活得很自在，我不再像以前一样匆匆而来，匆匆而走。这些年从长白山上也能看出来我们国人的变化是从最开始的观光游，就是我来这儿拍照打卡就走了，到现在大家会选择我在这儿待着，我在河边住着，然后我去享受一下慢生活，这样的转变。所以，不是说长白山的基础设施有多大的变化，山还是那座山，而是现在整个国民的经济水平变好了，大家对于很多事情的包容度也提升了，包括很多意识上的东西也在转变。

张楚：听你说的感觉，就是咱们长白山人对自己的家乡的山和水有底气和自豪感，并且山水是非常滋养人的，人的包容性会因为我每天面对的这个山和水变得更高更强。

王萌：对。长白山的森林覆盖率非常高，有95%以上的地方都被森林覆盖着，这样高的森林覆盖率，除了得益于我们对于它的保护，我们刀斧未动，更重要的也是因为它的水系非常的丰沛，才能让植物有非常良好的生长空间。反馈到我们人体，比如说长白山的空气是非常清新的，世界卫生组织对于清新空气的定义是每立方厘米有150个负氧离子，但是长白山的平均每立方厘米里有3万个负氧离子，翻了不知道多少倍。所以，以前也有外地来的朋友，也会开玩笑说，在长白山一定要担心醉氧的问题。我们也会说来长白山是来清心洗肺之旅。

张楚：很治愈的过程。

王萌：对，很治愈，很疗愈的过程。包括我们现在听着水声，我们可以感受风这种都是大自然所给予我们的力量，给予我们的一份馈赠。

张楚：带着大家听听水声吧，我觉得这种水声非常治愈。

我们接着往前走，既然提到了二道白河，我们不得不提的就是二道白河小镇，听说这个小镇是一个避暑胜地，这个小镇里面有什么风景？能给我们介绍一下吗？

王萌：我们整个小镇是一座4A级的景区，它也有很多称号，比如"国际慢城"、全域旅游示范区。这些称号不是冷冰冰的文字，它代表的是长白山二道白河小镇发展的趋势和方向。我们常说，在长白山是"人在城中，城在景中"。在二道白河小镇旅行，或者在那里居住的话，你会感觉到人与自然的和谐共处。

比如说长白山有很多动物、鸟类，这里面有一种非常珍贵的鸟叫中华秋沙鸭，长白山是它主要的繁殖栖息地，每年它要在这里完成从恋爱、生子、再到把孩子抚养大，再一起飞往南方越冬。为什么中华秋沙鸭会选择在长白山？我觉得也是因为这个地方的生物多样性，它的生物链是完整的，同样二道白河我们看到现在的水流非常湍急，但是当它进入到小镇以后，水流会变缓，形成一个巨大的平缓的水面，这个水面会给秋沙鸭提供非常好的捕食环境。绿头鸭原本也是候鸟，也要去南方，但是这些年因为在这儿生活得太惬意了，它们冬天已经不走了，这两年还有鸳鸯，我们发现也有个别的鸳鸯也选择留在了这儿。我现在几乎看不到小孩子吓鸭、拿石子丢鸭子，这种行为是没有的，大家在看到这些小精灵的时候，只会赞叹、欣赏。

张楚：大家会因为小精灵长得非常可爱，而且很难见到，虽然说这几年因为生态环境变得越来越好了，更加经常地见到它们，就会自发地形成一种保护意识，就觉得一定不能破坏生态环境，一定让它们在这儿更多地繁殖、生长。

王萌：对，现在我们常说，包括有很多的朋友来了之后会觉得一进入到长白山的区域内，就要把脚步放慢，把声音放低，整个人就开始变得慵懒起来，这样的一个氛围，也是因为这些年的城市建设，也是因为这些年保护意识不断地增强。可能最初的时候，我们听到生态文明建设的时候，我们觉得是一个蓝图，但是现在生态文明已经融入到每个人的心里、骨子里，它开始变成现实，它已经不再是我们无法触及的事情，而是体现在方方面面。当然，山脚下还有很多其他的景点，比如说红石石峰、白山湖仁义砬子风景区、露水河国际狩猎场、冰水泉、浮石林，有很多这样隐藏玩法。在小镇内也有32处景点，这32处景点串联起来了一个非常有意思的路线。所以，大家可以选择来长白山进行一次深度游。

张楚：没错，我从长白山天池下来之后看到了长白山瀑布，但是我们下来之后还可以在山脚下有更多的玩法，真是特别期待。感谢王萌老师给我们这么精彩的讲解，说得我非常向往长白山这样一个圣地。

我们刚刚听到了松花江源头美景的故事，那我们现在还是要听一听松花江源头背后的一些风土人情，今天我还给大家请到了一位嘉宾，她可以说是见证了松花江源头开发，从无到有的全过程，因为这个大姐人非常热情、和善，所以当地人就尊称她为董嫂，我们欢迎董嫂来参与我们的直播。董嫂，跟我们的网友们，冲着镜头打个招呼。

王亚贤：你们好，来长白山，欢迎你们。

张楚：我们现在可以看到，这儿有一个特别特色的活火山的标志，83度的长白山温泉，能不能给我们介绍一下这个温泉为什么这么有特色？

王亚贤：这个是咱们长白山多年的活火山，水温是83度，它能煮出来温泉鸡蛋非常好吃，这里头有多种矿物质，煮出来的鸡蛋里熟外嫩，蛋白像果冻一样。

张楚：董嫂，您在这儿开店大概多少年了？

王亚贤：开发旅游我就在这儿，现在已经开店20多年了，咱们这里头变化非常大。

张楚：那您能不能说说，咱们最开始这儿没有开发之前是什么样的？

王亚贤：没开发的时候，咱们二道白河是一个农村大屯子，我来的时候，我看到楼房非常少，现在开发长白山，管理、管护、保护、卫生非常好，我亲眼目睹，变化特大。

张楚：您有没有觉得您在这儿生活了这么多年，您自己感觉到的变化？

王亚贤：我自己感觉，咱们开发越来越好，宣传的也好，这些客人来，觉得山好、水好，所以客人一拥而上都上长白山来了。长白山老百姓靠这个山，确实收入都挺好，生活过得也挺好，现在我也挺高兴的。

张楚：那您对未来的在长白山的生活有没有更多的期待？

王亚贤：我在长白山待了这么多年，好几十年了，我看着长白山越来越好，以后咱们长白山我觉得会更好，好上加好。

张楚：谢谢董嫂这么动情的讲述，也希望您的生活可以越来越好。

离开了源头的松花江水，穿越林海，流经山间，不断汇聚，由溪流成江河，向着松嫩平原一路奔涌，见证着新时代黑土地上的人们逐梦再出发，启航新征程。我在前方的报道就是这样，让我们把时间交给其他路的小伙伴。

薛晨：这里是央视新闻国庆特别节目《看见锦绣山河|江河奔腾看中国》，我们继续沿松花江南源顺流而下。

现在我们看到的是二道白河，从高处远眺，河流犹如一条飘带在深谷中飞舞，一波三折的江水路程，赋予二道白河一种乘舟行进，曲折蜿蜒的浪漫。大家从现在的画面中可以看到二道白河被五颜六色的植被包围，郁郁葱葱，这里堪称是一座天然博物馆，大片的植被占据这块土地，组成了一场关于美景的视觉盛宴。二道白河内的森林覆盖率高达94%，在林中漫步，连呼吸也变成了一种享受。

在东北山民眼中，长白山绝不止代表一座山，或者天池、森林这些意象的简单组合，长白山如同一个巨大的生命体，以无限的能力孕育众多生命。在二道白河之后，离开了发源地的松花江水，穿越林海，流经山间，不断汇聚，由溪流成江河，向着松嫩平原一路奔涌。

这里是央视新闻国庆特别节目《看见锦绣山河|江河奔腾看中国》。从源头一路奔涌而来，河面渐渐变得开阔，在接下来的这一段，我们一起去游览一下松花江生态旅游水上航线。

头道松花江白山湖位于长白山西麓头道松花江流域，滔滔松花江水自长白山天池奔涌而下，抵达这里后蜿蜒流长。金秋十月，乘船游弋白山湖上，行在晴空碧水间，风光旖旎，让人流连忘返。

白山湖沿岸保留着丰富多彩的地质遗迹，雄壮的玄武岩峡谷，险峻的岩溶峰丛，秀丽的台地湖泊，茂密的森林植被，雄奇壮美的景观，记载着地球几十亿年的地质演化历史。古老的地层，突兀的岩石，复杂的岩性，多样的构造，无不诉说着沧海桑田的巨大变幻。

飞越玄武岩峡谷，湖面碧波万顷，两岸陡崖巍巍，其中最具特色的是一片巨大的白色灰岩石壁，当地称之为"仁义砬子"，砬子是东北地方方言，是指由一块或者多块岩石形成的地貌，坡度比较缓的悬崖以及可以攀登的且不高的悬崖都可以称之为砬子。

仁义砬子属于典型的北方地表岩溶景观，陡崖沿白山湖畔南北连绵2000米，最高峰丛海拔571米，陡崖底部近50米浸泡在白山湖水中。仁义砬子岩壁陡峭，高耸入云，临壁而观，有"黄鹤欲度不得过，猿猱欲度愁攀援"之感。

千姿百态的岩溶峰丛和碧波秀丽的白山湖相映成景，秀峰丽水，层峦叠嶂，怪石嶙峋，鬼斧神工。乘船游弋山水之间，大有"画中行""仙境游"之感。身入其境，浑然超脱尘世间，素有"关东桂林"之美誉。

继续顺流而下，现在我们看到的画面是吉林省第二大城市吉林市，松花江蜿蜒曲折穿城而过，吉林城区被一分为二，吉林市美景如画，夏可避暑，冬赏雾凇，依江而展，因江而美。

吉林省因吉林市而得名，吉林市也是中国唯一一个与所在省份同名的城市，坐落在松花江畔的吉林市，航运便利，素来是区域经济中心。在吉林市有一处松花江百里生态长廊，集河道防洪、堤路延展、生态修复、景观提升于一体。近年来，吉林市通过改善松花江沿岸整体生态环境，提升沿岸基础设施建设水平，打造生态宜居城市。

国庆期间，我们的记者刘柏煊就来到了吉林市的松花江百里生态长廊，接下来我们一起去感受一下江边的氛围。

刘柏煊：江河奔腾看中国，如果要近距离看奔腾的松花江水，就要看央视新闻新媒体直播。各位央视新闻的朋友们，大家好，我是总台记者刘柏煊，我现在所在的就是吉林省的吉林市，这个城市它非常特别。第一，这个城市和省份的名字是一样的，是不是非常好记？第二，这个城市和松花江的关系非常密切，松花江呈S形穿城而过，所以吉林市也被称为北国江城。

657

今天要开启我们新媒体直播，要开启一个江畔的公园之旅，首先请到我们第一位嘉宾，是一名90后，也是一名文旅达人，刘影，来和我们央视新闻的网友们打个招呼。

刘影：大家好，我是刘影。

刘柏煊：能不能先用一句话来证明你是土生土长的吉林市人？

刘影：一句话来证明的话，我唱个吧，有一个特别有名的歌曲就是"我的家在东北松花江上啊"，虽然唱得不地道，但是就是这么个调，这个船马上要靠岸了，现在我们马上要上码头，码头上可谓是特别丰富多彩，我先卖个关子，一会儿上去之后带你一览风采。

刘柏煊：好的，船一靠岸咱们就往下走。现在要去的公园是不是比较特别？

刘影：对，这个是吉林市最大的江滨公园，你放眼望去，怎么样？一望无际用在这里特别亲切。我们吉林特别显著的特点，山美、水美，在这里都可以亲切地感受到，而且身临其境有没有特别震撼的感觉？

刘柏煊：对，江风特别舒服。

刘影：小风给你吹得特别愉悦，特别舒服、得劲。

刘柏煊：今天因为是国庆假期，广场上还比较热闹。

刘影：对，热闹非凡，这些叔叔阿姨的年纪已经非常大了，但是他们的精气神、状态特别特别好，就是我们吉林市那种特别对生活的热爱，在他们身上完全淋漓尽致地展现出来了，能被他们感染着，他们在前面晃，我们也可以在后面摇的感觉。小音乐响起来了，怎么样？东北的氛围，东北特色，来东北一定要看二人转，一定要看扭大秧歌，就能够被带动起来，像不像过年了。真美啊。

刘柏煊：这些居民都是附近的居民是不是？

刘影：是的，虽然说已经退休在家了，但是他们闲不住，就想有一些自己的业余爱好，所以姐姐妹妹，一些老伴儿结合到一块，组织这样一个秧歌队，平常在江滨公园一起锻炼身体，还能丰富一下自己的业余生活，也不至于在家闷着闲着，在这儿锻炼更有意思的是森林氧吧，空气特别好，既锻炼身体，也是对心灵的放松，特别好。

他们不仅动作到位，还有神情、队形的变化也拿捏得特好。

刘柏煊：走，咱们就边走边看。

刘影：可以，我们正好顺着队伍过去，真美啊，真美啊。吉林人都得会扭大秧歌，扭起来。

刘柏煊：这个好看。

刘影：你们太好看了。

刘柏煊：我们继续边走边逛，国庆假期的广场非常热闹。

刘影：这个地方是男女老少都有，小到可以领着走的小婴儿、小朋友，大到刚才秧歌队里的爷爷奶奶，是所有百姓居民喜欢，咱们动的看完了，看一下比较静态的。

刘柏煊：有动有静。这是我们的另外一位直播嘉宾，先来给大家介绍一下，这位是李树堂，他在这里生活了将近60年，先请您给我们央视新闻的网友们打个招呼。

李树堂：大家好。

刘柏煊：我们请刘影一起，就组成咱们90后，您今年多大？

李树堂：我是50后。

刘柏煊：那就是50、90组合，我们就跟着他们俩边走边逛。

李树堂：今天天气非常好，吉林市这个江滨公园木质舞台是一个大舞台，所以每天到这儿锻炼的有秧歌，有太极剑，刚才左手方向的是秧歌，东北特色，它具有满族风情的秧歌，扭起来非常浪漫的那种，这个是太极剑，还有太极扇，还有太极舞，什么都有。因为这个东西是中华民族的瑰宝，所以现在老年人拿它锻炼身体，修身养性，所以一到晚上，灯光都配备得很好，灯光起的时候，老年人也在这儿耍剑，练扇子，健身。现在生态好了，老年人在这儿游玩，特别好，心情也特别开放，也非常喜悦。

刘柏煊：您作为这儿的老人，您见证了这里很多的变化。比如说这里我们看到的是一个湖滨公园，江滨公园的大广场，据说好多年前这里还不是大广场是不是？这个背后的故事给我们说一说。

李树堂：以前这儿就是一片沼泽地，也是滩涂地，很乱，也很脏，后期经过改革开放以后，进行环境改造，改造以后这底下全铺上方钢，打的混凝土，顶上铺木质的木板，所以现在变成了这么好的舞台，提供给广大居民享受生活。

刘影：要不是叔叔说，我都不知道之前的环境是这样的，所以我们90后只能感受到当代特别美好的生活，原来之前是那个样子的，看来现在这个地方建设成这样真的挺不容易的。

李树堂：很不容易，现在很多游人流连忘返，到这儿拍照、打卡，尤其玩抖音什么的，他们在这儿可高兴了。

刘影：对，我们年轻人特别喜欢拍照，来这儿特别出片，尤其是女生穿着好看的衣服，好看的裙子，大家一起来这儿打卡，发朋友圈，感觉这是哪儿呢，其实这就是我们吉林市，特别生态，又特别美好，一个森林氧吧的感觉。

李树堂：再就是到节假日，所有的小家庭带着孩子出来游玩，在草地上摸爬滚打挺有意思的，做一些游戏什么的，开心。

刘影：在这个地方能玩的挺多的，那边区域小孩也可以挖沙或者捕鱼，还有可以游泳的地方，上边又可以露营，我觉得真的很不错。

刘柏煊：露营，恰巧最近又特别热，是不是。

刘影：对，真的很好。

李树堂：夏天的时候最高温度也得达30多度。

刘柏煊：再过一阵子，因为这儿是江边，是不是还有其他的景观？

李树堂：再过一阵子是什么景观呢，尤其是秋天完事以后，步入冬天以后，两岸江边开始结薄薄的冰，东北吉林市不是全国的雾凇四大奇观之一嘛，敢跟桂林的山水比美。

刘柏煊：所以作为吉林市人，是不是一年四季都挺喜欢来这个江边走一走，逛一逛？

刘影：太喜欢了，真的是，一年四季都有玩的地方，有玩的乐趣，每一个季节都有不同的美，所以每一个季节，每一个时刻都愿意来这儿玩，而且这个地方一年四季都非常热门。

刘柏煊：不同年龄段的人，在这儿玩的项目是不一样的，对不对？

刘影：对，而且男女老少、小朋友，每个人都有自己的娱乐项目，所以谁来都不会觉得无聊、无趣。

刘柏煊：所以你如果来这儿，你一般会做什么项目？

刘影：首选露营，一帮人吃点儿烤肉，再喝点。

刘柏煊：最洋气的露营是不是？

刘影：对，最洋气的露营，然后拍点照片什么的，特别好，真的是当代年轻人的一种休闲娱乐方式，这样也就不emo了。

刘柏煊：您来这儿一般都喜欢做什么活动？

李树堂：我主要是散步，调整心情，放松心态。

刘影：这个环境，江边小风吹着特别舒服，空气也特别清新，散步啥的也能让自己放松下来，调整一下自己的心情，真的挺好。

刘柏煊：相当于您可以跟着李大爷健步走，李大爷也可以跟着你去野营、露营，是不是？

刘影：对，当代年轻人不要在家里待着，咱们出来走一走，真的很美。

刘柏煊：我们继续边走边看。

刘影：这就是刚才我说有小朋友可以挖沙，可以捕鱼的地方，真的挺好玩的，看到了吗？一家人其乐融融都在这儿玩耍。

刘柏煊：江滨的感觉。

刘影：真的是一望无际的感觉。

李树堂：这个公园到火的时候，这底下全是孩子、大人，非常热闹，给人一种感觉，这么大的天地都快赶上三亚了。

刘柏煊：而且趁着现在的气温还不是那么凉，大家可以来这儿亲水。

李树堂：再过几天树叶子开始有红的，也感到有西山红叶那种感觉，那面有一段都红了。

刘柏煊：已经有一些开始红了。

刘影：这就是应了那句，一年四季有不同的美，每一种美都让你震撼到，哇，我的天哪，这也太好看了吧，就是这种。

刘柏煊：你是这个公园的代言人，是吗？

刘影：我们真的很喜欢，因为它从来不会让我们失望，每一次来都有每一次的惊喜，每一次来都有每一次新奇的体验，所以真的很喜欢。

刘柏煊：我们接着往前走，大家现在通过我们的镜头能够看到，沿江畔的木栈道。

刘影：这个叫做百里生态长廊。

刘柏煊：它真的有百里吗？

刘影：你自己亲自体验，你身临其境走上去之后，会有一种唐代古诗诗句"曲径通幽处"的感觉，特别浪漫，就跟拍电影似的，现在刚刚入秋，那个树叶往下飘的时候，就会发现，我的天哪，是在拍偶像剧吗？特别浪漫，特别好，走在这种长廊里面，自己身心都被治愈了，能够缓解自己生活中一切的压力，一切的疲惫，你可以走一走。

刘柏煊：必须的，咱们现在就在往木栈道的过程当中。这里相当于湖滨公园，这里连接了内部的一块小的公园。

刘影：这个是露营的，一家几口在这儿，其乐融融，幸福感满满，自己也被治愈到吧。

刘柏煊：接着我们就走上这个木栈道了，在这个环节里我们又有一位新的嘉宾登场，大家现在看到的就是我们吉林市高新区住建局的副局长韩圣，先跟我们央视新闻的朋友们打个招呼。

韩圣：大家好。

刘柏煊：这个公园对于您来说很熟悉，您亲自见证了这个公园的建设，包括木栈道的修建，能不能请您给我们说说木栈道，刚刚在直播里，老爷子也提到这个木栈道是老年人特别喜欢的。

韩圣：这个木栈道是沿着江滨公园依江而建，尽量亲水，行人走在上面外侧是松花江水，内侧是江滨公园的景观设施，空气特别新鲜，心情肯定会格外舒畅。我手里面有两张30年前在这里拍摄的照片。

刘柏煊：让我们的镜头跟一下这个照片。

韩圣：这个是30年前，跟现在完全不一样了。

刘柏煊：能不能请您介绍介绍这个照片上的景物，哪些是被保留下来的，哪些有一些更新？

韩圣：这个位置就是江滨公园的起点，江滨公园全长大概是1.5公里，原始的这些树木都做了保留，这个位置大概就是咱们现在所处的位置。

刘柏煊：就是这个公园的位置。

韩圣：对，这都是过去的老江滩，这儿都改造了，这儿是绿化、鱼池、小桥，左侧大概就是这个位置，已经完全变样了，现在谁也没有想到会建成这么漂亮的公园。

刘柏煊：这个公园的建设大概经历了多少年？

韩圣：这个公园是从2000年开始建的，2000年就初具雏形，经过20年的发展又不断地完善。这个公园可以说是吉林市游人的首选之地，非常热闹，在这儿看也是游人特别多，前几年为了进一步完善设施，又修建了木栈道。

刘柏煊：所以这个木栈道也是有特殊设计的，便于咱们行走、健步走、运动。

韩圣：对，当时考虑公园里面行人比较多，运动爱好者也比较多。

刘柏煊：我们顺着这个木栈道进入到公园里面的空间。

韩圣：对。现在行走的就是彩色沥青，骑行系统，它是与木栈道伴行，木栈道主要是供行人步行行走，彩色沥青道是骑自行车锻炼，也是贯穿整个公园。再往内侧去就是草坪绿地，包括原有的树木，我们在江滨公园的建设过程当中，一方面是保留原有江滨公园的树木，有些树木树龄很长了，在建设过程当中，不断地增加绿地面积，又补植了很多树木，这样江滨公园绿化率很高，树木也很茂盛，可以说是一个天然氧吧，这里特别受市民欢迎，在建设过程当中，木栈道、彩色沥青路都是尽量保护原有的生态，这样既保留了原有的林木设施，同时又让慢行系统能够在林中、树木中间蜿蜒前行，有比较好的景观效果，能够跟整个的自然景观完全融合在一起。

刘柏煊：我们沿着松花江一路走，一路看，时间也差不多了，今天的直播就先到这里。

薛晨：这里是央视新闻国庆特别节目《看见锦绣山河|江河奔腾看中国》。我们继续随松花江顺流而下，位于吉林市的松花湖风景名胜区是吉林省著名的旅游景区，这里水域辽阔，湖汊繁多，状如蛟龙。松花湖呈狭长形，最宽处10公里，湖区面积554平方公里，得天独厚的地理位置，四季分明的气候，明媚秀丽的湖光山色，吸引了大量国内外游客。

松花湖风景区的主体是水、林、山，碧波荡漾，烟波浩渺，万顷一碧。周围山环水绕，因此多数时候湖面风平浪静，山影浑沉，具有中国山水画般的恬静柔情。

松花湖风景区分为十个相对独立的景区，以丰满大坝分为东西两岸，让松花湖从一个山间水库变成了一处风景秀丽的人工湖。

继续随松花江顺流而下，现在我们来到松花江的支流伊通河。松花江从来不仅仅是一条河流，而是众多河流汇聚而成的水系，松花江的二级支流伊通河是长江平原上的千年古流。一条河记录着一个城市的古往今来，也呈现着城市的品位性情，更延续着城市的文明发展，在东北长春，伊通河是流经北方内陆城市唯一的一条天然河流，可以说长春这座容纳了800多万人口的城市，自兴建以来，便一直接受着伊通河慷慨的馈赠。

两岸大批建筑群错落有致地倒映在伊通河清澈平静的碧水之上，既有田园诗般无比的韵味，又不失现代都市的雄伟繁华。古老而又现代的北国春城，一代又一代长春人正在共同见证伊通河美好的未来。

一条松花江见证了山河造物，乃至中国制造的奇迹，东北曾被誉为"共和国长子"，诞生了无数个新中国工业史上的第一，松花江两岸既是中国制造业要地，也是梦想照进现实的原点，为中国工业实现过诸多"零的突破"。今天的东北光荣与梦想仍在，所有璀璨的往昔都是为当下的发展储力蓄能，也将成为照亮未来的光。

接下来记者刘悦欣将带我们前往长春市中车长客动车组实验车间，一起去探访复兴号的制造现场。

刘悦欣：各位央视新闻的网友大家好，我是总台记者刘悦欣，跨越江河和林海，高速铁路将南来北往的梦想相连接，我现在正在长春市的中车长客动车组实验车间，今天我们也非常有幸邀请到了在这座车间里的一位大国工匠罗昭强，罗师傅来到我们的现场，您好，罗师傅。

罗昭强：你好主持人，各位网友大家好。

刘悦欣：罗师傅，这是您工作多久的车间了？

罗昭强：自从我们中国有了高铁，我们就在这个车间工作，和这个场地结下了很深厚的情感。

刘悦欣：咱们中车长客的车间大概有多少年的历程呢？

罗昭强：我们现在所处的这个动车组调试厂房2010年开始建，2012年开始出产品，是为了满足我们国家对高铁列车的需求建设的新厂区。

刘悦欣：罗师傅刚才提到产品，在这个车间里面生产的产品可特别不一样了，那就是我们复兴号动车组的列车了，在我们车间里面走出了多少台列车呢？

罗昭强：目前国家所生产的高速列车，我们占40%多，因为还有其他的主机兄弟厂家，我们在一起为高铁事业服务，我们年产超过100列动车组。

刘悦欣：今天在调试车间，有正在调试的车型，它也叫智能组动车车型，给我们介绍介绍。

罗昭强：准确地说叫智能版复兴号。

刘悦欣：智能版复兴号，它和普通的复兴号有什么区别呢？

罗昭强：它更智慧了，更聪明了。

刘悦欣：这个也卖个小关子，一会儿我们再带大家上车看一看。罗师傅您日常做的调试工作，是什么呢？

罗昭强：因为高铁的生产有91道工序，从一块铝板开始，经过工序流转，最后我们这个场地是复兴号所有工序的最后一道工序，叫整列的调试，前面的工序还有单列的调试，我们现在有十条生产线，其中有两条生产线是负责列车的编组连挂的，就是把单节的车厢变成一列动车组，编组以后，我们就可以进行电气的静态调试。

刘悦欣：列车上的一些电气的设备？

罗昭强：对，我们首先要把低压供电、高压供电、网络等搭建起来，搭建起来以后，高铁就可以想象成是一个人，它由很多器官组成，比如有牵引系统、制动系统、网络系统、门系统、卫生给水系统、空调系统等，还有一些安全的控制，安全的保护等，我们要对每一个系统的工作状况进行验证和参数的设定，东面大门和国家的铁路线是连接在一起的，出厂的时候，零故障出厂，保证运行的时候，在负责旅客出行的时候是安全可靠的状态。大家形容我们叫"高铁医生"，我们在出厂前要诊脉。

刘悦欣：面前这辆正在进行调试的，就是即将要出厂上线运行的列车了，现在是"高铁医生"正在给他们问诊，我们带大家近距离的看一看。它下面这个打开的，日常是我们看不到的。

罗昭强：对，日常运行的状态，裙板都是封闭的，因为我们运行的速度很高，我们可以实现持续350公里/时速度的运行，最后我们裙板不仅仅是要封闭，而且要做防松的标识，要施加一定的力矩，保证裙板安全可靠。

裙板里藏的就是动车组高铁各个器官，比如这是一个充电机，配有的蓄电池，各位网友也会很感兴趣，高铁怎么样启动的，大家可以把它想象成汽车，汽车首先启动的是要靠蓄电池供电，供电以后，充电机给蓄电池供电，同时还给列车的低压系统供电，当然汽车启动的是汽油机和柴油机，我们启动的是列车整个网络的控制系统。

这个裙板没有打开，有轮缘润滑装置，普通的乘客不了解这个，列车在过一些曲线的时候，轮缘和铁轨的摩擦系数比较大，会产生噪音，导致轮缘受到损伤，这个时候我们会自动地检测到列车这种状态，喷出润滑液，使曲线运行的时候，列车更平稳，舒适性也更好。

实际上，一个列车要安全、可靠地把旅客运送至终点，这些设备都在默默地工作。比如这是封缸，这是制动状态的显示器，这是制动缸的状态，这个裙板关上以后也是可以看到的，这个是给列车的检查人员看的，展示列车的状态。比如还有一些制动阀门的控制阀门等等，因为列车从设计开始就是以安全为第一，会预想到在不正常的状态下，怎么样保证列车的安全，这个是很重要的，所以很多系统都是要冗余配置的。

这个学名叫转向架，车轮和钢轨是一种硬接触，接触面很好。动车组九大核心技术，其中有一个核心技术就是轮轨关系，就是时速非常高的时候，车轮和钢轨的摩擦系数怎么样来保证。

刘悦欣：大家可能看得不是特别清，我给大家形容一下，两个轮和轨之间接触面非常细，也就一指来宽，但是它能跑出350公里以上的速度。

罗昭强：对，网上也流传很多视频，大家做实验，把硬币立起来放在窗口，运行起来以后，它不倒，这是怎么实现的呢？其实就是靠几个方面来保证，第一个就是基础轨道要保持非常高的平顺性、平衡性和稳定性。更重要的就是大家会看到这个。

刘悦欣：这个像轮胎一样的。

罗昭强：对，是转悬架的空气弹簧减振。

刘悦欣：减振作用的。

罗昭强：对，如果是档次特别高的车也会配空气悬架，实际上作用类似，它是提高列车舒适性、平稳性很关键的保障。

刘悦欣：这一个小的部件。

罗昭强：对，这个都是横向抗蛇形的减震器，正是由于这些转悬架部件相组合，在运动过程中相互配合，乘客在座椅上乘坐的感受就会更平稳。

刘悦欣：很多的部件才共铸了立硬币不倒的平稳的舒适性。

罗昭强：这个是我们外封的，它使车和车之间的连接更平顺，有一个很好的作用，一是减少噪音，二是减少风的阻力，如果没有这个风挡，气流在这里面是非常激烈的，会造成很大的空气阻力，列车运行的时候，能耗要提高，通过这些措施，降低了能耗。

刘悦欣：两个车厢连接的部位也充满了这种绞丝。

罗昭强：对。

刘悦欣：罗师傅，我一直有一个问题，不同的车次跑不同的环境，有些车次在青藏高原上跑，有些在东北有地下永久冻土层的地方跑，不同的车型设计上是不是都有不同的想法？

罗昭强：的确，为了控制车辆的成本，高寒的车就要跑高寒地区，抗风沙的车就要跑抗风沙的地区。通用的车就跑我们国家大部分地区，因为高寒和抗风沙的造价要些许提高的。比如高寒的车，门、阀门等等是要有加热系统的，比如零下40度，包括现在已经有零下50度的抗冻技术，因为我们有一个实验的车，可变轨距的跨国的互联互通高铁，我们涉及的场景是零下50度极寒天气的，我们有很多防冻的黑科技，保证列车在极寒天气下不被冻僵。尤其是电子元件在极寒的时候功能就会失效的。

刘悦欣：好的，说了这么多，罗师傅讲的车外面的机箱都很充分。

罗昭强：这个牵引变流器，这个就是驱动列车达到350公里/时运行的一个核心的部件，它是动力源，相当于我们汽车的发动机。

刘悦欣：这个是每一节车型都会配备的吗？

罗昭强：不是，如果按标准列八节车的，我们叫四动四拖，有四个车有牵引变流器就是我们的动车，其他四个是拖车，我们这个是长编，是16列编组的，那就是八动八拖。

刘悦欣：大家可能都很好奇，智能版复兴号列车车厢内是什么样子，罗师傅带我们上车去看看吧。

罗昭强：实际上智能版的和标准版的复兴号相比更聪明，它可以对自己的列车运行状态、健康状态进行自我诊断，当然后面还有很多高科技的设计，咱们一起去体验。

刘悦欣：好，我们带大家看看这辆智能版复兴号聪明在哪儿。

现在我们已经进入到了正在调试的智能动车组的车头里，现在在我身旁的是动车组的设计主管张国芹张老师，张老师给大家打个招呼吧。

张国芹：各位网友大家好，我叫张国芹。

刘悦欣：张老师，现在看智能动车组的车头，好像还差一个座椅环节是不是就可以了？

张国芹：对，现在座椅还没有安装，因为动车组还正在调试的过程中。

刘悦欣：很多人可能从来没有进来过动车车头，我们看到上面都是这种很有智慧性的电子屏。

张国芹：现在大家看到的司机台，这个司机台面为了减重采用了碳纤维材质，台面上的这些开关和按钮分别控制着车载设备，上面是几块显示屏，分别是有信号系统的、网络系统的，还有 ATB 系统用的显示屏，还有一些开关的仪表。

刘悦欣：智能不仅仅体现在驾驶机车上，大家更感兴趣的就是乘坐这辆复兴号，体验是什么样的。

张国芹：没错，我们现在针对乘坐体验，我们也做了很多的人性化改善，比如现在大家看到的这个就是 VIP 的商务坐席区，它采用的是半包围的结构，有内藏式的拉门，把拉门拉上了之后，就可以保证整个区域的私密性。

刘悦欣：我们进来看一看，这是一个 VIP 的座椅。

张国芹：这个是 VIP 座椅，整个座椅的设计是黄色和红色的搭配，它的设计灵感来源于人民大会堂的金色大厅，非常具有中国的元素。这边是座椅的控制，座椅现在有三种模式，可以选择坐、卧、躺的模式，在座椅上面还可以通过按键调节座椅靠背和腿托的角度，以确保大家乘坐得更舒适，另外还有一键呼叫的功能，通过它可以呼叫乘务员进行专门的服务。

刘悦欣：看着就特别舒服，我来代大家感受一下，这还有手机充电。

张国芹：这个有手机无线充电的功能。

刘悦欣：放在上面就充上电了，这是一个手机无线充电的设备。我们看一下这个座椅的开关，这个是后躺，感受一下，这是向前，我们看看这个，现在就是一个半躺的姿势，就打开了，这个空间很舒服。然后还可以再坐起来，非常舒适，现在坐上高铁 VIP 的感觉，可以说就像在家了。这边还有一个是？

张国芹：这是一个柔性阅读灯，它可以根据旅客的需要，调节各种各样的角度。

刘悦欣：这儿还有梳妆镜。

张国芹：对，还有一个梳妆镜。

刘悦欣：这个太智能化了，好人性化。

张国芹：另外这里可以充电，可以通过 USB 的方式，也可以通过普通插座的方式进行充电。这个地方还有一些音量调节的接口。

刘悦欣：每一个都是单独的隔间，私密性非常好。

张国芹：对，而且现在商务座椅有一个智能交互的终端，在这儿可以看到智能交互终端，现在这个终端还没有调试好，它可以为旅客提供一些娱乐功能，能够推送一些车辆运行的信息，包括能够使用手机进行无线投屏，还可以到列车高铁娱乐中心观看电影、电视节目，包括到站提醒、运行信息，都可以通过这个电子屏进行显示。

刘悦欣：这个电子屏可以实现我们在列车上想进行的一切的娱乐活动，它基本上都可以满足了。

刘悦欣：我们再来看看这边。这个小的智能电子屏是给乘务人员使用的。

张国芹：乘务人员使用的，这个是综合服务的面板，主要作用是为 VIP 区域的灯光、音量、温度进行调节用的面板，刚才我们介绍的乘客呼叫、响应，乘务员也能够在这里接收到呼叫的需求。

刘悦欣：乘客在里面进行呼叫，乘务员可以通过这儿的智能面板来随时调节车厢内照明、温度之类的。

张国芹：没错，现在关于这个区域的照明，包括中顶灯、侧顶灯都是能够调节亮度和色温的，能确保旅客在最大的感官舒适下乘坐我们的车辆。

刘悦欣：不愧是很有智慧的一辆复兴号。我们来看这边是？

张国芹：这边是卫生间，这边是一等座，我们在卫生间区域也做了一些贴心的提醒，比如乘客进入卫生间的时候，关闭卫生间的门会有一些禁烟的提示，这个是自动的。

刘悦欣：这个全列列车是一辆 16 列编组的复兴号列车。

张国芹：对，16 列编组。

刘悦欣：智能型的列车在国内的投放情况怎么样呢？

张国芹：目前我们智能车在国内已经有不同的型号，各种各样的编组已经有好多种了，比如智能车有 8 辆编组的、16 辆编组的、17 辆编组的动车组，已经投入到使用中了。

刘悦欣：电子屏上也有介绍，从司机室到乘客所在的区间，乘务员所使用的，都用了智慧化的面板。还有一个点大家可能比较关注，那就是列车上的餐车，像这辆智能化的动车组列车上，它的餐车有哪些亮点呢？我们一会儿也请张老师带我们一起去看一看。

我们现在到餐车了，餐车看起来也是充满了科技感。

张国芹：这个是开放式的吧区，后面是食物的存储区域，包括微波炉、烤箱、冰柜、冷藏的设施和设备。

刘悦欣：感觉和普通的餐车相比，这里更大了。

张国芹：更大了，空间更开放了，能容纳更多的乘客就餐。

刘悦欣：这边还有一个很大的电子屏。

张国芹：这个电子屏有50寸，放在餐区，可以给乘客播放一些视频、影音信息，同时还可以点餐。

刘悦欣：我们刚才看到的，在乘客座位上能够收到餐车推送的每天餐时的信息，然后在这里点餐，乘务人员会在这里及时地反馈。

张国芹：是这样的。这边是大家不经常看到的区域，但是实际上对于我们车辆行车也非常重要，一边是叫机械室监控室，另外一边是乘务员的休息室，这两边分别有两个大屏，这两个大屏实现了我们原来由不同系统的显示屏组合集成而成的显示屏，这个上面又进行了更多的信息融合和联动显示，包括车上发生火灾了，门发生联动了。

刘悦欣：其实都能够及时地通过这个电子屏收到信息。

张国芹：能够收到对应位置的视频信息，同时如果发生某一部分异常了，我们会把异常的信息，会有一分钟的视频自动地存下来，以方便后续的技师查看问题所在。

刘悦欣：现在已经非常智慧了，我还记得小时候坐的普通的绿皮火车，这两个房间里面，就是有一个小桌子，有一个休息的空间，可能放几个本子，乘务员通过记录的方式，现在已经全部实现了智能化。

张国芹：对，我们现在车上很多个传感器的信息都能够直接以数字、图像或曲线的形式显示在这个屏上面，让大家看起来更直观。

刘悦欣：在整个车间除了有这样智能的动车组列车之外，还有一个亮点，那就是曾经在北京冬奥会上采取过的冬奥车型。虽然现在是一个展示模型，但是它是1∶1还原的，我们准备带大家过去看一看。

现在我和张老师是已经到了中车长客专门为北京冬奥设计的一个特殊的车型，它有一个非常好听的名字。

张国芹：它叫瑞雪迎春。

刘悦欣：整个车型外观是冰蓝色的设计，张老师能给我们介绍一下这列列车的设计有哪些独特之处呢?

张国芹:首先它的车辆是以青花蓝为基调,配以飘舞的白色飘带,体现了整体的动感,颜色当中带有若隐若现的雪花、运动元素、运动员的剪影,体现了奥运主题。

刘悦欣:它的车头特别尖,跑在京张铁路线上,它要穿越很多的涵洞,有的时候还会遇上风雪天气,是不是从这方面都做了一些考虑呢?

张国芹:对,这个车头采用了仿鹰隼的动力学的外观,流线型的设计,整个车头的阻力较复兴号平台降低了10%左右,整车的节能也能够在350公里/时速度的时候节能10%。

刘悦欣:这列列车当时是为冬奥会设计的,它的网络信号覆盖非常先进,能给我们介绍介绍吗?

张国芹:现在京张高铁智能动车组采用的是5G网络,实际上5G+高铁的模式,不仅给车辆的数据融合提供了基础,另外我们也开展了很多跨界合作,比如在我们车上能用5G实现车载高清视频直播的上传和播放,另外还有5G数据的实时落地,另外在司机室里还实现了车辆沿线的5G超视距图像的回传,是通过大数据中心回传的。

刘悦欣:这个车也可以作为一个演播室,它里面实现了5G+4K的全覆盖?

张国芹:对,另外乘客在上网的时候也可以体验5G的Wi-Fi。

刘悦欣:我们在这里可以看到有一个模拟图。

张国芹:大家登上的是模型车,目前这个司机台的设置和刚才看到的复兴号智能型基本上是类似的,但是这个车厢有两项大的功能是独特的,一个是时速350公里情况下的自动驾驶,另外就是利用动力电池实现车辆的应急走形。

刘悦欣:这辆车型是专门为北京冬奥会设计的,除了网络覆盖和转播以外,其他还有哪方面是为冬奥会人群所设计的?

张国芹:这个列车上还有一个专门为媒体记者设计打造的多功能车厢,但是目前多功能车厢只能在实车看到,它具备为媒体记者提供办公方便的多功能媒体桌、专门为媒体记者提供的网络。

刘悦欣:可以说是媒体人的福音,这个车非常智能。这里的座椅和刚才我们登上的那一辆很相似,也是这种非常漂亮的座椅配色,配合有智慧化服务的面板。

张国芹:这边是客室,这个座椅是我们为京张高铁专门设计的一等座椅,采用摇篮式的座椅结构。

刘悦欣：看上去很舒服。

张国芹：对，人躺上去的时候，像被包裹在摇篮里面，这是完全符合人体工程学的设计。

刘悦欣：张老师，我们看到这边是蓝色的，为冬奥设计的列车，这边就是红彤彤的，就是智能的列车，它是不是也有独特的名字呢？

张国芹：对，它也有一个非常好听的名字，叫龙凤呈祥，龙腾四海，凤舞九天，寓意着对中华民族伟大复兴、对人民幸福安康的一种美好愿望的寄托。

刘悦欣：我们看到这边有红有蓝，现在高铁的外形、里面的智能设备都是越来越好了，其实说到高铁，大家最感兴趣的还是速度，未来除了350公里/时之外，我们的速度会不会有新的飞跃呢？

张国芹：未来我们公司正在研制的是CR450系列动车组，会把运行速度提升到400公里/时，大家在未来几年就可以期待着坐更高速度的动车组出行了。

刘悦欣：我们也期待着CR450的正式投入使用，我们今天的直播就到这里，谢谢张老师。

张国芹：谢谢大家。

薛晨：这里是央视新闻国庆特别节目《看见锦绣山河|江河奔腾看中国》，我们继续随松花江顺流而下。

大家现在看到的画面就是吉林省内最大的天然湖泊，查干湖。查干湖蒙古语为查干淖尔，意为白色圣洁的湖。它的大部位于吉林省西北部的前郭尔罗斯蒙古族自治县内，西邻乾安县，北接大安市，处于嫩江与霍林河交汇的水网地区，是霍林河尾闾的一个堰塞湖。

这里江流池沼，星罗棋布，水草肥美，沿岸林木蓊郁，田野芳草葳蕤，风景如画。查干湖资源多种多样，得天独厚，尤其是渔业资源特别丰富，或许您听说过或品尝过查干湖鱼。查干湖冬捕场面也被誉为世界奇观。俗话说"好水才能产出好鱼"，如今查干湖的湖水通过今年修建的连通水渠一路向南，流向嫩江，实现了松花江到查干湖再到嫩江的河湖连通，曾经的查干湖是不流通的内陆湖，如今只需要三年的时间，就可以对全部水体进行一次置换。河湖连通，让40多年前不到50平方公里的盐碱泡变成辽阔壮美的生态之湖。

解说：关于松花江，你了解多少？一条大河，两个源头，滋养三江平原和松嫩平原，每年供应鲤、鲫、鳇、哲罗鱼等达四千万公斤以上，高粱、大豆、玉米、小麦、水稻，年年五谷丰登。松花江流域水资源丰富，通航条件良好，还有中国面积最大的林区，央视新闻邀您踏上一趟叫做"滋养"的旅程，走进中国七大水系最北端的松花江流域，盐土经过高山、峡谷、平原，穿越林海、草原、湖泊、湿地，看一条大河孕育出的不同风土人情，倾听两岸产业制造畅想的创新之歌。看见锦绣山河，江河奔腾看中国，10月3日，一路随松花江遇见东北，发现锦绣中国。

薛晨：松花江有南北两源，刚才我们感受过了松花江从南源一路奔腾而来的壮美和活力。接下来我们来到神秘的大兴安岭南麓，一条自北向南的大江嫩江，从这里蜿蜒而出，最终汇入松花江。

此刻我们看到的是蜿蜒在大兴安岭支脉的伊勒呼里山中的南翁河，这是松花江北源嫩江的起始段。南翁河在这里与二根河交汇，开始了嫩江的旅程。

嫩江是松花江最大的支流，古称难水，表示从来难以跨越。直到清朝，平民学者张穆才给这条江起了一个温和的名字，嫩江，形容其碧水绵延，让人不再望江兴叹。

现在画面中的是黑龙江南翁河国家级自然保护区，它位于大兴安岭东部伊勒呼里山南麓，保护区内河流密布，主要有二根河、南阳河、南翁河、砍都河等大小河流20多条，他们在保护区内弯曲前行，涵养了保护区22万公顷的土地。在南翁河国家级自然保护区内，原始森林与沼泽构成了东北地区独特的冷湿景观，保护区内不但有湖泊、溪流、沼泽、草甸等水域风光，还有冻土岛状林、野生动物观赏等生物资源，其中野生动物就有74科，309种。

您现在看到的是嫩江干流唯一的大型控制性工程尼尔基水利枢纽，这项造福人民的流域工程，极大地提高了流域的防洪标准。下面让我们跟随记者修治国去探访这个雄踞在嫩江之上的宏伟工程。

修治国：各位网友大家好，这里是央视新闻国庆特别节目《看见锦绣山河江河奔腾看中国》，我是总台记者修治国，欢迎大家跟随着我们的镜头一起来到松花江的北源嫩江。此时我所在的这个位置就是嫩江干流上唯一的控制性水利工程尼尔基水利枢纽。它全长7000多米，从高空俯瞰，整个尼尔基大坝就像是一条巨龙一样横卧在江面之上。它将日夜奔腾的嫩江水拦截，奔腾不息的江水在这里放缓了匆忙的脚步，积聚成这样一个辽阔的江面，金秋时节，艳阳高照，微风阵阵，偌大的江面折射出阳光，波光粼粼。空中有飞鸟掠过，四周有五色群山，耳畔是江水滔滔，湿润的江风轻拂着脸庞，身处其中令人心旷神怡，也流连忘返。

尼尔基水利枢纽是我们国家在2001年开工建设的，是我们国家十五时期的重点工程，也是我们国家实施西部大开发的标志性工程，它不仅仅具有防洪发电的作用，同时它还有为城镇供水的作用，它还是改善下游航运、水环境，为松辽地区水资源优化配置创造条件的一个控制性工程。为了今天更好地了解水利枢纽，我们特意请到了尼尔基公司的王海军先生，一起来给我们介绍一下水利枢纽的基本情况。

王海军：你好，全国的网友们大家好，我们尼尔基水利枢纽坐落在嫩江的中游，距离上游是700多公里，下游松花江干流是500多公里，上面是群山起伏，下面是广袤的嫩江平原，我们的水库正好坐落在嫩江从山区到平原过渡的最后一个垭口。我们坝长是7000多米，因为我们是属于丘陵地带，不同于南方的峡谷水库，所以大坝比较长。

大坝主要建筑物有三部分构成，主坝、左右副坝，前面的左副坝是3900多米，主坝是1600多米，右副坝1400多米。大坝最大坝高是41.5米，高度不高，但是比较宽，形成的水面面积也比较大，正常蓄水位的时候能达到500平方公里，我们现在所在的位置就是泄洪主要的工程核心部位，就是溢洪道，我们溢洪道全长是70米，有11孔泄洪道组成，前面这些房间里面都是控制泄洪的主要控制设备。汛期大的时候，通过发电机出流达不到泄洪要求的时候，我们就开启这边的溢洪道进行泄洪，目前为止，现在汛期已经过去了，水也比较少，这边已经全部关闭了，主要的下泄洪水就是通过发电的出流来解决。

修治国：我们看到旁边这是一个观测楼。

王海军：对，因为这个大坝整体的安全一方面是靠人工的巡回检查，另一方面就是通过一套自动化的设备，对大坝的变形、位移、渗流等等进行观测。这个观测楼里面有一些监测的设备。

修治国：现在我们进去看一下。

王海军：好的。

修治国：现在我们是进到了观测楼里面，第一个就是大坝安全监测11号监测站，我们来看一下。你们好，这是国庆值班的是吗？你们好，我们是央视新闻的记者，正在对尼尔基水利枢纽做一个探访，给我们的网友打个招呼吧。

工作人员：各位网友大家好。

修治国：今天主要是在做一些什么样的工作？

工作人员：我们在做大坝安全监测的系统，给大坝进行测量。

修治国：相当于是一次体检。

工作人员：对，现在都是自动化检测。

修治国：能给我们大概介绍一下吗？主要是监测哪些指标。

工作人员：好的。这块主要集中的设备是监测厂房和溢洪道的垂直位移和水平位移，包括三道倒垂双标装置，和溢洪道一侧和厂房一侧的真空激光系统。

修治国：这个倒垂装置好像有点像一个大锅。

工作人员：这个是有一个倒垂线，直接跟基岩连接到一起。

修治国：就类似于小桶一样的东西是吧？

工作人员：对，上面其实是一个浮筒，下面有水要上这个线，是一个垂直的线，相当于大坝，相对于垂线的位移要监测出来，依据这个再用激光系统，有12个测点，在溢洪道和厂房那儿有12个测点，对大坝的位移，就是混凝土坝这一段的位移进行检测。

修治国：旁边这个装置是什么？

工作人员：这个真空激光的发射端，就是一个激光管，发射激光束。

修治国：像这样的一次体检的话，大概多长时间做一次？

工作人员：在平常的时候每周一次，超过汛期水位和正常蓄水位的时候，基本上就是每天一次，或者每天两次。

修治国：这是一楼的监测站，二楼、三楼是什么样的设置？

王海军：上面还有一个中控室，还在建设当中，溢洪道控制的盘柜也都在楼上，也是一个比较重要的设施。

修治国：也就是说核心的都是在这个地方。

王海军：对，相当于电力系统、操控的动力部分都在这边。

修治国：国庆也是不休息是吧？

工作人员：对，国庆安排4位同事进行值班。

修治国：那汛期的话会不会更忙？

工作人员：汛期值班的频次和密度都会增加。

修治国：有没有稍微清闲一点的时候，一年四季都这么忙吗？

工作人员：冬季的时候来水可能比较稳定，因为到冬季上游水库会结冰，结冰之后对冻融冰退力的监测可能会多一些，水位不会太高，大坝比较稳定。

修治国：谢谢，国庆节也是不能休息，辛苦。我们都知道水利枢纽除了防洪的功能，还有一项功能就是发电。

王海军：对，因为水库主要功能是防洪，另外是发电，发电实际也是我们下泄洪水的主要通道，所以在正常来水的情况下，都是通过发电来放流的。

修治国：也就是说发电是保持水的稳定的一个重要途径。

王海军：对，正常的情况下都是通过发电。

修治国：尼尔基水利枢纽是横跨黑龙江和内蒙古自治区，接下来我们将会乘船沿着水路到内蒙古自治区最东部的莫力达瓦达斡尔族自治旗去看一下。

薛晨：尼尔基水利枢纽旁开阔的水面烟波浩渺，碧波荡漾，因为有尼尔基大坝的拦截，这里形成了500多平方公里的水面，当地人给这里起了一个好听的名字——纳文湖。正值金秋，周围的群山层林尽染，草木芬芳，这里不仅有大美的自然风景，还有灿烂的历史文化。纳文湖的右岸就是内蒙古最东端的莫力达瓦达斡尔族自治旗，肥沃的黑土地和嫩江水的滋养，让这里成为了大豆之乡，而凭借着灿烂悠久的民族文化，这里还享有中国曲棍球之乡和歌舞之乡的美誉。

民族园依山傍水，这里群山逶迤，植被繁茂，常年温润的江水裹挟着水汽，让这里林木秀美，郁郁葱葱，是我国唯一集大达斡尔族历史文化民俗为一体的风景区。

登高远眺，四下群山苍茫，青松桦柞等树木，郁郁苍苍，湖面烟波浩渺，浩然之气油然而生。您如果来到这里，在游览之余，可以光临达斡尔民俗村，欣赏达斡尔族的传统民居，还可以品尝达斡尔族的传统美食，吃手把肉，饮巴特罕美酒，观赏民族民间歌舞。酒酣耳热之际，与之同歌共舞，其乐融融。

时值金秋假日，现场的气氛究竟如何，让我们跟随记者去感受一下。

修治国：各位网友大家好，您现在收看的是央视新闻国庆特别节目《看见锦绣山河|江河奔腾看中国》，我是总台记者修治国，欢迎跟随着我们的镜头，一起跟随着浩浩的江水，来到内蒙古最东部的莫力达瓦达斡尔族自治旗。刚刚通过我们的一组景观，包括之前的一些节目，大家也可以看到整个莫力达瓦达斡尔族自治旗自然风光非常美丽。这里位于内蒙古的东北部呼伦贝尔境内，是整个内蒙古自治区的最东部，这里的水系是非常丰富的，因为有着嫩江水的滋养，所以这里占据了整个内蒙古自治区近40%的地表水量。正是因为有着水的滋养，所以说让这里成为大豆之乡，这里不仅仅物产丰富，同时这里也有着灿烂的文化。它是我们全国三个民族自治旗之一，它与鄂温克、鄂伦春和达斡尔并称为三少民族。今天我们也是特意来到了中国达斡尔民族园，这里也是一个集中展示达斡尔少数民族文化的地方，今天我们将重点为大家来展示一下达斡尔民族的非遗，让我们一起穿越千年的文化，

共同来欣赏这里的少数民族风情。

为了更好地了解达斡尔民族的非遗文化，今天特意请到了我的朋友，民族园景区的副主任肖琪，跟我们的网友们打声招呼。

肖琪：大家好。

修治国：刚刚我们在外面介绍了一下达斡尔民族的基本情况，首先请你来给我们介绍一下达斡尔民族有哪些非常了不起的非遗文化？

肖琪：好。目前达斡尔族共有4项传统文化项目列入了国家级的非遗文化保护项目当中的，有传统的达斡尔族的体育运动曲棍球、达斡尔族的舞蹈鲁日格勒、达斡尔的说唱艺术乌春、民歌扎恩达勒，这四项都列入了国家级的非物质文化遗产保护的项目当中的。另有20项是列入自治区级非物质文化遗产保护项目当中的。

修治国：这样一个展厅将非物质文化遗产进行了简单陈列，集中地展示这些文化的，今天我们先从哪儿开始看？

肖琪：我们可以在这里看一下这两位传承人，这位传承人是刺绣的传承人，这个刺绣是为达斡尔少女所喜爱的一项技能，分为平绣、花绣、折绣等等，山草树木、日月云霞这种图案是常见的，这位也是非遗传承人，她可以给您介绍一下我们的刺绣。

修治国：您好，您这是在绣服装是吧？

非遗传承人：这是我刚做完的服装，正好在这儿钉扣呢。

修治国：能不能展开给我们看一下。

非遗传承人：这个还没完成，是男士婚服，刚定制的。

修治国：是婚服，这是达斡尔民族的吗？

非遗传承人：对，达族的，还没完事呢，扣子还没订完，他做的是半长款，到膝盖的，我正好订扣呢。

修治国：婚服应该是比较隆重的。

非遗传承人：对，面料、选材和款式上都比较讲究一些。

修治国：那婚服上会有特殊的图案吗？

非遗传承人：倒也没有，要是做一些像补绣，还有加一些图腾，像鹰、祥云都可以，这些也是看顾客要求来做。

修治国：像您做这样一件婚服，大约需要多长时间？

非遗传承人：要是工艺不是特别复杂的话，两三天就完事了。

修治国：那还是非常快的。

非遗传承人：像这种补绣的图案就慢一些，大概10天左右。

修治国：就是像这样的图案。

非遗传承人：对，这个就是自己设计出来的款式，先打版。

修治国：能展开看一看吗？

非遗传承人：这是女装。

修治国：有点像长袍是吧？

非遗传承人：对，就是传统的长袍。

修治国：像平常这个长袍的话，一般什么场合下穿？

非遗传承人：就像我们民族的重大节日，像斡包节、节假日，参加婚庆活动之类的。

修治国：应该还是一个比较隆重的场合下来穿。

非遗传承人：对，就是代表性地出席一些场合。

修治国：看完这个服装，其实我从一进屋就看到了有这样一个秋千。

肖琪：这是摇篮，像秋千，达斡尔族的小朋友，一般出生10天左右都会放到摇篮里面，一来可以解放达斡尔族妇女的双手，她们可以一边做着农活，或者是一边刺绣，一边缝制衣服，然后这里用脚悠着孩子，比较省事，一举两得。

修治国：居家的同时还可以干点农活。

肖琪：是的，它也是一个达斡尔族的传统育婴产品，现在它也列入了自治区级的非物质文化遗产保护项目，达斡尔族人民使用和制作摇篮非常讲究。比如他们会选择德高望重的达斡尔族长老，并且是手艺精湛的木匠来制作摇篮，并且在选材上也非常慎重，按照当地的习俗，我们会选择这种向阳而生的稠李子树，并且要是茂密的稠李子林当中的取材来做摇篮，两者这样结合起来做出来的摇篮，对小朋友，无论是健康还是成长都是有帮助的。

修治国：刚刚说到这是一个育婴产品，但是这个好像很大，这是一个展示品吗？

肖琪：这是给我们游客体验的，这是放大版的，我们这里有1∶1比例的摇篮。

修治国：有一个问题，你说到这上面有一些表示祝福的图案，能不能给我们大概展示一下是哪些？

肖琪：比如说我们会在摇篮的上面，也就是说孩子的头顶部，一般会刺有"福"字或者是"寿"字，这也是表达对小孩子健康的祝福。还有一种就是在下方，我们会摆放一些动物的骨头，过去有一种说法，说小朋友小时候容易受到惊吓，我们用一些动物的骨头，说是有辟邪的作用。还有我们摇晃摇篮的时候，这个骨能敲打摇篮的底部，它会发出像音乐一样的声音，能给小孩更好的催眠，是这样的作用。

修治国：这是一个展示品，可能摇起来这个绳有点够不到，其实这是一个带有鼓的。

肖琪：对，带有鼓的板，达斡尔族人喜欢世代相传这个摇篮的，一个成品要使上60多年。

修治国：也就是说可以哺育将近两三代人。

肖琪：对，哺育两三代小朋友。

修治国：我看到了这边有一个1∶1比例的。

肖琪：对，这个是1∶1比例的摇篮，就是我们平常老百姓用的正常大小的。

修治国：那婴儿要是放在这儿，头应该是在这个位置。

肖琪：对，头是在这上面的，脚是在这里，然后这里还会放一些绳，把小朋友固定住，过去有一个说法，说把小孩子的手脚绑住，有助于他骨骼发育。

修治国：长得比较直溜是吧。

肖琪：对。

修治国：这个摇篮应该是这样挂起来的？

肖琪：对，一般都是架到我们房梁上的，像你看到的这种，一般正常的达斡尔族民居里面都是有一个高高的房梁，就把小孩挂婴儿车的位置就留出来了。

修治国：说到这个房子，我正好看到这儿有一个小小的模型，给我们讲讲达斡尔民族居住的房子有什么样的讲究，跟我们平常其他的房子有什么不一样？

肖琪：达斡尔族人民喜欢依山傍水的地方，或者是喜欢逐水而居，所以他们的房子主体构架都是以木质材料为主的。

修治国：不是因为它是一个模型，而是它本身就是用木材搭建的。

肖琪：对，以木材为主的民居。

修治国：你可以看到外观，这就是简单的"介"字房，然后是有柳编的棚顶，四周是有篱笆围成的院落，它最大的特点和区别于其他少数民族的民居特点是室内的构造。这里是外门，进去以后来到厨房，左侧会有一个格栅门，格栅门上面也会刻有达斡尔族的图腾或者是他们喜欢的文案。推开这个格栅门来到主卧室，主卧室通常都是有南、西、北三面火炕的，也就是我们常说的U形炕，南炕通常住的都是家里的长辈，北炕都是给晚辈居住的，西炕是给来宾居住的，也体现达斡尔族人民热情好客的特点，已经把来宾居住的炕准备好了，时刻准备着，欢迎朋友来到家里做客。

还有烟囱，是架在房子的主房外面的。

修治国：像我老家那边的房子，烟囱应该是在这个位置，但是咱们的烟囱是在外面单独立出来的。

肖琪：这样修建有两个作用，一来能够让U形炕受热均匀，因为炕的面积比较大，二来主体构造是木质结构，架在房外能起到防火和安全的效果。

修治国：介绍完了主房，我看到这旁边还有小偏房。

肖琪：这个叫做仓房，或者也叫做碾房，就是达斡尔人喜欢晾晒谷物和干菜，所以仓房一般都是擎空架器，这样能有防潮、通风效果好的效果和特点。还有它四周都是由篱笆围成的院落，这个碾房前方会有一个篱笆围成单独的院子，这个院子一般都会养家畜，比如说养一些猪、狗、鸭、牛等等。然后这里一般都会种瓜果蔬菜。

修治国：也就是说这边是种菜的，这边是有肉的，然后这边是搞加工的，这样一个田园生活就已经出来了。

达斡尔民族是不是跟蒙古族或者是鄂伦春族，鄂伦春族应该是以狩猎为主，蒙古族可能是以放牧为主，达斡尔族呢？

肖琪：达斡尔族是以农耕为主，他们可以说是北方少数民族当中最先开始农耕的民族。

修治国：其实这也是根据地理位置决定的，嫩江水、松辽平原土壤肥沃，所以也养育了这样一个智慧的民族。

我们看完了摇篮，看完了房子，我看到这边还有很多纸片，听说这个也是一款育婴产品，是不是？

肖琪：它是叫做哈尼卡，现在也是自治区级的非物质文化遗产，是用各色的纸剪成各样式的头饰和服饰。过去达斡尔族的小朋友喜欢用它玩过家家的游戏，现在也是我们非遗项目之一。

修治国：我看到这边应该是有手工在做哈尼卡。

肖琪：是，这里有我们当地哈尼卡传承人。

修治国：你们好，国庆节快乐。在做哈尼卡是吧？

非遗传承人：对。

修治国：给我们讲讲，您做的这个有什么样的讲究吗？

非遗传承人：这个是早期玩过家家，有小孩，还有一些男士、女士。

修治国：这是男士，男士就戴着鹿角帽。

非遗传承人：女士的头饰就是凤凰的纹样，或者是小鸟的纹样、蝴蝶的纹样。

修治国：这个哈尼卡玩起来是怎么玩？是戴到头顶上吗？

非遗传承人：我们可以拿在手里这样。

修治国：不是戴在头顶上的角色扮演吗？是那种吗？

非遗传承人：不是，我们可以拿在手里玩。

修治国：就相当于我们小孩玩的过家家的小积木。

肖琪：对，我们把它作为小朋友过家家的道具。比如说我是一个小朋友，我选择这个人物当作我，然后您是这个，我们一起玩过家家的游戏。

修治国：那这个哈尼卡在做的时候肯定也是有一些自己独特的剪纸工艺，有什么样的讲究吗？我看到脸上空白的比较多。

肖琪：是，按照传统，我们当地人有一种信仰说万物皆有灵性，特别是这种纸偶，不能完整它的五官，如果完整了，它可能就活了。所以，最传统的哈尼卡面部都是没有五官表情的。

修治国：像您剪这个哈尼卡，剪成一个大概得多久？

非遗传承人：几分钟。

修治国：能不能给我们展示展示。您现在剪的是什么？

非遗传承人：就是哈尼卡。

修治国：是一个姑娘吗还是一个小伙子？

非遗传承人：小姑娘。

修治国：您的这项手艺是跟谁来学习的？

非遗传承人：妈妈。

修治国：妈妈教您的。

非遗传承人：对。

修治国：这也是一个精细活，我看到旁边还剪了很多小小的头饰，我们来给网友朋友们展示一下，非常漂亮。像这样的头饰是您创作的，还是说有固定的？

非遗传承人：不是固定的，这是自己创作的。

修治国：在老师剪的过程当中，我们再来看一看旁边的鞋子，非常漂亮。

肖琪：您现在看到的是传统达斡尔族的刺绣工艺，像这个刺绣可以在传统民族服饰的领口、袖口、裙摆处、鞋上面。我们一般通常都会刺有日月云霞，山草树木，以这些图案为主。

修治国：我看到这个图案也非常丰富，能给我们讲一讲这都是什么样的图案吗？

非遗传承人：这是达斡尔图案，这是兽字。

修治国：这种呢？

非遗传承人：这是西瓜。

修治国：这都是您自己想象的？

非遗传承人：是，以前我妈教给的。

修治国：也是母亲教的，非常漂亮。像您做这一双鞋大约需要多长时间？

非遗传承人：半个月吧，好好做的话，半个月才能做下来。

修治国：非常不容易，这都是自己纳的底。

非遗传承人：是。

修治国：很结实。我看到剪纸的边上，这叫围鹿棋。

肖琪：对，这也是一个传统的达斡尔族的围棋，但是我们达斡尔人叫做围鹿棋，它产生于达斡尔族人民狩猎生产时期，现在被列入自治区级的非物质文化遗产保护项目。它正常是有26个棋子，有2只鹿，24只狗，现在老师可以给我们介绍一下它的下法。

老师：这是达斡尔族的围鹿棋。

修治国：它的下法跟我们平常象棋、围棋有什么不一样吗？

老师：不一样，咱们围鹿棋是围与突围的智力竞赛，它不是占地盘，围棋是占地盘，咱们这是围与突围，核心就是这样的。

修治国：围与突围。

老师：咱们这个鹿，第一步咱们有一个很好的词汇叫"逐鹿中原"，就是这个意思，我一个人不好下，咱俩下吧。

修治国：我们来看一看，一边看着您下棋，您一边给我们讲一下。

老师：第一步，规则就是这样的，鹿先行，鹿走一步我补上，我一共24个猎犬，它同时代表24个节气，公鹿是代表着太阳，母鹿是代表月亮，宇宙轮回，说突围还是怎么的，你想围，我想突围。

修治国：就是鹿把狗跨过去，狗就被吃掉了。

老师：对，24只猎犬围的目的很简单，就是把两只鹿在棋盘上动不了就算赢了。

修治国：每个人都有自己的棋子。

老师：对。

修治国：这个棋你们慢慢下着，接下来我们要看另一个非常好玩的大轱辘车，这个是干什么用的？

肖琪：大轱辘车，顾名思义，轱辘是相当大的，现在也被列入自治区级的非物质文化遗产之一，达斡尔人制作和使用它，已经有300多年的历史了，车身没有一个铆钉，没有一个铁片或者钢片，都是用木头制成的。你看这个轱辘很大。

修治国：这个轱辘好像跟你差不多。

肖琪：这个车轴指定很高，正好能与牛马拉车的腹部保持在一个水平线上，这样一来保证车行走的平衡，二来也能减轻牛马拉车的耗力，这体现达斡尔族人民制作大轱辘车的智慧。这个车不仅在沼泽地，即使在山川或者是翻越山岭的时候都行走自如。

修治国：这个车应该是一个生产工具？

肖琪：对，就是生产和交通。

修治国：在我们达斡尔民族当中，非遗中还有一款曲棍球。

肖琪：是。

修治国：我来之前就知道莫力达瓦达斡尔族自治旗被称为中国曲棍球之乡。

肖琪：是的。1989年，国家体委命名了莫旗为中国曲棍球之乡的，曲棍球也有自己的历史和渊源。比如在唐代，我们称曲棍球叫马球或者步打球，辽代人称它为击鞠，现代人就叫做曲棍球了。

修治国：已经有了上千年的历史了。

肖琪：是的。

修治国：它在今天是不是依然有着很强的群众基础？

肖琪：是的。

修治国：首先给大家介绍介绍这上面的木棍，这些木棍有什么样的讲究吗？

肖琪：你手中拿的这个长长的竹竿就是唐代称之为马球所用的工具，也就骑着马夜间打的火球，因为马的高度比较高，这个杆子制作的时候，长度也一定要相对长一些。后来我们下马打这个球，叫击鞠的时候，是用这种的，是最早的曲棍球棒的原材料，这个原材料也是取自于山上自然生长的卓树，也叫做蒙古栎，当地老百姓叫做玻璃壳子，用它来制作最初的曲棍球棒。

修治国：这是在马上打的，所以杆也比较长。

肖琪：对。

修治国：那个就是曲棍球之前的，你所说的击鞠，应该是之前的雏形。

我们看到现在有两名专业的曲棍球运动员正在练习曲棍球，您好，给我们展示展示曲棍球平常都是怎么来打，一些基本功。

运动员：拨球。

修治国：这是拨球。

运动员：拉球，然后颠球。

修治国：跟足球一样，有颠球，再来给我们展示展示。

运动员：这样颠，还有两个人传球，挑球。

修治国：正规的曲棍球比赛大概有多少个人参加？

运动员：场上22个，一方11个人，10名队员，各方1名门将。

修治国：它跟足球有什么不一样吗？比如也分前锋吗？

运动员：挺相似的。但是这是用球辊掌握球。

修治国：刚刚我们看到了传统的曲棍，这是现在的曲棍，在打的过程当中有什么讲究吗？

运动员：现在就正面可以碰，反面碰犯规。

修治国：反面碰着球就犯规了？

运动员：对，别的也没有太大的区别。

修治国：你练习曲棍球多长时间了？

运动员：四年了。

修治国：取得什么样的成绩了吗？打过多少场比赛？

运动员：打过七八场比赛吧。

修治国：成绩怎么样？

运动员：拿过冠军。

修治国：那非常好。你们两个练一练，让我们的观众看一看，因为今天这是一个展示的环节，没有正规的比赛场面大，我们让两名专业的队员展示展示，做几个动作让我们看一下。这个是做什么用的，这是你们平常训练要过门用的吗？

运动员：小门。

修治国：来给我们演示一下。就是一个缩小版的。现在在整个莫力达瓦达斡尔族自治旗训练场地大概是15个，除了这样小型的场地之外，在我们达斡尔族民族园当中是不是还有国家集训基地？

肖琪：是，我们景区内还有一个标准的国家曲棍球夏训基地，这里也举行过许多大型国际比赛、全国性比赛。前几天景区内还举行了2022年全国男子曲棍球冠军杯争夺赛。

修治国：最后给大家介绍一个当地特别的非遗，颈力和扳棍。

肖琪：对，这两项也是被纳入自治区级的非物质文化遗产保护项目的，让这两位小伙子给你展示一下扳棍。

修治国：中间是拿着一个像擀面杖一样的东西。

肖琪：比赛方法就是两个人一起使劲，哪一方把另外一方拽起来，哪一方就获胜了。

修治国：来，你们比一下，来，一，二，三，开始。这也是我们传统的活动。

肖琪：对，传统的一项民族体育活动。

修治国：这样的话，可能体重比较大一点的，就比较沾点光了。

肖琪：是的。

修治国：刚刚是扳棍，现在应该叫颈力。

肖琪：颈力，扳棍考验是人的耐力和臂部力量，这个是考验耐力和颈部的比赛，比赛规则是一样的，也是谁把谁拉起来，谁就获胜了，他输了，他的臀部离地了就输了。

修治国：可以看得出来达斡尔民族非常注重体力、体魄。

肖琪：对，比较注重体力较衡的体育运动。过去闲暇的时候，他们都会进行体育比赛。曲棍球是一项，扳棍、颈力、摔跤、赛马也都是。

修治国：今天我们来到了中国达斡尔民族园，平常游客来到这儿之后，还有哪些景点是值得我们观看的？

肖琪：我们这里还有一个萨满文化博物馆，还有雅克萨城，还有国家曲棍球夏训基地，还有一个沃德乐贝码头，还有一个金长城起点，这几个景点比较有看点，也具有历史性。

修治国：马上就到冬天了，听说这儿还有很多冬季旅游的节目。

肖琪：是，冬季的时候会有冰上的项目，比如滑雪，冰上各项的娱乐设施都有。

修治国：我听说还有冰上曲棍球、冬捕、冬钓等等。

肖琪：对。达斡尔族是农耕民族，但是其实他们也有渔猎文化的，比如夏季会罩鱼，冬天会凿冰捕鱼，这都是他们的传统文化。

修治国：今天，肖琪主任给我们介绍了达斡尔民族这么多非遗，这么多的文化，再次感谢您能够做客我们的节目，谢谢。

俗话说百闻不如一见，沿着嫩江一路来到莫力达瓦达斡尔族自治旗，在这片肥沃的土地上，有我们的达斡尔民族，有我们的灿烂文化，这个国庆假期如果您有时间的话，希望能够来到这里，共同来体验这千年的文化传承。

江河奔腾看中国，让我们接下来依然沿着嫩江一路向下游行进。

薛晨：这里是央视新闻国庆特别节目《看见锦绣山河|江河奔腾看中国》。江水一路向南奔涌，我们来到了位于内蒙古莫力达瓦达斡尔族自治旗境内的诺敏河河段，诺敏河是嫩江一支支流，总河长467公里，流域面积25000多平方公里。诺敏河流过的地方土壤肥沃，景色壮丽，在当地诺敏河是许多人眼中的母亲河，诺敏河的朝夕相伴，已经使它成为当地人的情感寄托，它好似一条长长的绸带，时时牵绊在人们的心上。

秋日的诺敏河两岸风光正美，万庆兴安岭海褪去了夏日的绿衣，换上了华丽的秋装。从高空俯瞰，诺敏河两岸宛如一幅徐徐展开的山水画卷，铺陈在天地之间。

一路向东，诺敏河流入莫力达瓦达斡尔族自治旗，这里是内蒙古大兴安岭的东麓，地势开阔平缓，从高山而来的诺敏河，此时开始舒展筋骨，流速放缓。海拔455米的莫力达瓦山此时也换上了五彩秋装，与湛蓝色的诺敏河遥相呼应，构成一幅和谐壮美的画卷。

莫力达瓦达斡尔族自治旗位于内蒙古最东端，这里水资源极为丰富，占据全内蒙古40%的地表水资源，肥沃的黑土地，加上嫩江水系的滋养，让这里成为内蒙古的商品粮基地。近年来，当地把发展现代农牧业作为主攻方向，充分利用当地丰富的水资源，大力实施旱田改水田农业提质工程，推广水稻种植。

您现在看到的就是诺敏河四方山河段万亩稻田丰收的景象，金黄色的稻田稻浪翻滚，沉甸甸的稻穗压弯了稻秆。今年旗里的粮食播种总面积超过850万亩，预计粮食产量突破40亿斤，看来今年又是一个丰收年。如今这里的绿色农作物种植，已经成为当地农民增收致富的主导产业。

您现在看到的是位于内蒙古呼伦贝尔境内的扎兰屯秀水国家湿地公园。它地处大兴安岭东麓嫩江水系，嫩江一级支流雅鲁河水系从中横穿而过。高山峡谷间，它如同锦带一般蜿蜒盘桓，滋润着这里的万顷草木。

秋日的扎兰屯秀水国家湿地公园正在迎来一年中最美的时刻，湿地公园周围被群山环抱，因为特殊的地势加上雅鲁河的滋养，让这里的生物多样性极为丰富。湿地被称为地球之肾，在保护生物多样性，调节径流，改善水质、气候等方面具有不可替代的作用。

现在我们看到的是扎龙国家级自然保护区，它位于黑龙江省嫩江流域，横跨两区四县，保护区内河道纵横，湖泊沼泽星罗棋布，是典型的湿地生态系统。从画面中我们可以看到扎龙国家级自然保护区苇荡湖泊连成一体，水草丰茂，苇荡依依，这些弯弯曲曲的长短河道，连通各个大大小小的湖泡，形成密如蛛网的水系，衬托上一片片的植被，景色十分壮观。

扎龙自然保护区是以芦苇沼泽为主的内陆湿地，是水域生态系统类型的自然保护区，一望无际的芦苇荡，一直铺展到遥远的地平线，随风荡漾的波涛，雄浑坦荡，极有气势地向天地涌去。

现在画面中我们还可以看到丹顶鹤等珍稀水禽正在栖息、觅食，仿佛还可以听到它们的鸣叫声此起彼伏。扎龙自然保护区是我国第一个以丹顶鹤为主要保护对象的自然保护区，每年共有六种鹤类在此繁殖和停歇，占世界鹤类种类的40%，是世界上最大的丹顶鹤繁殖地。

丹顶鹤是国家一级保护动物，仅分布在黑龙江齐齐哈尔等地，在全世界范围内，珍贵的丹顶鹤仅有3000多只，而扎龙保护区内就有300多只。全世界的鹤类共有15种，分布在中国的有9种，而扎龙地区就有6种。可以说"鹤的故乡"之美名，名不虚传。

您现在看到的是松花江支流，嫩江右岸一级支流绰尔河，绰尔河发源于大兴安岭东麓，内蒙古自治区牙克石市境内，河流全长500多公里，是内蒙古第二大河流。

我们现在看到的画面是绰尔河的起源处，沿着河畔，两岸流水潺潺，奇松怪石遍布河谷，鸟语花香充满山林。绰尔河犹如一条碧玉翠带千回百转，两岸的草原、丘陵、山地变化有序，风光秀美，景色宜人。

眼下正值林区的深秋，大自然天然的调色盘将林木浸染得五彩斑斓，绚丽多姿。绰尔河是大兴安岭的重要湿地，一直以来在提供淡水、调节气候、涵养水源和缓解自然灾害等方面不可或缺。

在牙克石市绰河源镇，当地为了方便林区人的出行，建造了一座小巧又精致的公益火车站，这就是新绰源火车站。现在记者马雨晴就在离车站不远处的绰尔河边，接下来就请她带我们去体验穿行在深山里的慢火车。

马雨晴：各位央视新闻的朋友们，大家好，我是总台记者马雨晴，我现在是在内蒙古牙克石市绰河源镇，说到绰河源这个名字，就不得不提到我身边的这条河绰尔河了，绰尔河是松花江支流，嫩江右岸一级支流，也是内蒙古自治区的第二大河流，绰尔河就发源于此，河流全长有500多公里，流域面积达到了17000多平方公里。眼下正值林区的深秋时节，大自然这个天然调色盘将林区的树木渲染得五彩斑斓，绰尔河流淌其中，就像是一条碧玉翠带，百转千回。河水在静悄悄地流淌，闪动着粼粼的波光，这样的画卷可以说是景色宜人。

在大兴安岭的深处，奔腾不息的不止有绰尔河，同样在不停奔走的还有一辆特殊的小火车，今天就跟随着我们的镜头一起去看一看。

我现在到了绰河源镇的火车站，那辆特殊的小火车，等下就要从这里发出，来，我们一起到车站里面去看一下。因为临近发车时间，车站里已经有乘客们在候车，为了疫情防控，我们还是要先登记一下是不是？

工作人员：对。

马雨晴：扫描场所码然后登记之后，我们就可以排队上车了，由于绰河源镇的人口不是很多，所以人流量不是特别大，已经有乘客准备上车了，我们随机采访一下。大姐，您好，等一下您要上火车吗？您要去哪儿？

大姐：我去九十七（音）。

马雨晴：这是一个站点吗？

大姐：就是一个小镇。

马雨晴：绰河源镇下面的一个小镇是吧？

大姐：对。

马雨晴：刚才在乘站点区间没有看到这个名字啊。

大姐：它不卖票，就是小站点。

马雨晴：是小站点是不是，只停车，但是在网上买不到票。

大姐：对。

马雨晴：那您怎么买票呢？

大姐：我上火车上买票去，他检我就买票。

马雨晴：那您回九十七（音）是干什么呢？您家在那儿吗？

大姐：我家在那儿，我回去取点东西。

马雨晴：您经常坐这趟火车吗？

大姐：有时候有事回去就坐这一趟小火车。

马雨晴：挺方便的是吗？

大姐：真的挺方便的有这趟小火车。

马雨晴：票价多少钱呢？

大姐：票价2块。

马雨晴：周围还有很多人。大爷，您好，您请坐，您要去哪儿？

大爷：到塔尔气。

马雨晴：到塔尔气要多久？

大爷：到塔尔气一个半小时。

马雨晴：您是要去看朋友还是？

大爷：有一个老朋友，我过去看看，给他带点特产，蘑菇干和豆角干，都是自己家的。

马雨晴：也是当地的特产，我能打开看看吗？

大爷：可以。

马雨晴：我们也宣传一下当地的特产，我们林区的特产蘑菇非常好。

大爷：对，这山上就有。

马雨晴：这是自己晒的是吧？

大爷：自己采的晒的。

马雨晴：那袋是什么东西？我很好奇。

大爷：那袋是豆角干，豆角干也是自己家种的，种完了以后，吃不了，就剪了以后晒成干，耐放。

马雨晴：这都是纯野生的优质食材。

大爷：对。

马雨晴：这也是林区人民生活的便利之处，就是随时随地能够获得这样非常优质的食材。您今年多大年龄了？

大爷：73岁。

马雨晴：那您平时出行经常坐这趟小火车吗？

大爷：我基本上每个月得坐一次，出去溜着玩，到海拉尔。

马雨晴：就得靠这趟车是吧？

大爷：对，这车岁数大了的人坐非常方便，非常好，舒服，要坐汽车就不行了，汽车颠得太厉害。

马雨晴：林区的路比较绕，坐汽车多少有一些不太舒服。

大爷：对，汽车的路都不好了，道路都压坏了，现在要修了，说是马上就开始通车了。

马雨晴：对于林区百姓来说，火车是最优选也是最安全的交通方式，尤其是过一阵子入冬下雪了之后，雪天路滑，汽车的选择就没有那么多。

大爷：对，我们年龄大的，基本上都坐火车，安全系数高，也不颠，挺好的。

马雨晴：我们等下也跟您一起行不行？我们跟您一起上火车去塔尔气。

大爷：正好，一路同行。

马雨晴：等一下我们就跟着大爷一起，看一看林区小火车里面是什么样子。为什么说这趟小火车特殊呢？因为这趟火车开始于1949年9月，别看这个火车只有四节车厢，但是它却承载了民渡河、乌奴耳、绰河源镇、塔尔气镇，四个镇的客流量，沿线的所有居民都是乘坐这趟火车出行。

我现在也为观众朋友们揭晓这辆特殊的林区慢火车的真面目，海拉尔往返塔尔气的火车6238次列车，当地人亲切地称它为公益慢火车。这个公益慢火车有两个特点，首先为什么它是公益呢？因为这趟车单程行驶的路线超过300多公里，行驶时间也是接近8个小时，这样一个比较长途的火车，全程票价也才不到40块钱，便宜又实惠。第二，这趟货车的行驶速度较慢，为什么呢？因为这趟车真正做到了为了林区的百姓而开，全程总共有20个停靠点，除了一些较大的车站之外，也会有一些较小的车站停靠。大家可以看到车体上有一处跟其他的绿皮火车不太一样，就是这里写了一个博林老铁号，这也是一个响当当的名牌，博林就是指博林线，老铁就是指老铁路。所有的林区的百姓，一提到博林老铁，就会觉得这就是真正自家的客车。我们现在跟随着博林老铁号上车一起体验一下林区小火车的魅力。

虽然是国庆期间，人流量还不是很大。大爷，我们又见面了。您准备好东西，准备到朋友家了是吧？我们到塔尔气站是一个多小时是吧？

大爷：一个半小时。

马雨晴：一个半小时的时间，大爷，您坐这趟车有多少年了？

大爷：30多年前了，1986年就开始坐了。

马雨晴：当时的车是什么样的？

大爷：当时的车都是绿的，木头板的，窗户非常小，里头黢黑，那个车一走道都"咣当咣当"。现在不一样了，现在的车又宽敞明亮，夏天非常凉快，冬天非常暖和，有空调。旅客非常满意。另外列车员的着装都挺整齐、干净、利索，给人看着很舒服。列车长和列车员的服务态度相当好，到站都报站。另外在车上有什么事了就找列车长、列车员，都主动帮忙，热情，对我们旅客关心、爱护。

马雨晴：自然条件也好是吧，旁边有绰尔河。

大爷：绰尔河可以说是我们的母亲河，绰河绰尔在这个河上，我们给它们打扫卫生，现在河道都有河长制了，把河道清理得非常干净、利索，老百姓用水也都非常满意。

马雨晴：也有保护水源的意识了，开始保护这条母亲河绰尔河。

大爷：是的，我们绰源老百姓平时用水也都是它，它虽然在地面上流但是它地下也是水，我们吃的是用水井弄上来的地下水。

马雨晴：有了这条河之后，自然环境也变好了，孕育了您带的这些土特产。

大爷：所以老百姓种农作物也很重要，没有水就不行，水质是万物之灵，所以我们觉得绰河源这几年治理得相当好，老百姓非常满意。

马雨晴：刚刚通过跟大爷的聊天，了解到博林老铁小火车，从原来的小木板车，到现在升级换代，车厢里宽敞明亮，并且有了空调。为了更好了解这趟火车的详细情况，我们专门邀请了一位嘉宾，博林老铁号的车长刘宕，刘车长您好，介绍一下您自己。

刘宕：大家好，我是齐齐哈尔客间段满宁车队的列车长，我叫刘宕。

马雨晴：我们刚刚通过聊天，感受到旅客朋友们对博林老铁号的喜爱和信赖，您能给我们详细地介绍一下这趟火车的特色吗？

刘宕：好的。我们这趟列车是与共和国同龄的列车，已经开行了70余载，这趟列车也是全国81趟公益慢火车中的一趟，集团有限公司为这趟列车命名为博林老铁号。博林指博林线，老铁指老铁路、老火车。这趟列车在2022年1月25日更新换代为空调列车，取消了70多年锅炉采暖的历史。设备更新不但实现了环保，更大提升了旅客的乘车体验。为了进一步提升旅客乘车体验，我们根据线路的情况和特色服务的针对性，为列车打造了一车一特色。

马雨晴：一车一特色，一个车厢是不同的主题，是这个意思吧？

刘宕：是。

马雨晴：上了这个车厢就可以看到这节车厢跟普通的火车不同的是这里有一个书架和书柜。

刘宕：对，因为这趟车沿线有很多小学，很多学生在周六和周日进行通学，我们为学生打造了书柜，让他们有一个在旅途中学习的环境，我们为他们准备了图书、学习用品和学习的灯。

马雨晴：沿线的小学生们如果坐上车的话，可以在车上学习、写作业。

刘宕：对。

马雨晴：我看到这上面不仅有字典，下面还有作文书，教你怎么写作文，写日记。

刘宕：对。

马雨晴：其他车厢有什么特色？

刘宕：我们一共打造了四辆车，2号车厢为爱心助托车厢，这节车厢就是为了方便沿途居民老幼病残出行看病的车厢，因为这个车厢的其他铺位是我们乘务员休息的，剩下的铺位就是卖给出行的旅客，方便他们的出行，解决他们的困难。而且我们在这趟车厢里面，准备了轮椅、担架、拐，还有一些服务用品，坐便椅，而且还备有药品。

马雨晴：这趟列车各个细小的环节都想到了，从用具到药品都已经准备齐全了是吧？

刘宕：而且我们还建立了3个微信服务群，群的名字叫博林老铁亲人，群成员现在有1300多人。

马雨晴：这个群可以用来干什么呢？

刘宕：我们定期会发一些用工信息和医疗信息，还有列车的时刻变化和一些疫情防控的知识。居民可以在里面订卧铺，可以求助，比如你家里想买药，捎点小件物品或者应急的物品我们都会帮助解决。

马雨晴：在一些紧急的情况下，如果说快递没有那么便利的话，可以通过火车帮居民们捎东西是吧？

刘宕：对，是免费帮他们捎东西的。

马雨晴：平时大家捎的比较多的是什么类型？

刘宕：证件，代购药品，尤其这里面有很多畜牧业，药品不是那么全，有的畜牧业使用的一些兽药，我们帮助从海拉尔或者牙克石买过来。

马雨晴：您对这个车可以说是了如指掌，您这项工作多久了？

刘宕：我在车上已经四年了。

马雨晴：那您原来是在哪一趟线？

刘宕：我原来是跑北京车的，以前是海拉尔到北京的大车，1302次。

马雨晴：现在所看到的博林老铁号已经是经过了一代又一代铁路人不断地更新换代，努力打造出来的结果，不仅是林区人民出行的工具，更是林区的一条生命线，不仅可以把林区的居民带到更大外面的世界，也把外面更多的游客带回到林区，让他们欣赏一下新区绰尔河的美景，可以说这辆博林老铁号是整个林区必不可少的生命线。今天非常感谢刘车长给我们带来详细的介绍，也通过我们的镜头，希望有机会让全国的朋友们，来到绰尔河，来到林区，坐一趟小火车，欣赏一下绰尔河的美景，今天的这场直播到这儿就结束了，我们下次再见。

薛晨：这里是央视国庆特别节目《看见锦绣山河|江河奔腾看中国》，我们继续随松花江最大的支流嫩江一路南下。

现在从画面中我们看到的是洮尔河畔的内蒙古兴安盟乌兰浩特市，洮尔河是嫩江右岸的最大支流，它发源于阿尔山市白狼镇小九道沟东北，流经阿尔山市和科右前旗，之后汇入松花江。

　　大家可能想不到，就在之前，这里还曾是垃圾遍布、污水横流的废弃沙坑，现在却可以享受旅游度假区蓝天碧水、青山闲适、自在放松的乐趣。2019年当地启动改造工程，把这里变成了旅游度假区，改善了当地村民的生产、生活条件，带动村民发展庭院经济和就近务工，同时增加了村集体收入。现在这里已经成为绿水青山就是金山银山的生动实践。河畅、水清、岸绿、景美的美丽画卷正在这片沃土上徐徐展开。

　　现在大家看到的是嫩江水系霍林河东岸的五角枫自然保护区，五角枫自然保护区是科尔沁草原具有代表性的地区之一，生态类型丰富，集树林、草原、湿地于一体，保护区环境优美，沼泽湖泊星罗棋布，野生动植物资源十分丰富。五角枫自然保护区地处大兴安岭南麓，向科尔沁沙地过渡地带，总面积超过六万公顷。

　　五角枫的枫叶以其绚丽而文明，色彩斑斓奇特，保护区内的五角枫或群落或独处，错落有致。每到秋季，远眺枫林，层林尽染，有许多摄影爱好者都会来到这里拍摄美景。置身于枫林间，感受着这片沾染秋色的大地，像无边的四野延伸开来，与天相接的同时，也能体会到这条河流带给北国的诗意与活力。

　　一条大河源出南北，狂野向前，北源嫩江从大兴安岭出发，一路曲曲折折，流经1370公里，在黑龙江省大庆市肇源县三岔河与源自长白山的南源松花江交汇，合二为一，塑造出大开大合的松花江。

　　沿着嫩江顺流而下，跟随镜头我们来到了黑龙江省的西南部，被誉为塞北江南、鱼米之乡的神奇土地，大庆市肇源县。它宛如一颗璀璨的明珠，镶嵌在辽阔的松嫩平原上。

　　现在画面中我们看到的是肇源县境内美丽的三岔河，它位于肇源县茂兴镇南10公里处，南来的松花江与北来的嫩江在此汇流，滔滔江水向东流去，江面宽阔，景色壮观。

　　肇源坐落在黄金黑土带上，这里良田万顷，水草肥美，湿地面积达50余万亩，具有河流、湖泊、沼泽、草甸等多种湿地类型。两江交汇后形成的松花江干流一路向东，奔涌向哈尔滨，在松花江上的这座城市，我们的记者将通过直升机、游船、江边长廊等多个角度，带大家一起飞越松花江，俯瞰哈尔滨。

　　任秋宇：江河奔腾看中国，此刻我们正在飞往松花江哈尔滨段的上空，各位央视新闻的网友，欢迎大家和我们一起飞越松花江，俯瞰哈尔滨。对于哈尔滨这座城市的划分，本地人有两个惯用词，江南和江北。这里面说到的江就是此刻大家画面中看到的松花江，今天的节目里我们要带大家认识一位住在江北的朋友，它的名字叫哈尔滨新区，哈尔滨新区是 2015 年 12 月 16 日经国务院批准设立的第 16 个国家级景区。经过多年发展，如今在松花江北岸已经形成了总面积 902.6 平方公里的江北一体发展区，重点发展新一代信息技术、新材料、新能源，高端装备制造、文化旅游等主导产业。

现在我们就已经来到了哈尔滨新区的上空，大家现在看到的这片区域是深圳哈尔滨产业园区，从 2019 年 5 月 9 日，深圳、哈尔滨两市签署合作协议开始，深哈产业园一直在创造新的深圳速度，1 天实现公司注册成立，11 天土石方工程动工，36 天取得施工许可证，63 天综合展览中心封顶。

这个产业园"带土移植"，通过对标深圳，复制深圳经验，真正把深圳的做法融会贯通，复制推广，让更多的哈尔滨企业享受深哈合作改革发展红利，通过企业和人才集聚，助推东北振兴。截至目前，园区累计注册企业 471 家，注册资本达 171 亿元，大家熟知的华为等多家数字经济领域头部企业已经落户园区，园区已经初步形成了以新一代信息技术、人工智能为核心的数字经济产业生态区。作为国家重要的老工业基地，黑龙江面临着传统产业升级转型的重大考验，制造业的数字化、智能化转型迫切而艰巨，引进外部先进经验的同时，黑龙江本土的重点企业和高校也不甘示弱，纷纷落户哈尔滨新区，探索改革转型的新动力。

我们现在看到的这片区域哈电集团科研基地和哈工大卫星产业基地都在此落户。哈电集团是我国最早的发电设备研制基地，如今哈电集团电机公司一些车间，经过数字化、智能化改造后，劳动效率提高了三倍，精度提高了一倍，哈工大也在为东北振兴贡献着哈工大力量，小型卫星产业制造基地，高端智能农机装备制造基地，近年来哈工大持续打造一批高精技术产业聚集高地，助力一批高科技成果，在黑土地上扎根、开花、结果，成为黑龙江经济高质量发展的重要引擎。在探索转型发展的道路中，哈尔滨新区其实还承担着为国家试制度、为开放搭平台、为地方谋发展的试验田作用。2019 年 8 月 26 日，中国黑龙江自由贸易试验区获国家正式批复设立，哈尔滨新区成为东北三省唯一一个"六区叠加"的改革先行区。

沿着松花江，我们继续向东飞行，此时我们来到了太阳岛上，这个坐落于城市中心的江畔湿地如今正在散发着新活力。大家看这座正在建设的高 120 米的摩天轮已经成为哈尔滨市的新地标，未来大家可以从这里俯瞰松花江两岸的美景，而且这座新地标旁边的这片空地，冬天的时候就是哈尔滨冰雪大世界，到了冬天，能工巧匠们利用松花江江水凝结成的冰块，搭建起一片冰雪童话世界。

我们继续向东飞行，还可以看到松花江索道、哈尔滨大剧院等地标建筑，这些地标如果你有机会来到哈尔滨，可以亲自去打卡一下。

继续飞行，现在我们来到了滨州线老松花江铁路大桥的上空，现在这里已经变成了观光游览的景点，国庆节期间上面已经挂满了装饰，旁边这座白色的拱桥就是接替它的新桥，松花江特大桥。现在它是我国最北端高寒高铁哈齐高铁的重要组成部分，目前黑龙江省以哈尔滨为中心，京哈、哈齐、哈牡、哈佳、牡佳快速铁路为主线的骨干的"一站五线"快速客运网络已经形成，覆盖全省80%的人口和90%的经济总量。

今天我们带大家飞越松花江，看到了一江居中、南北互动、两岸繁荣的新格局。松花江对于哈尔滨来说，不仅是穿城而过的母亲河，更是这座城市发展振兴的见证者。如果有一天您来到哈尔滨，还可以乘船游览松花江，这也是很多人来到哈尔滨一个不错的选择。现在我们看到江面上的这艘船，我的同事杨洋正在船上，接下来把时间交给他，让他带我们一起感受一下，从船上游览松花江是一个什么样的感受。

杨洋：好的，秋宇。欢迎大家跟随我们转换视角，乘船来畅游松花江。央视新闻的各位网友，我是总台记者杨洋，现在我们正在乘坐海事巡逻船逆流而上，大家可以看到，我们现在就来到了第一站，哈尔滨的防洪纪念塔。今天我们请到了哈尔滨市水务局的宋怀兴，以及哈尔滨海事局三级主办刘丹华，和我们一起来逆流而上，总览两岸的风光。

现在我们可以看到，在我们的身后就是哈尔滨地标性的建筑，哈尔滨防洪胜利纪念塔，这个纪念塔其实是为了纪念1957年当地的人们战胜了特大洪水而建成的，现在我们在塔身、塔尖上还可以看到三个水位线，这三个水位线分别是哪三年的洪水？

宋怀兴：它们是1932年，1957年和1998年特大洪水的水位，标记了这三个特大洪水的水位，从1898年有水文记录以来到现在有124年，期间发生了比较大的洪水，据我们统计记载是11次，其中比较典型的就是1932年、1957年和1998年。

杨洋：防洪纪念塔，原来只是一个纪念几次洪水抗洪胜利的作用，现在已经完全和江面遥相呼应，变成了一个景观，也承载着这个城市的记忆。哈尔滨的防洪工程建设也是逐年提升。我们在船上边说边看，我们身后是松花江南岸沿岸堤防。

宋怀兴：现在我们身后这段堤防是属于道里堤防，我们直观上看到的并不能体现防洪工程的全貌，为什么呢？因为这一段堤防采用了比较新型的结构形式，下面的是土地，上面又在迎水侧做了一个钢闸板防洪墙的防洪体系。

杨洋：您说土地是在江面以下。

宋怀兴：就是地面，当时为了防外江的洪水，标准高，水位就高了，所以堤顶也应该随着加高，当时在采用结构形式的时候，考虑到斯大林公园和九站公园的重要性，老百姓亲水的诉求，以及有历史纪念意义的树木不遭到破坏。所以，我们水务部门充分考虑到百姓的诉求，再研究各种结构方案，最后选定了这个方案，就是在迎水侧装基础，在基础上面再加梁，再加上一个墙，墙上又设计了2米高的活动钢闸板。

杨洋：现在我们看不到那个钢闸板，只能看到那个防洪墙。

宋怀兴：平时我们把钢闸板放在防汛仓库里面，如果根据预测预报，可能发生某一个频次洪水的时候，就临时组装，现在看大概需要组装的活动钢闸板的长度就是4.8公里左右，接近5公里这个长度，有1300多块闸板要临时安上去。因为松花江的水预测、预报、预警很准确，什么时段可能发生什么样标准的洪水，根据预警临时组装，组装上以后，在这个墙的基础上再加上2米高的钢闸门，防御发生200年一遇的洪水，保证江南主城区的安全。

杨洋：在防洪工程设计上充分考虑到市民的亲水需求，包括景观的美化程度，还一个整洁干净的沿岸风光，同时又保证了防洪的安全。

宋怀兴：对的。我们一直在研究防洪体系的建设，包括工程形式的建设，既要考虑到防洪安全，也要考虑到交通、旅游、景观、生态，老百姓的亲水需求，特别是城市段要综合考虑。不希望建成高高的土地，阻断了江、城区，像一面墙似的把它挡上。

杨洋：现在我们一路逆流而上，就能看到非常美丽的景观。我们聊着聊着抬头看一看两岸的风光，进入到秋天了，树木呈现出了不同的颜色，有的树叶是金黄色，有的是绿色，我们身后欧式建筑的红色顶端非常有特色，色彩交相辉映，宽阔的江面，广阔的天空，像是一幅秋天江边的风光。如果这个时候深吸一口气的话，能闻到两岸植被的芬芳，我想像丹华同志感受应该比较强烈，因为你13年都是在江面上进行工作，保障水上交通秩序的监管。

刘丹华：我们的职责主要是保障辖区水上交通安全，维护松花江水域清洁环保。

杨洋：你应该对这条江环境的变化、两岸风光、防洪工程的设计、考虑有特别深刻的感受。

刘丹华：确实是，现在松花江水域变得更清洁了，在河长制的平台下，海事联合水务公安各职能部门进行了清理行动、"清四乱"行动，然后开展了沿江岸线整治，对于松花江码头停泊秩序进行了综合整治，使功能区井井有条。在船舶防污染方面做到了联单制，水上环境越来越好了。

杨洋：环境确实在变化，有几点比较直观的感受，首先在我们船的正前方就可以看到正在飞行的白色江鸥，你们平时在江面上经常能看到江鸥吗？

刘丹华：看到江鸥，特别是执法的时候，我们经过桥区控制河段和客运航线的时候，就可以看到江鸥随着客船和执法艇，伴随着我们前行。

杨洋：环境变化了之后，现在有好多游客像我们一样乘船来感受两岸的风光。松花江干流在哈尔滨城市一共流经五区六县，区段总长是466公里，我们带大家行驶的这一段，应该就是风景最怡人的一段。

宋怀兴：松花江流经哈尔滨的是五区六县，城市段就是123公里左右，松花江跟全国其他江比是比较有特点的，它四季分明，在丰水期和枯水期变化也比较大。现在之所以能形成这样的自然景观，也得益于水利部、流域机构、交通部门，下游的大顶子山航电枢纽建成以后，它的蓄水对整个江段的改善起到很大的作用，既能发电，改善航道，保证三地航道的正常通行，同时哈尔滨整个区段的水环境、自然环境得到了极大的提高。

在我们哈尔滨号称"万顷松江湿地，百里生态长廊"，要打造这样一个两岸堤防保护南北岸，地方很宽。这一段城市段还是比较窄的，比较窄的地方也将近3公里，最宽的达到15公里左右，非常开阔，像看海一样。

杨洋：我们也看到了这些年松花江的水质也在逐年提升，您刚才提到松花江不仅开阔，它还是城市的母亲河，它承载了很多功能。比如它是哈尔滨城市的水源地之一，也是哈尔滨城市重要的城市航道，有货运、客运的功能。一路逆流而上，江边的趸船已经很少了，而且刚才看到了几个趸船的码头以客运码头为主，这个是不是因为在松花江、黑龙江、哈尔滨段这块的航道规划上有一定的布局？

刘丹华：按照市的沿江岸线整治规划，我们海事在整治办和各职能部门的全力配合下进行了联合执法和讲解宣贯，沿江岸线码头有51座，在沿江岸线整治过程中，清理舢板船170余艘，违规停靠的大型码头船舶是10余艘，这样就形成我们市民可以观赏到松花江的美景，绿水青山，风景非常优美。

宋怀兴：这个是哈尔滨公路大桥，哈尔滨公路大桥是比较早的连通南北两岸的交通大桥枢纽，后来又扩建了一番，大大增加了交通能力。江北十八大以后，我们市里自筹资金建设了100公里长的防汛抢险通道，防汛抢险通道什么意思呢？就是堤防、交通结合为主，修得比较宽，形成了六车道，既是一条防洪的安全防线，也是一条重要的交通枢纽了。

北岸是哈尔滨新区，几区叠加，既是新区，也是自贸区，又是开发区。

杨洋：刚才在飞机上，已经在北岸看到了新区的发展，这座城的发展跟这条江密切相关，这条江也见证了这座城市逐渐繁荣和发展。江的南岸，就是我们背后的方向，其实是主城区。我们面向的这一侧是新区，也叫松花江的北岸，刚才跨过的这座桥，叫哈黑公路大桥，也叫松花江公路大桥，跨江桥之后进入到了一个另外的区域，这里也叫做群力新区是吧？

宋怀兴：对，群力新区。

杨洋：跨过这座桥之后，身后建筑的高度就越来越高了，明显感觉到沿江的风景更加好了。我们充分感受到这座城和这条江是深刻融合的关系，而且江和人们的生活也是深刻融合的关系。

比如在我们身后这一块，可以看到很多垂钓的人，再前方还有一些沙滩，还有开辟出来活动的区域，大家可以亲水、互动。我相信你们平时在江面上工作的时候，也能看到大家在江边的活动，而且刚才我还听到江面上传来了音乐、歌声，平常经常能听到吗？

刘丹华：经常听到，歌声非常优美，我们在船上工作执法，心情也非常舒缓，听到游客、市民的欢歌笑语，我们打心底非常高兴，我们服务地方高质量发展，也服务老百姓对追求美好生活幸福的向往。

杨洋：您肯定对江边比较熟悉了，大家有来唱歌的，吹弹乐器的，还有什么吗？给我们描述一下江边你们平时看到的充满烟火气的生活场景是什么样的？

刘丹华：有萨克斯，有跳广场舞的，还有练习声乐的，一群市民在一起，他们有的自发地以短视频的形式向全世界进行推广，把对松花江的热爱之情表达出来。

宋怀兴：哈尔滨人幸福指数还挺高的，为什么呢？因为有这么一大江，从城中心穿城而过，还有丰富的湿地资源，反正我个人不太愿意出去，因为工作比较忙。但是老百姓自己自驾，开着车，到近郊、远郊，包括江中有一些滩岛上，郊游、野游、亲亲水、垂垂钓，在休息的时段做一些工作，我很羡慕他们。

杨洋：大家的生活跟这条江是息息相关的，比如在端午节的时候，大家会到江边来踏青，赛龙舟也在这个江上进行，在冬天还有冬泳，现在行驶在江面上，大家很多人可能想象不到，再过几个月的时间就会冻成厚厚的冰层了。比如哈尔滨的国际冰雪节建筑用的冰就是取自于松花江，相当于用了另一种形式展现了松花江的美，雕刻出的冰雕玲珑剔透，非常美轮美奂，吸引了来自全国各地甚至世界各地的游客来欣赏。大家早晨来这儿晨练，中午吃完饭可能在江边散散步，晚上就进行一些体育活动。

刘丹华：很多市民晚上喜欢出来游玩，乘坐客船在江面上进行夜游，因为南岸的景观有灯光秀，非常美好，欣赏两岸的风景，秋天的风吹过来，他们感觉非常好。

宋怀兴：政府沿着江，包括河家沟、马家沟这些支流，做了很多沿江的慢道系统，包括有一些绿化带、景观带，大家休闲跑跑步。

杨洋：刚刚提到松花江不同的时段，不同的季节给大家呈现出的景观都是不一样的，刚才提到了江心岛，江心岛也很神秘，随着水位的变化，也是忽隐忽现的，不是什么时候都能看到的，秋天可能是五颜六色的秋日胜景，到了冬天可能有树挂，白雪皑皑，一片银白色的童话世界的感觉，每一个季节都有不同的感受。

现在我们慢慢地行驶过来，就进入了万顷松江湿地百里生态长廊，前方这一大片应该都是群力外滩的湿地。

宋怀兴：湿地公园给老百姓提供了又一块很美的自然景观公园，这个景观公园在河道滩地上，从我们行业部门来讲，它是一个随着不同需要，或者不同水位变化可以淹没的公园。

杨洋：就像咱们江心岛一样，水位低的时候，湿地公园就呈现出来了。

宋怀兴：呈现出来了，大家可以休闲、休憩，游玩，自然景观也比较好。大洪水期间，从保证行洪的需求和要求，它又可以过洪，当然松花江的洪水季节性比较强，一次大水以后，比较长的可能一个多月的时间就过去了，过去以后水位就降下来，就维持到比较稳定的水位，公园就露出来了，又还给大家。

杨洋：我刚刚听到有叫声，就是在我们前方有江鸥刚好经过。

宋怀兴：现在松花江的自然环境恢复，水生生物、江鸥都恢复得非常好。

杨洋：江鸥多肯定还有一个现象，就是鱼的种类也越来越丰富，因为它有食物了。松花江还有一个功能，它是一个特别大的天然的淡水渔场，这里面物种丰富。

宋怀兴：三花五罗是很有名的。

杨洋：说到这儿感觉有点饿，到了午饭的时间了，松花江产出的鱼肯定也特别美味，我们一路行船的时候，也经常会看到两岸一是有垂钓的，二是有打渔的渔民，也是给大家提供了一种生活方式和收入来源。

刚才我们提到的是万顷的松江湿地、百里生态长廊，而且也提到了支流的建设，现在我们后方还能看到正在施工。

宋怀兴：对，这就是何家沟，这是一个南岸城区的天然雨水沟道，承担集中降雨时的一条城市排水沟，通过管道排到沟里面，沟再排到松花江，也是很重要的支沟。

杨洋：在这儿我们不仅可以看到何家沟，在何家沟旁边有很多大家亲水的设施、娱乐设施，比如说那个冬天是一个大滑梯，这块应该是一个亲水的码头。

宋怀兴：游艇码头。

刘丹华：游艇俱乐部，这个是以前的沈家坞船务，现在经过清理整治，是游艇俱乐部。

杨洋：在这儿可以进行亲水的活动。

刘丹华：他们可以乘游艇游览松花江，满足不同人群的需求，在岸上冬天的时候，有冰雪的项目，经过审批以后，他们可以看到我们冰雪季，欣赏到哈尔滨美丽的风景，进行游玩。

杨洋：我听您的口音，您应该不是哈尔滨本地人。

刘丹华：你猜猜我是哪里的？我是湖北的。

杨洋：那你这些年在哈尔滨生活，对这条江的感受有什么更深刻的理解了吗？比刚到哈尔滨的时候。

宋怀兴：这条江见证了我从青年到中年成长的历程，对这条江，我从陌生到熟悉，到守护这条江，这是我们千千万万工作人员，包括市民，30年的船员朋友，海事执法人员，各行各业的主管部门共同维护，市政府、省政府领导重视，我们清理它、维护它、治理它，这江越来越好，形成了一江居中，两岸繁荣，我们人民群众的生活越来越好。

杨洋：我能感受到对这条江和这座城市的感情了，您已经是地地道道的哈尔滨人了。而且刚才他提到了一个很重要的概念，就是松花江是哈尔滨的母亲河，这里的人也像呵护婴儿一般呵护着这条江，保护着这条江。所以一路走过来，我们刚才看到了两岸的风光，看到了这些年大家付出的努力，也看到了现在的变化和人们生活的幸福感，可以说这条江和这座城，这条江和这里人的生活已经深刻地交融在一起，它见证着这座城市的发展，也承载着这座城市的记忆。

除了我们刚才看到的这些以外，在岸上还有很多大家可以亲水的，来体验松花江给大家带来生活的幸福感。

我们另外一路记者魏雯雯现在就在松花江群力外滩的湿地公园，我们现在马上把时间交给她，来深刻地跟她沉浸式地感受一下。

魏雯雯：好的，杨洋。各位央视新闻的网友大家好，我是总台记者魏雯雯。奔腾吧，松花江，我现在所在的位置是哈尔滨群力外滩湿地公园，接下来我就要和大家来分享临江而居的百姓们的幸福生活。

在我身旁是大片的向日葵花海，现在这里也成为新晋的拍照打卡地了，我们现在可以看到整个花海延伸过去有很多市民都到这里来游玩，这里有一个亮丽的风景线，阿姨们还在拍照，阿姨，你们好。

阿姨：你好，记者好。

魏雯雯：真的是太漂亮了，咱们这是特意来拍照的是吗？

阿姨：对，我们是特意来向日葵花海拍照，带朋友一起来了。

魏雯雯：这是带了几套衣服？

阿姨：我们带了三套衣服。

魏雯雯：我看这还有一个专门的摄影师是不是？

阿姨：对，这是我们哈尔滨省摄影家协会的苏凤翔老师，今年92岁，是老摄影师了。

魏雯雯：您今年多大年纪了？

阿姨：我今年81岁，我在阳光合唱团唱歌，这些都是我的歌友。

魏雯雯：咱们这些合唱团都是自发的呗？

阿姨：都是自发的，组织每天在哈尔滨的儿童公园，我们已经建团13年了。

魏雯雯：这些年哈尔滨的变化大不大？

阿姨：大，太大了，我们现在感觉到哈尔滨的变化，从地铁、高铁，我们的地铁都通过松花江到江北了，现在大家感到特别幸福。

魏雯雯：现在沿江的景观、可休闲的场所也多了起来。

阿姨：现在哈尔滨的松花江湿地几十公里都是美景、花海，还有栈道，特别漂亮。

魏雯雯：今天咱们都是有备而来是不是，我看还都提溜着行李箱是不是？

阿姨：我们带了很多衣服。

魏雯雯：咱们一般拍照都有什么讲究吗？

阿姨：有，我们都是统一服装，每一个人都有好几套衣服，我们还有头饰，还有俄罗斯的衣服。

魏雯雯：咱们到时候上哪儿换衣服？

阿姨：我们就是找一个地方把拉帘拉上，大家围上就换衣服了。

魏雯雯：真是有备而来。

阿姨：对，哈尔滨老太太比较潇洒。

魏雯雯：那这个丝巾肯定是必不可少的，是不是？

阿姨：是，红的绿的，五颜六色，我们就喜欢这样的，大家都拉到一起我们还拍过一个，就是找小二黑哥哥，就这样拽着，我的二黑哥你在哪里啊。

魏雯雯：万花丛中一点绿，谢谢老师，还给我拍照，真的能感觉到大家在整个松花江沿岸生活，获得的满满的幸福感。再见，希望你们今天都能收获美美的照片。

接下来我们今天就要带大家沉浸式地逛一逛松花江边，今天我们也是邀请到了哈尔滨道里区园林部门的工作人员谈毅老师，谈老师来跟大家打个招呼吧。

谈毅：你好，央视新闻的网友们大家好。

魏雯雯：接下来您就带我们好好逛一逛，给我们讲一讲松花江沿岸都有什么样的可圈可点的，能让大家流连忘返的景色，好吧？

谈毅：好的。

魏雯雯：咱们这个现在叫外滩湿地公园，我了解到它占地面积有40公顷是不是？

谈毅：总长是3.8公里，外滩湿地在2016年之前，外滩就是一个老人叫野水泡，柳条通，是没有建设的一个大荒地。2016年开始建设，到2018年开始投入使用，外滩的整个建设所依据的就是保护生态，我们在外滩面建了很多栈道、观景台榭，所有设施都保留了人文景观，也维持了生态景观，现在在外滩里面走，一步一景，人在景中，景在画中，今年做的万米向日葵花海，也起到了锦上添花的作用。

魏雯雯：这个花海是您一手设计的？

谈毅：是我们单位设计的，花海品种的选择也是考量了很多，一开始是想做一个大，大美龙江，也是大美湿地，因为外滩湿地是整个松花江湿地的原点，最后为什么确定向日葵，因为向日葵是农作物，也可以作为观赏植物，因为我们整个龙江叫做北大仓，也是祖国的大粮仓，向日葵既体现了龙江的农作物，丰收的景象，也象征着龙江人民蒸蒸向上的生活，对美好生活的向往。

魏雯雯：这个寓意真的特别好，我知道整个沿江是有六大公园供大家来休闲，现在这个地方，下面叫湿地外滩公园，上面就是叫音乐公园了是不是？

谈毅：是。

魏雯雯：我们也知道哈尔滨2010年就被联合国教科文组织评选为新的音乐之都，音乐公园肯定就是紧扣了这个主题是不是？

谈毅：我们音乐公园是2012年建成的，当时就是为了海峡音乐节，当时颁发了"音乐之城"的称号，打造音乐公园是以音乐元素为主题，我们布列了中外有名音乐家的雕塑，我们左手边看到的就是琴键的造型，既有桌椅又有休闲，老百姓可以在里面游玩。在前方就是音乐元素的雕塑了，小提琴、吉他等音乐元素在音乐公园里面随处可见的，从少年街口到阳明滩大桥，整个分为三大主题。左手边有一个音乐长廊，右手边有一个是叫月光舞台，这两个大型的户外场地是供市民表演户外节目的，音乐长廊非常火，基本上每年有几十场户外的表演节目，也是户外拍照、摄影的好地点。

魏雯雯：在这一侧，大家都在空旷的地方休闲健身，我们也来给大家介绍一下，练的是武术吗？您好，游会长，跟大家打个招呼吧。

游彬：您好。

魏雯雯：您今年多大年纪了？

游彬：我今年75岁。

魏雯雯：快介绍一下我们这个叫什么健身项目？

游彬：这个准确地叫健身龙。

魏雯雯：这个是一个什么健身原理？

游彬：主要是活动双臂，对两个肩肘特别有好处，很多有肩周炎的，玩完这个之后基本上都缓解了。

魏雯雯：每天都到江边来健身吗？

游彬：我们就住在松花江边，所以几乎每天都上这儿来玩，我们对松花江沿江有自己的情结。

魏雯雯：我特别想问您一个问题，就是在哈尔滨有一句经典流行语的。

游彬：没事儿就上江边。

魏雯雯：对，"走啊，去江边啊！"那您给我们讲一讲，为什么会有这样的流行语呢？

游彬：因为一个城市要想美丽必须要有一条江，所以哈尔滨为什么美丽，就是因为有一条松花江。

魏雯雯：说得太好了。游会长，我能不能也学一下这个健身龙。

游彬：可以，你可以先玩一下，很简单。

魏雯雯：这个有什么注意事项吗？

游彬：没有什么。

魏雯雯：阿姨，您教我一下呗，怎么甩？

阿姨：就是阿拉伯数字的"8"，先左后右，这边划个圈，这边划个圈，就是一个躺着的"8"，我先给你示范一下，左、右，两边一边一个圈，就是躺着的"8"。

魏雯雯：我看您现在已经出汗了是不是。

阿姨：是。

魏雯雯：先左上是吗，我也试一下。

游彬：先左上，然后左下，完了右上右下，你看，左上、左下，你再来试一下，先这样。

魏雯雯：我好像也只能转圈摇了，这个龙头摇起来还是挺考验技巧的。

游彬：它有它的运行规律，就是先左上，然后回头左下，再右上，再右下，通常就是划"8"，这不就是横"8"嘛，我再给你划一下。

魏雯雯：我可能没有锻炼的天赋。好的，谢谢游会长，咱们继续往这边走，能感觉大家在江边活动收获了很多快乐。

谈毅：是，我们哈尔滨的人民很热情，也很开朗，特别是哈尔滨的老年人每天都是喜气洋洋的。刚才在花海的时候我就想说，我每天都能看到很多老人在这边拍照，作为我们园林工作人员，能给大家做一些绿化工作，给他们造景，让他们在这个环境中生活，我们感觉很有成就感，心里也是美滋滋的。

魏雯雯：是，在这个地方一走就觉得很开心，你看他们，摄像老师偷偷地去拍一下，她们在那儿拿着丝巾，美美地就舞起来了，这种幸福感是有感而发的，没有丝毫表演的形式，你看看他们多开心。

在我旁边，大家热火朝天地在踢毽子是吗？打扰一下，高会长，跟大家打个招呼吧。

高喜卫：你好。

魏雯雯：高会长，咱们叫毽球，是吧？

高喜卫：对。

魏雯雯：正常来讲，咱们这个队员都是多大年纪的？

高喜卫：从十六七岁，一直到70多岁都能踢这个。

魏雯雯：是。像咱们平时在整个沿江这边练吗？

高喜卫：九站，有时候是公园，道外，特别多踢毽球的。

魏雯雯：您是哈尔滨人吗？

高喜卫：哈尔滨的。

魏雯雯：感觉这些年哈尔滨的变化大吗？

高喜卫：这几年哈尔滨变化很大，尤其是松花江沿边的花，改变很大，很好。

魏雯雯：是，就是在这儿生活，是不是就觉得离不开了。

高喜卫：离不开哈尔滨了，哈尔滨越来越好，建设越来越好，越美。

魏雯雯：谢谢您，快去健身吧。我们也了解到，现在整个松花江沿岸，当地的政府为了给大家提供集景观、交通、休闲、绿色一体化活力的滨水空间，在2020年启动了沿江景观改造项目。

谈毅：对。通过这个项目把六个公园串联起来，通过打造，对原先老公园的设施进行了一些修缮、提档升级。第二，改建了慢行道，沿着机动车道，也建了一条自行车道，这样两条道能够平行前进，从东侧的苏木拉桥，到西侧的阳明滩桥，把道里道外、老城区、新城区、群力连接起来，达到了一个真正的慢行空间，让人在这个过程中，沉浸式地体验松花江的美。

魏雯雯：这么漂亮的花海，这么多人，肯定是被松花江沿岸的风景深深地吸引过来了。

谈毅：是。花海突然间就火了。

魏雯雯：刚才我们也说，之前每天人流量也就三四百，突然间这几天每天人流量过万了，感受到了大家对花海的喜爱。刚才说到人员景观改造，我们现在所走的这个地方，就是一个塑胶跑道，现在松花江南岸这个跑道连通了，自行车道也连通了，流行叫做绿道建设，所谓绿道建设就是整个公园连接起来，形成一个大的绿道，供人休息、休闲、娱乐、运动、徒步行走，自行车、骑行都可以满足，我想哈尔滨通过这些改造，也会越来越好，越来越美。

魏雯雯：谢谢谈老师。我们刚刚一路走下来，就能看到人们在江边漫步，看到老人在长椅上享受阳光，还能看到市民们结伴在各大公园和广场唱歌、跳舞，就是这样宜居、宜业的生活场景和绿色的生活方式，让人们实实在在感受到了城市环境的提升给人们的生活带来了幸福感和获得感。

现在进入10月了，哈尔滨很快就要供暖了，这也就意味着哈尔滨的冬天就要来了，届时冰封的松花江面也会变成天然的大冰场，成为欢乐的海洋。所以在这里也向大家发出诚挚的邀请，欢迎大家到冰城夏都哈尔滨来领略松花江四季不同的美景。

薛晨：这里是央视新闻国庆特别节目《看见锦绣山河|江河奔腾看中国》，

沿着阳明滩大桥，我们的镜头来到了中国黑龙江自由贸易试验区哈尔滨片区，地处松花江与阿什河交汇点的哈尔滨市，从来都是一处水陆交通要津，是一座充满无限可能性和想象力的城市。一百多年前中东铁路修建开通，无数侨民涌入，产生了这座松花江上的城市哈尔滨。

进入新区首先我们看到的是深圳哈尔滨产业园，产业园区位于哈尔滨新区江北一体发展区，规划面积约26平方公里，园区以体制机制创新为核心，重点发展新一代信息技术、新材料、智能制造和现代服务业。总台记者王钧现在就在深哈产业园区，让我们跟随他的视角一起去聆听松花江畔激荡出的这首科技创新的奋进之歌。

王钧：央视新闻的各位网友大家好，我是总台记者王军，奔腾吧，松花江。我现在所在的位置是中国黑龙江自由贸易试验区哈尔滨片区的深圳哈尔滨产业园区，沿着流淌的松花江，刚刚我们带您感受了松花江的生态之美、百姓生活之美，在接下来的探访中，我将带您感受松花江的开放之美以及科技创新之美。首先我们来通过一段航拍镜头，看一看中国黑龙江自由贸易试验区哈尔滨片区。

片区的规划面积为79.86平方公里，地处东北亚的中心位置，是连接中蒙俄经济走廊和亚欧国际货物运输大通道的重要节点。片区依托国家级新区、国家级高新技术产业开发区、国家级经济技术开发区以及在充分利用深哈对口合作的机制采用"飞地"模式，辟建的深圳哈尔滨产业园区，实现了多区联动，在这里集聚了一大批以新一代信息技术、新能源、新材料、高端装配为主的战略新兴产业。

接下来，我将带您去感受国产芯片的全生态应用，智慧药房到底是什么样子？可穿戴的芯片衣到底咋用？以及多场景覆盖的机械臂是什么情况？留个悬念，卖个关子，在直播探访中，我将带您一一地寻找答案。

现在我们来到的就是深哈产业园区的综合展览中心，首先一进入展览中心，我们一下子就能看到了这样一个智能的机器狗，这个机器狗有很多的功能，我们请出科技公司的负责人来为我们介绍一下。您好，与我们的各位网友分享一下。

工作人员：现在我们展厅里展示的这个机器狗针对疫情反馈，针对戴口罩做一些人脸识别的技术，现在最主要的功能就是眼睛，是高清摄像头来做的，采用国产芯片，通过AI的算力赋能机器狗。现在除了疫情防控应用以外，还有送餐、巡视、安全防控。下一步我们还将研究宠物机器狗。

王钧：很多网友比较关注宠物跟随的功能。

工作人员：这个跟随功能最强大的就是 AI 算力，以前是一个标准化的，走一圈、两圈，在未来算力过程中，可能狗遇到人，遇到自己的主人，遇到生人都有一个辨别、算的过程，所以现在我们基于鲲鹏国产化的 AI 算力，未来这个功能会越来越强大。

王钧：我们带领大家来感受一下跟随的功能好不好？我们请工作人员帮忙操作一下，现在这个机器狗已经启动了，它会通过摄像头来识别我是否是他的主人，通过芯片来计算，我是它的主人的话，它只会跟着我动是吧？我动一动，试一试。如果说一旦机器狗认定我是它的主人，它只会跟随主人来进行移动，不会跟着别人跑吧？

工作人员：为什么刚才介绍这个芯片呢？就因为人脸识别已经植入到它里面了，下一步它只针对它存储的人脸，如果未来把公安的数据导入以后呢，如果他看到犯罪分子，第一时间也会传到公安局，直接报警，这是未来要实现的功能，像看家护院以后都不需要人了。

王钧：不止是陪伴，还能够应用于更多的场景，通过摄像头来识别，更多的分析都是通过国产芯片来完成的。

工作人员：这个国产芯片现在应用一个是在无人机，再一个就是在机器狗，下一步可能在各种领域，各种场景都要应用。现在我们看到这个是我们鲲鹏 920 在 2016 年首公布的 64 核的有计算能力的芯片，黑龙江鲲鹏创新中心成立以后，已经把整个这套生态落地到哈尔滨新区了。

王钧：请您简单为我们介绍一下，这样一个芯片它能服务于我们生活当中的哪些领域，哪些方面？

工作人员：我们手机鸿蒙系统就是要跟苹果、安卓一系列的对比，所以说在这个过程中，我们的市场还是非常大的，未来我们整个链条就是万物相连，我们未来的农业、生活家居、企业、工业、互联网都要国产化，这样在整个生态过程中，我们需要各种场景的运用。

王钧：简单理解就是老百姓的衣食住行，方方面面都将用到我们的国产芯片、国产的生态来支撑。

工作人员：未来我们通过黑龙江省鲲鹏创新中心，我们在数字经济中打造一个自己的生态产品，所以通过赋能，把整个未来老百姓生活的状态都通过芯片作为底座，把整个应用都放在这个上面。

王钧：听了您的介绍我们非常期待，再次感谢您的介绍。我们能够感受到这样一个小小的芯片和我们每一个老百姓的生活是息息相关的，也能够真正应用。

国产芯片的材料是什么样的？在园区里同样有企业重点研究新材料。现在大家画面中看到的就是高纯度的金属材料，高纯度的金属材料叫建设性靶材，是各类半导体材料的关键材料部分，应用的范围比较广泛，种类也比较多，材料的纯度、密度、品质是对最终电子器件的质量和性能起着关键的作用。以往这些材料多依赖于国外的进口，现在国内的企业重点发力，我们也期待着这些国产的高纯度的金属材料能够持续服务我国的半导体产业。

刚刚我们带领大家感受了我们的芯片、高新技术以及新材料，除此之外园区里还有很多与我们老百姓生活息息相关的产品，比如即将为大家介绍的可穿戴式的心电图衣服。我们首先请出科技公司的工作人员简单介绍一下。您好，很多的网友有一个疑问，平时我们做心电图需要去医院做心电图的，有了心电图的衣服，是不是就不用去医院了呢？

工作人员：我们这个产业开发的12导联的心电衣。这个心电衣打破了传统式的进院进行检测，这件衣服穿上之后通过12导联传输到我们的数据格，及时就可以传到我们的后台。

王钧：监测到的数据是如何来呈现的呢？我们来看一看，在屏幕上展示的就是实时心率的数据，和我们之前最大的不同是什么呢？去医院测心电图的话是连接线的，这个都能够实现无线的连接，穿上了这个衣服可以在智能终端APP上来看心率的相关的数据，这是实时的。

工作人员：不影响你的生活，你可以运动，你可以做各种各样的活动，只要是你的记录仪在身上，你12导联贴在你每一个导位，这就可以采集你的数据，对于早期发现的病灶，对于院内手术以后康复、观察监测起到一个非常好的作用。

王钧：这样一个实时的数据可以持续记录身体的运行情况，我们首先请工作人员动一动，我们看看数据的变化，好不好？

现在工作人员是在做踏步的状态，小跑的状态，很明显数据就有变化了，心率就变化了，而且是实时监控，其实这样数据的记录也能够方便对我们每一个老百姓数据健康情况的监测是吧？

工作人员：对。

王钧：其实可穿戴心电图衣服在生产过程中也体现着智能化，咱们的生产线是无人的，听说咱们的公司人并不多是不是？

工作人员：我们建了四条智慧工厂，也叫智能化的生产线，我们生产线全都是自己的技术，自己的专利，四条线只用一个人，我们有大屏幕介绍我们生产线每一个环节的问题。

王钧：我们的工作人员通过看屏幕，就可以看到四条生产线整个的运行和生产的情况，没想到科技产品的产出来的生产线也是充满科技感的，再次感谢您。

刚刚我们感受到了可穿戴智能心电图的衣服，我们也期待着能够早日应用，其实在自贸区里还有企业同样致力于信息安全和网络安全，接下来我们也请出另外一位嘉宾，一位科技公司的负责人。您好，我看今天是有备而来，带了一些照片。

贾大雷：是。

王钧：首先请您大概地给我们介绍一下，我们公司从事着什么样的行业，我们在哪一个领域重点发力。

贾大雷：我们安田科技公司是2000年在哈尔滨创立的，当时创立之初条件非常艰苦，几名工大的毕业生，踏出校门之后，凭着对网络空间的热情和热爱，开创了实验室规模的公司，一开始在民居里不断地迁徙。大家是从自己的家里拿着电脑来开创自己的事业。

王钧：2000年的时候就开始从事信息技术的领域，其实还是非常有前沿性的。

贾大雷：是。

王钧：我们看这些照片，当时的条件还是比较艰苦的。

贾大雷：是。

王钧：当时怎么就能够想到说要研究信息技术这样一个领域呢？

贾大雷：当时我们创始人团队肯定是预感到了未来的网络空间是非常博大的，而且触角深入到生活生产、国家安全的各个领域。

王钧：我还有一个问题特别想问您，我们都上网，但是网络安全到底有多重要，跟我们的关联性有多大呢，请您为我们介绍一下好不好？

贾大雷：网络安全除了是国家安全的重要组成部分，跟个人的联系也是比较紧密的。打一个比方，在2015年、2016年的时候，经常在手机里收到一些莫名的短信，这个短信可能有一个链接，一旦你误操作点进去之后，可能把你相关的信息盗取走，甚至造成财产的损失，但是我们这几年通过不断的技术研发，已经从2017年之后，国产手机出厂的时候都预置了反病毒安全的引擎，在它的底层。大家再收到这样的恶意短信直接在底层过滤掉，减少了很多损失和麻烦。

王钧：通常来讲和我们老百姓最相关的就是和这些恶意的网站做斗争，这里面的科技含量非常高吧？

贾大雷：是，我们也是一家战略新兴的科创企业，在科研的投入上非常大，我们公司现在有1500人的规模，其中75%是工程技术人员，其中平均年龄已经在29岁以下，是非常年轻的一支国内最大的反病毒威胁对抗队伍，在这样一个年轻的团体当中，应该说对科研孜孜以求，现在全公司上下已经申请的专利达到了1500项，刚才介绍到整个公司规模大概1000多人，人均都有一项的专利申请，其中获得授权的专利是600多项，也就是0.5位工程师就有一个专利的授权了。

王钧：通过这组数据就可以感受到我们公司里的年轻人的创造力是无限的，作为老百姓，我们非常有信心，有底气，再次感谢您的介绍。

我们继续带着大家在园区当中探访，现在我们来到的一家科技公司，首先映入眼帘的，就是一些能够移动的机械手臂，这些机械手臂究竟都能覆盖到什么样的场景呢？我们也请出科技公司的科技人员为我们简单地介绍一下。

李莫：我们这四款机械臂是针对3C通用的工业场景，还有医疗，以及汽车的几个场景做的，有不同特殊功能的款式。

王钧：其实这些机械臂看着外观略有不同，实际上应用的场景和范围也是不一样的。

李莫：对，是根据不同场景的需求，我们做了定制化的开发。

王钧：现在我们看前方这个是手机柔性装配的机械臂复原的场景，这样的场景是微缩的，它能够启动什么样的作用，我们来启动一下看一下。

李莫：这个场景是我们给客户做的手机的柔性装配线，就是把手机的充电头、充电线、手机还有上盖，做一个组装。这个像现在手机3C产品更新换代非常迅速，我们为了提高柔性，方便客户的换产，我们做了一种基于模块化的产线的方式，它可以有多个台子拼在一起，然后做不同的工序。

王钧：就相当于生产线上的多个机械臂在同时工作。

李莫：是，这是我们把它集成在一个台子上，实际场景是有很多，可能这个台子是做充电头的，这个台子是做手机充电线的，每一步都会有一个检测。

王钧：专业的人做专业的事，专业的机械臂只做自己该做的那个活，这个还是挺有意思的。使用这样的机械臂能够提高效率，同时操作的标准型也是大大地增强了，提高了。

李莫：是，而且我们这套设备解决了比较常见的问题，就是柔性度不是很高，我们这种每个台子都有一个输送线，两个台子可以做一个拼接，物料可以很方便地流转到下一个位置。

　　王钧：现在这样一个机械臂是完成了手机装盒包装的全流程。其实还有一个信息想与您分享，就是机械臂如何和人工的手臂进行相互合作也好，相互媲美也好，它的灵敏性是如何体现的。比如说我们人这一个胳膊，这一个手臂是有不同的关节的，我们机械臂也是有的是吧？

　　李莫：我们机械臂也是一样，这款机械臂就是七个自由度，跟人就很接近了。

　　王钧：七个自由度是什么概念呢？

　　李莫：从这儿肩关节，然后大臂，第三个关节，然后这个是小臂，4、5、6、7，我们有7个自由度。

　　王钧：7个自由度的点位是吧？

　　李莫：对，7个自由度的好处是因为我们空间只有6个自由度，他多了一个自由度就可以保证我们末端不动的情况下，像人一样，这个胳膊有一个动作。

　　王钧：就是我们常说的肩带肘，肘带腕，腕带手。

　　李莫：是的。

　　王钧：最后也想请您再简单为我们介绍一下，这样一个机械臂应用的场景和现在能够实现什么样的效果。

　　李莫：我们现在主要应用在医疗、3C、航空航天、汽车这些领域，主要是替代人工，把人员密集型，或者说高危，对人有一些职业病，造成职业病的应用场景做一个机械臂替人的应用，这样既提高了我们企业标准化的操作，也减少了人力的成本，再一个就是减少了对人的危害这些应用。

　　王钧：好的，再次感谢您的介绍。

　　通过我们刚刚这一小段的探访能够感受到，机械手臂多场景的应用，能够方便工作，提高效率。

　　接下来我们继续带领大家在园区内探访，探访下一个企业的高科技之前，我们要坐上的是智能的汽车，走，出发。

　　这台智能的汽车也是纯国产的，我们请工作人员为我们介绍一下好不好？

　　任佳志：我们现在坐的这台车是一台纯国产的汽车，首先这台车的车机系统会更加简便，操作起来非常方便，因为车机系统有独有的超级桌面，很多手机的应用都可以在车机上进行操作。

　　王钧：它的智能性怎么体现的呢？它可以和多终端进行互联是吧？

　　任佳志：对，很多种的手机跟我们的终端进行互联。

　　王钧：手表也可以？

任佳志：手表也可以，包括车家互控，车表互控。

王钧：都可以提前对这个车进行操作是吧？

任佳志：都可以。

王钧：刚才我们介绍到的鲲鹏的芯片在这个车的运行过程中也有所应用是吧？

任佳志：对，是这样的，包括我们车辆一些独有的技术，我们可以通过云端，云端给我们下达指令之后，会快速地传输到车主APP，这样车主APP能够及时地接到云端传递过来的信息。

王钧：刚刚您介绍到了纯国产的智能汽车，无论是内核还是外饰，这里有很多黑龙江的智慧和力量。

任佳志：现在我们已经到达了即将继续带领大家探访的企业，我们走下汽车，继续带领大家在园区内探访，现在我们来到这个企业展厅，首先大家能够看到的就是门诊药房模拟的展厅，这个展厅内就是智慧药房，智慧药房到底智慧感是如何体现的呢？我们也请出科技公司的负责人简单为我们讲解一下。你好，首先请你为我们简单讲讲，智慧药房到底如何工作的。

王梦潋：我们现在所看到的这款产品就是快速发药系统，它的储药容量非常大，可以储存药品种类1200种，药品数量是18000盒，我可以为各位演示一下。

王钧：就是它的智慧药房操作的流程。

王梦潋：对，我手中这是一个处方单，当我进行扫码之后，它可以在三到五秒钟快速发药，这样不仅提高了患者取药的时间，而且减轻了药师的工作量。

王钧：我们通过镜头也能够感受到，一个机柜可以装很多种、很多盒的药，占地面积其实并不大。

王梦潋：它占地面积只有10平方米。

王钧：流程我们大概理解了，拿到药的处方之后，通过扫码，机器可以自动识别，需要哪一种药快速地进行装药、分药，很多朋友会好奇了，怎么去考验它是否装对了呢？

王梦潋：我们同时又配备了视觉复核系统，状态是用来复核我们药品是否发药准确率的，当我们把药品取出来之后放在视觉窗口，运用3D的智能算法还有2D的视觉拍照技术进行双重复合，当我们的药品和处方单一致的时候，我们就会显示绿色的对勾。

王钧：叫识别药品与处方相同。

王梦溦：如果不符的时候就会有一个红色的报警提示，这样就可以保证我们发药是准确的，零差错的。

我们现在所看到的这个区域是智能二级库，它可以根据前方发药数据的多少，如果说当前方剩余药品数量为10%的时候，它就可以自动生成计划发送给这台AGV的机器人，AGV的机器人就会把所缺药品的药箱通过我们的运输轨道发送到这个轨道系统，这台机器人过来了，这个过程是不需要人工干预的，全程是机器人自主完成的。药品就通过上面的运输轨道被传送到了这个系统里面。

王钧：这个就相当于是一个补药，而且是前方有一个数量的报警之后，这相当于是一个装药的仓库，从仓库里一级一级地传输。

可能很多时候一个处方的药很多种，涉及每天不同的时间段吃的药是不一样的，数量也是不一样的，这就涉及了分药的系统，我们在这样一个展区里展示出的就是这个分药的系统，简单为我们操作一下。

王梦溦：你刚才说的这种情况涉及我们住院药房的应用场景，这款产品是拆零分包机，它可以连通医院的HIS系统，提取患者每天用药的需求，把患者每天用药的药量，药品的规格，什么时间吃这个药，给他密封成包，这样就非常方便患者服用。

王钧：现在我们看到这些药已经被封装完毕了。

王梦溦：对。

王钧：这个就是一个患者一天的量。

王梦溦：一天或者是两天的量都可以显示在上面。

王钧：那如何考验它分装的效果呢？是否和处方一致呢？

王梦溦：我们通过这台药品核对机，我们对密封药品进行核对，就像你刚才所说的，它可以识别每一种胶囊，包括药片不同的信息，因为我们提前会把药品的信息录在系统里面，会自动地识别，我们会看到屏幕上显示绿色的这个就会显示是正常的，证明这包药就可以无误地发送给患者了。

王钧：我们接下来继续向前探访这样一个场景，就是远程门诊的场景。

王梦溦：我们可以凑近看一些，你可以看到这一块面板是一个超声手法的采集器，当医生操纵这个遥控手柄的时候，这个采集面板会把超声医生扫描到探头的位置、压力还有姿态都会收集起来，再依托5G网络，通过控制操作手柄，百分之百地映射到柔性臂上，就可以对患者进行一个超声扫描，并且同时可以实时调节超声设备的参数，获取超声的图像，进行医学诊断，再依托5G网络，患者和医生可以进行视频和语音的交流，就像在同一个检查室里面一样。

王钧：依托于我们的技术能够让更多的患者，无论是住得多遥远，都能够享受同等医疗的资源，再次感谢你的介绍，谢谢。

央视新闻的各位网友，今天我们在园区内带领大家探访了国产芯片、新材料以及智慧医疗等多个场景的技术元素，其实黑龙江作为农业大省，在农业生产方面有很多的科技元素，比如说这些科技元素已经运用到了农业生产的耕、种、收各个环节，如无人的值保机以及智能的监测系统，包括安装了北斗导航定位辅助系统的农机进行生产。

接下来请您继续跟随央视新闻的直播镜头，沿着流淌的松花江，向前看一看。

薛晨：这里是央视新闻国庆特别节目《看见锦绣山河|江河奔腾看中国》，我们沿松花江继续前行。

哈尔滨松花江段北岸的滨水大道与松花江哈尔滨段形成了一个巨大的人工湖，这就是哈尔滨的网红海。沿松花江哈尔滨段行驶数十公里，进入我们视野中的是松花江大顶子山航电枢纽工程，这是松花江航道梯级开发总体规划中的七座枢纽之一，是一座以航运发电和改善哈尔滨市水环境为主，同时具有交通、供水和水产养殖等综合利用功能的航电枢纽工程。

松花江大顶子山航电枢纽船闸是我国封冻流域上的第一座船闸，也是东北三省的第一座船闸，每年发电量达3.5亿千瓦时，是一个小型县城近一年的用电量。不仅如此，大顶子山航电枢纽工程的设计中还包含了一条横跨江南江北的坝顶公路桥和全长40公里的接线公路，它将哈同公路、哈肇公路相连，形成哈尔滨之环城公路运输网，连通了哈尔滨外围的两岸交通。

正值金秋，东北大地稻谷飘香，沿江而下，在哈尔滨市巴彦县有一处上千亩的水稻田正在收割，现在就跟随记者王海樵去看看松花江畔的丰收现场。

王海樵：各位央视新闻的网友大家好，我是总台记者王海樵，我现在所在的位置是哈尔滨的巴彦县。这个乡镇就是整个松花江流经巴彦江段的第一站，它的名字就叫松花江乡，这里也是整个黑龙江省唯一一个以松花江来命名的乡镇。

现在我在的位置是一片水稻田，大家在现场也可以看到，现在这里水稻的收获工作正在进行，在现场是有七台收割机正在进行作业，现在这里收获的进度怎么样？今年水稻的长势如何呢？我们先请出今天的嘉宾松花江乡的张书记来给我们介绍一下今年水稻种植和收获的情况，张书记你好。先给我们介绍一下咱们今年整个松花江乡水稻种植的基本情况好吗？

张云会：好的。松花江乡今年种植的水稻是48000亩，目前基本上陆续进入了收获季节，其中松花江水灌溉能占总面积的90%，基本情况就这样。

王海樵：松花江水灌溉占90%，咱们都是从附近的松花江引过来的水是吗？

张云会：是的，我们这边是分两种情况，一种情况就是沿着松花江江堤沿岸，农户是用自吸泵，直接提水进入稻田，还有就是通过我们松花江有一个提水灌渠工程，通过三级泵站，把水引到松花江的五一和五四的内陆，实现江水灌溉水稻的目标。

王海樵：是有一个灌溉工程是吧？

张云会：是的。

王海樵：刚才您说江水灌溉能占到90%，剩下的10%呢？

张云会：剩下就是沿着少陵河沿岸的井水稻和河水稻。

王海樵：一直以来都是这样的种植比例吗？

张云会：不是的。在2018年之前，我们的水稻面积也就是18000亩左右，就是2018年有了提水工程之后，我们原有的，就是咱们现在这个位置是种旱田改成了水田，增加了稻谷种植面积。

王海樵：过去这儿不是种水稻的？

张云会：对，这是种玉米的。

王海樵：2018年才改成种植水稻？

张云会：对，2017年年末，2018年年初改成的水田。

王海樵：为什么改成水田呢？

张云会：因为当时我们省里头对松花江有一个两岸发展经济，改变种植结构的计划，在这种情况下，我们顺应市场的需求，尽量增加农民种植业收入，经过前期的研究，就设计了松花江提水的工程，目前江水灌溉已经大面积进入收获期了，你看农户现场热火朝天的气氛，今年应该也是一个丰收年。

王海樵：刚才您说了这个地方是用江水来灌溉的，但是我在现场基本上没有看到水渠，灌溉设施也没有，这是怎么灌的呢？

张云会：因为这既是一个提水灌溉工程，其实也是高标准农田的建设工程，你看这个田都是方田，基本上每一块田地大约都将近10亩地，我们这个渠不是明渠，它属于地下管网灌溉。你看这个，这个是什么呢？这是我们方田当中的一个小点，我们三级提水工程是由第一级提水泵站提出来水，通过二级泵站送入主渠和二级支渠，由三级泵站加压，压到地下管网，这就是相当于咱们自己家自来水的水龙头，如果说春天泡田需要水，把阀门一搿，水自动就出来了，不用的时候，就可以把它关掉，既节约了用水，还缩短了泡田灌水的时间。

王海樵：它有点像咱们家里用的自来水龙头是吧？

张云会：对，老百姓通常说水厅，类似于放水的开关，这是我们当地的一个土话。

王海樵：这个水是从地下管道送下来的是吗？

张云会：对。

王海樵：送过来什么水？江水吗？

张云会：江水。

王海樵：直接修一个渠引过来不就好了吗？为什么要用地下的管道来送呢？

张云会：有几样好处，第一样好处就是节省了土地面积，明渠是需要占用耕地的，国家提倡节约土地，提高土地的利用率和产出率，守住18亿亩耕地红线，在设计过程当中考虑到了节约土地。我们五一村和五四村的地下管网将近40公里，节约地上明渠土地占地面积将近1000亩地，今年亩产达到一小亩是1260斤，节省的土地产出的粮食非常可观。还有一个就是江水在提水过程当中有一个蒸发和渗漏，地下管网是用的直径300，这么粗的管道，是防渗漏的，在灌水过程当中减少了渗透，减少了蒸发，能节约江水达到10%和20%，主要是这两个好处。

王海樵：这个管道就是在脚下地下顺过来的是吗？

张云会：对。

王海樵：就这么铺过来的？

张云会：对，就这么铺过来的，他们都打破了咱们所说防冻层，是不冻的。

王海樵：我不是很了解，它其实不也是从地下运过来，会对江水的质量或者温度会有什么影响吗？

张云会：它对江水的温度没有太大影响，我们基本上从一级泵站、二级泵站到三级泵站，我们主渠是明渠江水进入明渠的时候，温度是不会改变的。然后通过三级泵站，泵入地下管到出水的时间不会超过30分钟，所以江水的温度还会保留它原本的温度。

王海樵：刚才你也介绍了在过去其实还是有井水灌溉来种植水稻的，用井水和江水灌溉两者之间有什么差别吗？

张云会：有差别，而且这个差别很大，无论从成熟度还是从产量上，咱

715

可以看一看这边，这两种水稻的对比。

王海樵：这是样本是吧？

张云会：对。

王海樵：这个是刚刚从地里拿出来的吗？

张云会：对，这是我从同一个基本上接近的地块，但是施肥、种子、撒籽、插秧时间一致的水稻田做的对比，它俩的差别就在于井灌稻和江水灌稻。差别在哪儿呢？老师您看这儿，基本上看颜色上你能瞅出从稻秆上它是已经接近于绿黄、黄绿了，但是它还是属于青绿，要是从农民角度来讲，从底部基本上不成熟的籽粒要多，这个底部虽然梗是绿的，但是它整个稻谷已经成熟了，它俩的成熟期从对比上，基本上将近一周。

王海樵：我们来仔细看一下这个，可以很明显看到，很多都是青绿色的稻粒。这就是还没有完全成熟的是吧？

张云会：对，这个正常的话，收获期是一定要推迟到一周以后才到田地去看，农户再决定收还是不收。但是像这个稻子，虽然梗是有一点点黄绿，但是你看摸着这个稻穗的手感、外面的稻壳，它已经到收获季节了，农民在采收之前也要进行一个自然测水，基本上就是这个稻谷就要颗粒归仓了。

王海樵：它俩成熟度不一样的原因是什么呢？

张云会：这个就是江水和井水的温度差有关。咱们看一下这个水，我拿的这杯就是准备的一杯江水，这个江水咱们看一下，目前看，因为它俩摆放时间已经很长了，可能温度非常接近，但是实际上在春季泡田的时候，户外中午江水的温度可以达到15~17度的，6月、7月的泡田分蘖后期可以达到25度。这个水是井水，这是我们农户家水稻田用来灌田的井水，一般也就维持到8~10度，如果想让泡稻田有更好的效果，就需要修一个很大的蓄水池进行晒水，在这个过程当中就会浪费一定的土地面积和农时，有很多农户都直接把井水直接抽到田里，冷水泡田和江水泡田是不一样的，直接导致了两个稻的成熟期差了将近一个星期，大约有效积温得差将近100度。

王海樵：其实关于种植可能更有发言权的还是真正种这块地的主人，我们也是请到了这块地的主人，老孙大哥，你好，你也来给我们看一看水稻今年的质量，这就是刚才从你们地里拿出来的是吧？

孙会仁：对。

王海樵：你给我们讲一讲怎么看这个水稻的好与坏，今年你家这个稻子好不好？

孙会仁：我家稻子好。

王海樵：怎么个好法？

孙会仁：看这个根一捏就算成了，籽粒饱满，这个色正，黄色，这个稻子没有空米粒，也不发青，这就是江水种出来的，但是你要是用别的水种就不一样了。这个你怎么捏都是成的，你捏都捏不动。

王海樵：江水和井水种出来水稻吃起来口感会有差别吗？

孙会仁：有，江水就是小时候妈妈做饭的味道，我们的大米能泡酱油吃，弹牙，有弹牙的味道，但是井水就不一样，温度不一样，江水的温度和井水温度差了不少。

王海樵：温度不一样就可以造成稻米品质的差别吗？

孙会仁：对，你井水从底下上来的时候是凉的，八九度，我们江水灌溉的时候都是20度左右。

王海樵：另外它对于整个水稻的产量，包括价格会有不同吗？

孙会仁：有，我们的水稻就是收购价一块七毛五，井水的出米率不一样，比如说我们出六八，那个就出六二，出米率就不一样，它就便宜，他一块六毛多钱，现在就这价。

王海樵：你要比他高一毛多钱？

孙会仁：高一毛多，你看我们一亩地产1000斤，一亩地差110块钱，就现在这个状况看，井水和江水就差110块钱。

王海樵：它俩的产量也是差不多的是吗？

孙会仁：产量也不行，它没有我产量高，我们产量产1100斤，它就900多斤，连1000斤都达不到，它凉，种一样的品种。

王海樵：因为我们现在还讲究种地的同时还要保护黑土地，你用江水和井水的话，对整个土地会产生不一样的影响吗？

孙会仁：我们老百姓就讲什么你知道吗。

王海樵：我们到地里看一看行不行？

孙会仁：秋天宣地的时候，就这个地我们来宣的时候，井水一踩都是硬的，我们江水一踩都这么深，能踩下去，软和，有机质含量非常高，就像踩在灰堆里似的，就是这个意思，那边就像踩板道似的，梆梆硬。我们老百姓都说你看你家地一踩跟灰堆似的，你看他家地梆梆硬，就这个概念。

王海樵：咱家这片地大概有多大？

孙会仁：我这是2000亩地。

王海樵：现在已经收得怎么样了，我看干得热火朝天的。

孙会仁：我们今天是收的第二天，才收300多亩地，我们得收15天才能收完。

王海樵：收半个月？

孙会仁：对，半个月。

王海樵：这个速度算是正常速度，还是比较慢的速度，还是比较快的速度？

孙会仁：现在比较慢。

王海樵：为什么？

孙会仁：活秆成熟一定要慢点收，要不然丢粮。

王海樵：什么叫活秆成熟？

孙会仁：你看到没有，我们的杆子是青色的，比如说这个杆子，你看底下温度上来了，底下都是青色的，你要是死杆的话是黑色的。

王海樵：秆秆死了黄色的。

孙会仁：对，活秆成熟的米好吃，弹牙。

王海樵：为什么呢？

孙会仁：咱老百姓讲，活秆成熟，活秆什么意思呢？已经上成了，但是秆还是活的，你要是死了，空米率高，憋得多，你说都死了，能往下度东西吗，度不了东西，米也不好吃。我们这米闷出来你搁两天不回生，那个米闷第二天就发白，回生了，发青，米质口感都不一样。

王海樵：所以说现在基本上上面看起来是一个金黄的颜色，下面这个秆还是一个绿色？

孙会仁：对，活秆，都是活秆成熟。

王海樵：那这样收割的难度是不是大一点？

孙会仁：我们就是慢一点，慢一点把粮都收回来了。你要是快了，活秆成熟的快了，粮能喷出来。

王海樵：我听书记刚才说整个这片地其实过去不是种水稻的，过去种玉米。

孙会仁：玉米。

王海樵：过去咱们这一片还都是以种旱田为主是吗？

孙会仁：对，2018年以前全是玉米，我2018年过来的。

王海樵：为什么修建了这个渠以后就想到种水稻了呢？

孙会仁：一开始说大一点我们也看新闻，农民是我们国家的饭碗，粮食饭碗端在我们自己手里这大米真就挺好，老百姓都来买，但是我们不说价格多少钱，它就是好吃，老百姓要，包括南方的，北上广，我们大米他们都要。

王海樵：所以说现在江水的灌溉是不是真正让你们看到了一些经济上的效益和产量上的提高？

孙会仁：对，单独价格来说，不说产量，那一亩地差120、130块钱，我2000亩就差20来万，我种那个差20多万，我种哪一个啊？再说价格上，米的质量也不一样卖的价钱也不一样，大米卖的好，人家会吃的一吃就觉得你的大米不如人家的大米，人家就来买我的，就不买他的。

王海樵：你是一直生长在松花江乡吗？

孙会仁：对，我土生土长的。

王海樵：过去种地和现在种地的差别是什么？

孙会仁：现代化、机械化，以前搞人工插秧，人工收，面朝黄土背朝天，那时候累的，说心里话那是真难。现在你看整个全是机械，从种到收全是机械化，省工省力啊，要不然2000亩地要人工割，要85天也割不完，一人一天就能割一亩地，现在一个机器一天六七十亩地，你算算多少劳动力，解放劳动力，用不了那么多人，包括插秧、育秧环节，都很少用到，都是机械化、智能的。

王海樵：我们刚才也介绍了咱们乡的名字就叫松花江乡，是不是这儿的人对于松花江也有一种不一样的感情是吧？

孙会仁：当然了，你到这儿了首先提到吃松花江的鱼，江水炖江鱼，再吃我们的大米饭，这是我们特色，这是特点，远来的客人都得吃这个。

王海樵：江水炖江鱼，再配上江水灌的大米。

孙会仁：对，非常好吃，我们的江水非常好。就包括里面出来的鱼跟外面卖的鱼都不一样，它贵但是好吃。

王海樵：您刚才说您家今年种了2000亩的水稻田。

孙会仁：对。

王海樵：2000亩的水稻田，在过去种那么多也不敢想是吧？

孙会仁：一个生产队也就这些地，生产队多少人啊，四五百人种，我们现在就一个人管理，十来个人就种上了，你说差多少？那时候四五百人，现在就十多个人就干了，机械化程度你说有多高，是不是？

王海樵：整个投资大吗？

孙会仁：投资还可以，我投资就是210万。

王海樵：收益方便说吗？

孙会仁：反正是挺好，四五十万稳。

王海樵：纯挣。

孙会仁：纯的，纯利润，啥都去了，包括我工资去了，我们都是小家农场企业，国家号召成立小家农场主，几个人凑在一起，种了一片地，到时候一分成。

王海樵：最开始修松花江灌渠的时候，包括最开始把松花江江水引进来的时候，当时你是什么样的心情，什么样感觉？

孙会仁：不理解，你搞这么大的地方，你说节省土地，节省灌溉能不能行？那时候认识不上去，头一年挣完了以后一算账，可以，有点了，但是往后行了，这是惠民工程，确实是惠民工程。我不说南方几个排队要我的稻子，你得标价，谁价高我卖给谁，你价高你就拉，明天你价高你就拉，谁价高就卖给谁。

王海樵：过去还想着咋种都是种，何必这么麻烦呢？

孙会仁：对，过去我就是老办法种完了，现在不一样了，老办法700来斤，现在1100斤差多少钱呢？我一块七毛五，差680块钱，一亩地跟过去就差680块钱，提高了，产量有了我提高了，老百姓乐意种了，原先都闲扯，谁能挣得了，现在妥了，你看，这不来了吗？钱也来了，人也高兴了。

王海樵：今年看是一个丰收年吗？

孙会仁：丰收年，今年确实是一个丰收年，收地，稻子也收稻子，你看这稻子。

王海樵：平均产量能到？

孙会仁：1100斤，保底1100斤。

王海樵：明年还打算继续来种水稻吗？

孙会仁：继续，继续种，这还能撒手吗，挣钱谁能撒手啊。

王海樵：好的，谢谢孙大哥。通过刚才孙大哥的介绍，大家也发现了，利用江水来灌溉水稻，不仅稻子长得好，产量高，同时农民也可以得到真正的实惠。松花江水缓缓东流，一刻也不停，它滋养着两岸的土地，同时在农田两面稻谷飘香，到处洋溢着丰收的喜悦，面对着大自然的馈赠，当地的人也懂得感恩，他们在尽自己最大的努力，在保护着身边这一条母亲河。

薛晨：这里是央视新闻国庆特别节目《看见锦绣山河 江河奔腾看中国》，我们继续随松花江顺流而下。

我们现在来到了被人们誉为"北方鱼米之乡"的鹤岗市绥滨县，绥滨县地处黑龙江省东北部，这里是松花江下游与黑龙江交汇的三角地带，三面环水，中间是绿洲，北以黑龙江主航道为界，与俄罗斯隔江相望。岛屿星罗棋布，沿岸葱茂繁荣，是著名的鱼米之乡。松花江水穿城而过，让这里多了几分北国小镇独有的温馨与活力。绥滨县东南依松花江与同江市、富锦市带水相连，沿江而下，我们来到同江市，松花江流经七成东北大地，孕育了众多城市，在奔腾2300公里后，松花江在三江口汇入黑龙江。

现在跟随镜头，我们来到了位于佳木斯同江市的三江口，松花江、黑龙江在此相汇，这里也以江汇于此、路始于此、海通于此闻名遐迩，两江之水北黑南黄，泾渭分明，东流数十里而不相融，蔚为三江奇观。

放眼望去，江水依旧怀抱着奔腾不息的初心，滚滚向前。源出南北，不问东西，奔腾千里，狂野向前，这就是大开大合的松花江。松花江水柔软之极，也雄壮之极，豪迈的东北人与沿岸力争上游的东北人都体现在这条奔流不息的大江中。

松花江不仅仅是一条河流，它也是人们信仰并依赖的故乡，东北很大，白山黑水，大豆高粱承载了中华民族太多的辉煌，东北又很小，一口黏豆包，一句辨识度很高的乡音都足以让每一个中国人将他随身携带，带着永不言弃的乐观精神，勇闯天涯。

好了，央视新闻的各位网友们，央视新闻国庆特别节目《看见锦绣山河｜江河奔腾看中国》松花江篇到这里就结束了，明天同一时间，《江河奔腾看中国》淮河篇即将播出。

一水入江，四水入海，和央视新闻一起看这十年淮水安澜的美丽画卷，明天我们不见不散。

（https://m-live.cctvnews.cctv.com/live/landscape.html?liveRoomNumber=1349492397625536397&toc_style_id=feeds_only_back&share_to=wechat&track_id=1c0577f5-55b1-4c68-93c3-cdbaf5fc4186）

江河奔腾看中国 | 千里淮河通江海　一水安澜润万家

　　王宇：鼓钟将将，淮水汤汤。这是《诗经》中淮河最初被记录下来的样子。

　　袁滨：几千年来，淮河在中国地理的南北分界线上奔流不息，它不仅滋润了一方水土一方人，也记载着中华儿女治水安澜的奋斗史。

　　王宇：各位央视新闻的网友大家上午好，国庆长假第四天，欢迎继续跟随我们央视新闻《看见锦绣山河，江河奔腾看中国》。今天，带您跟随风光无限的千里淮河，一起看淮河安澜润万家。

　　袁滨：这里是河南桐柏山脉，淮河之源就藏在桐柏山的最高处，海拔1140米的太白顶。从这里流淌下的每一滴水，都将化作千里淮河的波涛，蜿蜒东去。和其他河流静谧的源头不同，淮河的源头还多了点烟火气。都说千里淮河一口井，这口井如今从地理上探寻，随着我们的航拍镜头可以看到，它就在太白顶东侧石亭下的大淮井。

　　王宇：当井里的泉水化为山涧汩汩流下，整个桐柏山都泽润着这份滋养。你看镜头里，在挺翠峰48米高的绝壁上，飞流直下的瀑布，水珠四溅如雪。我们顺着瀑布往下看，溪水轻快奔流，将沟壑最深处的石头打磨得圆润光滑。

桐柏山中暗河前行30里，化成58条山涧溪流，汇聚成淮河。在这里你看到的每一滴水，都怀有"奔赴千里终入海"的气概。

袁滨：再向下走去，淙淙溪流所经之地，一路上人们垦荒种下了板栗林、猕猴桃林和稻田。位于淮河源头的桐柏县，自然特点是七山二水一分田，许多美丽的小山村都是依山傍水，一派世外桃源的景色。

在这山水环抱之地，从无声无息的水滴到欢快歌唱的溪流，千里淮河在桐柏山下迈出轻盈的第一步。接下来，我们要来到淮河人文意义上的起始点，跟随总台记者齐鹤，听她讲讲几千年来的淮源故事。

齐鹤：大家好，我是总台记者齐鹤，我们现在所处的位置，就是河南省桐柏县的淮源镇。

我身后的这个建筑，就是淮祠，在这里有三口井被视为淮河的源头，为什么在下游奔腾的大河，到了源头的时候就变成了三口井？今天我们邀请到了淮源风景区的付主任，她一直在研究淮河文化，好多疑问都需要付主任来替我们解答一下。

付常芳：好，你好，研究是谈不上，只是个人喜好而已。

齐鹤：我们看一下付主任喜好的深度有多深。我们先一起到淮祠里面看一下。

付常芳：我们要先经过淮河第一桥，我们脚下就是淮河的第一桥。

齐鹤：这真的是淮河的第一桥吗，有根据吗？

付常芳：如假包换的第一桥，因为再往上走是真的没有桥了。

齐鹤：那就是说我们桥下的水。

付常芳：这就是淮河水了，这就是淮河水。

齐鹤：这是淮河的？

付常芳：可以说是干流，从源头，从桐柏山下来，上游据说是有58条小溪汇聚而成，为什么我说是据说，因为这是书本上介绍的。

齐鹤：您也没走过，这么严谨。

付常芳：我也没走过，所以的话，它有58条汇聚而成在这里，然后汇到这条河里之后，经过我们桐柏县城，穿城而过，然后过到信阳，然后再往下游走。

齐鹤：这个淮祠有什么说法？

付常芳：淮祠的话，它是中国古代时候祭祀淮河的一个国家机构，它始建于秦代，至今已经有 2000 多年的历史了，它最主要的一个职能，就是祈求风调雨顺，国泰民安。

齐鹤：这可能是过去的时候治理淮河的另外一种方法。

付常芳：那么在我们进来之后，在我们的左手侧，就可以看到我们淮祠三井，淮源五井的其中之一。

齐鹤：淮祠是有三井，淮源还有五口井。

付常芳：对，五口井，那么这是其中之一。

齐鹤：这就是淮河的源头了。

付常芳：这是千里淮河的零公里测量处，那么这口井，在历史上也被称之为是禹王锁蛟井，也是我们桐柏古时候八大美景之一，玉井龙渊的所在地。

齐鹤：什么叫玉井龙渊？

付常芳：玉井的话，据介绍，因为从古至今，井的栏杆都是用大理石制作完成的，大理石在古代有美玉之称，因此它被称作为是玉井龙渊，因为大禹导淮自桐柏，所以大禹在桐柏留下了非常多的传说故事。

齐鹤：这应该是第一次的治淮故事了。

付常芳：对，因此桐柏的大禹传说，也被列为河南省的省级非物质文化遗产。

齐鹤：有兴趣的朋友可以去网上搜一下，关于大禹治水，在淮河源头发生了什么样的故事。我们现在看到的就是淮源五井之一的玉井龙渊的所在地了。这口井比较深，大家可能看不见井水，我们一会儿看另外的。

付常芳：不见底。

齐鹤：对，我们就看看另外的井，能不能看到淮井的这个清澈程度怎么样，水质怎么样。

付常芳：水质非常好。

齐鹤：它现在还在使用吗？

付常芳：现在的话，就是观光，已经不再喝里边的水什么的。

齐鹤：为什么说淮河的源头是在井，从井开始的，而不是说从山上，什么泉水，什么溪流下来的呢？

付常芳：关于淮河的源头，有两个概念，一种是人文意义上的，就是以井成源，因为它承载了很多历史和故事。另外一种的话就是地理意义上的，就是真真正正的淮河水是从山上起源，所以我们讲这里是讲的是人文意义上的。

齐鹤：那它的水是从哪来的？

付常芳：水的话，也是从山上下来的，它是泉水的，等于泉水和我们山上的泉水，它是一脉相承的。

齐鹤：就是通过地下暗河，然后从山上的山体里面的泉水变成了小溪，变成了暗河，然后一直流到了山下。

付常芳：对，它们是相通的，和我们外面的淮河也是相通的。

齐鹤：就是这三口井其实和外面的淮河是相通的。

付常芳：对对对，也是相通的。

齐鹤：刚刚您提到了一个概念，淮源八景，我非常好奇，因为每个地方好像都对自己美丽的景色都有一个排名。除了这个之外，还有什么我们现在能看到的一些美景。

付常芳：有，桐柏的古八景，古八景的话，刚才我们讲的是玉井龙渊，那还有大复横云。

齐鹤：这是什么意思？

付常芳：大复横云的话，大复是桐柏山的别称，古时候叫大复山，所以大复横云就指的是桐柏山的云，云海。

齐鹤：云海，属于气象奇观，要看到的话，需要一些运气，那什么时候能看到？

付常芳：我们的大复横云是常常在的。

齐鹤：几率非常高。

付常芳：几率非常高，建议清晨去，既可以看到云海，又可以看到日出，非常壮美。

齐鹤：那还有什么，你刚提到这个桐柏山上有58条小溪，那就是山上是很适合玩水的一个地方。

付常芳：现在的水路没有对外开放，玩水不现实，品水倒是可以。所以今天我们就要来品品淮源的水，为什么要品品淮源的水？因为我们还要品茶。

齐鹤：第二口井跟茶有关，是吗？

付常芳：或者说有关茶文化。

齐鹤：河南信阳是一个绿茶产区，南阳茶和淮源茶和信阳茶有什么不同？

付常芳：本质上没有什么样的不同，因为我们距离信阳非常近，我们基本上在同一个纬度。

齐鹤：气候是一样。

付常芳：气候是一样，而且我们桐柏早在唐代时期就是非常有名的产茶区了。宋代时期，是中国13大茶厂之一，并且茶叶是桐柏古时候的贡品，所以我们的茶并不是最近几年才兴起的，而是由来已久。

齐鹤：那就是山上也有一些野生茶和老树。

付常芳：对对对，很多很多，而且它面积很大，历史非常悠久，另外最重要的是我们山里面的土壤、空气、水质非常好，茶就很好。

齐鹤：关键是现在泡茶的这个水，就是淮河水，淮河水在上游的时候是可以拿来泡茶的，大家可以看一下，它这个还是挺清澈的，是不是？

付常芳：对，不仅仅今天用来泡茶非常好，那古时候的茶城陆羽，另外一个品茶大家刘伯刍。

齐鹤：他们也认为非常好，是吗？

付常芳：对，他们也认为非常好，他们也用来品茶，茶城陆羽在品鉴天下名泉的时候，列出了佳水20品，淮水名列天下第九。

齐鹤：就是从淮井里面打出来？

付常芳：就是我们淮河源头的水。

齐鹤：我们来看一下这口井，这口井光线比较好，今年的水位还是有一点低，所以我们能看到井底非常清澈，有几尾小鱼，包括这口，这也算是一口古井了？

付常芳：是的，非常古老。

齐鹤：这古井的周围有很多植物，它应该一直是很湿润的环境，是吧？

付常芳：对。

齐鹤：那就是说陆羽非常认可淮河源头的水了？

付常芳：是，非常认可，他同一时期的刘伯刍在重新品鉴的时候，列出了佳水七等，那么淮源水，是列为天下第七。有一些网友觉得，桐柏又是第九又是第七的，我们家乡的水可能比你们的水还要好，为什么我们没有名列其中，那我想说的就是和茶有关系，因为只有你产茶的地方才可以吸引到茶圣陆羽和品茶的专家刘伯刍。

齐鹤：我听出来了，付主任一直在为家乡的茶叶打call，也欢迎有喜欢茶的朋友也可以试一下。

今天的这场直播，马上就要结束了，我们可以看到身后从桐柏山上涓涓的细流汇入到了我们淮河里面，一直到下游，除了滋养着山川大川之外，也滋养着我们淮河两岸的农田，滋养着我们的百姓，也欢迎大家继续跟着我们的镜头一起感受一下淮河两岸的美丽风光。

王宇：《看见锦绣山河|江河奔腾看中国》。我们继续跟随淮河顺流而下。此时此刻，刚刚踏上征程的淮河水看起来还很恬静。跟随我们的航拍镜头，

我们来到的是淮河流经的第一座中型水库，河南南阳桐柏县的龙潭河水库。从画面里我们看到整个流域内山岭陡峭，青山傍水，无尽的湖面翠绿如玉，一直向山谷深处蔓延。

袁滨：可以看到我们的水库巡护船在静谧的湖面划出优美的曲线，碧水倒映着青山隐隐。青山环抱着条条碧水，蓝天碧水间白云缓缓流动，相映成趣，宛如置身一幅变幻的水墨画之中。

现在我们带您从船上的第一视角近距离感受龙潭河之美。随着水道蜿蜒之间，波纹被平静地推开，又有了两岸青山相对出的既视感。群峰倒影山浮水，无山无水不入神，诗中的美景终于近在眼前了。

王宇：龙潭河水库位于淮河支流龙潭河中游段，是淮河上游以防洪为主的中型水库。水库自2006年蓄水运行以来，汛期可拦蓄洪水，减轻下游河道压力。同时，这里也是下游桐柏县城供水备用水源地，解决10万城镇居民生活用水需要，被称为桐柏人的大水缸。

袁滨：这样美好的山林风光也吸引着许多健身达人前来吸收天然氧吧的能量。30公里山路，或独自前行，或三五成群，感受着大山大河带来的美好生活。

现在我们的船驶入的是出山店水库，淮河水系干流河道长约1000公里，是中国最难治理的河流之一。千百年来，治淮一直是中华民族的一大课题。远在上古时期，就有大禹三至桐柏治淮的传说。新中国成立后，治淮治理翻开了新的一页，淮河成为新中国第一条全面系统治理的大河。

出山店水库是淮河干流上游唯一一座以防洪为主，结合供水、灌溉，兼顾发电等综合利用的大型水利枢纽工程。工程自2014年11月正式开工建设，2019年5月正式下闸蓄水，历经近五年的时间。2020年的汛期，出山店水库首次亮相，拦蓄洪水，参与防洪，使淮河干流上游的河道防洪标准由不足十年一遇提高到接近二十年一遇，它保护了水库下游的220万亩耕地和170万人的防洪安全。至此，淮水出山终安澜。

袁滨：由于水库控制流域面积2900平方公里，又是在平原地区，一眼望不到边际，当地人把它称作河南的海。我们从空中俯瞰，水库无边无际，碧波荡漾，给人一种看海的感觉。

可以看到，就在大坝外侧，蜿蜒的绿色区域，是长约三公里的生态廊道，郁郁葱葱的林木，四通八达的小径，如同经络，联络起各个错落有致的景观区域。从生态廊道再向外看，是大片大片的田地，或浓绿或金黄，彰显着生机和活力，也预示着又一年的丰收。错落田地间，一座座移民新村安置着因库区建设而搬迁的三万多移民。

王宇：坚持人与自然和谐共生，是新时代坚持和发展中国特色社会主义的基本方略之一。人与水的和谐共生关系还在进一步向前发展，即将竣工的大别山革命老区引淮供水灌溉工程就是又一生动写照。那么接下来，我们将跟随总台记者田萌一起去看看那里的情况。

田萌：各位央视新闻的网友大家好，我是总台记者田萌。我们现在是在河南省信阳市的息县，在我身后就是正在紧张施工的大别山革命老区引淮灌溉供水工程。虽然现在正是国庆假期，但是可以看到整个现场依然是一片非常忙碌的施工景象，整个工程目前完成的体量已经接近70%。我们身后就是一座水闸，这座水闸跨越了淮河的南北两岸，依次分布着26座这样的孔洞。

咱们往这边看一下，在每个孔洞里面都安装的有一个这样的水闸，水闸正在进行缓慢地调试。

除了现在正在进行联合调试的水闸之外，整个工程目前的重点工作是什么？接下来，让我们请出今天直播的第一位嘉宾，项目经理孙海全老师。来，孙老师给我们央视新闻的网友打个招呼吧。

孙海全：好，各位媒体朋友，各位网友大家好，我是大别山引淮供水灌溉工程的项目经理，我叫孙海全。

田萌：孙老师你好，我们都特别关注，现在这个工程的进度是一个什么样的情况？

孙海全：工程的总建设工期是48个月，2019年年底开工的，截至目前工程进展顺利，完成了70%的工程量。

田萌：那也就是我们眼前看到了这个主体工程，其实基本上属于一个即将完工的状态。

孙海全：对，这个位置是即将完工状态，这个工程一共有三个部分，一个是枢纽工程，这是一个26孔的节制闸。这一块目前已经进入了闸门调试和顶部廊桥的施工状态。我们还有一个城市供水工程，目前已经进入管线铺设状态。还有农业灌溉工程，目前土方作业已经基本上结束了，现在正在进行渠道混凝土衬砌作业，衬砌比例大约完成了20%。

田萌：那我们现在看到了节制闸闸门，虽然缓慢，但是不难看出它正在进行一个上下闭合的动作。

孙海全：这里就是目前正在进行的作业过程，这个26孔节制闸闸门的调试工作，这个工程一共有26孔闸门，单孔门15米宽，10.5米高，单孔重量110吨。这个调试作业主要是通过调试把整个工程的设备系统，包括电器系统、机械设备和信息传输系统模拟到最佳状态，为以后控制运行提供基础资料，制作最终的操作手册。

田萌：是不是可以这样理解，虽然表面上看只是闸门在缓慢地上下开合，但是背后是无数组数据正在跑路。

孙海全：对。

田萌：都在集体发力，像您刚才说的，不仅有机械的，还有传输数据的，还有整个电气工程的数据，它都在进行一个整体的磨合和调试。

孙海全：对，因为这个工程在节制闸范围内埋设了400多组传感器，这些传感器就相当于人的神经系统一样，我们也为这个闸装了这种神经系统。

田萌：我们也知道，传感器就基本上相当于人的眼睛还有耳朵，它要及时捕捉到信息，现在这个闸在开合的过程当中，其实就传感器的数据，还有一系列工程数据，控制性的信息在跑路。

孙海全：对，这些信息都要整合到最终的运行中枢，整个工程的控制大脑进行整合，然后进入最终的最佳运行状态。

田萌：您刚才说了有很多传感器，那这个传感器又是一个什么样的分布情况？

孙海全：我们整个节制闸在闸石的地基下部基础部分，和闸墩内部及门体上面，还有闸石的上下游的暗坡部位，一共布置了400多组传感器。您看一下，像这种大小的传感器，我们整个工程范围内布设了400多组，相当于整个跨越淮河南北463米的轴线，每米都有一组数据仪器来监控整个工程的运行状态。

田萌：应该说分布的密集度程度非常高。

孙海全：对，密集度非常高，这些数据最终可以通过网络实时地传输到控制系统里面，你看我们目前在座的这两位工人，他们就正在收集信号信息。

田萌：也就是说现在工程师电脑上采集到的就是传感器实时发回的数据。

孙海全：我们通过网络可以做到无线传输，目前他们在进行现场调试，调试完毕之后，通过无线网络和光纤有线传输到控制系统里面。

田萌：这400多组传感器就像人的眼睛、耳朵，在工程里起到了一个什么样的作用？

孙海全：它各自的功能是不一样的，它可以有效监测整个闸石的变形情况，还有闸石上下游的水流动态及周边岸坡里面的渗流状况，监测到之后，为工程师提供闸石目前的实时安全状态，为建设管理和后期的运行管理提供参考。

田萌：上了一份保险，一切的只有一个目的，就是安全，同时还要智慧运行。

孙海全：对，数据传输过来之后，形成了一个可视化的管理界面，能够让我们看到闸石的内部情况。

田萌：数据在跑路，整个大坝的安全运行情况在数据之下也就一目了然了，它是一个实时生成的数据，并且可以实时分析，帮助我们掌握水闸的运行状态、安全状况。

孙海全：对。

田萌：我们刚才看了一下图，整个主体工程完工之后，是一个古香古色的建筑，可能和我们平常看到的这些水坝工程不太一样。

孙海全：是的，现在您看上面，我们在闸井上部做了古香古色的廊桥结构，是这个工程区别于其他水利工程的一个独有特点。这个廊桥的设计主要是结合了息县3000多年的建县文化。同时，这个结构也和淮河周边的水环境融为一体，极大提升了水利工程的文理价值。

田萌：修完之后，不仅是一个灌溉供水工程，同时更是一道城市风景线。

孙海全：对。

田萌：我们对这个工程非常期待，因为它不仅意味着大家的供水问题能够得到解决，同时制约当地经济社会发展的水资源短缺的卡脖子的问题也会迎刃而解。我们特别关心这个工程什么时候可以正式竣工？

孙海全：枢纽主体这一块26孔节制闸和闸顶廊桥，预计在今年年底可以全部完成。计划在明年的上半年下闸蓄水。城市供水工程和灌溉工程，预计在明年年底全部完建，整个工程就可以发挥供水和灌溉的工程效益。

田萌：好的，谢谢孙老师的介绍，我们也非常期待，刚才我们听了这么多的介绍，对工程也有了一个大概的印象，但是为什么要在这里修建这样一座大体量的工程，它给当地的居民生活、经济社会的发展又会带来哪些的变化？咱们再往下看，接下来我们请出另一位直播嘉宾，息县的县委书记汪明君，汪书记您好，跟我们央视新闻的网友打个招呼吧。

汪明君：我们央视的各位网友大家好，我是息县的县委书记汪明君。

田萌：汪书记好，我们特别想知道，为什么要花这么大的力气在这儿修建一座大体量的工程？

汪明君：我们之所以建这么一个大坝，一个是我们淮河在息县境内有75.4公里，但是多年以来，我们息县人守着淮河没有水吃。第二个，我们息县是全国的农业大县，产粮大县，我们每年给国家贡献20亿斤的粮食，但是农业灌溉水源一直没有很好的保障，这个水闸一方面能够提升航运，第二个能够发展旅游经济，解决老百姓的致富问题。

田萌：所以这个工程的意义非常重大，不仅有防汛的作用，还有保障民生，助推我们经济社会发展，老区振兴一系列的使命。

汪明君：对。

田萌：我们大概也有了一个印象，那接下来能不能具体跟我们说一下，到底淮河跟息县是什么样的关系？

汪明君：好的，我对照图版给各位网友介绍一下。

田萌：看图说话，有图有真相。来，先给我们看一下，在这个地图上，咱们息县是在？

汪明君：各位网友，这个蓝色的部分是淮河，淮河先经过息县，然后，这边就到了潢川，然后再往东，就是我们淮滨境内，千里淮河在我们息线境内有75.4公里。

王宇：这也是淮河流经县城流域最长的一段。

汪明君：对，在我们息县境内比较长，这个大坝建好了以后能够解决我们息县和潢川这两个县城113万人的吃水问题，能够给我们城市提供水源1.03亿立方米。

田萌：这就是您刚才说的，我们长期以来虽然说守着淮河，但是没有水喝。

汪明君：对。

田萌：我们也听当地流传一句话，叫做守着淮河水，喝着黄泥汤，是不是也是这个意思？

汪明君：对，淮河虽然在我们县里面有75.4公里，但是因为淮河上没有水闸，水拦不住，从上游流下来以后一流而过，我们息县群众只能吃地下水，我们是全国的产粮大县，但是农业的灌溉水源一直得不到充分保障，大坝建好了以后，能够给我们淮河以南片区，淮河以北片区，往东淮滨县，这两个片区增加农业灌溉面积35.7万亩，预计增加粮食产量1.87亿斤。

田萌：那之前我们的农业灌溉，居民吃水，那怎么办？

汪明君：原来吃水，主要吃地下水，地下水的水质不好。第二个，就是灌溉这一块，我们全县的种粮面积是260.5万亩，种田面积比较大，原来的灌溉，一部分有南湾灌区解决一部分，但另外还有几十万亩的灌溉水源没有保障，大坝建好了以后，就能够增加我们的农业灌溉面积35.7万亩，保障农业灌溉、增产丰收。

田萌：可以想象，过去靠天收不用说了，受自然条件的限制，又要向水库去买水，增加了农业成本，本身农业又抗风险能力非常弱。

汪明君：对，一个是增加成本，第二个是没有充足水源的保障，望天收，过去如果风调雨顺，我们能够增产丰收，如果旱灾或者水灾，农业丰收就得不到可靠保障。

田萌：受制约的因素太多了，这个就是我们现在所在的位置，也是老区引淮灌溉工程所在的位置，等工程正式通水之后，咱们的水流是怎么样引过来的？

汪明君：大坝建好了以后，你看这是淮河以南的灌区，灌溉淮河以南的片区，然后这是淮河以北的片区，贯通了以后，从这到我们的陈棚乡，然后到我们的小李营，然后这边是淮滨县片区，这两个片区是35.7万亩，增加灌溉农业。

田萌：这样一看就比较直观了，到明年底正式通水之后，不光是我们所在的息县，还有潢川、淮滨，整个信阳三个县城都会受益。

汪明君：从解决吃水的问题，到农业灌溉的方面都要受益，同时大坝建好以后，还能够有效提升航运能力，我们息县是一个内陆县，但是淮河在我们境内有75.4公里，建好了以后在坝前的回水长度，上游的回水长度有35公里，这样能够有效提升航运等级，提高航运的可靠性。第四个就是能够很好地改善水生态环境，大坝建好以后，能够置换地表水0.62亿立方米，减少中深层次的地下水开采1.03亿立方米。在坝前形成一个12平方公里的水面，这样有效地改善水生态。第五个是能够提升我们息县旅游事业的发展，我们息县处在淮河上游，淮河是南北地区的分界线，息县有北国江南、江南北国的美誉，大坝建好了以后，能够在淮河横跨两岸形成一个亮丽的风景线。形成的12平方公里的水面，围绕水域两岸旅游做文章，打造国家级的淮河旅游观光度假区。今年的九月份，省文旅厅已经给我们淮河旅游观光度假区命名为省级旅游观光度假区。

田萌：经济社会发展指日可待，不仅能改善用水条件，更重要的是未来一系列的蓝图已经勾画好了。

汪明君：对，这个大坝建好以后，通过解决老百姓的吃水问题、灌溉问题，提升航运，发展旅游，促进农民的增产增收，实现两个更好，加快老区的振兴。

田萌：谢谢书记的介绍。刚才我们走上这么一圈，不难看出，到了明年年底，我们眼前的这座大别山老区引淮灌溉工程正式竣工、通水以后，不仅可以有效解决当地水资源短缺难题，更重要的是，它对巩固老区的脱贫成果，促进老区振兴都将起到非常重要的推进作用。

好了，各位央视新闻的网友，我们这次的直播到这里就结束了，谢谢大家的收看。

王宇：现在跟随我们来到的是龙山湖国家湿地公园。淮河的支流众多，并且南北分布极不对称，整个淮河水系呈现出羽毛的放射形状。龙山湖堤坝包括东堤、龙堤、西堤三部分，总长度15公里左右。画面中我们看到的龙堤，把龙山湖水分成了两部分，一面是绿色，一边是黛色，一幅大自然版的只此青绿图铺展开来。淮河丰富的水资源也赋予了河南这个中部大省一个个各具特色的国家级湿地公园。

袁滨：看，堤坝上还雕刻了精美的百米仿古长廊，期间龙亭拱桥映衬着湖光山色。我们跟随镜头乘坐画舫漫游在龙山湖水库清泛涟漪的水面上，湖州峰峦叠翠，林木苍苍，周围山水石浑然一体，悠然恬静。跟着画舫，听着湖水在船身上一下接一下的拍打声，整个身心都放松了下来。

如今绵延48公里的龙山湖国家湿地公园已经成为人们流连忘返的百米画廊。同时，龙山湖水深清澈，水质优良，还是当地主要水源地。淮水滋养一方人，带来的不仅仅是生活中的诗情画意，也带来了实实在在的经济新发展。龙山湖畔的司马光小镇规划区域面积十余平方公里，现在我们就要跟随总台记者一起去到那里，看看绿水青山是如何孕育出美丽乡村致富经的。

王一丹：央视新闻的观众朋友们，大家好，我是总台记者王一丹。现在我们是在河南信阳光山的司马光小镇，这儿之所以叫这个名字，是因为史料记载，司马光小时候曾经随父亲来到这里学习和生活，据传，这一带就是司马光小时候玩耍的场所，所以，当地就整合了独特的历史文化资源和光山优越的绿色生态资源，将原有的这座古村落进行了修旧如旧的改造，发展出了司马光小镇以农旅结合为特点的旅游小镇，可以说是远近闻名。我觉得司马光小镇最大的特点，而且可能也是最吸引游客的地方，就是农耕文化的体验项目，在小镇里种植了各种各样的作物，游客来到这里，可以亲自体验一把采摘的快乐，今天我们就带大家一起走进司马光小镇来进到池塘里体验一把菱角的采摘，走吧。

现在司马光小镇由信阳光山的生辉合作社来负责运营管理，我们今天特别请到了黄镜升理事长来带我们在小镇里转一转，理事长你好，我想问问司马光小镇原来是一个古村落对吧？

黄镜升：对，原来我们司马光小镇是一个古村落，2016年进行了场地改造，把池塘治理了，把环境整治了，又恢复两个小镇的门头，把里面房屋修缮了，现在我们乡村焕然一新了。绿化都搞好了，路灯也安了，绿化亮化，把道路都修好了，环境好了，人民群众都过上幸福生活了。

王一丹：环境和绿化确实非常不错，但是房子还是在修旧如旧的理念下改造的，是吗？

黄镜升：对。

王一丹：虽然说现在都很整齐了，但是还保存着一些古村落原来的风貌。

黄镜升：对，我们这小镇，历史文化厚重，司马光童年的时候在这里玩耍，还接受曹老师的教育。

王一丹：就是说他小时候在这儿学习玩耍，然后他的老师姓曹么？教他读书，

黄镜升：对，曹老师。

王一丹：所以咱们刚才那个长廊，上面写着曹亭是纪念他老师。

黄镜升：对，他的老师叫曹正。

王宇：我看这个门头也很漂亮，这也是新修的门头。

黄镜升：这是我们修缮的，原来倒塌了，2017年修缮的。我们司马光小镇东边有司马光传播学院，南边有司马光油茶园，西边有龙山湖国家级湿地公园，北边有美丽的官渡河，我们司马光小镇塘湖堰坝密布，水资源充足，我们利用过去的方塘坑开发出来种菱角。

王宇：平时来这儿的孩子多吗？因为我感觉现在的小朋友好像一般接触不到农耕。

黄镜升：平时很多学校，小学幼儿园，经常来搞体验。

王一丹：就是采摘吗？

黄镜升：采摘，还有多彩田园的自然风光。

王一丹：咱们小镇除了司马光相关的文化资源，还有采摘和多彩田园的生态资源之外，还有什么其他的内容吗？

黄镜升：我们司马光小镇还有红色文化。司马光小镇有一个六匹马槽的故事，我听我父亲老祖辈说，1938年新四军穿的是便衣，系的是稻草，拿着羊叉、农耕具。

王一丹：新四军穿着便装拿着农具打仗。

黄镜升：对，六匹马槽就是我们祖辈有一个五爷方明成（音），在他家驻扎。那时候没什么吃的，因为我们司马镇外面有水围子，有一个大寨埂好高，新四军在里边驻扎休养。

王一丹：当时司马光小镇古村落外边正好有个水围子，特别适合驻军是吗？

黄镜升：对。

王一丹：新四军当时就在咱们镇一个百姓的家里面驻军。

黄镜升：对，老百姓都煮饭给他们吃，老百姓做饭，还有一个六匹马槽还在，能上六匹马。

王一丹：就是说新四军的战马是拴在咱们那个六匹马槽上，然后帮他们饲养是吗？养军马，还有这样的红色旅游资源。

黄镜升：对，都是老辈传下来的。

王一丹：现在我们就来到了司马光小镇菱角池塘，池塘里大片大片的浮在水面上的，就是已经成熟的菱角，对吗？

黄镜升：对，菱角。

王一丹：现在咱们池塘里不光是有工作人员正在采摘收获菱角，也有游客坐在小船上体验，那是游客吗？

黄镜升：是，都是游客，也有我们农民采摘。

王一丹：我也想下水体验一下可以吗？

黄镜升：可以。

王一丹：我是不是要穿上比较专业的衣服，这个衣服叫什么名字？

黄镜升：叫水衣，这个衣服是专用的，先换上水衣。

王一丹：好的。

黄镜升：对，先穿上水衣，换上鞋子。

袁滨：稍候一段时间等待记者换完水衣，现在我们能看到池塘里连片的菱角，其实每年到了采菱的时候，小镇河畔就会环绕着菱角的飘香，当地农民下塘采菱也成为豫南水乡独有的丰收景象。农旅结合的乡村旅游业成为绿水青山孕育出的致富经，司马光小镇倾心打造的田园综合体，让游客也能感受到采菱的田园之乐。

好了，那现在就让我们赶紧跟随记者下堂去体验一下采菱之乐吧。

王一丹：下水有什么注意事项吗？

黄镜升：水深浅不均匀，我们有安全员，有船只可以随时搜救。

王一丹：我现在进到水里之后，感觉水底还是有挺多淤泥的。

黄镜升：对，因为菱角没有淤泥它不能生长。

王一丹：好像除了淤泥之外，还有很多草根盘根错节的和淤泥搅和在一块是吧？

黄镜升：对。

王一丹：这是咱们菱角的根吗？

黄镜升：这是菱角的根，走路不方便，走慢一点。

王一丹：我感觉在努力拔出来一只脚的同时，另外一只脚会往下面踩得更深，感觉每一步都走得非常扎实。

黄镜升：对，它有巧劲。

王一丹：那如果说是想不再往前行进的过程当中，被太多的菱角缠住身体，每一步应该尽量抬高一点，这样才能推开菱角，我看到这个很方便，一个盆子直接浮在水上，采摘下来，菱角直接放在中间。

黄镜升：对。

王一丹：老师您能给我讲讲这菱角是怎么采的吗？给我们展示一下。

黄镜升：我们菱角从农历七月开始采，七月初十左右就开始采摘，到现在九月，可以采摘三个月以上，采摘的时间比较长。菱角随时拿出来就有好多，地里还有。

王一丹：翻过来下面就是已经成熟的菱角。

黄镜升：这上面有。

王一丹：这一片都已经是采过的。菱角是怎么种植的？

黄镜升：种起来很简单，到了农历十月份，老菱角老了，老菱角头一年的时候，把老菱角撒到池塘里去，第二年春天了，它自己就冒小苗。

王一丹：自己就长出来了，不太需要人照顾它的。

黄镜升：自己冒小苗之后，最后太密集的我们人工除掉，不能太密集，菱角蒲子，我们当地叫菱角蒲子，不能太密了，要有间隙，太密了不通风，影响它的产量。

王一丹：所以长的太密的话，需要疏一下苗，然后它自己就成长收获。

黄镜升：对，密狠了就把它除掉，要有空间，有空间就通风，才能生长出好的菱角。

王一丹：菱角是这样长在根上，摘的时候是这样掐这个根部吗？还是直接拔？您给我演示一下。

黄镜升：直接拽下来就行了。采摘的时候差不多七天一个礼拜。

王一丹：一个礼拜的时间要把这个池塘里的菱角都采完。

黄镜升：采一道。七天以后又摘。

王一丹：得多少道？

黄镜升：五道，五六道。

王一丹：就是采这么五六拨，才把所有的菱角都采完，一拨一拨地成熟。

黄镜升：对。采摘基本上是需要三个月。

王一丹：从第一拨到最后采完，三个月的时间。

黄镜升：这个不施肥不打药。

王一丹：是纯绿色的。

黄镜升：今年叶子脱落了，到下面就是自然肥，你踩的下面都是自然的肥料，也不施化肥，也不打农药。新的池塘，把老菱角拿过去，它自己长出来。

王一丹：它就好像那句诗一样，落红不是无情物，化作春泥更护花。咱们的是老菱角和枝子落了不是无情物，来年还能滋养我们的新菱角。

黄镜升：对，自然肥。

王一丹：像咱们这样五六拨的收获，一亩这样的菱角池塘一年大概能收获多少菱角？

黄镜升：一亩大概能收五千到六千块钱，管理得好，一亩收六千块钱，他的种植成本低，就是人工，我们游客来采摘，咱们自己采摘之后，我们给他洗一下，秤一秤多少钱，游客都自己采摘。

王一丹：这位姐姐正在坐小船，你觉得好玩吗？

游客：好玩。

王一丹：我看在上面坐着，晃晃的还挺有情趣的，我刚才听您唱歌来着，您能再唱一首吗？

游客：洪湖水呀，浪呀嘛浪打浪呀，洪湖岸边是呀嘛是家乡啊，清早哎，船儿哎，去呀嘛去撒网，晚上回来鱼满舱啊。

王一丹：唱得真好。

黄镜升：我们游客经常唱歌。

王一丹：我感觉在这种纯自然的环境里，天地广阔，突然就很想高歌一曲。

黄镜升：城市里的人，在城市里住的长了，到农村来体验农耕文化，采摘菱角，体验田园风光，非常好。

王一丹：游客体验完采摘之后，下一步就是可以把菱角带上去称重，然后购买。我猜咱们的购买价格应该是低于市场价的。

黄镜升：对，我们采摘的比市场低两块钱，自己采的，我们司马光小镇也是为了吸引游客，自己采摘的，价格低一些。

王一丹：而且还是新鲜的，当天采摘的。

黄镜升：当天采摘的非常好。

王一丹：又便宜又甜。接下来下一步就是上岸冲洗，冲洗一下，称重带走。

黄镜升：对，自己采的，对客人有优待。

王一丹：产这么多菱角，也不全都是让游客体验采摘走的，也有自己销售的。

黄镜升：也有我们自己采摘，通过电商销售，销售到北京、上海这些大城市，今天发了，明天就到了，很简单很容易，夏天里面放一点冰块包装，通过电商销售。

王一丹：咱们现在岸上有已经洗好的菱角吗？我们可以展示一下可以品尝一下吗？

黄镜升：有，有洗干净的，还有煮熟的菱角。

王一丹：我们上去看一下。

黄镜升：菱角老了，煮熟了，尤其是老年人，它含淀粉，降血压，吃了对各方面都有好处。特别是女同志吃了美容，非常好。

村民：把里面的扒出来，可以开水冲着喝。

王一丹：菱角粉。

黄镜升：菱角粉，营养非常丰富，尤其是老年人，喝了非常好。

王一丹：对健康有好处。

黄镜升：对健康非常好。

王一丹：菱角真是个宝贝。

村民：还可以炒菜。

黄镜升：我们的西芹炒菱角，这是我们司马家的特色菜。

王一丹：就是一样菱角百样吃。

黄镜升：对，我们搞菱角宴，菱角炒西芹，菱角炒瘦肉，都可以。

王一丹：我感觉这个采摘体验挺新奇，尤其是像对我这种在北方长大的人来说，我小时候就从来没有见过这种池塘，更别提亲自下到池塘里来体验采菱角了，我觉得对北方的朋友来说，真的很值得一试。现在我们怎么上到岸边？

黄镜升：还是在那边上。我们这里水资源丰富，种菱角非常有经济效益。

王一丹：这个池塘里的水是一路从淮河流过来的？

黄镜升：对。

王一丹：先是一级支流小黄河，然后又流到咱们村口的那条大河，然后又铺满了这些池塘，所以这些都是，我们现在是站在淮河水里采摘着被淮河水滋养长大的菱角。

黄镜升：对，有田有水。

王一丹：这都是淮河水带给光山、司马光小镇的大自然的馈赠。从池塘里出来以后，突然觉得一身轻松，走路脚步都变轻了。现在我们看一下菱角吃起来到底是什么样的感觉。

这是老菱角，老菱角是煮熟之后食用，嫩菱角是生吃就可以了。

黄镜升：对，生吃的。你看这个菱角，你扒开尝尝，非常好吃。

王一丹：煮熟的菱角掰开之后，里面的果肉是半透明的白色，看起来有点像马蹄或者是荸荠的果肉，闻起来有一种清甜的香味。可能镜头前有很多北方的朋友，您可能跟我一样，小时候没有接触过菱角这个食物，我来替您尝尝看它到底是什么味的。它煮过之后，肉质是比较柔软的，吃起来口感像面栗子一样，味道有点像马蹄或者是荸荠，是很清香的食物。

黄镜升：它营养非常丰富，它含淀粉高，中老年人吃这个最好。

王一丹：而且它没有那么甜，所以不怕吃多了摄入糖分过高，它是很健康的食物。

黄镜升：高血糖的人也可以吃，它含糖低。

王一丹：含糖也少，口感也很好，非常清甜。来到司马光小镇之后，菱角从采摘到上岸品尝，整个都非常不错的体验，尤其对于在北方长大的朋友来说，如果您有一天来到淮河之南，来到光山，一定不要错过这场体验。那么我们这一场关于淮河、关于光山、关于菱角采摘的直播到这里就结束了，谢谢您的收看。

张芷旖：各位央视新闻的网友们大家好，我是总台记者张芷旖，江河奔腾看中国。今天，我们这一路是来到了位于河南省信阳市光山县的万亩油茶园，淮河的其中一条支流小黄河就是从这里经过的。从航拍的画面中，我们可以看到，在河的两岸生长着许多郁郁葱葱的油茶树，可以说是依山傍水，景色非常优美。其实这里在十几年前还是一片荒山坡，当时这里的土地贫瘠到庄稼没有办法生长，后来当地就是因地制宜引进了油茶树的品种，开始在荒山上建立起油茶园。经过这么多年的发展，现在已经形成了沿着河的两岸连成一片接近万亩的油茶园的种植基地，也进一步带动了县里经济的发展。说了这么多关于油茶的背景故事，它究竟是一种什么样的作物？又是怎么样带领群众致富增收的？接下来我们就请到油茶园的负责人陈老师来给我们大家介绍。陈老师你好，来给屏幕前的观众朋友们打个招呼吧。

陈世法：大家好，我是司马光油茶园的负责人陈世法。我今天，给大家分享一下油茶是怎么来的。

大家看，油茶是四季常青，花果同期，花蕾早在两个月之前就开始形成，但是果到明年的霜降的时候可能才有。你看这个果就是去年孕育的花蕾。

张芷旖：也就是说今年开花，明年结果。

陈世法：对，花果同期，它的生长周期是14个月，而且不打农药，因为它这个叶子很苦，虫子不吃的，不施化肥，为什么不施化肥？它是没有休眠期的，施化肥的话，反而引起营养不均匀，要是施肥，也只能施复合肥、农家肥。

张芷旖：它主要是用来榨油的是吗？

陈世法：对，它就是榨油的。

张芷旖：以为是那种喝的茶了。

陈世法：油茶在中国有2000多年的历史了，这是我们老祖先给我们留下的宝贵财富。

张芷旖：我了解到这一片山地在十几年前的时候还是一片荒山，您当时是过来的时候，亲手建立起这个茶园的吗？

陈世法：是，当时我第一次来的时候看着很凄凉，土壤很瘠贫，这是干旱片，没有水源。

张芷旖：当时这个山地上的土壤比较贫瘠。

陈世法：对，还是小时候的一个初衷，14岁外出务工，那个时候就想我们大别山老区就养活不了我们，就非得出去务工，那时候心里有个初衷，有一天要是有能力的话，我就会在家乡里面搞个产业，带动更多人不外出务工。目前，这个梦我已经实现了。

张芷旖：我还了解到，油茶树的整个种植周期会比其他的农作物要长很多，是不是？

陈世法：油茶的苗木在土地里面两年生长，因为它的长势很慢，这个是2009年栽的树。

张芷旖：现在已经差不多13年了。

陈世法：对，所以它是五六年开始挂果。

张芷旖：要长五六年才开始结果。

陈世法：对，到十来年才进入小丰产，还不是大丰产。但是在我们周边，老油茶有五百多年的树，四百多年的树，现在有的一棵树能结200多斤果子，几十斤果子。虽说它的挂果晚，周期长，但是它的生长周期也很长，挂果周期也很长，一代种植几代受益。

张芷旖：一代种植几代受益，过了最初前五年，可能没有果结出来，到后面几十年甚至一百多年，它都会持续地结果。

陈世法：对，花开的时候，我们周边的游客纷纷而来，因为到11月份，那时候是万花齐放的时候，这个花开得相当好，而且里面芯是黄的，外面是白的。看这一片就像下了雪一样稀罕，非常壮观，游客非常多。

张芷旖：在11月份开花的，还有一种叫山茶花，而且是漫山遍野的开，非常好看。咱们刚刚提到了油茶果的前五年基本上是没有收益的，您当时是怎么坚持下来的？

陈世法：我们当时是这样的，在我们七个乡镇，建了11个示范基地，每一年拓展一个示范基地，示范基地让老百姓能看到这个树怎么栽怎么种，怎么整枝，什么时候有果子，这一系列的东西，就是让他看得见、摸得着。山茶油的产业链很长，附加值很高，我们还在开发很多系列产品。

张芷旖：茶油除了食用之外，还有很多别的产业链，我们可以给大家展示一下。

陈世法：对，这个壳我们和浙大一起研究，这个壳治前列腺非常好。这个壳风干之后还要剥的，可以做活性炭。然后是榨油，榨油的茶籽饼里有茶皂素、茶多酚，这些东西又可以提取作为附属品，这样可以把全产业链吃干榨净。

张芷旖：这里还摆了一些油茶果的籽。

陈世法：对，这是外壳剥出来的籽，在榨油的时候，又把外壳再剥一次。

张芷旖：给大家看一下，这个就是咱们榨出来的山茶花油？

陈世法：这个就是榨出来的毛油，你看下面有沉淀物，这是毛油，通过冷提工艺，又变成了精油，不带沉淀，苦、臭、水都会去除，这个目前在市场上销售，消费者只要吃了山茶油，再吃其他油的时候就感觉到嘴里面总是有一种油腻的感觉。

张芷旖：山茶油比较清香。

陈世法：山茶油没有油腻的感觉，而且它的烟点是265度到280度之间，油烟很少，对老婆是最好的，家里面的卫生都好一些。

总台记者张芷旖：像这样的一个油茶园，每亩的产量能达到多少？

陈世法：我们进入丰产之后，一亩，这一棵树，像这种品种好的一棵树一斤油没问题。

张芷旖：一棵树一斤油。

陈世法：一亩大概在70棵左右，60多棵左右。一亩打50多斤油、60多斤油。实验区也有一亩百斤油的。

张芷旖：也相当于一棵树一年才能产一斤油。

陈世法：对。

张芷旖：谢谢陈老师。信阳光山县的油茶仅仅只是一个缩影，目前在整个信阳地区，油茶的种植面积已经超过了117万亩，年产达到了3.32万吨，同时在河南省淮河以南的其他地区也在大力发展油茶树的种植产业，把荒山上的空白地、困难地还有土壤比较贫瘠的地方都利用起来，在绿化造林的同时也产生了一定的经济效益。

好的，我们今天光山油茶园的直播到这里差不多就要结束了，我们再次感谢陈老师进行的分享。

陈世法：谢谢大家。

袁滨：黄尘屋后一亩茶，一塘肥鱼一群鸭，淮河带来的多彩田园产业扶贫富不只有油茶。随着我们的航拍，还看到了一片片金灿灿的稻田，从空中俯瞰，稻田是黄色的，然而又黄的不太一样，橙黄、金黄、浅黄，被整齐地分成一小块一小块，把大地雕琢成了最美的调色盘。现在画面里我们可以看到最中间的稻田里，丰收两个大字跃然眼前，处处都透着乡亲们收获的喜悦和自豪。

走千走万，不如淮河两岸。地处南北分界线的淮河有着得天独厚的自然环境，整个淮河流域水土丰沃，气候温润，四季分明，随着生态环境越来越好，在这乡野田间，经常可以看到成群的生态鸟白鹭翩翩起舞，它们的身影也为这片金黄点缀了勃勃生机。我们看到一群群白鹭在田间栖息，在池塘里悠然自得地嬉戏、觅食，享受着淮水的滋养。

王宇：又是一年采菱时，小镇河畔菱飘香。时下菱角陆续进入收获季，当地农民忙着下塘采摘菱角也成为豫南水乡独有的丰收图景。淮河上游水资源丰富，种植水稻的同时也为发展稻加工提供了得天独厚的条件。目前，集生态养殖、加工贸易、生鲜贸易、饮食文化于一体的稻加工产业链在当地已经初步形成。

袁滨：现在您看到的这群悠然自在的鸭子是光山麻鸭，它们主要生活在淮河流域，每天都被从鸭棚赶到水塘里，一天中的大部分时间，麻鸭就在水塘里面自由活动、嬉戏奔跑、寻找食物。麻鸭不仅肉质细嫩，麻鸭蛋也在海内外久负盛名。农户们捡回的麻鸭蛋用当地大别山特有的红泥加上食盐腌制60天左右，才会口感绵沙，气味醇香。

王宇：多彩田园带来的不仅是视觉上的美感，这种产业扶贫模式还入选全国脱贫攻坚优秀案例，当地百姓依靠绿水青山上的多彩田园富了起来。

王宇：千里淮河一口井，淮河起源于河南省桐柏县，干流自西向东流经四省。淮河水润人与田，淮河是中国的南北界河，两岸土地肥沃，资源丰富，供应着全国1/6的粮食产量。淮河东流不怕浪，它是新中国第一条全面系统治理的大河。从千里淮河第一闸王家坝闸口到洪泽湖大堤，一代代治水人久久为功，正在新建的入海水道二期工程，是70多年治淮史上投资最大的防洪单项工程。淮河亮，两岸绿，南秀北雄，吴韵汉风在这里碰撞交融，遥知涟水蟹，九月已经霜，增殖放流，守护淮河稀珍，科创高地，打造绿色淮河经济带。从治淮到亮淮，这里是人水共生的生态家园，走千走万，不如淮河两岸。10月4日国庆长假第四天，一水入江，四水入海，和央视新闻一起看这十年淮水安澜美丽画卷。

袁滨：各位网友大家好，这里是央视新闻国庆特别节目，《看见锦绣山河丨江河奔腾看中国》。我们继续随淮河顺流而下。

王宇：千里淮河出豫入皖，从山峦叠翠的翠峨景致到平原沃野的辽阔之感，我们现在看到的就是位于安徽、河南两省交界处的红河口，从伏牛山出发，一路奔流455公里的红河在这里汇入淮河干流，成为千里淮河的一部分。红河口也是淮河上游和中游的分界点，现在我们从空中俯瞰，两条河流蜿蜒盘绕，拥抱着两岸崭新的村庄和收获的田野。

如果将上游360公里路程中急降178米落差的淮河水用激情澎湃来形容，那么从这里开始，中游490公里仅16米的落差便可用稳重深沉来形容了。地势的骤然改变直接影响了淮河的流速，河水淤积成为每年汛期来临时淮河干流水患的一大威胁，也让这一河段成为淮河抗洪的重要区域。

袁滨：淮河是新中国第一条全面系统治理的大河，我们现在在画面中看到的，在这田园乡野的绿意间，静静地矗立着这样一座白色的建筑，这就是淮河东流途中必会被人们提到的治淮标志性工程王家坝闸口。素有千里淮河第一闸称号的王家坝闸，建于1953年，被誉为淮河防汛的晴雨表，是淮河灾情的风向标，是濛洼蓄洪区的主要控制工程，位于淮河中上游分界处。

王宇：我们现在看到的是新扩建后的王家坝闸，气势恢宏，雄伟壮观。该闸全长118米，共有13个孔，每孔宽8米。新建成的王家坝闸已经成为淮河上游及洪水控制、交通运输、观光旅游于一体的大型水利工程。

王家坝闸是进水闸，承担着把洪水引进来的职责。在此刻，在我们的航拍画面里看到的就是退水闸、曹台闸。曹台闸的开启，也意味着濛洼蓄洪区的水正在退洪，回到滚滚淮河支流。

袁滨：淮河是新中国第一条全面系统治理的大河。站在新时代，70年来淮河治理取得显著成效，防洪体系愈发完善，防汛抗洪、防灾减灾能力不断提高。舍小家为大家，是这里人民代代相传的王家坝精神。

接下来，就让我们跟随总台记者杨晓，一起去近距离感受王家坝闸的恢弘气概，了解什么是代代相传的王家坝精神。

杨晓：各位央视新闻的网友朋友们，大家好，我是总台记者杨晓，我现在所处的位置是安徽省阜阳市阜南县的王家坝抗洪纪念馆，在我不远处就是有着千里淮河第一闸之称的王家坝闸，每年王家坝闸的水位都是整个淮河的晴雨表。

那么在这里诞生了宝贵的王家坝精神，王家坝对于整个淮河来讲为什么至关重要呢？这里的濛洼人民又是如何舍小家为大家，因地制宜，逐步变水害为水利的呢？在今天的直播当中你都能找到答案。在今天的直播当中，我们请到了王家坝抗洪纪念馆的副馆长王文娜老师来参与我们的直播，王老师好。

王文娜：央视新闻的各位网友们大家好，非常高兴能够参与到这场直播当中，带领大家去参观了解王家坝抗洪纪念馆，我们现在就进馆参观。

杨晓：好的。王馆长首先给我们介绍一下王家坝纪念馆的整个一个情况。

王文娜：王家坝抗洪纪念馆建成于2021年的6月29日，正式揭牌投入使用，整个布展面积是4160平方米，共分为一个序厅和七个展厅，我们现在所处的位置，就是印象序厅的位置。

杨晓：我们一进大厅，就看到一个淮河的简图，我们让王馆长来给我们讲讲王家坝在哪儿，濛洼蓄洪区在哪儿？

王文娜：淮河发源于河南省的桐柏山，整个流域面积是27万平方公里，人口大概是1.78亿，我们的王家坝闸就位于淮河上中游的接合处，在它的后方就是濛洼蓄洪区了。

杨晓：濛洼蓄洪区每年能够蓄洪多少水量？

王文娜：别看在图上濛洼蓄洪区它非常小，非常不起眼，其实整个濛洼蓄洪区大概有180平方公里的面积，设计蓄洪量是7.5亿立方米，16次开闸蓄洪，累计蓄洪量达到了75亿立方米。

杨晓：我们看到大厅，有一个特别精巧的设计，就是地上有一个淮河的路线图，是不是？

王文娜：对，在我们馆内，是有两幅淮河流域简图的，一个就是大家刚才所看到的那幅，还有一幅就是我们脚下的这幅，它的设计是从下游往上游出发，一直延伸到淮河的发源地桐柏山。说到淮河的治理，这些年以来党和国家领导人非常重视，非常关心。在2020年的8月18日，习近平总书记亲临安徽考察调研，他的首站就选择来到了王家坝，来到了濛洼蓄洪区。

杨暎：我们在大厅里，看到前面有一个非常大型的雕塑，我们之前在跟馆员聊的时候，就是雕塑设计的其实是非常巧妙的，都是非常有讲究的。

王文娜：王家坝精神大型群雕，它的长度是13.16米，寓意着王家坝闸在13个年份16次开闸蓄洪，高度是5.37米，意味王家坝闸建成于1953年7月，我们可以看到，整个群雕反映的是在前方党员干部的带领下，我们社会各界，包括我们濛洼群众抗击洪峰的壮丽场景。

杨暎：这里，我们给央视新闻的网友们再画个重点，雕塑长13.16米，意味着什么？就是13年里面有16次开闸蓄洪。高是5.37米，意味着闸始建于1953年7月份，都是非常有讲究的，是不是？

王文娜：对，设计建造的时候，我们也是花了非常多的心思去建大型的雕塑。

杨暎：其实，自从黄河夺淮之后，在之后的大概700年里，到新中国成立的初期，淮河每年都有非常多的水患，党和国家领导人下大力气决定治理淮河，淮河也是新中国成立之后第一条全面系统治理的大河。我们继续往里走。

我们看到了这有一幅图，这个图得让王馆长给我们好好的讲一下。

王文娜：这是淮河流域的落差图，从这幅图中可以看到，整个淮河的落差大概是200米，从淮河源头桐柏山到王家坝闸是淮河的上游，总落差就已经达到了178米，占全淮河全部落差的90%。王家坝闸以下的中下游地区，落差仅有22米，所以淮河上游的落差非常大，导致上游的泄洪很快，到了中下游地区，落差一下子就降下来了，洪水就宣泄不畅。如此一来，一旦上游的洪水来袭，这些洪水都会淤积在中下游地区，给淮河中下游地区的安全造成了非常严重的威胁，王家坝闸和濛洼蓄洪区就作为保护淮河中下游地区的第一道安全屏障，发挥重要作用。

杨暎：听过了王馆长的讲解之后，我们央视新闻的网友一定也知道了，为什么王家坝闸对于淮河来讲至关重要，为什么它能够被誉为千里淮河第一闸？

王文娜：这个场景是我们在1953年建闸的时候，工地上的一个模拟场景。1953年，建成的是王家坝的老闸，老闸要靠人工才能够去开启，在历经了50年的风雨之后，我们在原址上拆除，2003年修建了大家现在所看到的新闸，新闸是在2004年的时候完工的。整个工地没有任何大型的机械，全靠的都是铁锹、扁担、石磨，还有民工们自己的手。

杨晛：这个工具是不是就是当年王家坝建造的时候使用的铁锹？还挺沉的，这个稍微轻一点。

其实当年的王家坝闸，就是靠铁锹一锹一锹的逐渐建立起来的，我记得当年王家坝闸，老闸，当时还是要用人力来开启的，是不是？

王文娜：对，老闸，它要靠人力开启，现在所看到的新闸已经是全电脑自动化的设计了，一道有一个按钮，轻轻一按，闸门就能够被提起来。

杨晛：我们看到前面这儿也是展示了王家坝闸在建造的时候使用的一些工具。

王文娜：是的，这里其实就基本上已经囊括了建闸时候所使用的全部的生产工具了，确实非常简陋，非常原始，然后当时参与蓄洪区建设的苏联专家，他也曾经非常感慨，他就说到，我们中国人民用最落后的生产工具完成了一项伟大工程的建设。

杨晛：我们看到这有锉，这有铁锹的头，还有瓦刀，真的是一些短小的工具，建了这么一个伟大的大闸大坝。

王文娜：因为在建闸的过程当中有工人、干部的艰辛付出，只用了187天就建成了王家坝闸。这其中就有我们县的首位县长唐立全，他也是当时濛洼工程建设的总指挥，唐立全他对于工程质量的要求近乎是苛刻的，所以他绝大多数的时间都是在工地上跟民工们同吃同住，也没有时间在家陪自己刚刚生产完的妻子，直到一个多月之后，他才得知了自己儿子已经夭折的消息。

杨晛：这是他当年使用的一些工具，计算尺，手表，手电筒。其实也是简单的工具，然后建成了现在非常宏伟的大坝，好，我们接着走下一个展厅。下一个展厅我们看到的是濛洼人民的一些生活的状况。我们看到这有一个，这是鞋吗？

王文娜：对，在我们当地，把它叫做泥屐子，也就是我们现在所说的雨鞋，下雨的时候大家就穿着这个鞋子出行。

杨晛：这个叫泥屐子，这还是第一次听说。

王文娜：对，这两个其实都是泥屐子，其实也是一双鞋。

杨晛：脚就放在上面吗？

王文娜：对，就是用绳子，把脚放在上面，然后用绳子把泥屐子绑在脚上，然后就可以在下雨天的时候穿出门了，就确实是非常艰苦，简陋的一个工具。

杨晛：确实当年的生活是非常简陋，但是随着我们党和国家的对于濛洼、对于王家坝的不断投入，我们的生活状况有了非常大的改善，我们从50年代的茅草房，现在已经到了新时代的这种楼房。然后我们看到在每年的抗洪，包括蓄洪的过程当中，涌现出了非常多好公仆。

王文娜：是的，比如说我们牺牲在抗洪抢险一线的沈恩久同志，还有在1991年两次开闸蓄洪期间，创造了无一人一处非正常死亡奇迹的郭西魁同志。

杨眖：这就是郭西魁同志？

王文娜：对，这就是郭西魁在1991年带领群众进行夜间大转移的一个场景。

杨眖：刚才我特别听王馆长强调了，一人一处都没有伤亡，真的吗？

王文娜：是的，在当时是非常不容易的，可以称得上是一个奇迹了，正是因为他在这次抗洪抢险中的突出表现，郭西魁也被授予了抗洪救灾先进个人的荣誉称号。

杨眖：这里面有一个特别好的故事，拐弯树故事。

王文娜：拐弯树，它其实就是一棵椿树，生长在王家坝镇互助村的陈营子庄台。这棵树在40多年前，就长在了濛洼人民的屋檐下，那个时候庄台的生活空间非常狭窄，门挨着门，屋檐压着屋檐，后来屋主就翻建房屋，就把树头锯掉了，把树身当作是爬房顶晾晒物品的梯子。可是谁想不到这棵树竟然在断头处萌发新枝，然后拐了个弯，绕过房檐又继续向上生长，所以就被命名为拐弯树。这棵树也就像我们濛洼人一样，虽然说是历经了磨难，但是永不言弃，顽强生长。

杨眖：濛洼人不仅仅是压不垮，还学会了与自然和谐的相处，因地制宜，发展了很多适应性的产业。

王文娜：是的，我们濛洼人近些年在王家坝精神的指引下，大力发展适应性产业，以前我们是对抗自然，但是现在我们顺应自然，在整个濛洼蓄洪区内就形成了深水鱼，浅水藕，滩涂洼地植杞柳，鸭鹅水上游，牛羊遍地走的生态格局。

杨眖：我再给我们的央视新闻的网友们再重复一遍，深水鱼，浅水藕，滩涂洼地植杞柳，鸭鹅水上游，牛羊遍地走，是一个非常美的田园风光。

王文娜：对，所以说濛洼人民就这样靠着自己的双手，把过去的穷洼地变成了现在的绿宝盆。墙上展示的就是王家坝之歌，非常感人，我也想带领咱们网友们去听一下。

这里是我的家，敞开胸怀的王家坝。每一次艰险来临的时候，不计较得失代价。这里是我的家，焦岗湖水漫无涯。

　　杨晓：这首歌非常好，也非常感人。在每一次蓄洪抗洪的过程当中，我们的党员干部、人民子弟兵、人民群众，都做出了非常重要的贡献，也请王馆长来给我们继续介绍一下他们背后的故事。

　　王文娜：每一次开闸蓄洪之后，我们的县委县政府都会抽调大量的党员干部去进驻到庄台上，跟庄台群众同吃同住，那这些临时党支部书记们，他们往往就会通过日记记录工作和生活，有的人就是记录一些走访的数据。

　　杨晓：这里面我们看到，记录了姓名，有年龄，包括他是多少人，现在有多少人在家，记得其实非常细，我们看到这些日记都是手写的。

　　王文娜：是的，那还有一些党支部书记，他们写工作总结，还有一些可能会把自己的所见所闻给记录下来，比如在2020年蓄洪期间，我们郜台乡一位非常年轻的临时党支部书记叫李阳阳，他在日记中就这样写到，他说一位85岁的老人，缓缓坐在我身边，和我说到上次开闸洪水到来是13年前，小伙子不用担心害怕，家没有可以再建，虽然我们生活如同一个孤岛，但有政府的帮助，我们的生活只会越来越好。

　　杨晓：真的是非常朴实，非常感人，除了我们的党员干部之外，我们还有人民子弟兵勇当突击队。

　　王文娜：是的，从1952年我们治淮之战刚刚打响开始，人民子弟兵就已经参与到了整个治淮工程的建设当中，其后每一次抗洪抢险都有人民子弟兵的身影，所以在馆内我们就设计了这样一面番号墙，用来记录他们的牺牲、奉献和付出。

　　杨晓：确实是，我们应该记住这些部队的这些番号，我看到前面有一个医用的箱子，王馆长给我们介绍一下。

　　王文娜：大概80年代乡村医生他们所使用的一个工具箱，里面装着行医物品，纯牛皮做的，非常结实。

　　杨晓：这是用来做什么？

　　王文娜：在我们当地把它叫做药碾子，它的学名叫惠夷槽，据说是华佗行医的时候所创作的，把中药材放进去，然后通过滚轮就能把它研磨成使用的药材。

　　这个是我们民兵的猫耳洞，1991年那场大水持续的时间非常长，前后经历了两次开闸蓄洪，那我们王家坝段的30多个民兵，当时就是挤在一个不足25平方米的茅草屋内，外面下大雨，里面下小雨。当时有这样一句话说一条芦席一床被，两人通腿睡，就是说大家累了，困了，找个芦席往地上一铺，就是床了，然后腿挨着腿，腿压着腿，就这样休息，条件非常艰苦，民兵们就把茅草小屋戏称为他们的猫耳洞。

杨昢：确实是我们可敬可爱的人民子弟兵，那么在治淮70年来讲，我们取得了许多重大的成就，那么我们也请王馆长给我们概述一下。

王文娜：从新中国成立到现在，治淮历经了70余年，在这70年里，治淮总投入大概是9241亿元，共建成了约6300余座水库，约40万座塘坝，约8.2万处引提水工程，规模以上的机电井甚至达到了144万眼，整个淮河流域的防洪减灾能力大大增强，彻底改变了过去淮河流域大雨大灾，小雨小灾，无雨旱灾的落后面貌。

杨昢：非常感谢王馆长给我们做的精彩的讲解，由于直播的时间也差不多了，我建议看直播的网友们能够有机会亲自来到王家坝抗洪纪念馆，看看这些藏品，感受一下王家坝的精神，那么直播就到这里，接下来的时间交给我的同事。

王宇：顺王家坝闸口而下，我们便来到了濛洼蓄洪区。秋分之后，这里更显风光旖旎。淮河进入中游的第一座蓄洪区就是濛洼蓄洪区，它建于1951年，蓄洪区面积184平方公里，建成以来是淮河干流运用最频繁的蓄洪区之一。

画面中呈现出星罗棋布的村庄，叫做保庄圩。保庄圩环绕堤坝而建，整体形状构造就像一只碗，中间低，四面高，居民住在中间，在洪水来临之时，可以保护居民点免遭水淹。

袁滨：现在画面中看到的类似小岛的就叫做庄台。庄台是淮河流域独特的村落形态，是淮河人民尊重自然、利用自然并与自然作斗争的生存智慧的结晶。庄台外碧水绿树环绕，稻田青中泛黄，丰收的气息随风飘荡。庄台之上，楼房错落有致，绿植红花交织，特色景观让人流连忘返。庄台附近田野阡陌纵横，牛儿悠然自得，水面波光粼粼，一幅美丽的田园风光图徐徐展现。

庄台是濛洼蓄洪区居民防洪、避洪的重要设施和生活场所。淮河流域水患频繁，当地村民为抵御洪水，在蓄洪区洼地筑起一个个大土台，并一次次垒高，经年累月就形成了不易被洪水侵淹的庄台，当地人就在高台上建房居住。目前，濛洼蓄洪区共有131个庄台，庄台也被称作蓄洪区人民在洪水中的希望之岛。凭借它的独特风貌，每年还吸引了很多游客前来参观，这也让当地发展旅游扶贫成为一大优势。

王宇：新时代治淮，濛洼地区因地制宜，趋利避害，变水害为水利，发展适应性的产业。今年濛洼蓄洪区优质水稻种植面积突破10万亩，发展水生种植，提高规模效益，发展水禽养殖，提高水面利用率，发展食草畜禽养殖，调整牧业结构。

70多年来，一代代治淮人，久久为功。那么接下来就让我们跟随总台记者倪凯文一起去看看庄台的独特景观，来听听庄台人家是如何实现人水和谐，安居乐业的。

倪凯文：央视新闻的观众朋友们大家好，我是总台记者倪凯文，我现在所在的位置，是安徽阜阳阜南县的濛洼蓄洪区内，这里距离王家坝闸有十几公里远。在我身后的这座庄台就是西田坡庄台。我们可以看到庄台上那个比较高的建筑物，是一个以前的水塔，由于会不时受到洪水的侵扰，庄台上的居民用水不便，只能通过这座水塔来进行储水和取水。那么现在，家家户户都已经通了自来水，所以水塔的功能也已经用不上了，它现在已经变成了一个钟楼，也成为庄台上一个比较有特色的标志性建筑物。说到这里，可能很多观众朋友们会疑惑，到底什么是蓄洪区以及什么是庄台呢？所以我们今天特意请到了当地曹集镇的党委书记王军，王军书记你好。

王军：你好，央视新闻的广大朋友大家好。

倪凯文：王军书记能不能为我们大家解答一下，为什么这里会经常受到洪水的侵扰呢？

王军：好，我给大家解释一下，我们濛洼蓄洪区是淮河流域的第一个蓄洪区，它位于淮河的中上游的交界处，濛洼蓄洪区其实就是像淮河岸边的一个巨大的一个盛水口口袋一样，当上游的水位达到警戒水位，压力巨大的时候，王家坝闸就要开闸蓄洪了，那么一开闸蓄洪，整个洪水就要灌进我们180平方公里的这么一个大地上，这就是我们濛洼蓄洪区要进行蓄水了，那么一来将近有20万人要受到洪水的这种侵害。

倪凯文：您刚刚说有很多人会受到洪水的侵害，那么庄台是不是就是他们生活的场所呢？

王军：对，我们庄台，就是饱受了洪水的侵袭了以后，我们当地的老百姓，一次一次地把庄台给它垒高，垫高了以后，高度超到了那个一定的高度，然后就不再受到洪水的侵袭，所以说就形成了一个淮河流域的独特的居住的这么一个环境。

倪凯文：就是庄台上的人们都是生活在上面，在蓄洪的时候，也是非常重要的生活场所，也是他们的希望之岛了。

王军：那么我更要直观地跟观众朋友们介绍一下什么是保庄圩，什么是庄台。我正好今天给大家演示一下，这好比是一个保庄圩，保庄圩这边都是洪水，那么我们在平地上打上圩子，打上圩梯了以后，老百姓就居住在这里，洪水进不来，这里面有学校，有医院等等这些基础设施。

倪凯文：面积比较大。

王军：面积比较大，那么我们濛洼蓄洪区有四个乡镇，总共有六个保庄圩围，有131个庄台，庄台是什么意思呢？庄台就是像碗一样，把它翻过来，碗底就是我们的庄台，老百姓在上面居住。

倪凯文：那我们庄台的规模和人口一般是多大呢？就比如说我们现在身旁的是西田坡庄台。

王军：西田坡庄台的台顶的面积是十亩左右，现在居住的人口，也就30多口人。

倪凯文：您是不是也来蓄洪区这边工作一段时间了。

王军：我在这里工作七年多了。

倪凯文：这里现在的样子和您刚来的样子差别大不大？

王军：差别巨大，通过我们这几年对环境的整治，我这里手上正好有几张照片，也是在六年前拍的，你看就这么一口塘，原来的样子，非常脏乱差，也就是典型的黑臭水体，我们通过不断地对水质进行整治、净化，现在在里面放养了当地的鱼种，形成了一个垂钓休闲的地方，不断地有游客来这里游玩和垂钓。

倪凯文：这里确实是和照片上的差距特别大，那我们一起往庄台上面走一走。这条上坡路，感觉非常宽敞，这以前就是一直是这样子的吗？

王军：以前的道路，也就是从路边到这里也就最多两米，老百姓的出行非常困难，你看这张照片，就是以前道路的形状。

倪凯文：以前是什么样子呢？

王军：以前高低不平，坑坑洼洼，尤其下雨的时候，老百姓的出行更加不方便，甚至很危险，有时候，一脚踩下去，都是一个大水坑。

倪凯文：那现在我们是怎么样子改造它的呢？

王军：现在我们把道路加宽到四米多，进行硬化，道路两旁进行绿化，这样一来环境变得更优美，老百姓出行更加便捷安全。

倪凯文：我们慢慢走到庄台上面了，可以看到现在一些庄台上的建筑物了，这些都是住宅。

王军：对，老百姓常年就居住在这里，以前住得非常拥挤，房子挨房子，形容就是抬头一线天，污水靠蒸发，垃圾靠风刮。

倪凯文：抬头一线天就是房子与房子挨得特别近，抬头只能看到房子中间的一个缝隙。

王军：对。

倪凯文：下水管道之类的也不是很完善。

王军：对，你看这张图片，就是原来我们进行的航拍，就是这么拥挤。现在我们实行了居民迁建，一部分群众迁建出去，把空间腾出来，老百姓的房子就拆掉了一排，便于通行，这条道路都已经可以通车了。

倪凯文：这条道路之前不是路吗？

王军：这以前是一排房子，你看这张照片，就是我们当时在施工的时候，留下的一张照片，然后这条路原来是房子，现在拆掉了以后，变成这么宽敞的一条道路，现在是把它进行硬化了以后，路两边又进行了。

倪凯文：我们进行了一些拆迁和搬迁，那么这些人他们去哪了呢？

王军：我们是有三种拆迁的方案，那在尊重群众意愿的基础上，在群众自愿的基础上，我们制定了三个方案，第一个是货币化安置。第二个是搬到保庄圩去居住。第三个就是在县城里购房。每一个安置方式都有政策支持。

倪凯文：确实我看到在密度缩小之后，我们现在整个庄台上的生活环境和空间都宽敞了许多，路边上有很多这样的小花园，也是我们改造的一部分吗？

王军：对，群众搬迁了以后，房子拆掉了以后，剩下的空余出来的土地，群众自发建成了四小园，有小花园、小果园、小菜园、小竹园，丰富了群众的休闲生活。

倪凯文：密度减小之后，生活的环境好了很多，已经可以直观地看到现在庄台上变化特别大，那我们下一步有没有什么发展的方向？

王军：通过我们这几年的整治，群众对美好的生活充满了信心，也实现了小康生活，我们把群众搬走的房子改造成民居，同时打造成农家乐，让我们村集体收入增加了，老百姓的口袋也慢慢鼓起来了。

倪凯文：就是这家吗？

王军：就是这一家，这一家农家乐，挖掘了当地著名的水产蚬子，开发出来很多道美食，游客也非常多。

倪凯文：这是为什么呢？

王军：因为现在环境变好了，道路变好了，以前想来来不了，现在水电路环境都变得非常优美，设备非常齐全，又加上当地的美食，然后群众也积极地参与进去，游客越来越多，生意也越来越好。

倪凯文：您刚刚说的发展方向是不是还有其他几点？

王军：第一点，就是我们发展适应性农业，因为我们有低洼地，低洼地可以种芡实莲藕，让村集体和老百姓又增加了收入。

倪凯文：芡实莲藕属于水生植物，是不是因为低洼地它比较容易积水，所以要种植这些？

王军：原来的低洼地不能够种其他的农作物，那我们就因地制宜发展水生蔬菜，形成了适应性农业。第二个，就像刚才我们所看到的农家乐，是要挖掘当地的特产，然后打造原生态的乡村旅游。第三个就是要以挖掘庄台人居文化为传承，让这种独特的庄台文化继续传承下去。

倪凯文：作为蓄洪区，这里经常会遇到蓄洪的情况，我们也了解到2020年也进行了一次蓄洪，当时的这里庄台人的生活是什么样的？

王军：2020年蓄洪的时候，老百姓的生活没有太大的影响，因为水照供电照通，不停电，船来船往，每个庄台都配了两艘以上的运输船。

倪凯文：两艘以上的船是专门供庄台上老百姓使用？

王军：对，老百姓在生活上和医疗上有需要的时候，当地的干部就要用这几艘船来满足老百姓的需要。在庄台蓄洪的时候，每个庄台都成立了一个临时党支部，还有医疗人员，现在咱们看到的就是2020年蓄洪的时候西田坡庄台上的临时党支部旧址。

倪凯文：我们当时这里党支部的党员们是怎么帮助我们庄台上的群众的？

王军：在我们党总支的带领下，满足老百姓的生活需求，比如说老百姓家里面的生活用品缺乏的时候，我们要及时补充生活物资，老百姓的医疗上出现了一些需求的话，我们要立即把需要就诊看医的老百姓运送到医疗机构去，有些那个老弱病残的，我们要帮助打扫室内外卫生，反正老百姓有需求，我们就要出现。

倪凯文：好的，谢谢王军书记，通过刚才王军书记的介绍，我们了解了濛洼蓄洪区对于淮河流域安全的重要意义，也了解了庄台的历史和发展，同时也看到了通过改造升级庄台上产生的巨大变化。那接下来我们往前走一走，一起去一户庄台人家上看一看。

不好意思打扰你了，大娘，你这是在忙活什么呢？

村民：我在剥毛豆，剥毛豆炒菜吃。

倪凯文：就是你家自己种的吗？

村民：对，我自己家种的。

倪凯文：那现在咱们种的收入怎么样呢？

村民：种几亩稻，种几亩玉米，收入挺好的。

倪凯文：那您什么时候来庄台的？

村民：那我今年都57岁了，我来了36年了。

倪凯文：30多年前你刚来的时候，对这第一印象是什么呢？

村民：穷，那时候，我们来时候都一些草、黄泥巴捂的，俺们农村喂的猪，羊、鸡，都在这门口，下个雨那烂的都到脚脖子上面。

倪凯文：一脚踩到都陷进去了。

村民：对。

倪凯文：因为我们这里是蓄洪区，在蓄洪的时候，您刚来那会是什么样的情况呢？

村民：那时候涨水了，我们要是给小孩抓个药，那时候坐个木船，小木船坐的还挺害怕的，有点担心，去抓点药，有时候不到万不得已都不去。

倪凯文：那当时蓄洪的时候吃的怎么样呢？

村民：我们在家里手擀点面条的，蒸点馍，都是拌点盐搁里头，连个小青菜都没有。

倪凯文：连青菜都没有，那当时喝水用水是怎么样的？

村民：盛水都是我们找来的桶，找个桶，得上堤，我们家家户户都有那个大缸，倒缸里，搁上明矾。

倪凯文：就是直接把洪水捞上来，明矾净化一下就直接用了？

村民：对，就是。

倪凯文：到今天，咱们这么多年过去了，现在感觉变化大不大？

村民：现在变化大了，现在跟以前不一样了，看我们的电装的，我们一个庄台一个变压器。

倪凯文：这些电路都是新改造的？

村民：都是新改造的。

倪凯文：咱们现在用电稳不稳定？

村民：稳定，都没停过电，一天也没有停过电。你看我们的水哗哗的。

倪凯文：这个自来水管道也是新搞的吗？

村民：对。

倪凯文：我们一起去您家厨房里看一看。

村民：看吧。看看我们的煤气灶，都是新买的，也都是前几年买的油烟机，这瓷砖贴的干干净净的，看着都舒服，跟以前不一样了。请你们到客厅里看一下，你看我们的空调，冰箱，沙发，都是新的，都是前几年买的，还有洗衣机，都是自动的。

倪凯文：我看你们家还有两层楼？

村民：对，小洋楼。

倪凯文：您家现在有几口人？

村民：我家里现在八口人，我孙子孙女都有了。

倪凯文：他们逢年过节都回来？

村民：对，都回来。

倪凯文：您这里有几个房间，够住吗？

村民：上面有五个卧室，够住的，房子挺大的，住得开。

倪凯文：现在住在庄台上，出行交通情况怎么样？

村民：交通都方便了，我们后面都有公交车，路边都有公交车，方便的很，到县城里方便得很。

倪凯文：是每一个庄台都有公交站吗？

村民：都有。

倪凯文：您现在有养老金吗？

村民：我年龄还没有达到，他们年纪大的都有，我还没有达到。

倪凯文：您现在看病买药，医保都有吗？

村民：有，都有。报的挺多的，报的很多，我们买药，到医院看病，都是报的挺多。

倪凯文：现在总体来说，生活变化各方面都很大。

村民：变化大的很。

倪凯文：谢谢大娘。

通过今天对庄台人家的探访之后，我对庄台上的生活有了更加全面的了解。曾经庄台上的人家受到洪水的影响比较大，通过改善，庄台人生活水平得到了很大的提高，在蓄洪期间，受到的影响已经非常小。以上就是我今天的全部内容，接下来把时间交给我的其他同事。

王宇：曹晴晴出生在濛洼蓄洪区的庄台上，和当地许多人一样，她从小就和外出务工的父母一起走南闯北。如今曹晴晴在县城开了一家服装店，主营时尚女装，每个月她都要开车到四十公里外位于阜阳市区的服装市场进货。这是她一个月里最忙碌的一天，和货主砍价，跟同行交流信息，与经营品牌专卖店不同，曹晴晴进货完全依靠自己对当地人审美追求的把握。选择的对错直接决定了生意的好坏。

为了鼓励濛洼蓄洪区内的居民搬迁至县城生活，阜南县政府向每位购房者提供购房补贴，利用二十万元的补贴做首付，2021年曹晴晴一家买了自己的住房，在县城彻底安下了家，居住环境的改善，正在改变着人们对生活的选择。当曹晴晴在琳琅满目的服装中穿梭时，四十公里外阜南县的一家制衣厂里同样来自濛洼蓄洪区的郭国丽正在生产线上忙碌着。这是她走出蓄洪区来到县城打工的第一个月。对她来说，最直接的改变是工资从2500元增加到4000元。而促使郭国丽下决心的因素之一，是一家人去年终于离开庄台。

郭国丽：我们住的不是在路头上，然后你要走这么小的过道，你要过去，好挤，这么大的三轮车都过不去。冬天的话，现在这里你能看到太阳，太阳晒的可以，那里都看不到太阳。

郭国丽说，过去庄台上房子挨着房子，去年一家人搬进了保庄圩里由政府免费提供的安置房。和庄台的拥挤不同，保庄圩要宽松得多。

王军：这个碗就好比是保庄圩，打上圩子，洪水进不来，老百姓在这里生活，现在在保庄圩里面近了有学校、医院等基础设施，老百姓在这里非常安全。还有另外一种居住方式，就是庄台，庄台是把土堆高到30.5米以上，老百姓在这上面居住。

郭国丽居住的庄台叫西田坡，今天这里是濛洼蓄洪区庄台环境改善的典范，郭国丽老家的房子在搬迁后已经被拆除，变成了宽敞的道路，点缀着绿树鲜花。

有人选择离开，也有人选择留下，在距离西田坡不到十公里，濛洼蓄洪区深处连片的稻田旁，孟祥根正操纵着无人机喷洒农药。

孟祥根：你看今天飞机飞的高度就不能太低了，因为稍微有点风，另外稻子成熟到后期了，矮的话就把稻子都吹倒了。

今年夏天濛洼的降雨格外少，不过依托政府改造的高标准农田，提水灌溉仍然能够得到充分的保障。孟祥根代管的这片水稻长势喜人。细心耕作也让委托他管理的乡亲们十分满意。

孟祥根：现在产量穗头怎么样？

种植户：穗头好，可以。

在外打工多年后，孟祥根选择回到濛洼，回归儿时熟悉的乡土，如今他不仅自己流转了八百亩农田，还承接了四千亩稻田完全托管，提供从播种到收割全过程管理。

孟祥根：收成全部在我们自己手里掌握，所以说种地和以前种地的模式不一样，概念也不一样。

整整一上午，穿行在迷宫一样的街巷，拖拽着七八十斤收获的曹晴晴是快乐的。

曹晴晴：干了这么多年了，已经习惯这个过程了。

在西田坡庄台，巨大的变化，让郭国丽再也找不到昔日的老屋。

郭国丽：记得不是很清楚了，大概是这里。

在家乡的原野上，孟祥根找到了播种和照顾更多土地的快乐。濛洼代表了什么，舍小家为大家，这是大了说。小了说就是我们土生土长的地方，不能把这片土地丢了。

这是沿淮庄台人对家的深情回眸，也是他们对未来梦想的追逐。

王宇：淮山隐隐，淮水悠悠，千里淮河是流动的历史，人文荟萃。巍巍八公山下，是安徽淮南，淮河水从城中川流而过，养育了两岸的人们，也给这座城市带来了灵动的水气。从空中俯瞰，一座大桥宛如钢铁巨龙，横卧于淮河水面之上。

袁滨：淮河岸边绿草茵茵，河堤下池塘农田纵横交错，铺陈出丰收的前奏。远处隐约可见鳞次栉比的高楼，在温暖的阳光下，淮河上的船只来来往往，川流不息。近年来，淮南更是致力于淮河生态环境保护，因地制宜发展经济，随着城市建设的扩容和提升，淮南与绿水青山为林，生态颜值不断刷新。

王宇：淮南因淮河而兴，因文化而旺，秋高气爽的时节，江淮大地的大豆已经进入生长的中后期，淮河两岸气候温和，光照充足，土壤肥沃，适宜优质大豆的种植和生产。这里的大豆种植已普遍进入规模化和机械化时代。从空中俯瞰，一片片碧绿茂密的大豆长势喜人，丰收在望。

接下来就让我们跟随总台记者邓剑飞，一起去看看豆腐的诞生地，感受淮南不断刷新的生态颜值。

邓剑飞：各位央视新闻的网友大家好，我是总台记者邓剑飞，相信大家刚刚在直播中已经对淮河有了整体的认识，有句老话叫走千走万，不如淮河两岸，讲的就是淮河两岸的土地肥沃，物产丰饶。比如说我现在所在的淮南市的寿县，这里就有着悠久的历史文化，还有很多当地的特色美食，今天就一起来探访一下，首先请出我们今天的直播嘉宾，淮南市的文史专家高峰老师，高老师您好。

高峰：你好，大家好。

邓剑飞：高老师您能给我们介绍一下淮南和寿县的历史吗？

高峰：好，我们现在所在的就是寿县古城墙，寿县古城墙始建于南宋，距今有将近一千年的历史。说起寿县的历史，古称寿春，寿阳寿州。在历史上曾经是楚国的国都，它是国家历史文化名城。淝水之战的古战场，最后一点，就是我们今天的主题，它是豆腐的故乡。

邓剑飞：为什么说它是豆腐的故乡？

高峰：西汉的时候，淮南王以寿春为都，他在八公山上炼丹，无意当中用豆浆培育丹苗的时候，无意当中与石膏结合，产生了非常离奇的情况，液体的豆浆突然凝固成固体。当时人们不知道这是怎么回事，都大呼离奇，所以豆腐一开始的名字叫离奇。

邓剑飞：一颗黄豆变成豆腐是不是非常复杂？

高峰：因为制作豆腐首先需要豆浆，豆浆来源于大豆，淮河岸边有大片的冲积平原，非常肥沃，适合种植大豆。所以这边的大豆品质优良，是制作豆腐的原料。另外一点，需要水。这个水不是淮河的水，而是淮河滋润到八公山上的泉水，山泉水。我们寿县豆腐的制作技艺被列为了国家级非物质文化遗产保护项目。

邓剑飞：我们正好现在走到院子门口，我们一起进去探访一下豆腐的制作。

高峰：好的。你看阿姨在选豆。

邓剑飞：这个工序是选豆。

高峰：大豆颗粒饱满，都是在淮河岸边的瘦西湖农场生产的优质大豆。

邓剑飞：就像您刚才说的，做豆腐第一步就是要选择好的大豆。这个场景是在做什么？

高峰：这是做豆腐最重要的一个环节，叫磨浆，用的是最传统的石磨，用的泉水，就是我们八公山珍珠泉和玛瑙泉的泉水。

邓剑飞：豆子先浸泡，浸大了以后放在这里磨。

高峰：选豆之后泡豆，泡好之后上磨，进行磨浆。你看大豆泡得金黄饱满。你体验一下。

邓剑飞：自己上手以后感觉好轻松。

高峰：推磨是有技巧的，光有劲不行，要有技巧，一推一拉。

邓剑飞：刚才看师傅推得很轻松，其实我自己一上手，明显感觉到不太会。

高峰：像他们都是常年做大豆的，都有这样的技巧。

邓剑飞：这个大豆一般要做多少步？比如说做七步八步？

高峰：这是一步一步的来，我们现在看晃单。

邓剑飞：您给我们解释一下。

高峰：晃单就是把磨好的豆浆通过纱布过滤之后，进行晃，把豆浆过滤出来，把豆腐渣过滤出来。

邓剑飞：过滤出更加纯净的豆浆。高老师，咱们筛完之后的豆浆要怎么弄？

高峰：豆浆过滤之后，必须是高温煮沸，煮沸之后，把豆浆煮开，煮开之后，筛沫，上面有一层沫，要给它筛掉。筛掉之后，到了最关键的一步，神奇的变化，就叫点单。

邓剑飞：我们来看一下。

高峰：下面我们来看一下点单。

邓剑飞：这是豆浆，煮沸的豆浆。

高峰：把煮沸的豆浆倒入缸中。我给大家展示一下，这是煮开的豆浆，是液体的，马上师傅就给我们进行石膏点单。点单是用的石膏，根据豆浆的多少，然后进行配料。师傅开始点单了，用勺子进行搅合，全部搅匀了，一边搅，一边倒入石膏，在倒的过程当中，豆浆就要发生变化，也不能倒多了，也不能倒少了。

邓剑飞：师傅在轻微地搅。

高峰：全凭手上的感觉以及在搅动的过程当中看到豆浆的变化。

邓剑飞：通过勺背来感知豆浆的凝固程度。

高峰：并且一气呵成，不能停。豆浆点单之后，需要20分钟的凝固。刚才我们点单点过了，让它继续凝固。这里有一缸是在20分钟之前，我们点过单的，现在我们揭开盖子，看看豆腐凝固的情况。

邓剑飞：我也可以体验一下，这个有什么讲究吗？

高峰：没有什么讲究，就是一勺一勺地往上舀。

邓剑飞：这样，沉甸甸的感觉，怪不得您刚刚说离奇，是挺神奇的。还是师傅，一大勺，我舀的太少。接下来是什么？

高峰：接下来师傅就要把纱布盖上，然后进行压单，用重力。

邓剑飞：就相当于按压成型。

高峰：压单。

邓剑飞：用一块石头把它压住。

高峰：给他压制成型。

邓剑飞：我们今天也是看了豆腐制作的过程，其实在淮南寿县还有豆腐宴，我们今天带大家一起来体验一下，我们今天请到了淮南豆腐宴的非遗技术制作传承人，张师傅您好。

张士宏：我现在把压好的豆腐打成块，要做豆腐宴，用它来展示我们淮南寿县八公山的豆腐宴，四四方方的。

邓剑飞：豆腐还预示着做人的道理。其实我们也能看到，张师傅是把刚刚压好的豆腐切块。

张士宏：对，打成小块，做豆腐宴。拿到豆腐首先要让着它，不能一把下去把它捏碎了，因为太嫩了，你看看，有弹性。

邓剑飞：真的，抓在手上的感觉，很Q弹，软糯的感觉。今天您准备给我们做什么菜？

张士宏：今天我准备做一道菊花豆腐，豆腐在我们手掌心里切成菊花。

邓剑飞：张师傅，这个是不是挺考验刀功的？

张士宏：对，最考验刀功，放在手掌心里，手一定要端平，端稳，刀一定要均匀。

邓剑飞：直接切下去吗？

张士宏：对，直接切。

邓剑飞：三分之二？

张士宏：对，三分之二，不能切断了。

邓剑飞：完全一样宽？

张士宏：对。

邓剑飞：我切得参差不齐的。

张士宏：放到水里。

邓剑飞：这样直接放进去，这是我切的，我来班门弄斧一下。

张士宏：首先一点，手一定要稳。

邓剑飞：太厉害了。

张士宏：最主要的是手一定要平稳。

邓剑飞：这样一块豆腐能切好多刀。

张士宏：基本上我都在切200多刀。

邓剑飞：是不是切出来的丝想要模仿菊花的形态？

张士宏：对，像菊花一样。

邓剑飞：一丝一丝的花瓣。

张士宏：竖切。

邓剑飞：横切完了再竖切，关键还不能切断。

张士宏：对，主要是不要切断，切断了就没有技术含量了。

邓剑飞：我们放到水里面看。

张士宏：对。

邓剑飞：是像一朵花一样。

张士宏：我们准备一个针，用针感受一下，细的可以穿针，我穿一下你看一下。穿好针之后，再放上高汤，放到锅里蒸，蒸三到五分钟就行了。

邓剑飞：您再给我们看看还有什么拿手的绝活。

张士宏：我再来做一道牡丹豆腐。现在首先要把豆腐片一半，然后用小刀把边角修掉，成一个圆形。

邓剑飞：小刀，您的工具很齐全。

张士宏：对，我们厨师工具都是齐全的。修圆了，雕刻一定要在水中，借用水的浮力在水中雕刻。

邓剑飞：这真的是传说中的把豆腐做出花。

张士宏：这个也叫花开富贵。

邓剑飞：很薄的一片，就相当于一瓣一瓣地把形状雕出来。

张士宏：对，心不能急，一下是一下，慢慢的。豆腐有两千多年的历史。

邓剑飞：一点点地切，一点点地削，豆腐花已经成形了。把它拿出来吗？

张士宏：取一个小碗，放在水里面，然后在高汤里蒸一下就行了。

邓剑飞：这是咱们的第二道菜，这叫什么？

张士宏：牡丹豆腐，也叫花开富贵，在国庆期间，祝我们祖国繁荣昌盛花开富贵，百姓平安健康。

邓剑飞：张老师，除了像这样的刀功的，还有别的豆腐宴的做法吗？

张士宏：有，很多，烹饪方法很多，有煎、烤、炸、熘、炒，烹饪方法非常多，由于时间的问题，我带你到房间里一一给你展示一下。

邓剑飞：这一屋好多菜。

张士宏：这是豆腐宴，首先我们从春天开始，春夏秋冬，这是我们刚刚做的刘安点丹。

邓剑飞：我们刚刚做的，上面做了字。

张士宏：对，传承，传承豆腐文化。这是时苗留犊，是寿县的一个典故，一个成语，是油炸的。

邓剑飞：炸豆腐。

张士宏：这个是豆腐包的饺子，现在我现场给你下一个，只有我们寿县豆腐可以包饺子。

邓剑飞：从来没有听说过豆腐饺子。这里面是什么馅？

张士宏：这里面是五花肉、鸡脯肉、虾仁，肉馅融在一起的，正常的用面包饺子，但是我们用豆腐包饺子。

邓剑飞：用豆腐做饺子皮。

张士宏：同时只有我们寿县的豆腐可以包饺子，其他地方的不可以，因为它没有这么细腻这么嫩。我用筷子推一下，你看没有散，非常完整。这是豆腐饺。

邓剑飞：咱们是不是还有更多的豆腐菜？

张士宏：我们豆腐菜很多，由于时间的问题，没有一一展示，有各种各样的美食，同时也分季节不同，还有我们的寿县的成语典故很多，各种各样的都有。谢谢。

邓剑飞：我们也是看到今天有各种各样的豆腐菜，如果观众朋友喜欢品尝的话，可以直接来寿县。高老师，咱们寿县看了有豆腐菜看，其实咱们是不是豆腐产业这些年也是有一个很好发展？

高峰：近些年来，市委市政府，我们寿县县委县政府，是非常重视我们豆腐产业的，想把它作为一个大的产业链来做大做强，据有关部门统计，目前我们现在大豆的种植面积，已经达到了17万多亩。

邓剑飞：一个县都有这么多。

高峰：今年2022年，目前正是大豆丰收的季节，预计收入可以达到四个亿，整个产业能达到四个亿。

邓剑飞：您刚才讲的，除了豆腐馆、豆腐店，还有豆腐厂，是不是还做像豆腐乳、豆腐干这种深加工，各种各样的产品？

高峰：这个就多了，除了豆腐宴，剩下的几家产业，主要是做豆腐的深加工或者是延伸产品，各种制品。比如说各种各样的豆腐乳，豆腐酱、豆渣，各种饼干，以及各种千张、条皮，深加工的这些产品，一方面让我们品尝到豆腐的美食，同时又是为老百姓致富增收，关键的又是传播了豆腐文化。

邓剑飞：我们今天在探访的过程中了解了豆腐的很多知识，也看到了豆腐宴的各种美食，可以说是大开眼界了。因为时间的关系，这个点位的探讨就先告一段落，接下来把时间交给我的同事，继续带您一起了解淮河。

梁明星：各位央视新闻的网友大家中午好，我们现在来到的是巢湖之畔的安徽创新馆，刚才看完了我的同事的豆腐宴，我们马上来逛一逛创新馆里的黑科技，今天请到了创新馆的讲解员罗美，让她跟我们一起来逛一逛，罗美先跟我们央视新闻的网友打个招呼。

罗美：大家好，我是罗美，欢迎来到安徽创新馆，我们是全国首座以创新为主题的展馆，于2019年4月24日这天正式开馆运营，由三栋独立的建筑组合而成，形成了展示、转化、交易、服务为一个环形功能链。那么以合肥综合性国家科学中心大装置平台为依托，吸引汇聚国内外高端人才，以创新链带动产业链，打造科技创新策源地，新兴产业聚集地。那么我们也是依托安徽创新馆，打造了集政、产、学、研、用、经六位一体的安徽科技大市场。

我们现在所在的位置是我们的一号馆，主要分为一楼创引擎，二楼创智慧以及三楼创未来三大主题。集中展示了我们安徽打造的大国重器，重大创新平台以及重大创新成果。

梁明星：好，听完了罗美给我们创新馆的一个介绍，我们马上进入到的是今天的第一个展品，一个机器人。罗美，我觉得机器人你先给大家介绍一下它的名字。

罗美：他是我们的一个VR视觉反馈仿人随动机器人，是可以根据我们的人体实现动作跟随的，在他的旁边，有一套可以穿戴的设备，穿戴好之后，通过我们的5G信号传播，就可以让我们的机器人实现跟随人体的躯体动作了。

梁明星：好，那马上我来穿戴一下，体验一下机器人是怎么样随着我来进行动作的是吗？

罗美：对。

梁明星：这两个手臂间就相当于机器人的两个手臂对吗？先要把VR眼镜戴上。戴上眼镜之后，我现在看到的画面，就是机器人眼睛里看到的画面。

工作人员：是的，往前走一点，然后把双手放下。做动作之前，你要记住就是动作的幅度不能过大，速度不能过快。

梁明星：那我现在就可以动了对吗？

工作人员：对。

梁明星：好的，就是我现在手臂在动的时候，机器人也是在动的，我做的动作，机器人也是会做的。我现在抬起了我的左手，其实刚才听了罗美的介绍，机器人其实他可以精确到咱们的手指，就是我的手指关节在动的时候，已经精确到了机器人的手指关节。

其实罗美可以给我们介绍一下，就是这样的一个机器人，他后面的话会不会在一个什么样的场景当中会有一个应用，刚才我做的动作，然后他也会做，那这样的机器人会在什么场景当中有一个应用呢？

罗美：其实我们都说人宇宙概念现在非常火，那其实我们机器人与人的互动，就相当于我们来到了人宇宙的世界，我们现在已经可以通过我们人类的大脑去控制我们机器人的视角，包括他的一些动作，并且我们刚才也体验到了，可以控制到每一个手指头的一个关节了，下一步我们的研发人员也已经开始在研发他的下肢，包括他腿部关节的灵敏度，所以说未来我们有望应用于像我们应急救灾，可以去代替我们的消防员冲进火场，保障了我们消防员的生命安全，同时我们也开始往我们高危作业，包括我们排爆、医疗、宇航等多种方面，所以说未来随动机器人的应用价值还是有非常无限的可能性的。

梁明星：就是说在一些特别危险的地方，他可以替代我们去做一些危险的动作，比如说一些不安全的地方。

然后这件展品，机器人看完以后，我们看到的这件展品，其实我就很好奇，它就是一个很普通的手机，看上去是很普通的手机，为什么会出现在我们创新馆的展台里呢？罗美介绍一下。

罗美：是这样的，它称之为量子安全手机。

梁明星：并不是普通的手机，对吗？

罗美：对，并不是普通的手机，因为它是把我们的移动通信和我们的量子安全技术相互紧密结合做到的终端应用，它结合了我们的量子密钥和国密算法达到的我们量子加密通话手机的。其实它有两大安全特点，第一点，我们称之为一机一密，每一部手机，都有咱们独立的一个量子密钥库，您看就存储到我们的这张TF卡片当中，那存储在内部之后，和我们的手机进行一对一的绑定之后，我们再把卡片拿出来放到别的手机当中，都是完全没有办法读取到它内部的信息的。第二点，我们就称之为一页一密，也就是说我们通过这部手机拨打出去的每一通电话，都有属于自己独立的一串量子密钥在。通话结束之后，这串密钥就会自动进行销毁，也保障了我们整个通话的安全了。

梁明星：我明白了，其实它的手机是普通的手机，它的关键是在这张卡片对吗？

罗美：是的。

梁明星：那这张卡片就是有没有实现我们普通人也可以进行这样的一个量子通话，这种安全的通话可以实现吗？

罗美：现在是可以的，旁边有一张蓝色的5G天翼卡片，现在营业厅就可以办理，价值200元左右，而且用户已经突破30万了。

梁明星：只要买了一张这样的卡就可以对吗？

罗美：对。

梁明星：真的是高科技，以前就听说量子手机，没想到这么快就有一个应用了。

梁明星：然后量子手机旁边的，显示屏就特别特别小，我们摄像老师可以给个特写，就它也是一个特别高级的高精尖的一个技术，罗美可以给我们介绍一下吗？

罗美：可以，它是我们LED的0.13的微显示屏，它体积小，亮度高，功耗低，它只有米粒大小，所以说它可以运用于AR眼镜，3D打印，汽车抬头等等，属于嵌入式的微投影等应用当中了。

梁明星：就是它虽然很小，但是功能很强大是吗？

罗美：是的。

梁明星：高科技都蕴含在这小小的米粒当中。下面的就厉害了，是我们北京冬奥会的一个火炬，但是它不是普通的材料做成的，罗美介绍一下它是什么做的？

罗美：它其实是我们自主研发，通过我们的3D打印技术，专用的金属材料所制作的奥运火炬，银白色的外飘带，红色的内飘带，以及内部的燃烧系统，全部都是通过我们的3D打印技术，然后再经过后期的抛光后组装而成的，外形上是一个整体的完整成型的飞扬烛火炬，它现在是完全满足要求的氢火炬及燃烧系统了，保障奥运主火炬燃烧的可靠性，展现了技术与艺术的完美结合。

梁明星：您刚刚说到的，它是一个氢火炬是什么意思？氢火炬跟传统的火炬相比还有什么不一样？

罗美：对它燃烧的时间会更长，而且更加环保，更环保。

梁明星：然后在主火炬的旁边，壳体的旁边，我们看到的是这样一件衣服，这件衣服因为它这里配备了这样的一个小机关传感器，然后使得这件衣服也变得很特别，这件衣服的名字叫做心电衣，罗美给我们介绍介绍这件衣服戴上了小机关以后，它具有一些什么样的功能。

罗美：它其实是我们的智能心电衣，随着我们现在心源性猝死越来越年轻化，那我们这款智能心电衣，它是可以实时监测到我们的心率信号的，由此也是可以有效地提前预警心源性猝死了。可以看到它整体是一个一体化的编织工艺，加上内部是一个柔性传感器，其实内部是自研的核心算法相结合，所以说它既可以测心率，又可以测心电图。那么穿上这款衣服之后，可以和我们的手机APP相联合之后，就可以实时监测出我们的运动之后的心率和心电的一个变化情况。下面也可以让我们的工作人员演示一下。

梁明星：我们今天还请到了工作人员，他也是已经把心电监测衣穿在身上了，看上去也是特别普通的一件衣服，如果是没有这个的话，你都不敢相信这件衣服会有这么一个高科技蕴含在里面。它的这种质感像运动以后穿的那种速干衣的面料，对吧？

罗美：对，而且它是一体式的编织。

梁明星：可以给我们演示一下吗？就是你穿上以后可以看到自己的实时

数据。

工作人员：好，我们先去先连接我们传感器的蓝牙。

梁明星：先和它的传感器的蓝牙进行一个连接。

工作人员：然后这边就是实时的一个心电的一个波形图，我正在收集，慢慢就会接近于我的一个正常的一个心电的一个波形图，出现了，已经开始了。

梁明星：第一行可以就是我们看到的是显示的是您的心电的实时的一个图形是吗？

工作人员：对，这一个图是我心电的实时波形图，下面是呼吸。

梁明星：您现在比较平静吗？

工作人员：你看心率值，98，还是有一定的已经波形出来。

梁明星：我看到了波形出来了，下面的是呼吸的一个数值，实时的一个数值。

工作人员：对，可以看到已经变化，因为还是有点紧张了，所以说变化有这样的上下起伏。

梁明星：对，它上面的显示得很清楚，这边有心率。然后现在地方我看到它预警信息后面，会有一个很长串的绿色的，它表示您现在是包括心电和心率是一个很正常的范围，对吗？

工作人员：对。

梁明星：如果说出现了什么样的情况，是要有一个预警的，就提示你会有一点问题的，会变成什么样？

工作人员：比如说如果是心率过速，或者是就是我们的心率过高的话，这边就会显示个红色，还有提醒你这样的一个状态。

梁明星：然后最后我想问一下，就是您穿上这件衣服以后，跟平时您自己觉得穿上一件普通的衣服有什么不同吗？你自己感觉有不一样吗？

工作人员：我觉得更加合身舒服吧，应该也没有我觉应该没有太大的差别。

梁明星：没有太大的差别，就是跟普通的衣服穿着是一样的，那像这种衣服，因为它带了一个这样的特殊的在这儿监测，比如说我要换洗的时候会拿下来还是怎么样？

工作人员：可以拿下来的，可以直接拔下来。

梁明星：几个这种扣子，给它拿扣上去，把它拿下来之后，衣服就可以正常地进行洗涤。

工作人员：对。

梁明星：是手洗对吗？

工作人员：手洗机洗都可以。

梁明星：机洗也可以。

工作人员：对。

梁明星：然后需要再穿的时候再给它再扣上去，这个设备需要进行充电吗？

工作人员：需要，充电在这里。

梁明星：充一次电，可以用多久。

工作人员：可以用八个小时以上。

梁明星：基本上也可以满足一天。其实就是也就是运动前后，这么小，好轻。然后就给它贴上去。

工作人员：对，贴上去它就可以采集。

梁明星：这样就这件就变得很高级。

好，然后我们再一起去看下一件展品，它也是我们今天的最后一件展品。它的名字叫做蒸镀机，其实我第一次来的时候，我看到名字，我就疑惑这个机器是干嘛用的，我们普通人怎么去理解它？罗美给我们介绍一下蒸镀机。

罗美：它是我们OLED蒸镀机，其实我们的蒸镀机，也被称之为是9E设备，因为我们现在手机制作生产当中OLED显示屏，已经成为主流了，但其实这种显示屏的制作工艺却是十分复杂的，那我们的蒸镀机它其实是其中必不可少的一个关键设备。我们可以简单理解为这台设备的工作原理，就是将我们的有机发光材料精准均匀可控地蒸镀到我们的基板上，那么再通过基板均匀地覆盖到屏幕上，这样我们整个显示屏就有完整的一个发光材料了，流程听起来非常简单，但实际操作却非常困难，因为它不能存在丝毫的误差，所谓失之毫厘差之千里。蒸镀机的研发难度非常高，国内也受限于蒸镀机难以自研，一直没有办法生产出比较先进的OLED显示屏，每年都需要花费大量资金从国外进口。所以说我们发现了，只有掌握蒸镀机的研发，才能够做到不受制于人。

现在它属于我们安徽省的首台套创新产品了，它的G1和硅基蒸镀机均已实现量产，并且交付客户了。所以打破了国外对我国蒸镀机十几年的垄断了。

梁明星：以前我们还没有实现自主创新，现在经过科学家的研发之后，蒸镀机目前已经是投入使用了。

罗美：是的。

梁明星：好，各位央视新闻的网友，今天我们就逛安徽创新馆就到这儿，下面把时间交还给我的同事。

王宇：各位央视新闻的网友大家好，国庆长假第四天，欢迎继续收看《看见锦绣山河江河奔腾看中国》直播节目。

都说遥闻淮水一明珠，淮中南岸玉蚌埠。如果将1000公里长的淮河河道拉伸成为一条直线，安徽蚌埠恰好位于这条线的黄金分割点。

淮水涓涓浮沉而过，跟上游相比，蚌埠海拔较低，处于淮河的碗底，这个黄金分割点也变成了水流汇聚的地方。近年来，蚌埠启动"靓淮河"工程，着力开发淮河生态经济带，蚌埠与淮河相伴而生的故事又续写了新的篇章。

袁滨：淮水悠悠向东流淌，安徽省蚌埠市怀远县位于淮河中游、淮北平原的南端，四季分明，雨量适中，是全国产粮百强县。

水因城而美，城拥水而兴。金秋十月，在蚌埠市怀远县，万亩石榴已经进入到了采摘期。从空中俯瞰，成片的石榴树整齐地沿着河流分布，十分壮观。石榴园里，个大饱满的石榴挂满枝头，圆如灯笼，芬芳四溢，渲染着秋日的喜庆。

王宇：为了做大做强石榴产业，怀远县政府建起了石榴产业发展引导资金。2014年以来，政府累计投入资金约八千万元，撬动市场，投入资金约2.1亿元，全县新建成标准化石榴示范基地1.5万亩，带动六个乡镇，每年带动农民增收2400万元。

袁滨：在相隔不远处，与圆如灯笼的石榴同饮淮河水的这片土地上，怀远县的78万亩金黄黄的玉米陆续迎来了丰收，一株株一人多高的玉米秆儿长势喜人，黄澄澄的玉米簇拥成一片金色的海洋，田间一派热闹繁忙的丰收景象。

王宇：近年来，县里成立了玉米生产农机农业融合示范基地，为超10万亩土地提供耕、种、管、收、存、销一条龙服务，机收损失率低至1%以下。

袁滨：淮河亮，两岸绿，从治淮到亮淮，构建人、城、水和谐共生之道。淮水淙淙，所经之地沿路景色宜人，这里的人们用双手汇聚出了一幅秋日丰收图，沿淮河岸边铺展开来，绣出一道人水共生的美丽画卷。

接下来，就让我们随着总台记者邵晶婕走进玉米田，去沉浸式体验玉米丰收的喜悦吧。

邵晶婕：各位央视新闻的网友朋友们，大家好，我是总台记者邵晶婕。现在我所在的位置是位于安徽省蚌埠市怀远县包集镇的潘圩村，那今天村里的5000亩玉米，也是迎来了收获，这是村里继2021年建成高标准农田以来迎来的第一季玉米收获，那么今年秋收季村里有哪些新气象呢？接下来就请出我们今天的直播嘉宾，我们潘圩村村书记潘凯来给大家介绍一下情况。潘书记你好。

潘凯：你好。

邵晶婕：我们刚才聊到，我们村去年建了高标准农田，建完之后今年秋收季，玉米收成怎么样？

潘凯：去年我们整村的玉米面积大概在将近5000亩，整体的收成应该跟往年相比没有什么减产，主要原因应该说得力于高标准农田建设，尤为突出的一点就是在高标准农田建设区域内，建设了一个高效节水的示范片。

邵晶婕：咱们那个高标准农田建设，主要是建了哪方面呀？你给我们介绍一下。

潘凯：一个是农业生产的道路。

邵晶婕：就是咱们现在走的路。

潘凯：之前这里是泥泞不堪的道路，现在通过高标准农田的建设，已经变成了一条宽敞笔直的水泥硬化道路，给农业生产、平时的生活交通提供了方便。

邵晶婕：这个路建成之后，这么宽敞，路面硬化完了之后，方便大型农机进来作业。

潘凯：是，原来我们农业生产过程当中，小型的农业生产机具都在交通上面，也是受到天气的影响会很严重。

邵晶婕：除了路之外呢，咱们高标准农田还建些啥呀？

潘凯：比如说像去年的高标准农田建设过程当中，农田林网的建设，灌溉设备的建设，以及排涝沟渠。

邵晶婕：排涝沟渠是我们可以看到的。

潘凯：是的。

邵晶婕：我也不是很懂，但是我感觉比平时普通田边上的沟要宽一些、深一些，这有什么讲究吗？

潘凯：到每年梅雨季节，能更高效地把田间的积水更快速地排泄下去，这样也是进一步保证我们农业生产的产出。也是进一步扩大我们老百姓的农田生产效益。这个叫高效节水灌溉项目，就是把我们原先的灌溉的方式方法进一步地提升了，它是一个电机井、深水井，每一个农田的地头，会有一个出水口。

邵晶婕：房子里面是口井？

潘凯：对，里面是口深水井，然后里面是一个电机，带着一个水泵。

邵晶婕：如果日常乡亲们浇田的时候，要怎么使用呢？您给我们演示一下，看上去好像很高科技的样子。

潘凯：里面全部是用配电来进行输送。这里面有一个总的电源开关，电源开关推上去以后，这里有一个刷卡区域，在这一个田块里面，每一家每一户都会有类似于这样的一个水卡，比如说我们这一块地需要进行灌溉的时候，我们百姓都已经会操作了，把卡往刷卡区域一贴，基本上在五到十秒钟之内。

邵晶婕：那就相当于我们喷水的一个出口，一个龙头，马上水就出来了。给我们演示完了，我们就先关上，我们不要浪费水资源。的确可以看到，三五秒的时间水就出来了。

潘凯：对，而且水压特别大。

邵晶婕：对，那个水非常冲，那平时我们需要灌溉的时候，就只要相当于把水管子接到那里。

潘凯：对，接到出水口，根据田块需要去喷灌还是雾灌的需要，然后百姓选择，然后这边卡一贴，十秒钟之内出水。基本上原先的灌溉比较传统，效率比较低，在我们去年刚建成的时候，我特意做了一个测试，同样的地块，同样的水量，当时我们用柴油手扶拖拉机去操作的话，大概两个相差在十块钱左右，基本上一亩地大概相差五块钱左右。

邵晶婕：相当于我们百姓既方便，然后又能省钱了。

潘凯：对，灌溉高效，而且他也省时也省力，还省钱了。

邵晶婕：我们长好了之后就得收，今天田里也停了一个大家伙，我们也让书记来给我们介绍一下收玉米的一个机器，好像跟我们以往在田里看到那种小巧的不一样。

潘凯：对，这一款也是我们一个农户，在去年的时候，也是刚买的一个新型的一个机器，它叫玉米进穗兼收。

邵晶婕：进穗兼收，进就是指玉米的秸秆。

潘凯：所以就是玉米棒，然后大家可以摸一下，机械上有两个舱，前面这个舱是盛玉米棒的舱，后面的那个大一点的舱就是盛玉米秸秆的舱。在以往的传统机械上来说，玉米秸秆基本上就是直接落地，然后再进行下一步的打捆、离田。这个机械能做到秸秆不落地，收一块地特别干净，不需要再进行打捆等其他作业，同时这些秸秆还能够打包起来，作为牛羊的饲料，也是进一步地提升农田里面秸秆的高效利用。

邵晶婕：以前我们收玉米，就是前面这里割，我看这里是他收玉米的镰刀？

潘凯：对，他是通过皮带带动，然后通过割刀把玉米秸秆割断以后通过前面的一个搅笼，搅到机器里，玉米棒和玉米秸秆就开始分离。分离之后玉米棒进入玉米棒的舱，玉米秸秆进入玉米秸秆的舱，然后进行储存。

邵晶婕：也就是说相当于把整个玉米的秸秆都一次性收进去了。

潘凯：一次性收进去，第二道关口就是开始分离。

邵晶婕：以前我们只收玉米棒子，秸秆留在田里。

潘凯：对。

邵晶婕：然后还要有农机再下来一遍收秸秆。

潘凯：对，再收秸秆，要不然肯定会影响下一茬小麦的种植。

邵晶婕：我们接下来还要给大家介绍，我们淮源，甚至我们蚌埠市的玉米收下来以后，不仅是可以进到我们餐桌上，而且是可以进到我们生活的方方面面。

我们蚌埠有一个发酵技术国家工程研究中心，今天我们也请到了其中的技术人员来给我们介绍一下。大家现在看到的这满桌子的东西，全都跟玉米有关系吗？

工作人员：是的，这就是我们现在利用秸秆做的产品。

邵晶婕：我们挨个来看一下。这像一种菌类。

工作人员：对，这是一个多糖含量比较高的神奇的蘑菇。

邵晶婕：它跟玉米的联系在哪儿？

工作人员：这就是用我们的玉米芯做的菌菇棒，你可以摸一下。

邵晶婕：这里面是我们的玉米芯，就是我们俗称的玉米棒子，脱粒完了之后。

工作人员：对，脱粒完了之后的棒芯，然后做的菌菇棒。这个叫金耳，它的多糖含量比较高，多吃金耳可以有效地改善便秘。

邵晶婕：也就是它的经济价值比较高些。

工作人员：对，经济附加值比较高。

邵晶婕：那它光靠玉米棒子就可以给它提供它所需要的营养吗？

工作人员：是的，还有一些别的产品在里面。

邵晶婕：我觉得这个可能大家能够猜到，因为它起码看上去是农业。边上这些看上去像是塑料制品。

工作人员：对，这就是我们研发的生物基的聚乳酸这个产品，这是用秸秆制糖然后发酵的乳酸，然后再用乳酸聚合到聚乳酸小颗粒。

邵晶婕：我可以摸一下吗？它的硬度还是蛮高的。

工作人员：对，运用这个可以注塑，做餐盒餐盘，还可以做一次性的吸管、筷子，这些产品都是可以做的。

邵晶婕：我掂量掂量，和我想象的不一样，还是蛮重的。

工作人员：对，生物基的塑料，无毒环保，而且是可降解的。所以在生活当中。

邵晶婕：用秸秆当原料的话，因为我们秸秆本来就是可以降解的。

工作人员：对，这是我们高附加值的一个利用。

邵晶婕：它看上去质量还挺好的，感觉还挺硬的。我听说咱们还跟冬奥会有合作？

工作人员：对，这就是我们今年2022年冬奥会使用的餐盘。

邵晶婕：就是我们运动员他们食堂里用的就是这种？

工作人员：对，有这种餐盘，堂食用，还有可降解的一次性的餐盒，都是我们用聚乳酸来做的。

邵晶婕：这个以后就可以慢慢地取代我们的塑料制品？

工作人员：对。

邵晶婕：如果说从环保的理念来考虑的话，它完全是可以的。

工作人员：是的，是可以的。

邵晶婕：我们再往这边看，更神奇的东西出现了，这是棉花吧？

工作人员：这就是聚乳酸熔融纺丝的棉花。

邵晶婕：这也是由聚乳酸做的？

工作人员：对，用聚乳酸来做。

邵晶婕：这个摸上去的确和普通的棉花有一定的区别，这个感觉密一点，紧致一些。

工作人员：对，这个棉花有几种，首先它还有阻燃功能。它有抑菌抗螨，因为它是纤维里面唯一一个弱酸的纤维，所以说我们讲三种菌在这上面是不能存活的，所以对人体是有益的。

邵晶婕：就是对我们的身体要好一些。

工作人员：对，它的pH值和我们皮肤是比较相近的，所以说针对这个做了床品、家纺、服装，都是贴身的衣物。

邵晶婕：这个全都是用我们玉米秸秆做的吗？

工作人员：对，这就是我们聚乳酸的产品，像这种圆领T恤衬衫，从里到外，都是比较符合环保、健康的。

邵晶婕：真是没有想到我们玉米秸秆，就相当于变废为宝的一个做法。因为平时玉米秸秆直接就是还田，或者是像刚才书记给我们介绍的，可能就只是说打碎发酵之后做我们动物的原料。但是刚才技术人员给我们介绍的，它真的是深入到我们生活的各个方面。

现场潘圩村的玉米还是在收获当中，到目前为止，大概我们整个蚌埠市209万亩的玉米已经完成了80%左右的收获，预计整个国庆假期结束之前就可以全部收获完毕了。所以可以说我们整个国庆假期，淮河之畔都是沉浸在丰收的喜悦当中。

这个点位上的直播内容基本上就是这些，感谢大家的收看，也欢迎大家继续关注《江河奔腾看中国》特别节目。

王宇：千里淮河一口井，淮河起源于河南省桐柏县，干流自西向东流经四省。淮河水润人与田，淮河是中国的南北界河，两岸土地肥沃，资源丰富，供应着全国1/6的粮食产量。淮河东流不怕浪，它是新中国第一条全面系统治理的大河。从千里淮河第一闸王家坝闸口到洪泽湖大堤，一代代治水人久久为功，正在新建的入海水道二期工程，是70多年治淮史上投资最大的防洪单项工程。淮河亮，两岸绿，南秀北雄，吴韵汉风在这里碰撞交融，遥知涟水蟹，九月已经霜，增殖放流，守护淮河稀珍，科创高地，打造绿色淮河经济带。从治淮到亮淮，这里是人水共生的生态家园，走千走万，不如淮河两岸。10月4日国庆长假第四天，一水入江，四水入海，和央视新闻一起看这十年淮水安澜美丽画卷。

袁滨：各位网友大家好，这里是央视新闻国庆特别节目，《看见锦绣山河|江河奔腾看中国》。我们继续随着淮河顺流而下。

王宇：千里淮河源自桐柏山，汇于洪泽湖，并由此南连长江，东归大海。在画面中，我们看到的就是洪泽湖东出口的二河闸。

二河闸也是淮河入海水道的起点，在二河闸旁，笔直延伸的是苏北灌溉总渠。而不远处，淮河入海水道二期工程正在建设当中，建成后千里淮河将拥有完整意义上的入海大通道。

袁滨：现在您在画面中看到的是洪泽湖南端的三河闸，总长近700米的闸体，如同一条长龙，横卧在洪泽湖口。它是淮河入江的第一道闸门，也是淮河上规模最大的节制闸。

随着三河闸、二河闸、高良涧闸、苏北灌溉总渠，淮河入海水道等一系列水利工程的建成，洪泽湖水患被极大缓解。

我们眼前的三河闸共有63个闸孔，每个闸孔净宽10米，可以调节洪泽湖入江的水量。三河闸的门墩上架设了公路桥，双车道净宽7米。三河闸平时蓄水，汛期排洪，它保障了洪泽湖的水域面积，为防洪灌溉、航运养殖提供了保障。

王宇：湖底浅平，岸坡低缓的洪泽湖，拥有大片的湿地。现在我们从画面中看到的是洪泽湖西北岸边的泗洪洪泽湖湿地，这里的芦苇迷宫是中国四大芦苇荡之一。全长30里的水路，九曲十八弯，芦苇丛星罗棋布，船行其中，移步换景，美不胜收。每年的夏秋时节，都是洪泽湖湿地旅游的旺季。

现在我们看到的这一片是水杉林，漫游在光影斑驳的水杉林下，融进清新的绿色，我们可以体验到船在河上走，人在画中游的意境。

近十年来，当地也在保护自然环境，发展生态旅游的过程中，找到了乡村振兴的新路子。

那么接下来，我们将跟随总台记者从直升机的视角一起来飞越洪泽湖。

李筱：江河奔腾看中国，我们在直升机上看。我们现在飞越的位置是位于江苏淮安市的盱眙县，脚下是青龙山，前方看到的河就是淮河了，再往下游12公里就是洪泽湖。淮河发源于河南，流经鄂豫皖苏四省，从安徽五河进入到江苏，经洪泽湖调蓄之后，分别入江入海。淮河进入到淮安之后，沿着盱眙的丘陵绕一个大弯进入到了洪泽湖。洪泽湖是我国第四大淡水湖，也是淮河流域上最大的湖泊型水库，也是江淮生态大走廊的生态绿心。

俯瞰湖面，也是万顷碧波尽收眼底，洪泽湖湖面辽阔，在正常水位12.5米时，水面面积为1597平方公里，汛期或大水年份可以达到15.5米，面积扩大到3500平方公里。

我们今天能看到这样的景象，离不开多年来对洪泽湖的治理保护工作。曾经洪泽湖有很多水域被圈养种植侵占。截至2017年底洪泽湖442处8.44万非法圈圩养殖的清除任务完成，恢复调蓄库容1亿多立方米。洪泽湖也是实现了江苏省长江流域之重点水域的禁捕退捕。湖区禁渔以来，水生资源增长明显，生态系统得到了有效恢复，目前洪泽湖监测到的鱼类由48种增加到52种，鱼类的密度有明显增加，洪泽湖美丽富饶，水生资源非常丰富，也是生态优美，是历史著名的鱼米之乡。

近些年来，淮安立足于"绿色高地 枢纽新城"的发展定位，把洪泽湖的保护治理放在了重要位置。系统开展了水安全的生态保护，取得了阶段性的成果，通过一系列的努力，目前已是扎实推进了退捕禁捕，渔民上岸，湖砂保护等问题，在发展中保护，在保护中发展的突出思维也是统筹了山水林田湖草沙的系统治理，更大力度保护洪泽湖治理，全力打造人民满意的幸福河湖，彰显美丽清纯洪泽湖的魅力。

王宇：刚才我们跟随记者李筱从直升机的视角飞越洪泽湖，接下来再跟随我们的航拍镜头一路南飞，我们要到高邮湖畔的万亩芦苇荡实地去看一看。

淮河下游拥有丰富的湿地资源，高邮湖芦苇湿地就是其中的一处。高邮湖总面积35平方公里，水域面积就达到了27平方公里。此时此刻，随着我们无人机的逐渐低飞，就让我们再来近距离地感受一下这里的万亩芦苇。

从镜头里我们看到，广阔的滩地，湖草繁茂，虽然快到了寒露时节了，但这里还是绿草如茵的感觉，隔着屏幕是不是都能闻到来自湿地的清新味道呢？

袁滨：随着近年来淮河流域退养还湖等各类渔业管理行动的不断推进，芦苇荡湿地水域管护成效有了历史性的突破，最终让高邮湖芦苇荡湿地成为绿水青山和金山银山的新载体。

眼下肥美的高邮湖大闸蟹迎来了丰收，让我们跟随总台记者毛俊一起去高邮湖边看丰收美景，品尝金秋美味。

毛俊：各位央视新闻的网友们，大家好，我是总台记者毛俊，现在我来到了江苏扬州高邮林塘村，这个地方正好位于咱们高邮湖的南岸，今天我们来到了高邮湖，带大家品尝一下金秋丰收的美味，也看看高邮湖丰盛的水产。

我此时此刻所在的位置正好是高邮湖的南岸，这一片区域是将近3000亩的标准化的大闸蟹养殖基地。秋风起，又到了吃螃蟹的时候了，此时此刻的螃蟹情况怎么样呢？其实天气也给我们开了一个小小的玩笑，昨天我们来到这里的时候，这里是37度、38度的高温，此时此刻这里的温度只有17度、18度，将近20度的温差，不知道螃蟹宝宝们还好不好。这样先通过镜头看一下我们所在的这一片巨大的水域非常漂亮，其实这水位以下全都是肥美的高邮湖大闸蟹。今天我们来看看这个大闸蟹有什么样的味道，我也请到了一位当地的向导，是咱们的新农人，也是螃蟹养殖户鑫磊，来给央视新闻的网友们打个招呼。

陈鑫磊：央视新闻的网友们大家好。

毛俊：第一次上央视新闻，鑫磊有点紧张，但是一看到咱们的螃蟹，他就放松了。螃蟹到底在哪儿，咱们赶紧过来看一看。其实这样的一片池塘，就是咱们高邮湖养殖区域。

大哥你好，捕螃蟹呢？捞起来给我们看看好不好，你看我们的大哥把笼子给捞起来了，这个笼子叫什么名字？

陈鑫磊：它的名字叫地笼，地下的笼。

毛俊：我看到螃蟹已经起来了，这一笼得拉多少螃蟹出来？

陈鑫磊：这一笼大概得二十到三十斤。

毛俊：我看这地笼还挺长的，看这大哥一开始把笼子慢慢地慢慢地往上拎，这大风对他们还是有影响的吧？

陈鑫磊：有影响，撑船不好撑。

毛俊：现在到了螃蟹肥美的时候了，该到收网的时候也必须得收网了。

陈鑫磊：是的。

毛俊：我看这样的一些螃蟹，咱们是有公有母，对吗？

陈鑫磊：我们的养殖模式是公母分开养殖，这个池塘里面如果是公的，那就全都是公的。

毛俊：免得它们打架什么的。我们继续往前，大哥还非常忙。其实要告诉大家的就是，咱们在这样的一片水域当中，咱们的高邮湖大闸蟹可以说是临湖不见湖，怎么来解释呢？咱们是仅靠着高邮湖，但并不在高邮湖里面。

陈鑫磊：对，我们这边是一个滩涂，高邮湖边的一个滩涂，通过我们自己开发，每个池塘大概在18到20亩，我们这边一共大约一百多个这样的池塘，里面都是养的螃蟹还有小龙虾。

毛俊：虾蟹类的，大家会非常好奇，就像一开始直播，我给大家介绍了，因为温差实在太大了，昨天到今天将近20度，螃蟹宝宝们会受到影响吗？

陈鑫磊：会有的，像这种也属于比较恶劣的天气了，昨天三十多度，今天就直接跳了二十度，这样的情况，螃蟹会有一种应激反应，对它们影响也是很大的。

毛俊：螃蟹宝宝们想躲起来了。其实之前鑫磊告诉我说，咱们养殖了这么多大闸蟹，并不是直接从养殖的池塘里捞出来就直接卖掉的，他会有一个很重要的过程，此时此刻我们现在看到的这一片区域，其实是咱们的网箱的区域，螃蟹过来之后，它会在这个地方稍微做一下休息，等于是它们的一个小小的宿舍，来看看这是什么样的。我们来看第一个网箱，就在这里，这个网箱大概是两米乘两米的范围，看看这里面，螃蟹已经待在这里了，为什么咱们捕捞起来的螃蟹要在这里面？

陈鑫磊：这里面有几点，首先就是把它们从池塘里面捞起来之后放到这边，把它们体内的泥沙等杂质让它们吐干净了，这样吃起来更美味，不会影响到它的鲜味。还有就是我们会根据每天的订单，直接从网箱里面捕捞对应数量的螃蟹出来，就不用满池塘地去找螃蟹了。

毛俊：明白了，就是在这个地方定时定量抓捕螃蟹，更省时省力。大家看看我们前方，大哥们正在去捕捞螃蟹，而且有些很好的细节，比如说这样的一个小小的网箱里面，其实螃蟹是趴在那里的，在那样的一些网子里。风浪不断地拍打，是不是螃蟹也不大愿意钻出来了，在这个时候？

陈鑫磊：是的，有了这样的浪之后，溶氧各方面都很好，它待在里面都很舒服。

毛俊：它其实是比较舒服的状态，因为它的溶氧量更多了，氧气更多了。你看这些螃蟹其实是爬在咱们的网子上的，其实在网箱的边上有塑料布，把它给翻出来，是为了防止螃蟹跑出来吗？

陈鑫磊：怕它逃跑。

毛俊：为了避免螃蟹逃跑，它还会越狱吗？

陈鑫磊：会，肯定会的，它在里面肯定会不停地跑的。

毛俊：我们继续往前走，像今年咱们刚才看到的十几亩的水域，大概一亩的亩产量今年可以达到多少？

陈鑫磊：今年前期夏天的高温，对螃蟹的产量、规格都会有一定的影响，可能会减产10%到15%的样子。但是我们还是亩产能控制在300斤左右。

毛俊：还是很不错。螃蟹从水里捞起来以后，在这个地方做一个小小的休整，吐吐泥沙，最重要的是保鲜了，所以大姐们捞起来就得做分拣。还真有小龙虾，我们请镜头上来看一看，不知道该怎么抓它。大哥给我一个大的螃蟹好不好？来，看出一下，你看这个螃蟹张牙舞爪的。大哥告诉我说，这螃蟹只能拿它的背部，要不然就容易被钳子夹到受伤了。

陈鑫磊：对，这样大钳子就不会翻到后面来，这是最安全的方式。

毛俊：你看这大闸蟹，我们拿过来看一下，看到我手指头旁边的尖刺的地方了吗？其实是非常锋利的。你看我是非常害怕，我是不敢这样拿的，我只敢这样。他们告诉我说，好的大闸蟹其实是有很多标准，我给大家比划比划，首先它的腿尖得是金色的，脚尖得是金色的，腿上的毛得是黄色的，然后它的贝壳，青色的，颜色非常漂亮，就像玉一样。肚子得是白的。但是你看，它的肚皮下还稍微泛着一点黄，这个黄是什么？

陈鑫磊：就是它里面的膏和黄。

毛俊：蟹膏蟹黄。

陈鑫磊：对，这样微微地泛出来一点颜色就说明里面很丰满很饱满。

毛俊：我感觉这个螃蟹有点生气了，我赶紧把它给放回去。这里还有小龙虾，我拿起来看一下，这个小龙虾也是张牙舞爪，螃蟹和虾放在一块养？

陈鑫磊：螃蟹的苗种是我们自己放进去的，龙虾的苗是跟着高邮湖的水源进来的，它在里面自己生长。

毛俊：你看这龙虾张牙舞爪的，太可爱了，我们把它放回去。螃蟹咱们起水了以后，真正要做的一件事情就是和时间抢进度，你看我们的大哥在这里，他要做的一件事情就是分拣，大哥都戴着手套，也是防止被夹伤。大家首先是根据手感，大概进行一些分类，其实咱们螃蟹分类的标准也挺多的，像刚才我说的，腿脚得是金黄色的，贝壳得是青色的，肚子是白的，再泛点红，膏就特别好了。

陈鑫磊：是的。

毛俊：除了这些标准之外，还有没有一些其他的标准，咱们进行螃蟹分类？

陈鑫磊：其他的标准，您刚才说的几点就是最基础的。

毛俊：还有更高级的？

陈鑫磊：更高级的就需要我们专业的验蟹师傅他们凭借多年的经验去辨别。

毛俊：他们告诉我说，这个壳得特别硬，脚不能软。螃蟹壳硬就非常新鲜。

陈鑫磊：螃蟹壳硬，首先它的硬度要达到标准，这是最起码的。如果说壳是软的，说明它可能刚脱完壳不久，还没有达到可以食用的标准。

毛俊：我们过来看一下，刚才这螃蟹张牙舞爪地来到这边，咱们的大姐们就赶紧进行捆扎了，看看她们手多快，你看这位大姐，把螃蟹拿起来之后，先是把它的八个爪子一收，然后把它的螯往中间一并，赶紧拿上香草就进行捆扎了，我给大家看一看，这就是大姐捆扎用的香草，当然我只拿了一根，大姐手上得拿好几根才把它捆起来。真的是有一种稻草的清香味，所以其实大姐是用香草来进行捆扎的。为什么咱们用香草来进行捆扎？

陈鑫磊：首先香草有淡淡的清香，就是你刚刚说到的，然后煮完之后，开锅之后会更有食欲，更重要的是相比较棉线的更健康。

毛俊：更健康更环保的一种方式。刚才我不敢拿它，现在我可敢拿它了，你看这螃蟹被稻草捆扎了之后，多听话呀，吐了这么多泡泡，吐泡泡是好还是不好？

陈鑫磊：吐泡泡是好，说明它的活力很足。

毛俊：能看得到吗？这是它的眼睛，我稍微碰了一下它的眼睛，它的眼睛进去了，又进去了，这边也是它的眼睛。这就是螃蟹有活力的特征，咱要是把螃蟹买回去，一定得看看，它还有没有吐泡泡，动动它的脚，动动它的爪子，再把眼睛给收进去。我们把螃蟹放在这个地方，我们再往前。

其实今天来到咱们这样的一个螃蟹养殖基地里面，这些螃蟹可以说是生机勃勃，需要给大家做一个简单的介绍，咱们所在的高邮湖其实是一个过境的湖泊，它的上游是洪泽湖，再往上就是淮河的涞水，那咱们这样的一些螃蟹，之所以称之为靠湖不见湖是因为它紧临着湖，但是它的水其实全部都引自高油湖，对吧？

陈鑫磊：对。

毛俊：那湖水引进来之后咱们会做什么？

陈鑫磊：高邮湖水进来之后，我们会放螺蛳，种水草，能给它提供一个更生态的生存环境。

毛俊：湖水引进来之后，鑫磊说我们会在这里种一些水草，种一些螺丝，若这样的水质会更好一点，对吗？

陈鑫磊：对。

毛俊：其实前几天来采访的时候，我还看见有一幕特别的有趣、漂亮，就是一些螃蟹养殖的基地，如果螃蟹基本上被捞完了的话，就会把水全部都排掉，咱们叫晒塘。

陈鑫磊：晒塘，就是用最天然的阳光去给塘底消毒杀菌。

毛俊：为来年做准备。晒塘之后，我发现有很多水鸟会在这里，都是高邮湖的水鸟吗？

陈鑫磊：是的。水抽完之后，池塘里面会有很多小鱼小虾，那些水鸟就会过来捕食。

毛俊：特别漂亮，但是我发现这些鸟都不大怕人。

陈鑫磊：它们有得吃可能不太害怕。

毛俊：其实在这个地方就能看到水鸟，能看得到吗？看得见吗？可以看得到吗？其实这样的一个天气对于水鸟来说并不是特别的友好，因为风太大了，但是它们依然会在这个地方飞翔。所以如果遇到天气好的时候，在这个地方晒塘的时候，我们把小鱼小虾，甚至会给它们补一点玉米粮食，水鸟飞起来一定是一个非常漂亮的场景。

话说之间咱们今天看了这么长时间的螃蟹，难道不想尝一口吗？当然有，咱们过来来看看这里的螃蟹。

进来已经给我准备好了，我都快等不及了，来坐。

陈鑫磊：来了必须得吃。

毛俊：是的，请坐，你坐这边，我坐这边，看看这些就是咱们高邮湖的特产了，还热着，虽然外面风挺大，都还有点烫手，这是咱们今天新捕捞起来的螃蟹吗？

陈鑫磊：早上刚刚捕捞的。

毛俊：这个是咱们当地的大虾，这个呢？

陈鑫磊：双黄蛋。

毛俊：你看你把谜底已经给大家揭开了，我们先坐下来，看一看螃蟹怎么样，鑫磊你帮我举一下话筒，我随便拿一个，挑一个这样的，这螃蟹就是咱们用青草已经把它准备好的，我把它给解开。

其实有些朋友说，咱们大闸蟹买回去之后怎么吃？其实蒸的时候，咱们就把草，包在上面就最好的，要不然你把螃蟹一放开，到家里头，这可就满大街到处跑了，你就控制不住它了。好香，有青草的香味，但是怎么才能体现出咱们当地的大闸蟹的特别好呢？不好意思，我稍微动一把刀。其实，这不是吃大闸蟹的方式，但是我还是要试一下。来靠近它，能听见声音吗，来看一看，刚刚是不是特别的厚？蟹黄特别的饱满，来，一人一个，其实，他们告诉我说，大闸蟹并不是这种吃法，但是，今天在直播当中，我们稍微做一下这样的一个演示。真好吃，再听一下好吗？肉很鲜，味道特别特别的鲜美。我们把话筒放在这，我给大家说一说大闸蟹该怎么吃？其实首先，咱们要把这样的几个腿给掰下来，然后把它的钳子一点点也给掰下来，这不就剩下了一个蟹了，然后咱们要把这样的一个蟹尾给掰开，在外边其实还没看到，打开的时候发现蟹黄是真厚呀，来看一看，真好吃。不错，帮我剥好了，来，我们看一看。

你看就是一只母蟹，我们把它剥出来了之后，来小钳子，给我一个小勺。江苏当地吃螃蟹，他有一种说法叫做蟹八件，就是咱们用这种八件，说实话到现在我都不大熟悉，给大家稍微比划比划，我们把蟹黄可以一点一点的掏出来。看看，我先放在这儿，还有这样的蟹黄，我一定要吃掉，不错，太棒了，再掏出来一点。

但时间有限，我没有办法这样吃，我只能一点一点地给大家展示一下蟹肉到底有多好，你比如说我把壳子给剥开之后，你看，好，这是腮，我们是不可以吃的，然后，把那个剪刀给我，我把它剪开，你看我把蟹肉给大家慢慢的给剪开，能看得到吗？它怎么还有一点点甜味，我感觉。

陈鑫磊：就它的鲜。

毛俊：这就是它的鲜味，是吧。

陈鑫磊：其实我们平时喂的都是海鱼。

毛俊：你们太奢侈了。

陈鑫磊：喂的都是了海鱼，是不用饲料的，所以它吃起来会更鲜更甜。

毛俊：能感觉到蟹肉其实是非常饱满的，而且你看我稍微抖动一下它，因为母蟹并没有公蟹的那么大，稍微抖动一下它，它其实是有弹性的。太鲜美了，感觉好吃到都要飞起来了。

好，这是咱们的螃蟹，给我一点纸巾，我稍微来擦一下手，其实咱们本地，咱们待会再吃，不能浪费掉。

咱们本地除了这样的一些大闸蟹之外，其实还有一些很多其他的一些产品，就像刚才特色的农产品丰收的感觉。刚才鑫磊一不小心说出大实话了，看看这是一个鸭蛋，能看到其实当中它会有两个黑色的点吗？为什么会是这个样子呢？我还是给大家切一刀看一看，我还得小心。这个壳太硬了，我都已经切不了了，大家已经迫不及待想看看为什么两个颜色，油好厚呀，来看看，这才是正宗的高邮咸鸭蛋，它还是双黄的，你看这油得有多厚，我尝一尝好不好？我已经忍不住了。能听到就像喝水一样的那种汁液的声音吗？再听一下，看看油多厚，不好意思，我平时吃饭不是这样的，再给我一张纸，我感觉我作为一名记者的形象都快被咸鸭蛋给败坏了，特别特别的美味，而且我一定要尝一下蛋黄。

我知道此时此刻很多央视新闻的网友们正在看我们这场直播，都说丰收好，丰收好，丰收的味道是什么？我觉得在高邮的话，就是咱们的螃蟹，就是咱们的咸鸭蛋。而且还有一点，我吃咸鸭蛋，我感觉它不是那么的咸，没有齁咸齁咸的感觉，我看到我们摄像老师已经咽了一下口水了，它不是那种齁咸齁咸的，有一点像咱们吃的那种蛋黄月饼，沙沙的感觉，而且你看我再拿一点出来，算不上浪费，我就揪一点点，你看我揪一点点蛋黄，我用手这么稍微搓一下，能感觉到这种蛋黄的细腻吗？可以感觉到，对不对？太好吃了，我再吃一口蛋白。来，帮我拿一下，我还是要给大家展示一下蛋白有多细腻。看一看，蛋白非常白，那其实高邮湖是一个非常好的湖泊，所以它的水产品是非常丰富的，那我们在当地去进行这样的一个，其实鸭子现在也不大在湖里养了，也是收集起来，在咱们这样的一些养殖基地里面养，所以它的品质其实是更好了。

太好了，我不知道直播线上我的同事以及此时此刻正在看我们央视新闻直播的网友们是不是也馋了这一口？没关系，待会我们继续尝，来，我们继续往前走。再看一眼，真的很棒。

其实刚才我们看到的呢，就是品尝了一下螃蟹，看到了螃蟹打包了这样的一个过程，那除了这些之外，咱们接下来的螃蟹，它会处于一个什么样的过程呢？没完，咱们继续往前走，此时此刻，现在我们来到了这样的一个加工的区域，那刚才我们的螃蟹现场进行了包装之后，接下来干什么？当然是运走，只我们吃怎么行？大家都能尝到这样好的味道。

所以你看在地方，他们要做的一件事情，就是把刚才用稻草捆扎好的螃蟹放在地上，然后赶紧去把它给运输出去，而且地方刚才鑫磊告诉我说是非常聪明的一个工厂，为什么这么说呢？来看看这边，我们这样的一个螃蟹，包装好了之后，这就是咱们包装好的小螃蟹了，用稻草捆扎好了之后，在这样的一个非常简单的，但是也很实用的包装里面放到这里，那接下来干什么事情呢？放到传送带上面去，对吗？

好，继续，你看它走到这里就会被弹出来了，到了这个位置。

陈鑫磊：就是我们给机器是事先设置好了不同的重量区间，然后每个螃蟹到达它指定的区间之后，就会自动地筛选出来，然后不达标的它会从那边直接出去，不达标的会出去，我们保证每个螃蟹到客户手中，不含壳和绳子，到客户手中还是要足斤足两的。

毛俊：还是要保证它的重量的，在地方完成了包装之后，就很快要通过快递物流运走。所以我想问一下，此时此刻，咱们的大闸蟹，一般来说公的多重，母的多重，能卖出一个好的价钱？

陈鑫磊：公的正常在三两以上，母的在二两以上。

毛俊：母的要到二两以上。

陈鑫磊：对。

毛俊：大家是会有个好奇的地方，就是说如果螃蟹放在一起打架了，有断胳膊断腿的情况也会有吗？

陈鑫磊：会有。

毛俊：也会有。

陈鑫磊：我们也会把那个这些，首先它品质要达标，然后他缺胳膊缺腿的呢，以残蟹的方式去处理，可能价格低一点售卖掉，周边的一些居民直接到我们这边会采购一些残蟹回去，它的味道跟螃蟹都是一样的。

毛俊：好的，明白了，其实我觉得今天来到高邮湖来看螃蟹还非常有趣，第一我没想到，咱们螃蟹从养殖的区域里边捞出来并不是直接售卖的，它会有一个在网箱当中暂存的过程，此外我也没想到螃蟹其实会分得这么细，二两五的，三两的，三两五的，四两的这样的一个层级一个层级的上去。我还听说咱们的螃蟹如果是特别大的话，比如说是四两以上的大蟹，它不是按斤卖的，它得按个卖，一个都可以卖出100多块钱，卖到北京、上海、深圳、广州这样很多一线餐厅当中去，可以说是一点也不愁销路。

还有一个细节，不知道大家有没有注意到，其实在这里工作的，我们的螃蟹的分拣的也好，他们很多皮肤非常黑，他们是不是原来也是渔民？

陈鑫磊：对的，他们之前都是在高邮湖以捕鱼为业的，捕鱼为生的，然后这两年不是高邮开始禁捕了，然后他们也都开始纷纷地上岸，然后就来到我们这样的一些企业过来工作赚钱生活。

毛俊：有一个更加稳定的收入。

陈鑫磊：对的，然后他们也比较喜欢这样的方式吧，就是有个稳定的工作，然后有个稳定的收入，然后生活也会要比那个在湖里面漂着更安定一点，安逸一点。

毛俊：好的，谢谢鑫磊。刚才我的同事告诉我说，咱们很多央视新闻的网友看到咱们今天的这场直播，已经口水都流下来了，所以心里想咱们这样的一个螃蟹怎么下单，那其实我们是不卖东西的，但是我想告诉大家的就是高油湖大闸蟹这就六个字，其实是国家地理标志产品，所以如果大家真的想品尝这样的美味的话，不妨来到淮河沿线，来到咱们高油湖当地现场品尝一下最新鲜的大闸蟹应该是什么样子。

其实今天我觉得这样的一场直播让我也特别感慨，我没有想到小小的高邮湖大闸蟹，它其实成为高邮湖发展的一种见证和变迁，从湖里养殖变成咱们现在的这样的一个标准化的养殖基地进行养殖。如果全部是在湖里养殖，它都会对湖里面的生态造成非常大的影响，那现在高邮湖整个自然生态的水域已经是全面禁渔了，现有的这样的一些围网养殖，也会在若干年之后逐步的腾退出来，把高邮湖的水域全部还给大自然。试想如果是在茫茫的高邮湖上遇到了一些极端的天气，遇到了台风，对于很多蟹农们而言，他们的损失可能就不是一星半点，而是这种颗粒无收了。但是得益于我们现在标准化的现代化的养殖方式，即便在今年夏天如此炎热的天气情况下，我们依然可以保证高油湖大闸蟹品质基本稳定，产量基本稳定，这其实是非常不容易做到的一件事情。

从昨天到今天这种温度的变化，很多网友提醒我注意保暖，的确你看我鼻涕都已经出来了，但是我们心里却特别的高兴，就像我们刚才所看到的这样的一些捕捞的蟹农们而言，捞出更多的螃蟹意味着今年的收入他们又更好了，能有一个丰收年对他们来说就是最好的选择，所以我们品尝到了高邮湖大闸蟹这样的一些美味，这背后是什么？是好山好水自然的馈赠，是咱们转变发展理念，用更加生态更加可持续发展的理念去对待好我们高邮湖大闸蟹的这种金字招牌，更是大家不畏严寒酷暑，在这里撸起袖子加油干的对丰收的期待。

当然了，最后大家还是想问，这高邮湖的大闸蟹怎么买到，我觉得在十一期间，不管是什么湖的螃蟹，跟咱们的亲人在一起，跟咱们的家人在一起，品尝一下丰收的美味，这就是最好的味道，您觉得呢？

好的，各位网友，各位观众，我是总台记者毛俊，我在高邮湖这边的直播就到这里了，我要去吃螃蟹了，我们再见了。

袁滨：感谢记者毛俊从前方带来的精彩报道。

穿过高邮湖，滔滔淮水蜿蜒而下，南归至扬州三江营，终入长江。

金秋时节，这里江河交汇，烟波浩渺，水天一色，可以看到江面上各个方向来往的船只正在有序地航行，他们也给这幅三江汇流的秋日图景增添了很多灵动。三江营由扬子江、淮河入江口处的小夹江、扬中市的太平江共同孕育，它距长江要冲，镇淮河关岸，背靠广袤的苏中大平原，自古便是江防要塞。

近年来，当地按照保护优先、科学修复、合理利用、持续发展的原则，着力推进占地4400亩的三江营省级湿地公园建设，先后新建造林1700亩，修复湿地面积580多亩。

王宇：淮水入江，这里不仅是江水的交汇，更是长江经济带发展、江淮生态大走廊建设的重要生态节点。被人们称为苏北母亲河的淮河，正用它的生命供给线养育着沿河的百姓。

袁滨：在淮安南郊，自西向东的淮河与南北走向的京杭大运河立体交汇，这里就是入海水道大运河立交工程。

从空中俯瞰，这里河道纵横，绿地如茵，淮河入海水道横向流淌，京杭大运河在其上纵向交叉，两河各自逐流，形成了一座水的立交桥。

江苏淮安水利枢纽大运河立交是目前亚洲最大的水上立交工程，这是两个相隔2000年的新老工程的交汇与握手。

王宇：现在我们看到画面里两艘货船正在交汇。在波澜壮阔的水面上，南来北往的船舶不断穿梭，现在从画面中我们看到桥头长龙般的钢索缆桥和两座巍峨的安澜塔，他们与淮安古城的镇淮楼遥相呼应，仿佛在向人们诉说着古代先明与现代水利人不断征服江河的智慧和传奇。

今年的7月底，随着淮河入海水道二期工程先导段开工建设，这座枢纽将迎来新的扩建。建成后，淮河洪泽湖以下的防汛标准将达到三百年一遇。

那么接下来，我们将跟随总台记者景明一起去探访这座超级工程的运行情况。

景明：各位央视新闻的网友大家好，我是总台记者景明。我现在是在江苏淮安，这里有亚洲最大的水上立交的一个枢纽，这里是京杭大运河与苏北灌溉总区的一个交汇点，亚洲最大的水上枢纽，它的作用如何，将有如何发挥它疏通南北水系沟通的一个作用，我们请到江苏苏北灌溉总渠管理处副主任董兆华，董主任你好，我们给各位网友打个招呼吧。

董兆华：各位网友大家好，下面我给大家介绍一下我们淮安水利枢纽的一些基本情况。

景明：那我们先介绍一下我们枢纽都有哪几条水系在这里汇合，它们都将是从哪里到哪里去了？

董兆华：淮安水利枢纽在我们江苏省淮安市淮安区的南郊，这里是京杭大运河、苏北灌溉总渠和淮河入海水道的交汇之处，苏北灌溉总渠是连通洪泽湖到黄海的一条河道，入海水道也是连通洪泽湖和黄海的，京杭大运河是北京到杭州的一条河道。

景明：可以说是各种水道的一个枢纽，我们可以先看一下我们所在的环境非常好。先看到我们面前的这条河，这就是京杭大运河。

董兆华：对，这南北向的就是京杭大运河。

景明：我们请摄像老师要把镜头转向京杭大运河，看一下我们南来北往的这些货船，我们镜头的方向是北方，这也是南水北调东线的一个输水通道。

董兆华：对，我们南水北调的东线工程就是通过大运河，将长江的水向北送。

景明：这是北方，这里面行船也是承担一个航运的功能。

董兆华：我们亚洲最大的水上立交，就是我们所在的淮河入海水道的工程。

景明：今年7月底启动了淮河入海通道的二期工程，我们从这能看到那个二期工程吗，在哪边？

董兆华：往前面走一点。

景明：入海通道一期和二期有什么区别，二期它有哪些提升的地方呢？

董兆华：一期工程是2003年建成，建成之后效益非常显著，2003年、2007年进行了两次大力量的行洪，2003年当时是泄洪33天，蓄水44亿方。2007年泄洪22天，蓄水34亿方。有效降低了洪泽湖的水位，对淮河下游防洪保安起到了非常重要的作用。

景明：我看前面有个工地，那边是我们的二期工程一个先导段。

董兆华：对，一期工程建成之后，因为它的设计流量是2270个流量，我们洪泽湖下游的防洪标准是一百年一遇，按照淮河治理的规划，我们上马淮河入海的二期工程，可以使我们淮河下游的防洪标准提高到三百年一遇。它的行洪流量达到每秒7000立方米。二期工程建成之后，可以有效地缓解我们淮河上中游的防洪压力，减少上中游行滞洪区的使用，可以对行滞洪区的规划进行一些调整。一个就是扩挖河道，把我们现在看到的河道进行挖深挖宽。另外就是大堤的加固，南堤北堤都要进行加高加厚。另外还有沿线五大控制枢纽的扩建。还有我们沿线工作，桥梁、村居建筑物进行一些拆建或者重建加固，主要的工程量是这些。

景明：我很好奇，就我们二期工程，是否要对我们水上立交进行一个改扩建呢？

董兆华：二期工程我们所在的大运河立交工程，也要进一步地扩建，因为现在一期工程的流量是2270立方米每秒，二期工程要达到7000立方米每秒。现在的规划，就是在一期工程的北侧。

景明：写着历史最高10.27米。

董兆华：对，向前向北，再新建一个30孔的堤，它的流量达到7000立方米每秒。

景明：可以说任何一个水利工程都能发挥综合效益，建成之后在生态、行业方面有哪些考虑吗？

董兆华：二期工程建成之后，一个是防洪保安的功能，还有通航的功能，我们淮安向下是一个二级航道，将来建成之后，船舶就可以通过入海水道进入黄海。

景明：我们现在的位置，如果在图上看，是在哪里？

董兆华：我们现在的位置是在这个地方，淮安枢纽。

景明：淮安枢纽，可以说这是整个江苏的一个腹地，水利枢纽。这是淮河入江的一条通道。

董兆华：对，现在目前入江水道仍然是淮河的主要出路。新中国成立之后为了治淮，我们开发了苏北灌溉总渠，它的设计流量是800，刚才入江水道是12000。

景明：还有一个入海水道。

董兆华：入海水道是我们2003年建成的，设计流量是2270。

景明：我看它在地图上也是相对比较直，可以看出它是人工开凿的。

董兆华：总入海渠道是平行的河道。另外峰回路移这一块是3000，另外还有废黄河，只有200流量。所以主要还是靠入江水道。

景明：从这个图也可以看出我们江西的水系既是非常发达的，也是相互连通的，这是不是也是江西水系的特点？

董兆华：是的。

景明：水系连通之后，优点是不是非常多？

董兆华：可以互借互调。

景明：在防汛抗旱中也会发挥重要作用。这个就是淮河入海二期工程。

董兆华：对，这个主要是反映入海水道二期工程的基本情况。

景明：这个图上水系就更为详细，每一条河都有不同的治理，而且非常密集。

董兆华：对，支流非常多，但是我们主要的河道就是灌溉总渠，还有入海水道。

景明：我们现在正在这里。

董兆华：对，我们在这里，这两个是平行的，沿线有五个控制枢纽，这个图主要反映的是几个枢纽的情况。这个地方，第一级是我们二号枢纽，我们所在的这个地方，淮安枢纽，下面还有淮阜控制，滨海枢纽，包括海口枢纽。

景明：这个是自由流淌还是也有泵站进行调整？

董兆华：自流。因为正常行洪的时候，洪泽湖的水位13.5米以上，黄海正常的潮位一点几米，高的时候可能两三米，所以主要是通过自流。

景明：淮河两岸也主要是一些农业县。

董兆华：对，农业为主。我们现在看到的是建成的一期工程，二期工程就是一期工程的北侧，继续扩建，现在这个是15孔，二期要建30孔，规模比一期还要大。

景明：现在我们是在这个地方，我们看到对岸的大堤就是在这里？

董兆华：对。

景明：建成之后的坝要拓宽到这里，拓宽了两倍多，现在是亚洲最大的水上立交工程，建成之后呢？

董兆华：毫无疑问，是亚洲最大，是不是全球最大还有待考证。从这个图上可能更能看清楚我们立交的情况，是一个剖面图，这下面是一个涵洞，行洪的时候水主要是从涵洞过来。上面是渡桥，就是京杭运河，船都是在渡桥上过的。京杭运河和入海水道是分开的，所以叫立交，这两个水系互不干扰。

景明：此时此刻也感受到这些国家超级工程也都凝聚了建设者的心血、人民的智慧和付出，非常感谢您给我们带来的详细介绍。

董兆华：观众朋友们再见。

景明：再见。

王宇：现在画面中您看到的这两条笔直的人工河道就是并肩而行的淮河入海水道和苏北灌溉总渠。总渠西起洪泽湖，东至扁担港，横贯淮安盐城两座城市。

这里是总渠的尾闾，濒临黄海之滨滨海县段，我们看到渠水清澈，鳞光闪闪，这条堪称人工开凿运河奇迹的灌溉总渠，正源源不断地将洪泽湖的水引进来，又马不停蹄地将清澈的湖水输出去，保障了沿线数百万亩农田的灌溉和抗旱需求。

淮河流域沃野千里，江苏境内淮河流域面积6.53万平方公里，占到全省的63%。秋日的淮河两岸，水稻成熟，安澜奔腾的淮河水见证着奋斗者们的付出和收获。

袁滨：从控制洪水到管理洪水，从人水相争到人水共生，苏北灌溉总渠兼有排涝、引水、航运、发电、泄洪等多项功能，它的建设改变了数百年来黄河淮河并患苏北的局面，实现了变水灾为水利，也让这里从水患不断到沃野两岸。

秋风起，蟹脚痒，又到了大闸蟹丰收的季节，在江苏淮安依山傍湖的养殖者用抛下的第一网开始了蟹肥捕捞忙的农忙生活。今年淮安洪泽区大闸蟹年销售额20亿元，带动农民增收10亿元。

王宇：接下来我们来到的是江苏大丰麋鹿国家级自然保护区，这里拥有世界最大的野生麋鹿种群。麋鹿成功回归大自然是人与自然的和谐共生，也是社会环境与生态环境的平衡发展。

那么接下来我们要先去认识一对生活在江苏淮安的父子，他们带领水质采样人员下湖30多年，为环保工作者开船保驾护航。同时我们的记者徐大为也将在滨海港为您带来一场直播报道。

孙玉清：你马上过来吗？你们什么时间到这边？行，那我等你们。

侯延彪：爷爷，我们又来了。

孙玉清：辛苦了，我带你们去。我走了。

侯延彪：我们平常是一个月来两次左右，在这里进行水质监测。之前都是孙老爷子一直带着我们，现在是孙大叔接班了。

孙玉清：我爸叫孙永胜，我叫孙玉清。

孙永胜：我送环境检查人员已经三十多年了。这个就是环保部门发给我的聘书。我之前在洪泽湖捕鱼，然后环境监测人员找船下湖，他们没找到别的船，他们找到我，我就支持他的工作，他们都知道了。淮安市的环保部门、南京的、安徽的，有时候来的话都到我这里来。

孙玉清：我认为我父亲做的是对的，这是真正的好事，对子孙后代都是好事。我们禁渔，我们2020年上岸了以后，在镇上买了房子，我邀请他去，他说不去。

孙永胜：那时候我说这个地方我也住惯了，而且咱们环保工作人员下来的话，来找我方便一些。我走了的话，他们来的话再找我就不好找了。我一直就是这个脾气，我能做到的事情我一定要做，我不是为了钱的事。

孙玉清：他的岁数大了，我说你不能干了，我替你干吧。你在后面指挥指挥就行了，我就接过父亲的接力棒了，真正的就当成环保编外人了，为环保做点事情，我也很开心。不止一次了，偶尔起大风，我们上去接水质检测人员，都接不下来，冒着生命危险，无论如何也要给他接下来。回来的时候，他们上岸了，他们高兴地走了，我最开心了。

孙永胜：现在变化不小，在以前，没搞环保的话，许多都是住家船，小孩大人那些脏东西都放在湖里头。

孙玉清：以前的水是臭烘烘的，现在你看那水都是清幽幽的，这个水，我们夏天放手一抄就可以喝的。搞环保环境这些事情，是为了子孙后代造福的，对我们自己对大家都有好处的。我们一定把它做到底，直到我做不动为止。

徐大为：央视新闻的网友大家中午好，百川归海，跟着淮河咱们也可以向大海。入海水道最终是从江苏盐城的滨海县汇入黄海。大家看我的身边，我所在的地方就是黄海之滨，现在正是风高浪急，但是大家也能看到，整个现在的港口，是一片开阔，而且在远处的海面上，有一些平台正在作业，而且还有一些船舶现在也靠停在港口。

这些年当地依托江海联动，内河航道，以及海洋资源丰富的优势，积极推进沿海开发港口建设。这个地方就是正在建设中的滨海港。这个港口特别的大，我们现在所在的地方正是港口的主港区，我的身后有一块伸向海洋的部分，有非常多独特的优势，当地这些年在积极地打造港口。我们也邀请到了港口工作专班的赵主任，赵主任跟咱们央视网友打个招呼。

赵威凯：央视新闻的各位网友大家下午好，今天是重阳节，祝大家重阳安康。我是滨海县港口工作专班的赵威凯，欢迎大家来到滨海港。

徐大为：赵主任，您在这个港口工作也挺长时间了吧？

赵威凯：是的，我从2007年开始工作，2016年就到港口来了，15年的工作时间，我们也是见证了港口的建设推进的过程。我们的变化非常大，以前提到我们港口，大家第一印象就是很远，也没有路，很少有人来，人气不足，一片荒地。现在来看，我们的道路通畅了，码头建成开放了，商船来来往往，一片繁荣的景象，一个一个的项目也建成了，人气也旺了，到节假日的时候，也有很多客人从远方来，到我们这边来旅游观光。

徐大为：现在这个地方看上去比较空旷，就在我们前方大概10公里的位置，在沿海区域正在打造一个景区，也是大家假日休闲的新去处，刚才说了，这个港口特别大，我们通过几张图来了解一下。赵主任您也帮我们做一下介绍。

我看图中间五颜六色的部分，其实就是滨海港的位置。我知道在2014年之前，其实这个港口是没有外贸业务的，而且大型的货轮也没有办法进入到这个港口中间，而现在情况已经发生了变化，刚才我介绍了，在咱们身后就是这个码头的主港区，这个主港区现在的通行能力大概是怎样的？

赵威凯：我们现在通行的能力可以达到4000万吨，去年实际的货运吞吐量超过了1千万吨。

徐大为：刚才我们讲了主港区就在这一段，图中间的这一片，这是主港区，现在他的通行能够是5万吨别的船舶。

赵威凯：现在5万吨的船可以进来了，而且我们10万吨的船也可以进来，9月20号，一艘10万吨的LNG的运输船也进来了。

徐大为：其实就在主港区的北面，距离这个位置大概三四公里左右的位置，正在建设的叫北港区，这张图的黄色标线的位置，其实就是防波挡沙堤。

赵威凯：对，20万吨挡沙堤。

徐大为：这个堤建起来是起什么作用？

赵威凯：这个堤建好以后，可以防波挡沙，一个作用是防止风浪，波涛汹涌，风浪大的时候波涛汹涌，对我们的船只是一个保护，还有一个是挡沙，航道需要保持一定的水深，经常有风浪来的话，会把航道淤积起来，这也起到了一个挡沙的作用。

徐大为：大家可能不太清楚，滨海县沿海区域也是江苏整个区域中间，东部沿海，向大海这一边，地形上来说是最突出的一部分，向海突出的。

赵威凯：对，大家在这张图上可以看到，整个滨海港，这是我们江苏的海岸线，滨海港是在最突出的岸段，这个岸段也是水深条件最好的，这一段是侵蚀性岸段，负十米的水深线，到我们岸边只有两公里。

徐大为：大家可能知道在盐城很多岸线是淤积型的，这个地方是侵蚀型的。

赵威凯：这边是侵蚀型的，经过我们的海堤建设，以前那些海浪的侵蚀已经威胁不到我们地方的人民了。

徐大为：其实滨海这几年重点打造滨海港也是依托一个沿海交通区位优势，以及内河航运的优势。大家看身边的这张图上，江苏本身河网密布，内河航运发达。就拿咱们这一片区域来说，这个位置是港口的位置，这边自西向东一条叫做北疏港航道，现在已经疏浚完成，船舶可以进入到航道里面，抵达行港口的位置。这样一来，整个货物就可以进出无妨。

赵威凯：是的，在我们淮河生态经济带的规划里面，给我们滨海港的定位，是海河联运的作业示范区，从我们的海港到我们的内河，连申线就是大家都知道的通榆河。然后现在正在建设的淮河入海道的二期工程，连通我们的滨海港。这样从实际的意义上，区位上，我们整个滨海港就变成了淮河流域的一个出海门户。通过我们的北疏港航道加说南疏港航道等等内陆航道的支撑，还有铁路、公路，多市联运的支撑，我们打造一个全面急速运的体系，以后我们通江达海的功能就实现了，对连接东西，贯通南北的作用也更加凸现。

徐大为：所以我的理解，这边有了内河航运之后，这些企业生产所需要的原材料，包括下游的产品就可以通过内河航道运到苏北地区，包括山东，向南也可以到苏南地区，临近江苏的河南这些地方都可以，而且整个区域，大家看这张图上就比较明显，他的铁路路网、公路路网，包括航空运输，都是很发达的。所以这样的一个港口，现在的建设应该说还是在刚刚起步的一个阶段。

赵威凯：是的，从2017年我们港口正式被国务院批准为国家一类开发口岸，我们一直在加快建设，港口的能级在逐步地提升，依托项目，我们这边有国家电投、中海油、精光、凯晶等等国企央企、跨国企业，还有大型的民营企业，都来入驻，入驻我们滨海港。所以我们滨海港未来发展可期。

徐大为：谢谢赵主任给我们做了一个这样详细的介绍。其实大家能听得出来，赵主任特别自豪，港口才刚刚起步，现在已经有很多大的项目已经入驻了，而且未来也是特别值得期待的，其实我知道的，这个港口在未来的规划中间，它的码头的整个岸线长度将达到13公里，而且码头的泊位达到78个，年设计吞吐能力有2亿吨。刚才赵主任介绍了，去年的时候，它的吞吐能力才仅仅是1千万吨。这样的未来也是特别值得我们期待的，而且刚才我们说了，有很多大项目现在已经进入了，有些已经是开始投运了。

接下来我们一起换一个地方，这个港口太大了，咱们去一个相对小一点的更加具体的一个项目上面看一看，带大家进行一个探秘之旅，很简单，大家看我身后这些大罐子，我们待会要去的就是这些大罐子里面。让我们一起先上车，赵主任感谢您的精彩介绍，谢谢。

我们一起坐车，其实这个地方很近，咱们上车的话大概两分钟的时间。我们一起出发过去，现在能看得出来，整个港口都是在建设之中，我们通过航拍的镜头也能看到，现在港口有很多码头已经初步地建成了。海堤公路也是沿着整个岸线一直延伸，从南到北。

我们了解到，在盐城，整个东部沿海地区都有这样的一条海堤，不仅提供了特别便利的交通，也成为很多景点串联起来的重要通道。而且这个公路建得特别平坦，乘车的体验感特别好，吹着海风，一路向前。

大家可以通过我们车内向前的镜头，左右两边的镜头也能看到，整个港口正是在一片繁忙的建设之中，很多大项目也入驻到这边。在港口最多的就是挖掘机还有这样大型的货车。

咱们可能已经看到这个大罐子了，这上面写着中国海油盐城绿能港。究竟装的是什么，待会咱们很快就可以看到了。这个罐子我们在车上看的话，好像显得不是太大，可能是比较近的原因。其实从空中俯瞰的话，特别壮观。现在是国庆假期，我们知道在这些罐子上面，在顶部还有一些工人在作业，可能在这个假期有一千名左右的工人还坚守在岗位上。

我们很快就要到这些罐子的下方了，我们下车。因为我们要进入作业区，所以我们要换一下工作服，戴一下安全帽，帽子要紧一点，要戴好。

我们现在到达的这个地方就是中海油盐城绿能港的项目，这个项目是全球目前最大的液化天然气的储能基地。因为它的很多工程建设都特别专业，所以我们也邀请到了一期工程扩建的任经理，任经理也跟咱们的网友先打一个招呼。

任建勋：央视新闻的各位网友大家下午好，我是江苏LNG一期扩建工程项目部的部门经理，目前我们现在看到的，我们LNG储罐是作为LNG站最重要的设施之一。我们中国海油江苏LNG，目前在建的有十座LNG储罐，其中四座是22万方的LNG储罐，目前已投产，现在在建的是六座27万方的LNG储罐。目前我们看到的是外罐墙体已经全部建设完成，现在正在建的是顶部的穹顶浇铸作业。我们现在到里面看一下。

徐大为：任经理刚才介绍了一下，我们这一期的主题叫做江河奔腾看中国淮河边，也是咱们央视新闻特别推出的融媒体的特别直播。咱们这个罐子选择在这个港口建设，跟淮河有什么样的关系？

任建勋：是这样的，我们从目前整个国内的海岸线来说，具备深水优良港的海岸线比较少，但是淮河入海口这一块恰恰是一个非常好的深水港口，所以把这个项目选址在这个地方。

徐大为：其实我特别期待，大家看，这个罐子现在正在建设中间，前面是有四个罐子，我刚才一路走过来的时候我看到，是已经建好了吗？

任建勋：是已经具备投产条件的。9月26日，我们接下了首船LNG船舶，入的就是最近的三号罐。

徐大为：三号罐里面已经装载了。

任建勋：21万方的LNG，液化天然气。

徐大为：这个罐子本身多大？

任建勋：是22万方的。

徐大为：还空余一点。现在就在建的，我们眼前的，它有多大？

任建勋：目前在建的是世界最大的LNG储罐，27万方的LNG储罐。

徐大为：一共是六个。

任建勋：对，一共是六个，全部是27万方的LNG储罐。

徐大为：我们现在可以到里面去看一下吗？

任建勋：可以，我们一起。

徐大为：这个罐子有多高？

任建勋：这个罐子顶部到地面大概是60米。

徐大为：60米的高度。但是这样的罐子，我在想，高度这么高，是不是底下的桩基也得打的很深？

任建勋：对，我们现在选用的是桩径一米五的摩擦桩，桩深73米，一个单罐是有405根这种规模的桩筋。

徐大为：上面60米，下面有73米。最终它要做成一个密封性特别好的罐子？

任建勋：对，储罐其实分四层结构，第一层我们现在看到的混凝土结构，再往里面就是现在正在做的内衬板，它就起一个气密的作用，再往里面第三层是一个保冷结构，然后最后一层，第四层是属于内罐，存储LNG的容器。

徐大为：现在我们大家看到的里面的整个，我们现在已经进入到罐子里面了，大家看这个罐子还是特别的大，特别壮观。现在工人正在操作的是什么？

任建勋：目前正在内衬板，就是刚才我说的第二层结构，是主罐的气密结构。

徐大为：我看是在焊接。

任建勋：对，这块都是在焊壁板，整个内衬是分底衬和壁衬部分。

徐大为：怎么做到这样的密封？

任建勋：是这样，您看就是那块，现在正在做，因为是每一块钢板都是通过焊接来完成的，那个焊缝这一块我们要求的比较高，现在正在那个手电筒那里，现在正在做的就是保证它焊缝气密性的一个检测手段，叫真空检测。

徐大为：这个要求应该是极高的。

任建勋：对，这样才能达到焊缝的一个气密。

徐大为：在这上面我们看到罐子现在建设应该是完成了大概百分之多少？

任建勋：40%多。

徐大为：但是我首先注意到的话，是罐子的顶，它已经升上去了，已经有了，就是一体的吗？整个一个罐子的一个顶部。

任建勋：不是，它是这样，顶是通过我们气吹着，就现在大门洞，我们通过气压把顶给顶上去，通过上部的一个焊接一个构件来把它形成一个整个跟外罐就是混凝土墙体形成一个整体。

徐大为：现在在整个这一一个罐子同时在施工得要多少人？

任建勋：目前我们现场施工人数是1000人，分布到单罐的话，就是因为分外部施工和内部施工，内部将近有四五十人，因为现在这个点工人还没有全部进来，所以现在看到的就是中午在值班加班的一些人员。

徐大为：中午在加班的工人，国庆期间他们也是要在赶进度的。

任建勋：不说赶进度，就是按正常施工，正常我们有计划，我们要保证安全和质量，稳扎稳打。

徐大为：这个罐子的话，我们从内部看的话就是很大，它应该是有一个足球场的大小。

任建勋：对，比一个足球场要大。

徐大为：我们这样，因为内部现在尽可能也是在施工，我们不做久留，我们出来吧，就是几个罐子都是同时在施工？

任建勋：对，我们六个罐子同时在施工。

徐大为：六个罐子同时施工，对工期大概是怎样的？

任建勋：一个从我们做厂坪开始，从做桩基工程桩开始，到整个具备投产条件要 35 个月。

徐大为：也就是快三年的时间。

任建勋：对。

徐大为：再往前走，LNG，液化天然气，我知道在这个地方的话，咱们还有一个 LNG 的另外呢一个含义，是吧？

任建勋：对，叫绿能港的意思。绿能港是什么？LNG 我们大家都知道它是一种绿色清洁能源，我们盐城绿能港是一个大型综合性的一个 LNG 储备和加工基地。我们一期整个十个罐全部投产之后，我们每年 LNG 的处理量大概是 600 万吨，这是什么概念呢？就是折合天然气是 85 亿方，这个气量可以满足江苏省约 28 个月的民生用气量。

回到刚才说的，LNG 是一种清洁的一个绿色清洁能源，它的生态效应也非常显著，600 万吨 LNG 相当于每年可以减排二氧化碳 3764 万吨，减排氮氧化物 66.8 万吨，这相当于我们植树造林八千万棵，它的生态效应非常好，这对于改善淮河这一带的环境有极大的推动作用。

徐大为：我很好奇，其实这样的一些液化天然气，储能在这里，它怎么外运呢？它是不是也要借助咱们淮河的将来的二期工程，包括一些内河航道？

任建勋：对，是有一个内河运输，因为现在常态常规的 LNG 接收站，它最主要的是两种运输方式，一种是通过管道，管道管输，一种是通过槽车陆运运输，但我们刚才在码头看到的，就我们的码头是具备小船返输功能的，小船返输就是我们对于是气划长江的一个重要组成部分，就我们通过小船返输，就是把罐内的 LNG 再通过返输返输到小船上，然后通过长江淮河，然后整个内陆运输，运输到各个省份。

徐大为：刚才您也介绍了，三号罐子现在已经储存了 LNG，液化天然气。

任建勋：对。

徐大为：那接下来三号罐子会放往什么地方呢？

任建勋：我们现在是整个一期配套的工程是一个 580 多公里的一个长途管道，管道的长途管道的末端在安徽省合肥市北东县，整个沿线基本上能覆盖整个江苏和安徽的中部。

徐大为：这样一来，项目也是服务长三角地区的能源供应，特别值得我们期待。通过刚才的介绍，可以看得出来，港口现在正在如火如荼的建设之中，未来它会建设成一个新型绿色能源港口。

任建勋：能源的储备基地。

徐大为：这样的未来场景，特别值得我们期待。感谢你的介绍，祝你们节日快乐。

各位央视新闻的网友，跟随淮河向大海。好了，我们这一阶段的直播就到此结束，谢谢。

王宇：百川归海，千里淮河在这里汇入了黄海。

现在我们在画面里看到的是位于盐城市滨海县的扁担港，这里也是淮河入海水道的入海口。淮河入海水道和苏北灌溉总渠自洪泽湖而出，一路并行160公里，几乎是一条直线。画面中，它与苏北灌溉总渠一起在这里投入了大海的怀抱。

我们看到，淮河水经过入海水道后，到这里已经变得温顺平缓。但毫无疑问，在上游来水量大，需要泄洪排涝之时，入海水道要勇毅地肩负起应有的职责使命，确保淮河千里安澜。

袁滨：从空中俯瞰，淮河入海水道上的最后一道水利枢纽海口枢纽横跨在淮河之上，它面海而立，闸口两侧海水与河水泾渭分明，演绎着大自然的神奇伟力。

千里淮河从桐柏山出发，流经河南、湖北、安徽、江苏、山东五省，供应着全国1/4的商品粮，也是新中国第一条全面系统治理的大河。

2018年，淮河生态经济带上升为国家区域发展战略。见证兴衰与荣辱，流动着梦想和追求，千里扬波的淮河正涌入新航道，向前不息，泽被万代。

王宇：千里淮河，一口井。淮河起源于河南省桐柏县，干流自西向东流经四省。淮河水润人与田。淮河是中国的南北界河，两岸土地肥沃，资源丰富，供应着全国1/6的粮食产量。淮河东流不怕浪，它是新中国第一条全面系统治理的大河，从千里淮河第一闸王家坝闸口到洪泽湖大堤，一代代治水人久久为功。

正在新建的入海水道二期工程，是70多年治淮史上投资最大的防洪单项工程。淮河亮，两岸绿，南秀北雄，吴韵汉风在这里碰撞交融。遥知涟水蟹，九月已经霜，增殖放流，守护淮河稀珍，科创高地，打造绿色淮河经济带。从治淮到亮淮，这里是人水共生的生态家园。走千走万，不如淮河两岸。10月4日国庆长假第四天，一水入江，四水入海，和央视新闻一起看这十年淮水安澜美丽画卷。

（https://m-live.cctvnews.cctv.com/live/landscape.html?liveRoomNumber=3255299484324151349&toc_style_id=feeds_only_back&share_to=wechat&track_id=2a6445af-1e52-45d3-950a-8f101f01265）

江河奔腾看中国丨潮起珠江两岸阔

解说：珠流南国，沃水千里，我国南方的最大河系，中国境内年径流量第二大河流，达3381亿多立方米，穿越滇、黔、粤、桂、赣、湘六省（区），全长2414千米，是中国境内第三长的河流。

江水温暖，从山花烂漫的云贵高原蜿蜒而下，翻山地，越丘陵，穿盆地，滋润出四季常青的珠江三角洲。干支流河道扇形分布，经八道口门注入中国南海，造就城市的繁华，滋养沿途的绿洲。黄果树瀑布、桂林山水在这里孕育，互联网企业、临港经济在这里繁荣。50多个民族，文化与自然交融，缔造出中国的多姿多彩。面向世界的粤港澳大湾区，牵引中国经济的腾飞翱翔。潮起珠江两岸阔，看见锦绣山河，江河奔腾看中国。10月5日，国庆长假第五天，央视新闻带你向海而生，逐浪前行，随珠江奔流，遇壮美山水，感发展速度。

张婕：珠流南国，得天独厚。沃水千里，源出马雄。今天是国庆长假第五天，央视新闻国庆特别节目《看见锦绣山河，江河奔腾看中国》继续带你走进我国南方的最大河系——珠江。向海而生，逐浪前行，请跟随我们的镜头一起来看珠江滚滚永不休。

797

现在我们看到的这个高约6米的双层石灰岩浮流水洞，位于云南省曲靖市沾益区的马雄山。1985年，这里被正式确定为珠江源。远观马雄山，恰似一匹悠闲闲卧在高原台地上的骆驼，头向西南，尾往西北，站在曲靖马雄山顶，极目远眺，群山巍峨，顺曲靖南盘江向南。

珠江源出水口海拔为2158米。作为珠江源头和长江上游重要的生态安全屏障，这里的森林覆盖率高达95%以上，数百种动植物在这里生长、繁衍。画面中呈现的珠江源景区不仅林木茂密，溪流淙淙，还有"一水滴三江、一脉隔双盘"的奇异景观。潺潺流淌的碧水，孕育出了流经南方大片土地、孕育着亿万人民的珠江。

跟随珠江顺流而下，画面里的就是位于云南玉溪的抚仙湖。抚仙湖位于澄江盆地中，盆地四周群山环抱，整个湖泊平面呈南北向的倒葫芦形，两端大、中间窄，北部宽而深，南部窄而稍浅。湖水面积为212平方公里，仅次于滇池和洱海，为云南省第三大湖。抚仙湖的水利资源相当丰富，蓄水量达185亿立方米，是滇池和洱海总蓄水量的4倍。作为我国西南地区和珠江流域重要的生态屏障，抚仙湖是我国"两屏三带"生态安全战略的重要组成部分。多年来，抚仙湖保持着一类优质水资源的标准，不仅是云贵高原上最大的优质淡水储备库、我国重要的战略水资源之一，也成为一处叹为观止的生态景观。

让我们跟随记者的镜头，一起去了解抚仙湖现在的情况。

梁钟玲：各位央视新闻的网友们大家好，我是总台记者梁钟玲。我现在身处抚仙湖之上，这里是珠江源的第一大湖，同时也是目前我国最大的深水型淡水湖泊。您看，我的左右两边都是抚仙湖的水，这里的水非常清澈，俯瞰的话就像一块蓝宝石。所以，古人称抚仙湖为琉璃万顷，实在是非常合适。今天我就带您在这个琉璃上游行、感受一番。

我现在所乘坐的这艘船叫做执法船。为什么叫执法船？难道在湖面上还要进行执法吗？执哪些法呢？今天要带您了解一下这些问题。我特意邀请到了一位嘉宾老师，李队您好。

李科：您好。

梁钟玲：跟观众朋友们先介绍一下您。

李科：小玲你好，大家好，我是玉溪市抚仙湖管理局综合行政执法大队副大队长李科。现在我们所在的这条船是抚管局综合行政的执法船。按照我们平常的工作，这条船主要有三个用途：一是渔政的巡查和检查，二是水上安全生产的检查，三是配合全国省市科研各级单位做水质检测等科研工作。

梁钟玲：您帮我们展开讲一讲吗？我还挺好奇的。您刚才说，我们还会在湖面上进行三方面的执法任务，这些执法任务具体是怎么开展的，以及它的作用和意义是哪些呢？

李科：好的，我先说渔政执法。渔政执法主要在夜间进行，因为抚仙湖边上的渔民现在都是晚上出去捕鱼，第二天早上回来收获，所以我们平常针对渔政的工作都是晚上出去执法。

梁钟玲：渔政执法具体有哪些规范内容呢，比如什么样的鱼是不可以捕捞的？

李科：对，现在抚仙湖只允许捕捞一种鱼类：银鱼。

梁钟玲：银鱼好像是一种外来的鱼种？

李科：对，银鱼是以前从太湖这边引过来的，在抚仙湖已经有很多年的历史。但是现在提倡开湖捕鱼，尽量把这个物种降到最少。

梁钟玲：我们平常捕银鱼，捕起来是不是也是吃掉？

李科：捕来可以进行市场销售。在捕鱼的时候，我们先由渔民办理捕捞许可证，按照捕捞许可证上面标注的捕捞方式、捕捞水域，进行自网的捕捞。

梁钟玲：目前是不是也有一些人会违规捕鱼，所以我们要进行管制？

李科：对的。因为抚仙湖现在除了正常的捕鱼作业，还有少数渔民通过其他的方式方法、一些禁用网具进行捕捞。在这个过程中，我们会在夜间严格开展渔政执法。特别是近几年，我们联合公安机关严厉打击"电毒炸"等破坏生态环境的行为。

梁钟玲：除了银鱼，其他的鱼现在是不可以捕的，是吗？

李科：对的。

梁钟玲：但是我们水下有很多种鱼。据我之前了解的，其实抚仙湖里面有非常丰富的鱼类，比如本土的抗浪鱼、金线鱼。

李科：对，抚仙湖里面的物种非常多，土著鱼种也非常多。抗浪鱼是整个抚仙湖特有的土著鱼类。每一年，抚仙湖管理局都会进行抗浪鱼增殖放流活动，每年都要放100万尾以上的抗浪鱼入湖。

梁钟玲：我们会人为地放进去一些抗浪鱼，是吗？

李科：对。

梁钟玲：这个目的是什么？

李科：主要是为了增殖放流。增殖放流之后，一方面能保持抚仙湖增殖放流种群的恢复，另一方面它和银鱼存在一定的食物链竞争关系。

梁钟玲：所以我们也要捕银鱼，不能让它太多地繁衍，破坏了本土鱼类。

李科：对，抗浪鱼一增多，就和银鱼在食物链方面产生一些竞争，从某种程度上来说，是用生物的方式减少了银鱼的产量。

梁钟玲：所以说，我们也在保护抚仙湖的生态。我在这里也要非常自豪和非常欣慰地说，多年来抚仙湖的水质经得起检测，其水质多年来一直保持着一类水的标准。一类水是什么意思？

李科：一类水，就是可以直接饮用的水。

梁钟玲：就是说这些水是已经达到可以饮用的标准？

李科：对。

梁钟玲：光是肉眼可见的清澈见底已经不足以说明抚仙湖水质的优秀了。多年来一直保持这样的一类水标准，也离不开咱们执法船等的保护。

李科：对的，保护抚仙湖水质稳定是我们全社会、更是抚仙湖管理机构的使命和终极目标。

梁钟玲：这些年来您在保护的过程中都开展了哪些工作，有没有可以跟我们分享的事例？

李科：这几年抚仙湖边有很多（保护）措施，比如省委省政府、市委市政府均高度重视澄江北片区和南片区沿湖一级保护区以内的水质，采取了生态移民搬迁、环湖截污治污等等一系列措施，现在正在推进过程中。

梁钟玲：您刚才提到抚仙湖分北岸和南岸，刚才我们开过来的地方是北岸，对不对？

李科：对，刚刚我们上船的地方是抚仙湖北岸。

梁钟玲：北岸也是人们活动较多、景观比较丰富的地方？

李科：对，抚仙湖北岸离昆明比较近，很多游客都会把澄江当作一个小阳台、小花园，没事的时候都会下来散散心、看看水。

梁钟玲：这边是离昆明比较近的、可以看到波涛的地方。

李科：对，因为现在高速公路修通了，人们可以花20多分钟、半个小时时间很快地到这里。所以这里可以成为人们茶余饭后或者节假日不错的旅游地选择。

梁钟玲：是不是往这边看就是南岸？

李科：南岸在那边。

梁钟玲：这样看过去，我感觉南岸是被山环绕的。

李科：对，南岸山比较高，北岸稍微缓和一点，径流区比较大。

梁钟玲：我们目之所及的地方都是一片片绿水青山，青山上也会有一些居民在居住。最近，我们在绿色生态治理上是不是也下了很多工夫？

李科：是的，这两年政府投入的资金也比较大，北岸这边环湖湿地投入的资金比较足，工程措施等管理力度也比较大。

梁钟玲：我听说这两年有一个森林抚仙湖的工程，就是会在沿片的山上种植树。都说好山涵养好水，把这片山养好了，也能够保护抚仙湖，形成一道绿色的生态屏障。

李科：对的，因为山和水本来就是相辅相成的东西。这两年省委省政府高度重视七彩抚仙湖的建设，你刚才说的植被恢复主要是在森林抚仙湖，在其径流区规划有约15万亩植被恢复的区域。现在只要是你看得见的地方，径流区都是在森林抚仙湖规划的范围之内。

梁钟玲：15万亩，确实是很大的。

李科：对。

梁钟玲：而且这些山里面有一个叫帽天山，对吗？

李科：对。

梁钟玲：那片山很有名。

李科：对，就在刚才看得见的那个地方。

梁钟玲：帽天山，是那片吗？

李科：对，就是在那个地方。

梁钟玲：有房子的那片。

李科：房子后面的那片，帽天山。

梁钟玲：那里面经常会有一些生物化石的发现。

李科：对，这也是比较有历史的。它见证了人类生命的历史之源、生命之源，在5.3亿年前寒武纪大爆发的时期，化石就已经产生了。

梁钟玲：这也从侧面说明了抚仙湖的生态环境及生物多样性的丰富。

李科：是的。

梁钟玲：我们现在已经慢慢靠岸了，对吗？

李科：对，马上就靠岸了，还有十来米。

梁钟玲：我们刚才跟着李队在抚仙湖上转了一圈，感觉像吹着海风，很好。虽然不是在海上，但是却有胜似海上的感觉。刚刚也讲到抚仙湖水质以及它作为重要水资源的储备，看到这一片蔚蓝的水，我也有一种安心的感觉，因为很多时候这是为我们中国百姓储存的淡水资源。

李科：是的，抚仙湖为每一个中国人储存了15吨的淡水资源。

梁钟玲：为每个人储存了15吨的淡水资源，所以这里不仅是风景好，还有一种资源握在自己手里的感觉。

李科：对，它被国家列为了重点水资源战略保护基地。

梁钟玲：谢谢李队带我们在湖上转了一圈，我现在上岸去看一看。我感觉岸边不是沙滩，而是小石粒铺成的。我之前了解到，这样（不用沙滩）的方式，也是为了防止沙子、杂质等入水，从而污染水质。所以，我们特意在沙子上再铺一堆石头，来保护水生态。

李科：是的，为了防止水土流失以及一些其他的（情况）。

梁钟玲：所以说各个细节都有保护（措施）在。现在船慢慢靠岸，让我们到岸上看一看。游客平常过来还是在岸边居多。

李科：对，像那边的游客一样，都是在岸边游玩。

梁钟玲：最近正值国庆期间，还是有不少游客过来玩的。您刚才也讲到（这里）是我们昆明类似于观景平台的地方。我们把救生衣还给您，谢谢李队带我们转一下水上。

李科：好的，那我们去忙其他的工作了。

梁钟玲：好，祝您工作顺利，谢谢。

李科：再见。

梁钟玲：我们现在就来到岸边了。如果您平常过来的话，就在这边走一走，会有很治愈的感觉。我们今天也邀请到了另一位嘉宾在岸边带我们转一转，就是王老师。您已经在这儿等我了，王老师您好，先跟观众朋友们介绍一下自己好吗？

王德芬：观众朋友们大家好，我是抚仙湖国家湿地公园保护管理局的王德芬，今天有幸能跟梁老师一起介绍我们的抚仙湖。大家也看到我们的抚仙湖了，真的是山美水美人更美，我们的梁老师更美。

梁钟玲：人更美，我看出来了。

王德芬：欢迎大家有空常来玩，接下来我向您介绍一下抚仙湖。

梁钟玲：我们边走边聊。平常我看很多游客过来也是到岸边来观赏一下风光，感受一下这边的水质。

王德芬：对，这里属于抚仙湖的北岸，像这个湖滨带我们就恢复了8400亩。

梁钟玲：8400亩，现在这个是湖滨带，是不是？

王德芬：对。左边以前是有村子的。

梁钟玲：现在已经种上了当地的树和植被。

王德芬：对，这一片看着有一点黄色的，都是我们云南特有物种，叫云南柳。它一是为了打造湖岸的景观，二是由于根系有吸附水和净化水的作用。其实，我们有乔灌草这三类，还有一些花卉，以灌木丛为主，将草木混合搭起来，对净化入湖水、地表水，利用根系吸附氨氮等有害物质，是很有作用的。

梁钟玲：咱们可以看到，以前左手边这里是房子，有居民居住的，有很多人为活动。

王德芬：对，是村民，也是村庄。

梁钟玲：现在已经种上了植被，用以涵养水源。

王德芬：对，我们现在进行了环湖的棚改拆迁，沿湖100.8公里的地方，总计拆迁出去3万人。在"十三五"期间投入了300多亿进行抚仙湖保护治理的工程。

梁钟玲：我们沿着湖滨带走，湖水就在我们的旁边，可以让大家直观地感受一下。刚才我们在湖上看时，距离没有这么近。

王德芬：古代人称我们抚仙湖为琉璃万顷，一眼能见到湖底，水特别清澈。

梁钟玲：很清澈，不过最近这里可能还有一些水草，平常会打捞。我们再往前走。

王德芬：这里还是有些青苔，但是平时抚仙湖沿岸的卫生一直都有管护人员的，每年都要聘请600多人的管护人员进行保洁工作、设施维护，最主要是打捞垃圾、打捞水草、进行湖面清洁工作。这主要是为了保护抚仙湖，打造抚仙湖最后一道保护屏障，即建设我们的湿地。

梁钟玲：就是通过旁边这一块吗？

王德芬：这一大片北岸生态湿地，是从2015年开始启动的，现在建成了有3400亩的人工湿地面积。

梁钟玲：3400亩，那基本上能看见抚仙湖的地方都有。

王德芬：对，在我们的左边，在它入湖口都有。我们入湖水质虽然进行了很多，一个面源污染，一个土地流转，还有截污治污，通过多种方式保证入湖水质能够达标，达到三类水。

梁钟玲：这湖边的是白鹭吗？

王德芬：对，这是抚仙湖常见的鸟类。

梁钟玲：我知道白鹭的出现也是证明生态良好的标志。

王德芬：对，所以我们生态环境变好了，水质、这里的环境、植被，有它生存的环境了，它才会过来。

梁钟玲：我现在真的有一种在仙境里的感觉，因为这种白鹭有一种诗人画卷里的感觉。您刚刚讲琉璃万顷，我现在感觉就在一片琉璃旁。

王德芬：近些年我们都是通过很多方式保护抚仙湖，把生态环境变好，生物多样性也体现得非常好。这里面的抗浪鱼一度因为打捞面临灭绝，但是通过这几年的增殖放流，对湖底的一些保护，抗浪鱼也增多了。还有，你们也见到了我们的亲渔政，在湖里面，因为水质变好，抗浪鱼、青鱼才越来越多，还有候鸟、白鹭等鸟类，岸上的植物、景观，也是变得越来越好，生物多样性就体现得非常好。

梁钟玲：今天我也看到，因为是国庆期间，有很多游客也过来休闲，感受一下亲水活动。刚才王老师给我们讲到您是湿地保护相关的工作人员，今天王老师也将带我们不仅在岸边走一走，还要进入到（里面）。

王德芬：这条河也是入湖，通过湿地净化、水达标之后才流向抚仙湖的。我们可以看到，水非常清澈。

梁钟玲：是的，大家不用担心这些入湖的水，它的水质已经是达标的了。

王德芬：对。

梁钟玲：它的达标跟湿地也有很大关系。

王德芬：是的。

梁钟玲：所以今天王老师也将带我们去到她的工作场地，在抚仙湖旁边的一片湿地。

王德芬：看我们实际是怎么净化这个水质的，后面怎么达到入湖水质的标准，我们下面就去看一看。

梁钟玲：我们现在往湿地里面走，因为还有一小段时间，所以我们先通过一段航拍画面，带您从空中感受一下湿地的风光。

梁钟玲：现在我们沿着岸边走到了国家湿地公园，这里是入口处。刚才讲到在抚仙湖旁边有着一片片这样的湿地，它的作用绝对不仅仅是传统意义上的观赏，更多的是作为一道抚仙湖的保护屏障。在抚仙湖的湿地里都有哪些奥秘和神奇之处呢，今天让王老师给我们讲一讲。

王德芬：我们一起去看一看。我们这个小白祥湿地集三大功能，首先是湿地的生态功能，第二是湿地的宣传教育作用，第三是旅游景区作为景观观赏的作用，这三大作用在湿地里面体现得淋漓尽致了。我们边走边看边说。

梁钟玲：好的。

王德芬：这是我们在湿地里面起到宣传作用的宣传栏，起到导向作用的展示牌。

梁钟玲：我现在已经看到左手边有很多植物了，这些应该都是水生植物。

王德芬：对，开着白花絮的是蒲苇，是抚仙湖湿地里常见的一种湿地植物。里面一点的是芦苇，还有菖蒲，这些都是本地常见的湿地草本植物。

梁钟玲：种这些的目的，是不是也是为了净化水质？

王德芬：对，在湿地里，种植湿地植物最大的作用是通过其根系吸附氨、氮、硫等有害物质，最终达到净化水的功能。

梁钟玲：整个湿地大概有多大？

王德芬：这个湿地是117亩，主要是通过四步来净化水。

梁钟玲：哪四步？

王德芬：一开始从周围的地表水，还有北岸河流的水，流到这边来，通过沉淀池、表流湿地、自然湿地、复合湿地，走到这块就是复合湿地。

梁钟玲：这里是复合湿地，我们可以进去看一下，这里有流动的水，我们来感受一下这个水是如何从源头或者河流那里流向抚仙湖，中间都会经过哪些净化步骤。

王德芬：对，水通过三步曲最后一步曲，就是复合潜流湿地，基本上就净化到入湖水质的标准：三类水。

梁钟玲：我看这里有点像水渠或者田埂，是层层流过去的，这一关是要怎么净化？

王德芬：这个叫垂直潜流湿地的净化工艺。

梁钟玲：垂直潜流湿地？

王德芬：对，潜流湿地分平面潜流和垂直潜流，这块主要体现的是垂直潜流的工艺展示。首先水是从上面的表流湿地流过来。

梁钟玲：就是现在在流水的地方。

王德芬：对，流水的地方还有我们看到的这一片，石头铺的地方是有三层的，表面是湿地植物层，中间是我们填的生态复合材料的中层，下面是防渗层，防渗的污水流向其他地方，经过中间这一层通过净化，通过表层的植物吸附，就能到达最后一个，把水净化到我们想要的标准。

梁钟玲：现在可以让摄像老师拍一下，（我的）右手边（水）还有点浑浊，通过中间石头铺的地方净化，再到第三层。

王德芬：对，我们为什么没有看到水，就是中间那一层水通过下面中间生态复合材料。

梁钟玲：中间我们看不到水，但是其实水从下面流过去了。

王德芬：在这个过程当中就得到净化了。

梁钟玲：所以我们右手边的水是没有被这一道净化过的水，经中间净化过的左手边就清澈了，其实这两边的水质可以看出明显的对比。

王德芬：对，潜流湿地的净化。

梁钟玲：确实是肉眼可见水变清了一些。

王德芬：对，到这边来水肯定是有一定的净化作用，不然的话我们这个就失去了湿地的净化水质的作用。

梁钟玲：您刚才讲，这是垂直潜流湿地，这个仅仅是湿地里的一个法宝，还有很多其他的法宝。

王德芬：对，还有我们的稳定塘、表流湿地。

梁钟玲：所以这个湿地真的是暗藏玄机，有很多保护渠道。

王德芬：第一个最简单的是沉淀池。

梁钟玲：沉淀我理解，就是慢慢地把杂质沉淀下去。

王德芬：对的，我们把可见的垃圾通过人工打捞，到达第一道让水里面的漂浮物得到处理之后，就通过另外一个表面湿地，是第二道工序。

梁钟玲：这个旁边是什么？这个很好看。

王德芬：这个是为了达到景观效果的粉黛乱子草。

梁钟玲：粉黛乱子草，像紫菜的蒲公英。

王德芬：在我们抚仙湖边上的景观小品有好几片都有这个。

梁钟玲：好看。

王德芬：大片种植的景观效果不错。这是我们的黄冠菊，它也是一种常见的园林景观植物，在园林中用得比较多。

梁钟玲：我们现在也看到了一片水域。我们湿地里面水域还挺多的，有多少？

王德芬：我们湿地的建设原则是，一片湿地里面的水域面积要达到50%以上。所以这片117亩的湿地，水域大概在60亩左右。

梁钟玲：我看这边的水也还不错，这是不是已经经过一些净化了？

王德芬：对，这是已经来到第三步的水。这是一个表流湿地。表流湿地就是水系水平流向，只是把水域面积扩大，让水流速度变慢，达到沉淀污染物、截留水质里污染物的效果，让湿地植物的根系得到吸附，这样我们的水也得到一定的净化。

梁钟玲：如果水流过去的话，就会被这些水生植物依次净化，相当于过一通通关卡，让污水别想流进抚仙湖。

王德芬：肯定的，我们现在做的所有工作也就是为了保护水质，让它不要受到污染。

梁钟玲：现在的水大概要到达几类才可以入湖？

王德芬：三类，现在要三类水才可以入湖。

梁钟玲：我们会有定期的检测，是不是？

王德芬：我们每个季度都进行水质检测。湿地是这样的，在湿地的入水口进行检测，到出水口也进行检测，才知道湿地净化水质到底有没有达到效果。

梁钟玲：是不是有用，是不是有效。

王德芬：对，我们也是花了很多资金，花了很多心血来建设湿地。

梁钟玲：我感受到了。一进来就感觉这里真是暗藏玄机，随便看到的一个池子都不是普通的池子，都是有作用的。

王德芬：那片河藕也是在湿地里面的，它不仅有观赏作用，还有净化水质的功能，也有经济作用。其实，我们湿地的产品里就有河藕，比如平时我们吃的鲜藕、藕粉，都很美味。湿地的经济产品挺多，有了湿地，鱼儿肯定就多了，我们还种了池菇。

梁钟玲：我知道，（池菇）吃起来像土豆，也是一种菇类。

王德芬：其实也是很生态的。因为是在湿地里面长的，没有污染，农药什么的都没有。

梁钟玲：今天我带大家一起感受了这里的湿地，真的可以说它们的功能很多，作用很大。我们每次在岸边感受到抚仙湖水质清透和这种治愈的时候，也不要忘记有这些湿地，以及背后人的努力。

王德芬：对，（我们）付出了很多。

梁钟玲：今天在湖上先转了一圈，又跟王老师在湿地里走了一圈，相信您对抚仙湖的了解更加深入了。也欢迎您有空时可以来抚仙湖亲自感受琉璃万顷，感受如诗境一般的美丽。好的，今天我们的抚仙湖之旅就简单到这里了，我们跟大家说再见吧。

王德芬：拜拜，欢迎大家来玩。

张婕：看过了景色优美、别具一格的抚仙湖，沿江河继续奔流。现在画面中呈现的是南盘江，这也是珠江的主源。南盘江在云南省境内，流域面积为43000多平方公里，全长651公里，流经曲靖、陆良、宜良、开远等县市。汹涌澎湃的南盘江用洪荒之力，在大地上冲刷出一条峡谷，江水蜿蜒奔流，幽深而神秘。

从云贵高原奔腾而下的南盘江，滋养了无数的良田，也养育着流经区域的各族同胞。亿万年地质演变而成的南盘江流域地貌，壮丽而恢弘。光影流动中的江水蜿蜒流淌，牵起了一个又一个胜景，造就出一条独特的景观带。南盘江流域水土丰美，造就了发达的农牧业，如今数百万各民族群众靠着南盘江发展特色农业、生态旅游，不仅实现了脱贫，也正在一步步走向富裕。那么处在南盘江流域的开远市又有怎样的景象呢？我们与记者一起走进开远，去领略千山巍峨、万水渺渺的浩瀚魅力。

喻宁：江河浩荡，日夜奔流，雕刻着大地的容颜，也雕刻出了壮美山河的极致风光。各位网友大家好，我现在所处的位置是南盘江流域开远段。南盘江自弥勒市进入到开远市境内后，一路向南奔流，来到了开远市小龙潭镇灯笼山滇越铁路火车站附近。由于开远对南盘江的极力保护，这10年来，南盘江两岸林木葱郁，生态良好，恩泽了开远这方沃土。

就在我的下方，南盘江用洪荒之力冲刷了一条峡谷，两岸悬崖峭壁、怪石嶙峋，幽深而神秘，被当地人称为"小三峡"。我的小伙伴就在那里等候着大家，接下来我们把直播信号交给他，让他为大家介绍那里的风光。

孙一：各位网友大家好，我现在所在的位置是开远市南盘江灯笼山河段。这一河段位于美丽的小龙潭，属于天然景观，滔滔江水从这里奔流而过，给人的感觉相当震撼。说实话，在没有徒步登灯笼山之前，南盘江在我脑海中的印象，仅仅是宽阔的河面、川流不息的水流和巍峨的长虹桥。但实地来到这里，真正见识到了南盘江千山巍峨、万水渺渺，茫茫珠江源头的浩瀚魅力。

据当地村民回忆，很多年前这里的野生动物数量非常多，尤其是猴子，许多人小时候都曾见到过。后来在社会发展的历程中的开山毁林，人为猎杀，使植被被严重破坏，这一地区的动物几乎绝迹。近年来，开远市不断加大生态建设力度，当地村民的生态环保意识也在逐渐养成，自觉爱林护林，管护水资源，大面积发展经济林种植，一系列的措施使得植被得以恢复，山林越来越葱茏，野生猴群又出现了。可以说，灯笼山猴群的复出见证着开远的生态文明建设步伐稳步向前，"绿水青山就是金山银山"的发展理念在这里得到具体体现。

生态好起来，村民富起来，普主任，请您再给我们介绍一下灯笼山村的产业发展，好吗？

普先飞：好的，主持人。现在我们灯笼山村有两大产业，一是柑橘，柑橘种植是2014年引进的，现在已经达到2300余亩，每亩产值可以达到1万余元。二是我们的特色产业芋荷花，它每年可以给村民增加21万左右的经济收入。

孙一：这些产业跟传统作物相比效益如何？

普先飞：跟以前相比大大增强了村民的经济实力，现在村民都已经过上了欣欣向荣的生活，幸福美满，可以说家家户户都有小轿车开着，人们脸上的笑容都是甜蜜蜜的。

孙一：生活发生了翻天覆地的可喜变化。接下来就让我们一起来了解一下开远长虹桥，我的小伙伴就在那里等您。

廖皖婷：各位网友大家好，我现在所在的位置是60多年前建造的跨越南盘江的开远长虹桥。这座桥为什么叫长虹桥，它又有什么样的历史呢，今天我们请到的是开远市文物管理所的苏艳萍老师，有请苏老师给我们详细地介绍一下。

苏艳萍：开远长虹桥建成有60多年的历史了，目前还在使用当中。整座大桥由石块砌成，主孔跨径是112.5米，高30米，为单孔大跨径空腹式石拱桥。在建桥过程当中，工人们曾经提出"攻克难关献长虹"的口号，整座大桥规模宏大，气势如虹，因此定名为"长虹桥"。

我国著名桥梁专家茅以升先生在《中国石拱桥》里提到，1961年云南省建成了一座世界最长的独拱石桥，名叫长虹桥。长虹桥不仅继承弘扬了传统石拱桥的造型特征，而且在规模体量上更胜一筹，充分展示了新中国成立后我国桥梁事业发展的成就。其精湛高超的建桥技艺在1978年获全国科学大会奖，被列为国家一级保护桥梁，具有很高的中国石拱桥建筑艺术特色和时代特征。2019年10月被公布为第八批全国重点文物保护单位。

廖皖婷：非常感谢苏老师的介绍。60多年来，长虹桥依然坚强地屹立在南盘江上，河水让路、高山低头的奋斗精神，也注定让它成为一个不朽的艺术。站在长虹桥上朝北方眺望，我们可以看到一座新建的高速公路特大桥，它是2013年建成的云南省第一座埃塔斜拉桥。南盘江特大桥是锁蒙高速公路建设的重点性工程，所承载的不仅是国家五纵七横公路交通网络中的一段，也是亚洲公路网，越南河内、云南昆明、缅甸曼德勒的重要组成部分，是我国西部地区与东盟各国间的重要国际运输大通道。锁蒙高速公路通车后，开远的交通优势更加凸显，实现了开远内连外接、通江达海的愿望。

我们再往长虹桥的南边看，可以看到又一座刚刚建设完成的大桥，这是弥蒙铁路跨越南盘江的新大桥，再过一个月弥蒙铁路即将建成通车，这条铁路是我国西南地区出境至越南及东盟国家的重要通道组成部分。开远将乘上这一快车道，提振区位优势，带动产业发展。

张婕：这里是央视新闻国庆特别节目《看见锦绣山河｜江河奔腾看中

国》。乘船前行，我们来到了位于云南文山州丘北县的普者黑景区。普者黑在彝族语言里译为盛满鱼虾的湖泊。普者黑景区内的景点多达265个，孤峰星罗棋布，溶洞湖泊相连贯通，峡谷雄伟壮观，构成了独特的高原喀斯特湿地生态系统。

雾霭缭绕，光影交错，云南原阳梯田被称为农耕文明的一大奇观，它是哈尼族人1300多年来利用当地特殊的地理气候雕刻出来的山水田园画卷，在2013年被列入世界遗产名录。在茫茫森林的掩映中，在漫漫云海的覆盖下，万亩梯田像极了一块巨大的调色板，色彩斑斓。

顺江而下，一路前行，告别云南，进入贵州，我们将来到黔西南苗族自治州亲陇县。这里山川秀美，资源富集，脐橙是这里的特产。接下来我们与记者一起去感受橙子采摘的丰收场景。

雅秋：央视新闻的网友们大家好，我是贵州省黔西南广播电视台的记者雅秋，我现在所在的地方是贵州省黔西南州亲陇县鸡场镇果园。大家看，我所在的山坡上长满了橘子树，树上挂满了黄澄澄的果子，现在老乡们正在忙碌的采摘当中。你看我身边的这棵树，现在它剩余的果量大概是三分之一左右，这样一棵树干并不高大的树，总采摘量可以达到30斤左右。在这样的果园当中，我们不仅能够饱眼福，最重要的是我们能够吃到最新鲜的果子。今天雅秋就现场来跟大家尝一尝名字非常好听的、叫由良蜜桔的果子味道到底怎么样。

我们来到工作人员的身边，因为今天他们也把测糖仪带到了现场，不光我给大家尝一尝口感，也给大家真实测一测蜜桔的糖度到底如何。你好，我想请您给我们测一测由良蜜桔的甜度如何，好吗？

陈镇长：可以的。

雅秋：您先给我们简单介绍一下测糖仪是怎么使用的。

陈镇长：这里有一个开关，我们把测糖仪打开。这边是全部归零的，如果不归零的话，就会滴点清水在这里来清零。咱们就随便选一个由良蜜桔，剥的话要从这边剥。

雅秋：要从它的头开始。

陈镇长：对的。

雅秋：明显看着小姐姐比我熟练多了。我在剥的时候就发现它的水分非常充足。

陈镇长：对，它不会很软塌塌的，果肉很紧致。

雅秋：而且皮也非常薄。

陈镇长：我们就用手吧，因为专业的是要用榨汁机。我们就把汁水挤到里面。

雅秋：我们把由良蜜桔的汁水放到杯子里面。

陈镇长：这个要摇一下。

雅秋：为什么？

陈镇长：因为如果不摇一下，一个果子上的糖分就不均匀，摇一下，吃到嘴巴里面，你一嚼，它是转动的，能吃到的是均匀的，我们测糖也是这样的。

雅秋：均匀一下果子的甜度。

陈镇长：这个不能吃，把它吸到里面去，把这个遮光板给关上。

雅秋：测的同时，雅秋也来尝一尝。

陈镇长：14.5。

雅秋：有14.5的糖度。

陈镇长：我们平时测一个树上的果子是不一样的，而且像这个树上，每次采摘都是尽量挑特别熟的采摘，我们前两天测糖，测到最高是17.4。

雅秋：最高的甜度可以达到17.4。

陈镇长：对的。

雅秋：对这个数值雅秋不是特别了解，想请您给我们做一个大家能够通俗易懂的比方，让我们知道这个甜度的衡量尺度，好吗？

陈镇长：好。我们就举例吧，蜂蜜大家都很清楚，蜂蜜的糖度最高是19到20。

雅秋：19到20是蜂蜜的糖度。

陈镇长：但是我们由良蜜桔最高可以达到17.4，甜度就接近蜂蜜了。因为吃蜂蜜还要加水，这个糖度。果子有酸甜，不能太甜。

雅秋：对，刚才我尝了一块由良蜜桔，它除了果汁度很饱满，吃到嘴里的果味综合度也非常高，所以从水果来看，（它的）甜度占比已经是很高了。

陈镇长：对的。

雅秋：由良蜜桔确实是非常好吃，果味非常浓，果汁也非常充裕。像这样的由良蜜桔在每年9月初会上市，预计采摘结束是每年10月左右。别看我们现在种植的只有20亩，它的产量可不简单，这样的20亩由良蜜桔最终的预计产量可以达到2万斤左右。

雅秋：当地因地制宜，发展精品水果产业，让我们的老乡们过上了好日子。您看，我们的陈镇长现在也正在果园当中。陈镇长，你好。

陈镇长：你好。

雅秋：您现在在忙什么呢？

陈镇长：我正在看一下我们鸡场的脐橙产业。

雅秋：来先跟央视新闻的网友们打个招呼吧。

陈镇长：央视新闻的网友们大家好，欢迎大家走进我们翠华晴隆，走进我们鸡场。

雅秋：刚才您在看脐橙，我想问问您当时怎么会选择脐橙产业作为我们的主导产业？

陈镇长：当时我们在选择产业是经过多方面调研和认真分析的，基于三方面条件，我们选择了脐橙产业。一个方面是基础条件比较好，脐橙在鸡场种植的历史比较悠久，至今已经有400多年的历史，所以我们老百姓有种植技术，种植条件比较好。第二个方面就是我们的地理环境比较优，大家可以看到，我们鸡场镇的地势四面环山，特殊的地理环境形成了比较独特的地理气候；再加上我们的土壤是砂土，并且富含钾元素，所以这里特别适合柑橘生长。我们这里产出来的柑橘具有皮薄、无籽、多汁，酸甜适中，果味浓，富含维生素 C。第三个方面就是它的经济价值比较高，我们这个产业既有经济价值，又有生态效益。它在生态方面可以起到很好的防风固土、防水土流失的作用，经济价值方面，我们对盛产型果园进行了测算，每亩产量在2000斤左右，按照去年的进价每斤6元钱，每亩的产值就能达到1.2万元。

雅秋：现在的柑橘产业发展到什么样的规模？

陈镇长：截至目前，我们全镇共种植了1.2万亩，截至今年我们投产的有5000亩左右。我们的主产区就是目前所在的学干社区，这个社区种植了6000来亩，达到人均2.2亩。

雅秋：人均2.2亩。

陈镇长：对。

雅秋：未来咱们的规划是什么样的？

陈镇长：未来我们采取的是"龙头企业+合作社+农户+基地"的运营模式。由龙头企业负责打造品牌，采取报价回收的形式，对于其他的散户进行回收。这样能利用它的平台，通过线上、线下的形式进行销售，保证利益的最大化；同时也降低了果农的风险，增加了他们收益的保障。

雅秋：我想问问您，刚才您提到了老乡们的收入，他们现在的收益情况是什么样的？

陈镇长：我们通过实施这个产业给农户带来多渠道的收益。第一个方面就是土地的反租倒包，这样每年每亩土地农户就能获得700块钱的收益。第二方面就是产销合作，既有龙头企业进行回收，回收之后通过统一品牌、统一销售的形式，实现利益的最大化，产生的利润按照4:4:2的比例进行二次分红。这个产业每年、每季度甚至每夜、每天，都需要大量的劳动力，当地的老百姓可以实现就地就近就业。一方面可以增加收入，另一方面方便他们很好地照顾家庭、教育孩子。所以通过产业的实施，老百姓的幸福指数和满意度提高，幸福感很好。

雅秋：好，谢谢您陈镇长。

陈镇长：谢谢大家。

雅秋：网友们，我刚才在果园里面转了一圈，看到了橙子、橘子，现在我又看到了这个绿油油的大家伙。不跟大家打哑谜，大家一定都知道，这个是柚子。但是它不是我们平时吃的（那种），而是高端品种的红宝石青柚。在这个果园里，有这么多柑橘类成员在扎了根，跟一个人有很大关系，接下来我就带着网友们赶紧去找他，周总您好。

周总：您好。

雅秋：赶紧跟央视新闻的网友们打个招呼吧。

周总：网友朋友们大家好。

雅秋：我刚才看到您在忙，忙活什么呢，给我们介绍一下吧。

周总：好的，我正在观察我们当地的传统品种香橙，这个品种在我们这里有400多年的种植历史了。它最大的特点，是在同一棵树上有祖孙三代的产品产生。大家可以看到，这是我们今年2月份开花结的果，这个是6月份开花结的果，明年这个果子在夏天成熟的时候，第二年的花又会重复开放。所以在这棵树上就可以看到祖孙三代结果的一个景象。

雅秋：这是这个树原本的特性，是吗？

周总：对，这是这个树在我们这个小气候里面的特性。

雅秋：我想问问您，据我所知，您之前在同济大学研究生毕业之后就一直留在北京，为什么想到要回到家乡来？

周总：第一是我自己有农业梦想，第二是响应国家号召，把我们在外面所学到的、所看到的一些知识，运用到当地来，带动当地的老百姓发展传统的优势产业，让优势产业走出去。

雅秋：我刚才粗略地看了一下，并不是每一个（品种）都认识。周总能不能给我和网友朋友们普及一下，现在果园当中都种了一些什么品种？

周总：可以，我已给大家准备好了。

雅秋：从这儿看过去，我们有10个品种。

周总：我们也是按照它的成熟程度和成熟季节给大家排的。放在我们前面的是由良蜜橘，由良蜜橘是每年9月份成熟，可以说是华南地区最早的柑橘类产品。它的特点是酸甜适中，化渣。

雅秋：这个我知道，刚才我已经跟工作人员一起到由良蜜橘的地里面，我们还做了一个测糖，达到了17.9的甜度，非常厉害，是很好吃的一个品种。

周总：对。第二个是沙糖橘，沙糖橘也在9月下旬进行采摘，这个产品和由良蜜橘最大的区别是，它没有酸度，特别适合小孩和怕酸的老人，它的化渣程度也非常好。

雅秋：纯甜。

周总：对，这个是纯甜的。第三个是在10月上旬的时候就成熟、可以采摘的品种果冻橙。大家可以看一下，这个果冻橙的皮特别薄，这个果子可食率可以达到90%。也就是说我们买了一斤的果子，有9两是可以吃的。

雅秋：这个应该跟它的皮薄有很大的关系。

周总：对，第一个是皮薄，第二个是肉质特别细嫩，几乎是没有什么渣的。大家可以看到我们一般的传统脐橙可食率大概在75%，但是看一下果冻橙的皮就知道它的可食率有多高。

雅秋：我发现这个叫红美人的果冻橙，它里面几乎是没有纤维组织的，但是脐橙里面就会有这个。这会导致（它们的）口感上有一定的差异吗？

周总：会有，这在我们的专业术语上叫化渣率。果冻橙几乎是没有渣的，我们拿1斤的果子去榨汁，可以榨出85%的果汁来。但是脐橙的化渣率就没有果冻橙这么好，所以它只能榨出50%到55%的果汁来。所以可以通过出果汁率，知道这个果子的化渣率有多好。

雅秋：我的了解是这样的，您刚才介绍了果冻橙化渣率很好，而且可食率也很高，就适合老人、小孩这样的人群。

周总：对。

雅秋：大家看一下（就知道它）为什么叫脐橙，因为它的后面有一个像肚脐眼一样的地方，也因此而得名。我是从小吃到大的，这是我们本土的品种。我最喜欢吃的就是剥开里面这一小块（像）肚脐的地方，特别甜。我们既然有一定市场的选择率，那什么样的人群适合吃脐橙？

周总：这个脐橙比较适合年轻人，因为年轻人现在坐办公室，需要一定量的纤维来满足肠道蠕动。脐橙里面的纤维素既补充了维生素，同时也补充了年轻人所需要的纤维素。

雅秋：就是有一定的膳食纤维在里面，能够助消化。

周总：现在也可以回答你刚才提到的问题，我们的橙子在成熟的时候先从这个地区开始成熟起来，所以大家可以看到开始着色的这里先黄起来，这里是最后的。所以你说这个地区最好吃，因为这个地方是先着色、先有糖的。

雅秋：在几月份能够采摘？

周总：这个品种在11月上旬就可以了。

雅秋：所以现在还没有完全着色，现在看到的是青的。我们接着往下看，这个平时好像不太常见。

周总：对，这个品种就是东西部协作宁波刚刚送给我们的新品种，它叫甘平，这个品种也被称为柑橘里面的"柑橘皇后"，曾经在市场上卖到100块钱一个。

雅秋：100块钱一个？

周总：对。

雅秋：咱们平时怎么来界定它的定价和特点？

周总：这个果子每年在12月上市，它的口感可以用一个词来形容，就是高级。高级的果子有几个成色，第一它不是纯甜的，酸甜比较适中。第二它的果肉是金黄色的，非常好看。第三个特点，它每一颗果肉都像果粒橙那样是分开的，每一颗可以在嘴里面爆浆的感觉。

雅秋：我一定要在甘平上市的时候来尝一尝。

周总：好的。

雅秋：这个应该是我刚才跟大家说的红宝石青柚。

周总：对。

雅秋：为什么它现在还没红呢？

周总：我们这个柚子是先膨果，膨完果之后才开始着色。现在这个红宝石青柚在每年的11月下旬才上市，所以现在还有一个半月的时间来让它完成着色。现在这个果子已经完成了膨果，其实吃已经很好吃了，每一颗都可以在嘴里面爆浆。但是它还没有开始着色，等它着完色，在每年的11月下旬就可以上市销售了。

雅秋：大家看一下，它的边缘已经慢慢地有变红的趋势了，只是因为还没有到成熟的季节，所以它没有完全的着色完毕。接下来也是土生土长的一个品种。

周总：对，这个品种就是血橙，血橙是每年12月下旬上市。其实它在11月就已经着色变黄了，但是它还不能吃，因为它变黄之后再变红，变红之后，里面的花青素就已经储藏满了。等它储藏满了花青素之后，它的口感也变成了玫瑰香味的口感，就可以上市销售了。这是我们当地比较有特色的、种植面积最多的一款产品。

雅秋：血橙。

周总：对。

雅秋：这是我们的沃柑。

周总：这是沃柑，也是在每年1月上市和大家见面。

雅秋：新春佳节时。

周总：对，新春佳节的时候基本是挂在树上，因为这个果子不怕霜冻，在我们这个海拔1100米的地方，到12月会有霜降，所以我们要种植一些不怕霜冻的产品，这个沃柑就是一个很好的抗霜冻产品。在每年1月、2月的时候挂在树上，满足春节期间游客进行现场采摘消费的需求。

雅秋：这是什么？

周总：这个是目前云贵川地区的客户、消费者都比较喜欢的一个产品，它的口感比较软，四川那边更喜欢叫它耙耙柑。因为它的口感很绵软，而且果味很浓郁，所以广受消费者的喜爱。而且它是填补了（市场空白），在很多橙子类已经结束之后才开始上市。

雅秋：它的上市时间是？

周总：它的上市时间在2月。

雅秋：2月份才上市，现在它成长到哪一个阶段了？

周总：现在它差不多结束膨果，开始着色了，我们可以看到这里已经有一些着色。

雅秋：最后一个是夏橙。

周总：对，这是我们的夏橙，也是我们当地种植了400多年的一个产品，而且这个产品几乎是大自然的选择。因为大自然选择，它能在这个地方种植这种优质的产品，老百姓喜欢它，才会继续发展，去种植它。这个产品在每年的3月到6月上市，在这个地区800万人的消费圈里面是独一无二的。

雅秋：这个应该就是您看的树上的祖孙三代的果子了，是吗？

周总：对。

雅秋：而且刚才陈镇长也给我们介绍过，这个曾经也是我们的贡果，我们也期待在它成熟的时候来尝一尝。

周总：好的。

雅秋：我们从它整体成熟的阶段大概了解了您四季果园的构想。我在去参观果园的时候，还发现有很多现代化农业的设施和设备，接下来就请您带我和网友一起去看一下。

周总：好。

雅秋：现在周总把我带到了刚才采的由良蜜桔的车子旁边，现在是不是都通过这样的运输方式把果子运送出去呢？

周总：基本有一半是这样，因为有些地方是硬化了的产业路，但是有些地方坡比较陡。在土地不好利用的地方，我们就设置了5公里的轨道运输车。

雅秋：这样的运输方式有什么样的好处？简单跟我们说一下。

周总：这个轨道运输车有几个好处。第一个好处是它对土地的局限性比较小，可以节约土地。第二个好处是轨道运输车每一次运输的重量是800斤，800斤在以往的时候需要10个工人一次的运输量，在使用这个轨道车之后，只要有油，它每天可以不间断的8小时甚至10小时满足运输。第三个好处也是最大的特点，我们在采摘时不再需要用箩筐装。以往我们需要用箩筐装，再把它从箩筐里面倒到这个筐子里面，从这个筐子里面再放到保鲜库里，这样几次来回倒运中果皮会损伤，一旦出现哪怕稍微一点擦伤后，这个果子就没办法长期存储了。所以从品质、节省劳动力、（节约）土地等方面综合评估，这个轨道运输车是非常好的。

雅秋：您刚才说在我们这个地方有5公里的轨道，通过这样现代化农业设施的辅助，可以从各方面减少成本。

周总：是的。

雅秋：在果园当中都会有一些这样黑色的管道，想问问您这些管道有什么样的用途？

周总：我们属于喀斯特地貌。喀斯特地貌土质的结构是不保水的，不保水完全没有好处。所以在我们需要上水的时候，就需要利用到这个管道，把每一棵树都布上管道。如此，可以在缺水、缺肥的时候，直接通过管道给每一棵树补水和补肥。在不需要上水的时候，就把管道关上。这样，果园就可以人为控制水分多少。

雅秋：也就是说，这不仅仅是一个水管道，也不仅仅是肥管道，它是一个水肥一体化的管道。通过小小的一个阀门来控制，给果树施肥和施水，是吗？

周总：是的。

雅秋：怎么样把握它的量呢？

周总：我们的主管上面有分管。在分管的侧面、主管的下面，每10根管子就会有一个，在主管上会有一个闸阀，基本每一次施肥可以一次施10条线或者20条线。这样每10条线上面会有400棵树，山上的配料池里面配了多少肥料，就可以均分给这400棵树，达到精准的施肥。

雅秋：就是一个非常精准的量化标准。

周总：对，是这样的。

雅秋：现在果园所有的施肥都是通过这个管道进行的吗？

周总：不是的，我们每年需要进行四次施肥，春夏秋三季的施肥都是通过这个水肥一体化的管道来（实现）的。但是基地土质的有机质比较低，我们每一年冬季采完果子、施越冬肥的时候，会在整个树周围开40公分深的环状的沟，放下80斤的有机肥。这样做，第一是能让果子的口感更好，第二会提升土壤的有机质，这样一来果子的品质就会变好，同时，土壤的结构和肥力也得到提升，进而改善土壤的健康程度。

雅秋：今天我们提到，橙子树通过蜜蜂进行自然授粉的过程中也用到了有机肥。我想大家跟我一样都有一个疑问，在这个过程当中树最害怕的是虫灾害，那么我们是怎么防虫的，在防虫有机部分又是怎样做的？

周总：大家可以看到我们的院子里挂了好多仿生球，这个仿生球和以往的粘虫板不一样，它可以重复利用，今年使用了之后，把它收回来，把上面的胶去掉，明年可以重新刷上胶，反复利用。这样，白天的害虫里几乎有一半都可以被这个球捕捉住。但是晚上这个粘虫剂就没有办法（发挥效果），所以我们又在果园里安放了50盏灭蚊灯。夜间行动的虫有向光性，这个灭蚊灯几乎可以覆盖到整个园区，让整个园区里的虫看到灯光就扑过来，我们就利用灯光进行物理捕杀。

雅秋：通过生物方式和物理方式，对这些虫害进行有机处理，既能保证果品的有机程度，同时也能够很好地去除虫害对果树的影响。

周总：是。

雅秋：在这个过程当中，除了这些看到的（方法），在一些设备不能做（的事情上），咱们技术工人是不是也有一些自己的小窍门、小方法来防治虫害。

周总：对，是这样的。我们发现整个果园的灭蚊灯是通过灯光和风扇的吸收，但是没有气味识别。后来，工人在实际考察之后，改装了灭蚊灯，自己加装了一个糖醋液的配比，让它不光有光、有风扇，同时还有气味性的吸收，全方位地对害虫进行诱捕，进行捕杀。

雅秋：所以咱们通过技术人员的研究和现代化设备的运用，来保证果的品质。

周总：是的。

雅秋：刚才通过陈镇长和周总的介绍，我们知道现在鸡场镇整体已经达到了1.2万亩的种植规模。那么多的水果是通过什么方式销售出去的呢？现在我们看到，我身后的网红直播带货团队也已经进入到了基地当中。你好。

罗云华：你好。

雅秋：你们现在在做直播准备吗？

罗云华：对，现在在做直播前的一些调试和准备工作。

雅秋：您怎么会选择来到这里做直播？

罗云华：首先因为这个地方是四季果园，每个季节都会有成熟的水果，这样就保证了我们可以供给网友更多选择，每个季节都可以上新品。

雅秋：你们来了多长时间？

罗云华：我们是了解之后，9月底才开始过来播的。

雅秋：现在你们直播的效果怎么样？

罗云华：目前我们的效果还不错，顾客收到我们的橘子反馈都挺不错的，说我们这边的口感比较好，很甜，果味又很浓郁。

雅秋：谢谢您。刚才我们也给大家介绍了很多关于晴隆果园和果园背后的故事，相信您已经对我们这片山地果园产生了非常深刻的印象。其实因为晴隆县所处的黔西南州气候环境多元，这里产生了很多像这样的特色产业，在乡村振兴的过程当中，也通过这样立体气候的优势，把荒山野地变成了绿水青山，把绿水青山变成了金山银山。

张婕：各位网友大家好，这里是央视新闻国庆特别节目《看见锦绣山河丨江河奔腾看中国》。现在画面中呈现的是发源于珠江源马雄山的两条江，南盘江和北盘江，南北盘江在此处汇合，两条源流均源于云南曲靖地区的大山深壑。一条在云南境内向南流淌到广西后，沿贵州与广西交界处向东流，称为南盘江。另一条向东北流入贵州后，再向南流淌的称为北盘江。

经过千弯万曲、千难万险，南北盘两条江最终欢欣相逢，汇聚到了一起。开头同根同源，中间各朝南北，最后又相拥相抱，这种先合又分、分后又合的奇特现象，细究起来却又是一种地理上的必然。这是因为云南、贵州、广西三省（区）的交界地带具有西北高、东南低的特点，所以珠江上游的河水最终分流成南北盘两条江，却又能向着同一个奔流，经过千转万折，最终归拢到一起，形成了中国唯一的由江入河的奇特景观。

现在在画面中看到的就是两江汇流的地方，名叫双江口，也称三江口，位于贵州省望谟县蔗香乡，坐落在红水河北岸，河对岸是广西。南北盘江在此处汇流，成为珠江水系的红水河。

跟随镜头远远望去，眼前这条长长的、宛如盘旋在江上的水上之路，就是蔗香客运码头。2009年蔗香客运码头建成投入使用，泊位为500吨，堆场面积达2000多平方米，是红水河上游第一个重要的渡运码头，也是西南水域出海通道中线，航运扩建工程中贵州南下两广水路的咽喉之地。

乘船顺江前进，两岸植被茂盛，郁郁葱葱，经过望谟县蔗香乡后，我们就来到了位于贵州的天生桥水电站。天生桥一级电站处在珠江流域的南盘江上，位于广西、贵州、云南交界处，是红水河水电资源T级开发的龙头电站，是国家"八五"计划的重点建设项目。它的开发建设是我国实施西电东送战略的重要组成部分。天生桥一级电站具有较为明显的技术先进性，其堆石填筑量、混凝土面板面积等指标均为同类型坝世界第一。

顺流而下，离开贵州，进入广西，我们的航拍镜头即将带你领略红水河第一湾与沿岸的风土人情。红水河是珠江水域西江的上游，在夏季丰水期的时候，湍急的河水因携带上游地区的灰色泥沙会变成红色。而在其他季节，水量不大、流速不快的时候，河水就呈现出翡翠一样的碧绿色。在广西河池市东兰县境内，穿行崇山峻岭间的红水河形成了一处180度U形的大湾，被称为红水河第一湾。其河道狭窄，两岸高山耸立，直插云天。每当晨曦或者雨后，峡谷间云雾缭绕，若隐若现，雄浑之中透出灵动婀娜，大自然的鬼斧神工让人赞叹不已。

红水河在广西境内，全长115公里，河道蜿蜒曲折，两岸奇峰异谷，秀美与险峻并存。红水河一路向前，我们也即将看到位于广西来宾市石龙镇三江口的壮美画面。石龙镇地处象州县西南部，红水河自中塘村西入境，由西北向东南流入黔江。三江口是红水河、柳江和黔江三条江的汇流之处，而这个三江汇流处正是我国珠江至西江经济带上的重要节点。这条经济带连接着我国东部地区与西部地区，横贯广东、广西，上连云南、贵州，下通香港、澳门，是珠江三角洲地区转型发展的战略腹地，是西南地区重要的出海大通道。如今这里的航道可以通行3000至5000吨的船舶，船只从这里顺江而下，可直达粤港澳大湾区。

看完了三江口汇流，下一站就是桂林山水甲天下，珠江的支流——漓江。江作青罗带，山如碧玉簪，漓江流经广西壮族自治区桂林市，其风景秀丽，山清水秀，洞奇石美，是驰名中外的风景名胜区。有人说漓江是桂林山水之魂，也有人把它评为全球最美的15条河流之一。漓江通过灵渠沟通湘江，连通长江水系，流域总面积为1.2万平方公里。沿岸喀斯特地貌有200多平方公里，在2014年被列入世界自然遗产。

清、奇、巧、变四个字被称为漓江的特点。漓江的景点可概括为"一江、两洞、三山"，一江指漓江，两洞为芦笛岩、七星岩，三山分别为独秀峰、伏波山、叠彩山，这些都是桂林山水的精华所在。漓江像一条青绸绿带，盘绕在万点峰峦之间，奇峰夹岸，碧水萦回，犹如百里画廊，让人流连忘返。

近10年来，漓江的沿江环境综合治理持续向好，接下来我们跟随记者的镜头一起乘排筏游漓江，沉浸式体验山水相融的灵动。

邓君洋：央视新闻的观众朋友们大家好，我是总台记者邓君洋，我现在就位于漓江的江面上，让乘坐着竹筏看看漓江。大家透过镜头可以看到，在漓江的江面上峰峦叠翠，碧波荡漾，山影倒影于水中。我们乘坐着竹筏游览在江面上，仿佛就置身于水墨画之中。在地图的坐标上，漓江位于桂江的上游，并汇入西江。今天我们就请到漓江草坪段的管理人员，让我们一起来听听漓江的故事，听听漓江的特点以及治理的故事。坐在我身旁的这位嘉宾是桂林市雁山区草坪回族乡的书记，请罗书记给我们做一下自我介绍。

罗云华：全国人民，各位观众，大家好，我是桂林市雁山区草坪回族乡党委书记罗云华，今天由我带领大家游漓江。我们漓江草坪段约8.5公里，江面上风景秀丽，山峰林立，江水就如碧玉一样，有"桂林山水甲天下"之说。我们草坪回族乡是一个有山、有水、有洞、有少数民族聚集的地方，这里美丽而神奇。全县人口不多，只有5000多人，但是有2000多回族人口聚集在这里，各民族相依相居，互相交融。我们的景色非常美，从上游过来，有九牛望三洲、有望夫石。大家往我身后看，远处的山有一个像古代的官帽子，就叫官帽山。

邓君洋：看到了，一座座像官帽一样的小山堆。

罗云华：对，它下面有个洞，就叫管岩洞，管岩洞是漓江上面亚洲开发的最大的一个岩洞。

邓君洋：对，我们在这两天的采访中也走进管岩洞里面看了。一些还没有来过漓江的朋友，包括一些小孩子、小学生，他们走到管岩里面感到惊奇，因为这是一个七彩的山洞，特别漂亮。

罗云华：是的，我们的洞号称"水陆空"，洞里面有水面，大概有50多亩，洞的水面是浮桥相连。空就是空中，有电梯，这部电梯是亚洲岩洞内最高的一部电梯，能达到100多米。陆，是指洞里面有小火车，你想想这个洞里面都能开小火车，这是多么神奇，这个洞得多么大。希望大家能够一起来探险，探索我们的岩洞世界。我们管岩景区这两年也开发了一个研学项目，让游客能带小孩过来。这里有一个团队是（由）博士生和硕士生（组成的），他们带领小朋友探险岩洞、学习岩洞知识，为我们国家培养更多岩洞专家、地质人才。

邓君洋：好的，我们在这两天的采访中，除了游览漓江，也到了岩洞进去探洞，坐着小火车，看着七彩的岩洞，感觉很奇妙。坐着小火车穿越喀斯特的岩洞，看到这周围秀美的风光，每一个来游览的游客都不能不为之动容。但是我这几天也从周围一些村民那里了解到，在10多年前这一代曾经出现过在沿江沿岸胡乱搭建烧烤餐点、小餐饮店等情况，我们也想请胡老师讲讲这些年的治理故事。

罗云华：这些年我们秉行着"保护漓江就像保护我们的眼睛一样"（的原则）来保护着桂林山水，开展了治理"四乱一脏"的活动。比如，对这边的石头和沙滩进行了整治，有些群众为了方便，就在沙滩上取沙子、挖石头，造成了漓江的破坏，我们通过教育让他们放弃了这种不好的行为。另外，我们也在漓江500米范围之内引导农民种果树，不再规模化地养鸡、养猪，因为这些污水都会污染漓江的生态环境。目前整个漓江流域500米范围之内是没有规模化的养猪、养鸡行为的。再比如大家看到的排筏。

邓君洋：排筏也是经过专门治理的？

罗云华：对。

邓君洋：我听一些村民讲过，在十余年前，沿江上面曾经出现过超载游客、混乱经营的情况，这也影响了当时漓江上面健康的旅游秩序，这些都需要统一的规范经营管理。

罗云华：对。

邓君洋：我们这边是怎么样的做法？

罗云华：竹筏中有一种是我们的运营筏，大家看到的飘着红旗、上面有遮阳棚，能遮雨的筏是经营筏。区别于一些沿江群众用来购买生活用品等的自用筏，经营筏才是有权利运营游客、载运游客的，这样就有效杜绝了超载和乱载的现象。现在我们的竹筏都是公司化运营，实现统一管理、统一经营，这样使到了这里、乘坐竹筏的游客更安全、更温馨、更放心，让我们能够更好地享受桂林山水。

邓君洋：我们也看到了江面上整齐的竹筏，这些应该是统一的设计、生产、管理的，长的基本都是一个模样。同时，听竹筏上面的员工讲，他们也要经过统一的培训、考试，合格以后才能上岗。

罗云华：是的。

邓君洋：您给我们介绍一下。

罗云华：现在竹筏的筏工都是经过培训、考核后进行规范作业的，使游客更加安全，在上面的感受更加温馨。

邓君洋：现在我们乘坐着排筏游览在漓江上面，感受到的是如仙境一般的水天一色、碧波荡漾。透过江面，我们可以看到江底的石块和水草。游览在漓江上，我们看到这里不单单有排筏，还有刚才经过的一些大的游轮。现在正逢国庆的假期，大家游览的兴致比较高。罗书记，我们看到了这片美景，在绿水青山不断的治理保护下面，老百姓也是吃上了旅游饭，规范经营。给我们讲讲您了解到的一些村民的故事，包括目前做筏工、经营民宿的情况吧。

罗云华：好的。这条江规范管理后为群众带来了巨大的财富。我们现在有150条规范运营的竹筏，为每个筏工带来4万元左右的收入，光竹筏这一项一年下来就有约600万的收入留在了草坪。另外，还有50多家小饭店、小餐馆在规范管理、规范运营中。一个饭店大概能解决10个就业人口，也就是说共计可解决约500个人的就业岗位。这样来看，一边为群众提供了很多就业岗位，一边也能真正地保护漓江，又从保护漓江中获得了很好的收益。现在一些青年都从大城市回来了，他在这里既可以挣到钱，还可以管到家，非常高兴他们能留在这个地方，从而实现了乡村振兴。我们在乡村振兴的时候，首先是人才的振兴，年轻人回来就带来了技术、资金等，民宿也由以前低端的慢慢地向高端民宿转变，加大投入后，有一个专营。目前的高端民宿也有十多家，游客到了之后，能感觉到山更美了，人也更美了。

邓君洋：现在这已经不仅仅是一个景区景点，也成为一种休闲的度假方式了。

罗云华：是的。

邓君洋：现在我们跟游过来的排筏打个招呼，游客们，国庆快乐，漓江好美。好的，现在我们的排筏也逐步靠岸。

罗云华：对，我们从2013年开始就向沿江地区投入了大量的资金，来建设漓江百里生态长廊。这个百里生态长廊从桂林市一直到阳朔，是很壮观、很美丽的线路。

邓君洋：所以不单单是漓江草坪这一段，整条漓江都是一个百里的画廊。

罗云华：对，都是这样的。我们草坪的特点是桂美云居、岭南风格，我们看到的房子会有马头墙、坡屋顶、小青瓦等徽派建筑的元素。夏天雨后，雾气升起，徽派的建筑在云雾当中隐约可见，让我们感觉自己好像是在仙境中过生活。所以很多人说，你在那个地方上班，就好像天天待在景区里面，好幸福啊。我也感觉到能够在青山绿水间上班，能够在这里生活，是一件非常惬意的事情。我也想为漓江两岸的群众做更多工作，为他们做更多、更好的服务，保护好这片山山水水，让游客来了之后还想来，来了之后不想走，让更多的朋友在这里生活。

邓君洋：对，通过我们的治理，通过政府人员不断的宣传，老百姓的心也会受到影响，了解到我们需要保护这片绿水青山。

罗云华：是的，前年我们桂林市就争创全国文明城市，已经获得了（该称号）。很有幸，我们草坪乡草坪村也获得了全国文明村镇，虽然这个村的人数不多，只有2000人，但是大家都保护漓江，爱护漓江，保护我们的环境，养成一个良好的文明行为，所以获得了上级的表扬，也获得了全国文明村镇的称号，非常开心。

邓君洋：好的，我们听着罗书记的讲解，也特别想到村子里面去看看。现在排筏逐步靠岸，大家透过镜头看到的就是漓江草坪段的草坪码头。草坪乡是一个回族乡，回族的人口已经占了将近40%。

罗云华：对。

邓君洋：但是我们通过衣服也可以看出，这里的少数民族同胞不仅仅是回族，还有壮族、瑶族等，现在他们正在向我们招手。

罗云华：群众在这里过节、表演，欢迎全国来的游客，让他们感受到我们壮乡的风格，感受到草坪回族乡少数民族的表演，陪大家开开心心地过国庆节。

邓君洋：我们一起上岸感受一下少数民族的氛围。大家好，国庆快乐。介绍一下，您是草坪乡什么民族的？

吴师傅：我是壮族。

邓君洋：一直居住在这里？

吴师傅：我居住在船上，我是渔民。

邓君洋：这位应该看得出。

嘉宾2：我是回族的。

邓君洋：怎么称呼您？

嘉宾2：我是潜经村的——白崇禧的老家，潜经村。

邓君洋：好的，今天我们乘坐着排筏一路游览下来，现在到了草坪码头，来看看草坪山。现在在我身旁的这位是桂林市雁山区草坪乡草坪村的村主任，这一天的采访中我也和他了解到很多有关草坪村少数民族聚集村落的故事。先给我们介绍一下这个很特别的村落。

赵小发：大家好，我是桂林市雁山区草坪回族乡草坪村委书记赵小发。我们草坪村是一个多民族聚集的村落，下辖4个镇村，8个生产小组，人口约为2500万。这里主要聚集的有回族、壮族、侗族、瑶族等，是一个多民族融合的大家庭。我身边这里有苗族的姑娘、壮族的姑娘，还有回族的小伙子，他们在一起欢声笑语，还跳起了竹竿舞，为四面八方的来客营造了一个欢乐的气氛，体现了我们的民族融合。让我们也一起享受一下。

邓君洋：我们一起跳过去一下。

赵小发：好。

邓君洋：现在正逢国庆，大家欢歌笑语，少数民族的同胞们也跳起了少数民族的舞蹈。我们还可以看到江边有一些桂林当地的画家，他们正在作画。您好。

嘉宾3：你好。

邓君洋：依山傍水，我们一早上就过来作画了，是吗？

嘉宾3：对。

邓君洋：我看到您画的是漓江山水的美景。

嘉宾3：对，都是实景写生。

邓君洋：已经在这里沉醉了一个上午了，做出了这么精美的作品。

嘉宾3：画了挺长时间了。

邓君洋：经常有很多画家在漓江沿岸作画。

嘉宾3：有很多，我的朋友都喜欢来这里。

邓君洋：（我）感受到了这种很秀丽的风光，谢谢。现在正逢国庆假期，漓江沿岸也有不少游客过来观光游览，在草坪码头草坪乡上，少数民族的同胞们正在欢歌起舞，他们跳着竹竿舞欢迎着各方来客。在这几天的采访中，我们也了解到，通过近几年来对沿江两岸生态环境的治理，沿江的农村人居生活水平也不断提高，沿江一带，就是草坪村一带居民人均收入已经超过了1.8万元，农村环境整治漓江沿岸一带也超过了140万人，绿水青山在不断地释放着生态红利。我在漓江草坪段的情况就是这样。

张婕：大藤峡是广西最长、最大的峡谷，此处的大藤峡水利枢纽闸门高达47.5米，是目前世界上最高的闸门。大藤峡地处我国西南水运出海的咽喉要道，传说古时有大藤如斗，横跨江面，因而得名。大藤峡船闸闸门被誉为天下第一门，比三峡闸门高出9米，相当于2.5个篮球场大小。大藤峡船闸投入使用后，西江年货运量提高了3倍，由1300万吨提升至5200万吨。接下来我们跟随记者的镜头，一起去了解现在大藤峡水利枢纽的相关情况。

王洁：各位央视新闻的网友大家好，我是总台记者王洁。我们现在在广西桂林的大藤峡水利枢纽。大家往我右边看，这就是非常壮观的大藤峡水利枢纽。大藤峡是广西最长、最大的峡谷，在广西一路奔流的西江，从这个广西最大的峡谷里流出。大藤峡水利枢纽的位置非常关键，它是广西建设西江亿吨黄金水道的关键节点，处于西江的最后一个峡谷的出口之处，它控制着西江流域面积的56.4%，也控制着整个西江水资源量的56%以上，同时它也是防汛的关键控制性工程。大家可以通过这个地图直观地看到，大藤峡水利枢纽的建成，等于在西江流域上设置了一个水龙头，通过控制这个水龙头，可以在洪汛来临时有效避免来自西江和北江的洪水相遇，进一步保证大湾区城市群的防汛安全。

大藤峡水利枢纽还有一个特别大的亮点。现在是船运非常繁忙的时候，大家往船闸出口看，这已经是我们早上到现场第二次看到船闸。这个船闸被誉为"天下第一门"，也是现在世界上最高的船闸。我们为了给大家更好地进一步介绍船闸，也邀请到了大藤峡水利枢纽船闸管理中心的韦科长。韦科长可以给我们介绍一下，现在大藤峡水利枢纽航运的情况，我知道现在是枯水期，现在每天大概的航运数量和规模什么样？

韦仕朝：虽然现在是枯水期，但是我们一天可以能够上市下市拔闸的运行，每站都是满站运行。

王洁：感觉我们身后看到的这船吨位比较大，这大概是三千还是四千吨位的船？

韦仕朝：这闸船基本是三千吨到四千吨的船舶。

王洁：您给我们介绍一下，这个船闸现在到了什么样的步骤？

韦仕朝：现在是正在下行的船舶，有序缓慢地下行，等到安全靠泊以后，进行中泄水，船舶可以顺利地往下行。

王洁：这个船闸是2020年的时候才投入运行？

韦仕朝：对，是2020年4月1日开始通航。

王洁：大藤峡水利枢纽或这个航道，在通航前和通航后有什么样的变化，比如说航运规模上？

韦仕朝：主要是巷道的改变。在没有通航前，前面的通航是300吨级船舶；通航以后，可以达到3000吨起。到目前为止，过我们大藤峡船闸的最大船舶已经差不多有6000吨级，通航能力大大提高。同时，上游100多公里已经全部趋缓，到柳树、到来宾，都可以通3000吨级的船舶。

王洁：这个航道的提升更有利于广西和大湾区过船船舶的往来穿梭，对吧？

韦仕朝：对的。

王洁：这也是在一个大背景下，就是广西现在不断地融入粤港澳大湾区，加深与珠江三角洲城市群的贸易往来。我看往下运的很多都是广西特色产品。

韦仕朝：对，往下运输主要还是建设材料，为大湾区建设奉献广西力量。上行的船舶主要是从大湾区运输回来的一些生活用品、家电等，供给广西。

王洁：刚才我们提到，这些船舶通过的这个闸门有非常大的亮点，号称是"天下第一门"。这个称号是怎么得来的，具体是什么样的难点？

韦仕朝：这目前是世界上最大的闸门，高47.5米，挡水的水头可以达到40.25米，单扇闸门重达到1295吨。这个门比三峡还高了9米，是名副其实的天下第一门。

王洁：也体现我们中国制造的能力。

韦仕朝：对，这个闸门还有一个黑科技，这个蘑菇头直径达到了1.2米，是国内目前最大的蘑菇头。它采用了很多黑科技，主要采用了高力黄铜、钨铅，是高碳高铬的不锈钢蘑菇头。

王洁：现在画面当中给大家展示的这个蘑菇头，就是刚才韦科长说的我们水利枢纽工程建设的黑科技。

韦仕朝：对，蘑菇头在加工过程中是一次成型，可以说是在配合人字门安装时滴水不漏。经测算，蘑菇头的20年磨损量是0.05毫米，可以说是我们的黑科技。

王洁：我能不能把它理解成开门时的转轴。

韦仕朝：对。

王洁：这个东西日常磨损得很厉害，是损耗品，但是为了让使用寿命更长，我们在这个上面下了很大工夫。

韦仕朝：对，没错，就是我们的门轴，常规来说可以叫轴承。

王洁：正是因为有了这个轴承，才算突破了一个技术上的难点，是吗？

韦仕朝：对。

王洁：刚才也提到了这个所谓"天下第一门"，现在是47.5米高。

韦仕朝：对，47.5米高的门，确实目前是国内最高的门。

王洁：我们在前几天时还完成了一个很重要的蓄水验收工程，是吗？

韦仕朝：对，这是我们今年一个重大的节点，61米的蓄水验收。

王洁：61米蓄水验收标志着什么？

韦仕朝：今年是水利枢纽工程很重要的节点，是为了接下来更好地发挥整体的综合效益。

王洁：蓄水验收就是最高水位的验收。

韦仕朝：没错。

王洁：就是等大藤峡水利枢纽完全建成以后，最终蓄水的水位？

韦仕朝：是的，没错。

王洁：完成这个水位，就说明我们距离完成建成仅一步之遥了。

韦仕朝：是的。

王洁：完全可以按照建成的标准来进行水位的蓄水。

韦仕朝：没错。

王洁：我们一直在看往下行的这些船舶，它们在下行后会到什么地方？

韦仕朝：这些船舶主要还是到大湾区。

王洁：我们现在单纯地只看这个航道，就可以看到正在过船的这里停着六艘船舶，但是大家没有看到往下行的、前往西江的航道，今天一上午已经过闸了好多船舶，其实现在在西江下游也是停靠着很多船舶。

韦仕朝：这是下游。上游也有很多船舶在等待。

王洁：我们通过画面给大家展示一下，一直再往上游看，镜头往下游看，早上时就有很多艘船，现在已经过了第几闸了？

韦仕朝：现在我们正在下行的第二闸。

王洁：我们每天能保证多少？

韦仕朝：进入枯水期，水偏小，但是也能够保证上山下山，力争上市下市的运行闸次。

王洁：现在正好是国庆期间，您也依旧坚持在岗，国庆期间大藤峡水利枢纽有多少员工还坚持在岗？

韦仕朝：我们水利枢纽工程有超过2000人在现场值班，包括船闸管理中心的员工们，为了保障安全通航，现在是采取24小时值班值守制。

王洁：你们为大藤峡的建设保持在岗在位。我知道现在是建设的关键时期，也是加紧推进工期的时期。

韦仕朝：是的，没错。

王洁：现在目前还差哪些工程，就能够实现全面建成了？

韦仕朝：主要还是五台发电机组，现在正在慢慢的收尾阶段。今年我们要两台机组发电，明年年底要全部发电，全部竣工。

王洁：我们大藤峡水利枢纽有五个重要的综合效益，发电、供水、航运、防洪，还有一个是什么？

韦仕朝：灌溉。

王洁：保证下游用水。现在为了保证生物多样性，也建设了一些这样的生态鱼道，保证鱼类的洄游。

韦仕朝：对，这也是我们的亮点之一，生态鱼道。就在我们前面两三公里的南部江湖畔，有生态鱼道。

王洁：是的，一会我们会到南部江生态鱼道，给大家进一步介绍大藤峡水利枢纽在做的一些工作。

韦仕朝：是的。

王洁：韦科长，您在大藤峡工作几年了？

韦仕朝：已经有3个年头了。

王洁：也是见证了大藤峡水利枢纽的成长和变化。

韦仕朝：没错，在这里最大的感受是，这个地方的航运确实提升了几个等级。

王洁：除了这个，您能感受到水利枢纽对于两岸百姓，或者对上游和下游的群众来讲有没有什么样的影响？特别对库区的老百姓而言有哪些更大的影响？

韦仕朝：特别是对库区的老百姓，整个庞大的渠化大大增加了通航能力，促进了地方经济发展，也发挥了重要的作用。

王洁：我们这个航道发生了很大改变，整体拓宽了，变得更加宽敞开阔。

韦仕朝：对。

王洁：谢谢韦科长。刚才我们一直提到，大藤峡水利枢纽的建设让我们上游库区渠化，也就是让上游水位提升，让航道变得更加宽敞开阔。刚才大家看到这个航道确实是非常壮观，但是你能想象吗？过去的这里是另外一番模样。过去，这里被称为"魔鬼航道"，船舶想经过这里，还得专门请一位送滩师傅，也就是类似于领航员，专门带领大家过这个地方。如果没有送滩师傅带领着过这个航道，船舶很可能就会在这里发生触礁，发生危险。接下来我们也通过一个送滩师傅的故事，跟着他的视角，一起去了解航道这些年的变化。

王榜朝：我叫王榜朝，在西江开船二十几年了。记得我第一次上船的时候才五六岁，还很小，看见老爸他们开船上滩的时候，七八个人在岸边一边擦汗，一边用绳子拉船，只是觉得有趣。后来慢慢长大了，父亲也老了，我就跟着父亲和师父学开船，后来我就成了送滩师傅，专门带不熟悉航道的船家过"魔鬼航道"。

这里马上就要进入魔鬼航道，这里有二十几道弯，没有直的航道，全部都是弯的；礁石多、急流多，加上因为水流很急所以速度不能慢下来，很危险。

黔江流域的勒马滩这一带，就是人们口中的"魔鬼航道"，每到这个航段，船家都要请我们这种熟悉航道的送滩师傅引航通过。小时候也看见过其他船触礁，船就烂在那里，旁边搭着一个帐篷，人留在岸上，等着别人来帮忙救援。很辛酸，一艘船就是全副的身家了。

2003 年因为发生了触礁，我都不想跑船了，有卖掉船的冲动。师父也跟我们说，有时候事故是避免不了的，你只要往着好的方向走，能挺过来就好了，不要灰心，困难只是暂时的。

后来的几个月，师父就经常来带着我跑船。师父说，再跟着重新学一遍，把心态放好，看准每一个滩，就很容易掌控（船）了。人生就像开船一样，看准船头的方向，往前看，往远处看。

生活在船上，就是装货、卸货、开船。平时等待装卸货的时候，就划着小船去买菜，这份工作平常又简单，护送一船又一船过滩，做久了，慢慢也喜欢上了这种感觉。现在大藤峡蓄水起来了，险滩被淹没过去了，以前只有几百吨的小船能通过，现在几千吨的大船都能过、航道也好走很多了。最主要的是，航道的改变、船的改变、码头的改变，三合一之后，才形成今天这么好的发展形势。这让我非常惊讶，因为发展得太快，从原来的样子演变十来年走到今天，我们拥有了样样先进的仪器、测深仪、AIS 定位，还有雷达！到这里，我们已经从"魔鬼航道"完全出来了。走出"魔鬼航道"，心中的包袱就放下来了。

大藤峡蓄水之后，"魔鬼航道"没有了，我就买了船，专心跑自己的船。我的梦想是拥有一艘 6000 吨的大船，就像我师父说的，西江的水上人，敢拼敢闯，就像过险滩，放平常心态面对，坚持走下去。滩滩惊险滩滩过，天天送滩天天过，要站得高、看得远。开船是这样，做人做事也是这样，只要努力，梦想以后肯定能实现，这才是我们西江的水上人。

张婕：大藤峡水利枢纽建成后，改变了珠江至西江防洪及水资源配置格局，为了防止江海洄游鱼类的通道被阻隔，在大藤峡水利枢纽设计之初就规划了黔江主坝过鱼通道和南木江副坝仿生态过鱼通道。独特的主坝、副坝双鱼道设计，充分满足了鱼类的过坝需求，为流域生态保驾护航。

接下来我们跟随记者的镜头一起走进这条鱼类洄游繁殖的生命通道。

王洁：各位央视新闻的网友大家好，我们依旧在大藤峡，为大家介绍大藤峡水利枢纽的情况。刚才我们说过，大藤峡水利枢纽在建成之后一直把生态保护摆在首位。我们现在就在大藤峡水利枢纽的南木江生态鱼道，现在往水池里面看会有惊喜，我们看到很多非常可爱的小鱼，这些小鱼都是大藤峡水利枢纽工程为了保护生物多样性而做出的工作。我们也请到了大藤峡水利枢纽生态鱼道中心的张科长给我们介绍，这个看着非常像公园一样的地方，具体起到什么作用？

张家豪：大家现在看到的是大藤峡南木江仿生态鱼道。为什么作为水利工程要建设鱼道呢，主要是因为我们在水利工程建设过程当中，修建大坝会对江河鱼类的洄游通道造成一定影响。因此我们通过建设鱼道这种工程措施，打通鱼类洄游的通道，满足鱼类的繁殖需要。

王洁：让鱼类依然有向上游洄游产卵的生命通道？

张家豪：对，就是一条生命通道。

王洁：我们看到远处的是双鱼道的设计，我听说这在全国水利工程当中都是比较罕见的。

张家豪：对，整个大藤峡水利枢纽工程的布局建设了两条鱼道，我们现在看到的是南木江副坝，下面是南木江副坝的仿生态鱼道。在我们黔江主坝上面，还有一条黔江主坝鱼道，这在全国的水利工程当中是比较罕见的。

王洁：而且我也听说这是全国最完善的一个水生态系统了？

张家豪：是的，因为大藤峡整体是一个水生态保护体系，我们简称为一中心、双鱼道、双增殖站、五产卵生境。一中心主要就是面向整个珠江流域建设的红水河珍稀鱼类保卫中心，它的主要作用是保护珠江流域的鱼类资源。

王洁：我们现在靠近这个鱼道发现，鱼是不是被我们的声音吓跑了？

张家豪：对。

王洁：那我们得说话小声一点。

张家豪：鱼主要是对光线、声音、水流等物理特性会有一些比较敏感的反应。

王洁：您能认得出来现在鱼道里面主要有哪些鱼吗？

张家豪：我们现在能看到的有四大家鱼，比如鲤鱼、草鱼等占比较大，另外看到大的那个是广东鲮，是鲮。还有前几天我们在鱼道巡查的过程当中，也看到少量的华鳗鲡，这是国家保护动物。

王洁：那说明我们在水质保护或者品类繁育这方面也做了一些工作。

张家豪：对，大藤峡水利枢纽工程在鱼类保护上投资建设了两个增殖站，一个是大藤峡鱼类增殖站，还有一个是来宾市红水河珍稀鱼类增殖放鱼站。这两个（增殖站）通过人工繁育手段，成功繁育出15种鱼类。我们把它培育到一定的规格，大概10公分到12公分时，再人工投放到自然河道中，来补充自然河流中鱼类资源的不足。

王洁：咱们最近也举行了一个这样的放流活动，是吗？

张家豪：是，在9月30日的时候，我们有一部分鱼苗培育的时间比较长，也达到放流规格了。当时投放了25万尾鱼苗，都是我们自主繁育的。

王洁：等于是补充自然鱼道里面鱼类的品类和数量。

张家豪：对，就是人工补充自然资源的匮乏。

王洁：现在我们可以说投入运行以来，这个鱼道也是成为鱼儿栖息的天堂，是吧？

张家豪：对。

王洁：我们这样做的一个很重要的目的是保护自然里的生物多样性的繁殖和稳定。

张家豪：对，尤其南木江鱼道比较特殊的地方在于，它是一个仿生态的形式，我们采用浆砌石等仿自然的工程形式，这样就会形成很多缝隙，就会有大量的藻类或者是浮游生物，可以为鱼类提供食物。

王洁：我们在这儿看到，刚才下来的时候除了这个自然鱼道，上面也有一些像鱼池一样的地方，那是在做繁育工作，是吗？

张家豪：那是我们大藤峡增殖站的一个室外鱼池。南木江这块总共有43个这样的室外鱼池，它们的主要作用是，通过人工繁育的方式，把鱼苗培育到一定的规格，再把它放到室外。

王洁：等于是有一个过渡期，先把它们放到室外鱼池里，等它们适应了外界的条件后，再放流到仿生鱼道里。

张家豪：对。

王洁：我们平时也有工作人员在这里进行监测工作，是吗？

张家豪：对。像我们的"鱼教授"。

王洁：正好在今天也碰到了现场的一位教授。咱们主要做哪方面的工作？

教授：我们是做大藤峡鱼类增殖站鱼类繁育的技术制成工作。

王洁：您在这儿工作的几年，也是看到鱼道从无到有。

教授：对。

王洁：您有什么样的感受？

教授：很欣慰，大藤峡公司双鱼道在国内是首创。我们这里看到的两个鱼道是52米和61米，右岸还有一个工程鱼道，那个现在已经在尾声了。

王洁：您平时会到这里来监测，看一下鱼的种类、数量，是吗？

教授：是，看一看我们增殖放流的效果。

王洁：看看它们是不是健康快乐。

教授：对，你看这里眼睛是红色的就是赤眼鳟，有点土黄色的就是广东鲮，也就是土鲮。随便看看，都有好几个品种。

王洁：我听说咱们还有一个博士团队在做增殖研究、科研工作。

教授：对，我们做技术支撑的科研团队里有3位博士、4位硕士。因为我们想做水电工程保护，所以有些原来在农业生产中没有弄清楚的鱼类，为了保护，为了繁殖幼体，我们要从头开始研究，从生物学、繁殖生命学、生态学开始研究。

王洁：接下来还会进一步扩大、完善仿生态鱼道吗？

张家豪：会，我们是从去年开始监测鱼道的，去年我们监测出来共有21种鱼类，今年我们会进一步监测这个鱼道的过鱼效果。之后，我们会优化调度方式，针对不同的鱼类调度不同的流量。

王洁：我们看到鱼的种类越来越多，鱼道越来越能发挥好作用，也看到大藤峡水利枢纽西江干流生物的多样性能够越来越稳定、持续。好的，我们今天在大藤峡水利枢纽为大家介绍了西江上"三峡"的情况。我们也了解到了大藤峡水利枢纽现在已经发挥了它的综合效益，现在大藤峡水利枢纽也在抓紧建设当中，预计到明年年底时就将全面建成，到那个时候将会进一步发挥它的效益，也将为广西进一步融入粤港澳大湾区注入新的动能。以上就是我们在广西桂平大藤峡水利枢纽了解到的情况。

张婕：跟随航拍镜头我们来到被称为"三江汇流之地"的广西梧州。梧州位于广西东部，地处西江黄金水道，是珠江至西江经济带的重要节点城市。它紧靠粤港澳大湾区，为三江汇流之地，桂江和浔江在此合二为一，化作西江继续东流。

梧州有着2200多年的文明史，是岭南文化的发祥地，粤语的发源地之一。梧州在历史上便是西江上游的经济龙头城市，如今梧州港是华南第二大内河港，也是广西东部的水上门户。三江汇流之后，珠江进入广东省内，我们一起去看看。

这里是央视新闻国庆特别节目《看见锦绣山河丨江河奔腾看中国》，我们继续随珠江顺流而下，来到广东肇庆。几叠风帆挂夕阳，万重云嶂锁羚羊。岚影夹船春水绿，林坳系缆暮烟苍。在西江的肇庆城区下游有一段峡谷，名为羚羊峡。羚羊峡有小三峡之称，山高林密，峭壁嶙峋，摩崖千尺，层林叠翠，传说仙人赶着一群羊经过此峡，见这里的山川秀美，就将一头仙羊放下，此处因而得名羚羊峡。据《肇庆府志》记载，高要峡山有灵羊，每出鸣，风雨随至，峡因此而得名。

青山相对出，落霞天边来，西江是珠江水系最大的干流，全长2200多公里，其中广东肇庆段总长220公里。这一段崇山峻岭，峡谷相连，风景险峻优美。

肇庆的名字是开始带来吉祥喜庆的意思，肇庆背靠我国大西南，是东南沿海通往西南各省的重要交通枢纽。如今依托粤港澳大湾区的发展机遇，肇庆将迎来更加美好的未来。

顺流而下，就是广东佛山，佛山是珠江三角洲的美食之乡，粤菜发源地之一。接下来跟着前方记者的直播镜头，一起走进广东佛山。

秦芊茗：各位央视新闻的网友大家好，我现在在广东省佛山市西樵镇，我身后这个被清溪环绕的村子叫闸边村。村旁这条支流众多、交错纵横的河床是关山水道。在水网密布的珠三角地区，有很多像闸边村这样依水而建的村子，自古以来村民们靠水为生，以养鱼种桑为业，孕育出了独特的岭南文化。今天我将乘舟沿河而下，带着大家领略一下岭南水乡的别样风光。首先我们来欢迎今天的直播嘉宾，南海博物馆副研究馆员卢筱洪，卢老师您好。

卢筱洪：大家好，我是南海博物馆副研究馆员卢筱洪。

秦芊茗：好的，我们看见船已经在岸边了，我们来上船聊吧。在闸边村这样依水而建的村子，水道出行是大家常用的出行方式。

卢筱洪：对，我们生活都用到船。以前没有公路，都是用船。

秦芊茗：是的，我们闸边村不仅在水边，也是有着900多年悠久历史的桑园围一角。

卢筱洪：对，我们桑养有900多年的历史了，从北宋时延续至今。从最早的开口围，变迁至明代时的合围，最后变成一个大围。

秦芊茗：咱们这个"围"的意思是？

卢筱洪：把它围起来，里面可以做生产生活的用地，这一块200多平方公里的粮仓。

秦芊茗：这里也有一个。

卢筱洪：这是我们进江的两区三镇的，南海区的西樵和九江，包括现在的龙江。还有洞闸，通过洞闸来调整合冲和围力。

秦芊茗：还是很多的，又是西江、又是北江的。

卢筱洪：对，水网这一带，都通过这个洞闸。

秦芊茗：这是什么时候的洞闸？

卢筱洪：这是起源于明代的洞闸，历代都有重修。这个洞闸是用外面的门来控制里面的河，控制围里和围外的水位。这个门洞里面内涝的时候，就打开这个门，把里面的水排出去。当外面的水涨起来时，把这个门关起来，调整体内体外的。所以我们这个双阳围整个是一个综合性的（工程），可以起到防洪、排涝、抗潮、水运的作用。

秦芊茗：感觉上是物质上的循环。

卢筱洪：对。

秦芊茗：而且咱们是利用挖塘的水来种树，同时又利用树产生的一些物质来养鱼，整个是物质上的循环。

卢筱洪：对。

秦芊茗：佛山这边对烹饪鱼颇有心得，也是非常有历史渊源的，大家经常开垦鱼塘，所以我们做鱼真的是一把好手。

卢筱洪：对，利用天然的食材、天然的佐料，做出一道原汁原味的、清淡的鱼。

秦芊茗：说到这里，我的馋虫有点被勾出来了。来到这边的鱼塘，我们可以看到沿岸还保留了当地村民的鱼塘，我们今天是不是可以品尝一下，在田间地头用鲜活的食材做的地道粤菜。

卢筱洪：好的。

秦芊茗：我们邀请到了当地经验非常丰富的粤菜师傅，在岸边给我们烹饪地道的粤菜。船靠岸还需要一点时间。

卢筱洪：对。

秦芊茗：所以古代时用水道出行非常方便，现在的话显得有点慢生活了。

卢筱洪：对，慢节奏。

秦芊茗：要慢一点，谢谢。我们看到现在已经有两个粤菜师傅正在给我们准备食物了。您好，来和观众朋友们打个招呼。

吴师傅：大家好，我叫吴庸康（音），是当地的粤菜师傅。

秦芊茗：您从事粤菜行业大概多少年了？

吴师傅：超过30年了。

秦芊茗：今天要给我们带来一些什么美食？

吴师傅：鲫鱼桑叶鱼茸粥。

秦芊茗：这个桑叶和鲫鱼，感觉跟我们今天的所见所闻都有关系。

吴师傅：对，还有一些竹笋。大家都知道鲫鱼的小刺比较多，但是很鲜，让人对它又爱又恨。所以我们用鲫鱼的骨头熬汤，把它的肉和小的骨头剔出来，像庖丁解牛一样。现在，我们先把鱼肉取出来。

秦芊茗：感觉吴师傅的手艺非常熟练。

吴师傅：杀鱼杀了30年了。

秦芊茗：您说杀鱼杀了30年，因为我们这边吃鱼也非常有历史。

吴师傅：其实不只30年了，小时候帮爸爸妈妈做饭，也可以杀一些小鱼。

秦芊茗：会处理一些小鱼。

吴师傅：对，因为我们家住在河边，经常钓到一些鱼，捉到一些鱼，我们习惯了，杀一些小鱼，小鱼、大鱼都杀。

秦芊茗：我们趁着吴师傅处理的时间，我也想和卢老师聊一下广东这边吃鱼的传统。刚刚吴师傅说到，他小时候在河边经常吃鱼，今天来到这个鱼塘也是烹饪鱼这个食材。

卢筱洪：就地取材，讲究的是食材新鲜。

吴师傅：用手理一下这条鲫鱼，没有小的刺，没有刺手，证明就可以了。等一下就把鱼的骨头拿去熬汤，熬完汤，鱼肉拆了，做鱼茸粥。现在我们这个粥可以了，熬好了，里面的材料很丰富。

秦芊茗：因为时间原因，师傅提早为我们准备了。

吴师傅：你看这里面竹笋、螺丝、烧鹅皮、花生米、煎蛋的蛋皮、干鱿鱼都有的，很丰富，再把香菜和小葱放进去，后面来一滴香油，那就完美了。如果喜欢吃胡椒粉的话，还可以加一点点胡椒粉。

秦芊茗：刚刚香油下去的那一瞬间，我就已经闻到了香味。

吴师傅：大功告成了，我们拿出去。

秦芊茗：由于时间原因，师傅提前为我们准备了一道非常丰盛的鲫鱼粥。

吴师傅：我们做第二道。

秦芊茗：第二道是什么菜？

吴师傅：第二道是尖椒，用鲮鱼肉剁成鱼泥，包进尖椒。这个尖椒还有一个技巧，就是开口不要开太大了，等一下食材在里面会锁住它。

秦芊茗：这个很简单的鲮鱼。

吴师傅：鲮鱼取了肉，剁碎，拆成鱼泥。现在我们可以开始了。

秦芊茗：我们看一下，旁边的师傅正在做。

吴师傅：用我们做蛋糕挤奶油的筒做，这样干干净净，要不然用手压进去也可以。

秦芊茗：我们挤这个鱼泥到辣椒里面有什么讲究吗？

吴师傅：不要弄得太多，因为鱼泥放太多的话很难熟。我们现在花一点时间调一个酱汁。

秦芊茗：这个是什么？

吴师傅：米酒，酱油和糖，三种东西。

秦芊茗：只需要三种。

吴师傅：对，酱油的份量能够刚刚好满足辣椒的盐分就够了。因为鱼肉自己有味道。

秦芊茗：因为鱼泥是调过味的。

吴师傅：对，要不然没有足够的盐不鲜，而且鱼泥不 Q 弹，那个盐的作用很大。

秦芊茗：盐的作用很大？

吴师傅：对，鱼肉 Q 不 Q 弹，第一是看工艺，第二个看盐分够不够，盐分够了就鲜，而且盐分够了能增加弹性。

秦芊茗：盐不仅能够增加菜的风味，还能增加它的弹性。

吴师傅：米酒、白糖、酱油这三种东西混合之后，味道很醇香。

秦芊茗：闻起来有一点点像我们平时吃的腊味。

吴师傅：广式腊味的调料。

秦芊茗：原来我们平时吃的腊肠调料这么简单。

吴师傅：对，先烧锅，把锅先烧热。

卢筱洪：加了盐，那个辣椒吃起来就可以吃出弹性。

秦芊茗：这个非常简单。这个菜在咱们这边大大小小的餐馆都有吗？

卢筱洪：都有，家家户户都做，是最地道的一个家乡菜。

秦芊茗：不只是咱们这边的当地菜，还是一道家常菜。

吴师傅：对，很家常。

秦芊茗：也就是说虽然许多本地人吃到的是同一道菜，但是味道是不一样的。

卢筱洪：对，是不一样的，各有各家的做法、手工。

秦芊茗：但是不管哪一个味道都是妈妈的味道，都是家乡的味道、家的味道，也是非常有乡愁的一道菜。

吴师傅：我们先把火关小一点，让它火候均匀，这样提前放下去的跟最后放下去的，熟度几乎一样。

秦芊茗：对，我们也有很多块尖椒，但是我们要保证这一道菜每一口的品质，所以现在还要焖一会。

吴师傅：煎，不是焖。我盖上盖，是让它升温升得快一点。

秦芊茗：刚刚我们跟卢老师说到，咱们广东人吃饭讲究就地取材，无论是鲮鱼、尖椒，还是刚刚第一道的桑叶鲫鱼粥，这些都是田间地头非常常见的食材。

吴师傅：包括这个紫苏也一样，在田间地里、屋前屋后都有种的，甚至花盆里都有。紫苏可以增香，也有解毒祛湿的作用。

卢筱洪：中秋炒田螺。

秦芊茗：中秋的时候我们经常会吃的炒田螺。

卢筱洪：所以在城市里面有些人就用个花盆种紫苏，想吃的时候摘两片就放到里面做调料了。

秦芊茗：是的，也说明我们广东人吃东西非常讲究食材的新鲜程度。我刚刚看了这粥和菜，虽然说有一些配料，但调料都不能说特别多。

吴师傅：配料是为了丰富口感。

秦芊茗：味道上的调料比较少，比较清淡。

吴师傅：最大程度地保留了原味。

秦芊茗：我们要保留食物的原味。

卢筱洪：原汁原味。

吴师傅：现在我们不能用大火，大火很容易糊。

秦芊茗：得用小火。我们刚才说到广东人非常在意食材的新鲜程度，也能体现我们非常务实的一面。因为我们给大家盛上什么，就是什么样的味道。

吴师傅：现在我们就把调味汁放进去之前，把火加大，手提着盖，迅速倒进去。

秦芊茗：非常考验手速。

吴师傅：为什么呢？因为这里有米酒，如果没有盖上盖子的话，酒香味就跑出去了，菜就感受不到了。

秦芊茗：我现在已经闻到酒香出来的酱料和鱼肉的香味了。我站在这里，实在是口水都要忍不住了。

吴师傅：这样煮一下，虽然没有把辣椒放到锅上面煎，只是在煎鱼肉的部分，但也可以焖熟辣椒。

秦芊茗：这样就可以保证辣椒的口感。

吴师傅：脆，比较脆。

卢筱洪：不会软。

秦芊茗：我们粤菜非常讲究食物口感。刚才我提到咱们广东人非常务实的精神也是渗透到我们日常生活当中的。

卢筱洪：生产生活之中。

秦芊茗：无论是做饭还是做菜的时候，都会非常讲究食材的新鲜程度。

吴师傅：我们最后就放紫苏。

秦芊茗：广东人在工作、生活中，尤其是改革开放以来，都是以非常务实、进取的精神，在各行各业创出了自己的口碑。我们看到，虽然我们是在户外进行非常野趣的烹饪，但是师傅也很讲究，正在做一个漂亮的摆盘。

吴师傅：对。

秦芊茗：刚才提到，鲮鱼是非常有乡愁的，有家的味道。

吴师傅：没有勾芡却依旧能这么亮丽浓稠，是因为我们刚才放了糖。

秦芊茗：有一点糖色在里面。

吴师傅：对，煎的过程就形成糖色了。

秦芊茗：尖椒自然而然地镀上了一层非常漂亮的颜色。

吴师傅：对，有点滑。

秦芊茗：这个青椒很脆、很嫩，保持了它最大的口感。

吴师傅：为什么放几棵藤椒呢。

秦芊茗：点缀式，漂亮吗？

吴师傅：对，形成对比色。

卢筱洪：对，讲究色香味俱全。

秦芊茗：现在摆在我的面前的这道菜香味扑鼻。

吴师傅：还有一道更经典的。

秦芊茗：是什么？

吴师傅：花椒焗鱼，可以先看一下配料。

秦芊茗：您说的花椒就是川菜里面的花椒吗。

吴师傅：对，干花椒、辣椒干、姜、葱、蒜，我把这个捂住的其实就是粤菜的调料。

秦芊茗：这是加了这三个，有点川菜的风味。

吴师傅：有点川菜的味道。

卢筱洪：但是又不完全是川菜，还是本地的粤菜。

吴师傅：我们也有吃花椒的习惯，辣椒、花椒、大料都有吃。焖鱼中用了花椒，只是用料没那么多而已。现在我们把剁好的鱼腌一下，我用的是一条胖头鱼。

秦芊茗：用的鱼头部分。

吴师傅：注意一点，新鲜的鱼腌味不能放糖，绝对不能放糖。

秦芊茗：今天师傅教了我一招，就是我们腌鱼不能放糖。

吴师傅：咸鱼淡肉。

秦芊茗：一定要放盐。

吴师傅：抓一下盐，一次把味道放够。

秦芊茗：我们趁大厨正在准备的时间，还是想跟卢老师聊一下。我们刚才看到这个菜，是粤菜里吸收了川菜的食材，我感觉很多粤菜好像都是从经典的其他菜系里面吸收，博采众长，融入了自己的一些做法，创新出了新的菜式。

卢筱洪：对，比如我们现在看到的腌制配料，配料里面加的这些东西，就能够满足到本地吃粤菜的吃众，也可以满足外地人来到广东喜欢吃辣的、酸的，包容各个地方的口味。

秦芊茗：刚刚我也听到师傅说这道菜很包容，不管是哪里的人都能吃，它既不像传统的川菜那么辣，又比传统的粤菜多一丝风味。

吴师傅：有一点耳目一新的感觉。

秦芊茗：就像我们广东人在改革开放以来也是非常敢闯敢试，创造了非常多新的东西，粤港澳大湾区也是这样。师傅正在煎鱼的时候，我们先去旁边的桌子等待。我们接着刚刚的话题聊，今天吃的几道菜里面既有能体现广东人务实进取、因地制宜、因时而食的，同时也能体现广东人创新进取的一面。

张婕：这里是央视新闻国庆特别节目《看见锦绣山河｜江河奔腾看中国》，我们现在来到了珠江下游的深圳水库。深圳水库位于广东省深圳市东北部，这里是深圳绿荫覆盖最密、水源最丰富的地方之一。水源供给直接影响深港两地居民的正常生活和经济发展。如今东江供水还有哪些变化，我们跟随记者一起去了解。

王志达：潮起大湾区，风尽好扬帆。我身边的这座水库就是深圳水库，它以深圳命名，是东深供水工程的重要蓄水地。58年来，东深供水工程累计提供淡水600多亿立方米，其中为香港提供淡水277亿立方米，相当于1900多个西湖的水量，满足了香港约80%的淡水需求。此外还为深圳提供了50%的淡水需求，为东莞沿线八镇满足了70%的淡水需求。可以说香港、东莞、深圳也因为东江水紧密地联系在了一起，东深供水工程是一条生命线。

大家可以看到我现在穿上救生衣，坐在了船上，因为现在是他们日常巡检的时间。特别高兴请到东深供水工程的建设者群体代表之一，巡检员佟立辉。立辉跟我们打个招呼。

佟立辉：各位观众朋友大家好，非常高兴通过央视新闻的镜头跟大家问好，也希望大家国庆假期快乐。

王志达：立辉，我们现在可以出发了吗？

佟立辉：可以，师傅我们就开船出发吧。

王志达：立辉，我发现周边的风景真的可以用秀美两个字来形容。你们作为这里的工作者，应该工作起来心情都非常顺畅。

佟立辉：没错，你看到我们四周目光所及之处，绿化到位，基本都是植被覆盖的地方。为了保护这个水库，我们能看到的地方都被划进了水源保护区或生态控制区。之所以要维持植被绿色的状态，也是为了涵养水源，避免人们的生产生活对水库造成影响。

王志达：在我们刚才沟通的时候，你说这个水库的水质已经优于地表水二类水的品质，这是一个什么样的概念？

佟立辉：国家对于不同功能的地表水有不同要求，可能有些是景观用途。像我们这个水库是要作为水源水的，对它的要求基本上是水质稳定、水质安全，这样再经过水厂的常规的水处理工艺之后，就能够作为自来水供应到居民家中去饮用的标准。

王志达：可以说，这个等级比较高。

佟立辉：是的，是比较高了。

王志达：刚才你介绍时，我看到水面上有一些鱼跃出来。在这里我想跟大家分享一下，立辉刚才说，在这个水库里面住的鱼可是不简单。什么样的鱼能住在这里，有多少鱼可以住在这里，都是大有学问的。

佟立辉：没错，我们现在讲究生态养鱼，人放天养。我们长期和暨南大学水生物团队专家合作，每年都会调查水库里的水生物结构，比如浮游植物，也就是我们常说的藻类，还有一些浮游动物，还有鱼。在水里面也是有一个生态结构的，它的生态结构越稳定，对于水质也越有正向和积极的影响。所以，我们每年会根据这个调查结果来制订明年的投放计划，来判断可能需要我们投放哪些种类的鱼苗，才能让这个结构更加健康、合理。所以这个鱼不是随便放的，是有方案的。

王志达：对于我们来说，比较普通的鱼在这里也起到了很大的作用，它们应该是比较喜欢吃水藻类的鱼类。

佟立辉：对，这是形成一个生物链，鱼类会吃水藻，控制这个水整体比较平衡一些。

王志达：我们现在行进在这个水面上，凉风吹来，还是比较舒服的。远处的应该是梧桐山？

佟立辉：对，我们前面这是梧桐山，就是深圳的最高峰。

王志达：我们现在这几年的改造过程中，水库也是进行了几次调整，我不知道它相对于线路的位置是什么样的？

佟立辉：我拿一个图给大家解释一下，这就是我们东深供水工程的示意图。有两条，有一条蓝色的线，有一条红色的线，这边这个就是东江，东深供水工程的水源地。原来我们是通过这条蓝色的天然河道进行供水。后来为了提高供水效率，也为了保护供水水质，我们建设了一条红色的全封闭的专用输水系统。这样从东江输送到深圳水库的水，基本能保证沿线水质的稳定，不会受到一些影响。

王志达：这么多年它进行了几次改造？

佟立辉：我们工程从建设初期到现在已经经历了三次扩建和一次大规模的改造，前后已经有四次了。

王志达：像你说的以前是通过天然河道，现在是通过红色的封闭暗管来进行传送。

佟立辉：没错。

王志达：它有什么区别？

佟立辉：天然河道旁边的居民会有一些径流汇集，主要是在东莞地区。东莞的经济发展之后，或多或少的会有一些生活生产的污水会进到这个渠道里来，水质可能就会受到影响。现在我们做了一条全封闭管道，就减少和规避了这些影响，同时也把这条天然河道还给大自然，让它能发挥应有的天然径流的作用。

王志达：也就是说一切出发点都是要保护我们的水质。

佟立辉：没错。

王志达：立辉你在这儿已经工作了十几年了。

佟立辉：是的。

王志达：和老一辈相比，你作为现在的建设者、守护者，对东深供水工程有什么特殊的感情吗？

佟立辉：因为我工作之初老前辈带着我们工作，就会听他们讲起以前的一些经历，我觉得他们在我面前有双重身份。一方面，他们是这个工程的建设者和守护者，为这个工程付出了很多；另一方面，他们也是这个工程的受益者，因为大家都是有了这个工程的支撑，粤港澳地区的经济才能发展起来，大家在这儿生活的幸福感也逐渐增强。所以我觉得他们对这个工程的感情非常深厚，他们也会给我们传递一些信号，就是说你们这些后生人来了之后，现在工作生活条件都更好了，希望你们也能够扎根在这儿好好干。我觉得他们的感受和精神也比较感染我，这确实是一个使命和责任。

王志达：很朴素的感情。

佟立辉：对。

王志达：我们现在正在经过一个小岛，这个小岛应该是离大坝最近的一个小岛。

佟立辉：对。

王志达：这个小岛立辉上去过吗？

佟立辉：这个小岛我还真的没上去过。

王志达：虽然这个小岛很小，但是我看上面还有一些小亭子，一些鹭鸟在那儿栖息，其实也可以证明这个水质还是很好的。

佟立辉：没错，在我们水库像这种水鸟随处可见，我们也经常见到旁边的山上有很多小的野生动物。

王志达：还有野生动物？

佟立辉：对，所以我们水库周边从生态和环境保护的角度来讲，确实是保存着这一份天然，比较有成效。

王志达：这么多年以来，我们水库从建设到现在有一些什么样的变化？以前是什么样的，现在是什么样的。

佟立辉：我相信刚才大家在镜头里面已经看到了水库周边，我也准备了一些图片来比较一下，这个是现在深圳水库的航拍作品，这就是我们刚才出发的地方。这个旁边的建设是有一些高楼林立的，深圳的城市也发展起来了。但实际上，20世纪60年代水库建设之初是这样的场景。

王志达：还是个黑白照片，这个就是深圳水库。

佟立辉：对，这个就是深圳水库，这个就是大坝，旁边还有一些耕地荒山。这个照片也反映了深圳的变化，直观地反映出了东深工程对支撑这个城市建设和发展做出的一些贡献，确实是有非常大的变化。

王志达：确实，这几年我们为了水库的建设，为了保障水质安全，我们从很多方面对水质下了很大的工夫。我觉得也可以说是东深工程人在这方面铆足了劲、下足了工夫。

佟立辉：对。

王志达：现在我们这个船是驶向更中心的位置，是吧？

佟立辉：没错，这是我们日常的巡检，坐船主要是为了检查水面的状况是不是正常的，还有一些水面上、水库里一些设备设施的状态。像我们前面就快到了，那有一个黄色的浮标，我们一会也会靠近那看一看。

王志达：刚才我在大坝上就已经看见这个黄色的浮标了，真的非常显眼。

佟立辉：没错，我们一会也会绕着这个浮标附近，去观察一下。

王志达：我们还可以靠近，是吧？

佟立辉：对，我们日常出来巡检会到浮标附近去看看，比如上面是不是清洁。远远看我们的浮标供应的能源是用太阳能板，上面还搭载了一个风能的装置。

王志达：就是白色的扇叶。

佟立辉：对，是两个一起给它供应能量。所以我们平时巡查也会看看太阳能板有没有被脏东西覆盖。

王志达：这应该是我第一次离浮标这么近，以前都是远远地看着这个浮标。这个浮标能漂浮在水上，水下应该会有一个东西牵引着它，是吧？

佟立辉：没错，在水面以下还有一个设备舱，这个舱里面会搭载一些电池，也牵引着检测探头。

王志达：这个工作原理是什么，怎么取水样，特殊之处在什么地方？

佟立辉：这个浮标要说有什么特殊的，就是我们创新地在里面放了一个剖面装置。因为我们这个水库的水有十几米深，所以我们搭载一个剖面装置，结合这个探头，相当于是一个小车拉着它一样，能够在水下逐米逐层地进行水质检测。

王志达：可以逐米逐层。

佟立辉：立体化地进行水库的水质检测。

王志达：听你说这个我就特别感兴趣了，我相信网友也跟我一样非常好奇。我们刚才提到水下水质不错，还有鱼，虽然是普通的鱼，但是门槛挺高的。正好我今天带了一个特殊的设备，我们一会把摄像头放下去，也可以替你们记录一下水质和鱼是什么样的。

佟立辉：好。

王志达：我现在就把这个摄像头放到水里面，确实这个水质还是很清的，放下去已经有一两米了，还是可以看到这个摄像头的轮廓，我们让它在里面待一会。现在网友应该可以通过双视窗看见水下的水质，可能有一些鱼儿在这儿游来游去。

佟立辉：对，旁边的浮标现在应该也在剖面工作当中。

王志达：这个探头向下的速度是什么样的？

佟立辉：大概每分钟可以下行1米，所以整个剖面监测执行完大概是10到20分钟的时间。

王志达：这个工作频率怎么样，一天会启动几次？

佟立辉：大概是2到3个小时就会进行一次剖面监测。

王志达：这个频率还是比较高的，数据会实时传送到管理系统上去。

佟立辉：对。

王志达：看来我这次直播还是很值得，可以近距离地观看高科技的使用方法。我现在把它提上来，我们是不是可以继续巡检了。

佟立辉：对。

王志达：立辉，我们现在行进在水面上，这边是比较秀丽的自然风光，这边就是城市的街景，这种对比还是让人特别心旷神怡。

佟立辉：没错，深圳水库也是为数不太多的在城市建成区里面的一个水源地。依托这个水库，也建设了一个市政公园，所以很多居民也可以到水库周边来散步，一起共享这个环境。

王志达：在城市的建成区有这么大的一块湿地，对于人们的休闲生活，包括城市小气候的调节，可以说发挥了很大的作用。

佟立辉：没错。

王志达：在我们船的旁边有一个无人船。

佟立辉：没错，这是我们的一个无人采样监测船，这个无人船上面也搭载了一个监测探头，它和浮标不同。

王志达：看见了，它刚才还在动。

佟立辉：对，它就可以做一个水库巡航式的在线监测。

王志达：这个小小的，很可爱。

佟立辉：没错，而且这个船舱里面还有一个采样装置，它还可以定点地执行水质采样的工作。

王志达：这也算是你们的同事了吧？

佟立辉：没错，是一个小伙伴。

王志达：那应该可以解放一些人力，提升科技含量。

佟立辉：没错，而且你看船上还搭载了摄像头，像两个小眼睛一样，有时候它也可以代替人工开船出来巡查水面，确实发挥了很大作用。

王志达：这个小眼睛还冲着我们看，有一点监测我们的感觉。

佟立辉：它也是在四处巡视水面的情况。

王志达：这个无人船平时工作的频率和作用是什么？

佟立辉：这个无人船大概每天都会让它出来，但是它每天出来的航线和工作任务可能不太一样。有的时候是给它一个定制航线，让它自己出来工作，巡航结束就回去。也有时候会因为一些特定的工作需求，由岸上的同事操控它，到指定的地方去进行监测或者采样。

王志达：通过无人船，我确实感觉到了东深工程人为了水质的监测铆足了劲儿、下足了工夫，真的是科技感满满。

佟立辉：没错，我们在水库的水质保护和管理上，除了这些监测运用了高科技的手段之外，还上了一些工程的基础措施。比如我们现在前往的方向就是生物消化工程，这个工程就在东江水进入深圳水库入口的地方，所有进入深圳水库的东江水都会先进入这个工程的处理。

王志达：最后一关。

佟立辉：对，最后一关。

王志达：它的作用是什么，或者这个消化站最有特点的地方在哪里？

佟立辉：这个生物消化工程是20世纪90年代末建成的，当时就采用了一种比较简单但又特别成熟的生物预处理方式，但是这个方式应用在水源水的预处理上不多见。而且，这个工程当时建设的规模比较大，每天能够由这个工程处理的水量可以达到400万吨。

王志达：400万吨，这不是一个小数目。

佟立辉：没错，就是利用这种形式的工程来进行处理，这个处理量现在还是世界之最。

王志达：20世纪90年代的工程，现在还是世界之最，这太不容易了。

佟立辉：对。

王志达：据我了解你们还有一些实验室也在进行水质监测？

佟立辉：是的，像刚才无人船小伙伴采集的水样，我们在它到了岸边之后就会立即送往检测中心。检测中心是一个针对水环境的专业检测机构，现在大概有600多项水质检测。

王志达：600多项水质检测，可以在百亿分之一的超低浓度下，来锁定引发水质异味的物质。

佟立辉：没错，因为水体里面化学物质成分、含量都比较复杂，有些物质比较少见，浓度含量非常低，有一些的确是能够达到百亿分之一级别的浓度条件。

王志达：太不容易了，今天立辉带着我体验到了巡检员普通而又非常不简单的工作。从立辉身上，我能体会到东深人身上沉甸甸的自豪感。随着粤港澳大湾区建设的不断深入推进，东深供水工程也不再孤单，珠三角水资源配置工程也在快马加鞭地推进。未来西江水、东江水作为珠江两条主要的支流，也将成为粤港澳大湾区融合发展的两个引擎。同时，就在前不久，环北部湾广东水资源配置工程也正式开工，未来它也必将成为粤港澳大湾区发展补短板的重大关键突破。对于这样的超级工程，立辉你有没有什么期待？

佟立辉：没错，我是一直非常关注你刚才讲的这两个工程的，它们从设计来讲非常有高度，也有前瞻性。另外它在建设过程中确实遇到了许多世界级的难题，也应用了非常多目前来讲非常先进的技术，比如说深邃、盾构等。作为水务行业的从业人员，我感觉特别自豪，因为这说明国家和我们行业有能力组织这样超级工程的建设，所以我是非常期待这两项工程能够早日建成通水的。

王志达：从你的身上，我看到了满满的期待感和自豪感，我们就和网友一起期待越来越多的重大工程、超级工程，能够服务到粤港澳大湾区的建设当中。一湾东江水，几代家国情。东深供水工程等是几代建设者奋斗出来的结果，我们也有理由相信东深供水工程未来会越来越好。立辉，最后再跟我们说一说你对于未来有什么期待。

佟立辉：像你刚才讲的，东江水承载的的确不光是一份水资源，也更是几代建设者凝聚其中的情怀。所以希望我们作为后来者能够继承好和发挥好他们的精神，守护好我们的工程，也希望我们的工程和粤港澳大湾区一样发展得更好。

王志达：好，谢谢立辉，现在我们的船还在向水库深处前进。现在在我的脑海中响起了那首特别优美的歌，叫做《多情东江水》。它的歌词是这样写的：东江的水，你是祖国饮去的泉，你是同胞酿成的酒，一醉几千秋。我想东深供水工程也一定会像这首优美的歌一样，久久传唱；我们的粤港澳大湾区也一定会建设得越来越好。

张婕：跟随航拍镜头您看到的是正在建设中的深中通道，深中通道又称深中大桥，是广东省境内连接深圳市和中山市的建设中大桥。深中通道全长24公里，是集桥、岛、隧、水下互通于一体的超级跨海集群工程。深中通道全线计划于2024年建成通车，届时将促进粤港澳大湾区城市之间进一步互联互通。

跟随我们的镜头来看世界最宽海底沉管隧道，带你了解大国基建的震撼。

吴梓添：各位央视新闻的网友们大家好，我是总台记者吴梓添。今天我来到了一个非常特别的地方，给大家几个提示来猜一猜这是哪里。在我身后就是广东的中山市，在我的前方就是广东的深圳市，在我的脚下就是我们的伶仃洋。没错，这就是粤港澳大湾区超级工程深中通道的建设现场。我现在站在距离伶仃洋海面上270米高的高空之中，其实我非常紧张，但是我也觉得非常震撼，因为在这里我可以看到深中通道整个的建设施工情况。

深中通道有多么厉害呢？首先我们从这边看过去，第一个看到的就是中山市的马鞍岛，连接马鞍岛的就是中山大桥。中山大桥是一座主跨580米的斜拉索桥，是深中通道非常重要的节点之一，而且它在今年的6月份已经合龙了。连接中山大桥的就是伶仃洋大桥，伶仃洋大桥相比中山大桥就更厉害了，因为它的主跨达到1600多米，而且东西两个主塔的高度达到270米，相当于90层楼那么高。伶仃洋大桥连接的是西人工岛，西人工岛连接的就是海底隧道。所以我们从中山延伸出来的部分长达17公里，就像一条巨龙横卧在伶仃洋上。

今天我也为大家请到了一位直播嘉宾，是伶仃洋大桥的工程师，来自于中交二航局的项目副总工蒋民朋（音）老师。蒋老师您好，跟我们各位央视新闻的网友们打个招呼吧。

佟立辉：各位网友好，我是项目副总工蒋民朋。

吴梓添：蒋老师您好，这一条就是我们今天要走的猫道吗？

佟立辉：对，这就是我们整个猫道的中跨。

吴梓添：这个猫道距离海面有270米高，是吗？

佟立辉：整个猫道离海面的最低点是110米，最高点就是刚才我们站的地方，距离海面270米高。

吴梓添：确实走到猫道上，能感觉到它的倾斜度是有一点大的。

佟立辉：现在猫道的角度是20多度，对我们来说还算比较好，可能也是我们经常干这一行，感觉还算比较平常的那种。

吴梓添：这个猫道在高空这么高，是怎么建造出来的？

佟立辉：用一句简单通俗的话，前期就是穿针引线。猫道是由12根的钢丝绳，上面通过面网、侧网等组成一个猫道。钢丝绳是用船舶或者无人机牵引轻质高强度的迪尼玛绳，这样把首根绳先道锁架设到对岸去，再通过卷扬机把它牵起来，离开海面以后，就用迪尼玛绳牵下一个型号的，比如说最开始是12毫米的，又牵22的钢丝绳，再用22的钢丝绳，再牵36的钢丝绳，再用36的钢丝绳，再牵最后的54的钢丝绳，这样来形成整个面网猫道的骨架，也就是我们的承重绳。最后再通过整体下滑的方式，把面网和侧网这样铺设完成，就形成现在走的猫道。

吴梓添：所以很多层的网铺在上面之后，我们行走在上面，就跟行走在平地上没有太大的差别。

佟立辉：对的，行走在上面是非常安全的，人的质量走在整个猫道上，相当于一个蚂蚁掉在树上，其实是没有什么晃动的。并且我们的护栏也比较高，有1米5，非常安全。

吴梓添：我们可以看到猫道两边护栏的钢丝绳也非常粗，它的直径可以达到多少？

佟立辉：36毫米。

吴梓添：所以我们可以扶着它，一边走一边在上面作业。

佟立辉：对的。

吴梓添：我知道伶仃洋大桥是充满着挑战和难度的，它具体的挑战和难度是在哪里？

佟立辉：我们经常用六个字形容它。第一个就是孤，我们现在离岸边13公里左右，是全离岸的施工环境，包括施工的平台都是孤立在海上的。第二个是远，就如刚才所说，离岸13公里对我们的施工组织来说难度非常大。第三个是久。

吴梓添：时间长。

佟立辉：一是施工时间长，二是我们是要百年品质工程，质量要求更高，对于混凝土耐性、所有的结构要求都非常高。另外一个就是难，海上施工特别是锚定的施工，国内没有先例可循的，让我们的施工难度变得非常大。

吴梓添：在这之前没有经验可以参考，都需要我们自己去想、去克服。

佟立辉：对，相当于我们要在深层淤泥上做好这种主打、围堰，还要做大的锚定，非常难。

吴梓添：我们的锚定是现在海上最大的锚定。

佟立辉：对，因为我们最大的方量达到35万方。另外一个就是绿，我们现在处的环境是中华白海豚保护区，对我们的环境要求非常高。就是这六个字。

吴梓添：我也了解到，不久前我们的主缆刚刚架设完成，我们在现场可以看到主缆吗?

佟立辉:对,这个就是我们的主缆。主缆成型后的直径有1.066米,现在这个丝是6毫米的高强钢丝,是由127丝组成了架设过程中的一股,整个又是由199根锁骨,相当于2万多根这样的丝组成的。

吴梓添:现在合并成一个大的主缆。

佟立辉:对,现在是预紧缆刚完成,后面就是通过紧缆设备正式紧缆,形成我们能看到的最终的主缆原形。

吴梓添:伶仃洋大桥是在海上的大桥,像这种在海上的大桥受到像雨水、台风等自然因素的影响会更大吗?

佟立辉:第一个就是雨季,第二个就是台风季。

吴梓添:针对这方面的影响,像主缆所用的材料上会有相应的一些改进吗?

佟立辉:我们会把主缆表面进行密封防护,并且要通过我们的除湿系统保持里面的温度、湿度。

吴梓添:深中通道是粤港澳大湾区非常重要的超级工程,您能够成为这里面的一位工程师,有怎样的感受?

佟立辉:我有幸能参与建设深中通道这种超级工程。作为我们自己来说,首先是非常自豪,不管过程中可能存在哪些困难以及多大的压力。当我们真正地达到通车过后,以后再故地重游的时候,反而觉得以前的那种付出是非常值得的。

吴梓添:非常感谢蒋老师今天为我们带来的介绍。我们现在所处的位置就是伶仃洋大桥,伶仃洋大桥连接的就是西人工岛了。西人工岛的形状像一只硕大的风筝,中山大桥、伶仃洋大桥就像一支长长的风筝引线,它们三者共同构成了一幅海上风筝飞越伶仃洋壮观的图景。一个人工岛是如何出现在海面上的,海底隧道又长什么样子,我们现在就把画面交给正在西人工岛的记者王松。

王松:央视新闻的观众朋友们大家好,我是总台记者王松,现在我所在的位置是深中通道的西人工岛。西人工岛的面积达到了13.7万平方米,相当于19个标准篮球场的大小。在西人工岛的东西两侧分别是深中通道的隧道和大桥,想要上桥或者通过隧道,都要从这里经过。所以西人工岛被称为深中通道的隧桥,是实现快速交通转换的一个重要的交通枢纽。

从桥上到岛上,再到我们的海底隧道,大家可以看到我身后就是海底隧道。这个海底隧道长达6.8公里,其中沉管的部分就达到5公里长。此次深中通道的车道设计为双向八车道的设计，可以说是超长特宽了。在这么庞大的工程背后到底遇到了什么样的困难，我们工程师又是如何解决的？今天我们就邀请到了工程师王丛礼（音）老师来为我们具体介绍。

王丛礼：大家好，我是中交一航局深中通道项目部工程师王丛礼。

王松：王工您好，我想先从西人工岛开始。据我了解，西人工岛本身所在的位置地质条件比较复杂，这样复杂的地质条件具体给我们带来了哪些施工上的困难，以及我们是如何解决的？

王丛礼：正如你所说，西人工岛的工程所在地位于原珠江口的采砂区，它的地质条件比较复杂，普遍存在较厚的硬质沙层，而且最厚的厚度可以达到9米，它的标贯击数可以达到40击，相当硬。而且在这样的条件下，如果强行打射装安筒的话，容易破坏装安筒结构。针对这个现象，我们研发了DSM硬土层辅助灌入施工法，采用专用的DSM船舶对硬土层进行处理以达到改良土底性能的目的，这样既能实现装安筒的快速镇沉，又保证了装安筒的结构安全稳定。

王松：我还想了解一下，西人工岛在建成以后，除了成为隧桥快速转换的枢纽外，会不会有其他相应的配套设施？

王丛礼：当然会的。西人工岛不仅是一个桥隧转换的枢纽，岛上还会设置环岛匝道、主体防线、救援码头，还有一些景观工程，从而满足运营期的运营管理以及应急救援等多元化需求。

王松：我们现在已经在沉管隧道里面了，很多观众朋友也知道深中通道的海底隧道由32节沉管组成的。在这次深中通道沉管设计上和以往有什么不同，它起到了什么样的效果？

王丛礼：深中通道的海底隧道采用的是全新的结构和技术，叫钢壳混凝土沉管，这个技术在世界上也是首次大规模应用。通俗来讲，就是先用内外两层钢板，加内部的隔板，制作成一个巨大的钢壳；再在钢壳的隔舱之间浇筑混凝土，形成一个类似于三明治的结构形式。这样做的好处主要有两点：第一是钢壳制作和混凝土浇筑可以同步进行，缩短工期。第二是钢壳的混凝土可以规避一些传统钢筋混凝土开裂的风险，更好地做到滴水不漏的效果。

王松：我们知道这次深中通道的海底隧道采用了双向八车道的设计，这个在之前有先例吗，给我们带来什么新的挑战了吗？

王丛礼：这在之前是没有的，我们港珠澳大桥也只是双向六车道。所带来的困难是，首先我们桂山岛的预制场到西人工岛的沉管安装区域接近50海里，要浮运的航道是50公里，而且需要经历七次航道的转换，要克服浅水区航道搁浅、地质条件复杂、回虚强度大以及水下高精度对接等世界难题，才能真正地安稳入海。

王松：您提到沉管运输过来是非常复杂的，我也知道这一个沉管的重量达到了7万吨，几乎相当于一个中型航母的大小。这么重的沉管是如何运输到海上，又是如何精准地拼接在一起的？

王丛礼：为了顺利运输与沉放沉管，我们一航局研发了世界首只沉管浮运安装一体船。这个一体船自身带有动力，通俗一点就是将沉管抱住以后，可以根据设定的路线自动地航行。而且对于沉放的过程，我们主要是通过一体船和沉管的缆绳进行，包括上下提升以及平面移动；同时，依靠北斗卫星的信号，一体船上新型的测控定位系统，实时计算沉管的三维动态；通过显示屏，指挥人员就可以精准地掌握沉管在海底的具体位置。当沉管下放到已经距离安装完成的沉管断面一米的时候，我们通过拉合系统，将两节沉管拉合到一起，形成一个结合。但是最后做到真正的止水，还需要对内部进行一个水力压接，也就是将两个沉管内部结合舱内部的水排出，形成一个水压差，这样强大的水差可以保证对接当面的止水带进一步压缩，保证接缝的严密。

王松：好的，施工精度和难度都非常高，是非常复杂的一个工程。王工，据我所知，在前不久我们海底隧道沉管的一二一节管已经完成沉放了，现在海底隧道的工程进度如何？

王丛礼：沉管隧道是深中通道全线的控制性工程，它决定了深中通道能否按时通车。一二一管节的顺利安装，标志着深中通道已经完成了30个管节的安装，还剩下最后的两节，这也代表着深中通道的施工进入了最后的冲刺阶段，通车进入了最后的倒计时。我们最终接头的安装计划在明年5月进行，届时我们整个沉管隧道将会全面打通。

王松：好的，我们也很期待早日看到西人工岛以及海底隧道内车水马龙的样子。感谢王工，西人工岛的情况就是这样。

吴梓添：通过刚才的介绍，我们了解到深中通道是一个集桥、岛、隧、水下互通为一体的超级海上集群工程，而且它的难度和挑战都是世界级的。那么，我们为什么要在这个地方建立起这样一条挑战和难度都非常大的通道呢？为了给大家答疑解惑，今天也为大家请来了一位直播嘉宾，他是广东省体制改革研究会的副会长、中山市经济研究院院长梁士伦教授。梁教授您好，跟我们央视新闻的网友们打个招呼吧。

梁士伦：网友们，大家好。

吴梓添：梁教授，我很想问一下，我们现在正处于伶仃洋海面上270米的高空中，来到这个地方，您的感受是怎么样的？

梁士伦：首先是深深的震撼，我们这里是深中通道的最高点，相当于90层楼高。如果俯视伶仃洋下面，看到来来往往穿梭的各种各样的轮船，确实非常震撼。同时，站在这个大桥之巅，我也为我们中国了不起的杰出工程师们、为路桥的建设者们，感到自豪。

吴梓添：好的，梁院长，我的感受跟您是一致的，既自豪又骄傲。但有一点点不同的是，我相信网友们也有这样的疑惑，我们为什么要在中山和深圳两个地方架起这样一条通道，这对我们的交通网络布局来说有什么样的促进意义？

梁士伦：长期以来东西两岸交通非常不便利，同时我们都知道珠三角经济非常发达，企业密布，可以讲是全国人流、物流、交通密度最大的区域。但是珠江东西两岸，尤其是内湾的中部和下面缺乏通道。以前我们珠江西岸，像珠海、中山要到深圳去，要绕到虎门大桥，转一大圈，需要2个多小时。深中通道一旦建成，东西两岸将会实现快捷的交通，半个小时就能过去了。

吴梓添：刚才我们听梁教授介绍的时候还没有非常直观的感受，现在来根据这张地图，再来看深中通道所处的位置，一定能够更深刻地感受到它的重要性。我们一起来看一下。这个标橙色的地方就是深中通道，刚才梁教授提到，如果我们想从中山到深圳的话，以前我们需要绕行虎门大桥或者通过南沙大桥。但是在深中通道建成之后，可以直线到达深圳，这样能够大大缩短时间，对吧？

梁士伦：对，这时间缩短得非常非常多。我们都知道一个地方经济的发展，交通是基础也是关键。从这个图上看，前海、南沙、翠亭新区，从这边过来后，通过中山的东部快线，很快就可以到达横琴。深中通道不仅直连翠亭新区，同时在这个地方有一个分支直连南沙，南沙这个地方几乎就在桥下。尤其是深中通道的建设，把粤港澳大湾区内湾包括港口、码头、机场、交通枢纽等在内的一系列重大基础设施，能够快捷地联系在一起。所以原来内湾是这样的，西岸要到东岸去，需要转一大圈，而现在中间有一条横线，所以这条通道是最为重要，是一个重大的战略工程。

吴梓添：而且我们通过这幅图能够更理解刚才梁教授说的A字形重要的一横是什么意思，因为整个珠江口的水域是呈A字形的，深中通道在里面就是最重要的一横了。

梁士伦：没错。

吴梓添：而且我们可以看到，里面虚线的地方也是在建的一些重大的工程。所以我们相信这里不仅只有一横，未来会有更多的横去连接珠江口两岸的城市。

梁士伦：没错。

吴梓添：好的，谢谢梁院长。交通互联互通之后，未来可能会带来其他哪些变化？

梁士伦：了解世界史可以发现，往往一座重要的交通工程、一座大桥，会改善一座城市发展的格局，甚至影响未来发展的命运。深中通道建成之后，隔着伶仃洋的中山就变成了深圳的临深城市，真正的临深城市，这就给深圳和中山一体化发展及同城化发展提供了物理条件。之所以一个重要的大桥会改变一座城市的命运，会改变区域发展的格局，最重要的还是经济层面。正是因为快速便捷的通道，使得人流、物流、资金流、信息流更快速地相互连接，从而促进中山珠江东西两岸的产业链、供应链、价值链、创新链等均能更好地实现优势互补。

吴梓添：我们现在所处的珠江口水域也被称为是黄金水道，往来商贸非常频繁，我们能否称这里是粤港澳大湾区的经济大动脉呢？

梁士伦：对，肯定是这样的。我们知道整个粤港澳大湾区内湾国际港口、机场、交通枢纽密集，这个临锦水道自古以来就是国际贸易的水上黄金水道。同时，我们对岸就是深圳机场、澳门机场、香港机场、珠海机场等等，这个地方空中交通也最为繁忙。可以说，就全国来说、可能就全世界来说，这个地方都是空中交通和水上交通最为繁忙的一个区域。深中通道的建设又让这里有了一个快速的陆上通道，这个陆上通道本身的设计，不是只简单考虑成本，比如说临近深圳机场这一段下面的隧道，还要考虑空中交通的要求。而我们现在所处的伶仃洋大桥，是目前全世界离水面最高的一个大桥。为什么建这么高呢？我们现在这里建成90层楼这么高，就是为了满足广州港、南沙港扩轮出港的需要。这里聚集了一批像广州、深圳、香港、澳门、珠海、中山等一大批货物吞吐量位居全球前列的国际港口和重要的内陆港口，所以货物吞吐量惊人，所以才建这么高。因此，这个地方成为海陆空融合联动的交通大动脉，也是粤港澳大湾区一个重要的经济大通道。

吴梓添：如果说1997年建成的虎门大桥见证着改革开放后的经济快速发展，2017年建成的港珠澳大桥见证着粤港澳大湾区发展的新局面，我们今天所在的深中通道建成之后，从深圳到中山的距离将从2个小时变成20分钟，粤港澳大湾区一小时生活圈即将形成。桥梁带来的不仅仅是硬连通，随之而来的一定还有更大、更多的经济发展可能性。以上就是我在深中通道为您带来的直播。

张婕：现在画面中的是虎门大海，历史上著名的虎门销烟就发生在这里。虎门是珠江入海口的八门之一。珠江干流一路奔流，经过了2000多公里的漫长旅程，流过云南、贵州、广西、广东四个省（区），终于来到了入海口。在这里，西江、北江、东江三江共同冲击，形成了珠江三角洲。珠江三角洲面积约1.1万平方公里，河网密布，充满经济活力，是我国最为富庶的地区之一，也是粤港澳大湾区的主要组成部分。在这里珠江经八口分流入海，八口又称八门，是指珠江的八处入海口，分为东四门和西四门。

除了虎门，东四门的另三个门分别叫蕉门、洪奇门、横门。蕉门位于广州南沙区，在虎门以西约6公里处。北有黄鲁山，东南有龙穴岛，西南有万顷沙。洪奇门在蕉门以南约7公里处，洪奇门的年径流量为209亿立方米，占珠江入海总径流量的6.4%。横门距洪奇门约2公里，是横门水道的出口，横门水道由鸡鸭水道、小榄水道等汇合而成。虎门、蕉门、洪奇门、横门合称为东四门，是珠江三角洲扇形入海的八门中的一半。

看完了东四门的入海画面，接下来我们将来到位于广州的南沙岛，一起探访候鸟的秘密家园。

孙冰：央视新闻的观众朋友们大家好，我是总台记者孙冰，我现在正在广州市最南端珠江入海口的南沙湿地，这里是珠三角地区保存较为完整、生态较为良好的滨海河口湿地，同时也是候鸟迁徙路线上非常重要的加油站。

近年来南沙湿地在湿地水质优化、候鸟迁徙保育等方面做了大量的工作。大家可以从画面上看到我现在正在南沙湿地的游船上，今天我们沉浸式的观鸟之旅，也是请到了一位专业人士为大家进行讲解，让我们有请来自南沙湿地景区的万金老师。万老师，你好。

万金：你好，孙冰。

孙冰：万老师，能先给我们介绍一下南沙湿地的概况吗？

万金：可以的。南沙湿地地处珠江出海口，也是广州最大的滨海河口湿地。它不仅地域比较辽阔，还是珠三角地区一个重要的防风消浪的台风防护区。整个南沙湿地总面积大概有1万亩，分东区和西区。东区就是我们所谓的一期，现在我们所游览的区域就是在一期这边。有四句话可以概括南沙湿地，叫：曲水芦苇荡，鸟栖红树林。万顷荷花香，人鸟乐悠悠。刚刚提到的鸟栖红树林，就是鸟大部分都会栖息居住在红树林当中。这也就意味着，你可以把红树林理解为是鸟的卧室。

孙冰：既然是鸟类的卧室，那么鸟类在南沙湿地这边都有哪些活动的区域？

万金：我们先去它的餐厅参观一下，然后我们就去它的卧室，鸟栖红树林嘛。

孙冰：红树林就是它的卧室。

万金：对，红树林就是它的卧室，待会我们就能看到了。现在眼前就有鹈鹕，还有很多白鹭。

孙冰：很近就可以看到那边有鹈鹕正在觅食，我们现在也是来到了浅滩区。

万金：进入这个餐厅声音就要稍微放低一点。

孙冰：现在船慢慢靠岸，我们走到这个观鸟平台上来，靠近看一下鸟儿觅食的情况。

万金：现在正好有客人在平台上观测。

孙冰：这里是为观鸟爱好者搭建的一个平台吗？

万金：是的，我们专门在候鸟觅食区设置的。

孙冰：从这里望出去就可以看到鸟类觅食的情况了，非常壮观。

万金：那只白鹭离我们很近。这边都是一些鹭鸟在这边栖息，还有反嘴鹬、黑翅长脚鹬。南沙湿地可以理解为是澳大利亚到东亚之间这条迁徙路线中的一个中转站，也叫栖息地。

孙冰：也是候鸟的一个加油站，是吧？

万金：对，可以这样理解。形象的比喻就好像人开车走高速的时候，中间也会遇到一些大型的服务站，要给车加加油，人要吃点东西，补给一下。我们就是这样一个区域，候鸟长途跋涉，从遥远的北方飞过来时，中间也会找一些区域补充一下食物。有的鸟觉得这里环境很好，已经满足自己繁衍生息下一代的条件，就可能会变成留鸟。

孙冰：就不再继续迁徙了。

万金：对，就会在这边筑巢。

孙冰：然后繁衍生息。

万金：没错，这里筑巢的鸟是以鹭鸟居多，所以我们也有春巢、夏荷、秋芦、冬鸟的说法，也就是春天看鸟巢，夏天赏荷花，秋天看芦苇，冬天观候鸟。

孙冰：就是说一年四季都有看点。

万金：没错。

孙冰：我还想问一个问题，我在这里看到候鸟是站在很浅的水面上觅食的，为什么这里的水位可以做到这么低呢？

万金：它的水位是经过我们人为控制的。规划之初就设置了一个1200亩的餐厅，叫做候鸟的觅食区。在候鸟觅食区里，每逢休渔期会开展一些增殖放流的活动，在这里会放一些鱼苗、虾苗。等到了冬天，确保它有充足的食物。同时我们周边也会有一些闸口，也会放出珠江口内的一些鱼类、虾类流进来。所以我们设置了一个抽水的装置，将水位控制在3到5公分左右，到了冬天时这里就有充足的食物。

孙冰：我们不仅要保证候鸟有充足的食物来源，而且我们在水位控制、水质优化上，都是做了很多工作的，是吗？

万金：是的。我们每一天都有定期两次的河床保洁，清理河面上的垃圾。红树林是会落叶的，如果长期不清理就会腐烂，所以我们每天都会清理河面的垃圾，做好河床保洁的服务。

孙冰：这也就是为什么候鸟来到珠江口流域，它可以在这里找到一个很好的环境来筑巢、来觅食，在这里生活。

万金：是的。

孙冰：王老师，您在这里工作大概有多久了？

万金：我在这里有快15年了。

孙冰：我想知道南沙湿地在您工作的这15年中都发生了哪些变化？

万金：我刚来的时候是在集团做办公室工作，这个景区是2008年正式对外开放的，我是2007年就过来了，可以说我也见证了这个景区对游客开放的过程。当时过来的时候并没有这么多游玩设施，只是一些草，比较荒。

孙冰：我们看到这里有一个老照片的对比，可以看到整个南沙湿地景区在10年时间里变化很大。

万金：对，这也是人民日报的老记者记录的照片，我们把它收集起来了。可以看到左边的图是黑白的，是十几年前，荒草比较多，路面没有什么基础设施。同一个地方，我们也找到相同的点位。比如原来这里是十八冲的冲口，我们现在已经有了一个水闸桥。

孙冰：这个漂亮的建筑是水闸，是吗？

万金：对，它是一个水闸，而且建设得有点古朴风味。它的功能就是蓄水、关闸、放水。同时，我们下一步也会在这里开展一些水质监测以及水质科普的工作。

孙冰：下面这张呢？

万金：这张叫做海景长廊，这边是伶仃洋，这里是海景长廊原来的样子，这里还是一些砂石，现在也已经绿树成荫了，左边也修建了很多游客栖息坐的凳子，这条路也修整的很平整，是一条绿道。

孙冰：下面这个就是我们刚刚坐船经过的水道？

万金：对，这个就是我们坐船经过的水道，也是刚刚说的三房一厅的芦苇房。

孙冰：曲水芦苇荡。

万金：曲水芦苇荡，船就在弯弯曲曲的芦苇荡中穿行。同样我们也找到一张几年前芦苇荡的现状，做了一个对比，可以感觉到现在变化还是比较大的。

孙冰：是，万老师，您这十几年见证了整个南沙湿地发生了这样翻天覆地的变化。我们可以看到这个观鸟平台上有很多鸟类的展板，观鸟人在这里观测到哪些明星鸟类，可以给大家推荐一下吗？

万金：刚刚我们看到的就是黑翅长脚鹬，你看它的脚修长，比较喜欢在水稻田、鱼塘等地繁殖，喜欢吃小鱼、蝌蚪类的食物。繁殖期大概在5到7月份。还有一只鸟值得一提，就是黑脸琵鹭。

孙冰：黑脸琵鹭是南沙湿地的明星鸟类吗？

万金：是，而且我们从2015年、2016年就开始观测这种鸟类了。这种鸟的数据也可以体现我们南沙湿地生态环境越来越好。今年我们发现了62只，去年是51只，但是2015年才十几只、二十几只，每一年数量都是在递增的。这种鸟对水质、对自然环境的要求是很高的。

万金：平台上还有一些比较常见的鸟，我们也在观鸟平台上做了展示。

孙冰：也是为了方便大家来到这里的时候，可以看到有什么鸟类、在什么时间可以方便观测。

孙冰：刚刚我们看过了候鸟的觅食区，您接下来要带我去候鸟的卧室看一看了。

万金：对。

孙冰：在路上您可以先给我们透露一下卧室大概是什么样子的吗？

万金：好啊，红树林有很多品种，分本地红树和外来品种。本地就以秋茄、木榄为主。除此以外，我们还种了一些海桑，其中无瓣海桑是外来品种。这种树是鹭鸟比较喜欢搭巢的地方，我们把它称为候鸟的卧室。它之所以会成为卧室，一是因为短时间内能长到二三十米高，第二是防风消浪比较好的一种材料。

孙冰：很多观众也想问为什么要叫红树林，它的树是红色的吗？

万金：红树林并不是红色的，而是体内有一种叫单宁酸的物质。就好像我们吃的苹果也有单宁酸，咬一口不吃的话，放在那里就会变红。

孙冰：会氧化。

万金：对，会氧化。红树林也是一样，因为里面切开之后，空气会氧化，所以叫红树林。

万金：我们现在转过这个弯之后，就看到前面有一些鹭鸟在飞了。

孙冰：刚刚万老师您也讲到红树林是有防风消浪和涵养水土的功能，它也有一个称号叫做海岸卫士。您觉得红树林在大湾区、在珠江流域，起到了怎样的优化生态的作用？

万金：红树林的根系比较发达，它还有两个特点，一个叫做泌盐。因为它地处在海水上面，它会把海水的盐分通过树叶当中以白色的点状泌出来。第二个就是根系发达，有板状根整块的根。待会我们进入到红树林核心区时，可以看一下它的根系是像笋一样自下往上生长。它的根系可以净化水质、涵养水土，也是这片红树林湿地一个最大的功能之一了。

孙冰：它对于整个大湾区的生态系统都有很重要的作用，尤其是在我们珠江流域有很多片红树林。

万金：对，湿地就像一块巨大的海绵，在水很多的时候，起到吸水的作用。当干旱的时候，它又把水分排放出来，从而调节水质、调节气候。

孙冰：我看到这里的风景真的非常好。

万金：对，前方有很多的鸟类栖息在红树林上。

万金：对，可以看到我们的工作人员每天都会在游船的区域做河面的保洁。鸟在高空中会看，我们选择用游船的方式也是减少对它的打扰，让它觉得比较安全，才会在这里栖息下来。卧室嘛，要选一个安静的地方。

孙冰：我们在这里也可以体会到您刚刚说的近看鹭鸟飞。

万金：对，前面那个塔叫做海景塔，待会我们也可以看一下，它是景区的地标性建筑。在上面可以同时看到南沙港和南沙湿地相对高的全景鸟瞰图。

孙冰：好，待会由万老师带我们过去登高远眺一下。

万金：好。

孙冰：其实现在这个视野非常开阔。

万金：没错，这个视野可以说是湖面上最开阔的一个区域了。

孙冰：您刚刚说鸟类栖息在这里主要的食物来源就是水里的鱼虾蟹。我们这里是咸淡水交汇的区域，所以它的渔业资源也是非常丰富的，是吗？

万金：是的，你也可以看到这周边有很多鱼塘。而且在建设湿地之前我们发现了有很多红嘴鸥在这里觅食，我们才开始发现这里是鸟类迁徙的中转驿站，觉得要在这里为它兴建一个候鸟家园，也让珠三角的市民能够观赏这片湿地。周边有很多的鱼塘就证明这个区域的鱼类资源非常丰富。同时，这周边有大大小小20多个水闸口。包括刚刚我们看湿地前世今生的时候，其中那个廊桥就是一个大的水闸口。通过关闸放闸，定期涨潮、退潮，可以让鱼类资源变得更加丰富。

孙冰：通过这样一个水闸，不仅能让里面的水流出去，也能让海洋的水流进来。

万金：没错。

孙冰：通过潮汐这样的作用，我们让珠江水的鱼类、海洋里的鱼虾蟹都可以在这里共生。看完了红树林区，下一站万老师要带我们央视新闻的网友们去哪里呢？

万金：刚刚我们还路过了荷花池和芦苇荡，也是它的三室一厅其中的两室。芦苇荡是比较适合这个时候看的，接下来我们也会结合芦苇，开展一些芦苇艺术装置的展示。但是最好的看芦苇的时候还是在金秋十月以后，芦花和花尾叫芦花五秋色，花头会呈现一个金黄色。待会我们还会去到原野步行区，这个区域通常会有很多观鸟机构带孩子来开展一些观鸟活动，开展自然手工、科普研学的课程。如果有机会的话，我们可能也能遇到他们。

孙冰：我们要从船上转移到陆地上了，是吗？

万金：是的，前面就有一个码头，我们把它称为步行区码头。

孙冰：我们现在就跟随着船一起靠岸，去原野步行区看一下。我们前面一直在讲鸟，整个湿地的生态植物也是非常重要的部分，是吗？

万金：是的，植物红树林一共有15种，其中11种叫真红树，4种叫半生红树。所谓真红树就是完全在海水里、在水面上可以生活的。半生红树是在陆地和水交汇的区域生长的，叫半生红树。

孙冰：原野步行区里有哪些长在陆地上的植物？

万金：原野步行区也有很多，像大王椰子、黄金剑叶竹，还有俗称野芋头的滴水观音，榕树细叶榕，竹子里的佛肚竹，待会我们可以看一看。

孙冰：没问题，现在我们的船也靠岸了，我们就走到陆地上，到原野步行区看一下湿地里的植物。

万金：这里就是原野步行区的码头。我们刚才说到这个区域有6万多方，有很多植物，比如说有很多种竹林，有代表性的叫黄金尖叶竹，它形态特别，有绿有黄，还有散尾葵、滴水观音、野芋头等植物。

孙冰：我们这里的植物资源也是非常丰富的，对于整个湿地的生态系统来说植物非常重要。我们刚刚在船上看过了红树林，接下来我们来到陆地上看湿地植物。

万金：好的，我们眼前的就是原野步行区的草坪，右手边的长亭就是湿地学堂。

孙冰：湿地学堂是科普湿地知识吗？

万金：对，是做湿地知识科普的。有一些我们合作的自然机构、散客，他们喜欢把孩子带到这个区域介绍原野步行区。

孙冰：我们可以看到面前有很多家长和小朋友都是在这里游玩的。整个长廊区也设置了一些科普展板，来帮助小朋友们了解湿地知识。

万金：对，我们可以从这里看看。做这个区域的时候，我们对每一块的内容也是有过挑选的。比如说什么叫林泽湿地，什么叫红树林湿地，为了让大家了解红树林的区别，比如湿地对候鸟有什么作用，都做了一个解释。也就是说普通的家长带孩子过来，也能够了解很多的科普。

孙冰：让孩子在玩中学、在学中玩。

万金：同时我们还把以前开展过的研学课程在这里用照片展示。比如什么叫红树宝宝回家，它会经过一些什么样的流程，在这里会有所体现。针对夏季我们还开展了一些荷塘体验游，一些散客可以在这里教孩子，感受什么叫自然知识。

孙冰：我们看到这里有家长给小朋友科普知识，我们过去看一下。你们好。我们随机采访一个小朋友，你好，你叫什么名字。

小朋友：我叫牛尊士（音）。

孙冰：今年几岁。

小朋友：我今年11岁了。

孙冰：你今天是跟爸爸一起来的吗？

小朋友：是的。

孙冰：你们在这里是在学习湿地相关的知识吗？

小朋友：是的。

孙冰：你今天在这里有没有看到有很多鸟类？

小朋友：有，有一些孔雀，还有一些飞禽。

孙冰：那是你爸爸吗？

小朋友：是啊。

孙冰：今天有学到很多湿地的知识吗？

小朋友：有学到，还学到一些生活的习惯，要节约水资源。

孙冰：很不错，你以后也要努力学习。

孙冰：我们看到这里有一个科普学堂，对于湿地的赋能是非常重要的。湿地不仅对整个大湾区的生态很重要，同时通过增设这样的科普学堂，我们让湿地也赋予了更多的社会功劳。

万金：是，尤其是这样一个自然保护区，湿地更大的价值是做一些科普研学教育。所以我们在想，除了跟一些培训机构合作以外，我们也要通过设施设备让普通人可以在这里学到更多的东西。

孙冰：我看到前面这个地方特别漂亮，非常原生态。

万金：是，除了科普，还跟一些婚纱摄影的机构合作做婚拍写真项目。

孙冰：万老师，这个地方特别的原始，像热带雨林一样的，这是什么地方？

万金：这个区域就是刚刚说的原野步行区竹林的深处。

孙冰：它好像一个园中园的感觉，就像我来到这个景区，又走进了一个植物园。

万金：是的。

孙冰：我们看到从原野步行区出来的景色是非常开阔的。

万金：是的，这里就叫内伶仃洋，也叫交蒙河道，咸淡水交汇处，涨潮和退潮时候的水的颜色也不同。我们现在这条路就叫做海景长廊，普通游客也会通过这条路步行到原野步行区。

孙冰：我们现在右手门就是蕉门水道了，是吗？

万金：是的，叫蕉门河道，同时我们也叫它内伶仃洋，因为是珠江和南海的交汇处。那个桥叫新龙大桥，这边就是往南边流的珠江水。

孙冰：珠江入海口的地方。

万金：对，南海。我们所在的这个区域就处于万顷沙镇，只不过我们属于万顷沙的最南端，也算是广州的最南端。

孙冰：这里就是我们今天要去的最后一个地方海景塔了，是吗？

万金：对，这整个区域叫海景园，眼前看到的这个高塔就叫海景塔，也叫观景塔。这个塔高21米，一共有四层，建筑有点仿汉代，下面都是实体建筑堆砌而成的。

孙冰：这是一个古色古香的建筑。我们登上海景塔之后，就可以看到整个珠江入海口的情况，包括对面的南沙港区。这里的景色非常壮观，因为你可以同时看到南沙湿地的全貌，它就是生态文明的代表。我们现在站在这往远处眺望，货船往来一片忙碌景象。这是南沙港，也是世界最繁忙的港口之一。曾经，南沙只有三个外贸小码头；十年来南沙的外贸得到了迅速发展，如今南沙港已经有四期码头投入运营，可以全天候停泊20万吨级的船舶，开辟了135条外贸航线，去年南沙港集装箱吞吐量也达到了1766万标箱，创下了历史新高。往右前方45度的方向望去，是正在紧锣密鼓建设中的深中通道，深中通道全线计划在2024年建成通车，通车后从深圳到中山只需30分钟就可以直达，深、中两地同步步入了半小时的生活交通圈，促进了粤港澳大湾区城市群在人文、物流、经济、文化等领域的快速发展以及交通的互联互通。

孙冰：您作为在这里工作了十几年的"老南沙人"，您觉得近几年南沙的发展怎么样，您的生活有什么变化？

万金：近几年可以说南沙的发展变化日新月异，我自己感触比较深。以我自己所在的旅游板块工作来说，越来越多的旅游板块在开发当中。就湿地而言，原来的一期湿地叫做以鸟为本的开发建设。随着二期的开发，我们开始往以人为本的角度发展，让更多珠三角地区的人们能够感受这块宝地。我们兴建了很多人文可以走的区域，增加了很多像艺术连桥、廊桥，无动力乐园这样的区域，让更多的人可以在这里游玩。

孙冰：没错，万老师，我们站在这里能够同时听到南沙湿地的阵阵鸟鸣和南沙港的阵阵货轮声，这样的声音也是谱成了一首人鸟和谐的协奏曲。

万金：是的。

孙冰：10年前，广州南沙成为第六个国家级新区；10年后，南沙又被赋予了新的历史使命。我们也相信乘着南沙方案的东风，南沙将坚定不移地走绿色发展道路，增强珠江流域生态环境的核心竞争力，更好地融入粤港澳大湾区的建设大局。

万金：没错。

孙冰：让我们一起相信南沙的发展其势已成，势不可当，未来可期。

张婕：看过了美丽的珠三角南沙湿地，我们来到八门夺海的另外四门，也就是西四门。现在我们看到的是西四门之一的虎跳门，这一出海口位于珠海市斗门区和江门市新会市交界处，两区在此以虎跳门水道为分界。

西四门之一的崖门，位于江门市新会区，是珠江八门中最西边的一个。在崖门大桥附近有一处崖门古炮台，这里也是崖门海战的发生地。此处东有崖山，西有汤瓶山，两山之脉向南入海，就像一半开掩的门。

跟着镜头我们看到的是磨刀门，磨刀门位于珠海市香洲区横琴岛以西，年径流量为923亿立方米，占珠海入海总径流量的28.3%，居八门之首。

现在航拍镜头里出现的就是鸡啼门，位于珠海市金湾区，在磨刀门以西约20公里。鸡啼门原非八门之一，1958年建成约5.8公里的堵海大堤，泥湾门口造了人工湖白藤湖，泥湾门的水改经鸡啼门入海。

现在航拍镜头里的就是位于崖门入海口外的海域，在这里生活着珍稀的中华白海豚。中华白海豚被称为"海上大熊猫"，在全球范围现存只有4000至5000头，其中有300多头生活在我国江门海域。在这里，我们可以观测到中华白海豚从婴儿到青年直至老年期全部年龄的状态。

海天之间，人与自然和谐共处，珠流南国，得天独厚，沃水千里，源出马雄。这一路一起看过云南的抚仙湖、南盘江、清水江的秀丽景色，感受过天山桥水电站对经济的带动作用，触摸过桂林山水之魂的生态风光，欣赏过岭南的山水画卷，振奋于粤港澳大湾区的经济腾飞。这一路追随这条温暖的河流，从山花烂漫的云贵高原蜿蜒而下，经深山，历峡谷，奔向四季常青的珠江三角洲，经八门，汇入南海。

潮起珠江两岸阔，江河奔腾看中国，10月6日继续锁定央视新闻，跟随塔里木河，走进壮美新疆。

（https://m-live.cctvnews.cctv.com/live/landscape.html?liveRoomNumber=87299
69260345009631&toc_style_id=feeds_only_back&share_to=wechat&track_id=18c8
37a2-df60-488d-b8bc-f45e0cc85878）

江河奔腾看中国｜塔里木河　大漠生命之河

　　塔里木河，全长2486公里，流域面积102万平方公里，9大水系，144条河流，携带着帕米尔高原的冰川融水，穿越沙滩戈壁，游走在盆地边缘。塔里木河哺育着1200多万新疆百姓，所到之处滋润了农田，养育了民族，灌溉了胡杨林。从慕士塔格到死亡之海罗布泊，从喀什古城到神秘的楼兰古城，塔里木河孕育丝路辉煌，汇聚世界四大文明，它承载着新疆的历史，更见证了今天新疆的巨变。看见锦绣山河，江河奔腾看中国。10月6日，央视新闻带你探寻塔里木河，走进壮美新疆，看大河奔腾，共享绿富同兴好光景。

　　苏安阳：央视新闻的各位网友大家好，这里是央视新闻国庆特别节目《看见锦绣山河｜江河奔腾看中国》。今天我们一起走进大美新疆，探寻新疆人民的母亲河——塔里木河。

　　现在我们看到的是慕士塔格峰，慕士塔格峰的冰雪融水是塔里木河最西的主要源头。慕士塔格峰坐落在我国最西部的帕米尔高原上，海拔7500多米，在这里可以一览壮美的冰川。慕士塔格在维吾尔语中的意思是冰山，山顶云雾缭绕，若隐若现，十分神秘。慕士塔格峰上山顶的皑皑白雪犹如满头的白发，而倒挂的冰川犹如胸前银色的胡须。慕士塔格峰像一位须眉斑白的寿星，雄踞群山之首，有冰山之父的美称。

喀拉库勒湖水面湛蓝，好像一枚蓝色水晶镶嵌在山谷盆地中。放眼望去，我们可以看到雪峰与冰川，蓝天与湖水，草场与牛羊，从哪一个角度欣赏都会让人沉醉。来自慕士塔格峰的冰雪融水随着河谷顺势而下，不断汇聚、冲撞、交融。湖水继续向下流淌，在高原上汇成一条蜿蜒的溪流，之后流入塔什库尔干河。塔什库尔干河是叶尔羌河的主要支流之一，汇入叶尔羌河之后，一路向西，流入塔里木河。

我们继续随着塔里木河的水系顺流而下，现在您看到的是叶尔羌河流域上游的塔什库尔干河。塔什库尔干河是叶尔羌河的主要支流之一，叶尔羌河是塔里木河的三大源流之一。平坦开阔的草甸上，成群的牛羊在悠闲地吃草，河水也悠闲地拐着弯。沿河谷继续往下，塔什库尔干河一路奔流，一路欢腾。一直到下坂地水库河水才安静下来，也变得更加清澈。蓝天白云，蓝色的湖面波光粼粼，美不胜收。

帕米尔高原上的风景就是这样，美的自然，美的纯粹，美得令人陶醉。说到塔什库尔干河就不得不提下坂地水利枢纽。作为塔什库尔干河上的龙头水库，下坂地水库从2010年运行以来，充分发挥了水利枢纽的作用，通过有效控制和精准调配，变水患为水利，为叶尔羌河灌区人民丰产增收、脱贫致富发挥了积极作用。从航拍视角看下坂地水库，陡峭的山峰直插云霄，山和水相互映衬，显得格外迷人。一阵风儿吹过，水面上波澜起伏，令人心旷神怡。

水流从下坂地水库出来，如同被驯服的野马，曾经的洪水肆虐、水患频频，变成了温顺平静、水流和缓、水质清澈、安静从容地向叶尔羌河流去。

我们继续随着塔里木河的水系顺流而下，现在大家看到的是塔什库尔干河与叶尔羌河汇合处，塔什库尔干河汇入叶尔羌河的地方，位于克州阿克陶县塔尔乡，属于叶尔羌河上游。两河汇合处，为深山峡谷区，峡谷区河谷宽度多为200到300米，两岸山峰高4000到5000米。峡谷两岸山势险峻，奇峰林立，水流淙淙，这是大自然的力量雕刻出的奇特景观，更是叶尔羌河与塔什库尔干河的神奇手笔。

峰峦叠嶂，气象万千，山川相依，风景如画。峡谷曲折逶迤，山势险峻，水流时而湍急，时而平缓，时而弯曲，时而又宽阔。岸边怪石嶙峋，浑然天成，呈现出一片秀丽的自然生态风貌。

曾经波涛汹涌的两河口，现在已经变成当地的交通枢纽，当地百姓沿着河谷修建了一条公路，公路把河谷沿岸零碎的村落连接在一起，也是通向大山外面的必经之路，极大地方便了大家的出行。在塔什库尔干河汇入叶尔羌河的地方，也就是两河交汇处，一半青绿，一半灰白，颜色分明。塔什库尔干河河水清澈，叶尔羌河由于挟带着部分泥沙，水质呈现出一种灰白色，形成了河面颜色一分两半的景象。

我们换个角度来看看这两个交汇的地方，颜色一蓝一灰，两种水质的分界线清晰可见。由于叶尔羌河的水量比塔什库尔干河大得多，叶尔羌河灰色的水很快就稀释掉了塔什库尔干河蓝色的水，然后一起欢快地向前方流去。现在画面中绿色树林中坐落着一个塔吉克村落，叶尔羌河蜿蜒流过，在峡谷深处孕育出零星的村落。河谷天然野生的树林与纯朴的塔吉克村落，无比自然地融为一体。

高山流水，天高云淡，村落安然，好一个美好宁静的世界。叶尔羌河水日夜向东流，流经200多公里之后，就到了喀什地区的麦盖提，麦盖提县是新疆种枣大县，种植规模超过了56万亩。记者妮尕尔就在叶尔羌河畔的枣树林，下面就请他带我们去看看红枣丰收的情况。

记者（阿依妮尕尔）：央视新闻的朋友们大家好，这里是新疆喀什地区麦盖提县羊塔克乡的红枣园，我是麦盖提县融媒体中心的记者妮尕尔。大家刚刚听到的是刀郎热瓦普的声音，刀郎热瓦普是刀郎木卡姆弹奏的重要乐曲之一，现在正值麦盖提县的丰收季，当地的群众正在用自己的歌声表达丰收的喜悦。下面我们一起来听一听国家级非物质文化遗产——刀郎木卡姆。

太精彩了，虽然这不是我第一次在现场听，但是每一次都感觉非常震撼，希望其他的朋友有机会可以来我们麦盖提县游玩，身临其境地来感受一下我们的刀郎热瓦普。接下来我们一起来跟着大叔聊一聊，了解一下我们的刀郎木卡姆。在这里我可以教大家一句维吾尔语"亚克西莫"，就是你好的意思。

大叔跟我们说他叫爱海提·多和提，今年70岁了，他是从15岁就开始学刀郎木卡姆，刚刚唱的意思是对生活的热爱。

麦盖提县是刀郎文化的发祥地，也有刀郎之乡的美誉。麦盖提县除了是刀郎之乡，还是响当当的红枣之都。大家可以看到我身后红枣已经挂满了枝头，每一根树枝上都是密密麻麻的红枣，看起来长势非常好。因为我们拥有得天独厚的条件，麦盖提县的光、热、水土资源非常丰富，农业灌溉水是来自塔里木河四源之一的叶尔羌河水，而且全年平均日照时间是2837个小时，在这种优越的自然条件下长出来的红枣是什么样的呢，我们一起去了解一下。

大家看，这一根树干上就长了这么多的枣，想必今年一定是个丰收年。

大家可以看到它的外表是非常新鲜的，饱和度很高，颜值很高。我想尝一下，大家可以听到这个声音吗，特别的清脆，而且很甜。可以看到它的皮很薄，果肉非常的饱满，核还很小，一口下去，特别的甜，感觉很满足。刚好我们今天请到了相关的技术人员，请他来给我们讲一讲麦盖提的枣。老师您好。

郝庆：你好。

记者：可以跟网友们介绍一下自己吗？

郝庆：大家好，我是新疆农科院的研究员，也是国家枣产业体系枣南疆综合实验的站长，我的名字叫郝庆。

记者：郝老师您好。

郝庆：你好。

记者：我知道我们麦盖提的枣还是分门别类的，对不对？

郝庆：枣在新疆有两个主栽品种，一个是我们现在看到的灰枣，品质比较好，肉质饱满细腻。还有一种是骏枣，个头比较大。我们麦盖提主要以灰枣为主，这两个都是制干品种。

记者：灰枣我记得也是分级的，像特级、一级，具体怎么分？

郝庆：这个主要是企业分，农民一般是卖通货，树上熟了以后统一卖给企业，企业有分级标准。我们现在一般是参照期货仓单的标准，主要是从果实的个头纵横径和每公斤枣子的个数来算，一般在123到128以下是一级，分为特级、一级、二级和三级。

记者：特级的价格是不是比较高？

郝庆：对，特级或者我们说一级以上，像这个枣子今年产量比较高，风调雨顺，一级果的比例大概能占到60%以上，所以这个价格就比较高了。

记者：怎样才能种出价格比较高的枣，还是这个也说不定。

郝庆：这个一定是跟技术和投入有关。一个是我们的产量，基本要控制在600公斤以下。第二是我们的投入，在水肥管理、技术修剪上面都要投入。像这个枣园，整个疏散分层型的小树心都出来了，通风透光都很好，所以它的品质就好，肉质就饱满，一级枣的比例就非常高。

记者：我们边走边说吧，这样网友们也可以看到这个枣园丰收的景象，大家也能感受到。

郝庆：硕果累累。

记者：我们知道它耕地面积是109万亩，红枣其中就占了56万亩。

郝庆：麦盖提县种植红枣总面积大约是56万亩，应该是全国红枣面积最大的县之一，今年由于风调雨顺，再加上管理投入比较高，管理比较好，技术介入得也比较到位，所以今年的产量可能翻番，像这样的园子亩产基本都是在600公斤以上。

记者：真好，今年老百姓的腰包要更鼓了。

郝庆：今年一定是丰收了。

记者：在这期间您给我们当地的农户提供了什么样的技术支持？

郝庆：我们在麦盖提，因为它是全国或者全疆枣的主产县，所以我们在这儿建了两个实验站，一个是国家桃产业技术体系枣南疆综合实验站，另一个是新疆红枣产业技术体系的塔西，也叫喀什实验站。在这个站里面，常驻的有五六个老师，带十几个研究生，现在还有十几个研究生在这儿。这些专家和团队在这里，能及时地发现问题，给农民现场指出和解决。像今年我们发现的，在3月、4月、5月，到6月，这几个月的气温比往年同期偏高，花期明显提前了10天左右，我们及时发出提示，保花保果要开展相关的措施，及时跟进，所以硕果累累。只要不错过农时，有关键的技术投入，产量自然就好了。还有一个就是病害防治，只有在田间，经常在这儿，就能发现什么虫子，什么危害发生了，以便及时预警，给农民及时指导，也给现场的技术人员做出指导。我们定期发现的问题会以书面形式提醒相关管理部门，然后召开现场会。

现在这个枣子熟了之后，有一些会自然缩果，会脱落，还有一部分在树上挂着。所以我们基本要等树上的枣子完全的成熟，它的肉质、糖度达到最佳状态，我们才打。今年可能是在10月底，最早要到10月底打了。

记者：老师我知道我们还有一个晾晒场，红枣晾晒。红枣晾晒的作用是什么，这个我不太理解。

郝庆：现在麦盖提县委县人民政府在每个乡都搞的有红枣晾晒。就是农民把枣子打下来以后，如果摊在这样的地里面，因为土壤比较湿，有水分，不容易干。我们在专门的晾晒场上，它干得快，集中晾晒。集中晾晒之后，在那里集中销售。就是农民弄完晒了以后，符合要求以后，客商就直接拿走了。

记者：也对他们的销售有很好的帮助，也不会有一部分是坏掉的。

郝庆：对，就是减少采后的损失，这是一个很好的措施。第二个就是把客商直接介绍到农民面前，避免客商一个个地跟农民谈判，最后造成有些农民不知道情况，可能价格就偏低，这是政府做的事。每个乡都有，甚至每个村，我们团结村就有专门的晾晒场。

记者：我知道枣收回去以后还会做成一些农副产品，是不是？

郝庆：我们现在看到的枣叫原枣，新疆有些是原枣出疆销售了，利用这个枣作为原料，我们可以加工。原枣就是干枣，清洗烘干包装以后就直接食用，这是一类产品，也是最主要的。还有就是利用枣进行加工，它可以改变形状，比如饮料类的有枣酒、枣醋、枣茶，可以做成枣泥。还有一些精细加工，可以做成酵素，还可以提取环磷酸腺苷、黄酮类的，对身体保健，药食保健同源的产品会非常好。

记者：以前我知道像别人说你吃颗糖吧，但是在我们麦盖提县掏出来都说你要不要吃颗枣。

郝庆：对。

记者：红枣对于我们来说就是非常日常的，早餐吃一个，平时零食也非常的爱吃红枣，是不是？

郝庆：一日食三枣，终生不显老。

记者：对，红枣真是个好东西。

郝庆：红枣的保健功能非常好。

记者：我们一起来了解一下我们的农副产品。

郝庆：好，我们看一看。

记者：我自己平时特别喜欢红枣醋，红枣醋的功效有美容养颜，还会补血，还会对心血管有一定的好处，是不是？

郝庆：一定是这样的，咱们的红枣本身就是补血补气的，鲜枣里面的维生素含量又非常高，利用它作为原料加工出来的产品，安神、补气、补血的功能在。经过发酵，形成枣醋以后，对肝脏的养护也非常好，能软化心脑血管。另外红枣里面本身就含有环磷酸腺苷、黄酮类的，抗肿瘤的主要成分，能提高身体的免疫力。

记者：现在红枣规模化形成以后，有很多企业选择入驻麦盖提县，助力红枣的精深加工。除了精深加工，对当地的农户产生一定的效益以外，它还提供了很多的就业岗位。您知道生产车间有很多个流程，可以跟我们讲一讲吗？

郝庆：咱们桌面上摆的产品是村里的一个企业，咱们团结村有几个红枣加工企业，这是其中之一，一个村里面的企业产品就非常多。车间里面的流程，一般我们采下来的枣子是带着一些灰土、树叶，要经过清洗、分选，分选之后通过激光筛选仪把烂枣，坏的、裂的挑出去，挑出去以后，通过不同的通道，一级的、二级的、三级的会自动分开，分开以后就成为商品枣了。

这个时候你可以直接拿原枣销售，也可以用它做原料进行加工。所以这个车间用工量也是很大，除了机械，包装、生产、清洗各个环节都会用工。

记者：这样看来不管是老人还是年轻人，不是老人，是年纪大一点的，或者是年轻人，都可以选择，如果是家庭主妇，或者是待业的青年，可以选择在生产车间工作。因为他们就是本着就地就近的原则去吸纳员工，不仅为种植户提供了便利，还为一些没有工作的人提供了就业岗位，让大家的生活面貌都好了很多。

郝庆：对。所以刚才说我们一个村里面的红枣加工企业就有几家，所以农民不离土地、不离村，除在自己地里干活以外，枣子丰收以后，农忙过后，一直到10月采收以后，还可以在企业里面就业，所以这就是乡镇企业和村镇企业发挥的作用。

记者：非常的好。说到这个，我想喝一口红枣醋。

郝庆：可以尝一尝，醋的产品，这是食用的，可以直接饮用的，它是饮料类的，酸度不太高，有一定的糖度。

记者：我知道还有可以炒菜的红枣醋。

郝庆：对，这个就是调味的，拌凉菜，炒菜用这个，这个就是发酵的时间长一些，醋的浓度高一些。

记者：红枣醋一口下去，满满的红枣味，不像是那种饮料，浓度比较高。

郝庆：对。红枣醋，红枣酒。

记者：可见而知，一颗小小的红枣做成大文章。小红枣让我们身边的农民，他们的腰包更鼓了，成为了当地群众的摇钱树。

郝庆：没错，我们麦盖提县以红枣为龙头主产，以一棵枣树做成大产业，一颗小枣做成大产业，麦盖提县农业就以红枣为主，红枣树麦盖提老百姓也把它当成摇钱树，也把它当成银行。

记者：当成绿色银行。朋友们，今天我们的了解就到此为止，之后有机会我们再见吧。

苏安阳：看见锦绣山河，江河奔腾看中国，我们继续随着塔里木河的水系顺流而下，叶尔羌河向西北方向流去。有时河水很凝重，缓缓地流淌着，有时河水很轻盈，像一个活泼的孩子。看着这么清澈明亮的河水，一切烦恼都会被冲走，心灵上的尘埃也会被洗掉。

现在出现在画面中的是叶尔羌河上的喀群引水枢纽。叶尔羌河以喀群为界，分为上下游，喀群引水枢纽位于喀什地区莎车县喀群乡，喀群引水枢纽工程规模宏大，功能明显，有新疆都江堰的美誉。喀群引水枢纽的南北两头各竖立着一座又高又大的牌楼，牌楼上写着"北育绿洲，南出昆仑"八个大字。喀群引水枢纽工程控制灌溉面积340万亩，可改善13座水库的引水条件，满足7座水电站的发电引水。

叶尔羌河喀群渠首水势浩大，每秒900立方米的大股水流通过西岸引水闸，气势雄浑，流向莎车县，灌溉着250万亩的耕地。叶尔羌河河水除了灌溉本流域的耕地，今年还要向喀什噶尔河流域跨流域补水。今年是叶尔羌河首次向喀什噶尔河跨流域补水，喀什噶尔河感谢叶尔羌河的无私馈赠。

潺潺的潜流歌唱在农渠，静静地流入田间地头。在喀什噶尔河上游有一座喀什古城，喀什古城是丝绸之路上的历史文化名城，记者玛丽亚现在就在喀什古城，接下来把时间交给她，让她带我们一起逛古城，看古城新貌。

记者（玛丽亚）：央视新闻的网友们大家好，我是玛丽亚·甫拉提。这里是喀什古城的东门，正在进行的是喀什古城的入城仪式。想必全国各地来过喀什旅游的人，对此情景应该并不陌生。我的这身衣服网友们猜是什么服装呢？我们喀什生活着汉族、维吾尔族、塔吉克族、柯尔克孜族等多个民族，我今天穿的这个衣服是维吾尔族的传统服饰，用艾德莱斯做的，也是我们喀什古城的手艺人给我定做的。大家现在看到的这个是麦西莱普，也是我们中华文化的瑰宝《十二木卡姆》的选段。喀什古城的入城仪式通过特色历史文化，还有民族歌舞的形式，来欢迎五湖四海的朋友们。

接下来大家看到的这个叫萨玛舞，这是一个民间的集体舞，一般会是男士来进行集体跳。

接下来给网友们展示的将是我们的顶碗舞，顶碗舞也是一个集艺术性、技巧性、观赏性为一体的民间舞蹈，接下来就看看顶碗舞的舞者们如何保持平衡在头上的这几个大碗。喀什人民热情好客，能歌善舞，通过我们欢快的舞蹈和他们脸上洋溢的表情，我们五湖四海的游客朋友们已经感受到了喀什人民的热情。

接下来请欣赏我们的顶碗舞，顶碗舞需要相当功力，这些舞者的头上会扣上三个大碗，这需要舞蹈者有一年多的功底苦练，才能达到这个水准，平时也会放小碗，如果是小碗，功底比较深的一般头上能放7到8个，今天我们的舞者用的是三个大碗。网友们看到的这三个碗是扎扎实实的我们吃饭用的碗，里面还装着水，大家可以看到她们的动作非常优美、娴熟，转圈各种动作，我们头上的碗还能保持平衡保持的这么好，她们也都是平时苦练内功才能达到这个水平。顶碗舞是一个民间舞，一般都是由女性来进行集体跳，顶碗舞也代表着热情好客，头顶顶着茶碗，代表欢迎五湖四海的宾客们。最后的这个动作也代表热情欢迎我们全国各地的游客来到喀什。

接下来将上场的是男士集体舞——萨玛舞，萨玛舞的节奏非常欢快，这也代表了劳动人民的节日，平时在节庆，包括婚礼的时候跳的比较多，一般在喀什市和莎车一带比较流行。萨玛舞粗放、刚劲、有力，非常有节奏感，有很多的游客已经跃跃欲试了。网友们可以通过他们的节奏感和舞姿，看出来他们的舞蹈是非常不一样的，非常的粗犷，动作非常的刚劲有力。想必很多网友对这个舞蹈也不会陌生，每年的古尔邦节的时候我们央视都会带着大家直播现场，观看萨玛舞的表演。

随着欢快的舞蹈，接下来将上场的是我们的巴扎文化，喀什素有美食之乡、巴扎之乡、歌舞之乡的美誉，接下来将展示的就是我们的巴扎文化，巴扎也是市场的意思，喀什在古丝绸之路的重镇，也是我们商贸文化非常发达的一个地方，展示的这些瓜果，还有烤全羊等美食，还有展示的铜器这些手工艺，都是喀什市本地特有的。大家看到的石榴，通红的石榴已经上市了，在我们喀什市的伯什克然木乡盛产这个石榴，还有葡萄，木纳格葡萄也是非常甜美的。我们这些瓜果都是因为塔里木河的浇灌滋养，让我们喀什成为了一个大果园、大果棚，所以我们的瓜果是非常香甜的，受到全国游客的青睐。

我今天要带着大家坐观光车来进行旅游，因为每一条街巷之间都有一定的距离，接下来我就坐上观光车，带大家体验和感受古城的魅力。首先带大家去手工艺品一条街，这也是喀什古城最有特色的一条象征性的街道。喀什古城有2000多年的历史，是目前国内唯一一个有特色的迷宫式城市街区，也是世界上唯一一个保存最完整的生土建筑群。如果你想深度体验古城的魅力，就多花几天的时间住在这里的民宿，慢慢地游览每一条街，品尝这里的美食，看看这里的手工艺品。

我们已经到达了手工艺品一条街，这条街也叫职人街，因为这里有很多的传统手工艺人。接下来我将带大家探店的这家是铜器世家，是喀什市最大的铜器世家，有六代的传承人。喀什市的铜器技艺也是国家级的非物质文化遗产，我们到现场去领略一下铜器技艺的魅力。木合旦尔大哥的店到了，看他正在忙着呢，正在做铜器。

大家可以看到这个就是一个铜器，大家猜一猜这是干什么用的，不知道有没有网友见过。木合旦尔大哥告诉我这个铜器他已经做了一个多星期，这个叫托盘，像这样大的一般是客人比较多的时候，像婚礼我们一般会用来端饭端到客人面前。还有这种小的托盘，小的托盘一般是给游客端茶用的，表示对客人的尊重和热情的欢迎，还有一种是用在家里当做摆设的。木合旦尔大哥告诉我这是内地游客的一个订单，这个宽是 1 米 2，像这里面的雕刻工艺比较费时间，因为是纯手工，就要一榔头、一刀刀地雕刻出来，所以这个要花 9 天的时间才能完成。木合旦尔大哥说因为现在游客比较多，随着这几年旅游业的发展，像这种大的铜器制品一般会托运邮寄过去；像这种小的携带方便，一般都是游客自己带走。

木合旦尔大哥邀请我来看看他们家的铜器制品。木合旦尔大哥说，这些小的铜器制品游客一般都会自己随身携带走，这些都是纯手工的。木合旦尔大哥说，纯手工制作的铜器价格要高一些，这个叫南瓜壶，仿造的是南瓜的造型，这个也是纯手工的，大家可以看一看这个工艺，这个都是一榔头一榔头敲出来的。木合旦尔大哥说像这样的南瓜壶因为是纯手工的，一般一个月也就能做出来 10 到 15 个。像这样子机器印花的一个月能做 30 到 35 个。刚才还有他手里面拿的这个就是纯手工打造，这个工艺一般要复杂一点，像这个壶一般需要 1 个星期，加上雕刻的花纹，这个就是纯手工的，2500 左右，这和机器打造出来的铜器是有两倍的价格差。

木合旦尔大哥说，现在的游客也比较喜欢这种铜器制品，所以这个铜器的销售还是很好的，原来他有五六十种的铜器制品，现在已经发展到了四五百种。我也知道之前木合旦尔大哥参加过上海世博会，参加过亚欧博览会等等这种国内大型的展会。大家可以通过我们的镜头看一看，工艺非常精美，款式不同，颜色也不同，主要分为红色、黄色和白色三种颜色。大家现在通过镜头看到的都是纯手工的，大家可以看一下雕刻的花纹非常精致，木合旦尔大哥告诉我，一个合格的铜器传承人一般没有 10 年的时间是出不了师的，10 年以上的才可以说自己是一个合格的铜器制作人。

木合旦尔大哥告诉我，他是第六代的传承人。我问木合旦尔大哥是不是他的父亲，还有他们家人都是从事铜器的传承。木合旦尔大哥告诉我，为了把技艺传承保护好，孩子们在平时节假日，还有周末的时候，会让他们到现场来看一看，耳濡目染。接下来我将继续带大家去游览我们的手工艺品一条街，我们也谢谢木合旦尔大哥，跟他告个别。刚才我是用维吾尔语跟木合旦尔大哥说再见。

接下来我带大家游览一下手工艺品一条街，这条街上有很多祖祖辈辈都从事传统手工艺传承的艺人，他们当中有制作铜器的、乐器的，还有从事木器的，有很多都是三代以上的传承人。近几年随着新疆实施旅游新疆战略，也带动了全域旅游的发展，也为喀什古城吸引了更多的游客，再加上政府对传统手工艺的传承、保护和发展，现在这里的传统手工艺人的队伍也不断的壮大。

走到这儿大家猜我闻到了什么，闻到了烤包子的香味，这家烤包子店是非常有名的，当你走到这儿的时候，你就忍不住要走过去尝一尝，接下来我就带大家去品尝一下。这家烤包子我听当地的居民说已有30多年的历史，也是三代的传承人，所以走到这里的时候，一定要品尝一下。

他在用维吾尔语跟我打招呼。我吃的这个，大家看里头是羊肉皮芽子馅的，里面还流着汤汁，特别的好吃。这个烤包子有30多年的历史，而且现场还可以看到这个烤包子的制作技艺。大家可以看到，食材非常新鲜，我们喀什本地的牛羊肉，还有皮芽子。看这位厨师的动作也是非常娴熟，几秒钟就能包完一个烤包子。因为这家烤包子非常的受欢迎，也是网红店，所以包烤包子的速度一定要跟上畅销的速度。大家来到这里一定要品尝一下，现场做、现场包，非常的新鲜。

王玮，在喀什过得怎么样？习惯了吗？

王玮：挺好的。

记者：很久都没有去过你的民宿了，带着网友们一起去看一看你的民宿吧。

王玮：好啊。

记者：随着旅游业的发展，喀什的民宿产业也是迅速地兴起，目前有90多家民宿，王玮就是其中一家民宿的老板。这位年轻可爱的姑娘，原来是从郑州到喀什古城来旅游的，没想到她喜欢上了这里，到这里来创业。

在烤包子店的路口，还有一个是不能错过的，就是我们的驼队表演。喀什也是古丝绸之路的重镇，还有商贸，在古代是非常发达的。大家通过我们的镜头可以看到驼队向我们走来，年轻美丽的姑娘，还有骆驼，悠扬的旋律向我们走来，仿佛让我们回到了古丝绸之路的文明。喀什也是丝绸之路经济带核心区的重要支点，所以在驼队表演当中也是体现了这个元素。等大家欣赏完了，我再带大家一起去民宿。驼队表演还有很多精彩的观众互动的环节，如果来古城旅游，您可以现场感受一下。接下来我将带大家去民宿。

我是在两年前认识王玮的，你来古城两年多了？

王玮：对，两年多了。

记者：当时你怎么想到会留在喀什？

王玮：我当时就是来喀什旅游的，当时是个游客，来了古城之后就觉得古城的建筑还挺有特色的，维吾尔族居民的生活状态、生活氛围都很舒服，我在想我自己是不是也可以尝试一下在这边生活。刚好就遇到了这边的一栋比较喜欢的居民的房子，就把它租下来做民宿了。

记者：你觉得有没有融入到这里，有没有后悔当初的选择？

王玮：完全融入了当地的生活氛围，甚至觉得在这儿生活很幸福，幸福指数很高。因为当地的维吾尔族居民，我的邻居，我巷子里面维吾尔族的小朋友们，他们对我特别的好，让我很温暖，所以我觉得很享受在这边生活。

记者：我们到达了巴各旗巷，王玮的民宿就在这条巷子里，这也是民宿一条街两年前政府打造的。大家可以看到这条街巷也十分好看，爬满了爬山虎，而且每一栋民居都有不同的风格。你的院子里有客人，是不是。

王玮：对，这两天有一些游客在，还有我们巷子里面的维吾尔族的小朋友在。

记者：这是你们邻居的孩子？

王玮：对，是的。

记者：您好大哥，您也是来旅游的吗？

游客：对啊，这两天天气很好，所以出来玩一下。

记者：你是从哪儿来的？

游客：我是从上海过来。

记者：您觉得古城怎么样，这里的民宿环境卫生各方面怎么样？

游客：我觉得比我想象当中的要好一点，住在这里很舒适，外面的环境也很好，民宿基本上比我想象当中的要好很多，这次国庆节旅游出来，到这个地方来很舒适，很高兴。

记者：祝您在这里住得舒适，玩得愉快。

游客：谢谢。

记者：王玮，我记得当时咱们这个民宿都是你自己一手设计的？

杜民超：对，这原来是维吾尔族民居，我把这个民居租下来，经过重新改造和装修，你看这一圈的雕花就是我们沿用了维吾尔族的一些民族特色的装饰风格。

记者：我看每一层都有，一共是三层。

杜民超：对，我们一共是三层。

记者：有多少间房子？

杜民超：一共有9间房，一楼有4个房，二楼有4个房，三楼有1个房。

记者：我看你这个房间里用色比较大胆。

杜民超：对，可以参观一下我们房间。

记者：这是一个单人间，是不是？

杜民超：对，这是一个单人间大床房，我们的房间，我们的床品，我们硬件的配备都是按照酒店的标准来配备的，因为我们希望游客在这个地方也有一个比较舒适的居住环境。我们的装饰风格是采用了一些民族特色的元素，比如，墙上的地毯，还有灯，都是运用的民族风格。

记者：我看你的床头柜很有风格，这是在这里买的还是订做的？

杜民超：这个床头柜是我们在当地订做的，我们是找了当地的老的维吾尔族的木匠，他帮我们手工制作的。上面的这种带颜色的画的花纹，这种是我们巷子里的小朋友跟我一起完成的。

记者：他们也一起加入了？

杜民超：对，我们一起完成的。

记者：是在古城里面的木匠匠人给你做的？

杜民超：对，他先手工做出来，我们邀请了小朋友一起去涂色。

记者：太喜欢你这儿的颜色了，用色比较大胆。

杜民超：对，我们的颜色比较清新。我觉得整个古城里面居民他们的用色也很大胆，有很多很好看、很鲜艳的颜色。我们民宿也运用了比较清新的颜色，希望客人住进来的时候比较明亮、舒适。

记者：你的这张桌子一般就是游客在这里喝茶吃饭的？

杜民超：对，这张桌子可以称为魔力桌，来自天南海北的游客他们会坐在这个地方吃饭、喝茶，也会在这个地方交朋友。平常我们巷子里面的小朋友放学，他们也会来这个地方写作业，有时候我们会帮小朋友在这里过生日。

记者：这些小朋友都是吗？

杜民超：对，这个是苏曼耶，这是我们巷子里面的小朋友。

记者：苏曼耶，经常来王玮姐姐这里吗？

小朋友：对。

记者：一般都来这里干什么？

小朋友：一般都来这里玩，或者是写作业。

记者：王玮姐姐会辅导你的作业，是吧？

小朋友：对。

记者：喜欢王玮姐姐吗？

小朋友：喜欢。

记者：你认识她多久了？

小朋友：两年了。

小朋友：我也认识她两年了，她特别温暖，特别喜欢小孩子。

记者：你也是王玮姐姐的邻居，是吗？

小朋友：是的。

记者：这个可爱的小朋友呢，看看镜头。

小朋友：我是来这里拍。

记者：你几岁了。

小朋友：我5岁。

记者：是从哪里来的？

小朋友：上海。

记者：上海来的，你喜欢这里吗？

小朋友：喜欢，我喜欢在这儿桌子上玩我的手账。

记者：这些小朋友是你刚认识的吗？

小朋友：嗯。

记者：我看你们很熟的样子，你们已经成为朋友了，是不是？

小朋友：对。

记者：那祝你们玩得愉快。

小朋友：谢谢。

记者：再见，小朋友们。王玮，我们就不打扰你了，我看也有客人，我们继续去下一个点位。

王玮：好啊，有空再来。

记者：好的，也祝你在喀什接下来的工作生活愉快。

王玮：谢谢。

记者：像王玮这样的民宿在喀什古城有90多家，每栋民宿都有它不同的风格和特色。除了民宿产业之外，这两年喀什古城还兴起了一个新的产业，叫旅拍产业，旅拍也成为喀什古城很多游客打卡的一种热门的方式，接下来我将带大家去一个旅拍点。旅拍产业从之前的2家，目前已经发展到了有130多家。接下来我们要去的旅拍点——巴依老爷的家，巴依老爷的家是一个有着300多年历史的传统故居，其中有很多的取景点位，有20多间房子，而且这个故居保存了原来生活的样貌，所以受到了很多游客的青睐，接下来我就将带大家去看一看。沿途我们也可以看到有很多人在打卡、拍照，其实喀什古城的各条街巷都是不同的风格，而且随处都是一个个取景点。

我们已经到了恰萨巷，巴依老爷的家就在恰萨巷里面。在沿途您还可以看到有文创产品店，旅拍店我也看到有两三家，沿途如果你拍照片拍累的话，也有商铺，你可以喝喝咖啡，喝喝石榴汁。我们已经到达了巴依老爷的家，巴依就是富人、贵人的意思。喀什古城景区打造了13家的网红打卡点，是专门用来旅拍的，巴依老爷的家就是其中的一家。为什么这么受大家的欢迎呢？因为它有300多年的历史，而且里面的陈设都是保持了原来的生活习俗，里面就像一个微缩的文物博物馆一样，所以受到很多游客的青睐。里面是700多平米，现在我打算到后院去，因为它的后院比较有特点，后院还有阳台，关键是客厅在里面，我看过别人在客厅里面拍照，我觉得取景点特别好看。

我们也可以看到这里面有一些游客在进行旅拍。家里头、楼楼，还有阳台上，都有游客在进行旅拍。接下来我就要打扰一下摄影老师。你好。

旅拍摄影师：你好。

记者：这会在忙着给游客旅拍，是吗？

旅拍摄影师：对，今天来了一对闺蜜，给她们拍民族复古的照片。

记者：您就是古城里面的旅拍店吗？

旅拍摄影师：对，我就是在古城里面开旅拍店的。我们从6月份开始搞旅拍，一开始是3个人，现在变成6个人了。

记者：有化妆师吗？

旅拍摄影师：有化妆师、有摄影师，从6月份空手开始干。

记者：白手起家创业的。

旅拍摄影师：对。

记者：你们都是喀什本地的？

旅拍摄影师：对，全是喀什本地的，现在从银行拿的贷款基本上都快还完了。

记者：游客很多，是不是？

旅拍摄影师：游客很多。老师，你今天穿的这身衣服也特别漂亮，要么也给你来两张。

记者：我也来拍两张，这会不会打扰你。

旅拍摄影师：不太会。

记者：那就占用你的时间，我特别想在巴依老爷的客厅来一张，因为我见过很多人在这里拍。

旅拍摄影师：可以。

记者：旅拍的服装根据大家的喜欢可以自己选择，在我们旅拍店里面有很多款式的服装，如果是自己喜欢的衣服，自己也可以带来，里面也有专业的化妆师。

旅拍摄影师：对。

记者：里面拍摄的人还不少，我也来拍两张。因为这个客厅非常有特点，里面的摆设保持了300多年前招待客人，还有摆设的一些传统的习俗，所以我选择在这里拍一张。

记者：谢谢，占用你的时间了，你继续给游客们服务吧。

旅拍摄影师：好的。

记者：在今天的直播当中我带大家感受了古城的新发展、新变化、新业态，通过手工艺品一条街，大家也看到了政府保护传承发展非物质文化遗产，给旅游产品带来的发展，同时我们也通过民宿产业、旅拍产业，看到了新的旅游业态，带动了当地青年的就业、创业。喀什古城最大的特点就是居民区和景区融为一体。在喀什古城景区有5000多家商户，带动了2万多人就业，群众在古城里面安居乐业，幸福地生活。今天喀什古城的直播就到这里，接下来我要慢慢地逛逛古城，央视新闻的网友们，大家再见。

苏安阳：《看见锦绣山河丨江河奔腾看中国》，我们继续随着塔里木河的水系顺流而下，现在我们看到的是托什干河，它是塔里木河另一条源流阿克苏河上游的一条支流。托什干河发源于天山南脉，被当地人称为母亲河，最后汇入阿克苏河，阿克苏河是塔里木河三大源流之一。在这个季节河水卷着泥沙，托什干河的河水泛黄。现在我们看到的沙棘林位于托什干河边上的乌什县。新疆阿克苏地区乌什县是野生沙棘的天然分布区，2004年被国家林业局命名为中国沙棘之乡。近年来当地百姓充分利用沙棘保持水土，防风固沙，改良土壤，全县沙棘种植面积达到15万亩。沙棘林，一簇簇，一片片，随风摇曳，婀娜多姿，成为大山深处一道美不胜收的风景线。

托什干河在阿克苏地区温宿县境内，与库玛拉克河汇合形成阿克苏河。在温宿县的柯柯牙镇，一排排苹果树上挂满了红彤彤的果实，早熟苹果在阳光的照射下显得格外的艳丽。记者苏蒙就在当地的苹果园，现在把时间交给她。

记者（苏蒙）：各位央视新闻的网友大家好，我是总台记者苏蒙。大家通过镜头可以看到，我现在置身于一片果园中，这里就是地处新疆南疆阿克苏地区的红旗坡农场。大家现在可以看到一颗颗红彤彤的苹果已经挂满了枝头，现在进入10月，这里的苹果也将陆续地迎来丰收采摘的季节。在这里我也邀请到了一位我在当地的朋友，他就是杜大哥，杜大哥给大家自我介绍一下。

杜民超：大家好，我是阿克苏地区红旗坡农场风情园果品农民专业合作社的负责人，我是杜民超。

记者：您是合作社的一个负责人。

杜民超：对。

记者：您能不能介绍一下这片果园的苹果有什么特点，种了多长时间了？

杜民超：这个园子的果树已经是15年的树龄了。

记者：15年的树龄，对于苹果来说是一个盛果期，还是？

杜民超：刚刚是盛果。

记者：您能不能给大家普及一下苹果树的幼年期有几年，盛果期有几年，什么时候要重新换另外一批树来种。

杜民超：苹果树幼年期需要8年。

记者：8年的时间，幼年期结的苹果质量不是最好的，是吗？

杜民超：对。到10年以后才刚刚进入丰产期。

记者：丰产期能持续多久？

杜民超：如果我们管理很好的话，能够生长50年。

记者：50年都是盛果期，盛果期时间非常长。刚才听了杜大哥给我们介绍以后，大家大概了解了在阿克苏红旗坡这个地方种植红富士的特点，要跟大家介绍一下这个地方，阿克苏的红旗坡更大的一个范围应该叫柯柯牙，从20世纪的80年代开始，1986年阿克苏地区实行了柯柯牙绿化工程，这个绿化工程就是将曾经的戈壁荒山覆盖的柯柯牙，改造成了现在大家看到的上百万亩的果园。除了大家现在看到的苹果以外，整个柯柯牙还种植了包括核桃、香梨等很多个林果的品种。大家可以看到现在苹果正在丰收。你好，能不能介绍一下，这个苹果怎么看上去个头特别大？

果农：我们通过精细化管理，在各项环节管理到位，所以我们的果子又大又红。

记者：一般比较优质的果子能具体地给我摘一颗，它究竟有多大，有多重。

果农：这颗果子应该是直径有11公分左右。

记者：您也是专家，一摘就知道它有多大，一摸就有多大。

果农：我们经常做这个工作，已经熟练了。

记者：110毫米。

果农：11公分，重量应该在300克左右。

记者：三颗这样的苹果就有2斤的重量。

果农：3个一公斤。

记者：差不多就是2斤的重量了。

果农：对。

记者：现在一公斤的苹果在市场上的销售价格是多少？

果农：我们的果子每年销售价格要高一点，因为品质好，今年像这样的果子应该在15块钱左右，一公斤。

记者：就是3颗这位大哥手上拿的苹果，它的价值在终端水果店里面，超市里面销售就是15块钱。

果农：我们地头价能卖到这个价。

记者：地头价是15块钱，如果卖到超市里面是什么价格？

果农：应该在20多吧。

记者：价格会更高。

果农：对。

记者：品质非常的好，所以它的价格也是非常的高。种植苹果现在已经成为红旗坡的一个招牌的产业。刚才跟大家介绍，其实我们现在看到这样的果园在20世纪80年代的时候还是一片荒滩戈壁，当时阿克苏地区的各族干部群众就开始在这片荒山戈壁上植绿。刚才给大家介绍的杜大哥也是从20世纪90年代来到了柯柯牙镇红旗坡这个地方开始种植苹果，是这样吗？

讲解员：是的。

记者：杜大哥能不能介绍一下当时柯柯牙在红旗坡这个地方，当时自然地理环境是什么样的？

讲解员：当时这一片整个是戈壁荒滩，特别是到了3月份至5月份的时候。

记者：每年春季的时候。

讲解员：每年春季的时间是经常刮沙尘暴。

记者：当时是一个什么样的场景，给大家形容一下。

讲解员：就是从远处一看，黑压压的一片过来，我们就马上到房子里面去。

记者：躲到房子里面去。

讲解员：到房子里面去，马上天就黑了，白天变成黑夜，我们呼吸空气都要咳嗽。

记者：杜大哥，能不能介绍一下咱们是什么时间开始在这里种植果树的？

讲解员：我们是在八几年就开始种了，但是那时候红旗坡集团公司集体小种，一家一户种10亩、20亩的，这样种了1000多亩地。

记者：杜大哥，当年因为柯柯牙镇整个绿化改造是从1986年开始的，当时您也参与到其中了吗？

讲解员：对。

记者：当时是一个什么样的劳动场面？

讲解员：当时是工厂工人、武警部队，还有我们这些职工，统统都参加。

记者：就是大家，党政干部、各族群众，全部参加到植树的过程当中。

讲解员：对，还有公务员们，都要参加。

记者：刚开始要把这个树种活容易吗？

讲解员：太不容易了，地质状况不佳，浇水又困难，养一棵树跟养娃娃一样。

记者：杜大哥说的非常的不容易要给大家介绍一下，在柯柯牙，包括在红旗坡这个地方，曾经是一个非常干旱的地方，也是阿克苏风沙主要的策源地，很多风沙都是从柯柯牙这儿来。当时整个地形地貌都是由沙土和石头构成的，在1986年，20世纪80年代，当时的阿克苏这个地方，政府做了一个决定。我们都知道阿克苏有一条阿克苏河，阿克苏河是塔里木河一个重要的源头，它的水量比较丰沛，当时为了把水引到柯柯牙，引到红旗坡这个地方，当时的干部群众用非常简易的工具，从天山里面，源头这儿开始进行引水，修了一条水渠。这条水渠就将阿克苏河源流的水引到了柯柯牙，慢慢地大家才有了植树的条件。如果没有水，这个树是无法种活的。我们接着请杜大哥给我们讲，当时种树非常的困难，大家怎么想办法克服的？

讲解员：都是拿着铁锹、洋镐，一种一个白星子，一个火星子，就是这样种。

记者：杜大哥刚才介绍的非常形象，就是拿这个镐，搞到土里面，里面有石头，都把火星打出来的，就是这种场景。

讲解员：对。打一个树窝子，就得需要几个小时。

记者：为什么需要这么长时间？

讲解员：太干了，又干又硬。

记者：土又干又硬，没有什么养分，树也不好扎根。

讲解员：对。

记者：通过杜大哥的介绍，我们现在看到的这片果园非常的漂亮，里面的果长的非常的好看。但是其实时间说起来也不是特别远，20世纪80年代，这里可以说是不毛之地。杜大哥这样的红旗坡农场的职工，还有整个阿克苏各族的干部群众，每年不断地在这里植树、造林，才有了现在大家看到的非常漂亮的大果园。杜大哥，说起红旗坡的冰糖心苹果，现在已经成为新疆林果业重要的一张名片，也是一个代表，提起阿克苏大家就能想到苹果。杜大哥，能不能教一下我，这样优质的苹果应该怎么样摘下来才合适？

讲解员：用拇指定住果品的脊部，这样一掰，带果把，还能把果子摘的没有伤疤。

记者：刚才杜大哥也教我们一个特别重要的技巧，这样的一颗苹果，摘的时候一定要把果把带上。如果不带果把的话，里面可能会有一个果肉会露出来。

讲解员：它就有伤疤了，容易腐烂。

记者：容易腐烂，并且价格卖的也没有带把的好。

讲解员：对，这个能放的时间又长，品质保持的又好。

记者：这样的苹果在日常的气温下能放多久？

讲解员：正常室温下可以存放一个月。

记者：所以我们这里种植的苹果一方面是品质好，二是易于运输和保存，可以这么说吗？

讲解员：因为新疆空气干燥，苹果自带抗旱保湿的特性。它有一层果蜡，这种果蜡是非常保水的。

记者：就可以保持它非常湿润。

讲解员：对，不容易失水。

记者：咱们脚下踩的这个薄膜是什么？

讲解员：这个叫反光膜。

记者：这是干什么用的？

讲解员：这个是在苹果后期成熟的阶段，在有光的情况下。

记者：我们拿这个瓶子举一个例子。

讲解员：你看这个地方，上面有叶子，太阳光不容易见到。

记者：不容易晒到这个苹果。

讲解员：它就着色不好，但是通过反光膜，下部有光，你看这就有了。

记者：我明白了，这样一颗苹果如果靠自然的光照，因为它是从上往下照的，所以苹果的上部因为有阳光照射就显得非常的通红。但是如果是不对它进行管理的话，下部可能就是青的，会出现这种情况。

讲解员：通过反光膜下面都是红的。

记者：通过反光膜，有些阳光透过果树照进来以后，这样的反光膜反射到苹果的底部，所以现在整颗的苹果全部都是通红的，看上去非常漂亮，这就符合商品果的标准。

讲解员：嗯，商品果就是好看、好吃。

记者：杜大哥太会推荐、太会介绍了。在杜大哥的果园里面介绍，我发现还有很多科技的因素。大家可以看到我头顶上方，一抬头可以看到一张白色的网，杜大哥，这个白色的网是做什么用的？

讲解员：这个叫防冰雹网，这里容易出现冰雹。

记者：极端天气。

讲解员：对，我们要想保护好果品，就得有抗自然灾害的设备。

记者：总结下来杜大哥刚才介绍的，除了我们种植苹果的技术经验非常多以外，我们还有一些辅助的设备设施，也是现在用到了这样一个现代化的果园里面，抬头往天上看去有一个防冰雹专用的网，往地下看有一个反光用的膜，这都是咱们经验的积累。

讲解员：对。

记者：有了这些措施和科技的投入，柯柯牙红旗坡这个地方的苹果才能够达到高产、高质、高价。

讲解员：对。

记者：谢谢杜大哥的介绍。现在我所在的地方是在新疆阿克苏地区柯柯牙红旗坡农场。柯柯牙这个地方曾经是一片戈壁荒漠，但是经过30多年像杜大哥这样一代又一代各族干部职工的努力，现在这里已经变成了上百万亩的果园，除了苹果，还有核桃，还有红枣，还有什么？

讲解员：香梨。

记者：这些都销售得很好。

讲解员：杏子，葡萄。

记者：这么多都是新疆比较有名的水果品种，都已经在咱们这儿落户了。

讲解员：对。

记者：我了解到整个柯柯牙，包括红旗坡在内，每年林果业的产值目前已经能够达到8.5亿元。曾经这个土地上是一分钱都产不出来，一点效益都没有，经过这么多人，这么多代的努力以后，现在已经产生了非常好的效益。在我眼前还有两箱土我想给大家介绍一下，这是杜大哥提前帮我们准备好的两箱土。这两箱土，有一箱土是您当时80年代来就是这种土吧？

讲解员：对，白色的土。

记者：白色的土，特别干燥。

讲解员：干燥，没有养分，纯是土。

记者：里面特别的干燥，而且因为以前没有耕种过，所以也没有任何的养分，有机物也很少。

讲解员：对，又不长草。

记者：草都长不出来。杜大哥跟我们说，这样的土是托什干河曾经的土，连草都不长，而且上面还有一层壳子，是不是？

讲解员：对，这含有一定的盐碱。

记者：其实也不利于种植树木或者林草。

讲解员：对，通过把地平整以后，还要用大量的水把盐碱吸走。

记者：不然没法种东西。这箱土给我们介绍一下，这箱土就是杜大哥果园里面的土，这个土是什么样的土？

讲解员：这个就是果树需要的良好环境的土壤。

记者：杜大哥说的非常专业，果树生长需要良好环境的土壤，看上去它里面的水分、湿度，而且闻起来有一种有机物腐败的味道，就是非常好的种植林果业的土壤。

讲解员：对，这个土要求达到碳氮比25:1的情况，在这个比例的情况下，长出来的果品最好。

记者：这样的土变成这样的土要经过很多的努力才能把土壤改造好。

讲解员：对，这都20多年了。

记者：20多年的改造，二三十年的改造，才能改造成这样。其实这两箱土我看到特别有感触，现在来到柯柯牙我们已经看不到曾经荒滩戈壁的样子，因为这里已经有上百万亩各类的树木，林果果树。但是柯柯牙人也是特别有心，他们保存了一片地方，叫原始地貌，原始地貌保存就是这个箱子里面曾经的土。

讲解员：对。

记者：其实就是让大家不要忘记创业是非常艰难的，从一张白纸开始，现在变成了百万亩的果园，土壤发生了变化，最能代表柯柯牙的变化。现在当地的林果业发展，已经种出了这么好的苹果，我们现在下一步要怎么样才能把苹果的效益再发挥到更大？

讲解员：由我们的风情园合作社积极吸纳社员。

记者：咱们现在社员有多少？

讲解员：有60多户。

记者：参加合作社的社员种植林果面积有多少？

讲解员：5600亩。

记者：刚才杜大哥给我们介绍，现在在柯柯牙红旗坡这个地方，种植果树，先解决第一个问题，即土壤改造，种出优质果。第二步大家还要形成一个共同的生产销售的联盟。

讲解员：对，就是通过公司+合作社+农户这种合作的生产管理经营模式，这样我们就可以把果子，有能力、有信心种好，也能卖出一个好价钱。

记者：其实卖出好价钱对大家来说是最实在的。

讲解员：对。

记者：杜大哥说起这个苹果的时候，喜笑颜开。因为这是他一锹一铲慢慢在这里创业得来的。在这里还有这么一个栈道，给大家介绍一下。杜大哥非常有心，为外地来的水果收购商，专门修了一条这样的栈道，目的是让大家来看一看苹果长相如何，为大家做推荐。

讲解员：对，让大家体验一下果子，果实累累的园子，走进宽敞的果园大道上，感受丰收的景象。

记者：感受一下丰收的喜悦，我们现在看到这个苹果长势非常好，颜色红润。我们都知道阿克苏的苹果叫冰糖心，为什么叫冰糖心，给大家介绍一下。

讲解员：这里苹果的优势在于光照时间长。

记者：光照时间长，每年的夏季，咱们这儿白天日照时间能达到多少小时？

讲解员：能达到11个。

记者：11个小时以上。

讲解员：这里昼夜温差大，并且有一个好的土壤，这三种结合，导致苹果能够提前成熟，聚集了更多的糖分，形成了非常好看的冰糖心。

记者：给大家介绍一下，阿克苏柯柯牙红旗坡苹果进入10月，开始陆续地采收，但真正要到采收的旺季，应是这个月的20号左右。我看着这一颗颗苹果挂在枝头非常诱人，而且分量挺重。这一颗苹果有300克左右。

讲解员：对，这个有350克。

记者：您一眼就能看出来它有多重。

讲解员：对。

记者：听了阿克苏柯柯牙红旗坡的农场职工杜大哥的介绍，在这个果园里我们看到了苹果挂满枝头丰收的景象感慨万分，曾经这里是一毛不长的戈壁滩，通过像杜大哥这样的农场职工一代又一代的努力，经历了30多年的发展，现在柯柯牙红旗坡生态效益非常好，您之前介绍八九十年代的时候风沙特别多，现在怎么样？

讲解员：现在也没有风沙了，下雨也多了。

记者：下雨多了，气候变湿润了。

讲解员：气候变湿润了。

记者：环境变化挺大的。

讲解员：在果园里面像在有氧吧的地方。

记者：大哥非常会说，形容这像氧吧一样，非常舒服。

讲解员：对。

记者：除了生态效益以外，现在的经济效益也相当不错，所以阿克苏柯柯牙整个绿化改造工程经历了两个阶段的变化，在20世纪八九十年代，大家种树是想改善环境，看有没有可能把好的果树种活，当时大家并没有想到会发展成今天的局面。

讲解员：开始为改造环境种得少，结果一种种成了，这儿不但有绿化了，还变成了经济效益。

记者：生态效益，经济效益，双丰收了。

讲解员：在这种情况下大量发展，以前只种十几亩，现在种400亩。

记者：种的越来越多了，经济效益也越来越好了。听了杜大哥的介绍，加上今天我在阿克苏柯柯牙红旗坡农场这个地方感受到当地果农丰收的喜悦，也看到一颗颗红彤彤的苹果挂满了枝头，真的是特别的为你们感到高兴。在柯柯牙这个地方因为坐拥阿克苏河源头非常干净的雪山融水，所以在当地各族干部群众的努力下共同造就了一个绿色奇迹。我看到柯柯牙现在发展的成果感到非常骄傲。好的，各位网友，我在新疆柯柯牙红旗坡农场了解到当地改造自然环境，将百万亩荒漠变成百万亩果园的故事就是这样，谢谢大家。

塔里木河，全长2486公里，流域面积102万平方公里，九大水系144条河流，携带着帕米尔高原的冰川融水，穿越沙漠戈壁，游走盆地边缘。塔里木河哺育着1200多万新疆百姓，所到之处滋润了农田，养育了民族，灌溉了胡杨林。从慕士塔格到死亡之海水罗布泊，从喀什古城到神秘的楼兰古城，塔里木河孕育丝绸辉煌，汇聚世界四大文明，它承载着新疆的历史，更见证了今天新疆的巨变。《看见锦绣山河丨江河奔腾看中国》，10月6日央视新闻带你探寻塔里木河，走进壮美新疆，看大河奔腾，共赏绿富同兴好光景。

苏安阳：《看见锦绣山河丨江河奔腾看中国》，我们继续随着塔里木河顺流而下。现在我们看到的是三河汇合处肖夹克，这里是塔里木河干流的起点。和田河、叶尔羌河和阿克苏河在肖夹克汇合，形成了塔里木河干流。肖夹克的具体位置在新疆生产建设兵团第一师阿拉尔市十六团，被称为塔河源。

从空中俯瞰肖夹克，大河奔流，气势磅礴，河滩呈灰褐色，河水呈黄色，一道从西北方而来，一道从正北方而来，交汇形成Y字形。每年10月到11月，在肖夹克一带游玩可以看到沙漠、胡杨、塔里木河等元素融为一体的美丽景象。胡杨林横亘着，河水绵延着，望着三河汇流，看见胡杨飘黄，正是一幅河与河汇聚，美与美交融的画卷。

我们再来看一遍三河汇流的地方，叶尔羌河从西来，阿克苏河从北来，和田河从南来，三河交汇才有了塔里木河该有的样子。从此以后，塔里木河就如脱缰野马一般，沿着塔里木盆地北源畅快游走。

我们继续随着塔里木河顺流而下，现在画面中出现的塔里木大桥，从这里往下大约200公里就是塔里木河上游与中下游的分界点。塔里木大桥位于新疆阿克苏地区阿拉尔市，是塔里木河顺流而下的第三座大桥，也是南疆地区最高的独塔斜拉桥。新时代的春风将两岸吹拂得绿意盎然，塔里木河上的大桥飞架南北，天堑变通途。一车车棉花、一桶桶石油、一箱箱水果，通过一座座桥梁运到城市，遍销国内外。随着塔里木河流域经济的蓬勃发展，会有越来越多、越来越美的大桥，跨越塔里木河，为新疆社会经济发展发挥更大的作用。

我们继续随着塔里木河流域顺流而下，现在我们画面中看到的是塔里木河中游的胡杨。在塔里木河流域行走，与胡杨邂逅是一件很平常的事情。这个季节在塔里木河河畔铺天盖地的胡杨林扑面而来，如同千军万马。胡杨属于珍稀树种，因为地球上生存量极少，被人们称为活化石。世界上的胡杨绝大部分生长在中国，中国90%以上的胡杨生长在新疆，新疆90%以上的胡杨生长在塔里木河流域。

在新疆人眼里，胡杨是美的符号，力的象征，生命的图腾。有这样一种说法，活着千年不死，死后千年不倒，倒下千年不朽。一棵胡杨树由于地下根系发达，可以形成一片胡杨林。胡杨的根系十分强大，主根能够深入地下6米以上，侧根更是密织如网，长的可达几十米，这是它为了吸收水分，维持生存的一种本能。也正因如此，胡杨能够紧紧抓住脚下的沙土而屹立不倒，发挥防风固沙的强大功能。

胡杨家族能够在塔里木河流域繁衍生息实在不易，南疆的沙漠戈壁极其干旱，特别是到了盛夏，地表温度高达六七十摄氏度，而到了冬季胡杨林又要忍受零下几十度的严寒。尽管如此，胡杨还是毅然把根系扎入沙漠深处吸收水分，用生命筑起绿色长城。

胡杨林是新疆秋天里不可缺少的风景，秋天最让人心动的颜色一定是胡杨林的金黄色。秋风吹过大地，铺天盖地的金黄色璀璨夺目。总台记者张敏现在就在轮台县的胡杨林公园，现在就把时间交给张敏，让她带我们一起去探寻胡杨林的世界。

记者（张敏）：各位央视新闻的网友们大家好，我是总台记者张敏，这里就是轮台县塔里木河胡杨林景区。轮台县分布着面积约69.21万亩的天然胡杨林，相当于1700多个鸟巢的大小。在轮台县境内，塔里木河流经的长度有100多公里。在我身后这一棵就是这个景区树龄最大的一棵胡杨树，要有5个我才能将它紧紧地环抱住。大家可以来猜一猜它的年龄有多大。

我们来到这个景区之后，可以看到各种形态各异的胡杨林屹立在这里，等到10月底霜降之后，胡杨树才会展现出它最美的颜值。包括当地人称为苹果胡杨的胡杨树。接下来我将坐着景区的观光车，带着大家一起去打卡。你好，现在可以坐着这个观光车，一起带着我们一起去景区里面看看各个景点吗？

讲解员：可以，因为景区刚发完洪水，会有一些蚊子，是否需要戴上防蚊帽。

记者：没事，现在还可以。游客来到景区的话第一站先到哪里？

讲解员：咱们第一站先是胡杨王，迄今为止它是咱们景区里面最大的一棵树，相当于4个人手拉手才能环抱一圈，所以为什么叫它胡杨王，它就像一个巨人一样的，头顶蓝天脚踏大地一样的，深深地守护着这片胡杨林。看完以后，乘着我们的车往里面纵深地走，景区道路有17公里，下一站就去树魂。

记者：我们现在可以出发了吗，带着我们去景区里面看一看。

讲解员：可以。

记者：这一片塔里木河胡杨林景区的面积有多大？

讲解员：中国90%的胡杨生长在塔里木河流域，塔里木河流域的胡杨覆盖面积是3800平方公里，我们景区就独占了100平方公里，迄今为止是占地面积最密集、最原始、最古老的。周边像直径超过30公分的都在1000年，人们赋予了它3000年的美誉，有一首诗叫："生而一千年不死，死而一千年不倒，倒而一千年不朽。"

记者：这也是咱们胡杨的精神。

讲解员：我们现在看到的胡杨树都叫它长须胡杨。

记者：为什么要叫它长须胡杨。

讲解员：为防止林业上发生火灾，便将下面修剪了，未修剪之前，它就像当地维吾尔大爷的胡须一样，又多又密。胡杨树形成这样的须子主要是减少水分的蒸发，对其他的枝条做出了改变。

记者：我们坐着这个景区的观光车，在胡杨两边的路道中间行驶是非常惬意的。今天虽然天气也非常好，但景区这个时间的蚊子是非常多的。

讲解员：这个避免不了。

记者：蚊子多，也意味着景区的水分充足，因为蚊子依水而居。

讲解员：对。

记者：所以咱们这边的胡杨树通过生态补水，现在生长的情况也是非常好的。

讲解员：对，现在景区保护措施完善，生长着很多植被，像干草，这路边都是纯野生的干草。这里面还有黑枸杞。

记者：野生的植物现在也在逐年增多。

讲解员：动物的话有国家一级保护动物马鹿，还有黄羊、黑鹳、野鸭子、白鹭。野兔子是最常见的一种，也叫塔里木兔，是国家二级保护动物，几乎在这里面它是没有天敌的。到了每一年的七八月份，晚上的时候满公园就是它们的天堂。

记者：我们现在已经到了深秋，但是胡杨的叶子还是有一点微微泛黄了。

讲解员：对，可能再过一个星期，因为现在冷空气还不是很多。

记者：要等到霜降之后才能整个变黄，到时候也是它最好的观赏时节。

讲解员：对，每年景区都举行胡杨的开幕式，我们会在10月15日到16日，选择天气好的一天，举办一场胡杨节，维吾尔少数民族可以举行服装大赛、饮食大赛，家里面的，每个村、每个镇都过来参加比赛。现在已经到达树魂了。

记者：每到一个地方都有一个不同的感受，而且它的景观、景色都是不同的，我们要往前走。

讲解员：我们往这边走。

记者：这边是树魂，为什么叫它树魂呢？

讲解员：这棵树从远处看已经完全没有生命的迹象，只剩下一堆树皮还在和风沙做斗争。我们可以绕过去，因为背面里面是空的。这是死而千年不倒最好的代表。

记者：也是胡杨精神的最好的一个代表。

讲解员：对，你看这里面现在都是空的。

记者：全枯了。

讲解员：只剩下一堆树皮。

记者：但是它依然屹立在这里。

讲解员：对。

记者：胡杨的习性就是耐旱、耐盐碱，所以它非常适合在沙漠中生长，而且它的根系也是非常发达的。

讲解员：对，胡杨树是一种因风化而特化来的植物，属于一种杨柳科乔木树种。

记者：这个树的数龄有多大？

讲解员：这个树都在一千年。

记者：都是千年以上。

讲解员：我刚才给你讲的直径超过30公分以上的都在一千年。

记者：所以咱们塔里木河胡杨林是原始胡杨最集中的一片区域，发现这儿的树干比那儿的笔直很多。

讲解员：这儿的胡杨树，为什么有些粗壮，有些细一点。最早的时候可能它已经先长出来了，旁边的是生长的缓慢一点。咱们越往里面走的时候，胡杨树就越小，但是就越密集。

记者：这个就是您刚才说的胡杨井。

讲解员：对。

记者：长的就像一个井。

讲解员：这是因为自然死亡以后，我们稍微修剪了一下，你可以看胡杨树的年轮。

记者：我们看到的这个就是它的年轮。

讲解员：对。

记者：这棵树有多少年？

讲解员：这棵树对我来说都是三千年。咱们的胡杨树还有一个很奇怪的现象，凡是超过30公分以上的，中间都是空的，也包括正前方活着的这棵胡杨树，像烟囱一样的感觉。所以我们这个景区也是一级防火单位，禁止吸烟携带火种进入景区。

记者：这个胡杨树跟其他树干不同的是，咱们可以看到树干的表面，树皮非常厚，而且它的树皮中间裂口也很大，其他树的表面裂口缝隙会很小，但是它的裂口很大，从远处望去不看它的树枝，就感觉这棵树已经枯死了，但是再往上看又是枝叶繁茂的状态。

讲解员：对，感觉它现在就像穿了一件很厚实的衣裳。

记者：对，树皮包裹着它，保护着它，感觉很有安全感。我们继续往下一个景点走。

讲解员：我们刚才说的三种不同的叶子，这个胡杨树最底部的叶子还保存着生长初期最原始的形状，即柳叶状。

记者：这个叶子很神奇。

讲解员：对，特别神奇，而且有三种，很多外地来的游客都没有发现它。

记者：这个叶片像柳叶一样细，再往上生长就变成了一个扇形。我们可以从地上捡一个，这个叶片就是从这棵树上掉下来的，大家可以看到每一个阶段，包括向上生长的时候，叶片都会有变化。

讲解员：对，都不一样。

记者：我拿的这个像扇形一样，这就是生长在中段的树叶形状，而再向上生长又变成了椭圆形。这片区域就是整个胡杨林的苹果胡杨，也就是灰胡杨，而且在这个灰胡杨的树身上我们也可以看到有很多胡杨碱。

讲解员：对，正前方这里就有一棵。

记者：这个会比较明显一点，有黄色和白色的结晶。

讲解员：白色的结晶是因为黄色的水流出以后，经过太阳的晒，会形成白色的。人工要使用的话，必须得加工一下。

记者：这是胡杨树的根部，把土质里面多余的盐分吸收进身体之后，它的身体会把多余的盐分再通过这个树干的缝隙排出来，就会形成这样的一个结晶物。

讲解员：对，所以也称之为叫胡杨泪。

记者：刚才您说到苹果胡杨，因为它的叶片跟苹果树比较相似，我们看到的这棵树它的叶片我们可以很明显地感受一下，摸起来会比苹果树的叶片要厚，要硬一些，而且会比苹果树的叶片小一点。但是它的形状是相似的，一样的，所以咱们把它称为苹果胡杨。看完苹果胡杨，我们再继续坐着景区的观光车往前走，就会到达我们来景区必打卡的地方，也就是小火车。坐上这个小火车，我们不仅可以观赏到沿途形态各异的胡杨树，而且可以看到红柳、湿地，如果幸运的话，我们还可以碰到来这迁徙的野生候鸟。

讲解员：胡杨红柳在七八月，还有一种好听的名字叫沙漠玫瑰花，因为它到七八月就是它开花的时候。有些胡杨树是自然被风刮走的，有些胡杨树，据我们问当地林业局的同志，他们给我们表达，有些地下水没有胡杨树的根系，吸收不到的时候，它会保持一种我们觉得它死掉了，其实是一种假死的状态。

记者：它还活着。

讲解员：它还活着，如果来年的水位上升的话，根系吸到水，又开始生根发芽。你看这个胡杨树，因为我跟它一起上班，陪伴了我好几年。你现在看到的这个叶子都是第二次长出来的，因为胡杨树也会生病，它长出来，有一种寄生虫，吞噬它的叶子。第一次我碰见它的时候，我以为这个叶子死掉了，来年不会再长。

记者：但是它还活着。

讲解员：没想到的是半个月以后，可能虫子适应不了那个环境，胡杨树又长出来了。

记者：所以说它的生命力非常顽强。

讲解员：特别顽强，我们景区目前为止分为四大块，一个是塔河景观、胡杨景观，湖泊景观，还有一个石油景观。这里不单单有胡杨树，地底下还蕴藏着丰富的石油。

记者：我们这一站就来到了整个景区的网红景点，也是游客来到必打卡的一个地方。我们来到这儿的时候就看到这个车站叫恰阳河火车站。为什么要叫恰阳河？

讲解员：因为修建这个房子的初期，那时候有蝎子，用维吾尔语翻译过来就是恰阳河，所以取名叫恰阳河火车站。

记者：这就是我们的等候区了。我们坐在哪个位置观赏起来体验感会比较好。

讲解员：两边都挺不错的，10月份火车几乎是供不应求，座无虚席，两边都能近距离观赏林子的最深处。

记者：我们现在就坐着小火车行驶在景区胡杨林中间，我们坐着这个小火车，跟我们坐着观光车又是不同的感受。

讲解员：我们坐着观光车，因为树离我们稍微有点远，我们为了保护这个生态，都不剪它，也不修剪，让这个树自然生长。你看我们离得特别近，像秋天，这个窗户打开，也不会影响游客拍照，感觉进入了秋天童话般的世界。

记者：对，进入了大自然，融入了大自然里面。而且这边的树我感觉比咱们在观光车上看到的会更加的密集一些，而且红柳也会相对多一些。

讲解员：对。

记者：每年秋季的时候，我觉得一定要来一趟轮台县的塔里木河胡杨林，来感受一下自然之美，感受一下大自然带给你的不同的感受。同时我们也能感受到塔里木河流域赋予了周边的各种植物，尤其是胡杨林，一种生命的壮观。

讲解员：对，你说的特别好。

记者：通过我们的生态补水，也让周边的，包括胡杨林在内的各种植物，都呈现出了不同的生命状态。

讲解员：水解决了很多。当地的居民，包括动植物，动物都要跑到我们塔里木河的支流恰阳河周边吸水，还有当地的居民种地、浇瓜、种棉花，都需要这条河，所以它做出极大的贡献。

记者：你也是每天在景区巡护，呵护着它们，看着它们的成长状态、它们的长势，看看今天这个树有哪些变化。

讲解员：对，我感觉是我岁数在长，它没怎么长。

记者：你长大了，树还没有长高。

讲解员：它是长的越上千的胡杨树，几年之间你是看不出它有任何的变化。

记者：但是我们能看出来它的长势情况，包括今年塔河水补给的量多了，它的树叶会枝繁叶茂一些。

讲解员：对，更丰盛。

记者：如果今年干旱了，它的树叶可能就会偏弱一点。我们的火车现在已经到站了，我们今天跟着小火车也看了很多的风景，但是接下来我要跟您继续去下一个景点。

讲解员：我们看完陆地上的胡杨，继续乘坐景区的观光游船，看看水中的胡杨。

记者：水中的胡杨又是一种不同的感受。

讲解员：它给游客呈现的感觉就是水中胡杨，可以近距离拍摄水中的倒影，效果很不一样。

记者：我们往前走几步，就到了另一个景点，我们可以坐着船感受水中的胡杨。我们坐着这个游船可以行驶多少公里？

讲解员：现在我们来回走个10公里。

记者：因为这两天水量比较大。

讲解员：对，因为纵深走的话，我觉得能在上面玩一天，我们只能选择一个。

记者：也是选择一个特别美的区域，让游客来体验一下，这个就是我们的游船。

讲解员：对。这也是一种仿古的华丰船。

记者：坐在这个船上看胡杨林又是不一样的感受，我们到旅游旺季的时候能接待多少游客？

讲解员：平均一天最高峰是在1万多人。

记者：胡杨林观赏的季节在10月底，观赏时间一般能持续几天？

讲解员：最好的时节在每年的10月15日，一直持续到10月30日，就是胡杨大面积全黄的时候。

记者：这也是它一年当中最美的时刻，我们现在乘船经过的这条河也就是塔里木河。

讲解员：塔里木河支流，母亲河。

记者：这可以更直观、更近距离地感受一下塔里木河滋养的这片胡杨林。

讲解员：现在秋天拍照在岸上跟在水上拍的又不一样，游客可以把相机放到最低，你能近距离地拍到水中胡杨，秀水胡杨。

记者：而且看到胡杨树的倒影在湖面上波光粼粼，又是不同的一种体验。

讲解员：对。

记者：真是一景可以体验到多重的观感。现在我发现在河里面生长的胡杨，叶片已经在慢慢地发黄，比外面叶片黄的要面积大一些。

讲解员：因为这里面温度比外面稍微冷一些。

记者：所以黄的时间会早一点。

讲解员：对。你看咱们在船上坐着，蚊子就很少了。

记者：对，我们在外面的时候蚊子非常的多，这个季节要是来胡杨林游玩的话，一定要做好防蚊措施。

讲解员：秋天来景区旅游观光的游客，坐完小火车，第二站一定要体验一下这个游船，因为可以拍到陆地和水上不同胡杨的各式各样的形态。

记者：旅游回去便可以炫耀，你看过水里生长的胡杨吗？对于普通人的刻板印象，胡杨是一种生长在沙漠里面非常耐干旱的植物，但是没想到它在水里面也可以旺盛地生长，而且这个水也给它提供了生长必备的要素。所以它就跟骆驼一样，尽管我在干旱的条件下，可以生存，在有水的条件下，也可以更好的生存，而且根系也比较发达，可以把土壤里的水分保存起来。

讲解员：对。咱们新疆给内地游客的感觉就是这里缺水，但是恰恰相反，这里水还挺多的。

记者：所有来新疆或没有到过新疆的，一提到新疆，一定是沙漠戈壁。但是没想到来到这一片胡杨林里，有水、有湖、有湿地，而且还有生长的这么旺盛的胡杨。

讲解员：咱们景区是紧挨着世界上第二大沙漠塔克拉玛干沙漠的边缘，每当我跟游客说你们能拍到水中胡杨的时候，很多人都不相信。

记者：其实胡杨也对塔克拉玛干沙漠起到了防风固沙的作用，它在沙漠里面生长出来，它的根系包括它的树干和叶面都会很好地阻隔沙子的流动速度，从而也减缓了沙尘天气的发生。

讲解员：对。

记者：你在这儿生活了十几年，有没有觉得沙尘天气逐年在减少？

讲解员：很明显地能感觉到，一年比一年少。

记者：我们今天来到塔里木胡杨林景区，不光体验了观光车，感受胡杨的壮美，而且我们还坐上了小火车，去感受不同的植物生长在胡杨林里面的形态。现在我们又坐上了游船，行驶在塔里木河的流域上，再看着河里面生长的胡杨的姿态。塔里木河给予了这些胡杨林无限的生命活力，胡杨林也给塔河周边的塔克拉玛干沙漠，起到了一个防风固沙的绿色生态屏障。今天我们的直播到这儿就要结束了，感谢大家观看。

苏安阳：看见锦绣山河，江河奔腾看中国，我们继续随着塔里木河顺流而下。现在大家看到的是博斯腾湖，它位于塔里木河流域的中下游。博斯腾湖是中国最大的内陆淡水湖，博斯腾湖维吾尔语意为绿洲，它位于新疆维吾尔自治区焉耆盆地东南面博湖县境内。博斯腾湖的湖体分为大湖区和小湖区，大湖的面积约为1000平方公里，小湖面积约为350平方公里。博斯腾湖作为重要的水资源储存库，集防洪、供水于一体，不仅具有径流防洪减灾等水利功能，而且生物多样性丰富。

2014年5月博斯腾湖景区被评为国家5A级旅游景区，站在岸边极目远眺，烟波浩渺，一碧万顷，似乎没有彼岸。博斯腾湖被60万亩芦苇环绕，是我国四大芦苇产区之一，这里的芦苇高度数米，看上去就像一片树林。晴朗的天空下，芦苇、湖水和各种水鸟交相辉映，变成一幅天然的画卷。博斯腾湖水域辽阔，芦苇丛生，一派江南水乡景色，有西塞明珠的美称。乘船驶向湖中，平静的湖面被划开一道水痕，水痕又慢慢地合拢。数不清楚的野鸭、白鹳、鸬鹚、天鹅等，或追逐戏游，或展翅飞翔。现在正是博斯腾湖秋捕的好时节，一艘艘渔船出没湖区，一张张渔网撒向水中。此时此刻，总台记者信任正和博斯腾湖的渔民在一起，让他带我们去看撒网捕鱼。

记者（信任）：这里是博斯腾湖，眼下是当地的捕鱼旺季，这段时间天气也非常好，所以渔民们每天早晨都会开着渔船到湖中心去捕鱼。今天和我们一起出发捕鱼的还有这些海鸥，因为这个渔船在行驶的过程中，它的机轮会把水里的小鱼小虾带到水面上来，所以海鸥看到渔船，就意味着它们今天又有好吃的了。博斯腾湖是开都河的尾闾，同时也是孔雀河的源头。可以说它是处在两条河中间的一个庞大的天然水库，它们都构成了塔里木河下游最重要的水源补充。对于塔里木盆地来说，塔里木河是母亲河，而对于整个巴音郭楞蒙古自治州来说，这个博斯腾湖是他们的母亲湖，因为它滋养着周边100多万人口，同时灌溉着300多万亩的农田。与此同时，这里也是新疆最大的渔业基地，出产30多种各种各样的鱼类。现在我们的渔网已经撒在了湖中，两条船拖着渔网并行地在向前推进，今天能捕上什么样的鱼，收获怎么样，运气好不好，让我们拭目以待。

我们看到渔民们正在紧张地收拾绳子，水里的绳子就相当于整个渔网的口袋口，要把它扎紧，再整个把渔网从水里提起来。现在还有新进来的网友，各位央视新闻的网友大家好，我是总台记者信任，欢迎大家跟随我们的镜头一起来到新疆巴音郭楞蒙古自治州博湖县的博斯腾湖，今天我们也是跟着当地的渔民一起来到了湖中央来捕鱼。他们撒网已经有将近2个小时了，渔民正在把网往上拖，不知道今天的收获怎么样呢。今天我们也是为大家带来了一位嘉宾，这位嘉宾是新疆巴州博湖县农业农村局综合执法大队的副队长王英。王老师你好。

王英：你好。

记者：王老师，他们现在是在往上拉鱼，是吗？

王英：对，马上我们的网就提出来了。

记者：不知道今天的收获怎么样，看着这么多海鸥，感觉是不是海鸥比我们更灵敏一点。

王英：对，它们能看到水底下的鱼，它们很远就开始一直尾随我们渔船。

记者：他们看到渔船就有吃的了。

王英：因为我们的网在水里走的时候，会把底下的一些饵料生物给带起来，所以海鸥看到吃的就非常兴奋，你看一路走来一路吃。

记者：现在这个网伸出去了大概有100多米，这个网很大。

王英：很大，这个网的捕捞量多的时候可以捕七八吨，少的时候也能捕一两吨。

记者：我看到鱼了。

王英：看到网兜起来了。

记者：这个应该很重，我看大家都在努力地往上拉，海鸥也来抢鱼了，来了这么多海鸥。

王英：它们跟我们一样，也是非常的兴奋，我们这个网兜一会需要机械吊臂来吊。

记者：因为太重了，是吗？

王英：太重了。

记者：那就说明这一网鱼还是很不错的。

王英：非常不错，我们今年博斯腾湖也是迎来了一个丰收季。

记者：这波鱼不知道跟上波鱼相比怎么样，因为我们今天一早出来，这也是我们今天捕的第二网鱼，上一波据他们目测大概有1吨多，我们看这一波会不会超越第一波。

王英：对，我们要看。

记者：我看海鸥的数量感觉更多。

王英：是的。

记者：我们看到有很多很小的小鱼。

王英：这个鱼叫池邵公鱼，这是博斯腾湖目前经济价值最高的一种鱼，这个鱼在博斯腾湖的产量非常高，多的时候能达到一千多吨。

记者：这些海鸥就在吃小鱼，它们速度很快，就是漏网之鱼，这些海鸥来捡漏了。

王英：是被网挤出来的小鱼。

记者：吃的很开心，速度很快。

王英：这个池邵公鱼只能长这么大，因为池邵公鱼是一年生鱼类。

记者：在这里要特别提示大家，现在捞出来的这些小鱼并不是没有长成的鱼苗，也不是一些幼小的鱼，而是池邵公鱼，它成年也就这么大。

王英：对，这个鱼的味道非常好，有一股自带天然的清香味，而且肉质也比较细嫩鲜美，这条鱼是我们现在新疆出口创汇的水产品。

记者：我们看到海鸥真的是天然的捕鱼者，比我们人类更有技术。

王英：对，它们的视力是非常好的。

记者：从很远的地方就能看到水面，甚至水下的鱼。

王英：而且它们还特别善于俯冲。

记者：看得很准，下嘴也很稳。这网鱼是不是重量比较重，他们现在要挂一些挂钩。

王英：等把挂钩挂上来以后，我们看到网起来之后大概能估出来了，我们现在再稍微耐心等待一会。

记者：好的，这也是一个漫长的非常激动人心的时刻，越是这个时候，觉得时间过得很慢。是否有惊喜，我们拭目以待。在这里给大家介绍一下，博斯腾湖是处在开都河的尾闾，同时是孔雀河的源头，是处在开都河和孔雀河中间的一个大型的天然水库，它们也是构成了塔里木河流域下游的一个最主要汇入水源的来源。我们看一下旁边的小船，这个小船叫活鱼运输船。

王英：对，鱼捕上来以后，需要把这个鱼货物快速地运到码头。这个活鱼运输船便是配合我们捕捞渔船的，为捕捞渔船服务。

记者：明白了，这个小船是配套的船，它在捕捞上鱼之后，大船会继续捕捞下一波，在湖里作业，而这条小船是用来运输鱼的。其中这个小船上面有几个活鱼的水舱，负责专门储存活鱼。

王英：我们能看到的现在是四个舱段，每个舱段跟湖水都是保持沟通的，水是流动的，所以水特别的好，保证捕捞上来的鱼分到活鱼舱里面，可以保活的运上岸。马上吊臂就过来了，就可以吊起来了。

记者：很重，通过人力拉是很困难的，所以在这艘作业的大船上面专门有一个专业的吊臂。刚才我们等待的这段时间是在把渔网和吊臂固定在一起，通过机械的力量把它抬起来。现在我们只看到池邵公鱼小鱼，具体里面的大鱼有哪些，有多重，我们要拭目以待，来揭晓这个答案。其实在博斯腾湖水域里面生长了30多种鱼类，是不是？

王英：对，我们有32种鱼类，主要的经济鱼类大概是10种，能形成产量。像博斯腾湖草鱼、鲢鱼、鲤鱼、鲫鱼，包括池邵公鱼、河鲈、乌鳢，都是国家有机水产品认证的。我们博斯腾湖150万亩水面，也获得国家有机认证，所以我们鱼的品质是非常高的。

记者：我们看到已经吊到鱼舱里面了。

王英：对。

记者：这一网兜您目测大概有多重？

王英：大概1吨多一点吧。

记者：我感觉好像比上一波要稍微多一点。

王英：稍微多一点。

记者：现在看来最主要的还是小的池邵公鱼。

王英：因为我们这个网就是专门捕池邵公鱼。

记者：它的网眼比较小。

王英：对，我们的捕捞区域和网幕就是专门为池邵公鱼设计的。可以看到里面有一些鲤鱼和鲫鱼。

记者：在蹦的是鲤鱼，金黄金黄的鲤鱼。

王英：这是博斯腾湖鲤鱼的特色，因为我们这里光照强，所以我们的鱼体表面呈金黄色，非常漂亮。

记者：而且它在蹦，我看工作人员在把鲤鱼往活鱼舱里面送。

王英：对。

记者：这些鲤鱼在活鱼舱里可以维持多久存活的状态。

王英：三四天是没有问题。

记者：您刚才也提到这个活鱼舱里面的水就是和湖水流通的，所以非常适宜它的存活。

王英：对，就跟在湖里面一样，稍微有一点区别，就是密度稍微大了，水是一样的水。

记者：我们看到这个鲤鱼个儿挺大。

王英：我们的鲤鱼起捕规格是1.5公斤以上。

记者：即3斤以上。

王英：我们看到都是大个的。

记者：刚才有一条鱼掉到湖里了。

王英：它抓住最后一线逃生的机会。

记者：确实是。我们还注意到池邵公鱼好像就不动，捕上来就死了吗？

王英：这种鱼对水质要求极高，它几乎出水即死。池邵公鱼也是水环境指示的一种生物，一般池邵公鱼所在的水域，水质要求非常高，如果池邵公鱼能在这个水里面存活，就说明我们的水质比较好。

记者：现在博斯腾湖的水质可以达到什么样的标准？

王英：我们的总体水质达到三类水质。现在湖水可以直接饮用，包括渔民他们在船上生活，吃的水、喝的水都是湖水。

记者：所以才可以长出这么多池邵公鱼来，这一波又有了一些蹦蹦跳跳的鲤鱼。

王英：对。

记者：这一网里面是没有鲢鱼的？

王英：没有鲢鱼，因为鲢鱼的性比较急，而且它特别善于跳跃，我们这样的网很难捕上鲢鱼，它很容易就跳出来。

记者：咱们平时看到，画面里捕的很多鱼，特别大的跳跃起来，很有可能是鲢鱼，是吗？

王英：对，因为我们这个网在水下，咱们捕鲢鱼需要网漂浮到上面，网比较高，才能捕上鲢鱼，鲢鱼性子急，不容易捕上，它的尾部摆动力非常大。因为我们博湖草鱼和鲢鱼的起捕规格都要求4公斤以上。

记者：所以针对捕不同的鱼会有不同的网。

王英：对。

记者：前面您也介绍到这个水质是非常好的，适合池邵公鱼的生长。除此以外，这些年来，特别是2010年以来当地也是做了很多生态保护的措施。

王英：对，首先我们博湖鱼生产叫人放天养，就是我们博湖的鱼从来没有吃过任何一粒人工投饵的饲料，我们的鱼苗完全在湖里面，吃的是湖里面自然的生物饵料，所以我们博湖不存在富营养化的问题。

记者：就是天然的浮游生物，一些虫子，没有饲料抛洒到湖里。

王英：不投放任何人工饵料，所以保证湖水的清澈。另一方面我们通过捕大留小，控制网眼规格，我们博湖的草鱼、鲢鱼捕捞规格，它的网眼都在15公分以上，确保我们博斯腾湖草鱼、鲢鱼的起捕规格达到4公斤以上，小鱼就会自动过网，继续生长。

记者：这是第二波捕的鱼，第一波捕的鱼，绝大部分已经被活鱼运输船运送到了码头以外，我们还留了一小盆，在船上做了一个炸鱼，我们隔着屏幕给网友品尝一下，我在这儿继续给大家介绍一些情况。

王英：好的。

记者：刚才我们只是看捕鱼的过程，说它品质好，味道好，营养丰富，但是没有真正的品尝它，所以刚才我们在捕第一波鱼上来的时候，专门留了一小盆，让渔民在船上给我们炸了一些，给大家示范一下，当然这也是渔民和我们今天中午的午饭。我们现在是在新疆巴音郭楞蒙古自治州博湖县境内的博斯腾湖上面，今天我们也是跟当地的渔民一起来博湖捕鱼。这个就是炸出来的池邵公鱼，还热乎着，虽然很小，但是营养丰富。

王英：这个鱼我们捕出来以后，直接就可以入锅炸，因为池邵公鱼体内吃的是浮游动植物，整个肠道是非常干净的，不需要开膛破肚便可炸了吃。

记者：这也是我们今天中午所有渔民和我们的午餐，非常新鲜，我刚才品尝了一口，可谓美味佳肴，水陆之珍。你觉得怎么样？

王英：非常香，而且它的肉质非常细嫩，我们咀嚼时几乎感觉不到刺。

记者：我觉得炸的技术也特别好，外酥里嫩，还裹了一层辣椒面，十分入味，嚼起来正如王老师所说，肉质鲜嫩多汁。

王英：对。

记者：给大家再看一下小鱼。因为它吃的是水里很干净的浮游动植物，所以它的肠道也很干净，可以直接炸来吃。

王英：如此美味的食物。很难得在船上吃到现捕现炸的东西。

记者：是的。博斯腾湖除了鱼之外，还有很多丰富的物产，像西南方向的小湖区，有60万亩的芦苇，它的产量也能在20万吨左右。这个芦苇每年是什么时候收割它？

王英：芦苇是冬季，整个湖封冰以后，直接用芦苇采割机。

记者：不是人工，人工效率低。

王英：人工效率太低。现在有100多台芦苇采割机，每年冬季在湖上作业。

记者：除此之外，听说这里还出产螃蟹？

王英：是的。我们的螃蟹也是在小湖区，水草特别繁茂，所以螃蟹特别适合在西南小湖区生长。螃蟹在博斯腾湖不能自然繁殖，需要人工引苗，引到湖里面。螃蟹是两年到三年，所以我们今年放的螃蟹，可能明年才能捕上来，让大家品尝。

记者：所以它有足够生长的时间。

王英：对。

记者：刚才您去拿鱼的时候我也给大家介绍了，博斯腾湖的作用和意义是非常大的，首先它是处在开都河的尾闾和孔雀河的开源，就相当于一个天然的水库，它有什么样的调节作用？

王英：博斯腾湖的容积大概是100亿立方米，它能容纳开都河将近3年的水，所以它的调节能力非常强。一方面由于我们博斯腾湖的存在，博斯腾湖也是巴州的母亲湖，便有了博斯腾湖强大的蓄水调节作用，整个开孔河流域，万亩良田，持续不断的博斯腾湖的灌溉，养育了巴州境内100多万的人口。另一方面博斯腾湖的存在调节了周边的气候，使我们的焉耆盆地比较适合人类生存。

记者：是的，同时这样丰富的物产也是为当地的居民带来了一些收入。比如，拿渔民来举个例子，他们一年捕鱼季可以赚多少钱？

王英：我们粗算了一下，一个捕鱼季生产季节将近8个月，一个月大概是8000块钱，一年收入粗略算是6万多块钱。

记者：我们刚才看到的鱼也只是占到了整个湖区鱼种类的很少的一部分。

王英：对，很少的一部分。

记者：刚才我们捕到的有鲤鱼、鲫鱼、池邵公鱼。

王英：三分之一吧。

记者：刚才您还提到了鲢鱼，除此以外，还有什么最常见的鱼？

王英：还有一些乌鳢、青虾、螃蟹，这是我们重要的水产品，还有河鲈，这是我们主要的经济物种。

记者：您刚才也提到了渔民的收入，一年按8个月的捕鱼期来算，大概有6万多左右。

王英：对，6万多的收入。螃蟹也是一样的，也是通过人工的，像小湖投放蟹苗，经过两年的生长，螃蟹捕出来。螃蟹目前在博斯腾湖，大概每年接近100吨左右。

记者：这些螃蟹、鱼的销路怎么样？

王英：非常好，因为博湖的鱼是人放天养，整个博斯腾湖150万亩的水面，和10种水产品，都获得国家有机认证，所以我们水产品的品质非常高，受到市场广泛的青睐。我们现在的鱼已经远销到北京，包括我们的鲢鱼，都已经提供给了南海舰队。

记者：有多大，鲢鱼是越大越好吗？

王英：鲢鱼头，是一道菜，专门给舰队特供的，品质非常好。我们的螃蟹已经到江苏、上海，我们的颜色看起来更加的青翠，而且肉质更鲜美，没有什么异味，所以内地人买了我们的螃蟹之后，都会买第二次，保留了很多回头客。源源不断的湖水为博斯腾湖带来了丰富的物产，也为群众带来了可观的经济收入，老百姓的生活越来越富足。

记者：是的，感觉站在湖面上微风袭来，吃着鲜美的鱼，今天渔民两网的鱼都有一个丰收，且能卖个好价钱，真的是非常好。谢谢王老师，给大家说再见。

王英：再见。

记者：谢谢您，我们刚才也提到了博斯腾湖是处在开都河的尾间，孔雀河的源头，它就处在两条河中间，相当于一个巨大的天然的水库，调节着气候，也调节着水流量。它们都组成了塔里木河下游最主要的一个注入的水源。正是由于包括博斯腾湖，像开都、孔雀河这样源源不断流入塔里木河各种各样的河流，它们包围了我们塔里木盆地的绿洲，使得绿洲的周围生机盎然，也阻挡了塔克拉玛干沙漠的扩张，所以我们要感谢它们，要保护它们。好的，谢谢大家观看我们的节目。

苏安阳：《看见锦绣山河｜江河奔腾看中国》，我们继续随着塔里木河顺流而下。现在大家看到的是塔里木河下游的大西海子水库，疏水闸门拉起，清澈的水流从闸口奔涌而出。大西海子水库位于新疆维吾尔自治区尉犁县南部，是塔里木河下游最后一座拦河水库，水库西边就是塔克拉玛干沙漠。大西海子水库是一座专门用于生态供水的水库，在确保塔里木河下游生态供水调度，改善下游生态环境，遏制沙漠化方面，具有极其重要的战略地位。通过大西海子水库的合理调节，河水可以流到下游356公里处的台特马湖，包括孔雀河的河流，都可以通过大西海子水库向塔里木河下游生态输水。

眼下塔里木河的来水正源源不断地流入水库，从2000年开始大西海子水库每年都要向塔河进行生态输水。截至目前生态输水总量达91.2亿立方米，相当于640多个西湖。输水有效遏制了下游生态严重退化的局面，水环境得以改善。离大西海子水库不远的尉犁县有一大片的棉田，正是靠着水库的滋润，棉花喜获丰收，现在大型的采棉机正在采收着棉花。我们把时间交给正在棉花采收现场的记者刘震，请他带我们一起去看智慧丰收的现场。

记者（刘震）：观众朋友们大家好，我是新疆生产建设兵团第二师铁门关市融媒体中心的记者刘震。随着塔里木河，我们来到了新疆生产建设兵团第二师三十四团九连的棉花条田里。金秋十月，我们新疆的棉花已经陆续地开放了，天山南北将迎来棉花全面的采收季。在我的身后可以看到，这里有1500亩的棉田，有6辆采棉机也整装待发，接下来让我们一起来感受一下新疆棉花的采收过程。在这个过程当中，我们将进行全程的直播，带领大家一起来看看棉花采收的工作，以及很多有关棉花的一些小知识。接下来我们的机车就要开始发动了，让它们出发吧，让它们向着我们丰收的喜悦出发吧。

随着6台采棉机的出发，棉花采收工作也陆续开始了。现在新疆生产建设兵团已经大面积使用这种采棉机进行采收。大家都知道一句话叫做"中国棉花看新疆，新疆棉花看兵团"，在今年新疆生产建设兵团种植了1300万亩的棉花，占了新疆维吾尔自治区的35%，占了全中国的32%，也成为全国重要的棉花生产基地。刚才说到了新疆棉花的品质优势还是非常明显的，不仅是在机械化、规模化，还是节水灌溉、科技支撑方面都处于全国的领先水平。现在我们已经大面积使用机械化采收，而且在整个新疆棉花的采收过程当中，已经完成了全面的机械化，机械化程度也达到了90%以上。

通过我刚才的讲解大家感受不到我们的棉花采收效率，接下来通过一组数据跟大家讲解一下。机械采收与人工采收有很大的区别，首先是从经济效益来讲，人工采收，如果用100亩地来计算，100亩地大概能生产5万公斤的籽棉，这5万公斤现在人工的价格是在2.5元/公斤，就是每采收一公斤需要付给他们的人工是2.5元。采收100亩棉花地，需要12.5万元。这是棉花采收的人工成本。我们再看一下人工采收的时间成本，如果要把100亩地采收完，仅用一天的时间，需要500个熟练的棉花采收工，要一天的时间才能完成。

相较于机械采收，机械采收的效益和经济成本优势就凸显出来了。还是以100亩地为例子，100亩地现在目前的价格是180元/亩的采收价格，采收完100亩地，需要花1.8万元。从价格上来说，就形成了一个鲜明的对比，同样是100亩地，人工采收和机械采收，一个是12.5万元，一个是1.8万元，这给农户节省了很多资金。再从时间成本来看，刚才说需要500人在一天的时间内才能完成100亩的棉花采收。当然在棉花采收过程当中，不可能就用一天的时间，其实需要很长的时间和人工的成本。再看机械采收，刚才画面上看到的一台采收机，在100亩地的情况下，一台机器只需要半天的时间就能够采收完。随着棉花采收技术和种植技术不断的升级，我们在机械化运用方面优势也不断的在凸显，在棉花采收过程当中，不管是从种植到下管，到秋收环节，基本已经实现了全程机械化。

在我的身后可以看到有很多的农用机械，这就是从棉花种植环节开始，各个环节所要使用到的比较重要的器械。接下来的时间里，也让三十四团农业发展服务中心的负责人来给我们介绍一下身后的这些机器。

罗剑洪：你好，大家好。

记者：给大家做个自我介绍。

罗剑洪：大家好，我是第二师铁门关市三十四团农业发展服务中心主任罗剑洪。

记者：通过镜头我们可以看到身后有很多的农用器械，从播种环节一直到秋收环节，我们的农业机械化程度都已经非常高了。给我们简单介绍一下身后的这台机器是用来干什么的？

罗剑洪：大家看到的这台机器是我们最先进的六铧犁的犁地机械，马力已经达到300匹马力，日均犁地的作业量可以突破600亩地。

记者：也就是像这样的一台机器，在犁地环节当中，一天就能完成600亩的犁地工作。

罗剑洪：对。

记者：效率还是比较高的，以前，我们用简易的农耕设备，或者是其他的一些设备人员，需要多长时间？

罗剑洪：像原来我们最早就是一些小铁牛在犁地，一天100亩的作业量，效率非常低。

记者：现在看到的是一个非常大的机械化设备，我看它还是折叠的状态，这边有很多的液压设备。

罗剑洪：对，大家看到的是我们最先进的联合整地机，它现在是折叠起来的，但是展开以后可以达到10米的宽幅，而且一天作业量也可以达到600亩地。

记者：这台机器是在播种环节的第二个环节，刚才是犁地，犁完地以后，土地要达到平整，这个平整度能达到什么程度？

罗剑洪：如果土地通过联合整地机作业以后，我们的平整度高低误差不会超过5厘米。

记者：像我们刚才看到的这1500亩地，这样一台机械它在多长时间内完成？

罗剑洪：像这样通过这么大的一个条田，通过一个联合整地机，也就两天左右就可以全面完成作业。

记者：我看到这边有一个铭牌，铭牌上面写的是石河子市生产的农用机械，现在新疆生产建设兵团在农用机械的研发和制造方面都达到一个什么样的程度？

罗剑洪：现在这台机械全部实现了国产化，全部由我们自己国家生产的机械。

记者：也就是从犁地开始，耕种开始，一直到秋收环节，机械化已经完成了全部的国产化，其中也有很多是我们新疆生产建设兵团自己研制和生产的农耕设备。

罗剑洪：是。

记者：有一句话叫做春种一粒粟，秋收万颗子，播种环节是在整个农耕环节是比较重要的一个环节。

罗剑洪：比较关键的一个环节。

记者：那就让我们先来跟着画面一起，来看看播种时期的一个场景，也请罗主任给我们介绍一下。

罗剑洪：大家看到的这就是在春天播种的时候，用的精准的播种机。这个播种机我们装了一个北斗导航系统，通过安装北斗导航系统，可以实现棉花标准化的铺膜，铺设滴管袋，精量播种，一次完成。

记者：刚才我听到有几个关键词。第一个是北斗，在农业生产环节当中，我们也大量地使用到北斗卫星导航系统，北斗能给农耕带来哪些便利的好处？

罗剑洪：如果农业机械安上北斗导航系统，第一个可以精准定位，通过精准定位可以实现我们在棉花播种里面的直线行驶误差不会超过5厘米。

记者：也是5厘米的误差。

罗剑洪：对。

记者：通过导航系统，车可以通过自动驾驶，来完成整个棉花播种工作，而且很直。

罗剑洪：对，很直。

记者：5厘米的误差，对于这么大一个条田来说，精度已经是非常高了。刚才还提到一点，除了北斗这个关键词以外，还有一个是节水灌溉，节水灌溉上面我们通过什么样的一些新技术完成的？

罗剑洪：我们现在应用的最广泛的技术就是干播湿出的技术，通过干播湿出技术的应用，第一个可以实现棉花的早播，第二个可以实现节水，第三个可以实现棉花的提质增效。

记者：也就是通过干播湿出的技术，顾名思义，干播湿出，是不是在农业最基本的环节，最初的环节不用大面积地再完成漫水漫灌等等，而且很省水。

罗剑洪：对，我们的节水率能提升到40%。

记者：刚才看了有播种环节的三台机器，在整个农业生产活动当中，我们也会用到很多的农机设备和机械化。给我们介绍一下吧，从播种环节到秋收环节，非常重要的机械设备都有哪些，除了我们刚才看到的犁地机、平整机、播种机以外。

罗剑洪：平时还要结合犁地、平地，最后还有一些，例如，这台机器就是激光平地机，通过激光平地机，可以更加精准地实现平整土地，达到最平整的状态。还有在棉花播完之后，还要实现现代化的农机的化调作用，对棉花的施肥，病虫害的防治，还有喷雾的农机作业机械。

记者：农机作业机械，包括无人机等。现在新疆生产建设兵团，还有整个新疆，农业生产的机械化程度已经非常高了。大家想不想跟我一起来上车，感受一下棉花采收机的工作呢。接下来的时间里，我们先通过视频来感受一下现场震撼的棉花收割场景，我稍后也会登上机车，来跟大家感受一下棉花采收工作。现在我已经来到了采棉机的旁边了，接下来我将登上采棉机，一起去感受棉花采收的过程。采棉机还是很高的，我们现在进入到驾驶室里面，感觉到驾驶室还是很宽敞的。接下来发动我们的采棉机，这会我们的声音一下就起来了，能够感受到采棉机的威力，和它的壮观的场面。现在我能看到的是我前面的机头已经升起了。我在这上面的感觉，能够感受到，在整个采棉机里面坐着还是比较舒适的，而且我们采收的平稳度还是比较高的。现在通过画面看到棉花已经陆续进入采收机了。也问一下司机师傅，我们从这一头到那一头，距离有多少？

司机：这个地比较长，有1公里左右。

记者：1公里左右，完成这1公里的采收需要多少时间？

司机：大概八九分钟的样子。

记者：八九分钟过去以后，这一行大概有多少亩地？

司机：这个长度应该在6亩多地。

记者：像我们这样一台自动化的采收机，一天能完成多少亩的采收任务？

司机：正常情况下就是200到220亩地左右。

记者：采净率怎么样？

司机：现在采净率还是非常不错的，因为现在要求采净率必须在93%以上才算合格。

记者：能不能给我们简单介绍一下整个采棉机的采收原理？

司机：采棉花主要是靠采头，还有一个摘锭，就是专门卷棉花的，它不停地旋转，棉花挤到一起，摘锭会把棉花全部绕到摘锭上。到后面转过来之后，有一个反方向的脱棉盘，是塑料材质的，它反方向转，脱棉盘把棉花脱落下来掉到风道里面，然后结合有风机，风机提供的风量，把棉花输送到棉箱里。

记者：通过您刚才讲了那么多，我发现一个细节，就是我们的司机师傅手上不用扶方向盘，脚下也不用踩油门，仅仅是通过这一个小的手柄来控制机头，就能完成我们的作业。为什么我们不用管方向盘呢？

司机：现在随着时代的进步，车上都带导航，我们这个也带导航，只需要按一下按键，根据棉花行子的情况自动走直。

记者：一键式，真正能实现一键式，通过一个按钮，就能够让机车直线地往前走，对准棉花。而且真的是司机师傅不用动这个方向盘，完全是自动的，包括脚下的油门，速度都是由电脑自动控制的，这个技术也得益于北斗导航系统。刚刚短短几分钟的时间，我看到上面有一个数字的表盘，我们已经采收了2亩多地了，整个这一趟下来有6亩多，我们在很短的时间内完成了将近一半的采收工作量。接下来的时间里棉花采完了，我们要感受一下棉花的制品和产品，我们继续通过一段短片，来感受一下我们身后采收的非常震撼的场面。稍后的时间里，我们一起去看一看棉产品。刚才跟随镜头我们已经感受过了棉花采收的震撼和激动人心的场景，其实现在新疆生产建设兵团已经完成了从生产、加工到销售一整条的产业链，在我面前也有很多相关的棉产品，继续让罗主任给我们介绍一下。

罗剑洪：大家看到的这是棉花采完以后，这叫籽棉。

记者：也就是机器刚采出来的棉花。

罗剑洪：对，采棉机采完之后，这就是籽棉。

记者：为什么叫籽棉呢？

罗剑洪：因为籽棉里面含有棉籽。

记者：这个棉籽到后面是不是要脱离出来？

罗剑洪：对，我们通过专门的轧花厂，专门的机械，进行分离，压榨出来以后，第一个就是皮棉，剩下的就是棉籽。

记者：这个棉籽用途是什么？

罗剑洪：棉籽可以做成食用油。

记者：摆在我们面前的就是用棉籽榨出来的食用油。

罗剑洪：对，剩下的棉粕我们可以作为肥料、饲料等。

记者：除了棉籽之外，我们生产出来的这个叫皮棉。

罗剑洪：对。

记者：皮棉的用途是什么？

罗剑洪：皮棉可以纺纱，纱锭，其次还可以做成棉被。

记者：这个棉被就是我们很基础的一个产品，现在很多人都特别青睐于新疆的棉被。

罗剑洪：我们新疆的棉花，因为拥有独特的地理条件、气候条件，所以气温最适合长绒棉的生长。而且新疆棉花的品质，尤其是我们兵团棉花的品质，在全国位居第一。

记者：那就是它的品质还是比较明显的，优势比较明显的。

罗剑洪：对。

记者：像这种最基础的，通过皮棉加工成我们平时盖的棉被。除此以外，这种棉纱还有什么用途？

罗剑洪：通过纺织厂纱锭做出来之后，可以通过纺织，做一些我们穿的衣服、袜，还有毛巾，等等。

记者：也就是我们现在看到的这些农产品，包括棉花的一些产品，包括毛巾、袜子、T恤，这都是我们日常生活当中能见到的新疆棉产出的产品。刚才通过镜头我们感受到了棉花全产业链当中的一些很基础、生活化的一些产品，我身后的采棉机也已经完成工作任务了。

接下来的时间里我们将沿着塔里木河，来感受一下塔里木河周围的团厂，这些年对于生活上，还有农耕上的一些变化。现在我们面前有一张地图，可以看到塔里木河流经新疆生产建设兵团第二师的三个团厂，分别是三十一团、三十三团和三十四团，最终汇入台特玛湖。三个团厂的地理位置也非常关键，塔里木河阻隔了库木塔格沙漠和塔克拉玛干沙漠，而这三个团厂生态作用也是非常凸显。我们在塔里木河沿线当中建立了一个生态屏障，如果说没有这条生态屏障的话，库木塔格沙漠和塔克拉玛干沙漠一旦合拢，我们将拥有世界上第一大沙漠，但是这个第一是我们兵团人坚决不要的。

通过今天的直播，大家感受到了新疆生产建设兵团棉花种植的机械化，以及棉花生产、丰收的喜悦景象。塔里木河滋养着我们周边的各个团厂和各族群众，棉花这样的经济作物让人们得以在这里扎根。随着农业装备水平的不断提高，人民群众的生活水平也越来越好，这里的人们也更加注重生态保护，努力构筑起了生态屏障，实现了生态环境与经济发展的良性循环。今天我们的直播就到这里。

苏安阳：《看见锦秀山河丨江河奔腾看中国》，我们继续随着塔里木河顺流而下。现在大家看到的是塔里木河的终点台特玛湖，百川入海，唯有塔里木河最终注入新疆大地。218国道从台特玛湖上横穿而过，行驶在公路上，宛如行走在一条水上公路上。汽车平稳地行驶着，路两边不再是戈壁沙丘，而是碧绿的湖水和丰茂的水草。穿行于碧水蓝天之间，清风徐来，水波不兴，满眼都是风景，恍若世外桃源。湖区水草丰美，绿意盎然，让人在荒漠之中感觉到了生机勃勃的气息。

湖上一回首，芳草碧莲天，湖水滋润了水草，水草净化了水质，它们同在一片蓝天下，组成一个绿色的生态系统。时至今日，湖区湿地还在不断扩大，生物种类也随之增长，环境好不好水鸟最知道，如今的台特玛湖成为鸟儿的栖息地，鸟儿们觅食、游弋、栖息、飞翔，姿态各异，形成了一幅亮丽的生态画卷。现在的台特玛湖是新疆最重要的生态屏障之一，它把干涸多年的戈壁荒滩恢复成一片片的沙漠湿地。白云与绿草相接，秋水共长天一色，美不胜收。

湖水温柔地拍打着岸边的沙石，似乎在诉说久别重逢的喜悦。水中的植物露出金黄的色彩，一群野鸭落在湖面上，打破了湖面的平静，一阵风儿吹过，野鸭随着波浪起伏，当年的不毛之地变成了湖泊湿地，原来的风沙区变成了风景区。台特玛湖是沙漠里的绿洲，是绿色屏障，也是生态卫士，它阻隔了塔克拉玛干沙漠和库木塔格沙漠的合拢。就在此时此刻，总台记者崔宁正在台特玛湖上，坐着游船等着我们。下面把时间交给崔宁，让他带我们领略台特玛湖的风采。

记者（崔宁）：央视新闻的网友大家好，我是总台记者崔宁，江河奔腾看中国，欢迎您跟我一起来到台特马湖。台特马湖是塔里木河的尾闾，看我身边碧波荡漾，水草丰茂，是不是很难相信这是在沙漠深处的一个湖泊呢。而更让人难以相信的是，在多年以前随着塔里木河下游断流，这里成为一片干涸之地。而它干涸的时间是从上世纪70年代一直持续到本世纪初，持续了整整30年。现在的台特玛湖是什么样的呢？我们专门乘坐直升飞机，拍摄了一个短片，请大家一起欣赏。短片过后我们也会快速赶到附近一个引洪灌溉对胡杨林进行秋季生态输水的现场，我们在那儿见。

我们现在来到了台特玛湖的上空，台特玛湖长什么样，我们一起来看看。下面这个非常宽阔的水面就是台特玛湖，它像一个很大的碟子，但是很浅，平均的深度只有0.4米到0.6米。即使是最深的湖心区，也只有1到2米深。它由很多个湿地和很多个水面共同组成。从空中俯瞰，台特玛湖碧波荡漾，水草丰茂，看起来就像江南水乡的一个浅湾，但事实上它的西侧是世界上第二大流动沙漠——塔克拉玛干沙漠，东侧是新疆第三大沙漠——库木塔格沙漠，而塔里木河就从这两大沙漠之间流过。沿河的胡杨林和绿色植物，构成了一道有效阻隔两大沙漠合拢的绿色长廊。

在台特玛湖干涸的30年中，首先消失的是湖面，紧随湖面消失的是湿地，接着是红柳和胡杨。塔克拉玛干沙漠和库木塔格沙漠分别向前推进了360公里。218国道有160多处路段被流沙掩埋，阻隔两大沙漠合拢的绿色生态长廊一度失去了作用。这些年来国家启动的塔里木河流域综合治理项目，像新疆南疆地区的29个县（市）和18个团厂，投入107.39亿元，连续23次向台特玛湖进行生态输水，累计的下泄水量达到了93.3亿的立方米，我们也因此得以再次看到生机勃勃的台特玛湖。

今年，台特玛湖水面的面积达到了54平方公里，而在2017年的10月，这里的水面面积达到了历史最高，形成了一个超过500平方公里的大水面。台特玛湖如此特殊，到底多大的水面才适合它呢。研究人员在经过长达十几年的研究后发现，其实只要它的水面面积维持在30到110平方公里之间就是最适合它的。因为我们知道台特玛湖的湖面非常大，但是它的湖底很浅，没有明显的湖底形态，所以就算给它注入太多的水，它也不会变深，只能不断的向四周漫溢。当地的年蒸发量高达2900毫米，这些漫溢出去的水大多都会被白白的蒸发，用于改善生态的作用发挥的并不明显。

而且研究人员也发现，如果长期的淹灌，在台特玛湖的湖区就会生长大量的像我们现在看到的这种习水性植物芦苇，而只有适度的淹灌才会形成以胡杨为主，红柳、梭梭树等不同植物搭配起来的一个生态群落，这样才会更有利于台特玛湖生态系统的稳定。

记者：看完短片，我们现在来到台特玛湖附近的一个胡杨林区，眼下这个季节正好是塔里木河7、8、9三个月主汛期刚结束的时候，也是对胡杨林，以及其他荒漠性植物进行生态输水最佳的时期。尤其是对胡杨树来说，每年的8、9月份是它落种、繁衍的一个时间。所以在这个时候，碰上了塔里木河汛期的洪水，有了这些水的润泽，还能够提高它的生根发芽率和它的成活率。所以塔里木河汛期的洪水从一定程度上来说是帮助了胡杨树的繁衍。所以我们在现场也能看到有很多人都在这儿忙碌，他们都是当地若羌县林草局胡杨林管护站的工作人员。而且我们也能看到在进行生态输水的时候，水头并不是像我们想象中的那样大。这些水是从哪而来，我们还是要请教今天请来的两位嘉宾。

徐处长：这个水是从离这儿85公里的大恰拉水库进行下泄的。通过河道两岸漫溢，加上人工辅助，对干旱的区域进行生态补水。

记者：这个生态补水是一年四季都在进行，还是只是这个季节在进行？

徐处长：都是利用塔里木河主汛期进行以洪补水，对下游两岸400多公里的胡杨林进行灌溉。

记者：我们能理解这些水就是前面7、8、9这三个月主汛期的时候，我们大西海子水库把它蓄下来的洪水拦蓄。

徐处长：有一部分水是今天的，下泄是从7月开始持续到现在，在主汛期的时候，大西海子水库也拦蓄了一部分水，进行灌溉。

朱时兵：因为塔里木河下游生态环境比较脆弱，所以不能动用机械，全是用人工根据地形走向，我们有计划地对生态进行输水，保证存活率和胡杨林能在三年之内轮一遍。同时我们还要对胡杨林管护站所有的人员每年都巡护。大家可以看到后面这一片就是今年我们新进行管理的一片区域。

记者：大概有多大？

朱时兵：我们计划今年要灌溉5000亩左右。

记者：这个难度还是比较大的，从现场看起来。因为这个地也不平，有的高有的低，它的走向还要人为地去控制。

朱时兵：对，我们就是要人为的控制，在不破坏主要地形的情况下，人工把水进行截流和输水。今年已经是20多个人在这儿干20多天了。

记者：也很不容易。大家知道我们现在所在的位置距离塔里木河的河道直线距离大约有五六公里的地方，这些水都是怎么引过来的，都是来自哪里的水？徐处给我们介绍一下。

徐处长：这个水是从远在五六公里以外的河道而来，它是漫溢到这个区域。我们和当地的林业部门进行合作，进行人工疏导，来灌溉这块林区。大家看到这块的植被有枯死迹象，今年进行水灌溉之后，一些植被还是能生长出来的。就像我们脚下看到的绿色植被。

记者：其实它生命力是很强的，你看着它是枯死的状态，但是一浇水之后有可能会活过来。

徐处长：而且地下植物种子库，只要水漫灌过之后，就激发了地下的种子库，就会长出灌木和乔木之类的，还有一些草。

记者：您刚才说的像胡杨林区或者是干旱区的植物，现在要做到大概三年一轮灌，三年一轮灌可以吗，会不会时间有点久？

朱时兵：三年一轮灌可以，主要轮灌的区域是白桦底下的灌木和乔木。胡杨林因为它的根比较深，地下水位，这几年塔克输水23次，输水之后地下水位已经很高了，所以可以存活。在有些实在过不去水的地方，我们也是动用人工把水挖过去，绝对不能动用机械，不能破坏生态环境。

记者：这样的话，大家在输水的过程当中就会很辛苦。

朱时兵：对，很辛苦，你看我们同志们都晒得黝黑，但是我们大家都发扬吃苦耐劳的精神，为我们的生态环境无私奉献。

记者：这两年塔里木河下游通过连续23次的生态输水，不管是自然的环境，还是地下水位抬升，都有非常大的变化。在这个过程当中大家也深深地记住了一个群体，就叫做追水人，其实说的就是我们管护站的这些工作人员。

朱时兵：对，他们一年四季在我们这300多万平方公里的胡杨林区域，既要做好森林防火，又要对草场和胡杨林进行管护，同时就是做好生态输水工作。

记者：这种地貌，一天大概能灌溉多少？

朱时兵：如果水正常的情况下，可以灌溉1000亩左右。

记者：这么大？

朱时兵：我们这个地表水，只要是过一下，水就存在地底下，所以到明年这个地方会长草，灌木、乔木都会很茂盛。

记者：这两天我们在当地，包括台特玛湖及附近的区域进行了很多航拍，从这些画面当中我们也可以看到。当从空中俯瞰，就可以看到底下的这些荒漠地区，虽然没有水，但是有水流过的痕迹。只要有水流的痕迹，它的周围一定是泛着绿色的，不管是小草还是灌木，都会泛着一种隐隐的生命的绿色，这真的体现了水对这样区域的重要性，那种冲击感、震撼力，真是远远超乎我们的想象。其实有很多都是通过大家一点一滴的付出，才能够实现。胡杨树对整个塔里木河流域，尤其是相对干旱的南疆的荒漠地区来说有着非常重要的维系生态的作用，它的作用为什么这么重要，又怎么能够提高它的成活率呢？我们今天还专门请到了中国科学院新疆生态与地理研究所的研究员凌红波凌老师。

凌红波：你好，大家好。

记者：凌老师研究胡杨树的生长规律，以及它维系生态的作用已经有十几年的时间了，非常具有话语权。您给我们介绍一下。

凌红波：好，我们先介绍一下胡杨的重要性。胡杨是一种比较古老、珍贵和濒危的保护物种，我们塔河流域分布的天然胡杨林面积占世界胡杨林面积的60%，占我国天然胡杨林面积的90%。以胡杨为主体构成的沿河分布的荒漠河岸，以及绿洲荒漠过渡带，是构成我国生态安全战略格局中北方防沙带一个重要的组成部分。同时它还担负着稳定河道，维护灌区周边生产安全一个重要的职能。所以加快胡杨林生态保护和修复，是十分必要的，也是意义非常重大的。

记者：凌老师，我之前听说这么一个说法，不知道是否正确。大家说胡杨林在荒漠当中可以凭一树之力，就能维持一个很小区域之内的生态平衡。比如说，有胡杨树的地方就会有其他的灌木，而且就算其他的灌木不在了，这个小区域内的生态也不至于失衡，有这样的说法吗？

凌红波：胡杨具有非常耐旱的功能，一个很重要的特性就是在地下水很深的时候，胡杨可以通过水力提升的方式，把深层的地下水通过根系，在白天的时候通过蒸腾拉力提升到树干。晚上蒸腾拉力减弱以后，胡杨又把水分释放到浅层的土壤水中。通过这种方式，胡杨与树下的一些草本、灌木，形成一种共生关系，为它们提供一个水生条件，这是胡杨改善生态环境、改善生命条件重要的功能，也是它实现灌区适应干旱的重要特性。

记者：凌老师，您给我们说说看，胡杨生长条件这么艰难，我们怎么才能提高它的成活率呢？我知道现在已经有序地、有计划地向塔里木河中下游进行生态输水了，尤其是每年的这个季节，正好跟它落种的季节也吻合，进行生态输水，可能能在一定程度上增加它的成活率。但是是不是还是挺难的？

凌红波：对，胡杨主要是两种繁殖方式，一种是通过漫溢漂种，即种子繁殖，另一种是通过钻根根蘖，通过根系的克隆产生的根蘖，这是它两种主要的繁殖方式。

记者：眼下这个季节也刚刚过了它的落种期。

凌红波：胡杨的落种期主要是集中在7月到9月，这也是契合了塔河洪水汛期的时间，两个契合度非常高。

记者：这是什么？

凌红波：这是它的果穗。

记者：有点像棉花，里面有絮。

凌红波：这是胡杨的种子，很小，它飘絮以后，我们进行灌溉，胡杨的种子就会萌发，产生一些胡杨幼苗。

记者：这个种子这么小。

凌红波：对，它是非常小的。

记者：这样一朵小絮里面有多少粒种子？

凌红波：这个还没有统计过。

记者：你能想象出来这么大的树，它的种子只有这么小小的一点，肉眼都看不清楚，感觉跟芝麻粒差不多。

凌红波：对，比芝麻粒还要小，很细小的颗粒。

记者：它落种之后整个的生长，比如，现在落了种之后，给它水，它要多久才能长出来？我们这里能不能找到小苗。

凌红波：胡杨的存活期是非常短的，一般是飘絮，着床以后，浮到地表以后，如果三天的时间不对它进行灌水的话，种子基本上就失去活性了。所以我们在飘种以后，对它及时地进行灌溉是非常关键的。

记者：岂不是在荒漠地区大部分的种子都没有水，不是都活不了？

凌红波：咱们胡杨的落种期是在7月到9月，塔河的洪水期也是在7月到9月，之所以在塔河沿线形成了1700多万亩左右的胡杨林，是因为它的落种时间和洪水时间实现了非常好的契合。

记者：我们能在这儿找到小苗吗？

凌红波：这块区域全都是小苗，这是满月不久的，这是生长了一个多月。

记者：这看着太小了，真的很难把它跟胡杨树那么大的结合起来，而且它很多都是落下来的种子遇到了水以后长出来的。

凌红波：是，现在因为它种子飘絮之后，种子密度很大。但是在生长的过程中，由于受水分和养分的限制，自身的种群也存在一种竞争。咱们现在看起来密密麻麻的这块，胡杨的种群后期会形成一到两周胡杨的植株，自身的种子也会产生一种竞争。

记者：林老师，那是您带的两个学生吗？

凌红波：对。

记者：他们在做什么呢？

凌红波：他们在测定促进根叶苗萌发最适宜的土壤含水量和土壤温度，在找这个阈值。

记者：这个线是连着下面的线？

学生：是两类探测器，一个是温度的，一个是土壤含水水分的，分了5个土层，不同土层的温度和水量的变化，是半个小时取一次值，这是我们去年5月安装上的，到现在十四五个月，现在把数据导出来，进行分析，结合我们地面上监测植被的情况，和地下土壤供水和温度的情况，来探讨它们之间的相互关系，找到植被恢复萌发最适宜的温度。

记者：好的，谢谢，就不打扰你们了。

凌红波：我们在塔河下游监测植物的规律也监测了有十三四年的数据，根据监测的结果，在过度淹灌的情况下，在这块已经退化得非常严重的区域，如果我们对它进行过度淹灌，它就会形成以芦苇群落为主体的群落结构。芦苇会出现什么特性呢？一旦这个区域再遭遇干旱，没有水了，芦苇就不复存在了，生态功能也就没有了。如果是在少量的淹灌的条件下，会形成一些低矮的灌丛，如果持续的地下水下降的话，低矮的灌丛也会消失，它的整个生态功能也没有了。只有在中度适宜的，不但是灌溉的时间，还有灌溉的水量，保持在适量的情况下，才会形成乔、灌、草搭配合理的一种群落结构。这种群落结构具有很强的生态功能，草有草的功能，地表防止起沙，灌丛，包括高大的一些树木，形成一个复合型的，功能很强的生态系统，如果单一物种的话，就是非常弱的。所以我们在生态修复的过程中，想采取适度淹灌的方式，适度漫溢的方式，或者适度灌溉的方式，以塔河下游形成乔、灌、草搭配复合型的生态群落，提升下游整体的生态功能。

记者：今年在整个塔里木河下游，包括台特玛湖生态输水当中也有一些新的变化，我们这里专门准备了一个图板，我们来看一下。徐处，今年是车尔臣河正式并入了整个塔里木河管理体系，是吗？

徐处长：是这样的，今年车尔臣河正式移交塔管局，纳入了整个塔里木河流域的统一管理。而且台特玛湖今年所有的入湖水量主要是由车尔臣河来保证的，这个大恰拉水库以下的泄水量主要是保证两岸400公里的绿色走廊。

记者：生态廊道。我们来看以前，这是台特玛湖，以前塔里木河的水是从上中游一直到下游尾闾台特玛湖。但是今年车尔臣河的水开始大量向台特玛湖从南边这个方向给它注水。

　　徐处长：对。

　　记者：它今年的水量大概有多少？

　　徐处长：今年车尔臣河入湖水量大概在1.38亿，整个所有台特玛湖70%的水量都是由车尔臣河来保证的。

　　记者：来给大家介绍一下绿色生态廊道，塔里木河这个下游是一个很明显的分界线，它的西边是世界第二大流动沙漠塔克拉玛干沙漠，而在它的东边是新疆第三大沙漠库木塔格沙漠。也就是说这个生态廊道它越宽，起到的生态屏障的作用就更加的明显。一旦这个生态廊道要是消失了，就会面临两大沙漠合拢的现象。一旦要合拢，它的生态后果是非常严重的。

　　徐处长：是非常严重的，在2000年以前，下游400公里是断流的，两边的胡杨林濒临死亡，两大沙漠已经有合拢的趋势了。经过我们23次生态输水之后，这两大沙漠之间的胡杨林又重新焕发生机，有效地阻隔了两大沙漠的合拢。

　　记者：所以不管是国家也好，还是新疆本地也好，花了这么多的人力物力来改善塔里木河下游的生态，包括台特玛湖周围的生态，这种生态意义大于经济效益。当然随着这种生态的改善，当地的经济环境、经济发展的趋势也变好了很多。这两天我们在当地采访的时候，看到大片的农田，大片的果园、枣园，到处是生机勃勃的景象。的确，这么多年以来，为了让塔里木河中下游的生态能够重现生机，不管是水利人还是林草人，还是塔里木河流域管理局的各族干部职工，都付出了很多的心血，成了大漠深处真正的追水人。也正因为有了他们的付出，所以现在的生态才会日益向好。以往种种，因为生态变化而失去家园的过往都变成了历史，不会再重演。

　　我们也真切地感受到，现在在塔里木河沿线，尤其是中下游地区更多出现了许多发展的声音，比如说，之前一度中断的218国道现在已经恢复了通行。新建的两条出疆的大通道，尉若高速公路和库格铁路，一路伸向远方，将以前许多大漠深处鲜为人知的特产都带到了全国各地，助力南疆经济行稳致远。应该说塔里木河向我们展示的不仅仅是滔滔的河水，更多的是面向未来发展的生机与希望。

　　《看见锦绣山河｜江河奔腾看中国》，我们今天在塔里木河流域的直播到这儿就结束了，感谢您的收看。明天10月7日，我们江河之旅带您继续探访京杭大运河，欢迎您继续关注，再见。

江河奔腾看中国 | 赓续悠悠千年文脉 重焕运河古韵生机

解说：贯通南北，串联古今，是世界上最长的人工运河，全长约1789公里，开凿至今已有2500多年的历史，自南向北沟通了浙、苏、鲁、冀、京、津六个省（市），连接了钱塘江、长江、淮河、黄河、海河五大水系。船队浩荡、往来如梭，渔火延绵、物阜民丰，她是润泽百姓的水脉，运输物资的动脉，传承历史的文脉，更是活着的文化遗产总和。她是充满智慧与创意的超级工程，亚洲最大的水上立交坐落于此。施桥船闸通行量屡创新高，她为沿线发展带来不竭动力，人文荟萃、产业领先，京津冀携手长三角以运河为媒，正在彰显中国经济新活力。

千年运河，万物空寂，古今辉映，源远流长，《看见锦绣山河 | 江河奔腾看中国》10月7日国庆长假第七天，央视新闻带你震撼启航，赓续千年文脉，谱写古韵新貌，赶发展速度，赏锦绣中国。

薛晨：清风徐来，水波不兴，一叶扁舟带你穿行大运河上，两岸青砖黛瓦，杨柳依依。桥临水，水渡船，船载人，人过桥，目光所及之处犹如一幅幅水墨画卷。

接下来的几个小时邀请您跟随我们的镜头一起泛舟京杭大运河，穿越千年时光。

看到的是京杭大运河的南起点——杭州拱宸桥，因河而生，依水而兴。作为杭州水运的北大门，这里曾是车马鼎沸的交通要道，历经千年，如今的拱宸桥依旧船只如梭、游人如织。

京杭大运河位于中国东部平原地区，南起浙江杭州，向北一路经过江苏、山东、河北、天津，最终抵达北京。江南的温婉、北方的壮阔都融入了运河的滔滔不绝中。历经千年，大运河始终滋养着两岸的城市与人民。

此刻，总台记者正在大运河南端起点拱宸桥，我们一起去那里看一看。

于晨：那么这一站我们来到了京杭大运河的杭州段。我身边的这位是非遗杭州故事的代表性传承人倪晓芳倪老师，今天我也将跟她一起带大家走读大运河杭州段。今天在我们的直播过程中，我和我的小伙伴将跟大家一起从杭州一路向北，一起带大家感受我们大运河的古韵和新味。

今天我们现在走的这座桥应该说是杭州特别有代表性的这座桥，也是我们大运河杭州段特别有代表性的这座桥，叫做什么名字呢？拱宸桥，对吧？

倪晓芳：对。

于晨：我先简单地抛一下，拱宸桥为什么说它特别？因为它有两个"最"，一个是在我们杭州的古桥当中最长，98米；另外一个是最高16米。这座桥对于我们来说很特别，对于您来说应该更特别，因为很多网友可能不知道，我们的倪老师从小生长、生活在我们的拱宸桥边。这座桥对你的意义来说是怎么样呢？

倪晓芳：就我小时候就是一个交通的地方，我们从桥西走到桥东或者说桥东走到桥西就要通过这座桥，不像现在那么有历史文化底蕴，它给我们的感觉就是一座交通的桥。现在我的工作场地也是在这附近，就会有更多的一种情感在那里。比如说我们现在走在桥上我们可以看桥下的那个，我每次跟学生介绍也是一样，大家可以看下面的4个桥墩，那个避水墩，大家都会说这神兽是什么？它是代表我们船开过去，它刚好是桥墩方向，就是防撞的意思。

于晨：很多的网友现在可以通过我们另外一台机位可以看到整个拱宸桥的全貌，其实它现在依然保持着当年的那种风采。我们现在站在拱宸桥上，其实往远处看可以看到整个两岸的这些风景。当年这里也是特别的繁华的，跟现在其实是一样的。现在这儿，大家可以看到来往的行人特别多，这里也是作为周边的居民来往的一个交通要道，同时在我们的大运河上其实还能够看到很多的一些运输的船只，包括一些游船，每天在这儿川流不息，重现当年的繁华。

倪老师，我听说当年在我们的拱宸桥周边其实是杭州创造了很多的第一？

倪晓芳：对。

于晨：有第一条铁路。

倪晓芳：江墅铁路，然后它这里其实也是亚洲的纺织中心，就是我们小时候用的手帕、穿的衣服这些都是来自于这里。比如我们桥西有当时很有名的杭一棉，桥东有浙麻、杭丝联，我们那个时候工业区都在这里，有大厂，包括在附近的华丰造纸厂，很多大厂都是在这附近。

于晨：在这附近？

倪晓芳：对。

于晨：其实从古到今一直是这样的要道，也是非常重要的这样一个繁华的街区。现在您说到的这些老底子的街区，其实现在已经是变成了很多游人包括居民日常休闲的历史文化街区了。这样的一些变化跟小时候的记忆还相似吗？

倪晓芳：其实已经完全不一样了，我们小时候就是走在路上，就是这条街也好，没有这么多典故，现在就是我们一直从前面走过来就一直是历史街区，我们今天走的是桥西历史街区，往前是小河历史街区，然后大东历史街区，整个拱墅区其实都是一种历史文化风貌。

于晨：历史文化风貌。

倪晓芳：对，文化味会特别足。包括它的一些招商引资过来，它不可能是大型的东西，都是一些文化的商区。

于晨：我们说晴天的运河边拱宸桥有晴天的景致，雨天撑着我们的雨伞在这边走也有别样的一种韵味，这种韵味更多的也是感受到当年的这样一种文化气息和历史的韵味。很多网友他会说这个拱宸桥，拱宸两个字是什么意思？我们也是了解了一下，拱是一个形状，拱手，欢迎的意思；宸，据说是代表当年的这些帝王，也就是我们的乾隆，包括康熙，下江南的时候他们当年居住的住所。综合来说就是欢迎大家到来的这样一个意思，我们也是希望更多的网友能够到这儿来走一走、看一看，感受这样的一种历史文化。

倪晓芳：是的。

于晨：刚才您说到的历史文化是这里的一个标志，其实我想说京杭大运河，我们的河水这两年也发生了翻天覆地的一些变化。

倪晓芳：是的，是的。

于晨：我知道其实我们这些运河上有很多漕舫船，对吧？

倪晓芳：对。

于晨：对很多的漕舫船说，来到了杭州就闻到了一股味道，那个时候会说脏乱差。

倪晓芳：对，就没有那么干净。

于晨：河水没有这么干净。

倪晓芳：对，洗衣服，包括旁边的商贩卖菜、卖鱼的很多，那它河水里面肯定不会像现在治理得那么好。

于晨：这个是在2002年发生的特别大的一个变化，对吧？

倪晓芳：对。

于晨：2002年杭州市政府开始了"综保工程"的这样一个建设，应该说从那个时候开始，政府开始治理我们的脏乱差了，污水的治理了。慢慢地到2014年开始河长制这样的一种制度来实行民间和政府共同的加入，这些变化，您在周边生活、生长的，这两年应该感触特别大吧？

倪晓芳：对，包括游人，我们刚刚从桥西走过来，桥西其实比较冷清的，比较热闹的是桥东，桥东是居住区。那么这两年可以看到其实刚好相反了，当然生活气息接地气桥东也是很大，那么桥西就是这两年的河水的治理，包括历史街区的打造，现在变成了杭州的一个非常热门的景点了，那我是每天都看到这样的变化。

于晨：其实我们刚才说到了河长，其实每天在我们的运河边的两岸，你看都有这样的民间河长的队员在这儿巡河。我们来看看今天是哪一位？是我的老朋友，吴老师，您好，给大家介绍一下，这位是吴德昌吴老。那么他其实是我们杭州最早的一批参加这个民间河长的，这两年变化大吗？

吴德昌：这两年的变化是很大的，不光是河道的变化大，包括人员组成方面变化也大。最初我们在巡河的时候，就是出于这个自愿，自己看到祖国美好的母亲河变成"黑河""臭河""垃圾河"，感到很心痛。浙江省委提出来五水共治以后，我们很多大伯大妈就自告奋勇的，很自觉的，那时候还没有叫民间河长，就自己在自觉地巡河了，发现问题马上报告当地政府或者有关部门。

于晨：现在一天巡几次河呀？

吴德昌：巡河是这样的，有一次、有两次，如果你家住在河边巡三次、四次也不一定，反正一发现问题马上向有关部门报告。

于晨：就是这两年变化挺大的。刚才您还说现在队伍变化也很大，给大家介绍一下。

吴德昌：这两年的变化中间，我还补充一下，原来的杭州城里的河"黑河""臭河"跟"垃圾河"很多的，自从浙江省委提出要清三河开始，那么我们这个河道的面貌变化很大。2014年提出来河长制，提出河长制以后，由政府领导来牵头治理河道，这个确实是作用很大的，从那时候就大刀阔斧地对河道的各个方面在硬件上进行改造，现在这个河水就清了。特别是在污水分流这方面，没有粪的水、脏的水进入河道，这个河水就变清了。

于晨：很大的变化。

吴德昌：志愿者方面，现在我们这代人都年纪老了，我也快80了。

于晨：看不出，身体特别的棒。

吴德昌：77。现在有不少的志愿者都加入进来，像我们中年的志愿者、青年的志愿者，还有学生。

于晨：这位学生，今年是在大学？

志愿者：高中，现在是高三。

于晨：已经参加几年了？

志愿者：我参加治水护水已经4年多了。

于晨：也有4年多，初中就开始了？

志愿者：对，初中的时候就在小区附近，像初中附近，我们杭州人都是傍着运河而生的，所以说也是从小到大一直在巡河护河的。

于晨：怎么样，这两年巡河护河下来最大的感受，或者说周边的环境变化大吗？

志愿者：非常的大，我初中的时候，边上的河从初一的时候是又脏又臭的，高二回去的时候，边上的湖、河已经变得非常干净、清澈。

于晨：这可能是最大的一个感受。您呢，您来自哪儿？

社区河长：我是社区河长。

于晨：社区河长？

社区河长：对。

于晨：怎么样，这两年整个的变化大吗？刚才说到的环境变化，包括我们的人员变化。

社区河长：这两年变化非常大，像我小时候印象当中这个运河的水是黑的，而且上面泛着油光，那么通过这么多年来的整治，现在应该说真正做到了河畅、水清、岸绿、景美、人安的这么一个美好画卷。

于晨：总结得真好，谢谢你们！那么也希望你们在日常的巡河过程当中也能够把更多的问题反映给相关部门，那么同时把这样的问题处理好，让我们整个运河边更美、更好看。谢谢你们，不打扰你们工作了。

我们继续往前走，其实我觉得这样的变化从他们的笑容当中就能够感受到，包括像您一样居住在周边的这些居民老百姓，从他们的生活节奏当中能够感受出来。

倪晓芳：是的。

于晨：刚才其实在直播前我看到周边，虽然今天下着雨，但是其实旁边广场屋檐下还是有很多人在这儿跳广场舞，像这样的一些场景，以往20多年前可能是不敢想象的，大家觉得这儿环境不好不来了，现在是当地的一道风景，除了运河的风景以外，我们人文的风景，老百姓这样一种开心、幸福的生活也是现在大家特别美好的一种场景。那么我们现在是向我们的桥西码头走去，接下来带大家坐水上巴士。我知道水上巴士其实是全国最早开通的水上这样一种公共交通。

倪晓芳：对，线路。

于晨：你们平常会坐这个来旅游观光一下吗？

倪晓芳：也会有，而且它非常物美价廉，就很便宜，也不堵车，非常便捷。

于晨：更多的其实还是能够从我们的船上行驶在大运河上来感受周边的这样一种人文和自然景观。

倪晓芳：对，大运河的美。

于晨：其实您刚才提到了桥西历史文化街区，这是这两年着重打造的这样一条街区。

倪晓芳：是的。

于晨：除此之外，我知道像周边也有更多的一些历史街区在逐渐地展开。

倪晓芳：对。

于晨：我们一起上船吧。

倪晓芳：好的。

于晨：今天我们坐的这个是西溪号，其实有很多船名都是运用了杭州非常熟知的这些景点和景区的名字。来，我们选一个风景好的位置坐下吧。

倪晓芳：好。

于晨：坐在这儿还是挺宽敞，大家可以看到外头的风景，虽然今天下着雨，其实下雨过后的这样一个运河还是有更多的韵味的。通过我们的窗外可以看到，运河我觉得承载的更多是杭州的历史。很多人说我们的运河、我们的拱宸桥承载了半部的杭州史，刚才说的这些工业的区域，包括历史遗迹其实承载的是一代人的记忆，更多的就是我们这个杭州的这些历史。这两年包括未来的这些变化，您觉得跟您想象中的差距或者说跟您想象中的大吗？

倪晓芳：已经是无法想象的了，包括今天虽然也许对大家来说拍摄的景观也许没有那么亮，但其实让我脑海当中回想到很多小时候的事情，这么一路走过来晴晴雨雨的让我想到很多小时候的记忆，真的非常有感情，一种情怀，对杭州人来说。

于晨：杭州晴天有晴天的景致、雨天有雨天的韵味，这是不一样的。来，我们开船吧，师傅。我们开船吧。

大家也可以看到，这个船上有很多标记着我们杭州运河边的这些景点，有香积寺、富义仓、小河直街、拱宸桥，其实都是老底子留下来的，但现在做了更多的修缮和修复，把更多的景致带给大家。

倪晓芳：是的。

于晨：刚才我们介绍了倪老师她其实日常的工作有很重要的一块是给大家来宣讲我们杭州的非遗故事。

倪晓芳：对。

于晨：给大家说说吧，一般比较受大家欢迎或者说你讲得更多的是哪些？

倪晓芳：比如说我会进小学，把一些非遗的故事带给我们的小学生，然后进社区，进社区更多的是调查、调研，从老百姓手上挖掘我要的东西，比如说把一些杭州的古话，我是80后，我已经听不到那些话了，通过80年代他们80多岁、70多岁的老爷爷、老奶奶，让他们口口相传给我，我记录下来，然后把这些东西记录到自己的脑海里，把它变成一种小品也好、故事也好，带给更多的观众朋友。

于晨：您刚才说古话，就是老底子杭州话，有没有印象比较深刻的可以给大家展示一句的？

倪晓芳：展示的话有很多很多，比如说我们今天到这里，然后跟拱宸桥有关的，有一句我们杭州人讲的是，要用杭州方言来讲？

于晨：杭州方言来讲，我也可以现学一下。

倪晓芳：就是"城隍山上的桥呼索，拱宸桥高头乘风凉"。

于晨：听我是听懂了，您再慢一点。

倪晓芳："城隍山上的桥呼索"。

于晨："城隍山上的桥呼索"。

倪晓芳：对，城隍山就是杭州的吴山。

于晨：就是城隍庙那个，是吗？

倪晓芳：城隍山，就是吴山，就是河坊街那里的山。因为它地势比较高，那个时候，就百年前在杭州如果哪里有火烧这种情况，他在山上可以看得到。

于晨：登高望远。

倪晓芳：对，刚才我们不是在拱宸桥吗？另外一句叫"拱宸桥高头"，高头，杭州方言里面的高头是上面。

于晨：上面？

倪晓芳：对。"拱宸桥高头乘风凉"。

于晨："拱宸桥高头乘风凉"。

倪晓芳：猜一下。

于晨：就是在拱宸桥上面去乘凉，乘凉的意思，比较凉快？

倪晓芳：对。今天是比较冷了，是吧？

于晨：对。

倪晓芳：就是夏天的时候拱宸桥比较开阔，就比较凉快，就这样的一个方言。

于晨：其实也是从方言当中能感受到当年这两个地方的历史地位和当时这个周边的城市风貌是怎么样的，我觉得特别有意思，就是您做的这样一项工作，一方面可以把这样一种老底子的文化传承下去。

倪晓芳：因为有些其实我自己也已经不知道了，然后我记录下来，我去收集的时候觉得也蛮有意思的，然后把它带给更多像你这样的新杭州人。

于晨：好，谢谢你，谢谢今天你能够做客到我们直播间。那么现在我们的船也是一路向北，接下来还有很多更有意思、更精彩的故事和更多好看的风景等待着各位网友，伴随着我们慢慢行驶在大运河上的船一路向北，去寻找更多跟大运河有关的故事吧。

好的，感谢各位网友走进我们大运河杭州段的直播。

薛晨：从拱宸桥出发，我们继续沿着京杭大运河航行。现在我们看到的运河上既有运送货物的货船，也有摆渡功能的水上巴士。让我们把时间跳转到一千年前的宋代，当时的运河上同样船来船往，不同的是船上装载的主要是丝绸，丝绸可以分为绫罗绸缎，其中的罗就是产自杭州的杭罗。在宋代夏季之前，精美的罗布被送上货船，在运河上航行两个月后到达北方，恰好赶上了炎热的夏季，轻薄凉爽的罗衫是夏天最受欢迎的衣服面料。而传承至今的杭罗制造技艺在2009年也成为世界非物质文化遗产。

接下来让我们跟随记者一起去探访杭罗非遗传承人的故事。

童佳雯：各位央视新闻的网友朋友们，大家好！我是总台记者童佳雯。

那作为京杭大运河南端的起始城市，杭州素来都有丝绸之府的美称。那我现在所在的杭州福兴丝绸厂还保存着2009年被联合国教科文组织纳入人类非物质文化遗产的杭罗制造技艺，那杭罗究竟是什么呢？它的织造技艺又有何独到之处呢？让我们请出杭罗的第五代传承人张春菁老师。

张老师，您好！

张春菁：您好。

童佳雯：跟我们的网友朋友们打个招呼吧。

张春菁：央视新闻的广大网友们，大家好！我叫张春菁，是杭罗的第五代传承人。

童佳雯：张老师，您好。您能给我们介绍一下吧，杭罗究竟是什么呢？

张春菁：我拿面料跟大家大概说一下杭罗的一些特征，杭罗一个很显性的特征就是一条一条的平纹组织加上沙眼的这种组织就叫杭罗，它是面料上的一个显性特征，这样简单一些。

杭罗是怎么形成的呢？以前的时候最早的罗大概出现在汉代，那么汉代的时候，罗可能是从我们的劳动技艺上来的一种形式，直到唐代的时候出现了千变万化的罗组织。那么再接下来到了宋代的时候，因为有了杭州这个地名，所以它被定名为"杭罗"，也就是说杭罗这两个字是分开的，一个是丝绸里的一类，一个是杭州这个地名。那么再接下来，我们通过在明清时节大量地从杭州装船，通过京杭运河运往京城的整个的脉络实现了杭罗整个的繁荣的织造。

童佳雯：所以京杭大运河在杭罗的繁盛上也是充当了一个非常重要的角色？

张春菁：那是。

童佳雯：那杭罗的织造技艺是什么样子呢？会很难吗？

张春菁：我们在现场大概给网友们解释一下，现在我们所看到的是80年代我们改良过的杭罗的一个半手工、半机械化的生产，从蚕丝这个原料进场以后，我们经过简单的整理，那么把它分成经纬两个部分，经纬，我们纵向的是经线，横向的是纬线，通过这样的交织来实现杭罗的织造。这一部分区域所展示的就是整个经线的整理部分。

童佳雯：经线纵向的？

张春菁：对，纵线的。

童佳雯：经线的处理的部分。

张春菁：那么再往前走，我们可以看到这一部分是杭罗的纬线的整个整理的部分，里面也包含了杭罗最有典型值的一个特征，就是水织法的一个特征，这个杭罗的水织法核心是它里面有一个水织秘方。

童佳雯：水织秘方？

张春菁：对。

童佳雯：是在水里面添加的一些秘方？

张春菁：对，是的。

童佳雯：这秘方是什么样的呢？

张春菁：这个我是不方便跟你说的。

童佳雯：一个秘密的秘方？

张春菁：对，秘密的秘。

童佳雯：像您刚刚提到的水织法就是把这些丝线都放在水里边吗？因为我们看到这里面有很多的水缸，里面都有这样一卷一卷的丝线？

张春菁：对，是。整个过程其实不光是浸泡，它浸泡、晾晒再浸泡，甚至于包括煮沸，整个这么一个大的工序我们把它统称为杭罗的水织法，大概要进行25~28天的水处理。

童佳雯：25~28天？

张春菁：对。

童佳雯：难以想象，这还只是一个经线跟纬线的准备的过程。

张春菁：对，经线和纬线准备好了以后，那我们就可以正常地上机织造了，织造的过程中所有的纬线都是含水的。

童佳雯：都是含水，就是在织造的过程中也是会有水在里边的，这是为了让它实现一个什么样的一个功能特性？

张春菁：一个是我们在杭罗的面料风格当中描述它为紧密结实，紧密结实怎么形成的呢？就是通过水织法来形成的，而最终形成的产品不仅仅紧密结实，它还非常的滑糯，就是糯的那个手感就是通过水织法来实现的。

童佳雯：这样的一种水织法应该也是古法织造杭罗的技艺中的一种，是吗？

张春菁：对，是的。我们当时的几代传承人经过手感的对比，固执地认为杭罗的水织法是杭罗一个非常显性的特征，予以保留。

童佳雯：您刚才提到了一个固执，这个词是什么意思呢？

张春菁：固执是这样的，尤其是我的岳父岳母作为杭罗的第四代传承人，他们在织造的过程中，就是现在人讲叫工匠精神，实际上这个工匠精神他们非常朴素，就是几十年如一日做同样一件事情，让自己形成一个对技艺的沉淀，而最终把这些沉淀的成果再传给自己的下一代。

童佳雯：几十年如一日地去坚持某一种技艺？

张春菁：对。

童佳雯：像水织法除了咱们福兴丝绸厂这边，还有别的地方在使用吗？

张春菁：目前我们已知的是没有的，因为整个水织法是在大概七八十年代的时候就出现了很明显的断层，就是没有人来继承和发扬这项技艺了。因为它直接影响的是我们生产的制造效率。

童佳雯：张老师，我们面前这个机器和刚才看到的好像很不一样，它主体结构都是木制的。

张春菁：是这样的，外面我们刚刚看到的跟各位网友介绍的是我们在80年代的时候改良的半手工、半自动的杭罗织机，那么眼前的这一台是在2005年到2006年的时候由第四代传承人，也是我的岳父岳母利用自己积累下来的杭罗织造技艺的经验进行的手工机的复原。它整个历时3~5年的时间才完成，因为我们虽然积累了大量的技艺的经验，但是对于机器装造包括专业上的知识我们还是有欠缺的吧。

童佳雯：所以它是一个凭借技艺复原出来的一个机器？

张春菁：对，因为第四代传承人，也就是我的岳父在他最早习练的时候就是手拉机，那就是整个杭罗的手工机械。但是到80年代改良以后，因为质量非常稳定，效率又高，所以我们一直沿用的都是改良机。随着我们非遗申报工作的推进，我们的传承人觉得有必要去做这样的一个复原。

童佳雯：其实它也是对传统的一个织造机器的一种传承，一种追求。

张春菁：对，我们在整个学习过程当中也真的是需要这样一些手工设备来给我们做一些细节的教学。这台手工机器它比刚刚我们看到的那一台就更加的复古，复古在不仅仅是造型，复古在技艺本身，因为它是没有任何固定装置的，它是随着传承人对于整个织造技艺的理解随时可以调整自己所生产出来的杭罗。

好，今天我们探寻杭罗这样一段旅程就要跟大家说再见了。

薛晨：这里是正在直播的《看见锦绣山河丨江河奔腾看中国》，沿着运河继续前行，我们来到了曾为江南十大名镇之首的杭州塘栖古镇。

此刻，我们泛舟来到了广济桥，这座桥是如今大运河上仅存的一座七孔石拱桥，它的桥长78.7米，顶宽5.2米。走到桥顶可以看到古镇的全貌，两岸的街上分布着众多非物质文化遗产和传统老字号商户。

桥上行人，桥下行舟，水流共帆影不绝；白墙黛瓦，小桥流水，一幅幅水墨画扑面而来；雕梁画栋，石巷老屋，一声声古韵千年回响。

芦芽短短穿碧纱，船头鲤鱼吹浪花。顺着京杭大运河一路前行，现在我们来到了浙江嘉兴。运河在嘉兴段长约110公里，自古以来嘉兴便是鱼米之乡，隋朝时期就有"运河抱城，八水汇聚"的说法，先进的农业加上便利的水运，让嘉兴成为当时全国重要的产粮区。

顺着大运河由南往北，映入眼帘的是嘉兴的月河历史街区，月河街区形成于宋，兴盛于明，因水弯曲抱城如月而得名。这是嘉兴市区现存最完整、规模最大，最能反映江南水乡城市居住特色的地方。2014年，大运河文化遗产项目成功入选世界遗产名录，此刻画面中的长虹桥也被列为入选名录，它是运河在嘉兴最大的石拱桥，也是大运河上罕见的三孔石腹石拱大桥。

远观这一片街区，我们可以发现，大运河沿岸从古至今就是人口聚集、经济发达的地区，运河水为沿岸的人带来了生机与繁荣。

轻烟漠漠雨疏疏，碧瓦朱甍照水隅。随着嘉兴近10年对生态保护的加强，古人诗赋中所描绘的画卷也映照进了现实。一弯碧水绕古街，当地生态如何治理？一起跟随总台记者穿行月河历史街区，走进家家临水、户户枕河的温润嘉兴。

杨茜茜：白墙黛瓦，小桥流水。我现在好像置身于一幅优美的江南水墨画当中。

央视新闻的各位网友们，大家好！我是总台记者杨茜茜，那我现在所在的是浙江嘉兴南湖区的月河历史文化街区。据我了解，近两年大运河嘉兴段的生态治理是越来越好了，一湾碧水绕古街的图景正在成为现实，那今天我也是邀请到了对当地嘉兴的风土人情，包括大运河文化非常熟悉的专家俞老师来到现场给我们做一个介绍。

俞老师，您好。

俞华良：茜茜，你好。

杨茜茜：可以跟我们央视新闻的网友们打个招呼吗？

俞华良：央视新闻的网友，大家好！

杨茜茜：您介绍一下自己。

俞华良：我是嘉兴南湖区文化协会的顾问，今天一起在我们月河景区看我们吴水嘉兴，看一下我们这个景区。

杨茜茜：我感觉来到这儿已经被整个江南水乡的图景给迷到了。您看远处小船当中，我看到有人在处理水草，是吧？

俞华良：是的。

杨茜茜：那他现在做这个东西有什么意义吗？

俞华良：这个意义非常大，这条是我们月河文化景区当中的一条主干道，也就是我们月河。大家可以看到月河这几年水质提升很快。

杨茜茜：好清澈，我感觉，对吧？

俞华良：你知道这个下面有些什么草？还有船上的，你看下。

杨茜茜：这个我还真不知道，统称水草。

俞华良：对，有的叫水草，有的叫水藻。像刚才他在捞的实际上我们叫伊乐藻，还有种在这个河底的叫水草。

杨茜茜：好，我们边走边聊。

俞华良：有4、5种草，还有金鱼藻，还有菊花藻等等，很多。这些草都是能够吸附垃圾，净化水质，非常好。

杨茜茜：像这个水里面有4、5种不同的水草，是吧？

俞华良：不止。

杨茜茜：他们日常就会在这边清理这个水草吗？

俞华良：维护。到了每年的秋天，就是夏天长得茂盛的这些，上面比较腐败的那些割掉，处理掉，弄得更清新一点，会干净。刚才能看到下面的水草非常清澈。

杨茜茜：对，而且我看到水面上有些在冒泡泡的地方，整个波光粼粼，还很好看，那些是什么东西？

俞华良：那是增氧，就是增氧泵在增氧，使水质更加好。

杨茜茜：这里有鱼，我看到了。

俞华良：对。

杨茜茜：我感觉是一条红色的锦鲤。

俞华良：对，刚才看到了吧，这儿有很多鱼，有些是自然生长的，大部分是自然生长的。

杨茜茜：这里有黑色的。

俞华良：这个是自然生长的，看得见了吧？

杨茜茜：整个是鱼翔浅底，水草摇曳，好美呀。

俞华良：这个小桥流水人家。

杨茜茜：可以看到水里还有一条管道。

俞华良：对，这条管道也就是说能够更新，就是使河水加快流动。

杨茜茜：加快水体的循环。

俞华良：流动、循环，一方面就是净化，净化过程当中，现在这个水增氧，还有一个流动，还有通过水藻、水草。

杨茜茜：您继续带我逛逛吧，往前走。

俞华良：好。

杨茜茜：像月河历史街区这块，像这条水这么的漂亮，现在开始种了这种水草，像养起了一个"水下森林"一样的去维护这里的水体，那这种行动是什么时候开始的？就什么时候开始治水的，这两年这边的变化大吗？

俞华良：变化非常大，应该说是10年前吧，2012年9月11日的时候，嘉兴搞过一个千人整治河水大会，治水大会。这10年来应该说水质提升非常快。刚才看到的像月河，还有我们南面的这一条运河，它水质现在都能够达到Ⅲ类、Ⅱ类或者Ⅰ类。

杨茜茜：所以近两年的水环境包括大运河这段的这个水的质量提升的很多。

俞华良：提升得非常快，都好。如果说你有时间坐上我们这个水上巴士，环我们这个嘉兴城绕一圈的话，你的感受就特别深。

杨茜茜：其实像整个大运河嘉兴段整个都进行了提升，是吧？

俞华良：是的，整个嘉兴段，从嘉兴秀洲区王江泾到海宁、长安，整个区段里面都是全面提升。我们南湖区这个主城区，这个位置更加显耀，而且运河段都是在城区里面。

杨茜茜：可以感受到现在整个月河历史街区里面的游客是越来越多。

俞华良：对，月河街区其实是很大的，将近有七八公顷这样的面积。这两年应该说月河城市品质提升之后，我们这里环境更加优美。

杨茜茜：所以吸引的游客也是越来越多。

俞华良：这条街是百年老字号的街，叫中基路。现在是上午，如果傍晚过来可能是水泄不通的，人山人海，非常堵。

杨茜茜：我看到这是月河码头？

俞华良：对。

杨茜茜：那咱们接下来是要登船了，是吧？

俞华良：是的，登我们这个游船、画舫，看一看我们这个运河周边的生态环境。

杨茜茜：好。我看这边是有一个九水巴士？

俞华良：对。

杨茜茜：所以日常都会有这种巴士或者是游船在这块？

俞华良：特别多，既有水上巴士，又有普通的画舫、游船，品种特别多。

杨茜茜：好，那我们坐上这个游船去看一看整个大运河嘉兴段的风景是怎样子的。像水上巴士有什么特别的吗？整个路线。

俞华良：我们主要是围绕整个运河的，水上巴士其中一条是杭州塘，是从我们嘉兴到杭州这样一个路线。第二条是嘉兴到苏州塘，也是运河。

杨茜茜：船已经开始慢慢启动了。

俞华良：从杭州塘最远的地方我们可以跑到金都景区，从嘉兴这里出去。苏州塘，我们可以跑到穆湖那些地方。还有最漂亮的当然是我们环南湖这一带，整个就是南湖珍珠巷一样的景点都能够串起来，特别晚上游是更好的，这一面是我们景区里面比较有名的一座桥，叫荷月桥。这个水上巴士刚刚在这里过来停靠。这个荷月桥是我们这里比较有名的一座桥。

杨茜茜：水上巴士我感觉是不是电动的？

俞华良：它是用电的，这样比较环保节能，坐在里面也很舒适，里面还有轻缓的音乐，外面是两岸的风景，环境非常好。

杨茜茜：这两年整个环境提升了之后，这里的游客、人流量。

俞华良：特别多，现在这个水上巴士都是3元/人的门票，价格非常低廉。除了九水巴士之外，我们还有画舫、游船，价格也非常便宜。应该说这两年运河两岸观景的特别多。

杨茜茜：这感觉真的好好，整个坐在船上，感觉两岸的人家都在游走一样，之前就听说嘉兴这块可以说是家家临水、户户枕河，今天来到这里也是能够很鲜明地看到这个景象。

俞华良：江南水乡的这些城市、这些小镇周边的有我们乌镇，有我们家乡的西塘，还有边上的同里，都是类似于这种街区、小镇，白墙黛瓦。

杨茜茜：白墙黛瓦，小桥流水，特别的好。像感觉这个沿街的建筑还是蛮古色古香的。

俞华良：对，大部分都是明清建筑，好些都是原生态。

杨茜茜：你看岸边又有这种杨柳，风来的时候飘起来就很好看。

俞华良：对。杨柳我们嘉兴这个树种特别的多，我们一般在沿河的绿化带都是种杨柳，还有冬青，还有香樟树。

杨茜茜：像整个大运河在嘉兴是一个什么样的状态，大运河和嘉兴有什么样的关系？

俞华良：嘉兴有一段从北面秀洲王江泾到南面海宁那边长安闸，整个大运河大家知道有1700多公里，是不是？嘉兴大运河这段特别重要，特别有些世界遗产，特别像我们分水墩，等会儿我们要去看，分水墩属于我们运河上一个古老的水利设施。还有落帆亭也是我们世界级遗产。大运河的功能主要是运输，原来主要是运输漕粮或者说是漕运，以30艘为一纲，这样的运输能力非常强。对嘉兴来讲是母亲河。

杨茜茜：也是孕育了嘉兴的水乡的文化。

俞华良：运送粮食、吃的、穿的。

杨茜茜：说到吃的，我看到这个。

俞华良：南湖菱。

杨茜茜：我看到好久了，这个东西看起来蛮新鲜的，您给我们介绍一下，这是南湖菱，对吧？

俞华良：好，这是正宗嘉兴的南湖菱，这个南湖菱最早在南湖前面的荷花池里面生长，后来慢慢地培育了就多了，在南湖里生长。再后来就是我们一般认定四个区域里面，南面到海岩通远，北面到江苏平旺，东面到平湖九里亭，西面我们到桐乡的陡门，这个区域里面长的菱就不会像这样，这是普通的河里，可能你们那边也会有。

俞华良：这个是芦席汇历史文化街区，我先去看一下，我们刚才吃了南湖菱，现在来看一下南湖菱还有另外一种功用。我们当地的严老师介绍一下。

杨茜茜：严老师，您好！像这个是什么呀？

严老师：这是南湖菱，南湖的小青菱。

杨茜茜：它的壳，我刚刚在船上吃南湖菱。

严老师：对，我们把这个壳画成一个望吴门，就是我们大运河边上的望吴门。

杨茜茜：像这个就是在南湖菱的壳上作画？

严老师：对，南湖菱的壳上，这是非物质文化遗产，包括这个菱是我们一种嘉兴的文化，就是马家浜的文化又或者青菱的文化。

杨茜茜：把文化画在南湖菱上。

严老师：一种传统文化的结晶。

杨茜茜：我看到这里这个还蛮有特色的。

严老师：京杭大运河，从杭州拱宸桥到北京沿路过去的。

杨茜茜：可以看到从杭州的拱宸桥开始，一路从南往北一直到北京。

严老师：北京燃灯塔，总共1700多公里。

杨茜茜：像这个上面有展示咱们嘉兴的什么地方？

严老师：有的，嘉兴的地方一个是嘉兴长虹桥，一个长安闸，嘉兴两个地方。其实就是古代劳动人民的结晶，是运河的这个文化，南北交通互换互入。

杨茜茜：您怎么会想到把京杭大运河画到南湖菱上呢？

严老师：因为南湖菱有几千年的文化，通过水草挖到北京、杭州的，把这个菱的文化通过大运河的文化像南北交通一样宣传出去。

杨茜茜：可以看到这里有一个中国大运河的碑。

俞华良：对，这是遗产区界桩。

杨茜茜：遗产区界桩是什么意思？

俞华良：就是说这周边有大运河这个世界遗产，比如说这个就是我们嘉兴比较著名的一个分水墩，这个分水墩在当年开发运河的时候堆积起来的，但是它又是非常重要的古老的水利设施，一直沿用到现在，就是说比较急，可以缓和一下。那边是到杭州方向的，这边到秀水。

杨茜茜：感觉在这里相当于说这个水是到了一个分水岭一样的地方，要分开来？

俞华良：对，分开来一层就是秀水，那边是长纤塘，这一边是秀水。我们坐下来聊吧。

杨茜茜：好。

俞华良：茜茜，你要知道，这里文化底蕴还是比较深的，特别是运河文化。我们背后就是这个运河望吴门茶楼，望吴门茶楼边上有一个望吴门亭子。挖运河第一锹就是为了沟通太湖和钱塘江，当时第一锹挖运河就是吴王，所以北面有望吴门。南面就是有澄海门，西面有通越门，东面还有春波门。我们嘉兴是一个城，1700多年前就建立这样一个城，到唐代的时候建了这样四个门。北面的望吴门怎么来的？望吴门实际上是为了纪念当年西施送越国，就是在望吴门这个位置送她到吴国去。

杨茜茜：感觉这里真是一个充满历史文化底蕴的地方。

俞华良：对。

杨茜茜：现在坐在这里的氛围感觉也很好，刚刚下过一点雨，然后又是这种江南水乡独有的风情，下面是流水，两旁是人家，然后岸边是这种扶柳。

俞华良：江南比较有特色，叫鱼米之乡。

杨茜茜：现在其实也可以把时间交还给运河嘉兴段流动的美景。

薛晨：各位网友，大家好！这里是央视新闻国庆特别节目，《看见锦绣山河丨江河奔腾看中国》。现在跟随京杭大运河一路前行来到了江苏苏州。

水润勾吴越千年，万顷碧波沁姑苏。苏州因湖而起，因河而盛。大运河孕育了苏州千年文化。

苏州作为运河沿线城市中唯一以古城概念申遗的城市，运河遗产非常丰富，有9个古典园林入选世界文化遗产名录，还有昆曲、古琴等6个项目入选世界非物质文化遗产名录，因此被称为鲜活的实体运河博物馆。

大运河苏州段北起相城区望亭镇五七桥，南至吴江区桃源镇油车墩，沟通黄金水道长江，串联太湖、阳澄湖、独墅湖等众多湖泊。苏州古城水陆并行河街相邻，搭乘画舫游船荡漾在碧波绿水间，两岸的景色宜古宜今，一边是姑苏古城，一边是现代苏州，往来游客可以欣赏到苏州繁华都市和古朴苏式建筑的美妙合奏。不断穿越着一座座古桥，每一座都不尽相同，看两岸古寺、古塔、古城墙交相辉映，别有一番船在水上行，人在画中游的意境。

姑苏城外寒山寺，夜半钟声到客船。现在我们看到的画面正是唐代诗人张继笔下《枫桥夜泊》的景色，也是苏州著名的运河十景之一。因诗而起，因河而兴，千百年来无数文人游子来到枫桥寻觅江枫渔火的美妙诗境。景区内，枫桥古镇、寒山古寺、古运河、枫桥、铁铃关"五古"勾勒出一幅美丽的枫桥夜泊图。依托运河，枫桥的发展之舟也自此驶向更广阔的天地，掀开大运河文化带中精彩的一页。

运河之畔，一座历经千年饱经风霜的古桥以曼妙妩媚的身姿展现在大家眼前，它就是宝带桥。宝带桥如同玉带般横卧在大运河上，构成了桥浮于水的独特运河景观。它全长约316米，53孔连坠，是我国现存最长、保存最完整的一座大型古代连拱石桥。如今的宝带桥是大运河千年历史的一个侧影，沉积着古老的吴地文化和运河文化。

接下来映入我们眼帘的是运河十景之一，唐代白居易的诗句，灯火穿村市，笙歌上驿楼，描绘的就是古时望亭驿的繁华盛景。在大运河的滋养下，苏州湖山相映，塔影画桥交织成一幅江南山水画卷。

在古代，通过京杭大运河，苏州将江南的丝绸、粮食运往北方，如今依托于运河所催生的现代航运物流产业有着怎样的发展？此刻，总台记者正在江苏苏州国际铁路物流中心，我们一起去一探究竟。

杨光：各位央视新闻的网友，大家好！我现在是在苏州国际铁路物流中心，在这里给大家带来《江河奔腾看中国》当中的大运河段的直播。

　　大运河在流经苏州总共是南北纵贯96公里，大家能够看到在我身后宽阔笔直的河道就是大运河了，上面行船不断。在大运河苏州段每天有超过6000艘以上的货船来回的航行，应该来说货运非常的繁忙。而在这么多艘船当中，有一艘船是我今天要给大家重点介绍的，是我们的主角，就是在我们身边看到的这艘船了。这艘船特殊在哪儿？它特殊在它可以实现河海的联运。我们都知道，像正常的一些船舶，内河的船只能在内河开，而海轮只能在海上开，两者之间是不能够互相进入到自己的航道当中的，因为本身对于船的结构有非常重要的一个设计的要求。但是这艘船既可以在运河里面开，还能够驶在大海上，它有哪些特殊之处呢？今天我们会请到这艘船上面的船长，杨船长给我们做一个相应的介绍。

　　现在我要先登上这艘船。

　　船长，你好。

　　船长：你好。

　　杨光：船长，我们其实特别的好奇，这样的一艘河海联运的船和我们正常见到的，比如说内河的船、海船有没有一些什么样的区别，您给我们介绍一下。

　　船长：这个河海直达船主要有以下几个特点，它亦河亦海，亦河就是我们通过设计可以满足三级航道水深和桥梁高度的通航要求；亦海，因为我们的船舶结构和强度设计可以满足海上特定航区海浪条件，我们的稳定性也可以得到保证。

　　杨光：像您刚才说的都比较抽象，咱们通过一个直观的，比如从外观来说就能够发现它有些什么样的不同之处，比如跟河里面、跟海里面的都有哪些不一样的地方吗？

　　船长：就是我们这艘船它既可以在运河里面，因为你看它的高度就比普通的海船要矮很多，这就是为了满足内河这个航道桥梁通行，确保安全。

　　杨光：这个高度有多少？

　　船长：高度从水面以上最大的高度6米5。

　　杨光：6.5米？

　　船长：对。

　　杨光：这是在运河上有相应的净高的要求吗？

　　船长：对，因为三级航道桥梁的要求是7米。

　　杨光：6.5米相当于就能顺利地进行通过了？

　　船长：对。

杨光：我们现在看到的应该是一个船员的生活区，是不是？

船长：对，这边是船员的生活区，这边就是装货区域，前面就是驾驶台。

杨光：是的，因为我们看到的其实正常的海轮它的高度都有30~40米，它的生活区，这个为了满足净高，出水的高度有6.5米。我们看到现在其实装了很多都是集装箱。

船长：对，我们刚从洋山港返回，现在船上目前是装了124个标箱。

杨光：这些都是刚刚送完货？

船长：对，从洋山装空箱回来，然后把苏州的货物运回洋山。

杨光：每天都是这样来回地往返？

船长：是。目前保持每周3班的班期密度。

杨光：好的，谢谢船长。其实刚刚船长也介绍了，像这艘河海联运的船舶是一周会有3班进行来回的运输，特别像是在整个运河和海上连接的这样一个公交车，那么它的具体的运营线路是怎么样的，我们上岸给大家做一个相应的介绍。

好的，现在我就来到了我们的苏州铁路国际物流中心，在这里我们给大家去准备了相应的展板，为了让大家能够更直观地去感受到运河是如何跟大海进行一个连接的。

我们知道苏州是有着非常庞大的出口需求的，比如一些电子类的产品都会在苏州通过上海的港口发往世界各地，现在他们就可以选择在我现在所在的这样一个位置，苏州国际铁路物流中心装上集装箱以后，装上这艘河海联运的船舶，从这里走运河，一路向运河，最终来到上海的外高桥港口，再往下一站来到了洋山港，在这里之后这艘河海联运的船舶就会换上外轮，从这里发往世界各地。可以说也就是通过我现在所在的位置将整个的运河和大海有一个非常完整的连接。

刚刚船长也说了，像这艘船目前总共是有4艘，它的班次是一周有3班，而在明年的时候，像这样的船会再增加8艘，到时候总共有12艘。应该说整个的密度会大大的增加。

这艘船运输的好处在哪儿呢？其实最直观地我们来看一下，还是这些集装箱。如果走传统的海铁联运，将苏州这些集装箱通过铁路运输到上海的港口，它会受一些相应的限制，比如白天的时候货运的列车要给客运的列车进行让路，只能是晚上发车，每天只有一班，并且铁路装载货物的量是远远不如船舶的。像一辆铁路货运的班列装集装箱是有80个标箱，而现在这艘船可以一船装124个标箱，能够装更多的货物，并且随着整个班次密度更加频繁之后，整个运转起来的效率也会更加高。

说完了船，我们再来看一下我现在所在的这样一个正在建设的码头，这个码头叫做中港池，那么它是整个苏州物流中心应该说建设最快的码头，预计今年年底的时候就将全部建成。我们可以看到在我身后在建的有龙门架，包括在岸边还有架设的岸电，那么它建设完成之后最大的作用是什么呢？就是可以允许像我们刚刚看到给大家介绍的河海联运的船舶进行正式的停靠的作业。今天因为整个施工是到了最后收尾的阶段，今天这艘船是特地过来做测试性的停靠，而在今年年底建成之后它就可以正式停靠在这里，直接去装卸相应的货物，会更加的方便、更加的便捷。

除了这样的港池之外，在南北两端还各有一个港池，预计在2025年整个苏州国际铁路物流中心将建成三个港池，到时候它将成为京杭大运河之上最大的一个集装箱的物流的基地。应该说通过这样靠近运河的地利，再加上这样一艘开发的船舶，一个新的运输方式应该说在这里，大运河和海洋跟世界会有更加紧密的连接。

除了在物流中心会有河海联运之外，在这里还有海铁联运的方式，可以将铁路和大海直接进行相应的对接，会将整个苏州地区生产的包括电子类的产品等等的，更加容易地去进行一个相应的出口，那我们到那里再去看一下。

我现在是在苏州国际铁路物流中心的铁路运输的后台的堆场，在这里除了是河海联运之外，还有海铁联运的方式。今天我们也是请到了苏州国际铁路物流中心的多式联运项目的一个负责人徐总。

徐总，您好，您可以给我们介绍一下，除了我们刚刚在那里了解到的河海联运之外，在这里还有一个海铁联运，海铁联运是从哪儿运到哪儿？您给我们做一个介绍。

徐颉：好的。我们苏州国际铁路物流中心除了刚才提到的水水中转以外，还有更重要的多式联运方式就是海铁联运，海铁联运是一种新的多式联运产品，基本上它用铁路的大规模运输取代公路的干线运输，在成本上面和环保性上面要大大优于公路运输。

杨光：像我们现在看到这边所有的集装箱都是走海铁联运的，是吧？

徐颉：对。这两边基本上是我们苏州本地的制造型企业等待发运的一些重箱。

杨光：目前像海铁联运，我们看到这些集装箱当中主要的都是一些什么样的货品？

徐颉：这些货品主要是跟我们苏州市的制造业有关的，基本上是一些白色家电，一些太阳能光伏板，还有汽车零配件。

杨光：像这样的海铁联运主要是发往哪些地方？比如是从哪儿出海，都是到上海吗？

徐颉：因为我们的线路是从苏州国际铁路物流中心到上海芦潮港，然后通过上海港的港内运输直接到达上海洋山港，基本上全世界各地的航线都会有涉及。

杨光：像发展这种多式联运，本身国际物流中心所在的位置既有铁路还有运河，特别像运河来说，对于整个物流来说是不是特别重要？

徐颉：对，因为我们苏州市的多式联运产品相对在全国还是比较领先的，到上海港的150公里之间的区间运输，实际上我们苏州市也创新地推出了好几条多式联运路线，包括水水装船、海铁联运都是我们在多式联运组织中非常重要的两个核心产品。

杨光：它们各自的优势是什么呢？因为我们最关心的还是大运河的运输，本身从河海联运和海铁联运上面来说各自的优势是什么？

徐颉：河海联运跟海铁联运基本上都是公路产品的一个替代产品，公路产品在我们苏州到上海的区间运输当中，卡车占用了大量的社会道路资源，通过这两种产品的推出，可以大大减少卡车在途运输的过程。

杨光：它容易堵车，是吧？

徐颉：对。在经济性、环保性上是很大的提升。

杨光：我想说一下这两者的优势都在哪儿？比如说运河上的河海联运和海铁联运来说的话。

徐颉：每种运输方式有每种运输方式的特点，从运量方面来讲河海联运的运量要大于海铁联运，但是从时效性方面，海铁联运是要优于河海联运的。

杨光：就看选择哪种方式，比如有的企业可能要求速度第一，有可能比如它对于速度有一定的忍耐性，它可能就会选择这种方式会更加的经济一些？

徐颉：是的。因为苏州市的制造型企业有很多种类，它对进出口的需求也是各不相同的，有些客户核心关注的是它的运输时间，那么有些客户核心关注它的运输价格，从我们多种多式联运方式来讲就会给客户提供比较大的选择范围。

杨光：您自己应该就是苏州人，是不是？

徐颉：对。

杨光：您从小是在运河边长大的吗？

徐颉：我在长江边上长大的。

杨光：其实苏州应该来说是大江、大河跟大湖都有的城市，您自己现在在物流中心工作，运河对于整个多式联运的发展来说是不是也是特别重要？

徐颉：是的，因为京杭运河在我们江苏这段过程中是最优的航道条件，目前苏州市全域范围内基本已经完成京杭运河的"四改三"。

杨光："四改三"？

徐颉：就是四级航道变三级航道，它的通航能力进一步提升。随着现代化的运输装备不停地更新，京杭运河势必会发挥更大的作用。

杨光：对于苏州来说，因为它是制造业的大市，它整个出口的需求都特别的旺盛，如果单打一的只是公路运输，那肯定会造成很大的拥堵。像这种海铁联运的方式，包括河海联运的方式，是不是我们整个物流中心将来发展最大的方向？

徐颉：对。河海联运和海铁联运来说是我们苏州国际物流中心的两大核心产品，以后我们会在码头泊位的配比以及火车发运的班列上进行进一步的提升。

杨光：好的，谢谢徐总。在这里我们能深切地感受到，一方面苏州这样的一座城市它本身有着庞大的经济活力，它有着大量的出口的需求，更重要的是它恰恰还有着这样的一个运河加上比如铁路这样相应的优势的条件，其实只有到了这样的一个港区当中，我们给大家做了相应的介绍之后，我越发能够感受到为什么说这个运河是一条幸福河，运河是一条致富的河，因为通过这样运河沟通南北的作用能够将我们现在生产的大量的货物，包括当时在过去的时候起到更多是漕运的作用，而现在它更多是用这种多式联运的方式去让更多在苏州包括周边的物产能够走向世界各地。这是在这里能感到最深切的体会。

其实在苏州除了有这样的货物运输之外，在苏州城内大运河还有内城的一段，那段可能更加有些小桥流水的感觉。其实如果有机会，各位央视新闻的网友有机会的话也可以来苏州走一走，一方面我觉得可以来到运输的运河的边上，去看一看运河上繁忙的运输；另一方面其实也可以走到苏州的古城里面去感受一下小桥流水人家。为什么都说叫君到苏州见，人家尽枕河是一个什么样的景致。

目前我在苏州就给大家带来这样的报道。

薛晨：这里是正在直播的《看见锦绣山河｜江河奔腾看中国》。

乘船航行在京杭大运河上，我们一路前行来到了江苏扬州。很少有地方像扬州一样，城市的命运与运河联系得这样紧密，扬州因运河而生，因运河而兴，因运河而盛。数据显示，一条运河相当于三条铁路的运力，且成本比通过汽车、火车经海港运到目的地要低得多。扬州就是京杭大运河上的重要枢纽。

京杭运河扬州段位于长江与京杭大运河两大世界级河流的十字交汇处，船舶通过量连续5年超3亿吨，通勤量位居全球内河运输第一。它相当于五条京沪高速江苏段的运量，或是十条京沪铁路江苏段的运量，可以说是大运河世界级"黄金水道"中的"钻石航段"。过去大运河上从北往南的货船主要运送的是煤，如今随着物流业的发展，运河航道上的货船有很大一部分是南沙北运，也就是将大量基础设施建设需要的矿建材料运往北方。另外，也有许多货船运输的是钢材、机械设备等各种大宗货物。

青山隐隐水迢迢，秋进江南草未凋。如诗中所说，秋天的江南依旧是郁郁葱葱、草木繁茂。

现在我们看到的是扬州运河三湾生态文化公园。明代万历年间，扬州官员为解决漕运时船舶搁浅的问题，将河道舍直改弯形成了今天的"三湾"。三湾作为运河扬州段的重要节点承载着让古运河重生的重要使命。随着扬州中国大运河博物馆建成开放，三湾已经成为扬州运河文化活态展示的代表地之一。

在扬州历史中，运河基因一直绵延不绝，古老的京杭大运河在这里与长江交汇。而作为中国传统四大菜系之一的淮扬菜就发源于扬州淮安，运河带来了南北各地的货物与商人，也带来了中国各地的口味，因此淮扬菜融合了南方菜的鲜嫩与北方菜的咸浓。

薛晨：顺流前行，我们来到淮扬菜的另一个发源地淮安。

淮安地处我国南北地理气候分界线秦岭淮河一线，历史上与苏州、杭州、扬州并称运河沿线的四大都市。在这里，运河沟通了淮河、黄河水系，地理上南北在此分界，我们常说的南方与北方分界就在此处，而京杭运河却在此将南北差异交流贯通。

两千多年来，大运河与淮安人民相依相存。跟随我们的镜头，现在大家所看到的就是江苏淮安水上立交工程，它是实现入海水道与京杭运河各自独流的水上立交工程，是亚洲最大的"水上立交"。公路立交桥是用上下两条交叉的车道来解决交通拥堵的问题，但在水上建设立交桥是十分罕见的。现在您看到的就是京杭大运河上的一大奇观"水上立交"工程，它的上方是京杭大运河，下面是淮河，上部承接京杭运河南北航运，下部自西向东沟通了淮河入海水道。河上有河，河中行船，这一工程将现代运输与古运河文化融为一体，堪称水上奇观。

淮安船闸是整个大运河上最繁忙的船闸，2020年有22万艘船舶从这里通过，平均每天有600多艘。淮安标准化锚地自2020年10月正式投运，总长度约1.5公里，现在停放有20多艘船，那为什么要在淮安建立这样一个锚地呢？让我们跟随总台记者的镜头走进运河船上人家。

汤涛：央视新闻的各位网友，大家好！我是总台记者汤涛。

我现在所在的这个位置是京杭大运河苏北段的一条执法艇上，我们为什么会来到这个地方呢？大家先顺着我手指的方向往远处看，也就是运河岸边的这个牌子上看，上面写着"前方进入锚地，请沿右岸航行"。为什么我们会来到这块锚地呢？先给大家介绍一下我们今天请到的第一位嘉宾，是我们这个水域的执法人员，徐老师，您跟我们央视新闻的各位网友打个招呼。

徐开宁：汤老师好，央视新闻的各位网友，大家好！我是苏北航务管理处淮安航政管理大队大队长徐开宁，大家好！

汤涛：咱们这个假期一直没休息，都在这边忙什么呢？

徐开宁：为了保障我们航道的畅通，这个假期我们按照苏北处的值班计划，轮流进行了值班，确保这段航道安全畅通。

汤涛：我们知道苏北运河也是京杭大运河的苏北段，就是很繁忙的，我们看到旁边的船，像这样每天的通航量有多少？

徐开宁：淮安船闸是我们苏北运河最繁忙的船闸之一，每天的通过量在600艘左右。我们淮安锚地这段，每天靠的船舶有100多艘等待通过淮安船闸。

汤涛：您刚刚说的锚地，您给大家介绍一下，通过这几天的采访我们就发现了，锚地其实就是相当于一个高速的服务区。

徐开宁：对的。淮安锚地主要是为我们淮安船闸过闸的船舶提供一个待闸，包括我们这边需要生活上的补给。

汤涛：我们看到镜头左边的船是浮出水面很高，这应该是一艘空船吧？

徐开宁：对的，这是一艘空的船。

汤涛：我们看到远处在河里面航行的，而且水位吃得比较深的，它们就是货船了？

徐开宁：对的，这边有很多都是重载船等待过闸的。像前方几艘船是空载船，你看这几艘都是空载船，它靠在这里准备等待过闸的。

汤涛：这一片水域为什么没有停船？

徐开宁：这片水域是为了方便船员垃圾接收，包括我们污染物接收设的一个点，你来看看，船员可以通过这个区域把船上的生活垃圾送到垃圾分类站点来回收，包括生活污水可以通过污染物接收点把它接收掉。

汤涛：我们上岸看一下，请我的同事也注意安全。我们现在即将靠岸的是淮安锚地的一个专用泊位的停靠点，但是这个停靠点平时是不能停船的，它只是为了临时放垃圾。基本上停稳了，先请我的同事上，慢一点，因为船在水中晃动有点不稳。

我们先来看一下，这旁边有一个牌子，上面写的是"船舶生活污水接收点临时停靠"，那这个就是专用泊位，专门是为了停收垃圾用，是不是？

徐开宁：对，方便船员上岸交垃圾，油污水回收。他们来了以后临时靠这边，把船上产生的生活垃圾，包括机舱内的油污水到这个点来回收掉，回收完就走，就是方便大家都来回收，千万不能长时间占用，长时间占用以后，我们执法部门就会来进行劝离。

汤涛：跟各位网友介绍一下，我们这个锚地设计的全长是1.5公里，但是这1.5公里，这块区域实际是空出来的。我们现在看的是淮安锚地第一个点，就是我们眼前垃圾分类站，也就是船舶的污染物的接收点，这个地方大家看到平时是不停船的，为什么？就是为了方便大家在这个地方去停靠。我们在岸上通过镜头往远处看，有4艘船，这都是空船，浮在水面的高度比较高，都是空船，实际上它们也是在等待过闸。为什么设计的4艘或者有的3艘，是基于什么样的考虑呢？

徐开宁：锚地的长度是1500米，正常是三班停靠，可以靠泊100多艘。

汤涛：我们一边上船一边说，我们上船再往前面看看。你先上，慢一点。我们继续往下一个点去看一看，徐大，您在这个点上执法工作了多少年？

徐开宁：30多年了。

汤涛：30多年，作为您来说，在运河上您感觉有什么变化吗？

徐开宁：运河上正常的货船变化也很大，以前我们参加工作的时候，运河里跑的都是水利船比较多，现在都是一千多吨、两千多吨的大船，都是铁制的船，所以货船的变化是很明显的。我们的执法艇的变化也比较大，以前我们的执法艇都是单机的，现在我们的执法艇基本都是双机的，为什么是双机呢？一是便于我们航速的提高，二是便于我们为运河上的船员施救的时候提供便利。因为双机船在航运当中，它的机动性是比较好的。现在执法艇的变化也比较大。跟随着货船的变化，我们执法艇也在不停地变化。

汤涛：我们顺着镜头往远处看，因为现在是国庆期间，我们看到很多船上已经挂起了我们的国旗。

徐开宁：对，这边的船，我们在国庆期间也为一些船员更换了一些国旗，有的旗帜不是太新鲜，所以我们在国庆前夕搞了换国旗的活动，也是用这种方式来庆祝我们伟大的国庆节。

薛晨：各位网友，大家好！这里是央视新闻国庆特别节目《看见锦绣山河丨江河奔腾看中国》。

现在我们乘船在京杭大运河上，一路前行来到山东。京杭大运河山东段处于运河的中段，流经枣庄、济宁、泰安、聊城和德州五市，全长643公里。自古以来就是通航条件最困难，维修保护工程技术最复杂、最巧妙的河段。今年4月，德州市境内的四女寺水利枢纽和天津市九宣闸闸门共同开启泄水，实现了近百年来京杭大运河的首次全线通水。

现在画面上看到的是台儿庄船闸，它位于京杭大运河山东段枣庄市台儿庄区境内，2012年台儿庄复线船闸竣工通航，昔日声名远播的"黄金水道"获得了新生。目前，台儿庄双线船闸年过闸量已突破1亿吨。

历史上由于河道冲刷、淤积等原因，台儿庄镇域内土壤肥沃，农作物生长旺盛，充沛的运河水为两岸的水稻生产提供了充足的灌溉水源。现在跟随总台记者镜头我们去这片万亩稻田看一看。

张明：央视新闻的网友，大家好！我现在所处的位置是京杭大运河山东段枣庄市台儿庄区邳庄镇的水稻田里，京杭大运河从邳庄镇穿境而过，这里地势低洼，河流水系，沟渠纵横，历史上由于河道的冲刷、淤积等原因，使这里的土壤肥沃，非常适合水稻的种植。

眼前这片稻田是尚庄村的集体种植，大约有1000亩左右。我们来看一下，现在的稻穗它已经进入了一个关键期——灌浆期，稻穗已经压弯了稻秆。我身后的稻农正在对稻穗进行测量，我们过来了解一下情况。

你好，我们现在是做什么呢？

杨宝平：我量一量今年的水稻能比去年产量高多少。

张明：通过测量这个就能知道产量吗？

杨宝平：不是，今年的穗稻大、穗稻长，所以今年的产量确保比去年产量高。

张明：就这个是多少？

杨宝平：现在穗子都达到32公分长了。

张明：这个长度算比较大的吗？

杨宝平：还有再长一点的。

张明：像这样的，咱们亩产能达到多少？

杨宝平：亩产1700、1800斤吧。

张明：完善的水利设施为当地种植水稻提供了便利的条件。我们向当地的水利工作人员去了解一下这边水利设施的情况。

你好，咱们这里现在在做什么呢？

孙晋海：我们的水稻现在正处于灌浆期，正在开通泵站进行灌溉，我们看一下整个浇灌的情况。

张明：这个水现在是进行补水吗？我看到水在流。

孙晋海：对，目前属于水稻的灌浆期，也是整个水稻生产过程最后一遍灌溉水。根据今年的气温条件还有当前的长势，应该在10月20日左右就进入收获期。

张明：咱们紧挨着大运河，水稻大家也都知道就是用水量比较高的一个农作物，就咱们怎么把大运河的水引到这里来呢？

孙晋海：我们主要是通过在运河上建设减水闸拦蓄地表水，然后在我们闸的上游合理地布置一些提水泵站，然后通过干区、支区、斗区和农区四级渠道把水输送到我们的田里头。

张明：这四级水渠它们之间是什么样的关系呢？

孙晋海：应该说是一个系统的关系，提水泵站水出来以后先是进入干渠，通过干渠再经过下游的支渠，再下游就是斗渠，最后是通过农渠进入了需要浇灌的地块。

张明：用这样的方式进行浇灌，它有什么样的优势呢？

孙晋海：有两方面的优势：第一，我们这些渠道都是整齐的，节水效果比较好，节约水资源；第二，渠渠分布合理，布局符合节水的要求以后，它的节水灌溉水的时间也能够缩短，能够满足水量正常及时的蓄水需求。

张明：现在来看应该是水利部门最忙的时候吧？

孙晋海：应该这样说，现在我们单位分三个小分队都深入田间地头做好服务工作。

张明：这里的农作物种植很有规律可循，离运河远的地方以种植玉米为主，近的地方以种植水稻为主。这里的工作人员告诉我邳庄镇这里的水稻种植面积大约是25000亩，占到整个台儿庄地区的八成以上，水稻也成为这里的一个主导产业，再有不到一个月的时间水稻就要丰收了。

薛晨：现在您看到的是山东台儿庄古城，从空中俯瞰台儿庄古城，京杭大运河的河水穿城而过，城内水网密集，各种风格的桥梁点缀其间，水乡美景和特色建筑相互映衬，使这座运河古城实现了实用与美感的结合。

如今的台儿庄古城依然在见证着运河的繁华与发展。

《看见锦绣山河丨江河奔腾看中国》，跟随镜头前行我们来到了河北，谈及京杭大运河，许多人往往会首先想到杭州、扬州和苏州等江南古城，然而京杭大运河流经里程最长的城市却是一座北方古城——沧州。京杭大运河沧州段全长210多公里，河道保存完好，沿线遗迹分布众多。大运河在沧州中心城区长约13公里，沧州市运河区更是全国唯一一个以运河命名的城区。

"工商如云屯，行舟共曳车。漕储日夜飞，两岸闻喧哗。"直到现在，沧州市仍然保留着运河城市的特色。

运河穿城过，最美几道弯。在沧州市区，多个运河河湾蜿蜒曲折，渗透着古人的智慧。清代诗人孙谔曾作诗描述这一盛景，"夜半不知行近远，一船明月过沧州"，意思是船走了很长时间，到了夜半时分还不知道走到哪里了，实际上船还在沧州。就在今年9月1日，诗句中的画面再次成为现实，京杭大运河沧州中心城区段实现了旅游通航，这是自20世纪70年代沧州大运河船舶停运以来首次恢复通航，游客可以泛舟而行，游览沿途无限风光。

接下来，我们就把时间交给此刻正在沧州城区段游船上的总台记者，跟随他一起感受船行碧波上人在画中游。

京杭大运河位于中国东部平原地区，南起浙江杭州，向北一路经过江苏、山东、河北、天津，最终抵达北京。江南的温婉、北方的壮阔都融入了运河的滔滔不绝中。历经千年，大运河始终滋养着两岸的城市与人民。

杨海灵：央视新闻的网友，大家好！我是总台记者杨海灵。

《江河奔腾看中国》，接下来欢迎和我一起走进大运河沧州中心城区段。之所以它叫沧州中心城区，它是名副其实的沧州的城区，现在是在沧州市的运河区，你一听，这个区是以运河命名的就知道了，这座城市是因河而生，也是因河而兴。

你看我是从沧州的南川古渡码头登上了游船，我是在行进当中给大家做报道，所以接下来也是船览大运河。

其实沧州中心城区段是在9月1日，也就是一个多月以前开始正式的旅游通航了，所以这个国庆假期我们在这儿做直播的时候就会感觉有很多的沧州市民把乘船游览大运河当作了这个国庆假期的一个新方式。你看这船开出来不久就能够听到两岸有非常热闹的歌声，在这儿有很多当地的市民在运河沿线载歌载舞。这里也叫做百狮园，它是运河沿线刚刚打造的一个公园，为什么叫百狮园呢？沧州也被称作"狮城"，所以在这个公园里面有一百多个石雕，非常的有特色。在运河沿线每到了周末，尤其是国庆假期就有很多的市民聚集到这儿强身健体来游览大运河的风光。

船览大运河是一个什么样的感受？我不知道大家有没有去过南方的运河，我个人的感觉，在大运河流经南方和北方呈现出了完全不同的气质，我觉得每一个城市它是有自己的气质的，大运河因为它流经的省份太多了，那到了沧州之后它就区别于南方城市的婉约，在北方、在沧州多了几分比较粗犷的味道。为什么有这样的感觉呢？让我们的镜头去看向两岸，你看它会有大片的芦苇，芦苇荡，我觉得可能是在北方代表的这种非常的苍穹有劲的一种植物，这个大片的芦苇荡发出的这种沙沙作响的声音和此刻我站在船上听到的潺潺流水声交织在一起，就感觉船览大运河是非常的舒服、非常的惬意，会让人非常的放松。另外，国庆这几天，尤其是从4日开始，天气还不错，你看今天就是一个蓝天白云，特别适合外出游玩的好天气，所以此时此刻站立到大运河，站到游船上面，心情非常安静和放松，所以它才会成为很多沧州市民假日的新选择了。

再来说说沧州的大运河，如果大家从航拍的镜头上面就可以看到大运河在流经沧州时候的一个姿态，它很大的一个特点就是弯道特别多。你知道吗？沧州的全段是216公里，但是大大小小的弯道一共是有230多个，尤其是在沧州中心城区段流经的时候会有几个大大的U形，每一个都是2000米的弯道的长度。我也问了一下当地的专家，为什么大运河要这样弯弯曲曲的流呢？当时修建的时候肯定是很费人工的。他们告诉我们，当地有这样的一句话，叫做"三弯抵一闸"。说的就是三个这样的人工弯道可以比作一座闸门来用，因为这个水流会比较湍急，而这样就会让水的流速变缓，让船行驶起来也更加的平稳安全。而且增设这么多人工的弯道就会让水减少对岸上的冲击，更好地保护两岸群众的生命和财产安全，所以这也是非常有人工智慧的，能够看出来当年修建大运河时候的一种智慧。

说了这么多，此时此刻在船上还有很多沧州市民和我一起在游船，接下来我们一块儿去看看游船里面是什么样的风景，大家有什么样的感受呢。

这个船行驶在大运河感觉非常的平稳，所以在里面感觉非常的惬意，真的是人在画中游。有很多的市民，你看大家还拿着手机在拍照片，有的是带着孩子过来的。

您是第一次坐船游大运河吗？

市民代表：是，第一次。

杨海灵：有什么样的感受吗？

市民代表：觉得与平时不一样，因为坐船能更近距离地看到两岸的风光。

杨海灵：您是沧州人吗？

市民代表：我在沧州居住，孩子在沧州上学。

杨海灵：这几年有没有感觉到什么变化呢？

市民代表：感觉沧州变化挺大的，就各方面，经济还有环境，各方面变化都挺大的。

杨海灵：像运河修复通航了，有水了，然后对您的生活会有什么样的变化吗？

市民代表：有，至少晚上有空的时候可以带孩子来游玩一下，对孩子都挺好，多了户外。

杨海灵：有了一个户外运动的好去处。那么今天直播我们也邀请到了一位嘉宾，能够更清楚地为大家介绍这个大运河究竟是怎么修复、怎么打造的，未来我们还能看到什么样的大运河沧州段的景观。

我们先跟网友做一下自我介绍。

范宝泉：您好，观众朋友们，我叫范宝泉，是沧州市大运河文化发展带办公室的副主任。很高兴在国庆假日期间跟大家见面。

杨海灵：好，范主任，职务非常长，但是是一个什么样的部门？可以让大运河越来越好的部门，是不是？

范宝泉：嗯。

杨海灵：我刚才坐船游览着大运河就感觉两岸风光其实各有不同的，现在我们沿线看到的可能是偏自然风光多一点的，而之前我们也游览过它所谓的北线，看到有很多修复起来的一些古建筑、古楼，这思路是怎么打造的？

范宝泉：沧州全域是216公里，从山东进入到河北的地界，一路奔腾穿过了8个县（市、区）一直到北方，从吴桥进到青县出，进入天津，是这么一个过程。中心城区从南方面的吴桥、东光、泊头、南皮、沧县、新华、运河来到青县，北边还有一个行政县，是青县，是这么一个位置。京杭大运河，如果把沧州城看作一个方形或者一个接近圆形的空间，是自南向北正中心穿过。

杨海灵：真的是穿城而过。

范宝泉：穿城而过。在整个大运河的沿线在地级市里面是非常少的，在河北省是唯一一个地级穿城的一个城市。大运河两岸所经过的8个（县、市）区是占据了40%的土地，有40%的人口，接近贡献了45%的生产总值。所以说对于沧州来讲，真的是母亲河。由于这些年的天气、自然还有河道的变换，尤其咱们的海河的治理，这后续气候的变化，所以后来造成了河断流了，断航了，从20世纪70年代开始。从今年的9月1日，我们近50年的时间率先再一次地实现了旅游通航的复线。

杨海灵：这个也是很难的一件事情。

范宝泉：从国家到省到地方然后到全社会，方方面面大家共同努力的结果，着实是不容易。

杨海灵：这个国庆假期有很多人看我们的节目来运游沧州大运河，给大家介绍一下，像现在的景观是考虑到什么样的设计？像两岸，我发现有非常多的芦苇，为什么要选芦苇这样的因素呢？

范宝泉：您刚才也说芦苇更多的是一种自然，是一种生态的，水利工程讲究的是什么？要光洁、要硬制、要少的阻流，要快速的排利，要疏水，要少阻隔。我们倡导的是自然、生态、原真、完整这样的风貌。沧州运河是我们北方运河的代表，是黄河以北的典型代表。南方运河很直也很宽，黄河以南还有很多物流的作用，很多地方是三级航道，个别是二级航道，但是北方运河弯道众多，受地势和地形的影响没有那么宽阔，但是它弯道众多，蜿蜒曲折、苍劲有力、苍茫感，大开大合的这种感觉，那是非常不一样的。说到这种尺度就像在吴桥和东光，那是我们世界级大运河文化遗产代表的段和点，我们谢家坝是经典代表的点。谢家坝到山东的四女寺之间的94公里就有88道弯，我们整个全域216公里有230个弯道，所以它弯道非常的众多。

刚才您说这么多的芦苇，有的地方还有菖蒲，还有千屈菜。

杨海灵：这个好像就是芦苇和菖蒲？

范宝泉：对。

杨海灵：两个是在一起？

范宝泉：是。现在更加倡导的是这种自然的、原真的，它是会呼吸的岸坡。

杨海灵：也就是说以前这个河道里面就有芦苇这个植物生长，是吗？

范宝泉：对。现在是生态打底，更早这些芦苇是原发的自然生长出来的，所以它的生命力也很强。芦苇的根系扎到岸边以后，因为它就是会呼吸，各种水生的动物、水生植物，它实际上对水质的自然的涵养、清理是有一定作用的，而且有些鱼类有互动的生态方面的效果。

杨海灵：真的是绿色多了之后，会让人感觉可以大口呼吸氧气，会非常的放松。刚才说了弯道多，看现在船行进的这个地方，经过的算第一个弯道吗？

范宝泉：嗯。

杨海灵：据说在沧州，沧州市民对大运河感情非常深，自发地命名了两个弯道流经沧州中心城区的，一个叫做"己"字形，就是它的造型就是我们汉字的"己"字，还有一个叫做"Ω"形，是我们的一个希腊字母，就"Ω"的造型，大家应该脑补出来。你看沧州人会自发的给命名，就说明他的感情非常深，非常亲切地可以流露出感情。

范宝泉：是。我刚才说在整个全域216公里有230个弯道，我们中心城区的直线距离，从南侧东西方向的高速公路和北侧的环城高速公路之间直线距离是16公里，那么河道的总长达到了31公里。这是什么意思呢？在先人里面这是一种非常高水平的水工智慧，叫弯道代闸技术，还有一种说法叫"三弯抵一闸"，这非常经典，这是水利方面的一个很权威的事情。因为它就是地势很高，南运河沧州段的水是从南向北流，从入境到出境216公里落差是10.45米，如果直来直去的这么走的话会非常的湍急。这样通过放长河道，对船舶的行船的安全以及对咱们两岸河道本身的保护是非常有利的。这样还能节省很多应制的闸、坝，像这样的这种投入，可以保证行船的顺畅。

杨海灵：非常的有智慧。我发现除了河道通水了，两岸绿化美化了，好像旁边更远的范围内我们能够看到更多的绿色。两边都是公园吗？

范宝泉：两边是咱们的生态廊道项目，在咱们大运河的建设当中有以文化为引领，有文化带、有生态带，还有旅游带，先期要做到把文化、文物保护好，还要把我们的生态廊道打造好。在大运河的垂直方向，我们现在是纵向顺着河道往前走。垂直于河的方向，我们管理的层面有这么几个层次：一、最核心的空间是河道的水务管理线，这是一个层面；二、再往外之后还有300~500米的第一视线，这样会对景观、建筑的风貌提出不同的要求；三、再往外每一层有1公里的冰河生态，在生态里面如非不必要，首先要选择的是生态。如果有些其他类型的建筑项目和用地，如果腾退出来以后，首选的也是要进行绿植和生态方面的需要。去年的时候就局部的深层地下水的回升就达到了五点九几米。

杨海灵：这也算是一个历史性的突破，这很难，因为沧州是黑龙港流域地下大漏斗。

范宝泉：属于华北大漏斗。

杨海灵：华北大漏斗。

范宝泉：华北大漏斗河北是一个层级，大沧州是在河北里面的又一个漏斗中的漏斗，中心城区估计是漏斗中见底的那个。在整个过程当中，效果还是很明显的。

杨海灵：整个沧州中心城区段通航的是 13.7 公里的里程，你看船的行驶速度并不快，整个游览下来应该是一个多小时的时间？

范宝泉：是。

杨海灵：其实两岸，大部分时间我们欣赏到的都是非常自然的风光，就芦苇荡，波光粼粼的水面，还有更远处的依依垂柳，所以就觉得满眼都是绿色，真的是非常的洗眼睛。但是在绿色当中也会出现一些古色古香的建筑，你看我们眼前，刚才我们船行驶到这儿的时候，画面当中还出现了一个古建筑，据说它叫南川楼，是为了恢复大运河景观的时候复建而成的。它是当年长芦盐运使司打造的，是吧？

范宝泉：对。

杨海灵：因为当时沧州是非常重要的盐运码头，盐从这儿通过运河运往南方运进了千家万户，所以沿线我看也正在修复，挖掘运河的文化。说到这个运河文化，其实在沧州沿运河而生的非物质文化遗产的代表项目就 370 多项，像我们耳熟能详的有吴桥的杂技，有沧州的武术。其实平常经常开玩笑说，沧州人是不好惹的，因为会武术。当然是开玩笑的，能够看出来这个武术的基因应该是在沧州人的血液里面。那么接下来我们这个船就要靠岸了，非常感谢范主任跟我们聊了很多这种历史背景，然后非常的长知识。也希望运河在大家的共同努力下可以越来越好。

感谢您！接下来我们去岸上看看，好吗？

范宝泉：好的。

杨海灵：谢谢。现在我们是跟随这艘游船即将靠岸了，靠岸的其实是我们当时登上这个游船的南川古渡码头。下来之后能够感觉这里的环境也非常的好，这里是当地的沿大运河的一个公园，叫作百狮园。刚刚我们跟范主任聊天也说了，沧州是非常重要的盐运码头，其实这只是其中一个方面。当时沧州依托大运河沿河不光是盐文化，还有茶文化、酒文化等等，所以这种繁忙的漕运不光是带动了城市的发展和繁荣，同时也为沧州留下了非常宝贵的非物质文化遗产。其中这个武术就是非常重要的一方面，就如果大家有机会来到沧州，平时我们去到公园去接接地气，感受这个城市的文化气质的时候，可能就会发现有一些人正在公园里面练习武术。

杨海灵：未来沧州还将打造一个非物质文化遗产的展示中心，就这些千百年来的宝贵的文化遗产在那儿集中展示，就让市民对于古老的运河文化可感可知，也更好地保护和传承。您对这个是不是也充满了期待？

郑志利：那是，因为我们整条的运河留下了非常丰富的文化遗产。仅仅沧州它就有300多项，然后国家级的现在有近20项。对于全国的运河来说它更多了，我们沧州的大运河非物质文化展示中心它是展示全国的，让全国的运河的非物质文化遗产都在这集中进行展示。

杨海灵：所以这也会成为将来沧州一张非常亮丽的运河文化名片。

郑志利：是的。

杨海灵：未来沧州还要在大运河的生态修复、文旅融合发展方面做文章，也是让千年的文脉焕发新时代的色彩，然后更多地惠及老百姓，带来更多的民生福祉。其实这个国庆假期虽然是出差在外，但是能够在运河沿线走一走、看一看，对我们来说真的感觉这个假期过得还挺有意义的。

接下来就是我们《江河奔腾看中国》在大运河沧州中心城区段给大家带来的介绍，欢迎大家有时间来到狮城沧州感受这里大运河的魅力。

薛晨：地当九河津要，路通七省舟车。《看见锦绣山河｜江河奔腾看中国》，继续启航前行，我们来到了天津。

天津也是一座因漕运而兴的城市，京杭大运河在天津分为南运河、北运河两段，总长170多公里。水行千里沟通南北，其中南运河、北运河和海河交汇之处被称为三岔河口，这里长期以来便是天津城市的核心。天津之眼摩天轮就矗立在三岔河口，缓缓转动，跨河而建，桥轮合一。

九河下梢天津卫，七十二沽帆影远。自古以来，天津就是大运河沿线的重要城市，在运河沿岸留下了许多河道、船闸、会馆、商铺和古街，以及包括泥人、彩塑、年画等众多非物质文化遗产。此时此刻我们搭载着游船正航行在杨柳青古镇的河道上。杨柳青古镇位于天津市西青区的核心部分，古时运河漕运让杨柳青成为南北物质文化的交汇地，很多南方的建筑风格带到了杨柳青。时至今日两岸仍是绿柳依依，雕梁画栋，古镇依然画庄林立，字号满街。杨柳青镇以年画为特色建成了文旅小镇，丹青百幅千百景，都在新年壁上逢。

接下来将时间交给总台记者带我们前往古镇老街去听一听古老的运河号子。

王晓沛：央视新闻的各位网友，大家好！我是总台记者王晓沛。今天我们带您来到的是千年古镇杨柳青，说到杨柳青的生与兴，我们就要从横穿它又滋养着它的京杭大运河说起。

我们现在带您来到的是一条叫做明清街，我们今天请到了一位嘉宾，给大家介绍一下，就是我们现在正在进行的杨柳青大运河文化公园建设的文史组的副组长冯立冯老师。先跟我们央视网友打个招呼哈。

冯立：大家好！

王晓沛：冯老师就是当地人对不对？

冯立：是，杨柳青本地人。

王晓沛：杨柳青人，来了解一下，走走这条街，来体验一下这条街上面的所有跟杨柳青文化，包括跟大运河有关系的一些元素，好吗？

冯立：好的。

王晓沛：来到杨柳青您要给我们介绍一下，咱先说点什么？

冯立：杨柳青最著名的就是我们杨柳青年画，可以说杨柳青年画是杨柳青的招牌，我们现在所在的位置就是杨柳青著名的玉成号的画店。我们可以来参观一下。

王晓沛：先来看一下杨柳青年画。

冯立：对。

王晓沛：还要给我们讲讲杨柳青年画它的兴和衰和运河的关系。

冯立：可以说杨柳青年画也是和我们的大运河密切相关，在明代初期的时候，一些南方的雕版艺人就顺着大运河来到了我们的杨柳青落户，落在了杨柳青。特别是到清代的时候，我们杨柳青年画兴起，又有很多南方的绘画艺人、画家应邀为杨柳青年画画稿，然后我们的杨柳青年画又通过我们的大运河走出了杨柳青，来到了全国的四面八方。

王晓沛：说白了还是因为漕运的发展，对吧？

冯立：可以说是和漕运密切相关。

王晓沛：漕运就是商路，商路就是画路，这样的话既带进来还走出去了，是吧？

冯立：对。

王晓沛：正在进行的这位我们给大家介绍一下，就是杨柳青年画的国家级的非遗传人，第六代传人霍庆顺霍老先生。

霍庆顺：你好。

王晓沛：霍老先生和我们网友打个招呼。

霍庆顺：你好。

王晓沛：霍老先生身板不错。正在进行的这步叫做拓印？

冯立：对，拓印，"勾刻印绘裱"其中一道工序。

王晓沛：第三道工序，木版年画制作的第三道工序现场来拓印。这边我们再给大家介绍一下。

冯立：绘画，我们杨柳青的画有一个特点，它不是单纯的印制，而是印制的过程当中有大量手绘的内容，这是其他过去传统的木版年画当中所没有的。

王晓沛：我们值钱就值钱在手绘部分？

冯立：对，手绘，而且过去有句话叫北宗画传杨柳青，它的画叫北宗画，也叫院体画，是过去的宫廷画的画法，所以它是非常精致的一种工笔画。这是跟过去我们理解的民间绘画、民间的年画是不一样的，实际上它是非常细致的一种工艺，非常讲究。

王晓沛：而且现在画的这幅画我相信网友还是比较了解的，是杨柳青年画。

冯立：现在绘画可以说既是我们杨柳青年画的名片，甚至是我们中国民间艺术的名片，年年有余（鱼）。

王晓沛：年年有余（鱼），看到这个胖娃娃抱鱼，大家都一定会想到杨柳青年画，也是它的一个标志的传承了。而且我们给大家说，其实像这个年画画舍把拓印和彩绘的过程就放在门口，让南来北往的游客，包括喜欢年画的粉丝们，很直观能看到它整个制作的过程。其实是为了干什么？就是用这样直观的方式给大家传承。

冯立：本身就是传承，我们要保护好，传承、利用好。

王晓沛：对。我们再往画舍里面走一走，其实内容非常多，包括我们生活、生产、经济、文化方方面面的，但是我发现了一个特点，冯老师，您看对不对，好多画当中都有一条河，都有运河。

冯立：对，都有我们运河的影子。这个据说表现的就是杨柳青的西渡口。

王晓沛：这是冬天的样子。

冯立：冬天，瑞雪丰年，虽然冰封了河，但是仍然有运河独特的一种景象。

王晓沛：还有这幅画，刚才我也是现学的，但是看到这幅画叫做《十美图放风筝》，十个美人。

冯立：过去说杨柳青出美女，我们杨柳青比较著名的年画杨柳青《十美图放风筝》，所以这个题材应该说是比较广泛的，但是以我们杨柳青年画当中《十美图放风筝》最为有名。特别有意思的是，我们在2012年进行赓续大运河活动的时候，来到德州，发现德州当地有一种表演唱就是十美图放风筝。

王晓沛：运河的下游的山东德州。

冯立：德州十位女演员也是按照年画当中打扮上进行表演唱，装扮上之后也是拿着风筝有各种的表演唱，据说就是当地的民间艺人清末的时候来到杨柳青，受年画的启发创编了这套歌舞。

王晓沛：这样实际上把文化的脉络也串成了链条了，串起来了。

冯立：我们的大运河把各地，可以说各个地方，沿岸各地都是一颗颗文化的明珠。

王晓沛：珍珠。

冯立：文化的珍珠，我们大运河就像一条彩带把它们串联在一起，而且它们互相之间有交流。

王晓沛：而且杨柳青年画之所以被大家喜爱，看上去就这么喜庆，你说里面到底有哪个部分一定是在笑吗？不一定，但是就是特别喜庆。

冯立：它有各种的想象，有我们各种的期待、我们的祈福的元素在里面。

王晓沛：对，而且它的这种精神风貌展现出来的就是很繁忙、很繁荣的样子。包括您看，其实他们都各自在忙碌着，感觉就是很繁忙。

冯立：同庆丰年，是表现丰收、农民丰收的一幅景象，这是我们杨柳青著名的画家高桐轩画的画稿，后来变成杨柳青年画。这里面体现的非常有意思，虽然体现的是杨柳青农家丰收的景象，但是大家都知道杨柳青是平原，华北平原我们没有山，但是杨柳青人很浪漫，我们可以出现山峦起伏在画面当中。我们现在在建设的杨柳青大运河国家文化公园它其中四知书屋部分也是，为了体现杨柳青人的这种崇敬，体现我们的天津味年画神体现当中，把我们的年画神韵体现在里面，也设计了起伏的像山脉一样的建筑。

王晓沛：把屋顶设计成峰峦叠嶂的样子，既把文化的基因融到了建筑里头，同时还满足了古人对于美景，有山有水。

冯立：期待，也把年画的精神体现在了我们的公园设计当中。

王晓沛：所以我们刚才看到的就是未来杨柳青大运河文化公园的样子。

冯立：对，给您提到了四知书屋。

王晓沛：现在这个建设工程今年就已经启动了。

冯立：已经启动了。

王晓沛：我们现在走到的这条明清街，我感觉特别有意思，你看这井盖上面。

冯立：到处都是年画的元素，明清街也是我们杨柳青大运河公园的其中一部分。

王晓沛：而且用这样非常直观的展示，就是在每个细微之处、每个细节上都给大家有这种视觉的、听觉的这样的冲击。另外您看建筑，给大家看一下前面的。

冯立：这是石家大院的外墙，虽然看起来是我们常见的青砖碧瓦的古代建筑，青砖灰瓦的一种建筑，但是它里面也体现着我们大运河对地方文化的影响。比如说像房子上面的瓦当，它由三部分构成，包括瓦檐、瓦脸、滴水，像这种结构在杨柳青的古建筑当中是非常多见的。别说整个天津市，在整个华北地区的建筑瓦当结构里面都是非常罕见的。如果我们到了南方，特别是江南，我们会看到这种结构的大量出现，这个给我们一种启示，就是说杨柳青，包括杨柳青的建筑是跟大运河的漕运密切相关。

王晓沛：又是上下游的，像《十美图放风筝》一样？

冯立：是，是受影响，是我们影响到了其他的地方。这是运河南方的建筑风格影响到了我们杨柳青。

王晓沛：而且有这样的一句诗词叫做"津鼓开帆杨柳青"。

冯立：是，吴承恩的诗句。

王晓沛：吴承恩的，说的应该就是当时由于漕运的发展，像您刚才说的南北方的文化高度的碰撞，刚咱就短短这么几十米，咱们就看到了这个建筑包括年画的碰撞，致使我们整个运河两岸的杨柳青古镇经济、文化高度的发展。

冯立：对，可以说杨柳青因运河而生，因运河而兴。过去这是我们杨柳青著名的河沿大街，现在因为有漕运起家的石家大院，著名的，所以现在改名，它们叫尊美堂，改为尊美街，实际上我们过去老的街道名字叫河沿大街，河沿大街也是跟运河密切相关。我们杨柳青的标志就是娃娃抱鱼、年年有余（鱼）。

王晓沛：刚才我们看到了彩绘的过程。

冯立：也是象征着我们杨柳青人对美好生活的向往，年年都要富裕。

王晓沛：如果你想了解大运河，想了解杨柳青的文化，亲水是一个非常好的方式。你如果坐在游船里面徜徉在运河当中，那这样的风景、这样的景致甚至这样的故事你都会更深刻地体会到。

冯立：像乾隆皇帝路过杨柳青的时候，曾经为杨柳青写过7首跟杨柳青相关的古诗，他就是坐在他的御船上。我们的游客也可以来到杨柳青体验一下当年乾隆皇帝坐在船上游览杨柳青的这种感觉。

王晓沛：而且现在它也成为一个旅游观光的好的方式。我觉得有一个非常重要的地方，咱们徜徉在这个河里面，水首先得清。刚才我们说到了这个古镇的重新修复，包括水质的改善，其实就是让这样的水清了、景美了，那么我们这样的传承更加有意义。

冯立：说到运河有一位老先生不得不给您介绍，就是我们运河号子的传承人顾宝地老先生，顾老先生已经77岁了，他是我们地地道道的天津人，因为运河的漕运功能早已经废弃了，运河号子实际上很多已经失去了传承，但是我们的顾老先生仍然传承着运河号子，让我们还能听到当年漕运当中运河号子的声音，让我们感受当年漕运的景象。

王晓沛：这位就是？

冯立：这位就是顾老先生。

王晓沛：顾老先生，您好！我们上船跟顾老先生聊两句。小心呀。刚才冯老师给我们介绍了，您是喊运河号子多长时间？

顾宝地：喊运河号子干活的时候总喊，1960年那阵，1960年那阵我才15岁，那阵总喊，那阵干活。打那儿以后没有排船这一项了。

王晓沛：用不上了。

顾宝地：这个技能用不上了。

王晓沛：那今天来都来了，您给我们喊两句，应该很多年轻人也没有听过。

顾宝地："十九八勒呀呦号，呀呦咿呀呦，九河下梢天津卫，呀呦伊呀呦"。

王晓沛：您再给我们介绍介绍，像天津这号子有种类吧？

顾宝地：有，有打篷号、起锚号、摇橹号、打凿号。

王晓沛：打凿是什么？

顾宝地：凿，头里船头有个打凿的地方，水深了，一边两人拨水，拨船头，后面撑舵，前面打凿。

王晓沛：明白，就每个工种自己的口号都不一样？

顾宝地：都不一样。这趟河可了不得，九河下梢天津卫，杨柳青码头也好。

王晓沛：曾经是一段繁华的景象。

顾宝地：特别繁华，过去的天津的菜贩子，拉菜的，哪有汽车，都指着水运。

王晓沛：而如今这儿已经成为一个旅游观光的景点了，其他的我们普通的游客想体验一下也能在这儿感受一下当年的繁忙。今年杨柳青大运河国家文化公园已经开工建设了，未来我们也期待着整个的杨柳青大运河文化公园能够更好地来传承我们的运河文化，以文化公园的形式把杨柳青打造成更多能够传承运河故事的地方。

朱辛未：各位央视新闻的观众，大家好！我是总台央视记者朱辛未，欢迎来到本节的直播。

在刚才的杨柳青您看到了特色的手工艺和传统技艺的延续，在我们天津沿着运河继续向前就来到了我现在所在的点位——三岔河口。在我们天津有一个说法叫"先有三岔河口后有天津卫"，那可以说运河文化对于我们天津本地人的生活习惯和民众性格有深深的影响，而这一切从这个点位开始了解再恰当不过。让我们有请我们本场的嘉宾，我们的杨老师。

杨老师，您好！

杨仲达：您好，辛未。

朱辛未：首先给大家做个自我介绍。

杨仲达：观众朋友们，大家好！我是天津市档案馆宣传部的杨仲达。

朱辛未：有一个说法，刚才我也提到了，"先有三岔口后有天津卫"，为什么会有这样的说法流传下来呢？

杨仲达：因为天津是一个因运河、因漕运而兴的城市，运河是搞运输的，但是它也是由于自然河道的形成而形成的，那么三岔河口就是一个天然的位置，因为在金元时期，金朝和元朝先后在现今北京的地方建都，天津的三岔口距离北京很近，它不仅起到了漕运的作用，而且它起到了从南方向北京输送各种南方的物资的这样一个作用。因此，天津虽然在历史上长期是一个军事的卫城，但实际上它是一个经济繁华的大都会，它逐渐由天津卫形成了天津府、天津州、天津县、天津市，而它最早的形成却是因为运河这个地理优势而自然形成的。

朱辛未：当时我们说到运河文化其实对于天津本地的不管是风土人情、语言习惯，甚至我们的饮食都有影响。

杨仲达：是。

朱辛未：为什么会带来这么多潜移默化的影响呢？

杨仲达：因为运河在古代的时候就相当于我们今天的铁路或者高速公路，它是一条运输带，同时它也是一条经济带。经济的繁荣必然会带来文化的发展，文化有它的表层方面，也有它的深层方面。比如说我们说到天津的饮食文化，实际上它就是非常表面可以看到的一种文化的特征，我们天津本土来说并没有自己的菜系，也没有自己更多的特产，那么天津是一个五方杂地，天津的文化从饮食的表现来说更多是融合，尤其是从南方通过运河向天津输送的饮食文化。比如天津的菜系是以山东菜，就是鲁菜和淮扬菜为主，而这两个地方的菜系都是通过运河的运输来到天津的。

朱辛未：有观众说印象中对天津的感受是天津有很多小吃都是碳水加碳水。

杨仲达：是，天津的小吃完全符合运河饮食文化的特征，为什么这么说呢？运河我刚才说它是一个运输带，沿着运河会有很多码头的工人、脚行的工人进行劳作，这些小吃方便了他们，他们要干活，这些小吃通常有一个特征就是制作相对简单。

朱辛未：而且快速补充能量。

杨仲达：而且快速补充能量，而且携带非常的方便，它并不是说发源于天津，但是它却发展成名于天津。

朱辛未：这个时间已经到了要吃午餐的时候了，所以我们带大家一边吃一边看。刚才说到大运河的过去是以漕运为代表，其实慢慢的发展，如今其实可能已经早就变了样子。

杨仲达：是这样，我们大运河的漕运功能在清代的晚期就已经逐渐地消失了，但是河流还在。我们现在看到城市也美、人也美、水也美，可以说我们这条运河它是无字的档案，它是流动的资料，它是无声的历史。我们漫步在河边的时候也可以看到我们历史的传承和历史的发展。

朱辛未：在刚才的直播当中其实杨老师给我们讲了很多关于大运河的过去与现在，前世今生的变化，不仅带我们吃了好吃的当地美食，还让我们了解到了更多的美好的过去和现在还有将来。

我这里的点位内容就是这些，让我们把视角重新回到空中，一起来欣赏属于天津的运河之美。

朱辛未：当视角来到空中，再次映入你眼帘的就是天津伴水而生的广袤美景。空中俯瞰，大运河曲折蜿蜒，宛如一条玉带从城市中心悄然穿过。

跟随镜头，您现在来到的就是天津的三岔河口，三岔河口是子牙河与南北运河交汇处，也是海河干流的源头。大运河在天津分为南北两段，上与北京相通的北运河、下能直达杭州的南运河在三岔河口交汇流入海河，奔腾入海。如今的三岔河口早已不再担负漕运使命，而成为天津这座城市的风景线。而在三岔河口旁，与一泓碧波相映成趣的"天津之眼"摩天轮也见证着城市变化的日新月异。听一段相声，品一杯名茶，尝一口小吃，运河文化所带来的热情奔放、淡然包容深深映刻在每个天津人的性格基因中，如那一泓运河之水生生不息，江河奔流。

薛晨：沿着水道我们继续启程，画面上此刻为大家呈现的是大运河武清段，运河水纵贯天津市武清区全境，经过武清，我们前方将去往京杭大运河的北端北京。

各位网友，大家好！这里是央视新闻国庆特别节目《看见锦绣山河｜江河奔腾看中国》，从早上到现在，我们带着大家沿着运河一路从南往北，最终来到了京杭大运河主航道的北起点北京通州。

温榆河、小中河、通惠河、北运河及运潮减河这五条河流汇聚于通州，在这里呈现了五河交汇。通州作为北京的东大门因漕运而得名，也因漕运而兴盛。在漕运繁盛的时候，从南方来的运粮船浩浩荡荡汇集在运河北端，历史上有过"万舟骈集，千帆竞发"的漕运盛景。如今大运河也是一条生态之河，近10年来，北京市通过持续水生态修复和水环境治理，水生态得到了很大改善，漕运河道变身生态走廊。今年4月，京杭大运河经过补水后，实现百年来首次全线水流贯通。流经北京的另外一条河流永定河与京杭大运河拥有一段共同河道，就在今天上午永定河再次实现全线通水，与京杭大运河实现了世纪交汇，两条河一起成为京津冀区域重要的生态屏障和生态走廊。

让我们一起跟随总台记者的脚步走入五河交汇处和永定河畔，探寻新生机背后的秘密。

王丰：央视新闻的网友，大家好！我是总台记者王丰，今天我们现在此刻是来到了京杭大运河的北起点，位于北京市通州区的五河交汇处。今天我们的这场新媒体直播重点在这里给大家介绍一下大运河北京段，其实也叫做北运河，它的一个生态修复的整个一个过程。

今天我们也非常有幸邀请到了北京市水务局北运河管理处的杨子超科长，杨科长，来给大家打个招呼。

杨子超：央视新闻的网友们，大家好！

王丰：杨科长，我们刚刚在开场的时候提到一个概念叫做"五河交汇"，能不能先给我们介绍一下，我们现在所在的区域地理位置的特征？

杨子超：好。根据咱们北京的地势特点是西北高东南低，现在咱们所在的位置是五河交汇处。

王丰：对，我们之前给大家准备了一张图，请杨科长在这张图上给大家介绍一下。

杨子超：我们现在所在的位置是五河交汇处，大家能看到来水有温榆河、通惠河、小中河，排水有咱们北运河和运潮减河。所谓的三条河温榆河、通惠河还有小中河是汇水，排水是通过运潮减河和北运河去排水。由于东南低，北运河就成了九河末梢，咱们北京市城区的94%以上的排水，尤其是汛期的洪水都要通过北运河和运潮减河排到下游去，一直到入海。可以说北运河的水质就是整个北京市水质的晴雨表，北运河的水质改善了，咱们整个北京的地表水的水质就等于改善了。

曾经我们这儿是劣Ⅴ类水，2013年以来，北京市各级水务部门以及市政府相关职能部门，也针对咱们大运河周边的水环境以及黑臭水体进行了整治，经过了三轮三年治污行动，我们的水质已经从劣Ⅴ类到Ⅴ类到现在的全年平均Ⅳ类。现在这就是我们20多年以前的原生的鱼类，这几年也是出现了，等于对水体要求很高的，现在老百姓都叫麦穗鱼，这种鱼是自己产卵孵化在咱们水中，这已经是多年未见的鱼类，这也充分证明了咱们的水质有改善。我们北京市水务部门也是逐步提高咱们水务服务社会的能力，在河边建设了一些公园，特别是近几年又建设了一些钓鱼平台，老百姓愿意来河边，不像以前似的，不愿意来河边。

王丰：我们主动作为做了哪些工作，对于提升水质？比如水务部门，包括通州区。

杨子超：近些年我们在水下森林或者湿地这类进行了探索。

王丰：我打断您一下，怎么理解水下森林这个概念？

杨子超：像咱们陆地上的森林一样有动物、有植物，我们的水下森林也是分不同的层次，比如说深水区、浅水区不同的动物和不同的植物，等于也是建立了一个咱们的原始森林，最终的目的是它自我平衡，有制造者、消费者，达到了一个平衡。我们现在水下也是探索建立一个水下的生态平衡系统，这个北关湿地是我们水务部门若干个用生态的方法解决生态的问题探索的一个小项目。

王丰：实际上我们现在来到的这片湿地叫做北关湿地，是吧？

杨子超：对。

王丰：北关湿地能不能理解为我们在这里做了一个展示的平台，就是北运河的水怎么用生态的办法来解决生态的问题，这里是一个集中的呈现，能不能这样理解？

杨子超：可以。大家看到了，离咱们比较近的区域可以看到中间有一个分隔，靠近咱们的区域就是表流湿地的展示区，等于就是表流湿地处理以后的水的状态。

王丰：我打断一下，咱们逐个逐个来，因为相对比较专业。

杨子超：好的。

王丰：表流湿地怎么理解这几个字？

杨子超：表流湿地就是通过上游将咱们的水抽入到一个存放区，不是通过工程措施，而是通过表面的，比如说沉淀，脏东西沉淀了，然后通过荷花还有沉水植物去过滤，去吸附，然后达到改善水质的目的。

王丰：净化？

杨子超：对，等于是一个初步的改善。浅流湿地就是将咱们表流湿地的水做进一步的过滤，这有通过工程措施，等于稍加人工干预。咱们现在可以看到对面的一片区域里，地下有生物填料、有各种菌类，再通过一些植物的根系也同时进行处理，等于通过这个能将咱们的水质从Ⅴ类过滤到Ⅳ类甚至到Ⅲ类，我们最好的状态的水质基本上出水可以达到Ⅲ类。

王丰：物种现在增加的情况怎么样？

杨子超：我们的物种分植物和动物。以前我们的河道等于是排污河道，污水，没有什么动物、植物。现在水中的水草，根据我们最近的观测已经有9种水草了，我们做过生境调查，鱼类大概有30余种，特别是虾类，近几年咱们水中的虾类也是逐步增多。有了虾、有了鱼就能招来一些鸟类，现在咱们的北运河周边河道已经有90余种鸟类，包括候鸟，包括一些长期逗留的，这也是有些爱鸟会等相应的民间组织去统计的。正是由于咱们水质变好了，水体的透明度高了；水体透明度高，咱们水草就能生长；水草能生长之后一些鱼类也能生长；鱼类生长之后，鸟类又有食物，鸟类就来了，这都是一个生态系统的建立。从我们来讲，通过一些治岸上、治水中共同治理，我们会同市政府各相关部门是一个统筹治理，老百姓到河边来了也希望咱们老百姓在游玩的同时，针对咱们的水环境尽一下力所能及的保护。

王丰：好的，央视新闻的各位网友，今天我们通过杨科长的介绍，我们深入地了解了整个这条流域如何进行水生态的修复和保护以及水环境的治理来达到这样的效果。

傅迎钰：央视新闻的网友们，大家好！我是总台央视记者傅迎钰。

我现在所在的位置是北京永定河平原段，永定河是京津冀区域重要的水源涵养区，生态屏障和生态廊道，也是北京的母亲河。说到这里可能有些网友会有疑问了，我们不是说京杭大运河吗，怎么又提到永定河了？它们俩之间还真的有一定的关系。那今天我们一会儿的直播就会带大家一起来解答。

首先还是邀请我们今天的嘉宾张君伟老师，您好！

张君伟：您好。

傅迎钰：来和我们央视新闻的网友打个招呼吧。

张君伟：各位网友，大家好！

傅迎钰：今天就请张老师带我和我们央视新闻的网友一起来逛一逛永

定河。

张君伟：好的。

傅迎钰：我在开场的时候也提到了一个问题，永定河和京杭大运河之间有什么样的关系呢？

张君伟：就如您刚才所说的，永定河是北京的母亲河，三千年的建成史、八百年的建都史都跟永定河息息相关，所以永定河是西山永定河文化带的重要组成部分。跟大运河，它们正好东西相望，两河交相辉映，也都是共同承载着北京的山水资源还有城市发展的记忆。今年5月的时候，通过大运河和永定河的携手治理，两河的水流实现了世纪交汇，再现了百年前的这个自然风貌，也标志着华北地区河湖生态环境复苏取得了重大的进展。今天屈家店水闸再次开闸，标志着两河的再次相拥，那我们永定河水持续的补给涌向大运河。

傅迎钰：我们总结一句，其实北京永定河的水对京杭大运河是有一定的补给作用的？

张君伟：对。

傅迎钰：今天我们来到这里，我能够感觉到这里的环境真的非常优美，而且这两天其实北京是在降温的，但是今天还是有很多游客来这里游玩。像在我们的身后也是大家都非常熟悉的卢沟桥。

张君伟：大家可以通过画面能直观地感受到我们现在最大的变化就是水通了，流域的水资源匮乏是困扰永定河长达半个世纪的一个难题，我们为此会同水利部海委还有京津冀晋四省市的水务主管部门共同签订了一个六方用水的保障协议，在这个协议的基础上强化了流域生态水量的统一调度，5年来，我们持续往永定河补给了25亿立方米的生态用水。这样我们连续2年实现865公里河道的全线的通水入海，而且保障了北京冬奥会、冬残奥会的生态用水需求。

另外，我们最直观的感受就是生态变好了。上游地区新增了6.7万公顷的水源涵养林，现在流域的森林覆盖率已经达到了28%，下游地区平原段通过生态补水以后，地下水水位回升平均有达到3米，而且我们三类河床的占比从我们治理前的34%现在已经提升到了82%，整个流域的生态环境发生了翻天覆地的变化。

另外生态好不好具体还要看鱼鸟，永定河生态环境的迅速恢复为沿线的动植物生长提供了良好的环境，我们监测到的目前为止沿线有高等植物大概386种、鱼类49种、鸟类多达360多种。我们在上游的朔州地区，也就是永定河的源头发现1.2米长的野生娃娃鱼，下游黑鹳、振旦鸦雀、丹顶鹤这些珍稀的鸟类也纷纷回归到了永定河。就在下游不远处宛平湖我还亲眼看到了有上百只的白鹭在这儿觅食飞舞，场面十分震撼。

傅迎钰：我们刚刚聊了这么多的变化，其实这些变化在它的背后也是我们水利人这么多年是付出了很多的，需要一个非常用心的治理。您能给我们介绍介绍咱们具体怎么治理的吗？当然，我们今天因为正好有幸能够在这么美丽的地方来做这样一个直播，我们也往前走一走，带我们央视新闻的网友来在永定河畔一起来散散步。

接下来还是请您来跟我们聊一聊咱们具体是怎么治理的呢？

张君伟：我们大的方针是按照以流域为整体，以区域为单元，山区是保护、平原是修复。在这个大原则的基础上，我们基本上制定了一地一策因地制宜的治理方针。比如说上游的三峡段，它位于水源保护区，那我们就采用自然生态低扰动的方式，以修复为主，工程为辅，我们恢复了河流型的湿地，让它来涵养水源、净化水质，进而打造川流不息的百里画廊。针对下游的平原段，它是一种游荡性的河道，针对这样的特点，我们创新性地采用了以水开路、用水引路的这样一个方式。简单点说是通过脉冲试验和持续不断地生态补水打通河流的生态通道，重构河流的生境，这样我们也逐渐探索出了"湿河底、拉河槽、定河型、复生态"新的治河规定。

傅迎钰：我现在也看到在我们的面前有工作人员在进行打捞的工作，具体是在做什么？

张君伟：沿线会同地方的这些水务主管部门都制定了专门的养护队伍，时常来保持河道水面的清洁，来监测河道的运行安全，保证河道的运行和通水的安全。

傅迎钰：也就是说我们不光要治理，治理好了以后还要怎么保持其实也是很重要的。

张君伟：对，治好、运营好、管护好。

傅迎钰：没错。在咱们治理的过程当中比较困难的点有哪些？

张君伟：跨省市的流域治理重点、难点和突破点都是在协同，因为在比较短的时间内要统筹协调好流域各地还有各个主管部门的职责、任务，形成工作合力，这就需要在协同机制上有一个很大的突破跟创新。永定河探索的模式就是以投资主体一体化带动流域治理的一体化，首先是要在国家层面建立一个部省协调领导小组的协同机制，来统筹研究跟协调解决流域治理当中的重大问题，并且每年都会制发年度的工作要点，由水利部海委来强化督导落实。工作层面由京、津、冀、晋四省（市）的人民政府跟战略投资人中交集团共同组建了永定河流域投资有限公司，统筹流域的治理项目，统一的投融资运作，这样在这个基础上再不断地完善、改革、创新，包括投融资的机制、农业节水的机制、运营管理的机制，不断地在这个创新过程当中逐步形成现在的流域治理的永定河样本。

傅迎钰：除了协调这方面，技术上有没有什么样的难点？

张君伟：技术上的难点刚才也介绍过了，因为永定河的河段通过丘陵、山区、平原、入海，各种各样的形态会有不同的特点跟需要治理的关键着眼点，所以我们就是一地一策，分段地制定不同的治理方案。然后又制定了四河的系统目标，包括流动的河、绿色的河、清洁的河和安全的河，在四个目标的大框架底下细化各个具体的指标参数来分段系统进行治理。

傅迎钰：没错，我们除了要让它全线通水以外，整个通水的质量我们也是要做保证。也可以看到，这边生态变化了以后，在我们的身后，那边应该是一个可以供公众进行水上运动的区域，是不是？

张君伟：对，现在永定河沿线越来越多的水上项目逐渐正在开展过程当中。我们公司正在会同相关的专业单位正在研究全线800公里的一个水陆穿越的项目，包括舟艇的项目、越野跑等等，主要是为了打造更好的亲水空间，为满足市民的这些健身需求。我们现在所处的点位，这个水上项目只要市民有这个需求，有良好的工作心情，可以来永定河河边随时来游玩。

傅迎钰：已经对公众开放了，对吧？

张君伟：对，已经对公众开放。

傅迎钰：如果有网友对水上运动比较感兴趣的话，也欢迎大家可以来到这里。具体的地点也请张老师给大家介绍一下。

张君伟：我们现在的位置正是处于永定河五湖当中的晓月湖，市民朋友们可以搜索晓月湖公园，很方便就能找到，而且这儿也有方便停车的地方，随时可以过来游玩。

傅迎钰：其实除了水上运动以外，因为我有一些朋友也是比较热爱环保事业，他们有些这种环保的小组，前几天他就有跟我说他们有在组织在国庆期间来到永定河边上做一些环保主题徒步的运动。我想这其实也是说明了现在越来越多的人来关注永定河的生态，永定河的变化也是越来越大。

张君伟：对，环保的概念也是深入人心，我们流域治理归根到底还是要服务流域的百姓。永定河治理给周边的人居环境带来了极大的改善，我们现在就可以看到这一片片的水面、一块块的湿地，还有一座座的公园，在永定河流域现在是四面开花。光现在流域内的湿地面积就已经达到了2.3万公顷，我们有4个湿地的自然保护区，有19个湿地公园，越来越多的老百姓被吸引到永定河畔。我本人周末也经常带着家人过来，大家共享这永定河的生态治理成果。

傅迎钰：包括水上运动、徒步，其实项目非常的多，所以也是欢迎我们的网友如果感兴趣的话可以多来永定河畔来走一走，也来感受一下我们永定河很大的变化。

张君伟：是，欢迎大家来到永定河。

傅迎钰：好的，谢谢张老师今天给我们的介绍。今天我也是感触很多，我想我们生态环境的保护真的不是一朝一夕单枪匹马就可以完成的。在断流了26年的永定河能够在今天恢复勃勃生机的背后，我想是无数的水利人他们辛勤的劳动和付出。当然了，我们作为普通人能够做的事情也很多，我想生态环境的保护就是从我们身边的每一件小事做起的。

好的，那我今天的直播就先到这里。大家不要走开，稍后我的同事罗子瑛将会在北京通州大运河森林公园为大家带来后续的直播。

薛晨："云光水色潞河秋，满径槐花感旧游，无恙蒲帆新雨后，一枝塔影认通州"。北京通州大运河文化旅游景区自北向南为西海子公园葫芦湖景点片区，燃灯塔和周边古建筑群，运河公园以及大运河森林公园。现在我们正乘船游览大运河森林公园。

位于通州大运河文化旅游景区北区的标志性景点"三庙一塔"是华北地区较大的三教合一古建筑群，它由燃灯塔、文庙、佑胜教寺和紫清宫组成。

通州大运河两岸有白鹭栖息、小桥流水的天然大氧吧，尤其是大运河森林公园一河两岸六大景区18景点成为人们休闲放松、户外野营和文化娱乐的场所。坐着游船沿途绿树婆娑的大运河森林公园航道无限延伸，杨柳拂岸。骑行在碧水古道之间，清风徐来，淡淡的草木香沁人心脾，那大运河森林公园如何玩起来？一起来看记者带来的游玩攻略。

罗子瑛：各位央视新闻的网友，大家好！我是总台央视记者罗子瑛。

我现在就在北京通州大运河文化旅游景区的南区，清风徐来，波光粼粼，让我一下子想到了温润的江南，所以请到了一位向导，也是我们的东道主，我们通州区园林绿化局的副局长魏昀赟。

魏昀赟：主持人，您好。

罗子瑛：跟网友们也打个招呼。

魏昀赟：各位网友，大家好！

罗子瑛：魏老师特别年轻。来到通州多少年了？

魏昀赟：我算是一个新通州人，我是去年刚刚加入了咱们通州园林绿化行业来到了咱们服务中心。

罗子瑛：您应该是咱们通州区园林绿化发展到真的是非常好的时候加入的。

魏昀赟：对，是，所以我们通州的生态的基础，包括绿化的基础是非常好的，就像我们现在位于的大运河森林公园一样，可以看到我们这儿真的是绿水成荫，所以通州的城市特征也是水林相依、蓝绿交织的城市氛围。

罗子瑛：还真是，有北运河这样一个天然的优势。很多人最早来的时候觉得这里特别像一个郊野公园，但是现在我觉得特别有规划感，而且每天也特别热闹，人来人往的，尤其今天天气特别好。

魏昀赟：是。

罗子瑛：但是怎么去游览，从哪儿开始？可能很多人没有这个头绪，您给我们介绍介绍。

魏昀赟：其实我们大运河森林公园就像您说的，它已经历史很悠久了，已经有十几年的历史了，我们也是经过了好几次的升级。比如说我们现在位于的这个区域，准确地说它应该不叫大运河森林公园，它现在已经升级改造了，我们现在应该称呼它为北京通州大运河文化旅游景区的南区。我们现在是位于南区的东岸，东岸里面有银枫秋实景区，有现在右手边的清风园景区，还有现在所位于的这个地方叫作月牙浅滩。在这里游客可以近距离通过木栈道来接触湿地的这些生物，有动物、有植物。如果您上个月来这个地方有荷花，荷花和我们的大运河相映成趣。

罗子瑛：残荷也很有意境。

魏昀赟：对，残荷也很有意境。我们的对岸其实就是月岛片区，月岛片区我们现在能看到的那块叫柳荫码头，柳荫码头也是古通州八景里面柳岸闻莺的这样一个画面的重现。我们在月岛上还有月岛闻莺观景平台。我们都知道通州是一个平原地区，这个观景平台属于我们通州的制高点，可以在它的二层看到大运河，二层观大运河，三层看副中心。如果你有兴趣的话，可以来到我们景区登上月岛闻莺观景平台来眺望一下副中心现在建设的情况。

罗子瑛：其实待会儿我们往那边走就能看到您说的哪个观景平台。

魏昀赟：对。

罗子瑛：整个的大运河文化旅游景区，它其实是在大运河的两岸这样布置的，像两条丝带一样。

魏昀赟：对，我们现在整个景区全长是12.1公里，它形成了一个25公里的环线，比如对马拉松感兴趣的话可以过来跑一跑半马。

罗子瑛：正好是半马。

魏昀赟：对，正好是半马。其实我们景区也是很长的，我们待会儿可以骑着自行车我带您溜达一圈，看看我们整个景区的情况。

罗子瑛：走在木栈道上听这个风吹，虽然不是麦子，我就感觉到有点风吹麦浪的那种意境。

魏昀赟：对，这是芦苇，我们在这儿，尤其秋天的时候其实风吹过的时候它沙沙作响，是很美的。

罗子瑛：湿地植物。

魏昀赟：对，湿地植物。

罗子瑛：刚刚我说很久没来过通州，其实也不久，可能就是……

魏昀赟：因为变化太大了，是吧？

罗子瑛：几个月变化太大了，而且没有深入其中的去走走、看看。您之前应该也来过通州，和您在这里工作之后是不是对比也很强烈？

魏昀赟：对，我现在感觉副中心真的是一天一个样，就像您说的其实您也没差太长时间，但是再来，可能隔个一个月、两个月再来就觉得有明显的变化，感觉到处都日新月异的，我们现在建设速度就是这样的。

魏昀赟：我们现在可以看到除了钢筋水泥的建筑以外，通州已经是见缝插绿，绿荫成片这种感觉。现在森林覆盖率是一个指标以外，还有一个指标是500米的公园服务半径。

罗子瑛：什么叫500米公园？

魏昀赟：意味着你出了家门，500米范围之内就会进入到一个公园。这个500米服务半径的覆盖率我们现在已经达到87.33%，我们要在"十四五"末期达到95%。

罗子瑛：住在通州太幸福了。

魏昀赟：住在森林里的感觉，是不是？

罗子瑛：对。

魏昀赟：所以我们现在有一个口号叫做"推窗见景，出门见绿，起步闻香"。

罗子瑛：真好。其实在这边骑行我也能够闻到淡淡的青草香，包括这个水，因为通州以前算是下游，整个北京的下游，可能整个北京排的污水可能都会汇集到北运河，但现在我们看这一汪清水，它能够给我们一些能量了。

魏昀赟：对。其实如果您是十几年前来到通州的话，你就会发现其实当地的老百姓之前把北运河称之为什么，您知道吗？

罗子瑛：什么？

魏昀赟：臭河。但现在它已经和臭河，你完全无法想象它曾经有个名字叫做臭河。

罗子瑛：对呀。

魏昀赟：它原来周围岸边都是有居民的，大家都很不愿意靠近这条河，因为它很臭，有污水的排放，治理得也不是特别好。但是通过几年的治理，你看在我们的大运河里也可以进行一些水上比赛。

罗子瑛：对，划船的人特别多。

魏昀赟：对，可以划船、可以亲水，这就是一个很了不起的改变了。

罗子瑛：对，您说到比赛，咱们大运河文化旅游景区应该是分为北中南三区。

魏昀赟：对，北中南，是的。

罗子瑛：南区是咱们现在所游览的大运河森林公园？

魏昀赟：大运河森林公园片区，对。

罗子瑛：北边是"三庙一塔"区域？

魏昀赟：是的。

罗子瑛：是历史文化承载区？

魏昀赟：对，北边是我们的历史文化承载区，曾经有一个王维珍的诗句叫"一枝塔影认通州"，就所有的漕船进了京之后，他远远地看到有一个塔就知道到了通州了，那么那个塔就是"三庙一塔"里面的一塔——燃灯塔，也有我们的文庙、佑胜教寺，还有紫清宫，它也是三教合一的场所，在全国不是很常见的。

罗子瑛：对。中区就是一个体区，对吧？

魏昀赟：对，中区是一个体育和水文化休闲区。

罗子瑛：现在经常举办一些什么皮划艇比赛呀？

魏昀赟：是的，赛艇大师赛应该是上周刚刚在通州举行的。

罗子瑛：这就说明咱们的水真的是改观了。

魏昀赟：是的，水质改观了。

罗子瑛：水质改观了，而且给咱们发展带来新的动力。

魏昀赟：是的。

罗子瑛：今天人真的是挺多的。

魏昀赟：是的。我们现在骑行的这条路也是我们双奥火炬传递的路线。

罗子瑛：两次奥运会都在这儿传递过火炬？

魏昀赟：对，这次冬奥会的时候残奥会也是在这边，冬奥会是在刚才说的对岸。您看前面就是我们刚才提到的月岛闻莺观景平台了，也是我们公园的一个制高点。

罗子瑛：我们往上看。

魏昀赟：它也是我们公园的一个标志性景观，一般看到这个造型就知道来到通州大运河了。

罗子瑛：我们骑到现在好像已经进入到了一个码头区。

魏昀赟：是的，这就是漕运码头了。

罗子瑛：漕运码头？

魏昀赟：是，漕运码头也是我们通州老八景之一，但是咱们现在位于的漕运码头实际上是我们拍摄电视剧的取景处，它不是原来的漕运码头，原来的漕运码头据考证应该是在张家湾附近。我们这块是当时北京台拍摄了一个叫《漕运码头》的电视剧它的取景地，我们就把这些建筑和景观保留下来了。

罗子瑛：这些都是根据史料记载？

魏昀赟：对，完全是按照史料记载，它的格局、它的分布布局都是按照史料的记载给它复原的。

罗子瑛：现在这个漕运码头仍然是人来人往、熙熙攘攘，我觉得可以想象当年漕运繁盛的时候肯定也是有这么多人。

魏昀赟：对。您看我们也把它恢复成了以前码头的功能，所以游客可以在这里乘船来游览我们的大运河。我们可以把车停在这儿。

罗子瑛：好。

魏昀赟：可以体验一下这个游船。

罗子瑛：行。

魏昀赟：对，您可以看看刚才您提到的量斗，我们也是把它作为现在旗杆的造型，它晚上可以有灯光。

罗子瑛：古代叫一旦还是？

魏昀赟：它是一旦，粮食的那个。

罗子瑛：一旦粮食用这个斗量。

魏昀赟：是的。

罗子瑛：海水不可斗量是不是也是用这个斗？

魏昀赟：对。

罗子瑛：我们来看看，今天在这样一个漕运码头的广场上，当然，可能大部分还是来自北京的游客。

魏昀赟：因为现在跨省旅游没有那么多，其实您看，原来通州可能只是服务于周围百姓的公园，现在变成在全北京游客都比较喜欢和向往的公园。咱到通州以后发现北京有水的地方、有大河的地方不太多，所以很多人是奔着通州的水来的。

罗子瑛：的确，现在通州也成为国庆期间北京市民很重要的旅游目的地。

魏昀赟：打卡地。

罗子瑛：未来北京的百姓还能期待怎么样和大运河的亲密接触或者是旅游的获得感？

魏昀赟：未来我最推荐的是坐游船，因为咱们今年6月24日的时候，京冀的通航仪式已经正式开启了，北京和河北段全长62公里，整个航线已经可以打通了，未来期待着我们能够实现京冀之间旅游的通航。我推荐你可以体验一下我们现在通州段北运河的游船。

罗子瑛：今天我就可以体验一下。

魏昀赟：您可以体验一下，风景很美的。您可以从这里上船。

罗子瑛：好。

魏昀赟：我们可以看到小船的乘客是需要穿着救生衣的，我们的大船、客船是不用穿的。

罗子瑛：那我就坐大船。

魏昀赟：对，您可以坐大船。咱们从这里走。

罗子瑛：我们现在看到就像以前漕运时期一样，咱们有小船、中船、大船。

魏昀赟：是，就是个人的船和商家的船。

罗子瑛：对。那我们坐上装粮食的漕船。

魏昀赟：对，您可以体验一下这个大船。

罗子瑛：去感受一下。这个雕龙画凤的。

魏昀赟：是，这就有点像画舫的感觉，然后我们会提供一些商业的表演。

罗子瑛：也是根据之前的资料复原的？

魏昀赟：对，我们有些南方的，比如说像古筝的演出，还有我们通州运河号子，也会有些茶道的表演，因为茶叶也是从大运河顺着来北京的。

罗子瑛：都是能体现大运河文化。

魏昀赟：你可以体验一下。

罗子瑛：好，行。

魏昀赟：我就不陪您了，您好好欣赏我们大运河的美景。

罗子瑛：站在船头的感觉太好了，我住北京城，君身在河北，同游天津卫，打通运河水。北运河京冀段已经实现了旅游性通航，大家京津冀出游又将多一种新的体验。通州和武清、廊坊还联合成立了通武廊旅游合作联盟，通过旅游合作也能让堤岸整修、河道治理、水体改善的探索协同起来。大运河文化旅游景区的"一河两岸"六大景区18景点也成为人们休闲放松、户外野营、文化娱乐的理想场所。

杨柳拂岸，碧水逶迤，清风徐来，流淌的运河，流动的文化，千年古运河向未来奔腾。

薛晨：刚刚我们看到了大运河森林公园设置了专门的自行车骑行道，可以说它的设计充满了人与运河共生的理念。那除了记者刚刚所骑的多轮自行车以外，这里也成为骑行爱好者的打卡之地，很多家庭都会来到这里享受全家一起骑行的快乐。我们一起跟随骑行者的第一视角感受在运河边骑行的乐趣。

行驶在运河上，当曾经舟船如织，人声鼎沸的大运河盛景浮现眼前，船工号子摇橹声便在耳畔响起。流淌的运河、流动的文化，在运河面前数以年计的时间是一个不起眼的概念，在运河上、运河边工作上的人们常常用一个字来计算时间，那就是"代"。谈及京杭大运河上百姓的生计变迁，人们常说上一代人、这一代人和下一代人。维护运河、珍爱运河，一条美丽的大运河也是我们这一代人能为下一代、为子子孙孙留下的最宝贵的遗产。

（https://m–live.cctvnews.cctv.com/live/landscape.html?toc_style_id=feeds_only_back&liveRoomNumber=10958308132943072913&share_to=wechat&track_id=AB12C3DC–A99C–45B5–A8FA–F6FB05FAE490_686737910627）

后　记

　　编写本书时，得到了许多新闻、水利行业从业人员的大力支持。在本书和读者见面时，特别感谢王厚军、孙平国、刘耀祥、唐晓虎对本书的审核，感谢孟辉、刘登伟、吕娜、宋晨宇、梁延丽、翟平国、贾志成、刘咏梅、杨露茜、刘义勇、唐蔚巍、韩莹、周雪濛、丁恩宇、方鑫、杨雨凡、高原、韩先明、孔圣艳、唐婷、廖宇虹、翁敏、罗轲、刘柏彤、弈云琪等参编人员，并在此感谢所有给予本书关心和支持的领导、专家。